INTRODUÇÃO À MECÂNICA DOS SÓLIDOS

Blucher

EGOR P. POPOV
Professor de Engenharia Civil
da University of California, Berkeley, EUA

INTRODUÇÃO À MECÂNICA DOS SÓLIDOS

Tradução:
MAURO ORMEU CARDOSO AMORELLI
M. S. em Engenharia Mecânica e "Engineer" em Engenharia Naval
pelo Massachusetts Institute of Technology, EUA

Revisão técnica:
ARNO BLASS
Chefe do Depto. de Engenharia Mecânica
da Universidade Federal de Santa Catarina

INTRODUCTION TO MECHANICS OF SOLIDS
A edição em língua inglesa foi publicada
pela PRENTICE-HALL, INC., EUA

Introdução à mecânica dos sólidos

1ª edição - 1978
14ª reimpressão - 2019

Blucher

Rua Pedroso Alvarenga, 1245, 4º andar
04531-934 - São Paulo - SP - Brasil
Tel.: 55 11 3078-5366
contato@blucher.com.br
www.blucher.com.br

FICHA CATALOGRÁFICA

Popov, Egor Paul
P865i Introdução à mecânica dos sólidos/Egor Paul Popov; tradução Mauro O. C. Amorelli; revisão técnica Arno Blass - São Paulo: Blucher, 1978.

Bibliografia.

ISBN 978-85-212-0094-9

1. Mecânica aplicada 2. Resistência dos materiais I. Título.

17. CDD-620.1
18. -620.105
78-0051 17. e 18. -620.112

Índices para catálogo sistemático:

1. Mecânica dos sólidos: Engenharia 620.1 (17.) 620.105 (18.)
2. Resistência dos materiais: Engenharia 620.112 (17. e 18.)

CONTEÚDO

PREFÁCIO

Este livro surgiu de uma tentativa de revisão do trabalho anterior do autor, *Mechanics of Materials* (Mecânica dos Materiais). Tornou-se logo evidente que, devido à mudança de atitude em relação ao assunto, em várias escolas de engenharia, e a uns poucos novos desenvolvimentos, fazia-se necessário um tratamento mais rigoroso do texto, para preencher os requisitos correntes. Como resultado, o conteúdo da maioria dos capítulos renovou-se completamente e os outros foram revistos.

Admite-se que o leitor tenha freqüentado cursos regulares de matemática, e tenha completado o curso de estática. Os tópicos particularmente importantes desses assuntos são revistos e ilustrados por exemplos, à medida que vão ocorrendo.

Pretende-se neste livro fornecer o texto básico para todos os estudantes de engenharia, no nível de graduação. Entretanto, o material apresentado é tão fundamental que alguns estudantes de pós-graduação podem julgá-lo útil para uma revisão, especialmente porque parte do material não tem nível apenas elementar. Ao longo do texto faz-se deliberadamente o desenvolvimento paralelo dos aspectos físicos e matemáticos do assunto. Inúmeros problemas, referentes aos vários campos da engenharia, são apresentados para solução.

Na preparação deste texto, o ponto de vista do estudante foi constantemente considerado. Isso explica, por exemplo, a escolha da convenção de sinais para cisalhamento e momentos nas vigas. A convenção, aqui, coincide com a familiar ao estudante em seus cursos anteriores de matemática e estática, e é a que será encontrada posteriormente na elasticidade e na mecânica do contínuo. A mesma convenção de sinais é mantida no desenvolvimento das equações de transformação de tensão e para uso com o círculo de Mohr. Esse uso evita muita confusão e mantém coerência no tratamento do assunto.

De novo, para permitir ao estudante o tempo necessário para assimilar a nova informação, e ganhar confiança na solução de alguns dos problemas simples de análise de tensão, os capítulos sobre transformação de tensão e deformação são colocados no meio do livro. Se o assunto fosse tratado simplesmente como um ramo da matemática aplicada, seria mais lógica introduzir mais cedo esses tópicos.

As relações constitutivas recebem considerável atenção, e o comportamento dos componentes estruturais sob carregamento, com elasticidade linear e não-linear, plásticos e sólidos viscoelásticos, é descrito em detalhes. O tratamento completo razoável do critério de escoamento e de fratura para o estado de tensão multiaxial é apresentado.

As situações estaticamente indeterminadas são logo introduzidas, mas o aprofundamento na solução de tais problemas é postergada até que o estudante tenha adquirido maior facilidade no cálculo das deflexões.

Os métodos de energia, incluindo os teoremas de Castigliano e do trabalho virtual, são cuidadosamente desenvolvidos, e as aplicações são ilustradas por meio de exemplos. O problema de estabilidade de colunas é introduzido do ponto de vista da teoria de grandes deflexões, incluindo-se uma explicação sobre colunas de vigas.

O livro contém mais material do que pode ser coberto em um curso trimestral ou semestral. Assim sendo, existe o suficiente para um ano de estudo, podendo o texto estimular cursos de níveis intermediários nessa área importante da engenharia. O escopo amplo do livro fornece considerável grau de flexibilidade no projeto de cursos específicos para preencher os requisitos individuais. Isso tem duas vantagens adicionais. Primeiro, o leitor adquirirá inadvertidamente um conceito equilibrado do conteúdo do assunto. Segundo, o livro pode servir como referência após preenchida sua finalidade como texto introdutório.

Na maioria dos capítulos, o material mais especializado ou complexo pode ser abandonado sem destruir a continuidade do texto, possibilitando o término do estudo de um tópico particular no nível desejado. Os artigos que podem ser abandonados são identificados com um asterisco no conteúdo.

Para o primeiro curso de mecânica dos sólidos, não se deve superenfatizar os assuntos, tendo-se o cuidado em adequar o dimensionamento do conteúdo. Por exemplo, embora a discussão sobre funções de singularidade certamente pertença a um texto completo sobre o assunto, a necessidade de estudo desse tópico no primeiro curso básico é questionável. A fascinação desenvolvida sobre o estudante com essa técnica e o tempo necessário a seu aprendizado, talvez possam ser usados com mais vantagem na manipulação mais completa de quaisquer das idéias fundamentais da mecânica. Um curso introdutório adequado pode ser realizado com base nos Caps. 3, 4, 8 e 9, com um suporte mínimo dos Caps. 2, 5, 6 e 7. Tal curso enfatizaria os conceitos de tensão, deformação e sua transformação, juntamente com a discussão das relações constitutivas. Um breve estudo sobre deflexões de vigas, para os casos determinado e indeterminado, no Cap. 11, e uma introdução ao fenômeno de flambagem, no Cap. 14, complementaria tal curso.

Embora numerosas alternativas sejam possíveis, na seleção do texto para o primeiro curso básico de mecânica dos sólidos, a seqüência que se segue é uma das possíveis, consistindo em 28 aulas consecutivas, de uma hora e meia, exigindo de duas a três horas de estudo: (1) Seções 1.1 a 2.6; (2) Seções 2.7 a 2.12; (3) Seções 2.13 a 2.15; (4) Seções 3.1 a 3.7; (5) Seções 3.8 e 3.9; (6) Seções 4.1 a 4.8; (7) Seções 4.9 a 4.16; (8) Seções 4.17 a 4.18; (9) Seções 5.1 a 5.6; (10) Seções 5.7 a 5.9; (11) Seções

6.1 a 6.6; (12) Seções 6.7 a 6.9; (13) Seções 7.1 a 7.3; (14) Seções 7.4 e 7.5; (15) Seções 8.1 a 8.3; (16) Seções 8.4 e 8.5; (17) Seções 9.1 a 9.6; (18) Seções 9.7 a 9.11 e 9.14; (19) Seções 9.16 a 9.19; (20) Seções 9.20; (21) Seções 10.1, 10.2, 10.5, 10.6 e 10.7; (22) Seções 11.1 a 11.3, 11.5 e 11.6; (23) Seções 11.8 e 11.9; (24) Seções 12.1 e 12.2; (25) Seções 12.3 e 12.4; (26) Seções 13.1 a 13.3; (27) Seções 14.1 a 14.5; e (28) Seções 14.6 a 14.8. Dois ou três problemas para solução pelo estudante, devem acompanhar cada aula.

O desenvolvimento deste livro foi fortemente influenciado pelos companheiros do autor, por seus estudantes, e pelos numerosos livros sobre o assunto, publicados em todo o mundo. O privilégio de ter sido aluno de S. Timoshenko e T. von Karman permanece memorável. Entretanto, o autor reserva uma gratidão especial a seus companheiros da Divisão de Engenharia Estrutural e de Mecânica Estrutural da University of California, Berkeley, que durante um período de vários anos influenciaram e ajudaram a formar os pontos de vista registrados neste livro. Desse grupo, anos de associação e discussões críticas sobre o assunto, com os professores R. W. Clough, H. D. Eberhart, K. S. Pister e A. C. Scordelis, também contribuíram bastante para a variedade de problemas propostos ao aluno, neste livro. O caloroso encorajamento e as sugestões do professor J. M. Raphael foram bastante apreciados. O autor também se sente reconhecido aos vários outros membros atuais e anteriores das direções dos Departamentos de Engenharia Civil e Engenharia Mecânica da University of California, Berkeley, que contribuíram com discussões ou com formulação de problemas, ou ambos: F. Baron, V. V. Bertero, J. Bouwkamp, B. Bresler, C. B. Brown, G. W. Brown, T. Y. Lin, S. J. Medwadowski, C. L. Monismith, J. Penzien, D. Pirtz, M. Polivka, C. W. Radcliffe, J. L. Sackman, C. F. Scheffey, R. A. Seban, C. M. Smith, R. L. Taylor e E. L. Wilson. O autor também agradece aos estudantes em doutoramento na Divisão, que leram partes do manuscrito e ofereceram valiosas sugestões. Entre outros tiveram destaque particular M. Khojasteh-Bakt, Marion Cottrell, Dale Perry, L. Selna, S. Yaghmai e R. J. Evans.

O Professor Donald Brandt do Departamento de Engenharia Civil do City College de Nova Iorque leu um rascunho preliminar do manuscrito e fez várias sugestões significativas para aprimoramento do texto, pelo que o autor é muito reconhecido.

A direção da Prentice-Hall foi bastante cooperativa. Nicholas Romanelli, Joseph Di Domenico e James Beggs contribuíram bastante para o formato imaginativo do livro e para o excelente trabalho de arte. Pamela Fischer merece os agradecimentos por seu cuidado na preparação do manuscrito para a composição.

O autor se sente profundamente individado com sua esposa, Irene, por sua contínua ajuda na preparação do manuscrito.

E. P. Popov

El Cerrito, Califórnia, EUA

1

INTRODUÇÃO

1.1 PROPÓSITO E ESCOPO

Em todas as construções, as peças componentes da estrutura devem ter tamanhos físicos definidos. Tais peças têm proporções adequadas para resistirem a forças existentes ou prováveis, impostas sobre elas. Assim, as paredes de um reservatório de pressão têm resistência apropriada para suportarem a pressão interna; os pavimentos de um prédio devem ser suficientemente fortes para suas finalidades; o eixo de uma máquina deve ter dimensão adequada para o torque a aplicar; uma asa de avião deve suportar com segurança as cargas aerodinâmicas que aparecem durante o vôo ou a decolagem. Da mesma forma, as peças de uma estrutura composta devem ser suficientemente rígidas para evitar a deflexão ou flexão excessiva quando em operação com carregamentos impostos. Um piso de edifício deve ser suficientemente forte, mas pode defletir excessivamente, o que em alguns casos pode provocar desalinhamento do equipamento de produção, ou em outros casos resultar na fissura de um teto de gesso do andar inferior. Finalmente, um membro pode ser tão delgado ou fino que, submetido a um carregamento compressivo, atingirá o colapso na flambagem; isto é, a configuração inicial de um membro pode tornar-se instável. A habilidade em determinar o máximo carregamento suportável por uma coluna delgada, antes da flambagem, ou a determinação do nível seguro de vácuo que pode ser mantido por um recipiente é de grande importância prática.

Em engenharia, todos os requisitos acima devem ser preenchidos com o mínimo gasto de um dado material. Além do custo, algumas vezes – como no projeto de satélites – a factibilidade e o sucesso da missão podem depender do peso do conjunto.

No passado, os textos que tratavam dos problemas acima mencionados eram chamados de *Resistência dos Materiais* ou *Mecânica dos Materiais*. Para refletir o uso corrente e o tratamento mais rigoroso do assunto, o novo título *Introdução à Mecânica dos Sólidos* foi escolhido para este livro. O assunto também poderia ser chamado de mecânica dos sólidos deformáveis. Deve-se ressaltar, entretanto, que muito do material apresentado neste texto é uma teoria técnica sobre corpos deformáveis, em contraste com a teoria matemática da elasticidade, ou teoria dos sólidos perfeitamente plásticos. Aqui, no lugar de estabelecer cada etapa com rigor, do ponto de vista matemático, são introduzidas premissas simplificadoras para tornar possível uma solução razoável dos problemas básicos. É interessante observar que a importante teoria de placas e painéis constitui uma extensão da teoria técnica discutida neste texto. Independentemente dos detalhes do título ou do rigor, esse assunto envolve os métodos analíticos de determinação da *resistência, rigidez* (características de deformação) e *estabilidade* dos vários membros.

A mecânica dos sólidos é um assunto bastante antigo. É conhecido desde o trabalho de Galileu, na primeira metade do século dezessete. Antes de sua investigação sobre o comportamento dos corpos sólidos com carregamento, os construtores seguiram regras empíricas. Galileu foi o primeiro a tentar a explicação para o comportamento de alguns membros submetidos a carregamentos, numa base racional. Ele estudou membros em tração e compressão, e notavelmente vigas usadas na construção de cascos de navios para a marinha italiana. Naturalmente muito progresso ocorreu a partir daí, mas deve-se observar que o desenvolvimento deste assunto muito deve aos pesquisadores franceses, dentre os quais, um grupo de homens como Coulomb, Poisson, Navier, St. Venant e Cauchy, que trabalharam no final do século dezenove, e deixaram uma impressão indelével sobre o assunto, que está longe do total conhecimento. A era espacial continuamente apresenta demandas mais exatas e amplas. A mecânica dos sólidos cruza os diversos setores da engenharia, com aplicações marcantes. Seus métodos são necessários aos projetistas de submarinos; aos engenheiros civis, no projeto de pontes e edifícios; aos engenheiros aeronáuticos; aos engenheiros de minas e aos arquitetos, cada um que tenha interesse em estruturas; aos engenheiros mecânicos e químicos, que se apóiam nos métodos desse assunto para o projeto de máquinas e vasos de pressão; aos metalurgistas, que precisam de conceitos fundamentais sobre o assunto, a fim de compreenderem como melhorar os materiais existentes, e, finalmente, aos engenheiros eletricistas, que necessitam dos métodos do assunto, devido a importância das fases da engenharia mecânica de muitas peças do equipamento elétrico. A mecânica dos sólidos técnica tem seus próprios métodos característicos. Ela é uma disciplina definida; assim, ela constitui assunto dos mais fundamentais de um currículo de engenharia, ficando ao lado de outros assuntos básicos como mecânica dos fluidos, termodinâmica e um curso básico de eletricidade.

O comportamento de um membro submetido a forças, depende não apenas das leis fundamentais da mecânica newtoniana que governa o equilíbrio das forças mas, também, das características mecânicas dos materiais de fabricação dos membros. A informação necessária provém do laboratório onde os materiais são sujeitos à ação de forças conhecidas, e o comportamento dos corpos de prova é observado com particular atenção a tais fenômenos como a ocorrência de ruptura, deformações, etc. A determinação de tais fenômenos é uma parte vital do assunto, mas essa parte é deixada para outros livros.* Aqui, os resultados finais de tais inves-

*H. E. Davis, G. E. Troxell e C. T. Wiskocil, *Testing and Inspection of Engineering Materials* (2.ª ed.), McGraw-Hill Book Co., Nova York 1955. Também C. W. Richards, *Engineering Materials Science* Wadsworth Publishing Co., Inc., Belmont, Calif. 1961

tigações são de interesse, e esse curso se refere à parte analítica ou matemática do assunto. Pelas razões acima, vê-se que a mecânica dos sólidos é uma ciência de experiências e postulados newtonianos da mecânica analítica. Da última retira-se o campo chamado *estática*, assunto que se pressupõe familiar e do qual depende o que se trata neste livro.

Este texto ficará limitado a tópicos simples do assunto, por ser considerado introdutório. Todavia, a despeito da relativa simplicidade dos métodos aqui empregados, as técnicas resultantes são úteis porque se aplicam a um vasto número de problemas tecnicamente importantes.

Esse é um curso essencialmente de problemas pois o assunto só pode ser esclarecido pela solução de inúmeros problemas. O número de fórmulas necessárias para a análise convencional e o projeto de membros estruturais e de máquinas, pelos métodos da mecânica dos sólidos não é muito grande. Entretanto, durante este estudo, o estudante deve desenvolver a habilidade de *visualizar* o problema a tratar, e a natureza das quantidades calculadas. Esquemas diagramáticos, cuidadosamente desenhados e completos, de problemas a serem resolvidos, terão grandes dividendos em análise rápida e mais completa.

1.2 MÉTODO DAS SEÇÕES

O principal problema da mecânica dos sólidos é a investigação da resistência interna e da deformação de um corpo sólido submetido a carregamentos. Isso exige o estudo da natureza das forças que aparecem no interior de um corpo, para compensarem o efeito das forças externas. Para essa finalidade, emprega-se um método uniforme de solução. Prepara-se um esquema diagramático completo do membro a ser investigado, no qual todas as forças externas que agem sobre o corpo são mostradas em seus respectivos pontos de aplicação. Tal esquema é chamado de *diagrama de corpo livre*. Todas as forças que agem sobre o corpo, incluindo as de reação, causadas pelos suportes e pelo peso* do corpo em si, são consideradas forças externas. Além do mais, como um corpo estável em repouso está em equilíbrio, as forças que atuam sobre ele satisfazem as equações do equilíbrio. Assim se as forças que agem sobre o corpo tal como o da Fig. 1.1(a) satisfazem as equações do equilíbrio estático e todas atuam sobre ele, o esquema representa o diagrama do corpo livre. Em seguida, como a determinação das forças internas decorrentes das externas, é uma das principais preocupações do assunto, uma seção arbitrária é passada pelo corpo, separando-o completamente em duas partes. O resultado de tal processo pode ser visto nas Figs. 1.1(b) e (c), onde o plano arbitrário *ABCD* separa o corpo sólido original da Fig. 1.1(a) em duas partes distintas. Esse processo será chamado de *método das seções*. Então, se o corpo como um todo está em equilíbrio, qualquer parte dele também deve estar em equilíbrio. Para tais partes de um corpo, entretanto, algumas das forças necessárias ao equilíbrio devem

*Estritamente falando, o peso do corpo, ou de maneira mais geral, as forças inerciais devidas à aceleração, etc., são *forças de campo* e agem sobre o corpo de maneira associada com as unidades de volume do corpo. Em muitas circunstâncias, essas forças de campo podem ser consideradas cargas externas

agir na seção do corte. Essas considerações conduzem à seguinte conclusão fundamental: as forças externas aplicadas a um lado de um corte arbitrário devem ser compensadas pelas forças internas. Posteriormente será visto que os planos de corte serão orientados em uma direção particular, para preencher os requisitos especiais. Entretanto, o conceito acima é aplicado a todos os problemas em que as forças internas sejam investigadas.

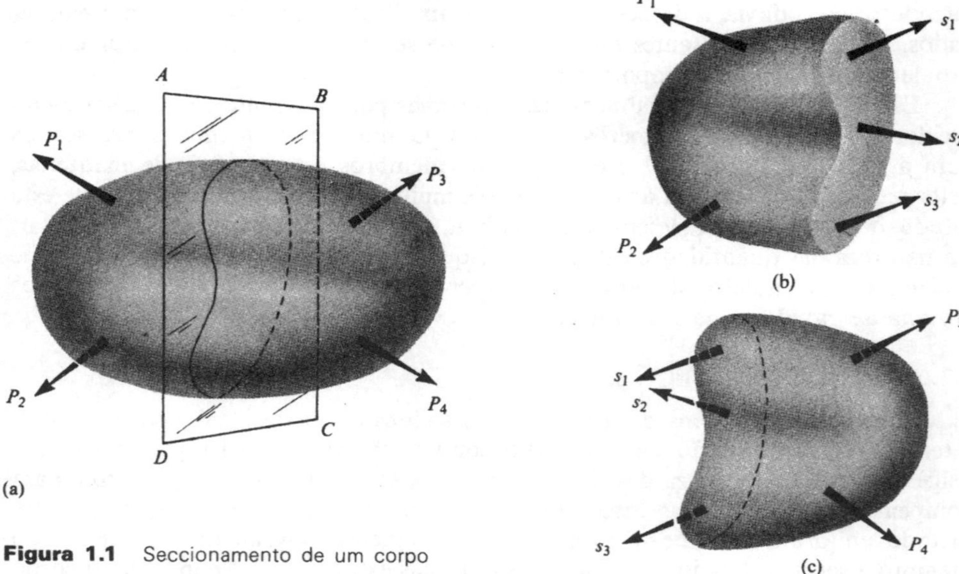

Figura 1.1 Seccionamento de um corpo

Na discussão do método das seções, é significativo observar que alguns corpos, embora não em equilíbrio estático, podem estar em equilíbrio dinâmico. Esses problemas podem ser reduzidos a outros de equilíbrio estático. Primeiro, a aceleração da parte em questão é calculada, então é multiplicada pela massa do corpo, dando uma força. A força assim calculada, se aplicada ao corpo no seu centro de massa, em direção oposta à aceleração, reduz o problema dinâmico a outro estático. Esse é o *princípio de d'Alembert*. Com esse ponto de vista, todos os corpos podem ser imaginados como instantaneamente em estado de equilíbrio estático. Assim, para qualquer corpo, em equilíbrio estático ou dinâmico, pode-se preparar o diagrama de corpo livre, onde são mostradas as forças necessárias para manter o corpo como um todo em equilíbrio. O passo posterior é o mesmo que o discutido acima.

1.3 SOLUÇÃO BÁSICA

O método de ataque de problemas neste texto segue linhas uniformes marcantes. Algumas vezes o procedimento é obscurecido por etapas intermediárias, mas na análise final ele é sempre aplicado. Para fornecer uma visão geral do assunto, um procedimento típico é descrito abaixo. Uma apreciação mais completa de muitos dos itens relacionados será feita à medida que o assunto se desenvolve. Sugere-se que o estudante reveja periodicamente o artigo, após o estudo dos capítulos posteriores.

1. Por meio de um arranjo particular de elementos estruturais ou de máquinas, isola-se um membro simples. Tal membro é indicado em um diagrama, com todas as forças e reações que agem sobre ele. Esse é o corpo livre do membro.

2. As reações são determinadas pela aplicação das equações da estática ou das condições de contorno com as equações diferenciais apropriadas. Nos problemas indeterminados, a estática é suplementada por considerações cinemáticas.

3. No ponto onde a magnitude da tensão é desejada, passa-se uma seçao perpendicular ao eixo do corpo, e a parte do corpo, de um lado da seção ou da outra, é completamente removida.

4. Na seção investigada, o sistema de forças internas necessário a manter a parte isolada do membro em equilíbrio é determinado. Em geral, esse sistema de forças consiste de uma força axial, uma de cisalhamento, de um momento fletor e de um conjugado (torque). Essas quantidades são achadas pelo trato de parte do membro como corpo livre.

5. Com o sistema de forças na seção resolvido apropriadamente, as fórmulas estabelecidas permitem determinar as tensões na seção considerada.

6. Se a magnitude da máxima tensão na seção é conhecida, pode-se prever o material apropriado para tal seção, ou, ao contrário, se as propriedades físicas de um material são conhecidas, pode-se selecionar um membro de dimensões adequadas.

7. Em certos problemas, o conhecimento da deformação de um membro, em uma seção arbitrária, provocada pelas forças internas, permite-nos prever a deformação da estrutura como um todo e, desta forma, se necessário, projetar membros que não sofram deflexão ou flexão excessiva.

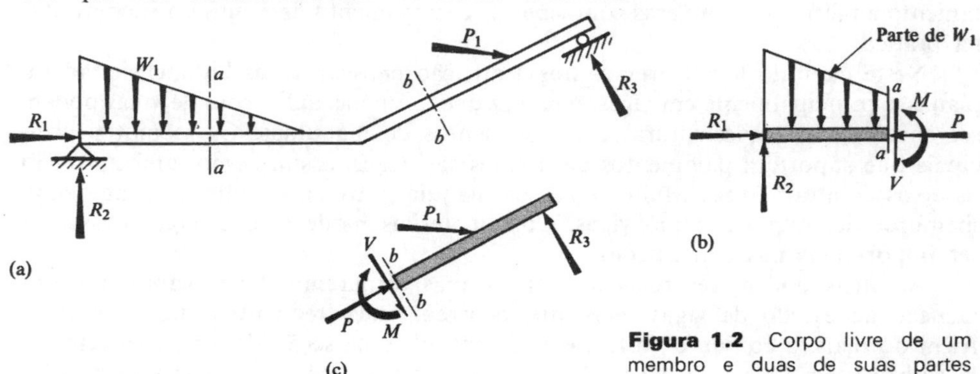

Figura 1.2 Corpo livre de um membro e duas de suas partes

A Fig. 1.2 é uma ilustração esquemática de algumas das etapas acima, para um problema bidimensional. Dois corpos livres isolados do membro, por meio das seções *a-a* e *b-b*, respectivamente, estão mostrados nas Figs. 1.2(b) e (c).

É essencial a habilidade de visualização da natureza das quantidades calculadas. Todas as quantidades consideradas na mecânica dos sólidos têm significado físico definido, muitas das quais podem ter interpretação esquemática. Os diagramas de corpo livre são de auxílio valioso.

2

FORÇAS AXIAL E CORTANTE, E MOMENTO FLETOR

2.1 INTRODUÇÃO

Após algumas observações preliminares, este capítulo será dividido em quatro partes principais. A Parte A consiste em uma revisão dos procedimentos de cálculo para reações. A Parte B discute um método direto, baseado nas equações da estática, para determinação da força axial e cortante ou de cisalhamento, e momentos fletores em qualquer seção de um membro estrutural. A construção de diagramas para essas quantidades é então considerada. As equações diferenciais para o equilíbrio da viga são deduzidas na Parte C, e são fornecidas instruções para construção de diagramas de momentos e forças cortantes. Na Parte D são introduzidas funções singularidades para o tratamento de casos descontínuos. Isto nos habilita ao tratamento analítico de inúmeras condições de carregamento descontínuo encontradas na prática.

Neste capítulo focalizaremos nossa atenção em estruturas bidimensionais ou planas, e principalmente em vigas, uma vez que inúmeras aplicações de vigas podem ser encontradas em estruturas e em elementos de máquinas. Os membros principais que suportam pavimentos de prédios são vigas, assim como também o são os eixos de automóveis. Muitos eixos de máquinas atuam simultaneamente como membros de torção e como vigas. Com materiais modernos, as vigas passam a ser importantes nas construções.

As vigas podem ser retas ou curvas, mas dirigiremos neste capítulo maior atenção ao estudo de vigas retas, que ocorrem mais freqüentemente na prática. Além do mais, o conjunto de forças que atua em uma seção de uma viga reta é o mesmo que em uma viga curva. Assim, se o comportamento de uma viga reta for compreendido, pouco restará a adicionar com relação às vigas curvas. Além disso, embora em instalações reais uma viga reta possa estar na vertical, inclinada, ou na horizontal, as vigas aqui discutidas serão, por conveniência, mostradas na horizontal. Os problemas tridimensionais, mais gerais, serão encontrados nos Caps. 8, 10 e 11.

O conteúdo deste capítulo pode ser familiar a alguns estudantes. Todavia é desejável uma revisão das Partes A, B e C porque a completa compreensão desse material é necessária antes do estudo dos capítulos seguintes. O estudo da Parte D pode ser postergado.

2.2 CONSIDERAÇÕES GERAIS

Para o equilíbrio de um sólido rígido, as equações da estática exigem o preenchimento das seguintes condições:

$$\begin{aligned} \Sigma F_x &= 0, & \Sigma M_x &= 0, \\ \Sigma F_y &= 0, & \Sigma M_y &= 0, \\ \Sigma F_z &= 0, & \Sigma M_z &= 0. \end{aligned} \tag{2.1}$$

A primeira coluna estabelece que a soma das forças que agem sobre um corpo em qualquer direção (x, y, z) deve ser igual a zero. A segunda coluna diz que a soma dos momentos das forças, em relação a qualquer eixo paralelo às direções (x, y, z), deve ser igual a zero para existir o equilíbrio. Nos problemas planos, onde todos os membros e forças estão em um plano único, tal como o plano x-y, as relações $\Sigma F_z = 0$, $\Sigma M_x = 0$ e $\Sigma M_y = 0$, ainda que válidas, são triviais. A Eq. 2.1 já deveria ser familiar aos estudantes.

As equações da estática são diretamente aplicáveis aos corpos deformáveis, usando suas dimensões iniciais. As deformações toleradas nas estruturas são usualmente desprezáveis quando comparadas às dimensões totais das estruturas. Assim, exceto em casos raros, para obtenção das forças em membros estruturais, usam-se nos cálculos as dimensões originais dos membros, isto é, anteriores à deformação.

Existem problemas em que as equações da estática não são suficientes para determinar as forças que agem sobre o membro. Por exemplo, as reações para uma viga reta, suportada em três pontos, conforme mostra a Fig. 2.1, não podem ser determinadas apenas pela estática. Nesse problema-plano existem quatro componentes desconhecidas, mas apenas três equações independentes. Tais problemas são denominados *externa e estaticamente indeterminados*. Sua consideração será postergada até chegarmos aos Caps. 11 e 12. Neste, e nos oito capítulos que se seguem, em sua maioria, apenas os membros externa e estaticamente determinados serão considerados; isto é, todas as reações externas que agem em tais corpos podem ser determinadas pelas Eqs. 2.1. Existem vários problemas estaticamente determinados de significação prática. Uma vez familiarizados com o assunto, será relativamente simples a extensão dos procedimentos a situações estaticamente indeterminadas.

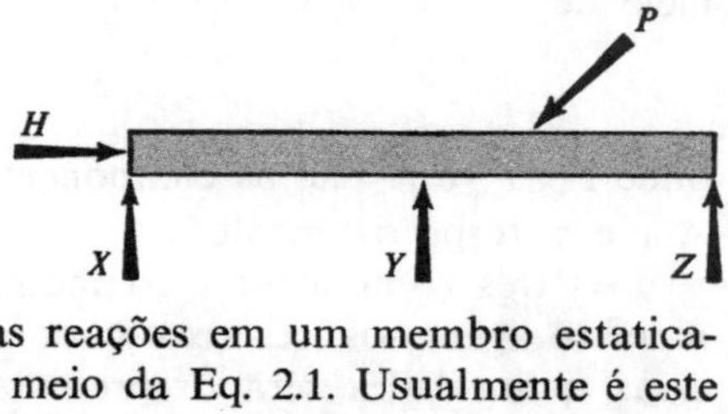

Figura 2.1 Viga estaticamente indeterminada

Conforme foi observado anteriormente, as reações em um membro estaticamente determinado podem ser calculadas por meio da Eq. 2.1. Usualmente é este o primeiro passo na análise. Na próxima fase, faz-se um corte numa seção para isolar a parte selecionada. Determinam-se as componentes de força necessárias ao equilíbrio da parte isolada, pela reaplicação das Eqs. 2.1. *Neste texto as componentes serão decompostas ao longo de um sistema dextrógiro de eixos cartesianos,* como mostra a Fig. 2.2(a). Usualmente os eixos x e y compõem o plano do papel, e o eixo z aponta para o leitor. Em geral, a origem pode ser tomada em qualquer ponto conveniente ou movida ao longo do membro. Todavia, nas barras a origem usualmente é colocada na extremidade esquerda, no centróide da área da seção transversal.

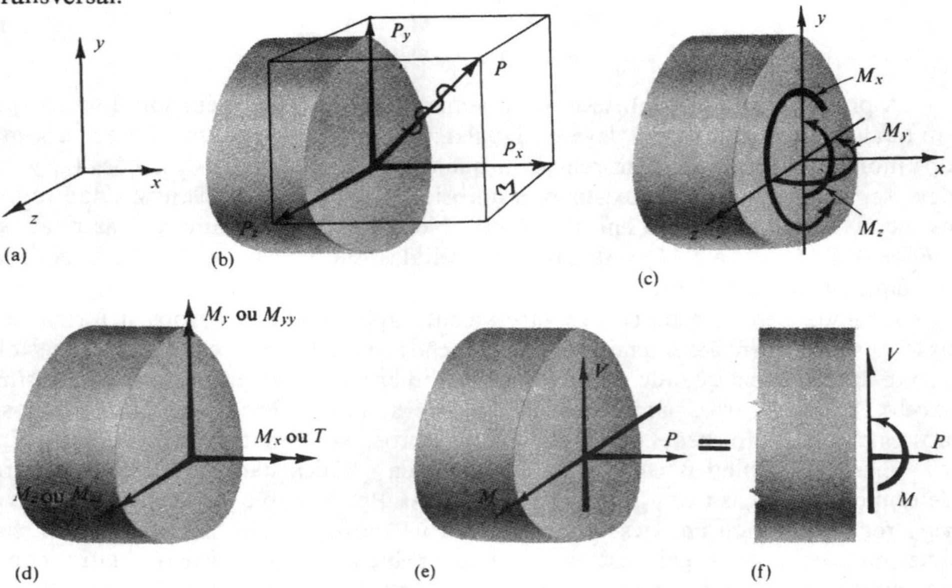

Figura 2.2 Definição de componentes de força positiva em uma seção de um corpo

O sentido positivo das componentes na seção cortada, visto para a origem, coincide com as direções positivas dos eixos coordenados, Fig. 2.2(b). As forças de equilíbrio do lado mais afastado de um segmento (não mostrado na figura) agem em direções opostas àquelas dos eixos coordenados positivos. Baseado nisso, na seção mais próxima de um membro, pode-se exprimir um vetor força $\boldsymbol{P}$ por meio de

$$\boldsymbol{P} = P_x\boldsymbol{i} + P_y\boldsymbol{j} + P_z\boldsymbol{k},$$

onde P_x, P_y e P_z são as componentes da força $\boldsymbol{P}$ e $\boldsymbol{i}$, $\boldsymbol{j}$, $\boldsymbol{k}$ são vetores ao longo de x, y e z, respectivamente.

As três componentes do momento que pode ocorrer em uma seção de um membro agem nos três eixos coordenados, como mostra a Fig. 2.2(c). Neste texto, essas quantidades serão representadas alternativamente por vetores com duas setas, como na Fig. 2.2(d). O sentido desses vetores segue a regra do parafuso dextrógiro.* Para enfatizar o ponto, empregaremos ocasionalmente o índice duplo para indicarmos o eixo em torno do qual atua um momento fletor particular como M_y ou M_z. Como M_x é o conjugado que age sobre um membro, ele será identificado pela letra T.

Da mesma maneira que um vetor força, o vetor momento $\boldsymbol{M}$ pode ser expresso por

$$\boldsymbol{M} = M_x\boldsymbol{i} + M_y\boldsymbol{j} + M_z\boldsymbol{k}$$

onde $M_x \equiv T$, $M_y \equiv M_{yy}$ e $M_z \equiv M_{zz}$ são componentes de $\boldsymbol{M}$, ao longo dos eixos coordenados, como mostra a Fig. 2.2(d).

Para problemas planos a notação e a representação diagramática das componentes de força, usadas neste texto, são mostradas nas Figs. 2.2(e) e (f).

A análise das forças na Fig. 2.2 relacionadas à intensidade das forças internas (tensões) e das deformações por elas causadas nos membros, será dada nos capítulos que se seguem. Como será mostrado, esses problemas básicos são estática e internamente indeterminados. Em geral, as equações da estática não são suficientes para a solução de tais problemas; devem ser usadas premissas de deformação assim como propriedades de materiais.

PARTE A
CÁLCULO DAS REAÇÕES

2.3 CONVENÇÕES DIAGRAMÁTICAS PARA SUPORTES

No estudo das vigas é imperativo adotar convenções diagramáticas para seus suportes e carregamentos, porquanto diversos tipos de suportes e grande variedade de cargas são possíveis. A total compreensão e adoção de tais convenções evita confusões e diminui as possibilidades de enganos. Essas convenções formam a linguagem pitoresca dos engenheiros. Como mensionado na introdução, por conveniência, as vigas serão mostradas usualmente na posição horizontal.

Três são os tipos de suportes para vigas carregadas com forças que agem no mesmo plano, e são identificados pelas reações que oferecem às forças. Um deles é fisicamente representado por um *rolete* ou uma *articulação.* É capaz de resistir a uma força em apenas uma linha de ação específica. A articulação na Fig. 2.3(a) pode resistir a forças na direção da linha *AB.* O rolete da Fig. 2.3(b) pode resistir apenas a uma força vertical, e os roletes da Fig. 2.3(c) podem resistir apenas a uma força que age perpendicularmente ao plano *CD.* Uma reação desse tipo corresponde a uma incógnita na aplicação das equações da estática. Para reações inclinadas, a *relação* entre as duas componentes é fixa.

Outro suporte que pode ser usado por uma viga é o *pino.* Em construção real, tal suporte é efetuado analogamente ao mostrado na Fig. 2.4(a). Neste texto, tais

*Um parafuso à direita avança na direção do vetor quando ele é girado no sentido indicado por meio de um momento

suportes serão representados por diagramas como o da Fig. 2.4(b). Um suporte com pino é capaz de resistir a uma força que age em qualquer plano ou direção. Assim, em geral, a reação em tal suporte pode ter duas componentes, uma na direção horizontal e outra na vertical. Ao contrário da relação aplicada ao suporte de rolete ou de articulação, aquela entre as componentes de reação para o suporte de pino não é fixa. Para determinar essas duas componentes, deve-se usar duas equações da estática.

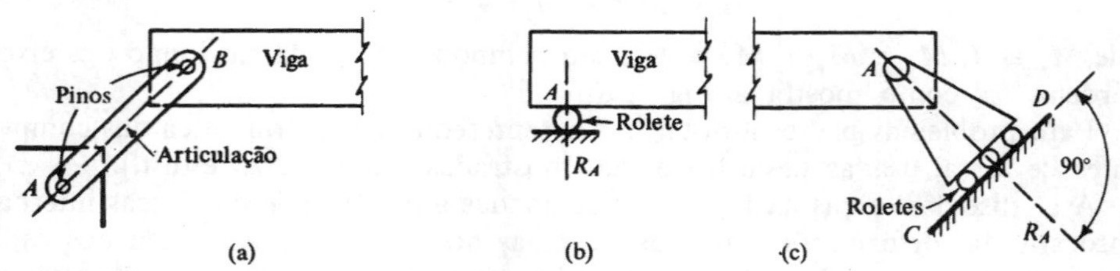

Figura 2.3 Suportes de articulação e de rolete. (A única linha possível de ação da reação está mostrada pelas linhas tracejadas)

O terceiro suporte usado em vigas é capaz de resistir a uma força em qualquer direção e, também é capaz de resistir a um momento. Fisicamente tal suporte é obtido pelo engastamento de uma viga em uma parede, em um bloco de concreto, ou soldando uma viga na estrutura principal. Em tal suporte existe um sistema de três forças, duas componentes de força e um momento. Tal suporte é chamado de *engastamento*, isto é, uma extremidade embutida ou impedida de girar. A Fig. 2.5 mostra a convenção padronizada de indicação.

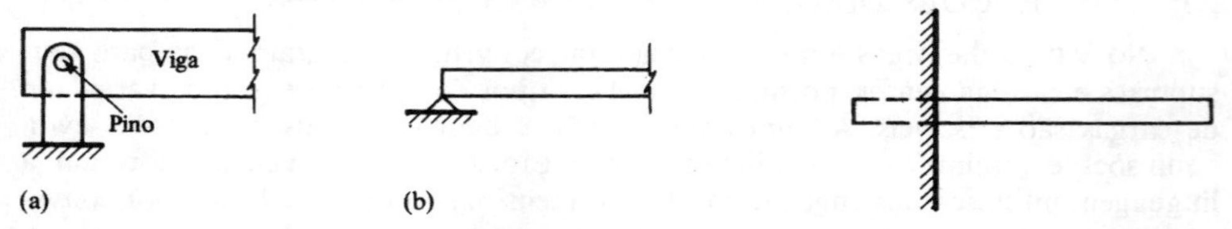

Figura 2.4 Suporte de pino; (a) atual, (b) diagramático

Figura 2.5 Suporte fixo

Para diferenciar os suportes fixos daqueles de rolete e pino, que não resistem a um momento, chamamos os dois últimos de *suportes simples*. A Fig. 2.6 resume as diferenças entre os três tipos de suporte, e os tipos de reação impostas. Os engenheiros normalmente admitem um dos três tipos de suporte, por meio de "julgamento" (bom senso), ainda que na construção real os suportes não caiam especificamente nas classificações anteriores. Uma investigação mais refinada desse aspecto do problema foge ao escopo do presente texto.

2.4 CONVENÇÕES DIAGRAMÁTICAS PARA CARREGAMENTO

As vigas são usadas para suporte de variadas cargas. Freqüentemente se transmite uma força à viga através de um pilar, um braço de alavanca, ou um detalhe rebitado como o da Fig. 2.7(a). Tais arranjos aplicam a força a uma parcela limitada da viga e são idealizados, para fins de análise da viga, como *forças concentradas*.

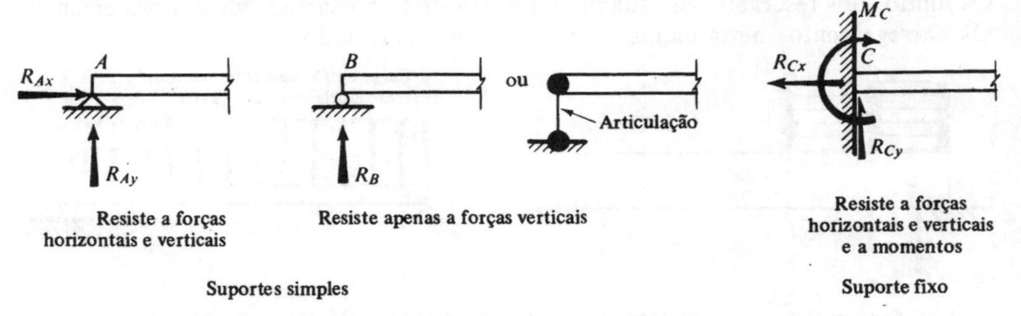

Figura 2.6 Os três suportes comuns

A Fig. 2.7(b) mostra os diagramas correspondentes. Por outro lado, em várias circunstâncias, as forças são aplicadas sobre considerável porção da viga. Por exemplo, em um depósito a mercadoria pode ser empilhada ao longo do comprimento de uma viga. Tais forças são chamadas de cargas *distribuídas*. Vários são os tipos de tais carregamentos, mas dois deles têm importância particular: as cargas *uniformemente distribuídas* e as cargas *uniformemente variáveis*. As primeiras poderiam facilmente ser identificadas como a idealização da carga do depósito acima mencionada, onde a mesma espécie de mercadoria é empilhada até a mesma altura ao longo da viga. Da mesma forma, a viga em si, quando de área de seção transversal constante, se constitui em excelente ilustração da mesma espécie de carregamento.

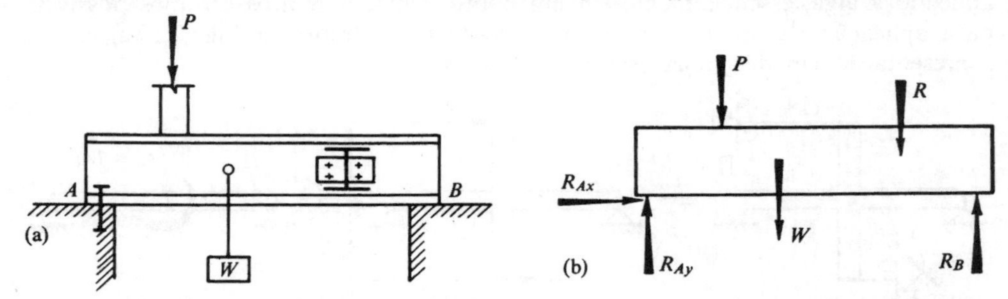

Figura 2.7 Carregamento concentrado em uma viga: (a) atual, (b) idealizado

A Fig. 2.8 mostra uma situação real e um diagrama representativo. Essa carga é usualmente expressa em kgf/m (ou kgf/cm) da viga, a menos que se indique o contrário.

As paredes verticais e inclinadas recebem cargas uniformemente variáveis, como no caso das paredes laterais de um reservatório com líquido. A Fig. 2.9 ilustra esse caso, onde se admite que a viga vertical tenha 1 metro de largura e γ (kgf/m^3) é o peso específico do líquido. Para esse tipo de carregamento, deve-se observar cuidadosamente que a máxima intensidade da carga de p kgf/m é aplicável somente ao comprimento infinitesimal da viga. Ela é o dobro da intensidade média da pressão. Dessa forma, a força total exercida por tal carregamento sobre a viga é de 1/2 *ph* kgf. Os fundos dos reservatórios, quando na horizontal, são carregados uniformemente. Os carregamentos aerodinâmicos são do tipo distribuído.

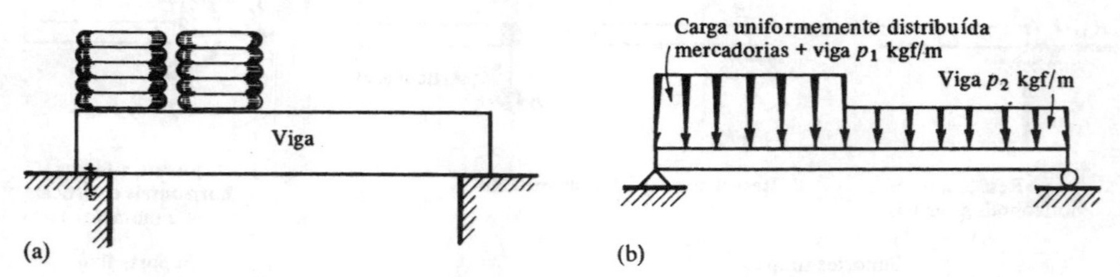

Figura 2.8 Carregamento distribuído em uma viga: (a) atual, (b) idealizado

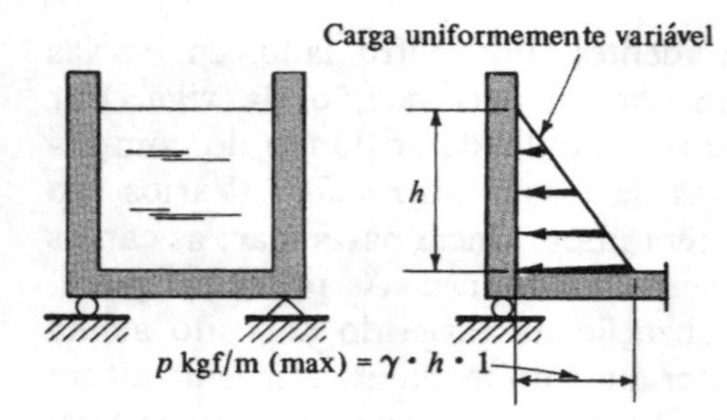

Figura 2.9 Carregamento hidrostático em uma parede vertical

Finalmente, é concebível carregar uma viga com um momento concentrado aplicado à viga, essencialmente em um ponto. Um dos muitos arranjos possíveis para aplicação de um momento concentrado é mostrado na Fig. 2.10(a), e sua representação em diagrama está na Fig. 2.10(c).

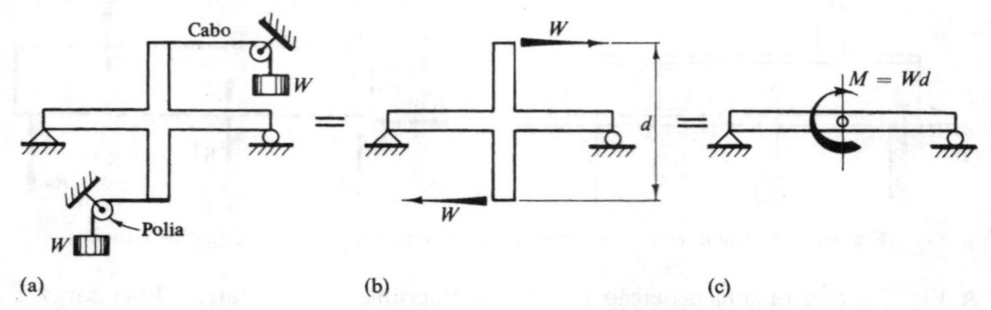

Figura 2.10 Método de aplicação de um momento concentrado a uma viga

A necessidade de uma compreensão total da representação simbólica acima para suportes e forças não pode ser excessivamente enfatizada. Observe particularmente o tipo de reação oferecida pelos diferentes suportes e a maneira de se representar forças em tais suportes. Essas notações serão usadas na construção dos diagramas de corpo livre das vigas.

2.5 CLASSIFICAÇÃO DAS VIGAS

As vigas são classificadas em diversos grupos, dependendo principalmente do tipo de suporte. Assim, se os suportes estão nas extremidades e são pinos ou roletes, as vigas são chamadas de *simplesmente apoiadas* ou *simples*, Fig. 2.11(a) e (b). A viga torna-se *fixa* ou de *extremidades fixas* ou *engastadas*, Fig. 2.11(c) se as extremidades têm suportes fixos. Da mesma forma, seguindo esquema análogo de nomenclatura, a viga mostrada na Fig. 2.11(d) é uma viga fixa ou engastada em uma extremidade e simplesmente apoiada na outra. Tais vigas também são chamadas de vigas com *restrição* porque uma das extremidades é impedida de girar. Uma viga engastada em uma extremidade e completamente livre na outra tem o nome especial de viga engastada *em balanço*, Fig. 2.11(e). Se a viga vai além do suporte, é chamada de viga *com balanço*. Assim, a viga mostrada na Fig. 2.11(f) é uma viga com balanço. Se existirem suportes intermediários de membros fisicamente contínuos que atuam como viga, da forma mostrada na Fig. 2.11(g), a viga é denominada *contínua*. Para todos as vigas, a distância L entre os suportes é chamada de *vão*. Em uma viga contínua os diversos vãos podem ter comprimentos variáveis.

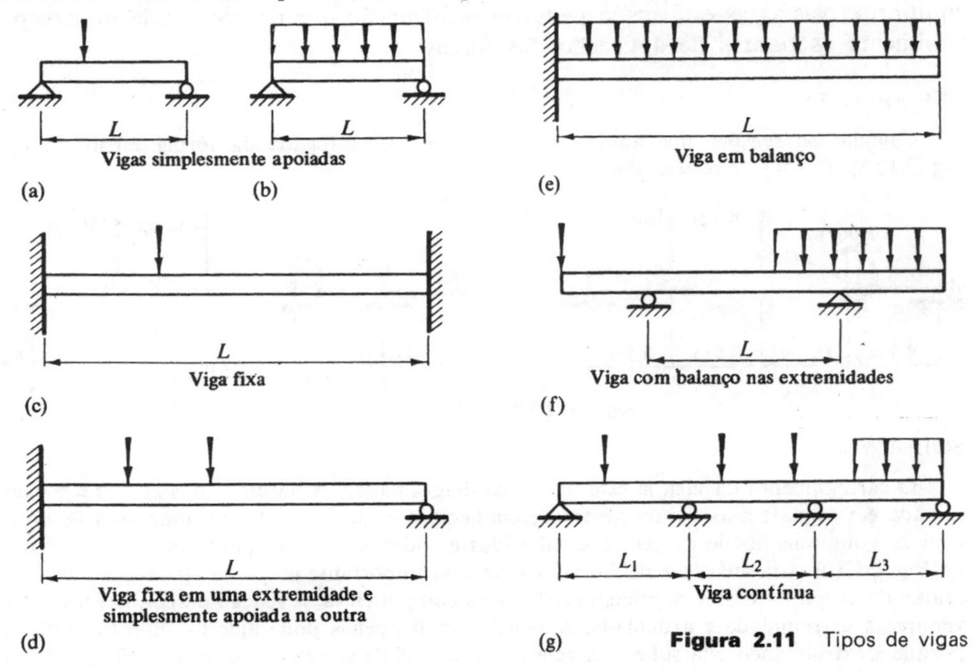

Figura 2.11 Tipos de vigas

Além da classificação das vigas com base no tipo de apoio, usa-se freqüentemente dar alguma descrição relativa ao carregamento. Assim, a viga mostrada na Fig. 2.11(a) é uma viga simplesmente apoiada, com carga concentrada, e aquela da Fig. 2.11(b) é simplesmente apoiada com carga uniformemente distribuída. Outras vigas podem ser descritas da mesma forma.

Freqüentemente também se usa a classificação de vigas estaticamente determinadas e indeterminadas. Se a viga, carregada em um plano, é estaticamente determinada, o número de incógnitas, ou seja de componentes de reação desconhecidas, não excede a três. Essas incógnitas podem sempre ser determinadas pelas equações do equilíbrio estático. O artigo que se segue, fará uma breve revisão dos métodos da estática para o cálculo das reações de vigas estaticamente determinadas. A investigação sobre as vigas estaticamente indeterminadas será deixada para os Caps. 11 e 12.

2.6 CÁLCULO DAS REAÇÕES NAS VIGAS

Na maior parte do trabalho que se segue, a análise dos membros será iniciada com a determinação das reações. Quando todas as forças são aplicadas em um plano, três equações do equilíbrio estático estarão disponíveis para tal finalidade. A aplicação de tais equações a diversos problemas de viga encontra-se ilustrada a seguir e pretende servir como revisão desse importante procedimento. A deformação das vigas, sendo pequena, pode ser desprezada durante a aplicação das equações de equilíbrio. Nas vigas estáveis, a pequena deformação que ocorre, muda imperceptivelmente os pontos de aplicação das forças.

EXEMPLO 2.1

Calcular as reações nos apoios, da viga simples, carregada da forma mostrada na Fig. 2.12(a). Desprezar o peso da viga.

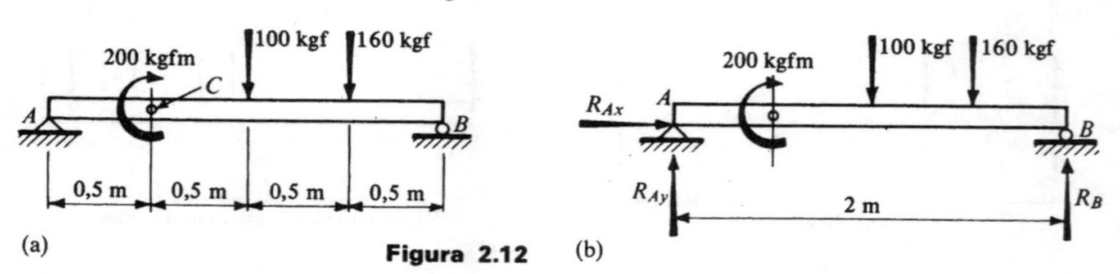

Figura 2.12

SOLUÇÃO

O carregamento da viga já está na forma diagramática. A natureza dos suportes é examinada em seguida e as componentes desconhecidas estão indicadas no diagrama. A viga, com as componentes de reação desconhecidas e todas as forças aplicadas, é redesenhada na Fig. 2.12(b) para enfatizar deliberadamente essa importante etapa na construção do diagrama do corpo livre. Em A, podem existir duas componentes de reação desconhecidas, uma vez que a extremidade é articulada. A reação em B apenas pode agir na direção vertical, porque a extremidade está sobre um rolete. Os pontos de aplicação de todas as forças estão indicados com o devido cuidado. Após feito o diagrama do corpo livre da viga, as equações da estática não-aplicadas para se obter a solução.

$$\Sigma F_x = 0, \qquad R_{Ax} = 0,$$

$$\Sigma M_A = 0 \circlearrowleft +, \qquad 200 + 100(1{,}0) + 160(1{,}5) - R_B(2{,}0) = 0, \quad R_B = +\,270\ \text{kgf}\uparrow$$

$$\Sigma M_B = 0 \circlearrowleft +, \qquad R_{Ay}(2{,}0) + 200 - 100(1{,}0) - 160(0{,}5) = 0, \quad R_{Ay} = -10\ \text{kgf}.$$

Verificação:

$$\Sigma F_y = 0 \uparrow +, \qquad -10 - 100 - 160 + 270 = 0.$$

Observe que $\Sigma F_x = 0$, usa uma das três equações independentes da estática e, dessa forma, apenas duas componentes adicionais ou momentos ocorrem nos suportes, transformando o problema em um estaticamente indeterminado. Na Fig. 2.11, as vigas mostradas nas partes *c*, *d* e *g* são estaticamente indeterminadas, como pode ser provado pelo exame do número de componentes desconhecidas (verificar essa afirmativa).

Observe que o momento concentrado aplicado em *C* entra-se apenas nas expressões para o somatório dos momentos. O sinal positivo de R_B indica que sua direção foi admitida no sentido correto na Fig. 2.12(b). O inverso é o caso de R_{Ay}, e a reação vertical em *A* é para baixo. Observe que o desenvolvimento aritmético é verificado se os cálculos são feitos conforme é mostrado.

SOLUÇÃO ALTERNATIVA

No cálculo das reações, alguns engenheiros preferem efetuá-los da maneira indicada na Fig. 2.13. Fundamentalmente, isso envolve o uso dos mesmos princípios. Apenas os detalhes são diferentes. As reações para cada força são determinadas uma por vez. A reação total é obtida pela soma dessas componentes. Esse procedimento permite verificar os cálculos à medida que são efetuados. Para cada força, a soma de suas reações é igual à força em si. Por exemplo, para a força de 160 kgf, é fácil de ver que as componentes de 40 kgf e 120 kgf dão o total de 160 kgf. Por outro lado, o momento concentrado em *C*, sendo um conjugado, é resistido por outro conjugado. Ele provoca uma força para *cima*, de 100 kgf, no apoio da direita, e uma força para *baixo*, de 100 kgf, no apoio da esquerda.

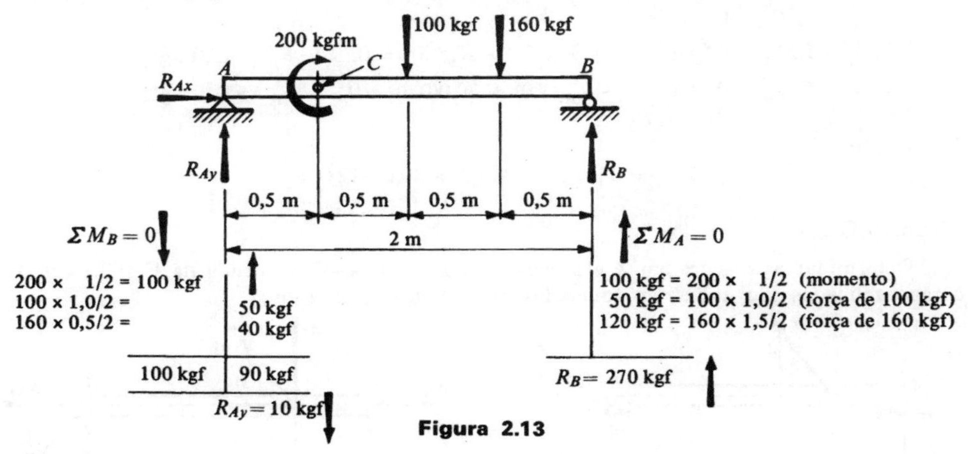

Figura 2.13

EXEMPLO 2.2

Achar as reações nos apoios da viga com carga parcial uniformemente variável, mostrada na Fig. 2.14(a). Desprezar o peso da viga.

SOLUÇÃO

Um exame das condições de suporte indica que existem três componentes desconhecidas, e dessa forma, a viga é estaticamente determinada. Essas componentes e a carga aplicada estão mostradas na Fig. 2.14(b). Observe particularmente que, para o cálculo das reações, a configuração do membro não é importante. Para ressaltar o ponto, indicamos a viga por um traçado grosseiro não parecido com o real. Todavia, esse novo corpo é apoiado nos pontos A e B, da mesma maneira que a viga original.

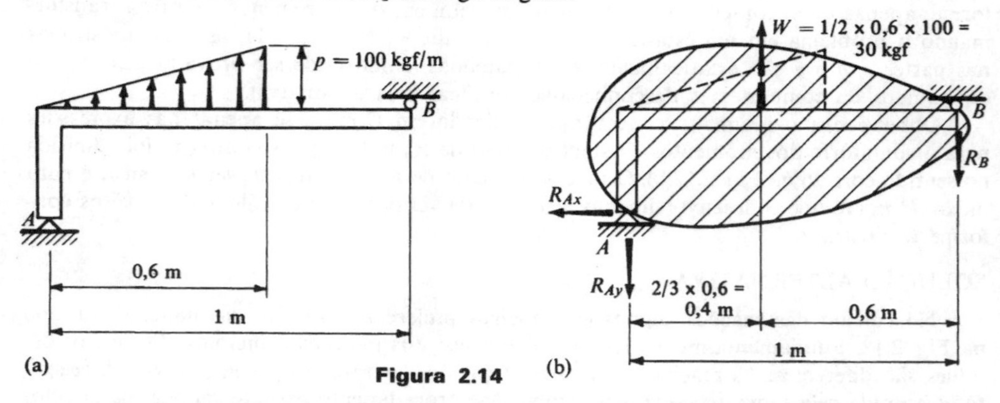

Figura 2.14

Para o cálculo das reações, a carga distribuída é substituída por uma força concentrada equivalente. Essa força é igual à soma das forças distribuídas que agem sobre a viga. Ela age no centróide das forças distribuídas. Essas quantidades pertinentes estão marcadas no esquema de trabalho, Fig. 2.14(b). Após o preparo do diagrama do corpo livre, a solução é achada pela aplicação das equações do equilíbrio estático.

$$\Sigma F_x = 0, \qquad R_{Ax} = 0,$$

$$\Sigma M_A = 0 \circlearrowleft +, \qquad +30{,}0(0{,}4) - R_B(1{,}0) = 0, \qquad R_B = 12{,}0 \text{ kgf}\downarrow$$

$$\Sigma M_B = 0 \circlearrowright +, \qquad -R_{Ay}(1{,}0) + 30{,}0(0{,}6) = 0, \qquad R_{Ay} = 18{,}0 \text{ kgf}\downarrow$$

Verificação:

$$\Sigma F_y = 0 \uparrow +, \qquad -18{,}0 + 30{,}0 - 12{,}0 = 0.$$

EXEMPLO 2.3

Determinar as reações em A e B para a viga "sem peso" mostrada na Fig. 2.15(a). As cargas aplicadas são dadas em toneladas, ou em quilograma-força.

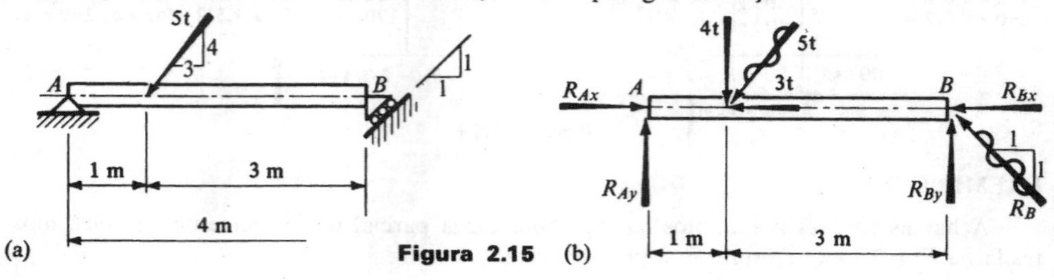

Figura 2.15

SOLUÇÃO

A Fig. 2.15(b) mostra o diagrama do corpo livre. Em A existem duas componentes desconhecidas, R_{Ax} e R_{Ay}. Em B a reação R_B é normal ao plano do suporte e constitui uma incógnita. É conveniente substituir essa força pelas duas componentes R_{By} e R_{Bx}, que nesse problema particular são numericamente iguais. Analogamente, é melhor substituir a força inclinada pelas duas componentes mostradas. Essas etapas reduzem o problema a outro em que todas as forças são horizontais ou verticais. Isso é conveniente na aplicação das equações do equilíbrio estático.

$$\Sigma M_A = 0 \circlearrowright +, \qquad +4(1) - R_{By}(4) = 0, \qquad R_{By} = 1\,\text{t}\uparrow = |R_{Bx}|$$

$$\Sigma M_B = 0 \circlearrowright +, \qquad +R_{Ay}(4) - 4(3) = 0, \qquad R_{Ay} = 3\,\text{t}\uparrow$$

$$\Sigma F_x = 0 \rightarrow +, \qquad +R_{Ax} - 3 - 1 = 0, \qquad R_{Ax} = 4\,\text{t}\rightarrow$$

$$R_A = \sqrt{4^2 + 3^2} = 5\,\text{t}$$

$$R_B = \sqrt{1^2 + 1^2} = \sqrt{2}\,\text{t}$$

Verificação:

$$\Sigma F_y = 0 \uparrow +, \qquad +3 - 4 + 1 = 0.$$

Ocasionalmente são introduzidas *articulações** ou *juntas com pinos* nas vigas. Uma articulação é capaz de transmitir apenas as forças horizontais e verticais. Nenhum momento é transmitido por uma junta articulada. Dessa forma, o ponto onde está a articulação é particularmente conveniente para separação da estrutura em seções, para fins de cálculo das reações. Esse processo está ilustrado na Fig. 2.16. Cada seção da viga assim separada tem tratamento independente. Cada articulação fornece um eixo extra em torno do qual os momentos podem ser calculados para determinação das reações. A introdução de uma articulação ou de várias articulações em uma viga contínua, em muitos casos transforma o sistema em estaticamente determinado. A introdução de uma articulação em uma viga determinada resulta numa viga não estável. Observe que a reação na articulação para uma viga age em direção oposta na outra viga.

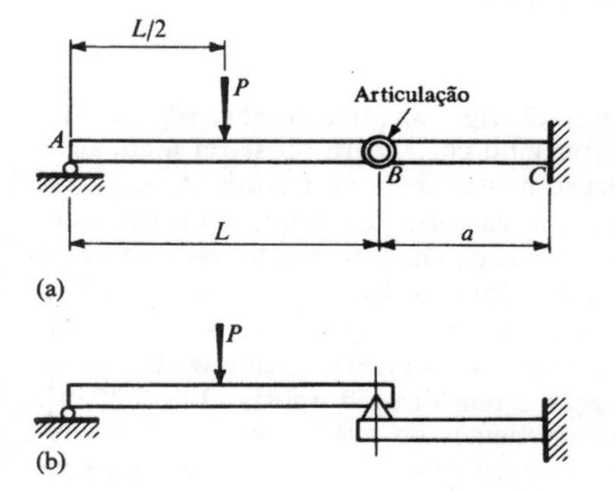

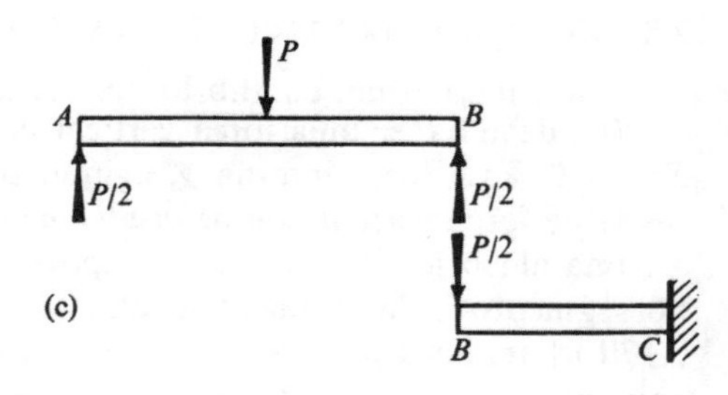

Figura 2.16 Estruturas separadas por articulação para determinação das reações pela estática

*Outro tipo de conexão está mostrado na Fig. 11.12

PARTE B

DIAGRAMAS DE FORÇAS AXIAL, CORTANTE E DE MOMENTOS: MÉTODO DIRETO

2.7 APLICAÇÃO DO MÉTODO DAS SEÇÕES

O principal objetivo deste capítulo é estabelecer procedimentos para determinação das forças existentes em cada seção da viga. Para obter essas forças, aplicamos o método das seções, que é básico na mecânica dos sólidos.

A análise de qualquer viga inicia pela preparação de um diagrama do corpo livre. As reações são calculadas a seguir. Isso é sempre possível desde que a viga seja estaticamente determinada. Após a determinação das reações, elas se tornam forças conhecidas, e nas etapas subseqüentes da análise, não há necessidade de distinção entre as forças aplicadas e de reação. Então, usa-se o conceito de equilíbrio das partes de um corpo, quando ele como um todo está em equilíbrio.

Para concretização do que se falou, considere uma viga, tal como a mostrada na Fig. 2.17(a), com certas forças concentradas e cargas distribuídas, agindo juntamente com as reações admitidas conhecidas. Qualquer parte da viga, de cada lado de um corte imaginário, como *x-x*, feito perpendicularmente ao eixo da viga, pode ser tratada como um corpo livre. Separando essa viga na seção *x-x*, obtém-se dois segmentos, conforme mostram as Figs. 2.17(b) e (c). Observe particularmente que a seção imaginária, atravessa a carga distribuída e a separa em duas. Cada um dos segmentos da viga está em equilíbrio, cujas condições exigem a existência de um sistema de forças na seção de corte da viga. Em geral, na seção de uma viga, são necessárias uma força vertical, uma horizontal e um momento para manter em equilíbrio a parte da viga. Essas quantidades adquirem significado especial nas vigas e, dessa forma, serão discutidas separadamente.

2.8 FORÇA CORTANTE NAS VIGAS

Para manter em equilíbrio um segmento de viga tal como o mostrado na Fig. 2.17(b), deve haver uma força vertical interna V no corte, para satisfazer a equação $\Sigma F_y = 0$. Essa força interna V, agindo perpendicularmente ao eixo da viga, é chamada de força *cortante* ou de *cisalhamento*. A força cortante é numericamente igual à soma algébrica de todas as componentes verticais das forças externas que agem no segmento isolado, mas tem direção oposta. Com os dados qualitativos na Fig. 2.17(b) V tem direção oposta a carga para baixo, do lado esquerdo da seção. Analogamente, a força cortante, na mesma seção, também é numericamente igual à soma de todas as forças verticais a direita da seção e tem direção oposta [Fig. 2.17(c)]. Naturalmente, a última soma inclui as componentes de reação vertical. É indiferente o uso do segmento direito ou esquerdo para determinar a força cortante na seção — o que governa é a simplicidade aritmética. As forças cortantes em qualquer outra seção podem ser achadas analogamente.

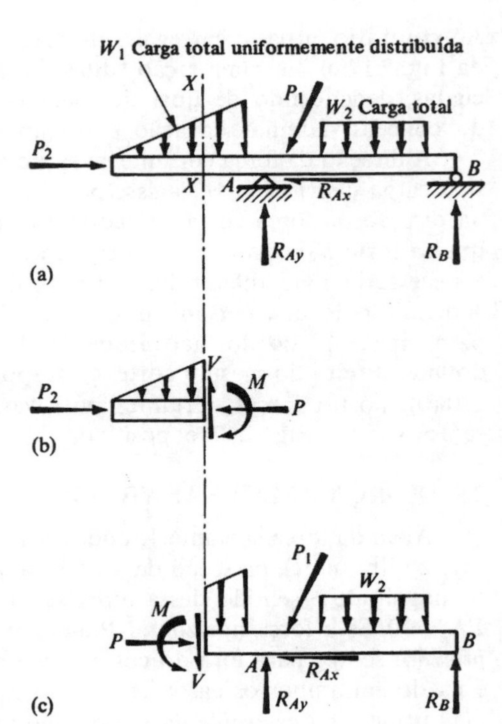

Figura 2.17 Aplicação do método das seções a uma viga estaticamente determinada

Nesse momento pode-se fazer uma observação significativa. O mesmo cisalhamento mostrado nas Figs. 2.17(b) e (c), na seção *x-x*, tem direção oposta nos dois diagramas. Correspondentemente à parte da carga W_1, a esquerda da seção *x-x*, a viga oferece uma reação para cima para manter em equilíbrio as forças verticais.

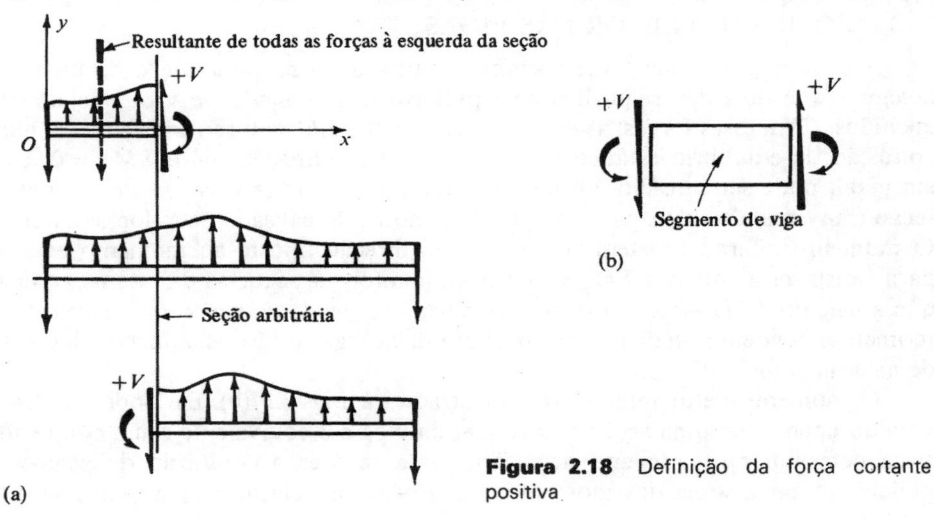

Figura 2.18 Definição da força cortante positiva

Ao contrário, a parte carregada da viga exerce uma força para baixo, sobre a viga da Fig. 2.17(c). Em uma seção "duas direções" da força cortante devem ser diferenciadas, dependendo de qual dos segmentos da viga é considerado. Isso decorre do conceito familiar de ação e reação da estática.

A direção da força cortante na seção *x-x* seria invertida em ambos os diagramas se a carga distribuída W_1 agisse para cima. Freqüentemente uma inversão análoga na direção da força cortante ocorre em uma seção ou outra da viga, por motivos que se tornarão aparentes posteriormente. A adoção de uma convenção de sinais é necessária para diferenciar entre as duas direções possíveis da força cortante. A definição de força cortante positiva está ilustrada na Fig. 2.18(a). Uma força interna para cima, agindo do lado esquerdo do corte ou uma força para baixo, agindo do lado direito do mesmo corte, corresponde a uma força cortante positiva. A Fig. 2.18(b) mostra forças cortantes positivas para um elemento. O cisalhamento na seção *x-x* da Fig. 2.17 é positivo.

2.9 FORÇA AXIAL NAS VIGAS

Além da força cortante *V*, pode ser necessária uma força horizontal, como *P* na Fig. 2.17(b) ou (c), na seção de uma viga, para satisfazer as condições de equilíbrio. A magnitude e sentido dessa força são obtidos da solução particular da equação $\Sigma F_x = 0$. Se a força horizontal *P* age para o corte, é chamada de *empuxo* ou *compressão*; se age para fora do corte, é chamada de *tração axial*. O termo *força axial* é usado em ambos os casos. *A linha de ação da força axial deveria ser sempre dirigida através do centróide da seção transversal da viga.*

As seções de uma viga podem ser examinadas para obtenção da magnitude da força axial, da forma acima descrita. Em concordância com a convenção de sinais da Fig. 2.2, uma força de tração em uma seção é positiva.

2.10 MOMENTO FLETOR NAS VIGAS

A existência de uma força cortante e outra axial em uma seção de uma viga assegura que dois dos requisitos de equilíbrio do segmento de viga estejam preenchidos. Com essas forças, as equações $\Sigma F_x = 0$ e $\Sigma F_y = 0$ são satisfeitas. A outra condição de equilíbrio estático para o problema bidimensional é $\Sigma M_z = 0$. Essa, em geral, pode ser satisfeita apenas por um *momento interno resistente* na área de seção tranversal do corte, para compensar o momento causado pelas forças externas. O momento interno resistente deve agir em direção oposta ao momento externo, para satisfazer a equação $\Sigma M_z = 0$. Da mesma forma, segue-se da mesma equação que a *magnitude do momento interno resistente se iguala ao momento externo*. Esses momentos tendem a fletir a viga no plano das cargas e são usualmente chamados de *momentos fletores*.

O momento fletor interno *M* é mostrado na Fig. 2.17(b). Ele pode ser desenvolvido apenas em uma seção transversal da viga e é equivalente a um conjugado. Para determinar o momento necessário para manter o equilíbrio do segmento, pode-se tomar a soma dos momentos das forças em relação a qualquer ponto no plano; naturalmente, todas as forças vezes os seus braços devem estar incluídas na soma. As forças internas V e P não são exceções. Para excluir da soma os momentos provocados por essas forças, geralmente é mais apropriado, em problemas numéricos, *selecionar o ponto de interseção dessas duas forças como o ponto em torno do qual os momentos são calculados.* Ambas, V e P, têm braços de comprimento zero nesse ponto, o qual está localizado no centróide da área da seção transversal da viga.

Em lugar de se considerar o segmento à esquerda da seção x-x, pode-se usar o segmento da direita da viga, Fig. 2.17(c), para determinar o momento fletor interno. Conforme foi explicado anteriormente, esse momento interno é igual ao momento externo das forças aplicadas (incluindo reações), contanto que a soma dos momentos seja tomada em relação ao centróide da seção no corte. Na Fig. 2.17(b), o momento resistente pode ser fisicamente interpretado como uma puxada nas fibras superiores da viga e um empurrão nas fibras inferiores. A mesma interpretação se aplica ao mesmo momento na Fig. 2.17(c).

Se a carga W_1 na Fig. 2.17(a) atuasse na direção oposta, os momentos resistentes nas Figs. 2.17(b) e (c) seriam invertidos. Essa situação e outras semelhantes exigem uma convenção de sinais para os momentos fletores. Essa convenção está associada com uma ação física definida da viga. Por exemplo, nas Figs. 2.17(b) e (c) os momentos internos mostrados puxam na parte superior da viga e comprimem a inferior. Isso tende a aumentar o comprimento da superfície superior da viga e a contrair a inferior. A ocorrência continuada de tais momentos ao longo da viga, faz com que esta se deforme (convexa para cima). Tais momentos fletores recebem o sinal negativo. Ao contrário, um momento positivo é definido como aquele que provoca compressão na parte superior e tração na parte inferior da viga. Em tais circunstâncias a viga adquire a forma de "retentor de água". Por exemplo, uma viga simples que suporta um grupo de forças para baixo, deflete-se para baixo, conforme mostra a Fig. 2.19(a), de forma exagerada. Tal deflexão segue a intuição física. Nessa viga, a investigação dos momentos fletores ao longo da viga mostra que todos são positivos. O significado de um momento fletor positivo em uma seção da viga está definido na Fig. 2.19(b). Essa convenção de sinais concorda de novo com aquela da Fig. 2.2.

2.11 DIAGRAMAS DE FORÇAS CORTANTES E AXIAIS, E DE MOMENTOS FLETORES

Pelos métodos discutidos acima, pode-se obter a magnitude e sentido das forças cortantes e axial, e momento fletor em qualquer seção da viga. Além do mais, com as convenções de sinais adotadas para essas quantidades, podem ser traçados diagramas separados dessas funções. Em tais diagramas as ordenadas podem ser igualadas às quantidades calculadas, traçando-as em escala conveniente, a partir de uma linha base de comprimento igual ao da viga. A representação gráfica é obtida através da união dos pontos marcados. Tais diagramas, dependendo da natureza das quantidades que representam, são chamados respectivamente de *diagramas* *de força cortante,** *de força axial* ou de *momento fletor*. Com a ajuda de tais diagramas, as magnitudes e localizações das várias quantidades tornam-se imediatamente aparentes. É conveniente fazer tais traçados diretamente abaixo do diagrama de corpo livre da viga, usando a mesma escala horizontal para o comprimento da viga. A precisão do traçado de tais diagramas é usualmente desnecessária quando as ordenadas significativas são marcadas com seus valores numéricos respectivos.

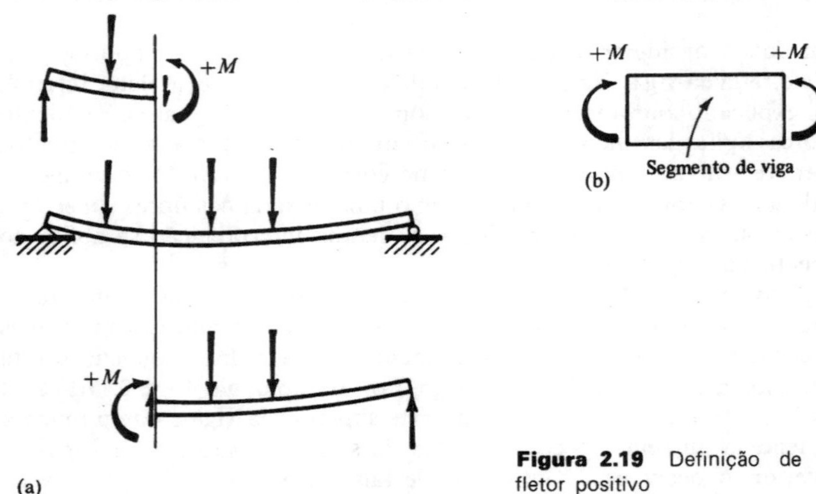

Figura 2.19 Definição de um momento fletor positivo

Os diagramas de força axial não são usados com tanta freqüência quanto os diagramas de força cortante e momento fletor, porque a maioria das vigas investigadas na prática são carregadas por forças que agem perpendicularmente ao eixo da viga. Para tais carregamentos, não existem forças axiais nas seções.

Os diagramas de força cortante e de momento são bastante importantes. A partir deles o projetista vê qual o desempenho necessário em cada seção da viga. O procedimento discutido acima, de divisão da viga em seções e determinação do sistema de forças na seção, é fundamental, e os estudantes devem aprendê-lo bem. Os exemplos que se seguem ilustram tal procedimento.

EXEMPLO 2.4

Construir os diagramas de força cortante, força axial e de momento fletor para a viga sem peso, mostrada na Fig. 2.20(a), sujeita à força inclinada de $P = 5$ t.

SOLUÇÃO

A Fig. 2.20(b) mostra um diagrama de corpo livre da viga. As reações são determinadas por inspeção, após a força aplicada ser decomposta nas duas componentes. Em seguida, são investigadas várias seções da viga, como mostram as Figs. 2.20(c), (d), (e), (f) e (g). Em

*Em muitos textos sobre análise estrutural, a direção positiva da força cortante é tomada em oposição à aqui adotada. Se forças cortantes positivas como definidas neste texto são traçadas para baixo, os contornos dos diagramas de força cortante para as duas convenções de sinais tornam-se idênticos

cada caso coloca-se a mesma questão: quais são as forças internas necessárias para manter o segmento da viga em equilíbrio? As quantidades correspondentes são registradas nos respectivos diagramas de corpo livre do segmento de viga. As ordenadas para essas quantidades estão indicadas por pontos fortes nas Figs. 2.20(h), (i) e (j), com a devida atenção aos sinais.

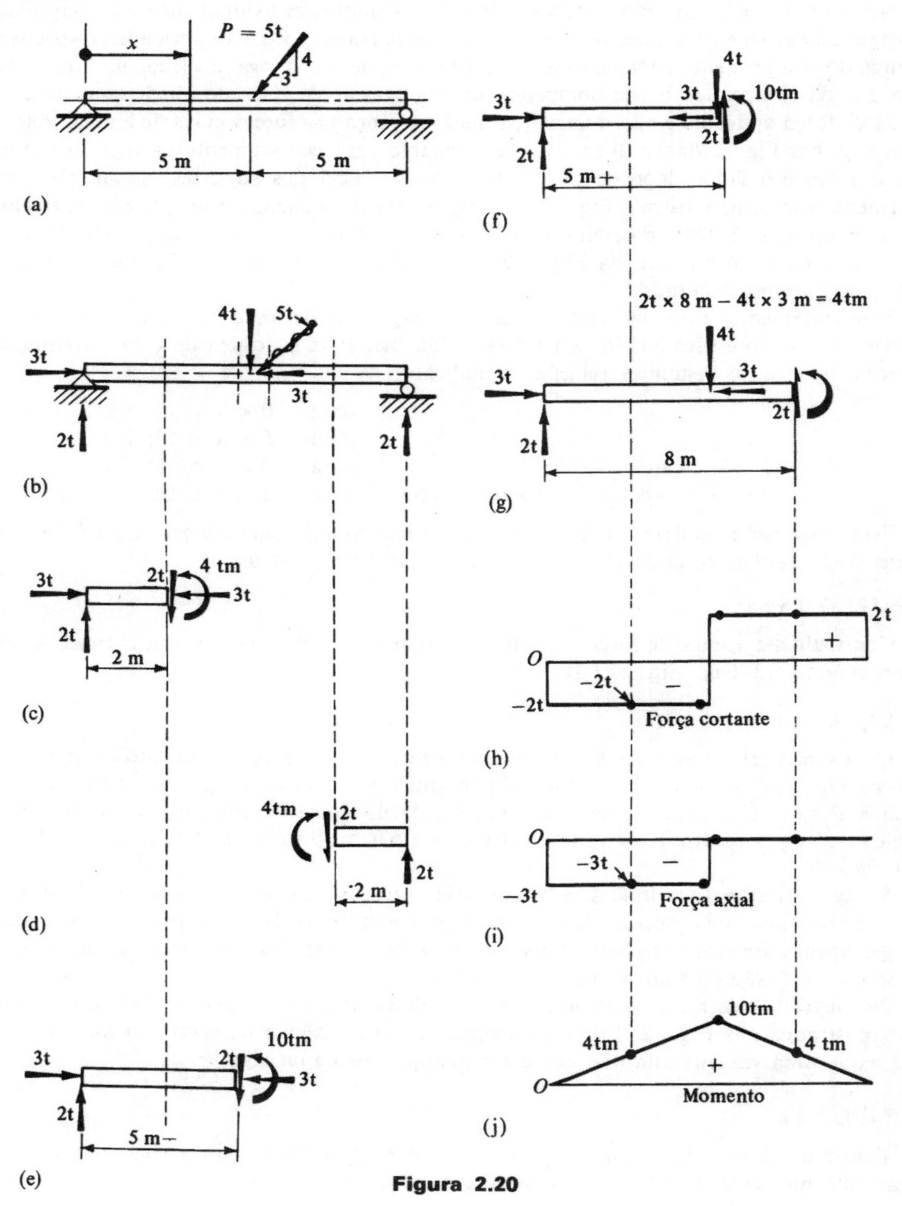

Figura 2.20

Observe que os corpos livres mostrados nas Figs. 2.20(d) e (g) são alternativos uma vez que fornecem a mesma informação, e normalmente não seriam feitos ambos. Note que a seção imediatamente a esquerda da força aplicada tem um sinal de cisalhamento, Fig. 2.20(e), mas imediatamente à direita, Fig. 2.20(f), ela tem outro. Isso indica a importância da determinação dos cisalhamentos de cada lado de uma força concentrada.

Nesse caso particular, após estabelecidos alguns pontos individuais nos três diagramas nas Figs. 2.20(h), (i) e (j), é possível descrever o comportamento das quantidades respectivas ao longo do comprimento da viga. Assim, embora o segmento da viga mostrada na Fig. 2.20(c) tenha 2 m de comprimento, seu comprimento pode variar de zero até imediatamente à esquerda da força aplicada, e não ocorre qualquer mudança nas forças cortante e axial. Assim, a ordenada nas Figs. 2.20(h) e (i) permanece constante para esse segmento da viga. Por outro lado, o momento fletor depende diretamente da distância dos suportes; assim, ele varia linearmente conforme mostra a Fig. 2.20(j). Argumentação semelhante se aplica ao segmento mostrado na Fig. 2.20(d), possibilitando a complementação dos três diagramas do lado direito. O uso do corpo livre da Fig. 2.20(g) para complementação do diagrama à direita conduz ao mesmo resultado.

Freqüentemente, além de, ou no lugar dos diagramas de força cortante ou momento, são necessárias expressões analíticas para essas funções. Para a origem de x na extremidade esquerda da viga, as seguintes relações se aplicam:

$$
\begin{aligned}
V &= -2\,\text{t}, && \text{para} \quad 0 < x < 5; \\
V &= +2\,\text{t}, && \text{para} \quad 5 < x < 10; \\
M &= +2x\,\text{tm}, && \text{para} \quad 0 \leqslant x \leqslant 5; \\
M &= +2x - 4(x-5) = (+20 - 2x)\,\text{tm}, && \text{para} \quad 5 \leqslant x \leqslant 10.
\end{aligned}
$$

Essas expressões podem ser facilmente estabelecidas pela substituição mental das distâncias de 2 m e 8 m, respectivamente, nas Figs. 2.20(c) e (g) por um x.

EXEMPLO 2.5

Construir diagramas de força cortante e de momento fletor para a viga carregada com as forças mostradas na Fig. 2.21(a).

SOLUÇÃO

Uma seção arbitrária à distância x do suporte esquerdo isola o segmento de viga mostrado na Fig. 2.21(b). Essa seção é aplicável para qualquer valor de x logo à esquerda da força aplicada P. O cisalhamento, independentemente da distância do suporte, permanece constante e é $-P$. O momento fletor varia linearmente a partir do suporte, atingindo um máximo de $+Pa$.

A Fig. 2.21(c) mostra uma seção arbitrária entre as duas forças aplicadas. Nenhuma força de cisalhamento é necessária para manter o equilíbrio de um segmento nessa parte da viga. Apenas um momento fletor constante de $+Pa$ deve ser resistido pela viga nessa zona. Tal estado de flexão é chamado de *flexão pura*.

Os diagramas de força cortante e momento fletor para essa condição de carregamento estão mostrados nas Figs. 2.21(d) e (e), respectivamente. Não é necessário o diagrama de força axial, uma vez que esta não existe em qualquer seção da viga.

EXEMPLO 2.6

Traçar os diagramas de força cortante e de momento fletor para a viga simples, com carga uniformemente distribuída, conforme mostra a Fig. 2.22(a).

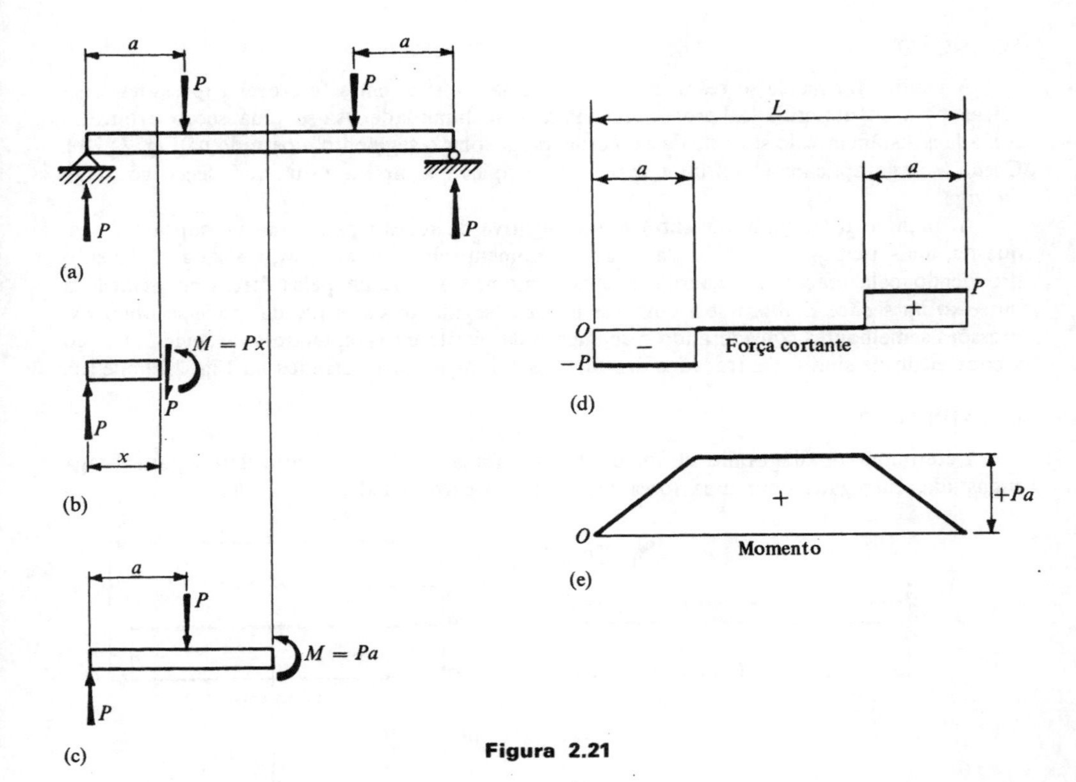

Figura 2.21

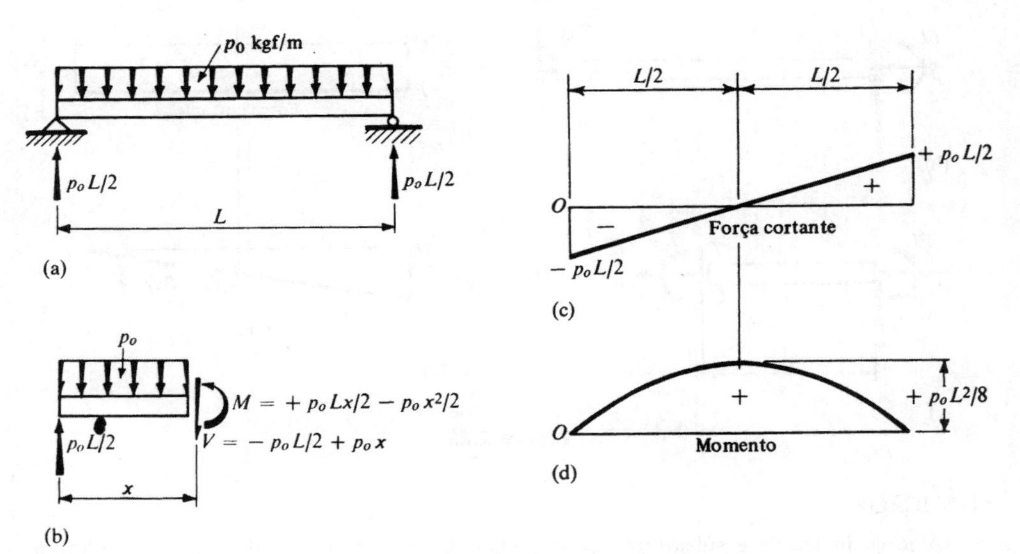

Figura 2.22

SOLUÇÃO

A melhor forma de se resolver este problema consiste em se escrever expressões algébricas para as quantidades procuradas. Para essa finalidade usa-se uma seção arbitrária tomada à distância x do suporte da esquerda, para isolar o segmento mostrado na Fig. 2.22(b). Como a carga aplicada é contínua, essa seção é típica e se aplica a qualquer seção ao longo da viga.

A força cortante (cisalhamento) V é a negativa da reação para cima no suporte da esquerda, mais a carga a esquerda da seção. O momento fletor interno M, resiste ao momento provocado pela reação à esquerda, menos o momento causado pelas forças em relação a um eixo na seção. Embora seja costume isolar o segmento da esquerda, pode-se obter expressões semelhantes considerando o segmento da direita da viga, tendo-se a devida atenção à convenção de sinais. Os traçados das funções V e M estão mostrados na Fig. 2.22(c) e (d).

EXEMPLO 2.7

Determinar os diagramas de força cortante, força axial e momento fletor, para a viga engastada, carregada com uma força inclinada na extremidade, Fig. 2.23(a).

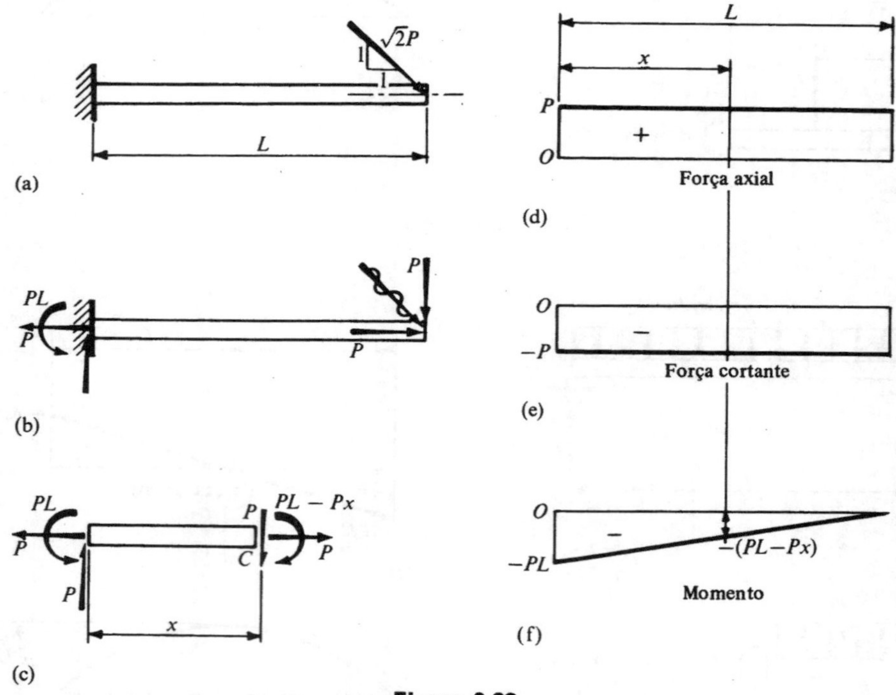

Figura 2.23

SOLUÇÃO

A força inclinada é substituída pelas duas componentes mostradas na Fig. 2.23(b), e determina-se a reação. As três incógnitas no suporte decorrem das equações da estática.

A Fig. 2.23(c) mostra um segmento da viga; desse segmento pode-se ver que as forças cortante e axial permanecem as mesmas, independentemente da distância x. Por outro lado, o momento fletor é uma quantidade variável. O somatório dos momentos em relação a C dá $(PL-Px)$, atuando na direção mostrada, representando um *momento negativo*. O momento no suporte é também um *momento fletor negativo* porque tende a tracionar as fibras superiores da viga. Os três diagramas encontram-se nas Figs. 2.23(d), (e) e (f).

EXEMPLO 2.8

Considere uma viga curva cujo eixo geométrico é fletido segundo um semicírculo de raio igual a 0,25 m, conforme mostra a Fig. 2.24(a). Achar as forças axial e cortante e o momento fletor na seção A-A, $\alpha = 45°$, quando a viga é puxada por forças de 500 kgf, nas posições mostradas. As forças aplicadas e a viga estão em um mesmo plano.

SOLUÇÃO

Não existe diferença essencial entre o método de ataque desse problema e aquele da viga reta. O corpo como um todo é examinado nas condições de equilíbrio. Das condições aqui apresentadas, vê-se que esse é o caso. Um segmento da viga é isolado, como mostra a Fig. 2.24(b). A seção A-A é tomada perpendicularmente ao eixo da viga. Antes de se determinar as quantidades desejadas no corte, a força aplicada P é decomposta nas componentes paralela e perpendicular ao corte. Essas direções são tomadas respectivamente como eixos y e x. Essa decomposição substitui P pelas componentes mostradas na Fig. 2.24(b). De $\Sigma F_x = 0$, a força axial no corte é + 354 kgf. De $\Sigma F_y = 0$, a força cortante é 354 kgf na direção mostrada. O momento fletor no corte pode ser determinado de diferentes maneiras. Por exemplo, se $\Sigma M_O = 0$ é usado, observe que as linhas de ação da força aplicada P, e da força cortante na seção passam por O. Desta forma, apenas a força axial no centróide do corte vezes o raio necessita ser considerada, e o momento fletor resistente é 354(0,25) = 88,39 kgfm, atuando na direção mostrada. Uma solução alternativa pode ser obtida pela aplicação de $\Sigma M_C = 0$. Em C, um ponto no centróide, as forças axial e cortante se interceptam. O momento fletor é então o produto da força aplicada P e o braço de 0,177 m. Em ambos os métodos de determinação do momento fletor, o uso das componentes da força P é evitado devido às implicações aritméticas.

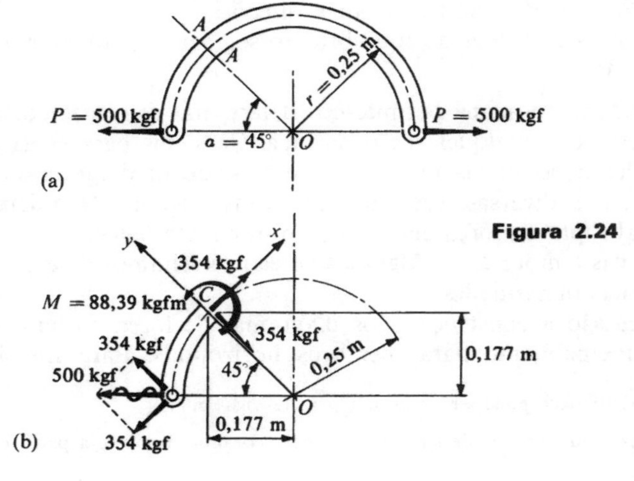

Figura 2.24

Sugere-se que o estudante complete esse problema em termos de um ângulo geral α. Diversas observações interessantes podem ser feitas em tal solução geral. Os momentos nas extremidades serão nulos para $\alpha = 0°$ e $\alpha = 180°$. Para $\alpha = 90°$, a força cortante será nula e a axial torna-se igual a força aplicada P. Da mesma forma, o momento fletor máximo está associado a $\alpha = 90°$.

2.12 PROCEDIMENTO PASSO A PASSO

Na análise de vigas, é bastante importante estar-se apto a determinar as forças cortante e axial, e o momento fletor em qualquer seção. A técnica de obtenção dessas quantidades é direta e sistemática. Para ulterior ênfase, os passos usados em tais problemas são resumidos. Esse resumo pretende ajudar o estudante a uma análise ordenada dos problemas. A memorização deste procedimento é desencorajada.

1. Fazer um bom esquema da viga no qual todas as forças aplicadas aparecem bem indicadas, e localizadas por linhas de dimensão a partir dos suportes.
2. Indicar as reações desconhecidas (de preferência com outra cor). Lembre-se que um suporte de rolete tem uma incógnita, um suporte articulado tem duas incógnitas e um suporte fixo tem três incógnitas.
3. Substituir todas as forças inclinadas (conhecidas e não), por componentes paralelas e perpendiculares ao eixo da viga.*
4. Aplicar as equações da estática para obter as reações.** É desejável uma verificação das reações calculadas na maneira indicada nos Exemplos 2.1, 2.2 e 2.3.
5. Cortar a viga na posição desejada, perpendicularmente a seu eixo. Essa seção imaginária corta a viga e isola as forças que agem sobre o segmento.
6. Selecionar um segmento para cada lado da seção proposta e redesenhá-lo, indicando todas as forças externas que agem sobre ele, incluindo todas as componentes de reação.
7. Indicar as três possíveis quantidades desconhecidas na seção do corte, isto é, mostrar P, V e M, arbitrando suas direções.
8. Aplicar as equações de equilíbrio ao segmento e solucionar para as quantidades P, V e M.

O procedimento acima permite-nos determinar as forças cortante e axial, e o momento fletor em qualquer seção da viga. Os sinais para essas quantidades decorrem das definições dadas anteriormente. Se se deseja diagramas para esse sistema de forças internas, diversas seções devem ser investigadas. Não deixe de determinar a mudança abrupta na força cortante e no momento fletor, nos pontos de concentração de forças e momentos. Algumas vezes necessitamos de expressões algébricas para as mesmas quantidades.

Na discussão a construção dos diagramas de força cortante e momento, foi ilustrada principalmente para membros horizontais. Para membros inclinados,

*Maior criatividade pode ser necessária para as vigas curvas

**Essa etapa pode ser evitada nas vigas em balanço, procedendo-se a partir da extremidade livre

exceto para direcionar os eixos coordenados ao longo do eixo da barra e perpendicular a ele, o procedimento é o mesmo. Em sistemas estruturais curvos e no espaço as direções dos eixos concordam com os eixos do membro ou dos membros. Em tais casos, um dos eixos coordenados é tomado tangencialmente ao eixo do membro – como mostra a Fig. 2.24, por exemplo. Para conformidade com o esquema diagramático usado neste texto para vigas horizontais, as ordenadas para momento fletor nos sistemas curvos e espaciais deveriam ser traçados do lado da compressão de uma seção.*

PARTE C

DIAGRAMAS DE FORÇA CORTANTE E MOMENTO FLETOR: MÉTODO DO SOMATÓRIO

2.13 EQUAÇÕES DIFERENCIAIS DE EQUILÍBRIO

No lugar do método direto de corte de uma viga e determinação da força cortante e do momento fletor em uma seção pela estática, pode-se usar um procedimento alternativo eficiente. Para essa finalidade devem ser deduzidas certas relações diferenciais fundamentais. Essas podem ser usadas para construção dos diagramas de força cortante e momento fletor assim como para o cálculo das reações.

Considere-se um elemento de viga de comprimento Δx, isolado por duas seções adjacentes perpendiculares a seu eixo, Fig. 2.25(a). Tal elemento está mostrado como um corpo livre na Fig. 2.25(b). Todas as forças mostradas, atuantes sobre esse elemento, têm sentido positivo (para as definições, veja as Figs. 2.2, 2.18 e 2.19). O sentido positivo da força externa distribuída p é considerado coincidente com a direção positiva do eixo y. Observemos que devido às possíveis variações de força cortante e momento fletor, convenciona-se indicar as respectivas quantidades do lado direito do elemento por $V + \Delta V$ e $M + \Delta M$.

Pela condição de equilíbrio das forças verticais, obtém-se**

$$\Sigma F_y = 0 \uparrow +, -V + p\Delta x + (V + \Delta V) = 0 \quad \text{ou} \quad \Delta V/\Delta x = -p. \tag{2.2}$$

No equilíbrio, a soma dos momentos em relação a A deve ser zero. Assim, observando-se que o braço da força distribuída em relação a A é igual a $\Delta x/2$, temos

$$\Sigma M_A = 0 \circlearrowleft +, \quad (M + \Delta M) + V\Delta x - M - (p\Delta x)(\Delta x/2) = 0$$

ou

$$\frac{\Delta M}{\Delta x} = -V + \frac{p\Delta x}{2}. \tag{2.3}$$

*Em alguns textos sobre análise estrutural é usado o esquema oposto

**Nenhuma variação de $p(x)$ em Δx necessita ser considerada porque, no limite, como $\Delta x \rightarrow 0$, a variação em p torna-se desprezável. Essa simplificação não é uma aproximação

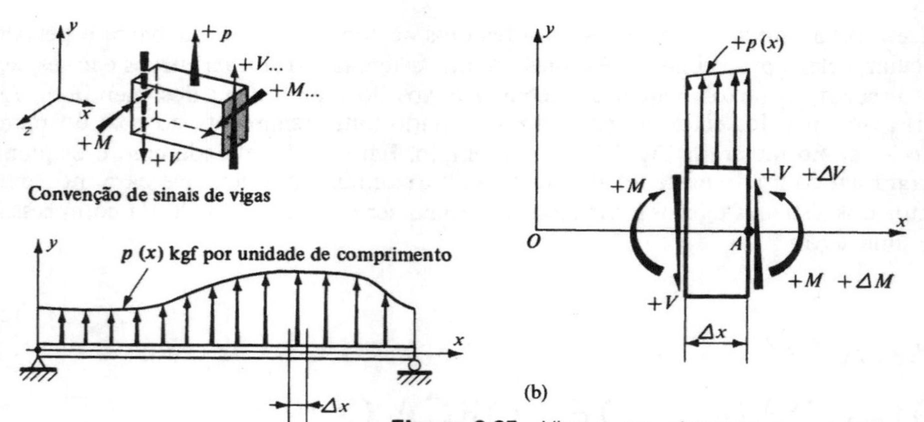

Figura 2.25 Viga e um elemento seu cortado por duas seções separadas de Δx

As Eqs. 2.2 e 2.3 no limite, quando $\Delta x \to 0$, resulta nas duas seguintes equações diferenciais básicas:

$$\lim_{\Delta x \to 0} \frac{\Delta V}{\Delta x} \equiv \frac{dV}{dx} = -p \tag{2.4}$$

e

$$\lim_{\Delta x \to 0} \frac{\Delta M}{\Delta x} \equiv \frac{dM}{dx} = -V \tag{2.5}$$

Substituindo a Eq. 2.5 em 2.4, obtém-se outra relação útil:

$$\frac{d}{dx}\left(\frac{dM}{dx}\right) = \frac{d^2M}{dx^2} = p \tag{2.6}$$

Essa equação diferencial pode ser usada na determinação das reações das vigas estaticamente determinadas, enquanto as Eqs. 2.4 e 2.5 são bastante convenientes para construção dos diagramas de força cortante e de momento fletor. Essas aplicações serão discutidas a seguir.

2.14 DIAGRAMAS DE FORÇA CORTANTE POR SOMATÓRIO

A transposição de termos e integração da Eq. 2.4, conduz à relação para a força cortante V:

$$V(x) = -\int_0^x p\,dx + C_1 \tag{2.7}$$

Vê-se que, exceto pela possível constante de integração C_1, a força cortante em uma seção é igual à negativa da integral das forças verticais que agem sobre a viga, da extremidade esquerda até a seção considerada. Da mesma forma, entre quaisquer duas seções definidas de uma viga, a mudança no cisalhamento é igual ao negativo de todas as forças verticais incluídas entre essas seções. Se não existir força alguma entre duas seções, não ocorre mudança na força cortante. Se tivermos uma força concentrada, ocorrera uma descontinuidade ou "salto" no valor da força cortante. O processo de soma contínua permanece válido porque a força concentrada pode ser considerada como uma força distribuída ao longo de uma distância infinitesimal da viga.

Com base nessa argumentação pode-se estabelecer um diagrama de força cortante por meio de processo de somatório simples. Para tal finalidade, as reações devem ser sempre determinadas em primeiro lugar. Então, as componentes verticais das forças e reações são somadas sucessivamente a partir da extremidade esquerda da viga. A força cortante em uma seção é igual à soma de todas as forças verticais até aquela seção, e tem sentido oposto à soma dessas forças.

Quando o diagrama de força cortante é construído do diagrama de carregamento, usando-se o processo de somatório, o analista deveria levantar duas questões. Primeira, é a mudança na força cortante positiva ou negativa no segmento de viga particular considerado? Isto dependerá totalmente do sentido das forças atuantes, se para cima ou para baixo. Se elas agem para cima, a variação é negativa. Segundo, qual a razão de variação na força cortante? Essa questão é respondida de novo por meio do diagrama de carregamento, uma vez que a inclinação do diagrama de força cortante é $d\ /dx = -p$. Por exemplo, como na Fig. 2.26(a) a carga $p = -p_0$ age para baixo e tem magnitude constante, a curva de força cortante para esse segmento é uma linha reta de inclinação constante e positiva. Na Fig. 2.26(b) a carga variável atua para cima; assim, a variação no cisalhamento da esquerda para a direita é negativa. Como $+p_1 < +p_2$, a inclinação do diagrama de força cortante torna-se mais negativo para a direita. A curva que se acomoda nesta condição é côncava para baixo.

É também útil observar que a razão de variação da inclinação do diagrama de força cortante iguala a negativa da razão de variação da carga; isto é,

$$\frac{d}{dx}\left(\frac{dV}{dx}\right) = -\frac{dp}{dx}, \text{ porque } \frac{dV}{dx} = -p \tag{2.8}$$

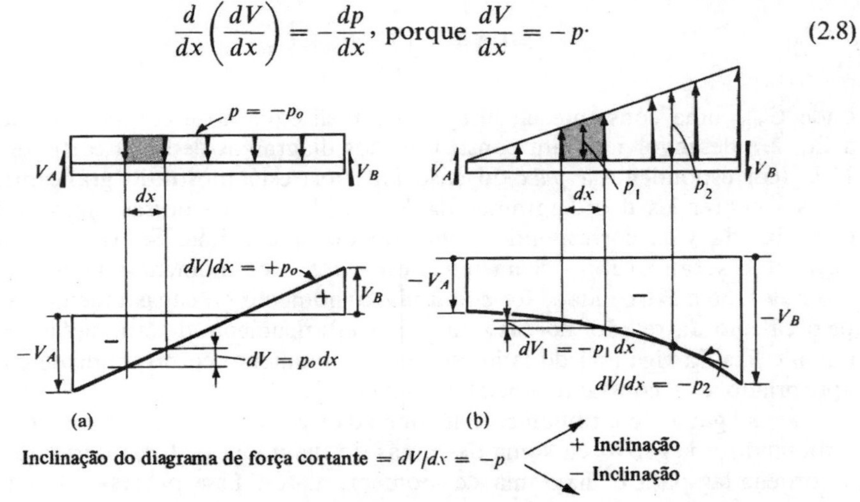

Figura 2.26 Relação entre os diagramas de carregamento e de força cortante

Com base nisso, sendo uniforme a carga na Fig. 2.26(a), nenhuma variação ocorre na inclinação do diagrama da força cortante. Na Fig. 2.26(b), a carga cresce à razão constante e a inclinação do diagrama de força cortante decresce a uma taxa constante, tornando-se mais negativa.

O leitor não deve deixar de observar que o simples somatório sistemático das componentes verticais das forças de sinais opostos, é apenas o necessário para obtenção do diagrama de força cortante. Progredindo da extremidade esquerda da viga, o diagrama deve terminar no extremo direito da viga, porque logo após a última força ou reação vertical, nenhuma força cortante age sobre a viga. Esse fato oferece importante oportunidade de verificação dos cálculos aritméticos. Essa verificação não deve ser ignorada. Ela permite obter soluções independentes, com quase completa segurança de correção. O procedimento semigráfico da integração acima delineada é bastante conveniente nos problemas práticos. Ele é básico para rascunhos rápidos dos diagramas qualitativos da força cortante.

Do ponto de vista físico, a convenção de sinais da força cortante não é completamente consistente. Sempre que se analisa uma viga, o diagrama traçado a partir de uma das extremidades tem sinal oposto ao diagrama desenvolvido a partir do outro extremo. O leitor deveria verificar essa afirmativa com alguns casos simples, como uma viga em balanço com uma força concentrada na extremidade, e uma viga simplesmente apoiada com uma força concentrada no meio. Para os fins do traçado, o sinal da força cortante não é usualmente importante.

2.15 DIAGRAMAS DE MOMENTO FLETOR POR MEIO DE SOMATÓRIO

A formulação do procedimento de somatório para estabelecimento dos diagramas de momento fletor é feita pela transposição de termos e integração da Eq. 2.5. Assim,

$$M(x) = -\int_0^x V\,dx + C_2, \tag{2.9}$$

onde C_2 é uma constante de integração. Essa equação é completamente análoga à Eq. 2.7, desenvolvida para construção dos diagramas de força cortante. O termo $V\,dx$ (correspondente a $p\,dx$ do caso anterior) está mostrado graficamente pelas áreas sombreadas dos diagramas da Fig. 2.27. A soma dessas áreas entre seções definidas da viga corresponde à integral definida acima. Se as extremidades da viga estão sobre roletes – com pinos ou livres – os momentos iniciais e os finais são nulos. Se a extremidade for embutida, o momento no engastamento é conhecido pelo cálculo da reação, no caso das vigas estaticamente determinadas. Se a extremidade fixa da viga está do lado esquerdo, o momento correspondente com o sinal apropriado é a constante inicial de integração C_2.

Prosseguindo continuamente ao longo da viga, a partir da extremidade esquerda, e tomando o negativo da soma das áreas do diagrama de força cortante, obtêm-se as ordenadas para o diagrama de momento fletor. Esse processo de dedução do momento fletor a partir da força cortante é exatamente o mesmo empregado anteriormente para se passar do diagrama de carregamento para o de força cortante. A mudança no momento em um dado segmento de viga é igual ao negativo da área do diagrama de força cortante correspondente. A inclinação da curva de momento fletor é determinada pela observação da magnitude e sinais correspondentes da força cortante porque, de acordo com a Eq. 2.5, $dM/dx = -V$. A Fig. 2.5 mostra exemplos de diagramas de força cortante e momento fletor, onde as forças cortantes variáveis causam variação não-linear do momento. Uma força cortante constante produz uma taxa de variação uniforme no momento fletor, resultando em uma linha reta no diagrama de momento fletor. Se nenhuma força cortante existe ao longo de uma viga, não ocorre mudança no momento.

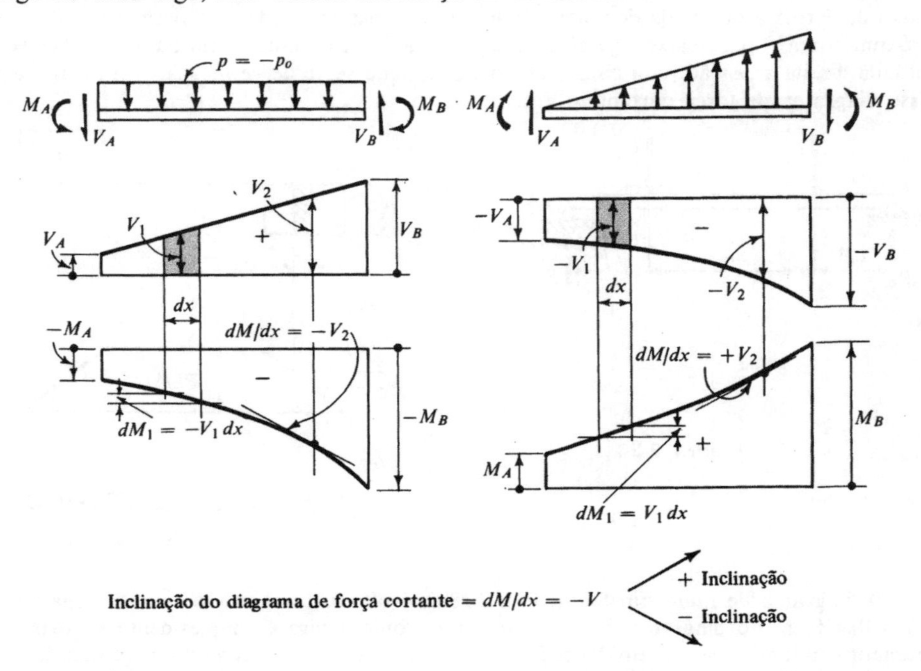

Figura 2.27 Relação entre os diagramas de força cortante e de momento fletor

Por meio de um teorema fundamental de cálculo, a Eq. 2.5 implica que o momento máximo ou mínimo ocorra em um ponto onde a força cortante seja nula, porque a derivada de M é igual a zero. Isso ocorre em um ponto em que a força cortante muda de sinal.

Em um diagrama de momento fletor obtido por soma, na extremidade direita da viga, dispõe-se de um inestimável meio de verificar o trabalho. As condições de contorno para o momento devem ser satisfeitas. Se a extremidade é livre ou de pino, a soma calculada deve ser igual a zero. Se a extremidade é engastada, o momento no engastamento calculado pela soma iguala ao inicialmente calculado para a reação. Essas são as "condições de contorno" que devem ser sempre satisfeitas.

EXEMPLO 2.9

Traçar os diagramas de força cortante e momento fletor para a viga com carregamento simétrico da Fig. 2.28(a), usando o procedimento de soma.

SOLUÇÃO

As reações são iguais a P. Para se obter o diagrama de força cortante, Fig. 2.28(b), a soma das forças é iniciada na extremidade esquerda. A reação da esquerda atua para cima, e uma ordenada do diagrama de força cortante nesse ponto deve ser traçada para baixo com o valor $-P$. Como não existem outras forças até o ponto a um quarto da extremidade, nenhuma mudança na magnitude pode ser feita até aquele ponto. Então, uma força para baixo de P traz a ordenada de volta à linha base, e essa ordenada zero permanece até que a próxima força P para baixo seja alcançada, onde a força cortante varia para $+P$. Na extremidade direita a reação para cima fecha o diagrama e serve de verificação para o trabalho. Esse diagrama de força cortante é antissimétrico.

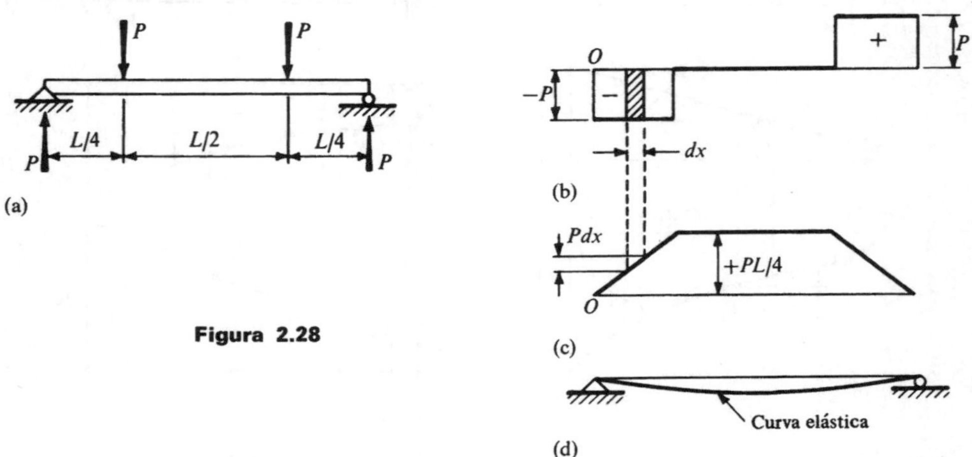

Figura 2.28

O diagrama de momento fletor, Fig. 2.28(c), é obtido tomando-se o valor negativo da soma das áreas do diagrama de força cortante. Como a viga é simplesmente suportada, o momento em ambas as extremidades é nulo. A soma da parte negativa do diagrama de força cortante causa um aumento no momento a uma taxa constante, ao longo da viga até que se atinja o ponto a um quarto, onde o momento é $+PL/4$. Esse momento permanece constante na metade do meio da viga. Nenhuma mudança no momento pode ser feita nessa zona, porque não há área de força cortante correspondente.

Além da segunda força, o momento decresce de $-P\,dx$ em cada dx. Assim, o diagrama de força cortante nessa zona tem uma inclinação constante e negativa. Como as áreas positivas e negativas do diagrama de força cortante são iguais, na extremidade direita o momento é zero. Isso é o que deveria ser, porque a extremidade tem um rolete. Assim, obtém-se uma verificação do trabalho. Esse diagrama de momento é simétrico.

EXEMPLO 2.10

Construir os diagramas de força cortante e momento fletor para a viga com o carregamento mostrado na Fig. 2.29(a), usando a operação de soma.

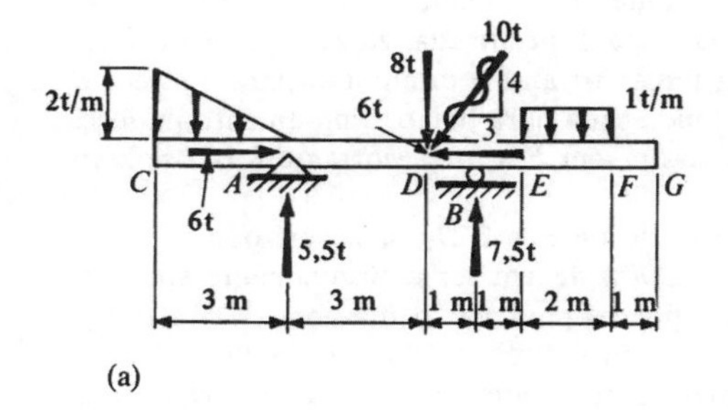

(a)

Figura 2.29

SOLUÇÃO

As reações devem ser calculadas em primeiro lugar, e, antes de prosseguir, a força inclinada é decomposta em suas componentes horizontal e vertical. A reação horizontal em A é 6 t e atua para a direita. De $\Sigma M_A = 0$, a reação vertical em B é achada igual a 7,5 t (verificar esse valor). Analogamente, a reação em A é de 5,5 t. A soma das componentes de reação vertical é igual a 13 t e igual à soma das forças verticais.

Com as reações conhecidas, a soma das forças começa da extremidade esquerda da viga para se obter o diagrama de força cortante, Fig. 2.29(b). Primeiro, a carga distribuída para baixo é grande, então ela decresce. Assim, o diagrama de força cortante na zona CA tem inicialmente uma inclinação grande e positiva, que decresce gradualmente, resultando em uma linha curva, que é côncava para baixo. A força total para baixo, de C a A, é de 3 t, que é a ordenada positiva do diagrama de força cortante, logo à esquerda do suporte A. Em A, a reação de 5,5 t move a ordenada do diagrama de força cortante para baixo de −2,5 t. Esse valor da força cortante se aplica a uma seção através da viga, logo à direita do suporte A. A mudança total na força cortante em A é igual à reação, mas esse total não representa a força cortante na viga.

Nenhuma força é aplicada à viga entre A e D, e não há mudança no valor da força cortante. Em D, a componente para baixo de 8 t, da força concentrada, eleva o valor da força cortante para + 5,5 t. Analogamente, o valor da força cortante é diminuído para −2 t em B. Como entre E e F, a carga uniformemente distribuída atua para baixo, um aumento na força cortante ocorre a uma taxa constante de 1 t/m. Assim, em F a força cortante torna-se zero, o que serve como verificação final.

Para construir o diagrama de momento mostrado na Fig. 2.29(c) pelo método de soma, as áreas do diagrama de força cortante na Fig. 2.29(b) devem ser continuamente somadas da extremidade esquerda e tomadas com sinais opostos para dar o momento. Para o segmento CA a força cortante gradualmente aumenta para a direita; dessa forma, no diagrama de momento resulta uma curva côncava para baixo. O momento em A é igual à área do diagrama de força cortante para o segmento CA com o sinal invertido. Essa área está limitada por uma linha curva, e ela pode ser determinada por integração. Esse procedimento é via de regra tedioso, e no lugar de usá-lo, o momento fletor em A pode ser obtido da definição fundamental de um momento em uma seção. Passando uma seção por A e isolando o segmento CA, é achado o momento em A. As áreas restantes do diagrama de força cortante neste exemplo são facilmente determinadas. Deve-se ter a atenção devida para os sinais dessas áreas. É conveniente dispor o trabalho na forma tabular. Na extremidade direita da viga, obtém-se a verificação costumeira.

M_A	$-\frac{1}{2}(3)2(2) =$	$-$ 6,0 tm	(momento em relação a A),
	$+ 2{,}5(3) =$	+ 7,5	(−1) × (área de força cortante de A a D),
M_D		+ 1,5 tm	
	$5{,}5(1) =$	− 5,5	(−1) × (área de força cortante de D a B),
M_B		− 4,0 tm	
	$+ 2(1) =$	+ 2,0	(−1) × (área de força cortante de B a E),
M_E		− 2,0 tm	
	$+\frac{1}{2}(2)2 =$	+ 2,0	(−1) × (área de força cortante de E a F).
Verificação:	$M_F =$	0,0 tm.	

O diagrama de força axial está na Fig. 2.29(d). A força de compressão atua somente no segmento AD da viga.

EXEMPLO 2.11

Usando a Eq. 2.6 submetida às condições de contorno, determinar as funções para a força cortante e momento fletor, para uma viga simplesmente apoiada, com o carregamento mostrado na Fig. 2.30(a). Mostrar os resultados nos diagramas de força cortante e momento. A carga total aplicada para cima é W kgf.

SOLUÇÃO

Como a carga varia uniformemente, considerar a intensidade de carga p em x, igual a kx kgf/m. A carga total $W = kL^2/2$. Dessa forma, $k = 2W/L^2$. Usando a constante k achada, pode-se exprimir a função de carregamento p em termos da carga aplicada W. Com base nisso, a Eq. 2.6 fica

$$\frac{d^2M}{dx^2} = p = +kx = +\frac{2W}{L^2}x,$$

onde a constante k é positiva porque a carga aplicada atua na direção para cima. Integrando essa equação diferencial duas vezes, obtém-se

$$\frac{dM}{dx} = +\frac{kx^2}{2} + C_1 \quad \text{e} \quad M = +\frac{kx}{6} + C_1x + C_2 .$$

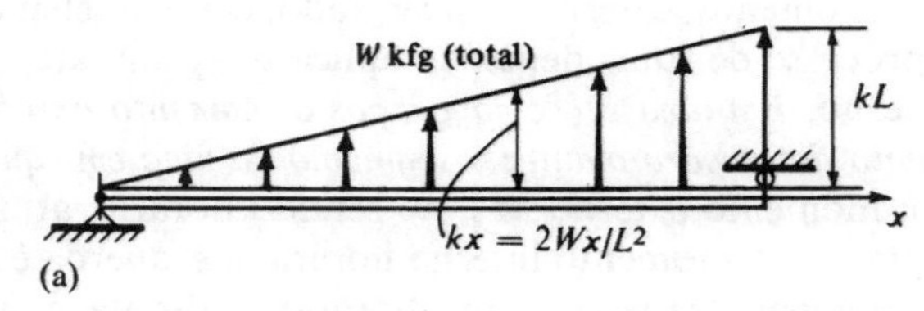

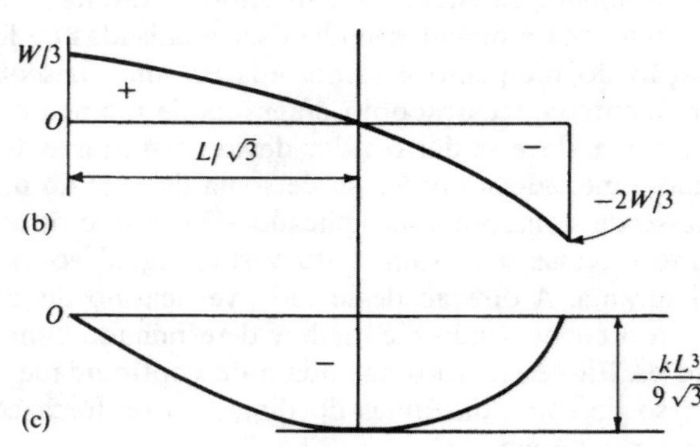

Figura 2.30

Como $dM/dx = -V$, se a reação da esquerda fosse conhecida, a constante C_1 poderia ser avaliada pela primeira das equações acima. Entretanto, pode-se observar diretamente das condições de contorno que $M = 0$ em $x = 0$ e em $x = L$, isto é, $M(0) = 0$ e $M(L) = 0$. Dessa forma, como

$$M(0) = 0, \; C_2 = 0$$

e, analogamente, como $M(L) = 0$,

$$kL^3/6 + C_1L = 0 \quad \text{ou} \quad C_1 = -kL^2/6.$$

Pode-se verificar facilmente que, exceto pelo sinal esse valor de C_1 é a reação a esquerda. Aqui ela foi achada pela solução de um problema de valor de contorno sem o uso do procedimento convencional da estática.

Após a determinação de C_1 e C_2, as expressões para a força cortante e momento fletor são conhecidas:

$$V = -dM/dx = -(kx^2/2) + (kL^2/6)$$

e

$$M = +(kx^3/6) - (kL^2x/6).$$

Essas funções são traçadas nas Figs. 2.30(b) e (c). O maior momento ocorre em $dM/dx = -V = -kx^2/2 + kL^2/6 = 0$; isto é, em $x_1 = L/\sqrt{3}$. Substituindo esse valor de x_1 na expressão para o momento, acha-se que o maior momento $M = kL^3/(9\sqrt{3})$.

As características atraentes do método de valor de contorno usado na solução desse problema podem ser aplicadas apenas nos problemas em que o carregamento p é uma função contínua entre os suportes. A extensão a casos mais gerais é dada na Parte D deste capítulo; as vigas estaticamente indeterminadas são tratadas no Cap. 11.

2.16 CONSIDERAÇÕES SOBRE A CONSTRUÇÃO DOS DIAGRAMAS DE FORÇA CORTANTE E MOMENTO FLETOR

Na dedução dos diagramas de momento fletor por meio de soma das áreas dos diagramas de força cortante, não foi incluída a possibilidade de atuação de um momento externo concentrado em um elemento infinitesimal. Dessa forma, o processo de soma deduzido aplica-se apenas até o ponto de aplicação do momento externo. *Em uma seção logo após o momento externo aplicado, é necessário um momento fletor para manter o segmento da viga em equilíbrio.* Por exemplo, na Fig. 2.31 um momento externo M_A, no sentido horário, atua sobre o elemento da viga em A. Então, se o momento interno horário à esquerda é M_B, para equilíbrio do elemento, o momento resistente anti-horário à direita é $M_B + M_A$. Situações com outro sentido dos momentos podem ser analisadas de forma análoga. No ponto de aplicação do momento externo, aparece uma descontinuidade ou um salto igual ao momento concentrado no diagrama de momento. Assim, na aplicação do processo de soma, deve-se dar o valor devido aos momentos concentrados porque seu efeito não é incluído no processo de soma da área do diagrama de força cortante. O processo de soma pode ser aplicado até o ponto de aplicação de um momento concentrado. Nesse ponto um salto vertical igual ao momento externo deve ser feito no diagrama. A direção desse salto vertical no diagrama depende do sentido do momento concentrado e é melhor determinado com a ajuda de um esquema análogo ao da Fig. 2.31. Após passada a descontinuidade do diagrama de momento, o processo de soma das áreas do diagrama de força cortante pode ser determinada no restante da viga.

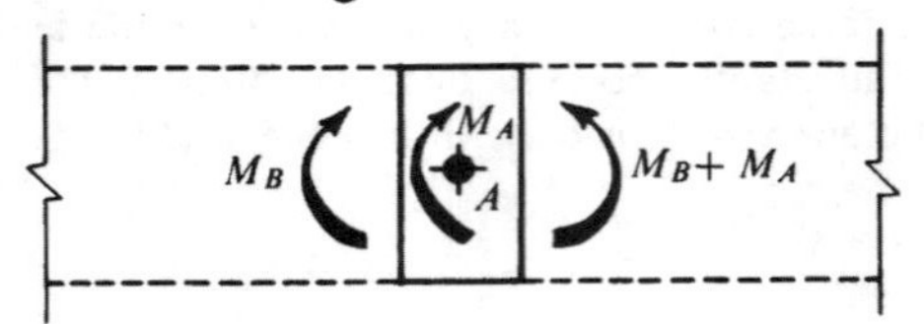

Figura 2.31 Momento externo concentrado atuando sobre um elemento de viga

EXEMPLO 2.12

Construir o diagrama de momento fletor para uma viga horizontal com o carregamento da Fig. 2.32(a).

SOLUÇÃO

Tomando os momentos em relação a cada extremidade da viga, as reações verticais são achadas iguais a $P/6$. Em A a reação atua para baixo, em C ela age para cima. De $\Sigma F_x = 0$ sabe-se que em A uma reação horizontal igual a P atua para a esquerda. O diagrama de força cortante é traçado a seguir, Fig. 2.32(b). Após isso, usando o processo de soma, é construído o diagrama de momento mostrado na Fig. 2.31(c). O momento na extremidade esquerda da viga é zero porque o suporte é de pino. A mudança total no momento de A a B é dada pela área do diagrama de força cortante entre essas seções tomadas com o sinal invertido; ela é igual a $-2Pa/3$. O diagrama de momento na zona AB tem uma inclinação negativa e constante. Para análise posterior, um elemento é isolado da viga como mostra a Fig. 2.32(d). O momento à esquerda desse elemento é conhecido com o valor $-2Pa/3$, e o momento concentrado provocado pela força aplicada P em relação ao eixo centroidal da viga é Pa. Assim, para o equilíbrio, do lado direito do elemento o momento deve ser $+Pa/3$. Em B um salto para cima de $+Pa$ é feito no diagrama de momento, e logo a direita de B a ordenada é $+Pa/3$. Além de B, a soma da área do diagrama de força cortante prossegue. A área entre B e C tomada com o sinal invertido é igual a $-Pa/3$. Esse valor fecha o diagrama de momento na extremidade direita da viga, e as condições de contorno são satisfeitas. Observe que as linhas inclinadas no diagrama de momento são paralelas, e se a soma da área do diagrama de força cortante continuasse sem interrupção pelo momento concentrado, a ordenada da direita seria $-Pa$. Naturalmente, isso não satisfaz a condição de contorno do problema.

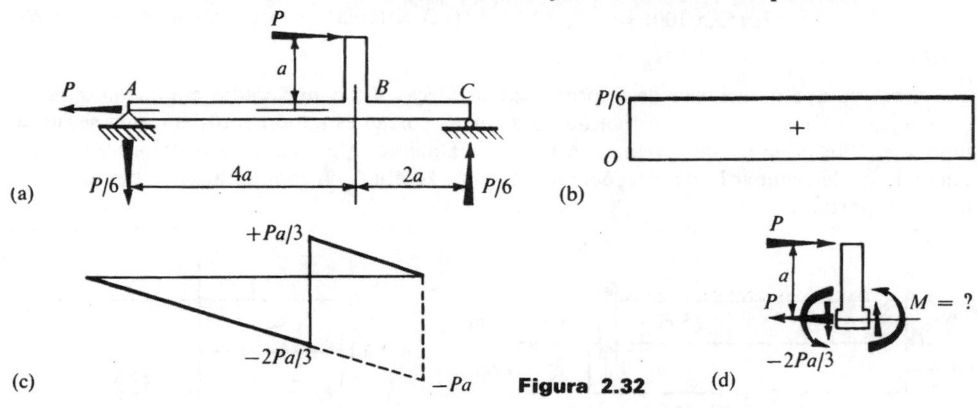

Figura 2.32

EXEMPLO 2.13

Construir os diagramas de força cortante e momento fletor para o membro mostrado na Fig. 2.33(a). Desprezar o peso da viga.

SOLUÇÃO

Neste caso, diferentemente de todos os casos considerados até o presente, dimensões definitivas são escolhidas para a altura da viga. Essa, por simplicidade, é considerada retangular em sua área seccional, conseqüentemente seu eixo longitudinal está 7,5 cm abaixo do topo da viga. Observe cuidadosamente que essa viga não é suportada em seu eixo.

Um diagrama de corpo livre da viga, com a força aplicada decomposta em componentes está mostrada na Fig. 2.33(b). As reações são calculadas da maneira usual. Além do mais, como o diagrama de força cortante trata apenas das forças verticais, ele é facilmente construído e está mostrado na Fig. 2.33(c).

Na construção do diagrama de momento da Fig. 2.33(d), deve-se exercitar especial cuidado. Como foi enfatizado anteriormente, os momentos fletores podem ser sempre determinados pela consideração de um segmento de viga, e eles são calculados cuidadosamente, tomando-se os momentos das forças externas em relação a um ponto sobre o eixo centroidal da viga. Assim, passando uma seção logo à direita de A, e considerando o segmento da esquerda, pode-se ver que um momento positivo de 0,225 tm é resistido pela viga nessa extremidade. Assim o traçado do diagrama de momento deve começar com uma ordenada de +0,225 tm. O outro ponto da viga, onde um momento concentrado ocorre é C. Aqui a componente horizontal da força aplicada induz um momento no sentido horário de $3(12{,}5/100) = 0{,}375$ tm em relação ao eixo neutro. Logo a direita de C esse momento deve ser resistido por um momento positivo adicional. Isso causa uma descontinuidade no diagrama de momento. O processo de soma do diagrama de força cortante se aplica a segmentos da viga onde nenhum momento externo é aplicado. Os cálculos necessários são efetuados a seguir na forma tabular.

M_A .... + 3(7,5/100) = + 0,225 tm
+ 1,5(47,5/100) = + 0,713 (–1) × (área de força cortante de A a C),
momento logo à esquerda de C = + 0,938 tm
+ 3(12,5/100) = + 0,375 (momento externo em C),
momento logo à direita de C = + 1,313 tm
– 2,5(52,5/100) = – 1,313 (–1) × (área de força cortante de C a B).
Verificação: M_B = 0.

Observe que na solução deste problema, as forças são consideradas em *qualquer ponto de atuação sobre a viga.* A investigação para forças cortantes e momentos em uma seção de uma viga determina o que a viga experimenta realmente. Algumas vezes esse procedimento difere do de determinação das reações onde a armação atual, ou configuração de um membro, não é importante.

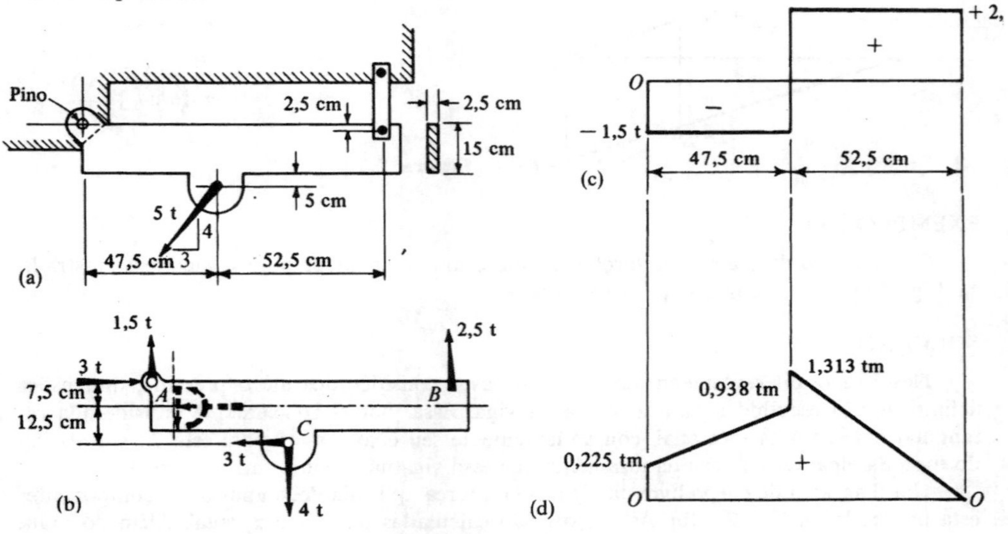

Figura 2.33

Na prática, é comum acharem-se vários membros rigidamente unidos formando uma estrutura. Tal estrutura pode ser tratada pelos métodos já discutidos se ela pode ser separada em vigas individuais estaticamente determinadas. Para ilustração, considere a estrutura da Fig. 2.34(a). Iniciando no ponto A, as partes da estrutura AB, BC, e CD podem ser sucessivamente isoladas em corpos livres, e o sistema de forças em cada uma das seções pode ser determinado. O leitor deveria verificar essas forças, mostradas na Fig. 2.34(b). Dessa forma, os diagramas de força cortante e momento fletor podem ser construídos para cada parte, usando os procedimentos anteriormente descritos.

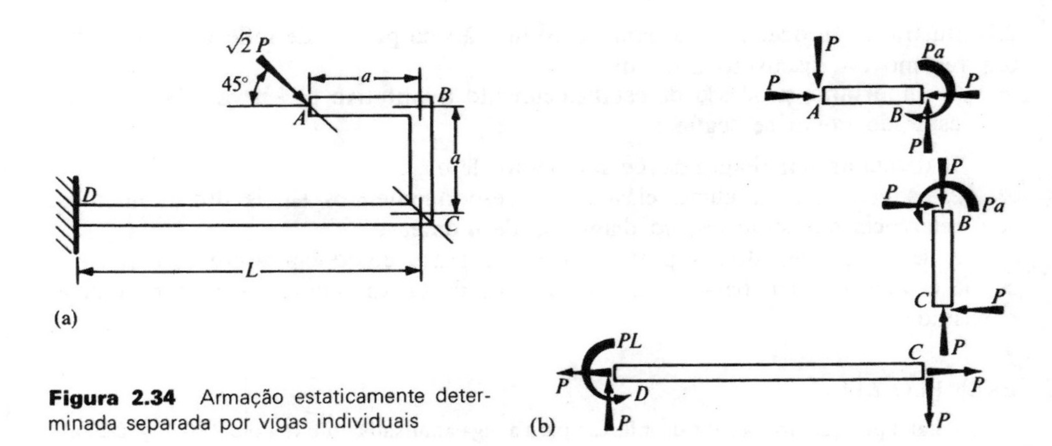

Figura 2.34 Armação estaticamente determinada separada por vigas individuais

2.17 DIAGRAMA DE MOMENTO E A CURVA ELÁSTICA

Foi dito na Sec. 2.10 que um momento positivo provoca uma deformação côncava para cima em uma viga, e vice-versa; assim a forma do eixo defletido de uma viga pode ser definitivamente estabelecida do sinal do diagrama de momento fletor. O traço desse eixo de uma viga carregada na posição defletida é conhecido como *linha elástica.* É costume mostrar a curva elástica em um esquema onde as pequenas deflexões efetivamente toleradas na prática são grandemente *exageradas.* Um esquema da curva elástica esclarece bastante a ação física da viga. Além do mais, ele forma uma base quantitativa para os cálculos das deflexões da viga a serem discutidas no Cap. 11. Alguns dos exemplos anteriores para os quais os diagramas de momento fletor foram construídos serão usados para ilustrar a ação física de uma viga.

A Fig. 2.28(c) mostra que o momento fletor ao longo da viga é positivo; desta forma, a curva elástica mostrada na Fig. 2.28(d) é côncava para cima, em cada ponto. As extremidades da viga são consideradas estacionárias nos suportes imóveis.

No diagrama de momento mais complexo da Fig. 2.29(c), ocorrem zonas de momento positivo e negativo. Correspondendo a zonas de momento positivo, tem lugar, uma curvatura definida da curva elástica côncava para baixo, Fig. 2.29(e). Por outro lado, para a zona HJ, onde ocorre o momento positivo, a concavidade da curva elástica é para cima. Nos pontos de união das curvas, como em H e J, existem linhas *tangentes* às duas curvas de união, porque a viga é fisicamente contínua. Observe também que a extremidade livre FG da viga é tangente à curva elástica em F. Não há curvatura em FG porque o momento é zero naquele segmento da viga.

Na curva elástica o ponto de transição na curvatura reversa é chamado *ponto de inflexão.* Nesse ponto, o momento muda de sinal, e a viga não é solicitada a resistir qualquer momento. Esse fato freqüentemente faz com que esses pontos sejam desejáveis para conexões de campo e sua posição é calculada. O Exemplo

2.14 ilustra um procedimento para determinação de pontos de inflexão, que segue um resumo da discussão anterior.

O importante processo de estabelecimento qualitativo da curva elástica pode ser resumido como se segue:

1. desenhar um diagrama de momento fletor;
2. esquematizar a curva elástica, correspondente aos sinais dos momentos sem referência aos suportes, no diagrama de momento;
3. se a viga tem dois suportes, eleve a curva e coloque-a sobre os suportes; se ela é uma viga em balanço, a extremidade da curva é tangente à extremidade engastada.

EXEMPLO 2.14

Achar a posição dos pontos de inflexão para a viga analisada no Exemplo 2.10, Fig. 2.29(a).

SOLUÇÃO

Por definição, um ponto de inflexão corresponde a um ponto da viga em que o momento fletor é nulo. Assim, um ponto de inflexão pode ser localizado por meio de uma expressão para o momento no segmento de viga onde tal ponto é previsto, e solucionando essa relação igualada a zero. Medindo-se x a partir da extremidade C da viga, Fig. 2.29(e), acha-se o momento fletor para o segmento AD da viga igual a $M = -\frac{1}{2}(3)(2)(x-1) + (5{,}5)(x-3)$. Uma solução para x é obtida pela simplificação da expressão e igualando-a a zero:

$$M = 2{,}5x - 13{,}5 = 0 \qquad x = 5{,}4 \text{ m}.$$

Desta forma, o ponto de inflexão que ocorre no segmento AD da viga é $5{,}4 - 3{,}0 = 2{,}4$ m do suporte A.

Analogamente, escrevendo-se uma expressão algébrica para o momento fletor no segmento DB, e fazendo-o igual a zero, acha-se a posição do ponto de inflexão J:

$$M = -\tfrac{1}{2}(3)(2)(x-1) + 5{,}5(x-3) - 8(x-6) = 0.$$

Assim, $x = 6{,}272$ m, e a distância $AJ = 3{,}272$ m.

Freqüentemente se considera mais conveniente um método para determinação dos pontos de inflexão, utilizando-se as relações conhecidas entre os diagramas de força cortante e momento fletor. Assim, como o momento em A é de -6 tm, o ponto de momento nulo ocorre quando a área do diagrama de força cortante com o sinal invertido de A a H iguala a esse momento, isto é,

$$-6 + (-1)(-2{,}5x_1) = 0.$$

Dessa forma, a distância $AH = 6/2{,}5 = 2{,}4$ m, como anteriormente.

Analogamente, começando com um momento positivo conhecido de $+7{,}5$ tm em D, o segundo ponto de inflexão é sabido ocorrer no ponto em que parte do diagrama de força cortante, com o sinal invertido entre D e J, reduz seu valor a zero. Assim, a distância $DJ = 7{,}5/5{,}5 = 0{,}272$ m, ou a distância $AJ = 3 + 0{,}272 = 3{,}272$ m, Fig. 2.29(e), como antes.

PARTE D
FUNÇÕES DE SINGULARIDADE*

2.18 NOTAÇÃO E INTEGRAÇÃO DE FUNÇÕES DE SINGULARIDADE

Como foi apontado anteriormente, as expressões analíticas para a força cortante $V(x)$ e momento fletor $M(x)$ de uma dada viga podem ser necessárias. Se o carregamento $p(x)$ é uma função contínua entre os suportes, a solução da equação diferencial $d^2M/dx^2 = p(x)$ é um método conveniente para determinação de $V(x)$ e $M(x)$ (veja o Exemplo 2.11). Agora isso será estendido a situações em que a função carregamento é descontínua. Para essa finalidade a notação do cálculo operacional será usada. Para a função $p(x)$ serão considerados apenas os polinômios com potências inteiras *positivas* de x, incluindo 0, −1, e −2. O tratamento de outras funções foge ao escopo deste texto. Para as funções consideradas, entretanto, o método é perfeitamente geral. Outras aplicações desse método serão dadas no Cap. 11 para o cálculo de deflexões de vigas.

Considere uma viga com o carregamento da Fig. 2.35. Como as cargas aplicadas são pontuais (concentradas), existem quatro regiões distintas seguintes, para quais diferentes expressões de momentos fletores se aplicam:

$$
\begin{aligned}
M &= R_1 x, && \text{quando } 0 \leqslant x \leqslant d;\\
M &= R_1 x - P_1(x-d), && \text{quando } d \leqslant x < b;\\
M &= R_1 x - P_1(x-d) + M_b, && \text{quando } b < x \leqslant c;\\
M &= R_1 x - P_1(x-d) + M_b + P_2(x-c), && \text{quando } c \leqslant x \leqslant L.
\end{aligned}
$$

Todas as quatro equações podem ser escritas como uma, contanto que se defina a seguinte função simbólica:

$$
\langle x-a\rangle^n = \begin{cases} 0, & \text{para} \quad 0 < x < a,\\ (x-a)^n, & \text{para} \quad a < x < \infty, \end{cases} \tag{2.10}
$$

onde $n \geqslant 0$ $\quad (n = 0, 1, 2, \ldots)$.

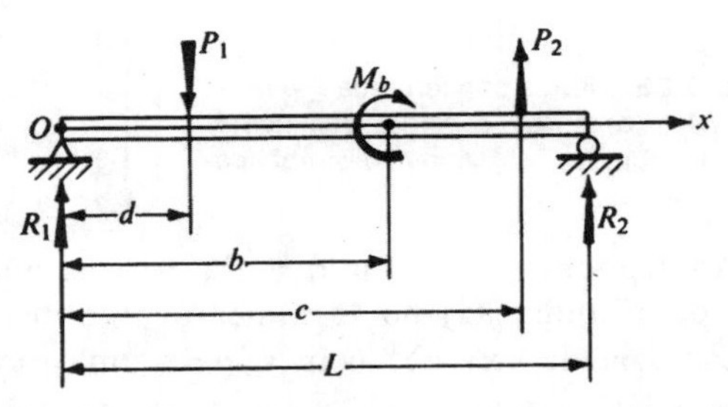

Figura 2.35 Viga carregada

A expressão na chave não é existente até que x atinja a. Para x além de a, a expressão torna-se um binômio ordinário. Para $n = 0$ e para $x > a$, a função é igual à unidade. Assim, as quatro funções separadas para $M(x)$, dadas anteriormente

*Essa parte pode ser omitida sem destruir a continuidade do texto. Alguns leitores podem achar vantajoso o estudo desse material mais tarde, com o Cap. 11

para a viga da Fig. 2.35, podem ser combinadas em uma expressão aplicável ao longo de todo o vão;*

$$M = R_1\langle x-0\rangle^1 - P_1\langle x-d\rangle^1 + M_b\langle x-b\rangle^0 + P_2\langle x-c\rangle^1.$$

Aqui os valores de a são 0, d, b, e c, respectivamente.

Para trabalhar com essa função é conveniente introduzir duas funções simbólicas adicionais. Uma é para a carga concentrada, tratando-a como um caso degenerado de carga distribuída. A outra é para o momento concentrado, tratando-o analogamente. Também devem ser estabelecidas regras para integração dessas funções. Nessa discussão será seguido o método heurístico (não-rigoroso).

Uma força concentrada (pontual) pode ser considerada como uma carga distribuída, bastante forte, atuando em um pequeno intervalo ε, Fig. 2.36(a). Tratando-se ε como uma constante, a seguinte relação é verdadeira,

$$\lim_{\varepsilon \to 0} \int_{a-\varepsilon/2}^{a+\varepsilon/2} \frac{P}{\varepsilon}\, dx = P. \tag{2.11}$$

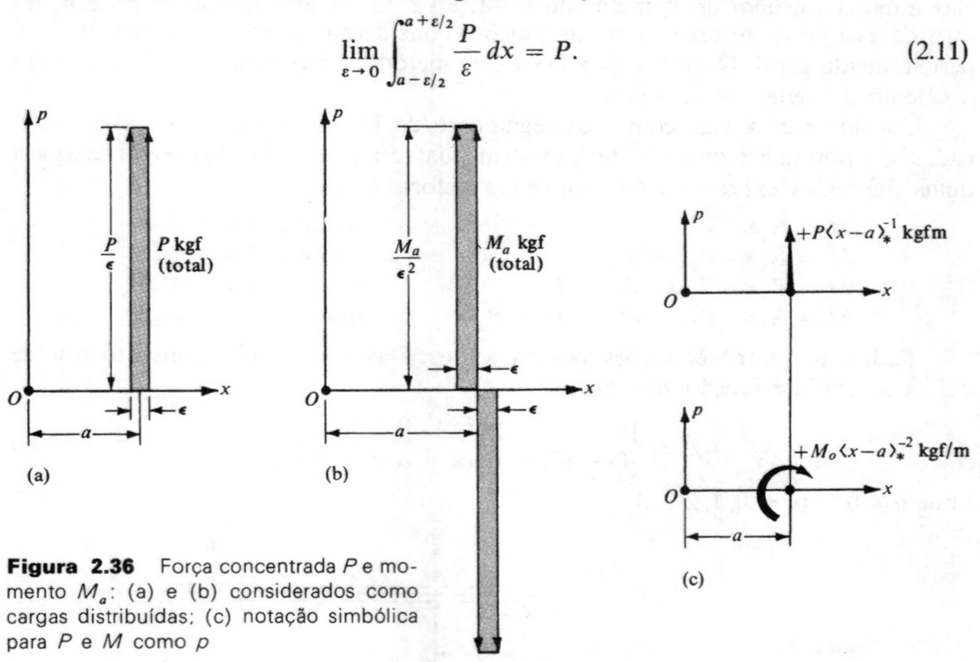

Figura 2.36 Força concentrada P e momento M_a: (a) e (b) considerados como cargas distribuídas; (c) notação simbólica para P e M como p

Aqui pode-se observar que P/ε tem as dimensões de kgf/m e corresponde à carga distribuída $p(x)$ no tratamento anterior. Dessa forma, como $\langle x-a\rangle^1 \to 0$, por analogia de $\langle x-a\rangle^1$ com ε, para uma força concentrada em $x = a$

$$p = P\langle x-a\rangle_*^{-1} \quad \text{kgf/m}. \tag{2.12}$$

*Esse método foi introduzido inicialmente por A. Clebsch, em 1862. O Heaviside, em sua obra *Electromagnetic Theory*, iniciou e grandemente estendeu os métodos de cálculo operacional. Em 1919, W. H. Macaulay sugeriu especificamente o uso de chaves especiais para os problemas de vigas. O leitor interessado em ulterior e/ou mais rigoroso desenvolvimento desse tópico deve consultar os textos sobre tratamento matemático das transformadas de Laplace

Para p, essa expressão é dimensionalmente correta, embora $\langle x-a\rangle_*^{-1}$ se torne infinita em $x=a$ e por definição seja nula em qualquer outro lugar. Assim, ela é uma *função singular*. Na Eq. 2.12 o asterisco como índice da chave lembra que, de acordo com a Eq. 2.11, a integral dessa expressão se estende na faixa em que ε permanece limitado, e pela integração obtém-se a força pontual em si. Dessa forma, deve-se adotar uma regra simbólica especial de integração:

$$\int_0^x P\langle x-a\rangle_*^{-1}\,dx = P\langle x-a\rangle^0. \tag{2.13}$$

O coeficiente P nessas funções é conhecido como a *resistência* da singularidade. Para P igual à unidade, a *função de carga pontual unitária* $\langle x-a\rangle_*^{-1}$ é também chamada de *delta de Dirac* ou *função de impulso unitário*.

Por meio de argumentação análoga, veja a Fig. 2.36(b), a função de carregamento p para o momento concentrado em $x=a$ é

$$p = M_a\langle x-a\rangle_*^{-2} \quad [\text{kgf/m}]. \tag{2.14}$$

Essa função, ao ser integrada, define duas regras simbólicas de integração. A segunda integral, exceto pela mudança de P por M, já foi apresentada pela Eq. 2.13.

$$\int_0^x M_a\langle x-a\rangle_*^{-2}\,dx = M_a\langle x-a\rangle_*^{-1} \tag{2.15a}$$

$$\int_0^x M_a\langle x-a\rangle_*^{-1}\,dx = M_a\langle x-a\rangle^0. \tag{2.15b}$$

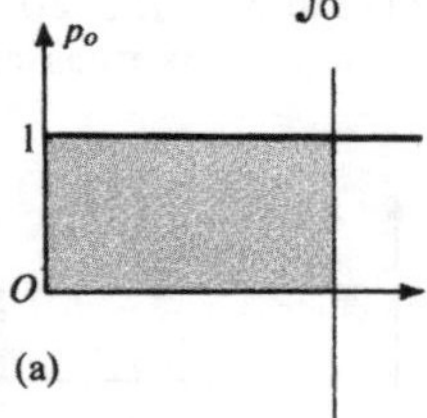

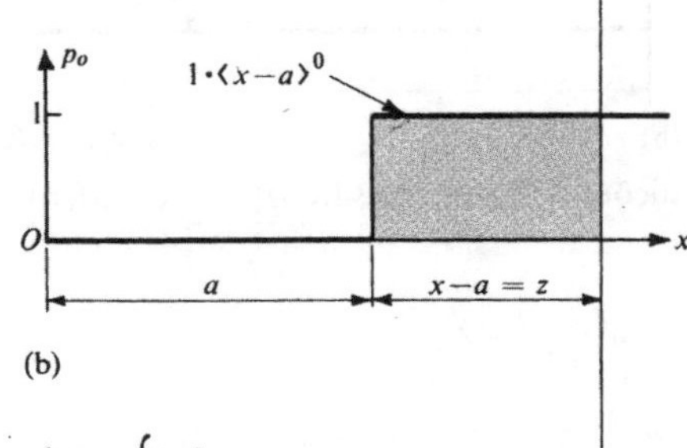

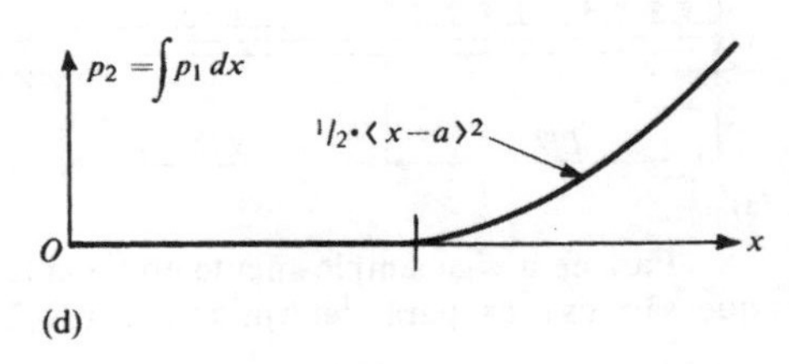

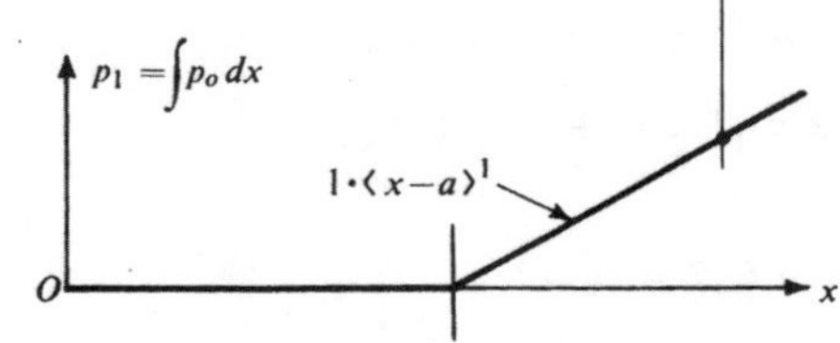

Figura 2.37 Integrações típicas

Na Eq. 2.14 a expressão é dimensionalmente correta porque p tem as unidades de kgf/m. Para M_a igual à unidade, obtém-se a *função de momento pontual unitário* $\langle x-a\rangle_*^{-2}$, que também é denominada de *doublet* ou *dipolo*. Essa função também é singular, sendo infinita em $x=a$ e nula em qualquer outro ponto. Entretanto, após a dupla integração obtém-se um resultado limitado. As Eqs. 2.12, 2.14, e 2.15a são simbólicas em caráter. A relação dessas equações com as cargas pontuais dadas, é claramente evidente pelas Eqs. 2.13 e 2.15(a) ou (b).

A integral das funções binomiais nas chaves, para $n \geqslant 0$ é dada pela seguinte regra:

$$\int_0^x \langle x-a\rangle^n \, dx = \frac{\langle x-a\rangle^{n+1}}{n+1}, \quad \text{para} \quad n \geqslant 0. \tag{2.16}$$

Esse processo de integração está mostrado na Fig. 2.37. Se a é feita igual a zero, obtêm-se as integrais convencionais.

EXEMPLO 2.15

Usando a notação funcional simbólica, determinar $V(x)$ e $M(x)$ provocados pelo carregamento da Fig. 2.38(a).

SOLUÇÃO

Para resolver esse problema, pode-se usar a Eq. 2.6. A carga aplicada $p(x)$ atua para baixo e começa em $x = 0$. Dessa forma, deve existir um termo $p = -p_0$, ou $p_0\langle x-0\rangle^0$, o que significa o mesmo. Essa função, entretanto, se propaga ao longo de todo o vão [veja a Fig. 2.38(b)]. Para determinar a carga distribuída em $x = L/2$, como é exigido nesse problema, outra função $+p_0\langle x-L/2\rangle^0$ deve ser adicionada. As duas expressões juntas representam a carga aplicada.

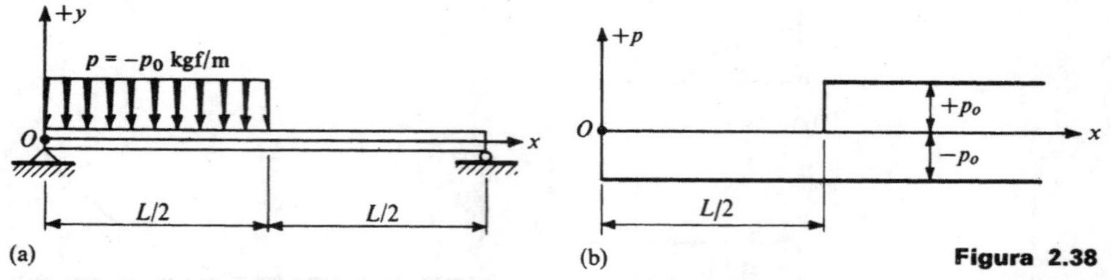

Figura 2.38

Para essa viga simplesmente apoiada as condições de contorno são $M(0) = 0$ e $M(L) = 0$, que são usadas para determinar as reações:

$$\frac{d^2M}{dx^2} = +p = -p_0\langle x-0\rangle + p_0\langle x-L/2\rangle^0,$$

$$\frac{dM}{dx} = -V = -p_0\langle x-0\rangle^1 + p_0\langle x-L/2\rangle^1 + C_1,$$

$$M(x) = -\tfrac{1}{2}p_0\langle x-0\rangle^2 + \tfrac{1}{2}p_0\langle x-L/2\rangle^2 + C_1x + C_2,$$

$$M(0) = C_2 = 0,$$

$$M(L) = -\tfrac{1}{2}p_0L^2 + \tfrac{1}{2}p_0(L/2)^2 + C_1L = 0,$$

assim, $$C_1 = +\tfrac{3}{8}p_0L,$$

e $$V(x) = +p_0\langle x-0\rangle^1 - p_0\langle x-L/2\rangle^1 - \tfrac{3}{8}p_0L,$$

$$M(x) = -\tfrac{1}{2}p_0\langle x-0\rangle^2 + \tfrac{1}{2}p_0\langle x-L/2\rangle^2 + \tfrac{3}{8}p_0Lx.$$

Após ser obtida a solução, essas relações são mais facilmente interpretadas na forma convencional:

$$\left.\begin{aligned} V &= -\tfrac{3}{8}p_0L + p_0x \\ M &= +\tfrac{3}{8}p_0Lx - \tfrac{1}{2}p_0x^2 \end{aligned}\right\} \quad \text{quando} \quad 0 < x \leqslant (L/2);$$

$$\left.\begin{aligned} V &= -\tfrac{3}{8}p_0L + \tfrac{1}{2}p_0L = +\tfrac{1}{8}p_0L \\ M &= \tfrac{1}{8}p_0L^2 - \tfrac{1}{8}p_0Lx \end{aligned}\right\} \quad \text{quando} \quad (L/2) \leqslant x < L.$$

As reações podem ser verificadas pela estática. Fazendo $V = 0$, pode ser achada a localização do momento máximo. O traçado dessas funções é deixado para o leitor completar.

EXEMPLO 2.16

Achar $V(x)$ e $M(x)$ para uma viga carregada como na Fig. 2.39. Usar a função de singularidade e tratá-las como um problema de valor de contorno.

SOLUÇÃO

Fazendo uso direto das Eqs. 2.12 e 2.14 a função $p(x)$ pode ser escrita na forma simbólica. Das condições $M(0) = 0$ e $M(L) = 0$, com $L = 3a$, as constantes de integração podem ser achadas:

$$d^2M/dx^2 = p = -P\langle x-a\rangle_*^{-1} + Pa\langle x-2a\rangle_*^{-2},$$

$$dM/dx = -V = -P\langle x-a\rangle^0 + Pa\langle x-2a\rangle_*^{-1} + C_1,$$

$$M = -P\langle x-a\rangle^1 + Pa\langle x-2a\rangle^0 + C_1x + C_2,$$

$$M(0) = C_2 = 0$$

e $$M(3a) = -2Pa + Pa + 3C_1a = 0,$$

assim, $$C_1 = +\tfrac{1}{3}P = \tfrac{1}{3}P\langle x-0\rangle^0$$

e $$V(x) = -\tfrac{1}{3}P\langle x-0\rangle^0 + P\langle x-a\rangle^0 - Pa\langle x-2a\rangle_*^{-1},$$

$$M(x) = +\tfrac{1}{3}P\langle x-0\rangle^1 - P\langle x-a\rangle^1 + Pa\langle x-2a\rangle^0.$$

Figura 2.39

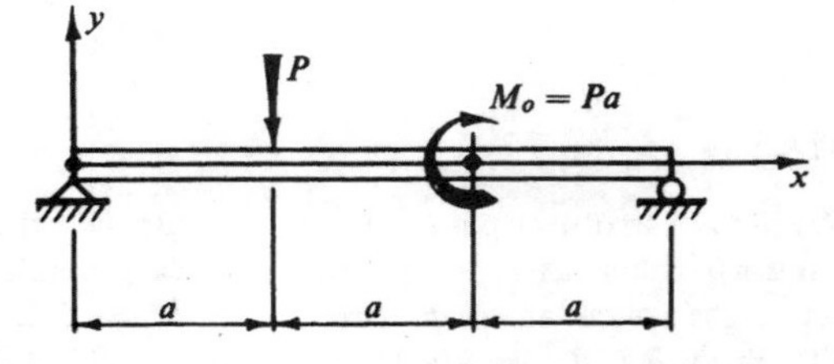

Na expressão final para $V(x)$ o último termo não tem valor se a expressão é escrita na forma convencional. Tais termos são usados apenas como traçadores durante o processo de integração.

Sugere-se que o leitor verifique as relações por meio da estática convencional, escreva $V(x)$ e $M(x)$ para as três faixas da viga nas quais essas funções são contínuas, e compare-as com um traçado dos diagramas de força cortante e momento fletor, construídos pelo procedimento de soma.

Uma sugestão sobre a maneira de representar uma carga uniformemente variável, Fig. 2.40(a), atuando em uma parte da viga está indicada na Fig. 2.40(b). Três funções separadas são necessárias para definirem completamente a carga dada.

Na discussão anterior admitiu-se tacitamente que as reações estejam nas extremidades das vigas. Se tal não é o caso, as constantes desconhecidas C_1 e C_2 devem ser introduzidas na Eq. 2.6 como cargas pontuais, isto é, como

$$C_1\langle x-a\rangle_*^{-1} \quad \text{e} \quad C_2\langle x-b\rangle_*^{-1}.$$

Essa é a condição mostrada na Fig. 2.40(c). Nenhuma constante adicional de integração é necessária em uma solução obtida dessa maneira.

A vantagem de se usar as funções de singularidade ficará especialmente evidente nos capítulos subseqüentes, onde é estudada a solução de problemas estaticamente indeterminados. O Cap. 11 apresenta ilustrações de soluções para problemas de vigas estaticamente indeterminadas.

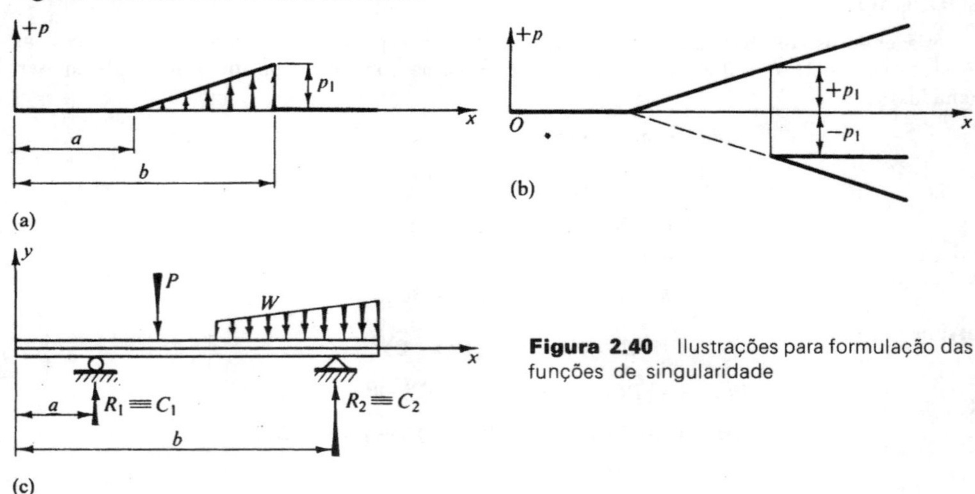

Figura 2.40 Ilustrações para formulação das funções de singularidade

PROBLEMAS

2.1 e 2.2. Para as estruturas planas mostradas nas figuras, achar as reações provocadas pelas cargas aplicadas. *Resp.*: *Prob.* 2.1 $R_{By} = 2$ t; *Prob.* 2.2 $R_{Cy} = 4{,}68$ t.

2.3 a 2.5. Para as vigas mostradas nas figuras, determinar a força axial, a força cortante, e o momento fletor a meia-distância entre os suportes, provocados pelas cargas aplicadas. *Resp.*: *Prob.* 2.5 $V = 0{,}5$ t, $M = -2{,}25$ tm.

2.6 a 2.13. Para as estruturas planas mostradas nas figuras, determinar a força axial, a força cortante, e o momento fletor nas seções *a-a*. Exceto para o Prob. 2.7, desprezar o peso dos membros. Em cada caso, desenhar um diagrama de corpo livre da parte isolada da estrutura e nele mostrar claramente o sentido das quantidades calculadas. Escolher os sistemas de coordenadas convenientes para a apresentação dos resultados. *Resp.*: *Prob.* 2.8 $P = 0,8$ t, $V = -0,4$ t, $M = -0,125$ tm; *Prob.* 2.9 $P = -3,43$ t, $V =$

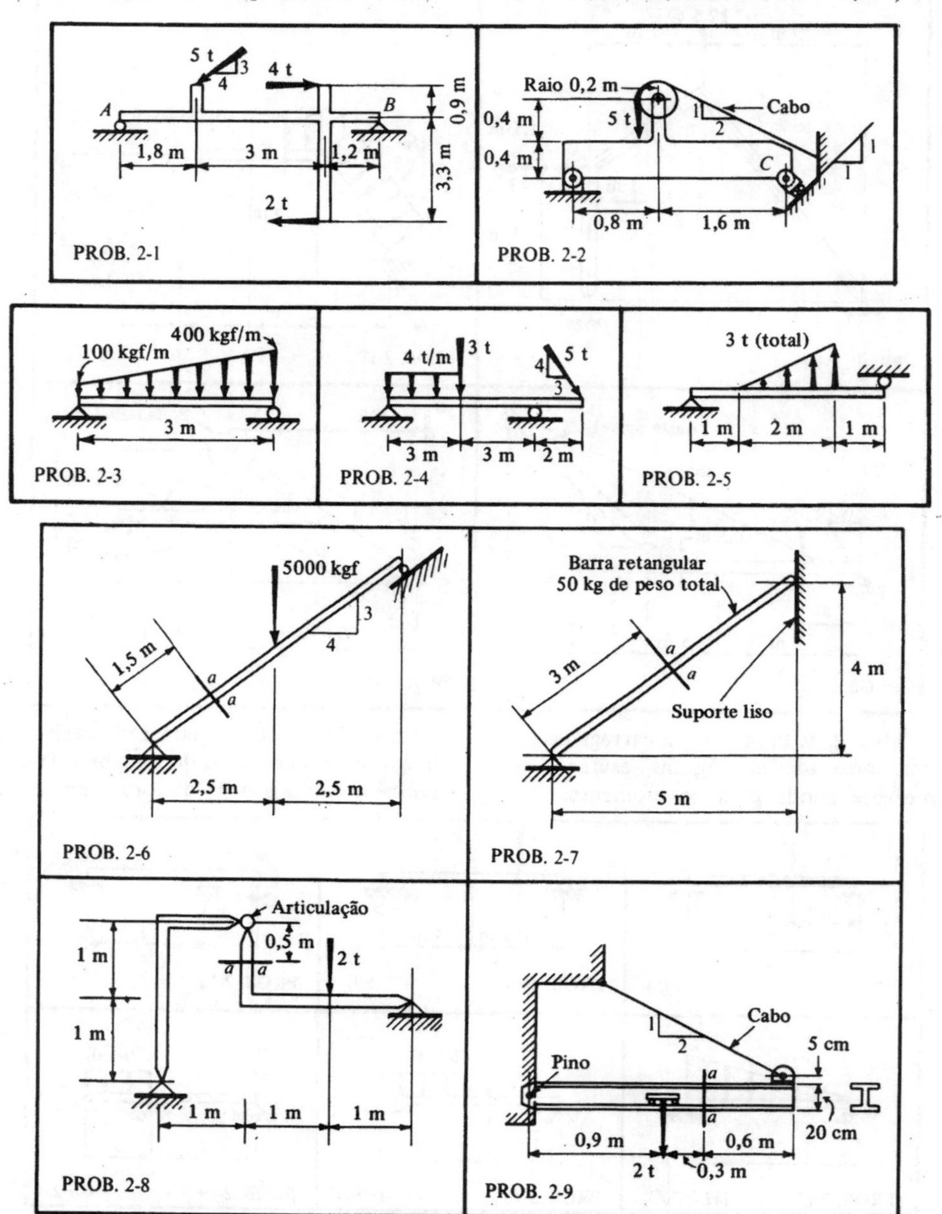

$= 1{,}71$ t, $M = 18{,}5$ tm; *Prob.* 2.10 $P = -7$ t, $V = 1$ t, $M = 1{,}25$ tm; *Prob.* 2.11 $P = -45{,}9$ t, $V = 19{,}35$ t, $M = 67$ tm; *Prob.* 2.12 $P = -20$ t, $V = 5$ k, $M = -20$ tm; *Prob.* 2.13 $P = -2{,}4$ t, $V = -1{,}2$ t, $M = -0{,}30$ tm $= -300$ kgfm.

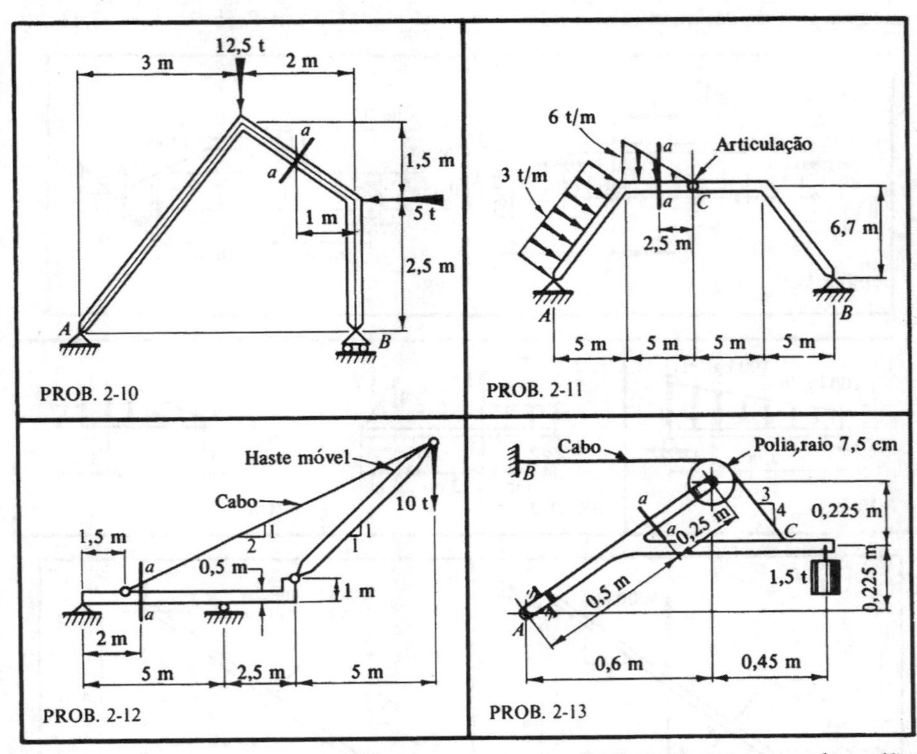

2.14 a 2.19. Para as vigas carregadas na forma mostrada nas figuras, escrever as expressões gerais para os momentos fletores e força cortante para cada região ao longo do comprimento do membro. Traçar também os diagramas de força cortante e

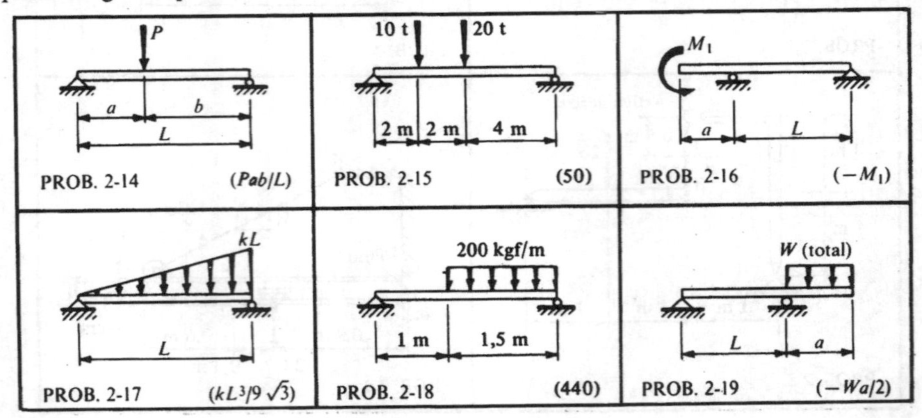

momento fletor correspondentes. *Resp.* O momento máximo está nos parênteses da figura. Para condições adicionais de carregamento, veja outros problemas deste capítulo.

2.20. Escrever as equações gerais para a força cortante $V(x)$ e momento fletor $M(x)$ para os dados do Prob. 2.3.

2.21. Escrever $V(x)$ e $M(x)$ para cada região da viga com a carga indicada no Prob. 2.4.

2.22. O mesmo que em 2.21 para os dados do Prob. 2.5.

2.23. Estabelecer as equações algébricas gerais para a força cortante, momento fletor, e força axial interna da barra curva do Exemplo 2.8, com o carregamento da Fig. 2.24. Traçar os resultados em um diagrama polar.

2.24. Uma barra retangular, fletida em um semicírculo, é engastada em uma extremidade, e submetida a uma pressão radial interna de p kgf/comprimento unitário (veja a figura). Escrever as expressões gerais para $P(\theta)$, $V(\theta)$ e $M(\theta)$, e traçar os resultados em um diagrama polar. Mostrar as direções positivas de P, V, e M em um diagrama de corpo livre.

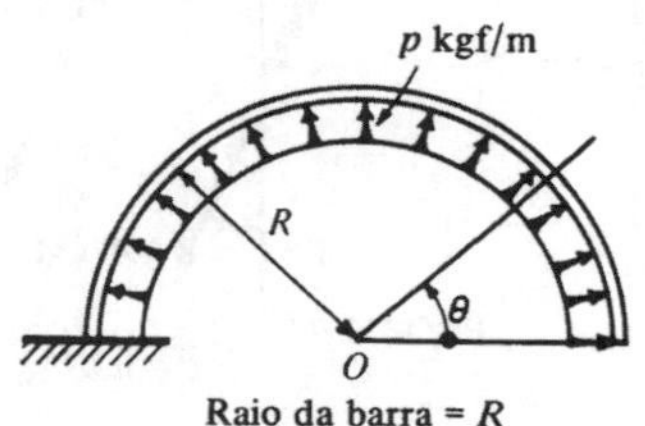

PROB. 2-24

2.25. Uma armação plana, tendo as dimensões mostradas na figura, é submetida a uma carga horizontal $P = 5\,000$ kgf. Escrever as expressões gerais para P, V, e M para cada parte da estrutura, usando coordenadas apropriadas. Traçar também o diagrama de momento para toda a estrutura no lado de compressão dos membros. *Resp.*: $M_{max} = 2\,800$ kgf.

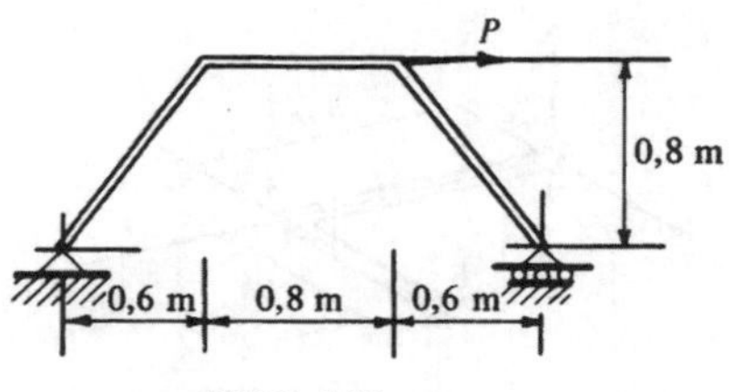

PROB. 2-25

2.26. Uma barra é feita na forma de um ângulo reto, como mostra a figura, e é engastada em uma de suas extremidades. (a) Escrever as expressões gerais para V, M, e T (torque) provocados pela aplicação de uma força F normal ao plano da barra fletida. Traçar os resultados. (b) Se em adição à força aplicada F o peso da barra p kgf/comprimento unitário também é considerado, qual o sistema de forças internas desenvolvido na extremidade engastada?

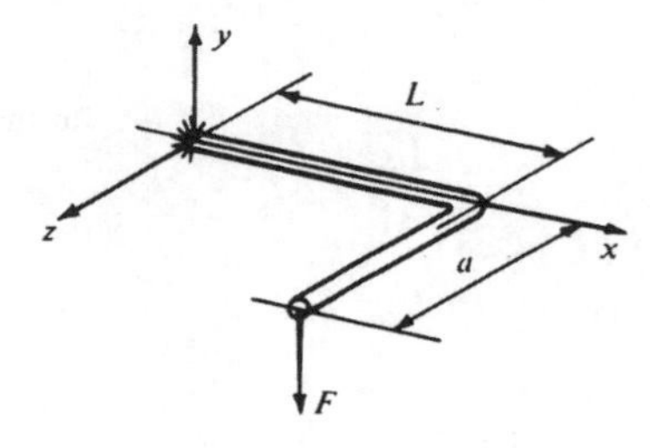

PROB. 2-26

2.27. Um tubo soldado é montado com três curvas em ângulo reto, como mostra a figura. (a) Escrever as expressões gerais para as componentes de força interna P_x, P_y, P_z, M_x, M_y e M_z para cada parte da armação, provocadas por $F_x = 100$ kgf e $F_z = 50$ kgf. (b) Traçar os resultados achados em (a). Ao fazê-lo, não determine a resultante dos momentos fletores em cada seção, mas mostre a variação dos momentos nos planos horizontal e vertical. (c) Se além das forças aplicadas F_x e F_y sabe-se que o peso do tubo é de 5 kgf/m e que deve ser considerado na análise, qual é o sistema de componentes de forças internas na extremidade engastada?

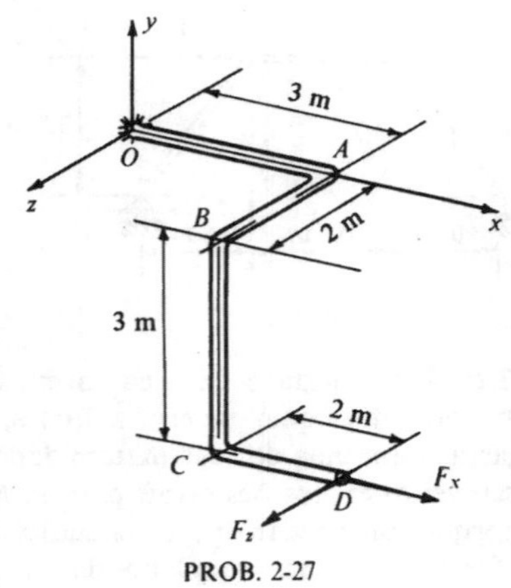

PROB. 2-27

2.28. Um motor aciona um eixo com duas polias, como mostra a figura. As tensões nas correias das duas polias de 25 cm de diâmetro foram determinadas. (a) Traçar um diagrama de momento provocado pelas componentes de força vertical, atuando sobre o eixo, isto é, traçar o diagrama de momento para o plano xy. (b) Traçar um diagrama de momento provocado pelas componentes de força horizontal, isto é, para o plano xz. (c) Traçar o diagrama de torque. (Observar que de $\Sigma M_x = 0$ e da informação sobre as tensões nas correias, o torque de entrada T é conhecido. Veja também a Fig. 10.24).

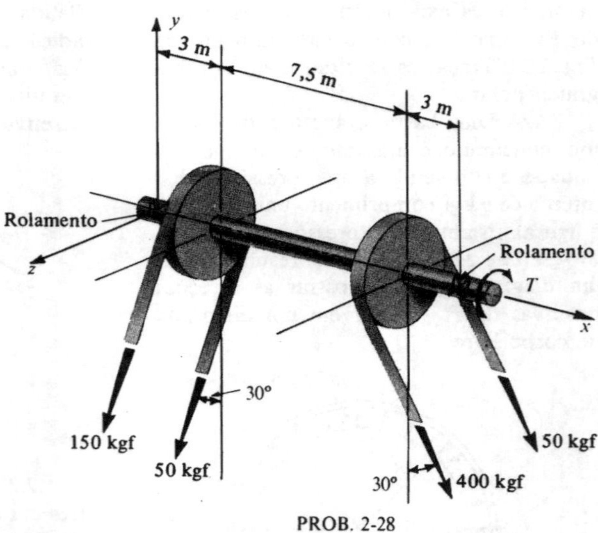

PROB. 2-28

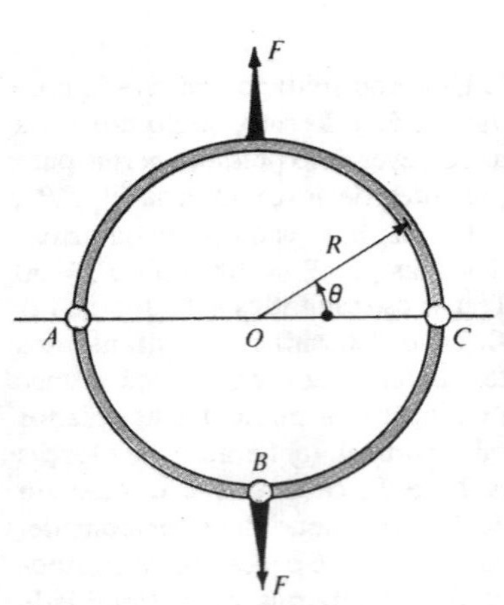

PROB. 2-29

2.29. Um anel circular com três articulações em A, B, e C é submetido a um carregamento como mostra a figura. Escrever as expressões matemáticas para $P(\theta)$, $V(\theta)$ e $M(\theta)$ para a região $0 < \theta < \pi/2$. Mostrar as direções positivas de P, V e M, em um diagrama de corpo livre.

2.30. Se os sentidos positivos de p, V, e M são definidos como mostra a figura, deduzir as relações equivalentes para as Eqs. 2.4, 2.5, e 2.6. [Veja a Fig. 11.2(b)].

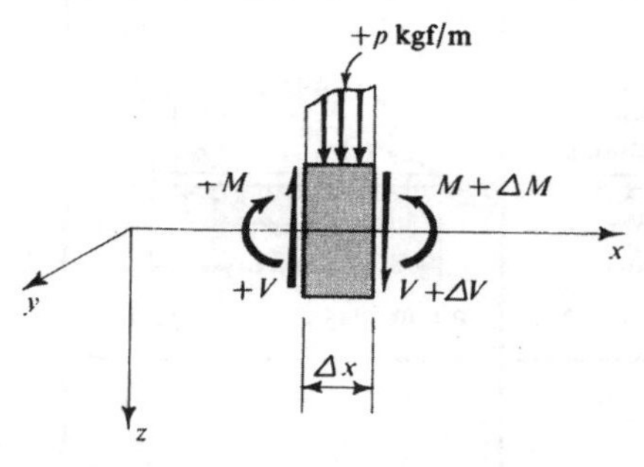

PROB. 2-30

2.31 a 2.53. Para as vigas com carregamento em um plano como mostra a figura, desprezando o peso dos membros, resolver como é indicado a seguir.

A) Sem os cálculos formais, esquematizar os diagramas de força cortante e momento fletor, diretamente abaixo de um diagrama do membro dado.

B) O mesmo que A), e, em adição, mostrar a forma da curva elástica.

C) Traçar a distribuição de força cortante e momento fletor, sempre que for significativo, e o diagrama de força axial para os membros horizontais principais. Determinar todas as ordenadas críticas.

D) O mesmo que C), e em adição, determinar os pontos de inflexão e mostrar a forma da curva elástica.

Resp.: Todos os diagramas de força cortante e momento fletor devem fechar. O maior momento é dado nos parênteses

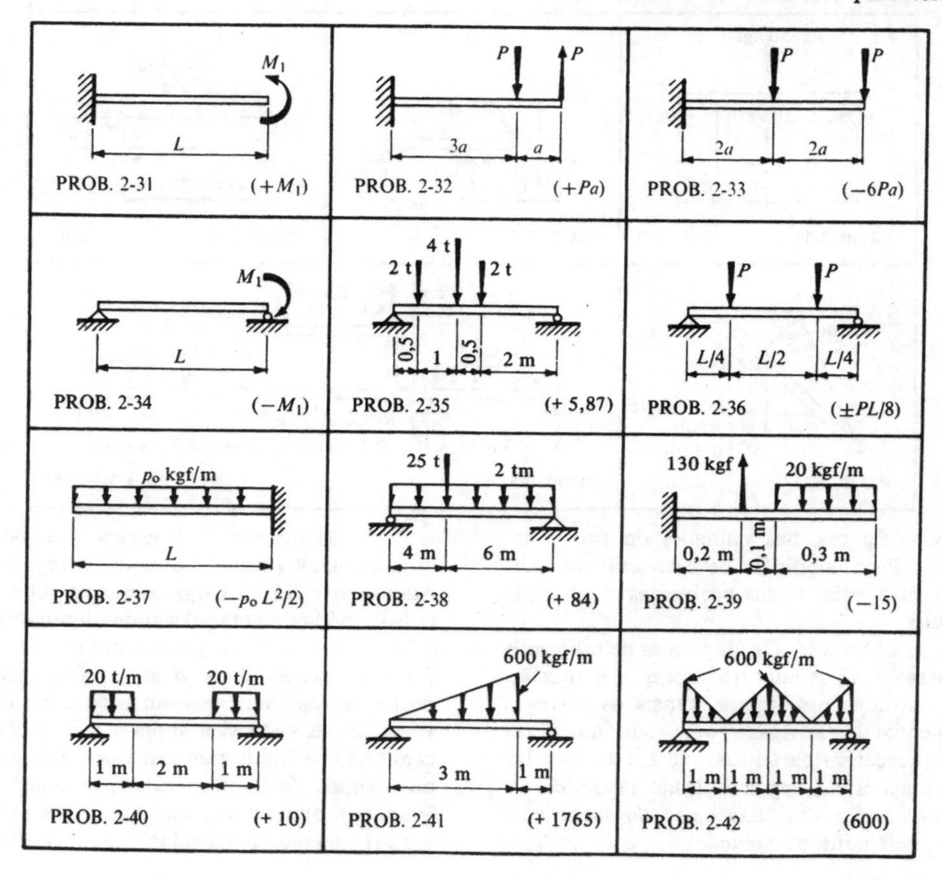

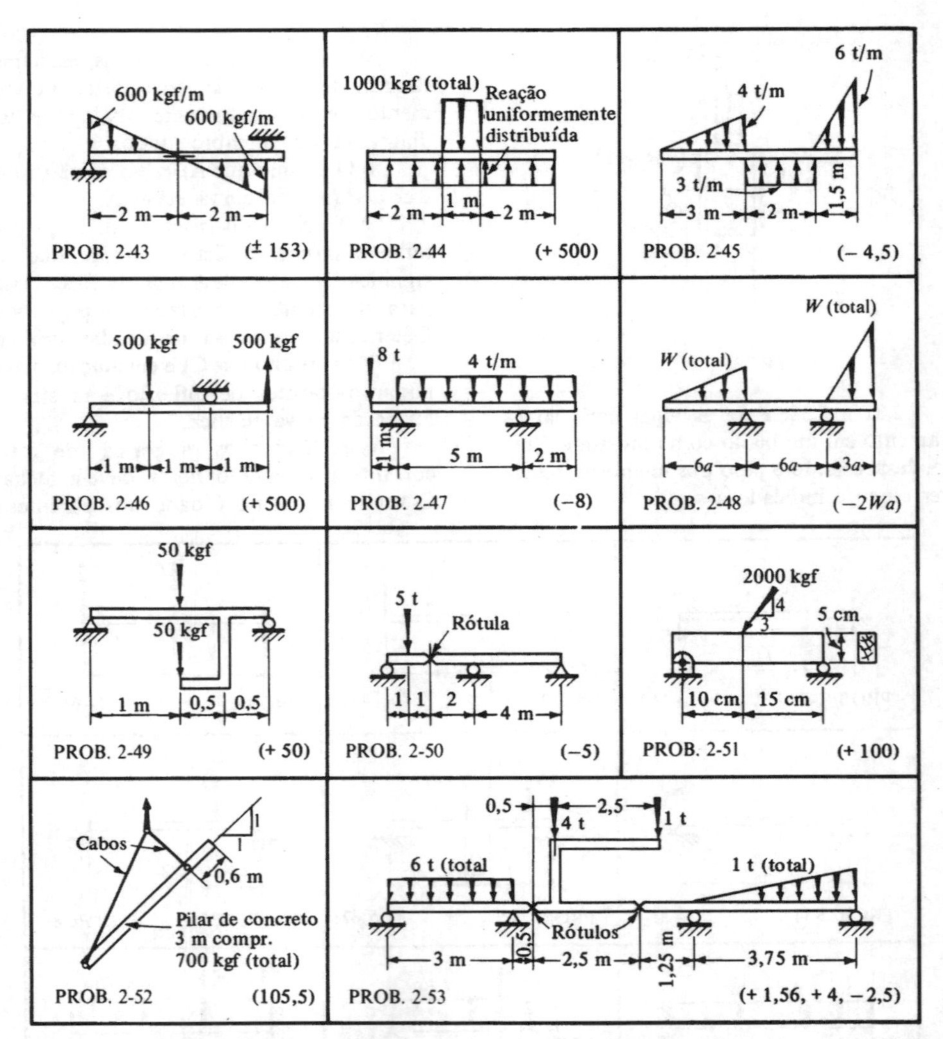

pelas figuras, nas unidades do problema.

Para condições de carregamento adicionais, veja outros problemas deste capítulo.

2.54 a 2.56. Os diagramas de momento para as vigas suportadas em A e B estão mostrados nas figuras. Quais os carregamentos dessas vigas? Todas as linhas curvas representam parábolas, isto é, traçados das equações do segundo grau. (*Sugestão.* A construção dos diagramas de força cortante auxilia na solução).

2.57. Um caminhão é transportado por uma balsa; ele pesa 3,5 t quando carregado. Admitir que 0,1 da carga total seja suportada individualmente pelas rodas dianteiras, e 0,4 da mesma forma pelas rodas traseiras. Admitir que as duas vigas longitudinais principais da balsa estejam separadas de 1,8 m, isto é, cada viga suporta metade do caminhão. Admitir também que cada um dos grupos de pontões forneçam reações (empuxo) que podem ser tratadas como uniformemente distribuídas. Traçar os dia-

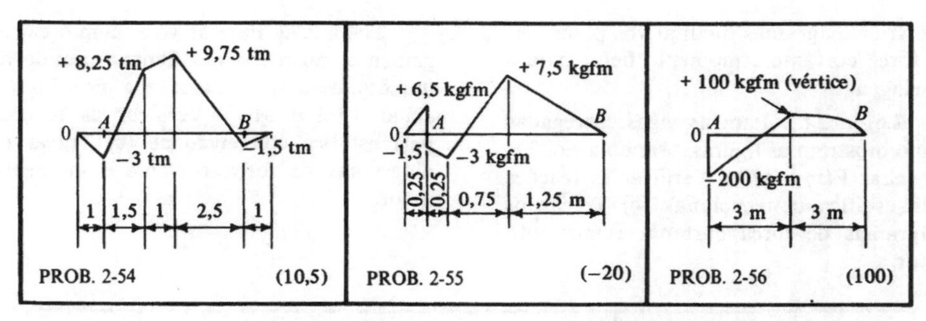

PROB. 2-54 (10,5) PROB. 2-55 (−20) PROB. 2-56 (100)

gramas de força cortante e momento fletor para o caminhão na posição mostrada. Indicar os valores críticos. *Resp.*: 2,52 tm (máximo).

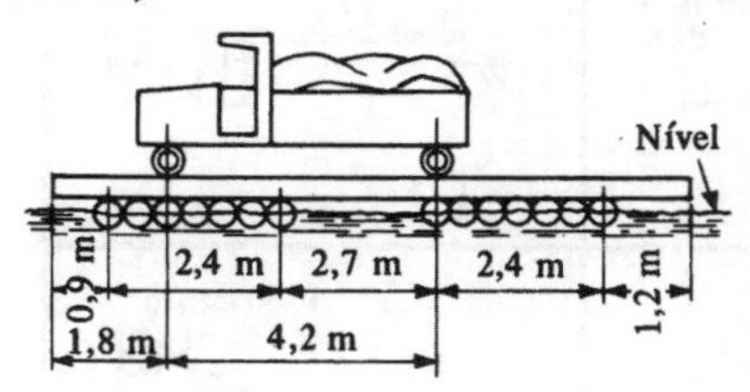

PROB. 2-57

2.58. Uma barca é carregada como mostra a figura. Traçar os diagrams de força cortante e momento fletor para o carregamento aplicado. *Resp.*: −5,3 t (máximo), + 10,7 tm (máximo).

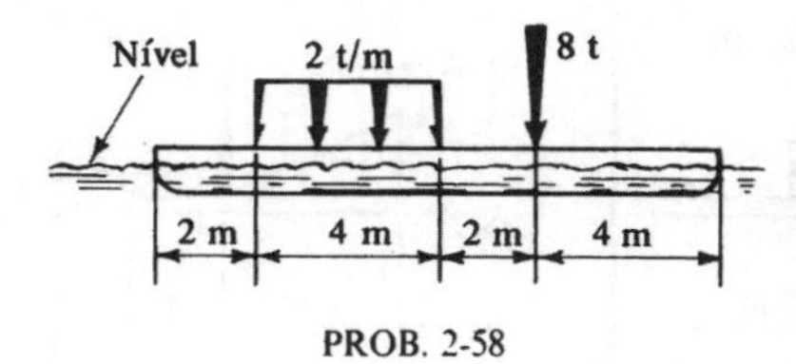

PROB. 2-58

2.59. Um tubo de aço de 0,25 m de diâmetro externo, pesando 75 kgf/m é mantido por meio de cabos, através de braçadeiras, em uma posição inclinada, como mostra a figura. Traçar os diagramas de força cortante e momento fletor para esse tubo, dando os valores de todas as ordenadas críticas. As juntas *A*, *B*, e *C* são de pino.

2.60. A distribuição de carga para um avião monomotor, em vôo, pode ser idealizada como mostra a figura. Nesse diagrama, o vetor *A* representa o peso do motor, *B* o peso da cabine uniformemente distribuído, *C* o peso da fuselagem à ré, e *D* as forças de controle de cauda. As forças para cima *E* são desenvolvidas pelas duas longarinas das asas. Usando esses dados,

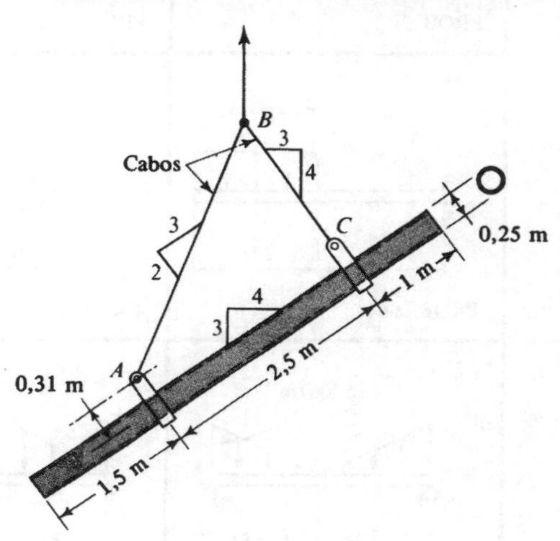

PROB. 2-59

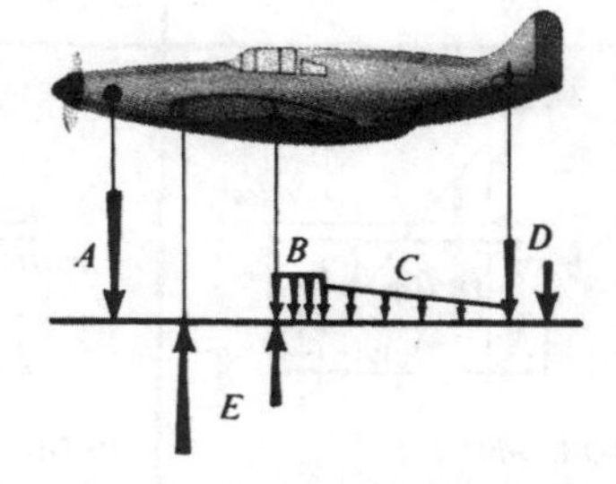

PROB. 2-60

construir diagramas qualitativos plausíveis de força cortante e momento fletor para a fuselagem.

2.61 a 2.63. Para as vigas carregadas como mostram as figuras, usando a Eq. 2.6, (a) achar $V(x)$ e $M(x)$. Verificar as reações pela estática convencional. (b) Traçar os diagramas de força cortante e momento fletor.

2.64 a 2.72. Para as vigas com o carregamento mostrado nas figuras, usando as funções de singularidade e a Eq. 2.6, (a) achar $V(x)$ e $M(x)$. Verificar as reações pela estática convencional. (b) Traçar os diagramas de força cortante e momento fletor.

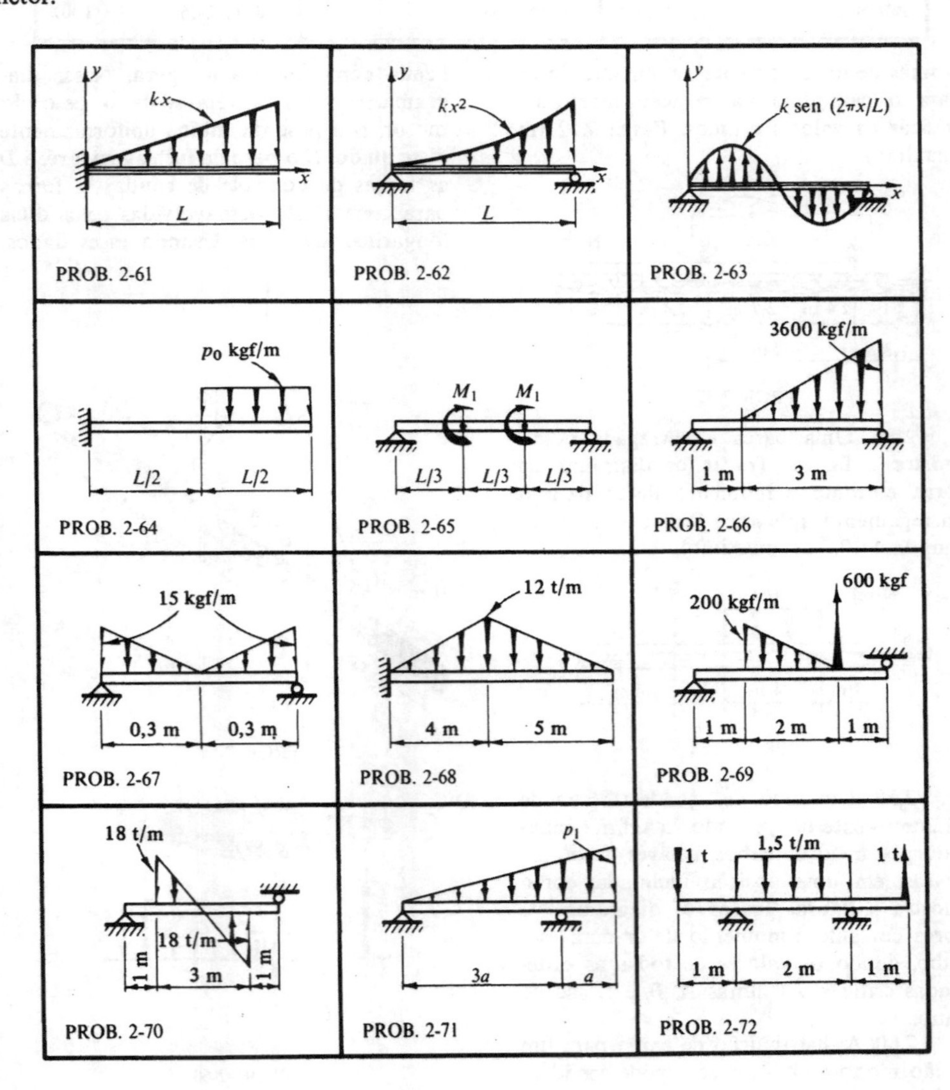

3

TENSÃO E CARGAS AXIAIS

3.1 INTRODUÇÃO

No Cap. 1, viu-se que a natureza das forças internas a um corpo, necessárias para contrabalançar o efeito das forças externas aplicadas, é parte do problema principal da mecânica dos sólidos. No Cap. 2 tratou-se dos procedimentos especializados para aplicação do método das seções a fim de se determinar o sistema de componentes de força em um corte transversal de viga. Neste capítulo, o método das seções será ampliado a fim de se isolar um elemento infinitesimal e para definir o conceito de tensão. Na Parte A, considera-se o caso geral de tensão; na Parte B, são delineados procedimentos para determinação de tensões em barras com carregamento axial. Considera-se, também, alguns exemplos de cálculo de tensão de cisalhamento, e introduz-se uma definição para fator de segurança.

PARTE A
TENSÃO

3.2 DEFINIÇÃO DE TENSÃO

Em geral, as forças internas, que atuam em áreas infinitesimais de um corte, têm magnitudes e direções variadas conforme foi mostrado anteriormente nas Figs. 1.1(b) e (c) e, novamente, na Fig. 3.1(a). Essas forças são de natureza vetorial e mantêm equilíbrio com as forças externas aplicadas. Na mecânica dos sólidos é particularmente significativo definir a intensidade dessas forças nas várias partes do corte como a resistência à deformação. Em geral elas variam de ponto para ponto e são inclinadas em relação ao plano do corte. É costume decomporem-se essas forças em componentes paralelas e perpendiculares à seção investigada. Como exemplo, a Fig. 3.1(b) mostra as componentes de vetor força $\Delta \mathbf{P}$ que agem sobre a área ΔA. Nesse diagrama particular, o corte no corpo é perpendicular ao eixo x, e as direções de $\Delta P x$ e da normal a ΔA são coincidentes.

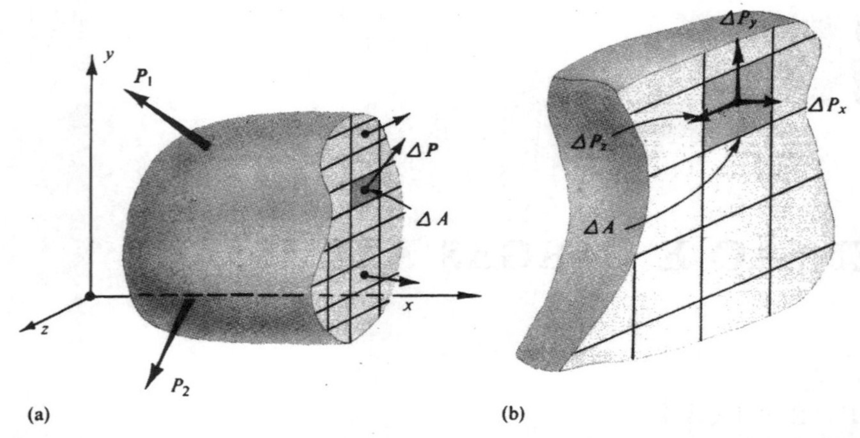

Figura 3.1 Corpo seccionado: (a) corpo livre com algumas forças internas, (b) vista ampliada com componentes de $\Delta \boldsymbol{P}$

Como as componentes da intensidade da força por unidade de área – isto e, da *tensão* – se mantêm verdadeiras apenas em um ponto, a definição matemática* da tensão é

$$\tau_{xx} = \lim_{\Delta A \to 0} \frac{\Delta P_x}{\Delta A}, \quad \tau_{xy} = \lim_{\Delta A \to 0} \frac{\Delta P_y}{\Delta A} \quad \text{e} \quad \tau_{xz} = \lim_{\Delta A \to 0} \frac{\Delta P_z}{\Delta A}$$

onde o primeiro índice de τ (tau), nos três casos, indica que o plano perpendicular ao eixo x é considerado, e o segundo designa a direção da componente da tensão. Na Seç. 3.3, serão discutidas todas as combinações possíveis de índices.

A intensidade da força perpendicular ou normal à seção é chamada de *tensão normal* em um ponto. É costume referir-se a tensões normais que causam tração na superfície do corte por *tensões de tração.* Por outro lado, aquelas que comprimem o corte, são *tensões de compressão.* Neste livro as tensões normais serão indicadas pela letra σ (sigma) no lugar de τ com duplo índice. Apenas um índice será suficiente para designar a direção do eixo. As demais componentes da intensidade da força agem paralelamente ao plano da área elementar. Essas componentes são chamadas de *tensões* de cisalhamento e designadas por τ.

O leitor deve formar uma imagem mental clara das tensões de tração e cisalhamento. Repetindo as definições, as tensões normais resultam de componentes de força perpendiculares ao plano da seção, e as tensões de cisalhamento decorrem de componentes paralelas ao plano do corte.

Vê-se das definições anteriores que as tensões normais e de cisalhamento são dimensionais medidos por unidade de força dividida por unidade de área. No sistema métrico a medida usual é feita em quilograma força por centímetro quadrado (kgf/cm^2).

*Como $\Delta A \to 0$, existe dúvida, do ponto de vista atômico, na definição apresentada. Entretanto, um modelo homogêneo para materiais não-homogêneos parece bom

Deve-se observar que as tensões multiplicadas pelas respectivas áreas em que atuam, resultam em forças, e a soma dessas forças em uma seção imaginária mantém o corpo em equilíbrio.

3.3 TENSOR DAS TENSÕES

Se além do plano de corte indicado no corpo livre da Fig. 3.1, passássemos outro plano a uma distância infinitesimal, paralelo ao primeiro, isolaríamos uma fatia elementar. Então, se dois outros pares de planos fossem passados normalmente ao primeiro par, seria isolado do corpo um cubo de dimensões infinitesimais. Tal cubo é mostrado na Fig. 3.3. Todas as tensões que agem sobre o cubo estão identificadas no diagrama. Conforme anteriormente descrito, os primeiros índices de τ associam a tensão com o plano perpendicular a um dado eixo; o segundo indica a direção da tensão. Nas *faces* do cubo mais afastadas da origem, as direções das tensões são positivas se coincidentes com as positivas dos eixos. Nas faces coladas aos planos dos eixos, pelo conceito de ação e reação, as tensões positivas atuam nas direções opostas às dos eixos. (Observe que, para as tensões normais, a mudança do símbolo de τ para σ eliminou a necessidade de um índice). As indicações para tensões na Fig. 3.3 são bastante usadas nas teorias matemáticas de elasticidade e plasticidade. A convenção de sinais aqui especificada está de acordo com a introduzida anteriormente na Fig. 3.2.

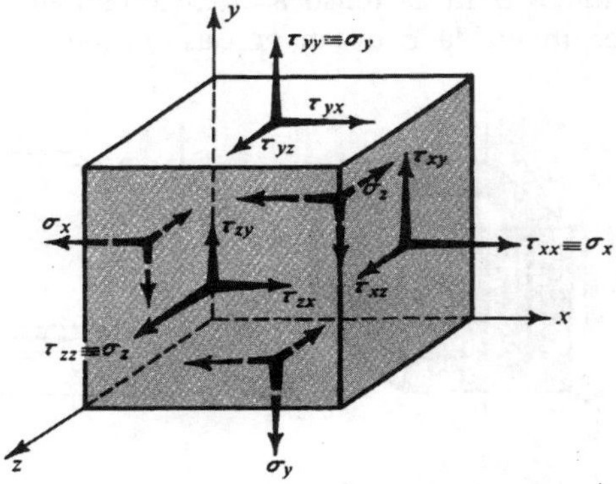

Figura 3.2 Estado de tensão mais geral sobre um elemento. Todas as tensões têm sentido positivo

O exame dos símbolos de tensão na Fig. 3.2, mostra que existem três tensões normais $\tau_{xx} \equiv \sigma_x$, $\tau_{yy} \equiv \sigma_y$, $\tau_{zz} \equiv \sigma_z$ e seis tensões de cisalhamento τ_{xy}, τ_{yx}, τ_{yz}, τ_{zy}, τ_{zx}, τ_{xz}. Em contraste, um vetor força P tem apenas três componentes P_x, P_y e P_z. Essas podem ser escritas de maneira ordenada, como um vetor-coluna:

$$\begin{pmatrix} P_x \\ P_y \\ P_z \end{pmatrix}$$

Analogamente, as componentes de tensão podem ser grupadas na forma:

$$\begin{pmatrix} \tau_{xx} & \tau_{xy} & \tau_{xz} \\ \tau_{yx} & \tau_{yy} & \tau_{yz} \\ \tau_{zx} & \tau_{zy} & \tau_{zz} \end{pmatrix} \equiv \begin{pmatrix} \sigma_x & \tau_{xy} & \tau_{xz} \\ \tau_{yx} & \sigma_y & \tau_{yz} \\ \tau_{zx} & \tau_{zy} & \sigma_z \end{pmatrix} \tag{3.1}$$

Essa é uma matriz de representação do *tensor das tensões.* É um tensor de segunda ordem ou categoria que necessita de dois índices para identificar seus elementos ou componentes. Um vetor é um tensor de primeira ordem, e um escalar é um tensor de ordem zero. Algumas vezes, para abreviar, indica-se o tensor das tensões pela forma τ_{ij}, onde se entende que i e j podem adquirir designações x, y e z conforme observado na Eq 3.1.

A seguir, será mostrado que o tensor das tensões é simétrico, isto é, que $\tau_{ij} = \tau_{ji}$. Isso decorre diretamente dos requisitos de equilíbrio para um elemento. Para prová-lo tomamos um elemento infinitesimal de dimensões dx, dy e dz e calculamos a soma dos momentos das forças em relação ao eixo z, na Fig. 3.2. Desprezando os infinitesimais de ordem superior,* o processo equivale a tomar o momento em relação ao eixo z na Fig. 3.3(a) ou, na representação bidimensional da Fig. 3.3(b). Assim,

$$M_C = 0 \circlearrowleft +, \qquad +(\tau_{yx})(dxdz)(dy) - (\tau_{xy})(dydz)(dx) = 0,$$

onde as expressões entre parênteses correspondem, respectivamente, a tensão, área e braço de momento. Simplificando, tem-se

$$\tau_{yx} = \tau_{xy}. \tag{3.2}$$

Analogamente pode-se mostrar que $\tau_{xz} = \tau_{zx}$ e $\tau_{yz} = \tau_{zy}$. Dessa forma, os índices para as tensões de cisalhamento são comutativos, isto é, sua ordem pode ser invertida e o tensor das tensões é simétrico.

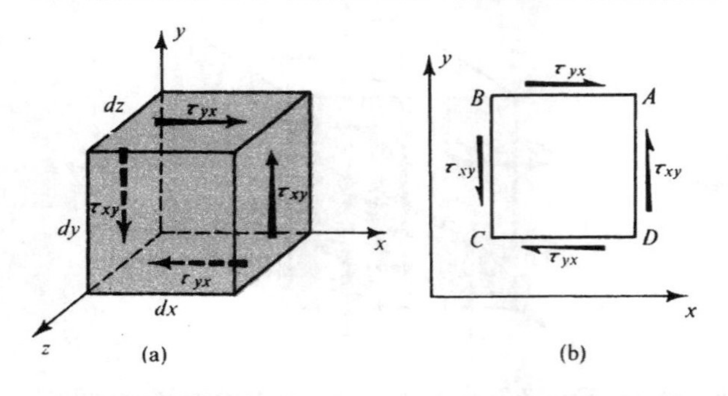

Figura 3.3 Elemento de um corpo em cisalhamento puro

O significado da Eq. 3.2 é muito importante, e implica na igualdade das tensões de cisalhamento em planos mutuamente perpendiculares de um elemento infinitesimal. Além do mais, é possível o equilíbrio de um elemento apenas com *tensões de cisalhamento simultaneamente nos quatro lados de um elemento.* Isto é, em qualquer corpo em que existem tensões de cisalhamento, dois pares de tais tensões atuam em planos perpendiculares entre si. Dessa forma $\Sigma M_z = 0$ não é satisfeita por um simples par de tensões de cisalhamento. Em diagramas como o da Fig. 3.3(b), as

*Existe a possibilidade de uma variação infinitesimal na tensão, de uma face do cubo para outra, e a possibilidade da presença de forças de massa (inerciais). Considerando inicialmente um elemento (Δx) (Δy) (Δz) e verificando o limite, pode-se mostrar rigorosamente que essas quantidades são de ordem superior, e portanto desprezáveis

setas indicativas das tensões de cisalhamento encontram-se em cantos diametralmente opostos de um elemento, para satisfazerem as condições de equilíbrio.

Nos casos apresentados a seguir, mais de dois pares de tensões de cisalhamento raramente atuarão simultaneamente sobre um elemento. Assim, os índices usados anteriormente para identificação dos planos e das direções das tensões de cisalhamento tornam-se supérfluos. Em tais casos, as tensões de cisalhamento serão indicadas por τ, sem qualquer índice. Todavia, deve ser lembrado que as tensões de cisalhamento sempre ocorrem em dois pares.

Deve-se observar que o sistema convencional de eixos não fornecerá a informação mais significativa sobre a tensão em um ponto. Em alguns casos as tensões são examinadas em planos inclinados, como o *ABC* da Fig. 3.4(a). Esse processo é denominado de *transformação de tensão* de um conjunto de eixos para outro. No Cap. 9 estudaremos em detalhes o caso bidimensional, mostrado na Fig. 3.4(b).

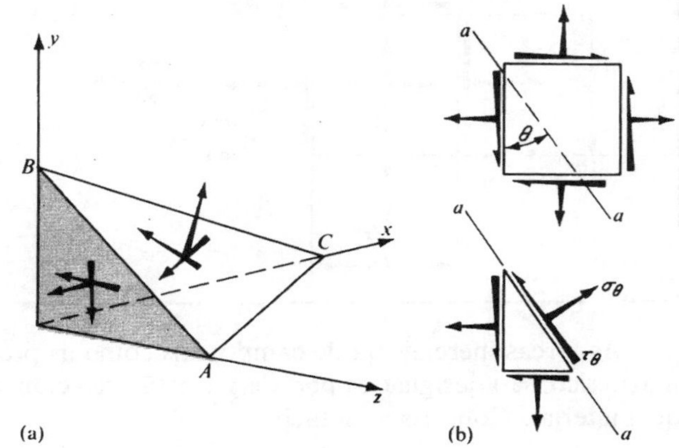

Figura 3.4 Seções inclinadas do elemento: (a) caso tridimensional, (b) caso bidimensional

Usando os procedimentos da transformação de tensão, alguns dos quais serão discutidos posteriormente, para um conjunto particular de coordenadas, geralmente pode-se diagonalizar o tensor das tensões para o caso bidimensional de tensão

$$\begin{pmatrix} \sigma_1 & 0 & 0 \\ 0 & \sigma_2 & 0 \\ 0 & 0 & \sigma_3 \end{pmatrix} \quad \text{e} \quad \begin{pmatrix} \sigma_1 & 0 & 0 \\ 0 & \sigma_2 & 0 \\ 0 & 0 & 0 \end{pmatrix}$$

plana em que $\sigma_3 = 0$. Observe a ausência de tensões de cisalhamento. Para o caso tridimensional, as tensões são chamadas de *triaxiais*, porque três delas são necessárias para completa descrição do estado de tensão. Para o caso bidimensional, as tensões são biaxiais. A tensão plana ocorre em placas finais (ou delgadas), com tensão em duas direções diferentes. Para membros com carregamento axial, que serão discutidos na Parte B deste capítulo, apenas um elemento do tensor das tensões sobrevive; tal estado de tensão é denominado de *uniaxial*. Nos Caps. 9 e 10 será discutido o problema inverso, isto é, de como esse termo pode ser decomposto para resultar em quatro elementos de um tensor das tensões.

3.4 EQUAÇÕES DIFERENCIAIS DE EQUILÍBRIO

Um elemento infinitesimal de um corpo deve estar em equilíbrio. A Fig. 3.5 mostra o caso bidimensional, em que o sistema de tensões atua sobre um elemento infinitesimal $(dx)(dy)(1)$. Nesse problema, o elemento é considerado com 1 cm de espessura, na direção perpendicular ao plano do papel. Observe que se considera a possibilidade de um incremento nas tensões, de uma face para outra do elemento. Por exemplo, como a razão de variação de σ_x na direção de x é $\partial\tau_x/\partial x$ e se desloca de dx, o incremento é $(\partial\sigma_x/\partial x)\,dx$. A notação de derivada parcial tem de ser usada para distinguir as direções.

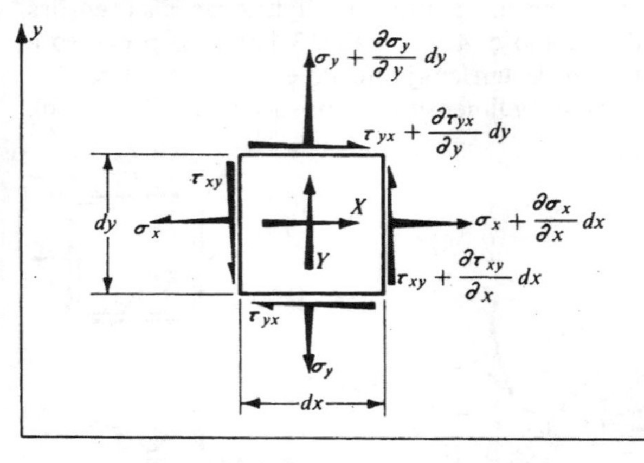

Figura 3.5 Elemento infinitesimal com tensões e forças de campo atuando

As forças inerciais ou de campo, tais como as provocadas pelo peso ou o efeito magnético, são designados por x e y, ϵ estão relacionadas com a unidade de volume do material. Com essas notações

$$\Sigma F_x = 0 \rightarrow +,$$

$$\left(\sigma_x + \frac{\partial\sigma_x}{\partial x}dx\right)(dy \times 1) - \sigma_x(dy \times 1)$$

$$+\left(\tau_{yx} + \frac{\partial\tau_{yx}}{\partial y}dy\right)(dx \times 1) - \tau_{yx}(dx \times 1) + X(dx\,dy \times 1) = 0$$

Simplificando e lembrando que $\tau_{xy} = \tau_{yx}$ é verdadeiro, obtém-se a equação básica de equilíbrio para a direção x. Essa equação, juntamente com outra análoga para a direção y, dá

$$\frac{\partial\sigma_x}{\partial x} + \frac{\partial\tau_{xy}}{\partial y} + X = 0,$$
$$\frac{\partial\tau_{yx}}{\partial x} + \frac{\partial\sigma_y}{\partial y} + Y = 0. \tag{3.3}$$

O equilíbrio dos momentos do elemento, $\Sigma M_z = 0$ é assegurado por $\tau_{xy} = \tau_{yx}$. Pode-se mostrar que, para o caso tridimensional, uma equação típica de um conjunto de três é

$$\frac{\partial \sigma_x}{\partial x} + \frac{\partial \tau_{xy}}{\partial y} + \frac{\partial \tau_{xz}}{\partial z} + X = 0. \tag{3.4}$$

Observe que, na dedução das equações anteriores, as propriedades mecânicas do material não foram usadas. Isso significa que essas equações são aplicáveis quando um material é elástico, plástico ou viscoelástico. É também muito importante observar que não existem equações de equilíbrio suficiente para a determinação das tensões desconhecidas. No caso bidimensional, nas duas partes da Eq. (3.3), temos três tensões desconhecidas σ_x, σ_y e τ_{xy}. Para o caso tridimensional, existem seis tensões, mas apenas três equações. Assim, todos os problemas na análise de tensões são estaticamente *indeterminados*. Na mecânica técnica dos sólidos, tal como a apresentada neste texto, essa indeterminação é eliminada pela introdução de premissas apropriadas, que equivalem à existência de equações adicionais.

PARTE B

TENSÕES EM MEMBROS COM CARREGAMENTO AXIAL

3.5 CARGA AXIAL; TENSÃO NORMAL

Em muitas situações, na prática, se a direção do plano imaginário que corta um membro é judiciosamente selecionada, as tensões que agem sobre o corte serão de determinação particularmente significativa e simples. Tal caso importante ocorre em uma barra reta, carregada axialmente em tensão, contanto que ela seja cortada por um plano perpendicular a seu eixo.* A tensão de tração que age sobre tal corte é a tensão máxima, uma vez que qualquer outro corte não perpendicular ao eixo da barra apresenta superfície maior para resistência à força aplicada. A tensão máxima é a mais significativa por tender a provocar falha do material.**

Para obtenção de uma expressão algébrica para a tensão máxima, considere o caso ilustrado na Fig. 3.6(a). Se a barra for considerada sem peso, são necessárias duas forças iguais opostas *P*, uma em cada extremidade, para manutenção do equilíbrio. Assim, como o corpo todo está em equilíbrio, qualquer parte sua também está em equilíbrio. Ambas as partes do corpo, de cada lado do corte *b-b*, estão em equilíbrio. No corte, onde a área da seção transversal da barra é *A*, deve aparecer uma força equivalente a *P*, como mostram as Figs. 3.6(b) e (c). Dessa forma, pela

*Alguns materiais apresentam resistência relativa maior a tensões normais do que a tensões de cisalhamento. Para tais materiais, a falha ocorre em um plano oblíquo. Isso será discutido no Cap. 10

**Logo após essa seção, alguns leitores podem desejar estudar o Seç. 10.2 e o Exemplo 10.1, onde são consideradas as tensões sobre planos inclinados. Isso pode preceder ou suceder ao estudo da Parte A do Cap. 9

definição de tensão, a tensão normal, ou aquela que age perpendicularmente ao corte, é

$$\sigma = \frac{P}{A} \quad \text{ou} \quad \frac{\text{força}}{\text{área}} \cdot \left[\frac{\text{kgf}}{\text{cm}^2}\right]. \tag{3.5}$$

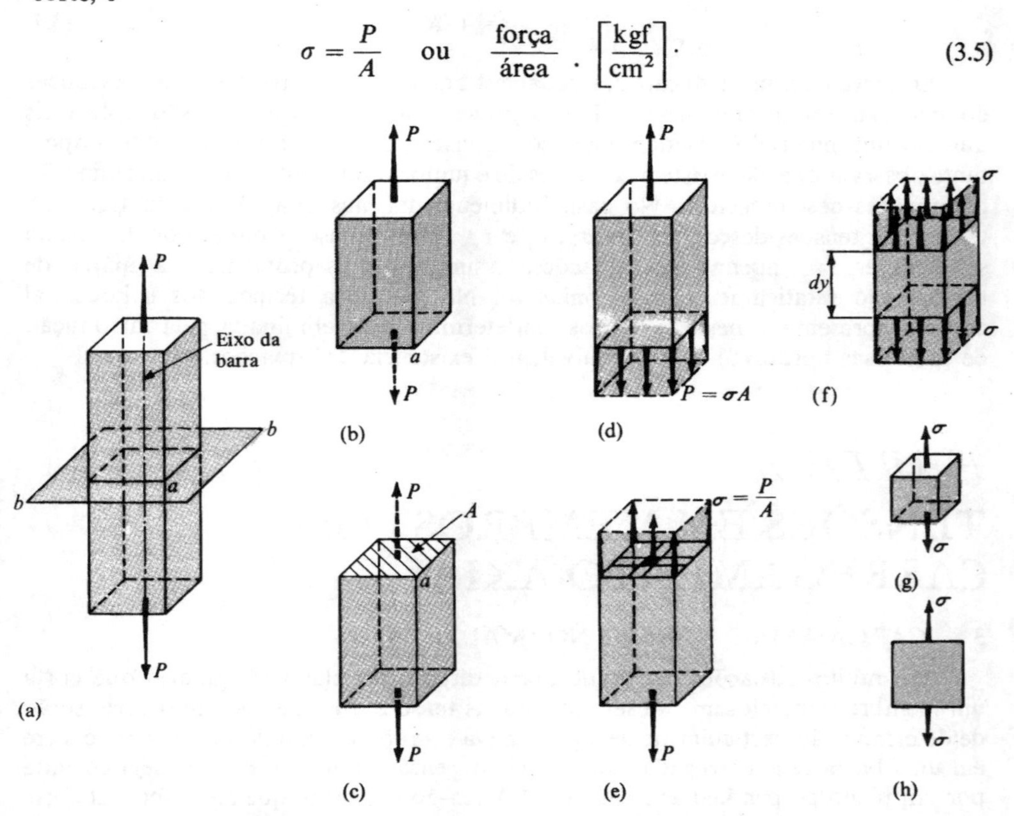

Figura 3.6 Etapas sucessivas de análise de tensão em um corpo

Essa tensão normal é distribuída uniformemente na área da seção transversal A.* A natureza da quantidade calculada pela Eq. 3.5 pode ser vista graficamente nas Figs. 3.6(d) e (e). Em geral, a força P é a resultante das forças de um lado ou de outro do corte.

Se um corte adicional fosse feito, paralelamente ao plano *b-b* da Fig. 3.6(a), a seção isolada da barra poderia ser representada como na Fig. 3.6(f), e após cortes adicionais, resultaria um cubo infinitesimal como o da Fig. 3.6(g). As tensões normais são as únicas que aparecem nas duas superfícies do cubo. Tal estado de tensão de um elemento é denominado de *tensão uniaxial*. Na prática, vistas isométricas de um cubo, como mostra a Fig. 3.6(g), são raramente empregadas; os diagramas são

*A Eq. 3.5 aplica-se estritamente apenas se a área da seção transversal for constante ao longo da barra. Para discussão das situações em que ocorre uma descontinuidade abrupta na área da seção transversal, veja a Seç. 4.18

simplificados para se assemelharem aos da Fig. 3.6(h). Todavia, o estudante jamais deveria perder de vista o aspecto tridimensional do problema em questão.

No corte, o sistema de tensões de tração calculadas pela Eq. 3.5, equilibra a força externa. Quando essas tensões normais são multiplicadas pelas áreas infinitesimais correspondentes e somadas em toda a superfície do corte, obtém-se a força aplicada P. Assim, o sistema de tensões é estaticamente equivalente à força P. Além disso, a resultante dessa soma deve atuar no centróide de uma seção. Por outro lado, para uma distribuição uniforme de tensões na barra, a força axial aplicada deve agir no centróide da área da seção transversal investigada.

Por exemplo, na peça mecânica mostrada na Fig. 3.7(a) as tensões não podem ser obtidas apenas pela Eq. 3.5. Aqui, em um corte tal como A-A, um sistema de forças estaticamente equivalente, desenvolvido no interior do material, deve consistir não apenas da força P mas, também, de um momento fletor M que mantém a força externa em equilíbrio. Isso causa distribuição não-uniforme de tensão no membro, que será tratada no Cap. 8.

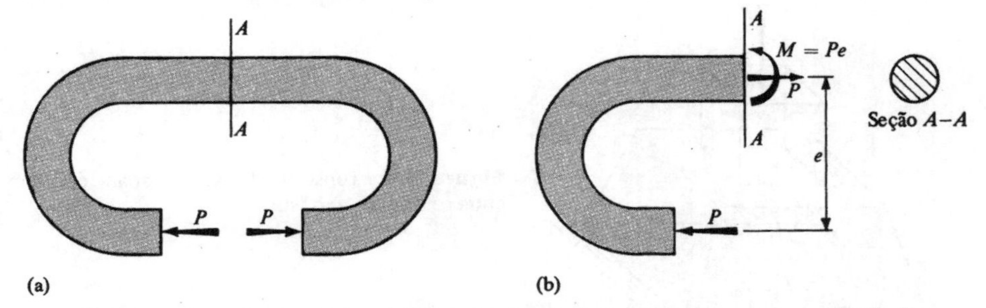

Figura 3.7 Membro com distribuição de tensão não-uniforme na seção A-A

Ao aceitar a Eq. 3.5, deve-se ter em mente que o comportamento do material é idealizado. Todas as partículas do corpo são consideradas com contribuição igual para a resistência da força. Tal premissa implica em perfeita homogeneidade do material. Os materiais reais, tais como os metais, consistem em grande número de grãos, e a madeira é fibrosa. Nos materiais reais, algumas partículas contribuirão mais para a resistência a uma força do que outras. Tensões como as mostradas nas Figs. 3.6(d) e (e) não existem na realidade. O diagrama de distribuição verdadeira de tensões varia em cada caso particular e é bastante irregular. Todavia, na média, ou falando-se em termos estáticos, os cálculos da Eq. 3.5 são corretos e, dessa forma, a tensão calculada representa uma quantidade altamente significativa.

Argumentação análoga se aplica aos membros em compressão. A máxima tensão normal ou de compressão pode ser obtida pela aplicação da Eq. 3.5, quando se corta o membro estrutural por um plano perpendicular a seu eixo. A tensão, assim obtida, terá intensidade uniforme, conquanto que a resultante das forças externas passe pelo centróide da área do corte. Todavia, deve-se ter cuidado adicional quando os membros em compressão são considerados. Por exemplo, uma régua comum, submetida a uma pequena força axial de compressão, tem tendência a flambar e a entrar em colapso. O Cap. 14 trata de tal instabilidade dos membros em compressão. A Eq. 3.5 é aplicável apenas aos membros com carregamento axial bem robustos, isto é, a blocos curtos. Como será visto no Cap. 14, um bloco cuja menor dimensão é aproximadamente igual a um décimo de seu comprimento, pode ser considerado um bloco curto. Por exemplo, uma peça de madeira de 5 × 10 cm pode ter 50 cm de comprimento e ainda ser considerada um bloco curto.

3.6 CARGA AXIAL; TENSÃO DE APOIO

Situações existem, com freqüência, em que um bloco é sustentado por outro. Se a resultante das forças aplicadas coincide com o centróide da área de contato entre os dois corpos, a intensidade da força, ou da tensão, entre os dois corpos, pode de novo ser determinada pela Eq. 3.5. É costume designar essa tensão normal por *tensão de apoio ou de sustentação.* A Fig. 3.8, onde um bloco curto se apóia em um suporte de concreto e o último se assenta no solo, ilustra tal tensão. As tensões de apoio são obtidas pela divisão da força P pela área correspondente de contato.

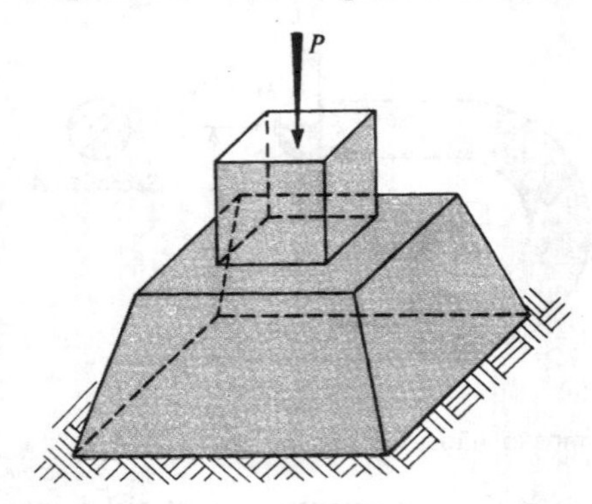

Figura 3.8 Tensões de sustentação ocorrem entre o bloco e o suporte

3.7 TENSÃO MÉDIA DE CISALHAMENTO

Outra situação freqüente, na prática, é mostrada nas Figs. 3.9(a), (c) e (e). Em todos esses casos, as forças são transmitidas de uma parte do corpo para outra, provocando tensões no plano paralelo à força aplicada. Para se obter tensões em tais circunstâncias, planos de corte como A-A são selecionados e diagramas* de corpo livre como nas Figs. 3.9(b), (d) e (f) são usados. As forças são transmitidas através das áreas respectivas. Assim, admitindo que as tensões que agem no plano desses cortes sejam uniformemente distribuídas, obtém-se uma relação para a tensão

$$\tau = \frac{P}{A} \quad \text{ou} \quad \frac{\text{força}}{\text{área}} \quad \left[\frac{\text{kgf}}{\text{cm}^2}\right], \tag{3.6}$$

onde τ, por definição, é a tensão de cisalhamento, P é a força total que age através e paralela ao corte, e A é a área da seção transversal do membro no corte. Por motivos a serem discutidos posteriormente, a tensão de cisalhamento dada pela Eq. 3.6 é

*Existe pequeno desequilíbrio de momento, igual a Pe, nos dois primeiros casos mostrados na Fig. 3.9, mas sendo pequeno, é comumente ignorado

apenas aproximadamente verdadeira. Para os casos mostrados, as tensões de cisalhamento são distribuídas de maneira não-uniforme pela área do corte. Assim, a quantidade dada pela Eq. 3.6 representa uma tensão de cisalhamento média.

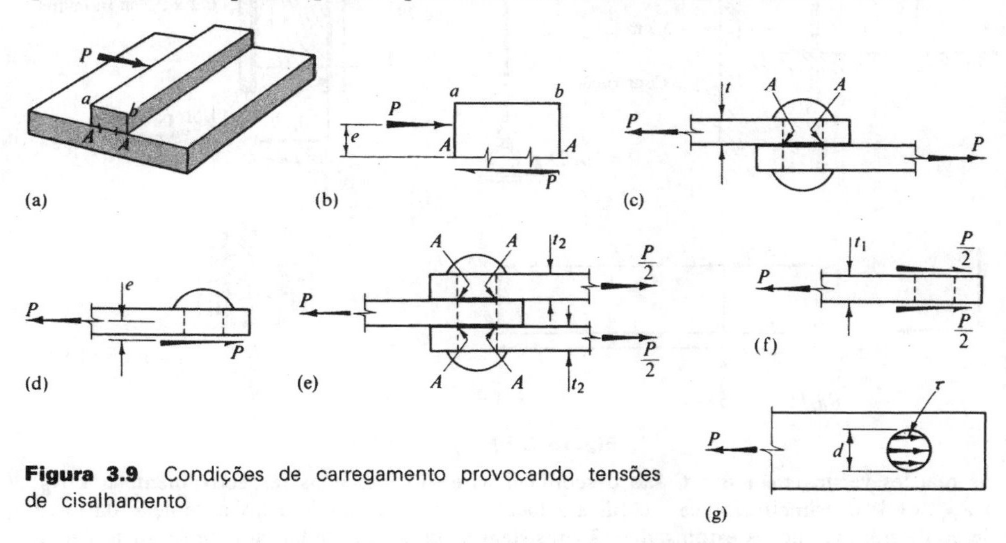

Figura 3.9 Condições de carregamento provocando tensões de cisalhamento

A tensão de cisalhamento, como a calculada pela Eq. 3.6, é mostrada em diagrama na Fig. 3.9(g). Observe que, para o caso mostrado na Fig. 3.9(e) existem dois planos do rebite que resistem a força. Tal rebite ou estojo é considerado como tendo *duplo cisalhamento.*

Em casos como os das Figs. 3.9(c) e (e), quando a força P é aplicada, uma pressão bastante irregular se desenvolve entre o estojo e a placa. A intensidade média nominal dessa força é obtida pela divisão da força transmitida pela área projetada do estojo sobre a placa. Essa é a chamada *tensão de apoio.* A tensão na Fig. 3.9(c) é $\sigma_b = P/(td)$, onde t é a espessura da placa e d é o diâmetro do rebite. Para o caso da Fig. 3.9(e), as tensões para a placa do meio e placas externas são $\sigma_1 = P/(t_1 d)$ e $\sigma_2 = P(2t_2 d)$, respectivamente.

EXEMPLO 3.1

A viga BE da Fig. 3.10(a) é usada em um aparelho de peso. Ela é fixada por dois estojos em B, e em C ela se apóia no parapeito de uma parede. A Fig. 3.10 dá os detalhes essenciais. Observe que os estojos são tratados na forma mostrada na Fig. 3.10(d), com $d = 1{,}6$ cm na raiz das roscas. Sendo o arranjo usado para levantar objetos de 1 t, determinar a tensão nos estojos BD e a tensão de apoio em C. Admitir que o peso da viga seja desprezível em comparação com as cargas manuseadas.

SOLUÇÃO

Para resolver este problema, idealiza-se a situação real, e faz-se um diagrama de corpo livre no qual são indicadas as forças conhecidas e desconhecidas, conforme mostra a Fig. 3.10(b).

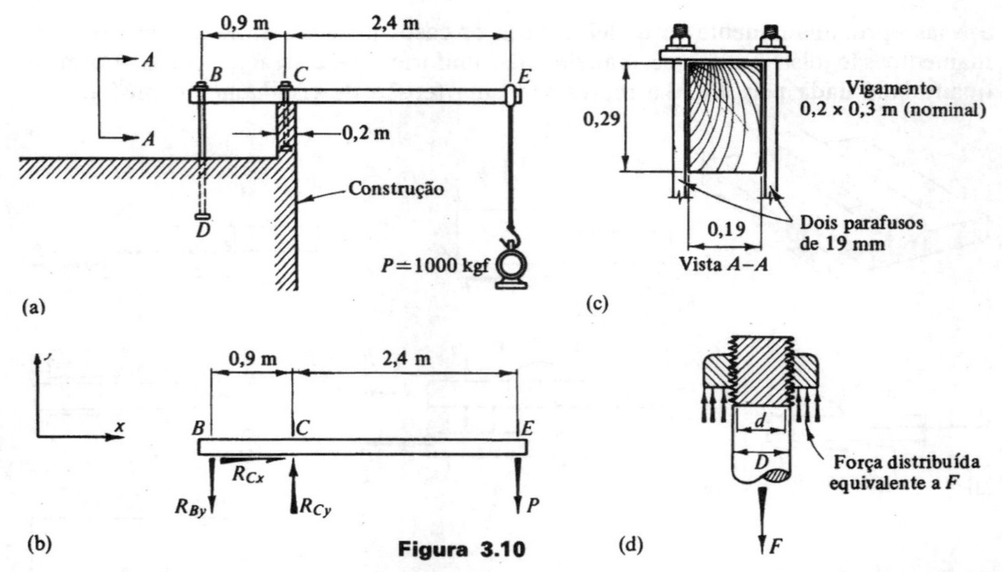

Figura 3.10

As reações verticais em B e C são desconhecidas e são indicadas respectivamente por R_{By} e R_{Cy}, onde o primeiro índice identifica a localização e o segundo a linha de ação da força desconhecida. Como os estojos BD não resistem a força horizontal, admite-se apenas uma força de reação horizontal em C, indicada por R_{Cx}. A força aplicada P está mostrada no local apropriado. Após preparado o diagrama de corpo livre as equações da estática são aplicadas e resolvidas para as forças desconhecidas.

$$\Sigma F_x = 0 \qquad R_{Cx} = 0;$$
$$\Sigma M_B = 0 \circlearrowright +, \quad +1000(2,4 + 0,9) - R_{Cy}(0,9) = 0, \quad R_{Cy} = 3667 \text{ kgf} \uparrow;$$
$$\Sigma M_C = 0 \circlearrowright +, \quad +1000(2,4) - R_{By}(0,9) = 0, \quad R_{By} = 2667 \text{ kgf} \downarrow;$$

Verificação: $\Sigma F_y = 0 \uparrow +, \ -2667 + 3667 - 1000 = 0.$

Esses passos completam e verificam o trabalho de determinação das forças. As várias áreas do material que resiste a essas forças são determinadas em seguida, e a Eq. 3.5 é aplicada.

A área da seção transversal de um estojo de 19 mm é: $A = \pi(1,9/2)^2 = 2,835 \text{ cm}^2$. Essa não é a área mínima do estojo; a rosca a reduz.

A área da seção transversal de um estojo de 19 mm, na raiz da rosca é

$$A_{liq} = \pi(1,6/2)^2 = 2,0 \text{ cm}^2.$$

Tensão* de tração máxima normal em cada um dos dois estojos BD:

$$\sigma_{max} = \frac{R_{By}}{2A} = \frac{2667}{2(2,011)} = 663,2 \text{ kgf/cm}^2.$$

Tensão de tração no corpo dos estojos BD:

$$\sigma = \frac{2667}{2(2,835)} = 470,3 \text{ kgf/cm}^2.$$

*Veja também a discussão sobre concentrações de tensão, Seç. 4.18

Área de contato em C:

$$A = 0{,}19 \times 0{,}2 = 0{,}038 \text{ cm}^2 = 380 \text{ cm}^2.$$

Tensão de apoio em C:

$$\sigma_b = \frac{R_{Cy}}{A} = \frac{3667}{380} = 9{,}65 \text{ kgf/cm}^2.$$

A tensão calculada para o corpo do estojo pode ser representada na forma da Eq. 3.1, como

$$\begin{pmatrix} 0 & 0 & 0 \\ 0 & 470{,}3 & 0 \\ 0 & 0 & 0 \end{pmatrix}$$

onde se admite arbitrariamente que o eixo y esteja na direção da carga aplicada. Nos problemas ordinários, o resultado completo raramente é escrito com tais detalhes.

EXEMPLO 3.2

O bloco de concreto mostrado na Fig. 3.11(a) é carregado no topo com uma carga uniformemente distribuída de 0,3 kgf/cm³. Investigar o estado de tensão em um nível de 1,2 m acima da base. O concreto pesa aproximadamente 2 400 kgf/m³.

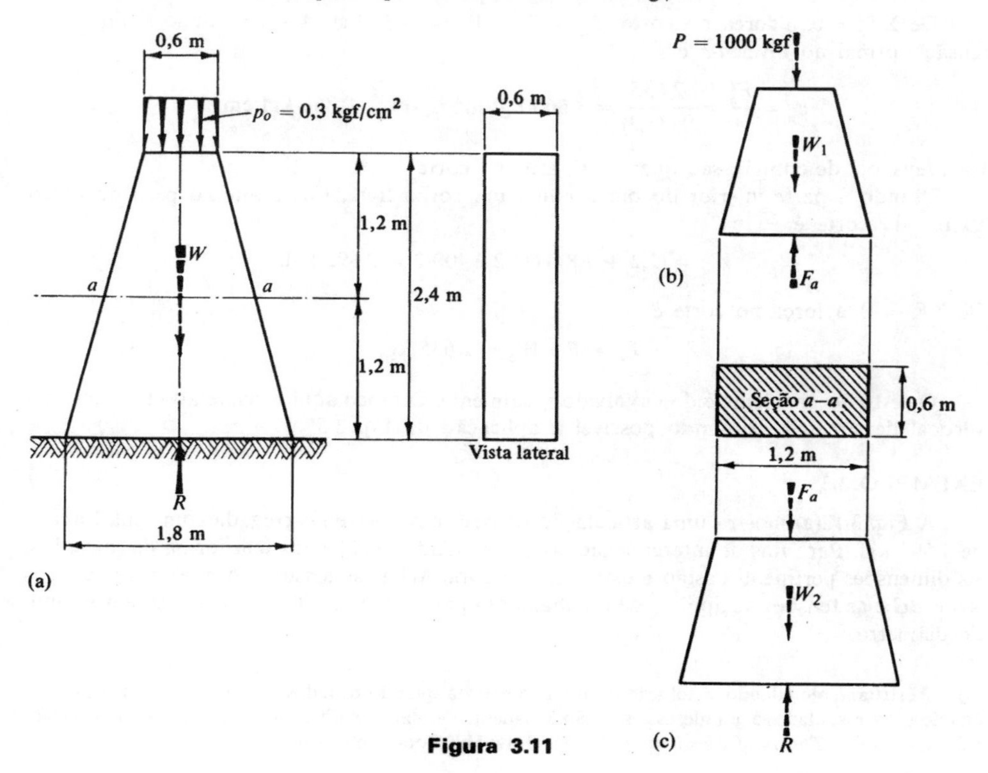

Figura 3.11

SOLUÇÃO

Neste problema, o peso da estrutura em si é apreciável e deve ser incluído nos cálculos.

Peso de todo o bloco:

$$W = (0{,}6 + 1{,}8)0{,}6(2{,}4)2\,400/2 = 4\,147 \text{ kgf.}$$

Força total aplicada:

$$P = 0{,}3 \times 104(0{,}6)0{,}6 = 1\,080 \text{ kgf.}$$

De $\Sigma F_y = 0$, a reação na base é:

$$R = W + P = 5\,227 \text{ kgf.}$$

Essas forças estão mostradas esquematicamente nos diagramas, como forças concentradas que agem em seus centróides respectivos. Assim, para determinar a tensão no nível desejado, o corpo é cortado em duas partes. Um diagrama de corpo livre para cada parte é suficiente para resolver o problema. Para comparação, o problema é resolvido de ambas as maneiras.

Usando a parte superior do bloco como um corpo livre, Fig. 3.11(b), o peso do bloco acima do corte é:

$$W_1 = (0{,}6 + 1{,}2)0{,}6(1{,}2)2\,400/2 = 1\,555 \text{ kgf.}$$

De $\Sigma F_y = 0$, a força no corte: $F_a = P + W_1 = 2\,635$ kgf. Assim, usando a Eq. 3.5, a tensão normal no nível *a-a* é

$$\sigma_a = \frac{F_a}{A} = \frac{2\,635}{0{,}6(1{,}2)} = 3\,660 \text{ kgf/m}^2 \quad \text{ou} \quad 0{,}366 \text{ kgf/cm}^2.$$

Essa tensão é de compressão quando F_a atua no corte.

Usando a parte inferior do bloco como um corpo livre, Fig. 3.11(c), o peso do bloco abaixo do corte é:

$$W_2 = (1{,}2 + 1{,}8)0{,}6(1{,}2)2\,400/2 = 2\,592 \text{ kgf.}$$

De $\Sigma F_y = 0$, a força no corte é

$$F_a = R - W_2 = 2\,635 \text{ kgf.}$$

O resto do problema é desenvolvido igualmente. O bloco aqui considerado tem um eixo vertical de simetria, tornando possível a aplicação da Eq. 3.5*.

EXEMPLO 3.3

A Fig. 3.12(a) mostra uma articulação de peso desprezível, carregada com uma força P de 1 500 kgf. Para fins de interconexão, as extremidades das barras têm forma de forquilha. As dimensões pertinentes estão mostradas na figura. Achar as tensões normais nos membros AB e BC e as tensões de apoio e de cisalhamento para o pino C. Todos os pinos têm 9,5 mm de diâmetro.

*Estritamente falando, a solução obtida não é exata quando os lados do píer são inclinados. Se o ângulo entre esses lados é grande, essa solução é inadequada. Para detalhes ulteriores, veja S. Timoshenko e J. N. Goodier, *Theory of Elasticity*, p. 60, McGraw-Hill Book Company, Nova Iorque, 1951

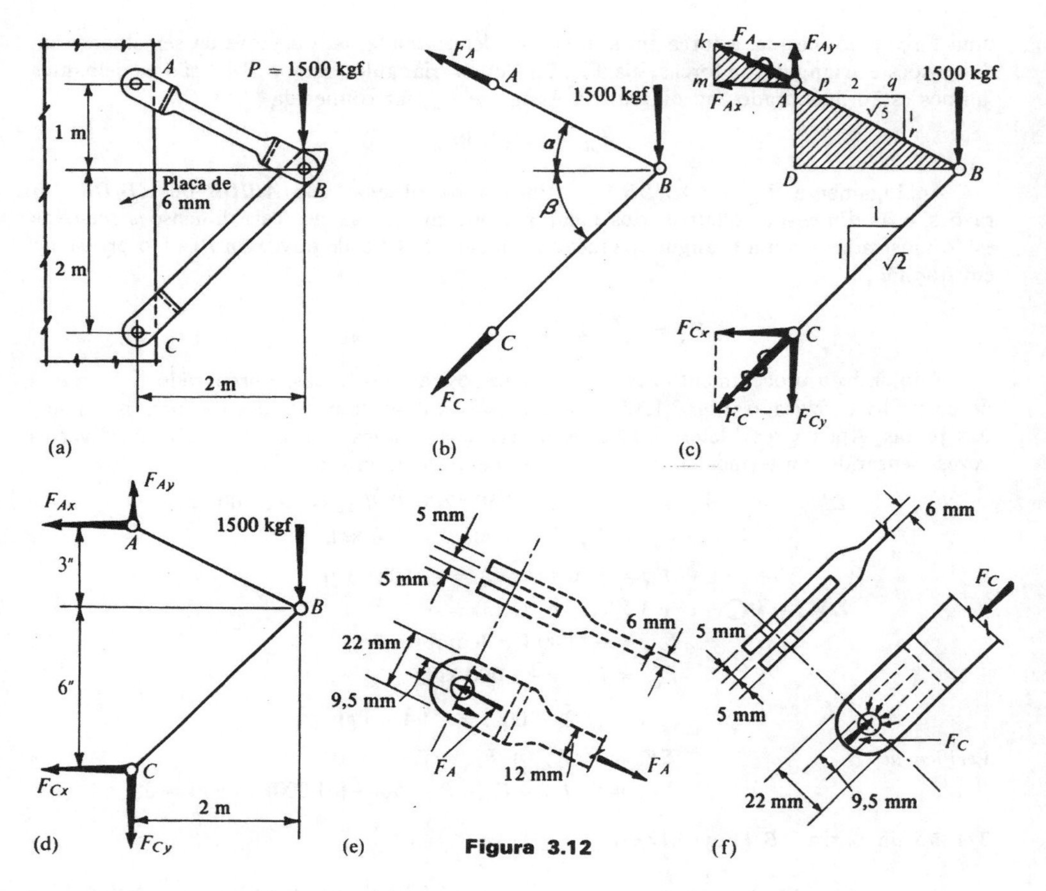

Figura 3.12

SOLUÇÃO

Em primeiro lugar, prepara-se um diagrama de corpo livre idealizado que consiste nas duas barras fixas nas extremidades [Fig. 3.12(b)]. Como não existem forças intermediárias atuando nas barras, e a força age através da união em *B*, as forças nas barras são dirigidas ao longo das linhas *AB* e *BC* são carregadas axialmente. As magnitudes das forças são desconhecidas e indicadas por F_A e F_C no diagrama*. Essas forças podem ser determinadas graficamente pela complementação do triângulo de forças F_A, F_B e *P*. Essas forças também podem ser achadas analiticamente por meio de duas equações simultâneas $\Sigma F_y = 0$ e $\Sigma F_x = 0$, escritas em termos das incógnitas F_A e F_C, a força conhecida *P*, e dois ângulos conhecidos α e β. Ambos os procedimentos são possíveis. Todavia, neste livro será usualmente vantajoso proceder de maneira diferente. Em lugar de tratar diretamente das forças F_A e F_C, são usadas suas componentes; e, no lugar de $\Sigma F = 0$, $\Sigma M = 0$ torna-se a ferramenta principal.

Qualquer força pode ser decomposta em componentes. Por exemplo, F_A pode ser decomposta em F_{Ax} e F_{Ay}, como na Fig. 3.12(c). Por outro lado, se qualquer componente de

*Em estruturas complexas, é conveniente admitir que todas as forças sejam de tração. Uma resposta negativa na solução indica que a barra está em compressão

uma força é conhecida, a força em si pode ser determinada. Isto decorre da semelhança de dimensões e triângulo de forças. Na Fig. 3.12(c) os triângulos *Akm* e *BAD* são semelhantes (ambos estão hachurados no diagrama). Assim, se F_{Ax} for conhecida

$$F_A = (AB/DB)F_{Ax}.$$

Analogamente, $F_{Ay} = (AD/DB)F_{Ax}$. Entretanto, observe que AB/DB ou AD/DB são razões, e as dimensões relativas dos membros podem ser usadas. Tais dimensões relativas estão mostradas em um triângulo pequeno no membro *AB* e, de novo, em *BC*. No problema em questão,

$$F_A = (\sqrt{5}/2)F_{Ax} \quad \text{e} \quad F_{Ay} = F_{Ax}/2.$$

Adotando o procedimento acima, de decomposição das forças, é preparado o diagrama de corpo livre revisado, Fig. 3.12(d). São necessárias duas componentes da força nos pinos das juntas. Após serem determinadas as forças pela estática, a Eq. 3.5 é aplicada diversas vezes, pensando em termos de um corpo livre de um membro individual:

$$\Sigma M_C = 0 \circlearrowleft +, \quad + F_{Ax}(1 + 2) - 1\,500(2) = 0, \; F_{Ax} = + 1\,000 \text{ kgf},$$

$$F_{Ay} = F_{Ax}/2 = 1\,000/2 = 500 \text{ kgf},$$

$$F_A = 1\,000(\sqrt{5}/2) = + 1\,118 \text{ kgf};$$

$$\Sigma M_A = 0 \circlearrowright +, \quad + 1\,500(2) + F_{Cx}(3) = 0,$$

$$F_{Cx} = - 1\,000 \text{ kgf (compressão)},$$

$$F_{Cy} = F_{Cx} = - 1\,000 \text{ kgf},$$

$$F_C = \sqrt{2}(-1\,000) = - 1\,414 \text{ kgf}.$$

Verificação:

$$\Sigma F_x = 0, \; F_{Ax} + F_{Cx} = 2 - 2 = 0;$$

$$\Sigma F_y = 0, \; F_{Ay} - F_{Cy} - P = 500 - (-1\,000) - 1\,500 = 0.$$

Tensão na barra *AB* [Fig. 3.12(e)]:

$$(\sigma_{AB})_{barra} = \frac{F_A}{A_{liq}} = \frac{1\,118}{2(5)(22 - 9{,}5)} = 8{,}94 \text{ kgf/mm}^2 \text{ (tração)}.$$

Tensão na barra principal *BC*:

$$\sigma_{BC} = \frac{F_C}{A} = \frac{1\,414}{(22)(6)} = 10{,}71 \text{ kgf/mm}^2 \text{ (compressão)}.$$

No membro em compressão, a seção líquida em *AB* não necessita de investigação; veja a Fig. 3.12(f) para a transmissão de forças. A tensão de apoio no pino é mais crítica. Apoio entre o pino *C* e a barra:

$$\sigma_b = \frac{F_C}{A_{apoio}} = \frac{1\,414}{(9{,}5)(5)^2} = 14{,}89 \text{ kgf/mm}^2.$$

Apoio entre o pino *C* e a chapa principal:

$$\sigma_b = \frac{F_C}{A} = \frac{1\,414}{(9{,}5)(6)} = 24{,}81 \text{ kgf/mm}^2.$$

Cisalhamento duplo no pino C:

$$\tau = \frac{F_C}{A} = \frac{1\,414}{2\pi(9{,}5/2)^2} = 9{,}98 \text{ kgf/mm}^2*.$$

Para uma análise completa dessa articulação, outros pinos deveriam ser investigados. Entretanto, pode-se ver por inspeção que os outros pinos, nesse caso, sofrem tensões de mesma magnitude que as calculadas anteriormente, ou menores.

As vantagens do método usado no exemplo anterior, para determinação das forças nos membros estruturais, deveriam ser aparentes. Esse método também pode ser aplicado com sucesso em um problema como o mostrado na Fig. 3.13. A força F_A transmitida pelo elemento curvo AB age nos pontos A e B, porque as forças aplicadas nesses pontos devem ser colineares. O mesmo procedimento pode ser seguido com a decomposição dessa força em A'. As linhas senoidais sobre F_A e F_C indicam que essas forças são substituídas pelas duas componentes mostradas. Alternativamente, a força F_A pode ser decomposta em A e, como $F_{Ay} = (x/y)F_{Ax}$, da aplicação de $\Sigma M_C = 0$ resulta F_{Ax}.

Nas estruturas em que as forças aplicadas não agem em uma junta, proceda como acima o mais que puder. Então, isole um membro individual e, usando seu diagrama de corpo livre, complete a determinação das forças. Se forças inclinadas agem sobre a estrutura, decomponha-as em componentes convenientes.

EXEMPLO 3.4

Uma barra de 1 cm² e Lcm de comprimento é suspensa verticalmente, conforme mostra a Fig. 3.14(a). O peso por unidade de comprimento é γ. Determinar a tensão normal nessa barra, usando as equações diferenciais de equilíbrio.

SOLUÇÃO

Com os eixos mostrados na Fig. 3.14(a), $\tau_{xy} = 0$, e apenas a primeira parte da Eq. 3.3 é relevante. A força de campo $X = \gamma$. Em virtude da condição de contorno da extremidade livre da barra, $\sigma_x(L) = 0$. Assim, estabelecendo uma equação diferencial, integrando-a, e determinando a constante de integração pelas condições de contorno, obtêm-se

$$\frac{d\sigma_x}{dx} + \gamma = 0 \quad \text{e} \quad \sigma_x = -\gamma x + C_1;$$

$$\sigma_x(L) = -\gamma L + C_1 = 0 \quad \text{e} \quad \sigma_x = (L-x)\gamma.$$

Esse resultado pode ser facilmente verificado pela Eq. 3.5, aplicada a um corte da barra $(L-x)$ acima da extremidade livre [Fig. 3.14(b)]. Apenas poucos problemas podem ser analisados, usando-se apenas a Eq. 3.3. Em problemas mais gerais, na análise devem considerar simultaneamente as deformações.

*Considerando o pino em estado de tensão bidimensional, $\tau_{xy} = \tau_{yx}$, o tensor representação dos resultados fica $\begin{pmatrix} 0 & 9{,}98 \\ 9{,}98 & 0 \end{pmatrix}$ kgf/mm²

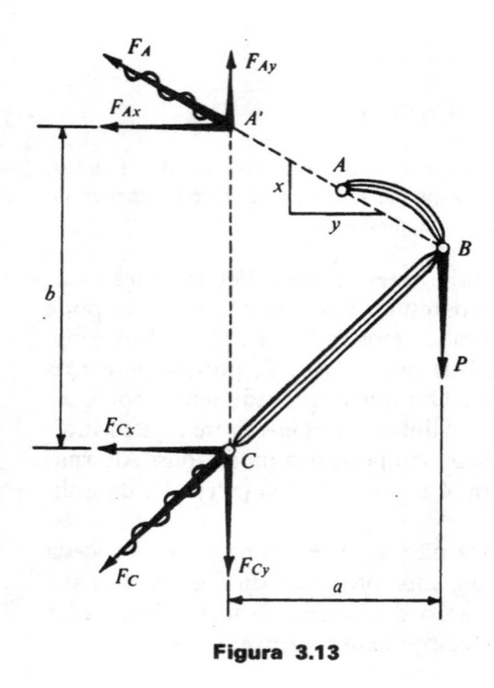

Figura 3.13

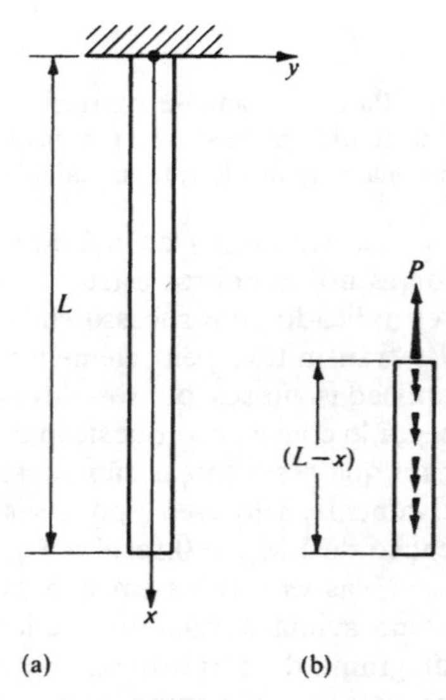

Figura 3.14

3.8 TENSÕES PERMISSÍVEIS; FATOR DE SEGURANÇA

A determinação de tensões não teria significado não fosse o fato de que os testes de materiais em um laboratório fornecem informações sobre a resistência que eles têm, em termos de tensão. Em um laboratório, espécimes de um material conhecido, termicamente tratado, são cuidadosamente preparados nas dimensões desejadas. Esses espécimes são submetidos a forças de magnitude sucessivamente crescente. No teste usual, uma barra cilíndrica é submetida a tensão e o corpo de prova é carregado até a ruptura. A força necessária para causar a ruptura é chamada de *carga de ruptura.* Dividindo essa carga pela área da seção transversal original do corpo de provas, obtém-se a *resistência à ruptura* (e a tensão) de um material. A Fig. 3.15 mostra uma máquina de teste usada para essa finalidade. A Fig. 3.16 é uma fotografia de um corpo de provas para ensaio de tração. O ensaio de tração é usado com muita freqüência. Entretanto, também são empregados ensaios de compressão, flexão, torção e cisalhamento. A Tab. 1 do Apêndice dá as resistências de ruptura e outras propriedades físicas de alguns materiais.

Para o projeto de membros estruturais, o nível de tensão chamado de *tensão admissível,* é fixado em valor consideravelmente menor do que a resistência de ruptura encontrada no ensaio estático acima mencionado. Isso é necessário por diversas razões. As magnitudes exatas das forças que podem agir na estrutura desejada são raramente conhecidas com muita precisão. Os materiais não são inteiramente uniformes. Alguns materiais esticam muito antes da ruptura, assim, para

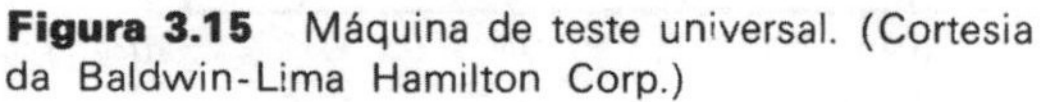

Figura 3.15 Máquina de teste universal. (Cortesia da Baldwin-Lima Hamilton Corp.)

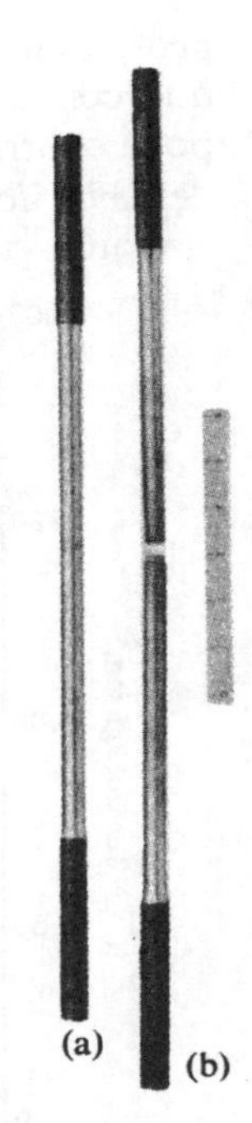

Figura 3.16 Corpo de provas típico de ensaio de tração de aço doce; (a) antes da fratura, (b) após a fratura

baixas deformações, as tensões devem ser mantidas baixas.* Alguns materiais corroem seriamente. Outros entram em regime plástico com certas cargas, fenômeno esse chamado de *escorregamento*. Em um lapso de tempo podem ocorrer grandes deformações que não são toleráveis.

Para aplicações em que a força atua intermitentemente, obedecendo a certo ciclo, os materiais não podem suportar a tensão de ruptura de um ensaio estático. Em tais casos, a resistência à ruptura depende do número de vezes que a força é aplicada, quando o material trabalha em um nível de tensão particular. A Fig. 3.17 mostra os resultados de ensaio** de inúmeros corpos de prova de mesma espécie, a diferentes tensões. Os pontos experimentais indicam o número de ciclos necessários para romper o corpo de provas a uma tensão particular, quando submetido a uma carga flutuante. Tais ensaios são chamados de *testes a fadiga* e as curvas correspondentes são denominadas de diagramas *T-N* (tensão-número). Como se pode ver na Fig. 3.17, com tensões menores, o material pode suportar um número crescente de ciclos de aplicação de carga. Para alguns materiais, notavelmente os

*Veja o Cap. 4 para maiores detalhes

**J. L. Zambrow e M. G. Fontana, "Mechanical Properties, including Fatigue, of Aircraft Alloys at Very Low Temperatures", *Transactions of the American Society for Metals*, 41 (1949), 498

aços, a curva *T-N* para baixas tensões fica essencialmente horizontal. Isso significa que, com uma tensão baixa, um número infinitamente grande de reversões de tensão pode ocorrer antes que o material frature. A tensão na qual isso ocorre é chamada de *limite de duração* do material. Esse limite sendo dependente da tensão, é medido em quilograma por centímetro quadrado, ou por milímetro quadrado.

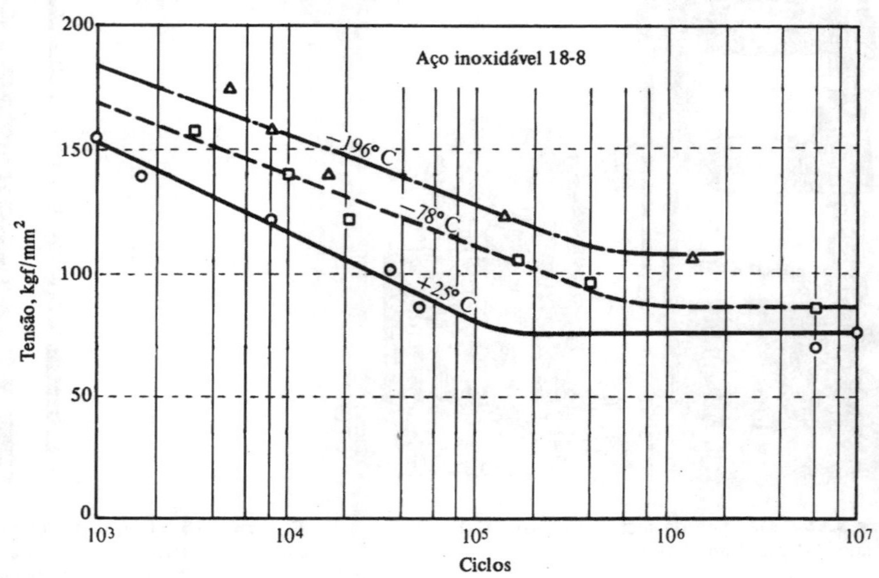

Figura 3.17 Resistência à fadiga do aço inoxidável 18-8, a várias temperaturas (ensaio alternativo)

Na interpretação do diagrama *T-N* deve-se exercitar algum cuidado, particularmente com relação à faixa da tensão aplicada. Em alguns ensaios ocorrem reversões completas de tensão (tração para compressão), em outros a carga aplicada varia de maneira diferente, tal como tração para carga nula e de novo tração. A maioria dos ensaios é feita com corpos de prova em flexão.

Em alguns casos, outro item merece atenção. Quando os materiais são fabricados, eles são freqüentemente usinados. Nos materiais fundidos, o resfriamento é desigual. Esses processos estabelecem elevadas tensões internas, que são chamadas de *tensões residuais*. Nos casos tratados neste texto, os materiais são considerados inteiramente livres de tensões no início.

Os fatos acima mencionados, combinados com a impossibilidade de determinação precisa das tensões em estruturas e máquinas complicadas, indicam a necessidade de redução substancial de tensão, comparada com a resistência à ruptura de um material no ensaio estático. Por exemplo, o aço ordinário suportará uma tensão de ruptura na tração, de 40 kgf/mm^2 ou mais. Entretanto, ele se deforma rápida e severamente com o nível de tensão de cerca de 25 kgf/mm^2. É costume nos EUA, o uso de uma tensão permissível de cerca de 17 kgf/mm^2 para o trabalho estrutural. Essa tensão permissível é reduzida ainda mais, para cerca de 7 000 kgf/mm^2, nas peças submetidas a cargas alternadas por causa das características de fadiga do material. As propriedades de fadiga dos materiais são de extrema importância no equipamento mecânico. Muitas falhas de peças mecânicas podem decorrer da inobservância dessa importante consideração. Veja a Seç. 4.18.

Grandes companhias, assim como autoridades municipais, estaduais e federais, prescrevem ou recomendam tensões admissíveis para diferentes materiais, dependendo da aplicação.* Freqüentemente tais tensões são chamadas de tensões admissíveis de *fibra.***

Como pela Eq. 3.5, tensão vezes área é igual a uma força, as tensões admissíveis e de ruptura podem ser convertidas em forças ou "cargas" admissíveis e de ruptura que um membro pode resistir. Também pode ser formada uma relação significativa:

$$\frac{\text{carga de ruptura de um membro}}{\text{carga admissível de um membro}}$$

Essa relação é chamada de *fator de segurança* e deve sempre ser maior do que a unidade. Embora não usado comumente, talvez o termo melhor fosse *fator de ignorância.*

Esse fator é idêntico para a relação entre as tensões de ruptura e admissível para os membros em tração. Para membros sujeitos a maiores complexidades, é usada a primeira definição, embora a relação de tensões seja efetivamente usada. Como ficará evidente pela leitura subseqüente, as duas não são sinônimas porque as tensões raramente variam linearmente com a carga aplicada.

Na indústria de aviões, o termo *fator de segurança* é substituído por outro definido como

$$\frac{\text{carga de ruptura}}{\text{carga de projeto}} - 1$$

e conhecido como *margem de segurança.* Normalmente, esse também se transforma em

$$\frac{\text{tensão de ruptura}}{\text{tensão máxima causada pela carga de projeto}} - 1.$$

3.9 PROJETO DE MEMBROS E PINOS COM CARREGAMENTO AXIAL

O projeto de membros estruturais para forças axiais é extremamente simples. Pela Eq. 3.5, a área necessária de um membro é

$$A = P/\sigma_{adm}\,. \tag{3.7}$$

Em todos os problemas estaticamente determinados, a força axial P é determinada diretamente pelas equações de equilíbrio e o uso pretendido do material estabelece a tensão admissível. Para membros em tração, a área A assim calculada é a

*Por exemplo, veja o código de construção de edifícios de uma metrópole

**O adjetivo *fibra* no sentido acima é usado por duas razões. Muitas experiências originais foram feitas com madeira, a qual tem característica fibrosa. Também, em diversas deduções que se seguem, o conceito de filamento contínuo ou fibra em um membro é conveniente para visualização de sua ação

área líquida ou efetiva da seção transversal de um membro. Para blocos curtos (robustos) em compressão, a Eq. 3.7 também é aplicável; entretanto, para membros delgados, não tente usar a equação acima antes do estudo do capítulo sobre colunas.

A simplicidade da Eq. 3.7 não se relaciona à sua importância. Na prática, ocorre grande número de problemas que exigem seu uso. Os problemas que se seguem ilustram algumas aplicações da Eq. 3.7, assim como proporcionam revisão adicional da estática.

EXEMPLO 3.5

Reduzir o peso da barra *AB* do Exemplo 3.3, usando um material melhor, aço cromo-vanádio. A resistência à ruptura desse aço é de aproximadamente 85 kgf/mm². Usar um fator de segurança de 2,5.

SOLUÇÃO

$\sigma_{adm} = 85/2{,}5 = 34$ kgf/mm². Do Exemplo 3.3, a força na barra *AB*: $F_A = +1\,118$ kgf/mm². Área necessária: $A_{liq} = 1\,118/34 = 32{,}88$ mm². Adotar: barra de 6×6 mm.

Essa fornece uma área de $(\sigma)(6) = 36$ mm², que excede ligeiramente a área necessária. Várias outras proporções de barra são possíveis.

Com a área de seção transversal selecionada, a tensão efetiva ou de trabalho é ligeiramente inferior à tensão admissível: $\sigma_{ef} = 1\,118/(36) = 31$ kgf/mm². O fato de segurança efetivo é $85/(31) = 2{,}74$, e a margem de segurança efetiva é de 1,74.

Em uma mudança completa de projeto, barra e pinos também deveriam ser revistos e, se possível, diminuídas suas dimensões.

EXEMPLO 3.6

Selecionar os membros *FC* e *CB* na treliça da Fig. 3.18(a), para suporte de uma força inclinada *P* de 70 t. Fixar a tensão de tração admissível em 14 kgf/mm².

SOLUÇÃO

Se todos os membros da treliça fossem ser projetados, deveriam ser achadas as forças nos membros. Na prática, isso é feito freqüentemente pela construção de um diagrama de Maxwell-Cremona* ou pela análise da treliça pelo método das juntas. Entretanto, se apenas uns poucos membros forem ser projetados ou verificados, o método das seções é mais rápido.

Entende-se geralmente que uma treliça como a da figura é estável na direção perpendicular ao plano do papel. Praticamente isso é conseguido pela introdução de braçadeiras de noventa graus com o plano da treliça. Nesse exemplo, o projeto dos membros em compressão é evitado porque será tratado no capítulo sobre colunas.

Para determinar as forças nos membros a serem projetados, as reações para toda a estrutura são calculadas em primeiro lugar. Isso é feito pelo abandono completo da estrutura interna. Apenas as componentes de reação e de força localizadas em seus pontos de aplicação são indicadas no diagrama de corpo livre da estrutura toda, Fig. 3.18(b). Após serem determinadas as reações, os diagramas de corpo livre de uma parte da estrutura são usados para determinar as forças nos membros considerados, Figs. 3.18(c) e (d).

*Por exemplo, veja H. Sutherland e H. L. Bowman, *Structural Theory* (4.ª ed.), p. 47, John Wiley & Sons, Inc., Nova Iorque, 1950

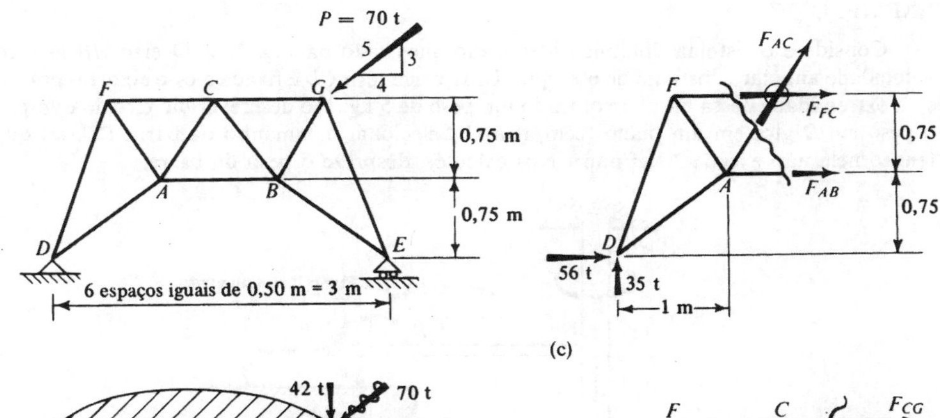

(a) (c)

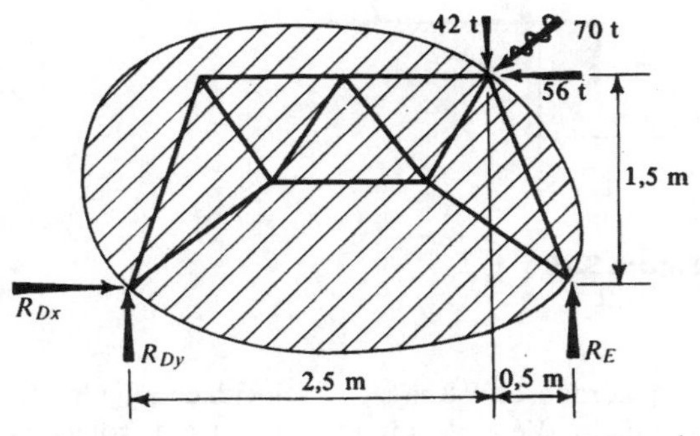

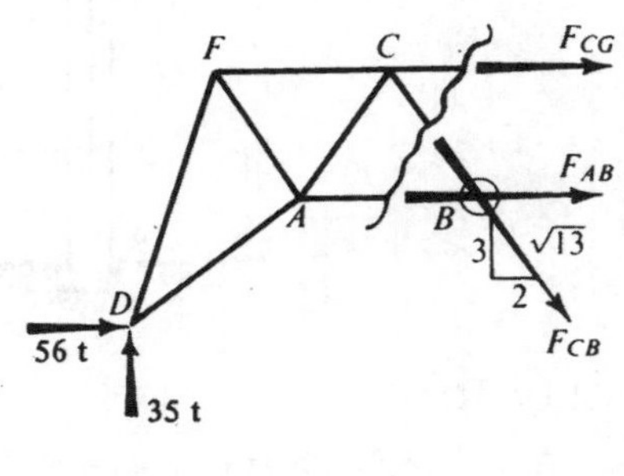

(b) **Figura 3.18** (d)

Usando o corpo livre da Fig. 3.18(b):

$$\Sigma F_x = 0 \qquad R_{Dx} - 56 = 0, \qquad R_{Dx} = 56\,\text{t};$$

$$\Sigma M_E = 0 \circlearrowright +, \quad + R_{Dy}(3) - 42(0{,}5) - 56(1{,}5) = 0,$$

$$R_{Dy} = 35\,\text{t};$$

$$\Sigma M_D = 0 \circlearrowleft +, \quad + R_E(3) + 56(1{,}5) - 42(2{,}5) = 0,$$

$$R_E = 7\,\text{t}.$$

Verificação: $\Sigma F_y = 0, \; +35 - 42 + 7 = 0.$

Usando o corpo livre da Fig. 3.18(c):

$$\Sigma M_A = 0 \circlearrowright +, \quad + F_{FC}(0{,}75) + 35(1) - 56(0{,}75) = 0,$$

$$F_{FC} = +9{,}33\,\text{t}$$

$A_{FC} = F_{FC}/\sigma_{adm} = 666{,}7\,\text{mm}^2$, (usar barra de 15 mm × 50 mm).

Usando o corpo livre da Fig. 3.18(d):

$$\Sigma F_y = 0, \quad -(F_{CB})_y + 35 = 0, \quad (F_{CB})_y = +35\,\text{t}$$

$$F_{CB} = \sqrt{13}(F_{CB})_y/3 = +42\,\text{t}$$

$A_{CB} = F_{CB}/\sigma_{adm} = 42/(14) = 3\,005\,\text{mm}^2$ (usar duas barras de 30 mm × 50 mm).

EXEMPLO 3.7

Considere o sistema dinâmico idealizado, mostrado na Fig. 3.19. O eixo *AB* gira com velocidade angular constante de 600 rpm. Uma barra leve *CD* é fixada a esse eixo, no ponto *C*, e na extremidade dessa barra é colocado um peso de 5 kgf. Ao descrever um círculo completo, o peso em *D* gira em um plano "sem atrito". Selecionar o tamanho da barra *CD*, tal que a tensão nela não exceda 7 kgf/mm². Nos cálculos, despreze o peso da barra.

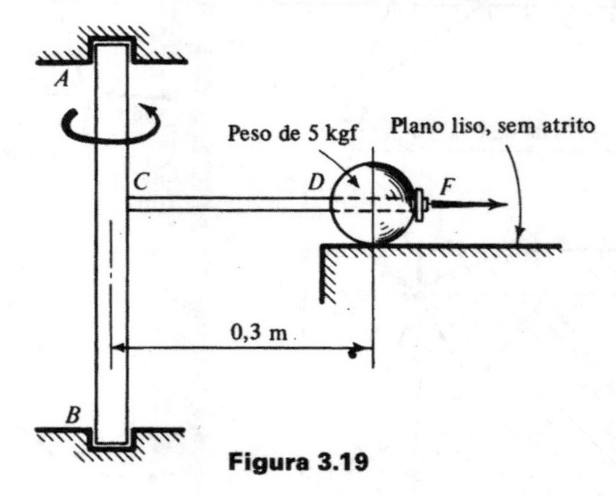

Figura 3.19

SOLUÇÃO

A aceleração da gravidade $g = 9{,}8$ m/s quadrado ou 9,8 m/s². A velocidade angular ω é $600\,(2\pi)/60 = 20\pi$ rad/s*. Para o movimento dado, *W* é acelerado para o centro de rotação, com aceleração de $\omega^2 R$, onde *R* é a distância *CD*. Multiplicando essa aceleração *a* pela massa *m* do corpo, é obtida a força. Essa força age na direção oposta à da aceleração (princípio de d'Alembert), veja a Fig. 3.19.

$$F = ma = \frac{W}{g}\,\omega^2 R = \frac{5}{9{,}8}(20\pi)^2(0{,}3) = 604{,}6 \text{ kgf},$$

$$A_{liq} = \frac{F}{\sigma_{adm}} = \frac{604{,}6}{7} = 86{,}3 \text{ mm}^2.$$

Uma barra cilíndrica de 12 mm fornece a área de seção transversal necessária. O esforço adicional em *C*, causado pela massa da barra, não considerada aqui, é

$$F_1 = \int_0^R (m_1\, dr)\, \omega^2 r,$$

onde m_1 é a massa da barra por metro de comprimento e $(m_1\, dr)$ é sua massa infinitesimal a uma distância variável *r* da barra vertical *AB*. O esforço total em *C*, causado pela barra e pelo peso *W* na extremidade é $F + F_1$.

*2π radianos correspondem a uma revolução completa do eixo; o número 60 no denominador converte rpm em rps

PROBLEMAS

3.1. Por analogia com a Eq. 3.4, outra equação de equilíbrio para um elemento tridimensional, em coordenadas cartesianas, pode ser escrita

$$\frac{\partial \tau_{yx}}{\partial x} + \frac{\partial \sigma_y}{\partial y} + \frac{\partial \tau_{yz}}{\partial z} + Y = 0.$$

(a) Escrever a terceira equação do equilíbrio com Z como força de massa. (b) Com a ajuda de um diagrama de um cubo elementar no qual são mostradas todas as tensões pertinentes, verificar a Eq. 3.4.

3.2. Mostrar que as equações diferenciais de equilíbrio para um problema de tensão bidimensional em coordenadas polares, são

$$\frac{\partial \sigma_r}{\partial r} + \left(\frac{1}{r}\right)\frac{\partial \tau_{r\theta}}{\partial \theta} + \frac{\sigma_r - \sigma_\theta}{r} = 0,$$

$$\left(\frac{1}{r}\right)\frac{\partial \sigma_\theta}{\partial \theta} + \frac{\partial \tau_{r\theta}}{\partial r} + \frac{2\tau_{r\theta}}{r} = 0.$$

Os símbolos estão definidos na figura. As forças de massa são desprezadas nessa formulação.

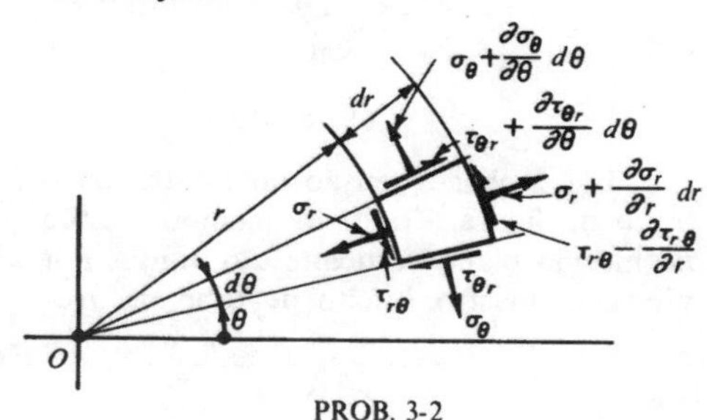

PROB. 3-2

3.3. Uma barra de seção tranversal variável, engastada em uma extremidade, está submetida a três forças axiais, como mostra a figura. Achar a tensão normal máxima. *Resp.*: 34,6 kgf/mm².

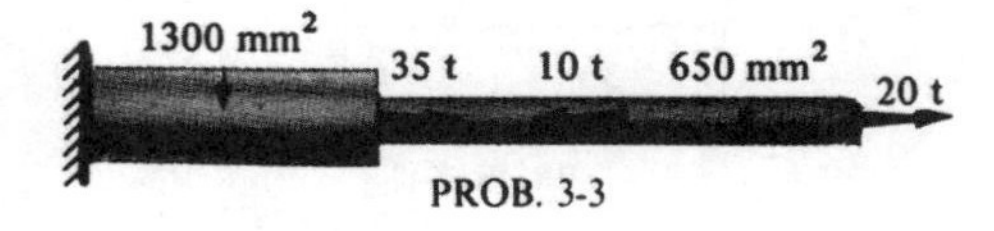

PROB. 3-3

3.4. Determinar as tensões de apoio causadas pela força aplicada em *A*, *B* e *C* para a estrutura mostrada na figura.

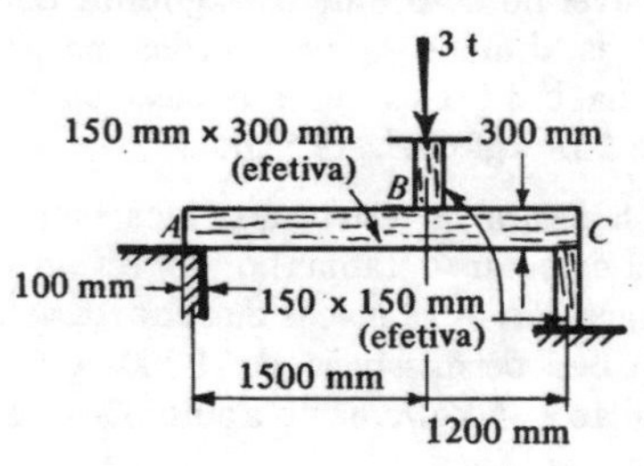

3.5. Um mecanismo de alavanca, usado para levantar painéis de uma ponte pencil, está mostrado na figura. Calcular a tensão de cisalhamento no pino *A* causada por uma carga de 250 kgf.

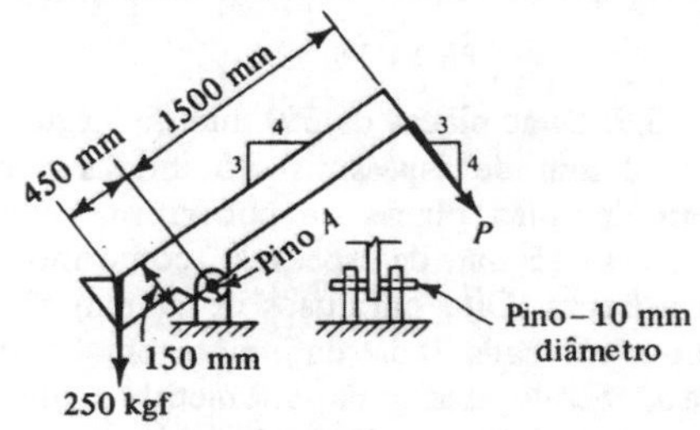

PROB. 3-5

3.6. Calcular a tensão de cisalhamento no pino *A* do trator de lâmina, para as forças totais que atuam na pá, mostradas na figura. Observe que existe um pino de 38 mm de diâmetro de cada lado da lâmina. Cada pino está sujeito a cisalhamento simples.

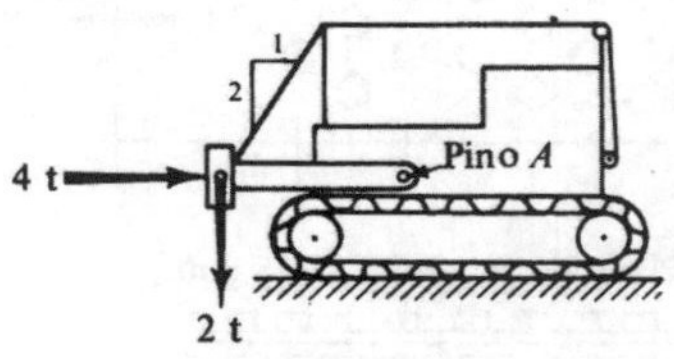

PROB. 3-6

3.7. Um poste de madeira de 15,0 cm × × 15,0 cm transmite uma força de 6 t para uma base de concreto, como mostra a Fig. 3.8.

(a) Achar a tensão de suporte da madeira sobre o concreto. (b) Se a pressão admissível no solo é de 0,5 kgf/cm², determinar as dimensões necessárias na vista plana da base. Desprezar o peso da base. *Resp.*: 167 kgf/cm², 29,5 pol.

3.8. Para a estrutura mostrada na figura, calcular o tamanho do estojo e a área necessária das placas de suporte, sendo as tensões permissíveis de 1 200 kgf/cm² em tração e 35 kgf/cm² no apoio. Desprezar o peso das vigas.

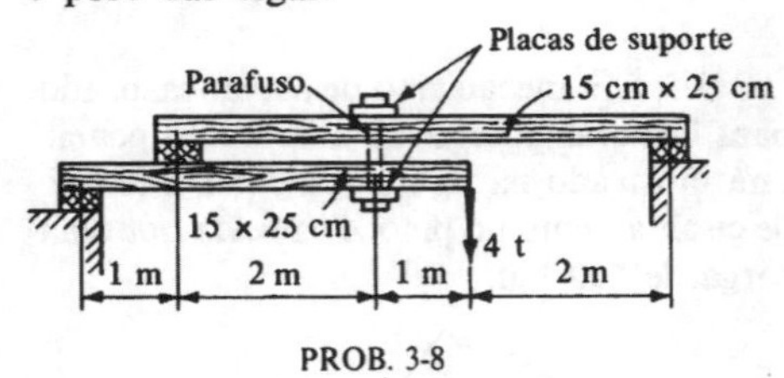

PROB. 3-8

3.9. Duas placas de 250 mm de largura por 20 mm de espessura são unidas por meio de duas placas de cobertura, cada uma com 15 mm de espessura, como mostra a figura. Oito parafusos de 22 mm são usados de cada lado da união, em furos justos. Sendo essa união submetida a uma força de tração $p = 70$ t, achar (a) a tensão de tração nos parafusos, (b) as tensões de tração na placa principal, nas seções 1.1, 2.2, 3.3 e 4.4, (c) a máxima tensão de tração nas placas de cobertura. Admitir que cada rebite transmita um oitavo da força aplicada. Desenhar diagramas de corpo livre para os elementos isolados em cada parte da análise. (*Observação*. Parafusos de alta resistência desenvolvem-se forças de atrito muito grandes entre os elementos de união. A análise sugerida é razoável apenas se usarmos parafusos comuns).

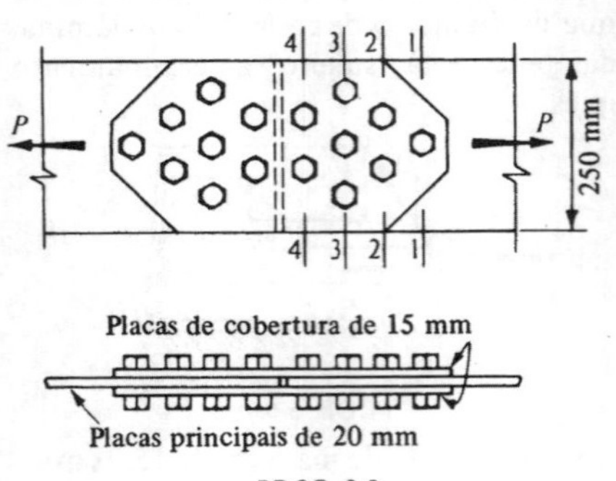

PROB 3-9

3.10. Um tanque cilíndrico de 1,5 m de diâmetro é suportado em cada extremidade por um arranjo como mostra a figura. O peso total suportado em cada suporte é de 7 t. Determinar as tensões de cisalhamento nos pinos de 25 mm de diâmetro, nos pontos *A* e *B*, devido ao peso do tanque. Desprezar o peso dos suportes, e admitir que o contato entre o tanque e os apoios seja sem atrito. *Resp.*: 4,46 kgf/mm².

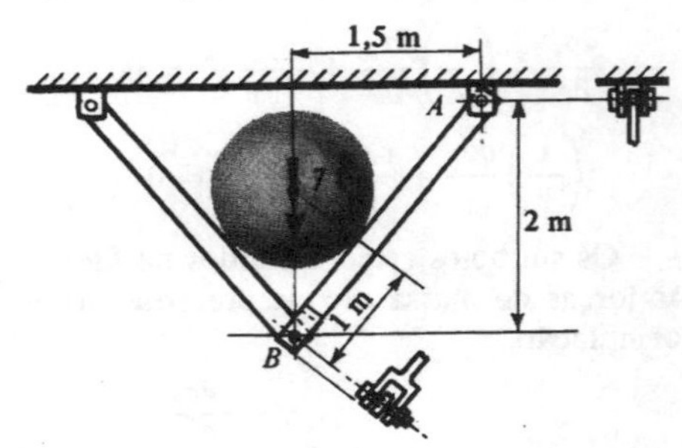

PROB. 3-10

3.11. Achar a tensão no mastro mostrado na figura. Todos os membros estão no mesmo plano vertical e são unidos por pinos. O mastro é feito de tubo de aço-

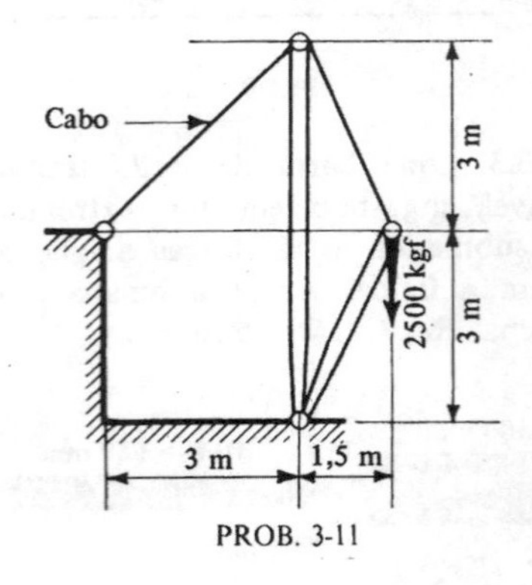

PROB. 3-11

-padrão de 20 cm, pesando 42,46 kgf/m (Veja Apêndice, Tab. 8). Desprezar o peso dos membros. *Resp.*: $-34{,}5\ \text{kgf/cm}^2$.

3.12. Deseja-se verificar a capacidade da estrutura mostrada na figura. Todos os membros são feitos de aço e têm a mesma área de seção transversal de $5\,000\ \text{mm}^2$. Determinar a máxima carga permitida F, se as tensões admissíveis forem de 14 kgf/mm^2 em tração e 10,5 kgf/mm^2 em compressão. Todas as uniões são feitas com pinos. *Resp.*: 9 275 kgf.

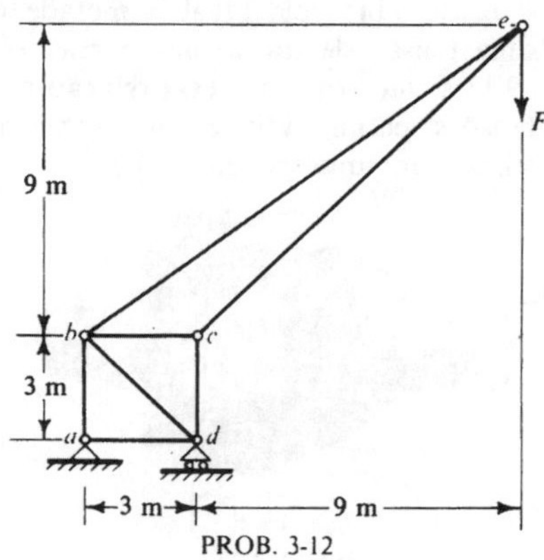

PROB. 3-12

3.13. Um cartaz de 4,5 m × 6 m de área é suportado por duas estruturas, como mostra a figura. Todos os membros têm 5 cm × 10 cm de seção transversal. Calcular a tensão em cada membro, devido a uma carga de vento horizontal sobre o cartaz, de 100 kgf/m^2. Admitir que todas as uniões sejam conectadas por pinos e que um quarto da força total as uniões do vento atue em B e em C. Desprezar a possibilidade de flambagem dos membros em compressão. Desprezar também o peso da estrutura.

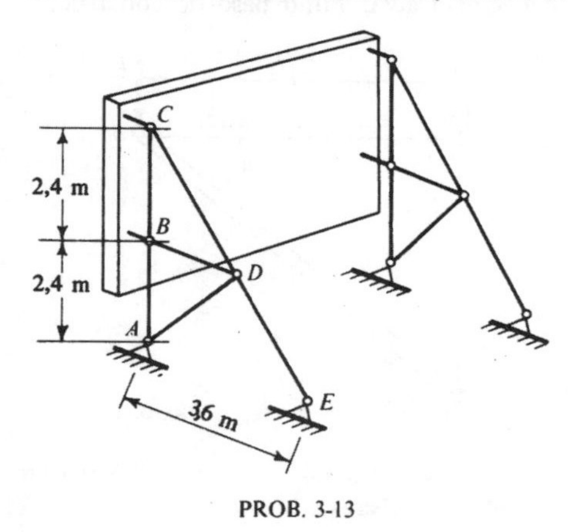

PROB. 3-13

3.14. Duas barras de alta resistência, de diferentes tamanhos, são articuladas em A e C, e suportam um peso W em B, como mostra a figura. Que carga W pode ser suportada? A resistência de ruptura das barras é 110 kgf/mm^2, e o fator de segurança é igual a 4. A barra AB tem área $A = 120\ \text{mm}^2$ e a barra BC tem área de $60\ \text{mm}^2$.

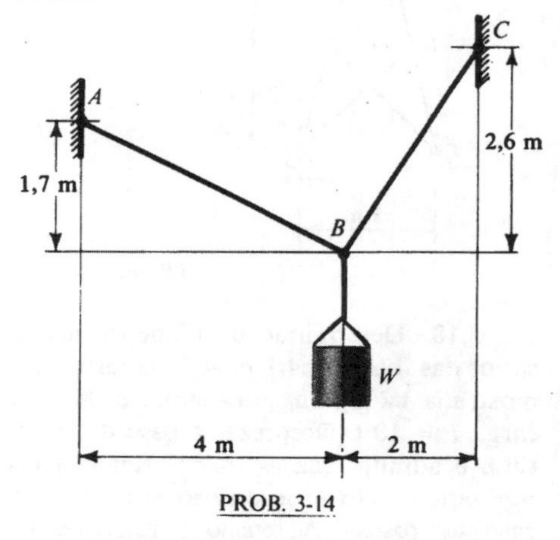

PROB. 3-14

3.15. Qual o diâmetro do pino B, do mecanismo mostrado na figura, para uma força aplicada de 6 t em A, compensada pela força P em C? A tensão de cisalhamento permissível é de 10 kgf/mm^2 psi. *Resp.*: 15 mm.

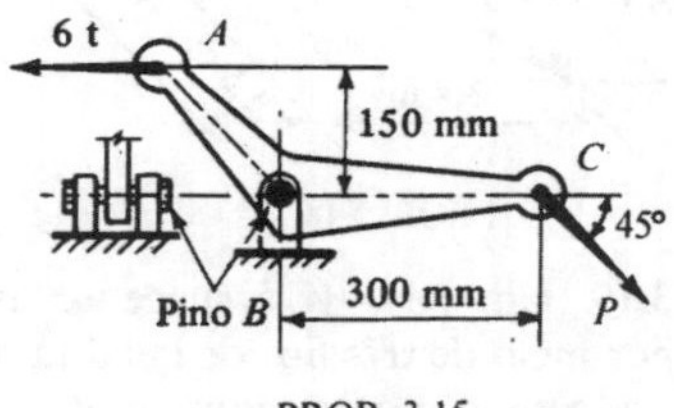

PROB. 3-15

3.16. Achar as áreas das seções transversais necessárias em todos os membros em tração, no Exemplo 3.6. A tensão permissível é de 14 kgf/mm^2.

3.17. Uma torre, usada para linha de alta tensão, está mostrada na figura. Estando ela submetida a uma força horizontal de 60 t, e sendo as tensões permissíveis de 10,5 kgf/mm^2 em compressão e 14 kgf/mm^2 em tração, qual a seção transversal necessária em cada membro? Todos os membros são unidos por pinos.

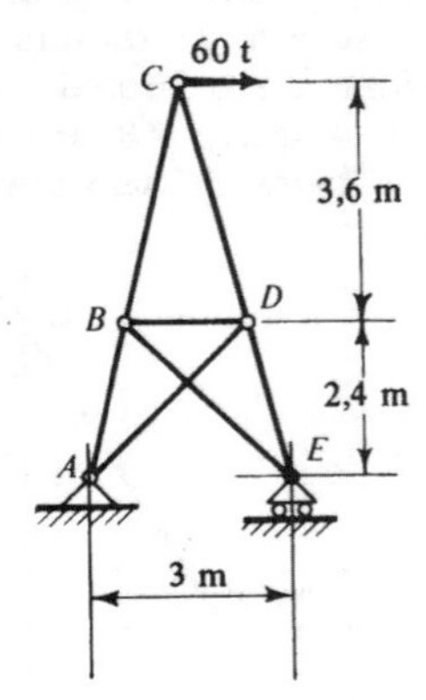

PROB. 3-17

3.18. Determinar o diâmetro necessário das barras AB e AC da estrutura mostrada na figura, para suporte de uma carga $P = 10$ t. Desprezar o peso da estrutura, e admitir que as uniões sejam feitas por pinos. Não é necessário considerar o caso de roscas. A tensão permissível na tração é de 12 kgf/mm^2.

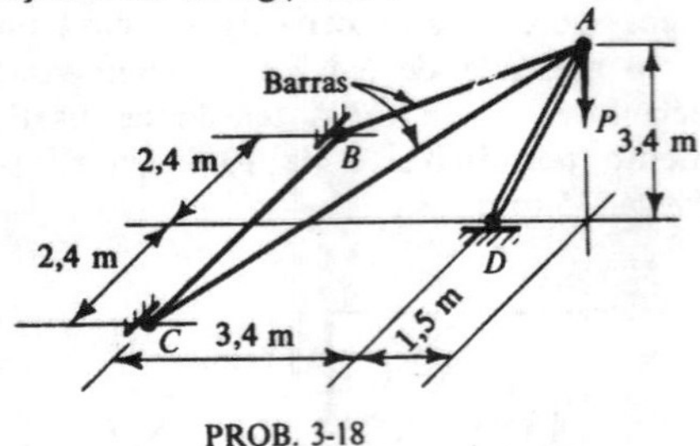

PROB. 3-18

3.19. Um peso W é suspenso em um teto por meio de três fios de igual tamanho. Tomando-se o ponto comum de sustentação na origem, as coordenadas, medidas em metros, dos três pontos de fixação no teto são (0,6; −0,9; 1,8), (0,9; 0,6; 1,8) e (−0,9; 0,0; 1,8). Se o fio mais solicitado puder suportar 25 kgf, que peso W poderia ser suspenso?

3.20. Uma junta para transmissão de uma força de tração é feita por meio de um pino como mostra a figura. Sendo D o diâmetro das barras a serem conectadas, qual deveria ser o diâmetro d do pino? Admitir que a tensão de cisalhamento permissível no pino seja igual à metade da máxima tensão de tração nas barras. (Na Seç. 9.17 se mostrará que essa relação para as tensões permissíveis é uma excelente premissa para muitos materiais).

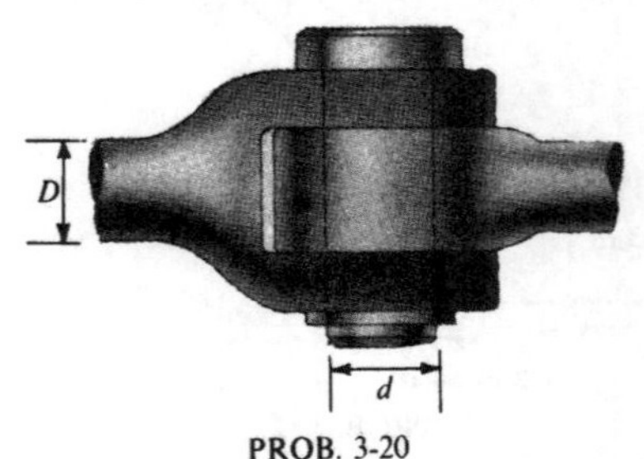

PROB. 3-20

3.21*. Uma estrutura unida por pinos, suporta uma força P como mostra a figura. A tensão σ em ambos os membros AB e BC deve ser a mesma. Determinar o ângulo α necessário ao mínimo peso de construção.

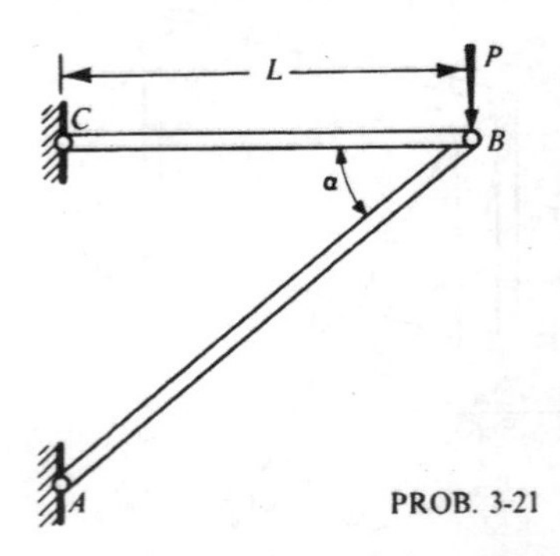

PROB. 3-21

*V. I. Feodosiev, *Strength of Materials* (3.ª ed.), p. 39, Nauka, Moscou, 1964

Os membros AB e BC seção tranversal constante. *Resp.*: $\cos^2 \alpha = 1/3$ ou $\alpha \approx 55°$.

3.22. Três pesos iguais W são colocados em uma barra delgada a intervalos iguais a. Outra peça da barra, de comprimento a fixa o primeiro peso a um eixo vertical, de maneira análoga à mostrada na Fig. 3.19. Tendo o conjunto uma velocidade angular ω, em torno de um eixo vertical, quais são as tensões nos três segmentos da barra? Desprezar o peso da barra e admitir o atrito desprezível entre os pesos e o plano horizontal em que se movem.

3.23. Uma barra de área transversal constante A, gira em torno de uma de suas extremidades, em um plano horizontal, com velocidade angular constante ω. O peso por unidade de comprimento é γ. Determinar a variação da tensão σ ao longo da barra.

3.24. (a) Mostrar que a força de campo em um disco delgado de massa m por unidade de volume do material e girando com velocidade angular constante ω é $m\omega^2 r$. (b) Adicionar a força de campo achada em (a) à primeira equação do Prob. 3.2, e mostrar que a equação de equilíbrio para a distribuição de tensão simétrica em relação a um eixo é

$$\frac{d(r\sigma_r)}{dr} - \sigma_\theta + m\omega^2 r^2 = 0.$$

4

DEFORMAÇÃO, LEIS CONSTITUTIVAS E DEFORMAÇÃO AXIAL

4.1 INTRODUÇÃO

A análise das deformações de um corpo sólido iguala em importância a análise de tensões e se constituirá no objetivo principal deste capítulo. Isso requer a definição precisa de deformação, o que é feito na Parte A. A relação linear entre tensão e deformação na forma da lei de Hooke generalizada e a energia de deformação de um elemento são consideradas na Parte B. Na Parte C a discussão se refere a algumas relações possíveis entre tensão e deformação para um estado de tensão uniaxial, incluindo o comportamento plástico e os efeitos dependentes do tempo. Na parte D, alguns dos procedimentos desenvolvidos são aplicados a membros com carregamento axial. Por último, são ressaltadas algumas limitações adicionais a serem impostas às Eqs. 3.5 e 3.7.

PARTE A

DEFORMAÇÃO

4.2 SIGNIFICADO FÍSICO DA DEFORMAÇÃO

Um corpo sólido se deforma quando sujeito a mudanças de temperatura ou a uma carga externa. Por exemplo, quando um espécime está submetido a uma força crescente P, como é mostrado na Fig. 4.1, ocorre mudança no comprimento do elemento entre dois pontos, como A e B. Inicialmente, dois desses pontos podem ser selecionados a uma distância arbitrária. Assim, dependendo do teste, usa-se comumente a distância de 50 mm ou de 200 mm. Essa distância inicial entre os dois pontos é padrão e denominada *distância de calibração*. Em uma experiência anota-se a variação no comprimento da peça compreendida entre as marcas. Com uma mesma carga e uma distância maior, observa-se maior deformação. Dessa forma, é mais fundamental a referência ao alongamento observado por unidade de comprimento isto é, a intensidade de deformação.

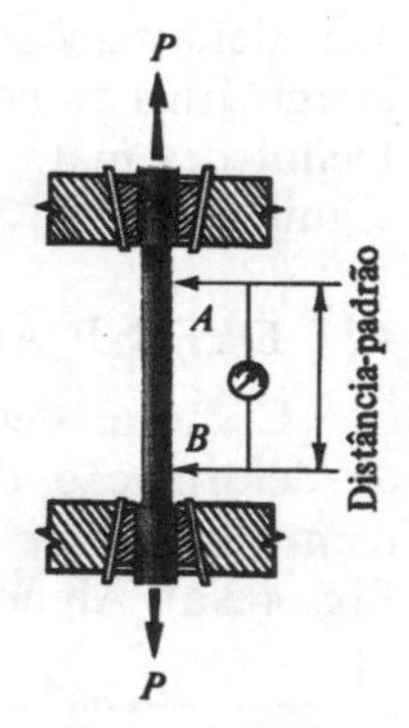

Figura 4.1 Diagrama de um corpo de provas numa máquina de ensaio

Se l_0 é o comprimento original e l é o observado sob tração, o alongamento é $\Delta l = l - l_0$. O alongamento por unidade de comprimento ε é

$$\varepsilon = \int_0^l \frac{dl}{l_0} = \frac{\Delta l}{l_0}. \tag{4.1}$$

Esse alongamento por unidade de comprimento é chamado de *deformação linear* e é uma quantidade adimensional, mas usualmente se refere a ela em cm/cm (mm/mm). Algumas vezes ela é dada em porcentagem. A quantidade ε é bastante pequena. Na maioria das aplicações de engenharia do tipo considerado neste texto ela é da ordem de grandeza de 0,1 %, o que ainda é pequena.*

Além da deformação linear descrita anteriormente, um corpo em geral também pode ser deformado linearmente em duas direções adicionais. No tratamento analítico as três direções são usualmente ortogonais entre si, e identificadas pelos índices x, y e z. Finalmente, em geral, um corpo também pode ser deformado como na Fig. 4.2.

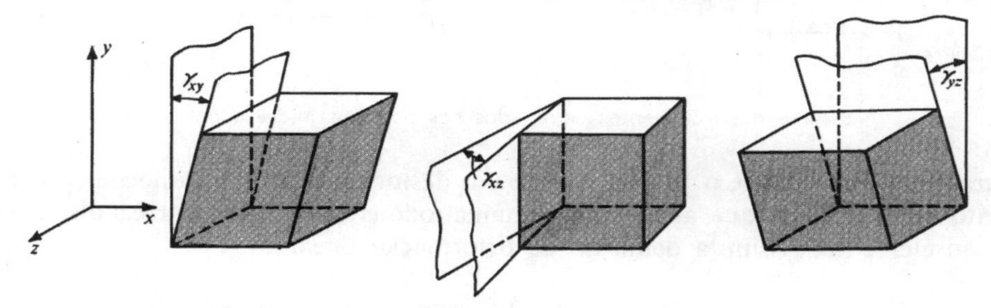

Figura 4.2 Deformações possíveis no cisalhamento de um elemento

*Quando as deformações são grandes, como na Conformação de metais, é necessário introduzir a chamada *deformação natural*. Ela é relacionada com a definição dada pela Eq. 4.1. Simplesmente tem-se que substituir l_0 na integral, por l, e integrar:

$$\bar{\varepsilon} = \int_{l_0}^{l} \frac{dl}{l} = \ln \frac{l}{l_0} = \ln (1 + \varepsilon).$$

Nas pequenas deformações ambas as definições praticamente coincidem

Tais deformações causam uma mudança nos ângulos retos iniciais entre as linhas imaginárias do corpo, e essa alteração angular define a *deformação de cisalhamento*. Definições matemáticas mais precisas das quantidades acima serão discutidas em seguida.

4.3 DEFINIÇÃO MATEMÁTICA DE DEFORMAÇÃO

Como as deformações geralmente variam de ponto para ponto, as definições de deformação devem relacionar-se a um elemento infinitesimal. Com isso em mente, considere uma deformação linear ocorrendo numa direção, como mostra a Fig. 4.3(a). Alguns pontos como A e B movem-se para A' e B' respectivamente.

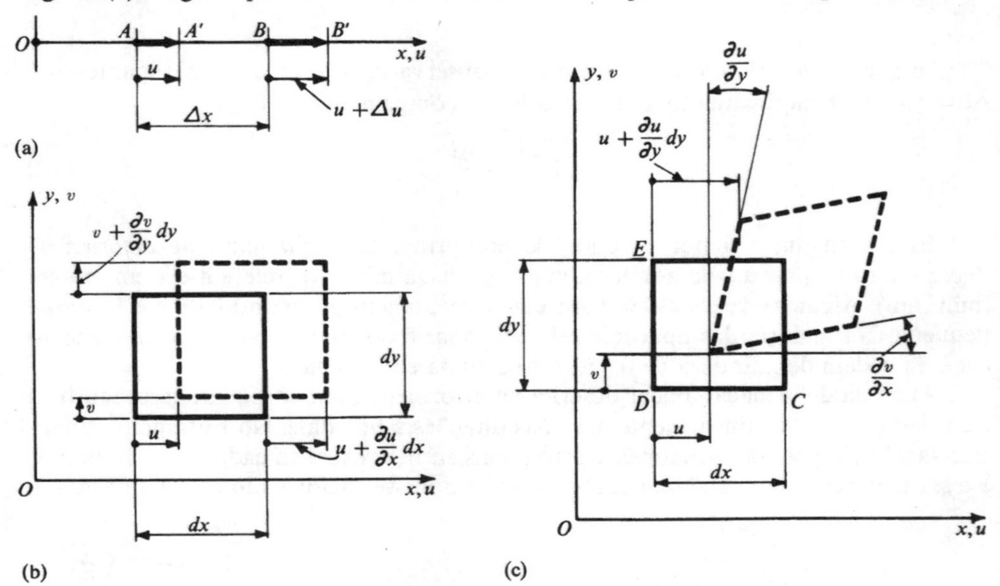

Figura 4.3 Elementos carregados nas posições inicial e final

Durante a deformação, o ponto A sofre um deslocamento u. O deslocamento do ponto B é $u + \Delta u$ porque, além de u, comum a todo elemento Δx, ocorre a distensão Δu no elemento. Assim, a definição de deformação linear é

$$\varepsilon = \lim_{\Delta x \to 0} \frac{\Delta u}{\Delta x} = \frac{du}{dx}. \tag{4.2}$$

Se um corpo sofre deformação em direções ortogonais, como é mostrado na Fig. 4.3(b) para o caso bidimensional, as deformações decorrentes devem ser diferenciadas por meio de índices. Pela mesma razão, é necessário mudar as derivadas ordinárias para parciais. Dessa forma, se em um ponto do corpo, u, v e w forem as três componentes de deslocamento ocorrendo nas direções x, y e z respectivamente, as definições básicas de *deformação linear* ficam

$$\varepsilon_x = \frac{\partial u}{\partial x}, \quad \varepsilon_y = \frac{\partial v}{\partial y}, \quad \varepsilon_z = \frac{\partial \omega}{\partial z}. \tag{4.3}$$

Observe que podem ser usados índices duplos, analogamente àqueles de tensão. Assim

$$\varepsilon_x \equiv \varepsilon_{xx}, \qquad \varepsilon_y \equiv \varepsilon_{yy}, \qquad \varepsilon_z \equiv \varepsilon_{zz}, \tag{4.4}$$

onde um dos índices designa a direção do elemento linear, e o outro a direção do deslocamento. O sinal positivo aplica-se a alongamentos.

Em acréscimo à deformação linear, um elemento também pode sofrer uma deformação angular (transversal), como é mostrado no plano x-y da Fig. 4.3(c). Isso inclina os lados do elemento deformado em relação aos eixos x e y. Como v é o deslocamento na direção y, quando se move na direção x, $\partial v/\partial x$ é a inclinação do lado inicialmente horizontal do elemento infinitesimal. Analogamente, o lado vertical gira de um ângulo $\partial u/\partial y$. Como decorrência, o ângulo inicialmente reto CDE reduz-se de $(\partial v/\partial x) + (\partial u/\partial y)$. Assim, para pequenas mudanças de ângulo, a definição da *deformação angular* associada com as coordenadas xy é

$$\gamma_{xy} = \gamma_{yx} = \frac{\partial v}{\partial x} + \frac{\partial u}{\partial y}. \tag{4.5}$$

Para se chegar a essa equação, admite-se que tangentes de pequenos ângulos sejam iguais aos ângulos em si, medidos em radianos. O sinal positivo para a deformação angular se aplica quando o elemento é deformado como na Fig. 4.3(c). (Essa deformação corresponde às direções positivas das tensões de cisalhamento, veja a Fig. 3.3).

As definições de deformações angulares para os planos xz e yz são semelhantes à Eq. 4.5:

$$\gamma_{xz} = \gamma_{zx} = \frac{\partial \omega}{\partial x} + \frac{\partial u}{\partial z}, \qquad \gamma_{yz} = \gamma_{zy} = \frac{\partial \omega}{\partial y} + \frac{\partial v}{\partial z}. \tag{4.6}$$

Observe que nas Eqs. 4.5 e 4.6 os índices de γ podem ser permutados. Isso é permitido porque nenhuma distinção significativa pode ser feita entre as duas seqüências de cada índice alternativo.

No exame das Eqs. 4.3, 4.5 e 4.6, observe que as seis equações de deformação-deslocamento dependem apenas de três deslocamentos u, v e w. Dessa forma, as equações não podem ser independentes. Três equações independentes podem ser desenvolvidas, mostrando a inter-relação de ε_{xx}, ε_{yy}, ε_{zz}, γ_{xy}, γ_{yz} e γ_{zx}. O número de tais equações reduz-se a uma para o caso bidimensional. A dedução e a aplicação dessas equações, conhecidas como *equações da compatibilidade*, são dadas em textos sobre teoria da elasticidade.

4.4 TENSOR DAS DEFORMAÇÕES

As deformações linear e angular, definidas na Seç. 4.3, exprimem o tensor das deformações, que é bastante análogo ao tensor das tensões já discutido. Entretanto, é necessário modificar as relações para deformações angulares a fim de se ter um tensor, uma entidade que deve obedecer a certas leis de transformação.* Fisicamente, então, a melhor difinição deformação angular como mudança no ângulo γ não é aceitável quando essa deformação angular é componente de um tensor. Isso pode heuristicamente ser atribuído ao seguinte fato: na Fig. 4.4(a), o γ_{xy} positivo é medido da direção vertical; o mesmo γ_{xy} positivo é medido da direção horizontal na Fig. 4.4(b); na Fig. 4.4(c) a mesma deformação angular é mostrada como duas parcelas de $\gamma_{xy}/2$. Os elementos deformados nas Figs. 4.4(a) e (b) podem ser obtidos pela rotação do elemento na Fig. 4.4(c), como um corpo rígido, de um ângulo $\gamma_{xy}/2$.

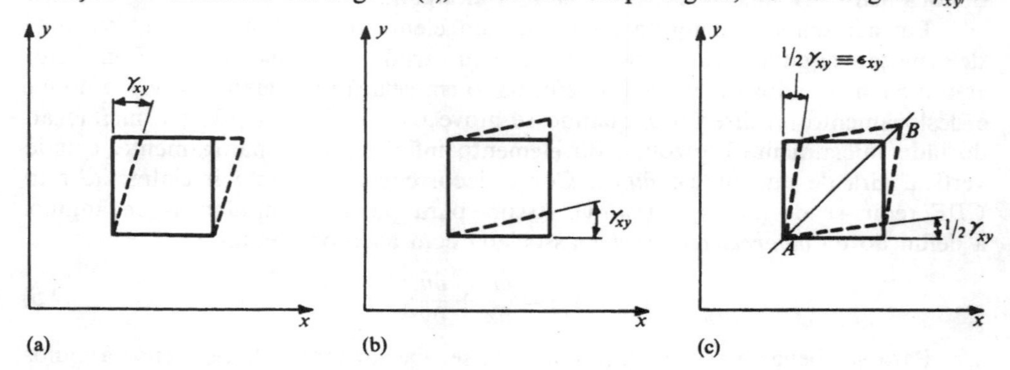

Figura 4.4 Deformações tangenciais

O esquema mostrado na Fig. 4.4(c) é o correto para definição do componente de deformação angular como um elemento de um tensor. Como nessa definição o elemento não gira como um corpo rígido, a deformação é dita *pura* ou *irrotacional*. Seguindo essa sistemática, redefine-se as deformações angulares por

$$\varepsilon_{xy} = \varepsilon_{yx} = \frac{\gamma_{xy}}{2} = \frac{\gamma_{yx}}{2}, \tag{4.7}$$

$$\varepsilon_{yz} = \varepsilon_{xy} = \frac{\gamma_{yz}}{2} = \frac{\gamma_{zy}}{2},$$

$$\varepsilon_{zx} = \varepsilon_{xz} = \frac{\gamma_{zx}}{2} = \frac{\gamma_{xz}}{2}.$$

Dessas equações, o tensor das deformações em representação matricial pode ser montado como:

$$\begin{pmatrix} \varepsilon_x & \dfrac{\gamma_{xy}}{2} & \dfrac{\gamma_{xz}}{2} \\ \dfrac{\gamma_{yx}}{2} & \varepsilon_y & \dfrac{\gamma_{yz}}{2} \\ \dfrac{\gamma_{zx}}{2} & \dfrac{\gamma_{zy}}{2} & \varepsilon_z \end{pmatrix} \equiv \begin{pmatrix} \varepsilon_{xx} & \varepsilon_{xy} & \varepsilon_{xz} \\ \varepsilon_{yx} & \varepsilon_{yy} & \varepsilon_{yz} \\ \varepsilon_{zx} & \varepsilon_{zy} & \varepsilon_{zz} \end{pmatrix} \tag{4.8}$$

*A discussão rigorosa dessa equação extrapola o escopo deste livro. Uma apreciação melhor será desenvolvida, entretanto, após o estudo do Cap. 9, onde se considera a transformação de deformação para o caso bidimensional

O tensor das deformações é simétrico. Matematicamente a notação empregada na última expressão é particularmente atrativa e tem larga aceitação na mecânica do contínuo (elasticidade, plasticidade, reologia, etc). Tal como no caso do tensor das tensões, usando notação com índices, pode-se escrever ε_{ij} para o tensor das deformações.

Analogamente ao tensor das tensões, o das deformações pode ser diagonalizado, tendo apenas ε_1, ε_2 e ε_3 como componentes remanescentes. Para um problema bidimensional, $\varepsilon_3 = 0$, e tem-se o caso de *deformação plana.* O tensor para essa situação é

$$\begin{pmatrix} \varepsilon_{xx} & \varepsilon_{xy} & 0 \\ \varepsilon_{yx} & \varepsilon_{yy} & 0 \\ 0 & 0 & 0 \end{pmatrix} \quad \text{ou} \quad \begin{pmatrix} \varepsilon_1 & 0 & 0 \\ 0 & \varepsilon_2 & 0 \\ 0 & 0 & 0 \end{pmatrix} \quad \text{ou} \quad \begin{pmatrix} \varepsilon_1 & 0 \\ 0 & \varepsilon_2 \end{pmatrix} \tag{4.9}$$

A transformação de deformação sugerida pela Eq. 4.9 será considerada no Cap. 9.

O leitor deveria observar que na discussão do conceito de deformação não foram envolvidas as propriedades mecânicas do material. As equações são aplicáveis qualquer que seja o comportamento mecânico do material. Todavia, apenas pequenas deformações são definidas pelas equações apresentadas. Observe também que as deformações dão apenas o deslocamento relativo dos pontos; deslocamentos do corpo rígido não afetam as deformações.

PARTE B

LEIS DE TENSÃO — DEFORMAÇÃO LINEAR E ENERGIA DE DEFORMAÇÃO*

4.5 LEI DE HOOKE PARA MATERIAIS ANISOTRÓPICOS

Como se observou no Cap. 3, existem, em geral, seis componentes possíveis de tensão e, como foi mostrado na Seç. 4.4, existem também seis componentes de deformação. A relação linear entre tensão e deformação é a mais simples delas. Por exemplo, pode-se dizer $\tau = C\varepsilon$ ou $\varepsilon = A\tau$, onde C e A são constantes elásticas, e A é o inverso de C. A Parte C deste capítulo apresenta a justificativa experimental para o uso dessas constantes e uma definição precisa do termo *elástico.*

A relação linear das forças e deformações, ou de tensões e deformações, como a sugerida anteriormente, tornou-se conhecida pelo nome de *lei de Hooke.*** Como

*Alguns leitores podem achar mais conveniente estudar as Seçs. 4.12 e 4.13, antes do estudo dessa parte

**Robert Hooke, cientista inglês, trabalhou com molas e não com barras. Em 1676 ele anunciou um anagrama "ceiiinosssttuv", que em latim é *Ut tensio sic vis* (a força varia como o alongamento)

existem diversas componentes de tensão e deformação, na formulação geral da lei de Hooke, utiliza-se o *princípio da superposição*, o qual estabelece ser a tensão ou deformação resultante em um sistema, sujeito a diversas forças, igual à soma algébrica de seus efeitos, quando aplicados separadamente. Isso é verdadeiro se cada deformação for direta e linearmente relacionada com a tensão que a causa, e se as deformações decorrentes de uma componente de tensão não causarem grandes efeitos anormais sobre outra tensão. Felizmente, as deformações na maioria das estruturas de engenharia são pequenas, o que permite a aplicação do princípio da superposição. Com base nisso, relacionando cada uma das seis deformações a cada uma das seis componentes de tensão, obtêm-se as relações entre tensão e deformação lineares.

$$\begin{aligned}
\varepsilon_{xx} &= \varepsilon_x = A_{11}\tau_{xx} + A_{12}\tau_{yy} + A_{13}\tau_{zz} + A_{14}\tau_{xy} + A_{15}\tau_{yz} + A_{16}\tau_{zx},\\
\varepsilon_{yy} &= \varepsilon_y = A_{21}\tau_{xx} + A_{22}\tau_{yy} + A_{23}\tau_{zz} + A_{24}\tau_{xy} + A_{25}\tau_{yz} + A_{26}\tau_{zx},\\
\varepsilon_{zz} &= \varepsilon_z = A_{31}\tau_{xx} + A_{32}\tau_{yy} + A_{33}\tau_{zz} + A_{34}\tau_{xy} + A_{35}\tau_{yz} + A_{36}\tau_{zx},\\
\varepsilon_{xy} &= \gamma_{xy}/2 = A_{41}\tau_{xx} + A_{42}\tau_{yy} + A_{43}\tau_{zz} + A_{44}\tau_{xy} + A_{45}\tau_{yz} + A_{46}\tau_{zx},\\
\varepsilon_{yz} &= \gamma_{yz}/2 = A_{51}\tau_{xx} + A_{52}\tau_{yy} + A_{53}\tau_{zz} + A_{54}\tau_{xy} + A_{55}\tau_{yz} + A_{56}\tau_{zx},\\
\varepsilon_{zx} &= \gamma_{zx}/2 = A_{61}\tau_{xx} + A_{62}\tau_{yy} + A_{63}\tau_{zz} + A_{64}\tau_{xy} + A_{65}\tau_{yz} + A_{66}\tau_{zx}.
\end{aligned} \tag{4.10}$$

Essas equações parecem ter 36 possíveis constantes $A_{11}, A_{12}, \ldots, A_{66}$. Todavia, através de considerações de energia, pode-se mostrar* que o número de constantes independentes é igual a 21. Essas são simétricas de cada lado da diagonal principal, isto é, $A_{12} = A_{21}$, etc., ou, em geral $A_{ij} = A_{ji}$. Todas devem ser determinadas experimentalmente. Admite-se que o material seja homogêneo, isto é, que ele tenha as mesmas propriedades em qualquer ponto.**

A lei de Hooke na forma mais geral, dada pela Eq. 4.10, é aplicável a materiais anisotrópicos homogêneos tal como cristais simples. Esses materiais possuem propriedades mecânicas diferentes em diferentes direções, com relação a seus planos cristalográficos; veja a Fig. 4.5. Observe a interessante resposta de deformação à tensão, dada pela Eq. 4.10. Por exemplo, a deformação linear ε_{xx} é causada não apenas pelas tensões normais, mas também pelas tensões de cisalhamento. Essa equação estabelece que, mesmo que sejam aplicadas as tensões de cisalhamento, ocorre uma deformação linear hipotética ε_{xx}. Nos materiais reais, esse efeito é usualmente muito pequeno, e por essa razão a forma geral da lei de Hooke, dada pela Eq. 4.10, é raramente usada.

A madeira tem propriedades diferentes nas direções longitudinal, radial e transversal, isto é, nas três direções ortogonais. Tais propriedades são ditas *orto-*

*I. S. Sokolnikoff, *Mathematical Theory of Elasticity*, p. 61, McGraw-Hill Book Company, Nova Iorque, 1956

**Como devido a razões físicas a Eq. 4.10 é não-singular, pode-se escrevê-la de forma inversa; isto é, cada uma das seis componentes de tensão pode relacionar-se linearmente com as seis componentes de deformação. Por exemplo

$$\tau_{xx} = C_{11}\varepsilon_{xx} + C_{12}\varepsilon_{yy} + C_{13}\varepsilon_{zz} + C_{14}\varepsilon_{xy} + C_{15}\varepsilon_{yz} + C_{16}\varepsilon_{zx}$$

trópicas. Para esses materiais a Eq. 4.10 se simplifica; pode-se mostrar* que permanecem apenas nove constantes independentes. Nessa forma a lei de Hooke é empregada no estudo do comportamento de diversos materiais fabricados como plásticos de filamento reforçado, prensados para construção, metais laminados**, etc. Tais estudos fogem ao escopo deste texto. Na Seç. 4.6 serão examinadas simplificações aceitáveis da lei.

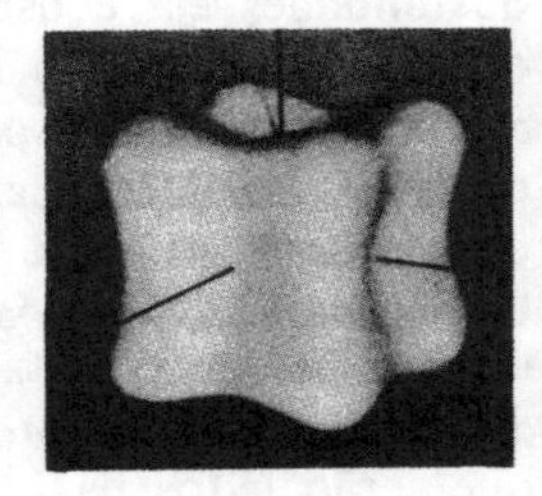

Figura 4.5 Variação das propriedades mecânicas de um cristal de ouro, com a direção. (Segundo E. Schmidt e W. Boas, *Kristallplastizität, Struktur und Eigenschaften der Materie*, Vol. XVII, p. 201, Springer Berlim, 1935

4.6 LEI DE HOOKE PARA MATERIAIS ISOTRÓPICOS

Para materiais isotrópicos homogêneos, isto é, materiais com as mesmas propriedades em todas as direções, a Eq. 4.10 simplifica-se bastante. Pode-se mostrar*** que, para tal condição $A_{11} = A_{22} = A_{33}$, $A_{12} = A_{13} = A_{23}$, $A_{44} = A_{55} = A_{66}$, e como antes $A_{12} = A_{21}$, $A_{13} = A_{31}$, $A_{23} = A_{32}$. Todas as demais constantes desaparecem. Essas simplificações conduzem à *lei de Hooke generalizada*, no sentido de que ela é a generalização da relação inicialmente sugerida para a condição de tensão uniaxial.

A lei de Hooke generalizada para o material isotrópico pode ser escrita com tais observações em mente. A notação usual de engenharia será empregada, exigindo as seguintes mudanças: $A_{11} = 1/E$, $A_{12} = -\nu/E$, e $A_{44} = 1/(2G)$. Então

$$\begin{aligned}
\varepsilon_x &= \frac{\sigma_x}{E} - \nu\frac{\sigma_y}{E} - \nu\frac{\sigma_z}{E},\\
\varepsilon_y &= -\nu\frac{\sigma_x}{E} + \frac{\sigma_y}{E} - \nu\frac{\sigma_z}{E},\\
\varepsilon_z &= -\nu\frac{\sigma_x}{E} - \nu\frac{\sigma_y}{E} + \frac{\sigma_z}{E};\\
\gamma_{xy} &= \tau_{xy}/G,\\
\gamma_{yz} &= \tau_{yz}/G,\\
\gamma_{zx} &= \tau_{zx}/G.
\end{aligned} \tag{4.11}$$

*Sokolnikoff, *Mathematical Theory of Elasticity*, p. 61

**As operações de laminação provocam orientação preferencial dos grãos cristalinos em certos materiais

***Sokolnikoff, *Mathematical Theory of Elasticity*, p. 62. Também, Y. C. Fung, *Foundations of Solid Mechanics*, p. 128, Prentice-Hall, Inc., Englewood Cliffs, N. J., 1965

Nessas equações a constante E é chamada de *módulo de elasticidade*, módulo elástico ou módulo de Young.* Para tensão uniaxial, quando todas as tensões exceto uma, a normal, são iguais a zero, E é uma constante de proporcionalidade que relaciona essa tensão normal à sua deformação linear. Por exemplo, $\sigma_x = E\,\varepsilon_x$ Graficamente E é a inclinação de uma linha no diagrama tensão-deformação, veja a Fig. 4.6. Como ε é adimensional, E tem as unidades de tensão. No sistema métrico de unidades ela é usualmente medida em kgf por cm^2 ou por mm^2. A teoria discutida neste texto aplica-se apenas a pequenas deformações. Para tais casos ε é uma quantidade pequena, mas E é bastante grande. Os valores aproximados de E são tabelados para alguns materiais na Tab. 1 do Apêndice. Para a maioria dos aços, E está entre 20 000 e 21 000 kgf/mm^2. A constante de proporcionalidade G é chamada de *módulo de elasticidade transversal* ou módulo de rigidez. As dimensões de G são as mesmas que as de E. A constante ν é chamada de *razão de Poisson*.** A compreensão de seu significado exige alguns comentários adicionais, que serão feitos na Seç. 4.7.

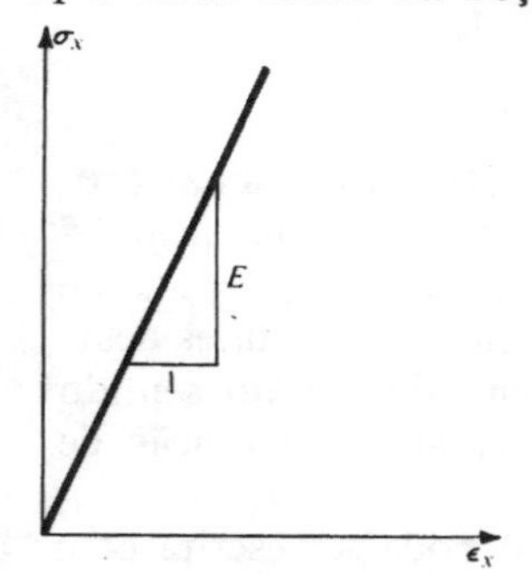

Figura 4.6 Relação linear entre tensão uniaxial e deformação linear

A Eq. 4.11, é implicada na existência de três constantes elásticas E, ν e G. Todavia, como será mostrado na Seç. 9.15, para um material isotrópico, existe uma relação entre essas constantes. Dessa forma, para materiais isotrópicos, existem apenas duas constantes elásticas. A equação de conexão é

$$G = \frac{E}{2(1+\nu)} \cdot \qquad (4.12)$$

4.7 RAZÃO OU COEFICIENTE DE POISSON

Pela experiência, sabe-se que além da deformação dos materiais na direção da tensão normal aplicada, outra propriedade marcante pode ser observada em todos os materiais sólidos, a saber, a expansão ou contração lateral (transversal) que ocorre perpendicularmente a direção da tensão aplicada. Esse fenômeno está ilustrado nas Figs. 4.7(a) e (b), onde as deformações aparecem exageradas. Para clareza pode-se redescrever assim o fenômeno: se um corpo sólido for submetido

*O módulo de Young é assim denominado em honra de Thomas Young, cientista inglês. Suas *Lectures on Natural Philosophy*, publicadas em 1807, contem uma definição do módulo de elasticidade

**Assim chamada segundo S. D. Poisson, cientista francês que formulou o conceito em 1828

à tensão axial, ele se contrai lateralmente; por outro lado, se ele for comprimido, o material se expande para os lados. Com isso em mente, as direções das deformações laterais são facilmente determinadas, dependendo do sentido da tensão normal aplicada.

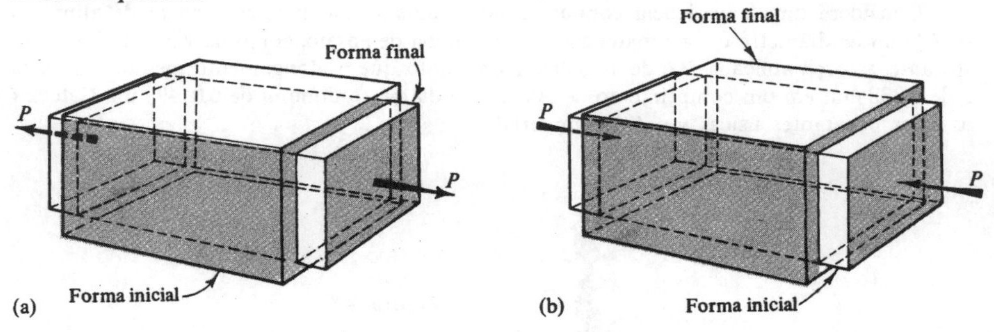

Figura 4.7 Contração e expansão lateral de corpos maciços submetidos a forças axiais (efeito de Poisson)

Para uma teoria geral é necessário referir-se a essas deformações laterais com base na unidade de comprimento da dimensão transversal, isto é, com base nas deformações lineares laterais. Na Eq. 4.11 inclui-se a provisão para a descrição matemática desse fenômeno. Por exemplo, se apenas $\sigma_x \neq 0$, $\varepsilon_x - \sigma_x/E$ e $\varepsilon_y = \varepsilon_z = -\nu\,\sigma_x/E$. O sinal negativo se refere à contração do material nas direções y e z, quando alongado na direção x. A relação entre o valor absoluto da deformação na direção lateral e a deformação na direção axial é a razão ou coeficiente de Poisson, isto é,

$$\nu = -\frac{\varepsilon_y}{\varepsilon_x} = -\frac{\varepsilon_z}{\varepsilon_x} = \frac{\text{deformação lateral}}{\text{deformação axial}}. \tag{4.13}$$

Observe que essa definição se aplica apenas às deformações causadas pela tensão uniaxial. Como foi estabelecido na Eq. 4.11, a superposição é aplicável à situação de tensão multiaxial; os efeitos separados, provocados pelas várias tensões são somados na direção observada. Por exemplo, cada uma das tensões de tração nas direções y e z causam uma deformação negativa na direção x, como resultado do efeito de Poisson.

Pela experiência sabe-se que o valor de ν flutua, para diferentes materiais, numa faixa relativamente estreita. Geralmente está na vizinhança de 0,25 a 0,35. Em casos extremos ocorrem valores baixos como 0,1 (alguns concretos) e elevados como 0,5 (borracha). O último valor é o maior possível para materiais isotrópicos, e é normalmente alcançado durante o escoamento plástico significando constância de volume.* O efeito de Poisson exibido pelos materiais não causa tensões adicionais além

*A. Nadai, *Theory of Flow and Fracture of Solids*, Vol. 1, McGraw-Hill Book Company, Nova Iorque, 1950

daquelas consideradas anteriormente, a menos que a deformação transversal seja evitada.

EXEMPLO 4.1

Considere uma experiência conduzida com cuidado, na qual uma barra de alumínio de 60 mm de diâmetro é tracionada em uma máquina de ensaio, como na Fig. 4.8. Em certo instante, a força aplicada P é de 16 000 kgf, enquanto que o alongamento medido na barra é de 0,238 mm em um comprimento de 300 m, e o diâmetro diminui de 0,0149 mm. Calcular as duas constantes físicas ν e E do material.

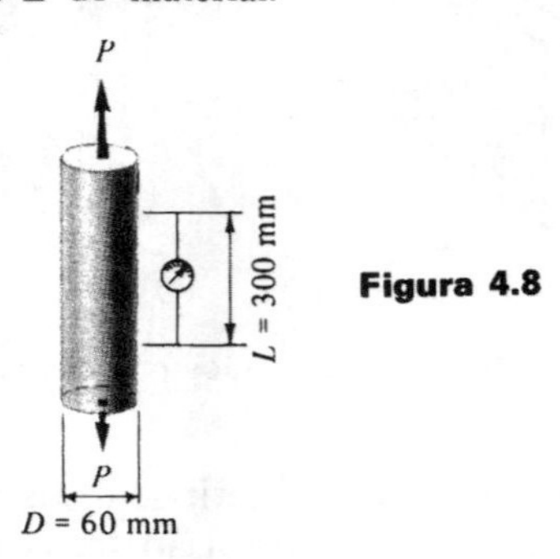

Figura 4.8

SOLUÇÃO

Deformação transversal:

$$\varepsilon_t = \frac{\Delta_t}{D} = \frac{-0{,}0149}{(60)} = -0{,}000248 \text{ mm/mm}$$

onde Δ_t é a variação total na dimensão do diâmetro da barra.

Deformação axial:

$$\varepsilon_a = \frac{\Delta}{L} = \frac{0{,}238}{300} = 0{,}000793 \text{ mm/mm}$$

Coeficiente de Poisson:

$$\nu = -\frac{\varepsilon_t}{\varepsilon_a} = \frac{0{,}000248}{0{,}000793} = 0{,}313$$

Como a área da barra $A = \pi(60/2)^2 = 2\,827{,}4 \text{ mm}^2$, pela Eq. 3.5,

$$\sigma = \frac{P}{A} = \frac{16\,000}{2827{,}4} = 5{,}66 \text{ kgf/mm}^2$$

e

$$E = \frac{\sigma}{\varepsilon} = \frac{5{,}66}{0{,}000793} = 7\,137{,}5 \text{ kgf/mm}^2.$$

Na prática, quando se faz o estudo das quantidades físicas tais como E e ν, é melhor trabalhar com o diagrama tensão-deformação correspondente, para assegurar que as quantidades determinadas estejam associadas com a faixa linear do comportamento do material. Observe que, como as deformações são muito pequenas, não faz diferença o uso dos comprimento inicial ou final no cálculo das deformações.

EXEMPLO 4.2

Um cubo de aço de 50 mm é submetido a uma pressão uniforme de 21 kgf/mm², atuando em todas as faces. Determinar a variação na dimensão entre duas faces paralelas do cubo. Seja $E = 21 \times 10^3$ kgf/mm² e $\nu = 1/4$.

SOLUÇÃO

Usando a Eq. 4.11 para determinar a deformação, observando que a pressão é uma tensão de compressão, e reconhecendo que as deformações permanecem constantes com o intervalo considerado,

$$\varepsilon_x = \frac{(-21)}{(21)10^3} - \frac{(-21)}{4(21)10^3} - \frac{(-21)}{4(21)10^3}$$

$$= -(5)10^{-4} \text{ mm/mm}$$

$$\Delta_x = u = \varepsilon_x L_x = -(5)10^{-4} \times 50 = -0{,}025 \text{ mm (contração)},$$

onde L_x é o comprimento do cubo na direção x. Nesse caso, em virtude da simetria, $u = v = w$.

4.8 DEFORMAÇÕES TÉRMICAS

Além das tensões, mudanças na temperatura também podem provocar deformação dos materiais. Para materiais isotrópicos homogêneos, uma mudança na temperatura de δT graus causa deformação linear uniforme em cada direção. Expressa na forma de equação, a *deformação térmica* fica

$$\varepsilon_x = \varepsilon_y = \varepsilon_z = \alpha\,\delta T \tag{4.14}$$

onde α é o coeficiente de expansão térmica linear para um material particular e é determinado experimentalmente. Dentro de uma faixa moderada de variação de temperatura, permanece razoavelmente constante. No sistema métrico de unidades, ele é dada em centímetros por centímetro por grau centígrados. Valores típicos de α para alguns materiais são dados na Tab. 1 do Apêndice.

Para materiais isotrópicos, uma mudança na temperatura não causa deformações angulares, isto é, $\gamma_{xy} = \gamma_{yz} = \gamma_{zx} = 0$.

A deformação térmica linear para pequenas deformações é diretamente aditável às deformações lineares decorrentes da tensão. Assim, uma modificação típica da Eq. 4.11, para incluir a deformação térmica, é

$$\varepsilon_x = \frac{1}{E}\sigma_x - \frac{\nu}{E}\sigma_y - \frac{\nu}{E}\sigma_z + \alpha\,\delta T. \tag{4.15}$$

Um aumento na temperatura δT é tomado positivo.

4.9 ENERGIA DE DEFORMAÇÃO ELÁSTICA PARA TENSÃO UNIAXIAL

Em mecânica, energia é definida como a capacidade de produzir trabalho, e este é o produto de uma força pela distância na direção do movimento. Nos corpos sólidos deformáveis, tensões multiplicadas por suas respectivas áreas são forças, e deformações são distâncias. O produto dessas duas quantidades é o *trabalho interno* realizado em um corpo pelas forças externas aplicadas. Esse trabalho interno é armazenado em um corpo como *energia elástica interna de deformação* ou *energia de deformação elástica*. A seguir serão discutidos métodos de cálculo dessa energia interna.

Considere um elemento infinitesimal, tal como mostra a Fig. 4.9(a), submetido a uma tensão normal σ_x. A força que age na face direita ou esquerda desse elemento é $\sigma_x\, dydz$, onde $dydz$ é uma área infinitesimal do elemento. Devido a essa força, o elemento se alonga da quantidade $\varepsilon_x dx$, onde ε_x é a deformação na direção x. Se o elemento é feito de um material elástico de comportamento linear, a tensão é proporcional à deformação, Fig. 4.9(b). Dessa forma, se o elemento é inicialmente livre de tensões, a força que finalmente age sobre o elemento aumenta linearmente de zero até seu valor máximo. A força média que atua sobre o elemento enquanto ocorre a deformação é $\sigma_x dy\, dz/2$. Essa força média multiplicada pela distância na qual ela age é o trabalho realizado sobre o elemento. Para um corpo perfeitamente elástico, nenhuma energia é dissipada, e o trabalho realizado sobre o elemento é armazenado como energia interna de deformação recuperável. Assim, a energia de deformação elástica interna U para um elemento infinitesimal sujeito a tensão uniaxial é

$$dU = \underbrace{\underbrace{1/2\sigma_x dy\, dz}_{\text{força média}} \times \underbrace{\varepsilon_x dx}_{\text{distância}}}_{\text{trabalho}} = 1/2\sigma_x\varepsilon_x dx\, dy\, dz = 1/2\sigma_x\varepsilon_x dV, \tag{4.16}$$

onde dV é o volume do elemento.

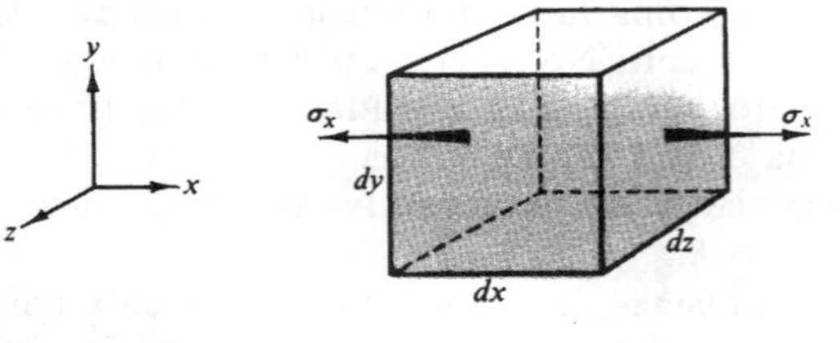

Figura 4.9 (a) Elemento em tensão e (b) diagrama tensão-deformação

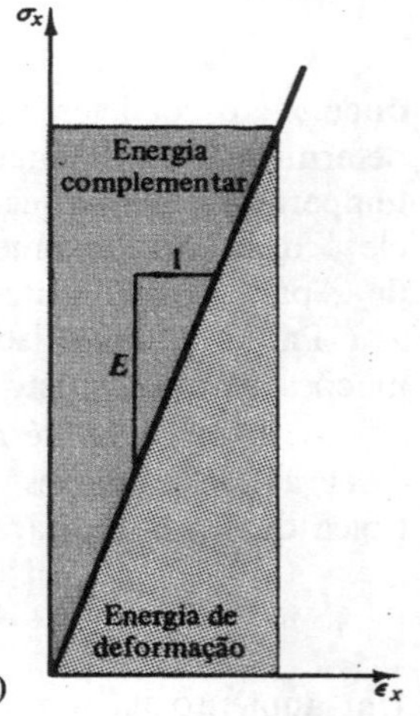

Reagrupando a Eq. 4.16, obtém-se a energia de deformação armazenada em um corpo elástico, por unidade de volume do material, ou sua *densidade de energia de deformação* U_0. Assim

$$\frac{dU}{dV} = U_0 = \frac{\sigma_x\varepsilon_x}{2}. \tag{4.17}$$

Essa expressão pode ser interpretada graficamente como uma área sob a linha inclinada do diagrama tensão-deformação, Fig. 4.9(b). A área correspondente, delimitada pela linha inclinada e o eixo vertical é chamada de *energia complementar*. Para materiais elásticos de comportamento linear, as duas áreas são iguais. Expressões análogas à Eq. 4.17 aplicam-se às tensões normais σ_y e σ_z, e às deformações lineares correspondentes ε_y e ε_z.

EXEMPLO 4.3

Duas barras feitas de material elástico de comportamento linear, cujas proporções estão mostradas na Fig. 4.10, devem absorver a mesma quantidade de energia transmitida por forças axiais. Comparar as tensões nas duas barras, provocadas pela mesma energia fornecida.

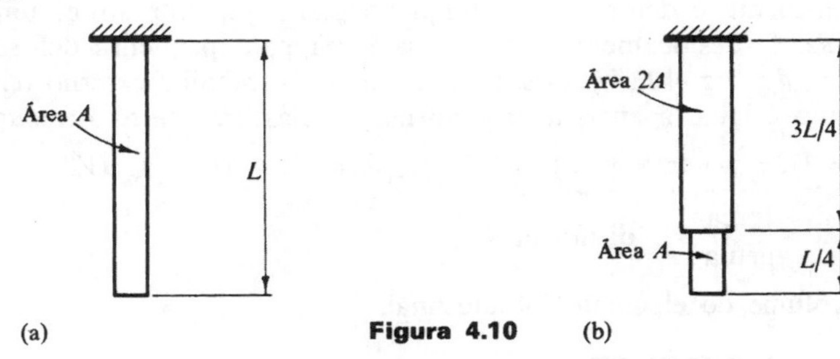

Figura 4.10

SOLUÇÃO

A barra mostrada na Fig. 4.10(a) tem área de seção transversal uniforme e, dessa forma, a tensão normal σ_1 é constante em toda a barra. Usando a Eq. 4.17, adaptando a Eq. 4.11 para o caso uniaxial ($\sigma_x = E\varepsilon_x$), e integrando ao longo do volume V da barra, obtêm-se a energia total:

$$U_1 = \int_V \frac{\sigma_1^2}{2E} dV = \frac{\sigma_1^2}{2E} \int_V dV = \frac{\sigma_1^2}{2E}(AL),$$

onde A é a área da seção transversal da barra, e L é seu comprimento.

A barra mostrada na Fig. 4.10(b) é de seção transversal variável. Assim, se a tensão σ_2 atua na parte inferior da barra, a tensão em sua parte superior é $\sigma_2/2$. Usando a Eq. 4.11 para o caso uniaxial e integrando ao longo da barra, encontra-se a energia total que essa barra absorverá em termos da tensão σ_2

$$U_2 = \int_V \frac{\sigma^2}{2E} dV = \frac{\sigma_2^2}{2E} \int_{inferior} dV + \frac{(\sigma_2/2)^2}{2E} \int_{superior} dV$$

$$= \frac{\sigma_2^2}{2E}\left(\frac{AL}{4}\right) + \frac{(\sigma_2/2)^2}{2E}\left(2A\frac{3L}{4}\right) = \frac{\sigma_2^2}{2E}\left(\tfrac{5}{8}AL\right)$$

Se ambas as barras devem absorver a mesma quantidade de energia, $U_1 = U_2$ e

$$\frac{\sigma_1^2}{2E}(AL) = \frac{\sigma_2^2}{2E}\left(\frac{5}{8}AL\right) \quad \text{ou} \quad \sigma_2 = 1{,}265\sigma_1 .$$

O alargamento da área da seção transversal em parte da barra, no segundo caso, é prejudicial. Para a mesma carga de energia, a tensão na barra reforçada é 26,5% superior à primeira barra. Essa situação não é verificada no projeto de membros para cargas estáticas.*

4.10 ENERGIA DE DEFORMAÇÃO ELÁSTICA PARA TENSÕES DE CISALHAMENTO

A expressão para energia de deformação elástica para um elemento infinitesimal sob cisalhamento puro pode ser estabelecida de maneira análoga àquela para a tensão uniaxial. Assim, considere um elemento em estado de cisalhamento, como mostra a Fig. 4.11(a). A forma desse elemento deformado está mostrada na Fig. 4.11(b), onde se admite que o plano inferior do elemento tenha posição fixa.** Quando esse elemento é deformado, a força no plano superior atinge um valor final de $\tau_{xy}\, dxdz$. O deslocamento total dessa força para pequenas deformações do elemento é $\gamma_{zy} dy$, Fig. 4.11(b). Dessa forma, como o trabalho externo realizado sobre o elemento é igual à energia de deformação elástica interna e recuperável

$$dU_{cisalh} = \underbrace{1/2\tau_{xy} dx\, dz}_{\text{força média}} \times \underbrace{\gamma_{xy} dy}_{\text{distância}} = 1/2\tau_{xy}\gamma_{xy}\, dx\, dy\, dz = 1/2\tau_{xy}\gamma_{xy}\, dV, \quad (4.18)$$

onde dV é o volume do elemento infinitesimal.

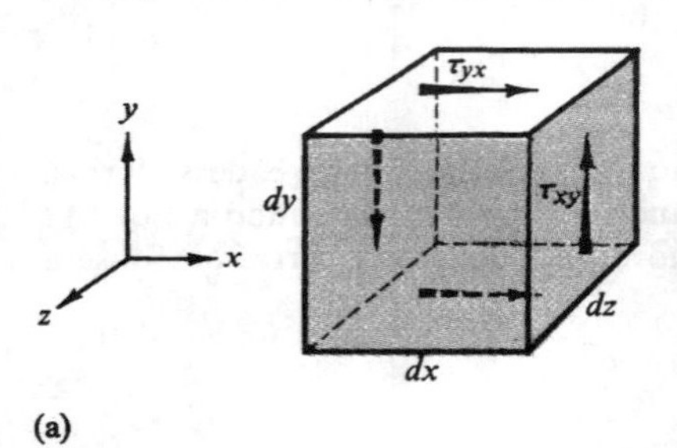

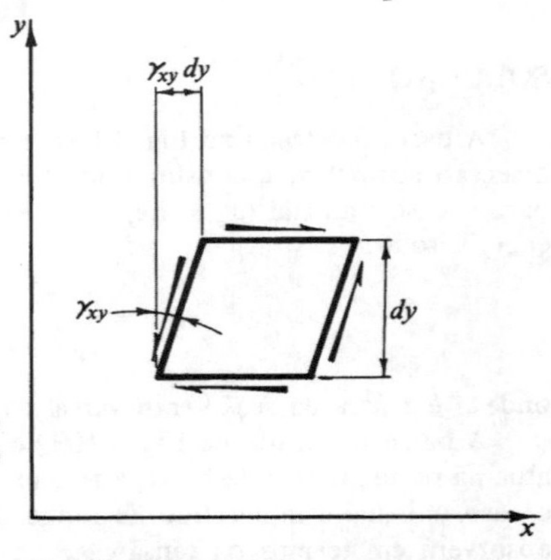

Figura 4.11 Elemento para dedução da expressão de energia de deformação devida a tensões de cisalhamento

Regrupando a Eq. 4.18, a densidade de energia de deformação para o cisalhamento fica

$$\left(\frac{dU}{dV}\right)_{cisalh} = \frac{\tau_{xy}\gamma_{xy}}{2}. \quad (4.19)$$

Espressões análogas aplicam-se para as tensões de cisalhamento τ_{yz}, τ_{zx} com as correspondentes deformações angulares γ_{yz} e γ_{zx}.

*No final deste capítulo são discutidas as tensões nas transições de áreas transversais

**Essa premissa não torna a expressão menos geral

4.11 ENERGIA DE DEFORMAÇÃO PARA ESTADOS DE TENSÃO MULTIAXIAL

As expressões de energia de deformação para o estado de tensão tridimensional seguem diretamente das energias de cada componente de tensão. A densidade de energia de deformação para a maioria dos casos gerais é

$$dU/dV = U_0 = 1/2\sigma_x\varepsilon_x + 1/2\sigma_y\varepsilon_y + 1/2\sigma_z\varepsilon_z + 1/2\tau_{xy}\gamma_{xy} + 1/2\tau_{yz}\gamma_{yz} + 1/2\tau_{zx}\gamma_{zx}. \qquad (4.20)$$

Substituindo nessa equação as relações para deformações, dadas pela Eq. 4.11, e após algumas manipulações algébricas, obtém-se

$$U_0 = \frac{1}{2E}(\sigma_x^2 + \sigma_y^2 + \sigma_z^2) - \frac{\nu}{E}(\sigma_x\sigma_y + \sigma_y\sigma_z + \sigma_z\sigma_x) + \frac{1}{2G}(\tau_{xy}^2 + \tau_{yz}^2 + \tau_{zx}^2), \qquad (4.21)$$

como expressão para a energia de deformação elástica por unidade de volume de materiais isotrópicos. Para situações em que não existem tensões de cisalhamento, o último termo da equação desaparece. Para o caso de tensão plana, com $\sigma_z = 0$ e $\tau_{xz} = \tau_{yz} = 0$, a Eq. 4.21 simplifica-se bastante.

A equação para U_0, análoga à Eq. 4.21, pode ser estabelecida em termos das deformações em lugar das tensões. Isso é feito com maior facilidade pela reformulação das equações da lei de Hooke generalizada, para dar as tensões em termos das deformações. Em geral, para um corpo elástico sob tensão, a energia de deformação total é obtida pela integração volumétrica:

$$U = \iiint U_0 \, dx \, dy \, dz. \qquad (4.22)$$

As Eqs. 4.21 e 4.22 são bastante importantes. A primeira é chave no estabelecimento das leis da plasticidade; a segunda é bastante usada na análise de tensões pelo método da energia. Esses itens são discutidos neste texto, principalmente nos Caps. 9 e 13.

PARTE C

RELAÇÕES CONSTITUTIVAS PARA TENSÕES UNIAXIAIS

4.12 DIAGRAMAS TENSÃO-DEFORMAÇÃO

Na mecânica dos sólidos é de capital importância o comportamento dos materiais reais submetidos a carregamentos. Experiências, principalmente os testes de tração e compressão, fornecem a informação básica sobre esse comportamento. Nelas, o comportamento macroscópico total dos corpos de ensaio é usado para a formulação das leis empíricas ou fenomenológicas. Tais formulações são indicadas como *leis constitutivas* ou *relações constitutivas*. Livros sobre ciência dos materiais* tentam dar as razões para o comportamento observado.

Deve ficar aparente da discussão prévia que, para os propósitos gerais, é mais fundamental relatar a deformação de uma barra sob tração ou compressão do que seu alongamento. Analogamente, a tensão é um parâmetro mais significativo do que a força, porque o efeito de uma força aplicada P, sobre um material, depende principalmente da área da seção transversal do membro. Como conseqüência, no estudo experimental das propriedades mecânicas dos materiais, é costume traçar-se diagramas da relação entre tensão e deformação em um ensaio particular. Tais diagramas, na maioria das finalidades práticas, são considerados independentes do tamanho do espécime e de seu comprimento de teste. Nesses diagramas é costume o uso da ordenada para tensão e da abscissa para deformação.

Os diagramas tensão-deformação experimentalmente determinados diferem bastante para materiais diferentes. Para um mesmo material, eles são diferentes, dependendo da temperatura na qual o teste é conduzido, da velocidade do teste e de várias outras variáveis. Todavia, falando de forma ampla, dois tipos de diagrama resultam das experiências a temperaturas constantes, em materiais que não exibem dependência do tempo. Um tipo, característico de aço doce e alguns outros materiais, está mostrado na Fig. 4.12(a). Os outros tipos, peculiares a muitos materiais, estão mostrados na Fig. 4.12(b). Materiais diversos como aço de ferramenta, concreto e cobre têm as formas gerais das duas curvas superiores, embora os valores extremos da deformação suportável por esses materiais difiram drasticamente.

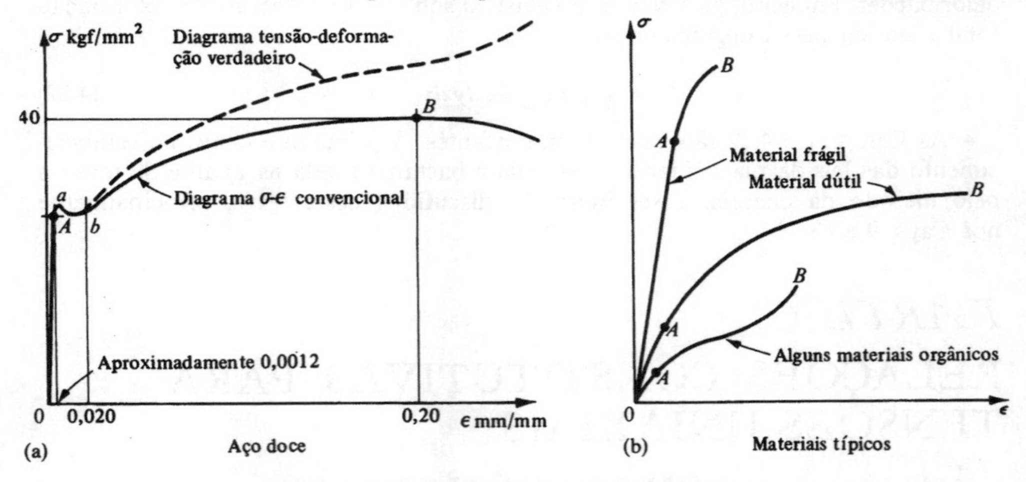

Figura 4.12 Diagramas tensão-deformação

*Veja, por exemplo, Z. D. Jastrzebski, *Nature and Properties of Engineering Materials*, John Wiley & Sons, Inc. Nova Iorque, 1959; L. H. Van Vlack, *Elements of Materials Science* (2.ª ed.), Addison-Wesley Publishing Co., Inc., 1964; J. Wulff, ed., *The Structure and Properties os Materials*, Vols. I e III, Jonh Wiley & Sons, Inc., Nova Iorque, 1965

A forma "íngreme" dessas curvas varia consideravelmente. Em termos numéricos, cada material tem sua própria curva. O ponto terminal do diagrama tensão-deformação representa a falha completa (ruptura) de um espécime. Os materiais capazes de suportarem grandes deformações são chamados de *materiais dúteis*. O oposto se aplica aos *materiais frágeis*.

As tensões são usualmente calculadas com base na área original de um espécime; tais tensões são freqüentemente denominadas de *convencionais* ou de *engenharia*. Por outro lado, sabe-se que sempre ocorre alguma contração ou expansão transversal de um material. Para o aço doce, especialmente próximo de um ponto de ruptura, esse efeito, denominado de estreitamento ou *contração*, é particularmente pronunciado, veja a Fig. 4.13. Os materiais frágeis não a apresentam em temperaturas usuais, embora também se contraiam um pouco no ensaio de tração e se expandam no ensaio de compressão. Dividindo a força aplicada pela área atual correspondente, de um espécime em cada instante, tem-se a chamada *tensão verdadeira*. O traçado dessa tensão vérsus deformação é chamado de *diagrama de tensão verdadeira deformação*, veja a Fig. 4.12(a).

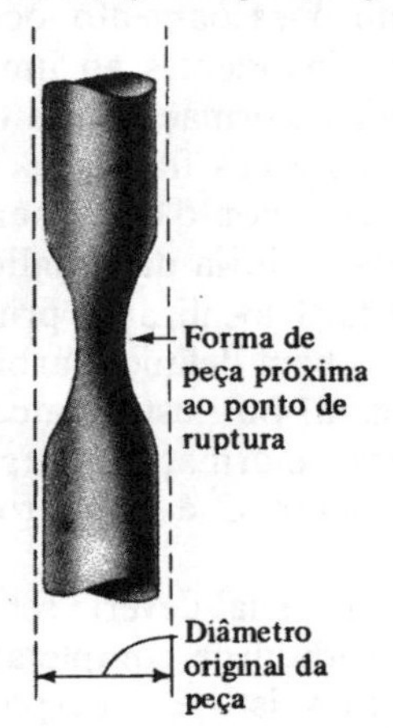

Figura 4.13 Contração típica de um espécime de aço doce sob tração, próximo do ponto de ruptura

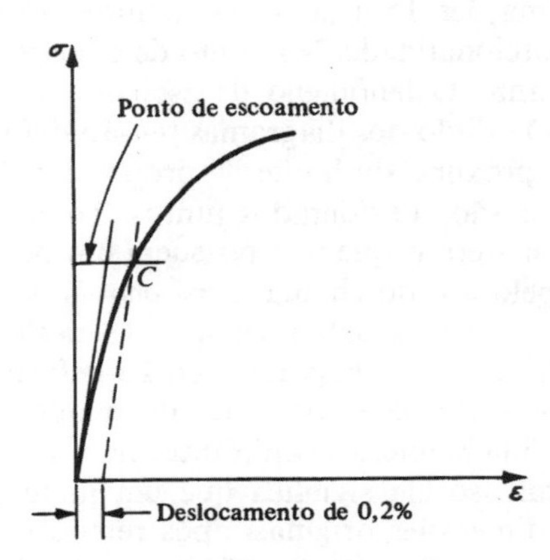

Figura 4.14 Método do deslocamento para determinação do ponto de escoamento do material

4.13 OBSERVAÇÕES SOBRE OS DIAGRAMAS TENSÃO-DEFORMAÇÃO

Diversos itens importantes deveriam ser observados juntamente com os diagramas tensão-deformação. Um dos mais importantes pertence ao ponto A, de definição vaga, veja a Fig. 4.12. Esse ponto está sobre uma linha reta que parte da origem e segue aproximadamente a curva de tensão-deformação. O ponto A é chamado de *limite de proporcionalidade* do material. A inclinação da linha, de 0 a A é o módulo de elasticidade E. Fisicamente, E representa a rigidez do material a um carregamento imposto.

Para todos os materiais reais, pelo menos a certa distância da origem, com certo grau de precisão os valores experimentais de tensão ou deformação estão essencialmente sobre uma linha reta. Isto é verdadeiro quase sem reserva para o vidro. Por outro lado, a parte reta da curva existe para o concreto, cobre recozido ou ferro fundido. Todavia, até um ponto como A, Fig. 4.12(b), a relação entre tensão e deformação pode ser considerada linear para todos os materiais. Essa idealização e generalização é a base da lei de Hooke. Dessa forma, a lei de Hooke aplica-se somente até o limite de proporcionalidade do material. Isso é bastante significativo porque, no tratamento subseqüente, as fórmulas desenvolvidas se baseiam nessa lei. Claramente, então, tais fórmulas estão limitadas aos casos de comportamento do material na faixa inferior de tensão.

Os pontos mais altos dos diagramas [B nas Figs. 4.12(a) e (b)], correspondem à resistência à ruptura de um material. A tensão associada ao patamar *ab* da Fig. 4.12(a) é denominada de *ponto de escoamento* ou *limite de escoamento* de um material. Como será observado posteriormente, essa marcante propriedade do aço doce e outros materiais dúteis é significativa na análise de tensões. Para o presente, observe que, com uma tensão essencialmente constante, durante o escoamento ocorrem deformações 15 a 20 vezes maiores do que aquelas correspondentes ao limite de proporcionalidade. No ponto de escoamento ocorre grande deformação com tensão constante. O fenômeno do escoamento não ocorre nos materiais frágeis.

O estudo dos diagramas tensão-deformação mostra que o ponto de escoamento é tão próximo do limite de proporcionalidade que, para a maioria das finalidades, os dois são considerados juntos. Todavia, é muito mais fácil localizar o primeiro. Para materiais que não possuem um ponto de escoamento bem definido, arbitra-se um, pelo uso do chamado *método do deslocamento.* A Fig. 4.14 o ilustra, onde uma linha é traçada arbitrariamente e deslocada de 0,2% em deformação, paralela à porção reta do diagrama tensão-deformação inicial. O ponto C é então tomado como ponto de escoamento do material.

Finalmente, a definição técnica da *elasticidade* de um material deveria ser dada. Em tal uso ela significa que um material está apto a readiquirir completamente suas dimensões originais após remoção das forças aplicadas, isto é, o corpo recupera completamente sua forma original. Assim, o comportamento elástico implica na ausência de qualquer deformação permanente. Alguns materiais elásticos apresentam uma relação essencialmente linear entre tensão e deformação, Fig. 4.15(a). Tais materiais são chamados de *linearmente elásticos.* Alguns outros materiais elásticos, Fig. 4.15(b), apresentam curvatura em seus diagramas de tensão-deformação. Tais são os *materiais não-linearmente elásticos.* A tensão em que ocorre deformação permanente no material corresponde à do *limite elástico.* Para materiais linearmente elásticos, o limite elástico corresponde ao limite de proporcionalidade.

Para a maioria dos materiais, os diagramas de tensão-deformação obtidos para blocos curtos em compressão, são bastante próximos daqueles em tração. Entretanto, para alguns materiais os diagramas diferem drasticamente, dependendo do sentido da força aplicada. Por exemplo, o ferro fundido e o concreto são bastante fracos em tração mas não o são em compressão.

Figura 4.15 Materiais elásticos: (a) lineares, (b) não-lineares

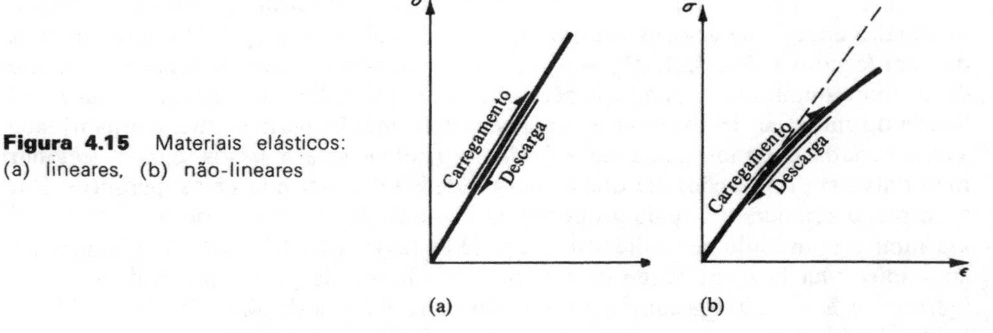

4.14 DIAGRAMAS TENSÃO-DEFORMAÇÃO DURANTE RETIRADA DE CARGA E INVERSÕES DE CARREGAMENTO

Os materiais inelásticos e plásticos exibem importantes fenômenos se o carregamento não aumenta monotonicamente. Durante um processo de retirada de carregamento (caracterizado por uma linha como a *HM* da Fig. 4.16(a)), a resposta é essencialmente elástica linear, com o módulo de elasticidade do material original, embora se verifique uma deformação permanente. Durante o recarregamento, o material comporta-se linear e elasticamente, e pode atingir outra vez o ponto *H*. Além de *H*, se o material é ulteriormente carregado, ele gera a continuação da curva original. Com a retirada de carregamento em *R*, o material segue de novo essencialmente uma linha reta até *S*, atingindo a condição de nenhuma carga e, então, prossegue para *T*, se o carregamento tiver sinal oposto. Observe que a ordenada absoluta de *T* é menor do que a de *R*. Esse efeito típico foi observado inicialmente por Bauschinger* e possui o seu nome.

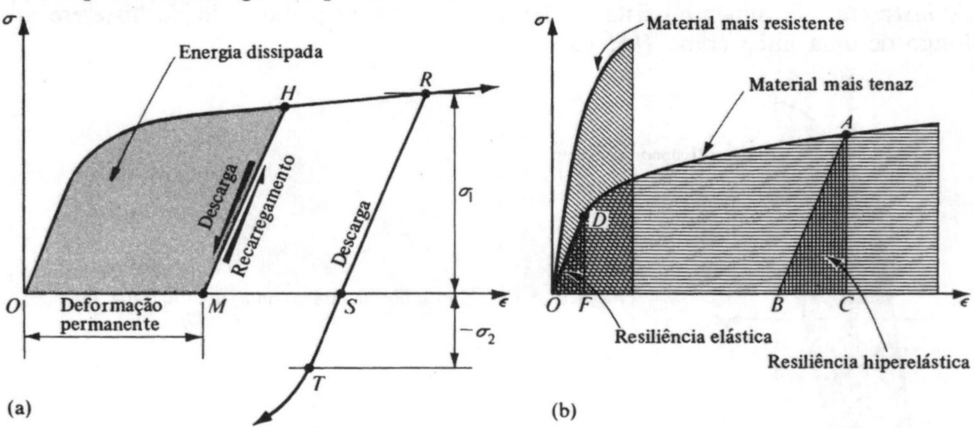

Figura 4.16 Algumas propriedades típicas dos materiais

*Johann Bauschinger (1833-93) foi professor de mecânica do Instituto Politécnico de Munique, Alemanha

De acordo com a Eq. 4.17, para o material elástico linear, em estado de tensão uniaxial, a energia de deformação por unidade de volume é $\sigma_x \varepsilon_x/2$. Alternativamente, de acordo com a Eq. 4.21, $U_0 = \sigma_x^2/2E$. Substituindo o valor da tensão no limite de proporcionalidade, nessa equação, obtém-se um índice representativo da habilidade do material de absorver energia sem deformação permanente. A quantidade assim achada é denominada de *módulo de resiliência* e é usada para selecionar materiais para aplicações em que a energia deve ser absorvida pelos membros. Por exemplo, o aço com limite de proporcionalidade de 21 kgf/mm^2 e um $E = 21 \times 10^3$ kgf/mm^2 tem módulo de resiliência de $\sigma^2/(2E) = (21)^2/2(21)10^3 = 0{,}0105$ kgfmm/mm^3, enquanto uma boa variedade de pinho, tendo limite de proporcionalidade de 4,5 kgf/mm^2 e $E = 1350$ kgf/mm^2 tem módulo de resiliência de $(4{,}5)^2/2(1350) = 0{,}0075$ kgfmm/mm^3.

Por meio de argumentação análoga à anterior, a área sob o diagrama tensão-deformação completo, Fig. 4.16(b) dá uma medida da habilidade de um material para resistir uma carga de energia até à fratura, e é chamada de *tenacidade*. Quanto maior for a área total sob o diagrama tensão-deformação, mais tenaz é o material. Na faixa elástica, apenas pequena parte da energia absorvida por um material é recuperável. A maior parte da energia é dissipada em deformação permanente do material. A energia que pode ser recuperada quando o espécime é solicitado até um ponto tal como A ou D, na Fig. 4.16(b), é representada pelos triângulos ABC e DOF, respectivamente. A linha AB do triângulo ABC é paralela à linha elástica OD. As áreas internas aos triângulos respectivos, como mostra a figura, representam a *resiliência elástica* e *hiperelástica* do material.

Quando um material é carregado ciclicamente na faixa inelástica, a energia dissipada por ciclo é dada pela área incluída pelas linhas não-coincidentes do diagrama tensão-deformação, Fig. 4.17. A curva fechada, ou ciclo, é chamada de *ciclo de histerese*. Usualmente existe tendência para um pequeno ciclo de histerese ao longo de uma linha como HM na Fig. 4.16(a).

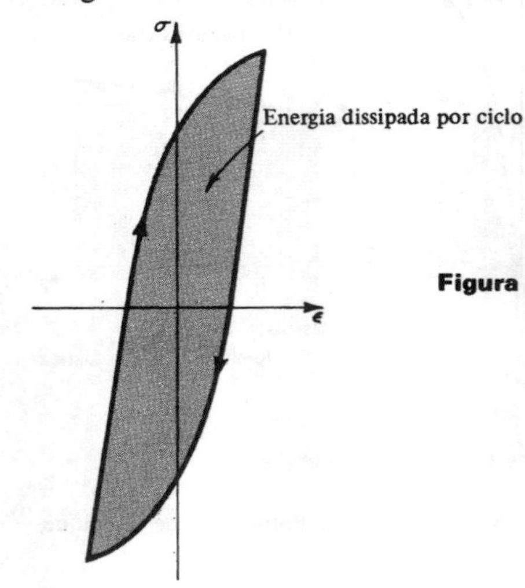

Figura 4.17 Ciclo de histerese para um material inelástico

4.15 DIAGRAMAS IDEALIZADOS DE TENSÃO-DEFORMAÇÃO

Para o tratamento analítico do comportamento do material é conveniente idealizar os diagramas tensão-deformação experimentalmente determinados. A Fig. 4.18 mostra um grupo de diagramas de uso corrente para o estado de tensão uniaxial. Na Fig. 4.18(a) é reapresentada a relação para o material elástico linear. Como foi apontado anteriormente, essa é a base para a lei de Hooke. Poucos materiais se comportam dessa maneira com relação à resistência de ruptura. Todavia, para quase todos os materiais essa relação se mantém verdadeira nas pequenas deformações. Devido à simplicidade da lei de Hooke, é prática comum aproximar-se com ela a resposta não-linear moderada.

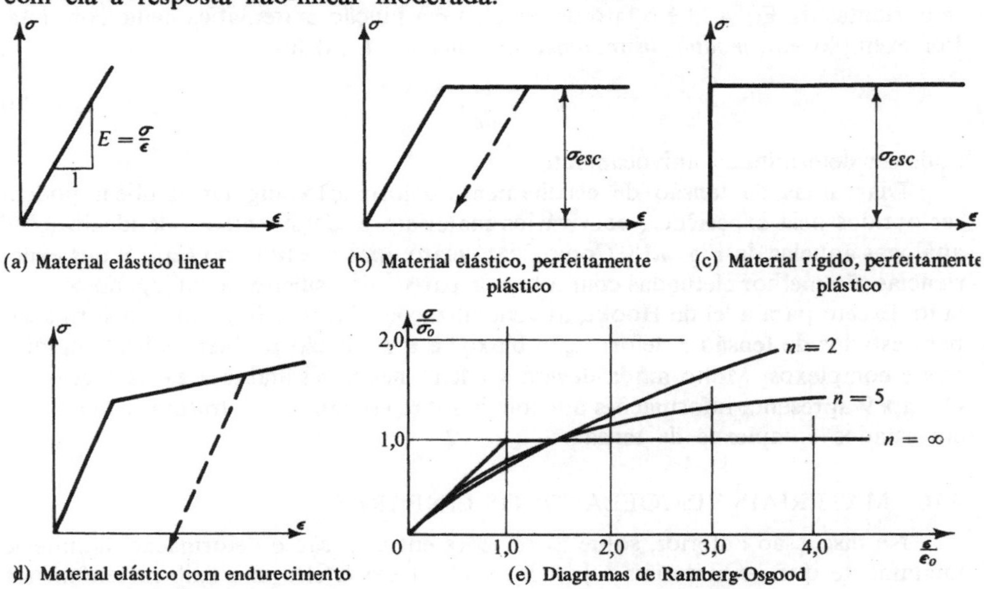

Figura 4.18 Diagramas idealizados de tensão-deformação

Alguns materiais, após exibirem uma resposta elástica, deformam-se bastante com tensão praticamente constante. O aço doce e o náilom são exemplos notáveis. Uma deformação ilimitada, ou escoamento com tensão constante, define um material plástico ideal ou perfeito. Um material que exibe uma resposta elástica linear seguida de uma perfeitamente plástica, como mostra a Fig. 4.18(b). Se a faixa elástica for desprezável em comparação com a plástica; é empregada a idealização de um material perfeitamente plástico Fig. 4.18(c).

Os diagramas tensão-deformação podem, para muitos materiais, ser aproximados por meio de diagramas bilineares, como na Fig. 4.18(d). Em tais idealizações é comum a referência ao primeiro estágio como faixa *elástica*, e ao segundo como faixa de *endurecimento por deformação* ou por *tensão*. O termo mais geral, *endurecimento linear*, está mostrado no diagrama.

Uma equação conveniente, capaz de representar uma faixa de curvas tensão--deformação, foi desenvolvida por Ramberg e Osgood.* Essa equação** é

$$\frac{\varepsilon}{\varepsilon_0} = \frac{\sigma}{\sigma_0} + 3/7\left(\frac{\sigma}{\sigma_0}\right)^n, \tag{4.23}$$

onde ε_0, σ_0 e n são constantes características para um material. As constantes ε_0 e σ_0 correspondem ao ponto de escoamento que, para os casos diferentes do correspondente à plasticidade ideal, são achadas pelo método de deslocamento (veja a Fig. 4.14). O expoente n determina a forma da curva. Observe que a Eq. 4.23 é escrita em forma adimensional, o que é conveniente na análise geral. Uma das vantagens importantes da Eq. 4.23 é o fato de ser ela uma função matematicamente contínua. Por exemplo, um *módulo instantâneo* ou *tangente* E_t, definido por

$$E_t = \frac{d\sigma}{d\varepsilon}, \tag{4.24}$$

pode ser determinado univocamente.

Diagramas de tensão de cisalhamento-deformação angular também podem ser obtidos pela experiência com vários materiais, e são suscetíveis de idealizações análogas àquelas da Fig. 4.18. Como ficará claro após o estudo do Cap. 5, tais experiências são melhor efetuadas com tubos de parede fina sujeitos a conjugado controlado. Exceto para a lei de Hooke, as generalizações das relações tensão-deformação para estados de tensão e deformação biaxial e triaxial são problemas bastante difíceis e complexos. Muito ainda deverá ser feito nessa desafiante área da mecânica. O Cap. 9 apresenta informações adicionais sobre escoamento e fratura de materiais em estados complexos de tensão.

4.16 MATERIAIS VISCOELÁSTICOS LINEARES

Na discussão anterior, sobre as relações entre tensão e deformação, admite-se tacitamente que os materiais sejam invíscidos, isto é, eles não exibem fenômenos de escoamento dependentes do tempo. Entretanto, pavimentos de asfalto, propelentes sólidos em motores de foguete, altos polímeros plásticos e concretos, assim como elementos de máquinas a elevadas temperaturas, gradualmente se deformam sob tensão, e tais deformações não têm usualmente recuperação total. Algumas noções elementares sobre esse problema são consideradas a seguir, para o estado de tensão uniaxial. Uma investigação mais completa é feita em reologia.***

Para materiais elásticos, a tensão é dita uma função única da deformação. Por outro lado, para materiais viscosos, a tensão não depende apenas da deformação, mas também da velocidade com que ela ocorre. Isso pode ser esclarecido pelo exame

*W. Ramberg e W. R. Osgood, *Description of Stress-Strain Curves by Three Parameters*, National Advisory Committee on Aeronautics, TN 902, 1943

**O coeficiente 3/7 é escolhido um pouco arbitrariamente; diferentes valores têm sido usados em algumas investigações

***Veja, por exemplo, F. R. Eirich, ed., *Rheology*, Academic Press, Inc., Nova Iorque, 1956

dos modelos conceituais da Fig. 4.19. Para a mola linear a tensão é proporcional à deformação. Para um elemento com líquido viscoso no amortecedor, quanto maior for a razão de deformação, maior a tensão necessária para manter o movimento decorrente da força aplicada. Para resumir, a taxa de deformação – derivada da deformação com o tempo – será indicada por $\dot{\varepsilon}$.

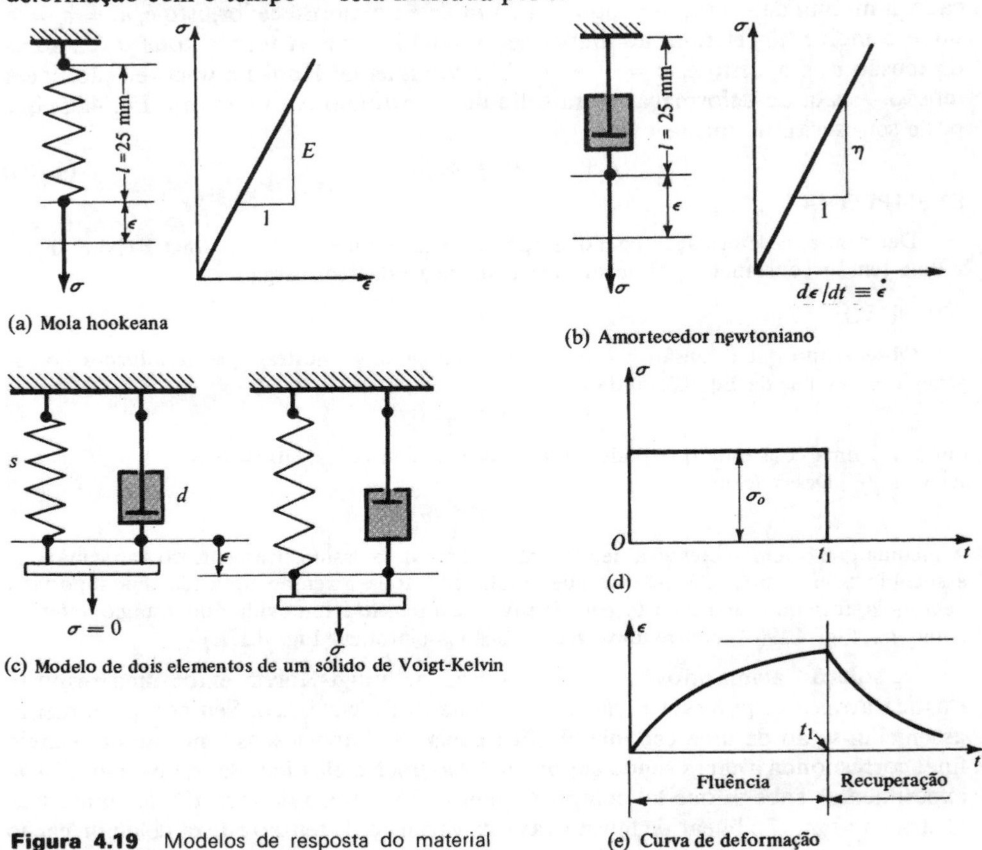

Figura 4.19 Modelos de resposta do material

Nos termos anteriores, para um material elástico, $\sigma = \sigma(\varepsilon)$; mas para um material viscoelástico, a tensão é função da deformação e de sua variação como tempo, $\sigma = \sigma(\varepsilon, \dot{\varepsilon})$. A relação mais simples dessas quantidades pode ser escrita

$$\sigma = E\varepsilon + \eta\dot{\varepsilon}, \tag{4.25}$$

onde a constante η(eta) é o coeficiente de viscosidade. O último termo relaciona linearmente a tensão com a razão de variação da deformação, como mostra a Fig. 4.19(b). Se esse termo é nulo, obtém-se uma lei de Hooke ordinária. O comportamento do material, descrito pela Eq. 4.25, está associado com os nomes de Voigt e Kelvin,* os primeiros a usarem na análise dos materiais viscoelásticos. Por essa razão, o material idealizado da Eq. 4.25 é referido como *sólido de Voigt-Kelvin.*

Ainda que não seja fundamental, é conveniente introduzir um modelo conceitual para clarear o significado da Eq. 4.25. Tal modelo é obtido através de uma mola e um amortecedor em paralelo, como na Fig. 4.19(c). Quando a tensão σ é aplicada, a mesma deformação é induzida na mola e no amortecedor, isto é, $\varepsilon_d = \varepsilon_s = \varepsilon$, onde o índice ($d$) refere-se ao amortecedor e (s) à mola. A tensão total σ é a soma da tensão σ_d e σ_s, isto é, $\sigma = \sigma_d + \sigma_s$. Usando a lei de Hooke e uma relação linear tensão – taxa de deformação para o líquido newtoniano, obtém-se a Eq. 4.25, que pode ser escrita na forma

$$\dot{\varepsilon} + (E/\eta)\,\varepsilon = \sigma/\eta \tag{4.25a}$$

EXEMPLO 4.4

Determinar a deformação com o tempo (fluência), de um sólido de Voigt-Kelvin, sujeito a uma tensão constante σ_0. Inicialmente o modelo está sem carga.

SOLUÇÃO

Observando que a tensão $\sigma = \sigma_0$ é constante, pode-se mostrar que as soluções homogênea e particular da Eq. 4.25(a) dão

$$\varepsilon = Ae^{-(E/\eta)t} + \sigma_0/E,$$

onde A é uma constante que pode ser achada pela condições $E(0) = 0 = A + \sigma_0/E$, isto é, $A = -\sigma_0/E$. Dessa forma,

$$\varepsilon = (1 - e^{-(E/\eta)t})(\sigma_0/E).$$

À medida que o tempo cresce, a deformação se aproxima assintoticamente do valor máximo associado com a mola elástica até que, finalmente, toda a tensão aplicada seja suportada pela mola, tornando-se o amortecedor inativo. Se a tensão é removida num estágio anterior, como na Fig. 4.19(d), ocorre uma recuperação assintótica, Fig. 4.19(e).

A solução acima mostra que o material de Voigt-Kelvin exibe uma resposta elástica atrasada; por essa razão ele é chamado de *inelástico.* Seu comportamento assemelha-se ao de uma esponja elástica cheia de fluido viscoso, no qual o estágio final corresponda à carga sendo suportada pelo núcleo elástico. Baseado na evidência experimental, sabe-se que tal comportamento não é típico da maioria dos materiais. Outra combinação linear de tensão, taxa de variação de tensão e taxa de deformação pode ser formulada, com maior representatividade.

Submetendo um corpo a uma resposta elástica instantânea, juntamente com um deslocamento dependente do tempo pode-se obter uma aproximação razoável do comportamento de muitos materiais viscoelásticos. O modelo mais simples com tais propriedades pode ser visualizado pela combinação em série de uma mola linear e um amortecedor linear, como na Fig. 4.20. Um material desse tipo é chamado de *sólido de Maxwell.*** No modelo da Fig. 4.20(a), se uma tensão é aplicada, a tensão

*W. Voigt (1850-1919), físico teórico, lecionou na Universidade de Göttingen, Alemanha. Lord Kelvin (William Thomson, 1824-1907) foi um físico britânico

**James Clerk Maxwell (1831-79), renomado físico britânico, fez importantes contribuições para a mecânica dos sólidos

(força) no amortecedor (d) é a mesma que a da mola (s), isto é, $\sigma_d = \sigma_s = \sigma$. Todavia, como cada elemento do modelo contribui para a deformação total, $\varepsilon = \varepsilon_s + \varepsilon_d$, onde os índices correspondem à mola (s) e ao amortecedor (d), respectivamente. A taxa de deformação deve ser derivada em relação ao tempo, porque nos materiais viscosos conhece-se apenas a ligação entre tensão e taxa de variação da deformação. Por outro lado, para materiais elásticos com E constante tem-se, pela diferenciação da lei de Hooke, $\dot{\varepsilon} = \dot{\sigma}/E$. Adicionando-se as variações de deformação para os dois elementos e simplificando, obtém-se, então a equação diferencial básica para a resposta do sólido de Maxwell:

$$\dot{\varepsilon} = \dot{\varepsilon}_s + \dot{\varepsilon}_d = \dot{\sigma}/E + \sigma/\eta \quad \text{ou} \quad \dot{\sigma} + (E/\eta)\sigma = E\dot{\varepsilon}. \tag{4.26}$$

Para o sólido de Maxwell em cisalhamento puro aplica-se uma expressão análoga:

$$\dot{\gamma} = \dot{\tau}/G + \tau/\bar{\eta}, \tag{4.26a}$$

onde, como anteriormente, os pontos sobre as quantidades representam suas derivadas em relação ao tempo, e $\bar{\eta}$ é o coeficiente de viscosidade no cisalhamento.

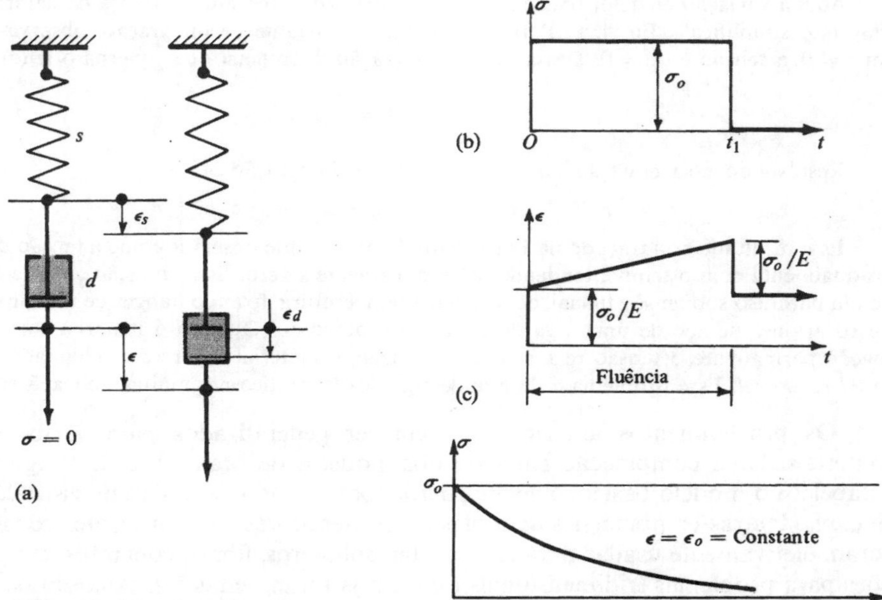

Figura 4.20 Modelo de dois elementos de um sólido de Maxwell

EXEMPLO 4.5

Um sólido de Maxwell é sujeito a uma carga com função ressalto, como mostra a Fig. 4.20(b); isto é, uma tensão constante σ_0 age durante um intervalo de tempo $0 < t < t_1$. Determinar a resposta de deformação.

SOLUÇÃO

Nesse caso, a tensão aplicada σ não varia com o tempo, e $\dot{\sigma} = 0$. No instante $t = 0$, ocorre uma deformação elástica instantânea $\varepsilon_0 = \sigma_0/E$, que é a constante inicial de integração. Após retirada a tensão, essa deformação é completamente recuperada. Assim, usando a Eq. 4.26,

$$\frac{d\varepsilon}{dt} = \frac{\sigma_0}{\eta} \quad \text{ou} \quad \varepsilon = \frac{\sigma_0}{\eta}t + C_1 \quad \text{e} \quad \varepsilon = \frac{\sigma_0}{E} + \frac{\sigma_0}{\eta}t$$

Essa relação se aplica no intervalo $0 < t < t_1$. Em $t = t_1$, a deformação de σ_0/E é recuperada, e $(\sigma_0/\eta)t_1$ é a *deformação permanente* ou *residual*. Esses resultados estão indicados na Fig. 4.20(c). A solução exemplifica um problema elementar de fluência.

EXEMPLO 4.6

Qual a variação da tensão com o tempo, quando um sólido de Maxwell sofre uma deformação inicial de ε_0, provocando uma tensão inicial de σ_0, sendo mantida ε_0?

SOLUÇÃO

Aqui a variação de deformação é $\dot{\varepsilon} = 0$, porque não se permite mudança na deformação. Esse fato simplifica a Eq. 4.26. Para determinar a constante de integração, observa-se que em $t = 0$, a tensão é $\sigma_0 = 0$. Dessa forma, a equação diferencial que governa o fenômeno é

$$\frac{d\sigma}{dt} + \frac{E}{\eta}\sigma = 0.$$

Resolvendo essa equação com a constante de integração A,

$$\sigma = Ae^{-(E/\eta)t}, \quad \text{e, como} \quad \sigma(0) = \sigma_0, \; \sigma = \sigma_0 e^{-(E/\eta)t}.$$

Esse resultado está traçado na Fig. 4.20(d). É interessante observar como a tensão diminui gradualmente com o tempo, tendendo assintoticamente a zero. Essa situação é característica de um parafuso sob tensão inicial, com elevada temperatura, fixando flanges de uma máquina, ou os arames de aço de uma viga de concreto protendido. Quando o material sofre deformação permanente, a tensão relaxa. Por essa razão, o material é por vezes chamado de *material relaxável*. Esse problema é de grande significado prático em muitas aplicações.

Os procedimentos anteriores podem ser generalizados para vários outros materiais. Uma combinação em série dos modelos de Maxwell e de Voigt-Kelvin estabelece o modelo básico, o *sólido padrão*, para estudo de materiais viscoelásticos lineares. Outras combinações de molas e amortecedores, com diferentes constantes, foram efetivamente usadas para representar polímeros, fibras, concretos, etc. Extensões para problemas tridimensionais também já foram feitas.* A extensão da teoria para materiais viscoelásticos não-lineares está sendo ativamente perseguida.

Do ponto de vista fenomenológico, para materiais reais, as curvas de relaxação e deformação devem ser consideradas propriedades fundamentais de um dado material, e determinadas experimentalmente. Em uma experiência de relaxação, uma deformação constante ε_0 é mantida e a tensão correspondente $\sigma(t)$ é determi-

*Bland, D. R., *The Theory of Linear Viscoelasticity*, p. 19 Pergamon Press, Inc., Long Island, N. Y., 1960

nada. Dividindo $\sigma(t)$ por ε_0, obtêm-se o *módulo de relaxação* $E(t)$. A Fig. 4.21(a) mostra uma curva qualitativa para tal experiência. Se os dados de várias experiências de relaxação feitas com diferentes deformações ε_0 dão o mesmo módulo de relaxação $E(t)$, o material é *viscoelástico linear*.

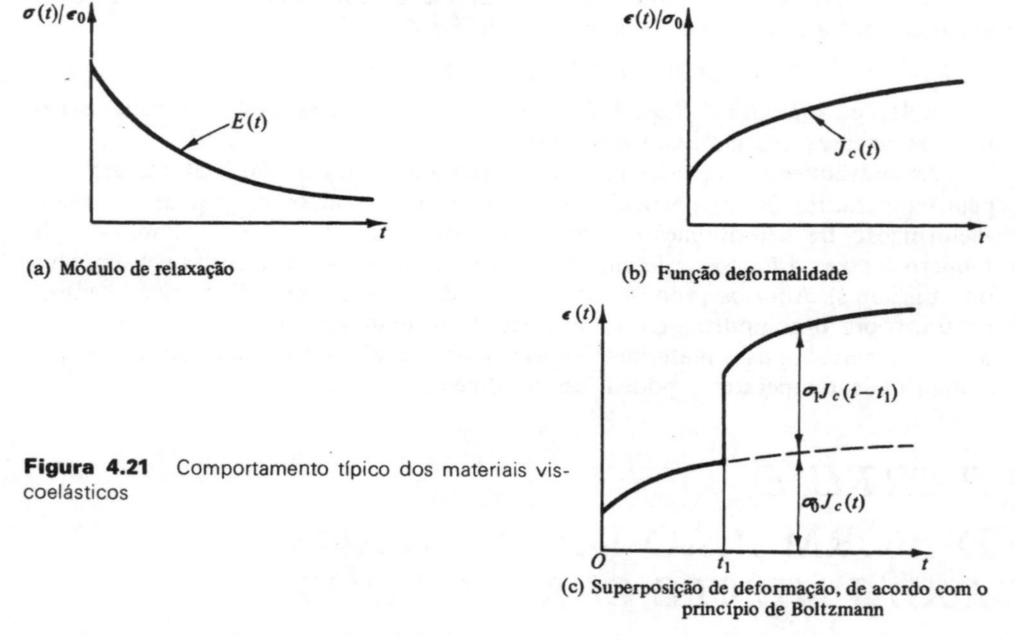

(a) Módulo de relaxação

(b) Função deformalidade

(c) Superposição de deformação, de acordo com o princípio de Boltzmann

Figura 4.21 Comportamento típico dos materiais viscoelásticos

Em uma experiência de deformação mantém-se uma tensão constante σ_0 e a deformação correspondente $\varepsilon(t)$ é obtida. Dividindo $\varepsilon(t)$ por σ_0, encontra-se a *deformabilidade* $J_c(t)$. A Fig. 4.21(b) mostra uma função típica de $J_c(t)$. De novo, se as curvas de deformabilidade para várias experiências efetuadas com diferentes níveis de tensão coincidentes, o material viscoelástico é *linear*. Dito de outra forma, para materiais viscoelásticos lineares, com tensão σ_0 ou deformação ε_0 constantes, tem-se

$$\varepsilon(t) = \sigma_0 J_c(t) \quad \text{e} \quad \sigma(t) = \varepsilon_0 E(t) \tag{4.27}$$

Para aplicação das equações acima, é importante observar o princípio da superposição de Boltzmann,* válido para vários materiais. Esse princípio estabelece que a deformação em determinado instante é a soma das deformações provocadas pelas cargas aplicadas independentemente, nos intervalos de tempo respectivos. Por exemplo, se, como mostra a Fig. 4.21(c), uma tensão σ_0 é aplicada em $t = 0$, a deformação no instante $t > 0$ é $\sigma_0 J_c(t)$. Então, se no instante t_1 outra tensão σ_1 é adicionada, para $t > t_1$ a deformação adicional é $\sigma_1 J_c(t - t_1)$. Para a segunda aplicação

*L. Boltzmann (1844-1906) foi um físico distinto particularmente conhecido por sua pesquisa em teoria cinética dos gases, na mecânica quântica e na mecânica estatística. Lecionou em Graz e Viena, Áustria, e em Leipzig e Munique, Alemanha

de carga aplica-se a mesma função de deformabilidade, mas sua origem é movida para t_1. Em geral

$$\varepsilon(t) = \sigma_0 J_c(t) + \sigma_1 J_c(t - t_1) + \sigma_2 J_c(t - t_2) + \dots \tag{4.27a}$$

O princípio de Boltzmann também se aplica se ocorre uma sucessão de deformações. Em tal caso, a relação análoga à da Eq. 4.27a é*

$$\sigma(t) = \varepsilon_0 E(t) + \varepsilon_1 E(t - t_1) + \varepsilon_2 E(t - t_2) + \dots \tag{4.27b}$$

Relações análogas às Eqs. 4.27a e b podem ser escritas para materiais viscoelásticos lineares em cisalhamento puro.

As constantes de material para deformação e relaxação são bastante afetadas pela temperatura. Nesse particular, é instrutivo examinar os diagramas** tensão-deformação de determinação experimental da Fig. 4.22, para o alumínio. (Os números entre parênteses referem-se às taxas de deformação medidas em cm/cm/s ou mm/mm/s). Aqui os pronunciados efeitos de variação de deformação e temperatura, sobre o comportamento mecânico desse material podem ser vistos claramente. Conclusões para materiais viscoelásticos baseadas em testes de curta duração a uma dada temperatura, podem ser totalmente enganadores.

PARTE D

DEFORMAÇÃO DE MEMBROS AXIALMENTE CARREGADOS

4.17 DEFLEXÃO DE MEMBROS AXIALMENTE CARREGADOS

O método de determinação de deformações ou deflexões de membros com carregamento axial se baseia nos procedimentos e equações anteriormente discutidos. Para formular esse problema em termos gerais, considere a barra axialmente carregada da Fig. 4.23(a). Nessa barra, a área da seção transversal varia ao longo do comprimento, e forças de várias magnitudes são aplicadas em vários pontos. Suponha agora que, nesse problema, seja procurada a variação no comprimento

*Se ocorrer uma mudança contínua em $\varepsilon(t)$ a Eq. 4.27b pode ser escrita na forma de uma integral de Duhamel

$$\sigma(t) = \int_{-\infty}^{t} E(t - t') \frac{d\varepsilon}{dt'} dt'.$$

Expressão análoga também se aplica a $\varepsilon(t)$:

$$\varepsilon(t) = \int_{-\infty}^{t} J_c(t - t') \frac{d\sigma}{dt'} dt'$$

**K. G. Hoge, "Influence of Strain Rate on Mechanical Properties of 6061-TG Aluminum Under Uniaxial and Biaxial States of Stress", *Experimental Mechanics*, 6, n.° 10, p. 204, Abril de 1966

da barra entre dois pontos A e B, provocada pela força aplicada. A quantidade desejada é a soma (ou acumulação) das deformações que ocorrem nos comprimentos infinitesimais da barra. Dessa forma, se a deformação que ocorre em um elemento arbitrário de comprimento dx é formulada, a soma ou integral desse efeito, ao longo de dado comprimento, dá a quantidade procurada.

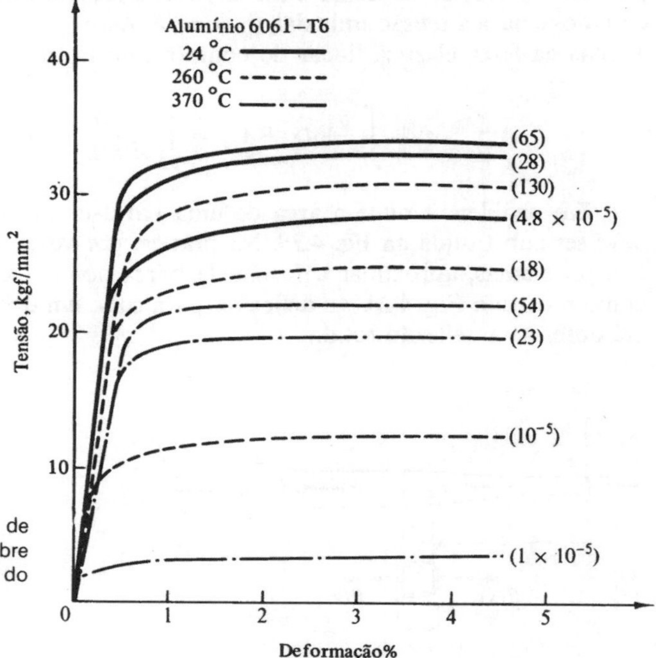

Figura 4.22 Efeito da taxa de deformação e da temperatura sobre as curvas de tensão-deformação do alumínio 6061-T6

Um elemento arbitrário retirado da barra está mostrado na Fig. 4.23(b). A partir de considerações de corpo livre, esse elemento é submetido a uma força de tração $P(x)$ que, em geral, é uma quantidade variável. A deformação infinitesimal du que ocorre nesse elemento, devida à aplicação das forças, é igual à deformação ε_x multiplicada pelo comprimento dx. A deformação total entre dois pontos quaisquer sobre a barra é simplesmente a soma das deformações dos elementos. Dessa forma, o deslocamento u de qualquer ponto sobre a barra é dado por uma integral dos deslocamentos infinitesimais mais uma constante de integração. Essa constante C_1 considera o deslocamento dado a uma das extremidades. A solução da equação diferencial $du/dx = \varepsilon_x$ dá

$$u = \int_0^x du + C_1 = \int_0^x \varepsilon_x \, dx + C_1 \tag{4.28}$$

Observe que a deflexão de uma barra é tratada como um problema unidimensional; os deslocamentos de todos os pontos de uma seção, são considerados os mesmos. Assim, uma seção inicialmente perpendicular ao eixo de uma barra move-se axialmente de uma distância u, paralelamente a si mesma.*

A magnitude da deformação ε_x depende da magnitude da tensão σ_x. A última é achada, em geral, pela divisão da força variável $P(x)$ pela área correspondente $A(x)$, isto é, $\sigma_x = P/A$. A relação, analítica ou gráfica, entre ε_x e σ_x deve ser conhecida para se resolver o problema. Para materiais elásticos lineares, de acordo com a lei de Hooke para a tensão uniaxial, $\varepsilon_x = \sigma_x/E$. Assim, para esse caso especial, aplicável apenas na faixa elástica linear do comportamento do material, tem-se

$$u = \int_0^x \frac{\sigma_x}{E} dx + C_1 = \int_0^x \frac{P(x)}{A(x)E} dx + C_1 \cdot \tag{4.29}$$

Em problemas onde a área de uma barra é variável, uma função apropriada deve ser substituída na Eq. 4.29. Na prática, por vezes, é de precisão suficiente, em tais problemas, aproximar a forma da barra por um número finito de elementos, como mostra a Fig. 4.24. As deflexões para cada um dos elementos são adicionadas até obter-se a deflexão total.

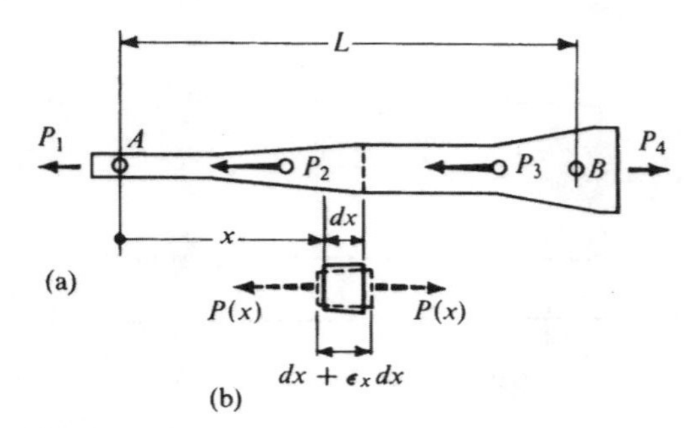

Figura 4.23 Barra com carregamento axial

Figura 4.24

No lugar de se resolver a equação diferencial de primeira ordem para u, como anteriormente, é instrutivo formular esse problema como uma equação de segunda ordem. Tal equação, para materiais elásticos lineares, decorre de duas observações. Primeiro, como, em geral,** $du/dx = \varepsilon = \sigma/E = P/(AE)$, tem-se

$$P = AE(du/dx). \tag{4.30}$$

A segunda relação baseia-se nos requisitos de equilíbrio para um elemento infinitesimal de uma barra com carregamento axial. Com tal finalidade, considere um elemento típico, tal como o da Fig. 4.25, onde todas as forças estão mostradas

*Se uma barra é presa em um suporte rígido, o efeito de Poisson tende a variar as dimensões transversais, e essa condição não pode ser rigorosamente preenchida. Felizmente, isso introduz apenas pequeno erro na resposta de membros axialmente carregados, a menos que tais membros sejam bem curtos em relação a suas larguras. Problemas desse tipo são considerados nos textos sobre teoria da elasticidade

**Por simplicidade, os índices foram eliminados

com sentido positivo, de acordo com a convenção anteriormente adotada. Como $\Sigma F_x = 0$ ou $dP + p_x\,dx = 0$,

$$\frac{dP}{dx} = -p_x \qquad \left[\frac{\text{kgf}}{\text{mm}}\right]. \tag{4.31}$$

Essa equação estabelece que a taxa de variação da força axial interna P, com x, é igual ao negativo da força aplicada p_x. Com base nisso, admitindo AE constante,

$$\frac{d}{dx}\left(\frac{du}{dx}\right) = \frac{1}{AE}\frac{dP}{dx} \quad \text{ou} \quad AE\frac{d^2u}{dx^2} = -p_x\,. \tag{4.32}$$

Essa equação pode ser resolvida pela utilização dos procedimentos discutidos no Cap. 2. As funções com singularidade podem ser usadas para forças concentradas. Para resolver um problema com a Eq. 4.32, u ou P devem ser prescritas em cada contorno. As respostas positivas indicam forças de tração e extensões, e vice-versa. Os problemas estaticamente indeterminados podem ser analisados pelo uso dessa equação; uma discussão mais completa desse tópico é adiada até o Cap. 12.

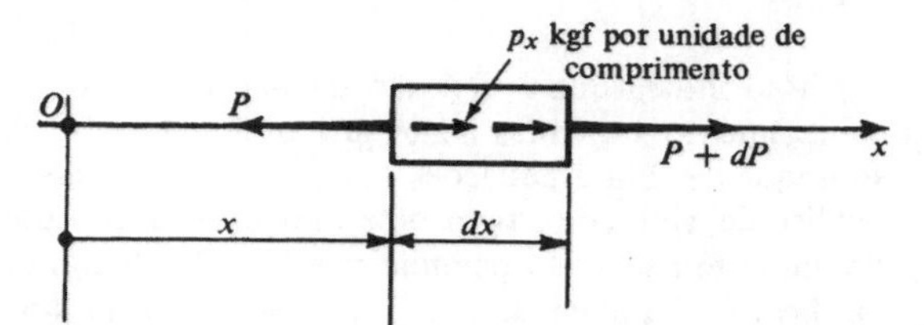

Figura 4.25 Elemento infinitesimal de uma barra com carregamento axial

Os três exemplos que se seguem mostram aplicações da Eq. 4.29 ou da Eq. 4.32, ou de ambas. Um exemplo adicional ilustra a solução de um problema de deflexão para uma barra com carregamento axial, de dois materiais diferentes, incluindo o comportamento inelástico. A aplicação da Eq. 4.32 a situações que requeiram funções de singularidade é deixada para o leitor.

EXEMPLO 4.7

Considere a barra AB de área de seção transversal constante A, e de comprimento L, mostrada na Fig. 4.26(a). Determinar o deslocamento relativo da extremidade A com respeito a B, quando é aplicada uma força P; isto é, achar a deflexão da extremidade livre, decorrente da aplicação de uma força concentrada P. O módulo de elasticidade do material é E.

SOLUÇÃO

Nesse problema, a barra pode ser tratada como sem peso, e apenas o efeito de P sobre a deflexão é investigado. Assim, independentemente do local do corte c-c ao longo da barra, $P(x) = P$, Fig. 4.26(b). Os elementos infinitesimais, Fig. 4.26(c), são os mesmos, sujeitos a uma P constante. Da mesma forma, $A(x)$ tem valor constante A em toda a barra. Aplicando a Eq. 4.29 e observando que na origem de x o deslocamento u é zero, tem-se

$$u = \frac{P}{AE}\int_0^x dx + C_1 = \frac{Px}{AE} + C_1\,.$$

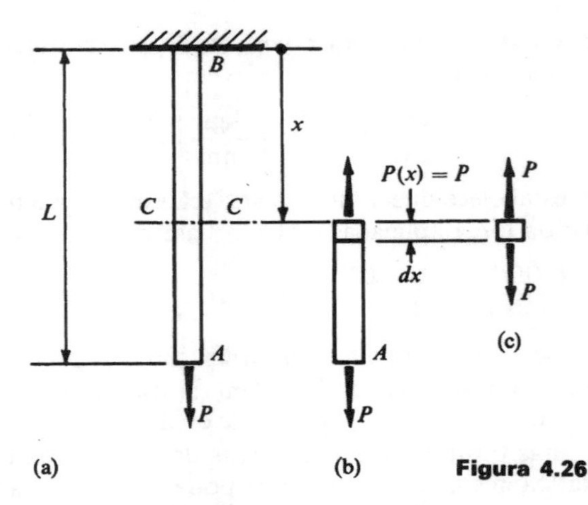

Figura 4.26

Como $u(0) = 0$, $C_1 = 0$ e $u = Px/AE$. Na extremidade livre

$$u(L) \equiv \Delta = PL/AE. \tag{4.33}$$

Isso indica que a deflexão da barra é diretamente proporcional à força aplicada e ao comprimento, e inversamente proporcional a A e E. Essa equação será usada em trabalho subseqüente. Ela e equações semelhantes para casos mais complicados, são necessárias em análise de vibrações, para determinação da constante de mola k, que representa a rigidez de um sistema, sendo definida por $k = P/\Delta$ (kgf/mm). Nesse caso, $k = AE/L$. A constante k também é chamada de *coeficiente de influência de rigidez*. Seu inverso define o *coeficiente* (de influência) *de flexibilidade* $f = k^{-1}$.

EXEMPLO 4.8

Determinar o deslocamento relativo dos pontos A e D da barra de aço de área de seção transversal variável, mostrada na Fig. 4.27(a), quando ela é sujeita a quatro forças concentradas P_1, P_2, P_3 e P_4. Seja $E = 21 \times 10^3$ kgf/mm².

SOLUÇÃO

No ataque a tal problema, deve-se verificar primeiro se o corpo como um todo está em equilíbrio, isto é, $\Sigma F_x = 0$. Aqui, por inspeção, pode-se ver que tal é o caso. Em seguida deve ser estudada a variação de P ao longo do comprimento da barra. Isso pode ser feito convenientemente pela ajuda de esquemas como os mostrados na Fig. 4.27(b), (c) e (d), que mostram ser a força na barra $P = +20\,000$ kgf, independentemente da posição da seção C_1-C_1 entre os pontos A e B. Analogamente, entre B e C, $P = -30\,000$ kgf, e entre C e D, $P = +10\,000$ kgf. O diagrama de força axial para essas quantidades está na Fig. 4.27(e). A variação de A está na Fig. 4.27(a). Nem P nem A são funções contínuas ao longo da barra, pois ambas apresentam saltos ou mudanças *bruscas* em seus valores. Dessa forma, por integração, a menos que sejam usadas funções com singularidades, os limites de integração devem ser desmembrados. Assim, aplicando a Eq. 4.29 e observando que para a origem em A, a constante $C_1 = 0$, tem-se

$$u = \int_0^L \frac{P(x)\,dx}{A(x)E} = \int_A^B \frac{P_{AB}dx}{A_{AB}E} + \int_B^C \frac{P_{BC}dx}{A_{BC}E} + \int_C^D \frac{P_{CD}dx}{A_{CD}E}.$$

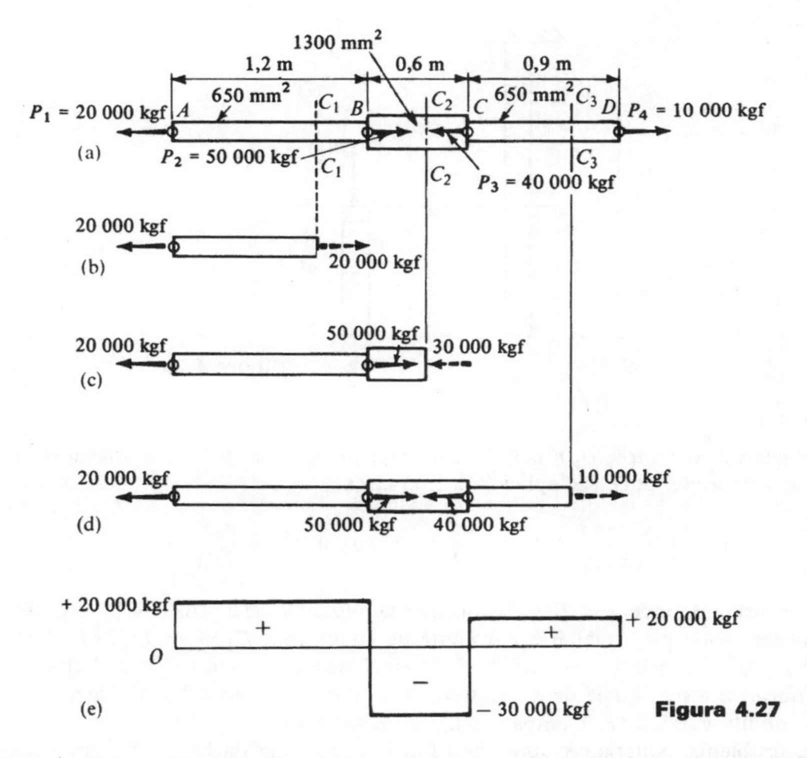

Figura 4.27

Nas três últimas integrais P e A são constantes entre os limites mostrados. Os índices de P e A denotam a faixa de aplicabilidade da função; assim, P_{AB} refere-se ao intervalo AB, etc. Essas integrais revertem à solução do exemplo anterior, isto é, à Eq. 4.33. Aplicando-a e substituindo os valores numéricos

$$u = \Sigma \frac{PL}{AE} = + \frac{20\,000(1\,200)}{650(21)10^3} - \frac{30\,000(600)}{1\,300(21)10^3} + \frac{10\,000(900)}{650(21)10^3};$$
$$= +1{,}758 - 0{,}659 + 0{,}659 = +1{,}758 \text{ mm}.$$

Essa operação adiciona, ou superpõe, as deformações individuais das três barras em separado. Cada uma dessas barras está sujeita a uma força constante. O sinal positivo indica que a barra se alonga, porque esse sinal está associado a forças de tração. A igualdade dos valores absolutos das deformações nos comprimentos BC e CD é puramente acidental. Observe que, a despeito das tensões relativamente grandes presentes na barra, o valor de u é pequeno. Finalmente, não deixe de observar que as unidades de todas as quantidades mudaram a bem da consistência. As forças, normalmente dadas em toneladas, mudaram para kgf, e os comprimentos para mm.

EXEMPLO 4.9

Achar a deflexão provocada pelo peso próprio da extremidade livre A da barra AB, que tem área de seção transversal constante A e peso p_0 kgf/mm, Fig. 4.28(a).

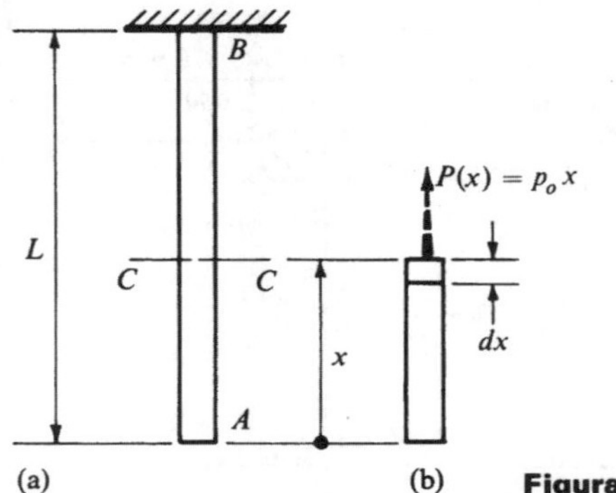

Figura 4.28

SOLUÇÃO

Nesse caso, $P(x)$ é variável. É conveniente exprimi-lo como p_0x, se a origem for tomada em A. Assim, de novo, pode ser aplicada a Eq. 4.29:

$$u = \int_0^x \frac{P(x)\,dx}{A(x)E} + C_1 = \frac{1}{AE}\int_0^x p_0 x dx + C_1 = \frac{p_0 x^2}{2AE} + C_1 .$$

No contorno B, onde $x = L$, o deslocamento é igual a zero, isto é, $u(L) = 0$. Essa condição deve ser usada para avaliar a constante de integração: $C_1 = -p_0L^2/2AE$. Assim, $u = -p_0(L^2 - x^2)/(2AE)$ e $u(0) = -p_0L^2/2AE$. O sinal negativo indica que o deslocamento u está na direção oposta àquela de x positivo. Se W indica o peso total da barra, a deflexão máxima absoluta é $WL/2AE$. Compare essa expressão com a Eq. 4.33.

Neste problema, poderia ser aplicada a Eq. 4.32, no lugar da Eq. 4.29. Com a gravidade atuando para baixo, e com o sinal positivo do eixo x para cima, a carga tem sinal negativo na Eq. 4.32, isto é, $AEd^2u/dx^2 = -(-p_0)$. Como na solução anterior, uma das condições de contorno é $u(L) = 0$. A segunda é $u'(0) = 0$, onde $u' = du/dx$; isso segue do fato de que na extremidade livre, $P = 0$. (Veja a Eq. 4.30).

Se em adição ao peso próprio da barra, uma força concentrada P atuasse sobre a barra AB, na extremidade A, a deflexão total da extremidade livre, devida a ambas as causas seria, por superposição,

$$|u| = \frac{PL}{AE} + \frac{WL}{2AE} = \frac{[P + (W/2)]L}{AE}.$$

EXEMPLO 4.10

Uma barra de alumínio, de 750 mm de comprimento, é colocada no interior de um tubo de liga de aço, Figs. 4.29(a) e (b). Os dois materiais são soldados. Se os diagramas tensão-deformação para os dois materiais puderem ser idealizados na forma mostrada, respectivamente, na Fig. 4.29(d), qual será a deflexão da extremidade livre, para $P_1 = 90$ t e $P_2 = 60$ t? As áreas de seção transversal do aço $A_{aço}$ e do alumínio A_{alum} são as mesmas e iguais a 300 mm^2.

SOLUÇÃO

Pela aplicação do método das seções, pode-se facilmente determinar a força axial em uma seção arbitrária, Fig. 4.29(c). Todavia, diferentemente dos problemas considerados até o momento, a maneira pela qual a resistência à força P é distribuída entre os dois materiais não é conhecida. Assim, o problema é interna e estaticamente indeterminado. Os requisitos de equilíbrio (estático) permanecem válidos, mas condições iniciais são necessárias para resolver o problema. Uma das condições auxiliares decorre dos requisitos de compatibilidade das deformações. Todavia, como os requisitos da estática envolvem forças e deformações envolvem deslocamento, deve-se adicionar uma condição baseada na propriedade dos materiais.

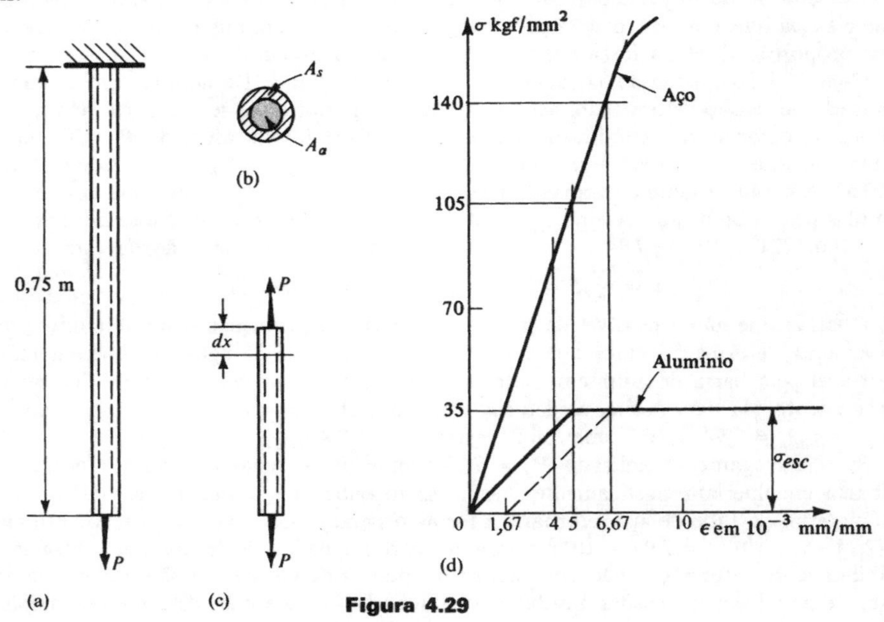

Figura 4.29

Considere os índices a e s em P, ε σ identificadores dessas quantidades relativas ao alumínio e ao aço, respectivamente. Então, observando que a força aplicada é suportada por outra desenvolvida no aço e no alumínio, e que em cada seção o deslocamento ou a deformação dos dois materiais é o mesmo, e admitindo tentativamente a resposta elástica de ambos os materiais, tem-se:

equilíbrio, $P_{alum} + P_{aço} = P_1$ ou P_2;

deformação, $u_{alum} = u_{aço}$ ou $\varepsilon_{alum} = \varepsilon_{aço}$;

propriedades do material, $\varepsilon_{alum} = \sigma_{alum}/E_{alum}$ e $\varepsilon_{aço} = \sigma_{aço}/E_{aço}$.

Observando que $\sigma_{alum} = P_{alum}/A_{alum}$ e $\sigma_{aço} = P_{aço}/A_{aço}$ pode-se resolver as três equações. Pelo diagrama, os módulos de elasticidade são $E_{aço} = 21 \times 103$ kgf/mm² e $E_{alum} = 7\,000$ kgf/mm². Assim

$$\varepsilon_{alum} = \varepsilon_{aço} = \frac{\sigma_{alum}}{E_{alum}} = \frac{\sigma_{aço}}{E_{aço}} = \frac{P_{alum}}{A_{alum}E_{alum}} = \frac{P_{aço}}{A_{aço}E_{aço}}.$$

Dessa forma $P_{aço} = [A_{aço}E_{aço}/(A_{alum}E_{alum})]P_{alum} = 3P_{alum}$ e $P_{alum} + 3P_{alum} = P_1 = 40$ t; assim, $P_{alum} = 10$ t e $P_{aço} = 30$ t.

Aplicando a Eq. 4.33 a cada material, encontra-se a deflexão da extremidade

$$u = \frac{P_{aço}L}{A_{aço}E_{aço}} = \frac{P_{alum}L}{A_{alum}E_{alum}} = \frac{10(10^3)750}{300(7)10^3} = 3,57 \text{ mm.}$$

Isso corresponde a uma deformação de 3,57/750 = 4,76 × 10^{-3} mm/mm. Nessa faixa, ambos os materiais respondem elasticamente, o que satisfaz a premissa de propriedade do material feita no início dessa solução. De fato, como se pode ver na Fig. 4.29(d), para a resposta elástica linear, a deformação pode chegar a 5 × 10^{-3} mm/mm em ambos os materiais, e por proporção direta, a força aplicada P pode ser da ordem de 50 t.

Com $P = 50$ t, a tensão no alumínio atinge 35 kgf/mm². De acordo com o diagrama idealizado de tensão-deformação, nenhuma tensão superior pode ser resistida pelo material, embora as deformações continuem a aumentar. Dessa forma, além de $P = 50$ t pode-se contar com que a barra de alumínio resista a apenas $P_{alum} = A_{alum}\sigma_{esc} = 300 \times 35/10^3 =$ $= 10,5$ t. A carga restante é suportada pelo tubo de aço. Para $P_2 = 60$ t, 50 t devem ser suportadas pelo tubo de aço. Assim, $\sigma_{aço} = 50\,000/300 = 166,7$ kgf/mm². Nesse nível de tensão $\varepsilon_{aço} = 166,7/(21 \times 10^3) = 7,94 \times 10^{-3}$ mm/mm. Dessa forma, a deflexão da extremidade é

$$u = \varepsilon_{aço}L = 7,94 \times 10^{-3} \times 750 = 5,95 \text{ mm.}$$

Observe que não é possível determinar u a partir da deformação no alumínio, porque não há uma deformação única que corresponda à tensão de 35 kgf/mm², que é a máxima suportável pela barra de alumínio. Entretanto, nesse caso, o tubo de aço elástico restringe o escoamento plástico. Assim, as deformações em ambos os materiais são as mesmas, isto é, $\varepsilon_{aço} = \varepsilon_{alum} = 7,94 \times 10^{-3}$ mm/mm, veja a Fig. 4.29(d).

Se o carregamento aplicado $P_2 = 60$ kgf/mm² fosse removido, ambos os materiais na barra encolheriam elasticamente. Assim, se imaginarmos a quebra da união entre os dois materiais, o tubo de aço retornaria à forma original. Mas uma deformação permanente de $(7,94-5) \times 10^{-3} = 2,94 \times 10^{-3}$ mm/mm ocorreria na barra de alumínio. Essa incompatibilidade de deformação não pode existir quando os dois materiais são unidos. Em lugar disso, desenvolvem-se tensões residuais, que mantêm as mesmas deformações axiais em ambos os materiais. Nesse caso, a barra de alumínio permanece ligeiramente comprimida, e o tubo de aço ligeiramente tracionado. A solução de tais problemas estaticamente indeterminados é considerado em maiores detalhes no Cap. 12. O pequeno efeito, devido à relação de Poisson, é desprezado na discussão anterior.

4.18 CONCENTRAÇÕES DE TENSÕES

Dos artigos anteriores, neste capítulo, viu-se que as tensões são acompanhadas de deformações. Se tais deformações ocorrem à mesma razão uniforme em elementos adjacentes, não ocorrem tensões adicionais, além daquelas dadas, por exemplo, pela Eq. 3.5. Entretanto, se a uniformidade da área da seção transversal de um membro é interrompida, ou se a força é aplicada em área muito pequena, ocorre uma perturbação nas tensões, porque os elementos adjacentes devem ser fisicamente contínuos em um estado deformado. Eles devem distender ou contrair em quantidades iguais nos lados adjacentes de todas as partículas. Essas deformações resultam das deformações lineares e angulares, envolvendo as propriedades dos materiais E, G e ν, e as forças aplicadas. Os métodos de obtenção dessa distribuição de tensão fogem ao escopo deste texto. Tais problemas são tratados na teoria matemática da elasticidade. Mesmo naqueles métodos avançados, apenas os casos mais simples podem ser resolvidos; as dificuladaes matemáticas tornam-se muito grande para muitos dos problemas de significado prático.* Para o grupo de problemas que não são matematicamente tratáveis, foram desenvolvidas técnicas experimentais especiais (principalmente a fotoelasticidade, discutida resumidamente no Cap. 10), para determinação da distribuição de tensões.

Aqui é significativo examinar qualitativamente os resultados de investigações mais avançadas. Por exemolo, na Fig. 4.30(a), um bloco curto está mostrado com uma força concentrada P. Esse problema poderia ser resolvido pela Eq. 3.5, isto é, $\sigma = P/A$. Mas, seria essa a resposta correta? Argumentando qualitativamente, é evidente que as deformações devem ser máximas na vizinhança da força aplicada, e as tensões correspondentes também devem ser máximas. Aquela é realmente a resposta dada pela teoria da elasticidade.** Os resultados para a distribuição normal de tensões nas várias seções, estão mostrados nos diagramas de distribuição de tensões das Figs. 4.30(b), (c) e (d). Para o presente, a intuição física é suficiente para justificar esses resultados. Observe particularmente o elevado pico da tensão normal em uma seção próxima da força aplicada.*** Observe também como esse pico rapidamente se desfaz para a distribuição de tensão uniforme numa seção abaixo do topo, a uma distância igual à largura da barra. Isso ilustra o famoso *princípio de St. Venant*, de rápida dissipação das tensões localizadas. Esse princípio estabelece que o efeito das forças ou tensões aplicadas em pequena área deve ser tratado como um sistema estaticamente equivalente que, a uma distância aproximadamente igual à largura ou espessura de um corpo, causa uma distribuição de tensões que segue uma lei simples. Assim, a Eq. 3.5 é aproximadamente verdadeira a uma distância do ponto de aplicação de uma força concentrada, igual à largura do membro.

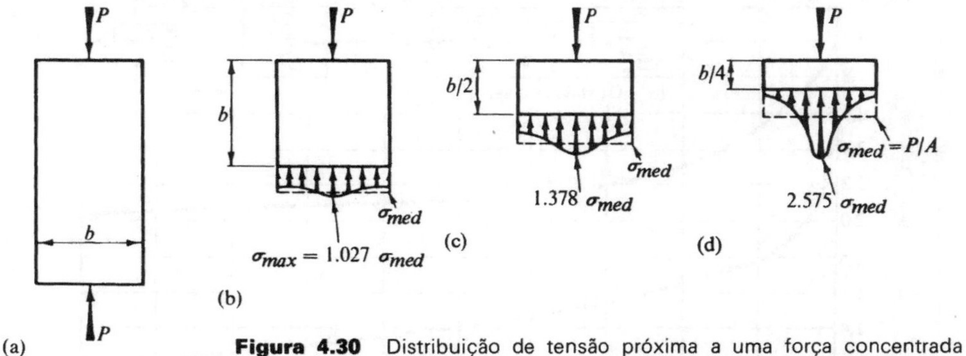

Figura 4.30 Distribuição de tensão próxima a uma força concentrada

*Procedimentos numéricos aproximados, formulados com base nas equações de elementos finitos ou de diferenças finitas são usadas para solução de problemas complexos. Os computadores digitais são indispensáveis em tal trabalho

**S. Timoshenko e J. N. Goodier, *Theory of Elasticity*, (2.ª ed.), p. 52, McGraw-Hill Book Company, Nova Iorque, 1951. A Fig. 4.30 é adotada dessa fonte

***Em um material puramente elástico, a tensão é infinita no ponto exato de aplicação da força concentrada

Observe também que em cada nível em que a tensão é investigada com precisão, a tensão média ainda é dada corretamente pela Eq. 3.5. Isso ocorre porque as equações da estática devem ser sempre satisfeitas. Independentemente da natureza irregular da distribuição de tensões em uma seção dada de um membro, a integral (ou soma) de σdA ao longo da área toda deve ser igual à força aplicada.

Devido à grande dificuldade encontrada na solução das tensões locais ou do máximo acima mencionado, desenvolveu-se na prática um esquema conveniente. Esse esquema consiste simplesmente no cálculo da tensão por meio de equações elementares (como a Eq. 3.5), e a multiplicação de seu valor por um número chamado de *fator de concentração de tensão*. Neste texto, esse número será representado por K. Os valores do fator de concentração de tensões dependem, apenas das proporções geométricas do membro. Esses fatores encontram-se disponíveis na literatura técnica, em várias tabelas e gráficos.*

Usando esse esquema, a Eq. 3.5 pode ser escrita

$$\sigma_{max} = K\frac{P}{A}\cdot \qquad (4.34)$$

Pela Fig. 4.30(d), a uma profundidade igual a 1/4 da largura do membro, abaixo do topo, $K = 2{,}575$ e $\sigma_{max} = 2{,}575\ \sigma_{med}$.

Dois outros fatores de concentração de tensão, particularmente significativos para membros planos com carregamento axial, estão mostrados na Fig. 4.31. Os fatores correspondentes que podem ser retirados do gráfico, representam uma relação entre a tensão máxima efetiva na pequena seção do membro, como mostra a Fig. 4.32, e a tensão média na mesma seção, dada pela Eq. 3.5.

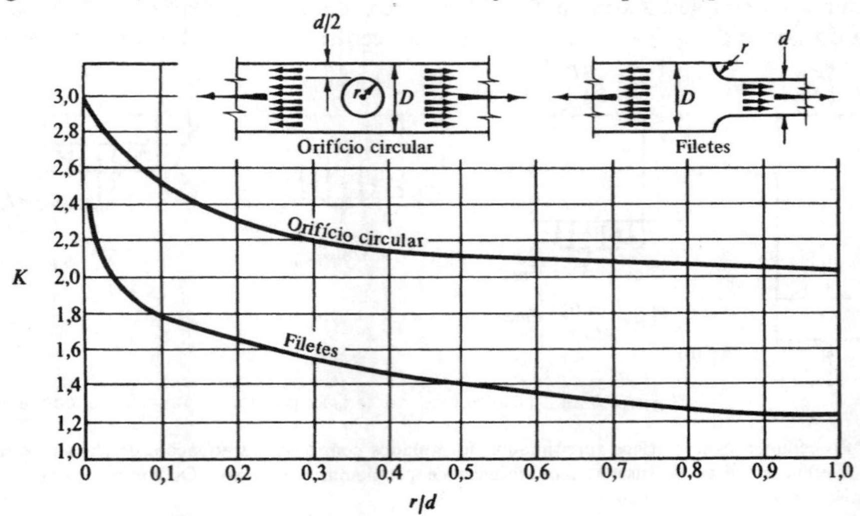

Figura 4.31 Fatores de concentração de tensões para barras planas em tensão. (Segundo M. M. Frocht, "Factors of Stress Concentration Photoelastically Determined", *Transactions of the American Society of Mechanical Engineers,* **57** (1935), A-67)

*R. J. Roark, *Formulas for Stress and Strain*, McGraw-Hill Book Company, Nova Iorque, 1954

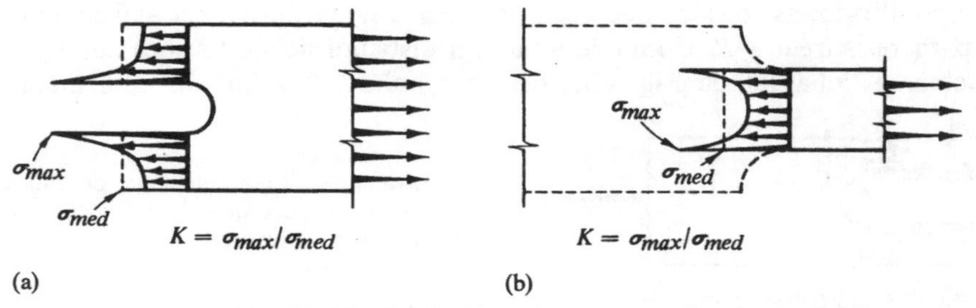

Figura 4.32 Significado do fator de concentração de tensão K

Uma considerável concentração de tensões também ocorre na raiz de uma rosca. Essa depende bastante da agudeza do corte. Para uma rosca comum, o fator de concentração de tensão está na vizinhança de 2.5. A aplicação da Eq. 4.34 não apresenta dificuldades, contanto que se disponha de gráficos e tabelas apropriadas para K.

EXEMPLO 4.12

Achar a tensão máxima devida à concentração de tensões no membro AB, na extremidade do garfo A do Exemplo 3.3.

SOLUÇÃO

Proporções geométricas:

$$\frac{\text{raio do orifício}}{\text{largura}} = \frac{4{,}8}{12{,}7} = 0{,}378$$

Pela Fig. 4.31*: $K \approx 2{,}2$ para $r/d = 0{,}378$
Tensão média do Exemplo 3.3: $\sigma_{med} = P/A_{liq} = 8{,}94\ \text{kgf/mm}^2$
Tensão máxima, Eq. 4.33: $\sigma_{max} = K\sigma_{med} = 2{,}2(8{,}94) = 19{,}7\ \text{kgf/mm}^2$.

Essa resposta indica que um grande aumento local na tensão ocorre nesse orifício, fato esse que pode ser bastante significativo.

Considerando os fatores de concentração de tensões no projeto, deve-se lembrar que sua determinação teórica ou fotoelástica baseia-se na lei de Hooke. Se os membros forem gradualmente solicitados além do limite de proporcionalidade do material, esses fatores perdem sua significância. Por exemplo, considere uma barra chata de aço doce, com proporções mostradas na Fig. 4.33, sujeita a uma força gradualmente crescente P. A distribuição de tensões será geometricamente semelhante aquela mostrada na Fig. 4.32, até que σ_{max} atinja o ponto de escoamento do material. Entretanto, com um aumento ulterior na força aplicada, σ_{max} permanece o mesmo, porque uma razoável deformação pode ocorrer quando o material escoa. Dessa forma, a tensão em A permanece virtualmente estacionária no mesmo valor. Todavia,

*Estritamente falando, a concentração de tensões depende da condição do furo, se vazio ou com um parafuso ou pino

para o equilíbrio, as tensões que agem na área líquida devem ser suficientemente altas para resistirem a P. Como resultado, a distribuição de tensões começa a se assemelhar à linha 1-1 da Fig. 4.33, depois à linha 1-2, e finalmente à linha 1-3.

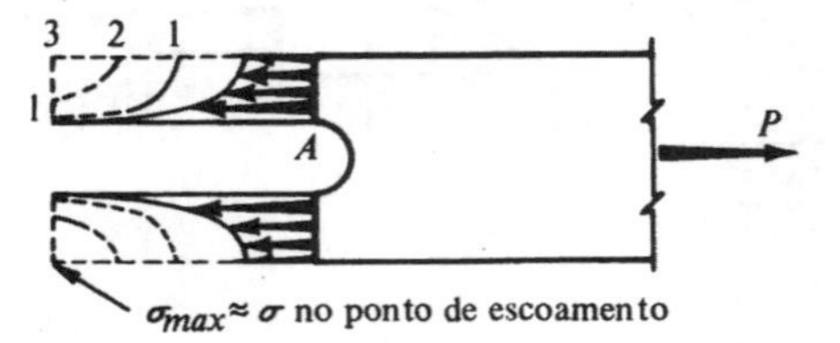

Figura 4.33 Comportamento de uma barra chata de aço doce quando solicitada além do ponto de escoamento

Assim, para materiais dúteis antes da ruptura, a concentração de tensões locais é praticamente eliminada, e antes de ocorrer a diminuição da seção ocorre uma distribuição praticamente uniforme de tensões. Esse argumento não é muito verdadeiro para materiais menos dúteis do que o aço doce. Todavia, a tendência é naquela direção, a menos que o material seja frágil, como o vidro ou algumas ligas de aço. O argumento apresentado se aplica a situações em que a força seja aplicada gradualmente ou tenha característica estática. Não é aplicável a cargas flutuantes, como as encontradas nos elementos de máquinas. Ali, o nível de tensão de trabalho localmente alcançado determina o comportamento do membro à fadiga. A máxima tensão admissível é tirada de um diagrama *T-N*(Seç. 3.8). A falha da maioria das peças de máquinas pode ser traçada até a ruptura progressiva que se origina em pontos de elevada tensão local. No projeto de máquinas, então, as concentrações de tensões são de capital importância, embora alguns projetistas de máquinas sintam que as concentrações teóricas sejam um pouco elevadas. Aparentemente existe alguma tendência a diminuir os picos de tensão, mesmo nos membros sujeitos a cargas dinâmicas.

Da discussão acima e dos gráficos que a acompanham, deve ficar aparente porque um projetista de máquina experimentado tenta suavizar ou arredondar as juntas e transições de elementos que compõem uma estrutura.

PROBLEMAS

4.1. Nos problemas bidimensionais, as três componentes de deformação são ε_x, ε_y e γ_{xy}. Entretanto, como se vê nas Eqs. 4.3 e 4.5, essas três quantidades são funções de apenas duas componentes de deslocamento u e v. Dessa forma, as deformações não podem ser independentes entre si, devendo haver uma relação entre elas. Mostre que tal relação é

$$\frac{\partial^2 \varepsilon_x}{\partial y^2} + \frac{\partial^2 \varepsilon_y}{\partial x^2} = \frac{\partial^2 \gamma_{xy}}{\partial x \partial y}.$$

Essa é a chamada *condição de compatibilidade*; ela assegura que os deslocamentos são valores inivocamente determinados.

4.2. A condição de compatibilidade para um caso bidimensional, expressa no problema anterior, está em termos das deformações. Usando a lei de Hooke para a tensão plana (Eq. 4.11 com $\sigma_z = 0$), mostrar que a mesma condição em termos das componentes de tensão é

$$\nabla^2(\sigma_x + \sigma_y) = 0,$$

onde

$$\nabla^2 = \frac{\partial^2}{\partial x^2} + \frac{\partial^2}{\partial y^2}.$$

Para estabelecer essa relação, use as equações de equilíbrio, Eq. 3.3, e admita que as forças de massa $X = Y = 0$.

4.3. Algumas vezes é desejável escrever a lei de Hooke generalizada da Eq. 4.11 na forma inversa, como

$$\sigma_x = \lambda e + 2\mu\varepsilon_x \qquad \sigma_y = \lambda e + 2\mu\varepsilon_y$$
$$\sigma_z = \lambda e + 2\mu\varepsilon_z$$

onde λ e μ são as constantes de Lamé e

$$e = \varepsilon_x + \varepsilon_y + \varepsilon_z \cdot$$

Solucionando as três primeiras partes da Eq. 4.11 simultaneamente, e usando a Eq. 4.12, mostrar que, em termos das constantes de engenharia

$$\lambda = \frac{\nu E}{(1+\nu)(1-2\nu)} \quad \text{e} \quad \mu = G.$$

4.4. Considere um corpo solicitado axi-simetricamente, tal como um tubo circular sob pressão interna. Admitindo que em tal corpo apenas possam ocorrer deslocamentos radiais, mostrar que, em coordenadas polares, as deformações radial e tangencial são, respectivamente,

$$\varepsilon_r = du/dr \quad \text{e} \quad \varepsilon_\theta = u/r$$

onde u é o deslocamento radial.

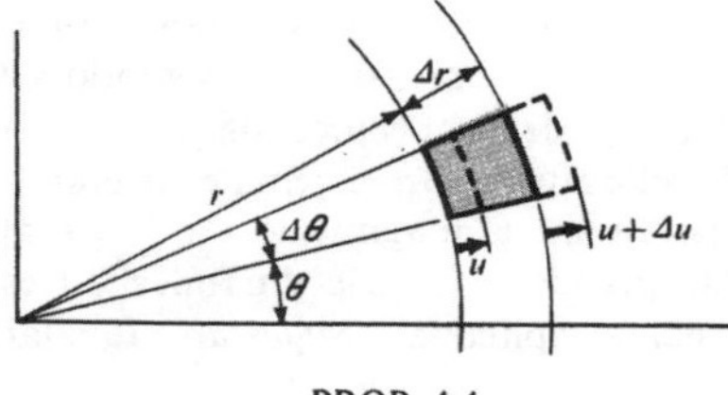

PROB. 4-4

4.5. Uma peça de chapa de aço de 50 mm × 250 mm × 15 mm é submetida a tensões uniformemente distribuídas ao longo de seus eixos (veja a figura). (a) Se $P_x = 10$ t e $P_y = 20$ t, qual a variação de espessura decorrente da aplicação dessas forças? (b) Para provocar a mesma variação na espessura que em (a), apenas devida a P_x, qual deve ser a magnitude dessa força? Seja $E = 21 \times 10^{30}$ kgf/mm^2 e $\nu = 0{,}25$.

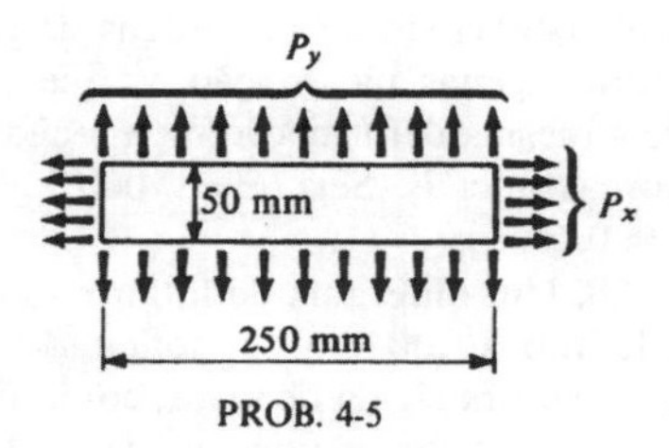

PROB. 4-5

4.6. Um painel de aço de 2,0 m × × 3,0 m × 6 mm é submetido a um carregamento uniformemente distribuído p_x, na direção x, e p_y na direção y (veja a figura). Se a variação total no comprimento não solicitado, na direção x, é de +1,95 mm, e na direção y é de +1,74 mm, quais os valores de p_x e p_y em kgf/m? Seja $E = 21 \times$ $\times\ 10^3$ kgf/mm^2 e $G = 8{,}4 \times 10^3$ kgf/mm^2.
Resp.: 141,12 kgf/mm, 103,79 kgf/mm.

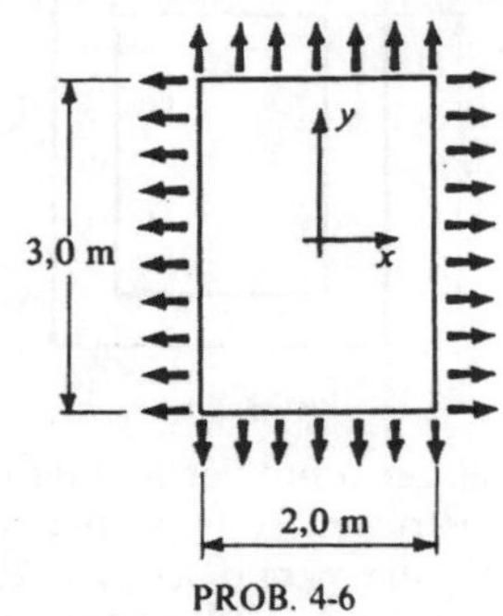

PROB. 4-6

4.7. Um bloco retangular de liga de alumínio tem as dimensões mostradas na figura. As resultantes das tensões uniformemente distribuídas são $P_x = 20$ t, $P_y =$ $= 24$ t e $P_z = 18$ t. Determinar a magnitude

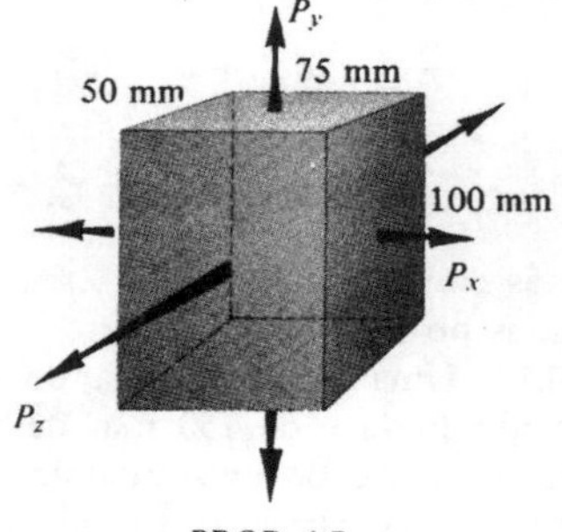

PROB. 4-7

de um sistema simples de forças de tração, atuando apenas na direção x, que provocaria a mesma deformação na direção x que as forças iniciais. Seja $E = 7\,000$ kgf/mm^2 e $\nu = 0{,}25$.

4.8. Um diagrama de latão retangular, de 75 mm × 100 mm, é solicitado entre uma estrutura rígida de invar, como mostra a figura. Se ocorrer uma queda de temperatura de 100 °C, determinar as tensões normais resultantes no diafragma. Admitir que, para o latão, $E = 11{,}2 \times 10^3$ kgf/mm^2, $G = 4{,}2 \times 10^3$ kgf/mm^2, $\alpha = 6 \times 10^{-6}$ mm/m/°C, enquanto que para o invar o coeficiente de expansão térmica é igual a zero na faixa de temperatura considerada.

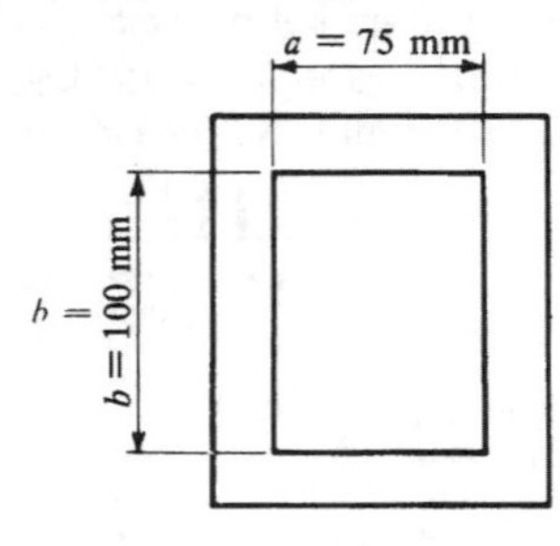

PROB. 4-8

4.9. Refazer o problema anterior substituindo a estrutura de invar por outra de aço. Admitir que, para o aço $E = 20 \times 10^3$ kgf/mm^2, e $\alpha = 3{,}3 \times 10^{-6}$ mm/mm/°C.

4.10. Verificar a Eq. 4.21 usando as Eqs. 4.11 e 4.20.

4.11. Mostrar que a densidade de energia de deformação, em termos de deformação, é

$$U_0 = \frac{\lambda e^2}{2} + \mu(\varepsilon_x^2 + \varepsilon_y^2 + \varepsilon_z^2) + \frac{\mu}{2}(\gamma_{xy}^2 + \gamma_{yz}^2 + \gamma_{zx}^2),$$

onde as constantes de Lamé λ e μ são as definidas no Prob. 4.3.

4.12. Uma barra de liga de aço, de seção quadrada e de 750 mm de comprimento faz parte de uma máquina e deve resistir a uma carga de energia axial de 10 kgf/m. Qual deve ser o limite de proporcionalidade do aço, para resistir elasticamente, com um fator de segurança de 4? Qual é o módulo de resiliência de tal aço? Seja $E = 21 \times 10^3$ kgf/mm^2.

4.13. Uma barra de aço de 1 m de comprimento e 50 mm de diâmetro, é submetida a um carregamento axial de 0,4 kgf/m, que provoca uma tensão de tração na barra. (a) Determinar a máxima tensão de tração. $E = 21 \times 10^3$ kgf/mm^2. (b) Se a mesma barra for usinada para um diâmetro de 25 mm na parte central, em extensão igual à metade da barra, isto é, uma distância de 0,5 m, qual o aumento ou diminuição da tensão máxima?

4.14. Um peso W cai livremente ao longo de uma barra, até atingir a porca no fundo, conforme ilustra a figura. (a) Mostrar que a força dinâmica ou de impacto P_{din} transmitida para a barra é

$$P_{din} = W(1 + \sqrt{1 + 2h/\Delta_{est}})\cdot$$

onde h é a distância percorrida pelo peso, e Δ_{est} é a deflexão estática da barra causada pela aplicação do peso W. Na dedução dessa relação, admitir o seguinte:

1. Os materiais se comportam elasticamente e não ocorre dissipação de energia no ponto de impacto ou nos suportes.
2. A inércia de um sistema resistindo a um impacto pode ser desprezada.
3. A deflexão de um sistema é diretamente proporcional à magnitude da força aplicada, quando a força é dinâmica ou estaticamente aplicada. (*Sugestão.* Igualar a

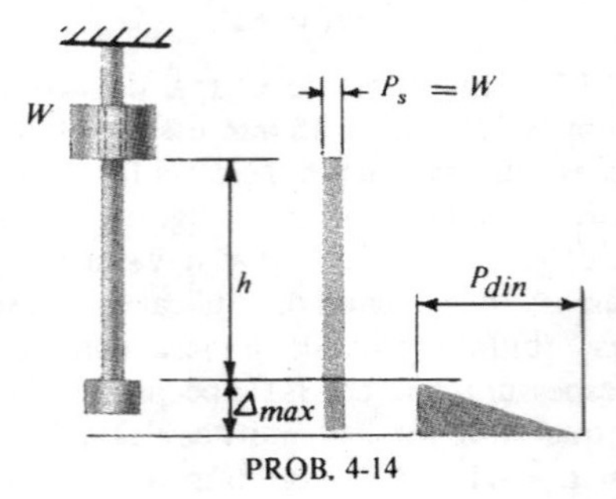

PROB. 4-14

perda de energia pelo peso W à energia de deformação na barra atuando como mola; veja a figura. (b) Aplicar a equação achada em (a) para o caso em que $W = 3$ kgf; $h = 0{,}5$ m, e uma barra de aço de 15 mm, de diâmetro e 0,75 m de comprimento. Calcular a máxima tensão na barra provocada pela queda do peso. Seja $E = 21 \times 10^3$ kgf/mm². *Resp.*: 26,7 kgf/mm².

4.15. Porque são usados parafusos longos, e não curtos, em cilindros pneumá-

usar parafusos com extremidades recalcadas?* Desenvolver alguma justificativa analítica para suas respostas.

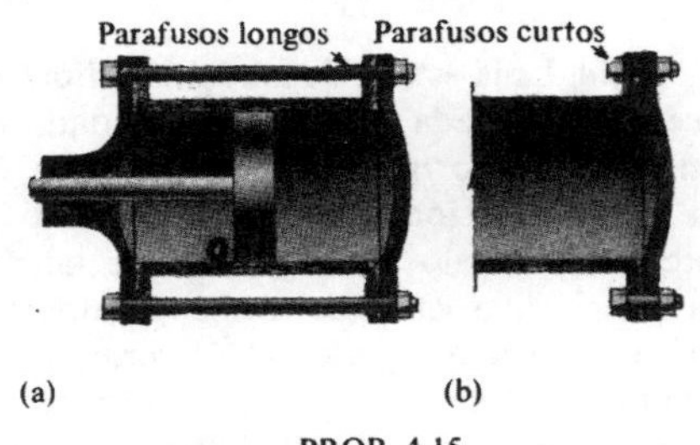

PROB. 4-15

4.16. Suponha que uma série de testes de tração seja efetuada sobre diversos espécimes idênticos de material de Maxwell. Em cada experiência, a taxa de deformação é mantida constante. (a) Esquematizar uma família de curvas de tensão-deformação que resultaria dessa série de testes. (b) Em cada caso, qual é o módulo de elasticidade E em $t = 0$? (c) Discutir as implicações dos resultados.

4.17. Um sólido padrão para um material viscoelástico é obtido pela colocação em série de uma unidade de Maxwell e uma de Kelvin, como mostra a figura (a). Esse modelo é capaz de representar a maioria das características essenciais do comportamento viscoelástico. Esquematizar a relação deformação-tempo resultante do impulso tensão-tempo mostrado na figura (b).

*O diâmetro da barra é aumentado nas extremidades por forjamento, a fim de manter o diâmetro nominal da barra na raiz da rosca

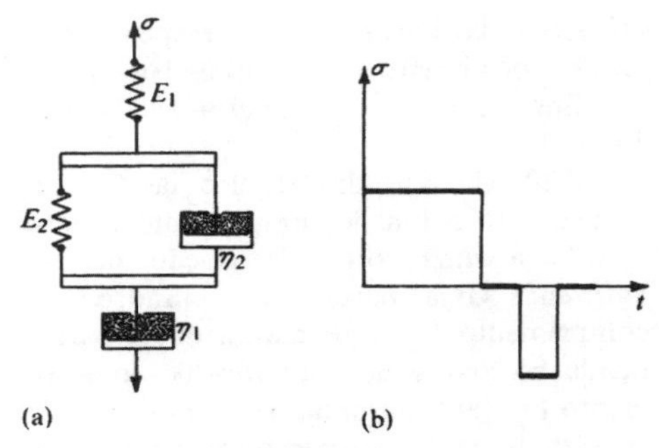

PROB. 4-17

4.18. Em um dos campos de óleo da Bahia, um dos longos tubos de aço usados na perfuração ficou preso na argila dura (veja a figura). Foi necessário determinar a profundidade da ocorrência. O engenheiro encarregado ordenou que o tubo fosse submetido a um grande esforço de tração para cima. Como resultado dessa operação, o tubo se deslocou elasticamente de 0,6 m. Ao mesmo tempo, o tubo alongou-se 0,036 mm em um comprimento de 200 mm. Qual a profundidade aproximada do tubo? Admitir que a área da seção transversal do tubo seja constante, e que o meio envolvente do tubo sofra deformação elástica. *Resp.*: 3 333 m.

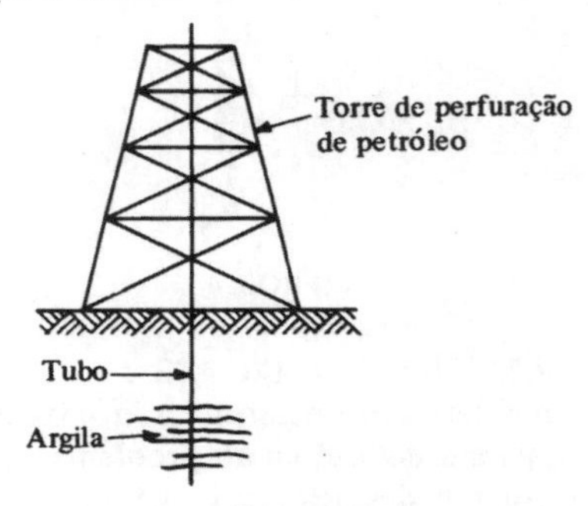

PROB. 4-18

4.19. Uma barra de aço inoxidável de 0,8 m de comprimento, usada em um mecanismo de controle, deve transmitir uma força de tração de 500 kgf sem distender mais do que 5 mm ou exceder uma tensão admissível de 14 kgf/mm². Qual deve ser o diâmetro da barra? Dar a resposta em termos do inteiro (em milímetros) mais próximo. $E = 20 \times 10^3$ kgf/mm². *Resp.*: 7 mm.

4.20. Um cilindro maciço de 50 mm de diâmetro e 1 m de comprimento é submetido a uma força de tração de 20 kgf/mm². Uma parte desse cilindro, de comprimento L_1, é de aço; a outra parte, ligada ao aço, é de alumínio, de comprimento L_2. (a) Determinar os comprimentos L_1 e L_2 de tal forma que os dois materiais tenham a mesma alongação. (b) Qual a alongação total do cilindro? $E_{aco} = 21 \times 10^3$ kgf/mm²; $E_{alum} = 7 \times 10^3$ kgf/mm².

4.21. Uma barra cilíndrica de aço, com seção transversal de 300 mm², é fixada pelo topo e está submetida à ação de três forças axiais, como mostra a figura. Achar a deflexão da extremidade livre provocada por essas forças. Traçar os diagramas de força e deflexão axiais. Seja $E = 21 \times 10^3$ kgf/mm². *Resp.*: $u_{min} = 0$ $u_{max} = 0{,}99$ mm.

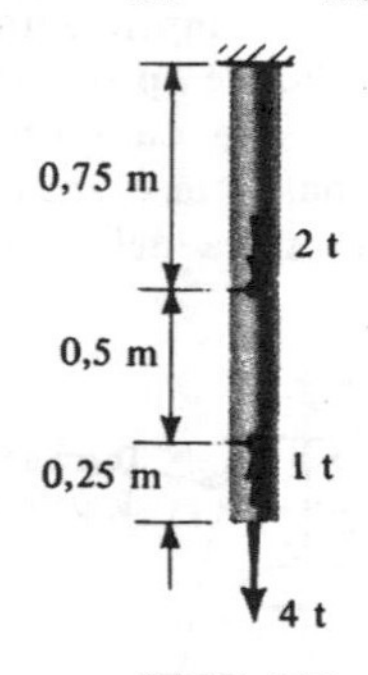

PROB. 4-21

4.22. Usando a Eq. 4.32 e as funções de singularidade, determinar a expressão geral para a deflexão u no problema acima, e calcular o deslocamento máximo u.

4.23. Uma barra de aço e uma de alumínio têm as dimensões mostradas na figura. Calcular a magnitude da força P que provocará um decréscimo do comprimento total das duas barras de 0,25 mm. Admitir que a distribuição de tensão normal de todas as seções transversais de ambas as barras seja uniforme, e que as barras não sofram flambagem. Traçar o diagrama de deflexão axial. Seja $E_{aço} = 21 \times 10^3$ kgf/mm², e $E_{alum} = 7 \times 10^3$ kgf/mm². *Resp.*: 32,8 t.

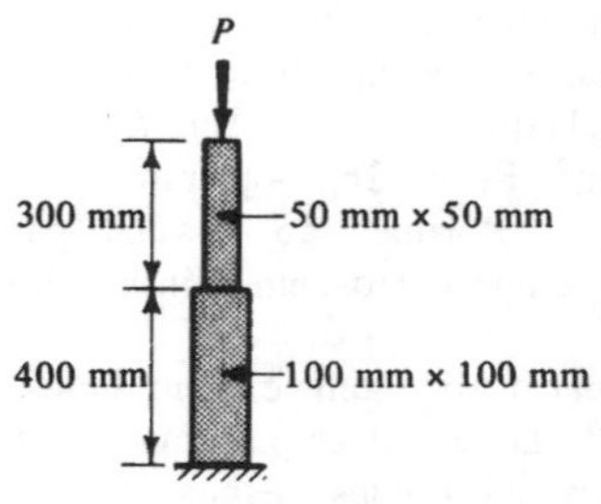

PROB. 4-23

4.24. Uma estaca de madeira uniforme, que foi martelada a uma profundidade L, em argila, suporta uma carga aplicada F, na parte superior. Essa carga é resistida inteiramente pelo atrito f na parte lateral da estaca, que varia de forma parabólica, como mostra a figura. (a) Determinar a diminuição total da estaca, em termos de F, L, A e E. (b) Se $P = 45$ t, $L = 1$ m, $A = 700$ cm² e $E = 1\,000$ kgf/mm², quanto deve encurtar a estaca? (*Sugestão*. Pelo requisito de equilíbrio, determinar primeiro a constante k). *Resp.*: (a) $FL/(4AE)$.

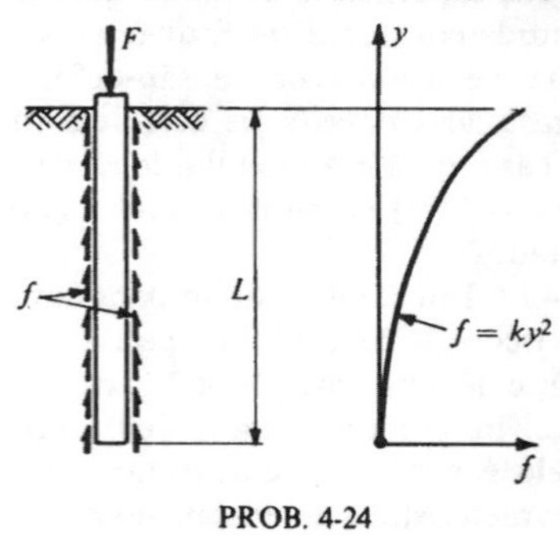

PROB. 4-24

4.25. Uma placa de aço de 150 mm de largura por 2 m de comprimento, e 20 mm de espessura é submetida a um conjunto de forças de atrito, uniformemente distribuídas ao longo de suas duas arestas, como mostra a figura. Se, devido a essas forças, a variação total na dimensão transversal de 150 mm, ao nível *a-a* é 0,02 mm, determinar o alongamento total da barra na direção longitudinal. Seja $E = 21 \times 10^3$ kgf/mm² e $\nu = 0{,}25$. *Resp.*: 0,89 mm.

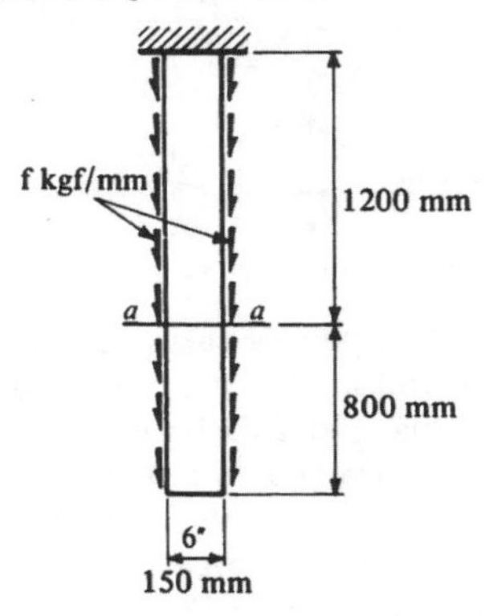

4.26. Duas barras são cortadas de uma chapa de metal de 25 mm de espessura, tal que ambas tenham essa mesma espessura constante. A barra *A* tem largura constante de 50 mm. A barra *B* tem 75 mm de largura no topo e 25 mm no fundo. Cada barra é submetida à mesma carga *P*. Determinar a relação L_A/L_B, tal que ambas as barras distendam da mesma quantidade. Desprezar o peso da barra. *Resp.*: 1,0986.

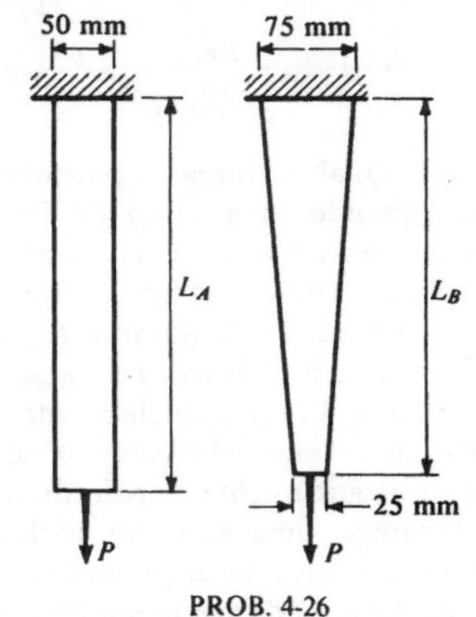

PROB. 4-26

4.27. As dimensões de um tronco de cone reto, suportado pela base maior por um apoio rígido, são as mostradas na figura. Determinar a deflexão do topo devido ao peso do corpo. O peso unitário do material é γ; o módulo de elasticidade é *E*. (*Sugestão.* Considere a origem dos eixos coordenados no vértice deslocado do cone). *Resp.*: 160 γ/E.

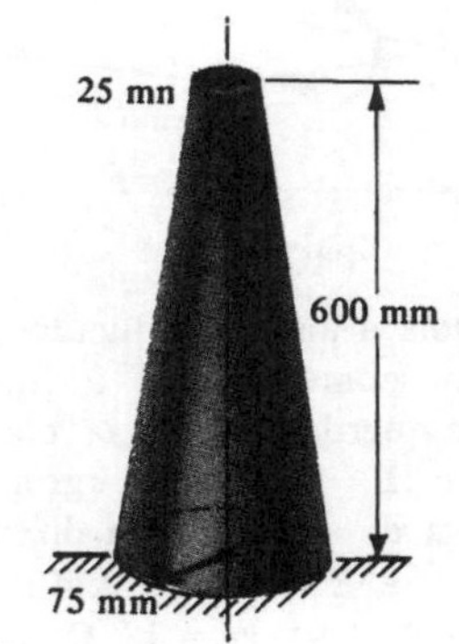

PROB. 4-27

4.28. Se o cone do problema anterior for invertido, isto é, ficar apoiado pela base menor, qual será a deflexão do topo devido a seu próprio peso?

4.29. Achar o alongamento total Δ de uma barra elástica delgada, de área de seção transversal *A*, tal como mostra a figura, se ela gira no plano horizontal com velocidade angular de ω radianos por segundo. O peso unitário do material é γ. Desprezar a pequena quantidade extra de material do pino. (*Sugestão.* Achar primeiro a tensão na seção distante de *r* do pino, integrando o efeito das forças de inércia entre *r* e *L*. Veja o Exemplo 3.7; então aplicar a Eq. 4.29. Alternativamente, usar a Eq. 4.32 com p_x como força de massa). *Resp.*: $2\gamma\omega^2 L^3/3gE$.

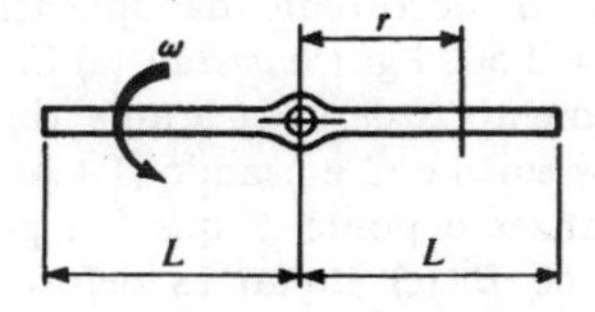

PROB. 4-29

4.30. Uma barra de espessura constante *t* tem forma de losango plano, como mostra a figura. Determinar o alongamento total da barra, provocado pela rotação em um plano horizontal, com velocidade angular ω em torno do pino. Os outros dados são os mesmo do problema anterior.

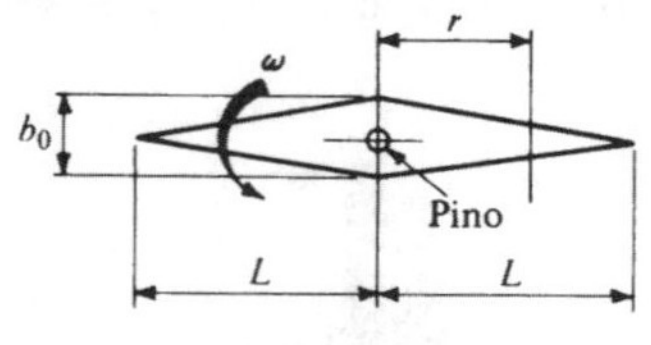

PROB. 4-30

4.31. Dois arames são ligados a uma barra rígida, como mostra a figura. O arame da esquerda é de aço, com $A = 60\text{ mm}^2$ e $E = 21 \times 10^3$ kgf/mm². O arame de liga de alumínio, da direita, tem $A = 120\text{ mm}^2$ e $E = 7 \times 10^3$ kgf/mm². Se for aplicado o peso $W = 1\,000$ kgf, qual será a deflexão decorrente do alongamento dos arames?

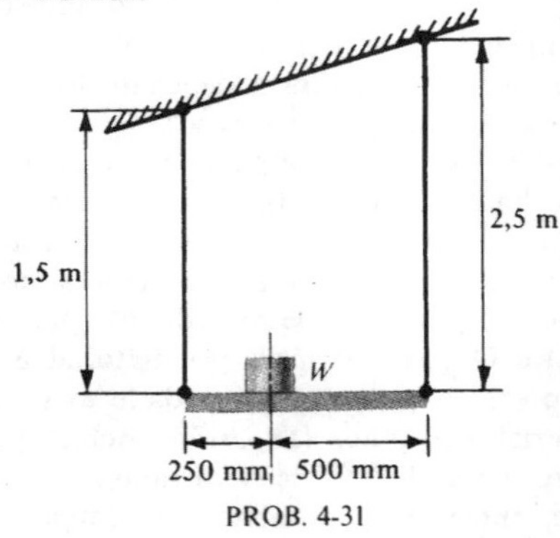

PROB. 4-31

4.32. Dois arames idênticos ($A = 60$ mm², $E = 21 \times 10^3$ kgf/mm²) são dispostos como na figura. Determinar a deflexão do ponto B, decorrente da aplicação da carga $W = 1\,500$ kgf. (*Sugestão.* (a) Calcular o alongamento Δ de cada arame. (b) Com os centros em A e C, e usando $(1 + \Delta)$ como raio, localizar o ponto B que é a posição defletida de B. (c) Como as deformações são pequenas, admitir que $\Delta \approx \Delta_B \cos\alpha$. As deflexões no diagrama aparecem exageradas).

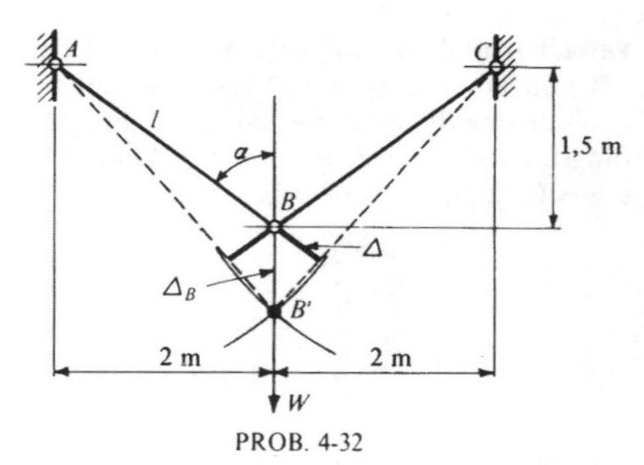

PROB. 4-32

4.33. Um pau de carga tem as dimensões mostradas na figura. Determinar o diâmetro máximo d da barra AB tal que a deflexão vertical do ponto B não exceda 5 mm, e a tensão seja inferior a 14 kgf/mm², quando é aplicada a força $F = 5$ t. Admitir que a deflexão axial de BC seja desprezável e decorra inteiramente da distensão da barra AB. (Veja a sugestão para o problema anterior).

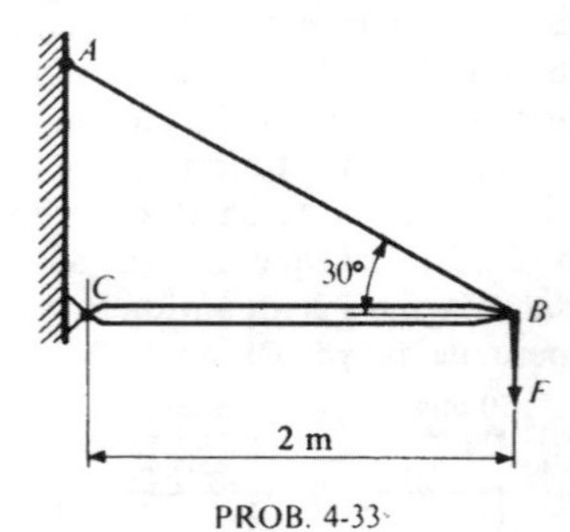

PROB. 4-33

4.34. Qual a força suportada pelos arames, quando uma carga de 500 kgf é aplicada a uma barra rígida suspensa por três arames, como mostra a figura? Os arames externos são de alumínio ($E = 7\,000$ kgf/mm²). O arame interno é de aço ($E = 21 \times 10^3$ kgf/mm²). Inicialmente os arames não têm folga. (*Sugestão.* Este é um problema estaticamente indeterminado. Deve-se formular uma equação suplementar com base na deformação, como no Exemplo 4.10). *Resp.*: cada arame suporta 167 kgf.

4.35. Uma barra elástica de seção transversal constante é engastada em ambos

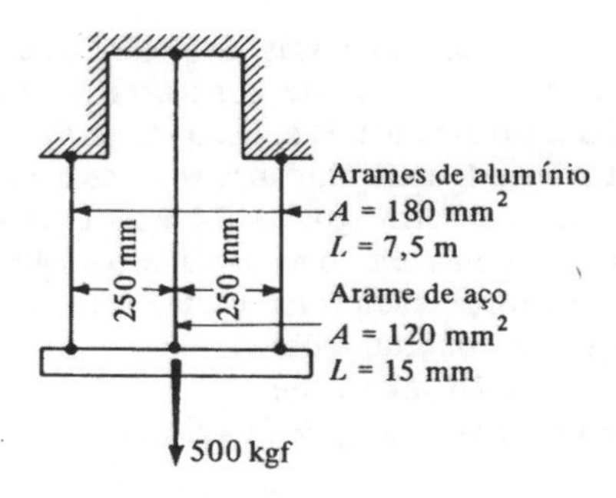

PROB. 4-34

os extremos, como mostra a figura. Usando a Eq. 4.32 e as funções de singularidade, determinar as reações e a distribuição de força axial na barra. Traçar os diagramas de força e deformação axiais. Seja $(a + b) = L$. (*Observação.* Este é um problema estaticamente indeterminado).

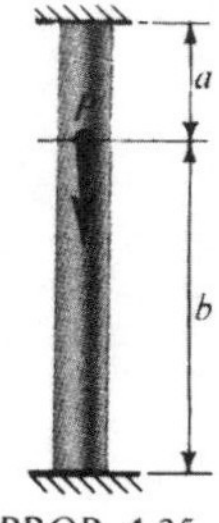

PROB. 4-35

4.36. Qual será a deflexão da extremidade livre da barra do Exemplo 4.9 (Fig. 4.28) se, em lugar da lei de Hooke, a relação tensão-deformação fosse $\sigma = k\varepsilon^{1/n}$, onde n é um número dependente das propriedades do material?

4.37. A barra mostrada na figura tem a seguinte relação entre tensão e deformação

$$\sigma_x(x, y) = E_0[2 - (y/h)^2]\varepsilon_x(x, y).$$

PROB. 4-37

Usando o equilíbrio e as premissas da geometria da deformação, (a) calcular a tensão e traçar sua distribuição na barra, em termos da carga P e das dimensões da seção transversal, (b) calcular o alongamento da barra.

4.38. Uma barra com áreas de seções transversais difererentes, é feita de cobre macio e está sujeita a um carregamento de tração como mostra a figura. (a) Determinar o alongamento da barra decorrente da aplicação de uma força $P = 2\,500$ kgf. Admitir que a relação tensão-deformação axial seja

$$\varepsilon = \sigma/11{,}250 + (\sigma/116)^3,$$

onde σ é dada em kgf/mm². (b) Refazer (a), admitindo que o cobre seja um material elástico linear, com E igual ao módulo na origem de $\sigma - \varepsilon$ em (a). (c) Se o material inicialmente se comporta como em (a), qual será o alongamento residual após remoção da força P? *Resp.*: 1,18 mm.

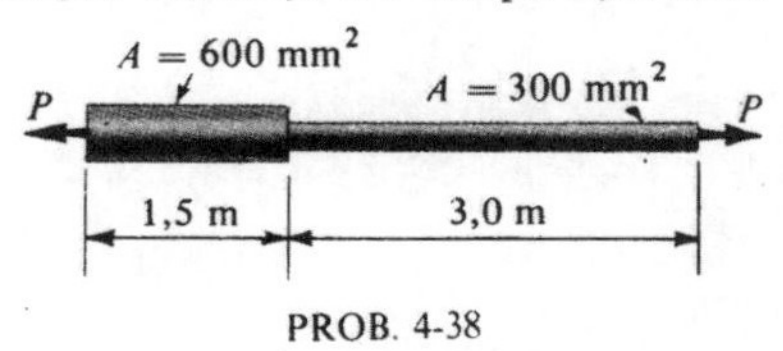

PROB. 4-38

4.39. Uma barra de 25 mm de espessura, tem originalmente 100 mm de largura e 1,5 m de comprimento. A metade central da barra é usinada de ambos os lados, até que a parte central tenha 50 mm de largura. Se nas mudanças de seção, os filetes são feitos de sorte que $r/d = 1/2$ (veja a Fig. 4.31), que força axial pode ser aplicada a barra sem exceder a tensão de escoamento de 35 kgf/mm², e qual será o alongamento total da barra? Seja $E = 20 \times 10^6$ kgf/mm².

4.40. Uma barra longa de 3 m × × 150 mm × 25 mm possui um rasgo de 50 mm de largura, como mostra a figura. (a) Achar a tensão máxima se uma força axial de $P = 25$ t for aplicada à barra. Adimitir que a curva superior da Fig. 4.31 seja aplicável. (b) Para o mesmo caso, determinar o alongamento total da barra e desprezar os efeitos locais das concentrações de tensão e admitir que a área transversal reduzida ocorra numa extensão de 0,6 m. (c) Estimar o alongamento da mesma barra se $P = 80$ t. Admitir que o aço escoe 0,020 mm/mm a uma tensão de 28 kgf/mm². (d) Qual a deflexão residual, quando se remove a carga de (c)? Seja $E = 21 \times 10^3$ kgf/mm². *Resp.*: (a) 22,5 kgf/mm². (b) 1,05 mm; (c) 14,44 mm; (d) 11,2 mm.

Rasgo com 50 mm de largura
(Raios de 25 mm nas extremidades)
P P
6"
0,6 m
150 mm

PROB. 4-40

4.41. A barra mostrada na figura é cortada de uma peça de aço de 25 mm de espessura. Nas mudanças de seção, estão indicados os fatores de concentração de tensão aproximados. É aplicada uma força P, provocando uma mudança total de comprimento da barra igual a 0,4 mm. Determinar a máxima tensão na barra, provocada por essa força. Desprezar o efeito do orifício e das concentrações de tensão sobre a deformação axial. Seja $E = 21 \times 10^3$ kgf/mm². *Resp.*: $\sigma_{max} = 24$ kgf/mm².

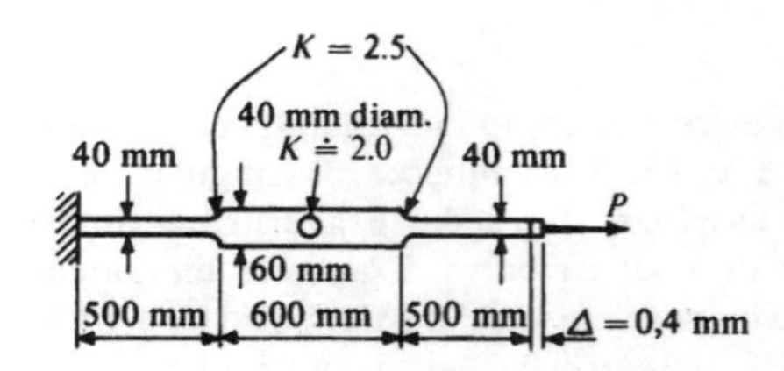

PROB. 4-41

5

TORÇÃO

5.1 INTRODUÇÃO

Nos capítulos anteriores, além dos conceitos gerais da mecânica dos sólidos deformáveis, foi investigado em detalhe o comportamento das barras com carregamento axial. Pela aplicação do método das seções e pela premissa de iguais deformações nas fibras longitudinais, foi desenvolvida uma fórmula para a tensão em uma barra com carregamento axial. Estabeleceu-se, então, uma expressão para obtenção da deformação axial dos membros estruturais. Neste capítulo, serão estabelecidas relações análogas para membros externa e estaticamente determinados, submetidos apenas a um conjugado (torque) em torno de seus eixos longitudinais. A investigação ficará restrita ao efeito de um tipo de ação, isto é, de um conjugado que provoque giro ou torção em um membro. Membros submetidos simultaneamente a conjugado de torção e flexão, que ocorrem com freqüência na prática, serão tratados no Cap. 10. O Cap. 12 discute os casos estaticamente indeterminados.

Grande parte deste capítulo é dedicada ao tratamento de membros com seções transversais circulares e tubulares (ou anelares). As seções não-circulares cheias são discutidas apenas superficialmente. Na prática, os membros que transmitem torque, como eixos de motores, tubos transmissores de potência, etc., têm predominantemente seções circulares ou anulares. Assim, muitas das importantes aplicações recaem no âmbito das fórmulas desenvolvidas.

5.2 APLICAÇÃO DO MÉTODO DAS SEÇÕES

Na análise dos membros sujeitos a torques, são seguidas as linhas básicas descritas na Seç. 1.3. Primeiro, o sistema como um todo é examinado com relação ao equilíbrio, e aplica-se o método das seções, passando um plano de corte perpendicular ao eixo do membro. Imagina-se que tudo o que estiver de um dos lados do corte seja removido, e determina-se o torque interno ou resistente, necessário ao equilíbrio da parte isolada. Para se achar esse torque interno nos membros estaticamente isolados, é necessária apenas uma equação da estática, $\Sigma M_x = 0$, onde o eixo x é dirigido ao longo do membro. Aplicando-se essa equação a uma parte isolada de um eixo, determina-se o torque interno resistente desenvolvido no interior do membro, necessário ao balanceamento dos torques externos aplicados. Os torques externos e internos são numericamente iguais mas têm direções opostas.

Neste capítulo, os eixos serão considerados "sem peso" ou suportados a intervalos com freqüência tal que o efeito da flexão é desprezável. As forças axiais, que também podem agir simultaneamente sobre o membro, não serão incluídas na presente análise.

EXEMPLO 5.1

Achar o torque interno na seção *a-a* do eixo mostrado na Fig. 5.1(a), solicitado pelos três torques indicados.

SOLUÇÃO

O torque de 3 kgfm em *C* é compensado pelos dois torques de 2 kgfm e 1 kgfm em *A* e *B*, respectivamente. Desta forma, o corpo como um todo está em equilíbrio. Em seguida, passando um plano de corte *a-a* perpendicular ao eixo da barra, entre *A* e *B*, obtém-se o diagrama de corpo livre de parte do eixo, como mostra a Fig. 5.1(b). Em seguida, de $\Sigma M_x = 0$, ou

$$\text{torque externo aplicado} = \text{torque interno}$$

chega-se a conclusão de que o torque interno, ou resistente, desenvolvido no eixo, entre *A* e *B*, é 2 kgfm. Usando a regra do parafuso à direita, pode-se representar esse torque que age sobre a seção pelo vetor mostrado na figura. Considerações análogas conduzem à conclusão de que o torque interno suportado pelo eixo, entre *B* e *C*, é de 3 kgfm.

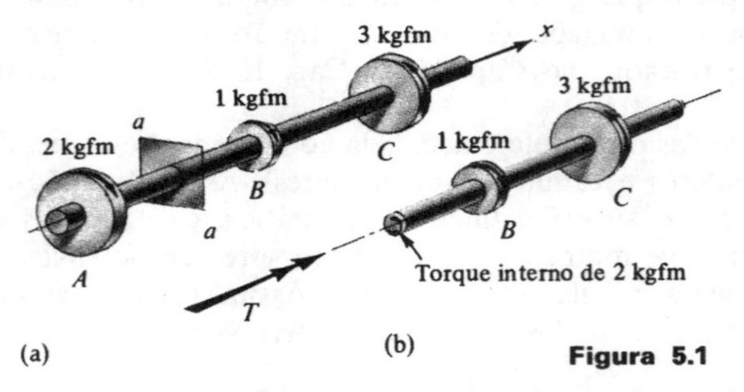

Figura 5.1

Pode-se ver intuitivamente que, para um membro de área de seção transversal constante, o máximo torque interno provoca a máxima tensão e impõe a mais severa condição sobre o material. Assim, na investigação de um membro em torção, várias seções podem ter de ser examinadas para se determinar o maior torque interno. A seção em que ocorre o maior torque interno é a *seção crítica*. No Exemplo 5.1 a seção crítica está em algum ponto entre *B* e *C*. Se o membro em torção varia em suas dimensões, é mais difícil decidir onde o material sofre tensão crítica. Diversas seções podem ser investigadas e as tensões calculadas para se determinar a seção crítica. Essas situações são análogas ao caso de uma barra com carregamento axial, e há que desenvolver meios para determinar as tensões em função do torque interno e do tamanho do membro. Nas seções a seguir serão deduzidas as fórmulas necessárias.

Os membros submetidos a torques são bastante usados em eixos rotativos, para transmissão de potência. Para referência futura, será estabelecida uma fórmula para a conversão de potência em torque atuante sobre um eixo. Por definição, 1 CV efetua trabalho de 75 kgfm/s, ou 4 500 kgfm/min. Da mesma forma, recorda-se da dinâmica que a potência é igual ao torque multiplicado pelo ângulo de giro (medido em radianos) na unidade de tempo. Para um eixo com N rpm, o ângulo é de $2\pi N$ rad/min. Dessa forma, se um eixo transmitisse um conjugado constante T, medido em kgfm, efetuaria o trabalho de $2\pi NT$ kgfm/min. Igualando essa expressão à potência fornecida

$$\begin{aligned} \text{CV}(4\,500)\,[\text{kgfm/min}] &= 2\pi NT[\text{kgfm/min}] \\ T &= 716{,}20\ \text{CV}/N\ \text{kgfm} \end{aligned} \tag{5.1}$$

onde N é o número de rotações do eixo que transmite potência (CV) por minuto. Essa equação converte a potência fornecida ao eixo em um torque constante que age sobre ele.

5.3 PREMISSAS BÁSICAS

Para estabelecer uma relação entre o conjugado interno e as tensões decorrentes de sua aplicação em membros com seções transversais circulares e tubos cilíndricos, é necessário estabelecer diversas premissas, cuja validade será posteriormente justificada. Essas, em adição à homogeneidade do material, são as seguintes:

1. Uma seção plana do material, perpendicular ao eixo de um membro circular, permanece plana após a aplicação dos torques, isto é, nenhum empenamento ou distorção ocorre nos planos paralelos, normais ao eixo de um membro.*

2. Em um membro circular sujeito à ação de um conjugado, as deformações angulares γ variam linearmente a partir do eixo central. Essa premissa está ilustrada na Fig. 5.2; isso significa que um plano imaginário tal como AO_1O_3C move para $A'O_1O_3C$, quando o torque é aplicado. Alternativamente, se um raio imaginário O_3C é considerado com direção fixa, raios similares em O_2B e O_1A giram para as novas posições O_2B' e O_1A'. Esses raios permanecem retos.

Deve-se enfatizar que essas premissas se mantêm apenas para membros circulares furados. Para essa classe de membros essas premissas são tão boas que se aplicam além do limite elástico de um material. Essas premissas serão usadas de novo na Seç. 5.8, onde será discutida a distribuição de tensões além do limite

*Com efeito também implica que os planos paralelos perpendiculares ao eixo permanecem separados por uma distância constante. Isso não é verdadeiro se as deformações são grandes. Entretanto, como as deformações usuais são bem pequenas, as tensões não consideradas aqui são desprezáveis. Para detalhes veja S. Timoshenko, *Strength of Materials*, (3.ª ed.) Parte II, Advanced Theory and Problems, Cap. VI, D. Van Nostrand Co., Inc., Princeton, N. J., 1956

de proporcionalidade. Todavia, se a atenção ficar limitada ao caso linearmente elástico, a lei de Hooke se aplica.

3. Segue-se, então, que a tensão de cisalhamento é proporcional à deformação angular.

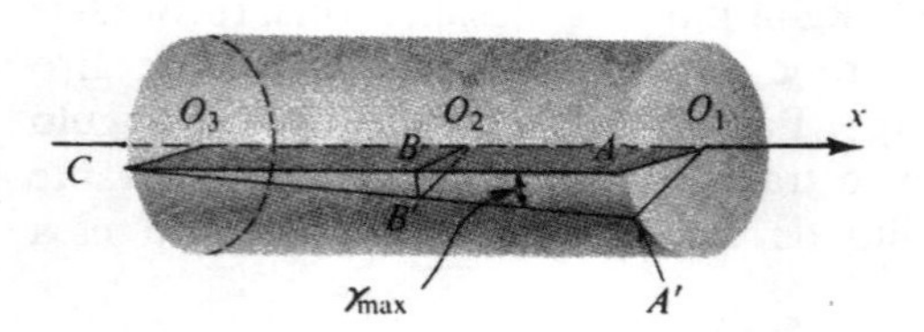

Figura 5.2 Variação da deformação em um membro circular sob a ação de um torque

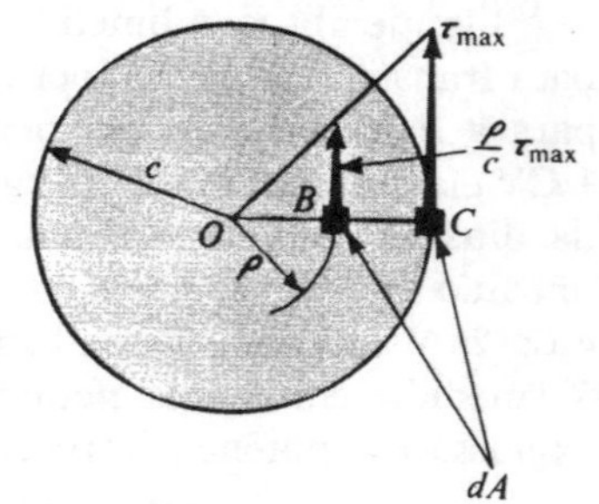

Figura 5.3 Variação de tensão em um membro circular na faixa elástica

No interior de um membro, é difícil justificar as primeiras duas premissas diretamente. Entretanto, após a dedução de fórmulas de tensão e deformação baseadas nelas, verifica-se uma concordância inquestionável entre as quantidades medidas e as calculadas. Além do mais, suas validades podem ser rigorosamente demonstradas pelos métodos da teoria da elasticidade, que se baseiam nos requisitos de compatibilidade de deformação e da lei de Hooke generalizada.

5.4 A FÓRMULA DE TORÇÃO

No caso elástico, como a tensão é proporcional à deformação e a última varia linearmente a partir do centro, as tensões variam linearmente do eixo central de um membro circular. As tensões induzidas pelas deformações admitidas são de cisalhamento e estão no plano paralelo à seção normal ao eixo de uma barra. A variação da tensão de cisalhamento está ilustrada na Fig. 5.3. Diferentemente do caso de uma barra axialmente carregada, essa tensão não tem intensidade uniforme. A máxima tensão de cisalhamento ocorre nos pontos mais remotos do centro O e é indicada por τ_{max}. Esses pontos, tal como o ponto C na Fig. 5.3, estão na periferia de uma seção, na distância c do centro. E, em virtude de uma variação linear de tensão, a tensão de cisalhamento em um ponto arbitrário à distância ρ de O é $(\rho/c)\tau_{max}$.

Uma vez estabelecida a distribuição de tensões em uma seção, pode ser expressa a resistência ao torque em termos da tensão. A resistência ao torque assim desenvolvida deve ser equivalente ao torque interno. Assim, pode ser formulada uma igualdade:

$$\int_A \underbrace{\underbrace{\underbrace{\frac{\rho}{C}\tau_{max}}_{\text{(tensão)}} \quad \underbrace{dA}_{\text{(área)}}}_{\text{(força)}} \quad \underbrace{\rho}_{\text{(braço)}}}_{\text{(torque)}} = T$$

onde a integral soma todos os torques desenvolvidos no corte pelas forças infinitesimais que agem a uma distância ρ do eixo, O na Fig. 5.3, em toda a área A da seção transversal, e onde T é o torque resistente.

Em uma dada seção τ_{max} e c são constantes, e a relação acima pode ser escrita

$$\frac{\tau_{max}}{c}\int_A \rho^2 dA = T. \tag{5.2}$$

Entretanto, $\int \rho^2 dA$, o momento polar de inércia de área de uma seção transversal, é uma constante para uma seção transversal particular. Neste texto ele será designado por J. Para uma seção circular, $dA = 2\pi\rho d\rho$, onde $2\pi\rho$ é a circunferência de um anel de raio ρ e largura $d\rho$. Assim

$$J = \int_A \rho^2 dA = \int_0^c 2\pi\rho^3 d\rho = \frac{\pi c^4}{2} = \frac{\pi d^4}{32}, \tag{5.3}$$

onde d é o diâmetro de um eixo circular maciço. Se c ou d forem medidos em mm, J terá unidades de mm^4.

Usando o símbolo J para o momento polar de inércia de uma área circular, a Eq. 5.2 pode ser escrita de forma mais compacta:

$$\tau_{max} = Tc/J. \tag{5.4}$$

Essa é a famosa *fórmula de torção** para eixos circulares, que exprime a máxima tensão de cisalhamento em termos do torque resistente e das dimensões de um membro. Ao aplicar essa fórmula, o torque interno T é usualmente expresso em kgfm, c em m, e J em m^4. Isso faz com que a unidade da tensão de cisalhamento na torção seja

$$\frac{[\text{kgfm}]\,[\text{m}]}{[\text{m}^4]} = [\text{kgf/m}^2]$$

Uma relação mais geral do que a Eq. 5.4, para uma tensão de cisalhamento τ em um ponto distante de ρ do centro de uma seção, é

$$\tau = \frac{\rho}{c}\,\tau_{max} = \frac{T\rho}{J} \tag{5.5}$$

As Eqs. 5.4 e 5.5 são aplicáveis com igual rigor a tubos circulares, porque as mesmas premissas usadas anteriormente são válidas. É necessário, entretanto, modificar J. Para um tubo, como se pode ver na Fig. 5.4, os limites de integração para a Eq. 5.3 vão de b a c. Assim, para um tubo circular

$$J = \int_A \rho^2 dA = \int_b^c 2\pi\rho^3 d\rho = \frac{\pi c^4}{2} - \frac{\pi b^4}{2}, \tag{5.6}$$

*Foi deduzida por C. A. Coulomb, um engenheiro francês, por volta de 1775, em conexão com seu trabalho sobre instrumentos elétricos. Seu nome foi imortalizado por seu uso em uma unidade prática de quantidade elétrica

ou enunciado de outra forma: J para um tubo circular é igual a J para um eixo maciço, usando o diâmetro externo, menos J para um eixo que tenha o diâmetro interno.

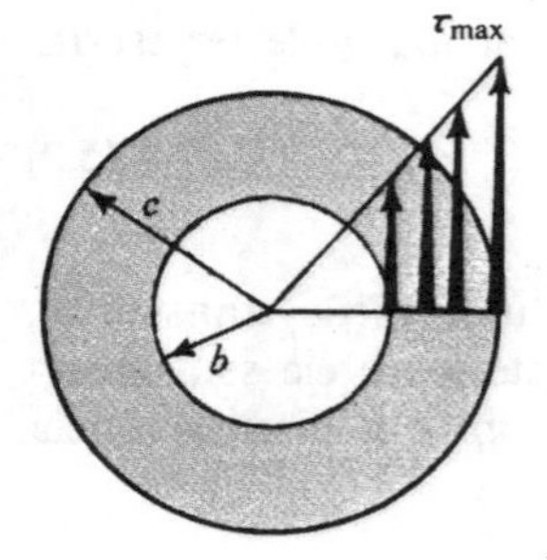

Figura 5.4 Variação de tensão em um membro circular perfurado na faixa elástica

Para tubos delgados, se b é aproximadamente igual a c, e $c - b = t$, a espessura do tubo, J reduz-se a uma expressão aproximada simples:

$$J \approx 2\pi c^3 t, \tag{5.6a}$$

que é suficientemente precisa em muitas aplicações.

Os conceitos básicos usados na dedução da fórmula de torção para membros circulares podem ser recapitulados como se segue:

1. Os *requisitos de equilíbrio* são usados para determinar o torque interno ou resistente.

2. Os *deslocamentos* considerados são tais que a deformação angular varia linearmente a partir do centro do eixo.

3. As *propriedades do material* são usadas na forma da lei de Hooke para relacionar a variação de deformação com a tensão.

Os mesmos conceitos foram usados para solução do Exemplo 4.10 e estão implícitos nas fórmulas de tensão e deformação para todos os problemas com carregamento axial. Eles serão usados de novo no tratamento do comportamento inelástico de eixos circulares submetidos a torques. Para a última finalidade, apenas o item 3 anterior deve ser modificado.

5.5 OBSERVAÇÕES SOBRE A FÓRMULA DE TORÇÃO

Até o momento as tensões de cisalhamento dadas pelas Eqs. 5.4 e 5.5 foram consideradas como atuando apenas no plano de um corte perpendicular à linha de centro do eixo. Ali elas agem de forma a comporem um conjugado resistente aos torques externos aplicados. Entretanto, para compreender melhor o problema, isola-se um elemento cilíndrico infinitesimal, como mostra a Fig. 5.5(b), do membro da Fig. 5.5(a). As tensões de cisalhamento que agem nos planos perpendiculares ao eixo da barra são conhecidas da Eq. 5.5. Suas direções coincidem com a direção do torque interno resistente. (Isso deve ser bem visualisado pelo leitor). Em um plano paralelo próximo de um elemento em forma de disco, essas tensões atuam em direções opostas. Entretanto, elas não podem existir sozinhas, como se mostrou na Seç. 3.3. Tensões numericamente iguais devem agir nos planos axiais [tais como *aef* e *bcg* na Fig. 5.5(b)] para preencher os requisitos do equilíbrio estático de um elemento.*

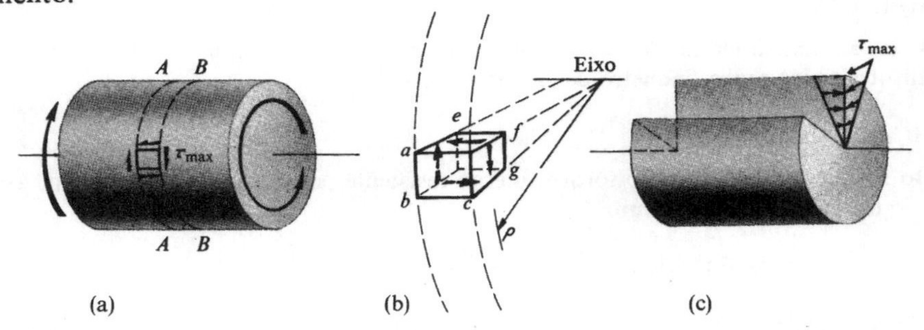

Figura 5.5 Tensões de cisalhamento ocorrem em planos mutuamente perpendiculares, em um eixo submetido a um torque

As tensões de cisalhamento que atuam nos planos axiais seguem a mesma variação de intensidade que as tensões de cisalhamento nos planos perpendiculares ao eixo da barra. As variações das tensões de cisalhamento nos planos mutuamente perpendiculares estão mostradas na Fig. 5.5(c), onde uma parte do eixo foi removida para fins de ilustração.

Neste ponto, é ilustrativo recordar a representação completa do tensor das tensões, dada pela Eq. 3.1. Nesse problema, os resultados das Eqs. 5.4 ou 5.5 podem ser escritos**

$$\begin{pmatrix} 0 & \tau & 0 \\ \tau & 0 & 0 \\ 0 & 0 & 0 \end{pmatrix} . \tag{5.7}$$

Como existem apenas dois elementos do tensor das tensões, nenhuma ambigüidade é provocada pela inexistência de índices em τ na Eq. 5.7. Em problemas gerais da elasticidade, os índices como x e θ são usados em τ para designarem as direções axial e tangencial. Tal como no caso de um elemento cartesiano, para um elemento cilíndrico $\tau_{x\theta} = \tau_{\theta x}$.

Em um material isotrópico faz pouca diferença em que direção as tensões de cisalhamento atuam. Entretanto, nem todos os materiais usados nas aplicações de engenharia são isotrópicos. Por exemplo, a madeira apresenta propriedades drasticamente diferentes de resistência em diferentes direções. A resistência ao cisalhamento da madeira em planos paralelos aos grãos é muito menor do que em planos perpendiculares aos mesmos grãos. Assim, embora existam iguais intensidades de tensão de cisalhamento em planos mutuamente perpendiculares, os

*Observe que as tensões máximas de cisalhamento, mostradas na Fig. 5.5(a), atuam em planos perpendiculares ao eixo da barra e em planos que passam pelo eixo da barra. A representação mostrada é puramente esquemática. A superfície livre de um eixo está livre de quaisquer tensões

**Alguns leitores podem achar interessante olhar o Exemplo 10.2 neste instante

eixos de madeira de tamanho inadequado falham ao longo de planos axiais. Eixos de madeira são ocasionalmente usados em indústrias de processos.

EXEMPLO 5.2

Achar a máxima tensão de cisalhamento torcional, no eixo AC, mostrado na Fig. 5.1(a). Admitir que o eixo tenha diâmetro de 15 mm de A a C.

SOLUÇÃO

Do Exemplo 5.1, o máximo torque interno resistente pelo eixo é igual a 3 kgfm. Assim, $T = 3$ kgfm, e $c = d/2 = 7{,}5$ mm.

$$\text{Pela Eq. 5.3: } J = \frac{\pi d^4}{32} = \frac{\pi(15)^4}{32} = 4\,970 \text{ mm}^4$$

$$\text{Pela Eq. 5.4: } \tau_{max} = \frac{Tc}{J} = \frac{(3 \times 10^3)(7{,}5)}{4\,970} = 4{,}53 \text{ kgf/mm}^2$$

Essa máxima tensão de cisalhamento a 7,5 mm do eixo da barra atua no plano de um corte perpendicular ao eixo da barra e ao longo dos planos longitudinais que passam pelo eixo da barra [Fig. 5.5(c)].

EXEMPLO 5.3

Considere um tubo longo, de diâmetro externo $d_0 = 25$ mm, e de diâmetro interno $d_i = 22{,}5$ mm, torcido em relação a seu eixo longitudinal, com um torque $T = 4$ kgfm. Determinar as tensões de cisalhamento na parte interna e externa do tubo, Fig. 5.6.

SOLUÇÃO

$$\text{Pela Eq. 5.6: } J = \frac{\pi(c^4 - b^4)}{2} = \frac{\pi(d_0^4 - d_i^4)}{32} = \frac{\pi(25^4 - 22{,}5^4)}{32} = 13\,188 \text{ mm}^4.$$

$$\text{Pela Eq. 5.4: } \tau_{max} = \frac{Tc}{J} = \frac{(4 \times 10^3)(12{,}5)}{13\,188} = 3{,}79 \text{ kgf/mm}^2.$$

$$\text{Pela Eq. 5.5: } \tau_{int} = \frac{T\rho}{J} = \frac{4 \times 10^3(22{,}5/25)}{13\,188} = 3{,}41 \text{ kgf/mm}^2.$$

Como nenhum material trabalha a uma baixa tensão, é importante observar que um tubo requer menos material do que um eixo maciço para transmitir um dado torque com a mesma tensão. Diminuindo a parede do tubo e aumentando o diâmetro, obtém-se a tensão de cisalhamento aproximadamente uniforme na parede. Esse fato faz com que os tubos delgados sejam adequados a experiências em que seja desejado um "campo" uniforme de tensão de cisalhamento puro (Seç. 4.15). Para evitar flambagem local, a espessura da parede, entretanto, não deve ser excessivamente delgada.

EXEMPLO 5.4

Achar a energia absorvida por uma barra elástica circular, submetida a um torque constante, em termos da máxima tensão de cisalhamento e do volume do material, Fig. 5.7.

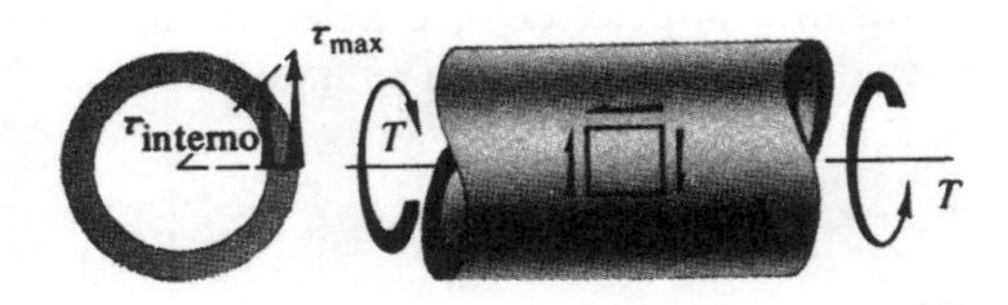

Figura 5.6

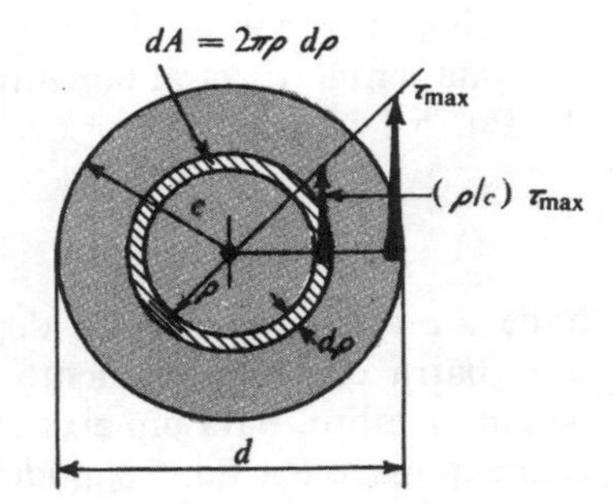

Figura 5.7

SOLUÇÃO

A tensão de cisalhamento que atua em um elemento, a uma distância ρ do centro da seção transversal, é $\tau_{max}\rho/c$. Então, usando a Eq. 4.18, com $\tau_{xy} = \tau$, $\gamma_{xy} = \tau/G$, e integrando em todo o volume V da barra de comprimento L mm, se obtém,

$$U = \int_V \frac{\tau^2}{2G} dV = \int_V \frac{\tau_{max}^2 \rho^2}{2Gc^2} 2\pi\rho \, d\rho L$$

$$= \frac{\tau_{max}^2}{2G} \frac{2\pi L}{c^2} \int_0^c \rho^3 d\rho = \frac{\tau_{max}^2}{2G} \frac{2\pi L}{c^2} \frac{c^4}{4}$$

$$= \frac{\tau_{max}^2}{2G} (\tfrac{1}{2} \text{ vol}).$$

Se no lugar do eixo maciço, fosse usado um tubo de parede delgada, então

$$U = \frac{\tau_{max}^2}{2G} (\text{vol}).$$

Para o mesmo nível de tensão máxima, o material uniformemente tensionado absorve energia mais eficientemente.

5.6 PROJETO DE MEMBROS CIRCULARES EM TORÇÃO

No projeto de membros para resistência, deve-se selecionar tensões de cisalhamento admissíveis. Essas dependem da informação disponível, da experiência e da aplicação pretendida. A informação precisa sobre a capacidade dos materiais para resistirem às tensões de cisalhamento provém dos ensaios com tubos de parede fina. Os eixos maciços são empregados nos ensaios de rotina. Além do mais, como membros em torção são freqüentemente usados no equipamento de potência, efetuam-se várias experiências de fadiga. Caracteristicamente, a tensão de cisalhamento que o material pode suportar é inferior à tensão normal. O código da ASME (American Society of Mechanical Engineers), de prática recomendável para eixos de transmissão, dá valores admissíveis da tensão de cisalhamento de 5,6 kgf/mm^2 para o aço ordinário.* Nos projetos práticos, os carregamentos de choque e os de aplicação instantânea requerem considerações especiais.

*Os livros sobre projeto de máquinas fornecem muitas informações relativas a outros materiais. Por exemplo, veja V. M. Faires, *Design of Machine Elements* (4.ª ed.), p. 580. The Macmillan Company, Nova Iorque, 1965

Uma vez conhecido o torque a ser transmitido pelo eixo, e selecionada a máxima tensão de cisalhamento, as proporções do membro tornam-se fixas. Assim, da Eq. 5.4 tem-se

$$\frac{J}{c} = \frac{T}{\tau_{max}}, \tag{5.8}$$

onde J/c é o *parâmetro* de dependência da resistência elástica de um eixo. Para uma barra com carregamento axial, tal parâmetro é a área de seção transversal de um membro. Para um eixo maciço, $J/c = \pi c^3/2$, onde c é o raio externo. Usando essa expressão e a Eq. 5.8, pode ser determinado o raio necessário ao eixo. Para um eixo perfurado, vários tubos podem fornecer o mesmo valor numérico de J/c, e o problema tem um número infinito de possíveis soluções.

EXEMPLO 5.5

Selecionar um eixo maciço para um motor de 10 CV que opera a 1 800 rpm. A máxima tensão de cisalhamento é limitada a 5,6 kgf/mm^2.

SOLUÇÃO

Pela Eq. 5.1:

$$T = \frac{716{,}2\,\text{CV}}{N} = \frac{716{,}2(10)}{1\,800} = 3{,}98 \text{ kgfm}.$$

Pela Eq. 5.8:

$$\frac{J}{c} = \frac{T}{\tau_{max}} = \frac{3{,}98 \times 10^3}{5{,}6} = 710{,}5 \text{ mm}^3$$

$$\frac{J}{c} = \frac{\pi c^3}{2} \quad \text{ou} \quad c^3 = \frac{2}{\pi}\frac{J}{c} = \frac{2(710{,}5)}{\pi} = 452{,}3 \text{ mm}^3.$$

Assim $c = 7{,}7$ mm ou $d = 2c = 15{,}4$ mm.
Para os fins práticos um eixo de 16 mm provavelmente será o selecionado.

EXEMPLO 5.6

Selecionar eixos maciços para transmitir 200 CV cada um, sem ultrapassar a tensão de cisalhamento de 7 kgf/mm^2. Um desses eixos opera a 20 rpm e o outro a 20 000 rpm.

SOLUÇÃO

O índice 1 aplica-se ao eixo de baixa rotação; o 2 ao eixo de alta rotação.
Pela Eq. 5.1, tem-se

$$T_1 = \frac{(\text{CV})(716{,}2)}{N_1} = \frac{200(716{,}2)}{20} = 7\,162 \text{ kgfm};$$

analogamente

$$T_2 = 7{,}162 \text{ kgfm}.$$

Pela Eq. 5.8, tem-se

$$\frac{J_1}{c} = \frac{T_1}{\tau_{max}} = \frac{7\,162 \times 10^3}{7} = 1{,}023 \times 10^6 \text{ mm}^3;$$

$$\frac{J_1}{c} = \frac{\pi d_1}{16} \quad \text{ou} \quad d_1^3 = \frac{16}{\pi}(1{,}023 \times 10^6) = 5{,}21 \times 10^6 \text{ mm}^3,$$

e $\qquad d_1 = 173{,}4 \text{ mm};$

analogamente $\qquad d_2 = 17{,}34 \text{ mm}.$

Este exemplo ilustra a razão para a moderna tendência ao uso de máquinas de alta velocidade no equipamento mecânico. A diferença em tamanho dos dois eixos é flagrante. Ulterior economia de material pode ser efetuada pelo uso de tubos perfurados.

5.7 ÂNGULO DE TORÇÃO DE MEMBROS CIRCULARES

Até o momento, neste capítulo, foram discutidos os métodos de determinação de tensões em eixos circulares maciços e perfurados, submetidos a torques. Agora a atenção será dirigida para o método de determinação do ângulo de torção para eixos com carregamento torcional. O interesse nesse problema justifica-se por três razões. Primeiro, é importante prever-se a torção de um eixo em si, porque não é suficiente projetá-lo apenas para a resistência: ele também não deve se deformar excessivamente. Em seguida, as magnitudes das rotações angulares dos eixos são necessárias na análise de vibração torcional de máquinas, embora esse assunto não seja aqui tratato. Finalmente, a deflexão angular dos membros é necessária no tratamento dos problemas torcionais estaticamente indeterminados, discutidos no Cap. 12.

De acordo com a premissa 1, enunciada na Seç. 5.3, os planos perpendiculares ao eixo de uma barra circular não empenam. Os elementos de um eixo sofrem deformação do tipo mostrado na Fig. 5.8(b). O elemento hachurado está mostrado na sua posição não-deformada, na Fig. 5.8(a). De tal eixo, um elemento típico de comprimento dx é mostrado isoladamente, na Fig. 5.9.

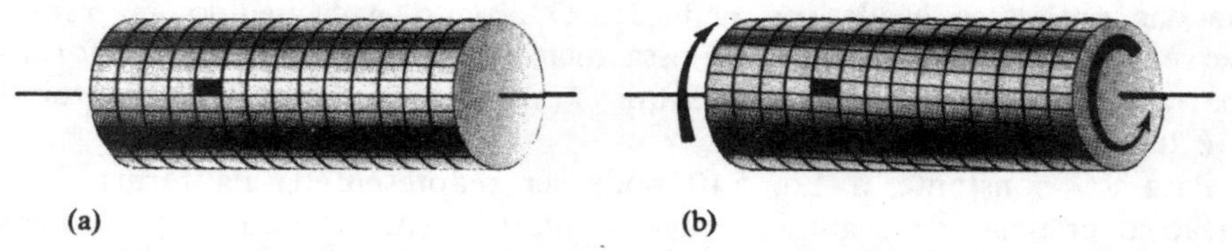

Figura 5.8 Eixo circular (a) antes (b) depois da aplicação do torque

No elemento mostrado, uma linha ou "fibra", tal como AB, inicialmente é paralela à linha de centro do eixo. Após a aplicação do torque, ela adquire uma nova posição AD. Ao mesmo tempo, em virtude da premissa 2, Seç. 5.3, o raio OB permanece reto e gira de um ângulo $d\varphi$ para a nova posição OD.

Indicando o pequeno ângulo DAB por γ_{max}, tem-se, pela geometria,

$$\text{arco } BD = \gamma_{max} dx \quad \text{ou} \quad \text{arco } BD = d\varphi c,$$

onde ambos os ângulos são pequenos e medidos em radianos. Assim

$$\gamma_{max} dx = d\varphi c, \tag{5.9}$$

γ_{max} é válido apenas na zona de um "tubo" infinitesimal de máxima tensão de cisalhamento τ_{max}. Limitando a atenção à resposta elástica linear, a lei de Hooke é aplicável. Dessa forma, de acordo com a Eq. 4.11, o ângulo γ_{max} é proporcional a τ_{max}, isto é, $\gamma_{max} = \tau_{max}/G$. Além do mais, pela Eq. 5.4, $\tau_{max} = Tc/J$. Assim $\gamma_{max} = Tc/(JG)$.* Substituindo a última expressão na Eq. 5.9 e cancelando c,

$$\frac{d\varphi}{dx} = \frac{T}{JG} \quad \text{ou} \quad d\varphi = \frac{T\,dx}{JG}. \tag{5.10}$$

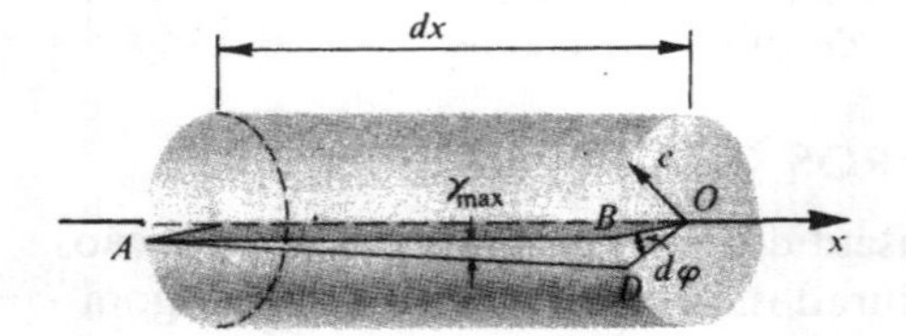

Figura 5.9 Elemento de um eixo circular submetido a um torque

Esse é o ângulo relativo de torção de duas seções vizinhas distantes de uma distância infinitesimal dx. Para achar o ângulo total de torção φ entre quaisquer duas seções A e B sobre o eixo, devem ser somadas as rotações de todos os elementos. Assim, a expressão geral para o ângulo de torção em qualquer seção para um eixo de material linearmente elástico é

$$\varphi = \int_0^x \frac{T(x)}{J(x)G}\, dx + C_1, \tag{5.11}$$

onde a constante C_1 é o ângulo de torção na origem. O conjugado interno T e o momento polar de inércia J, podem variar ao longo do comprimento de um eixo. A direção do ângulo de torção φ coincide com a direção do torque aplicado T.

A Eq. 5.11 é válida para os eixos circulares maciços e perfurados, o que se segue das premissas usadas na dedução. O ângulo φ é medido em radianos. Observe a grande semelhança entre essa relação e a Eq. 4.29 para a deformação de barras com carregamento axial. Aqui, $T(x)$ substitui $P(x)$, $J(x)$ substitui $A(x)$, e G é usado em lugar de E.

Para JG constante, a Eq. 5.10 pode ser reapresentada na forma de uma equação diferencial de segunda ordem. Anteriormente a essa etapa, considere um elemento, mostrado na Fig. 5.10, submetido a conjugados nas extremidades T e $T + dT$ e a um torque distribuído t_x, tendo unidades de kgfm/m. Como a regra da mão direita (parafuso de rosca direita) foi usada para conjugados, todas essas quantidades estão mostradas na figura com o sentido positivo (para a con-

*O argumento anterior pode ser apresentado em termos de qualquer γ, que progressivamente se torna menor quando o eixo da barra é aproximado. A única diferença na dedução consiste em se tomar um arco correspondente a BD, uma distância arbitrária ρ do centro e usando $T\rho/J$ no lugar de Tc/J para τ

venção de sinais, veja a Fig. 2.2). Para o equilíbrio desse elemento infinitesimal

$$t_x dx + dT = 0 \quad \text{ou} \quad dT/dx = -t_x.$$

Diferenciando a Eq. 5.10 em relação a x, tem-se o resultado desejado:

$$JG \frac{d^2\varphi}{dx^2} = \frac{dT}{dx} = -t_x. \tag{5.12}$$

As condições de contorno para essa equação consistem da especificação de φ ou T em cada contorno. Pela Eq. 5.10 deve ficar claro que $T = JGd\varphi/dx$. Nesse caso, como na Eq. 4.32, podem ser empregadas funções de singularidade para momentos concentrados. A Eq. 5.12 pode ser usada na solução de problemas indeterminados. Uma discussão mais completa de tais problemas é dada no Cap. 12.

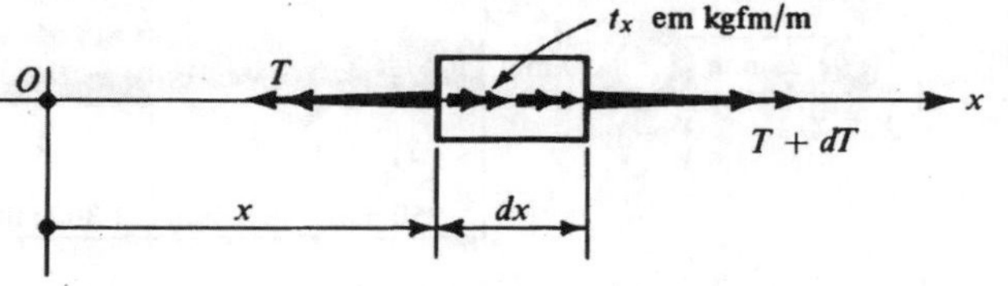

Figura 5.10 Elemento infinitesimal de um eixo sob a ação de um torque

Os dois exemplos que se seguem ilustram aplicações da Eq. 5.11.

EXEMPLO 5.7

Achar a rotação relativa da seção B-B com respeito à seção A-A, do eixo maciço mostrado na Fig. 5.11, quando um torque constante T é transmitido por ele. O momento de inércia polar da área da seção transversal J é constante.

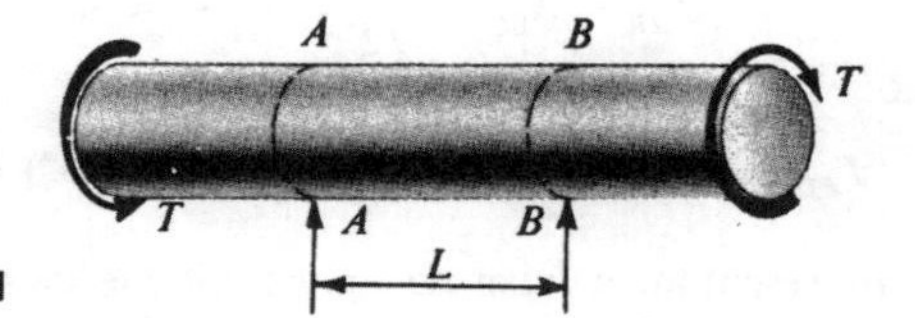

Figura 5.11

SOLUÇÃO

Nesse caso, $T(x) = T$ e $J(x) = J$; dessa forma, pela Eq. 5.11

$$\Delta\varphi = \int_0^L \frac{T dx}{JG} = \frac{T}{JG} \int_0^L dx = \frac{TL}{JG} \cdot \tag{5.13}$$

A Eq. 5.13 é uma importante relação, que pode ser usada no projeto de eixos para rigidez, isto é, para uma torção limitada que pode ocorrer em sua extensão. Para tal aplicação T, L e G são quantidades conhecidas, e a solução da Eq. 5.13 fornece J. Isso fixa o tamanho do eixo necessário (veja as Eqs. 5.3 e 5.6). Observe que, para a rigidez, J é o parâmetro significativo e não J/c do requisito de resistência. Essa equação é usada na análise de vibração torcional. O termo JG é chamado de *rigidez torcional* do eixo.

Outra aplicação da Eq. 5.13 é encontrada em laboratório. Ali, um eixo pode ser submetido a um conjugado conhecido T, J pode ser calculado das dimensões da peça, e a rotação angular relativa entre dois planos, distantes de L, pode ser medida. Então, usando a Eq. 5.13, pode ser calculado o módulo de elasticidade ao cisalhamento na faixa elástica, isto é, $G = TL/J\varphi$.

Ao usar a Eq. 5.13, observe que o ângulo φ deve ser expresso em radianos. Observe também a semelhança entre a Eq. 5.13 e a Eq. 4.33, $\Delta = PL/AE$, formalmente deduzido para barras com carregamento axial.

EXEMPLO 5.8

Considere o eixo de seção variável da Fig. 5.12, engastado em uma parede em E, e determine a rotação da extremidade A, quando são aplicados os dois torques em B e D. Admitir que o módulo para o cisalhamento G seja $8{,}5 \times 10^3$ kgf/mm², um valor típico para os aços.

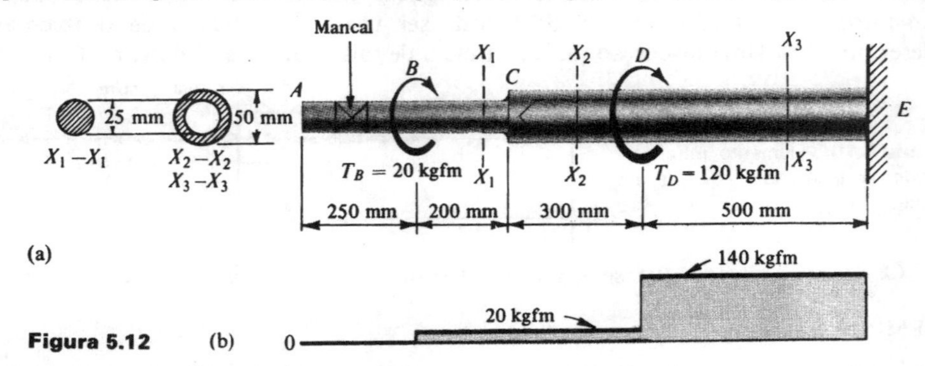

Figura 5.12

SOLUÇÃO

Pela Eq. 5.3:

$$J_{AB} = J_{BC} = \frac{\pi d^4}{32} = \frac{\pi 25^4}{32} = 38\,350 \text{ mm}^4.$$

Pela Eq. 5.6:

$$J_{ED} = J_{DE} = \frac{\pi}{32}(d_o^4 - d_i^4) = \frac{\pi}{32}(50^4 - 25^4) = 575\,243 \text{ mm}^4,$$

onde os índices representam a faixa de aplicabilidade de um dado valor. Então, passando seções arbitrárias X_1-X_1, X_2-X_2 e X_3-X_3, e a cada instante considerando uma porção do eixo à esquerda de tais seções, são achados os torques internos para os vários intervalos, com os valores

$$T_{AB} = 0, \quad T_{BD} = T_{BC} = T_{CD} = 20 \text{ kgfm}, \quad T_{DE} = 140 \text{ kgfm}.$$

O diagrama de torque, correspondente a essas quantidades, está apresentado na Fig. 5.12(b).

Para achar a rotação da extremidade A, é aplicada a Eq. 5.11, com os limites de integração desmembrados nos pontos em que T ou J muda abruptamente de valor. Integrando da direita para a esquerda, porque a extremidade direita está engastada, obtém-se $C_1 = 0$.

$$\varphi = \int_E^A \frac{T(x)dx}{J(x)G} = \int_E^D \frac{T_{DE}dx}{J_{DE}G} + \int_D^C \frac{T_{CD}dx}{J_{CD}G} +$$

$$+ \int_C^B \frac{T_{BC}dx}{J_{BC}G} + \int_B^A \frac{T_{AB}dx}{J_{AB}G}.$$

No último grupo de integrais os T e J são constantes entre os limites considerados, e cada integral se converte em uma solução, Eq. 5.13. Assim

$$\varphi = \frac{T_{DE}L_{DE}}{J_{DE}G} + \frac{T_{CD}L_{CD}}{J_{CD}G} + \frac{T_{BC}L_{BC}}{J_{BC}G} + \frac{T_{AB}L_{AB}}{J_{AB}G} =$$

$$= \frac{140 \times 10^3(500)}{575\,243(8{,}5)10^3} + \frac{20 \times 10^3(300)}{575\,243(8{,}5)10^3} + \frac{20 \times 10^3(200)}{38\,350(8{,}5)10^3} + 0$$

$$= 0{,}0143 + 0{,}0012 + 0{,}0123$$

$$= 0{,}0278 \text{ rad} \quad \text{ou} \quad (360/2\pi)(0{,}0278) = 1{,}59°.$$

A parte AB do eixo não contribui para o valor do ângulo φ porque nenhum torque interno age nela; ela gira tanto quanto a seção em B. Pouca contribuição para φ é dada pela parte CD, porque um pequeno torque interno e um grande J estão associados com esse segmento; não há dúvidas de que existe uma perturbação nas deformações no ressalto, mas esse efeito local tem pouca importância na rotação total.

O ângulo calculado seria igualmente verdadeiro para uma rotação relativa das seções, em um problema análogo de rotação de eixo.

5.8 TENSÕES DE CISALHAMENTO E DEFORMAÇÕES EM EIXOS CIRCULARES NA FAIXA INELÁSTICA

A fórmula da torção para seções circulares, deduzida anteriormente, baseia-se na lei de Hooke. Dessa forma, ela se aplica somente até que o limite de proporcionalidade do material ao cisalhamento seja atingido no anel mais externo do eixo. Agora a solução será estendida para incluir o comportamento inelástico de um material. Como anteriormente, devem ser satisfeitos os requisitos de equilíbrio em uma seção. A premissa de deformação com variação linear permanece aplicável. Apenas a diferença nas propriedades do material afetam a solução.

Uma seção de um eixo está mostrada na Fig. 5.13(a). A variação linear da deformação está mostrada esquematicamente na mesma figura. Algumas propriedades mecânicas dos materiais ao cisalhamento, obtidas, por exemplo, nas experiências com tubos delgados em torção, estão mostradas nas Figs. 5.13(b), (c) e (d). A distribuição da tensão de cisalhamento correspondente está mostrada à direita, em cada caso. As tensões são determinadas a partir das deformações. Por exemplo, se, em um anel interior, a deformação é a, Fig. 5.13(a), a tensão correspondente é achada pelo diagrama de tensão-deformação. Esse procedimento é aplicável a eixos maciços assim como a eixos feitos de tubos concêntricos de materiais diferentes, contanto que sejam usados os diagramas tensão-deformação correspondentes. A dedução para um material elástico linear é simplesmente um caso especial desse problema.

Após ser conhecida a distribuição de tensões, o torque T é achado como anteriormente, isto é,

$$T = \int_A [\tau(dA)]\rho. \tag{5.14}$$

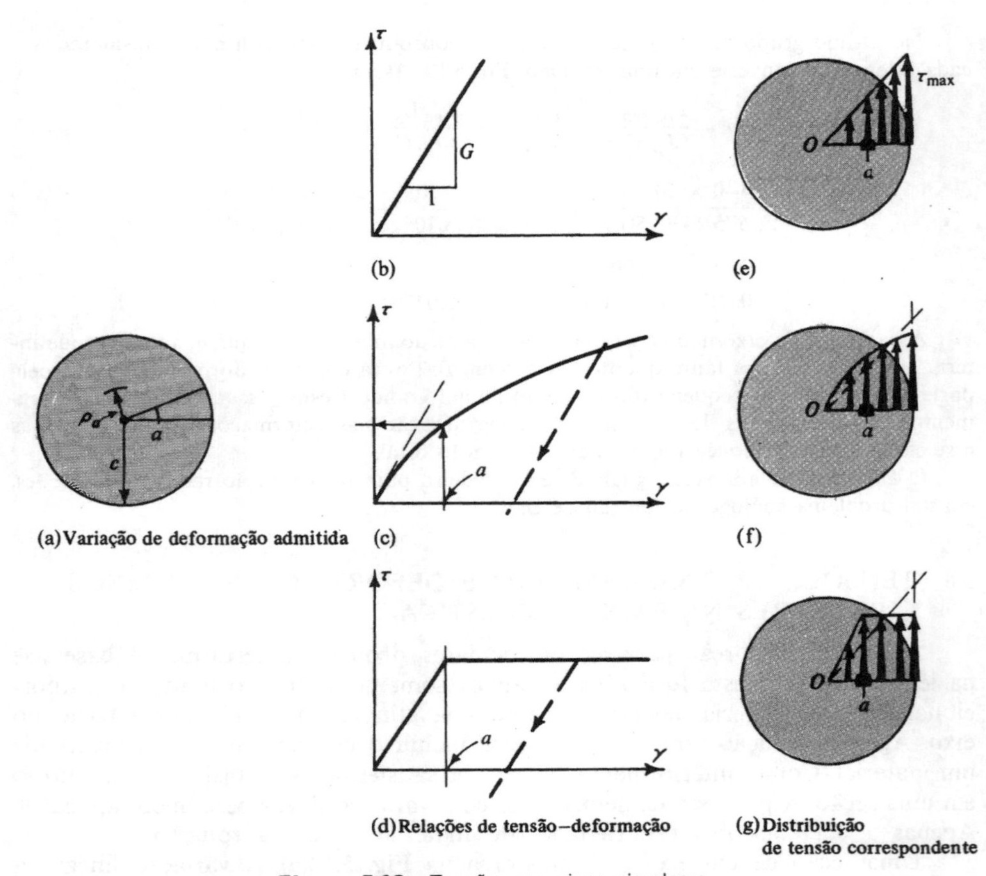

Figura 5.13 Tensões em eixos circulares

O procedimento analítico, ou o gráfico, pode ser usado na avaliação dessa integral.

Embora a distribuição de tensão de cisalhamento seja não-linear após excedido o limite elástico, e a fórmula de torção elástica da Eq. 5.4 não se aplique, ela é usada por vezes na aresta externa do eixo para calcular uma tensão fictícia para o torque de ruptura. A tensão calculada é chamada de *módulo de ruptura*; veja as linhas tracejadas nas Figs. 5.13(f) e (g). Ela serve como um índice grosseiro da resistência à ruptura de um material em torção. Para um tubo de parede delgada, a distribuição de tensões é bastante próxima da mesma, independentemente das propriedades mecânicas do material, Fig. 5.14. Por essa razão, são usadas com freqüência, experiências com tubos de parede delgada, no estabelecimento dos diagramas tensão-deformação ao cisalhamento (τ-γ).

Se um eixo é deformado até a faixa plástica e o conjugado aplicado é removido, todos os anéis imaginários retornam elasticamente. Devido às diferenças nos caminhos de deformação, que causam deformação permanente no material, desenvolvem-se tensões residuais. Esse processo será ilustrado em um dos exemplos que se seguem.

Para determinação da razão de torção de um eixo circular ou tubo, a Eq. 5.9 pode ser usada da seguinte forma:

$$\frac{d\varphi}{dx} = \frac{\gamma_{max}}{c} = \frac{\gamma_a}{\rho_a}. \tag{5.15}$$

Aqui deve ser usada a máxima deformação angular em c ou a deformação em ρ_a, determinada pelo diagrama tensão-deformação.

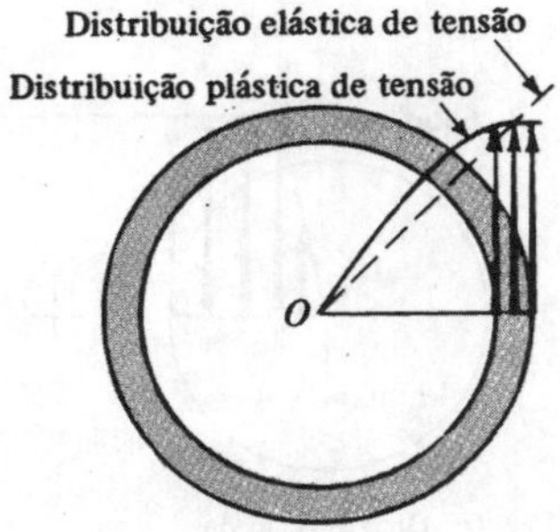

Distribuição elástica de tensão

Distribuição plástica de tensão

O

Figura 5.14 Para os tubos de parede fina, a diferença entre as tensões elásticas e plásticas, é pequena

EXEMPLO 5.9

Um eixo maciço de aço, de 25 mm de diâmetro é tão severamente torcido que apenas um núcleo de 8 mm de diâmetro permanece elástico, Fig. 5.15(a). Se o material tem as propriedades idealizadas como mostra a Fig. 5.15(b), que tensões e rotação residuais permanecerão após o alívio do torque aplicado?

SOLUÇÃO

Para início devem ser determinados a magnitude do torque inicialmente aplicado e o correspondente ângulo de torção. A distribuição de tensões correspondente a dada condição está mostrada na Fig. 5.15(c). As tensões variam linearmente de 0 a 16 kgf/mm^2, quando $0 \leqslant \rho \leqslant 4$ mm; a tensão é constante em 16 kgf/mm^2, para $\rho > 4$ mm. A Eq. 5.14 pode ser usada para determinar o torque aplicado T. O alívio do torque T causa tensões elásticas, e se aplica a Eq. 5.4, Fig. 5.15(d). A diferença entre as duas distribuições de tensões, correspondente à inexistência de torque externo, dá as tensões residuais.

$$T = \int_A \tau\rho dA = \int_0^c 2\pi\tau\rho^2 d\rho = \int_0^4 \left[\frac{\rho}{4}16\right] 2\pi\rho^2 d\rho$$

$$+ \int_4^{12,5} (16)2\pi\rho^2 d\rho = 1\,608 + 63\,305 = 64\,913 \text{ kgfmm} = 64{,}9 \text{ kgfm}.$$

(Observe quão pequena é a contribuição da primeira integral).

$$\tau_{max} = \frac{T_c}{J} = \frac{64\,913 \times 12{,}5}{\pi/32 \times 254} = 21{,}2 \text{ kgf/mm}^2.$$

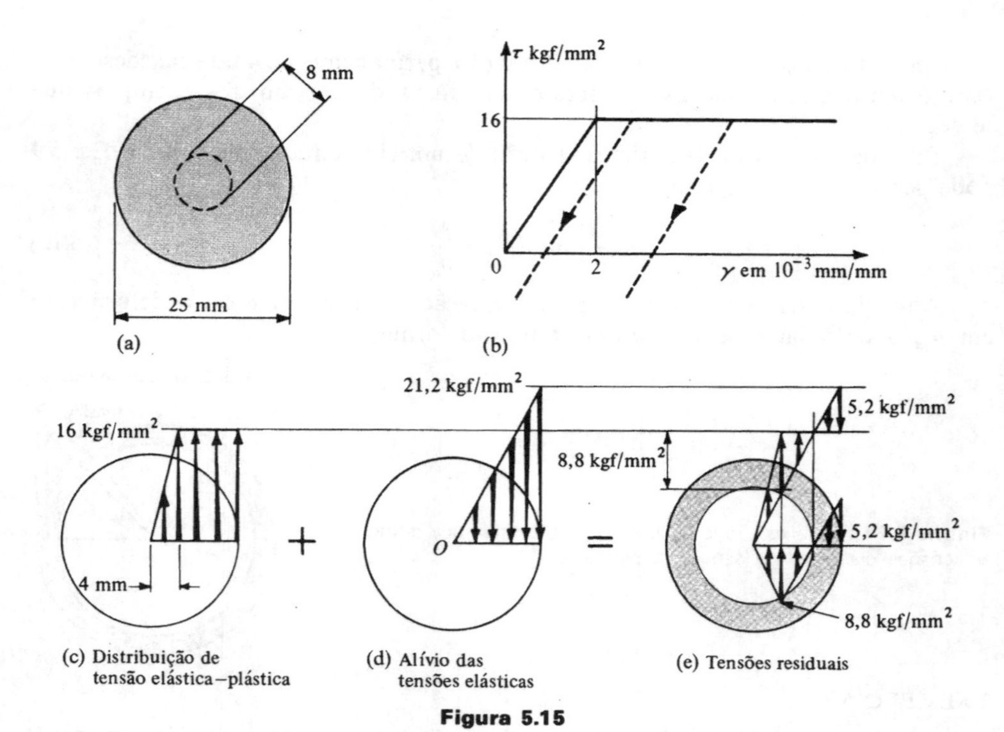

(c) Distribuição de tensão elástica–plástica (d) Alívio das tensões elásticas (e) Tensões residuais

Figura 5.15

Em $\rho = 12{,}5$ mm, $\tau_{residual} = 21{,}2 - 16{,}0 = 5{,}2$ kgf/mm^2. Dois diagramas de tensões residuais são mostrados na Fig. 5.15(e). Para clareza os resultados iniciais são retraçados da linha horizontal. Na porção hachurada do diagrama, o torque residual é no sentido horário; um torque residual exatamente igual atua na direção oposta, na parte interna do eixo.

A rotação inicial é melhor determinada pelo cálculo do núcleo elástico. Em $\rho = 4$ mm, $\gamma = 2 \times 10^{-3}$. A volta elástica do eixo é dada pela Eq. 5.13. A diferença entre as torções elástica e inelástica dá a rotação residual por milímetro de eixo. Se o torque inicial é reaplicado na mesma direção, o eixo responde elasticamente.

$$\text{Inelástico:} \quad \frac{d\varphi}{dx} = \frac{\gamma_a}{\rho_a} = \frac{2 \times 10^{-3}}{4} = 5 \times 10^{-4} \text{ por mm.}$$

$$\text{Elástico:} \quad \frac{d\varphi}{dx} = \frac{T}{JG} = \frac{64\,913}{25^4(\pi/32)8{,}5 \times 10^3} = 1{,}99 \times 10^{-4} \text{ por mm.}$$

$$\text{Residual:} \quad \frac{d\varphi}{dx} = (5 - 1{,}99)10^{-4} = 3{,}01 \times 10^{-4} \text{ rad/mm.}$$

EXEMPLO 5.10

Determinar o torque suportado por um eixo circular maciço de aço doce, quando as tensões de cisalhamento ultrapassam o limite de proporcionalidade em todos os pontos. Para o aço doce, o diagrama tensão-deformação ao cisalhamento pode ser idealizado conforme mostra a Fig. 5.16(a). A tensão de cisalhamento no escoamento τ_{esc} é considerada como sendo a mesma do limite de proporcionalidade no cisalhamento.

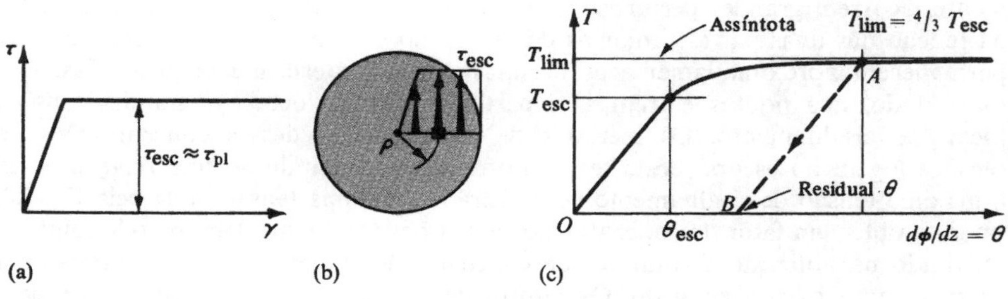

Figura 5.16

SOLUÇÃO

Se um grande torque é aplicado ao membro, grandes deformações aparecem em todos os pontos, exceto próximo do centro. Correspondente às grandes deformações do material idealizado, a tensão de cisalhamento para escoamento será atingida em todos os pontos exceto próximo do centro. Entretanto, a resistência ao torque aplicado, oferecida pelo material localizado próximo do centro do eixo é desprezível quando os ρ correspondentes são pequenos, Fig. 5.16(b). (Veja a contribuição ao torque T pela ação elástica no Exemplo 5.9). Assim, com suficiente grau de precisão, pode-se admitir que uma tensão constante de cisalhamento τ_{esc} atue em todos os pontos da seção considerada. O torque correspondente a essa condição pode ser considerado o torque-limite ou de ruptura. (A Fig. 5.16(c) dá uma base firme para essa afirmativa). Assim,

$$\tau_{rup} = \int_A \tau_{esc}\, dA\rho = \int_0^c 2\pi\rho^2 \tau_{esc}\, d\rho$$

$$= \frac{2\pi c^3}{3}\tau_{esc} = \frac{4}{3}\frac{\tau_{esc}}{c}\frac{\pi c^4}{2} = \frac{4}{3}\frac{\tau_{esc} J}{c} \tag{5.16}$$

Observe que, de acordo com a Eq. 5.4, a máxima capacidade de torque elástico de um eixo sólido é $T_{esc} = \tau_{esc} J/c$. Dessa forma, como T_{rup} é 4/3 vezes esse valor, apenas $33^1/3\%$ da capacidade do torque permanece após a ocorrência de τ_{esc} nas fibras extremas de um eixo. A Fig. 5.16(c) mostra um gráfico de *T versus* θ, o ângulo de torção por unidade de distância, quando ocorre a plasticidade total. O ponto A corresponde aos resultados encontrados no exemplo anterior; a linha AB é a recuperação elástica; e o ponto B é o θ residual para o mesmo problema.

Deve-se observar que, em elementos de máquinas, por causa das propriedades de fadiga dos materiais, a capacidade estática limite dos eixos, como a avaliada anteriormente, é geralmente de pouca importância.

5.9 CONCENTRAÇÕES DE TENSÕES

As Eqs. 5.4 e 5.8 se aplicam a eixos maciços e tubulares, apenas enquanto o material se comportar elasticamente. Além do mais, as áreas transversais ao longo do eixo devem permanecer razoavelmente constantes. Se ocorrer variação gradual no diâmetro, as equações acima dão soluções satisfatórias. Por outro lado, no caso de eixos escalonados, em que os diâmetros de seções vizinhas mudem abruptamente, ocorrem grandes perturbações nas tensões de cisalhamento. Em tais casos, na junção das duas partes próximas do centro do eixo, as tensões de cisalhamento permanecem aproximadamente as mesmas que as anteriormente discutidas. Por outro lado, nos pontos extremos, a partir do centro, ocorrem grandes tensões locais de cisalhamento. Os métodos de determinação dessas concentrações de tensões fogem ao escopo deste texto. Entretanto, formando-se uma relação entre a máxima tensão de cisalhamento verdadeira e a máxima tensão dada pela Eq. 5.4, pode-se obter um fator de concentração de tensões torcionais. Um método análogo foi usado na obtenção dos fatores de concentração de tensões nos membros com carregamento axial (Seç. 4.18). Os fatores de concentração de tensões dependem apenas da geometria do membro. Os fatores de concentração de tensões para várias proporções de eixos escalonados redondos estão mostrados na Fig. 5.17.*

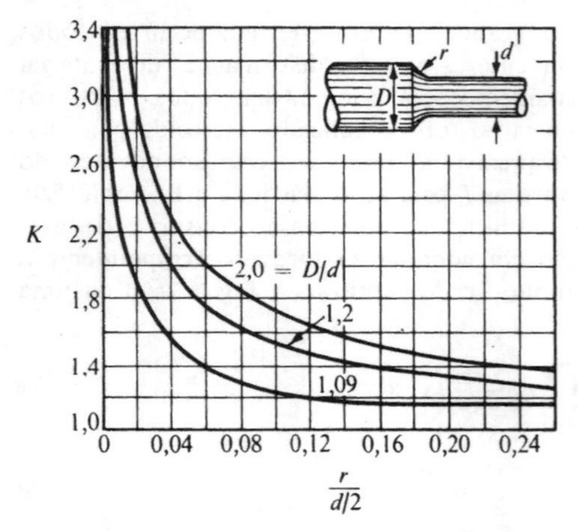

Figura 5.17 Fatores de concentração de tensão torcional nos eixos de seção variável

Figura 5.18 Eixo circular com rasgo de chaveta

Para se obter a tensão efetiva em uma descontinuidade geométrica de um eixo escalonado, seleciona-se uma curva da Fig. 5.17, para um D/d particular. Então, o fator de concentração de tensões K, correspondente a um dado $r/(d/2)$ é lido da curva. Finalmente, pela definição de K, obtém-se a máxima tensão de cisalhamento efetiva pela Eq. 5.4, isto é,

$$\tau_{max} = K(Tc/J), \tag{5.17}$$

onde a tensão de cisalhamento Tc/J é determinada para o eixo menor.

Um estudo dos fatores de concentração de tensões na Fig. 5.17 enfatiza a necessidade de um generoso raio de concordância r em todas as seções em que ocorre a transição de diâmetro do eixo.

*Essa figura é adaptada de um trabalho técnico de L. S. Jacobsen, "Torsional-Stress Concentrations in Shafts of Circular Cross-section and Variable Diameter", *Transactions of American Society of Mechanical Engineers*, 47 (1926), 632

Consideráveis elevadores de tensão também ocorrem nos eixos, nos orifícios de lubrificação e nos rasgos de chavetas. Os últimos são necessários para fixação de polias e de engrenagens ao eixo. Um eixo preparado para uma chaveta, Fig. 5.18, não é mais um membro circular. O efeito de concentração de tensões é particularmente pronunciado nas extremidades dos rasgos de chavetas. Numericamente, K para rasgos de chavetas retangulares é bastante elevado. Para detalhes de projeto o leitor é aconselhado a procurar livros sobre projeto de máquinas.

Devido a alguma resposta inelástica ou não-linear dos materiais reais, pelas razões análogas às apontadas na Seç. 4.18, as concentrações de tensões teóricas baseadas no comportamento do material elástico linear tendem a ser de valor elevado.

5.10 TORÇÃO DE BARRAS CIRCULARES VISCOELÁSTICAS

Em algumas aplicações os membros torcionais apresentam um comportamento dependente do tempo. Por exemplo, uma barra sujeita a um torque constante pode continuar a torcer por algum tempo. Esse é o fenômeno da fluência. Como ilustração desse comportamento, considere uma barra circular de um material linear viscoelástico, submetida à ação do torque $T(x)$ no instante $t = 0$, que permanece constante a partir daquele momento.* O ângulo de torção φ dessa barra é função da posição x sobre a barra e do tempo t, ou simbolicamente $\varphi(x, t)$. O ângulo de torção dessa barra por unidade de comprimento é $\theta(x, t) = \partial\varphi(x, t)/\partial x$, que é uma quantidade mais conveniente de considerar na discussão desse problema. Integrando θ ao longo da barra, o ângulo total de torção φ pode sempre ser obtido.

Para qualquer barra circular de material viscoelástico submetido a um torque, a premissa básica cinemática de que as deformações variem linearmente da linha de centro do eixo (ou da barra) permanece válida. Desta forma, recordando que ρ é a distância radial do centro do eixo, tem-se**

$$\gamma(x, t, \rho) = \theta(x, t)\rho, \tag{5.18}$$

que estabelece ser a deformação angular γ, para um dado x e t, simplesmente uma função linear de ρ, como no caso elástico linear.

Em seguida, volta-se a atenção para uma relação constitutiva para um material viscoelástico *linear*, e por analogia completa com a Eq. 4.27, exprime-se a dependência da deformação angular com o tempo como

$$\gamma(t) = \tau_0 \bar{J}_c(t), \tag{5.19}$$

onde τ_0 é uma tensão de cisalhamento constante, e $\bar{J}_c(t)$ é a correlação de fluência no cisalhamento. Essa expressão pode ser reagrupada como

$$\tau_0 = \gamma(t)/\bar{J}(t). \tag{5.19a}$$

*Analiticamente essa expressão pode ser dada por $T(x,t) = T(x)H(t)$, onde $H(t)$ é o operador de Heaviside, que é zero para $t < 0$ e é igual a um para $t > 0$. Como nessa discussão é considerado um impulso simples de $T(x)$ essa notação mais completa não é usada

**Usando a notação acima, a Eq. 5.9 fornece $\gamma_{max} = \theta c$. Para um raio arbitrário ρ, no lugar de c, essa expressão fica $\gamma = \theta\rho$, ou, na notação funcional, $\gamma(x, \rho) = \theta(x)\rho$. Na Eq. 5.18 é incluída a dependência adicional de γ e θ com o tempo t

Em um problema viscoelástico essa equação desempenha a mesma função que a relação ordinária de tensão-deformação exerce no problema elástico. Dessa forma, se a tensão τ_0 para um elemento é função de sua posição, dada por x e ρ, a Eq. 5.19a pode ser generalizada para

$$\tau_0(x, \rho) = \frac{\gamma(x, t, \rho)}{\bar{J}_c(t)} = \frac{\theta(x, t)}{\bar{J}_c(t)} \rho, \tag{5.20}$$

onde o último resultado é obtido pelo uso da expressão para γ, dada pela Eq. 5.18.

Na Eq. 5.20, observe especialmente que a tensão de cisalhamento τ_0 é independente do tempo e varia linearmente com ρ, precisamente como o faz no caso elástico linear. Dessa forma, pode-se concluir que a distribuição de tensões nas barras circulares é a mesma para os materiais elásticos lineares e para os viscoelásticos lineares, e não varia com o tempo.

A Eq. 5.20, para a tensão de cisalhamento pode ser substituída na relação de equilíbrio $T = \int \tau \rho dA$, da mesma maneira que foi usada na dedução da fórmula de torção elástica, Eq. 5.4. Dessa forma, obtém-se

$$T(x) = \int_A \tau_0(x, \rho)\rho dA = \int_A \frac{\theta(x, t)}{\bar{J}_c(t)} \rho^2 dA = \frac{\theta(x, t)}{\bar{J}_c(t)} \int_A \rho^2 dA = \frac{\theta(x, t)}{\bar{J}_c(t)} J(x), \tag{5.21}$$

onde, como na solução elástica, $J(x)$ é o momento polar de inércia da área da seção transversal; é uma função de x, já que c pode variar com x.

Reordenando a Eq. 5.21, obtém-se

$$\theta(x, t) = T(x)\bar{J}_c(t)/J(x), \tag{5.22}$$

que dá o ângulo de torção por unidade de comprimento da barra, devido ao torque aplicado em função do tempo. No instante $t = 0$, como $\bar{J}_c(0) = G^{-1}$,

$$\theta(x, 0) = T(x)/(JG), \tag{5.22a}$$

que concorda completamente com a Eq. 5.10 e dá o ângulo de torção por unidade de comprimento para uma barra elástica linear. Por essa razão, se $\theta(x, 0) \equiv \theta_{el}(x)$, a Eq. 5.22 pode ser reescrita como

$$\theta(x, t) = \theta_{el}(x)G\bar{J}_c(t), \tag{5.23}$$

que mostra a relação clara entre o ângulo de torção elástica θ_{el} e o ângulo θ no instante t, para uma barra de material de fluência $\bar{J}_c$, que deve ser determinada experimentalmente. Essa solução é aplicável a problemas estaticamente determinados e indeterminados, contanto que o material seja viscoelástico *linear* e as condições de contorno não mudem com o tempo.

É interessante observar que essencialmente pela mesma argumentação se pode mostrar que, se um ângulo constante de torção φ_0 é imposto na extremidade livre de um eixo circular de material viscoelástico linear, no instante $t = 0$,

$$T(t) = G(t)J\varphi_0/L, \tag{5.24}$$

onde $G(t)$ é o módulo de relaxação no cisalhamento. De acordo com essa relação, como no caso das barras com carregamento axial, o torque interno T diminui com o tempo.

Deve-se enfatizar que as duas soluções anteriores estão limitadas a impulsos de função salto do torque ou do ângulo de torção, respectivamente, em $t = 0$, permanecendo, então constantes com o tempo. Se for aplicada uma seqüência de carregamento ou deformação, respectivamente, é necessário o uso do princípio de superposição de Boltzmann (Seç. 4.16).

Como observado na Seç. 4.16, é essencial, nas aplicações práticas, a cuidadosa seleção das constantes de material em problemas viscoelásticos. Elas dependem fortemente da temperatura. Além do mais, a idealização linear para a resposta viscoelástica pode não ser suficientemente precisa para alguns materiais.

5.11 MEMBROS MACIÇOS NÃO-CIRCULARES

O tratamento analítico de membros maciços não-circulares em torção foge ao escopo deste texto. O tratamento matemático do problema é complicado.* As duas primeiras premissas enunciadas na Seç. 5.3 não se aplicam a membros não-circulares. As seções perpendiculares ao eixo de um membro empenam quando é aplicado um torque. A natureza das distorções que ocorrem em uma seção retangular pode ser vista na Fig. 5.19.** Para um membro retangular, por estranho que pareça, os elementos dos cantos não distorcem. As tensões de cisalhamento nos cantos são nulas, e são máximas nos pontos médios dos lados longos. A Fig. 5.20 mostra a distribuição de tensão de cisalhamento ao longo de três linhas radiais que saem do centro. Observe, particularmente, a diferença na distribuição de tensões comparada com aquela de uma seção circular. Para a última, a tensão é máxima no ponto mais remoto mas para a primeira a tensão é nula naquele ponto remoto.

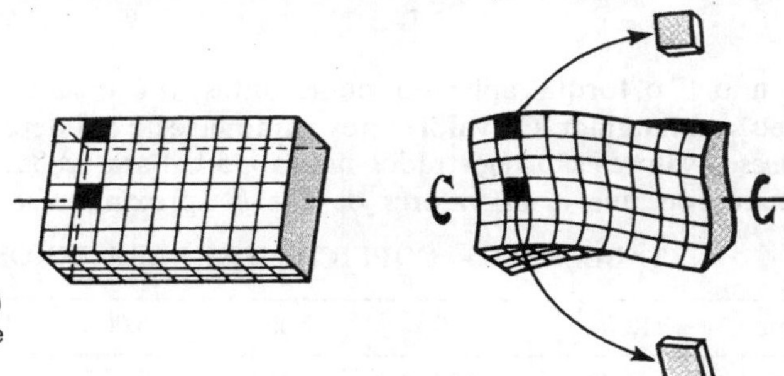

Figura 5.19 Eixo retangular (a) antes e (b) depois da aplicação de um torque

Essa situação pode ser explicada por meio da análise de comportamento de um elemento de canto, como mostra a Fig. 5.21. Se existisse uma tensão de cisalhamento τ no canto da peça, ela poderia ser decomposta em duas componentes para-

*Esse problema permaneceu sem solução até que B. de St. Venant, desenvolveu uma solução para tais problemas, em 1853. O problema torcional geral é, por vezes, chamado de problema de St. Venant

**Uma experiência com uma borracha de apagar, na qual se traça uma grade retangular, demonstra esse tipo de distorção

lelas às arestas da barra. Entretanto, como os cisalhamentos sempre ocorrem aos pares, atuando em planos mutuamente perpendiculares, essas componentes teriam de ser obtidas nos planos das superfícies externas. A última situação é impossível porque as superfícies externas são livres de tensões. Assim τ deve ser nula. Considerações análogas podem ser aplicadas a outros pontos sobre o contorno. Todas as tensões de cisalhamento no plano de um corte próximo dos contornos atuam paralelamente a eles.

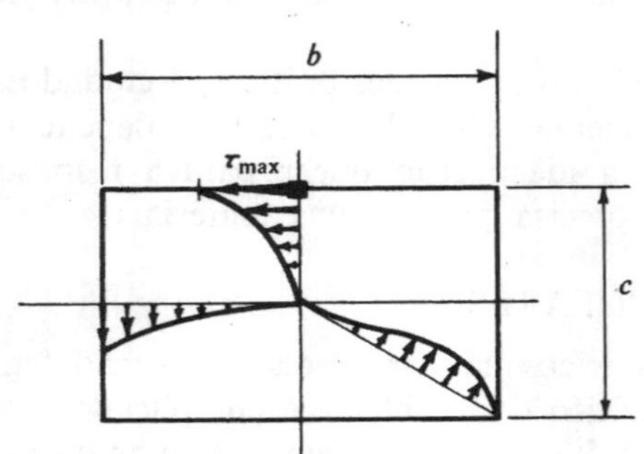

Figura 5.20 Distribuição de tensão de cisalhamento em um eixo retangular submetido à ação de um torque

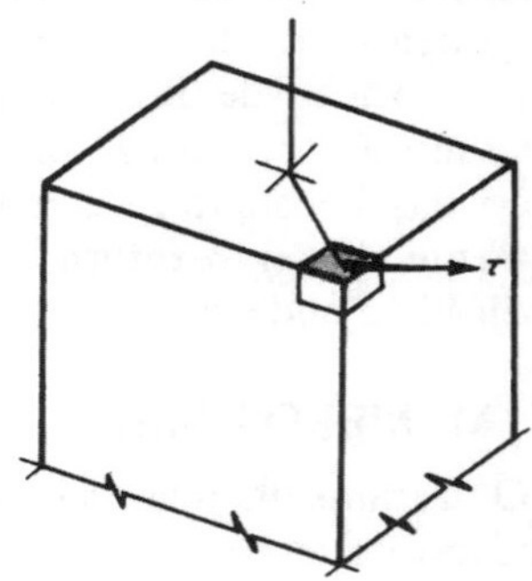

Figura 5.21 A tensão de cisalhamento mostrada não pode existir

Soluções analíticas têm sido obtidas para a torção de membros elásticos retangulares.* Os métodos usados fogem ao escopo deste livro. Os resultados finais de tal análise, entretanto, são de interesse. Para a máxima tensão de cisalhamento (veja a Fig. 5.20) e o ângulo de torção, esses resultados podem ser colocados na seguinte forma:

$$\tau_{max} = \frac{T}{\alpha b c^2} \quad \text{e} \quad \varphi = \frac{TL}{\beta b c^3 G}, \tag{5.25}$$

sendo T o torque aplicado, como antes; b é o lado longo e c é o lado curto da seção retangular. Os valores dos parâmetros α e β dependem da relação b/c. Alguns desses valores são registrados na Tab. 5.1. Para seções delgadas, quando b é muito maior do que c, os valores de α e β aproximam-se de 1/3.

TABELA 5.1 – COEFICIENTES PARA EIXOS RETANGULARES

b/c	1,00	1,50	2,00	3,00	6,00	10,0	∞
α	0,208	0,231	0,246	0,267	0,299	0,312	0,333
β	0,141	0,196	0,229	0,263	0,299	0,312	0,333

Fórmulas como as anteriores encontram-se disponíveis para muitos tipos de áreas de seção transversal em livros mais avançados. Para os casos que não podem

*S. Timoshenko e J. N. Goodier, *Theory of Elasticity* (2.ª ed.), p. 277, McGraw-Hill Book Company, Nova Iorque, 1951

ser convenientemente solucionados matematicamente foi idealizado um método notável.* Ocorre que a solução da equação diferencial parcial do problema da torção elástica é matematicamente a mesma que a equação de uma membrana delgada, tal como uma película de sabão, ligeiramente distendida em um orifício. Esse orifício deve ser geometricamente semelhante à seção transversal do eixo em estudo. Leve pressão de ar deve ser mantida de um lado da membrana. Então os seguintes pontos podem ser mostrados:

1. A tensão de cisalhamento em qualquer ponto é proporcional à inclinação da membrana distendida no mesmo ponto, Fig. 5.22.

2. A direção de uma tensão de cisalhamento particular em um ponto é perpendicular à inclinação da membrana no mesmo ponto, Fig. 5.22.

3. O dobro do volume envolvido pela membrana é proporcional ao torque suportado pela seção.

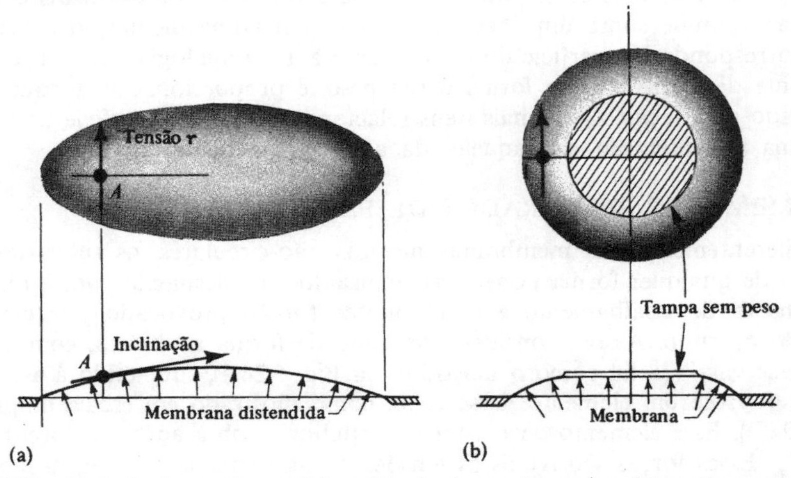

Figura 5.22 Analogia da membrana: (a) região simplesmente conexa, (b) região multiplamente conexa (tubular)

A analogia precedente é chamada de *analogia da membrana.* Além de seu valor nas aplicações experimentais, ela constitui uma ferramenta bastante útil para visualização das tensões e das capacidades de suporte de torque da membrana. Por exemplo, todas as seções mostradas na Fig. 5.23 podem suportar aproximadamente o mesmo torque com a mesma tensão máxima de cisalhamento (mesma inclinação máxima da membrana) porque o volume envolvido pelas membranas seria aproximadamente o mesmo em todos os casos. (Para todas essas formas $b = L$ e $c = t$ na Eq. 5.25). Entretanto, pouca imaginação será necessária para convencer o leitor de que as linhas da película de sabão se acumularão em *a* para a seção angular. Assim, naquele ponto ocorrerão elevadas tensões locais.

*Essa analogia foi introduzida por um cientista alemão, L. Prandtl, em 1903

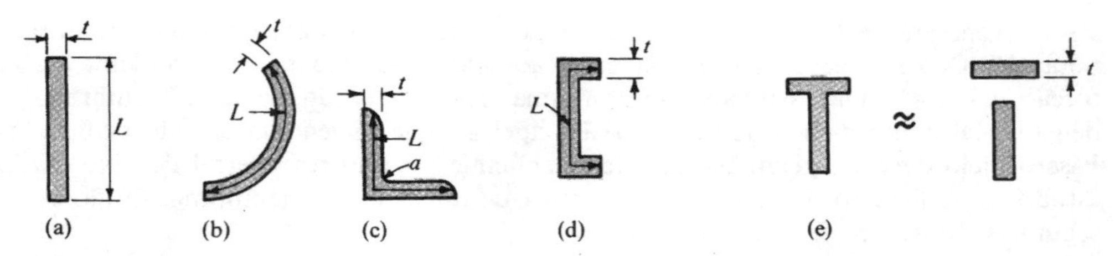

Figura 5.23 Membros de mesma área da seção transversal e de mesma espessura, suportando o mesmo torque

Outra analogia, a do *monte de areia*, foi desenvolvida para a torção plástica.* Espalha-se areia seca em uma superfície plana elevada, com a forma da seção transversal do membro. A superfície do monte de areia assim formado adquire inclinação constante. Por exemplo, um cone é formado sobre um disco circular, ou uma pirâmide sobre uma base quadrada. A máxima inclinação constante da areia corresponde à superfície limite da membrana na analogia anterior. O volume do monte de areia, e dessa forma o seu peso, é proporcional ao torque plástico suportado pela seção. Os demais itens relacionados com a superfície da areia têm a mesma interpretação que aqueles da analogia da membrana.

5.12 MEMBROS PERFURADOS DE PAREDES FINAS

Diferentemente das membranas maciças não-circulares, os tubos de parede delgada de qualquer forma podem ser analisados simplesmente para a magnitude das tensões de cisalhamento e o ângulo de torção provocado por um torque aplicado ao tubo. Assim, considere um tubo de forma arbitrária, com espessura de parede variável, tal como o mostrado na Fig. 5.24(a), submetido à ação de um torque T. Isole um elemento desse tubo, como mostrado em escala ampliada na Fig. 5.24(b). Esse elemento deve estar em equilíbrio sob a ação das forças F_1, F_2, F_3 e F_4. Essas forças são iguais às tensões de cisalhamento que agem nos planos de corte, multiplicadas pelas respectivas áreas.

De $\Sigma F_x = 0$, $F_1 = F_3$; mas $F_1 = \tau_2 t_2 dx$ e $F_3 = \tau_1 t_1 dx$, onde τ_2 e τ_1 são as tensões de cisalhamento que atuam nas respectivas áreas $t_2 dx$ e $t_1 dx$. Assim, $\tau_2 t_2 dx = \tau_1 t_1 dx$, ou $\tau_1 t_1 = \tau_2 t_2$. Entretanto, como os planos longitudinais de corte foram tomados a distâncias arbitrárias, segue-se das relações acima que o produto da tensão de cisalhamento pela espessura da parede é o mesmo, isto é, constante em quaisquer tais planos. Essa constante será indicada por q, e se a tensão de cisalhamento for medida em kgf/mm^2 e a espessura do tubo em mm, q é medido em kgf/mm.

Na Eq. 3.2, ficou estabelecido que as tensões de cisalhamento em planos mutuamente perpendiculares são iguais em um canto de um elemento. Assim, em um ângulo como A na Fig. 5.24(b), $\tau_2 = \tau_3$; analogamente, $\tau_1 = \tau_4$. Dessa forma,

*A. Nadai, *Theory of Flow and Fracture os Solids*, Vol. 1(2.ª ed.), McGraw-Hill Book Company, Nova Iorque, 1950

$\tau_4 t_1 = \tau_3 t_2$, ou em geral q é constante no plano de um corte perpendicular ao eixo do membro. Com base nisso pode-se formular uma analogia. Os contornos interno e externo da parede podem ser imaginados como sendo os contornos de um canal. Então se pode imaginar uma quantidade constante de água circulando permanentemente nesse canal. Nesse arranjo, a quantidade de água que escoa pela seção do canal é constante. Por causa dessa analogia a quantidade q foi chamada de *fluxo de cisalhamento.*

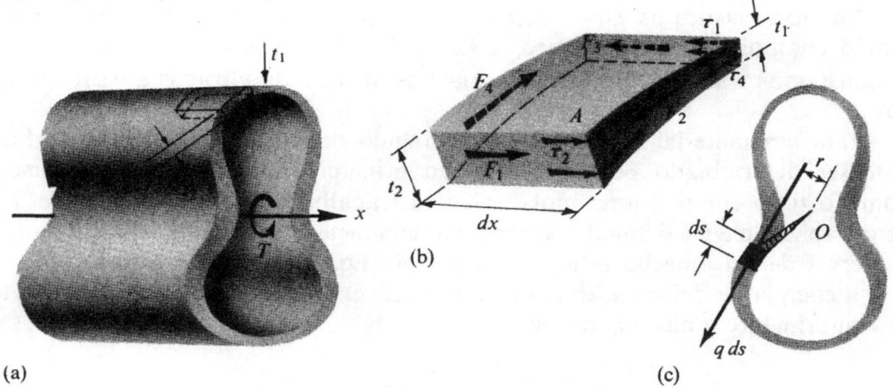

Figura 5.24 Membro de parede fina de espessura variável

Considere em seguida a seção transversal do tubo, como mostra a Fig. 5.24(c). A força por unidade de comprimento do perímetro desse tubo é constante, em virtude do argumento anterior, e é o fluxo de cisalhamento q. Esse fluxo multiplicado pelo comprimento ds do perímetro dá uma força $q\,ds$ por comprimento diferencial. O produto dessa força infinitesimal $q\,ds$ por r, em torno de algum ponto conveniente tal como O, Fig. 5.24(c), dá a contribuição de um elemento para a resistência do torque aplicado T. Somando ou integrando, temos

$$T = \oint rq\,ds,$$

onde o processo de integração é efetuado em torno do tubo, ao longo da linha de centro do perímetro.

Em lugar de se efetuar a integração, dispõe-se de uma interpretação simples para a integral anterior. Na Fig. 5.24(c) pode-se ver que $r\,ds$ é igual ao dobro do valor da área hachurada de um triângulo infinitesimal, cuja área é igual à metade da base vezes a altura. Dessa forma, porquanto q seja constante, a integral completa é igual ao dobro da área A definida pela linha de centro do perímetro do tubo. Dessa forma

$$T = 2Aq \quad \text{ou} \quad q = T/(2A). \tag{5.26}$$

Essa equação* se aplica apenas a tubos de parede fina. A área A é aproximadamente uma média das duas áreas envolvidas pelas superfícies interna e externa

*A Eq. 5.26 é chamada, por vezes, de fórmula de Bredt, em hora ao engenheiro alemão que a desenvolveu

de um tubo ou, como observado acima, ela é uma área definida pela linha de centro do contorno da parede. A Eq. 5.26 não se aplica a tubos fendidos ou abertos.

Como para qualquer tubo o fluxo de cisalhamento q, dado pela Eq. 5.26 é constante pela definição de fluxo de cisalhamento, a tensão de cisalhamento em qualquer ponto de um tubo de espessura de parede t, é

$$\tau = q/t \tag{5.27}$$

Na faixa elástica as Eqs. 5.26 e 5.27 são aplicáveis a qualquer forma de tubo. Para o comportamento inelástico, a Eq. 5.27 se aplica somente se a espessura t for constante. A análise dos tubos de mais de uma célula ultrapassa o escopo deste livro.

Para um material elástico linear, o ângulo de torção de um tubo perfurado pode ser determinado pela aplicação do princípio da conservação da energia. Como o tubo em si é uma mola linear, o trabalho externo é $T\theta/2$, onde T é o torque aplicado e θ é o ângulo de torção a uma distância unitária, isto é, $\theta = d\varphi/dx$. A energia de deformação interna é dada pela Eq. 4.22, em que apenas um termo para a energia de deformação angular é aplicável nesse caso. Assim, para um tubo de comprimento unitário, tem-se

$$\frac{1}{2}T\theta = \frac{1}{2}T\frac{d\varphi}{dx} = \int_V \frac{T^2}{2G}\,dV,$$

onde para uma distância unitária, o volume $dV = t\,ds$ e $\tau = T/2At$. Dessa forma

$$\theta = \frac{d\varphi}{dx} = \frac{T}{4A^2G}\oint\frac{ds}{t}. \tag{5.28}$$

EXEMPLO 5.11

Refaça o Exemplo 5.3, usando as Eqs. 5.26 e 5.27. O tubo tem raios externo e interno de 12,5 mm e 11,25 mm, respectivamente, e o torque aplicado é de 4 kgfm.

SOLUÇÃO

O raio médio do tubo é de 11,875 mm e a espessura da parede é de 1,25 mm. Assim

$$\tau = \frac{q}{t} = \frac{T}{2At} = \frac{4\times 10^3}{2\pi(11{,}875)^2(1{,}25)} = 3{,}61\ \text{kgf/mm}^2.$$

Observe que, pelo uso das Eqs. 5.26 e 5.27 apenas uma tensão de cisalhamento é obtida e que ela é a média das duas tensões calculadas no Exemplo 5.3. Quanto mais finas forem as paredes, mais precisos são os resultados, ou vice-versa.

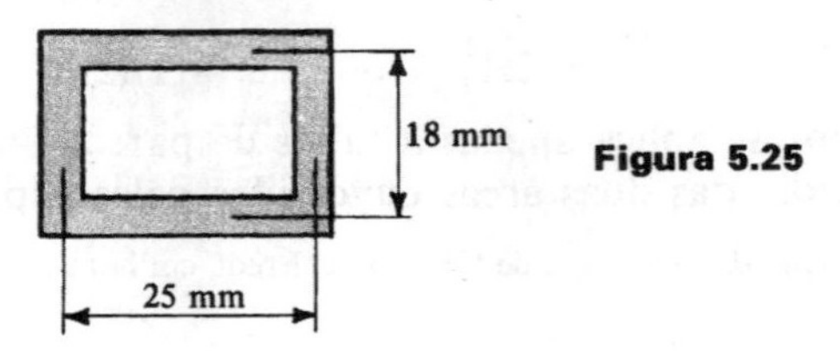

Figura 5.25

É interessante observar que um tubo retangular como o mostrado na Fig. 5.25, com espessura de parede igual a 1,25 mm, terá, para o mesmo torque, aproximadamente a mesma tensão de cisalhamento que o tubo circular acima. Isso ocorre porque sua área envolvida, de 450 mm^2, é da mesma ordem de $\pi(11{,}875)^2$, do tubo circular. Entretanto, algumas concentrações de tensões locais estarão presentes nos cantos de um tubo de seção quadrada.

Aplicando a Eq. 5.28, pode-se calcular o ângulo de torção por unidade de distância para o tubo circular ou quadrado. Para o primeiro caso, uma resposta ligeiramente mais precisa pode ser achada por meio da Eq. 5.11. Deixa-se para o leitor a verificação do resultado.

PROBLEMAS

5.1. Um eixo circular maciço, de 50 mm de diâmetro, deve ser substituído por um tubo circular. Se o diâmetro externo do tubo é limitado a 75 mm, qual deve ser a espessura do tubo para o mesmo material elástico linear, com a mesma tensão máxima? Determinar a relação entre os pesos dos dois eixos.

5.2. O eixo cilíndrico maciço de tamanho variável mostrado na figura é solicitado pelos torques indicados. Qual é a máxima tensão torcional no eixo, e entre quais polias ela ocorre?

5.3. Um motor aciona uma linha de eixo por meio de um conjunto de engrenagens, como mostra a figura, a 660 rpm. Trinta CV são fornecidos à máquina da direita; 90 CV à da esquerda. Selecionar um eixo circular maciço de seção constante. A tensão de cisalhamento admissível é de 4 kgf/mm^2. *Resp.*: 50 mm de diâmetro.

5.4. (a) Determinar a máxima tensão de cisalhamento no eixo submetido aos torques mostrados na figura. (b) Achar o ângulo de torção em graus, entre as duas extremidades. Seja $G = 8{,}5 \times 10^3$ kgf/mm. *Resp.*: (a) 0,64 kgf/mm^2, (b) 0,11°.

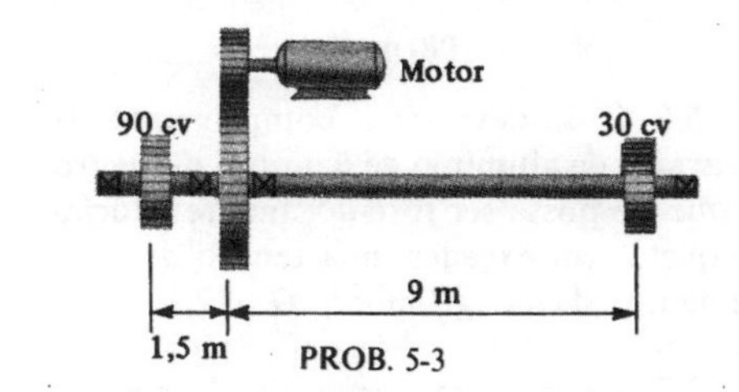

PROB. 5-3

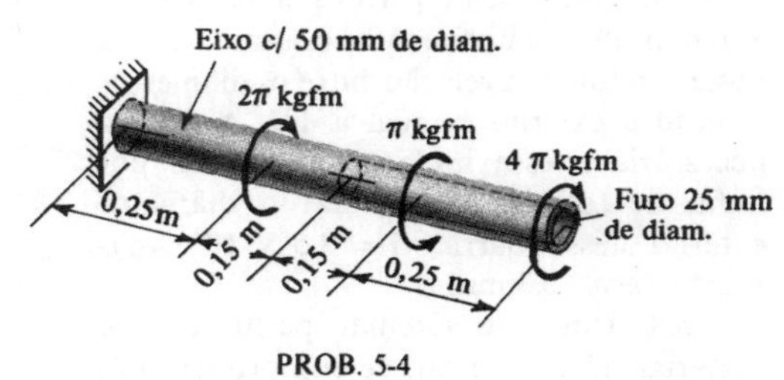

PROB. 5-4

5.5. Um motor de 100 CV aciona uma linha de eixo através de uma engrenagem *A* a 26,3 rpm. As engrenagens cônicas em *B* e *C* acionam misturadores de cimento e borracha. Se a potência necessária ao misturador em *B* é de 25 CV, e em *C* de 75 CV,

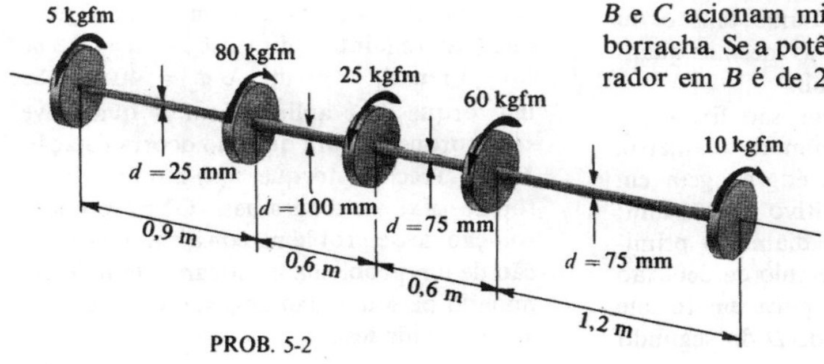

PROB. 5-2

quais os diâmetros necessários aos eixos? A tensão de cisalhamento admissível é de 4 kgf/mm². Existe um número suficiente de mancais de forma a evitar a flexão. Se $G = 8{,}5 \times 10^3$ kgf/mm², qual é o ângulo de torção na seção da esquerda do eixo? Dar a resposta em graus. *Resp.*: $d_1 = 95{,}3$ mm, $d_2 = 137{,}5$ mm, e $\varphi = 3{,}4°$.

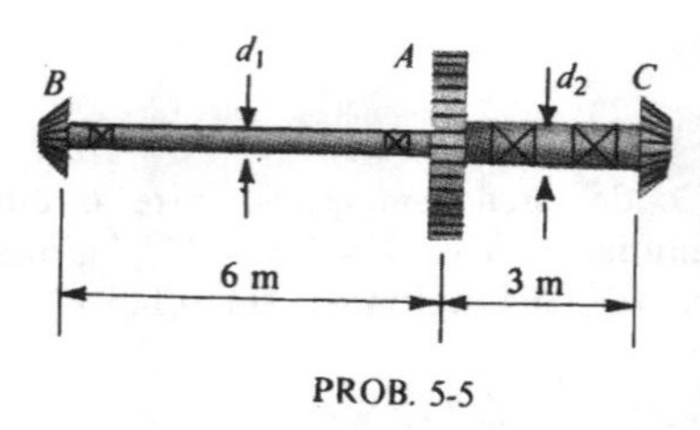

PROB. 5-5

5.6. Qual deve ser o comprimento de um arame de alumínio de 5 mm de diâmetro tal que ele possa ser torcido uma revolução completa sem exceder uma tensão de cisalhamento de 4 kgf/mm²? $G = 2{,}7 \times 10^3$ kgf/mm².

5.7. Uma barra perfurada de aço de 150 mm de comprimento é usada como mola torcional. A relação entre os diâmetros interno e externo é igual a 1/2. A rigidez necessária a essa mola é de 7 graus por kgfm de torque. Determinar o diâmetro externo dessa barra. $G = 8{,}5 \times 10^3$ kgf/-mm². *Resp.*: 6,3 mm.

5.8. Um eixo circular perfurado, de material elástico linear, de comprimento L, tem diâmetro externo $d_0 = 100$ mm, e diâmetro interno $d_i = 75$ mm. Determinar o mínimo diâmetro d, para um eixo maciço de mesmo material, que substitua o eixo perfurado, sem que a máxima tensão ou ângulo de torção excedam as mesmas quantidades do projeto original.

5.9. Duas engrenagens são fixadas a dois eixos de aço de 50 mm de diâmetro, como mostra a figura. A engrenagem em B tem um diâmetro primitivo de 200 mm; a engrenagem em C tem diâmetro primitivo de 400 mm. Qual o ângulo de deflexão em A se nesse ponto se aplica um torque de 60 kgfm e a extremidade D do segundo eixo é impedida de girar? $G = 8{,}5 \times 10^3$ kgf/mm². *Resp.*: 11,86°.

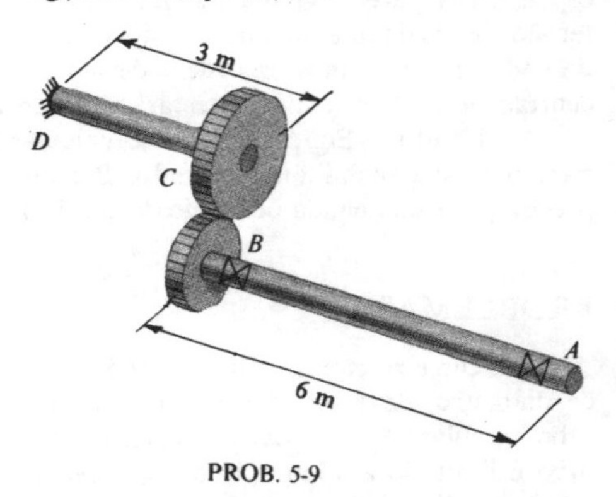

PROB. 5-9

5.10. Um eixo de seção variável ($E = 20 \times 10^3$ kgf/mm², $G = 8{,}5 \times 10^3$ kgf/mm²) como o mostrado na figura, suporta um torque $T_1 = 90\,\pi$ kgfm e $T_2 = 30\,\pi$ kgfm. Para esse eixo $a = 4{,}5$ m, $b = 1{,}5$ m, e o diâmetro d_2 de B a C é de 50 mm. Achar o mínimo diâmetro permissível d_1 para o eixo, de A a B, se a tensão de cisalhamento permissível é de 4 kgf/mm² e a torção total entre A e C é limitada a 3°. *Resp.*: 94,7 mm.

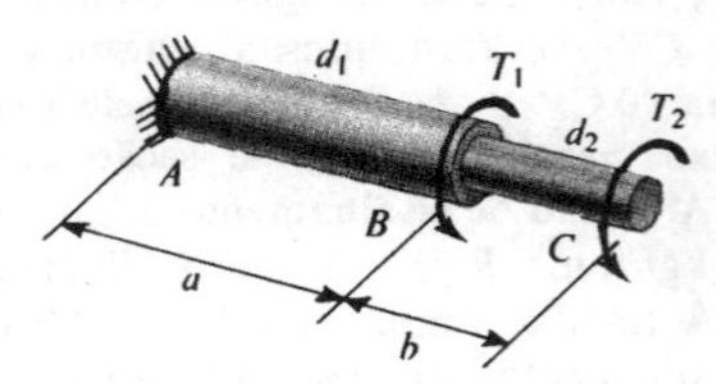

PROB. 5-10, 5-11, 5-22

5.11. Um eixo de seção variável, de material elástico linear, como o da figura, tem as seguintes dimensões: $a = 0{,}8$ *m*, $b = 0{,}5$ m, $d_1 = 50$ mm, e $d_2 = 40$ mm. Se um torque T_1 é aplicado em B, qual deve ser o torque T_2 para que não ocorra rotação em C? Traçar o torque $T(x)$ e o ângulo de torção $\varphi(x)$ em diagramas. (Observe que a solução desse problema constitui uma solução de um problema estaticamente indeterminado para um eixo engastado em ambas as extremidades).

5.12. Um eixo maciço, de aço temperado, é rigidamente preso a um suporte fixo, em uma das extremidades e suporta um torque T na outra extremidade (veja a figura). Achar a rotação angular da extremidade livre se $d_1 = 150$ mm: $d_2 = 50$ mm; $L = 0{,}5$ m; e $T = 300$ kgfm. Admitir que se aplicam as premissas usuais de deformação dos eixos circulares prismáticos submetidos à ação de torque, e que $G = 8{,}5 \times 10^3$ kgf/mm². *Resp.*: 0,264°.

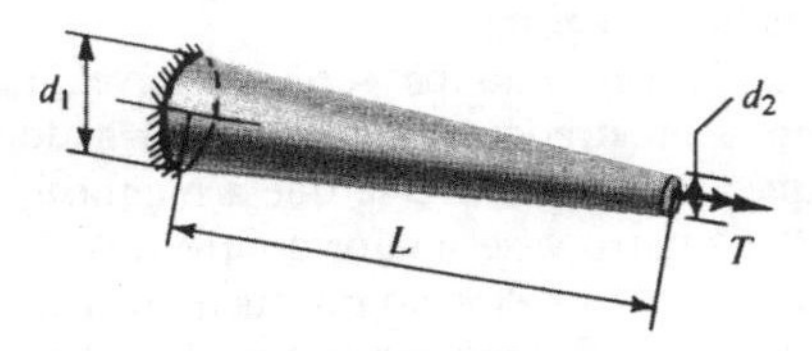

PROB. 5-12

5.13. Um eixo de diâmetro igual a 150 mm, de material elástico linear, tem um furo cônico de 0,6 m de comprimento, como mostra a figura. O eixo é rigidamente fixado a um suporte por uma das extremidades e suporta um torque T no extremo livre. Determinar a máxima deflexão angular do eixo.

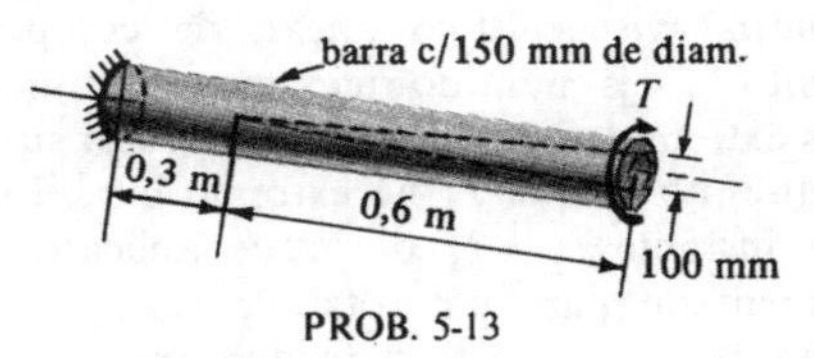

PROB. 5-13

5.14. Um tubo perfurado, em forma de duplo cone, de material elástico linear, tem as dimensões mostradas na figura. Determinar as rotações relativas das extremidades, devido a um torque unitário. (Tais cálculos são freqüentemente necessários na análise de vibrações). A espessura da parede do tubo é de $25/(2\pi)$. *Resp.*: $30/G$.

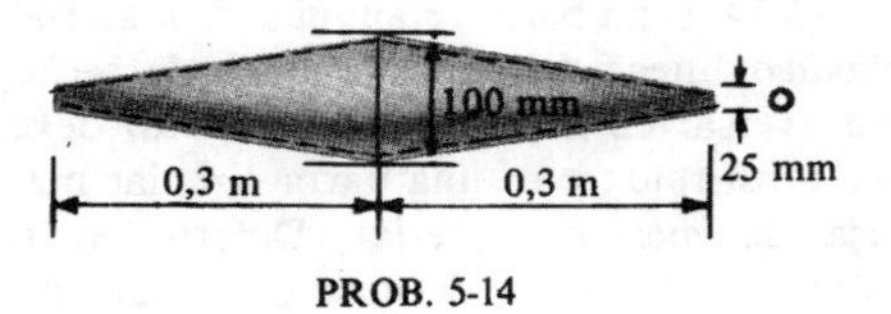

PROB. 5-14

5.15. O carregamento em um tubo de controle de torque, para um *aileron* de um avião, pode ser idealizado por meio de um torque uniformemente variável $t_x = kx$ kgfm/m, onde k é uma constante (veja a figura). Determinar o ângulo de torção da extremidade livre. Admitir JG = constante. Solucionar o problema usando a Eq. 5.11 ou 5.12.

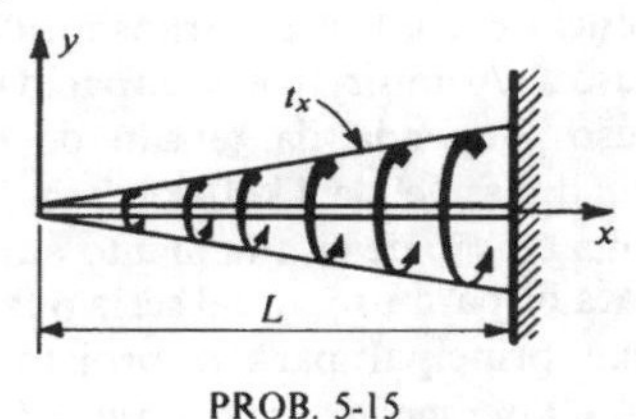

PROB. 5-15

5.16. Admita que durante uma operação de perfuração, um eixo de rigidez torcional constante JG seja solicitado por um torque concentrado $T_1 = -500$ kgfm/m, como mostra a figura. Achar a rotação angular da extremidade livre. Usar as funções de singularidade e a Eq. 5.12. Traçar os diagramas de torque $T(x)$ e de ângulo de torção $\varphi(x)$.

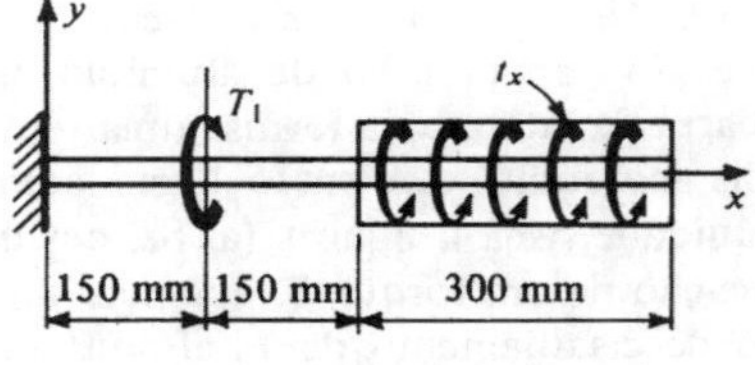

PROB. 5-16

5.17. Usando as funções de singularidade e a Eq. 5.12, determinar as reações nas extremidades engastadas, provocadas pela aplicação do torque T_1, veja a figura. Traçar os diagramas de torque $T(x)$ e do ângulo de torção $\varphi(x)$. (*Observação.* Este

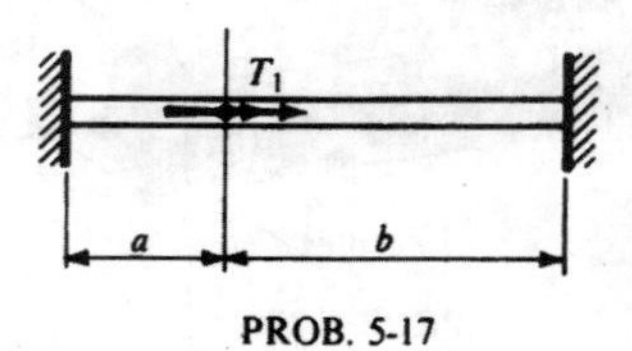

PROB. 5-17

é um problema estaticamente indeterminado e apenas as condições de contorno cinemáticas são usadas em sua solução).

5.18. Um acoplamento de aço é forjado integralmente com o eixo, como mostra a figura. Após a usinagem, oito furos são feitos na circunferência de 230 mm de diâmetro, para alojar parafusos de 30 mm. (a) Se esse acoplamento opera a 200 rpm, qual a potência em CV a ser transmitida pelos parafusos? Admitir que a capacidade dos parafusos dependa da tensão de cisalhamento admissível de 4 kgf/mm². (b) Usando a mesma tensão de cisalhamento admissível que para os parafusos, qual seria o tamanho do eixo principal para o projeto balanceado? (*Observação.* Concentrar a área dos parafusos em seus centros). *Resp.*: $T = 3\,050$ kgfm.

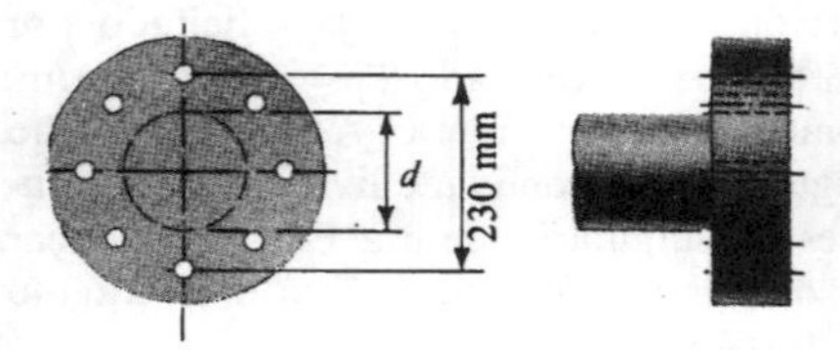

PROB. 5-18

5.19. Um eixo circular é feito pela compressão de um tubo de alumínio em uma barra de latão, para formar uma seção de dois materiais, que então agem como uma unidade (veja a figura). (a) Se, devido à aplicação de um torque T, aparecer uma tensão de cisalhamento de 7 kgf/mm² nas fibras externas do eixo, qual é a magnitude do torque T? (b) Se o eixo tem 1 m de comprimento, qual será o ângulo de torção devido ao torque T? Para o alumínio $E = 7 \times 10^3$ kgf/mm², $G = 2{,}8 \times 10^3$ kgf/mm²; para o latão $E = 11{,}2 \times 10^3$ kgf/mm²

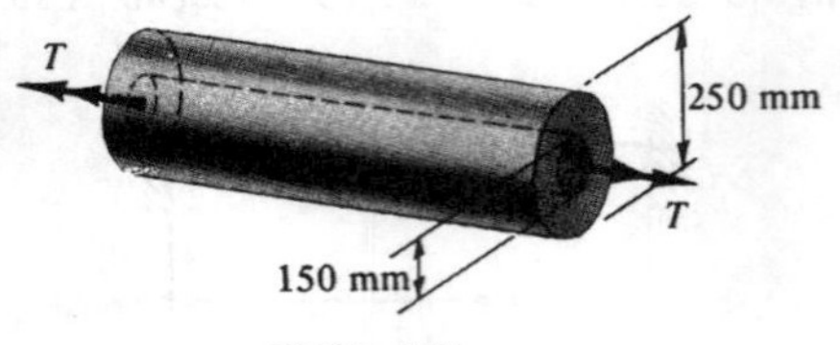

PROB. 5-19

e $G = 4{,}2 \times 10^3$ kgf/mm². *Resp.*: (a) 24 673 kgfm, (b) 0,019 rad.

5.20. Refazer o Exemplo 5.9 (Fig. 5.15), admitindo que o eixo maciço de aço tenha 50 mm de diâmetro, com um núcleo elástico interno de 25 mm de diâmetro.

5.21. Achar o raio de concordância para a união de um eixo de 150 mm de diâmetro com um segmento de 100 mm de diâmetro, se o eixo transmite 110 CV a 100 rpm e a máxima tensão de cisalhamento é limitada a 6 kgf/mm².

5.22. Um eixo de seção variável, tal como o mostrado na figura, suporta dois torques T_1 e T_2. Sabe-se que a magnitude de T_1 é quatro vezes maior do que a de T_2, e que T_1 atua na direção oposta à mostrada na figura. A distância $a = 5$ m, $b = 2{,}5$ m, $d_1 = 50$ mm, e $d_2 = 25$ mm. Se com a aplicação simultânea de T_1 e T_2 a extremidade livre do eixo gira de 0,0625 rad, qual é a máxima tensão de cisalhamento no ressalto do eixo? Admitir um fator de concentração de tensões $K = 1{,}4$, $E = 20 \times 10^3$ kgf/mm², e $G = 8{,}5 \times 10^3$ kgf/mm². *Resp.*: 7,44 kgf/mm². (Veja a Fig. Prob. 5.10).

5.23. Admitir que um eixo circular de material viscoelástico linear, de comprimento L, seja mantido rigidamente em uma das extremidades, e no instante t_1 seja submetido ao torque T_1 no extremo livre. Em um instante $t_2 > t_1$ o torque aplicado é aumentado para um total de $1{,}5\,T_1$. No instante $t_3 > t_2 > t_1$ o torque aplicado é removido inteiramente. (a) Admitindo que o material seja Maxwelliano, traçar um diagrama mostrando o ângulo de torção da extremidade livre como função do tempo. (b) Para as mesmas condições de impulso, traçar outro diagrama para um material com propriedades de um Sólido-padrão (veja o Prob. 4.17).

5.24. Uma barra retangular de material elástico linear, tendo dimensões de seção transversal de a por $2a$ (veja figura) deve ser substituída por uma barra circular maciça de mesmo material. Determinar o mínimo diâmetro d de uma barra tal que, para um torque aplicado, a máxima tensão de cisalhamento ou o ângulo de torção não excedam as quantidades correspondentes do projeto original.

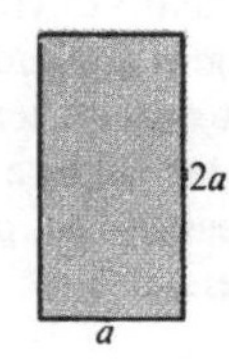

PROBS. 5-24, 5-28

5.25. Comparar a resistência torcional e a rigidez dos tubos de parede fina de seção transversal circular, de material elástico linear, com e sem rasgo longitudinal (veja figura). *Resp.*: $3R/t$, $t^2/(3R^2)$.

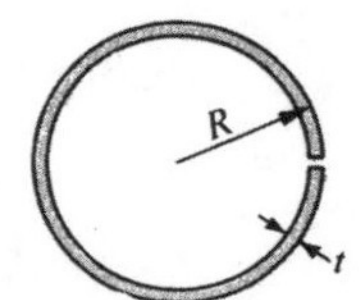

PROB. 5-25

5.26. A seção transversal de um perfil *U* de 460 mm, 20,8 kgf, pode ser idealizada por duas placas de flanges de 16 mm × 950 mm, e uma alma de 13 mm × 440 mm. (Veja a figura e a Tab. 5 do Apêndice). Determinar a relação do torque aplicado *T* suportado pelas partes da seção, admitindo o comportamento elástico, e desprezando as concentrações de tensões. (*Sugestão.* Cada flange suporta um torque T_1 ; a alma T_2. Assim, de acordo com a analogia da membrana, $2T_1 + T_2 = T$. Além do mais, todas as partes da seção transversal torcem do mesmo ângulo φ, dado pela Eq. 5.25. Igualando o ângulo de torção da alma ao de um flange, pode-se achar uma relação entre T_1 e T_2. A solução simultânea das duas equações conduz ao resultado desejado).

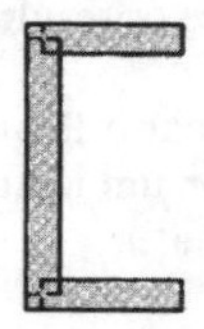

PROB. 5-26

5.27. Um eixo agitador, atuando como um membro torcional, é feito pela soldagem em um tubo circular de quatro barras retangulares, como mostra a figura. O tubo tem diâmetro externo de 100 mm e espessura de 13 mm; cada uma das barras retangulares tem 20 mm por 50 mm. Se a máxima tensão de cisalhamento elástico, desprezando as concentrações de tensões, é limitada a 6 kgf/mm^2, qual o torque *T* que pode ser aplicado a esse membro? (*Observação.* Veja a sugestão para o Prob. 5.26. Aqui, $4\,T_{barra} + T_{tubo} = T$. Também iguale os ângulos de torção para o tubo e para a pá).

PROB. 5-27

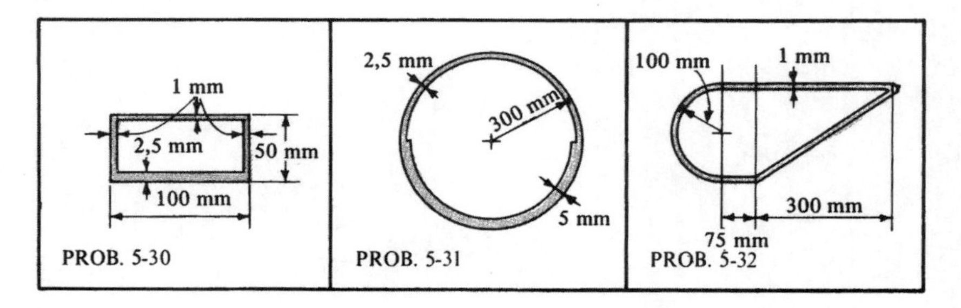

5.28. Usando a analogia do monte de areia. determinar o momento torcional de ruptura para uma seção retangular de a por $2a$ (veja a figura). (*Sugestão.* Primeiro, usando a analogia, verificar a Eq. 5.16 para um eixo circular maciço, onde a altura do monte é $c\,\tau_{esc}$. O dobro do volume incluído pelo monte fornece os resultados desejados). *Resp.*: $5a^3\,\tau_{esc}/6$.

5.29. Solucionar o Prob. 5.28 para uma seção limitada por um triângulo equilátero com lados iguais a a.

5.30 a 5.32. Para os membros cujas seções transversais estão mostradas nas figuras, achar as máximas tensões de cisalhamento e os ângulos de torção por unidade de comprimento devidos a um torque aplicado de 10 kgfm em cada caso. Desprezar as concentrações de tensões. Onde for aplicável, comentar sobre a vantagem de se aumentar a espessura da parede em parte da seção transversal.

6

TENSÕES DE FLEXÃO NAS VIGAS

6.1 INTRODUÇÃO

O sistema de forças que pode existir em uma seção de uma viga foi discutido no Cap. 2. Verificou-se que ele consiste em uma força axial, uma força cortante e um momento fletor. O efeito da primeira dessas forças sobre um membro, foi discutido nos Caps. 3 e 4. Neste capítulo será considerado outro elemento do sistema de forças que pode estar presente em uma seção de uma viga, o momento fletor interno. Como em alguns casos um segmento de viga pode estar em equilíbrio sob a ação de apenas um momento, condição essa chamada de *flexão pura*, isso em si representa um problema completo. Este capítulo relaciona o momento fletor interno com as tensões decorrentes em uma viga. Consideram-se os comportamentos elástico e inelástico das vigas. Se, em adição ao momento fletor interno, uma força axial e um cisalhamento também agem simultaneamente, aparecem tensões complexas. Essas serão tratadas nos Caps. 8, 9 e 10. A discussão da deflexão de vigas devida à flexão, baseada na premissa de deformação fundamental aqui introduzida, será deixada para o Cap. 11. A dedução da fórmula para a energia de deformação elástica decorrente da flexão das vigas, será feita no Cap. 13, onde ela é usada nos cálculos de deflexão.

A maior parte deste capítulo é dedicada a métodos de determinação da distribuição de tensões elásticas e inelásticas, ou plásticas, provocadas pelos momentos fletores em vigas retas de materiais homogêneos. Também são incluídas discussões relativas a vigas feitas de dois ou mais materiais, vigas curvas, e concentrações de tensões.

6.2 ALGUMAS LIMITAÇÕES IMPORTANTES DA TEORIA

Tal como no caso das barras com carregamento axial e no problema de torção, todas as forças aplicadas a uma viga serão consideradas sem a ocorrência de choque ou impacto. Além do mais, todas as vigas serão consideradas estáveis sob a ação das forças aplicadas. Um ponto análogo foi considerado no Cap. 3, onde se indicou que uma barra em compressão não pode ser muito delgada, ou que seu comportamento não será governado pelo critério de resistência à compressão. Em tais casos, a estabilidade do membro se torna importante. Como exemplo, considere a possibilidade de uso de uma folha de papel como uma viga. Tal viga tem uma profundidade substancial, mas mesmo quando usada para suportar uma força em pequeno vão, flambará para o lado e entrará em colapso. O mesmo fenômeno pode ocorrer em membros mais robustos, que entram em colapso sob a ação de uma força. Tais vigas instáveis não se incluem no escopo deste capítulo. Todas as vigas aqui consideradas serão admitidas com suficiente estabilidade lateral em virtude de suas proporções, ou suficientemente reforçadas na direção transversal. Uma compreensão melhor desse importante fenômeno advirá do estudo do capítulo sobre colunas. Felizmente, a maioria das vigas usadas nas estruturas e nos elementos de máquinas são tais que a teoria flexural aqui desenvolvida é aplicável; a teoria que governa a estabilidade dos membros é mais complexa.

6.3 PREMISSA CINEMÁTICA BÁSICA

Na teoria técnica da flexão, para estabelecer a relação entre o momento fletor aplicado, as propriedades da seção transversal de um membro, e as tensões internas e deformações, será de novo aplicada a metodologia anteriormente empregada. Isso exige primeiro que uma premissa plausível de deformação reduza o problema indeterminado interna e estaticamente a outro determinado; segundo, que as deformações se relacionem com as tensões por meio de expressões apropriadas entre tensão e deformação; e, finalmente, que os requisitos de equilíbrio de forças externas e internas seja preenchido. A teoria cinemática para a deformação de uma viga, como usada na teoria técnica é discutida nesta seção. É importante observar que uma generalização dessa premissa forma a base para as teorias de placas e cascas. A aparente complexidade matemática desses últimos assuntos decorre de seus aspectos bi e tridimensionais, que exigem o uso das relações diferenciais parciais. Por outro lado, o problema da viga estática se reduz, em si, a uma dependência de apenas uma variável independente. Isso se tornará especialmente aparente durante o estudo do Cap. 11 sobre deflexão de vigas, onde é suficiente uma equação diferencial ordinária.

Para o presente considere uma viga prismática horizontal cuja seção transversal tem um eixo vertical de simetria, Fig. 6.1(a). Seja a linha que passa pelo centróide de todas as seções coincidente com o eixo da viga. Em seguida, imagine vários planos passando pela viga, perpendicularmente a seu eixo, e vários planos horizontais. A Fig. 6.1(a) mostra uma vista lateral desses planos, formando uma grade retangular. Quando tal viga é submetida a momentos de flexão positivos M em suas extremidades, como na Fig. 6.1(b), a viga flexiona, os planos perpendiculares ao eixo da viga giram ligeiramente, e os planos horizontais se curvam. Linhas como AB e DC permanecem retas.* Essa observação forma a base para a

*Isso pode ser demonstrado pelo uso de um modelo de borracha, com uma grade nele desenhada. Alternativamente, podem ser usadas barras verticais delgadas que passam pelo bloco de borracha. Na vizinhança imediata dos momentos aplicados a deformação é mais complexa. Entretanto, de acordo com St. Venant (Seç. 4.18), esse é apenas um fenômeno local que rapidamente se dissipa

hipótese* fundamental da teoria da flexão. Ela pode ser enunciada da seguinte forma: *As seções planas de uma viga, tomadas normalmente a seu eixo, permanecem planas após a viga ser submetida à flexão.*

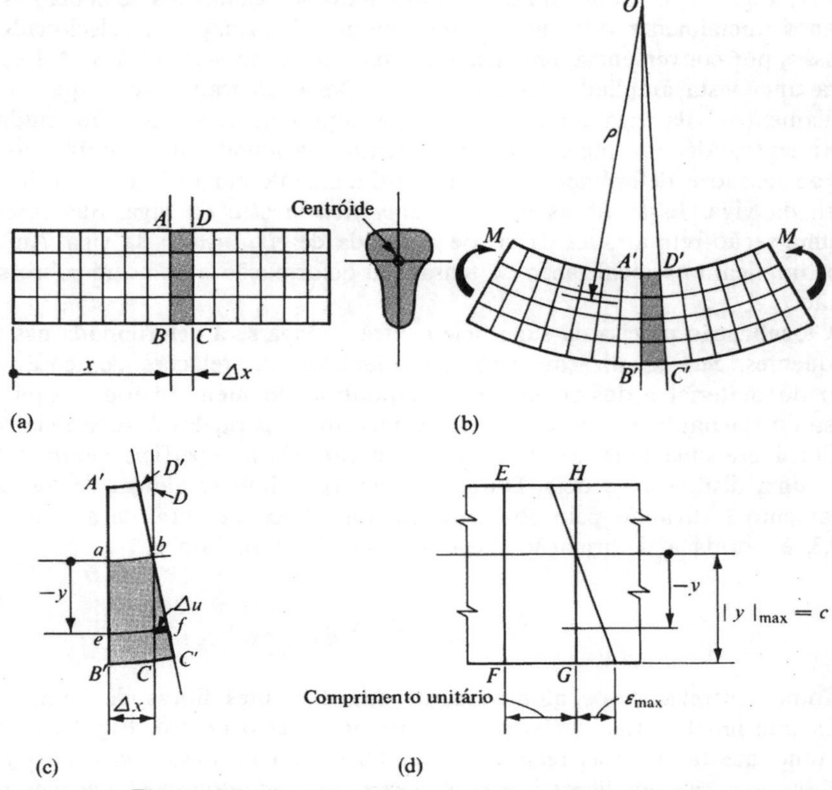

Figura 6.1 Premissa básica de deformação na flexão

Como demonstrado nos textos sobre teoria da elasticidade, essa premissa é completamente verdadeira para membros elásticos retangulares em flexão pura. Se, todavia, também existir força cortante, é introduzido um pequeno erro.** Praticamente, entretanto, essa premissa é geralmente aplicável com elevado grau de precisão quando o material se comporta elasticamente ou plasticamente, desde que a profundidade da viga seja pequena em relação a seu vão. Neste capítulo a análise de tensão de todas as vigas baseia-se nessa premissa. Como essa premissa também estabelece o raio de curvatura ρ de uma viga, Fig. 6.1(b), ela será utilizada no Cap. 11 para os cálculos de deflexões de vigas devidas à flexão.

*Essa hipótese, com imprecisão, foi inicialmente introduzida por Jacob Bernoulli (1645-1705), matemático suíço. Na forma correta, ela data dos trabalhos do educador francês M. Navier (1785-1836)

**Veja a discussão do Cap. 7, em conexão com a Fig. 7.12

Para fins da análise de tensões, é necessário redefinir a premissa cinemática de maneira ligeiramente diferente. Assim, por exemplo, considere o elemento inicialmente sem deformação $ABCD$, Fig. 6.1(a), e compare-o com o elemento deformado $A'B'C'D'$, Fig. 6.1(b). Como nesse membro todos os elementos semelhantes entre os planos inicialmente verticais sofrem a mesma deformação, é selecionado para discussão, por conveniência, um elemento com um plano vertical $A'B'$. A Fig. 6.1(c) mostra uma vista ampliada desse elemento. Desse diagrama, vê-se que as fibras ou "filamentos" da viga ao longo de uma superfície como ab não mudam de comprimento. Além do mais, como o elemento selecionado foi arbitrário, as fibras livres de tensão e deformação existem continuamente em todo o comprimento e largura da viga. Essas fibras estão na *superfície neutra* da viga. Sua interseção com uma seção reta através da viga é chamada de *eixo neutro* da viga. Ambos os termos implicam na localização da tensão ou deformação nula no membro sujeito à flexão.

A localização precisa da superfície neutra na viga será determinada nas seções subseqüentes. Sua localização exige consideração das relações de tensão-deformação do material e dos requisitos de equilíbrio do membro todo. Aqui se faz um estudo da natureza das deformações nas fibras paralelas à superfície neutra.

Considere uma fibra genérica (típica) ef paralela à superfície neutra e localizada a uma distância $-y$ dela. Durante a flexão, a fibra se alonga de Δu. Se esse alongamento é dividido pelo comprimento inicial Δx da fibra, de acordo com a Eq. 4.3, é obtida a deformação linear ε_x naquela fibra, isto é,

$$\varepsilon_x = \lim_{\Delta x \to 0} \frac{\Delta u}{\Delta x} = \frac{du}{dx} \cdot \tag{6.1}$$

Como, entretanto, os alongamentos das diferentes fibras de comprimento inicialmente igual, variam linearmente a partir do eixo neutro, Fig. 6.1(c), a premissa fundamental pode ser reenunciada na forma: *Em uma viga submetida à flexão, as deformações em suas fibras variam linearmente, ou diretamente, com suas respectivas distâncias à superfície neutra.* Analiticamente essa condição pode ser expressa por $\varepsilon_x = by$, onde b é uma constante. Essa situação é análoga àquela encontrada anteriormente no problema de torção, onde as deformações de cisalhamento variavam linearmente da linha de centro de um eixo circular. Em uma viga, as deformações variam linearmente da superfície neutra. Essa variação é representada esquematicamente na forma exagerada da Fig. 6.1(d). Essas deformações lineares estão associadas com as tensões que atuam normalmente à seção de uma viga.

No artigo que se segue, serão consideradas vigas elásticas com eixo de simetria. Os momentos fletores aplicados serão considerados pertencentes a um plano contendo esse eixo de simetria e o eixo da viga. Para simplicidade na confecção dos esquemas, o eixo de simetria será tomado verticalmente. Diversas seções transversais de vigas que satisfazem a essas condições estão mostradas na Fig. 6.2. A Seç. 6.5 apresenta uma generalização do problema para incluir seções transversais arbitrárias.

Figura 6.2 Seções transversais de vigas com eixo vertical de simetria

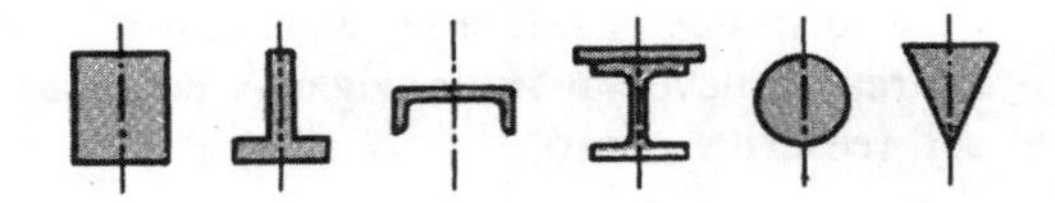

6.4 FÓRMULA DA FLEXÃO ELÁSTICA

Na seção precedente foi mostrado que em uma viga fletida, as deformações variam linearmente a partir do centro ou do eixo neutro. Tal variação de deformação linear ε_x é mostrada esquematicamente na Fig. 6.3(a), para uma viga fletida em torno do eixo horizontal. Limitando a discussão ao material elástico linear com σ_x como a única tensão não-nula, de acordo com a lei de Hooke, $\sigma_x = E\varepsilon_x$. Dessa forma, para uma viga elástica, as tensões normais σ_x resultantes da flexão também devem variar linearmente com suas respectivas distâncias do eixo neutro. A Fig. 6.3(b) mostra isso em um diagrama; analiticamente, pode-se exprimir

$$\sigma_x = By, \tag{6.2}$$

onde B é uma constante.* A variável y pode ter valores positivos e negativos.

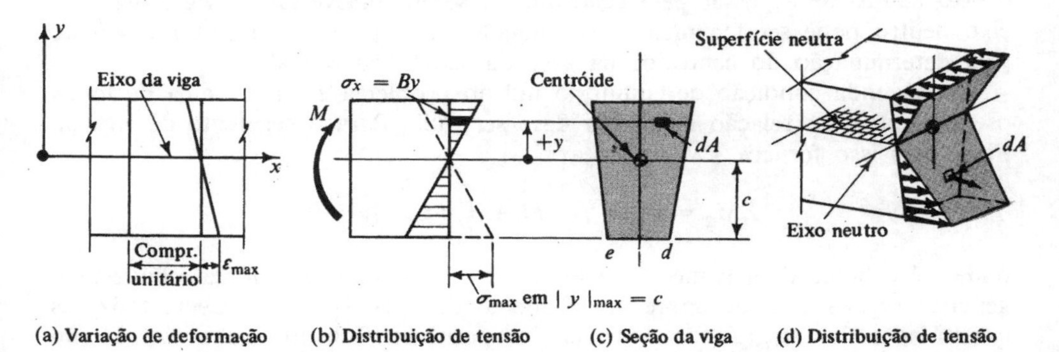

Figura 6.3 Segmento de viga elástica em flexão pura

A constante B, na Eq. 6.2, pode ser relacionada com o momento fletor aplicado e com as propriedades da seção transversal de uma viga. Essa relação constitui a fórmula da flexão elástica; ela pode ser deduzida por meio de considerações de equilíbrio de um segmento de viga.

Duas condições de equilíbrio para um segmento de viga tal como o mostrado na Fig. 6.3(b) conduzem aos resultados desejados. Uma dessas condições é que a soma de todas as forças na direção x devem ser iguais a zero, isto é,

$$\Sigma F_x = 0 \rightarrow +, \quad \int_A \sigma_x dA = 0,$$

*Da seção anterior, pode-se ver que $B = bE$

onde o índice A refere-se ao somatório das forças infinitesimais ao longo de toda a área transversal A da viga. A equação anterior, com a ajuda da Eq. 6.2, pode ser reescrita como

$$\int_A B y dA = B \int_A y dA = 0.$$

Como, entretanto, a constante B não pode ser nula em uma viga sob tensão, segue-se que

$$\int_A y dA = 0.$$

Mas, por definição,

$$\int_A y dA = \bar{y}A,$$

onde $\bar{y}$ é a distância de uma linha base (o eixo neutro no caso considerado) ao centróide da área A e $\bar{y}A = 0$. Então, como A não é nula, $\bar{y}$ deve ser igual a zero. Desta forma, a distância do eixo neutro ao centróide da área deve ser nula, e, então, o eixo neutro deve passar pelo centróide da seção transversal da viga. Assim, o eixo neutro pode ser facilmente determinado para qualquer viga, simplesmente pela determinação do centróide da área da seção transversal.

A segunda condição de equilíbrio útil ao problema é que a soma de todos os momentos em relação ao eixo z deve ser nula. Para o segmento de viga da Fig. 6.3(b) isso fornece

$$\Sigma M_2 = 0 \circlearrowleft +, \quad M + \int_A (\sigma_x dA) y = 0,$$

onde y é o braço de alavanca a partir do eixo neutro até uma força infinitesimal genérica $(\sigma_x dA)$ atuando sobre um elemento de área dA. Inicialmente todas as quantidades da integral são consideradas positivas. Substituindo a Eq. 6.2 na equação anterior, após algumas simplificações, obtém-se

$$M = -B \int_A y^2 dA.$$

A integral depende apenas das propriedades geométricas da área transversal. Na mecânica, essa integral é chamada de *momento de inércia* da seção transversal em relação ao eixo que passa pelo centróide, quando y é medido a partir de tal eixo. Ela é uma constante definida para qualquer seção particular, e será designada por I. Com essa notação, $M = -BI$ e $B = -M/I$ é uma constante. Substituindo esse valor da constante B na Eq. 6.2, obtém-se a *fórmula de flexão** elástica para

*Levou-se aproximadamente dois séculos para se desenvolver essa expressão simples. As primeiras tentativas para resolução do problema da flexão foram feitas por Galileu, no século dezessete. Na forma em que é usado hoje, o problema foi solucionado na parte inicial do século dezenove. Geralmente atribui-se a Navier o crédito dessa realização. Entretanto, alguns atribuem-no a Coulomb, que também deduziu a fórmula da torção

vigas:

$$\sigma_x = -\frac{My}{I} \tag{6.3}$$

Essas equações mostram que, para um momento fletor positivo M e valores positivos de y, as tensões normais σ_x são de compressão; para valores negativos de y as tensões são de tração. Uma ilustração desse tipo de distribuição de tensão está mostrada na Fig. 6.3(d). Em muitas aplicações a direção das tensões normais é conhecida do contexto do problema, e em tais casos o índice de σ é supérfluo.

Em uma dada seção da viga, tanto M quanto I são constantes, a tensão normal σ_x atinge seu valor mais elevado quando o valor absoluto de y é máximo. É costume designar esse valor de $|y|_{max}$ por c. É também prática comum dispensar o sinal da Eq. 6.3, quando o sentido da tensão normal puder ser achado por inspeção. Em uma seção dada, as tensões normais devem formar um conjugado estaticamente equivalente ao momento resistente, cujo sentido é conhecido. Com base nisso

$$\sigma_{max} = \frac{Mc}{I} \tag{6.4}$$

As Eqs. 6.3 e 6.4 são de importância fora do comum na mecânica dos sólidos. Nessas fórmulas, M é o momento fletor interno ou resistente, que é numericamente igual ao momento externo na seção em que as tensões são procuradas. No sistema métrico de unidades é melhor exprimir o momento fletor em kgfm para uso nessas fórmulas. A distância y do eixo neutro da viga ao ponto da seção onde a tensão normal σ_x é desejada, é medida perpendicularmente ao eixo neutro e deveria ser expressa em metros. Quando ela atinge seu máximo valor (medida para cima ou para baixo) ela corresponde a c, e quando y se aproxima desse valor máximo, a tensão normal σ_x aproxima-se de σ_{max}. Nessa equação, I é o momento de inércia da área da seção transversal da viga, em relação ao eixo neutro. Para evitar confusão com o momento polar de inércia, I é por vezes chamado de momento de inércia retangular. Ele tem as dimensões de (m^4). Sua avaliação para várias áreas será discutida na Seç. 6.6. O uso das unidades como é indicado, faz com que as unidades de tensão σ, sejam [kgfm] [m]/[m^4] = [kgf/m^2]. Em engenharia mecânica é mais comum expressar tensões em kgf/mm^2.

Deve-se enfatizar que σ_x, conforme é dada pela Eq. 6.3, é a única tensão que resulta da flexão pura. Dessa forma, na representação matricial do tensor das tensões, tem-se

$$\begin{pmatrix} \sigma_x & 0 & 0 \\ 0 & 0 & 0 \\ 0 & 0 & 0 \end{pmatrix}$$

Como será apontado nos Caps. 9 e 10, essa tensão pode ser transformada ou decomposta em tensões que atuam em diferentes conjuntos de eixos coordenados.

Concluindo essa discussão, é interessante observar que devido à relação de Poisson, a zona comprimida de uma viga se expande lateralmente*; a zona de tração se contrai. As deformações nas direções de y e z são $\varepsilon_y = \varepsilon_z = -\nu\varepsilon_x$, onde, $\varepsilon_x = \sigma_x/E$ e σ_x é dada pela Eq. 6.3. Esta está em completa concordância com a solução rigorosa. O efeito de Poisson, como poderá ser mostrado pelos métodos da elasticidade, deforma o eixo neutro em uma curva de raio grande, e a superfície neutra fica curva em duas direções opostas, Fig. 6.4. No tratamento prévio, a superfície neutra foi considerada curva em apenas uma direção. Esses interessantes detalhes não têm muito significado na maioria dos problemas.

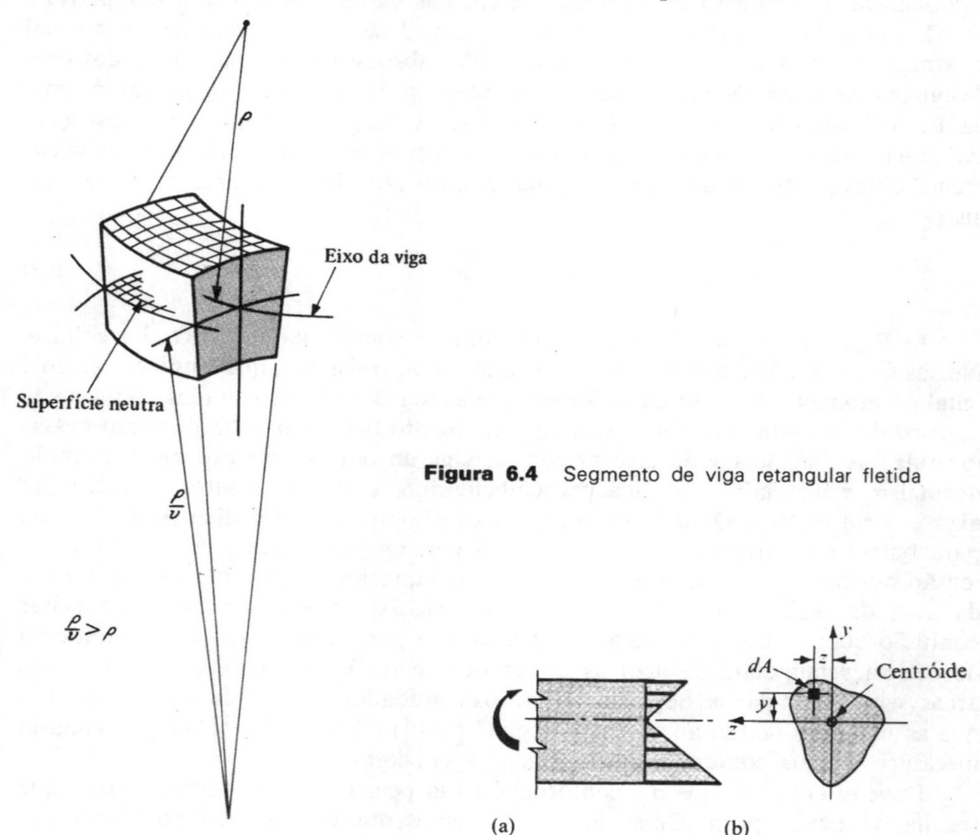

Figura 6.4 Segmento de viga retangular fletida

Figura 6.5 Viga com seção transversal assimétrica

De novo, o leitor observa que na dedução da fórmula básica da flexão, foram aplicados os mesmos conceitos anteriormente encontrados. Esses podem ser sumariados da seguinte maneira:

*Recomenda-se uma experiência com uma borracha escolar comum

1. Admite-se que a *deformação* dê uma variação linear a partir do eixo neutro.

2. As *propriedades dos materiais* foram usadas para relacionar a deformação e a tensão.

3. As condições de *equilíbrio* foram usadas para localizar o eixo neutro e para determinar as tensões internas.

6.5 FLEXÃO PURA DE VIGAS COM SEÇÃO ASSIMÉTRICA

Na seção precedente discutiu-se a flexão pura das vigas elásticas com eixo de simetria. Os momentos aplicados foram considerados atuantes no plano de simetria. Essas limitações, embora oportunas no desenvolvimento da teoria flexural, são muito severas e podem ser grandemente relaxadas. As mesmas fórmulas podem ser usadas para qualquer viga em flexão pura, contanto que os momentos fletores sejam aplicados em um plano paralelo aos eixos principais da área transversal. A dedução prévia pode ser repetida identicamente. As tensões variam linearmente a partir do eixo neutro que passa pelo centróide. Como anteriormente, a tensão em qualquer área elementar dA, Fig. 6.5, é $\sigma_x = By$. Assim, $BydA$ é uma força infinitesimal que age sobre o elemento. A soma dos momentos dessas forças internas em relação ao eixo z desenvolve o momento interno. Entretanto, quando a simetria é fraca, essas forças internas podem gerar um momento em torno do eixo y. Isso deve ser conciliado.

Os braços de alavanca das forças que agem sobre áreas infinitesimais, em relação ao eixo y, são iguais a z. Assim um momento possível M_{yy}, em relação ao eixo y, é

$$M_{yy} = \int_A BydAz = B \int_A yzdA.$$

A última integral representa o produto de inércia da área da seção transversal. Ele é igual a zero se os eixos selecionados são os eixos principais da seção. Como esses eixos são os usados aqui, $M_{yy} = 0$, e as fórmulas deduzidas anteriormente se aplicam a uma viga com qualquer forma de seção transversal. Se um momento fletor é aplicado sem estar paralelo a um eixo principal, os procedimentos discutidos no Cap. 8 devem ser seguidos.

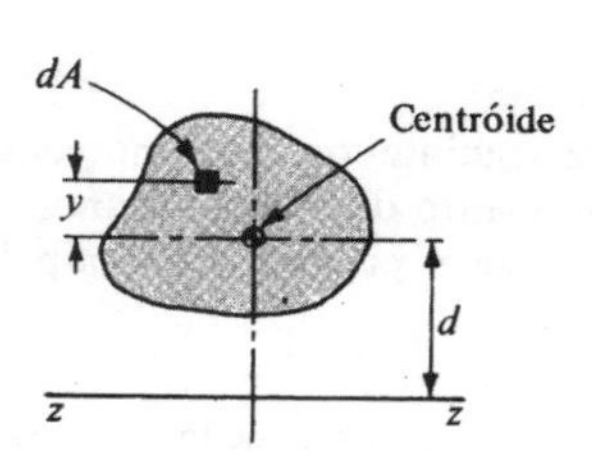

Figura 6.6 Área sombreada usada na dedução do teorema do eixo paralelo

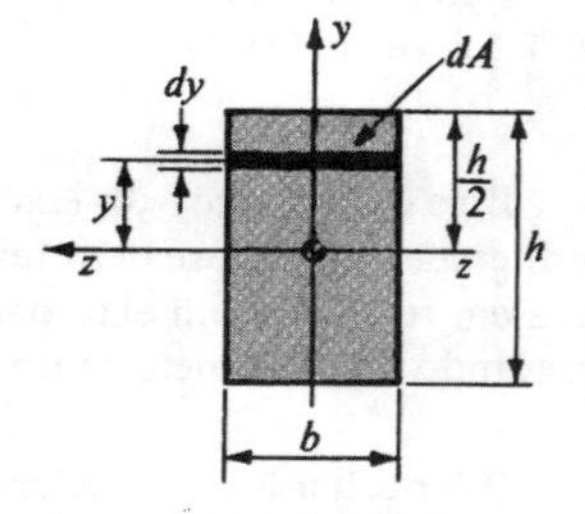

Figura 6.7

6.6 CÁLCULO DO MOMENTO DE INÉRCIA

Na aplicação da fórmula da flexão, deve ser determinado o momento de inércia I da área da seção transversal em relação ao eixo neutro. Seu valor é definido pela integral de y^2dA ao longo de toda a área da seção transversal de um membro, e deve-se enfatizar que, para a fórmula de flexão, o momento de inércia deve ser calculado em relação ao eixo neutro da área da seção transversal. Esse eixo, de acordo com a Seç. 6.4, passa pelo centróide da seção transversal. Para seções simétricas, o eixo neutro é perpendicular ao eixo de simetria. Tal eixo é um dos *eixos principais** da seção transversal. A maioria dos leitores já deve estar familiarizada com o método de determinação do momento de inércia I. Entretanto, o procedimento necessário será revisto a seguir.

O primeiro passo na avaliação de I para uma área, consiste em se achar o centróide da área. A integração de y^2dA é então efetuada em relação ao eixo que passa pelo centróide da área. A integração ao longo de áreas, é necessária apenas para umas poucas formas elementares, como triângulos, retângulos, etc. Após essa operação, a maioria das seções transversais usadas na prática podem ser desmembradas em uma combinação dessas formas simples. Os valores dos momentos de inércia para algumas formas simples podem ser achados em qualquer manual de engenharia mecânica ou civil (veja também a Tab. 2 do Apêndice). Para se achar I para uma área composta de várias formas simples, é necessário o *teorema do eixo paralelo* (algumas vezes chamado de *fórmula de transferência*), cujo desenvolvimento se segue.

A área mostrada na Fig. 6.6 tem momento de inércia I_0 em relação ao eixo horizontal que passa por seu centróide, isto é, $I_0 = \int y^2dA$, onde y é medido a partir do eixo centroidal. O momento de inércia I_{zz} da mesma área, em relação a outro eixo horizontal z-z, por definição é

$$I_{zz} = \int_A (d + y)^2 dA,$$

onde, como anteriormente, y é medido a partir do eixo que passa pelo centróide. Elevando ao quadrado as quantidades do parêntese e retirando da integral as constantes

$$I_{zz} = d^2 \int_A dA + 2d \int_A y dA + \int_A y^2 dA = Ad^2 + 2d \int_A y dA + I_0 .$$

Entretanto, como o eixo a partir do qual y é medido passa pelo centróide da área, $\int y dA$ ou $\bar{y}A$ é zero. Assim

$$I_{zz} = I_0 + Ad^2. \tag{6.5}$$

Esse é o teorema do eixo paralelo, e pode ser enunciado da seguinte forma: o momento de inércia de uma área em relação a qualquer eixo é igual ao momento de inércia da mesma área em relação a um eixo paralelo que passa por seu centróide, mais o produto da área pelo quadrado da distância entre os dois eixos.

*Por definição, os eixos principais são aqueles em relação aos quais os momentos de inércia retangulares são máximos ou mínimos. O produto de inércia, definido por $\int yz\, dA$ se anula para os eixos principais de inércia (veja a Fig. 6.5). Um eixo de simetria de uma seção é sempre um eixo principal de inércia. Para mais detalhes, veja qualquer livro sobre Engenharia Mecânica

Os exemplos que se seguem ilustram o método de cálculo de I diretamente pela integração de duas áreas simples. Em seguida é dada uma aplicação do teorema do eixo paralelo a uma área composta. Valores de I para vigas comercialmente fabricadas de aço, cantoneiras e tubos são dados nas Tabs. 3 a 8 do Apêndice.

EXEMPLO 6.1

Achar o momento de inércia em relação ao eixo horizontal que passa pelo centróide de uma seção retangular mostrada na Fig. 6.7.

SOLUÇÃO

O centróide dessa seção está na interseção dos dois eixos de simetria. Aqui é conveniente tomar dA como bdy. Assim

$$I_{zz} = I_0 = \int_A y^2 dA = \int_{-h/2}^{+h/2} y^2 b dy = b \left| \frac{y^3}{3} \right|_{-h/2}^{+h/2} = \frac{bh^3}{12} \cdot \qquad (6.6)$$

Analogamente $I_{yy} = b^3h/12$.

Essas expressões são usadas freqüentemente, devido ao emprego comum das vigas retangulares na prática.

EXEMPLO 6.2

Achar o momento de inércia em relação ao diâmetro de uma seção circular de raio c, Fig. 6.8.

SOLUÇÃO

Como existe alguma oportunidade de se confundir I com J, para uma seção circular, é bom referir-se a I como o momento de inércia *retangular* da área nesse caso.

Para achar I do círculo, observe inicialmente que $\rho^2 = z^2 + y^2$, como se pode ver na figura. Usando-se a definição de J, e notando a simetria em relação a ambos os eixos, e usando a Eq. 5.3

$$J = \int_A \rho^2 dA = \int_A (y^2 + z^2) dA = \int_A y^2 dA + \int_A z^2 dA$$

$$= I_{zz} + I_{yy} = 2I_{zz} \qquad (6.7)$$

$$I_{zz} = I_{yy} = J/2 = \pi c^4/4.$$

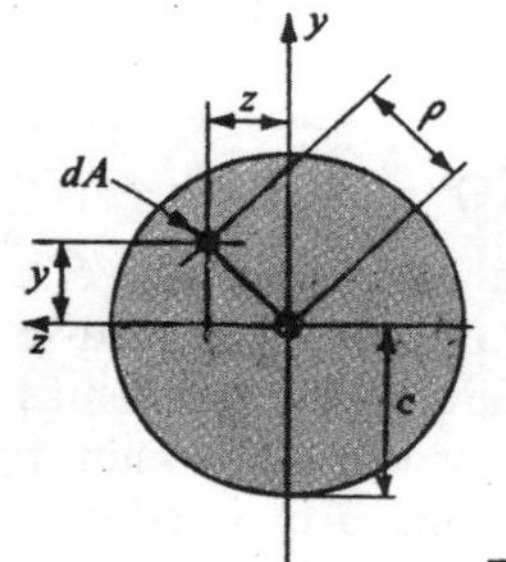

Figura 6.8

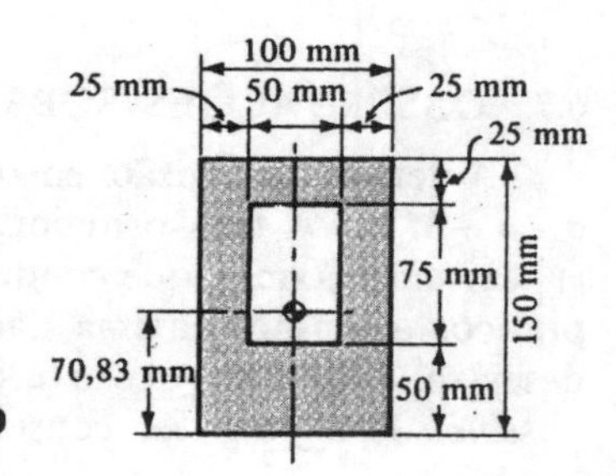

Figura 6.9

Nas aplicações mecânicas, os eixos circulares freqüentemente agem como vigas, e a Eq. 6.7 será considerada útil. Para um eixo tubular, o momento de inércia do vazado interior deve ser subtraído dessa equação.

EXEMPLO 6.3

Determinar o momento de inércia I em relação ao eixo horizontal da área mostrada na Fig. 6.9, para uso na fórmula de flexão.

SOLUÇÃO

Como o momento de inércia desejado é para uso na fórmula de flexão, deve-se achar aquele em relação ao eixo que passa pelo centróide da área. Assim o centróide da área deve ser achado em primeiro lugar. Isso é feito mais facilmente pelo tratamento da seção mais externa e dedução do vazado interior. Por conveniência, o trabalho é efetuado na forma de tabela. Finalmente é usado o teorema do eixo paralelo para se obter I.

Área	A [mm²]	y [mm] (da parte inferior)	Ay
Área total	100(150) = 15 000	75	1 125 000
Vazado interior	−50(75) = −3 750	87,5	−328 125
	ΣA = 11 250 mm²		ΣAy = 796 875 mm³

$$y = \frac{\Sigma Ay}{\Sigma A} = \frac{796\,875}{11\,250} = 70{,}833 \text{ mm da parte inferior}$$

Para a área toda:

$$I_0 = \frac{bh^3}{12} = \frac{100(150)^3}{12} = 28{,}125 \times 10^6 \text{mm}^4;$$

$$Ad^2 = 15\,000(75 - 70{,}83)^2 = 0{,}2604 \times 10^6 \text{ mm}^4;$$

$$I_{zz} = 28{,}3854 \times 10^6 \text{mm}^4.$$

Para o vazado interior:

$$I_0 = \frac{bh^3}{12} = \frac{50(75)^3}{12} = 1{,}758 \times 10^6 \text{mm}^4;$$

$$Ad^2 = 3\,750(87{,}5 - 70{,}83)^2 = 1{,}0417 \times 10^6 \text{ mm}^4;$$

$$I_{zz} = 2{,}7997 \times 10^6 \text{mm}^4.$$

Para a seção composta: $I_{zz} = 28{,}3854 \times 10^6 - 2{,}7997 \times 10^6 = 25{,}586 \times 10^6 \text{ mm}^4 = 2558{,}6 \text{ cm}^4$.

Observe que ao aplicar o teorema do eixo paralelo, cada elemento da área composta contribui com dois termos do I total. Um termo é o momento de inércia de uma área em relação a seu próprio eixo centroidal, o outro termo decorre da transferência de seu eixo para o centróide de toda a área. O trabalho metódico é o principal requisito na solução correta de tais problemas.

6.7 OBSERVAÇÕES SOBRE A FÓRMULA DA FLEXÃO

A tensão de flexão em qualquer ponto de uma viga é dada pela Eq. 6.3, $\sigma_x = -My/I$. A tensão maior na mesma seção decorre dessa relação, tomando-se $|y|$ em um máximo, que conduz à Eq. 6.4, $\sigma_{max} = Mc/I$. Na maioria dos problemas práticos a tensão máxima dada pela Eq. 6.4 é a quantidade procurada; assim, é desejável fazer com que o processo de determinação de σ_{max} seja o mais simples possível. Isso pode ser conseguido pela observação de que I e c são constantes para uma dada seção de uma viga. Assim I/c é uma constante. Além do mais, como essa relação é apenas uma função das dimensões transversais de uma viga, ela pode ser determinada univocamente para qualquer seção transversal. Essa relação é chamada de *módulo da seção elástica* de uma seção e será indicado por S. Com essa notação, a Eq. 6.4 fica

$$\sigma_{max} = \frac{Mc}{I} = \frac{M}{I/c} = \frac{M}{S}, \tag{6.8}$$

ou, dito de outra forma,

$$\text{tensão máxima de flexão} = \frac{\text{momento fletor}}{\text{módulo da seção elástica}}.$$

Se o momento de inércia I é medido em mm^4 e c em mm, S é medido em mm^3. Da mesma forma, se M é medido em kgfm, as unidades de tensão, como anteriormente, são dadas kgf/m^2. Lembre-se que a distância c como é usada aqui, é medida do eixo neutro até a fibra mais remota da viga. Isso torna $I/c = S$ um mínimo, e conseqüentemente M/S dá a tensão máxima. As seções eficientes para resistência à flexão têm o maior S possível, para uma dada quantidade de material. Isso é conseguido pela localização da maior quantidade possível de material afastado do eixo neutro.

O uso do termo *módulo de seção elástica*, na Eq. 6.8, corresponde ao uso do termo A na Eq. 3.5 ($\sigma = P/A$). Todavia, apenas a máxima tensão de flexão em uma seção é obtida pela Eq. 6.8, mas a tensão calculada pela Eq. 3.5 mantém-se verdadeira em toda a seção do membro.

A Eq. 6.8 é bastante usada na prática, devido a sua simplicidade. Para facilitar seu uso, os módulos de seção para muitas das seções transversais fabricadas são tabelados nos manuais. As Tabs. 3 a 8 do Apêndice fornecem valores para algumas seções de aço. A Eq. 6.8 é particularmente conveniente para o projeto de vigas. Uma vez determinado o máximo momento fletor para uma viga e decidido sobre a tensão admissível, a Eq. 6.8 pode ser solucionada para o módulo de seção desejado. Essa informação é suficiente para selecionar uma viga; todavia, uma consideração detalhada de projeto de vigas será dada no Cap. 10. Isso é necessário porquanto uma força cortante, que por sua vez provoca tensões, usualmente também atua em uma seção da viga. A interação das várias espécies de tensões deve ser considerada inicialmente para se ter uma visão completa do problema.

A aplicação das fórmulas de flexão a problemas particulares causaria pouca dificuldade, se o significado dos vários termos que nelas ocorrem tiver sido totalmente compreendido. Os seguintes exemplos ilustram as investigações das tensões de flexão em seções específicas.

EXEMPLO 6.4

Uma viga de madeira em balanço, de 30 cm × 40 cm (escala normal), pesando 74 kgf/m, suporta uma força concentrada de 2 000 kgf na extremidade, como mostra a Fig. 6.10(a). Determinar as máximas tensões de flexão em uma seção a 2 m de sua extremidade livre.

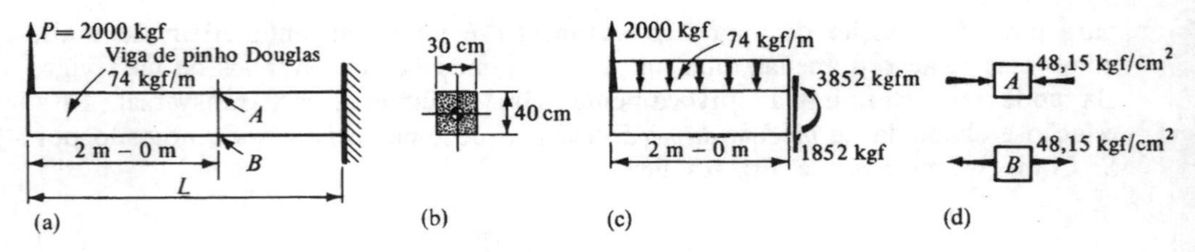

Figura 6.10

SOLUÇÃO

Um diagrama de corpo livre para um segmento de 2 m da viga, é mostrado na Fig. 6.10(c). Para manter esse segmento em equilíbrio, é necessária uma força cortante de 2 000 – 74(2) = = 1 852 kgf e um momento fletor de 2 000(2) – 74(2)1 = 3 852 kgfm na seção do corte. Ambas as quantidades estão mostradas com seu sentido apropriado na Fig. 6.10(c). Inspecionando a seção transversal, nota-se que a distância que vai do eixo neutro às fibras extremas é de 20 cm, portanto $c = 20$ cm. Isso é aplicável às fibras em compressão e em tração.

Pela Eq. 6.6: $I_{zz} = \dfrac{bh^3}{12} = \dfrac{30(40)^3}{12} = 16 \times 10^4 \text{ cm}^4.$

Pela Eq. 6.4: $\sigma_{max} = \dfrac{Mc}{I} = \dfrac{3\,852(100)20}{16 \times 10^4} = \pm\, 48{,}15 \text{ kgf/cm}^2.$

Pelo sentido do momento fletor mostrado na Fig. 6.10(c), verifica-se estarem as fibras do topo da viga em compressão, e as inferiores em tração. Na resposta dada, o sinal positivo se aplica à tensão de tração, e o negativo à tensão de compressão. Ambas as tensões diminuem numa razão linear com a distância ao eixo neutro, onde a tensão de flexão é nula. As tensões normais que agem em elementos infinitesimais em A e B estão mostradas na Fig. 6.10(d). É importante aprender a se fazer tal representação de um elemento, porque ela será usada freqüentemente nos Caps. 8, 9 e 10.

SOLUÇÃO ALTERNATIVA

Se apenas a máxima tensão é desejada, pode ser usada a equação envolvendo o módulo de seção. O módulo de uma seção retangular em forma algébrica, é

$$S = \frac{I}{c} = \frac{bh^3}{12}\,\frac{2}{h} = \frac{bh^2}{6}. \tag{6.9}$$

Nesse problema, $S = 30(40)^2/6 = 8\,000 \text{ cm}^3$, e pela Eq. 6.8

$$\sigma_{max} = \frac{M}{S} = \frac{3\,852(100)}{8\,000} = 48{,}15 \text{ kgf/cm}^2.$$

Em ambas as soluções, não deixe de observar que o momento fletor substituído nas equações tenha as unidades corretas.

EXEMPLO 6.5

Achar as máximas tensões de compressão e tração na seção A-A da braçadeira mostrada na Fig. 6.11(a), causada pela força aplicada de 4 t.

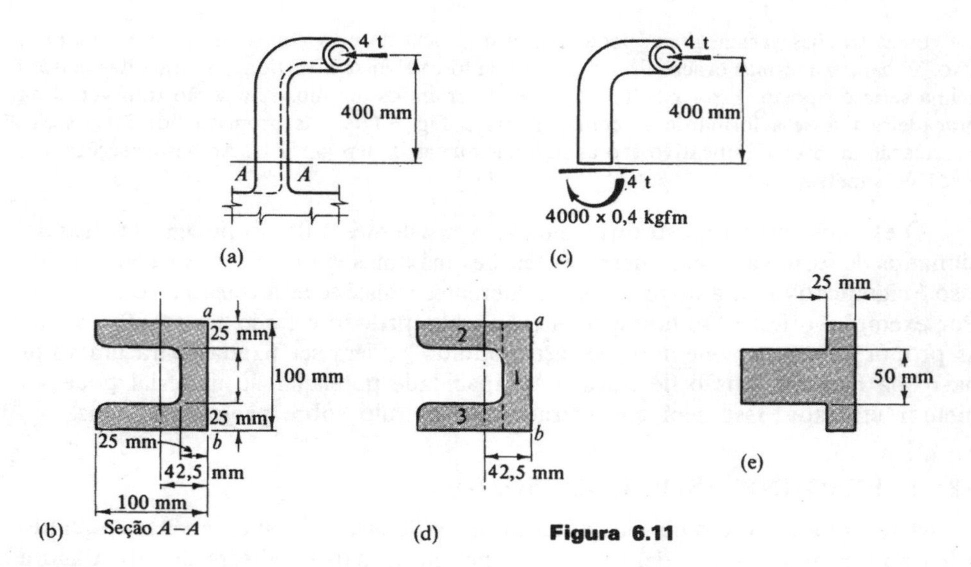

Figura 6.11

SOLUÇÃO

O momento fletor e a força cortante de magnitude e sentido apropriados para manter o segmento do membro em equilíbrio, estão mostrados na Fig. 6.11(c). Em seguida deve ser localizado o eixo neutro da viga. Isso é feito por meio da localização do centróide da área, mostrada na Fig. 6.11(b) [veja também a Fig. 6.11(d)]. Então é calculado o momento de inércia em relação ao eixo neutro. Em ambos os cálculos, as abas são consideradas retangulares, desprezando-se os arredondamentos. Então, mantendo em mente o sentido do momento fletor resistente e aplicando a Eq. 6.4, obtêm-se os valores desejados.

N.º da área	A [mm²]	y [mm] (de ab)	Ay
1	2 500	12,5	31 250
2	1 875	62,5	117 187,5
3	1 875	62,5	117 187,5
	$\Sigma A = 6\,250$ mm²		$\Sigma Ay = 265\,625$ mm³

$$y = \frac{\Sigma Ay}{\Sigma A} = \frac{265\,625}{6\,250} = 42{,}5 \text{ mm da linha } ab$$

$$I = \Sigma(I_0 + Ad^2) = \frac{100(25)^2}{12} + 2\,500(30)^2 + \frac{(2)25(75)^3}{12} + 2(1\,875)(20)^2$$

$$= 5\,521\,763 \text{ mm}^4$$

$$\sigma_{max} = \frac{Mc}{I} = \frac{(4\,000)400(57{,}5)}{5\,521\,763} = 16{,}66 \text{ kgf/mm}^2 \text{ (compressão)}$$

$$\sigma_{max} = \frac{Mc}{I} = \frac{(4\,000)400(42{,}5)}{5\,521\,763} = 12{,}31 \text{ kgf/mm}^2 \text{ (tração)}$$

Essas tensões variam linearmente com a distância do eixo neutro sendo nulas naquele eixo. Se para as mesmas braçadeiras a direção da força P fosse invertida, o sentido das tensões acima seria o oposto. Esses resultados obtidos, seriam os mesmos se a seção transversal da braçadeira tivesse a forma de T, como mostra a Fig. 6.11(e). As propriedades dessa seção em relação ao eixo significativo são as mesmas que as de um perfil U. Ambas as seções têm eixos de simetria.

O exemplo acima mostra que membros resistentes a flexão podem ser proporcionados de forma a terem diferentes tensões máximas em tração e em compressão. Isso é significativo para materiais com diferentes resistências à tração e compressão. Por exemplo, o ferro fundido é resistente à compressão e fraco em tração. Assim, as proporções de um membro de ferro fundido podem ser fixadas para um valor baixo da máxima tensão de tração. A capacidade potencial do material pode ser melhor utilizada. Isso será considerado no capítulo sobre projeto de vigas.

6.8 FLEXÃO INELÁSTICA DE VIGAS

A fórmula de flexão elástica anteriormente deduzida é válida apenas enquanto a tensão é proporcional à deformação. Uma teoria mais geral será discutida agora para um material que não obedece a lei de Hooke.

A premissa cinemática básica da teoria da flexão, como enunciada na Seç. 6.3, diz que as seções planas permanecem planas após a flexão da viga. Essa premissa é aplicável se o material se comporta inelasticamente. Sem qualquer premissa posterior, ela significa que as deformações nas fibras submetidas à flexão variam diretamente com suas respectivas distâncias ao eixo neutro. Tomando isso como base, juntamente com os requisitos de equilíbrio e as relações entre tensão e deformação não-lineares, desenvolve-se a teoria generalizada da flexão.

Considere um segmento de uma viga prismática submetida a momentos fletores. A área transversal dessa viga tem um eixo vertical de simetria, Fig. 6.12(c). A variação linear das deformações a partir do eixo neutro, para tal viga, é representada em um diagrama na Fig. 6.12(b). No eixo neutro, que deve ser determinado, a deformação é nula. As deformações nos pontos afastados do eixo neutro correspondem às distâncias horizontais da linha *ab* à linha *cd* na Fig. 6.12(b). Por exemplo, a deformação de uma fibra a uma distância $-y_2$ do eixo neutro é ε_2. Tais distâncias definem a deformação axial de cada fibra da viga.

Para fazer com que o argumento seja geral, o material será considerado possuidor de curvas de comportamentos diferentes em tração e compressão. Uma possível curva para tal material está mostrada na Fig. 6.12(a). Tais curvas podem ser obtidas das experiências com carregamento axial.

Se o efeito de Poisson é desprezado, as fibras longitudinais de uma viga em flexão se comportam independentemente. Cada uma dessas pode ser imaginada como uma barra infinitesimal com carregamento axial, solicitada a um nível dependente de sua deformação. Como a variação da deformação em uma viga é fixada pela premissa, a configuração da tensão pode ser formulada pela curva tensão--deformação, Fig. 6.12(a). Por exemplo, correspondendo a uma deformação de tração ε_1, à distância $-y_1$ do eixo neutro, atua na viga uma tensão de tração σ_1. Analogamente, ε_4 é associada com $-\sigma_4$, uma tensão de compressão. O mesmo se aplica a qualquer outra fibra da viga. Isso determina a distribuição de tensão mostrada nas Figs. 6.12(d) e (e); ela se assemelha à forma da curva de tensão-deformação (compare EF com ef por sua rotação de 90º).

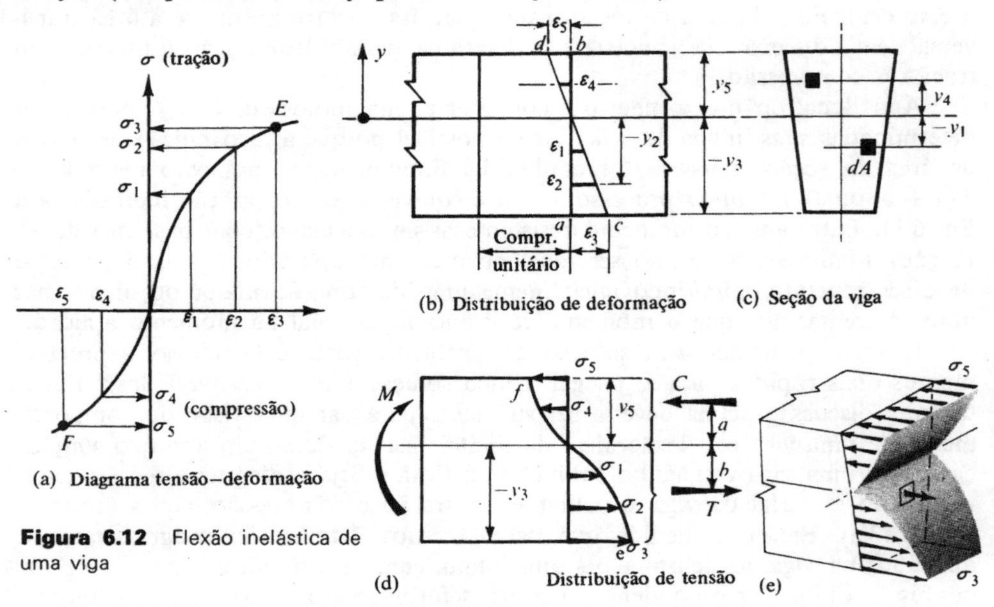

Figura 6.12 Flexão inelástica de uma viga

Como a viga atua em flexão simples, as mesmas equações da estática serão aqui usadas, como o foram no estabelecimento da fórmula da flexão elástica. As duas relações aplicáveis são, como antes,

$$\Sigma F_x = 0 \quad \text{ou} \quad \int_A \sigma_x dA = 0 \tag{6.10}$$

$$\Sigma M_z = 0 \quad \text{ou} \quad -\int_A \sigma_x y dA = M, \tag{6.11}$$

onde σ_x é a tensão normal que age em um elemento infinitesimal dA da área transversal A da viga, e y é a distância do eixo neutro a um elemento dA. Deve-se observar que para um M positivo, a integral na Eq. 6.11 se torna positiva, porque para valores positivos de y a tensão σ_x é negativa, enquanto para valores negativos de y a tensão σ_x é positiva.

Para resolver o problema mais geral de flexão inelástica, isto é, para satisfazer as Eqs. 6.10 e 6.11, é necessário em procedimento por tentativas e erros. Inicialmente é desconhecida a localização do eixo neutro. Um método possível consiste em admitir uma distribuição de deformação, localizando assim um eixo neutro provisório e dando a distribuição de tensão mostrada na Fig. 6.12(d). Tais tentativas devem ser continuadas até que a soma das forças C no lado de compressão da viga seja igual à soma das forças T no lado de tração da viga. Quando tal condição é preenchida, o eixo neutro da viga está localizado. Observe particularmente que na flexão inelástica, o eixo neutro de uma viga pode não coincidir com o eixo centroidal da área da seção transversal. Isso ocorre apenas se a área transversal tem dois eixos de simetria e o diagrama tensão-deformação é idêntico em tração e compressão.

Após localizar o eixo neutro e conhecer as magnitudes de C e T, podem ser determinadas suas linhas de ação. Isso é possível porque a distribuição de tensão na área da seção transversal é conhecida. Finalmente, o momento resistente é $T(a + b)$ ou $C(a + b)$. O processo acima é equivalente à integração indicada pela Eq. 6.11. Entretanto, o momento resistente assim calculado, com base nas deformações admitidas, pode não ser igual ao momento aplicado. Assim, o processo deve ser repetido, admitindo inicialmente uma deformação maior ou menor nas fibras extremas, até que o momento resistente fique igual ao momento aplicado.

O método acima, para solução do problema geral, é fastidioso, e procedimentos mais rápidos para se chegar a uma solução foram desenvolvidos.* Entretanto, a discussão acima deveria ser suficiente para dar uma visão do comportamento de uma viga em flexão além do limite elástico. Como um exemplo simples, considere uma viga retangular submetida à flexão. Seja o diagrama tensão-deformação do material da viga semelhante em tração e compressão, como mostra a Fig. 6.13(a). Então, à medida que os momentos fletores são progressivamente aplicados na viga, as deformações aumentam, como exemplificado por ε_1, ε_2 e ε_3 na Fig. 6.13(b). Correspondendo a essas deformações e a sua variação linear a partir do eixo neutro, a distribuição de tensão ocorrerá como mostrado na Fig. 6.13(c). O eixo neutro coincide com o eixo centroidal nesse caso, porque a seção tem dois eixos de simetria e o diagrama tensão-deformação é semelhante em tração e compressão.

Se σ_3 corresponde à resistência de ruptura do material em tração axial, o momento fletor de ruptura que a viga é capaz de resistir pode ser previsto. Ele está associado com a distribuição de tensão dada pela linha curva *ab* mostrada na Fig. 6.13(c). Uma resistência equivalente ao momento fletor, baseada na premissa de distribuição linear da tensão, a partir do eixo neutro, é mostrada pela linha *cd* na mesma figura. Como ambas as distribuições de tensões supostamente resistem ao mesmo momento e no último caso as tensões menores atuam próximo do eixo neutro, as maiores tensões devem atuar nas fibras externas. A tensão nas fibras externas, calculada com base na fórmula de flexão elástica para o momento fletor de ruptura, determinado experimentalmente, é chamado de *módulo de ruptura* do material em flexão. Ela é maior do que a tensão verdadeira. Para materiais cujos diagramas de tensão-deformação se aproximam de uma linha reta, até a resistência de ruptura, a discrepância entre a máxima tensão verdadeira e o módulo

*A. Nadai, *Theory of Flow and Fracture of Solids*, vol. I, p. 356 McGraw-Hill Book Company, Nova Iorque, 1950

de ruptura é pequena. Por outro lado, a discrepância é grande para materiais com pronunciada curvatura na curva de tensão-deformação.

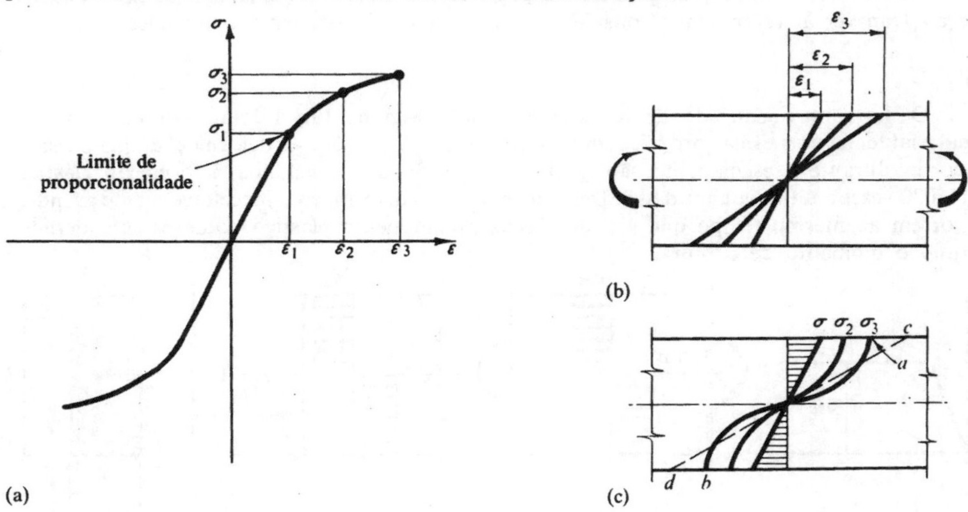

Figura 6.13 Viga retangular em flexão, excedendo o limite de proporcionalidade do material

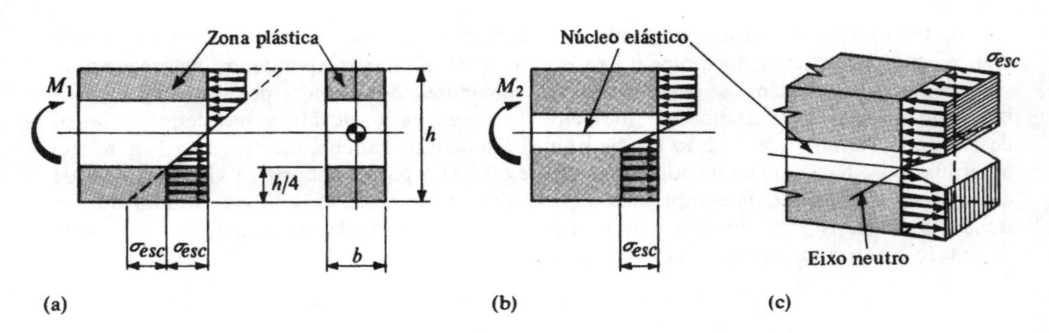

Figura 6.14 Viga elástica-plástica em diferentes estágios de solicitação

Como outro exemplo importante de flexão elástica, considere uma viga retangular de material elástico-plástico, Fig. 6.14. Em tal idealização de comportamento do material é possível uma nítida separação do membro em zonas distintas, elástica e plástica. Por exemplo, se a deformação nas fibras extremas é o dobro daquela no início do escoamento, apenas a metade central da viga permanece elástica, Fig. 6.14(a). Nesse caso, as quartas partes externas da viga escoam. A magnitude do momento M_1, correspondente a essa condição pode ser realmente calculada (veja o Exemplo 6.7). Para elevadas deformações a zona elástica ou núcleo diminui. A distribuição de tensão correspondente a essa situação está mostrada nas Figs. 6.14(b) e (c).

EXEMPLO 6.6

Determinar a capacidade plástica ou de ruptura na flexão de uma viga de aço doce, de seção transversal retangular. Considere o material como elástico-plástico ideal.

SOLUÇÃO

O diagrama idealizado de tensão-deformação está na Fig. 6.15(a). Admite-se que o material tenha as mesmas propriedades em tração e compressão. As deformações que possam ocorrer durante o escoamento são muito maiores do que a máxima deformação elástica (15 a 20 vezes a última quantidade). Dessa forma, como deformações inaceitavelmente grandes ocorrem ao mesmo tempo que grandes flechas, o momento plástico pode ser considerado como o momento de ruptura.

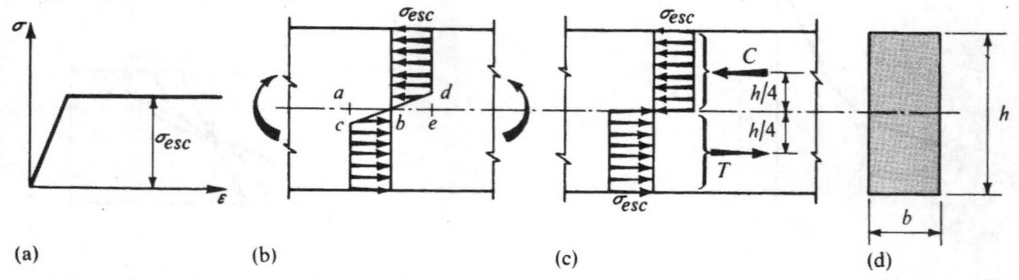

Figura 6.15

A distribuição de tensão mostrada na Fig. 6.15(b) se aplica após ocorrer uma grande deformação. No cálculo do momento resistente, as tensões correspondentes às áreas triangulares *abc* e *bde*, podem ser desprezadas sem afetar indevidamente a precisão. Elas contribuem pouco para a resistência ao momento fletor aplicado, devido a seu pequeno braço de alavanca. Assim a idealização da distribuição de tensão daquela mostrada na Fig. 6.15(c) é permissível e tem um significado físico simples. Toda a parte superior da viga é submetida a uma tensão uniforme de compressão σ_{esc}, enquanto a metade inferior está totalmente em tração uniforme σ_{esc}. A simetria garante que a viga seja dividida igualmente em uma zona de tração e outra de compressão. Numericamente,

$$C = T = \sigma_{esc}(bh/2), \text{ isto é, (tensão)} \times \text{(área)}$$

Cada uma dessas forças age a uma distância $h/4$ do eixo neutro. Assim o momento resistente plástico ou de ruptura da viga, é

$$M_p = M_{rup} = C\left(\frac{h}{4} + \frac{h}{4}\right) = \sigma_{esc}\frac{bh^2}{4},$$

onde b é a aba da viga e h é sua altura.

A mesma solução pode ser obtida pela aplicação direta das Eqs. 6.10 e 6.11. Observando o sinal das tensões, pode-se concluir que a Eq. 6.10 é satisfeita, passando-se o eixo neutro pelo meio da viga. Tomando-se $dA = bdy$, e observando-se a simetria em relação ao eixo neutro, muda-se a Eq. 6.11 para

$$M_p = M_{rup} = -2\int_0^{h/2} (-\sigma_{esc})ybdy = \sigma_{esc}bh^2/4. \tag{6.12}$$

O momento fletor resistente de uma viga de seção retangular, quando as fibras externas atingem σ_{esc}, como dado pela fórmula de flexão elástica, é

$$M_{esc} = \sigma_{esc}I/c = \sigma_{esc}(bh^2/6), \text{ dessa forma } M_p/M_{esc} = 1{,}50.$$

A relação M_p/M_{esc} depende apenas das propriedades da seção transversal de um membro e é chamada de *fator de forma*. Tal fator para a viga retangular mostra que M_{esc} pode ser excedido de 50% antes de se atingir a capacidade de ruptura de uma viga retangular.

Para carregamentos estáticos, tal como ocorre nas construções, as capacidades limites podem ser determinadas por meio da utilização dos momentos plásticos. Os procedimentos baseados em tais conceitos são denominados de *análise* ou *projeto do método plástico*. Para tal trabalho define-se o *módulo de seção plástica* Z na forma:

$$M_p = \sigma_{esc}Z \tag{6.13}$$

Para a viga retangular acima analisada $Z = bh^2/4$.

O *Steel Construction Manual** fornece uma tabela de módulos de seção plástica para muitas formas comuns de perfis de aço. A Tab. 9 do Apêndice dá uma lista resumida dos módulos de seção plástica para seções de aço. Para um dado M_p e σ_{esc} a solução da Eq. 6.13 para Z é bastante simples.

O método da análise plástica ou limite é inaceitável no projeto de máquinas em situações em que as propriedades de fadiga do material são importantes.

EXEMPLO 6.7

Achar as tensões residuais em uma viga retangular após a remoção do momento fletor de ruptura.

SOLUÇÃO

A distribuição de tensão associada com um momento de ruptura está mostrada na Fig. 6.16(a). A magnitude desse momento foi determinada no exemplo precedente e é $M_p = \sigma_{esc}bh^2/4$. Após remoção desse momento plástico M_p, cada fibra da viga pode voltar elasticamente. Desprezando o efeito de Bauschinger (veja a Fig. 4.16), vê-se que a faixa elástica durante a retirada da carga é o dobro daquela que ocorreria inicialmente. Dessa forma, como $M_{esc} = \sigma_{esc}bh^2/6$ e o momento removido é $\sigma_{esc}(bh^2/4)$ ou $1{,}5\,M_{esc}$, a máxima tensão calculada com base na ação elástica é $3/2\ \sigma_{esc}$, como mostra a Fig. 6.16(b). Superpondo as tensões iniciais a M_p, com o alívio elástico de tensões, devido à remoção de M_p, acham-se as tensões residuais, Fig. 6.16(c). Observe que as tensões microrresiduais de tração e compressão longitudinal, permanecem na viga. As zonas de tração são as sombreadas na figura.

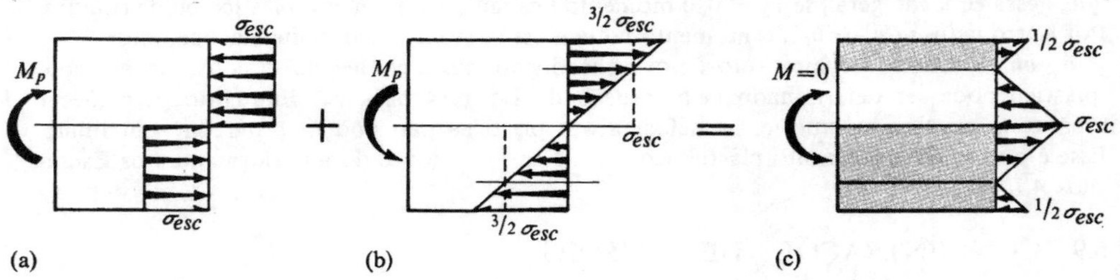

Figura 6.16 Distribuição de tensão residual em uma viga retangular

*American Institute of Steel Construction, *AISC Steel Construction Manual*, pp. 2.6 a 2.9, AISC, Inc., Nova Iorque, 1963

Se tal viga fosse usinada, reduzindo gradualmente sua profundidade, o alívio das tensões residuais causaria deformações indesejáveis na barra.

EXEMPLO 6.8

Determinar o momento resistente de uma viga retangular elástico-plástica.

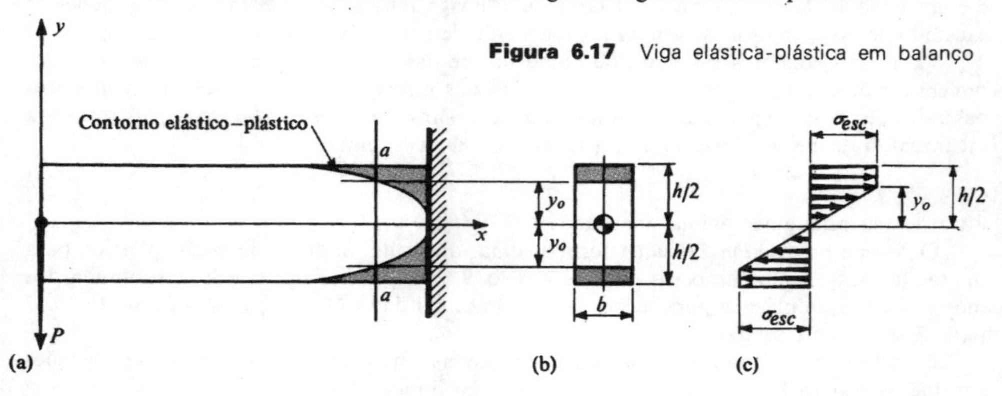

Figura 6.17 Viga elástica-plástica em balanço

SOLUÇÃO

Para tornar o problema mais definido, considere uma viga em balanço carregada como mostra a Fig. 6.17(a). Se a viga é feita de material elástico-plástico e a força aplicada P suficientemente grande para causar escoamento, serão formadas as zonas plásticas (sombreadas na figura). Em uma seção arbitrária *a-a* a distribuição de tensão correspondente será a mostrada na Fig. 6.17(c). A zona elástica estende-se a uma profundidade de $2y_0$. Observando que na zona elástica as tensões variam linearmente e que em qualquer lugar na zona plástica a tensão axial é σ_{esc}, verifica-se que o momento resistente M é

$$M = -2\int_0^{y_0}\left(-\frac{y}{y_0}\sigma_{esc}\right)(b\,dy)y - 2\int_{y_0}^{h/2}(-\sigma_{esc})(b\,dy)y$$

$$= \sigma_{esc}\frac{bh^2}{4} - \sigma_{esc}\frac{by^2}{3} = M_p - \sigma_{esc}\frac{by_0^2}{3}, \qquad (6.14)$$

onde a última simplificação é efetuada de acordo com a Eq. 6.12. É interessante observar que, nessa equação geral, se $y_0 = 0$, o momento fica igual ao momento plástico ou de ruptura. Por outro lado, se $y_0 = h/2$, o momento volta a ser como no caso limite elástico, onde $M = \sigma_{esc}bh^2/6$. Quando o momento fletor aplicado no vão é conhecido, o contorno elástico-plástico pode ser determinado pela solução da Eq. 6.14 para y_0. Enquanto permanecer uma zona elástica ou núcleo, as deformações plásticas não podem progredir sem limite. Esse é o caso do escoamento plástico contido. Isso foi encontrado anteriormente nos Exemplos 4.10 e 5.9.

6.9 CONCENTRAÇÕES DE TENSÕES

A teoria da flexão desenvolvida nos artigos precedentes aplica-se apenas a vigas de área de seção transversal constante. Tais vigas podem ser chamadas de *prismáticas*. Se a área da seção transversal da viga varia gradualmente, não ocorre nenhum desvio significativo da configuração de tensão anteriormente discutida. Entretanto, se a seção tem entalhes, encaixes orifícios para parafusos, ou mudança abrupta de diâmetro, aparecem elevadas tensões locais. Essa situação é análoga àquela discutida anteriormente no caso de membros axiais e de torção. De novo é muito difícil obter as expressões analíticas para a tensão real. Grande parte da informação relativa à distribuição de tensão real vem de experiências fotoelásticas precisas.

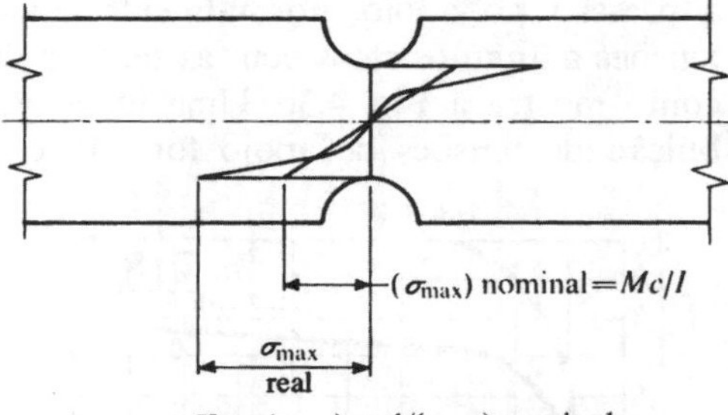

Figura 6.18 Fator de concentração de tensão em flexão pura

Felizmente, como em outros casos discutidos, apenas as proporções geométricas do elemento estrutural afetam a configuração local da tensão. Além do mais, como o interesse está na máxima tensão, a idéia do fator de concentração de tensão pode ser usada com vantagem. A relação K entre a tensão máxima real e a máxima nominal na seção mínima, dada pela Eq. 6.4 é definida como fator de concentração de tensão na flexão. Esse conceito é ilustrado na Fig. 6.18. Assim, em geral,

$$(\sigma_{max})_{real} = K(Mc/I). \tag{6.15}$$

As Figs. 6.19 e 6.20 são gráficos dos fatores de concentração de tensões para dois casos representativos.* O fator K pode ser obtido desses diagramas, dependendo das proporções dos membros. Um estudo desses gráficos indica a vantagem de raios generosos e a eliminação de entalhes abruptos para eliminar as concentrações de tensões. Esses remédios são altamente desejáveis no projeto de máquinas. No trabalho estrutural, particularmente onde são usados materiais dúteis e as forças não flutuam, as concentrações de tensões são ignoradas.

Se a seção transversal de uma viga é irregular, também ocorrem concentrações de tensões. Isso é particularmente significativo se a área transversal tem ângulos de reentrância. Por exemplo, tensões bastante localizadas ocorrem no ponto de encontro da alma com a aba** de uma viga *I*. Para minimizá-las, as formas laminadas comerciais têm generosos arredondamentos em tais pontos.

Além das concentrações de tensões provocadas pelas mudanças de seção transversal de uma viga, outro efeito também é significativo. Forças são freqüentemente aplicadas em áreas limitadas de uma viga. Além do mais, as reações atuam

*Essas figuras são reproduzidas de M. M. Frocht, "Factors of Stress Concentration Photoelastically Determined", *Trans. ASME,* 57 (1935), A-67

**A alma é a parte vertical de uma viga. As partes horizontais de uma viga são chamadas de *flanges* ou *abas*

apenas localmente em uma viga, nos pontos de suporte. No tratamento anterior, todas essas forças foram idealizadas como forças concentradas. Na prática, a pressão média no apoio entre o membro que aplica tal força e a viga é calculada no ponto de contato de tais forças com a viga. Essa pressão de apoio ou tensão atua normalmente na superfície neutra de uma viga e está a noventa graus com as tensões de flexão discutidas nesse capítulo. Um estudo mais detalhado do efeito de tais forças mostra que elas causam uma perturbação em todas as tensões em escala local, e a pressão no apoio, normalmente calculada, é uma aproximação grosseira. As tensões a ângulos retos com as tensões de flexão, comportam-se aproximadamente como mostra a Fig. 4.30. Uma investigação da perturbação provocada na distribuição de tensões de apoio foge ao escopo deste livro.*

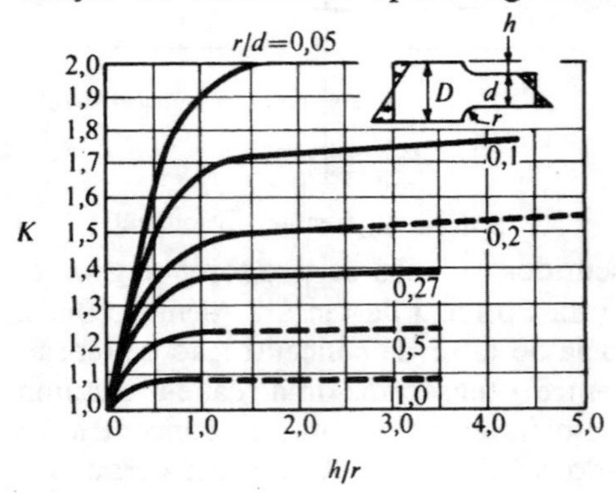

Figura 6.19 Fatores de concentração de tensão para flexão pura de barras chatas com vários filetes

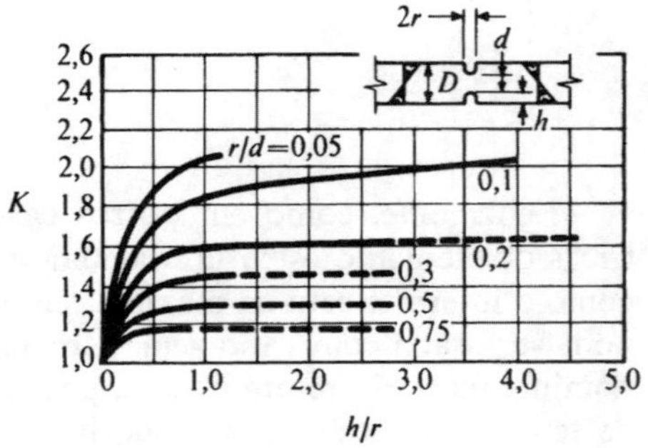

Figura 6.20 Fatores de concentração de tensão para flexão de barras chatas com entalhe

O leitor deve lembrar que os fatores de concentração de tensões se aplicam somente enquanto o material se comporta elasticamente. O comportamento inelástico do material tende a reduzir esses fatores.

6.10 VIGAS DE DOIS MATERIAIS

Até o momento, as vigas analisadas foram consideradas de material homogêneo. Na prática, ocorrem importantes usos de vigas de diferentes materiais. As vigas de dois materiais são especialmente comuns. As vigas de madeira são freqüentemente reforçadas por tiras de metal, e vigas de concreto são reforçadas com vergalhões de aço. A teoria fundamental que suporta a análise elástica de tais vigas será discutida nesta seção. A extensão da análise na faixa inelástica segue os procedimentos discutidos na Seç. 6.8. Uma solução para uma viga com comportamento elástico é dada em um dos exemplos que se seguem.

*Em virtude do princípio de St. Venant (Seç. 4.18), a distâncias afastadas das forças concentradas, comparáveis com as dimensões transversais de um membro, as fórmulas deste texto são precisas, mas as fórmulas usuais não são aplicáveis a vigas curtas e grossas, tal como um dente de engrenagem

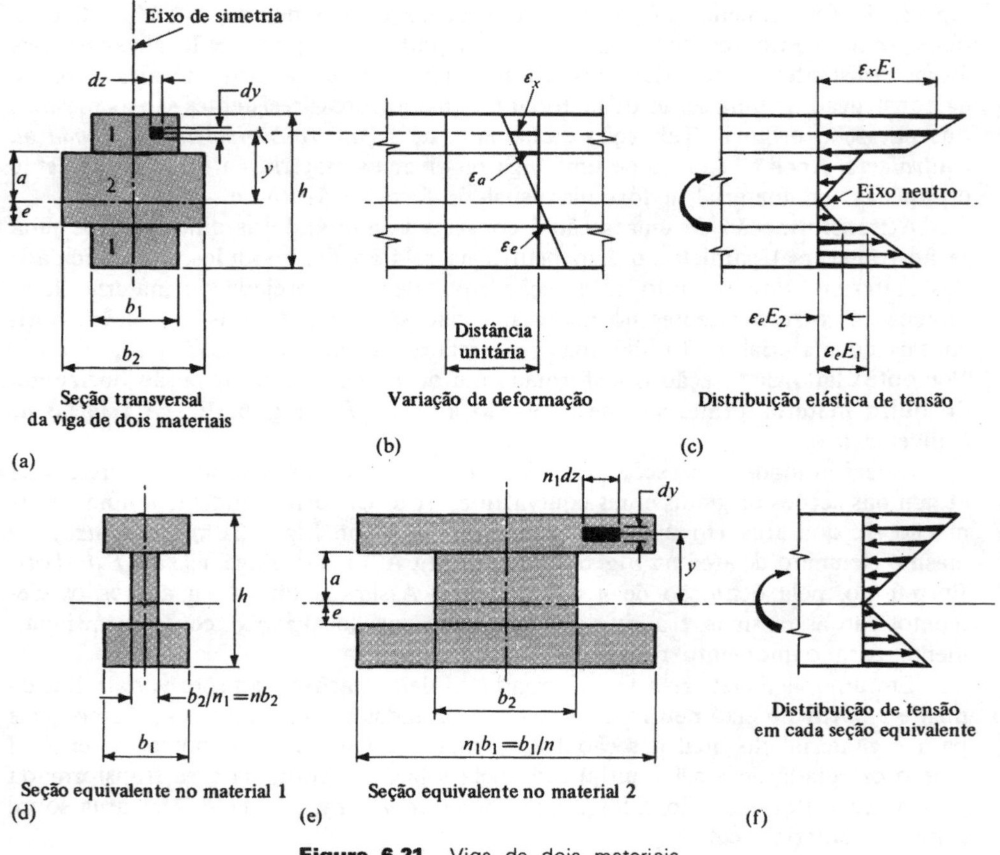

Figura 6.21 Viga de dois materiais

Considere uma viga simétrica de dois materiais com uma seção transversal como mostra a Fig. 6.21(a). O material externo 1 tem um módulo de elasticidade E_1, e o do material interno 2 é E_2. Se tal viga é submetida à flexão, a premissa básica de deformação usada na teoria da flexão permanece válida. As seções planas a ângulos retos com o eixo de uma viga permanecem planas. Dessa forma, as deformações devem variar linearmente a partir do eixo neutro, como mostra a Fig. 6.21(b). Para o caso elástico, a tensão é proporcional à deformação, e a distribuição de tensão, admitindo $E_1 > E_2$, é a mostrada na Fig. 6.21(c). Observe que nas superfícies de contato dos dois materiais está indicada uma descontinuidade na intensidade da tensão. Embora a deformação em ambos os materiais em tais superfícies seja igual, desenvolve-se uma tensão maior no material mais rígido. A rigidez de um material é medida pelo módulo de elasticidade E. A informação acima é suficiente para resolver qualquer problema de viga de dois (ou mais) materiais, usando uma solução por tentativas e erros semelhante à discutida na Seç. 6.8. Entretanto é possível uma considerável simplificação do procedimento.

Aplicando formalmente $\Sigma F_x = 0$ para localizar o eixo neutro, e $\Sigma M_z = 0$ para obter o momento resistente, apenas as magnitudes corretas e localizações das forças resistentes (e não das tensões) são significativas. A nova técnica consiste na construção de uma seção de material na qual as forças resistentes são as mesmas que na seção original. Tal seção é chamada de *seção transversal transformada ou equivalente*. Após a redução de uma viga de diversos materiais a outra equivalente de apenas um material, a fórmula usual de flexão elástica se aplica.

A transformação de uma seção é conseguida alterando as dimensões de uma seção transversal paralela ao eixo neutro na relação dos módulos de elasticidade dos materiais. Por exemplo, se a seção equivalente é desejada no material 1, as dimensões correspondentes no material 1 não são alteradas. As dimensões horizontais do material 2 são alteradas pela relação n, onde $n = E_2/E_1$, Fig. 6.21(d). Por outro lado, se a seção transformada é a do material 2, a dimensão horizontal do outro material é alterada pela relação $n_1 = E_1/E_2$, Fig. 6.21(e). A relação n_1 é inversa a n.

A legitimidade das seções transformadas é vista comparando as forças que atuam nas seções originais e nas equivalentes. A força correspondente a uma deformação ε_x, que atua em uma área elementar $dzdy$, na Fig. 6.21(a), é $\varepsilon_x E_1 dzdy$. O mesmo elemento de área na Fig. 6.21(e) é $n_1 dzdy$. A força que age nele é $\varepsilon_x E_2 n_1 dxdy$. Entretanto, pela definição de n_1, $E_1 = n_1 E_2$. Assim as forças em ambos os elementos são as mesmas, e ambos, em virtude de sua localização, contribuem igualmente para o momento resistente.

Em uma viga com área transformada, as deformações e tensões variam linearmente a partir do eixo neutro. As tensões calculadas da maneira usual são corretas para o material do qual a seção transformada é feito. Para o outro material, a tensão calculada deve ser multiplicada pela relação n ou n_1 da área transformada para a atual. Por exemplo, a força que age sobre $n_1 dzdy$, na Fig. 6.21(e), atua sobre $dzdy$ do material real.

EXEMPLO 6.9

Considere uma viga composta, com as dimensões da seção transversal mostradas na Fig. 6.22(a). A parte superior é de madeira, de 15 cm × 25 cm (tamanho normal), $E_m = 10^5$ kgf/cm^2; a parte inferior é de aço, de 1,5 cm × 15 cm, $E_{aço} = 20 \times 10^5$ kgf/cm^2. Se essa viga suporta um momento fletor de 2 800 kgfm em relação ao eixo horizontal, quais são as tensões máximas no aço e na madeira?

SOLUÇÃO

A relação dos módulos de elasticidade $E_{aço}/E_{mad} = 20$. Assim, usando uma seção transformada de madeira, a largura da peça inferior é 15(20) = 300 cm. A área transformada está mostrada na Fig. 6.22(b). Seu centróide e momento de inércia em relação ao eixo centroidal são

$$y = \frac{15(25)12{,}5 + (1{,}5)300(25{,}75)}{15(25) + (1{,}5)300} = 19{,}73 \text{ cm}, \quad \text{do topo;}$$

$$I_{zz} = \frac{15(25)^3}{12} + (15)25(7{,}23)^2 + \frac{300(1{,}5)^3}{12} + (1{,}5)300(6{,}02)^2 = 55\,526 \text{ cm}^4.$$

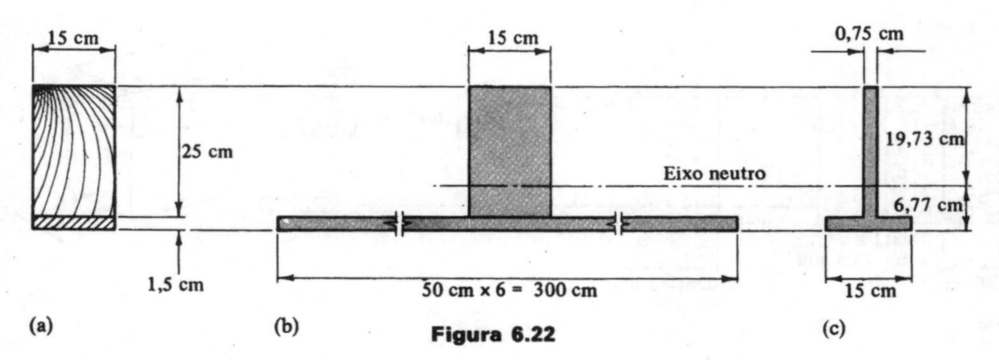

Figura 6.22

A máxima tensão na madeira é

$$(\sigma_{mad})_{max} = \frac{Mc}{I} = \frac{(280\,000)(19{,}73)}{55\,526} = 99{,}5 \text{ kgf/cm}^2.$$

A máxima tensão no aço é

$$(\sigma_{aço})_{max} = n\sigma_m = 20\,\frac{(280\,000)(6{,}77)}{55\,526} = 682{,}8 \text{ kgf/cm}^2.$$

SOLUÇÃO ALTERNATIVA

Uma área transformada em termos do aço pode também ser usada. Então a largura equivalente da madeira é $b/n = 15/20$, ou 0,75 cm. Essa área transformada está mostrada na Fig. 6.22(c).

$$y = \frac{(0{,}75)25(14) + 15(1{,}5)(0{,}75)}{(0{,}75)25 + 15(1{,}5)} = 6{,}77 \text{ cm}, \quad \text{do fundo;}$$

$$I_{zz} = \frac{(0{,}75)25^3}{12} + (0{,}75)25(7{,}23)^2 + \frac{15(1{,}5)^3}{12} + (1{,}5)15(6{,}02)^2 = 2\,776{,}3 \text{ cm}^4;$$

$$(\sigma_{aço})_{max} = \frac{(280\,000)(6{,}77)}{2\,776{,}3} = 682{,}8 \text{ kgf/cm}^2;$$

$$(\sigma_{mad})_{max} = \frac{\sigma_{aço}}{n} = \left(\frac{1}{20}\right)\frac{(280\,000)(19{,}73)}{2\,776{,}3} = 99{,}5 \text{ kgf/cm}^2.$$

Observe que se a seção transformada é a equivalente da madeira, as tensões na peça real de madeira são obtidas diretamente. Ao contrário, se a seção equivalente é de aço, as tensões no aço são obtidas diretamente. A tensão em um material mais rígido do que o da seção transformada aumenta porque é necessária uma tensão maior para provocar a mesma deformação.

EXEMPLO 6.10

Determinar a máxima tensão no concreto e no aço para uma viga de concreto armado com a seção mostrada na Fig. 6.23(a), se ela suporta um momento fletor positivo de 7 000 kgfm. O reforço consiste em duas barras de aço n.º 9. (Essas barras são de 2,86 cm de diâmetro e têm uma área transversal de 6,42 cm²). Admitir que a relação entre os módulos de Young do aço e do concreto seja de 15, isto é, $n = 15$.

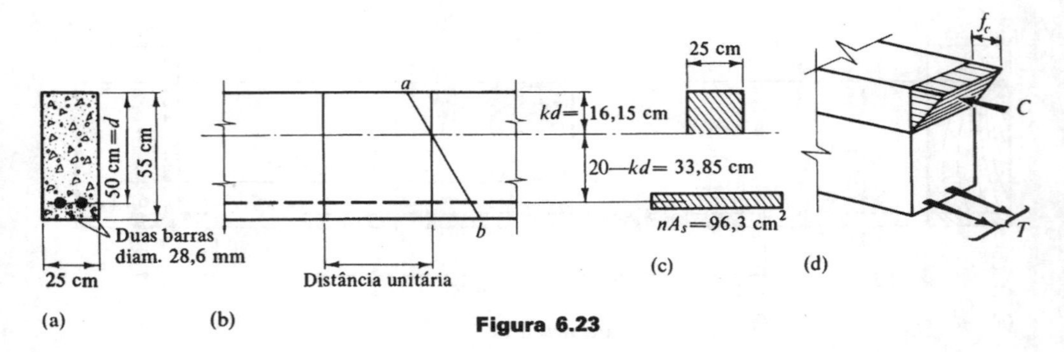

Figura 6.23

SOLUÇÃO

As seções planas são consideradas como permanecendo planas em uma viga de concreto reforçado. As deformações variam linearmente a partir do eixo neutro, como mostra a Fig. 6.23(b), pela linha *ab*. Uma seção transformada em termos do concreto é usada para resolver esse problema. Entretanto, o concreto é tão fraco em tração que não se pode garantir que pequenas rachaduras não ocorram na zona de tração da viga. Por essa razão, não se dá crédito ao concreto para resistência à tração. Com base nessa premissa, o concreto na zona de tração de uma viga apenas mantém o aço em sua posição*. Assim nessa análise, ela virtualmente não existe, e a seção transformada adquire a forma mostrada na Fig. 6.23(c). A seção transversal do concreto tem sua própria forma acima do eixo neutro; abaixo dela nenhum concreto é mostrado. O aço, naturalmente, pode resistir à tração e ela é mostrada como área transformada de concreto. Para fins de cálculo, o aço é localizado por uma dimensão simples, do eixo neutro a seu centróide. Existe uma diferença desprezável entre essa distância e as distâncias verdadeiras às várias fibras de aço. A colocação tosca das barras em serviço concorre para essa prática.

Até o momento foi usada a idéia de eixo neutro, mas sua localização é desconhecida. Entretanto, sabe-se que esse eixo coincide com o eixo que passa pelo centróide da seção transformada. Sabe-se, também, que o primeiro momento de área (ou estático) de um lado do eixo centroidal é igual ao primeiro momento da área do outro lado. Assim, seja *kd* a distância do topo da viga ao eixo centroidal, como mostra a Fig. 6.23(c), onde *k* é uma relação desconhecida** e *d* é a distância do topo da viga ao centro do aço. A formulação algébrica localiza o eixo neutro, em relação ao qual é calculado *I*, e as tensões são determinadas como no exemplo anterior.

$$\underbrace{25(kd)}_{\substack{\text{área de}\\\text{concreto}}}\;\underbrace{(kd/2)}_{\substack{\text{braço de}\\\text{alavanca}}} = \underbrace{96{,}3}_{\substack{\text{área transfor-}\\\text{mada de aço}}}\;\underbrace{(50-kd)}_{\substack{\text{braço de}\\\text{alavanca}}}$$

$$12{,}5(kd)^2 = 4\,815 - 96{,}3(kd),$$
$$(kd)^2 + 7{,}704(kd) - 385{,}2 = 0.$$

*Na realidade ele é usado para resistir à força cortante e fornecer segurança contra o fogo para o aço

**Essa se adapta à notação usual do livros sobre concreto reforçado. Neste texto, *h* é geralmente usado para representar a altura ou a profundidade da viga

Assim $kd = 16{,}15\,\text{cm}$ e $50 - kd = 33{,}85\,\text{cm}$;

$$I = \frac{25(16{,}15)^3}{12} + 25(16{,}15)\left(\frac{16{,}15}{2}\right)^2 + 0 + 96{,}3(33{,}85)^2 = 145\,445\,\text{cm}^4$$

$$(\sigma_{conc})_{max} = \frac{Mc}{I} = \frac{(700\,000)(16{,}15)}{145\,445} = 77{,}7\ \text{kgf/cm}^2$$

$$\sigma_{aço} = n\frac{Mc}{I} = \frac{15(700\,000)(33{,}85)}{145\,445} = 162{,}9\ \text{kgf/cm}^2.$$

SOLUÇÃO ALTERNATIVA

Após a determinação de kd, no lugar de calcular I, pode-se usar um procedimento evidente da Fig. 6.23(d). A força resultante desenvolvida pelas tensões que atuam de maneira "hidrostática" do lado de compressão da viga deve ser localizada $kd/3$ abaixo do topo da viga. Além do mais, se b é a largura da viga, essa força resultante $C = 1/2(\sigma_c)_{max}b(kd)$ (tensão média vezes área). A força de tração resultante T atua no centro do aço e é igual a $A_a\sigma_a$, onde A_a é a área transversal do aço. Então, se jd é a distância entre T e C, e como $T = C$, o momento aplicado M é resistido por um par igual a Tjd ou Cjd.

$$jd = d - kd/3 = 50 - (16{,}15/3) = 44{,}61\text{cm}$$

$$M = Cjd = 1/2b(kd)(\sigma_c)_{max}(jd)$$

$$(\sigma_c)_{max} = \frac{2M}{b(kd)(jd)} = \frac{2(700\,000)}{25(16{,}15)(44{,}61)} = 77{,}7\ \text{kgf/cm}^2$$

$$M = T(jd) = A_a\sigma_a\,jd$$

$$\sigma_a = \frac{M}{A_s(jd)} = \frac{(700\,000)}{96{,}3(44{,}61)} = 162{,}9\ \text{kgf/cm}^2.$$

Ambos os métodos naturalmente dão a mesma resposta. O segundo método é mais conveniente nas aplicações práticas. Como o aço e o concreto têm tensões admissíveis diferentes, diz-se que a viga tem reforço balanceado, quando ela é projetada de forma que as tensões respectivas estejam simultaneamente em seu nível admissível. Observe que a viga mostrada ficaria virtualmente sem função se os momentos fletores fossem aplicados na direção oposta.

EXEMPLO 6.11

Determinar o momento de ruptura para a viga de concreto do exemplo precedente. Admitir que o reforço de aço escoe a $2\,800\ \text{kgf/cm}^2$ e que a resistência à ruptura do concreto seja $f'_c = 180\ \text{kgf/cm}^2$.

SOLUÇÃO

Quando o aço de reforço começa a escoar, tem início grandes deformações. Essa é considerada como a capacidade de ruptura do aço: assim $T_{rup} = A_a\sigma_{esc}$.

No momento da ruptura, a evidência experimental indica que as tensões de compressão podem ser aproximadas pela tensão retangular mostrada na Fig. 6.24. É costume admitir que a tensão média nesse bloco de tensão de compressão seja $0{,}85f'_c$. Assim, tendo em mente que $T_{rup} = C_{rup}$, tem-se

$$T_{rup} = \sigma_{esc} A_a = 2\,800 \times 12{,}84 = 35\,952 \text{ kgf} = C_{rup}$$

$$k'd = \frac{C_{rup}}{0{,}85 f'_c b} = \frac{35\,952}{0{,}85 \times 180 \times 25} = 9{,}4 \text{ cm}$$

$$M_{rup} = T_{rup}\left(d - \frac{k'd}{2}\right) = 35\,952\left(50 - \frac{9{,}4}{2}\right)\frac{1}{100} = 16\,286 \text{ kgfm}$$

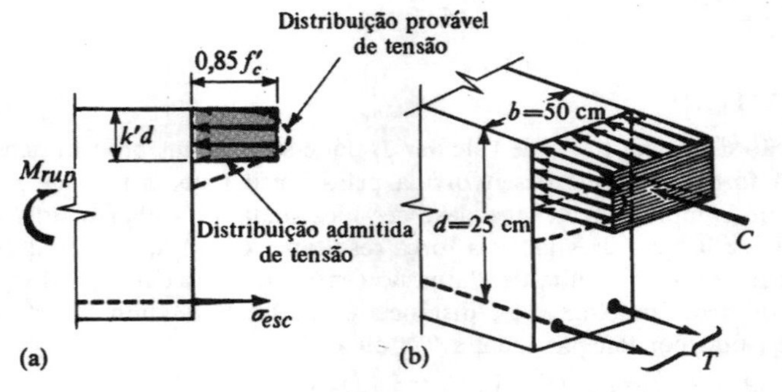

Figura 6.24

6.11 VIGAS CURVAS

Nesta seção é desenvolvida a teoria da flexão para barras curvas. A atenção fica restrita a vigas com um eixo de simetria da seção transversal, com esse eixo em um plano ao longo do comprimento da viga. Apenas o caso elástico é tratado*, com a condição usual de que o módulo de elasticidade seja o mesmo em tração e compressão. Considere um membro curvo, tal como mostram as Figs. 6.25(a) e (b). As fibras externas estão a uma distância r_o do centro de curvatura O. As fibras internas estão a uma distância r_i. A distância de O ao eixo centroidal é $\bar{r}$. A solução** desse problema baseia-se de novo na premissa, já familiar, de que as seções perpendiculares ao eixo da viga permanecem planas após um momento fletor M ser aplicado. Isso é representado no diagrama pela linha ef em relação a um elemento da viga $abcd$. O elemento é definido pelo ângulo central ϕ.

Embora a premissa de deformação básica seja a mesma das vigas retas, e, pela lei de Hooke, a tensão normal $\sigma = E\varepsilon$, é encontrada uma dificuldade. O comprimento inicial de uma viga tal como gh depende da distância r do centro de curvatura. Assim, embora a deformação total das fibras da viga (descritas pelo pequeno ângulo $d\phi$) siga uma lei linear, as deformações não o fazem. O alongamento de uma fibra genérica gh é $(R - r)d\phi$, onde R é a distância de O à superfície neutra (ainda não conhecida), e seu comprimento inicial é $r\phi$. A deformação ε de uma

*Para a análise plástica de barras curvas, veja por exemplo, H. D. Conway, "Elastic Plastic Bending of Curved Bars of Constant and Variable Thickness", *Journal of Applied Mechanics*, 27, n.º 4 (dez. 1960), 733-34

**Essa solução aproximada foi desenvolvida por E. Winkler em 1858. A solução exata do mesmo problema, por métodos da teoria matemática da elasticidade, decorre de M. Golovin, que a apresentou em 1881

fibra arbitrária é $(R-r)\ (d\phi)/rd\phi$, e a tensão normal σ sobre um elemento dA da área da seção transversal é

$$\sigma = E\varepsilon = E\ \frac{(R-r)d\phi}{r\phi}. \tag{6.16}$$

Para uso futuro, observe também que

$$\frac{\sigma r}{R-r}. \tag{6.17}$$

A Eq. 6.16 dá a tensão normal que atua em um elemento de área da seção transversal de uma viga curva. A localização do eixo neutro segue da condição de que a soma das forças perpendiculares à seção devam ser iguais a zero, isto é,

$$\Sigma F_n = 0, \quad \int_A \sigma dA = \int_A \frac{E(R-r)d\phi}{r\phi}\, dA = 0.$$

Entretanto, como E, R, ϕ e $d\phi$ são constantes em qualquer seção de uma viga sob tensão, elas podem ser retiradas da integral, obtendo-se a solução para R. Assim:

$$\frac{Ed\phi}{\phi}\int_A \frac{R-r}{r}\, dA = \frac{Ed\phi}{\phi}\left[R\int_A \frac{dA}{r} - \int_A dA\right] = 0.$$

$$R = \frac{A}{\displaystyle\int_A dA/r}, \tag{6.18}$$

onde A é a área da seção transversal da viga, e R localiza o eixo neutro. Observe que o eixo neutro assim achado coincide com o eixo centroidal. Essa difere da situação achada verdadeira nas vigas elásticas retas.

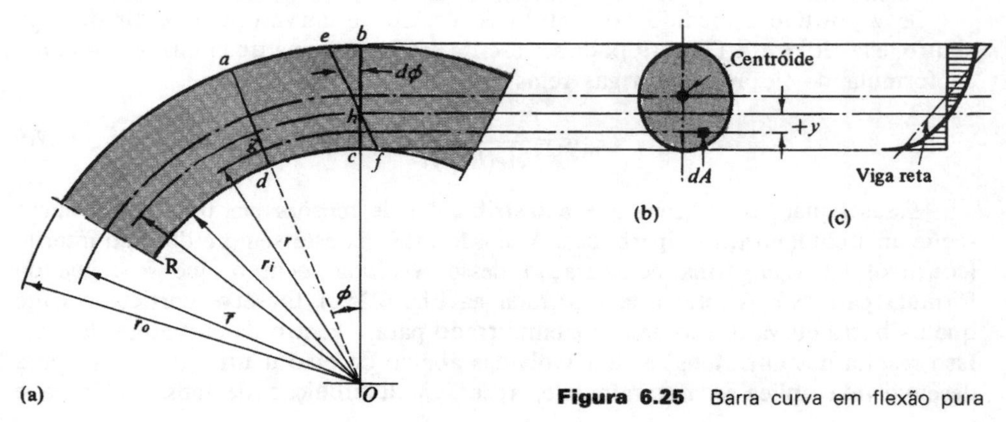

Figura 6.25 Barra curva em flexão pura

Uma vez conhecida a localização do eixo neutro, é obtida a equação para a distribuição de tensão igualando-se o momento externo ao momento interno resistente, decorrente das tensões dadas pela Eq. 6.16. A soma dos momentos é achada em relação ao eixo z, normal ao plano da Fig. 6.25(a).

$$M_z = 0, \quad M = \underbrace{\int_A \sigma dA}_{\text{força}} \quad \underbrace{(R - r)}_{\text{braço}} = \int_A \frac{E(R-r)^2 d\phi}{r\phi} dA.$$

Lembrando de novo que E, R, ϕ e $d\phi$ são constantes em uma seção, usando a Eq. 6.17, e efetuando as passagens algébricas indicadas, obtém-se o seguinte:

$$M = \frac{Ed\phi}{\phi} \int_A \frac{(R-r)^2}{r} dA = \frac{\sigma r}{R-r} \int_A \frac{(R-r)^2}{r} dA;$$

$$= \frac{\sigma r}{R-r} \int_A \frac{R^2 - Rr - Rr - r^2}{r} dA;$$

$$= \frac{\sigma r}{R-r} \left[R^2 \int_A \frac{dA}{r} - R \int_A dA - R \int_A dA + \int_A r dA \right].$$

Como R é constante, as duas primeiras integrais desaparecem, como se pode ver na expressão da chave, aparecendo imediatamente antes da Eq. 6.18. A terceira integral é A, e a última integral, por definição, é $\bar{r}A$. Assim

$$M = \frac{\sigma r}{R-r} (\bar{r}A - RA)$$

e a tensão normal que atua em uma viga curva, à distância r do centro de curvatura é

$$\sigma = \frac{M(R-r)}{rA(\bar{r} - R)}. \tag{6.19}$$

Se y positivo é medido no sentido do centro de curvatura, a partir do eixo neutro, e $\bar{r} - R = e$, a Eq. 6.19 pode ser escrita em uma forma que mais se aproxima da fórmula de flexão para vigas retas

$$\sigma = \frac{My}{Ae(R-y)}. \tag{6.20}$$

Essas equações indicam que a distribuição de tensões em uma barra curva segue uma configuração hiperbólica. A tensão máxima está sempre do lado interno (côncavo) da viga. Uma comparação desse resultado com o que se segue da fórmula para barras retas está mostrada na Fig. 6.25(c). Observe particularmente que na barra curva o eixo neutro é empurrado para o centro da curvatura da viga. Isso resulta das altas tensões desenvolvidas abaixo do eixo neutro. A teoria acima desenvolvida aplica-se, naturalmente, apenas à distribuição de tensão elástica e somente a vigas em flexão pura. Para considerar situações em que uma força axial também esteja presente em uma seção, veja a Seç. 8.2.

EXEMPLO 6.12

Comparar as tensões em uma barra retangular de 50 mm × 50 mm, submetida à ação de conjugados extremos de 150 kgfm em três casos especiais: (a) viga reta, (b) viga curva com um raio de 250 m ao longo do eixo centroidal, isto é, $\bar{r}$ = 250 mm, Fig. 6.26(a), e (c) viga curva com $\bar{r}$ = 75 mm.

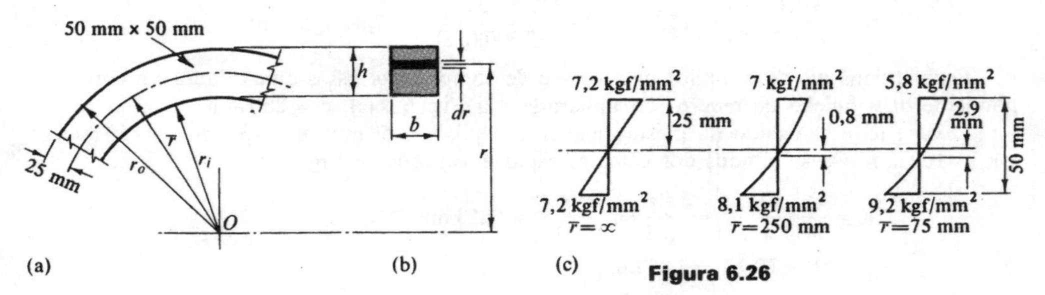

Figura 6.26

SOLUÇÃO

O caso (a) decorre diretamente da aplicação das Eqs. 6.9 e 6.8, naquela ordem.

$$S = \frac{bh^2}{6} = \frac{50(50)^2}{6} = 20\,833 \text{ mm}^3$$

$$\sigma_{max} = \frac{M}{S} = \frac{150 \times 10^3}{20\,833} = \pm\ 7{,}2 \text{ kgf/mm}^2$$

Esse resultado está mostrado na Fig. 6.26(c). $\bar{r} = \infty$ porque uma barra reta tem um raio de curvatura infinito.

Para resolver as partes (b) e (c), deve-se localizar primeiro o eixo neutro. Isso é feito em termos gerais pela integração da Eq. 6.18. Para a seção retangular, a área elementar é tomada como $b\,dr$, Fig. 6.26(b). A integração é efetuada entre os limites r_1 e r_o, os raios interno e externo, respectivamente.

$$R = \frac{A}{\int_A dA/r} = \frac{bh}{\int_{r_i}^{r_o} b\,dr/r} = \frac{h}{\int_{r_i}^{r_o} dr/r}$$

$$= \frac{h}{|\ln r|_{r_i}^{r_o}} = \frac{h}{\ln\left(\frac{r_o}{r_i}\right)} = \frac{h}{2{,}3026 \log\left(\frac{r_o}{r_i}\right)}, \tag{6.21}$$

onde h é a profundidade da seção, ln é o logaritmo natural, e log é o logaritmo de base 10 (logaritmo comum).

Para o caso (b), h = 50 mm, r = 250 mm, r_i = 225 mm, e r_o = 275 mm. A solução é obtida pela avaliação das Eqs. 6.21 e 6.19. O índice i refere-se à tensão normal σ das fibras internas; o das fibras externas.

$$R = \frac{50}{2{,}3026 \log(275/225)} = \frac{50}{2{,}3026(\log 275 - \log 225)} = 249{,}2 \text{ mm}$$

$$e = r - R = 250 - 249{,}2 = 0{,}8 \text{ mm}$$

$$\sigma_i = \frac{M(R - r_i)}{r_i A(\bar{r} - R)} = 150 \times 10^3 \frac{249{,}2 - 225}{225(2\,500)(0{,}8)} = 8{,}06 \text{ kgf/mm}^2$$

$$\sigma_o = \frac{M(R - r_o)}{r_o A(\bar{r} - R)} = 150 \times 10^3 \frac{249{,}2 - 275}{275(2\,500)(0{,}8)} = -7{,}04 \text{ kgf/mm}^2$$

O sinal negativo de σ_o indica uma tensão de compressão. Essas quantidades e a correspondente distribuição de tensão são mostradas na Fig. 6.26(c); $r = 250$ mm.

O caso (c) é calculado da mesma maneira. Aqui, $h = 50$ mm, $r = 75$ mm, $r_i = 50$ mm, e $r_o = 100$ mm. Os resultados dos cálculos estão mostrados na Fig. 6.26(c).

$$R = \frac{50}{\ln(100/50)} = \frac{50}{\ln 2} = \frac{50}{0{,}6931} = 72{,}13 \text{ mm}$$

$$e = 75 - 72{,}13 = 2{,}87 \text{ mm}$$

$$\sigma_i = 150 \times 10^3 \frac{22{,}13}{50(2{,}87)2\,500} = 9{,}25 \text{ kgf/mm}^2$$

$$\sigma_o = 150 \times 10^3 \frac{27{,}87}{100(2{,}87)2\,500} = -5{,}83 \text{ kgf/mm}^2$$

Diversas conclusões importantes, geralmente verdadeiras, podem ser retiradas do exemplo acima. Primeiro, a *fórmula de flexão usual é razoavelmente boa para vigas de considerável curvatura.* Apenas 7% de erro na máxima tensão ocorre no caso (b) para $\bar{r}/h = 5$, um erro tolerável para a maioria das aplicações. Para maiores relações $\bar{r}/h$, esse erro diminui. Com o aumento da curvatura da viga, a tensão do lado côncavo aumenta rapidamente em relação à dada pela fórmula de flexão usual. Quando $\bar{r}/h = 1{,}5$ ocorre 30% de erro. Segundo, a avaliação da integral para R na área da seção transversal pode se tornar bastante complexa. Finalmente, os cálculos de R devem ser bastante precisos porque diferenças entre R e quantidades numericamente comparáveis são usadas na fórmula de tensão.

As duas últimas dificuldades sugerem o desenvolvimento de outros métodos de solução. Um desses métodos consiste na expansão de certos termos da solução em uma série*, outro em achar a solução por meio de uma seção transformada especial. Outro artifício consiste ainda em se trabalhar "ao inverso". As vigas curvas de várias seções transversais, curvaturas e momentos aplicados são analisadas para as tensões; então essas quantidades são divididas por uma tensão flexural que existiria na mesma viga, se ela fosse reta. Essas relações são então tabeladas.** Assim, ao contrário, se a tensão em uma viga curva é desejada, ela

*S. Timoshenko, *Strength of Materials* (3.ª ed.), Parte I, pp. 369 e 373, D. Van Nostrand Co., Inc., Princeton, N. J., 1955

**R. J. Roark, *Formulas for Stress and Strain* (4.ª ed.) Tab. VII, p. 165, McGraw-Hill Book Company, Nova Iorque, 1965

é dada por

$$\sigma = K(Mc/I), \tag{6.22}$$

onde o coeficiente K é obtido da tabela ou gráfico e Mc/I é calculado como na fórmula de flexão individual.

Uma expressão para a distância do centro de curvatura ao eixo neutro de uma viga curva de seção transversal circular é dada abaixo, para referência futura:

$$R = (\bar{r} + \sqrt{\bar{r}^2 - c^2})/2, \tag{6.23}$$

onde $\bar{r}$ é a distância do centro de curvatura ao centróide e c é o raio da área da seção transversal circular.

PROBLEMAS

6.1. De acordo com a National Lumber Manufacturers Association, o tamanho de uma viga de madeira de 6″ × 10″ 140 mm × × 241 mm (veja a Tab. 10 do Apêndice). Verificar o momento de inércia I dado na tabela para tal membro, e, se a tensão admissível para certo tipo de madeira é 0,84 kgf/mm², determinar sua capacidade de flexão.

6.2. A Tab. 4 do Apêndice dá propriedades de vigas de aço de flange largo. Considere o membro mais leve ali relacionado, que é o 8 WF 17, e verifique os momentos de inércia em relação ao eixo x e y. Se a tensão admissível é de 16,9 kgf/mm², achar a capacidade desse membro em relação a cada um dos dois eixos.

6.3. Se a área da seção transversal de uma barra tem a forma de uma elipse, mostrar que $I_{xx} = \pi ab^3/4$. A equação para uma elipse é $x^2/a^2 + y^2/b^2 = 1$.

6.4. Para um material elástico linear, com a mesma tensão máxima em um membro quadrado, nas duas posições diferentes mostradas na figura, determinar a relação dos momentos fletores. A flexão ocorre em torno do eixo horizontal.

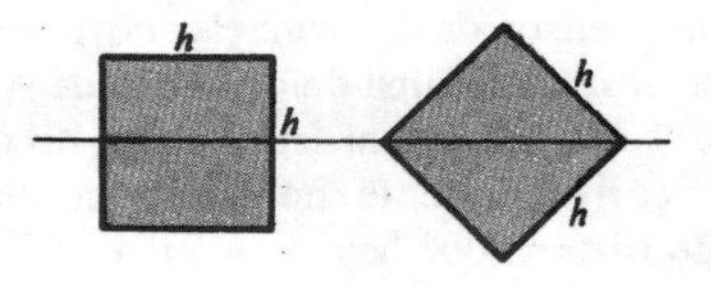

PROB. 6-4

6.5. Uma placa de aço corrugado, de 5 mm de espessura, tem a seção transversal mostrada na figura. (a) Calcular o módulo de seção por m de largura dessa placa. (b) Se tal placa deve ser usada para suportar uma carga uniformemente distribuída em um vão simples, qual a carga por m² de área projetada a ser suportada? Admitir que a máxima flexão controle e projeto e que $\sigma_{adm} = 12{,}65$ kgf/mm². O vão $L = 1{,}8$ m. (*Sugestão* veja o Exemplo 2.6, Fig. 2.22).

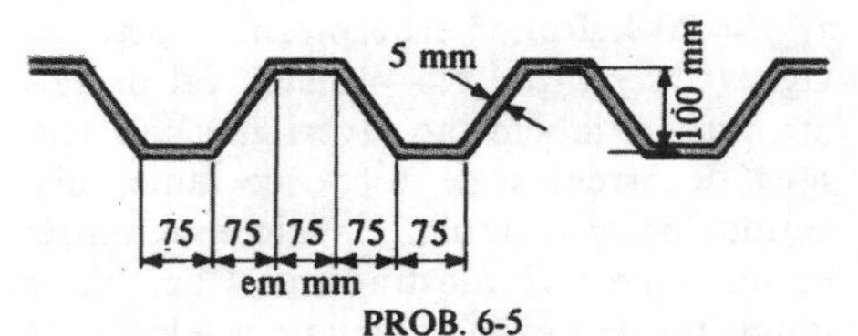

PROB. 6-5

6.6 e 6.7. (a) Para as áreas de seção transversal mostradas nas figuras, determinar o momento de inércia de cada seção em relação ao eixo centroidal horizontal. (b) Se a máxima tensão elástica devida à flexão em torno do eixo horizontal é + 14 kgf/mm², determinar a tensão nos pontos A.

6.8. Em uma pequena represa, uma viga típica é submetida a um carregamento hidrostático como mostra a figura. Determinar a tensão no ponto D da seção a-a devida ao momento fletor. *Resp.*: 0,481 kgf/mm².

6.9. Considere os dados fornecidos no Prob. 2.35 e selecione uma viga de aço I

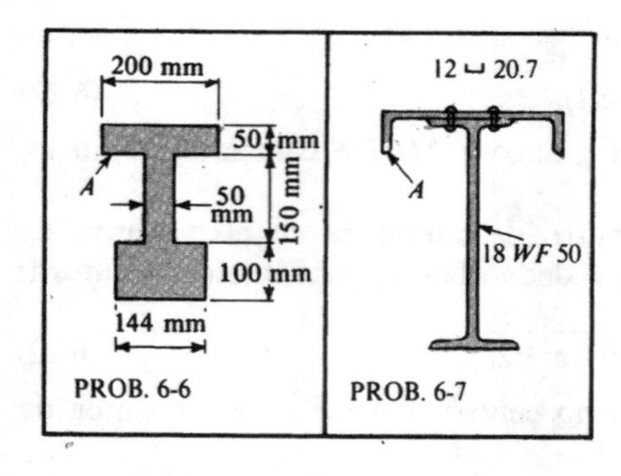

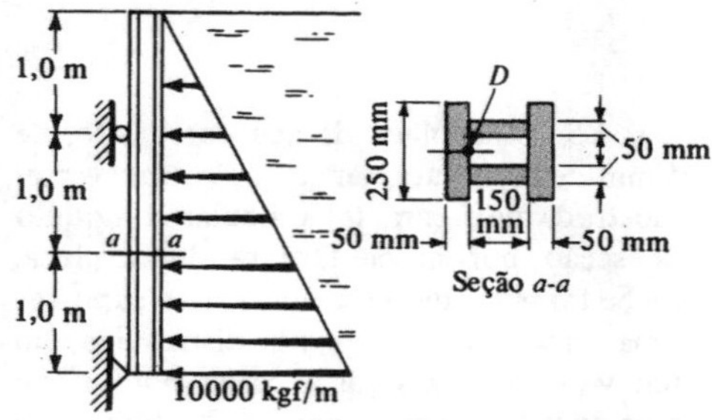

PROB. 6-8

padrão com base no máximo momento fletor (veja a Tab. 3 do Apêndice). Admitir $\sigma_{adm} = 20$ kgf/mm² e desprezar o peso da viga. (*Observação.* No projeto real de tais membros também são investigadas as tensões decorrentes de força cortante, discutidas neste capítulo. Usualmente, entretanto, como será mostrado no Cap. 10, os requisitos de flexão governam a seleção do membro).

6.10. Para os dados do Prob. 2.47, selecionar uma seção WF (veja a Tab. 4 do Apêndice), com as demais condições análogas ao problema anterior. (*Observação.* Considere $|M|_{max}$ para seleção da seção).

6.11. Para os dados do Prob. 2.46, selecionar uma barra redonda, com base no momento fletor. Usar uma tensão de flexão admissível de 10 kgf/mm². (Veja a observação do Prob. 6.9).

6.12. Uma viga em T, mostrada na figura, é feita de material cujo comportamento pode ser idealizado como tendo um limite de proporcionalidade na tração igual a 2 kgf/mm² e de 4 kgf/mm² na compressão. Com um fator de segurança de 1,5 no início do escoamento, achar a magnitude da maior força F a ser aplicada a essa viga na direção para baixo, assim como para cima. Basear as respostas apenas na consideração de máximas tensões de flexão provocadas por F.

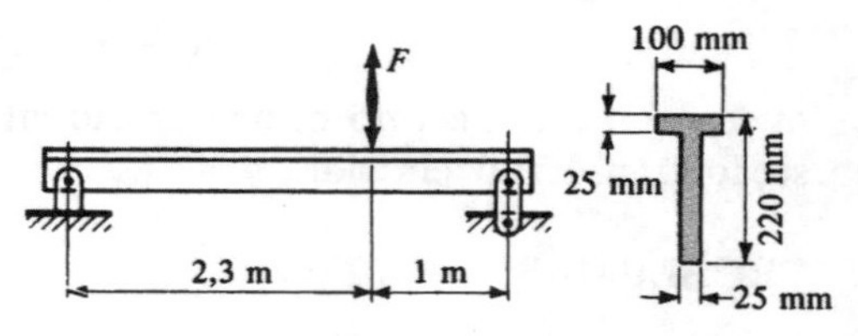

PROB. 6-12

6.13. Uma viga T é feita de material elástico linear, que pode desenvolver uma compressão máxima de 9 kgf/mm², e uma tensão máxima de tração de 3 kgf/mm². Essa viga, com a seção transversal mostrada na figura, deve suportar um momento fletor positivo puro M. Deseja-se alcançar um projeto balanceado de forma que as maiores tensões de flexão possíveis sejam atingidas simultaneamente. (a) Qual deve ser a dimensão da largura do flange w da viga? (b) Qual a capacidade de momento M dessa viga? *Resp.*: (a) 225 mm; (b) 281,25 kgfm.

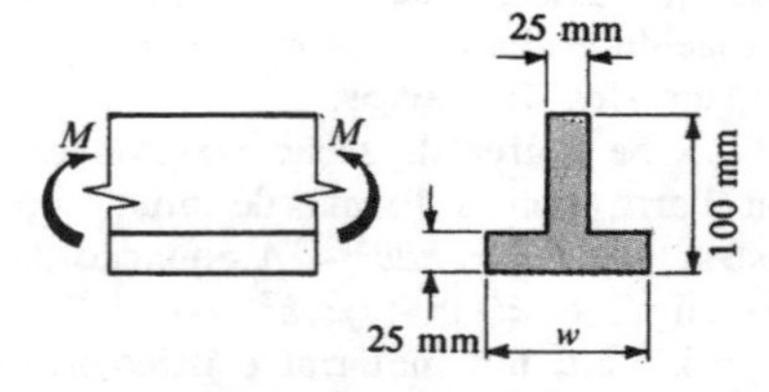

PROB. 6-13

6.14. A medida que um grampo de aço grande, do tipo C, como mostra a figura, é apertado em um objeto, a deformação na direção horizontal devida à flexão é medida por um sensor de deformação no ponto B. Se for observada uma deformação de 900 × × 10^{-6} mm/mm, qual será a carga no parafuso, correspondente ao valor de deformação observado? Seja $E = 21 \times 10^3$ kgf/-mm². *Resp.*: 12,5 t.

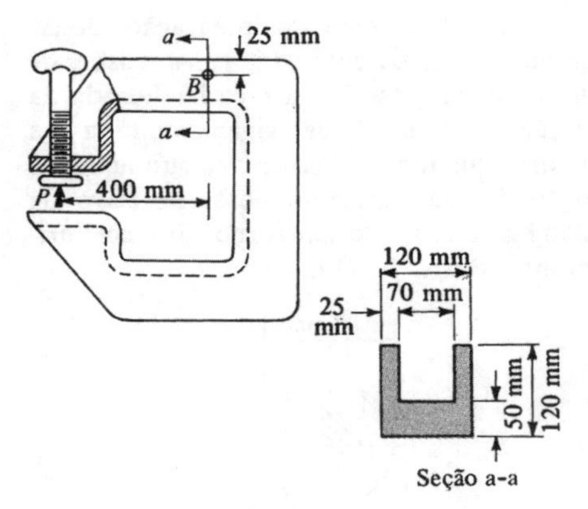

PROB. 6-14

6.15. Um pau de carga tem as dimensões mostradas na figura. No ponto A, externo ao membro vertical localiza-se um sensor de deformação elétrico que indica deformações positivas de 600×10^{-6}, quando é aplicada uma força vertical P de magnitude desconhecida. Se o membro vertical do pau de carga é um tubo de aço padrão de 60 mm, qual é a magnitude da força aplicada P? Seja $E = 20 \times 10^3$ kgf/mm². (Veja a Tab. 8 do Apêndice). *Resp.* 256 kgf.

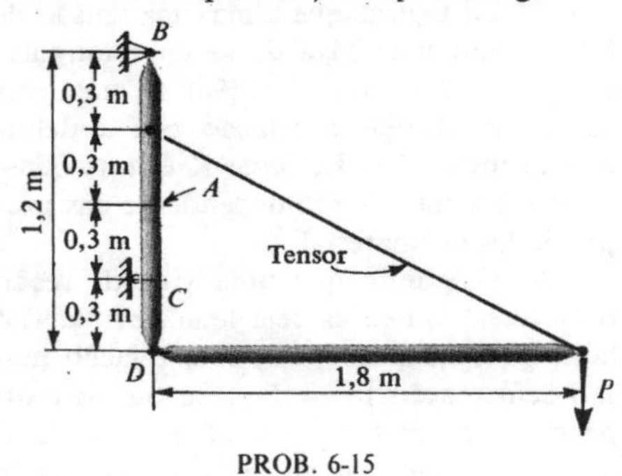

PROB. 6-15

6.16. Uma viga estrutural em T, de 47,6 kgf/m, (ST 8 WF), usada em balanço, é carregada da forma mostrada na figura. Calcular a magnitude da carga P que provoca as seguintes deformações longitudinais na viga: no sensor n.° 1, um alongamento de 527×10^{-6} mm/mm; e no sensor n.° 2, um encurtamento de 73×10^{-6} mm/mm. Para essa viga T, $I = 2\,000$ cm⁴ em relação ao eixo neutro, e $E = 21 \times 10^3$ kgf/mm². *Resp.*: 1,344 t.

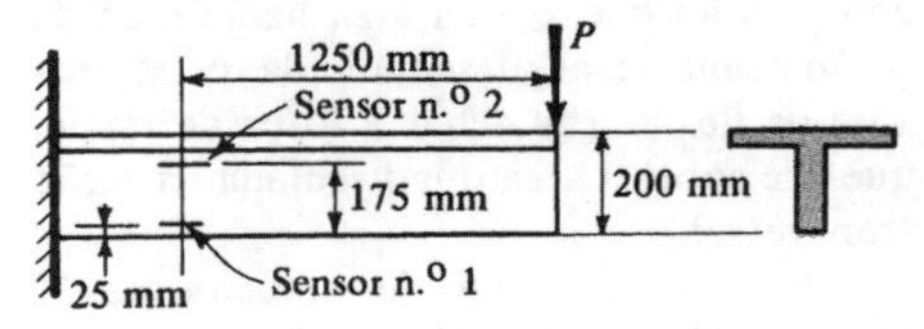

PROB. 6-16

6.17. Considere uma viga elástica linear submetida a um momento fletor M em relação a um de seus eixos principais, para o qual o momento de inércia da seção transversal em relação à aquele eixo é I. Mostrar que para tal viga a força normal F, que age em qualquer parte da seção transversal A_1, é

$$F = MQ/I$$

onde

$$Q = \int_{A_1} y dA = \bar{y} A_1$$

e $\bar{y}$ é a distância do eixo neutro da seção transversal ao centróide da área A_1, como mostra a figura.

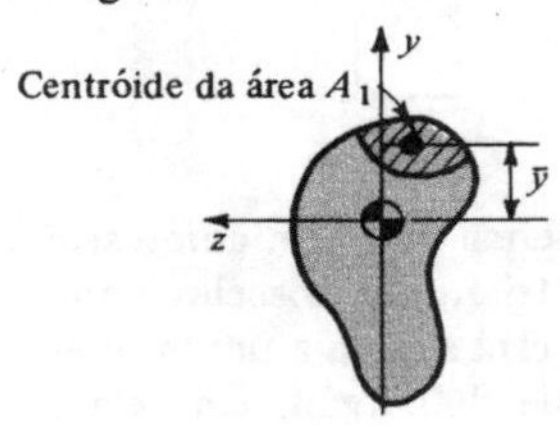

PROB. 6-17

6.18. Uma viga com seção retangular maciça, com as dimensões mostradas na figura, é submetida a um momento fletor

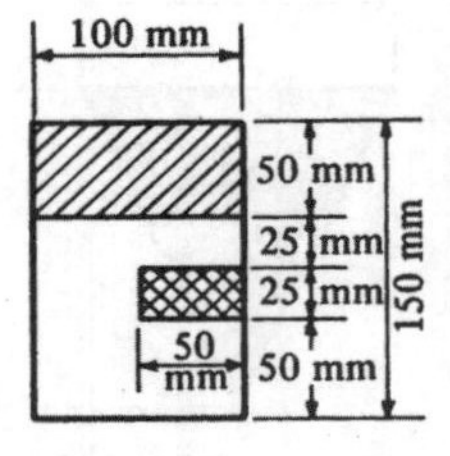

PROB. 6-18

positivo de 2 000 kgfm, atuando em torno do eixo horizontal. (a) Achar a força de compressão que age na área hachurada da seção transversal, desenvolvida pelas tensões de flexão. (b) Achar a força de tração que age sobre a área quadriculada da seção transversal.

6.19. Duas vigas de madeira de 50 mm × 150 mm são coladas formando um *T*, como mostra a figura. Se for aplicado um momento fletor positivo de 300 kgfm a essa viga, atuando em torno de um eixo horizontal, (a) achar as tensões nas fibras extremas ($I = 8\,125\ \text{cm}^4$). (b) calcular a força de compressão total desenvolvida pelas tensões normais acima do eixo neutro devida à flexão da viga, (c) achar a força total decorrente das tensões de tração na flexão, em uma seção e compará-las com o resultado de (b). *Resp.*: (b) 1 442 kgf.

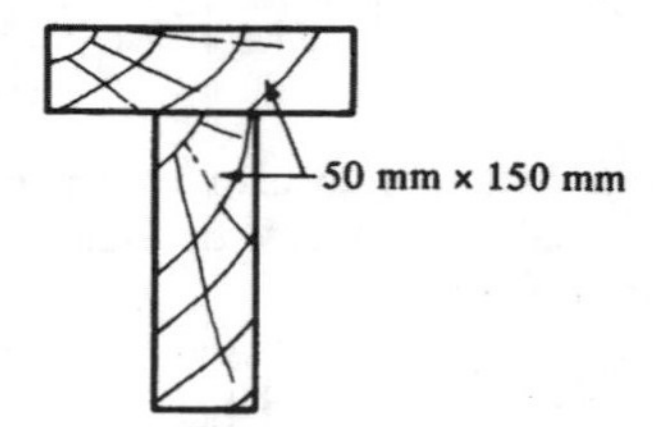

PROB. 6-19

6.20. Uma viga tem como seção transversal um triângulo isósceles, como mostra a figura, e está sujeita a um momento fletor negativo de 400 kgfm, em relação a um eixo horizontal. Determinar a localização e a magnitude das forças de tração e compressão resultantes que atuam na seção. (Veja a Tab. 2 do Apêndice). *Resp.*: 4,74 t.

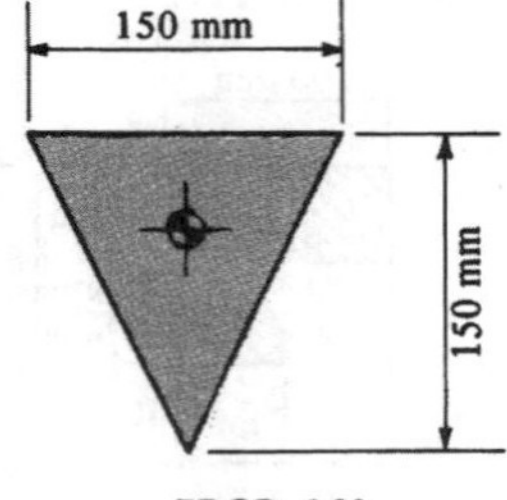

PROB. 6-20

6.21. Por meio de integração, determinar a força desenvolvida pelas tensões de flexão e sua posição na área hachurada da seção transversal da viga mostrada na figura, quando a viga estiver submetida à ação de um momento fletor negativo de 350 kgfm, atuando em torno do eixo horizontal. *Resp.*: 5,941 t.

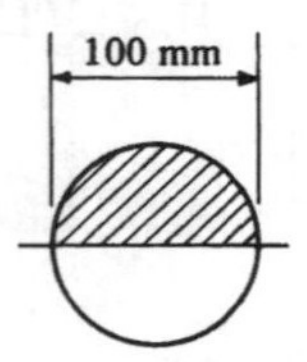

PROB. 6-21

6.22. Achar o maior momento fletor que uma cantoneira de 200 mm × 150 mm × 25 mm, pode suportar sem exceder uma tensão de $15\ \text{kgf/mm}^2$. (*Sugestão*. O raio mínimo de giração para o ângulo é dado pela Tab. 7 do Apêndice. Por definição, $I_{min} = Ar^2_{min}$, onde A é a área transversal. Além do mais, $I_{min} + I_{max}\ U\ I_{xx} + + I_{yy}$, e I_{max} pode ser obtido). *Resp.*: 6 367 kgfm.

6.23. Mostrar que a máxima tensão de flexão para uma viga de seção retangular é $\sigma_{max} = (Mc/I)\ (2n + 1)/(3n)$ se, no lugar da lei de Hooke, a relação tensão-deformação fosse $\sigma^n = k\varepsilon$, onde K é uma constante e n é um número dependente das propriedades do material.

6.24. Admita que uma viga de seção transversal simétrica seja feita de material homogêneo e isotrópico, com relação tensão-deformação $|\sigma| = E\varepsilon^2$. Se tal viga suporta um momento fletor M, em seu plano de simetria, mostrar que $\sigma = My^2/I_3$, onde I_3 é o terceiro momento de área em relação ao eixo neutro. Considere que as premissas ordinárias da teoria de viga se apliquem.

6.25. Uma viga com seção transversal retangular suporta uma flexão pura. O diagrama tensão-deformação para o material da viga é idealizado como elástico — perfeitamente plástico. Se a máxima deformação de flexão na viga é o dobro da deformação correspondente ao escoamento do material, qual é a relação entre o momento fletor aplicado e o de flexão para escoamento? Solucionar o problema diretamente sem utilizar a Eq. 6.14. *Resp.*: 1,38.

6.26. (a) Se uma viga retangular de material elástico suporta um momento $1^3/_8$ maior do que M_{esc}, quanto a viga permanece elástica? Qual será a configuração da tensão residual após a retirada do momento de (a)?

6.27. Para uma viga de material elástico-plástico, com seção circular, determinar o fator de forma $k = M_p/M_{esc}$. *Resp.*: 1,70.

6.28. Para uma viga de material elástico-plástico com seção quadrada, fletida em relação a uma das diagonais (veja o Prob. 6.4), determinar o fator de forma $k = M_p/M_{esc}$. *Resp.*: 2.

6.29. Verificar o módulo plástico para uma seção 8 WF 17, dada na Tab. 9 do Apêndice. Achar também o fator de forma.

6.30 e 6.31. Achar as relações M_{rup}/M_{esc} para vigas de aço doce, resistindo à flexão em torno de eixos horizontais, cujas seções transversais têm as dimensões mostradas nas figuras. Adotar o diagrama idealizado de tensão-deformação usado no Exemplo 6.6, Fig. 6.15. *Resp.*: Prob. 6.30, 2,37; Prob. 6.31, 2,015.

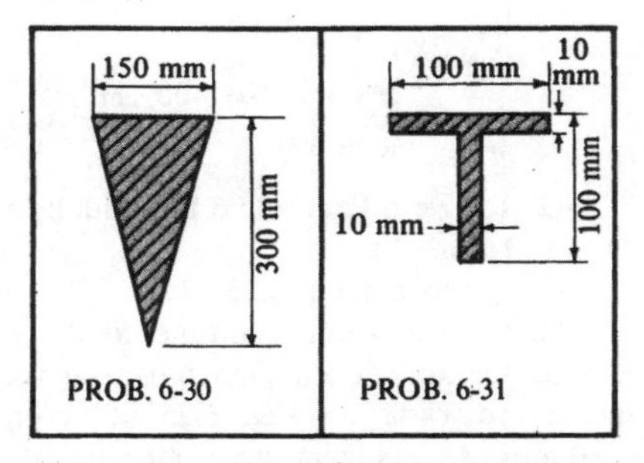

PROB. 6-30 PROB. 6-31

6.32. Refazer o Prob. 6.31, usando as dimensões transversais dadas no Prob. 6.19. *Resp.*: 1,776.

6.33 e 6.34. As vigas compostas com seções transversais como as mostradas nas figuras, estão sujeitas a momentos fletores positivos de 8 000 kgfm cada. Os materiais são juntados de forma que as vigas atuam como uma unidade. Determinar a máxima tensão de flexão em cada material. $E_{aço} = 21 \times 10^3$ kgf/mm²; $E_{alum} = 7 \times 10^3$ kgf/mm². (*Sugestão.* Para o Prob. 6.34 veja o Prob. 6.3). *Resp.*: Prob. 6.34, $\sigma_{aço} = \pm 10{,}63$ kgf/mm².

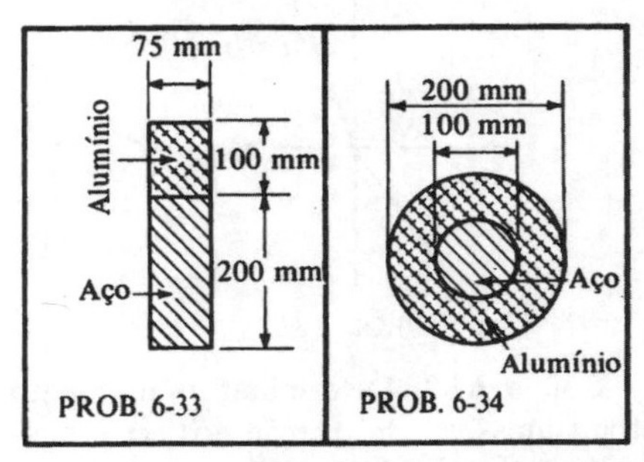

PROB. 6-33 PROB. 6-34

6.35. Uma viga de seção retangular, b por h, é fletida em relação ao eixo horizontal. O material da viga apresenta propriedades lineares elásticas na tração e propriedades plásticas ideais na compressão, veja a figura. Se o máximo nível de tensão em tração e compressão é $|\sigma_0|$, isto é, numericamente o mesmo, qual o momento M suportado pela viga em termos de σ_0, b e h? *Resp.*: (11/54) $bh^2\sigma_0$.

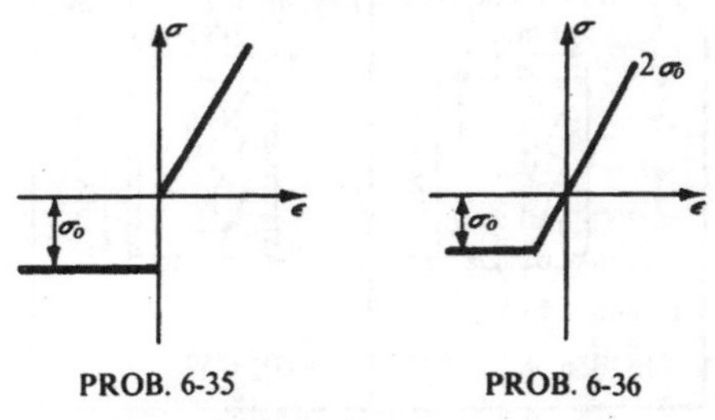

PROB. 6-35 PROB. 6-36

6.36. Admitir que um material tenha o diagrama mostrado na figura, com $2\sigma_0$ sendo a resistência à ruptura na tração. Determinar o momento de ruptura M para uma viga retangular. *Resp.*: 1,11 $bc^2\sigma_0$.

6.37. Uma seção retangular de 150 mm × 300 mm, é submetida a um momento fletor positivo de 25 000 kgfm em torno do eixo "forte". O material da viga é não-isotrópico, e é tal que o módulo de elasticidade na tração seja 1,5 vezes maior do que na compressão, veja a figura. Se as tensões não excedem o limite de proporcionalidade, achar as tensões de tração e de compressão máximas na viga. *Resp.*: 11,11 kgf/mm², –9,05 kgf/mm².

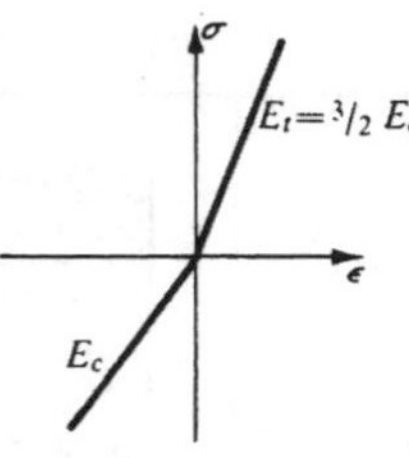

PROB. 6-37

6.38 e 6.39. Determinar o momento fletor admissível em relação aos eixos neutros horizontais das vigas compostas de madeira e aço, de dimensões transversais mostradas nas figuras. Os materiais são unidos de forma a agirem como uma unidade. $E_{aço} = 21 \times 10^3$ kgf/mm²; $E_{mad} = 0{,}84 \times 10^3$ kgf/mm². As tensões admissíveis na flexão são $\sigma_{aço} = 14$ kgf/mm² e $\sigma_{mad} = 0{,}8$ kgf/mm². *Resp.*: Prob. 6.38, 3 175 kgfm.

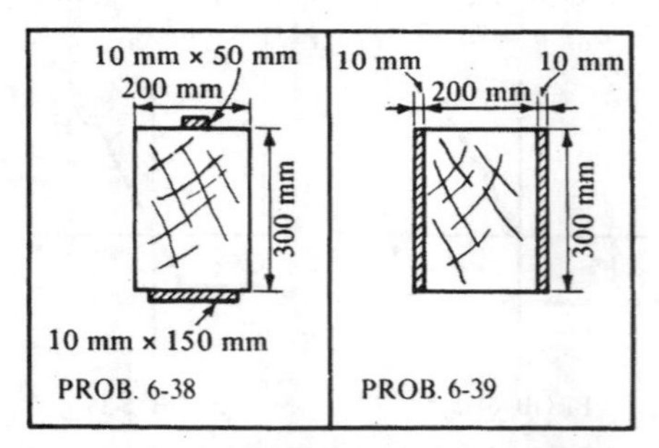

PROB. 6-38 PROB. 6-39

6.40. Uma barra de concreto de 120 mm de espessura é reforçada longitudinalmente com barras de aço, como mostra a figura. (a) Determinar o momento fletor permissível por metro de largura dessa barra. Admitir $n = 12$ e que as tensões admissíveis para o aço e concreto sejam 12 kgf/mm² e 0,6 kgf/mm², respectivamente. (b) Achar a capacidade limite do momento por metro de largura da barra se, para o aço, $\sigma_{esc} = 28$ kgf/mm² e, para o concreto, $f'_c = 2$ kgf/mm². (*Observação.* As barras têm diâmetro de 10 mm e área $A = 78{,}5$ mm²).

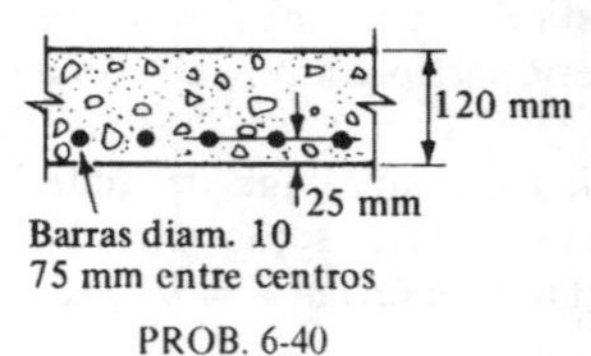

PROB. 6-40

6.41. (a) Uma viga tem seção transversal como mostra a figura, e suporta um momento fletor positivo que provoca uma tensão de tração no aço de 12 kgf/mm². Se $n = 10$, qual o valor do momento fletor? (b) Se $\sigma_{esc} = 35$ kgf/mm² e $f'_c = 2{,}8$ kgf/mm², qual é a capacidade limite do momento da seção? *Resp.* (a) 53 858,8 kgfm.

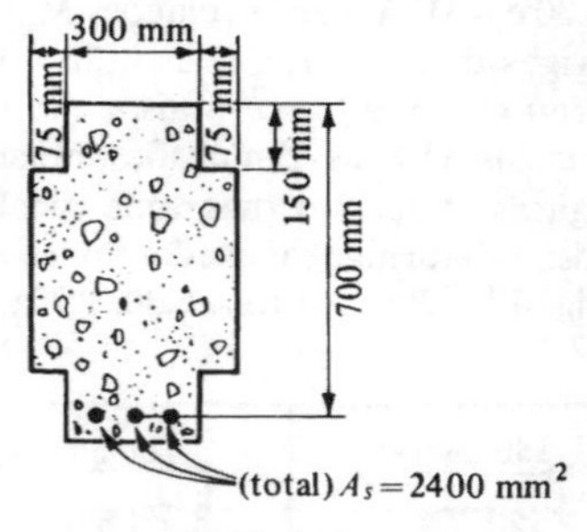

PROB. 6-41

6.42. Refazer o Exemplo 6.12, mudando h para 100 mm.

6.43. Deduzir a Eq. 6.23.

6.44. Qual é o maior momento fletor que pode ser aplicado a uma barra curva, como a mostrada na Fig. 6.25 (a), com $r = 80$ mm, se ela tem área circular de diâmetro de 50 mm e tensão admissível de 8 kgf/mm²?

7

TENSÕES DE CISALHAMENTO EM VIGAS

7.1 INTRODUÇÃO

No Cap. 2, mostrou-se que em um problema plano, três elementos de um sistema de forças podem ser necessários em uma seção de uma viga, para manter o segmento em equilíbrio. São eles uma força axial, uma cortante e um momento fletor. A tensão provocada por uma força axial foi investigada no Cap. 3. No Cap. 6, foi discutida a natureza das tensões provocadas pelo momento fletor. As tensões em uma viga provocadas pela força cortante serão investigadas neste capítulo.

Em todas as deduções anteriores sobre distribuição de tensão em um membro empregou-se a mesma argumentação. Primeiro, admitiu-se uma distribuição de deformação; segundo, foi estabelecida a relação entre tensão e deformação; e, finalmente, as condições de equilíbrio foram usadas para estabelecer as relações desejadas. Entretanto, o desenvolvimento da expressão que liga a força cortante e a área da seção transversal de uma viga com a tensão segue uma trajetória diferente. O mesmo procedimento não pode ser empregado porque nenhuma premissa simples pode ser feita para a distribuição de tensões decorrente da força cortante. Em lugar disso, usa-se uma forma indireta. Admite-se a distribuição de tensão causada pela flexão, como determinada no capítulo precedente. Ela, juntamente com os requisitos de equilíbrio, soluciona o problema das tensões de cisalhamento. A consideração da deflexão da viga, devida à força cortante, é deixada para o Cap. 13.

Neste capítulo, a investigação das tensões ficará limitada às vigas retas. A análise das tensões de cisalhamento nas vigas curvas ultrapassa o escopo deste livro. Na primeira parte deste capítulo serão consideradas apenas as vigas com seção transversal simétrica e as forças aplicadas serão admitidas atuando no plano que contém um eixo de simetria e o eixo da viga. Uma ilustração da distribuição de tensão de cisalhamento em uma viga elástica-plástica também será dada. Além das tensões de cisalhamento, será considerado também o problema correlato dos requisitos de interconexão para a união de diversos elementos longitudinais de vigas compostas.

7.2 PRELIMINARES

Por ser o método de solução para as tensões de cisalhamento nas vigas diferente daquele encontrado anteriormente, será dada inicialmente uma descrição geral do método a ser empregado.

Primeiro, é necessário recordar que nas vigas existe uma relação entre uma força cortante V, em uma seção, e a variação no momento fletor M. Assim, de acordo com a Eq. 2.5

$$dM = -V dx \quad \text{ou} \quad dM/dx = -V \tag{7.1}$$

Assim, se houver uma força cortante atuando na seção de uma viga, haverá um momento fletor diferente numa seção adjacente. Quando a força cortante está presente, a diferença entre os momentos fletores nas seções adjacentes é igual a $-V dx$. Se nenhuma força cortante atua nas seções adjacentes de uma viga, não ocorre mudança no momento fletor. Ao contrário, a taxa de variação do momento fletor ao longo da viga é numericamente igual à força cortante. Assim, embora essa força seja tratada neste capítulo como uma ação independente sobre a viga, ela é inseparavelmente ligada a uma mudança no momento fletor ao longo do comprimento da viga.

Para enfatizar o significado da Eq. 7.1, reproduz-se na Fig. 7.1 os diagramas de força cortante e momento fletor do Exemplo 2.9. Em duas seções quaisquer, como A e B, tomadas em uma viga, entre as forças aplicadas P, o momento fletor é o mesmo. Nenhuma força cortante atua nessas seções. Por outro lado, em duas seções quaisquer como C e D, próximas do suporte, tem lugar uma variação no momento fletor. As forças cortantes atuam nessas seções como na Fig. 7.1(d). Na discussão subseqüente deverá ser considerada a possibilidade da existência de momentos fletores iguais ou diferentes em duas seções adjacentes.

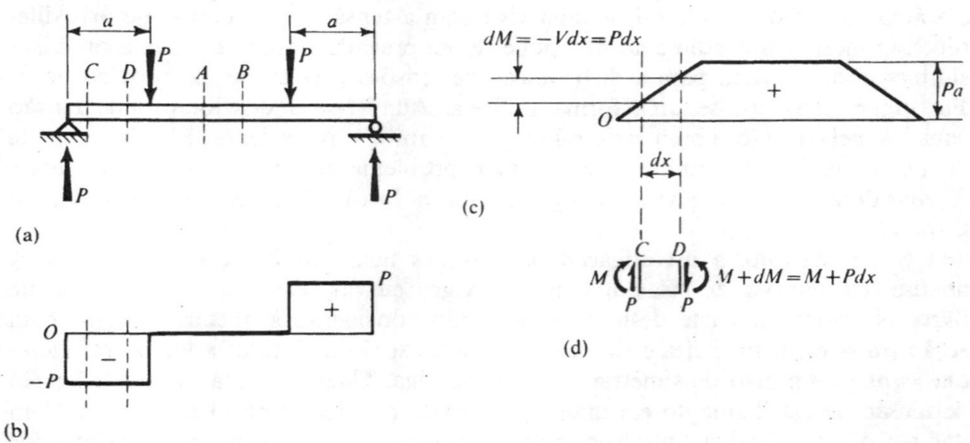

Figura 7.1 Relação entre os diagramas de força cortante e momento fletor para o carregamento mostrado

Em seguida, antes da análise detalhada, pode ser útil o estudo de uma seqüência de fotografias de um modelo (Fig. 7.2). O modelo representa um segmento de uma viga *I*. Na Fig. 7.2(a), além da viga em si, pode-se ver alguns blocos simulando a distribuição de tensão provocada pelos momentos fletores. O momento da direita é considerado maior do que o da esquerda. Esse sistema de forças estará em equilíbrio contanto que as forças cortantes verticais *V* (não mostradas nessa vista) também atuem sobre o segmento de viga. Separando o modelo ao longo da superfície neutra, obtêm-se duas partes do segmento de viga, como mostra a Fig. 7.2(b). Cada uma das partes deve, novamente, estar em equilíbrio isoladamente.

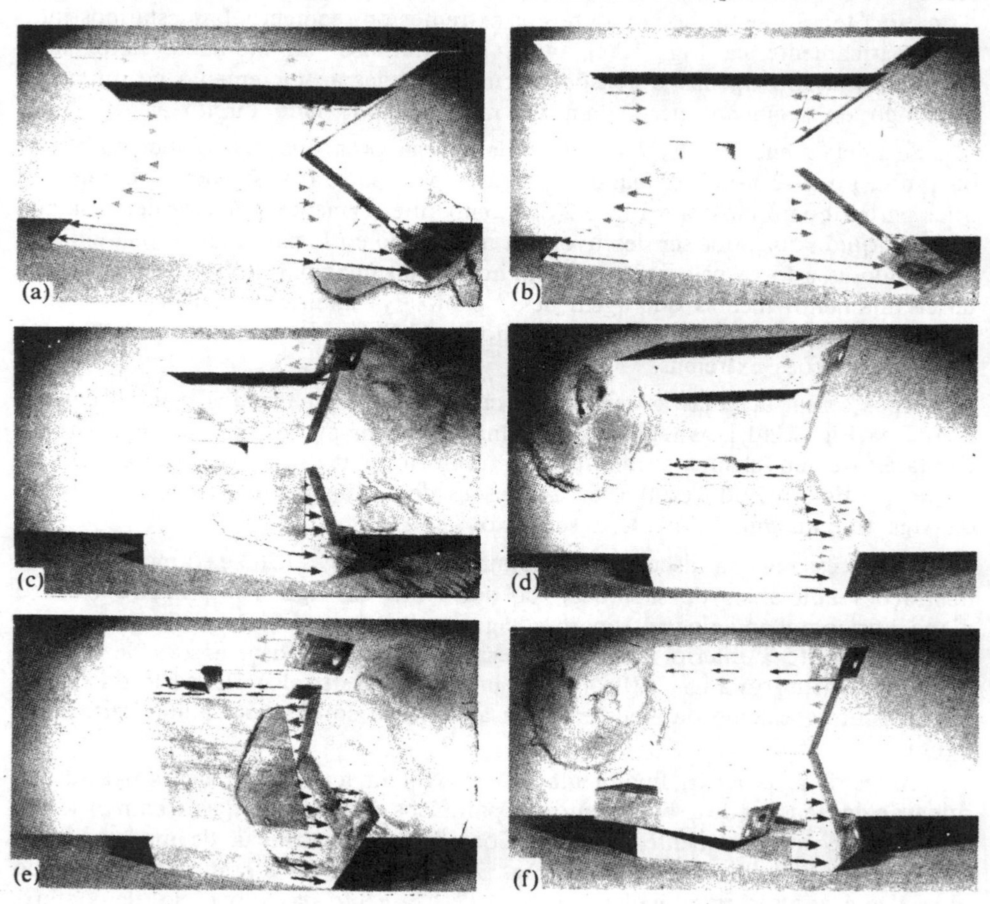

Figura 7.2 Modelo de fluxo de cisalhamento de uma viga *I*. (a) Segmento de viga com tensões de flexão mostradas por blocos. (b) Força cortante transmitida pela cavilha. (c) Para determinação da força em uma cavilha, é necessária apenas a variação no momento. (d) A força cortante dividida pela área do corte dá a tensão de cisalhamento. (e) Corte horizontal abaixo do flange, para determinação da tensão de cisalhamento. (f) Corte vertical no flange, para determinação da tensão de cisalhamento

Se em uma viga real os segmentos superior e inferior da Fig. 7.2(b) são ligados por um parafuso ou um pino de ajuste, as forças axiais na parte superior e inferior, provocadas pelas tensões decorrentes dos momentos fletores, devem ser mantidas em equilíbrio por uma força no pino. A força que deve ser resistida pode ser avaliada pela soma das forças na direção axial, causadas pelas tensões de flexão. Ao efetuar tal cálculo, pode-se usar a parte superior ou a parte inferior do segmento de viga. A força horizontal transmitida pelo pino é a força necessária para compensar aquela provocada pelas tensões de flexão que agem nas duas seções adjacentes. Alternativamente, os mesmos resultados podem ser obtidos pela subtração da mesma tensão de flexão em ambos os extremos do segmento. Isso está mostrado esquematicamente na Fig. 7.2(c), onde, admitindo-se um momento fletor nulo do lado esquerdo, apenas as tensões normais devidas ao incremento no momento ao longo do segmento necessitam ser mostradas do lado direito.

Se inicialmente a viga *I* considerada é uma peça que não requer parafusos ou pinos, pode-se usar um plano imaginário para separar o segmento de viga em duas partes, como mostra a Fig. 7.2(d). Como anteriormente, pode ser determinada a força líquida que pode ser desenvolvida na área do corte para manter o equilíbrio. Dividindo essa força pela área do corte horizontal imaginário obtêm-se as tensões de cisalhamento médias que agem nesse plano. Na análise, é de novo mais conveniente trabalhar com a variação no momento fletor do que com os momentos totais nas seções extremas.

Após serem achadas as tensões de cisalhamento em um dos planos [o horizontal na Fig. 7.2(d)], as tensões de cisalhamento nos planos mutuamente perpendiculares de um elemento infinitesimal também podem ser conhecidas porque $\tau_{xy} = \tau_{yx}$. Esse método estabelece as tensões de cisalhamento no plano da seção da viga tomada normalmente a seu eixo.

O processo acima discutido é bastante geral; as Figs. 7.2(e) e (f) mostram duas ilustrações adicionais de separação do segmento da viga. No primeiro caso, o plano horizontal imaginário separa a viga logo abaixo do flange. Tanto a parte superior quanto a inferior podem ser usadas no cálculo das tensões de cisalhamento no corte. Na Fig. 7.2(f) o plano imaginário vertical corta parte do flange. Isso permite o cálculo das tensões de cisalhamento contidas no plano vertical da figura.

Antes de se proceder finalmente ao desenvolvimento das equações para determinação das tensões de cisalhamento nos parafusos de ligação e vigas, é bom observar um exemplo intuitivamente evidente. Considere uma prancha de madeira colocada sobre outra, como mostram as Figs. 7.3(a) e (b). Se essas pranchas agem como uma viga e não são interligadas, ocorre o deslizamento das superfícies de contato. A tendência para esse deslizamento pode ser visualisada, considerando-se as duas pranchas carregadas da Fig. 7.3(b). É necessária a interligação dessas pranchas com pregos ou cola para fazê-las funcionar como uma viga única. Na próxima seção será deduzida uma equação para a determinação da interligação necessária entre as partes componentes de uma viga, para que elas atuem como uma unidade.

Na seção que se segue, essa equação será modificada para fornecer as tensões de cisalhamento nas vigas inicialmente maciças.

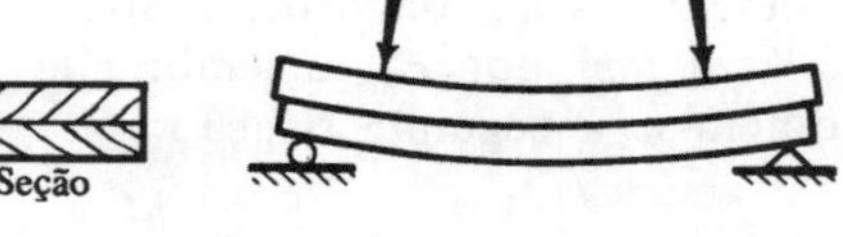

Figura 7.3 Pranchas separadas, não-unidas, deslizam quando carregadas

7.3 FLUXO DE CISALHAMENTO

Considere uma viga feita de diversas pranchas contínuas cuja seção transversal está mostrada na Fig. 7.4(a). Para simplicidade, a viga tem uma seção retangular, mas tal limitação não é necessária. Para que essa viga atue como um membro inteiro, admite-se que as pranchas sejam unidas a intervalos por meio de parafusos verticais. Um elemento dessa viga, isolado por duas seções paralelas, ambas perpendiculares ao eixo da viga, está mostrado na Fig. 7.4(b).

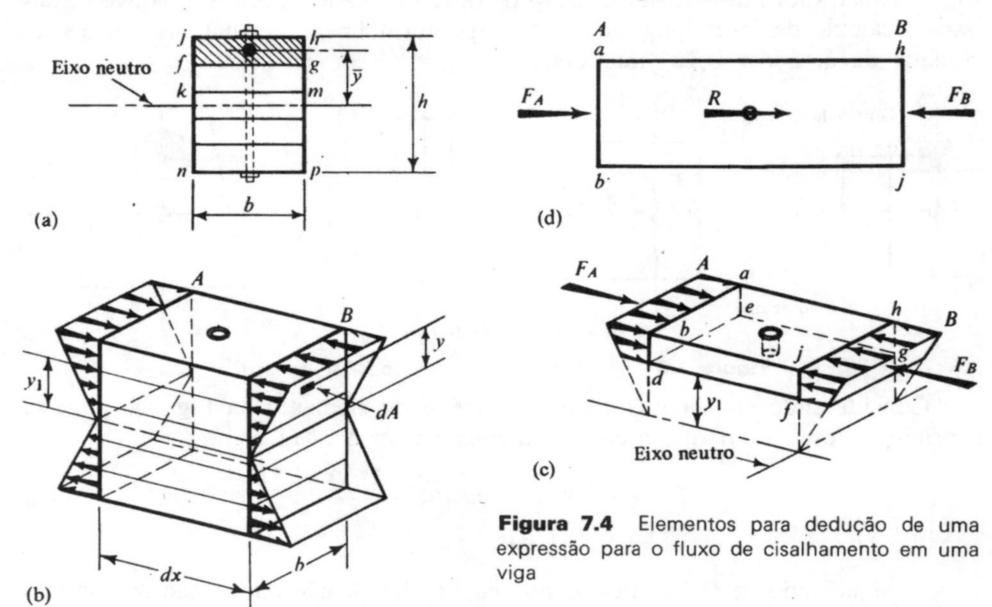

Figura 7.4 Elementos para dedução de uma expressão para o fluxo de cisalhamento em uma viga

Se o elemento mostrado na Fig. 7.4(b) é submetido a um momento fletor $+M_A$, na extremidade *A*, e $+M_B$ na extremidade *B*, desenvolvem-se tensões de flexão normais às seções. Essas tensões variam linearmente a partir de seus respectivos eixos neutros, e em qualquer ponto a uma distância y do eixo neutro, são $-M_B y/I$ na extremidade *B*, e $-M_A y/I$ na extremidade *A*.

Do elemento de viga, Fig. 7.4(b), isole a prancha superior como na Fig. 7.4(c). As fibras dessa prancha, próximas do eixo neutro são localizadas pela distância y_1. Então, como tensão vezes área é igual a uma força pode-se determinar as forças que agem perpendicularmente às extremidades *A* e *B* dessa prancha. Em *B*, a força que atua em uma área infinitesimal dA, a uma distância y do eixo neutro, é $(-M_B y/I)dA$. A força total que atua na área $fghj$ (A_{fghj}) é a integral dessas forças elementares ao longo dessa área. Chamando a força total que age normalmente à área $fghj$ por F_B, e lembrando que, em uma seção, M_B e I são constantes, obtém-se a seguinte relação:

$$F_B = \int_{\substack{área\\fghj}} -\frac{M_B y}{I}\, dA = -\frac{M_B}{I}\int_{\substack{área\\fghj}} y dA = -\frac{M_B Q}{I}, \tag{7.2}$$

onde

$$Q = \int_{\substack{área\\fghj}} y dA = A_{fghj}\bar{y}. \tag{7.3}$$

A integral que define Q é o momento estático da área $fghj$ em relação ao eixo neutro. Por definição, $\bar{y}$ é a distância do eixo neutro ao centróide de A_{fghj}.* A Fig. 7.5 ilustra formas de determinação de Q. A Eq. 7.2 fornece meios convenientes para o cálculo da força longitudinal que age normalmente a qualquer parte selecionada da área da seção transversal.

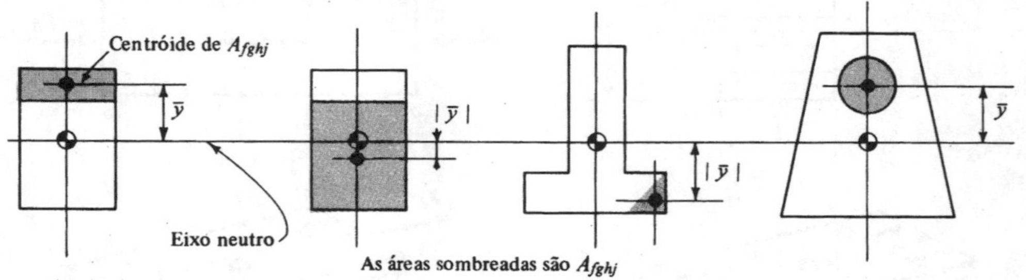

Figura 7.5 Significado dos termos para se achar Q

Considerando em seguida a extremidade A do elemento na Fig. 7.4, pode-se exprimir a força total que atua normalmente à área $abde$ como

$$F_A = -\frac{M_A}{I}\int_{\substack{área\\abde}} y dA = -\frac{M_A Q}{I}, \tag{7.4}$$

onde o significado de Q é o mesmo que na Eq. 7.2, já que para vigas prismáticas uma área tal como $fghj$ é igual à área $abde$. Assim, se os momentos em A e B fossem iguais, seguir-se-ia que $F_A = F_B$, e o parafuso mostrado na figura teria uma função nominal de manter as pranchas unidas, e não seria necessário para resistir quaisquer forças.

Por outro lado, se M_A não é igual a M_B, o que normalmente é o caso quando se tem forças cortantes presentes em seções adjacentes, F_A não é igual a F_B. As duas extremidades da prancha são solicitadas de forma diferente quando atuam tensões normais desiguais nos dois lados da seção. Assim, se $M_A \neq M_B$, o equilíbrio

*A área $fgpn$ e seu $\bar{y}$ podem ser usados para achar $|Q|$

das forças horizontais na Fig. 7.4(c) pode ser atingido apenas pela força horizontal resistente R, no parafuso. Se $M_B > M_A$ então $F_B > F_A$, e $F_A + R = F_B$, Fig. 7.4(d). A força $F_B - F_A = R$ tende a cisalhar o parafuso no plano da prancha *edfg*.* Se a força cortante que atua no parafuso ao nível *km*, Fig. 7.4(a), fosse investigada, as duas pranchas superiores seriam consideradas como uma unidade.

Se $M_A \neq M_B$ e o elemento da viga tem comprimento de apenas dx, os momentos fletores nas seções adjacentes variam de uma quantidade infinitesimal. Assim, se o momento fletor em A é M_A, o momento fletor em B é $M_B = M_A + dM$. Da mesma forma, na mesma distância dx, as forças longitudinais F_A e F_B variam da força infinitesimal dF, isto é, $F_B - F_A = dF$. Substituindo essas relações nas expressões de F_B e F_A achadas anteriormente, tomando-se as áreas *fghj* e *abde* como iguais, obtém-se uma expressão para a força longitudinal diferencial dF:

$$dF = F_B - F_A = \left(-\frac{M_A + dM}{I}\right)Q - \left(-\frac{M_A}{I}\right)Q = -\frac{dM}{I}Q.$$

Na expressão final para dF são eliminados os momentos fletores efetivos nas seções adjacentes. Permanece na equação apenas a diferença dos momentos fletores dM nas seções adjacentes.

Em lugar de se trabalhar com uma força dF, desenvolvida a uma distância dx, é mais significativo obter-se uma força similar por unidade de comprimento da viga. Essa quantidade é obtida pela divisão de dF por dx. Fisicamente essa quantidade representa a diferença entre F_B e F_A para um elemento da viga de uma unidade de comprimento. A quantidade dF/dx será designada por q e será chamada de *fluxo de cisalhamento*. Como força é usualmente medida em kgf, o fluxo de cisalhamento q tem unidades de kgf/m. Então, recordando que $dM/dx = -V$, obtém-se a seguinte expressão para o fluxo de cisalhamento em vigas:

$$q = \frac{dF}{dx} = -\frac{dM}{dx}\frac{1}{I}\int_{\substack{área \\ fghj}} y\,dA = \frac{VA_{fghj}}{I} = \frac{VQ}{I}. \tag{7.5}$$

Nessa equação, I é o momento de inércia de toda a área da seção transversal em relação ao eixo neutro, tal como na fórmula de flexão. A força cortante total é representada por V, e a integral de ydA, para determinação de Q, se estende apenas sobre a área da seção transversal da viga, do lado em que q está sendo investigado.

Em retrospecto, observe cuidadosamente que a Eq. 7.5 foi deduzida com base na fórmula da flexão elástica, mas não aparece termo algum para momento fletor nas expressões finais. Isso resultou do fato de ter sido considerada apenas a variação nos momentos fletores nas seções adjacentes, quantidade essa relacionada com a força cortante V. Essa força V foi substituída por $-dM/dx$, e isso mascara a origem das relações estabelecidas. A Eq. 7.5 é bastante útil na deter-

*As forças $(F_B - F_A)$ e R não são colineares, mas o elemento mostrado na Fig. 7.4(c) está em equilíbrio. Para evitar ambigüidade, são omitidas no diagrama as forças cortantes colineares que agem nos cortes verticais

minação da interligação necessária entre os elementos que compõem a viga; isso será ilustrado por exemplos.

EXEMPLO 7.1

Duas pranchas de madeira longas formam uma seção T de uma viga, como mostra a Fig. 7.6(a). Se essa viga transmite uma força cortante vertical constante, de 300 kgf, achar o espaçamento necessário dos pregos entre as duas pranchas, para que a viga atue como um todo. Admitir que a força cortante admissível por prego seja de 70 kgf.

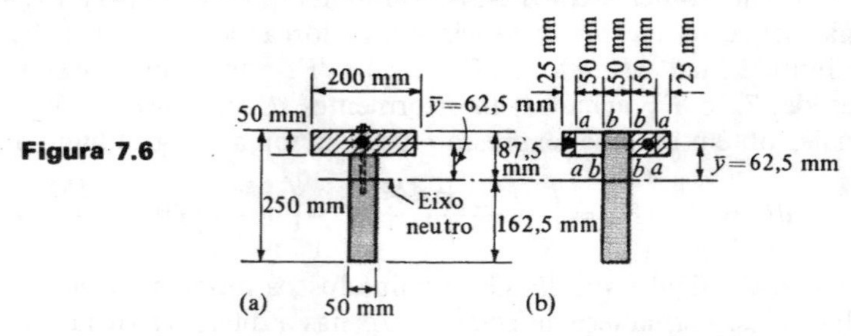

Figura 7.6

SOLUÇÃO

Na solução de tal problema o analista deve perguntar: que parte da viga tem a tendência a deslizar longitudinalmente em relação ao restante? Aqui é o plano de contato das duas pranchas; a Eq. 7.5 deve ser aplicada para determinar o fluxo de cisalhamento nesse plano. Para fazê-lo, devem ser achados o eixo neutro de toda a seção e seu momento de inércia em relação ao eixo neutro. Então, como V é conhecida e Q é definida como o momento estático da área da prancha superior em relação ao eixo neutro, pode ser determinado q. A distância y_c do topo ao eixo neutro é

$$y_c = \frac{50(200)25 + 50(200)150}{50(200) + 50(200)} = 87{,}5\ \text{mm},$$

$$I = \frac{200(50)^3}{12} + (50)200(67{,}5)^2 + \frac{50(200)^3}{12} + (50)200(67{,}5)^2 = 1{,}2654 \times 10^8\ \text{mm}^4,$$

$$Q = A_{fghj}\bar{y} = (50)200(87{,}5 - 50) = 375\,000\ \text{mm}^3,$$

$$q = \frac{VQ}{I} = \frac{300(375\,000)}{1{,}2654 \times 10^8} = 0{,}889\ \text{kgf/mm}.$$

Assim, uma força de 0,889 kgf deve ser transferida de uma prancha para outra em cada milímetro linear de comprimento da viga. Entretanto, dos dados fornecidos, cada prego é capaz de resistir a uma força de 70 kgf, e um prego pode cuidar de 70/0,889 = 78,74 milímetros lineares ao longo do comprimento da viga. Como as forças cortantes permanecem constantes nas seções consecutivas da viga, os pregos devem ser espaçados a intervalos de 78,7 mm. Em um problema prático, um espaçamento de 75 mm seria provavelmente o usado.

SOLUÇÃO PARA UM ARRANJO ALTERNADO DE PRANCHAS

Se, no lugar de se usar duas pranchas como anteriormente, fizéssemos uma viga de cinco peças, Fig. 7.6(b), seria necessário um arranjo diferente de pregos.

Para início, o fluxo de cisalhamento entre uma das peças de 50 mm × 100 mm e o restante da viga é achado, e embora a superfície de contato *a-a* seja vertical, o procedimento é o mesmo de anteriormente. A solicitação de um elemento é feita da mesma maneira que antes:

$$Q = A_{fghj}\bar{y} = (25)50(62{,}5) = 78\,125\ \text{mm}^3,$$

$$q = \frac{VQ}{I} = \frac{300(78)125}{1{,}2654 \times 10^8} = 0{,}185\ \text{kgf/mm}.$$

Se os mesmos pregos fossem usados para união da peça de 25 mm × 50 mm à peça de 50 mm × 50 mm, eles poderiam ficar separados de 70/0,185 = 378 mm. Esse espaçamento de pregos se aplica a ambas as seções *a-a*.

Para determinar o fluxo de cisalhamento entre a peça vertical de 50 mm × 250 mm e cada uma das peças de 50 mm × 50 mm, toda a área de 75 mm × 50 mm deve ser usada para determinar Q. É a diferença de solicitações nessa área toda, a qual provoca o desbalanceamento da força que deve ser transferido para a superfície *b-b*:

$$Q = A_{fghj}\bar{y} = (75)50(62{,}5) = 234\,375\ \text{mm}^3$$

$$q = \frac{VQ}{I} = \frac{300(234\,375)}{1{,}2654 \times 10^8} = 0{,}556\ \text{kgf/mm}.$$

O espaçamento dos pregos é de 70/0,556 = 126 mm ao longo da viga, em ambas as seções *b-b*. Esses pregos poderiam ser colocados antes e a peça de 25 mm × 50 mm seria justaposta depois.

EXEMPLO 7.2

Uma viga simples, colocada em um vão de 6 m, suporta uma carga de 300 kgf/m incluindo seu próprio peso. A seção da viga é feita de várias peças de madeira, como mostra a Fig. 7.7(a). Especificar o espaçamento dos parafusos de rosca soberba de 10 mm de diâmetro mostrados, necessários à união dessa viga. Admitir que um parafuso, como o determinado em ensaio de laboratório, seja bom para 225 kgf, quando está transmitindo uma carga paralela à fibra da madeira. Para toda a seção, I é igual a $2{,}5 \times 10^5\ \text{cm}^4$.

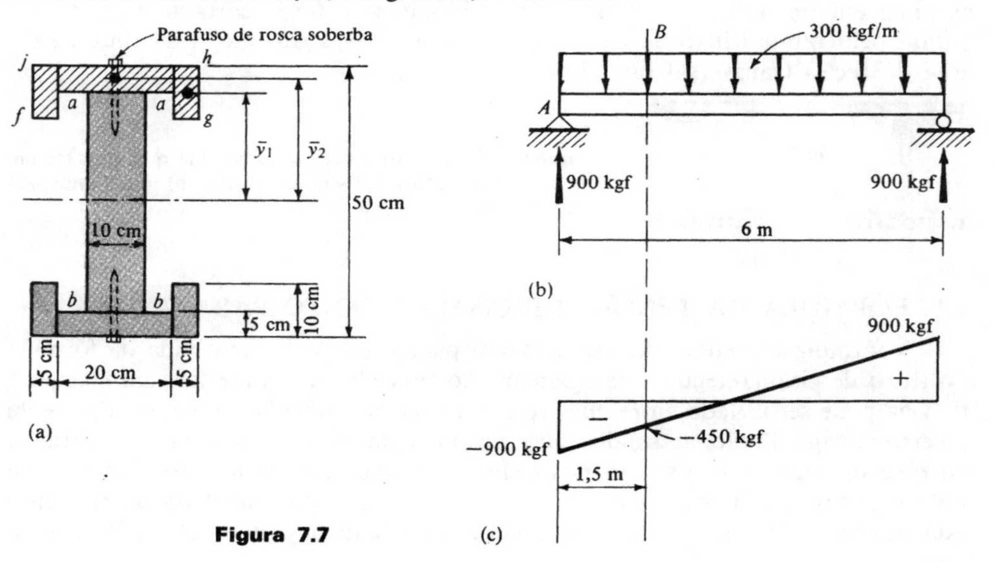

Figura 7.7

SOLUÇÃO

Para achar o espaçamento dos parafusos, deve-se determinar o fluxo de cisalhamento na seção *a-a*. O carregamento na viga está mostrado na Fig. 7.7(b); para mostrar a variação da força cortante ao longo da viga, constrói-se o diagrama da Fig. 7.7(c). Então deve ser determinado Q, para aplicar-se a fórmula do fluxo de cisalhamento. Isso é feito considerando-se a área hachurada de um lado do corte *a-a*, na Fig. 7.7(a). O momento estático dessa área é calculado de maneira mais conveniente multiplicando-se a área das peças de 50 mm × × 100 mm pela distância de seu centróide ao eixo neutro da viga e somando-se a esse produto uma quantidade semelhante para a peça de 50 mm × 200 mm. O maior fluxo de cisalhamento ocorre nos suportes, porque as maiores forças cortantes V de 900 kgf, agem ali:

$$Q = A_{fghj}\bar{y} = \Sigma A_i\bar{y}_i = 2A_1\bar{y}_1 + A_2\bar{y}_2$$
$$= 2(5{,}0)10{,}0(20{,}0) + 5{,}0(20{,}0)22{,}5 = 4\,250\ \text{cm}^3;$$
$$q = \frac{VQ}{I} = \frac{900(4\,250)}{2{,}5 \times 10^5} = 15{,}3\ \text{kgf/cm}.$$

Nos suportes, o espaçamento dos parafusos deve ser de 225/15,3 = 14,7 cm. Esse espaçamento se aplica somente a uma seção onde a força cortante V é igual a 900 kgf. Cálculos semelhantes para uma seção em que $V = 450$ kgf, dão $q = 7{,}65$ kgf/cm, e o espaçamento dos parafusos fica 225/7,65 = 29,4 cm. Assim, é apropriado especificar o uso de parafusos de 10 mm, espaçados de 14 cm entre centros durante os 1,5 m próximos dos suportes, e 28 cm para o meio da viga. Maior refinamento pode ser desejável, em alguns problemas, para fazer a transição de um espaçamento de conetores para outro. O mesmo espaçamento dos parafusos deveria ser usado na seção *b-b* e na seção *a-a*.

De maneira análoga à anterior pode ser determinado o espaçamento de rebites ou parafusos em vigas fabricadas, feitas de perfis contínuos e placas (Fig. 7.8). Os requisitos de solda são estabelecidos de maneira análoga. A tensão de cisalhamento nominal em um rebite é determinada dividindo-se a força cortante total transmitida pelo rebite (fluxo de cisalhamento vezes o espaçamento dos rebites) pela área da seção transversal do rebite.

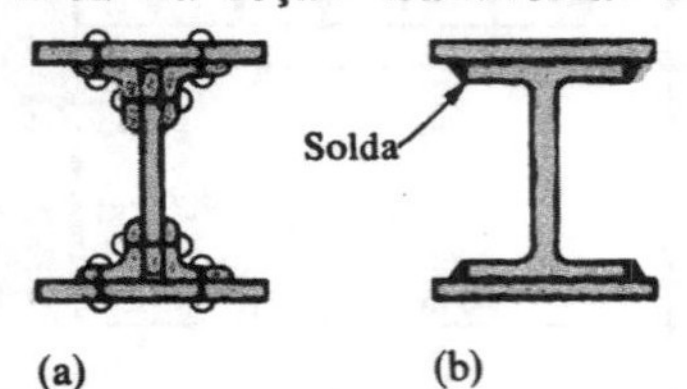

Figura 7.8 Seções típicas de uma viga que consiste em vários componentes: (a) viga de chapa, (b) viga *I* reforçada com placas

7.4 FÓRMULA DA TENSÃO DE CISALHAMENTO PARA VIGAS

A fórmula da tensão de cisalhamento para vigas pode ser obtida da fórmula do fluxo de cisalhamento. Analogamente ao procedimento anterior, um elemento de viga pode ser isolado entre duas seções adjacentes tomadas perpendicularmente ao eixo da viga. Então, passando outra seção imaginária por esse elemento, paralela ao eixo da viga, obtém-se um novo elemento, que corresponde ao elemento de uma prancha, usado nas deduções anteriores. Uma vista lateral de tal elemento está mostrada na Fig. 7.9(a), onde o corte imaginário longitudinal é feito a uma distância y_1 do eixo neutro.* A área da seção transversal da viga está mostrada na Fig. 7.9(c).

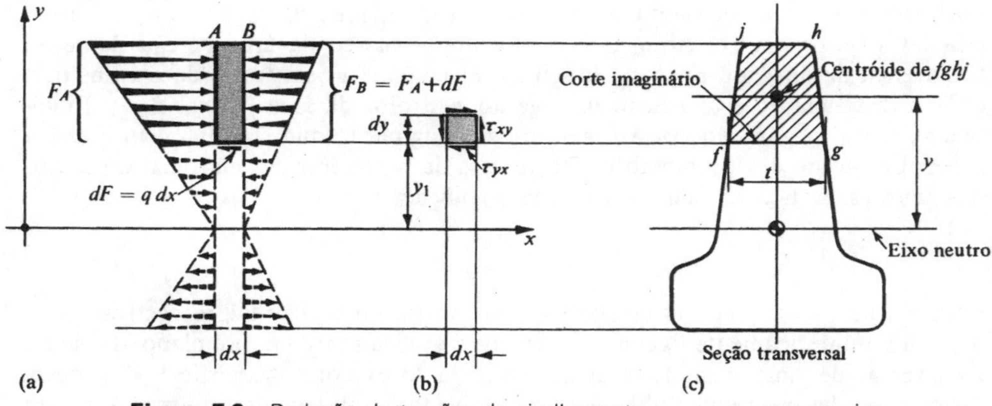

Figura 7.9 Dedução de tensões de cisalhamento τ_{xy} e τ_{yx} em uma viga

Se existirem forças cortantes nas seções da viga, atua na seção A um momento fletor diferente do que na seção B. Dessa forma, mais solicitação é desenvolvida em um lado da área $fghj$ do que no outro e, como anteriormente, a diferença nas forças longitudinais a uma distância dx é

$$dF = -\frac{dM}{I}\int_{\substack{\text{área}\\ fghj}} y\,dA = -\frac{dM}{I}A_{fghj}\bar{y} = -\frac{dM}{I}Q.$$

A força que equilibra dF é desenvolvida no plano do corte longitudinal, tomado paralelo ao eixo da viga.** Dessa forma, admitindo-se que a tensão de cisalhamento seja uniformemente distribuída através do corte de largura t, a tensão de cisalhamento no plano longitudinal pode ser obtida pela divisão de dF pela área tdx. Isso fornece a tensão horizontal τ_{yx}. Entretanto, como em um elemento infinitesimal atuam tensões numericamente iguais em planos mutuamente perpendiculares, a tensão de cisalhamento τ_{xy} no plano da seção vertical, ou seja, no corte longitudinal, Fig. 7.9(b), também fica conhecida. Com base nisso

$$\tau_{xy} = \tau_{yx} = \frac{dF}{dxt} = -\frac{dM}{dx}\,\frac{A_{fghj}\bar{y}}{It}.$$

Essa equação pode ser simplificada pelo reconhecimento de que $dM/dx = V$. Dessa forma, alternativamente,

$$\tau_{xy} = \tau_{yx} = \frac{VA_{fghj}\bar{y}}{It} = \frac{q}{t} = \frac{VQ}{It}. \tag{7.6}$$

*Como $dM/dx = -V$, para um V positivo, a variação no momento é $dM = -V\,dx$. Por essa razão $M_A > M_B$ e as magnitudes das tensões normais na Fig. 7.9(a) são adequadamente mostradas

**É interessante observar uma razão alternativa para a aparência de $\bar{y}$ na equação acima. Como $\bar{y}$ posiciona a fibra que está a uma distância média do eixo neutro na área hachurada de uma seção, $(dM)\bar{y}/I$ dá a tensão normal média nessa área

Essa é a fórmula para determinação das tensões nas vigas.* Ela as fornece logo à direita do corte longitudinal. Como antes, V é a força cortante total em uma seção, e I é o momento de inércia de toda a área da seção transversal em relação ao eixo neutro. Aqui, Q é o momento estático da área *parcial* da seção transversal de um lado do corte longitudinal imaginário em torno do eixo neutro, e $\bar{y}$ é a distância do eixo neutro da viga ao centróide da área parcial A_{fghj}. Finalmente, t é a largura do corte longitudinal imaginário, que é usualmente igual à espessura ou largura do membro. Em termos da representação matricial do tensor das tensões, a Eq. 7.6 tem o seguinte significado:

$$\begin{pmatrix} 0 & \tau_{xy} \\ \tau_{yx} & 0 \end{pmatrix}, \qquad (7.6a)$$

onde τ_{xy} e τ_{yx} são as tensões de cisalhamento vertical e horizontal, respectivamente; elas são numericamente iguais. As tensões verticais atuam no plano da seção transversal de uma viga. Elas desenvolvem a força cortante vertical V, e dessa forma é satisfeito o requisito da estática $\Sigma F_y = 0$. A validade dessa afirmativa para um caso especial será ilustrada no Exemplo 7.3. Em muitas aplicações da Eq. 7.6 os índices de τ são supérfluos e podem ser omitidos.

Deve-se ter cuidado ao se fazer os cortes longitudinais preparatórios ao uso da Eq. 7.6. O seccionamento apropriado de algumas áreas das vigas está mostrado nas Figs. 7.10(a), (b), (d) e (e). O uso de cortes inclinados deve ser evitado a menos que o mesmo seja feito através de uma espessura pequena. Para membros delgados, a Eq. 7.6 pode ser usada para determinar as tensões de cisalhamento em um corte tal como o *f-g* da Fig. 7.10(b). Essas tensões de cisalhamento atuam em um plano vertical e são dirigidas perpendicularmente ao plano do papel. Elas atuam em planos inteiramente diferentes daqueles obtidos com os cortes horizontais, tal como *f-g* nas Figs. 7.10(a) e (d). [Veja também a Fig. 7.2(f)]. Tensões de cisalhamento conjugadas atuam horizontalmente, Fig. 7.10(c). Tais tensões não contribuem diretamente para a resistência da força cortante vertical V; elas serão discutidas posteriormente na Seç. 7.6.

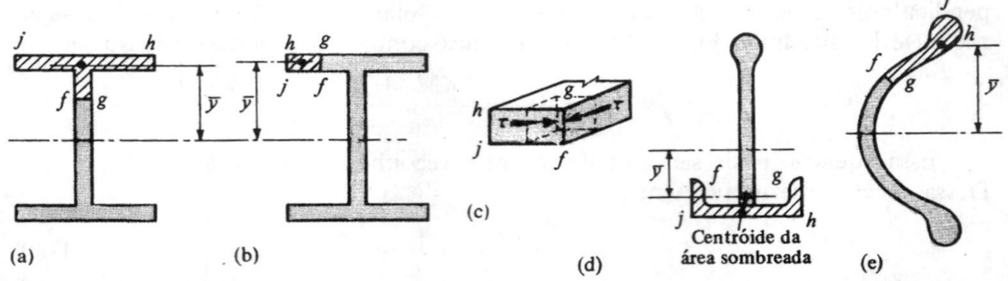

Figura 7.10 Seccionamento apropriado estabelecendo áreas parciais da seção transversal, para o cálculo das tensões de cisalhamento em vigas

*Essa fórmula foi deduzida por D. I. Jouravsky, em 1855. Seu desenvolvimento foi efetuado pela observação das fendas horizontais nas uniões de madeira em várias das pontes ferroviárias entre Moscou e St. Petersburg

Será ilustrada agora a aplicação da Eq. 7.6 a dois tipos particularmente importantes de seções transversais de vigas.

EXEMPLO 7.3

Deduzir uma expressão para a distribuição de tensão de cisalhamento em uma viga de seção transversal retangular, transmitindo uma força cortante V.

SOLUÇÃO

A seção transversal da viga está mostrada na Fig. 7.11(a). Um corte longitudinal na viga, a uma distância y_1 do eixo neutro, isola a área parcial $fghj$ da seção transversal. Aqui, $t = b$ e a área infinitesimal da seção pode ser convenientemente expressa por $b\,dy$. Aplicando a Eq. 7.6, a tensão de cisalhamento horizontal é achada no nível y_1 da viga. No mesmo corte atuam tensões numericamente iguais, no plano da seção.

$$\tau_{xy} = \tau_{yx} = \frac{VQ}{It} = \frac{V}{It}\int_{\substack{área\\fghj}} y\,dA = \frac{V}{Ib}\int_{y_1}^{h/2} by\,dy$$

$$= \frac{V}{I}\left|\frac{y^2}{2}\right|_{y_1}^{h/2} = \frac{V}{2I}\left[\left(\frac{h^2}{2}\right) - y_1^2\right].$$

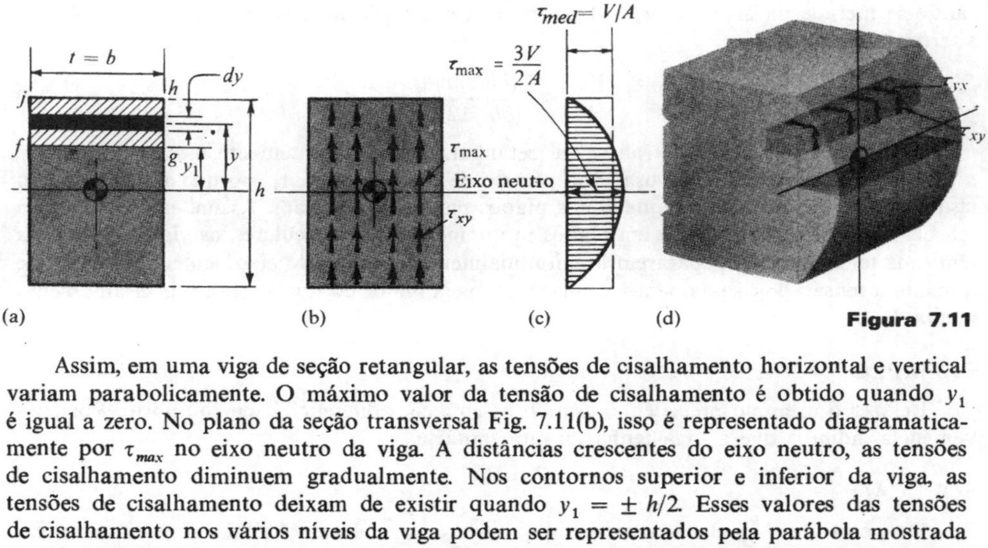

(a) (b) (c) (d) **Figura 7.11**

Assim, em uma viga de seção retangular, as tensões de cisalhamento horizontal e vertical variam parabolicamente. O máximo valor da tensão de cisalhamento é obtido quando y_1 é igual a zero. No plano da seção transversal Fig. 7.11(b), isso é representado diagramaticamente por τ_{max} no eixo neutro da viga. A distâncias crescentes do eixo neutro, as tensões de cisalhamento diminuem gradualmente. Nos contornos superior e inferior da viga, as tensões de cisalhamento deixam de existir quando $y_1 = \pm h/2$. Esses valores das tensões de cisalhamento nos vários níveis da viga podem ser representados pela parábola mostrada na Fig. 7.11(c). Uma vista isométrica da viga, com tensões de cisalhamento horizontal e vertical, é mostrada na Fig. 7.11(d).

Para satisfazer a condição da estática, $\Sigma F_y = 0$, em uma seção da viga, a soma de todas as tensões de cisalhamento vertical τ_{xy} vezes suas respectivas áreas de atuação dA deve ser igual à força cortante vertical V. Pode-se mostrar que este é o caso pela integração de $\tau_{xy}dA$ ao longo da área da seção transversal A da viga, usando a expressão geral para τ_{xy} achado anteriormente.

$$\int_A \tau_{xy} dA = \frac{V}{2I}\int_{-h/2}^{+h/2}\left[\left(\frac{h}{2}\right)^2 - y_1^2\right] b\,dy_1 = \frac{Vb}{2I}\left[\left(\frac{h}{2}\right)^2 y_1 - \left(\frac{y_1^3}{3}\right)\right]_{-h/2}^{+h/2} =$$

$$= \frac{Vb}{(2bh^3/12)}\left[\left(\frac{h}{2}\right)^2 h - \frac{2}{3}\left(\frac{h}{3}\right)^3\right] = V.$$

Como a dedução da Eq. 7.6 foi indireta, essa prova, mostrando que as tensões de cisalhamento integradas na seção são iguais à força cortante vertical, é atentadora. Além do mais, como se achou uma concordância de sinais, esse resultado indica que as *direções das tensões de cisalhamento na seção da viga são as mesmas que aquelas da força cortante V.* Esse fato pode ser usado para determinar o sentido das tensões de cisalhamento.

Como foi observado anteriormente, a tensão de cisalhamento máxima em uma viga retangular ocorre no eixo neutro, e para esse caso, a expressão geral para τ_{max} pode ser simplificada porque $y_1 = 0$.

$$\tau_{max} = \frac{Vh^2}{8I} = \frac{Vh^2}{8bh^3/12} = \frac{3}{2}\frac{V}{bh} = \frac{3}{2}\frac{V}{A},$$

onde V é a força cortante total e A é a área da seção transversal. O mesmo resultado pode ser obtido de forma mais direta se observarmos que, para $VQ/(It)$ ser máximo, Q deve atingir seu maior valor, porque nesse caso V, I e t são constantes. Da propriedade dos momentos estáticos de áreas em relação a um eixo centroidal, o máximo valor de Q é obtido considerando-se metade da área da seção transversal em relação ao eixo neutro da viga. Assim, alternativamente,

$$\tau_{max} = \frac{VQ}{It} = \frac{V(bh/2)(h/4)}{(bh^3/12)b} = \frac{3}{2}\frac{V}{A}. \qquad (7.7)$$

Como as vigas de seção transversal retangular são freqüentemente usadas na prática, a Eq. 7.7 é bastante útil. Ela é usada no projeto de vigas de madeira, porque a resistência ao cisalhamento da madeira é pequena nos planos paralelos aos grãos. Assim, embora existam tensões de cisalhamento iguais em planos mutuamente perpendiculares, as vigas de madeira têm uma tendência a se separarem longitudinalmente ao longo do eixo neutro. Observe que a máxima tensão de cisalhamento à uma vez e meia maior do que a tensão de cisalhamento média V/A.

EXEMPLO 7.4

Refazer o exemplo precedente, usando as equações diferenciais de equilíbrio. Por conveniência, admitir que a viga tenha largura unitária.

SOLUÇÃO

Do ponto de vista elástico, as tensões internas e as deformações nas vigas são estaticamente indeterminadas. Entretanto, na teoria técnica aqui discutida, a introdução de uma hipótese cinemática de que as seções planas permanecem planas após a flexão muda essa situação. Aqui, na Eq. 6.3, vê-se que em uma viga $\sigma_x = -My/I$. Dessa forma, uma parte da Eq. 3.3 – aquela que dá a equação diferencial de equilíbrio para um problema bidimensional com uma força de massa $X = 0$ – é suficiente para achar a tensão de cisalhamento desconhecida. Das condições de nenhuma tensão de cisalhamento no topo e no fundo, $\tau_{xy} = 0$, em $y = \pm h/2$, é achada a constante de integração.

Da Eq. 3.3: $\dfrac{\partial \sigma_x}{\partial x} + \dfrac{\partial \tau_{xy}}{\partial y} = 0.$

Mas $\sigma_x = -\dfrac{My}{I}$, e assim $\dfrac{\partial \sigma_x}{\partial x} = -\dfrac{\partial M}{\partial x}\dfrac{y}{I} = \dfrac{Vy}{I}$

e a Eq. 3.3 fica $\dfrac{Vy}{I} + \dfrac{d\tau_{xy}}{dy} = 0.$

Após integração $\tau_{xy} = -\dfrac{Vy^2}{2I} + C_1$.

Como $\tau_{xy}(\pm h/2) = 0$, tem-se $C_1 = +\dfrac{Vh^2}{8I}$

e
$$\tau_{xy} = \tau_{yx} = +\frac{V}{2I}\left[\left(\frac{h}{2}\right)^2 - y^2\right].$$

Isso concorda com o resultado achado anteriormente porque, aqui, $y = y_1$.

De acordo com a lei de Hooke, as deformações angulares devem estar associadas com as tensões de cisalhamento. Dessa forma, as tensões de cisalhamento dadas pela relação anterior devem causar deformações de cisalhamento. Como é mostrado na Fig. 7.12, as máximas distorções de cisalhamento ocorrem em $y = 0$, e não ocorrem distorções em $y = \pm h/2$. Isso empena a seção inicialmente plana da viga e contradiz a premissa básica da teoria da flexão. Entretanto, pelos métodos da elasticidade, pode-se mostrar que essas distorções das seções planas são desprezavelmente pequenas para membros delgados; a teoria técnica é completamente adequada se o comprimento de um membro é pelo menos duas ou três vezes maior do que sua profundidade total. Essa conclusão é de capital importância porque significa que a existência de uma força cortante em uma seção não invalida as expressões para as tensões de flexão anteriormente deduzidas. Como foi observado anteriormente, tanto no ponto de aplicação da carga como na extremidade engastada, ocorrem perturbações locais adicionais de tensões.

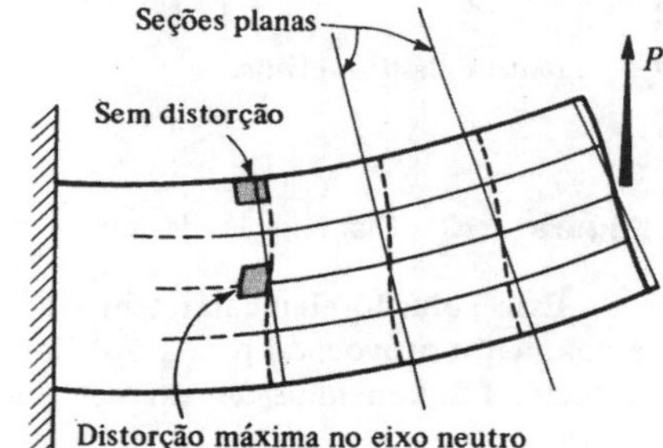

Figura 7.12 Distorções de cisalhamento de uma viga

EXEMPLO 7.5

Usando a teoria técnica, determinar a distribuição da tensão de cisalhamento devida à força cortante V na zona elástico-plástica de uma viga retangular.

SOLUÇÃO

A situação do problema ocorre, por exemplo, em uma viga engastada carregada na forma mostrada na Fig. 7.13(a). Na zona elástico-plástica o momento fletor externo é $M =$

$= -Px$, enquanto que, de acordo com a Eq. 6.14, o momento interno resistente é $M = M_p - \sigma_{esc} b y_0^2/3$. Observando-se que y_0 varia com x e diferenciando as equações acima, nota-se a seguinte igualdade:

$$\frac{dM}{dx} = -P = -\frac{2by_0\sigma_{esc}}{3}\frac{dy_0}{dx}.$$

Essa relação será necessária mais tarde. Primeiro, entretanto, prosseguindo como no caso elástico, considere o equilíbrio de uma viga, como mostra a Fig. 7.13(b). Do lado direito desse elemento atuam forças longitudinais maiores do que do lado esquerdo. Separando-o no eixo neutro, e igualando a força no corte à diferença na força longitudinal, obtém-se

$$\tau_0 dxb = \sigma_{esc} dy_0 b/2,$$

onde b é a largura da viga. Após substituição de dy_0/dx da relação anteriormente achada e eliminação de b, acha-se a máxima tensão de cisalhamento horizontal τ_0:

$$\tau_0 = \frac{\sigma_{esx}}{2}\frac{dy_0}{dx} = \frac{3P}{4by_0} = \frac{3}{2}\frac{P}{A_0}, \qquad (7.8)$$

onde A_0 é a área da parte elástica da seção transversal. A distribuição de tensão de cisalhamento para o caso elástico-plástico está mostrada na Fig. 7.13(c). Isso pode ser contrastado com o caso elástico, mostrado na Fig. 7.13(d). Como tensões normais iguais e opostas ocorrem nas zonas plásticas, não há desbalanceamento algum nas forças longitudinais e nenhuma tensão de cisalhamento é desenvolvida.

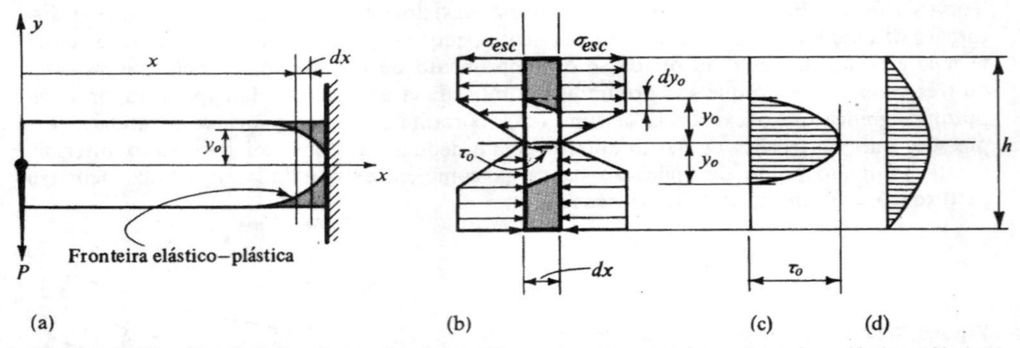

Figura 7.13 Distribuição de tensão de cisalhamento em uma viga retangular, elástico-plástica

Essa solução elementar tem sido refinada pelo uso de um critério mais cuidadoso de escoamento provocado pela ação simultânea das tensões normais e de cisalhamento.* Alguns aspectos fundamentais da interação de tais tensões serão considerados no Cap. 9.

EXEMPLO 7.6

Uma viga *I* é carregada como na Fig. 7.14(a). Tendo ela a seção transversal mostrada na Fig. 7.14(c), determinar as tensões de cisalhamento nos níveis indicados. Desprezar o peso próprio da viga.

*D. C. Drucker, "The Effect of Shear on the Plastic Bending of Beams", *Journal of Applied Mechanics*, 23 (1956), pp. 509-14

SOLUÇÃO

A Fig. 7.14(b) mostra um diagrama de um segmento da viga. Vê-se nesse diagrama que a força cortante vertical em cada seção é de 20 t. Os momentos fletores não entram diretamente no presente problema. O fluxo de cisalhamento nos vários níveis da viga é calculado na tabela a seguir, usando-se a Eq. 7.5. Como $\tau = q/t$ (Eq. 7.6), as tensões de cisalhamento são obtidos pela divisão dos fluxos de cisalhamento pelas respectivas larguras da viga.

$$I = \frac{15(30)^3}{12} - \frac{(14)(28)^3}{12} = 8\,139{,}3\ \text{cm}^4.$$

Para uso na Eq. 7.5, tem-se a relação $V/I = -20\,000/8\,139{,}3 = -2{,}457$ kgf/cm⁴.

Nível	A_{fghj}*	$\bar{y}$**	$Q = A_{fghj}\bar{y}$	$q = VQ/I$	t	τ, kgf/cm²
1-1	0	15,0	0	0	15	0
2-2	(1)15 = 15,0	14,5	217,5	−534,44	15 1	− 35,6 − 534,4
3-3	(1)15 = 15,0 (1)(1) = 1,0	14,5 13,5	217,5 } 231,0 13,5 }	−567,61	1	−567,6
4-4	(1)15 = 15,0 (1)(14) = 14,0	14,5 6,5	217,5 } 308,5 91,0 }	−758,05	1	−758,0

*A_{fghj} é a área parcial da seção transversal acima de um dado nível em cm².
**$\bar{y}$ é a distância do eixo neutro ao centróide da área parcial em cm.

Os sinais negativos de τ mostram que, para a seção considerada, as tensões atuam para baixo, na face direita dos elementos. O sentido das tensões de cisalhamento que atuam na seção coincide com o sentido da força cortante V. Por essa razão, uma aderência estrita à convenção de sinais é freqüentemente desnecessária. É sempre verdadeiro que $\int_A \tau\, dA$ é igual a V e tem o mesmo sentido.

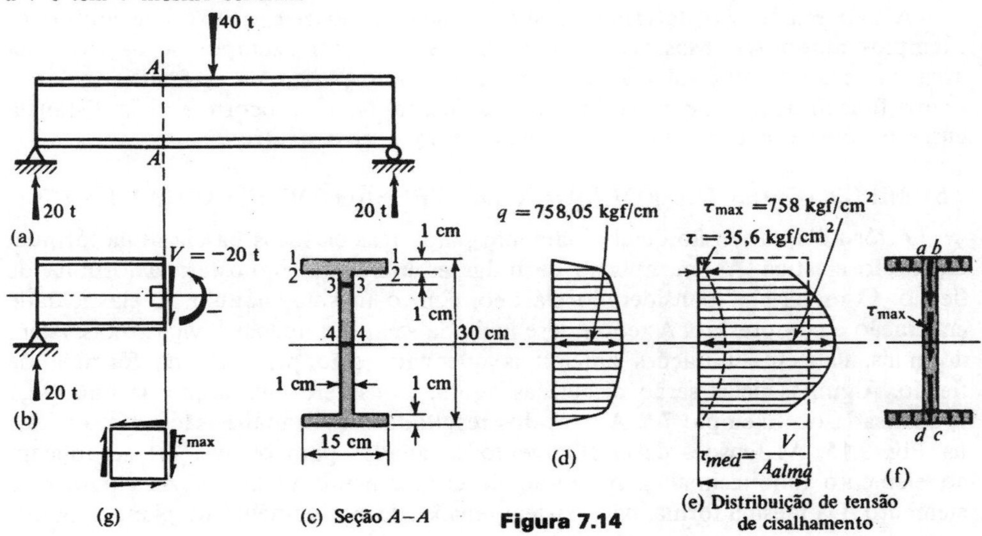

Figura 7.14

Observe que, no nível 2-2, são usadas duas larguras para determinar a tensão de cisalhamento – um logo acima da linha 2-2, e outro logo abaixo. Uma largura de 15 cm corresponde ao primeiro caso, e outra de 1 cm ao segundo. Esse ponto de transição será discutido no artigo que se segue. Os resultados obtidos, que em virtude da simetria também são aplicáveis à metade inferior da seção, são traçados na Fig. 7.14(d) e (e). Por um método semelhante ao usado no exemplo precedente, pode-se mostrar que as curvas da Fig. 7.14(e) são partes de uma parábola do segundo grau.

A variação da tensão de cisalhamento indicada pela Fig. 7.14(e) pode ser interpretada como mostra a Fig. 7.14(f). A máxima tensão de cisalhamento ocorre no eixo neutro; as tensões de cisalhamento vertical através da alma da viga são aproximadamente de mesma magnitude. As tensões de cisalhamento que ocorrem nos flanges são bem pequenas e por essa razão, a máxima tensão de cisalhamento em uma viga *I* é freqüentemente aproximada pela divisão da força cortante *V* pela área da seção transversal da alma [área *abcd* da Fig. 7.11(f)]. Assim

$$(\tau_{max})_{aprox} = V/A_{alma}. \tag{7.9}$$

No exemplo considerado, tem-se

$$(\tau_{max})_{aprox} = \frac{20\,000}{(1)30} = 666{,}7 \text{ kgf/cm}^2.$$

Essa tensão difere de cerca de 12% daquela achada pela fórmula precisa. Para a maioria das seções transversais, pode ser obtida uma aproximação mais próxima da tensão máxima verdadeira pela divisão da força cortante pela área da alma entre os flanges. Para o exemplo acima, esse procedimento dá uma tensão de 714,3 kgf/cm², que apresenta um erro de apenas 6%. Deve ficar claro do que se viu acima que a divisão de *V* pela área da seção transversal da viga para se obter a tensão de cisalhamento não é permissível.

Na Fig. 7.14(g) está mostrado um elemento da viga no eixo neutro. Nos níveis 3-3 e 2-2, em adição às tensões de cisalhamento, tensões de flexão atuam nas faces verticais dos elementos. Nos níveis 1-1 dos elementos, não atuam as de cisalhamento, mas apenas as de flexão.

A máxima tensão de cisalhamento foi achada no eixo neutro, em ambos os exemplos anteriores. Mas isso não ocorre sempre. Por exemplo, se os lados da área da seção transversal não são paralelos, como para uma seção triangular, τ é uma função de Q e t, e a máxima tensão de cisalhamento ocorre a meia distância entre o ápice e a base, que não coincide com o eixo neutro.

7.5 LIMITAÇÕES DA FÓRMULA DA TENSÃO DE CISALHAMENTO

A fórmula da tensão de cisalhamento para vigas elásticas baseia-se na fórmula da flexão elástica. Assim, aplicam-se todas as limitações impostas na fórmula de flexão. O material é considerado elástico, com o mesmo módulo de elasticidade em tração e compressão. A teoria desenvolvida se aplica apenas a vigas retas. Além do mais, existem limitações adicionais que não estão presentes na fórmula de flexão. Algumas delas serão discutidas agora. Considere uma seção de uma viga *I*, analisada no Exemplo 7.6. Alguns dos resultados dessa análise são reproduzidos na Fig. 7.15. As tensões de cisalhamento calculadas para o nível 1-1 se aplicam ao elemento infinitesimal *a*. A tensão de cisalhamento vertical é zero para esse elemento. Da mesma forma, não existem tensões de cisalhamento no plano superior da viga. Isso é o que deveria ser porque a superfície superior da viga é livre de tensões. Assim são satisfeitas as condições nesse contorno. Uma situação semelhante foi encontrada na periferia de uma seção retangular.* Uma situação diferente é descoberta quando são examinadas as tensões de cisalhamento determinadas para a viga *I* nos níveis 2-2. As tensões de cisalhamento foram achadas com o valor de 35,6 kgf/cm² para elementos como *b* ou *c* da figura. Isso exige a concordância das tensões de cisalhamento horizontal nos planos internos dos flanges. Entretanto, os últimos planos devem estar livres das tensões de cisalhamento porque eles são contornos livres da viga. Isso conduz a uma contradição que não pode ser solucionada pelos métodos da mecânica técnica dos sólidos. As técnicas mais avançadas da teoria matemática da elasticidade devem ser usadas para se obter uma solução correta.

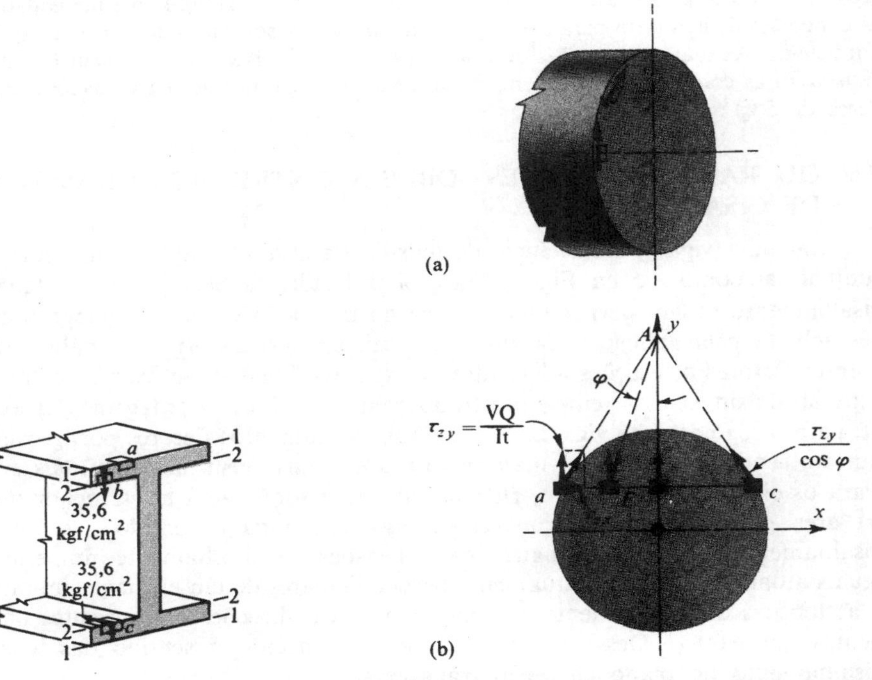

Figura 7.15 As condições de contorno não são satisfeitas pelos elementos do flange nos níveis 2.2

Figura 7.16 Modificação plausível de uma solução baseada na fórmula da tensão de cisalhamento para satisfazer as condições de equilíbrio

*A rigor podem ser mostrados alguns erros, mesmo neste caso. As tensões dadas pela Eq. 7-6 foram estabelecidas com base nas condições de equilíbrio de um elemento sem referência às condições de compatibilidade de todos os componentes da deformação (efeito de Poisson, etc.). Para mais detalhes, veja A. E. H. Love, *Mathematical Theory of Elasticity* (4.ª ed.), Cap. XV, p. 329, Dover Publications, Inc., Nova Iorque, 1944

Felizmente, esse defeito da fórmula de tensão de cisalhamento para vigas não é muito sério. As tensões de cisalhamento significativas ocorrem na alma, e, para finalidades práticas, são dadas corretamente pela Eq. 7.6. Nenhum erro apreciável está envolvido pelo uso das relações deduzidas neste capítulo para membros de parede fina, e a maioria das vigas usadas onde o cisalhamento é significativo pertence a esse grupo.

Nas aplicações mecânicas, usam-se com freqüência eixos circulares como vigas. Assim, as vigas que têm seção transversal circular cheia formam uma importante classe. Essas vigas não têm parede fina. Um exame das condições de contorno para um membro circular, Fig. 7.16(a), leva à conclusão de que, quando estão presentes tensões de cisalhamento, elas devem atuar tangencialmente à periferia. Como não pode existir a tensão de cisalhamento conjugada na superfície livre da viga, nenhuma componente de tensão de cisalhamento pode atuar normalmente ao contorno. Entretanto, de acordo com a Eq. 7.6, tensões verticais de igual intensidade atuam em cada nível tal como *ac* na Fig. 7.16(b). Isso é incompatível com as condições de contorno para elementos como *a* e *c*, e a solução indicada pela Eq. 7.6 é inconsistente. As máximas tensões de cisalhamento que ocorrem no eixo neutro, entretanto, satisfazem as condições de contorno, e são bastante próximas de seu verdadeiro valor (em cerca de 5%).*

7.6 OUTRAS OBSERVAÇÕES SOBRE A DISTRIBUIÇÃO DAS TENSÕES DE CISALHAMENTO

Em uma viga *I*, a existência de tensões de cisalhamento em um corte longitudinal tal como *c-c* na Fig. 7.17(a), foi indicada na Seç. 7.2. Essas tensões de cisalhamento atuam perpendicularmente ao plano do papel. Sua magnitude pode ser achada pela aplicação da Eq. 7.6, e seu sentido decorre da análise dos momentos fletores nas seções adjacentes na viga; em lugar de se fixar uma convenção especial de sinais, essa tem-se mostrado como a melhor abordagem. Por exemplo, se, para o segmento de viga da Fig. 7.17(b), os momentos fletores positivos aumentam no sentido do leitor, as maiores forças normais agem na seção mais próxima. Para os elementos mostrados, $\tau t dx$ ou $q dx$ deve somar-se à força menor que atua na área parcial da seção transversal. Isso determina o sentido das tensões de cisalhamento nos cortes longitudinais. Tensões de cisalhamento numericamente iguais atuam em planos mutuamente perpendiculares de um elemento infinitesimal, e as tensões de cisalhamento em tais planos têm direções convergentes ou divergentes nos cantos. Dessa maneira torna-se conhecido o sentido das tensões de cisalhamento no plano da seção transversal.

A magnitude das tensões de cisalhamento varia para diferentes cortes verticais. Por exemplo, se o corte *c-c* da Fig. 7.17(a) está na aresta da viga, a área hachurada da seção transversal é zero. Entretanto, se a espessura do flange é constante, e o corte *c-c* se aproxima progressivamente da alma, a área hachurada aumenta de zero em razão linear. Além do mais, como $\bar{y}$ permanece constante para qualquer área, Q também aumenta no sentido da alma, a partir de zero. Dessa forma, como

*Love, *Mathematical Theory of Elasticity*, p. 348

V e I são constantes através da viga, o fluxo de cisalhamento $q_c = VQ/I$ segue a mesma variação. Se a espessura do flange permanece a mesma, a tensão de cisalhamento $\tau_c = VQ/It$ varia analogamente. A mesma variação de q_c e τ_c existe de cada lado do eixo de simetria da seção transversal. Entretanto, essas quantidades no plano da seção transversal atuam em direções opostas dos dois lados, como pode ser determinado ao se isolar outro elemento de flange do lado esquerdo da alma na Fig. 7.17(b). A variação dessas tensões de cisalhamento ou fluxo de cisalhamento está representada na Fig. 7.17(c), onde se admite que a alma seja bastante fina.

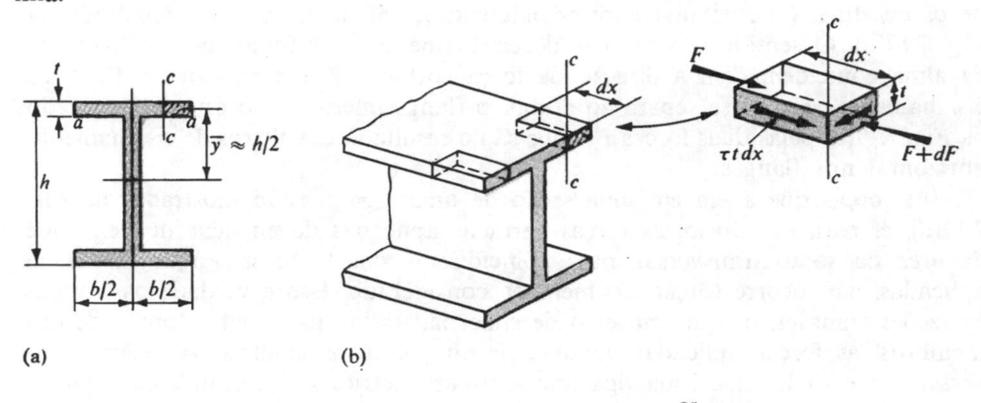

τ c−max or q c−max

q c−max

2q c−max

b/2

F₁ F₁ V F₁ F₁

Figura 7.17 Existência de tensões de cisalhamento no flange de uma viga *I*, que agem perpendicularmente ao eixo de simetria

Variação do fluxo de cisalhamento no flange superior

(c)

(d)

As tensões de cisalhamento na Fig. 7.17(c), quando integradas ao longo da área de sua atuação, são equivalentes a uma força. A magnitude da força horizontal F_1 para metade do flange, Fig. 7.17(d), é igual à tensão de cisalhamento média multiplicada por metade da área do flange, isto é,

$$F_1 = (\tau_{c\text{-}max}/2)(bt/2) \quad \text{ou} \quad F_1 = (q_{c\text{-}max}/2)(b/2).$$

Essas forças horizontais atuam nos flanges superior e inferior. Devido à simetria da seção transversal, essas forças iguais ocorrem em pares e se opõem entre si; assim, elas não causam efeitos externos aparentes.

Para determinar o fluxo de cisalhamento na junção do flange com a alma [corte *a-a* na Fig. 7.17(a)], deve ser usada a área total do flange vezes $\bar{y}$ no cálculo do valor de Q. Entretanto, como ao se achar $q_{c\text{-}max}$ já se usou o produto acima, a soma dos fluxos de cisalhamento horizontal proveniente dos lados opostos dão o fluxo vertical no corte *a-a*. Assim, falando de maneira figurada, os fluxos de cisalhamento horizontal giram de 90° e se fundem, para se tornarem o fluxo de cisalhamento vertical. Então, os fluxos de cisalhamento nos vários cortes horizontais pela alma podem ser determinados na maneira explicada nos artigos precedentes. Além do mais, como a resistência à força cortante vertical V, nas vigas I de parede fina, é desenvolvida principalmente na alma, ela é assim mostrada na Fig. 7.17(d). O sentido das tensões de cisalhamento e os fluxos de cisalhamento na alma coincidem com a direção da força cortante V. Observe que o fluxo de cisalhamento vertical se separa ao atingir o flange inferior. Isso está representado na Fig. 7.17(d) pelas duas forças F_1, que são o resultado dos fluxos de cisalhamento horizontal nos flanges.

As forças que agem em uma seção de uma viga I estão mostradas na Fig. 7.17(d), e, para equilíbrio, as forças verticais aplicadas devem agir no centróide da área da seção transversal, para coincidirem com V. Se as forças são assim aplicadas, não ocorre torção no membro considerado. Isso é verdade para todas as seções transversais que têm eixo de simetria. Assim, para evitar torção de tais membros, as forças aplicadas devem agir no plano de simetria da seção transversal e no eixo da viga. Uma viga com seção assimétrica será discutida em seguida.

7.7 CENTRO DE CISALHAMENTO

Considere uma viga cuja seção transversal é a de um perfil U, Fig. 7.18(a). As paredes desse perfil são admitidas tão finas que todos os cálculos podem se basear nas dimensões em relação à linha de centro das paredes. A flexão desse perfil ocorre em torno do eixo horizontal, e embora essa seção transversal não tenha um eixo vertical de simetria, admite-se que as tensões de flexão sejam dadas pela fórmula usual de flexão. Admitindo que esse canal resista a um cisalhamento vertical, sabe-se que os momentos fletores variariam de uma seção da viga para outra.

Tomando-se um corte arbitrário como *c-c* na Fig. 7.18(a), pode-se achar q e τ na maneira usual. Ao longo das abas horizontais do perfil essas quantidades variam linearmente a partir da aresta livre, tal como ocorre em um lado do flange de uma viga I. A variação de q e τ é parabólica ao longo da alma. A variação dessas quantidades está mostrada na Fig. 7.18(b), onde elas estão traçadas ao longo da linha de centro da seção do perfil.

A tensão de cisalhamento média $\tau_a/2$, multiplicada pela área do flange dá uma força $F_1 = (\tau_a/2)bt$, e a soma das tensões de cisalhamento vertical ao longo da área da alma é a força cortante

$$V = \int_{-h/2}^{+h/2} \tau t dy.$$

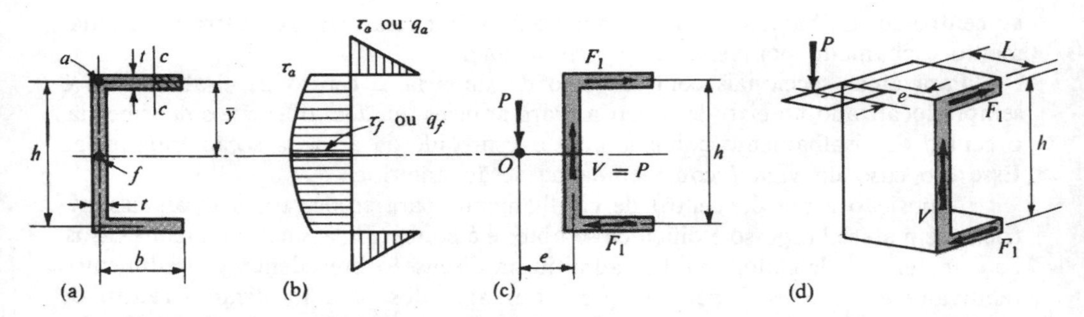

Figura 7.18 Dedução para localização de centro de cisalhamento de um perfil U

Essas forças cortantes que agem no plano da seção transversal são mostradas na Fig. 7.18(c), e indicam que uma força V e um conjugado F_1h são desenvolvidos na seção através do perfil. Fisicamente existe uma tendência para torcer o perfil em relação a algum eixo longitudinal. Para evitar a torção, mantendo assim a aplicabilidade da distribuição da tensão de flexão admitida inicialmente, as forças externas devem ser aplicadas de maneira a compensarem o conjugado interno F_1h. Por exemplo, considere o segmento de uma viga em balanço de peso desprezável, mostrado na Fig. 7.18(d), no qual uma força vertical P é aplicada paralelamente à alma, a uma distância e da linha de centro da alma. Para manter essa força aplicada em equilíbrio, deve se desenvolver uma força igual e contrária V na alma. Da mesma forma, para eliminar a torção do perfil, o conjugado Pe deve igualar a F_1h. Na mesma seção do perfil, o momento fletor PL é resistido pelas tensões de flexão usuais (não mostradas na figura).

É possível obter, agora, uma expressão para a distância e, localizando o plano no qual a força P deve ser aplicada para eliminar a torção no perfil. Assim, lembrando que $F_1h = Pe$ e $P = V$

$$e = \frac{F_1h}{P} = \frac{(1/2)\tau_a bth}{P} = \frac{bth}{2P}\frac{VQ}{It} = \frac{bth}{2P}\frac{Vbt(h/2)}{It} = \frac{b^2h^2t}{4I}. \tag{7.10}$$

Observe que a distância e independe da magnitude da força aplicada P assim como de sua localização ao longo da viga. A distância e é uma propriedade da seção e é medida para fora do centro da alma até a força aplicada.

Uma investigação semelhante pode ser feita para localizar o plano no qual devem ser aplicadas as forças horizontais, para eliminar a torção no perfil. Entretanto, para o perfil considerado pode-se ver, em virtude da simetria, que esse plano coincide com o plano neutro do caso anterior. A interseção desses dois planos mutuamente perpendiculares com o plano da seção transversal localiza um ponto chamado de *centro de cisalhamento*. Ele é designado pela letra O, na Fig. 7.18(c). O centro de cisalhamento para qualquer seção está sobre uma linha longitudinal paralela ao eixo da viga. Qualquer força aplicada no centro de cisalhamento não causa torção da viga. Uma investigação detalhada desse problema mostra que, quando um membro de qualquer área seccional é torcido, isto se dá em relação ao centro de cisalhamento, que permanece fixo. Por essa razão, o centro de cisalhamento é chamado por vezes de *centro de torção.*

Para áreas seccionais com um eixo de simetria, o centro de cisalhamento é sempre localizado no eixo de simetria. Para aqueles que têm dois eixos de simetria, o centro de cisalhamento coincide com o centróide da área da seção transversal. Esse é o caso da viga *I* considerada na seção anterior.

A posição exata do centro de cisalhamento para seções transversais assimétricas de material espesso é difícil de se obter e é conhecida apenas em alguns casos. Se o material é delgado, como se admitiu na discussão precedente, procedimentos relativamente simples podem sempre ser imaginados para localizar o centro de cisalhamento da seção transversal. O método usual consiste na determinação das forças cortantes, como F_1 e V acima, em uma seção, achando-se então a localização da força externa necessária para manter essas forças em equilíbrio.

EXEMPLO 7.7

Achar a localização aproximada do centro de cisalhamento de uma viga com a seção transversal do perfil U mostrado na Fig. 7.19.

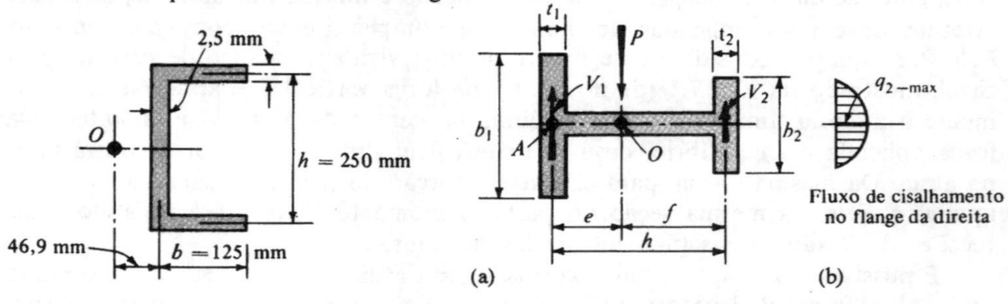

Figura 7.19 **Figura 7.20**

SOLUÇÃO

Em lugar de se usar a Eq. 7.10 diretamente, algumas simplificações posteriores podem ser feitas. O momento de inércia de um perfil de parede fina em relação ao eixo neutro pode ser achado, com suficiente precisão, desprezando-se o momento de inércia dos flanges em relação a seus próprios eixos (apenas!). Essa expressão para *I* pode então ser substituída na Eq. 7.10, e, após simplificações, obtém-se uma fórmula para *e* dos perfis U.

$$I \approx I_{alma} + (Ad^2)_{flanges} = \frac{th^3}{12} + 2bt\left(\frac{h}{2}\right)^2 = \frac{th^3}{12} + \frac{bth^2}{2};$$
$$e = \frac{b^2h^2t}{4I} = \frac{b^2h^2t}{4\left(\dfrac{bth^2}{2} + \dfrac{th^3}{12}\right)} = \frac{b}{2 + h/(3b)}. \tag{7.11}$$

A Eq. 7.11 mostra que quando a largura dos flanges *b* é bastante grande, *e* aproxima-se de seu valor máximo $b/2$. Quando *h* é bastante grande, *e* aproxima-se de seu valor mínimo igual a zero. De outra forma, *e* adquire um valor intermediário entre esses dois limites. Para os valores numéricos dados na Fig. 7.19

$$e = \frac{125}{2 + 250/(3 \times 125)} = 46{,}9\,\text{mm}.$$

Dessa forma, o centro de cisalhamento O é $46{,}9 - 1{,}25 = 45{,}65$ mm da face vertical externa do canal. A resposta não seria melhorada se fosse usada a Eq. 7.10 nos cálculos.

EXEMPLO 7.8

Achar a posição aproximada do centro de cisalhamento para a seção da viga I da Fig. 7.20. Observe que os flanges são desiguais.

SOLUÇÃO

Essa seção tem um eixo horizontal de simetria, e o centro de cisalhamento está sobre ele; resta saber em que ponto. A força aplicada P causa tensões de flexão e de cisalhamento significativas apenas nos flanges, e a contribuição da alma à resistência à força aplicada P é desprezável.

Considere V_1 como a força cortante resistida pelo flange esquerdo da viga, e V_2 a resistida pelo flange direito. Para o equilíbrio, $V_1 + V_2 = P$. Da mesma forma, para a viga sem torção tem-se, de $\Sigma M_A = 0$, $Pe = V_2 h$ (ou $Pf = V_1 h$). Assim, resta apenas V_2 para ser determinado na solução do problema. Isso pode ser feito observando-se que o flange da direita é uma viga retangular ordinária. A tensão de cisalhamento (ou o fluxo de cisalhamento) em tal viga é distribuída parabolicamente, Fig. 7.20(b), e como a área de uma parábola é igual a dois terços da base vezes a altitude máxima, $V_2 = 2/3 b_2 (q_2)_{max}$. Entretanto, como a força cortante total $V = P$, pela Eq. 7.5, $(q_2)_{max} = VQ/I = PQ/I$, onde Q é o momento estático da metade superior do flange direito e I é o momento de inércia da seção toda. Assim

$$Pe = V_2 h = 2/3 b_2 (q_2)_{max} h = \frac{2/3 h b_2 PQ}{I},$$

$$e = \frac{2hb_2}{3I} Q = \frac{2hb_2}{3I} \frac{b_2 t_2}{2} \frac{b_2}{4} = \frac{h}{I} \frac{t_2 b_2^3}{12} = \frac{hI_2}{I}, \tag{7.12}$$

onde I_2 é o momento de inércia do flange direito em relação ao eixo neutro. Analogamente, pode-se mostrar que $f = hI_1/I$, onde I_1 se aplica ao flange esquerdo. Se a alma da viga é delgada, como originalmente admitido, $I \approx I_1 + I_2$, e $e + f = h$ como se esperaria.

Uma análise semelhante conduz à conclusão de que o centro de cisalhamento para uma cantoneira simétrica é localizado na intersecção das linhas de centro de suas abas, como nas Figs. 7.21(a) e (b), porque o fluxo de cisalhamento em cada seção, como c-c, é dirigido ao longo da linha de centro de uma aba. Esses fluxos de cisalhamento correspondem a duas forças idênticas F_1 nas abas. As componentes verticais dessas forças igualam a força cortante aplicada em Q. Uma situação análoga é encontrada em qualquer cantoneira ou seção T, como nas Figs. 7.22(a) e (b). A posição do centro d cisalhamento para vários membros é particularmente importante nas estruturas de aeronaves; para maiores detalhes o leitor deve procurar livros sobre esse assunto.*

*E. F. Bruhn, *Analysis and Design of Flight Vehicle Structures*, Tri-State Offset Co., Cincinnati, Ohio, 1965. Também, Paul Kuhn, *Stresses in Aircraft and Shell Structures*, McGraw-Hill Book Company, Nova Iorque, 1956

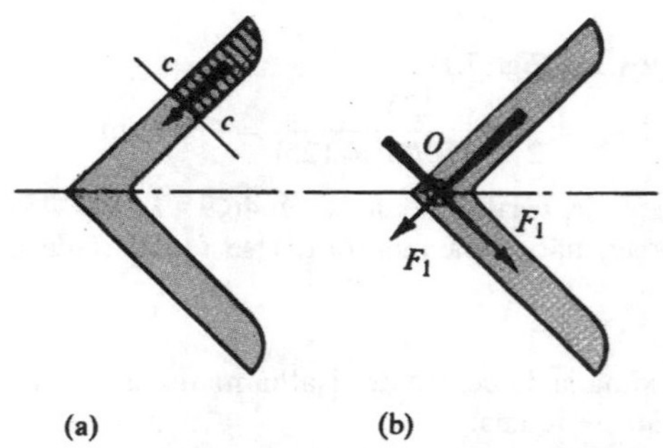

Figura 7.21 Centro de cisalhamento para uma cantoneira simétrica (de abas iguais) localizado em O

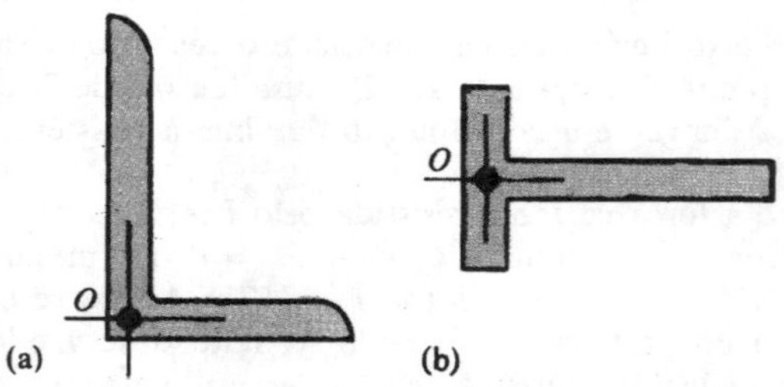

Figura 7.22 Centro de cisalhamento para as seções mostradas, localizado em O

PROBLEMAS

7.1. Uma barra de latão de 300 mm^2 é feita de tiras de 2 mm × 10 mm e é rebitada com rebites de 3 mm de diâmetro, distantes 20 mm entre centros, como mostra a figura. Se a tensão de cisalhamento admissível é de 3 kgf/mm^2, qual o cisalhamento vertical a ser aplicado a essa barra, atuando como uma viga engastada? Melhoraria o desempenho da barra se ela fosse girada de 90°?

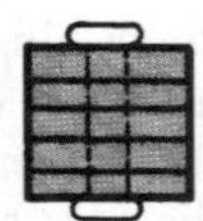

PROB. 7-1

7.2. Uma viga de madeira de 3 m, tem 2 m em balanço e suporta uma força concentrada de $P = 400$ kgf na extremidade, veja a figura. A viga é feita de tábuas de 50 mm de espessura pregadas com pregos cuja resistência ao cisalhamento é de 40 kgf cada. O momento de inércia de toda a seção transversal é de aproximadamente $7{,}4 \times 10^8$ mm^4. (a) Qual o espaçamento longitudinal dos pregos de união da tábua A com as tábuas B e C na região de elevado cisalhamento? (b) Para a mesma região, qual seria o espaçamento longitudinal dos pregos de união da tábua D com as tábuas B e C? Nos cálculos, desprezar o peso da viga. *Resp.*: (a) 39,5 mm, (b) 236,8 mm.

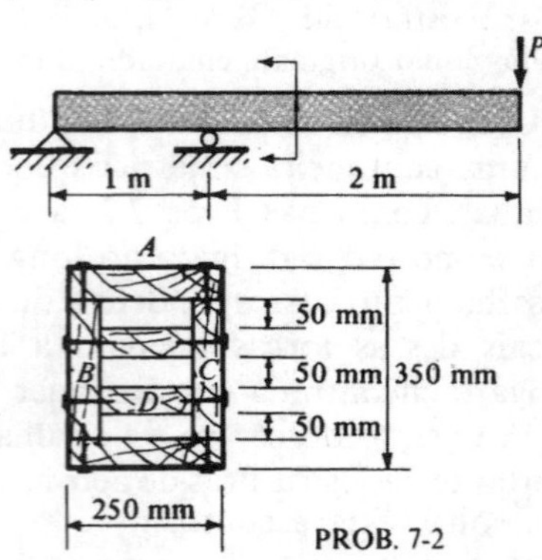

PROB. 7-2

7.3. Uma viga oca de seção quadrada de 25 cm, deve ser feita de quatro peças de madeira de 5 cm de espessura. Dois projetos possíveis são considerados na forma mostrada na figura. Além do mais, o projeto mostrado em (a) pode ser girado de 90° na aplicação. (a) Selecionar o projeto que exige a menor quantidade de pregos para transmitir o cisalhamento. (b) Se a força cortante transmitida por esse membro é de 300 kgf, qual deve ser o espaçamento de pregos para o melhor projeto? A pregagem deve ser feita com pregos que sejam bons para 20 kgf cada um.

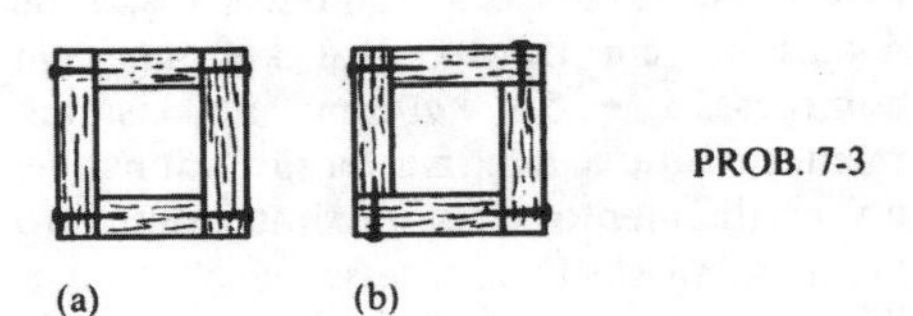

PROB. 7-3

7.4. Uma viga simplesmente apoiada tem seção transversal que consiste em um ⊔ de 305 mm × 30,8 kgf/m e de um perfil *I* de 457 mm × 74,4 kgf/m unidos por parafusos de 20 mm de diâmetro, espaçados longitudinalmente de 150 mm em cada camada, como mostra a figura. Se essa viga é carregada com uma força concentrada de 50 t no meio do vão, qual é a tensão de cisalhamento nos parafusos? Desprezar o peso da viga. O momento de inércia *I* de todo o membro em relação ao eixo neutro é $4{,}7 \times 10^8$ mm^4. *Resp.*: 8,22 kgf/mm^2.

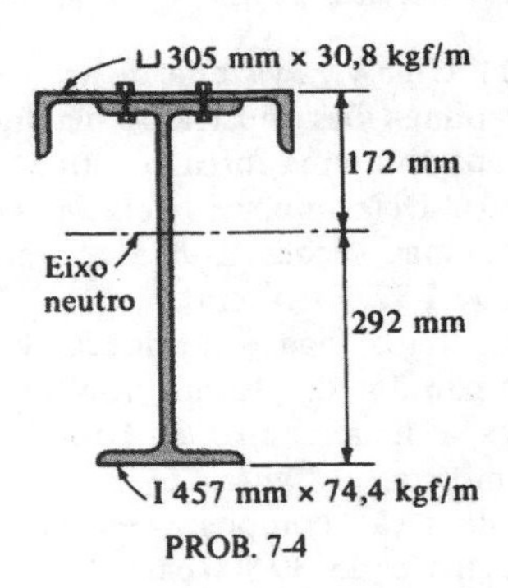

PROB. 7-4

7.5. Uma viga em *T* é usada para suportar uma carga de 100 t no meio de um vão simplesmente apoiado de 7 m. As dimensões da viga são dadas na figura, em uma vista transversal. Se o diâmetro dos parafusos é de 20 mm, com espaçamento de 120 mm longitudinalmente, qual a tensão de cisalhamento desenvolvida pelo carregamento aplicado? O momento de inércia da viga, em relação ao eixo neutro é de aproximadamente $43{,}0 \times 10^8$ mm^4. *Resp.*: 11,4 kgf/mm^2.

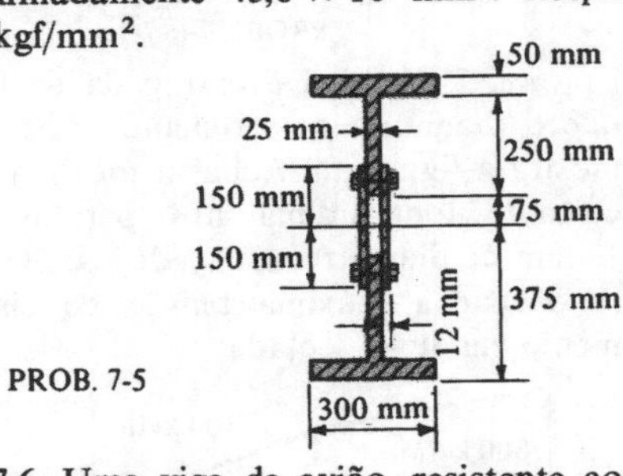

PROB. 7-5

7.6. Uma viga de avião, resistente ao cisalhamento*, é feita de quatro cantoneiras de 50 mm × 38 mm × 3,2 mm (A = 271 mm^2 por cantoneira) e uma alma de 1,6 mm, como mostra a figura. Desprezando a película, o momento de inércia dessa seção é de $4{,}8 \times 10^7$ mm^4. Os rebites *A* têm diâmetro de 5 mm e espaçamento longitudinal de 30 mm em cada camada. Esses rebites são bons para 360 kgf cada um, no cisalhamento simples. Se a força cortante a ser transmitida por essa seção é de 3 000 kgf, qual é o fator de segurança, se algum, disponível nos rebites? Nos cálculos, não considerar redução nas áreas para os furos de rebites.

7.7. Admitir que no problema acima, 100 mm de película possa ser incluída no topo e no fundo, no momento de inércia da seção. Então, admitindo um espaçamento de 30 mm para os rebites *A*, 50 mm para cada camada de rebites *B*, calcular as tensões de cisalhamento nos rebites devido a uma força cortante V = 3 000 kgf.

*No projeto de avião em algumas chapas são permitidas almas de vigas para enrugamento, resultando nas assim chamadas *vigas de campo de semitensão.* Para diferenciar as vigas, se a alma não enruga, é usado o termo *resistente ao cisalhamento*

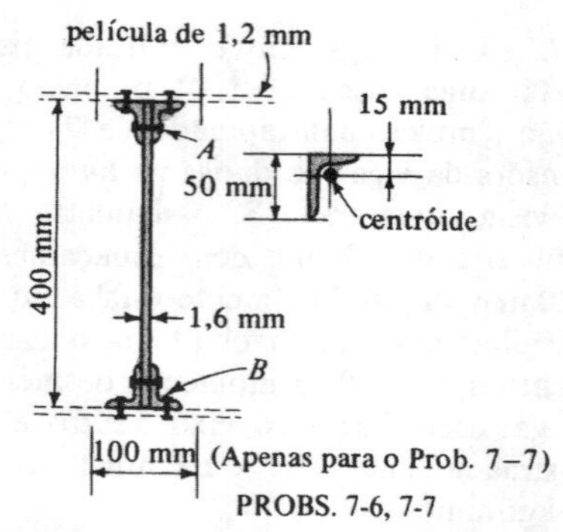

PROBS. 7-6, 7-7

7.8. Uma viga é carregada de forma que o diagrama de momento varie como mostra a figura. (a) Achar a máxima força cortante longitudinal nos parafusos de 10 mm de diâmetro, espaçados de 300 mm. (b) Achar a máxima tensão de cisalhamento na junta colada.

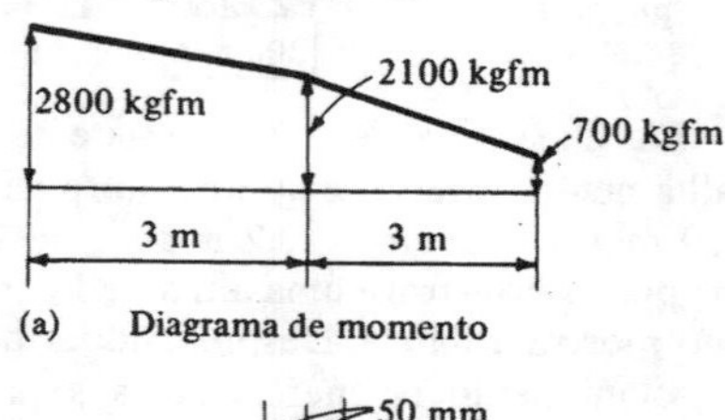

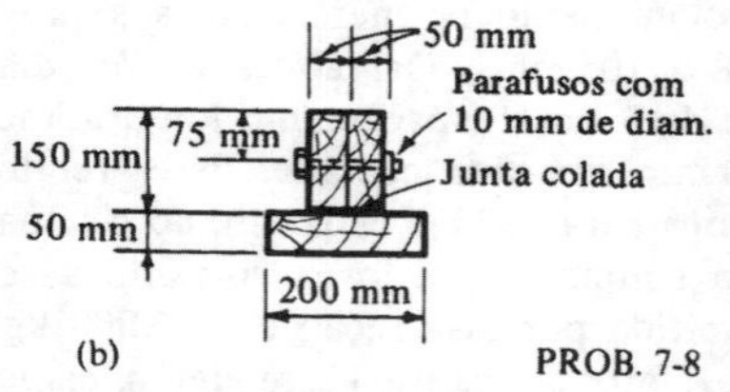

PROB. 7-8

7.9. Uma viga *I* de madeira é feita com um flange inferior estreito devido às limitações de espaço, como mostra a figura. O flange inferior é unido à alma por meio de pregos espaçados longitudinalmente de 40 mm, enquanto que as tábuas verticais são coladas no flange inferior. Determinar a tensão nas juntas coladas e a força suportada pelos pregos na junta, se a viga é submetida a uma força cortante vertical de 3 000 kgf. O momento de inércia para a seção toda, em relação ao eixo neutro é de 11×10^8 mm^4. *Resp.*: 0,0348 kgf/mm^2; 227,2 kgf.

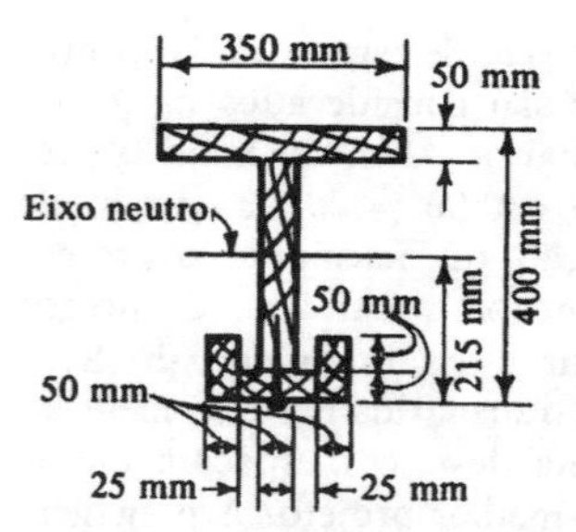

PROB. 7-9

7.10. Uma viga de ferro fundido tem as dimensões transversais mostradas na figura. Se as tensões admissíveis são de 5 kgf/mm^2 em tração, 21,8 kgf/mm^2 em compressão, e 5,8 kgf/mm^2 no cisalhamento, qual é a máxima tensão admissível no cisalhamento e o máximo momento fletor admissível para essa viga? Considerar apenas o carregamento vertical da viga e limitar os cálculos nos orifícios à seção *a-a*. *Resp.*: 23,2 t, 2 234 kgfm.

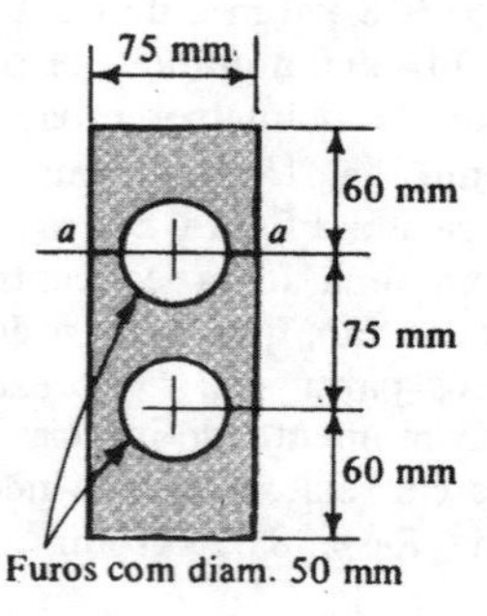

PROB. 7-10

7.11. Uma viga vazada, de aço soldado, tem as dimensões mostradas na figura, e deve transmitir uma força cortante vertical $V = 160$ t. Determinar as tensões de cisalhamento nas seções *a*, *b* e *c*. Para essa seção $I = 1{,}87 \times 10^6$ cm^4.

7.12. Uma viga é fabricada de tubos de aço-padrão de 10 cm, ranhurados e soldados a uma chapa de 60 cm × 1 cm, como mostra a figura. O momento de inércia da seção composta, em relação ao eixo neutro é de 39 800 cm^4. Se em uma certa seção essa viga transmite uma força cortante vertical de 18 t, determinar a tensão de cisalhamento no tubo e na chapa-alma a um nível de 25 cm acima do eixo neutro. *Resp.*: 1,1 kgf/mm², 0,46 kgf/mm².

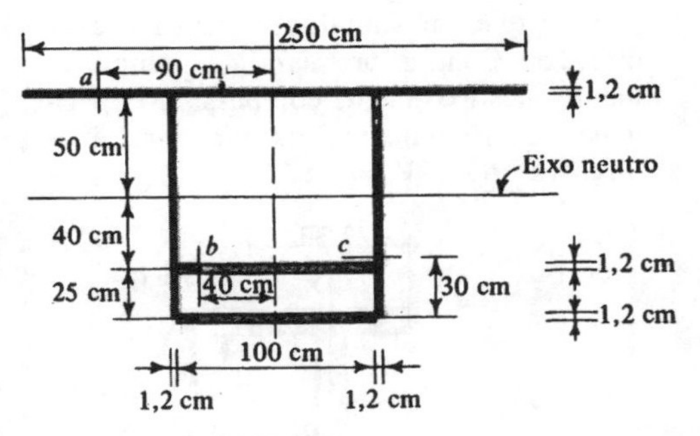

PROB. 7-11

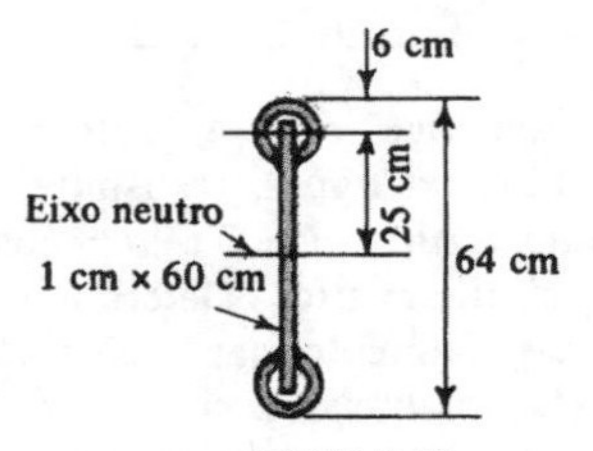

PROB. 7-12

7.13. Mostrar que uma fórmula, análoga à Eq. 7.7, para vigas cheias de seção transversal circular de área A, é $\tau_{max} = 4V/3A$.

7.14. Mostrar que $\tau_{max} = 2V/A$ é uma fórmula, análoga à Eq. 7.7, para tubos circulares de parede fina, atuando como vigas com área seccional A.

7.15. Uma viga de ferro fundido tem seção em T, como mostra a figura ($I = 52\,200$ cm^4). Se essa viga transmite uma força cortante vertical de 25 t, achar as tensões de cisalhamento nos níveis indicados. Apresentar os resultados em forma análoga à mostrada na Fig. 7.14(e). *Resp.*: $\tau_{max} = 367{,}7$ kgf/cm².

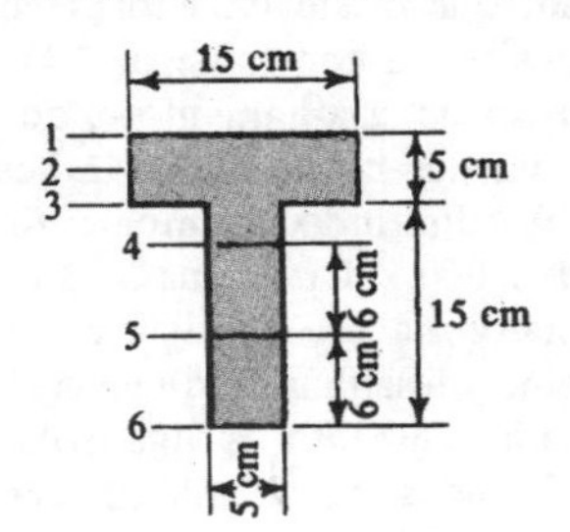

PROB. 7-15

7.16. Uma viga tem seção transversal na forma de triângulos isósceles de base b igual à metade da altura h. (a) Usando o cálculo e a análise de tensões convencional, determinar a posição da máxima tensão de cisalhamento causada por uma força de cisalhamento vertical V. Esquematizar a maneira pela qual a tensão de cisalhamento varia ao longo da seção. (b) Se $b = 75$ mm, $h = 150$ mm, e τ_{max} é limitada a 0,1 kgf/mm², qual é a máxima força cortante vertical V que essa seção pode suportar? *Resp.*: (a) $h/2$; (b) 375 kgf.

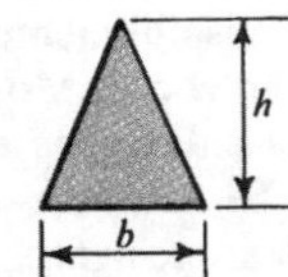

PROB. 7-16

7.17. Uma viga é feita de quatro peças de pinho Douglas de 5 cm × 10 cm, coladas a uma alma de contraplacado de pinho Douglas de 2,5 cm × 45 cm, como mostra a figura. Determinar a máxima força cortante admissível e o máximo momento fletor admissível que essa seção pode conduzir, se a tensão de flexão admissível é de 100 kgf/cm²; a tensão de cisalhamento admissível na madeira é de 5,6 kgf/cm², e nas juntas coladas é de 2,8 kgf/cm².

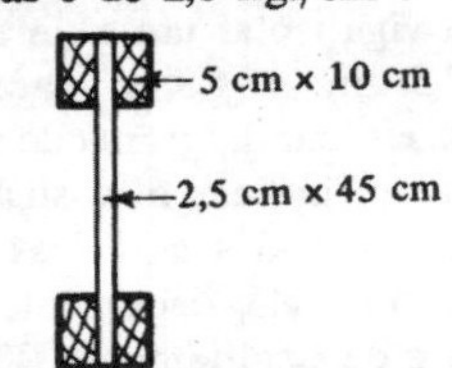

PROB. 7-17

7.18. Uma barra retangular de 40 mm × 50 mm, é unida a uma seção U por meio de parafusos usinados de 10 mm, espaçados de 150 mm entre centros como mostra a seção na figura. Para a seção toda, $I = 2{,}577 \times 10^6$ mm^4, em relação ao eixo neutro horizontal. Se a seção transmite uma força cortante vertical de 1,5 t, (a) determinar a tensão de cisalhamento nos parafusos; (b) determinar a tensão de cisalhamento na junta horizontal da alma com os flanges; (c) achar a máxima tensão de cisalhamento. *Resp.*: (b) 1,3 kgf/mm^2.

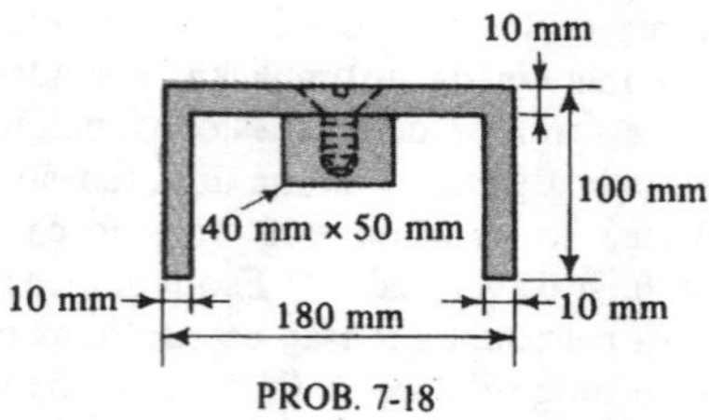

PROB. 7-18

7.19. Uma viga 14 WF 87 suporta uma carga uniformemente distribuída de 6 t/m, incluindo seu próprio peso, como mostra a figura. Usando a Eq. 7.6, determinar as tensões de cisalhamento que atuam nos elementos em *A* e *B*. Mostrar o sentido das quantidades calculadas em elementos infinitesimais. Se também atuam tensões de flexão nesses elementos, determiná-las, e indicá-las nos elementos.

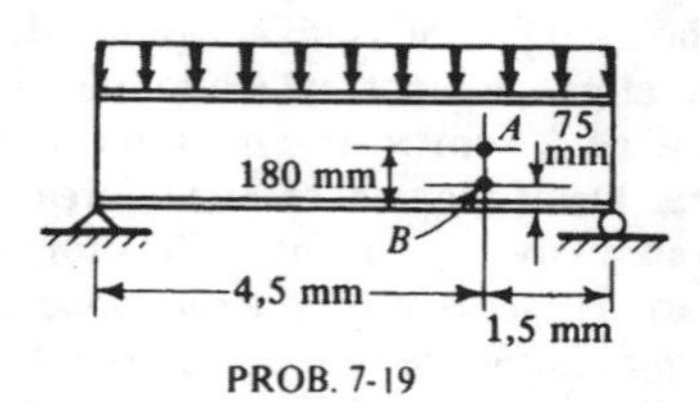

PROB. 7-19

7.20. Uma viga *T* é carregada por uma força *P* = 600 kgf, como mostra a figura. Dessa viga isolar um segmento de 25 cm × × 12,5 cm × 5 cm, tracejado na figura. Então, em um diagrama de corpo livre desse segmento, indicar a posição, magnitude e sentido de todas as forças resultantes que agem sobre ele, decorrente das tensões de flexão e de cisalhamento. Desprezar o peso da viga.

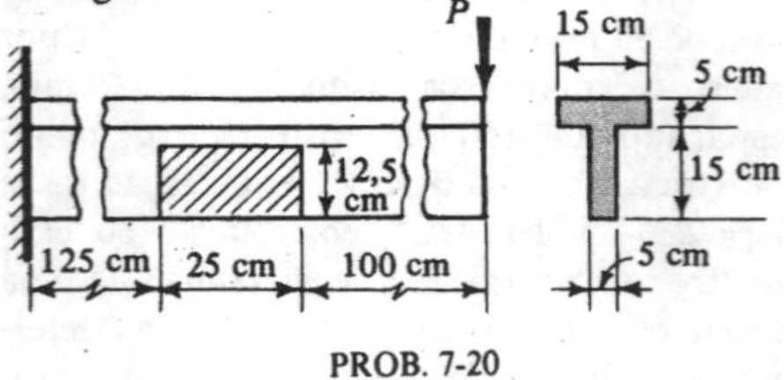

PROB. 7-20

7.21. Uma viga *I*, tem as dimensões mostradas na figura. Em serviço, essa viga pode suportar forças cortantes nas direções *y* ou *z*, isto é, não simultaneamente nas duas direções. Com a premissa de comportamento elástico linear, comparar a capacidade de cisalhamento da viga nas duas direções. *Resp.*: $V_y = 0{,}867\ V_z$

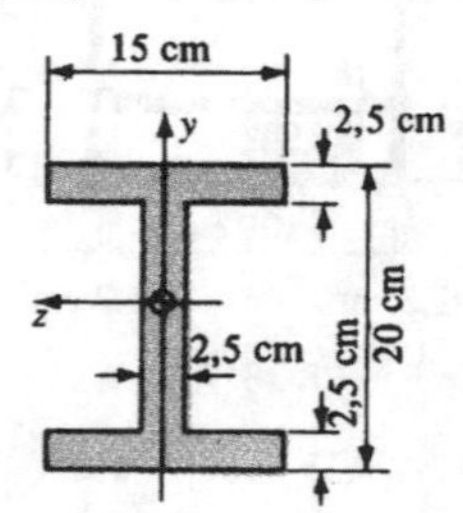

PROB. 7-21

7.22. Uma viga, com a seção transversal mostrada na figura, transmite uma força cortante vertical *V* = 3 t, aplicada no centro de cisalhamento. Determinar as tensões de cisalhamento nas seções *A*, *B*, e *C*. *I* em relação ao eixo neutro é 12,21 × × 10^6 mm^4. A espessura do material é de 10 mm em toda a extensão. *Resp.*: 0,17 kgf/mm^2; 1,8 kgf/mm^2; 2,5 kgf/mm^2.

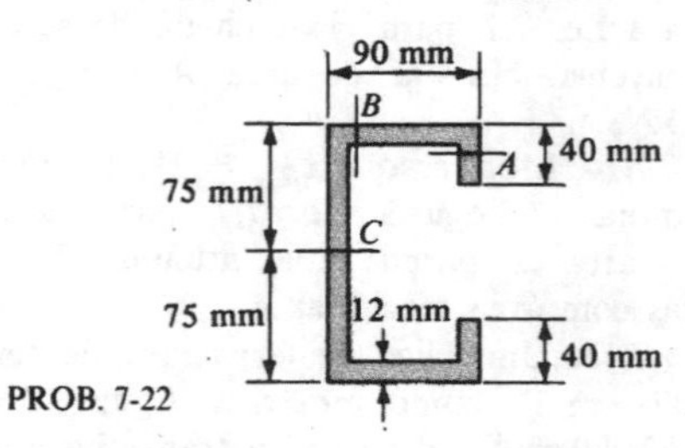

PROB. 7-22

7.23. Uma viga, com as dimensões mostradas na figura, está em uma região em que existe uma força cortante vertical positiva e constante de 10 t. (a) Calcular o fluxo de cisalhamento *q*, que atua em cada uma das cinco seções indicadas na figura. (b) Admitindo um momento fletor positivo de 2 800 kgf, em uma seção e um momento maior na seção adjacente afastada de 25 mm, desenhar esquemas isométricos de cada segmento da viga isolado pelas seções afastadas de 25 mm e das cinco seções

(*A*,*B*,*C*,*D*, e *E*), mostradas na figura, e nos esquemas indicar todas as forças que atuam nos segmentos. Desprezar as tensões de cisalhamento vertical nos flanges.

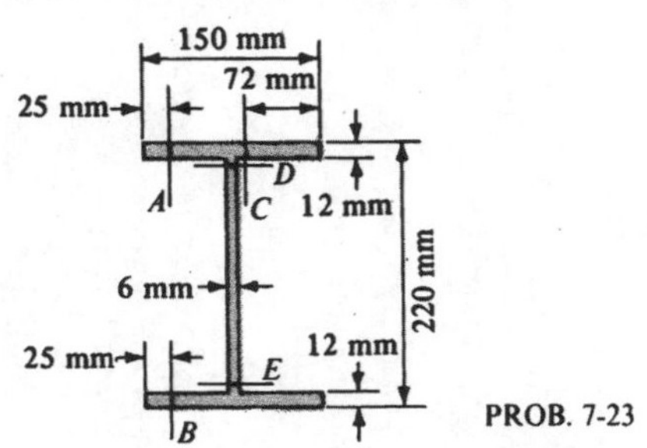

PROB. 7-23

7.24. Uma viga 8 WF 31 é reforçada por duas placas de 25 cm × 1 cm, como mostra a figura. O espaçamento longitudinal dos rebites de 1 cm é de 5 cm, de centro a centro. A viga transmite uma força cortante vertical $V = 10$ t. Determinar as tensões de cisalhamento no flange e na placa superior, para as seções *a-a* e *b-b*. (*Observação*. Para a determinação das tensões de cisalhamento, incluir a seção toda, sem redução de área para considerar os furos dos rebites).

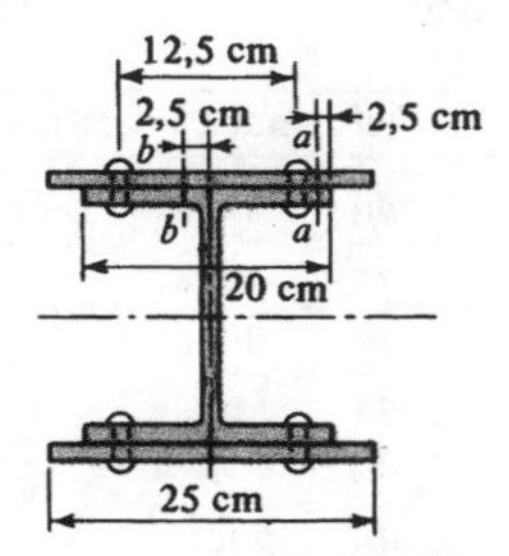

PROB. 7-24

7.25 a 7.28. Determinar a posição do centro de cisalhamento das vigas que têm

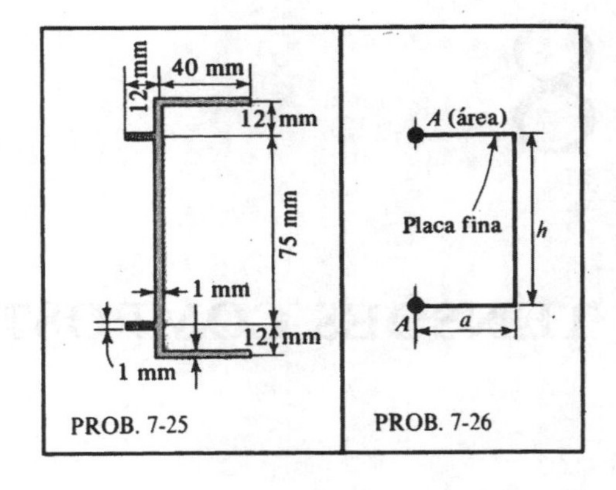

PROB. 7-25 PROB. 7-26

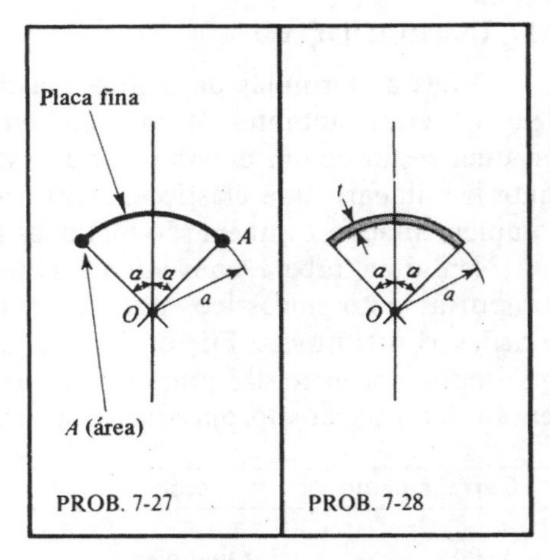

PROB. 7-27 PROB. 7-28

as dimensões transversais mostradas nas figuras. Nos Probs. 7.26 e 7.27, admitir que a área da seção transversal da placa seja desprezável em comparação com as áreas seccionais *A* dos flanges. *Resp.*: *Prob.* 7.27, $e = (\alpha/\text{sen}\ \alpha)\ a$ de 0; *Prob.* 7.28, $I = a^3t$ $(\alpha - \text{sen}\ \alpha\ \cos\ \alpha)$ e $e = [(\text{sen}\ \alpha - \alpha\ \cos\ \alpha)/$ $/(\alpha - \text{sen}\ \alpha\ \cos\ \alpha)]\ 2a$.

8

TENSÕES COMPOSTAS

8.1 INTRODUÇÃO

Todas as fórmulas da análise clássica de tensões, da teoria técnica de corpos deformáveis, resultantes de um elemento simples de um sistema de forças atuantes em uma seção de um membro foram estabelecidas nos capítulos precedentes. Para materiais linearmente elásticos, essas são resumidas na tabela a seguir onde, para complementação, também são incluídas as expressões para as deformações elásticas.

Nenhuma tabela conveniente como essa pode ser dada para membros de comportamento inelástico, por causa da grande variedade e complexidade das relações constitutivas. Em problemas inelásticos, os casos individuais devem ser analisados por meio das premissas cinemáticas básicas, juntamente com as relações tensão-deformação apropriadas e as equações de equilíbrio.

Carregamento	Seção	Tensão elástica	Deformação elástica
Axial	Qualquer	$\sigma = \dfrac{P}{A}$	$\dfrac{d\mu}{dx} = \dfrac{P}{AE}$
Torcional	Circular	$\tau = \dfrac{T\rho}{J}$	$\dfrac{d\varphi}{dx} = \dfrac{T}{JG}$
	Retangular	$\tau_{max} = \dfrac{T}{\alpha bc^2}$	$\dfrac{d\varphi}{dx} = \dfrac{T}{\beta bc^3 G}$
	Fechada Parede fina Tubular	$\tau = \dfrac{T}{2At}$	$\dfrac{d\varphi}{dx} = \dfrac{T}{4A^2G}\oint\dfrac{ds}{t}$
Flexão	Qualquer (devem ser usados os eixos principais)		(Veja o Cap. 11)
	Barras curvas simétricas	$\sigma = \dfrac{My}{Ae(R-y)}$	—
Cisalhamento de vigas	Qualquer	$\tau = \dfrac{VQ}{It}$	(Veja o Cap. 13)

Neste capítulo deve-se ter atenção aos problemas em que ocorrem simultaneamente diversos elementos de um sistema de forças em uma seção de um membro. O problema completo será discutido de maneira mais completa nos Caps. 9 e 10. Neste capítulo persegue-se um objetivo mais limitado. Para início, são consideradas as tensões normais que aparecem devidas à ação simultânea da força axial e da flexão. Isso é seguido por uma discussão sobre as tensões normais provocadas por flexão assimétrica e por uma força axial. Após, os problemas discutidos são aqueles em que ocorrem simultaneamente tensões de cisalhamento devidas ao torque e ao cisalhamento direto. Finalmente, no final do capítulo, considera-se um tópico especial, a saber, a mola helicoidal.

8.2 SUPERPOSIÇÃO E SUAS LIMITAÇÕES

A análise básica de tensões desenvolvida neste texto até o presente momento está completamente calcada nas pequenas deformações dos membros. Situações como as que ocorrem em barras flexíveis, Fig. 8.1, são consideradas no Cap. 14. A superposição de diversas forças aplicadas separadamente não se aplica se, por exemplo, as deflexões mudarem significativamente os momentos fletores calculados com base nos membros indeformáveis. Na Fig. 8.1(b), devido à deflexão v, desenvolve-se um momento fletor Pv. Em muitos problemas entretanto, o efeito da deformação sobre as tensões é pequeno e pode ser desprezado. Isso será admitido neste capítulo.

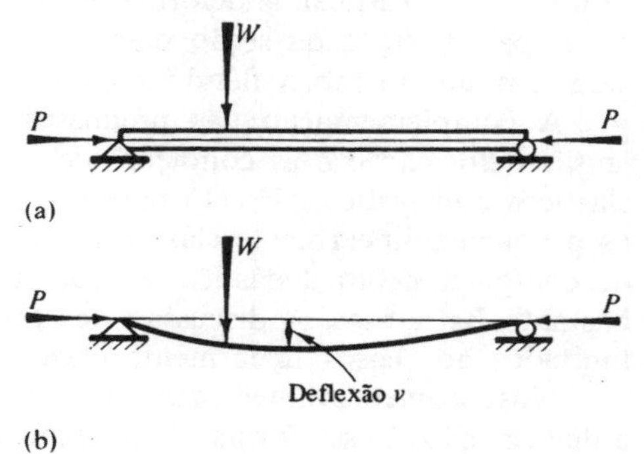

Figura 8.1 A deflexão de vigas axialmente comprimidas induz um aumento nos momentos fletores

Nos membros em que as deformações totais são pequenas, no sentido acima discutido, é permissível a superposição dos efeitos das forças aplicadas separadamente. Ao se considerar isso, é mais fundamental superpor as deformações do que as tensões, porque isso permite o tratamento dos casos elástico e inelástico.

Para um membro submetido simultaneamente a uma força axial P e a um momento fletor M, a superposição de deformação está mostrada esquematicamente na Fig. 8.2. Para clareza, as deformações foram bastante exageradas. Devido a uma força axial P, uma seção plana perpendicular ao eixo da viga move-se paralelamente a si própria, Fig. 8.2(a). Devido a um momento M, aplicado em torno de um dos eixos principais, uma seção plana gira, Fig. 8.2(b). A superposição de deformações devido a P e M, move uma seção plana axialmente e a gira na forma mostrada na Fig. 8.2(c). Observe que, se a força axial P causar uma deformação maior do que aquela provocada por M, as deformações combinadas devido a P e M não mudarão de sinal no interior do membro.

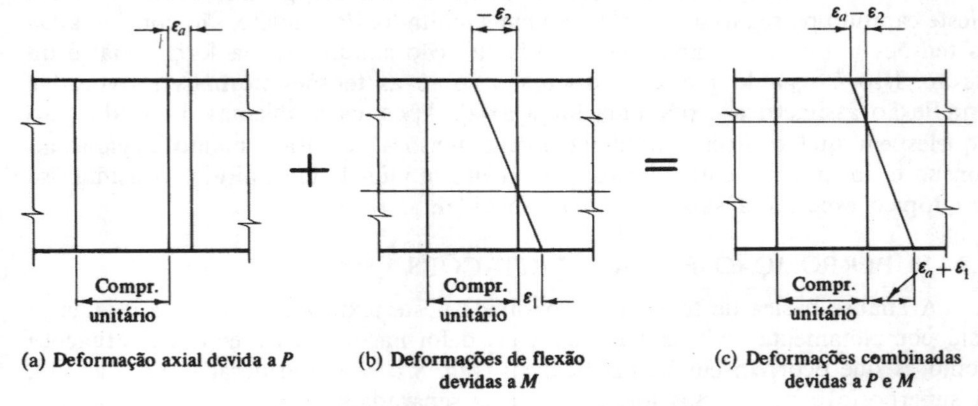

Figura 8.2 Deformações combinadas

Em adição ao momento que causa rotação de uma seção plana tal como mostra a Fig. 8.2, outro momento que age em torno do eixo principal, o eixo vertical no diagrama, pode ser aplicado. Esse segundo momento gira o plano em torno do eixo vertical. A deformação axial combinada com as deformações provocadas pela rotação da seção plana em torno dos eixos principais é o caso mais geral em um membro fletido com carregamento axial.

A complementação das premissas cinemáticas básicas com as relações de tensão-deformação e as condições de equilíbrio, serve para solucionar problemas elásticos e inelásticos. Exceto para o caso de seções simétricas, entretanto, apenas os problemas linearmente elásticos serão aqui considerados. Os casos mais gerais de comportamento inelástico, embora suscetíveis ao mesmo tipo de análise, são bastante fastidiosos. A discussão das tensões de cisalhamento combinado ficarão limitadas aos casos linearmente elásticos.

Nos problemas linearmente elásticos existe uma relação linear entre tensão e deformação. Dessa forma, diferentemente dos problemas inelásticos, não apenas as deformações mas também as tensões podem ser superpostas. Isso significa que, se dois conjuntos de tensões são conhecidos no mesmo elemento e para o mesmo sistema de coordenadas, a adição das componentes do tensor das tensões é possível, tal como nas componentes vetoriais. Isso decorre do fato de as componentes do tensor de tensões localizadas em posições idênticas na matriz serem associadas com os mesmos elementos de área, e, exceto pelo sentido, atuarem na mesma direção. Por exemplo, a superposição do conjunto de tensões indicadas por uma e duas linhas, para o problema bidimensional, resultaria

$$\begin{pmatrix} \sigma'_x & \tau'_{xy} \\ \tau'_{yx} & \sigma'_y \end{pmatrix} + \begin{pmatrix} \sigma''_x & \tau''_{xy} \\ \tau''_{yx} & \sigma''_y \end{pmatrix} = \begin{pmatrix} (\sigma'_x + \sigma''_x) & (\tau'_{xy} + \tau''_{xy}) \\ (\tau'_{yx} + \tau''_{yx}) & (\sigma'_y + \sigma''_y) \end{pmatrix}. \tag{8.1}$$

Fórmulas como as resumidas na seção precedente são usadas para se achar as componentes das duas primeiras matrizes. Com base na discussão acima, é importante observar que a *superposição de tensões é aplicável apenas aos problemas elásticos em que as deformações são pequenas.*

A seguir são apresentados três problemas ilustrativos de soluções para distribuição de tensões em membros simétricos submetidos a cargas axiais e a momentos fletores. A solução de um problema elástico-plástico é dada como terceiro exemplo desse grupo.

EXEMPLO 8.1

Uma barra de 50 mm × 75 mm e 1 500 mm de comprimento tem peso desprezável, e está carregada como mostra a Fig. 8.3(a). Determinar as máximas tensões de compressão e de tração, atuando normalmente à seção transversal da viga. Admitir resposta elástica para o material.

SOLUÇÃO

Para enfatizar o método da superposição, esse problema é resolvido pela sua divisão em duas partes. Na Fig. 8.3(b), a barra é mostrada suportando apenas a força axial, e na Fig. 8.3(c) a mesma barra é mostrada sob a ação de apenas uma força transversal. Para a força axial, a tensão normal através da barra é

$$\sigma = \frac{P}{A} = \frac{3\,000}{50(75)} = +0{,}8 \text{ kgf/mm}^2 \quad \text{(tração).}$$

A Fig. 8.3(d) indica esse resultado. As tensões normais devidas à força transversal dependem da magnitude do momento fletor, e o máximo momento fletor ocorre no ponto de aplicação da força. Como a reação à esquerda é de 300 kgf, $M_{max} = 300(375) = 112\,500$ kgfmm. Pela fórmula da flexão, as tensões máximas nas fibras extremas causadas por esse momento são

$$\sigma = \frac{Mc}{I} = \frac{6M}{bh^2} = \pm 2{,}4 \text{ kgf/mm}^2.$$

Essas tensões atuam normalmente à seção da viga e decrescem linearmente no sentido do eixo neutro, como na Fig. 8.3(e). Então, para se obter a tensão composta para qualquer elemento particular, as tensões de flexão devem ser adicionadas algebricamente para a tensão de tração direta. Assim, como pode ser visto na Fig. 8.3(f), no ponto A a tensão normal resultante é 1,6 kgf/mm² em compressão e em C, 3,2 kgf/mm² em tração.

A Fig. 8.3(g) mostra vistas laterais dos vetores de tensão comumente desenhados. Embora nesse problema a força axial dada seja maior do que a força transversal, a flexão causa maiores tensões. Entretanto, o leitor deve ter o cuidado de não considerar membros delgados, particularmente membros em compressão, com o mesmo enfoque [veja a Fig. 8.1(b)].

Observe que no resultado final a linha de tensão zero, que no caso da flexão é localizada no centróide da seção, se move para cima. Observe também que não foram consideradas as tensões locais causadas pela força concentrada, que atuam normalmente à superfície superior da viga. Geralmente essas tensões são tratadas independentemente, como tensões de suporte local.

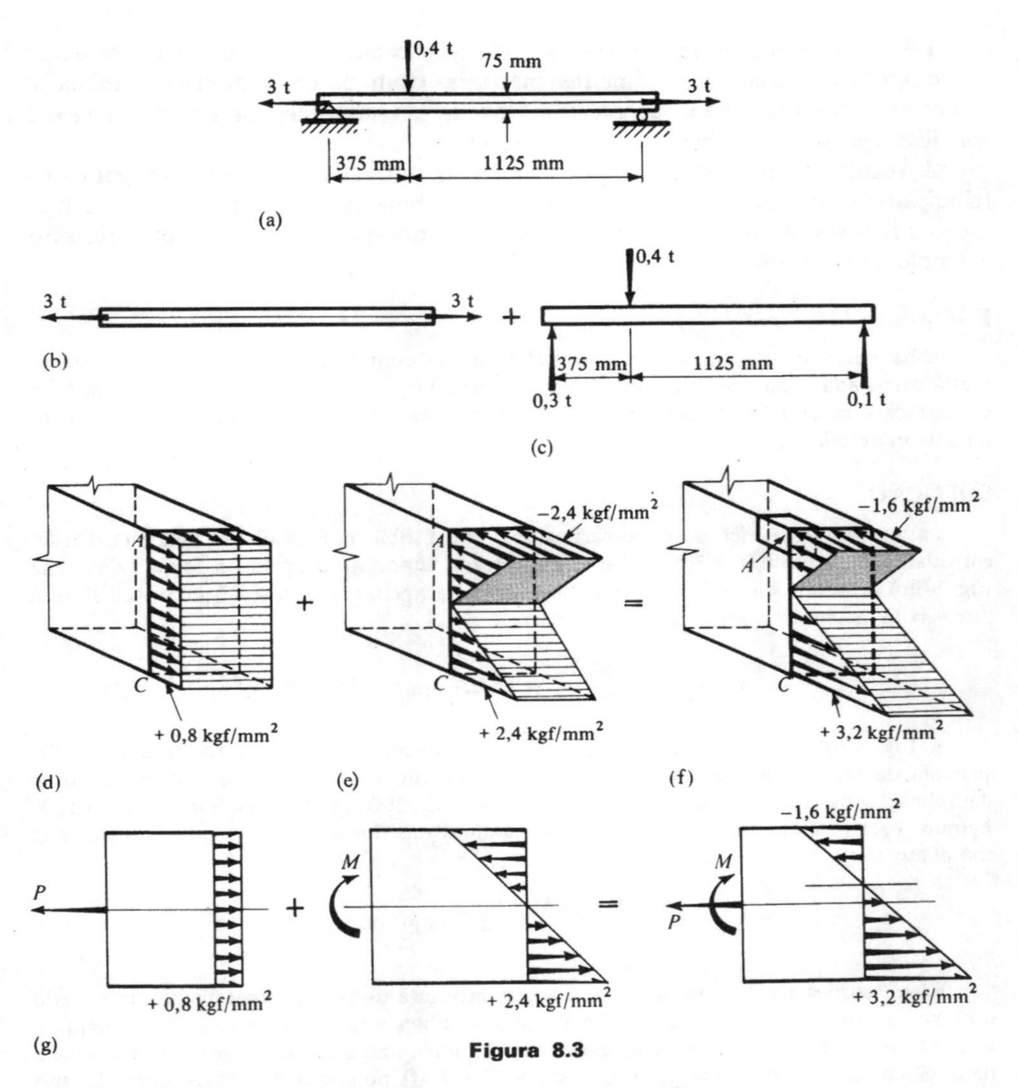

Figura 8.3

Uma aplicação típica da Eq. 8.1 a um elemento em A, dá

$$\begin{pmatrix} +0{,}8 & 0 & 0 \\ 0 & 0 & 0 \\ 0 & 0 & 0 \end{pmatrix} + \begin{pmatrix} -2{,}4 & 0 & 0 \\ 0 & 0 & 0 \\ 0 & 0 & 0 \end{pmatrix} = \begin{pmatrix} -1{,}6 & 0 & 0 \\ 0 & 0 & 0 \\ 0 & 0 & 0 \end{pmatrix} \text{kgf/mm}^2.$$

A distribuição de tensão mostrada na Fig. 8.3(f) e (g) mudaria se, por exemplo, no lugar das forças axiais de tração de 3 t, aplicadas nas extremidades, atuassem forças de compressão de mesma magnitude sobre o membro. A máxima tensão de tração seria reduzida para 1,6 kgf/mm² de 3,2 kgf/mm², o que seria desejável em uma viga feita de material fraco em tração, com carregamento transversal. Essa idéia é utilizada em construções pré-tensionadas.

Cabos de aço de alta resistência ou barras passando pelo interior de uma viga, presos nas extremidades, pré-comprimem as vigas de concreto. Tais forças, aplicadas artificialmente, evitam o desenvolvimento de tensões de tração. Essa técnica também é usada nas estruturas de carros de corrida.

EXEMPLO 8.2

Uma barra elástica de 50 mm × 50 mm flete em forma de *U*, como na Fig. 8.4(a), e sofre a ação de duas forças opostas *P* de 1 t cada. Determinar a máxima força normal na seção *A*-*B*.

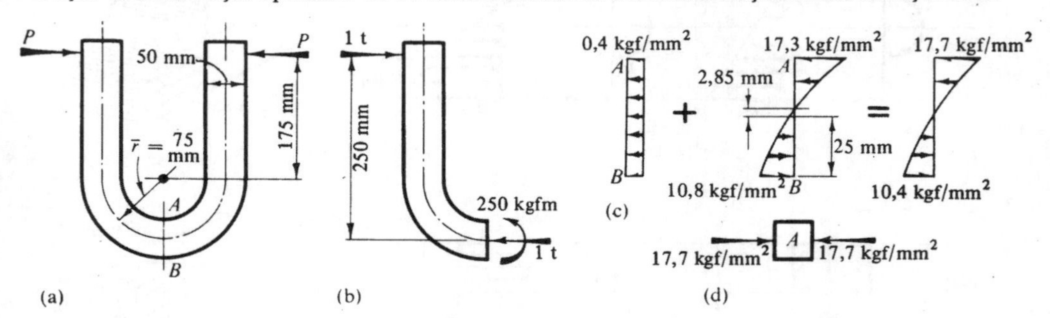

Figura 8.4

SOLUÇÃO

A seção a ser investigada é uma região curva da barra, mas isso não faz diferença essencial no procedimento. Primeiro, é tomado um segmento da barra como corpo livre, conforme mostra a Fig. 8.4(b). Na seção *A*-*B* são determinados a força axial aplicada no centróide da seção e o momento necessário para manter o equilíbrio. Então, cada elemento do sistema de força é considerado separadamente. A tensão provocada pelas forças axiais é

$$\sigma = \frac{P}{A} = \frac{1\,000}{50(50)} = 0{,}4 \text{ kgf/mm}^2 \qquad \text{(compressão)},$$

e está mostrada esquematicamente na primeira parte da Fig. 8.4(c). As tensões normais provocadas pelo momento fletor podem ser obtidas pelo uso da Eq. 6.19. Entretanto, para essa barra, fletida a um raio de 75 mm, a solução já foi dada no Exemplo 6.12. A distribuição de tensão correspondente a esse caso está mostrada no segundo esquema da Fig. 8.4(c). Pela superposição dos resultados dessas duas soluções é obtida a distribuição de tensão composta. Isso está mostrado no terceiro esquema da Fig. 8.4(c). A máxima tensão ocorre em *A* e é uma tensão de compressão de 17,7 kgf/mm². Um elemento isolado para o ponto *A*, está mostrado na Fig. 8.4(d). As tensões de cisalhamento estão ausentes na seção *A*-*B*, já que nenhuma força cortante é necessária para manter o equilíbrio do segmento mostrado na Fig. 8.4(b). A relativa insignificância da tensão provocada pela força axial é marcante.

Problemas semelhantes ao anterior ocorrem comumente no projeto de máquinas. Ganchos, grampos *C*, quadros, etc., ilustram a variedade de situações nas quais os métodos anteriores de análise devem ser aplicados.

EXEMPLO 8.3

Considere uma viga retangular elástico-plástica fletida em torno do eixo horizontal e simultaneamente submetida a uma força axial de tração. Determinar as magnitudes das forças axiais e dos momentos associados com as distribuições de tensão mostradas nas Figs. 8.5(a), (b) e (e).

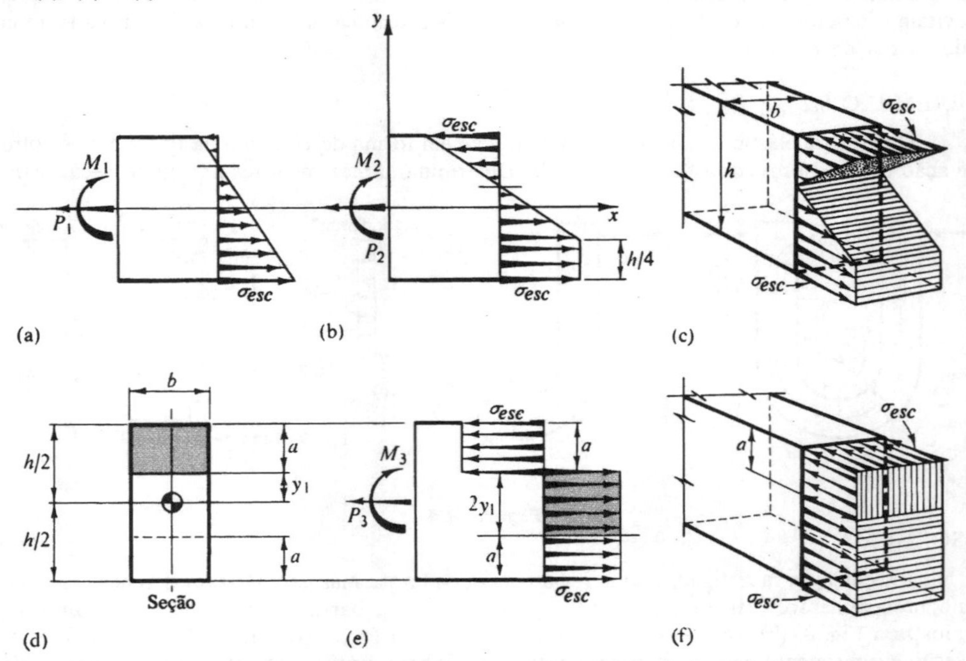

Figura 8.5 Tensões axial e de flexão combinadas: (a) distribuição de tensão elástica; (b) e (c) distribuição de tensão elástica-plástica; (e) e (f) distribuição de tensão totalmente plástica

SOLUÇÃO

A distribuição de tensões mostrada na Fig. 8.5(a) corresponde ao caso elástico limite, onde a máxima tensão está no ponto de escoamento iminente. Para esse caso pode ser usado o método de superposição de tensões. Assim,

$$\sigma_{max} = \sigma_{esc} = \frac{P_1}{A} + \frac{M_1 c}{I}. \tag{8.2}$$

A força P no escoamento pode ser definida por $P_{esc} = A\sigma_{esc}$; pela Eq. 6.8, o momento no escoamento é $M_{esc} = (I/c)\sigma_{esc}$. Dividindo a Eq. 8.2 por σ_{esc} e fazendo uso das relações para P_{esc} e M_{esc}, obtém-se

$$\frac{P_1}{P_{esc}} + \frac{M_1}{M_{esc}} = 1. \tag{8.3}$$

Isso estabelece uma relação entre P_1 e M_1 tal que a máxima tensão iguala a σ_{esc}. A Fig. 8.6 apresenta um traçado dessa equação correspondente ao caso de escoamento iminente. Os traçados de tais relações são chamados de *curvas de interação.*

A distribuição de tensão mostrada nas Figs. 8.5(b) e (c) ocorre após a ocorrência do escoamento no quarto inferior da viga. Com essa distribuição de tensões pode-se determinar diretamente as magnitudes de P e M das condições de equilíbrio. Se, por outro lado, P e M

fossem dados, como a superposição não se aplica, seria necessário um processo bastante enfadonho para determinar a distribuição de tensão.

Para as tensões dadas nas Figs. 8.5(b) e (c) aplica-se simplesmente as Eqs. 6.10 e 6.11, desenvolvidas para a flexão inelástica de vigas, exceto que na Eq. 6.10, a soma das tensões normais deve ser igual à força axial P. Observando que, na zona elástica, a tensão pode ser expressa algebricamente por $\sigma = (\sigma_{esc}/3) - [8\sigma_{esc}y/(3h)]$ e que na zona plástica $\sigma = \sigma_{esc}$, tem-se

$$P_2 = \int_A \sigma dA = \int_{-h/4}^{+h/2} \frac{\sigma_{esc}}{3}\left(1 - \frac{8y}{h}\right) bdy + \int_{-h/2}^{-h/4} \sigma_{esc} bdy = \sigma_{esc}\frac{bh}{4}$$

$$M_2 = -\int_A \sigma y dA = -\int_{-h/4}^{+h/2} \frac{\sigma_{esc}}{3}\left(1 - \frac{8y}{h}\right) ybdy - \int_{-h/2}^{-h/4} \sigma_{esc} ybdy$$

$$= \frac{3}{16}\sigma_{esc}bh^2.$$

Observe que a força axial achada é exatamente igual à força que age na área plástica da seção. O momento M_2 é maior do que $M_{esc} = \sigma_{esc}bh^2/6$ e menor do que $M_{lim} = M_p = \sigma_{esc}bh^2/4$ (veja a Eq. 6.12).

A força axial e o momento correspondente ao caso totalmente plástico mostrado na Fig. 8.5(e) e (f) são de determinação simples. Como pode ser visto na Fig. 8.5(e), a força axial é desenvolvida por σ_{esc} atuando na área $2y_1b$. Devido à simetria, essas tensões não contribuem para o momento. As forças que agem no topo e no fundo, nas respectivas áreas $ab = [(h/2) - y_1]\, b$, Fig. 8.5(d), formam um conjugado com um braço de momento de $h - a = (h/2) + y_1$. Dessa forma,

$$P_3 = 2y_1 b\sigma_{esc} \quad \text{ou} \quad y_1 = P_3/(2b\sigma_{esc})$$

e

$$M_3 = ab\sigma_{esc}(h - a) = \sigma_{esc}b\left(\frac{h^2}{4} - y_1^2\right) = M_p - \sigma_{esc}by_1^2 =$$

$$= \frac{3M_{esc}}{2} - \frac{P_3^2}{4b\sigma_{esc}}.$$

Então, dividindo por $M_p = 3M_{esc}/2 = \sigma_{esc}bh^2/4$ e simplificando, obtém-se

$$\frac{3M_3}{3M_{esc}} + \left(\frac{P_3}{P_{esc}}\right)^2 = 1. \tag{8.4}$$

Essa é a equação geral para a curva de interação de P e M, necessária para se chegar à completa condição plástica em um membro retangular (veja a Fig. 8.6). Diferentemente da equação para o caso elástico, a relação é não-linear.

8.3 FLEXÃO OBLÍQUA

No Cap. 6, sobre flexão de vigas, enfatizou-se que a fórmula de flexão deduzida é aplicável apenas se o momento fletor age em torno de um ou outro eixo principal da seção transversal. Como o plano do momento aplicado M pode ser inclinado em relação aos eixos principais, é necessário considerar um caso mais geral. Tal caso está mostrado na Fig. 8.7(a) e é chamado de *flexão oblíqua*.* O plano de flexão de M é localizado por um ângulo α que é positivo quando medido na direção anti-horária, do eixo y para o eixo z.

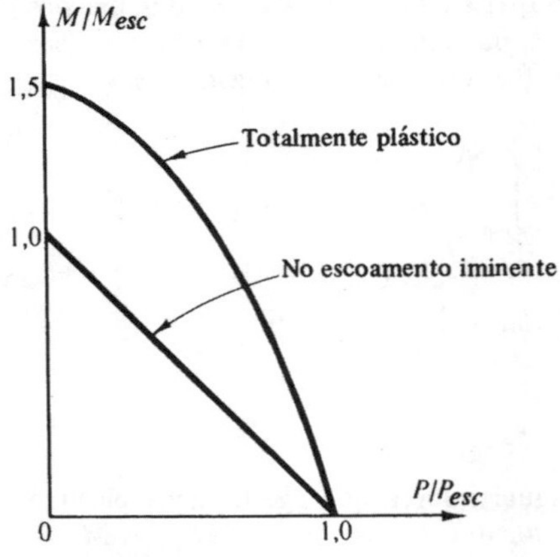

Figura 8.6 Curvas de interação para P e M em um membro retangular

Para resolver o problema enunciado, o momento aplicado M é decomposto em duas componentes que atuam nos planos dos eixos principais. Para o α negativo mostrado na Fig. 8.7(a), as componentes do momento fletor que agem em torno dos eixos z e y são positivas (veja a Fig. 2.2). $M \cos \alpha$ é a componente em torno do eixo z, e $M \operatorname{sen} \alpha$ é a componente em torno de y. As Figs. 8.7(b) e (c) mostram representações alternativas dessas componentes de momento positivo.

A fórmula de flexão elástica deduzida previamente pode ser aplicada a cada uma das componentes de momento que age em relação a um eixo principal, e a tensão combinada decorre da superposição. Um exemplo de superposição está na Fig. 8.8 onde, por simplicidade, está mostrada uma seção retangular. Resultados análogos em geral mantêm-se verdadeiros, e tem-se**

$$\sigma_x = -\frac{M_{zz}y}{I_{zz}} + \frac{M_{yy}z}{I_{yy}}, \tag{8.5}$$

onde os índices yy e zz em M e I referem-se aos eixos principais respectivos da área da seção transversal em relação ao qual ocorre a flexão. Observe que o primeiro

*Em muitos livros tal flexão é chamada *assimétrica*. Entretanto, como o problema considerado é mais geral do que algo que não tenha simetria, a palavra *oblíqua* é usada neste texto. Isso corresponde ao uso das palavras *schiefe*, em alemão, e *kosoi*, em russo, que significam *inclinado*

**É possível deduzir a fórmula de flexão para os eixos y e z arbitrariamente direcionados. Tal fórmula, equivalente à Eq. 8.5, é

$$\sigma_x = -\frac{M_{zz}I_{yy} - M_{yy}I_{yz}}{I_{yy}I_{zz} - I_{yz}^2}\, y + \frac{M_{yy}I_{zz} - M_{zz}I_{yz}}{I_{yy}I_{zz} - I_{yz}^2}\, z, \tag{8.5a}$$

onde I_{yy} e I_{zz} são os momentos de inércia, e I_{yz} é o produto de inércia. Para eixos principais, $I_{yz} = 0$, e a equação acima reverte à Eq. 8.5. Para maiores detalhes veja, por exemplo, D. J. Peery, *Aircraft Structures*, McGraw-Hill Book Company, Nova Iorque, 1950

termo do segundo membro, correspondente às tensões provocadas pela flexão em torno do eixo z, é negativo tal como a Eq. 6.3 de onde ela vem. Por outro lado, o segundo termo, embora análogo à Eq. 6.3, é tomado como positivo para obter-se a correspondência em sinal entre as tensões normais e o sentido do momento positivo que atua em torno do eixo y. Com base nisso, ao aplicar a Eq. 8.5, se sinais positivos são associados a todas as quantidades em conformidade com os eixos coordenados, os resultados positivos indicam tensões de tração; os negativos, tensões de compressão. Na maioria dos problemas, ao pensar em termos da ação física sobre o membro, pode-se atribuir diretamente o sinal de cada termo na Eq. 8.5, embora a disponibilidade da convenção de sinais seja desejável.

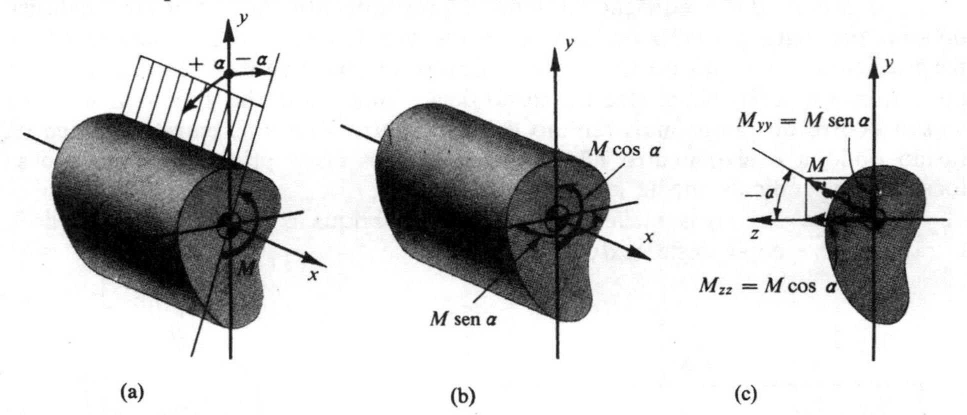

Figura 8.7 (a) Momento fletor em um plano que não coincide com os eixos principais; (b) e (c) componentes do momento fletor nos planos dos eixos principais

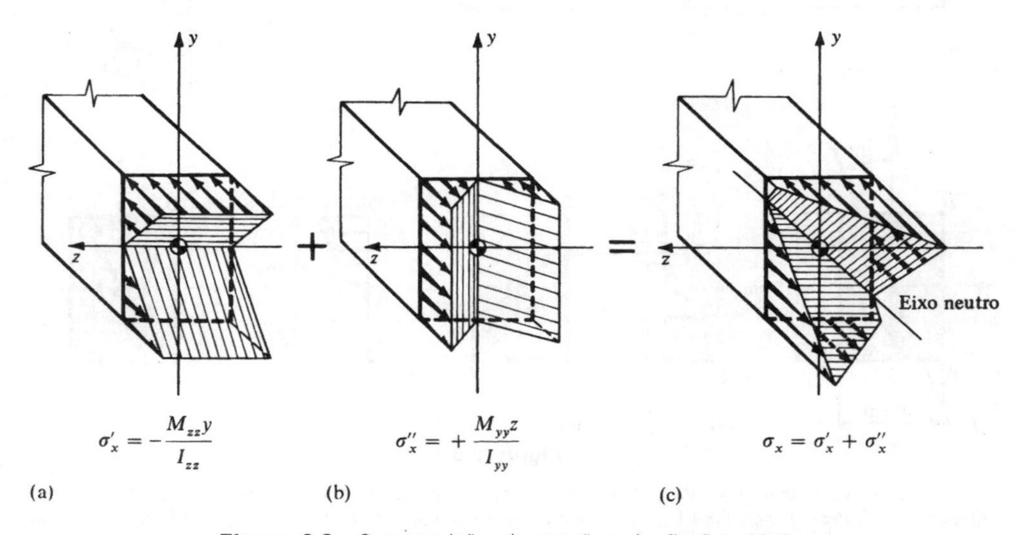

Figura 8.8 Superposição de tensões de flexão elástica

Se, em geral, o momento aplicado M age em um plano que faz um ângulo positivo α com o eixo y, as componentes do momento fletor são $M_{yy} = M$ sen α e $M_{zz} = M \cos \alpha$, e a Eq. 8.5 pode ser dada por

$$\sigma_x = -M\left(\frac{y}{I_{zz}} \cos \alpha + \frac{z}{I_{yy}} \operatorname{sen} \alpha\right). \tag{8.6}$$

Dessa relação, pode-se achar uma equação que posiciona o eixo neutro fazendo-se $\sigma_x = 0$. Isso dá

$$y = -z(I_{zz}/I_{yy}) \operatorname{tg} \alpha \tag{8.7}$$

Um estudo dessa equação, usando o procedimento da geometria analítica, mostra que, para a flexão oblíqua, a menos que $I_{zz} = I_{yy}$, o eixo neutro não é perpendicular ao plano do momento aplicado. O eixo neutro é, entretanto, uma linha reta, e a seção plana gira em torno dela. Como na flexão simétrica, a maior tensão ocorre no ponto mais remoto do eixo neutro. Observe, entretanto, que na flexão oblíqua o eixo neutro não coincide com os eixos principais e ele não se localiza perpendicularmente ao plano de flexão.

A análise das vigas inelásticas sob flexão oblíqua é bastante complicada e ultrapassa o escopo deste texto.*

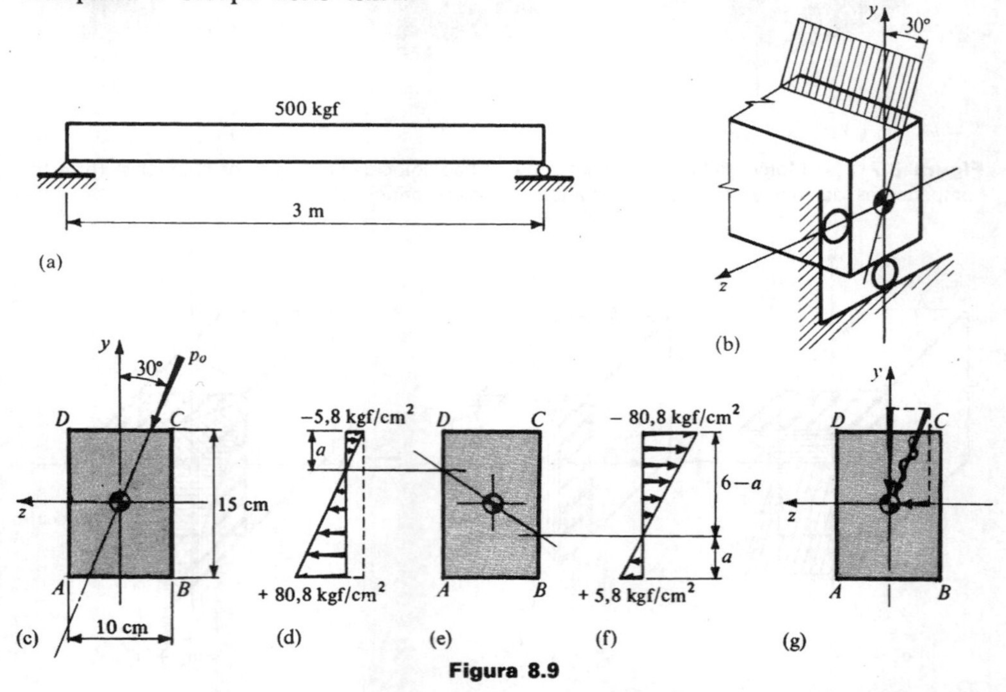

Figura 8.9

*M. S. Aghbabian e E. P. Popov, "Insymmetrical Bending of Rectangular Beams Beyond the Elastic Limit", *Proceedings, First U. S. National Congress of Applied Mechanics*, 1951, p. 579-84 (publicado por ASME)

EXEMPLO 8.4

Uma viga de madeira de 10 cm × 15 cm, mostrada na Fig. 8.9(a), é usada para suportar uma carga uniformemente distribuída de 500 kgf (total), em um vão simples de 3 m. A carga aplicada age em um plano que faz um ângulo de 30° com a vertical, como mostra a Fig. 8.9(b) e de novo na Fig. 8.9(c). Calcular a máxima tensão de flexão no meio do vão, e, para a mesma seção, localizar o eixo neutro. Desprezar o peso da viga.

SOLUÇÃO

A máxima flexão no plano da carga aplicada ocorre no meio do vão, e de acordo com o Exemplo 2.6, é igual a $p_0L^2/8$ ou $WL/8$, onde W é a carga total no vão L. Assim

$$M = WL/8 = 500(3)/8 = 187{,}5 \text{ kgfm}.$$

Aqui $\alpha = -30°$, e as componentes de momento que agem em torno de seus respectivos eixos são

$$M_{zz} = M \cos\alpha = 187{,}5(\sqrt{3}/2) = 162{,}4 \text{ kgfm}$$
$$M_{yy} = -M \operatorname{sen}\alpha = -187{,}5(-0{,}5) = 93{,}8 \text{ kgfm}.$$

Considerando a natureza da distribuição de tensão de flexão em torno do eixo principal da seção transversal, pode-se concluir que a máxima tensão de tração ocorre em A. O valor dessa tensão segue-se da aplicação da Eq. 8.5 com $y = c_1 = -7{,}5$ cm, e $z = c_2 = +5$ cm. As tensões nos outros ângulos da seção transversal são determinados analogamente.

$$\sigma_A = -\frac{M_{zz}c_1}{I_{zz}} + \frac{M_{yy}c_2}{I_{yy}} = \frac{16\,240(7{,}5)}{10(15)^{3/12}} + \frac{9\,380(5)}{15(10)^{2/12}};$$

$$= +43{,}3 + 37{,}5 = +80{,}8 \text{ kgf/cm}^2 \quad \text{(tração)};$$
$$\sigma_B = +43{,}3 - 37{,}5 = +5{,}8 \text{ kgf/cm}^2 \quad \text{(tração)};$$
$$\sigma_C = -43{,}3 - 37{,}5 = -80{,}8 \text{ kgf/cm}^2 \quad \text{(compressão)};$$
$$\sigma_D = -43{,}3 + 37{,}5 = -5{,}8 \text{ kgf/cm}^2 \quad \text{(compressão)}.$$

Para localizar o eixo neutro podem ser usados os diagramas de distribuição de tensões ao longo dos lados, das Figs. 8.9(d) ou (f). De triângulos semelhantes $a/(6-a) = 5{,}8/80{,}8$, ou $a = 0{,}4$ cm. Isso localiza o eixo neutro na Fig. 8.9(e). Alternativamente pode ser usada a Eq. 8.7 com $\alpha = -30°$.

Quando a flexão oblíqua de uma viga é provocada pelas forças transversais, como no exemplo anterior, é conveniente um procedimento equivalente. As forças aplicadas são primeiro decompostas nas componentes que agem paralelamente ao eixo principal da área da seção transversal. Então são calculados os momentos fletores provocados por essas componentes em torno dos eixos respectivos, para uso na fórmula da flexão. Para o exemplo acima, tais componentes da carga aplicada são mostradas na Fig. 8.9(g). Para evitar tensões torcionais, as forças transversais aplicadas devem atuar através do centro de cisalhamento. Para seções bilateralmente simétricas como, por exemplo, um retângulo, um círculo, uma viga I, etc., o centro de cisalhamento coincide com o centróide da seção transversal. Para outras seções transversais, tais como perfis U, cantoneiras, seções em Z, etc., o centro de cisalhamento está em algum outro lugar (veja a Seç. 7.7). Em tais problemas, a força transversal deve ser aplicada no centro de cisalhamento para evitar tensões torcionais. Esse método está ilustrado na Fig. 8.10. Por outro lado, em adição às tensões de flexão, devem ser investigadas as tensões torcionais. Em tais casos, o torque aplicado iguala a força multiplicada por seu braço de momento, medido a partir do centro de cisalhamento.

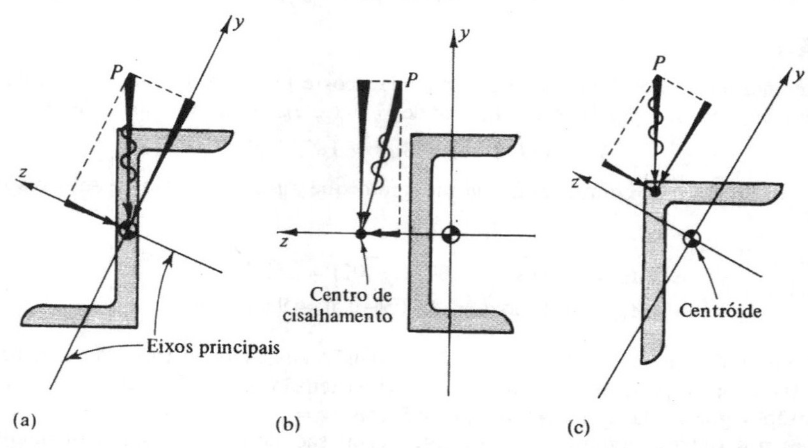

Figura 8.10 Forças aplicadas no centro de cisalhamento não causam torção

8.4 MEMBROS COM CARREGAMENTO EXCÊNTRICO

Situações ocasionais aparecem em que uma força P que atua paralelamente ao eixo do membro é aplicada excentricamente em relação ao eixo centroidal do membro, Fig. 8.11(a). Aplicando duas forças iguais e opostas P no centróide, como mostra a Fig. 8.11(b), o problema muda para o de uma força aplicada axialmente P e flexão oblíqua no plano da força P e do eixo do membro. Esse momento fletor oblíquo pode ser decomposto em duas componentes $M_{yy} = Pz_o$; atuando em torno do eixo y, e $M_{zz} = -Py_o$, atuando em torno do eixo z, Figs. 8.11(d) e (e). Então a tensão normal composta em qualquer ponto (y, z) da seção transversal, para um membro excentricamente carregado, pode ser achada pela adição simples de um termo de tensão axial à Eq. 8.5. Assim

$$\sigma_x = \frac{P}{A} - \frac{M_{zz}y}{I_{zz}} + \frac{M_{yy}z}{I_{yy}}, \tag{8.8}$$

onde P é tomada positiva para forças de tração. O restante da convenção é igual aquela para a Eq. 8.5. Contanto que os eixos y e z sejam os eixos principais, a Eq. 8.8 é aplicável a membros prismáticos de qualquer forma seccional.

Para uma dada condição de carregamento, a Eq. 8.8 pode ser reescrita como

$$\sigma_x = A + By + Cz, \tag{8.9}$$

onde A, B e C são constantes. Isso corresponde à equação de um plano, ela mostra claramente a natureza da distribuição de tensões. Para o caso elástico linear em discussão, dividindo a Eq. 8.9 pelo módulo de elasticidade E se restabelece a premissa cinemática básica da teoria técnica, isto é,

$$\varepsilon_x = a + by + cz, \tag{8.10}$$

onde a, b e c são constantes.

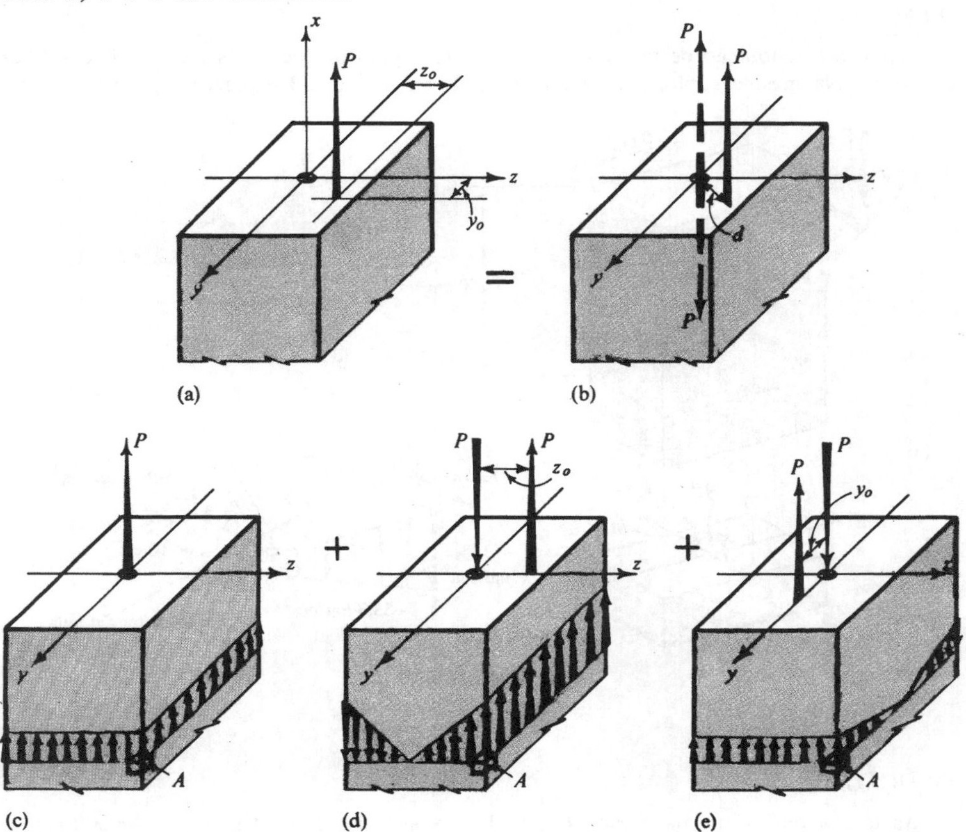

Figura 8.11 Resolução de um problema em três outros, cada um dos quais pode ser solucionado pelos métodos anteriormente discutidos

Em alguns membros carregados excentricamente é possível localizar a linha de tensão zero na área da seção transversal de um membro, determinando uma linha em que $\sigma_x = 0$. Essa linha é análoga ao eixo neutro em flexão pura. Ao contrário do caso anterior, entretanto, quando $P \neq 0$ essa linha não passa pelo centróide de uma seção. Para grandes cargas axiais e pequenos momentos, ela está fora da seção. Seu significado está no fato de que as tensões normais variam linearmente a partir dela.

Esse método é aplicável na compressão de membros, contanto que seus comprimentos sejam pequenos em relação a suas dimensões transversais. Barras delgadas em compressão exigem tratamento especial (Cap. 14). Também próximo do ponto de aplicação da força a análise aqui desenvolvida é incorreta. Ali a distribuição de tensões é grandemente perturbada e é análoga a uma concentração de tensões locais (veja a Seç. 4.18 e especialmente a Fig. 4.30).

EXEMPLO 8.5

Achar a distribuição de tensões na seção *ABCD* para o bloco mostrado na Fig. 8.12(a) se $P = 6$ t. Na mesma seção, localizar a linha de tensão zero. Desprezar o peso do bloco.

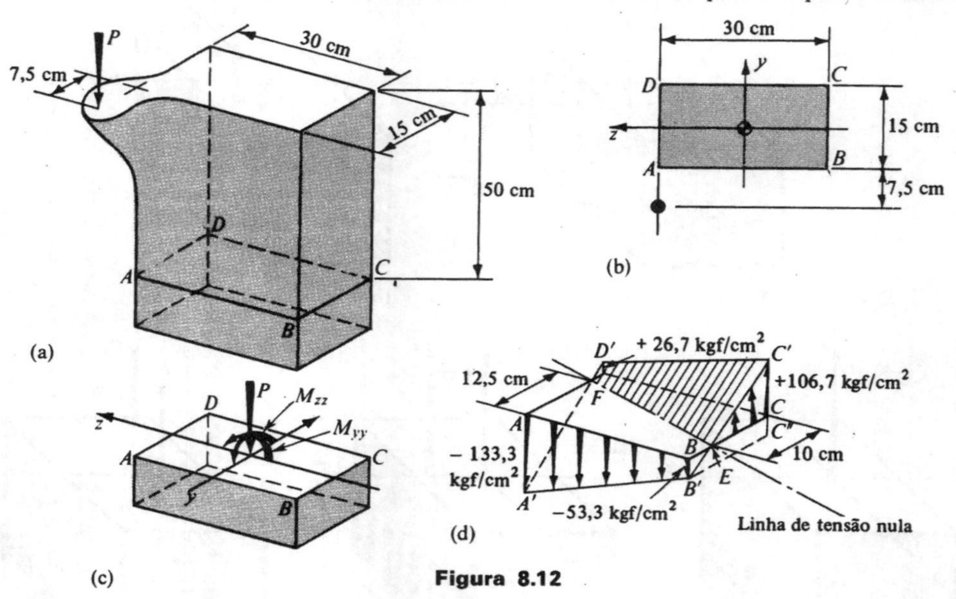

Figura 8.12

SOLUÇÃO

As forças que agem na seção *ABCD*, Fig. 8.5(c), são $P = -6$ t, $M_{yy} = -6\,000(15) = -90\,000$ kgcm, e $M_{zz} = -6\,000(7{,}5 + 7{,}5) = -90\,000$ kgcm. A seção do bloco $A = 15(30) = 450$ cm², e os respectivos módulos de seção são $S_{zz} = 30(15)^2/6 = 1\,125$ cm³ e $S_{yy} = 15(30)^2/6 = 2\,250$ cm³. Assim, usando uma relação equivalente à Eq. 8.8 temos as tensões normais para os elementos dos cantos:

$$\sigma = \frac{P}{A} \mp \frac{M_{zz}}{S_{zz}} \pm \frac{M_{yy}}{S_{yy}} = -\frac{6\,000}{450} \pm \frac{90\,000}{1\,125} \mp \frac{90\,000}{2\,250} = -13{,}3 \pm 80 \mp 40.$$

Aqui as unidades de tensão são kgf/cm². O sentido das forças mostradas na Fig. 8.12(c), determina os sinais das tensões. Dessa forma, se o índice da tensão significa sua localização as tensões normais nos cantos são:

$$\sigma_A = -13{,}3 - 80 - 40 = -133{,}3 \text{ kgf/cm}^2,$$
$$\sigma_B = -13{,}3 - 80 + 40 = -53{,}3 \text{ kgf/cm}^2,$$
$$\sigma_C = -13{,}3 + 80 + 40 = +106{,}7 \text{ kgf/cm}^2,$$
$$\sigma_D = -13{,}3 + 80 - 40 = +26{,}7 \text{ kgf/cm}^2.$$

Essas tensões estão mostradas na Fig. 8.12(d). As extremidades desses quatro vetores de tensão em A', B', C' e D' estão no plano $A'B'C'D'$. A distância vertical entre os planos $ABCD$ e $A'B'C'D'$ define a tensão composta em qualquer ponto da seção transversal. A interseção do plano $A'B'C'D'$ com o plano $ABCD$ localiza a linha de tensão zero FE.

Triângulos semelhantes $C'B'C''$ e $C'EC$ podem ser obtidos pelo traçado de linhas $B'C''$ paralelas a BC: assim a distância $CE = 106{,}7/(106{,}7 + 53{,}3)15 = 10$ cm. Analogamente, a distância AF é achada igual a 12,5 cm. Os pontos E e F localizam a linha de tensão zero.

EXEMPLO 8.6

Achar a zona na qual a força vertical para baixo P_0 pode ser aplicada a um bloco retangular sem peso, mostrado na Fig. 8.13(a), sem provocar qualquer tensão de tração na seção A-B.

SOLUÇÃO

A força $P = -P_0$ é aplicada em um ponto arbitrário no primeiro quadrante do sistema de coordenadas y-z mostrado. Então a mesma argumentação usada no exemplo anterior mostra que, com essa posição da força a maior tendência para uma tensão de tração existe em A. Com $P = -P_0$, $M_{zz} = +P_0y$ e $M_{yy} = -P_0z$, fazendo a tensão em A igual a zero preenche a condição limite do problema. Usando a Eq. 8.8, a tensão em A pode ser expressa por:

$$\sigma_A = 0 = \frac{(-P_0)}{A} - \frac{(P_0y)(-b/2)}{I_{zz}} + \frac{(-P_0z)(-h/2)}{I_{yy}}$$

ou

$$-\frac{P_0}{A} + \frac{P_0y}{b^2h/6} + \frac{P_0z}{bh^2/6} = 0.$$

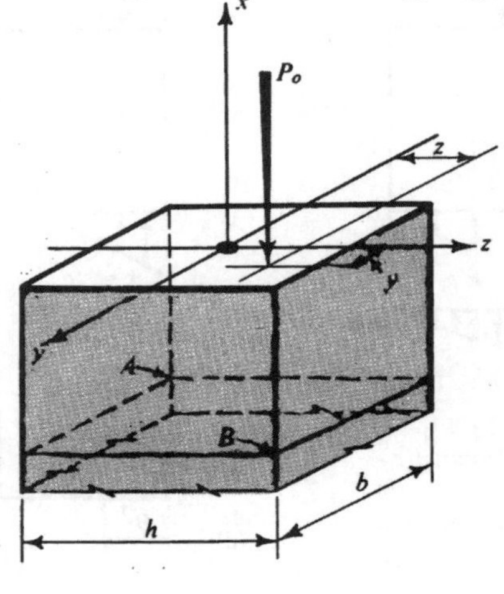

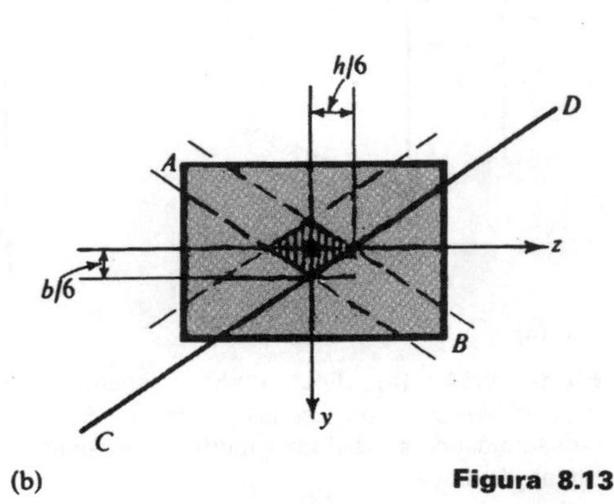

Figura 8.13

Simplificando $[z/(h/6)] + [y/(b/6)] = 1$, que é uma equação de uma linha reta. Ela mostra que, quando $z = 0$, $y = b/6$; e quando $y = 0$, $z = h/6$. Assim, essa linha pode ser representada pela linha *CD* na Fig. 8.13(b). Uma força vertical pode ser aplicada ao bloco em qualquer lugar dessa linha e a tensão em *A* será zero. Linhas semelhantes podem ser estabelecidas para os outros três vértices da seção; essas estão mostradas na Fig. 8.13(b). Se a força aplicada em qualquer uma dessas linhas ou em qualquer paralela a tal linha no sentido do centróide da seção, não haverá tensão de tração no vértice correspondente. Assim, a força *P* pode ser aplicada em qualquer ponto da área hachurada na Fig. 8.13(b), sem provocar tensões de tração em um dos quatro vértices ou em qualquer lugar. Essa zona da área da seção transversal é chamada de *núcleo* de uma seção.

Se, para um bloco retangular, a localização da força *P* é limitada a uma das linhas de simetria, a máxima excentricidade será $e = h/6$ para produzir tensão zero ao longo de uma das arestas, Figs. 8.14(a) e (b). Isso conduz a uma regra prática, bastante usada no passado, por projetistas de estruturas de alvenaria: se as resultantes das forças verticais atuam no terço central de uma seção retangular, não há tração no material naquela seção. Se, posteriormente, a carga aplicada *P* atua fora do terço central e as superfícies de contato não podem transmitir forças de tração, tem-se o caso mostrado nas Figs. 8.14(c) e (d). Aqui, admitindo a ação elástica, a tensão normal em *B* pode ser expressa por

$$\sigma_B = -\frac{P}{xb} + P\left(\frac{x}{2} - a\right)\frac{6}{bx^2} = 0,$$

onde $(x/2) - a$ é a excentricidade da força aplicada em relação ao eixo centroidal da área sombreada de contato, e $bx^2/6$ é seu módulo de seção. Resolvendo para x, acha-se $x = 3a$; a distribuição de pressão será "triangular" como na Fig. 8.14(c) (por quê?). À medida que a decresce, a intensidade da pressão na linha *A-A* aumenta; quando a é zero, o bloco torna-se instável. Tais problemas são importantes no projeto de fundações.

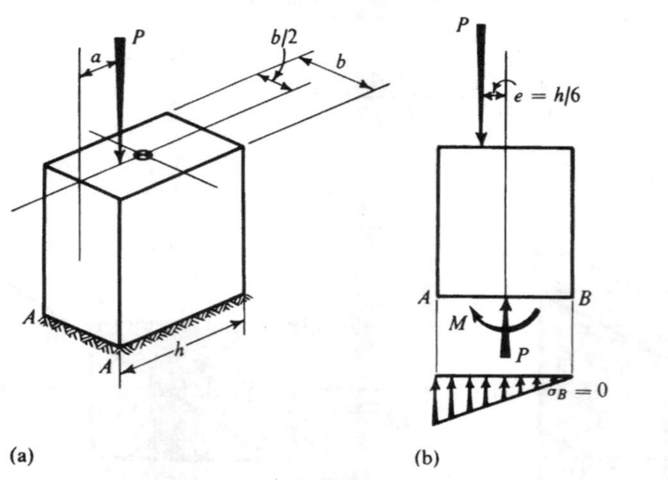

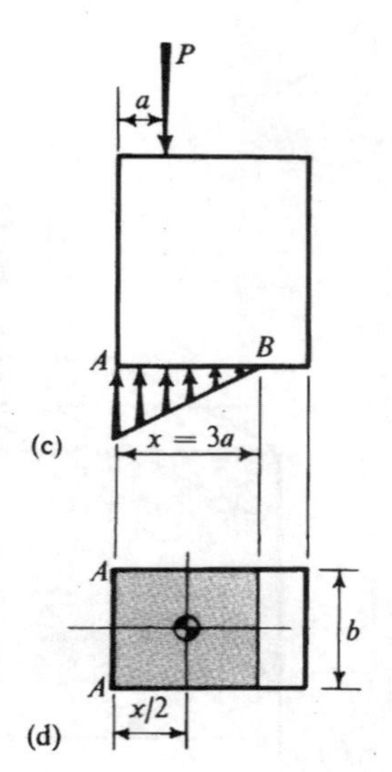

Figura 8.14 (a) Bloco com carregamento excêntrico; (b) localização de P para tensão nula em B; (c) distribuição de tensão elástica entre duas superfícies impedidas de transmitirem forças de tração

8.5 SUPERPOSIÇÃO DE TENSÕES DE CISALHAMENTO

Na parte precedente do capítulo, a superposição das tensões normais σ_x foi a preocupação principal. Em problemas em que podem ser determinadas as tensões elásticas torcionais de cisalhamento direto, a tensão de cisalhamento composta pode ser achada pela superposição. Isso corresponde à superposição das tensões fora da diagonal na Fig. 8.1. Aqui, a atenção será dirigida para os casos em que as tensões de cisalhamento superpostas não atuam somente no mesmo elemento de área mas também têm a mesma linha de ação.* Apenas tensões elásticas caem no escopo deste tratamento.

EXEMPLO 8.7

Achar a máxima tensão de cisalhamento devido às fôrças aplicadas no plano *A-B* do eixo de alta resistência de 12 mm de diâmetro da Fig. 8.15(a).

SOLUÇÃO

O corpo livre de um segmento do eixo está mostrado na Fig. 8.15(b). O sistema de forças no corte necessário para manter esse segmento em equilíbrio consiste em um torque $T =$ $= 2\,000$ kgfmm, uma força cortante $V = 24$ kgf, e um momento fletor $M = 2\,400$ kgfmm.

Devido ao torque *T*, as tensões de cisalhamento no corte *A-B* variam linearmente da linha de centro do eixo e atingem seu máximo valor dado pela Eq. 5.4, $\tau_{max} = Tc/J$. Essas tensões máximas de cisalhamento, concordando em sentido com o torque resistente *T*, estão mostradas nos pontos *A*, *B*, *D* e *E* na Fig. 8.15(c).

As tensões de cisalhamento diretas provocadas pela força cortante *V* podem ser obtidas pelo uso da Eq. 7.6, $\tau = VQ/(It)$. Para os elementos *A* e *B*, Fig. 8.15(d), $Q = 0$, e $\tau = 0$. A tensão de cisalhamento atinge seu máximo valor no nível *ED*. Para determiná-la, considere *Q* igual à área hachurada na Fig. 8.15(d) multiplicada pela distância de seu centróide ao eixo neutro. A última quantidade é $\bar{y} = 4c/3\pi$), onde *c* é o raio da área da seção transversal. Assim $Q = (\pi c^2/2)[4c/(3\pi)] = 2c^3/3$. Além do mais, como $t = 2c$, e $I = J/2 = \pi c^4/4$, a máxima tensão de cisalhamento direto é

$$\tau_{max} = \frac{VQ}{It} = \frac{V}{2c}\,\frac{2c^3}{3}\,\frac{4}{\pi c^4} = \frac{4V}{3\pi c^2} = \frac{4V}{3A},$$

onde *A* é a área da seção transversal da barra. Na Fig. 8.15(d) essa tensão de cisalhamento é mostrada para baixo atuando sobre as áreas elementares em *E*, *C* e *D*. Essa direção concorda com a da força cortante *V*.

Para achar a máxima tensão de cisalhamento composta no plano *A-B*, as tensões mostradas nas Figs. 8.15(c) e (d) são superpostas. A inspeção mostra que a máxima tensão de cisalhamento está em *E*, porque nos dois diagramas as tensões de cisalhamento em *E* têm mesma direção e sentido. Não existem tensões de cisalhamento diretas em *A* e *B*, e em *C* não existe tensão de cisalhamento torcional. As duas tensões de cisalhamento têm sentido oposto em *D*. Os cinco pontos *A*, *B*, *C*, *D*, e *E*, assim considerados para a tensão composta, são todos aqueles que podem ser tratados adequadamente pelo método desenvolvido neste texto. Entretanto, esse procedimento seleciona os elementos onde as máximas tensões de

*Tensões de cisalhamento não-colineares atuando no mesmo elemento de área podem ser adicionadas vetorialmente

cisalhamento ocorrem.

$$J = \frac{\pi d^4}{32} = \frac{\pi(12)^4}{32} = 2\,035{,}75 \text{ mm}^4 \quad \text{e} \quad I = \frac{J}{2} = 1\,017{,}88 \text{ mm}^4;$$

$$A = \pi d^2/4 = 113{,}1 \text{ mm}^2;$$

$$(\tau_{max})_{torção} = \frac{Tc}{J} = \frac{2\,000(6)}{2\,035{,}75} = 5{,}89 \text{ kgf/mm}^2;$$

$$(\tau_{max})_{direta} = \frac{VQ}{It} = \frac{4V}{3A} = \frac{4(24)}{3(113{,}3)} = 0{,}28 \text{ kgf/mm}^2;$$

$$\tau_E = 5{,}89 + 0{,}28 = 6{,}17 \text{ kgf/mm}^2.$$

Uma representação plana da tensão de cisalhamento em E, com as tensões concordantes nos planos longitudinais, está mostrada na Fig. 8.15(f). Nenhuma tensão normal atua sobre esse elemento quando ele está localizado no eixo neutro.

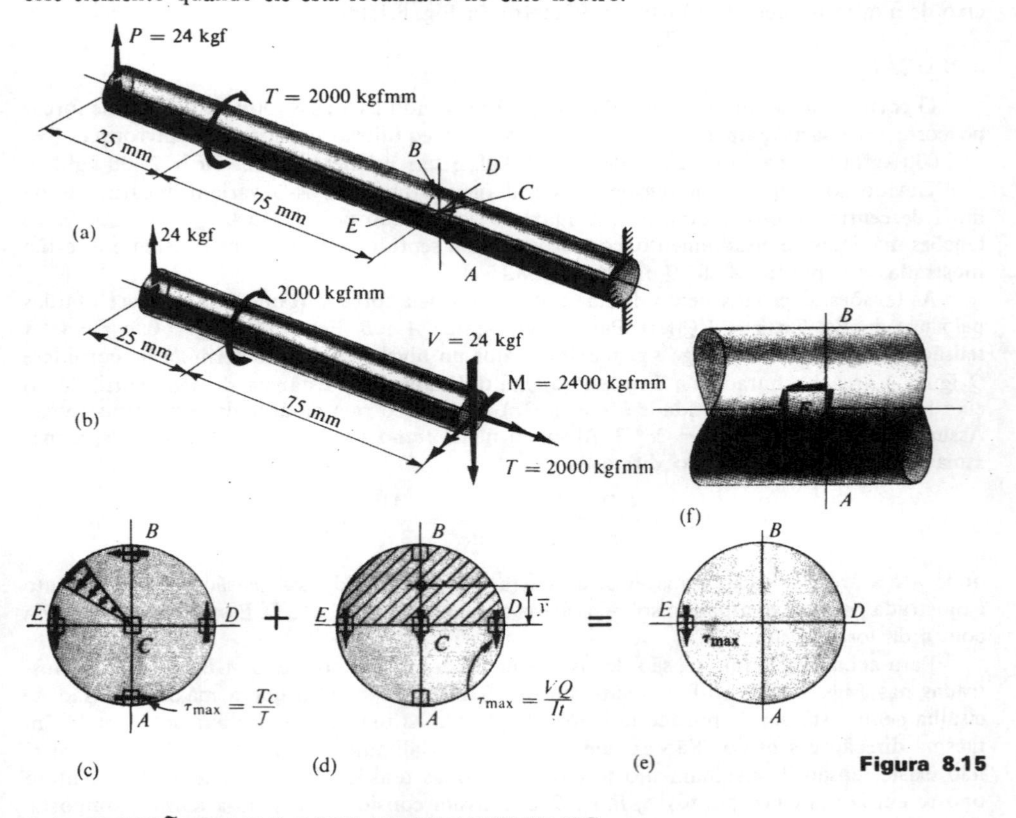

Figura 8.15

8.6 TENSÕES NAS MOLAS HELICOIDAIS

As molas helicoidais, como a mostrada na Fig. 8.16(a), são freqüentemente usadas como elementos de máquinas. Com certas limitações, essas molas podem ser analisadas para as tensões elásticas por meio de um método semelhante ao usado no exemplo precedente. A discussão ficará limitada* a molas fabricadas de arames de seção circular. Além do mais, qualquer espiral de tal mola será considerada em um plano perpendicular ao eixo da mola. Isso exige que as espirais adjacentes sejam próximas. Com essa limitação, uma seção tomada perpendicularmente ao eixo do arame da mola torna-se aproximadamente vertical.** Assim, para manter o equilíbrio de um segmento da mola, são necessários apenas uma força cortante $V = F$ e um torque $T = F\bar{r}$ em todas as seções do arame, Fig. 8.16(b).*** Observe que $\bar{r}$ é a distância do eixo da mola ao centróide da área da seção transversal do arame.

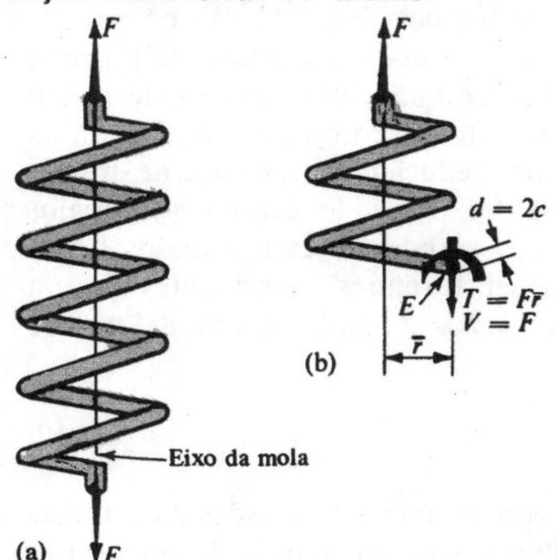

Figura 8.16 Mola helicoidal de espiras compactas

A máxima tensão de cisalhamento em uma seção arbitrária do arame poderia ser obtida como no exemplo precedente, pela superposição das tensões torcionais e de cisalhamento direto. Essa máxima tensão de cisalhamento ocorre no interior da espira, no ponto *E*, Fig. 8.16(b). Entretanto, na análise das molas, tornou-se comum admitir que a tensão de cisalhamento provocada pela força cortante seja uniformemente distribuída na área da seção do arame. Assim, a tensão de cisalha-

*Para uma discussão completa sobre molas, veja A. M. Wahl, *Mechanical Springs*, Penton Publishing Co., Cleveland, Ohio, 1944

**Isso elimina a necessidade de se considerar uma força axial e um momento fletor na seção da mola

***Em trabalho anterior tem-se reiterado que, se uma força cortante estiver presente em uma seção, deve ocorrer mudança no momento fletor ao longo do membro. Aqui atua uma força cortante em cada seção da barra, embora nenhum momento fletor ou mudança ocorra. Isso acontece porque a barra é curva. Um elemento da barra, visto do topo, é mostrado na figura. Em ambas as extremidades os torques são iguais a $F\bar{r}$ e atuam nas direções mostradas. As componentes desses vetores na direção do eixo da mola 0, decompostas no ponto de interseção dos vetores, $2F\bar{r}d\phi/2 = F\bar{r}\,d\phi$, opõem-se ao conjugado desenvolvido pelas forças cortantes verticais $V = F$, que distam de $\bar{r}\,d\phi$

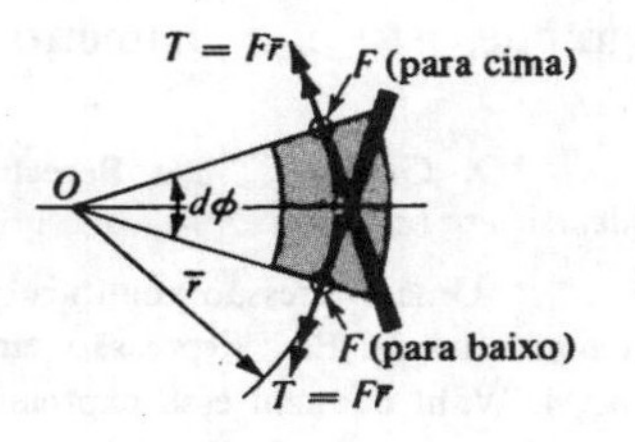

mento direto nominal para qualquer ponto da seção transversal é $\tau = F/A$. A superposição dessa tensão e da tensão de cisalhamento torcional em E, dá a máxima tensão de cisalhamento composta. Assim, como $T = F\bar{r}$, $d = 2c$ e $J = \pi d^4/32$

$$\tau_{max} = \frac{F}{A} + \frac{Tc}{J} = \frac{Tc}{J}\left(\frac{FJ}{ATc} + 1\right) = \frac{16F\bar{r}}{\pi d^3}\left(\frac{d}{4\bar{r}} + 1\right). \tag{8.11}$$

Vê-se dessa equação que, à medida que o diâmetro do arame d fica pequeno em relação ao raio da espira $\bar{r}$, o efeito da tensão de cisalhamento direto diminui. Por outro lado, se o inverso é verdadeiro, o primeiro termo do parênteses torna-se importante. No último caso, os resultados indicados pela Eq. 8.11 são consideravelmente errados, e a Eq. 8.11 não deveria ser usada porque ela se baseia na fórmula da torção para arames retos. À medida que d se compara numericamente a $\bar{r}$, o comprimento das fibras internas da espira diferem do comprimento das fibras externas, e a premissa de deformação usada na dedução da fórmula de torção clássica não é aplicável. O problema da mola foi resolvido exatamente* pelos métodos da teoria matemática da elasticidade, e, embora esses resultados sejam complicados, para qualquer mola eles podem ser tornados dependentes de um simples parâmetro $m = 2\bar{r}/d$, que é chamado de *índice da mola*. Assim, a Eq. 8.11 pode ser reescrita como

$$\tau_{max} = K\,\frac{16F\bar{r}}{\pi d^3}, \tag{8.12}$$

onde K pode ser interpretado como o fator de concentração de tensões para molas helicoidais com espiras feitas de arames circulares. Um traçado de K em termos do índice da mola está mostrado na Fig. 8.17.** Para molas pesadas, o índice da mola é pequeno, e o fator de concentração de tensões K torna-se bastante importante. Para todos os casos, o fator K leva em consideração a correta parcela de tensão de cisalhamento direto. Tensões muito elevadas são comumente permitidas porque materiais de elevada resistência são usados em sua fabricação. Para aço de boa qualidade para mola, as tensões de cisalhamento de trabalho estão na faixa de 20 a 70 kgf/mm^2.

8.7 DEFLEXÃO DE MOLAS HELICOIDAIS COM ESPIRAS COMPACTAS

Já que o assunto sobre molas helicoidais de espiras compactas foi introduzido acima, para complementação será discutida sua deflexão nesta seção. A atenção ficará restrita a molas helicoidais de espiras compactas com um índice de mola grande, isto é, o diâmetro do arame será considerado pequeno em comparação

*O. Goehner, "Die Berechnung Zylindrischer Schraubenfedern", *Zeitschrift des Vereins deutscher Ingenieure*, **76**, n.º 1 (março, 1932), p. 269

**Uma expressão analítica que dá o valor de K dentro de 1 a 2% do valor verdadeiro é freqüentemente usada. Essa expressão, em termos do índice da mola m, é $K_1 = [(4m-1)/(4m-4)] + (0{,}615/m)$. A. M. Wahl deduziu essa expressão com base em algumas premissas simplificadoras, ela é conhecida por *fator de correção de Wahl* para curvatura em molas helicoidais com o raio da espira. Isso permite o tratamento de um elemento de mola entre duas seções adjacentes próximas, no arame, como uma barra circular reta em torção. O efeito do cisalhamento direto sobre a deflexão da mola será ignorado. Isso é geralmente permissível quando o último efeito é pequeno.

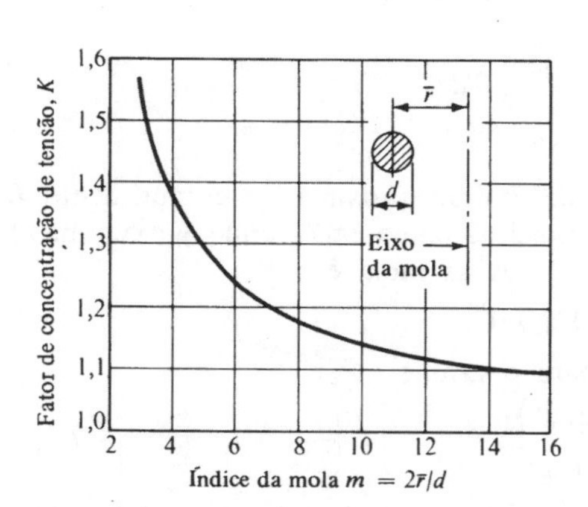

Figura 8.17 Fator de concentração de tensões para molas helicoidais de arame redondo em compressão ou tração

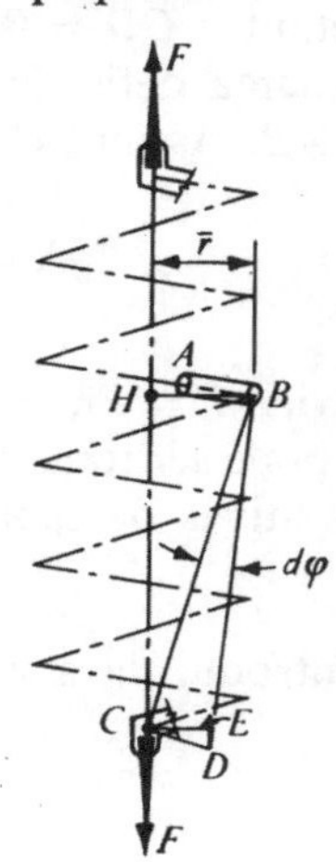

Figura 8.18 Diagrama usado na dedução da expressão da deflexão de uma mola helicoidal

Considere uma mola helicoidal tal como mostra a Fig. 8.18. Um elemento típico AB dessa mola é submetido a um torque $T = F\bar{r}$ ao longo de seu comprimento. Esse torque provoca uma rotação relativa entre os dois planos adjacentes A e B; com suficiente precisão a quantidade dessa rotação pode ser obtida pelo uso da Eq. 5.10, $d\varphi = T dx/(JG)$, para barras circulares retas. Aqui o torque aplicado é $T = F\bar{r}$, dx é o comprimento do elemento, G é o módulo de elasticidade no cisalhamento, e J é o momento polar de inércia da área da seção transversal do arame.

Se o plano do arame A é imaginado fixo, a rotação do plano B é dada pela expressão anterior. A contribuição desse elemento para o movimento da força F em C é igual à distância BC multiplicada pelo ângulo $d\varphi$, isto é, $CD = BC d\varphi$. Entretanto, como o elemento AB é pequeno, a distância CD também é pequena e essa distância pode ser considerada perpendicular (embora seja um arco) à linha BC. Além do mais, apenas a componente vertical dessa deflexão é significativa, já que numa mola que consiste em muitas espiras, para qualquer elemento de um lado da mola existe um elemento equivalente correspondente do outro. Os elementos diametralmente opostos da mola contrabalançam a componente horizontal da deflexão e permitem apenas a deflexão vertical da força F. Dessa forma, achando-se o incremento vertical ED da deflexão da força F devido a um elemento da mola AB e somando tais incrementos para todos os elementos da mola, é obtida a deflexão de toda a mola.

Dos triângulos semelhantes CDE e CBH

$$\frac{ED}{CD} = \frac{HB}{BC} \quad \text{ou} \quad ED = \frac{CD}{BC} HB.$$

Entretanto, $CD = BCd\varphi$, $HB = \bar{r}$, e ED pode ser indicada por $d\Delta$ porque representa uma deflexão vertical infinitesimal da mola devida à rotação de um elemento AB. Assim, $d\Delta = \bar{r}d\varphi$ e

$$\Delta = \int d\Delta = \int \bar{r} d\varphi = \int_0^L \bar{r} \frac{T dx}{JG} = \frac{TL\bar{r}}{JG}.$$

Todavia, $T = F\bar{r}$, e para uma mola de espirais próximas, o comprimento L do arame pode ser tomado com suficiente precisão como $2\pi\bar{r}N$, onde N é o número de espiras ativas da mola. Assim a deflexão Δ da mola é

$$\Delta = 2\pi F\bar{r}^3 N/JG, \tag{8.13}$$

ou se é introduzida a expressão de J para o arame,

$$\Delta = \frac{64F\bar{r}^3 N}{Gd^4}. \tag{8.14}$$

As Eqs. 8.13 e 8.14 dão a deflexão de uma mola helicoidal de espiras compactas ao longo de seu eixo, quando tal mola é submetida a uma força F de tração ou compressão. Nessas fórmulas é desprezado o efeito da tensão de cisalhamento direto sobre a deflexão, isto é, elas dão apenas o efeito das deformações torcionais.

O comportamento de uma mola pode ser convenientemente definido por uma força necessária para defletir a mola de 1 mm. Essa quantidade é conhecida por *constante de mola*. Pela Eq. 8.14 a constante k para uma mola helicoidal de arame com seção circular é

$$k = \frac{F}{\Delta} = \frac{Gd^4}{64\bar{r}^3 N} \quad \left[\frac{\text{kgf}}{\text{mm}}\right]. \tag{8.15}$$

PROBLEMAS

8.1. Uma articulação de uma máquina é feita de uma barra circular de 25 mm, e tem a forma mostrada na figura. Se a distância e = 25 mm e a tensão admissível é de 7 kgf/mm², qual a força P a ser aplicada?

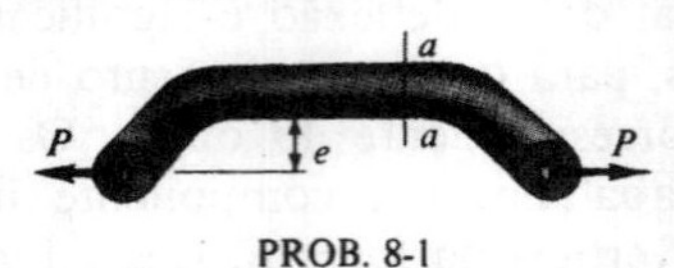

PROB. 8-1

8.2. Uma articulação é semelhante àquela mostrada no problema anterior mas é maior e tem seção transversal na forma de um T, veja a figura. Nas extremidades da articulação as forças de tração P são aplicadas a 100 mm acima do fundo dos flanges, e a excentricidade é e = 60 mm da linha de ação das forças. Achar a máxima tensão se P = 20 t, e o material se comporta elasticamente.

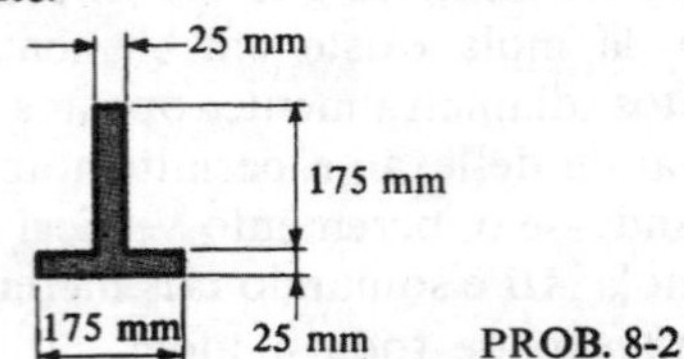

PROB. 8-2

8.3. Uma armação de ferro fundido de uma prensa tem as proporções mostradas na figura. Qual é a força P a ser aplicada pelas tensões em seções como *a-a*, se as tensões admissíveis são de 3 kgf/mm² em tração e 9 kgf/mm² em compressão? *Resp.*: 4,7 t.

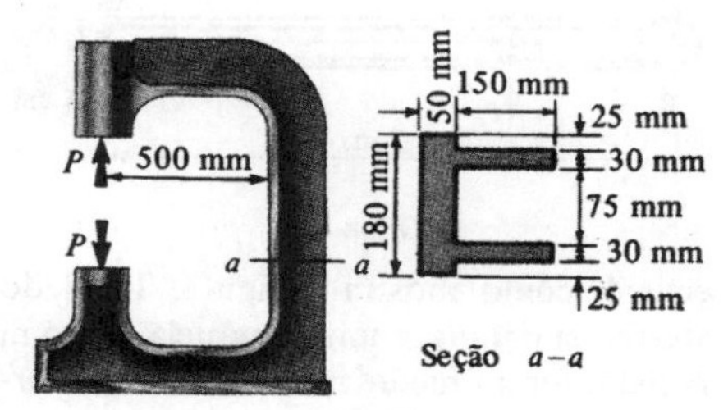

PROB. 8-3

8.4. Uma viga inclinada tem as dimensões de 15 cm de largura e 30 cm de profundidade, e suporta uma força vertical, como mostra a figura para o Prob. 2.6. Determinar a máxima tensão que atua normalmente à seção *a-a*.

8.5. Uma viga de aço 12 I 35,0 (veja a Tab. 3 do Apêndice) suporta uma força de $P = 20$ t, como mostra a figura. Desprezando o peso da viga, achar a maior tensão normal que atua na seção *a-a*. Admitir comportamento elástico linear do material.

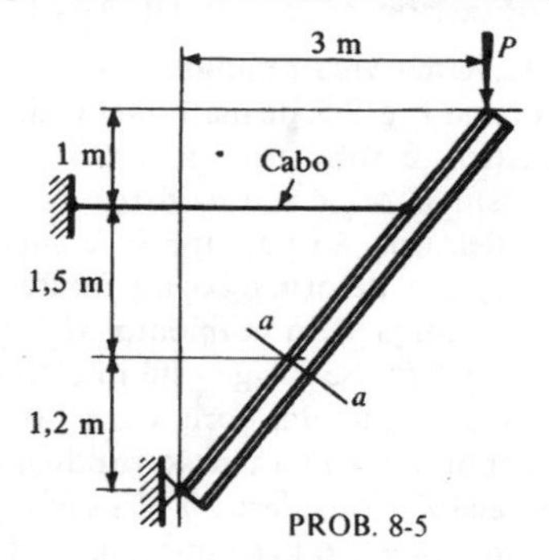

PROB. 8-5

8.6. Calcular a máxima tensão de compressão que atua normalmente à seção *a-a*, para a estrutura mostrada na figura. O poste AB tem seção transversal de 30 cm × × 30 cm. Desprezar o peso da estrutura. *Resp.*: –47,2 kgf/cm².

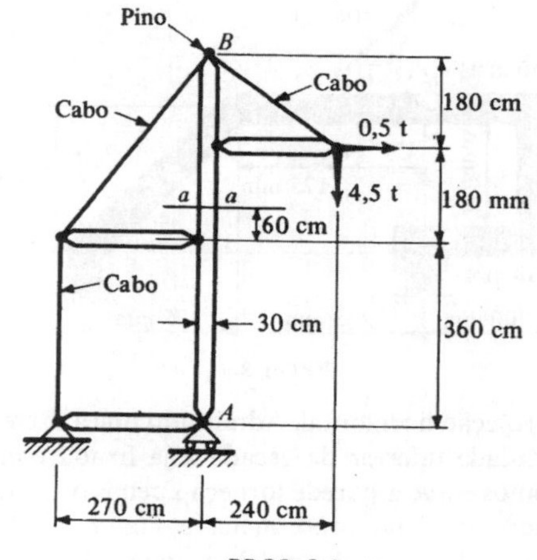

PROB. 8-6

8.7. Uma cantoneira tem as dimensões mostradas na figura. Achar a máxima tensão normal à seção *a-a*, provocada pela aplicação de $P = 70$ kgf. A barra inclinada é de 12 mm × 50 mm, e tem um reforço para evitar a flambagem. Admitir que a barra se comporte elasticamente.

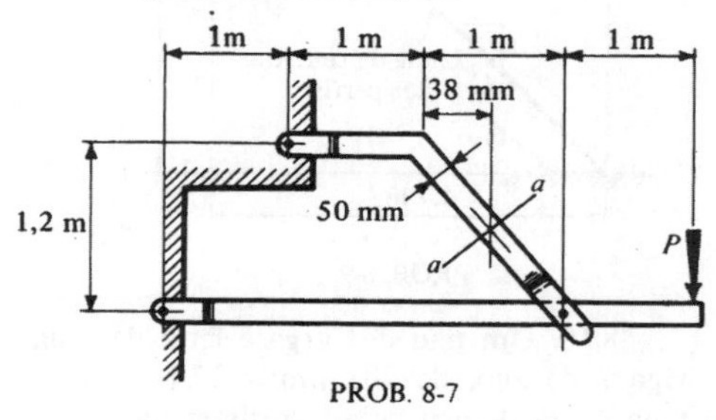

PROB. 8-7

8.8. Calcular a máxima tensão de compressão na seção *a-a*, provocada pela carga aplicada na estrutura mostrada na figura. A seção tranversal em *a-a* é aquela de uma barra circular de 50 mm de diâmetro. *Resp.*: –0,75 kgf/mm².

8.9. Uma escada de fábrica, tendo as dimensões da linha de centro mostradas na figura, é feita de dois perfis U de aço de 228,6 mm × 19,94 kgf/m nas arestas, separadas por uma armação entre eles. O carregamento sobre cada perfil, incluindo seu peso próprio, é estimado em 300 kgf/m de

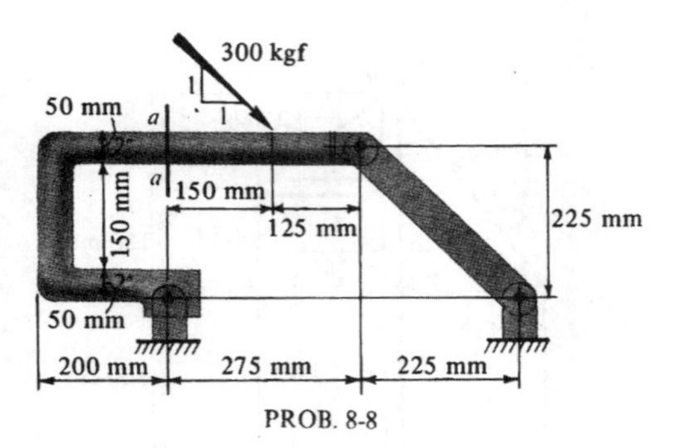

PROB. 8-8

projeção horizontal. Admitindo que a extremidade inferior da escada seja fixada com pinos e que a parede forneça apenas o apoio horizontal no topo, achar a maior tensão normal nos perfis a 1,5 m acima do nível do chão. *Resp.*: –1,56 kgf/mm^2.

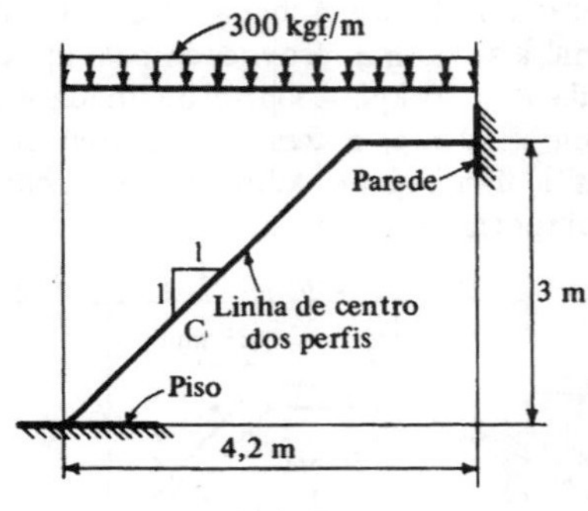

PROB. 8-9

8.10. Um pau de carga é feito de uma viga *I* de aço, de 203 mm × 27,4 kgf/m e uma barra de aço de alta resistência, como mostra a figura. (a) Achar a posição da carga móvel *P* que provocaria o maior momento fletor na viga. Desprezar o peso da viga. (b) Usando a posição da carga achada em (a), qual poderá ser o maior valor de *P*? Admitir que o efeito do cisalhamento não seja insignificante, e considerar a tensão normal admissível na viga igual a 13 kgf/mm^2. Comentar sobre a precisão do critério estabelecido em (a).

8.11. Uma estrutura de aço 8 WF 17, é fabricada em seções e suporta uma carga *P* a uma distância *d* do centro da coluna

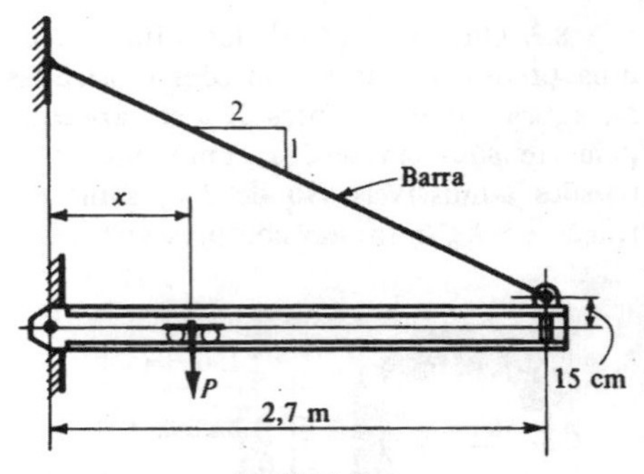

PROB. 8-10

vertical, como mostra a figura. Do lado externo da coluna, a uma distância de 1,5 m do chão, foram medidas as seguintes deformações: em *A*, $\varepsilon = 600 \times 10^6$ mm/mm; e em *B*, $\varepsilon = -200 \times 10^{-6}$ mm/mm. Quais são as magnitudes da carga *P* e da distância *d*? Considerar $E = 21\,000$ kgf/mm^2.

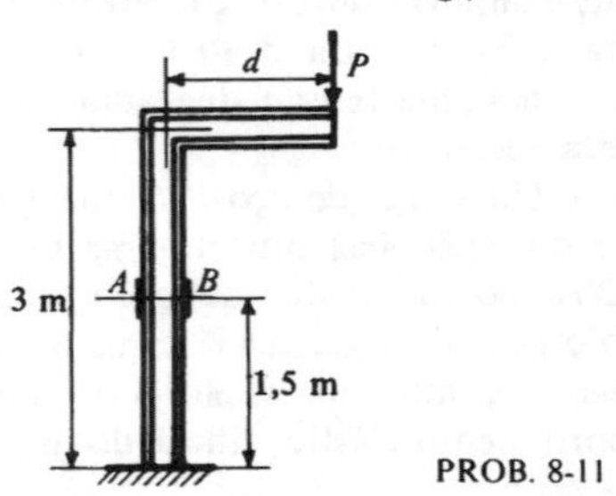

PROB. 8-11

8.12. Uma viga retangular, tal como a mostrada na Fig. 8.5, de material linear elástico-plástico, é submetida a um momento fletor positivo M_2 e a uma força axial P_2. (a) Se a deformação na superfície superior atinge ε_{esc} e a deformação no fundo é de $3\ \varepsilon_{esc}$, que força P_2 e momento M_2 atuam sobre a viga? (b) Se a viga está inicialmente submetida à ação das forças em (a), qual será a configuração da tensão residual após sua remoção? Considerar $b = 12$ mm, $h = 25$ mm, $\sigma_{esc} = 30$ kgf/mm^2, e $E = 20\,000$ kgf/mm^2.

8.13. Uma viga *I*, de material linear elástico-plástico, tem as dimensões mostradas na figura. Quando essa viga é submetida simultaneamente a uma força axial e a um momento fletor, a deformação na união da alma com o flange superior atinge o valor ε_{esc} em compressão. A deformação é zero a 100 mm abaixo do topo da viga, veja a figura. (a) Determinar a força axial e o momento correspondentes às condições acima. Admitir $\sigma_{esc} = 36$ kgf/mm², e $E = 20\,000$ kgf/mm². (b) Achar e esquematizar a distribuição de tensões residuais resultante da retirada das forças de (a).

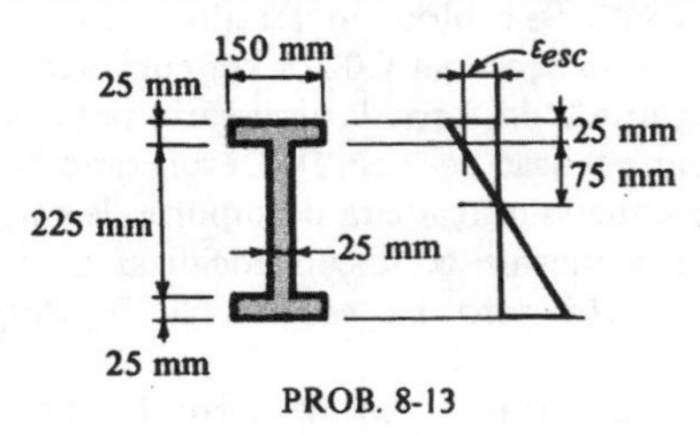

PROB. 8-13

8.14. Considere a viga do exemplo anterior sofrendo a maior deformação mostrada na figura desse problema. (a) Determinar a força axial e o momento fletor correspondente à deformação dada. Desprezar a correção devida à pequena zona elástica, e considerar o escoamento do material, seja em tração ou em compressão, na tensão de 36 kgf/mm². (b) Achar e esquematizar a distribuição de tensão residual que resulta após a retirada das forças de (a).

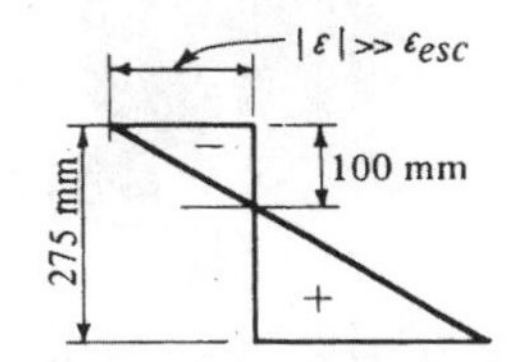

PROB. 8-14

8.15. Uma viga *T*, de material linear elástico-plástico, tem as dimensões mostradas na figura. (a) Se a deformação é $-\varepsilon_{esc}$ no topo do flange e zero na união da alma com o flange, que força axial *P* e momento fletor *M* agem sobre a viga? Admitir $\sigma_{esc} = 26$ kgf/mm². (b) Determinar a configuração da tensão residual que seria desenvolvida após a remoção das forças de (a).

8.16. Um gancho de aço, tendo as proporções da figura, é submetido a uma carga para baixo de 8 t. O raio do eixo centroidal curvo é de 150 mm. Determinar a máxima tensão nesse gancho.

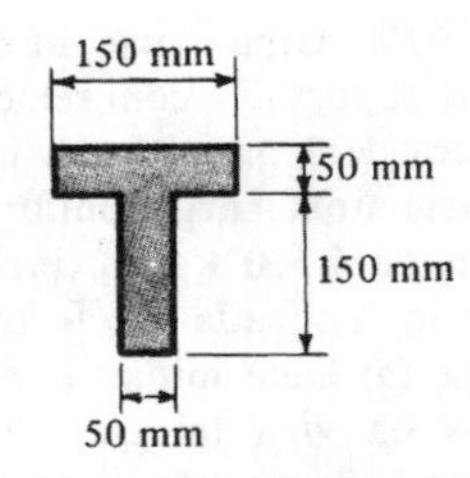

PROB. 8-15

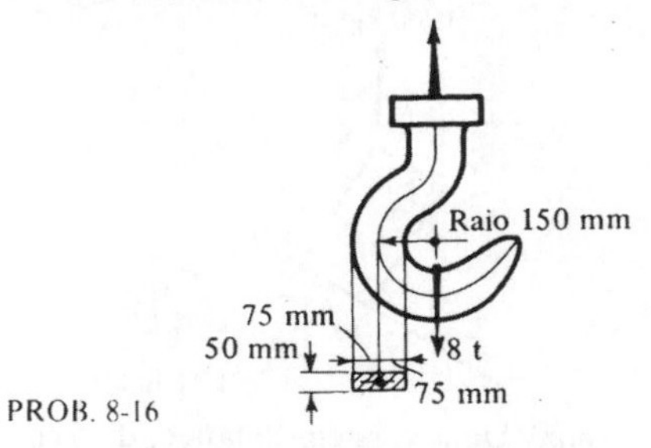

PROB. 8-16

8.17. Se um gancho semelhante ao mostrado no Prob. 8.16 tem seção transversal circular de raio 25 mm e o eixo centroidal tem raio de curvatura de 75 mm, qual a força *P* a ser aplicada ao gancho sem exceder a tensão de 9 kgf/mm²?

8.18. Uma barra de aço de 5 cm de diâmetro, flexiona em um anel circular quase completo, de 30 cm de diâmetro externo, como mostra a figura. (a) Calcular a máxima tensão nesse anel, provocada pela aplicação de duas forças de 1 t na extremidade aberta. (b) Achar a relação da máxima tensão achada em (a) para a maior tensão de compressão que atua normal à mesma seção. *Resp.*: (a) +2,5 kgf/cm².

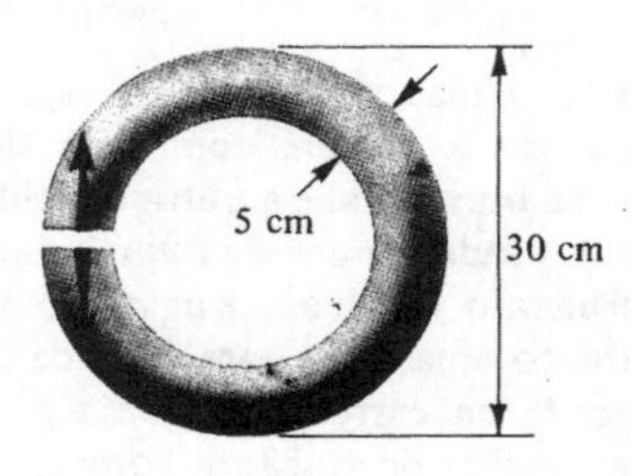

PROB. 8-18

8.19. Uma viga inclinada, simplesmente suportada, com relação de altura por largura de 2 para 1, tem um vão de 4 m e suporta uma carga uniformemente distribuída de 1 500 kgf/m, incluindo seu peso próprio, aplicada na forma mostrada na figura. (a) Determinar as dimensões necessárias da viga tal que a máxima tensão devida à flexão não exceda 1 kgf/mm². (b) Localizar o eixo neutro da viga e mostrar sua posição no diagrama.

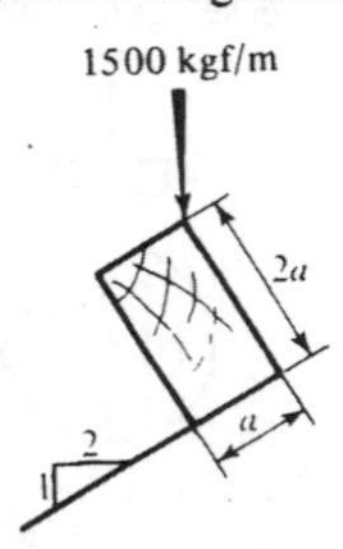

PROB. 8-19

8.20. Uma viga em balanço, de 5 cm × × 10 cm, projeta-se 1,2 m de uma parede em uma posição inclinada, como mostra a figura. Na extremidade livre, uma força vertical de 45 kgf é aplicada através do centróide da seção. Determinar a máxima tensão de flexão, provocada pela força aplicada, na extremidade embutida da viga, e localizar seu eixo neutro. Desprezar o peso da viga. *Resp.*: ± 1,02 kgf/cm²; 8,4 cm.

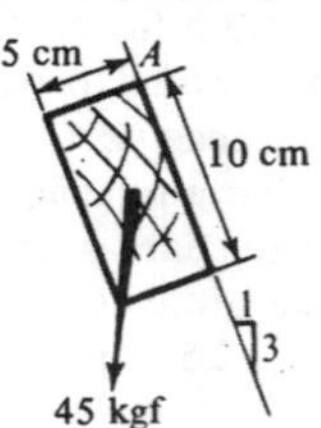

PROB. 8-20

8.21. Uma cantoneira de aço de 15 cm × 15 cm × 13 mm, com uma de suas pernas na horizontal e a outra dirigida para baixo, é usada como viga em balanço de comprimento igual a 1,8 m como mostra a figura. Se uma força para cima de 500 kgf é aplicada na extremidade da viga, quais são as tensões de tração e compressão na extremidade engastada? Desprezar o peso próprio. (Veja a sugestão do Prob. 6.22). *Resp.*: 11,4 kgf/mm²; –14,3 kgf/mm².

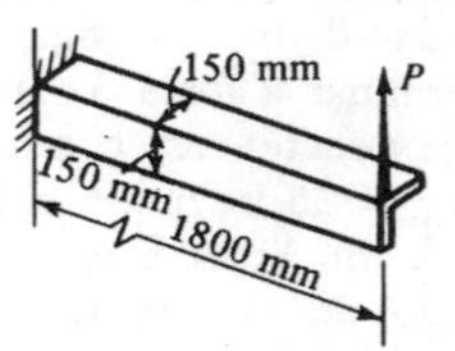

PROB. 8-21

8.22. Se o bloco mostrado na Fig. 8.12 é feito de aço com 0,0078 kgf/cm³, achar a magnitude da força P necessária para provocar a tensão zero em D. Desprezar o peso da pequena braçadeira de suporte da carga. Para a mesma condição, localizar a linha de tensão zero na seção $ABCD$. *Resp.*: 87,75 kgf.

8.23. Um bloco de ferro fundido é carregado na forma mostrada na figura. Desprezando o peso do bloco, determinar as tensões normais a uma seção a 450 mm abaixo do topo e localizar a linha de tensão zero.

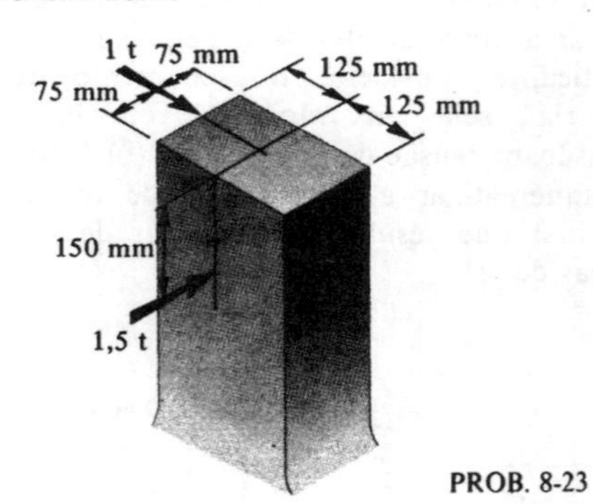

PROB. 8-23

8.24. Um bloco de liga de alumínio é carregado como mostra a figura. A aplicação dessa força produz uma deformação de tração de 500 × 10⁻⁶ mm/mm em A medida por um sensor de deformação. Calcular a magnitude da força aplicada P. Considerar $E = 7\,000$ kgf/mm². *Resp.*: 13,125 t.

8.25. Um bloco curto tem as dimensões transversais da vista plana mostradas na figura. Determinar a faixa ao longo da linha A-A na qual uma força vertical pode-

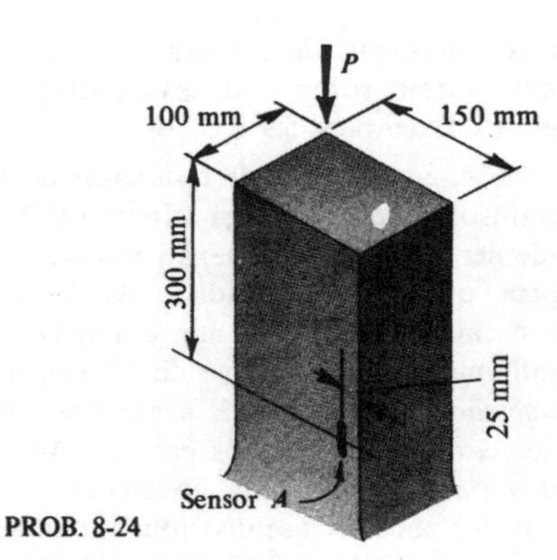

PROB. 8-24

ria ser aplicada ao topo do bloco sem provocar qualquer tração na base. Desprezar o peso do bloco. *Resp.*: Entre 75 mm e 112,5 mm do ápice.

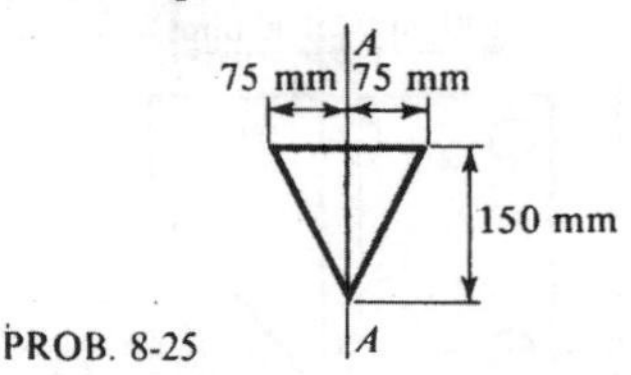

PROB. 8-25

8.26. Um membro curto em compressão tem as proporções mostradas na figura; $A = 45 \times 10^3$ mm³, $I_{zz} = 4{,}6 \times 10^8$ mm⁴, $I_{yy} = 2{,}4 \times 10^8$ mm⁴. Determinar a distância r ao longo da diagonal onde uma força longitudinal P deveria ser aplicada, tal que o ponto A esteja sobre a linha de tensão zero. Desprezar o peso do membro. *Resp.*: 1 090 mm.

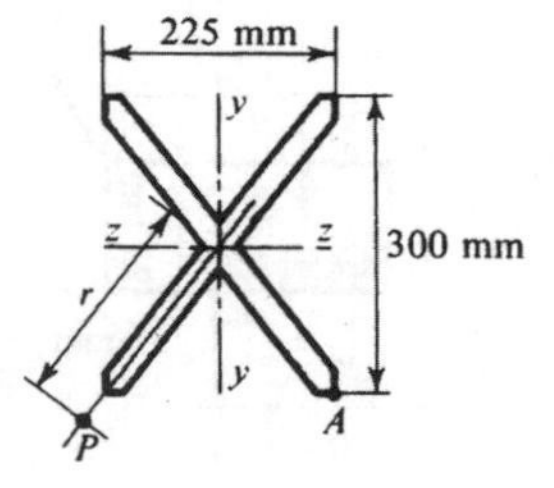

PROB. 8-26

8.27. Determinar o núcleo de um membro de seção transversal circular maciça. *Resp.*: $c/4$.

8.28. Uma chaminé de aço, de 2,4 m de diâmetro, parcialmente revestida com tijolo no interior, juntamente com uma fundação de concreto de 6 m × 6 m, pesa 75 t. Essa chaminé se projeta 30 m acima do chão, como mostra a figura, e é fixada por sua fundação. Considerando-se uma pressão de vento de 100 kgf/m², na área projetada da chaminé, e uma direção de vento paralela a um dos lados da fundação quadrada, qual é a máxima pressão na fundação? *Resp.*: 6,28 t/m² ou 0,628 kgf/m².

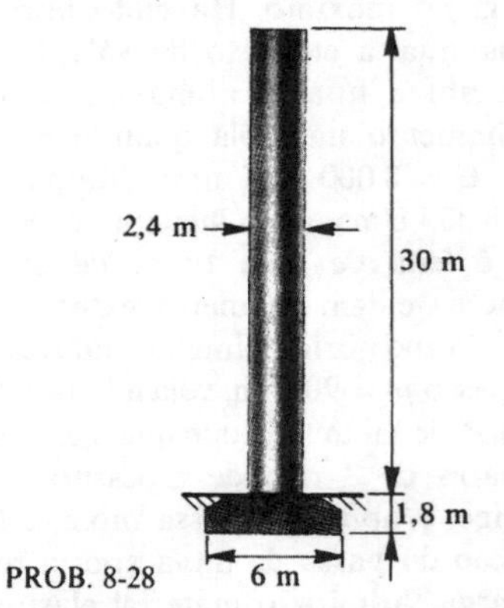

PROB. 8-28

8.29. Uma viga em balanço de 250 mm de comprimento é carregada com $P = 5$ t na extremidade livre, como mostra a figura. Determinar a máxima tensão de cisalhamento na extremidade engastada devido ao cisalhamento direto e ao torque. Mostrar o resultado em um esquema análogo ao da Fig. 8.15(e).

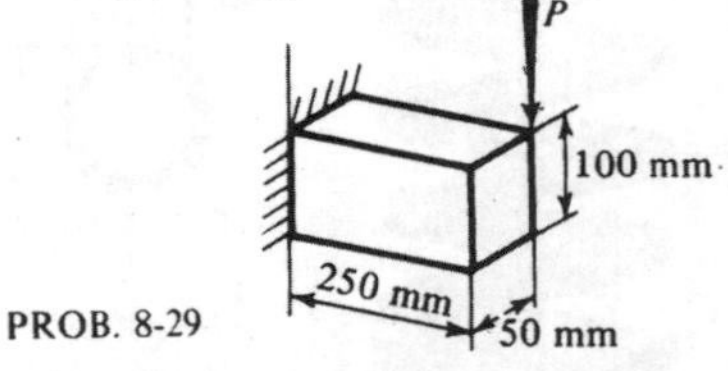

PROB. 8-29

8.30. Uma mola helicoidal de compressão é feita de arame de bronze fosforoso, de 3 mm de diâmetro e tem diâmetro externo de 30 mm. Se a tensão de cisalhamento permissível é de 20 kgf/mm², qual a força a ser aplicada nessa mola? Corrigir a resposta para concentração de tensão.

8.31. Uma mola helicoidal é feita de arame de aço de 12 mm de diâmetro, enrolado em um mandril de 120 mm de diâmetro. Se existirem dez espiras ativas, qual é a constante da mola? $G = 8\,700$ kgf/mm². Qual a força a ser aplicada à mola para alongá-la de 40 mm?

8.32. Uma mola helicoidal de válvula é feita de arame de aço de 6 mm de diâmetro, e tem diâmetro externo de 50 mm. Em operação, a força de compressão aplicada a essa mola varia de 10 kgf no mínimo, a 35 kgf no máximo. Havendo oito espiras ativas, qual a elevação da válvula (ou seu percurso) e qual é a máxima tensão de cisalhamento na mola quando em operação? $G = 8\,000$ kgf/mm². *Resp.*: 13 mm.

8.33. Uma mola helicoidal pesada de aço, é feita de uma barra de 25 mm de diâmetro e tem diâmetro externo de 225 mm. Como originalmente fabricada, ela tem passo $p = 90$ mm, veja a figura. Se uma força P, de tal magnitude que o anel externo da barra de 3 mm de espessura se torne plástico, é aplicada a essa mola, estimar a redução do passo da mola após a remoção da carga. Admitir o material elástico-plástico linear, com $\tau_{esc} = 35$ kgf/mm², $G = 8,4 \times 10^3$ kgf/mm². Desprezar os efeitos da concentração de tensões e do cisalhamento direto sobre a deflexão. (*Sugestão*. Veja os Exemplos 5.9 e 5.10).

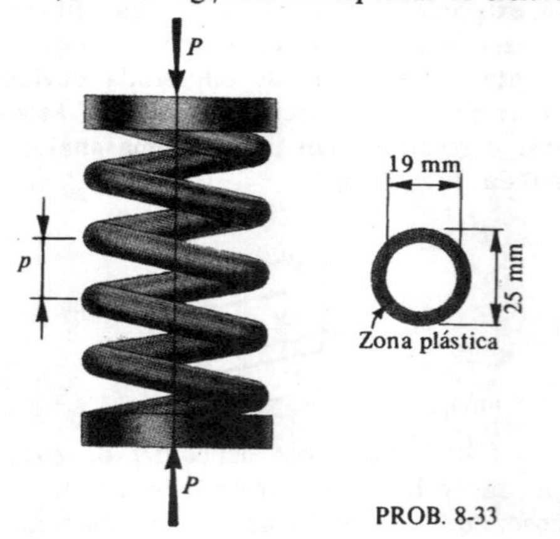

PROB. 8-33

8.34. Se a tensão de cisalhamento nos parafusos governa a carga admissível P que pode ser aplicada à conexão mostrada na figura, qual é a intensidade da força P? Os parafusos são de 20 mm e a tensão de cisalhamento admissível é de 10 kgf/mm². (*Sugestão*. Concentrar as áreas dos parafusos em seus respectivos centros. Admitir que uma força aplicada no centróide das áreas dos parafusos se distribua igualmente nos mesmos. A resistência ao torque é achada como para um conjugado. Prob. 5.18). *Resp.*: 5,3 t.

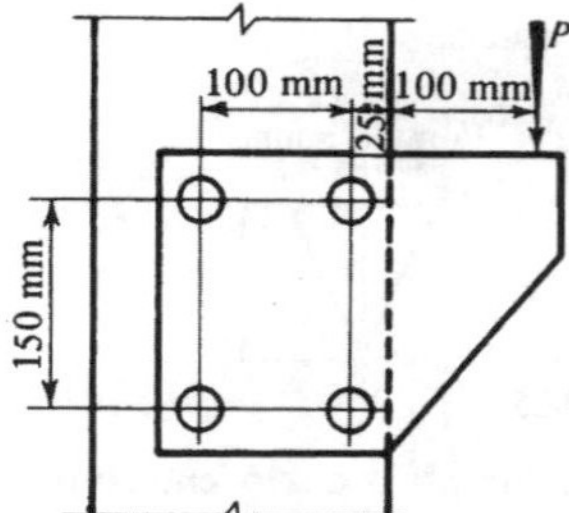

PROB. 8-34

8.35. Determinar a máxima tensão de cisalhamento nos rebites de uma braçadeira carregada como mostra a figura. Todos os rebites têm 25 mm de diâmetro. (*Observação*. Veja a sugestão para o Prob. 8.34). *Resp.*: 6,9 kgf/mm².

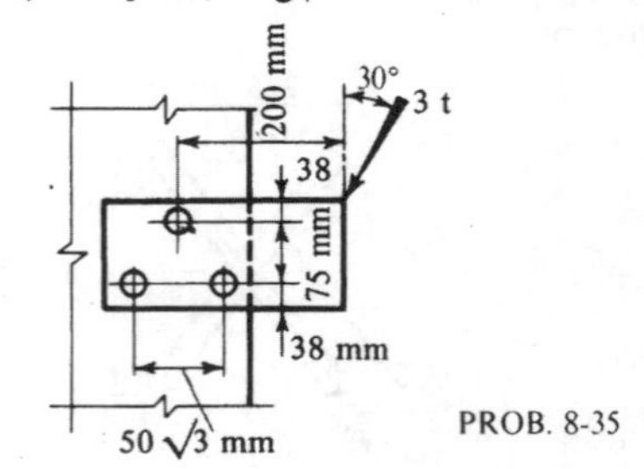

PROB. 8-35

9

TRANSFORMAÇÃO DE TENSÃO E DEFORMAÇÃO; CRITÉRIOS DE ESCOAMENTO E DE FRATURA

9.1 INTRODUÇÃO

Dos capítulos precedentes evidenciou-se que em muitas circunstâncias as tensões normal e de cisalhamento atuam simultaneamente em um elemento de um corpo. Por exemplo, um elemento típico A de um membro submetido a forças axiais e transversais, mostrado na Fig. 9.1(a), experimenta uma tensão normal σ_x devida ao esforço axial e de flexão, e também uma tensão de cisalhamento τ_{xy} devida à força cortante. Usando os procedimentos desenvolvidos até o momento, os planos que isolam esse elemento devem ser tomados paralela ou perpendicularmente ao eixo do membro. Por outro lado, é possível descrever o estado de tensão em um ponto em termos das tensões que atuam em qualquer plano inclinado, como mostra a Fig. 9.1(c). Tais tensões são equivalentes ao estado de tensão em um ponto, porque elas, independentemente dos planos em que atuam, mantêm o equilíbrio do elemento. As leis para a transformação de tais tensões em outras equivalentes, atuando em qualquer plano que passa por um dado ponto, constituirão o tópico principal da Parte A deste capítulo. Os planos em que a tensão normal, ou a de cisalhamento, atinge sua máxima intensidade receberá atenção especial porque as tensões associadas com esses planos têm um efeito particularmente significativo sobre os materiais.

Na Parte B deste capítulo será discutido um tópico paralelo ao acima, para transformação de deformações associadas com um conjunto de eixos para um conjunto diferente de eixos. Também serão dadas informações adicionais sobre relações tensão-deformação para materiais linearmente elásticos. Isso é suplementar a alguns dos itens discutidos no Cap. 4.

A conclusão deste capítulo (Parte C) é dedicada à discussão das propriedades mecânicas dos materiais em estados de tensão bi e triaxial. São enfatizados critérios de escoamento de grande aceitação, que constituem a base das leis da plasticidade para materiais dúteis. Essa parte do capítulo suplementa a discussão sobre relações constitutivas para tensões uniaxiais vistas no Cap. 4.

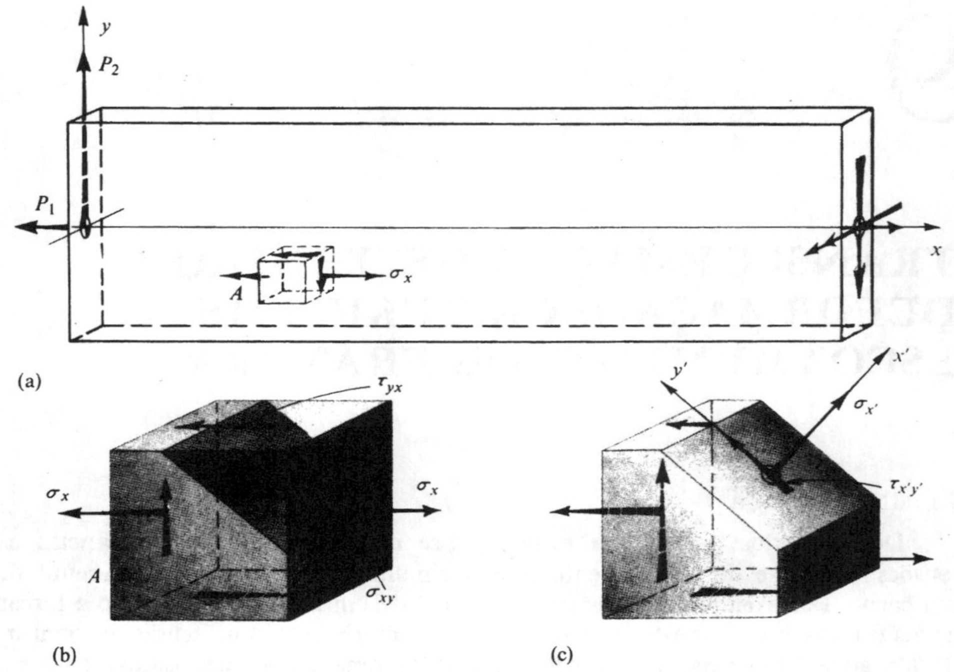

Figura 9.1 Estado de tensão em um ponto sobre diferentes planos

PARTE A
TRANSFORMAÇÃO DE TENSÃO

9.2 O PROBLEMA BÁSICO

No Cap. 3, mostrou-se que tensão é um tensor de segunda ordem. Como, por outro lado, vetores são tensores de primeira ordem, as leis de adição vetorial não se aplicam a tensões. Entretanto, é possível multiplicar as tensões pelas respectivas áreas de atuação para se obter as forças, que são vetores, e que, conseqüentemente, podem ser adicionadas ou subtraídas vetorialmente. É dessa maneira que o problema da combinação de tensões normais e de cisalhamento é resolvido. Esse procedimento será ilustrado em um exemplo numérico. Então, o método desenvolvido será generalizado para se obter relações algébricas para a transformação de tensão, que permitem a obtenção de tensões em qualquer plano inclinado em um dado estado de tensão. Os métodos usados nessas deduções não envolvem propriedades materiais. Dessa forma, desde que as tensões iniciais sejam dadas, as relações deduzidas são aplicáveis ao comportamento elástico ou plástico do material.

Neste texto, ao se deduzir as leis de transformação de tensão em um ponto, evitar-se-á a generalidade completa. No lugar de se tratar um estado de tensão tridimensional geral,* tal como mostra a Fig. 9.2(a), serão considerados elementos com tensões como mostra a Fig. 9.2(b). Esse tipo de tensão é particularmente significativo na prática, porque usualmente é possível selecionar uma face de um elemento em um contorno externo de um membro, como $ABCD$ na Fig. 9.2(b), que esteja praticamente isenta de tensões superficiais. Por outro lado, as tensões atuantes em tais elementos, logo na superfície de um corpo, são maiores na direção paralela à superfície. Como antes, por simplicidade, as tensões que atuam em tais elementos serão mostradas na Fig. 9.2(c).

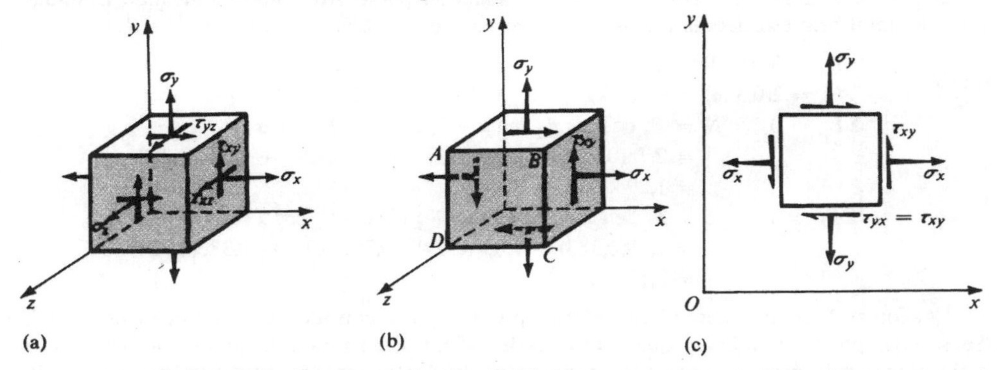

Figura 9.2 Representação das tensões que atuam em um elemento

EXEMPLO 9.1

Considere o estado de tensão de um elemento como mostra a Fig. 9.3(a). Uma representação alternativa do estado de tensão no mesmo ponto pode ser dada em uma aresta infinitesimal com um ângulo de $\alpha = 22{,}5°$, como na Fig. 9.3(b). Achar as tensões que atuam no plano AB da aresta, para manter o elemento em equilíbrio.

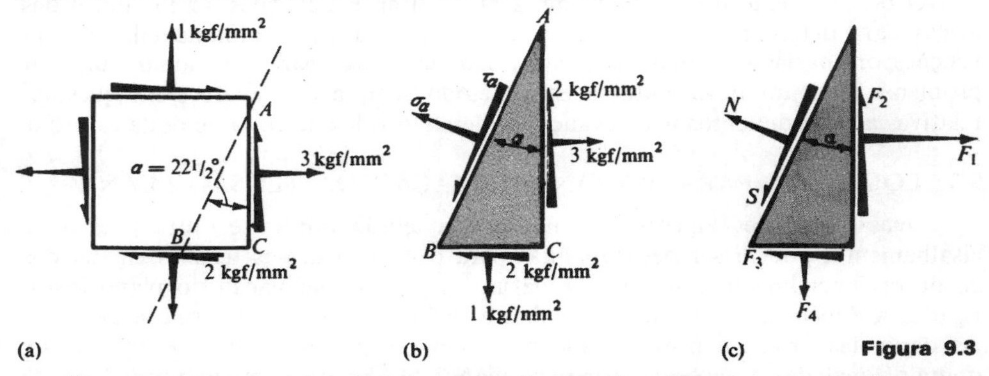

Figura 9.3

*Para um tratamento mais geral da transformação de tensão, o leitor deve consultar livros sobre plasticidade e elasticidade. Na dedução aqui desenvolvida, além de σ_x, é considerada a tensão normal σ_y. A situação de duas tensões normais será encontrada no próximo capítulo, em conexão com cascas delgadas

SOLUÇÃO

A cunha ABC é parte do elemento na Fig. 9.3(a); dessa forma, as tensões nas faces AC e BC são conhecidas. As tensões desconhecidas, normal e de cisalhamento, que atuam na face AB, são designadas na figura por σ_α e τ_α, respectivamente. Seus sentidos são arbitrários.

Para determinar σ_α e τ_α considere, apenas por conveniência a área da face definida pela linha AB igual a 1 mm^2. Então a área correspondente à linha AC é igual a $(1)\cos\alpha = 0{,}924$ mm^2; e a de BC é igual a $(1)\,\text{sen}\,\alpha = 0{,}383$ mm^2. (De maneira mais rigorosa, a área correspondente à linha AB deveria ser dA, mas essa quantidade se cancela nas subseqüentes expressões algébricas). As forças F_1, F_2, F_3 e F_4, Fig. 9.3(c), podem ser obtidas pela multiplicação das tensões por suas respectivas áreas. As forças incógnitas equilibrantes, N e S, atuam, respectivamente, normal e tangencialmente ao plano AB. Então, aplicando as equações do equilíbrio estático às forças que agem na aresta, obtêm-se as forças N e S.

$$F_1 = 3(0{,}924) = 2{,}78 \text{ kgf} \qquad F_2 = 2(0{,}924) = 1{,}85 \text{ kgf}$$
$$F_3 = 2(0{,}383) = 0{,}766 \text{ kgf} \qquad F_4 = 1(0{,}383) = 0{,}383 \text{ kgf}$$
$$\begin{aligned} \Sigma F_N = 0, \quad N &= F_1 \cos\alpha - F_2\,\text{sen}\,\alpha - F_3\cos\alpha + F_4\,\text{sen}\,\alpha \\ &= 2{,}78(0{,}924) - 1{,}85(0{,}383) - 0{,}766(0{,}924) + 0{,}383(0{,}383) \\ &= 1{,}29 \text{ kgf} \end{aligned}$$
$$\begin{aligned} \Sigma F_S = 0, \quad S &= F_1\,\text{sen}\,\alpha + F_2\cos\alpha - F_3\,\text{sen}\,\alpha - F_4\cos\alpha \\ &= 2{,}78(0{,}383) + 1{,}85(0{,}924) - 0{,}766(0{,}383) - 0{,}383(0{,}924) \\ &= 2{,}12 \text{ kgf.} \end{aligned}$$

As forças N e S atuam no plano definido por AB, que se considerou inicialmente de 1 mm^2. Seus sinais positivos indicam que suas direções admitidas o foram corretamente. Dividindo essas forças pela área na qual elas atuam, são obtidas as tensões que agem no plano AB. Assim, $\sigma_\alpha = 1{,}29$ kgf/mm^2 e $\tau_\alpha = 2{,}12$ kgf/mm^2, que agem na direção mostrada na Fig. 9.3(b).

O procedimento anterior completa algo marcante. Ele transportou a descrição do estado de tensão de um conjunto de planos para outro. Cada sistema de tensões pertencente a um elemento infinitesimal descreve o estado de tensão no mesmo ponto do corpo.

O procedimento de se isolar uma aresta e usar as equações do equilíbrio das forças para determinar as tensões em planos inclinados é fundamental. As convenções ordinárias de sinais da estática são suficientes para solucionar qualquer problema. O leitor deve voltar a esse método sempre que aparecerem questões relativas a procedimentos mais avançados desenvolvidos no restante deste capítulo.

9.3 EQUAÇÕES PARA A TRANSFORMAÇÃO DA TENSÃO PLANA

Duas expressões algébricas, uma para a tensão normal e outra para a de cisalhamento, podem ser desenvolvidas para o cálculo dessas tensões em termos de outras inicialmente conhecidas e de um ângulo de inclinação do plano investigado. A dependência das tensões sobre a inclinação do plano torna-se evidente. As derivadas dessas expressões algébricas em relação ao ângulo de inclinação, quando igualadas a zero, localizam os planos nos quais a tensão normal ou de cisalhamento atinge seu máximo ou mínimo valor. As tensões nesses planos são de grande importância na previsão do comportamento de um dado material.

As equações algébricas serão desenvolvidas pelo uso de um elemento, mostrado na Fig. 9.4(a), num estado de tensão plana geral. As tensões de tração normais são positivas, e as de compressão são negativas. A tensão de cisalhamento positiva é definida com *atuação para cima na face direita DE do elemento.* Os sentidos das outras tensões de cisalhamento seguem dos requisitos de equilíbrio. Essa convenção de sinais para as tensões é a adotada no Cap. 3, ela concorda completamente com a direção positiva da força axial e cortante nas barras, como definido no Cap. 2. Aqui a transformação de tensões se refere à passagem do sistema de coordenadas xy para $x'y'$. O ângulo θ que localiza o eixo x' é positivo quando medido do eixo x para o eixo y, na direção anti-horária.

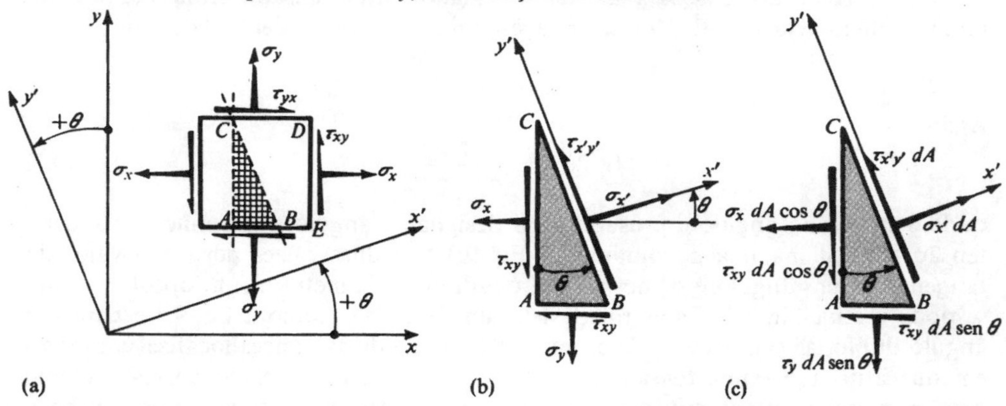

Figura 9.4 Elementos para dedução de fórmulas para as tensões em um plano inclinado

Passando um plano BC normal ao eixo x' pelo elemento, é isolada a cunha da Fig. 9.4(b). O plano BC faz um ângulo θ com o eixo vertical, e, se esse plano tem uma área dA, as áreas das faces AC e AB são $dA\cos\theta$ e $dA \operatorname{sen}\theta$, respectivamente. Multiplicando as tensões por suas respectivas áreas, pode-se construir um diagrama com forças que agem sobre a cunha, Fig. 9.4(c). Então, aplicando as equações de equilíbrio estático às forças que agem sobre a cunha são obtidas as tensões $\sigma_{x'}$ e $\tau_{x'y'}$:

$$\Sigma F_{x'} = 0, \quad \sigma_{x'}dA = \sigma_x dA\cos\theta\cos\theta + \sigma_y dA \operatorname{sen}\theta \operatorname{sen}\theta + \tau_{xy}dA\cos\theta\operatorname{sen}\theta + \tau_{xy}dA\operatorname{sen}\theta\cos\theta,$$

$$\sigma_{x'} = \sigma_x\cos^2\theta + \sigma_y\operatorname{sen}^2\theta + 2\tau_{xy}\operatorname{sen}\theta\cos\theta$$

$$= \sigma_x\frac{(1+\cos 2\theta)}{2} + \sigma_y\frac{(1-\cos 2\theta)}{2} + \tau_{xy}\operatorname{sen} 2\theta,$$

$$\sigma_{x'} = \frac{\sigma_x+\sigma_y}{2} + \frac{\sigma_x-\sigma_y}{2}\cos 2\theta + \tau_{xy}\operatorname{sen} 2\theta. \qquad (9.1)$$

Analogamente, de $\Sigma F_{y'} = 0$,

$$\tau_{x'y'} = -\frac{\sigma_x-\sigma_y}{2}\operatorname{sen} 2\theta + \tau_{xy}\cos 2\theta. \qquad (9.2)$$

As Eqs. 9.1 e 9.2 são as expressões gerais para a tensão normal e de cisalhamento, respectivamente, em qualquer plano definido pelo ângulo θ e provocadas por um sistema de tensões conhecidas. Essas equações são aquelas para transformação de tensão de um conjunto de eixos coordenados a outro. Observe particularmente que σ_x, σ_y e τ_{xy} são as tensões inicialmente conhecidas.

9.4. TENSÕES PRINCIPAIS

Freqüentemente o interesse está centrado na determinação da maior tensão possível, dada pelas Eqs. 9.1 e 9.2, e serão achados em primeiro lugar os planos em que ocorrem tais tensões. Para achar o plano para a tensão normal máxima ou mínima, diferencia-se a Eq. 9.1 em relação a θ e iguala-se a derivada a zero, isto é,

$$\frac{d\sigma_{x'}}{d\theta} = -\frac{\sigma_x - \sigma_y}{2} 2 \text{ sen } 2\theta + 2\tau_{xy} \cos 2\theta = 0.$$

Assim

$$\text{tg } 2\theta_1 = \frac{\tau_{xy}}{(\sigma_x - \sigma_y)/2}, \tag{9.3}$$

onde o índice no ângulo θ é usado para designar o ângulo que define o plano da tensão normal máxima ou mínima. A Eq. 9.3 tem duas raízes porque o valor da tangente de um ângulo é o mesmo em quadrantes diametralmente opostos, como se pode ver na Fig. 9.5. Essas raízes defasam de 180° e, como a Eq. 9.3 é para um ângulo duplo, as raízes de θ_1 defasam de 90°. Uma dessas raízes localiza um plano em que atua a máxima tensão normal; a outra localiza o plano correspondente para a tensão normal mínima. Para distinção entre essas duas raízes, usa-se a notação de uma e duas linhas.

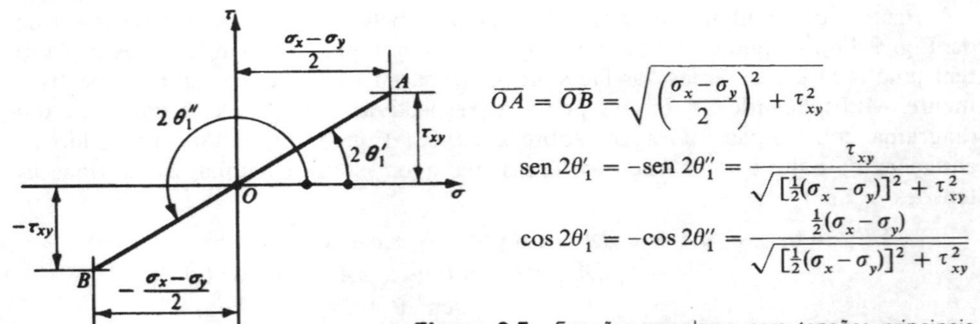

Figura 9.5 Funções angulares para tensões principais

Antes de se avaliar as tensões acima, observe cuidadosamente que se for desejada a localização dos planos em que atuam as tensões de cisalhamento, a Eq. 9.2 deve ser feita igual a zero. Isso conduz à mesma relação que a da Eq. 9.3. Chega-se, assim a uma importante conclusão: nos planos em que ocorrem as tensões normais máximas ou mínimas não existem tensões de cisalhamento. Esses são chamados de *planos principais* de tensão, e as tensões que neles atuam – as normais máximas e mínimas – são chamadas de *tensões principais*.

As magnitudes das tensões principais podem ser obtidas pela substituição dos valores das funções seno e co-seno, correspondentes ao ângulo duplo dado pela Eq. 9.3 e Eq. 9.1. Após feito isso e simplificados os resultados, a expressão para a máxima tensão normal (indicada por σ_1) e para a mínima tensão normal (indicada por σ_2) fica

$$(\sigma_{x'})_{\substack{max \\ min}} = \sigma_{1 \text{ ou } 2} = \frac{\sigma_x + \sigma_y}{2} \pm \sqrt{\left(\frac{\sigma_x - \sigma_y}{2}\right)^2 + \tau_{xy}^2}, \tag{9.4}$$

onde o sinal positivo na frente do radical deve ser usado para se obter σ_1, e o sinal negativo para se obter σ_2. Os planos nos quais essas tensões atuam, podem ser determinados pelo uso da Eq. 9.3. Uma raiz particular da Eq. 9.3 substituída na Eq. 9.1 verificará o resultado da Eq. 9.4 e ao mesmo tempo localizará o plano em que atua essa tensão principal.

9.5 TENSÕES MÁXIMAS DE CISALHAMENTO

Se σ_x, σ_y e τ_{xy} são conhecidas para um elemento, a tensão de cisalhamento em qualquer plano, definida por um ângulo θ, é dada pela Eq. 9.2, e um estudo semelhante ao feito acima para as tensões normais pode ser realizado para a tensão de cisalhamento. Assim, analogamente, para localizar os planos em que atuam as tensões de cisalhamento máxima ou mínima, a Eq. 9.2 deve ser diferenciada em relação a θ, e a derivada igualada a zero. Quando isso é feito, e os resultados simplificados, as operações dão

$$\text{tg } 2\theta_2 = -\frac{(\sigma_x - \sigma_y)/2}{\tau_{xy}}, \tag{9.5}$$

onde o índice 2 de θ designa o plano no qual a tensão de cisalhamento é máxima ou mínima. Como a Eq. 9.3, a Eq. 9.5 tem duas raízes, que de novo devem ser distinguidas pela indicação θ'_2 ou θ''_2. Os dois planos definidos por essa equação são mutuamente perpendiculares. Além do mais, o valor de tg $2\theta_2$ dado pela Eq. 9.5 é o inverso negativo de tg $2\theta_1$, na Eq. 9.3. Assim, as raízes para os ângulos duplos da Eq. 9.5 defasam de 90° das raízes correspondentes da Eq. 9.3. Isso significa que os ângulos que localizam os planos da tensão de cisalhamento máxima ou mínima formam ângulos de 45° com os planos das tensões principais. A substituição na Eq. 9.2 das funções seno e co-seno, correspondentes ao ângulo duplo dado pela Eq. 9.5 e determinado de maneira análoga à da Fig. 9.5, dá os valores máximo e mínimo das tensões de cisalhamento. Esses, após simplificações, são

$$\tau_{\substack{max \\ min}} = \pm \sqrt{\left(\frac{\sigma_x - \sigma_y}{2}\right)^2 + \tau_{xy}^2}. \tag{9.6}$$

Assim, a máxima tensão de cisalhamento difere da mínima apenas pelo sinal. Além do mais, como as duas raízes dadas pela Eq. 9.5 localizam os planos defasados de 90°, esse resultado também significa que os valores numéricos das tensões de cisalhamento em planos mutuamente perpendiculares são os mesmos. Esse conceito foi usado repetidamente após seu estabelecimento na Seç. 3.3. Nessa dedução a diferença de sinal das duas tensões de cisalhamento aparecem da convenção para localização dos planos em que atuam essas tensões. Do ponto de vista físico, esses sinais não têm significado e, por essa razão, a maior tensão de cisalhamento será chamada de *tensão máxima de cisalhamento*, independentemente do sinal.

O sinal definido da tensão de cisalhamento pode ser sempre determinado por substituição direta da raiz particular de θ_2 na Eq. 9.2. Uma tensão de cisalhamento positiva indica que ela atua na direção admitida na Fig. 9.4(b), e vice-versa. A determinação da máxima tensão de cisalhamento é da maior importância para materiais fracos na resistência ao cisalhamento. Isso será discutido mais tarde, neste capítulo.

Ao contrário das tensões principais, para as quais não existem tensões de cisalhamento nos planos principais, as máximas tensões de cisalhamento atuam em planos usualmente não livres de tensões normais. A substituição de θ_2 da Eq. 9.5, na Eq. 9.1, mostra que as tensões normais que atuam nos planos das máximas de cisalhamento são

$$\sigma' = \frac{\sigma_x + \sigma_y}{2}. \tag{9.7}$$

Dessa forma, uma tensão normal atua simultaneamente com a máxima de cisalhamento a menos que $\sigma_x + \sigma_y$ se anule.

Se σ_x e σ_y na Eq. 9.6 são as tensões principais, τ_{xy} é zero e a Eq. 9.6 simplifica-se para

$$\tau_{max} = \frac{\sigma_1 - \sigma_2}{2}. \tag{9.8}$$

EXEMPLO 9.2

Para o estado de tensão do Exemplo 9.1, reproduzido na Fig. 9.6(a), refazer o problema anterior para $\theta = -22{,}5°$, usando as equações gerais para a transformação de tensão; (b) achar as tensões principais e mostrar seus sentidos em um elemento apropriadamente orientado; e (c) achar as máximas tensões de cisalhamento com as tensões normais associadas e mostrar os resultados em um elemento com orientação apropriada.

SOLUÇÃO

Caso (a). Pela aplicação direta das Eqs. 9.1 e 9.2 para $\theta = -22{,}5°$, com $\sigma_x = +3$ kgf/mm², $\sigma_y = +1$ kgf/mm², e $\tau_{xy} = +2$ kgf/mm², tem-se

$$\begin{aligned}
\sigma_{x'} &= \frac{3+1}{2} + \frac{3-1}{2}\cos(-45°) + 2\,\mathrm{sen}\,(-45°) \\
&= 2 + 1(0{,}707) - 2(0{,}707) = 1{,}29 \text{ kgf/mm}^2; \\
\tau_{x'y'} &= -\frac{3-1}{2}\,\mathrm{sen}\,(-45°) + 2\cos(-45°) \\
&= +(0{,}707) + 2(0{,}707) = +2{,}12 \text{ kgf/mm}^2.
\end{aligned}$$

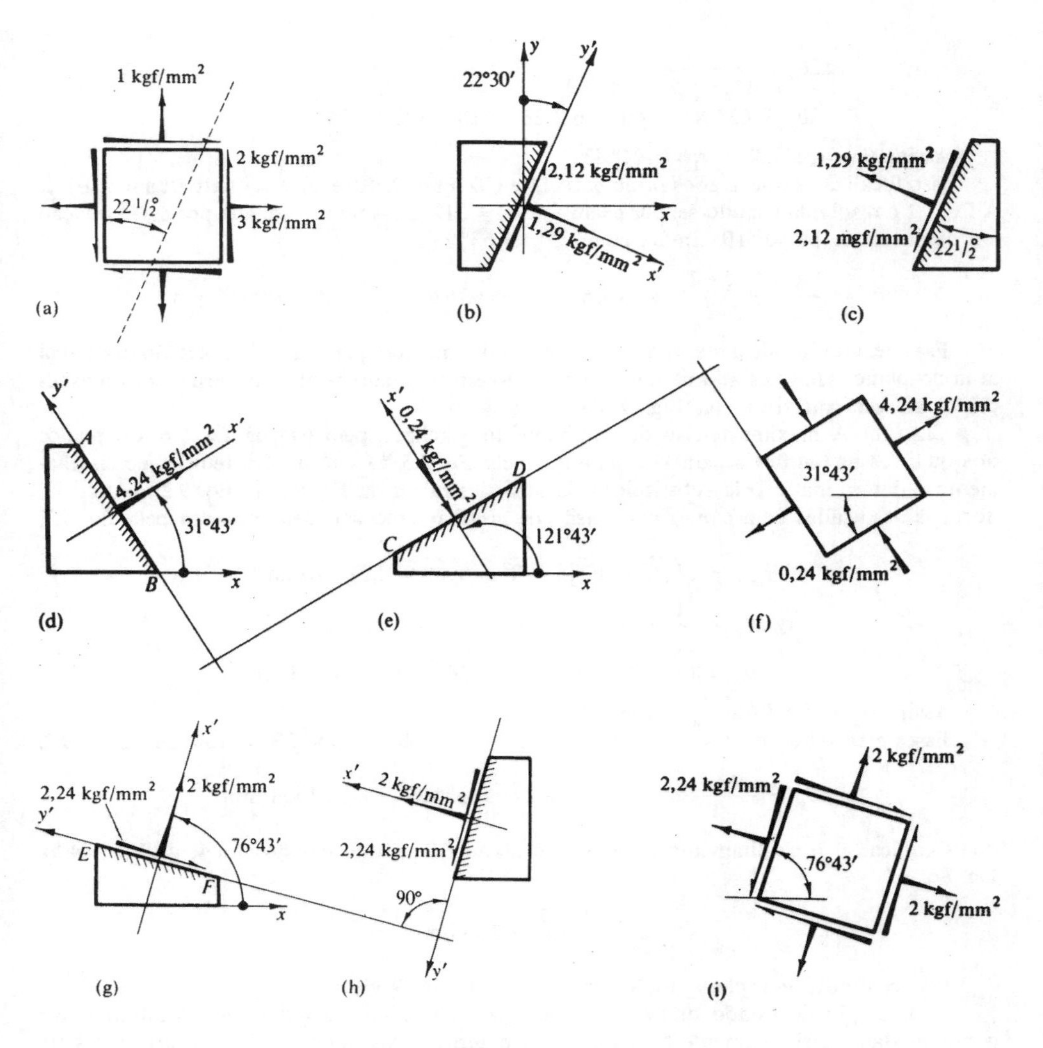

Figura 9.6

O sinal positivo de $\sigma_{x'}$ indica tração; enquanto que o sinal positivo de $\tau_{x'y'}$ indica que a tensão de cisalhamento atua na direção $+y'$, como mostra a Fig. 9.4(b). Esses resultados estão mostrados na Fig. 9.6(b) e na Fig. 9.6(c).

Caso (b). As tensões principais são obtidas por meio da Eq. 9.4. Os planos em que atuam as tensões principais são achados por meio da Eq. 9.3.

$$\sigma_{1\ ou\ 2} = \frac{3+1}{2} \pm \sqrt{\left(\frac{3-1}{2}\right)^2 + 2^2} = 2 \pm 2{,}24$$

$$\sigma_1 = +\,4{,}24\ \text{kgf/mm}^2\ \text{(tração)},\ \sigma_2 = -0{,}24\ \text{kgf/mm}^2\ \text{(compressão)}$$

$$\text{tg}\, 2\theta_1 = \frac{\tau_{xy}}{(\sigma_x - \sigma_y)/2} = \frac{2}{(3-1)/2} = 2$$

$$2\theta_1 = 63°\,26' \quad \text{ou} \quad 63°\,26' + 180° = 243°\,26'.$$

Assim $\theta_1' = 31°\,43'$ e $\theta_1'' = 121°\,43'$.

Isso localiza os dois planos principais AB e CD, Figs. 9.6(d) e (e), nos quais atuam σ_1 e σ_2. A Eq. 9.1 é resolvida usando-se, por exemplo, $\theta_1' = 31°\,43'$. A tensão achada por essa equação é a que atua no plano AB. Então, como $2\theta_1' = 63°\,26'$,

$$\sigma_x = \frac{3+1}{2} + \frac{3-1}{2}\cos 63°\,26' + 2\,\text{sen}\, 63°\,26' = +4{,}24\ \text{kgf/mm}^2 = \sigma_1 .$$

Esse resultado, além de verificar os cálculos, mostra que a máxima tensão principal atua no plano AB. O estado de tensão completo em um dado ponto, em termos das tensões principais está mostrado na Fig. 9.6(f).

Caso (*c*). A máxima tensão de cisalhamento é achada pelo uso da Eq. 9.6. Os planos nos quais essas tensões atuam são definidos pela Eq. 9.5. O sentido das tensões de cisalhamento é determinado pela substituição de uma das raízes da Eq. 9.5 na Eq. 9.2. As tensões normais associadas com a máxima tensão de cisalhamento são determinadas pela Eq. 9.7.

$$\tau_{max} = \sqrt{[(3-1)/2]^2 + 2^2} = \sqrt{5} = 2{,}24\ \text{kgf/mm}^2$$

$$\text{tg}\, 2\theta_2 = -\frac{(3-1)/2}{2} = -0{,}500$$

$$2\theta_2 = 153°\,26' \quad \text{ou} \quad 153°\,26' + 180° = 333°\,26'.$$

Assim $\theta_2' = 76°\,43'$ e $\theta_2'' = 166°\,43'$.

Esses planos são mostrados nas Figs. 9.6(g) e (h). Então, usando $2\theta_2' = 153°\,26'$ na Eq. 9.2,

$$\tau_{x'y'} = -\frac{3-1}{2}\,\text{sen}\, 153°\,26' + 2\cos 153°\,26' = -2{,}24\ \text{kgf/mm}^2,$$

que significa ter o cisalhamento ao longo do plano EF sentido oposto àquele da Fig. 9.4(b). Da Eq. 9.7

$$\sigma' = \frac{3+1}{2} = 2\ \text{kgf/mm}^2.$$

Os resultados completos estão mostrados na Fig. 9.6(i).

A descrição do estado de tensão pode agora ser exibida em três formas alternativas: como os dados originalmente fornecidos, e em termos das tensões achadas nas partes (b) e (c) deste problema. Na representação matricial do tensor das tensões tem-se

$$\begin{pmatrix} 3 & 2 \\ 2 & 1 \end{pmatrix} \quad \text{ou} \quad \begin{pmatrix} 4{,}24 & 0 \\ 0 & -0{,}24 \end{pmatrix} \quad \text{ou} \quad \begin{pmatrix} 2 & -2{,}24 \\ -2{,}24 & 2 \end{pmatrix} \text{kgf/mm}^2.$$

Todas essas descrições do estado de tensão no ponto dado são equivalentes. Observe que, em uma das formas apresentadas, a matriz é diagonal.

9.6 IMPORTANTE TRANSFORMAÇÃO DE TENSÃO

Uma transformação significativa de uma descrição de um estado de tensão em um ponto para outro ocorre quando a tensão de cisalhamento pura é convertida em tensões principais. Para essa finalidade, considere um elemento submetido a tensões de cisalhamento τ_{xy}, como na Fig. 9.7(a). Então, pela Eq. 9.4, as tensões principais $\sigma_{1\ ou\ 2} = \pm\ \tau_{xy}$, isto é, σ_1, σ_2 e τ_{xy} são todas numericamente iguais, embora σ_1 seja uma tensão de tração e σ_2 uma de compressão. Nesse caso, pela Eq. 9.3, os planos principais são dados por tg $2\theta_1 = \infty$, isto é, $2\theta_1 = 90°$ ou $270°$. Assim, $\theta_1' = 45°$ e $\theta_1'' = 135°$; os planos correspondentes a esses ângulos estão na Fig. 9.7(b). Para determinar em que plano atua a tensão σ_1, substitui-se $2\theta_1' = 90°$ na Eq. 9.1. Esse cálculo mostra que $\sigma_1 = +\ \tau_{xy}$ e a tensão de tração atua perpendicularmente ao plano *AB*. Ambas as tensões principais que são equivalentes à tensão de cisalhamento pura estão mostradas nas Figs. 9.7(b) e (c). Dessa forma, sempre que uma tensão de cisalhamento pura estiver atuando em um elemento, entende-se que ela causa tração ao longo de uma das diagonais, e compressão ao longo da outra. A diagonal *DF* na Fig. 9.7(a), ao longo da qual atua uma tensão de tração, é chamada de *diagonal de cisalhamento positivo.*

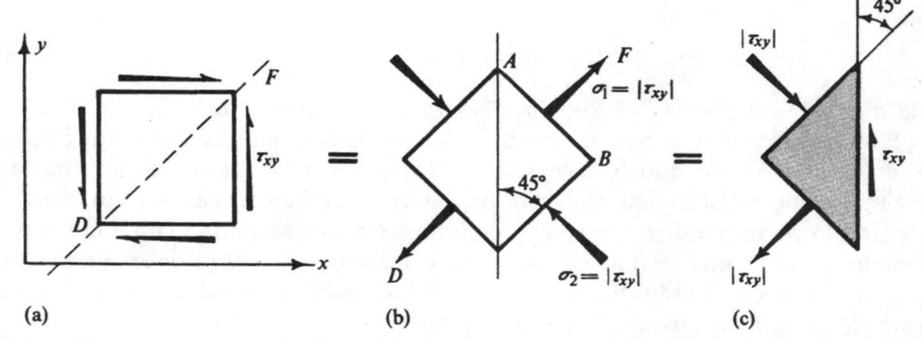

Figura 9.7 Tensão de cisalhamento pura, equivalente a tensões de tração-compressão que atuam em planos inclinados a 45° dos planos de cisalhamento

Do ponto de vista físico, a transformação de tensão achada concorda completamente com a intuição. O material não conhece a maneira pela qual o estado de tensão é descrito, e pouca imaginação seria necessária para convencer ao leitor de que as tensões de cisalhamento tangencial se combinam para causar tração ao longo da diagonal de cisalhamento positivo e compressão ao longo da outra diagonal.

9.7 CÍRCULO DE TENSÕES DE MOHR

Nesta seção serão reexaminadas as equações básicas 9.1 e 9.2 para a transformação de tensão em um ponto, a fim de interpretá-las graficamente. Ao fazê-lo, serão perseguidos dois objetivos. Primeiro, pela interpretação gráfica dessas equações, será atingida uma maior compreensão do problema geral da transformação de tensão. Essa é a principal finalidade deste artigo. Segundo, com a ajuda da construção gráfica, é possível obter, freqüentemente, uma solução mais rápida para os problemas de transformação de tensão. Isso será discutido na Seç. 9.8.

Um estudo cuidadoso das Eqs. 9.1 e 9.2 mostra que elas representam um círculo escrito em forma paramétrica. A verificação dessa afirmativa é feita reescrevendo-se as equações na forma

$$\sigma_{x'} - \frac{\sigma_x + \sigma_y}{2} = \frac{\sigma_x - \sigma_y}{2} \cos 2\theta + \tau_{xy} \text{ sen } 2\theta, \tag{9.9}$$

$$\tau_{x'y'} = -\frac{\sigma_x - \sigma_y}{2} \text{ sen } 2\theta + \tau_{xy} \cos 2\theta. \tag{9.10}$$

Então, elevando ao quadrado ambas as equações, somando-as e simplificando, tem-se

$$\left(\sigma_{x'} - \frac{\sigma_x + \sigma_y}{2}\right)^2 + \tau_{x'y'}^2 = \left(\frac{\sigma_x - \sigma_y}{2}\right)^2 + \tau_{xy}^2. \tag{9.11}$$

Em cada problema dado, σ_x, σ_y e τ_{xy} são as três constantes conhecidas, e $\sigma_{x'}$ e $\tau_{x'y'}$ são as variáveis. Assim, a Eq. 9.11 pode ser escrita em forma mais compacta, como

$$(\sigma_{x'} - a)^2 + \tau_{x'y'}^2 = b^2, \tag{9.12}$$

onde $a = (\sigma_x + \sigma_y)/2$ e $b^2 = [(\sigma_x - \sigma_y)/2]^2 + \tau_{xy}^2$ são constantes.

Essa equação é a expressão familiar da geometria analítica para um círculo $(x-a)^2 + y^2 = b^2$, de raio b, com seu centro em $(+a, 0)$. Assim, se for traçado um círculo que satisfaz essa equação, os valores simultâneos de um ponto (x, y) neste círculo correspondem a $\sigma_{x'}$ e $\tau_{x'y'}$ para uma orientação particular de um plano inclinado. A ordenada de um ponto sobre o círculo é a tensão de cisalhamento $\tau_{x'y'}$, a abscissa é a tensão normal $\sigma_{x'}$. O círculo assim construído é chamado de *círculo de tensão* ou *círculo de tensão de Mohr*.*

Um círculo de Mohr baseado na informação para tensões dadas da Fig. 9.8(a), está traçado na Fig. 9.8(b), com σ e τ como eixos coordenados. O centro está localizado em $(a, 0)$, e o raio é igual a b. O ponto A no círculo corresponde às tensões na face direita do elemento dado, quando $\theta = 0°$. Para esse ponto, $\sigma_{x'} = \sigma_x$ e $\tau_{x'y'} = \tau_{xy}$. Como $AJ/CJ = \tau_{xy}/[(\sigma_x - \sigma_y)/2]$, de acordo com a Eq. 9.3, o ângulo ACJ é igual a $2\theta_1$.

Com $\theta = 90°$, o eixo x' é dirigido para cima e o eixo y' aponta para a esquerda. Com essa orientação de eixos, as coordenadas do ponto B no círculo são $\sigma_{x'} = \sigma_y$ e $\tau_{x'y'} = -\tau_{xy}$. As coordenadas dos pontos B e A satisfazem a Eq. 9.11. A mesma argumentação pode ser aplicada a qualquer outro par de pontos, como D ou E, sobre o círculo. As coordenadas de tais pontos dão as tensões associadas com uma orientação particular dos eixos $x'y'$, que definem um plano que passa pelo elemento. Todas as maneiras possíveis de se descrever as tensões em um elemento para diferentes θ são representadas por pontos sobre o círculo de tensão de Mohr. Dessa forma, podem ser retiradas as conclusões importantes enumeradas a seguir relativas ao estado de tensão em um ponto.

*É assim designado em honra do professor Otto Mohr, alemão, que em 1895 sugeriu seu uso nos problemas de análise de tensão

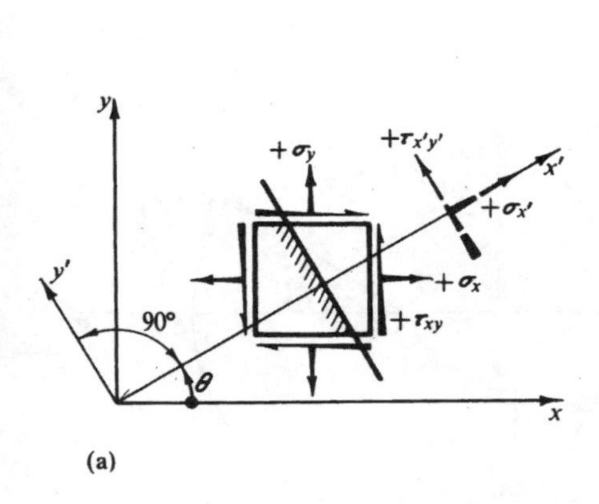

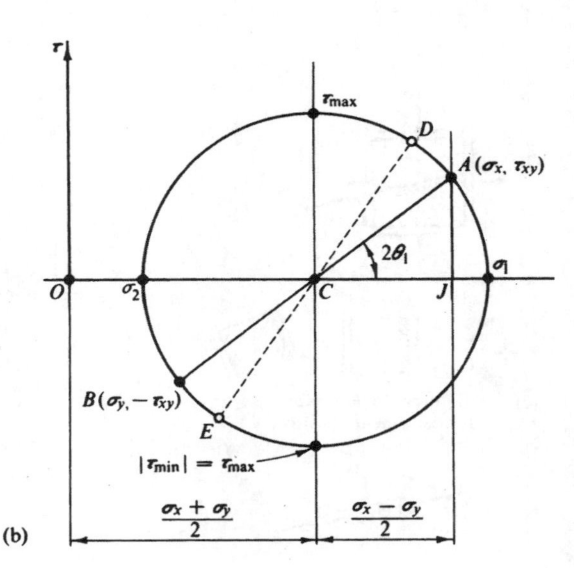

Figura 9.8 Círculo de tensão de Mohr

1. A maior tensão normal possíveis é σ_1 ; a menor é σ_2. Não existem tensões de cisalhamento juntamente com qualquer dessas tensões principais.

2. A maior tensão de cisalhamento τ_{max} é numericamente igual ao raio do círculo, $(\sigma_1 - \sigma_2)/2$. Uma tensão normal igual a $(\sigma_1 + \sigma_2)/2$ atua em cada um dos planos de máxima tensão de cisalhamento.

3. Se $\sigma_1 = \sigma_2$, o círculo de Mohr se degenera em um ponto, e não se desenvolvem tensões de cisalhamento no plano xy.

4. Se $\sigma_x + \sigma_y = 0$, o centro do círculo de Mohr coincide com a origem das coordenadas σ-τ, e existe o estado de cisalhamento puro.

5. A soma das tensões normais em quaisquer dos planos mutuamente perpendiculares é invariante, isto é,

$$\sigma_x + \sigma_y = \sigma_1 + \sigma_2 = \sigma_{x'} + \sigma_{y'} = \text{constante.}$$

9.8 CONSTRUÇÃO DO CÍRCULO DE TENSÕES DE MOHR

O círculo de tensão de Mohr é bastante usado na prática para transformação de tensão. Para ser de valia, o procedimento deve ser rápido e simples. Como ajuda na aplicação, é recomendado o procedimento delineado a seguir. Todas as etapas de construção do círculo podem ser justificadas com base nas relações anteriormente desenvolvidas. A Fig. 9.9 mostra um círculo de Mohr típico.

1. Fazer um diagrama do elemento para o qual são conhecidas as tensões normais e de cisalhamento, e indicar, sobre esse elemento, o sentido apropriado dessas tensões. Em um problema real, as faces desse elemento devem ter uma relação precisa com os eixos do membro em análise.

2. Estabelecer um sistema de coordenadas retangulares, em que o eixo horizontal é a tensão normal e o eixo vertical representa a tensão de cisalhamento.

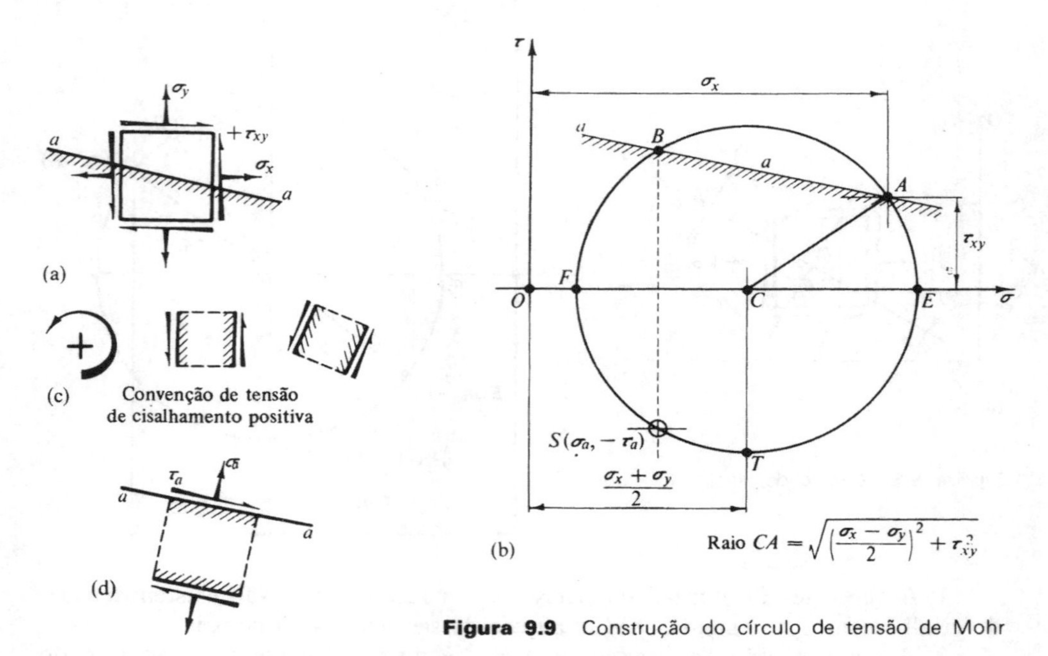

Figura 9.9 Construção do círculo de tensão de Mohr

As direções dos eixos positivos são tomadas no sentido normal, para cima e para a direita.

3. Localizar o centro do círculo, que está no eixo horizontal a uma distância de $(\sigma_x + \sigma_y)/2$ da origem. As tensões de tração são positivas, e as de compressão são negativas.

4. Da face direita do elemento preparado em (1), ler os valores para σ_x e τ_{xy} e marcar o ponto de controle A no círculo. As distâncias coordenadas a esse ponto são medidas a partir da origem. O sinal de σ_x é positivo se é de tração, e negativo se de compressão; o de τ_{xy} é positivo se para cima na face direita do elemento, e negativo se para baixo.

5. Ligar o centro do círculo achado em (3) com o ponto traçado em (4) e determinar essa distância, que é o raio do círculo.

6. Desenhar o círculo, usando o raio achado em (5). Se apenas as magnitudes e sinais das tensões são de interesse, essa etapa completa a solução do problema. As coordenadas dos pontos sobre o círculo fornecem a informação necessária.

7. Para determinar a direção e sentido das tensões que atuam em qualquer plano inclinado, desenhar pelo ponto A uma linha paralela ao plano inclinado e localizar o ponto B sobre o círculo. As coordenadas do ponto A, estando verticalmente no lado oposto do círculo que passa em B, dão as tensões que atuam no plano inclinado. Na Fig. 9.9(b) tais tensões são identificadas por σ_a e $-\tau_a$. Um valor positivo de σ indica uma tensão de tração, e vice-versa. O sentido da tensão de cisalhamento pode ser determinado pelo uso da Fig. 9.9(c). A tendência das tensões de cisalhamento nas duas faces opostas de um elemento causarem rotação anti-

-horária do elemento está associada com uma tensão de cisalhamento positiva. Com base nesse resultado $(+\sigma_a, -\tau_a)$ tem o significado mostrado na Fig. 9.9(d).

8. Procedendo em ordem inversa, pode ser achado o plano em que atuam as tensões associadas com qualquer ponto no círculo. Assim, traçando uma linha de A a E ou F, isto é, fazendo o ponto correspondente a B coincidir com uma dessas interceptações, determina-se a inclinação do plano no qual atuam as tensões principais respectivas. Para esse caso especial, a distância BS se degenera em um ponto. A tensão principal, dada pela interseção particular (E ou F), atua normalmente à linha que une esse ponto com o ponto A. Como antes, as tensões positivas indicam tração, e vice-versa.

Iniciando com o ponto mais elevado ou o inferior do círculo, podem ser determinados os planos nos quais atuam as tensões de cisalhamento e as normais associadas. Por exemplo, imaginando que o ponto S se mova para T, o plano no qual as tensões em T atuam é dado pela nova posição da linha BA, com o ponto B na posição mais elevada no círculo.

Para resolver os problemas de transformação de tensão usando o círculo de Mohr, os procedimentos anteriormente descritos podem ser aplicados graficamente. Entretanto, recomenda-se que os cálculos trigonométricos dos valores críticos sejam usados juntamente com a construção gráfica. Então o trabalho pode ser efetuado em um esquema simples, sem uso de escala, tanto para distâncias como para ângulos, e os resultados serão precisos. Usando o círculo de Mohr dessa maneira equivale a aplicar as equações básicas da transformação de tensão.

EXEMPLO 9.3

Dado o estado de tensão mostrado na Fig. 9.10(a), transformá-lo (a) nas tensões principais, e (b) nas tensões máximas de cisalhamento e nas tensões normais associadas. Mostrar os resultados para ambos os casos, em elementos apropriadamente orientados.

SOLUÇÃO

Para construir o círculo de tensão de Mohr, as seguintes quantidades são necessárias:

centro do círculo no eixo σ: $(-2 + 4)/2 = +1$ kgf/mm^2
ponto A no círculo dos dados da face direita do elemento: $(-2, -4)$ kgf/mm^2
raio do círculo: $CA = \sqrt{CD^2 + DA^2} = 5$ kgf/mm^2

Após desenhado o círculo, obtém-se $\sigma_1 = +6$ kgf/mm^2, $\sigma_2 = -4$ kgf/mm^2, e $\tau_{max} = 5$ kgf/mm^2.

Traçando uma linha de σ_1 em B para A, localiza-se o plano no qual atua a tensão σ_1. Analogamente, iniciando no ponto E e traçando uma linha até A temos o plano no qual atua a tensão σ_2. A máxima tensão de cisalhamento τ_{max} e a tensão normal associada σ são dadas pelas coordenadas do ponto F. Diretamente abaixo, no ponto G, a linha inclinada AG localiza o plano em que atuam $\tau_{max} = +5$ kgf/mm^2 e $\sigma' = +1$ kgf/mm^2.

Os resultados completos estão mostrados nos diagramas da Fig. 9.10(b) em elementos apropriadamente orientados. Os ângulos mostrados são determinados por meio de relações trigonométricas adequadas. Assim, como tg $DBA = AD/DB = 4/8 = 0{,}5$, o ângulo $DBA =$ $= 26°\ 34'$. O plano do cisalhamento máximo é localizado a 45° dos planos da tensão principal. Naturalmente, a solução poderia ser obtida inteiramente por meio de gráficos.

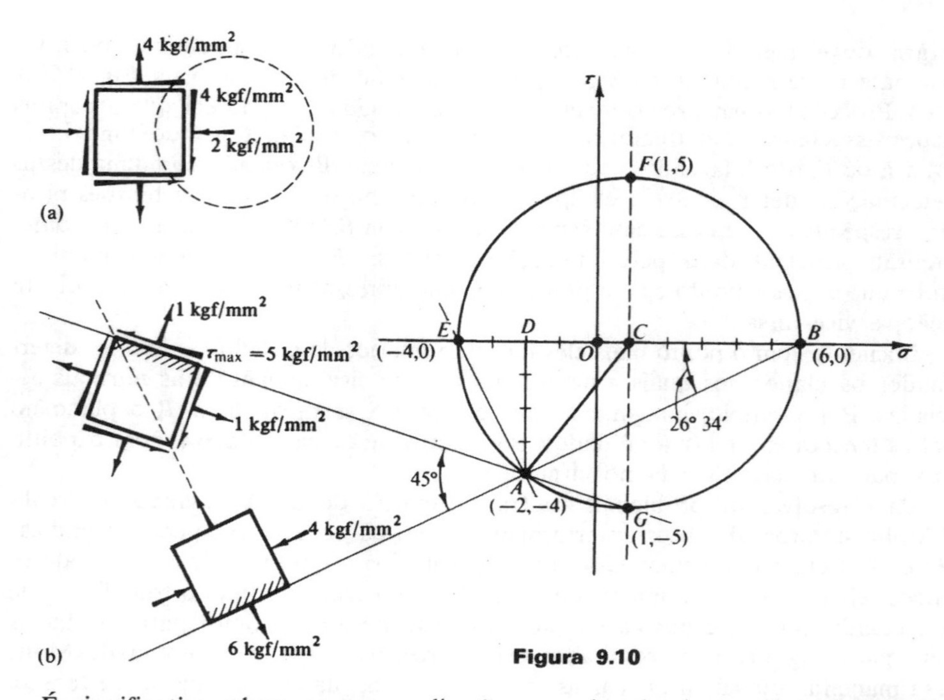

Figura 9.10

É significativo observar que a direção aproximada da tensão principal de maior valor algébrico encontrada no exemplo acima poderia ter sido antecipada. Em lugar de se pensar em termos das tensões de cisalhamento e normal, como é fornecido pelos dados originais, Fig. 9.11(a), pode-se considerar um problema equivalente, ilustrado na Fig. 9.11(b). As tensões de cisalhamento foram aqui substituídas por tensões equivalentes de tração-compressão, atuando ao longo das diagonais apropriadas. Então, por motivos qualitativos, o contorno do elemento original pode ser obliterado, e as tensões de tração podem ser destacadas como na Fig. 9.11(c). Desse novo diagrama torna-se aparente que, independentemente das magnitudes das tensões particulares das tensões envolvidas, a tensão de tração máxima resultante deve atuar em algum lugar entre a tensão de tração dada e a diagonal de cisalhamento positivo. Em outras palavras, *a linha de ação da tensão principal de maior valor algébrico é "alargada" pela tensão normal de maior valor algébrico e da diagonal de cisalhamento positivo.* O uso da diagonal de cisalhamento negativo, localizada a 90° com a diagonal de cisalhamento positivo, é útil na visualização desse efeito para casos em que ambas as tensões normais dadas são de compressão, Figs. 9.11(d) e (e). Esse procedimento fornece uma verificação qualitativa da orientação de um elemento em relação às tensões principais.

EXEMPLO 9.4

Usando o círculo de Mohr, transformar as tensões mostradas na Fig. 9.12(a), em tensões que atuam sobre o plano a um ângulo de 22,5° com o eixo vertical.

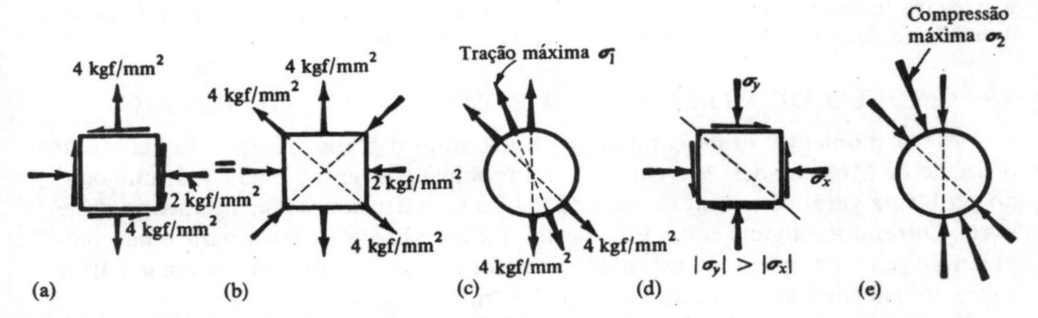

Figura 9.11 Método para estimar a direção das tensões principais máximas absolutas

SOLUÇÃO

Aqui o centro do círculo de Mohr está em $(3 + 1)/2 = +2$ kgf/mm^2 sobre o eixo σ. As tensões na face direita do elemento dão (3,3) para coordenadas do ponto A sobre o círculo. Dessa forma, o raio do círculo é igual a 3,16.

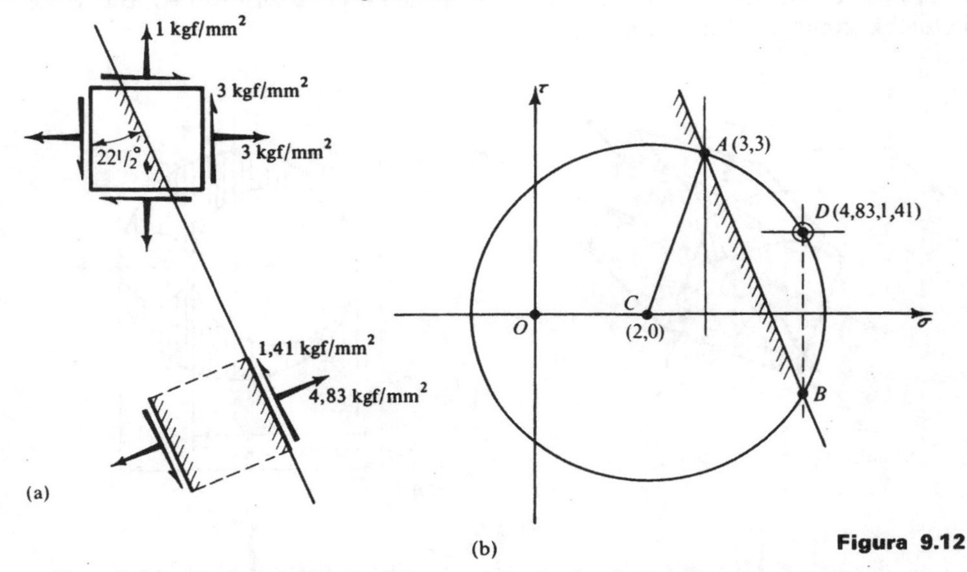

Figura 9.12

Uma linha AB desenhada paralela ao plano inclinado localiza o ponto B; imediatamente acima está o ponto D. As tensões que atuam no plano examinado são dadas pelas coordenadas do ponto D. Essa solução é facilmente alcançada por meio de construção gráfica; analiticamente o procedimento é menos direto. Esse tipo de construção gráfica pode ser usado efetivamente para fornecer uma rápida verificação qualitativa em trabalhos analíticos e experimentais.

Para trabalhos numéricos é possível imaginar esquemas trigonométricos especiais para cada caso particular. Entretanto, esse método freqüentemente demonstra ser trabalhoso e a aplicação direta das Eqs. 9.1 e 9.2 é mais fácil. Alternativamente, pode-se sempre construir uma cunha limitada por dois eixos e o plano inclinado, e solucionar o problema na forma ilustrada no Exemplo 9.1. Em alguns casos, o último método é ambíguo.

9.9 CÍRCULO DE MOHR PARA O ESTADO GERAL DE TENSÕES

Até o momento, neste capítulo, se apresentou a transformação de tensão, e o círculo de Mohr associado a ela, para um problema de tensão plana. O tratamento do problema geral de transformação de tensão tridimensional foge ao escopo deste livro. Entretanto, alguns resultados de tal análise são necessários para uma compreensão mais completa do assunto. Dessa forma, serão feitos vários comentários sobre transformação do estado de tensão tridimensional.

Os livros de elasticidade e de plasticidade, mostram que qualquer estado de tensão tridimensional (veja a Fig. 3.2, ou 9.2(a)) pode ser transformado em três tensões principais que atuam em três direções ortogonais. Essa é uma generalização do caso anteriormente discutido, onde se mostrou que duas tensões principais atuam em direções ortogonais no problema de tensão plana. Na Fig. 9.13(a) está mostrado um elemento, após a transformação apropriada de tensão, com as três tensões principais que atuam sobre ele. Esse elemento pode ser visto em três vistas diferentes, como na Fig. 9.13(b).

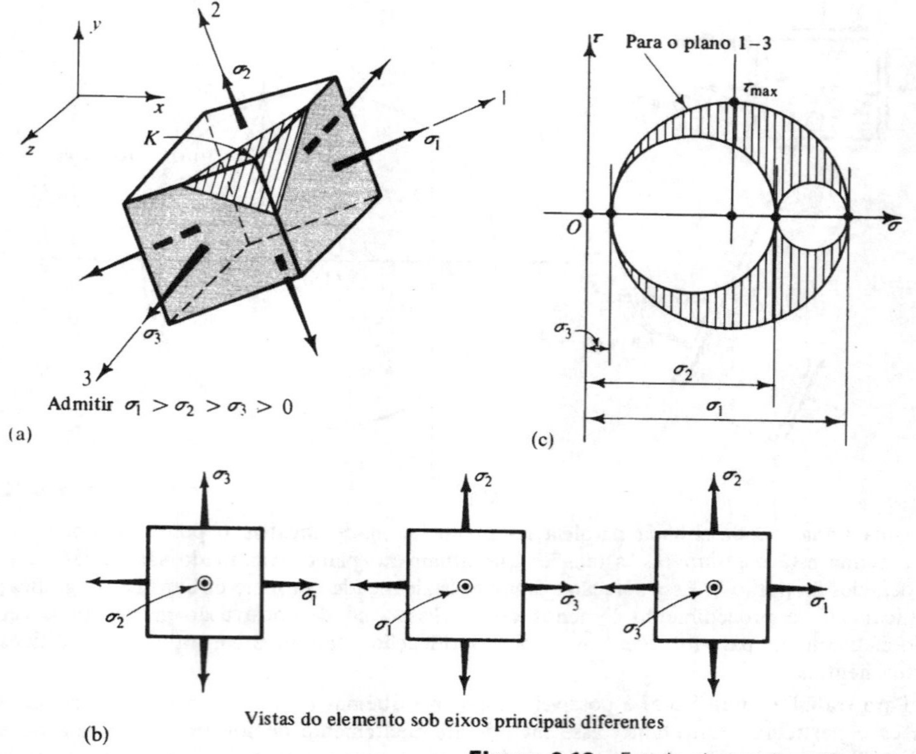

Figura 9.13 Estado de tensão tridimensional

Correspondendo a cada projeção do elemento na Fig. 9.13(b), pode ser traçado um círculo de Mohr, usando-se os procedimentos desenvolvidos anteriormente. Por exemplo, para um elemento situado no plano 1-3, o círculo de Mohr correspondente passa por σ_1 e σ_3 como mostra a Fig. 9.13(c). Círculos análogos podem ser traçados para os planos 1-2 e 2-3. Os três círculos agrupam-se conforme mostra a Fig. 9.13(c).

Em seguida, suponha que, no lugar de se considerar os planos de atuação das tensões principais, se considere um plano arbitrário tal como o plano tracejado *K* na Fig. 9.13(a). Então pode-se mostrar* que as tensões normais e de cisalhamento que atuam em todos os planos possíveis, quando traçados como na Fig. 9.13(c), caem na parte hachurada do diagrama. Isso significa que os três círculos já desenhados dão os valores limites de todas as tensões possíveis. Esse é um fato importante e será usado na discussão das propriedades do material em um estado de tensão multiaxial.

Em comparação com o problema geral acima, tem-se, no problema de tensão plana, $\sigma_3 = 0$. Entretanto, mesmo nesse problema menos geral, o elemento é tridimensional. Dessa forma, é possível estudar as tensões em planos arbitrariamente orientados, correspondentes ao plano *K* da Fig. 9.13(a). Isso não foi feito anteriormente. Com $\sigma_3 = 0$ são necessários três círculos de Mohr para exibir em um gráfico todas as possíveis orientações dos planos. Considere, por exemplo, um elemento com $\sigma_1 = \sigma_2$, para o qual, desde um ponto de vista bidimensional, o círculo de Mohr se degenera a um ponto. O mesmo elemento, observado segundo diferentes eixos, como 1 e 3, com, por exemplo, $\sigma_1 \neq 0$ e $\sigma_3 = 0$, gera um círculo com raio igual a $\sigma_1/2$. Assim, a direção da qual o elemento é visto é da maior importância.

PARTE B
TRANSFORMAÇÃO DE DEFORMAÇÃO

9.10 CONSIDERAÇÕES GERAIS

Nesta parte, a transformação das deformações conhecidas associadas com um conjunto de eixos ou com direções conhecidas será relacionada com as deformações em direções quaisquer. Mostrar-se-á que a transformação das deformações normal e de cisalhamento se assemelha completamente com a transformação de tensões normal e de cisalhamento apresentada anteriormente. Assim, após o estabelecimento das equações de transformação da deformação, será introduzido o círculo de deformação de Mohr. A atenção ficará confinada ao caso bidimensional, ou mais precisamente ao caso de deformação plana, o que de acordo com a Eq. 4.9 significa que $\varepsilon_z = \gamma_{zx} = \gamma_{zy} = 0$. A extensão da transformação de deformação ao caso geral, envolvendo o círculo de deformação de Mohr para o problema tridi-

*Veja O. Hoffman e G. Sachs, *Introduction to the Theory of Plasticity for Engineers*, p. 13, McGraw--Hill Book Company, Nova Iorque, 1953

mensional, não será considerada. Como as deformações máximas usualmente ocorrem nas superfícies externas livre de um membro, o problema bidimensional é de longe o mais importante.

Ao se estudar as deformações em um ponto, interessa apenas o deslocamento relativo dos pontos adjacentes. A translação e rotação de um elemento como um todo não provocam conseqüências porque esses deslocamentos são de corpo rígido. Por exemplo, se for estudada a deformação normal de uma diagonal de comprimento ds do elemento na Fig. 9.14(a), o elemento em sua condição deformada pode ser retornado para fins de comparação, como na Fig. 9.14(c). É imaterial se os lados horizontal (tracejados) ou vertical (pontilhados) dos elementos deformados ou não-deformados são associados para determinar $d\Delta$. Para as pequenas deformações consideradas neste texto, a quantidade relevante, alongação $d\Delta$ na direção da diagonal, é essencialmente a mesma, independentemente do método de comparação empregado.

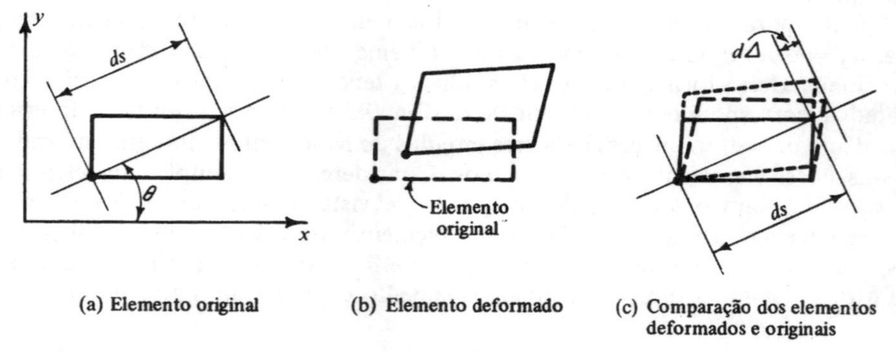

Figura 9.14 As deformações são determinadas com base nas deformações relativas

Ao se tratar das deformações na forma anterior, apenas questões cinemáticas têm relevância. As propriedades mecânicas do material não entram no problema. Entretanto, após serem apresentadas as principais características da transformação de deformação, algumas relações adicionais entre tensão e deformação para materiais elásticos lineares serão dadas no final desta parte do capítulo.

9.11 EQUAÇÕES PARA A TRANSFORMAÇÃO DE DEFORMAÇÃO PLANA

Ao estabelecer as equações para a transformação de deformação é necessária a adoção estrita de uma convenção de sinais. A convenção de sinais usada aqui foi introduzida no Cap. 4 e se relaciona com a escolhida para as tensões. As deformações lineares ε_x e ε_y correspondentes aos alongamentos nas direções x e y, respectivamente, são consideradas positivas. A deformação de cisalhamento é considerada positiva se alonga uma diagonal com inclinação positiva no sistema de coordenadas xy. Por conveniência, na dedução das equações de transformação de deformação, o elemento distorcido por meio de deformação angular positiva será tomado como aquele mostrado na Fig. 9.15(a). Como foi observado na seção precedente, isso conduz a resultados perfeitamente gerais, contanto que as deformações sejam pequenas.

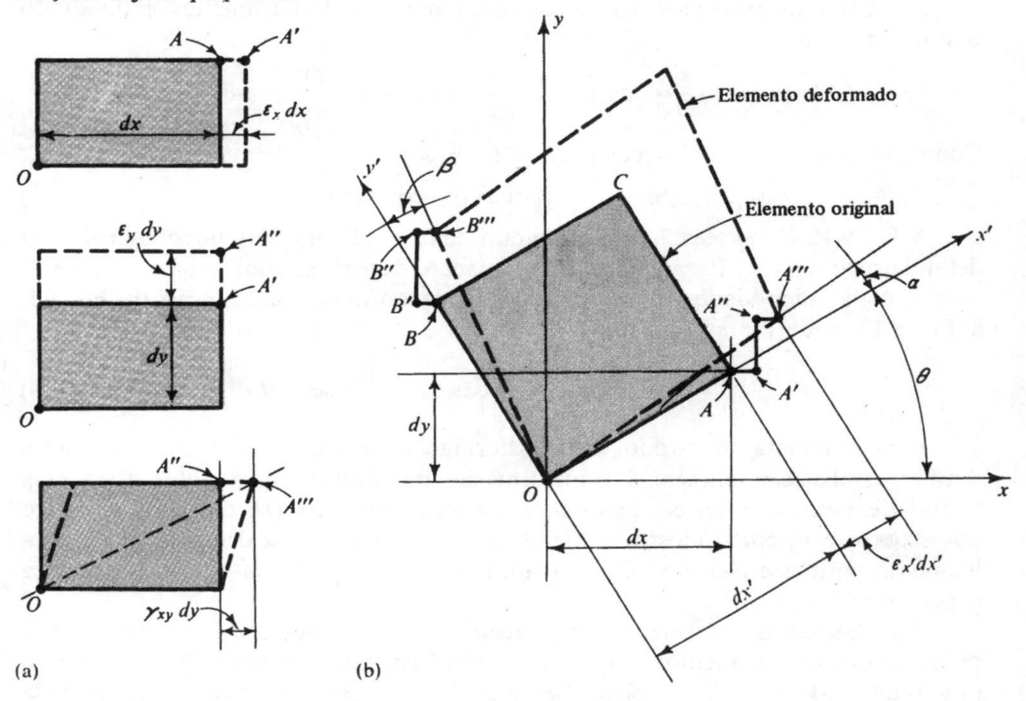

Figura 9.15 Deformações exageradas de elementos para dedução das deformações ao longo de novos eixos

Em seguida suponha que as deformações ε_x, ε_y e γ_{xy} associadas com os eixos xy são conhecidas e que seja necessária uma deformação linear ao longo de algum novo eixo x'. O novo sistema de eixos $x'y'$ relaciona-se com os eixos xy, como na Fig. 9.15(b). Nessas novas coordenadas um comprimento OA, de tamanho dx', pode ser imaginado como sendo uma diagonal de um elemento diferencial retangular dx por dy nas coordenadas iniciais.

Considerando o ponto O fixo no espaço, pode-se calcular os deslocamentos do ponto A causados pelas deformações impostas, em uma base diferente nos dois sistemas de coordenadas. O deslocamento na direção x é $AA' = \varepsilon_x dx$; na direção y, $A'A'' = \varepsilon_y dy$. Para a deformação angular, admitindo que ela cause o deslocamento horizontal mostrado na Fig. 9.15(a), $A''A''' = \gamma_{xy} dy$. A ordem na qual esses deslocamentos ocorrem é arbitrária. Na Fig. 9.15(b), o deslocamento AA' é mostrado em primeiro lugar, depois $A'A''$, e finalmente $A''A'''$. Projetando esses deslocamentos no eixo x', encontra-se o deslocamento do ponto A ao longo do eixo x'. Então, reconhecendo que, por definição, $\varepsilon_{x'} dx'$ também é o alongamento de OA, no sistema de coordenadas $x'y'$, tem-se a seguinte igualdade:

$$\varepsilon_{x'}dx' = AA' \cos\theta + A'A'' \operatorname{sen}\theta + A''A''' \cos\theta.$$

Substituindo as expressões apropriadas para os deslocamentos e dividindo por dx', tem-se

$$\varepsilon_{x'} = \varepsilon_x \frac{dx}{dx'} \cos\theta + \varepsilon_y \frac{dy}{dx'} \operatorname{sen}\theta + \gamma_{xy} \frac{dy}{dx'} \cos\theta.$$

Como, entretanto, $dx/dx' = \cos\theta$ e $dy/dx' = \operatorname{sen}\theta$

$$\varepsilon_{x'} = \varepsilon_x \cos^2\theta + \varepsilon_y \operatorname{sen}^2\theta + \gamma_{xy} \operatorname{sen}\theta \cos\theta. \tag{9.13}$$

A Eq. 9.13 é a expressão básica para a deformação em uma direção arbitrária definida pelo eixo x'. Para aplicar essa equação, devem ser conhecidas ε_x, ε_y e γ_{xy}. Pelo uso das identidades trigonométricas já encontradas na dedução da Eq. 9.1, a Eq. 9.13 pode ser escrita como

$$\varepsilon_{x'} = \frac{\varepsilon_x + \varepsilon_y}{2} + \frac{\varepsilon_x - \varepsilon_y}{2} \cos 2\theta + \frac{\gamma_{xy}}{2} \operatorname{sen} 2\theta. \tag{9.14}$$

Para completar o estudo da transformação de deformação em um ponto, deve-se estabelecer também a transformação de deformação angular. Para essa finalidade, considere um elemento $OACB$ com lados OA e OB dirigidos ao longo dos eixos x' e y', como mostra a Fig. 9.15(b). Por definição, a deformação de cisalhamento para esse elemento é a mudança no ângulo AOB. Na figura, a mudança nesse ângulo é $\alpha + \beta$.

Para pequenas deformações, o pequeno ângulo α pode ser determinado pela projeção dos deslocamentos AA', $A'A''$ e $A''A'''$ em uma normal a OA e dividindo essa quantidade por dx'. Ao aplicar esse método, a tangente do ângulo é considerada igual ao ângulo em si. Isso é aceitável se as deformações forem pequenas. Assim

$$\begin{aligned}
\alpha \approx \operatorname{tg}\alpha &= \frac{-AA' \operatorname{sen}\theta + A'A'' \cos\theta - A''A''' \operatorname{sen}\theta}{dx'} \\
&= -\varepsilon_x \frac{dx}{dx'} \operatorname{sen}\theta + \varepsilon_y \frac{dy}{dx'} \cos\theta - \gamma_{xy} \frac{dy}{dx'} \operatorname{sen}\theta \\
&= -(\varepsilon_x - \varepsilon_y) \operatorname{sen}\theta \cos\theta - \gamma_{xy} \operatorname{sen}^2\theta.
\end{aligned}$$

Por meio de argumentação análoga

$$\beta \approx -(\varepsilon_x - \varepsilon_y) \operatorname{sen}\theta \cos\theta + \gamma_{xy} \cos^2\theta.$$

Dessa forma, como a deformação angular $\gamma_{x'y'}$ entre os eixos $x'y'$ é $\alpha + \beta$, tem-se

$$\gamma_{x'y'} = -2(\varepsilon_x - \varepsilon_y) \operatorname{sen}\theta \cos\theta + \gamma_{xy}(\cos^2\theta - \operatorname{sen}^2\theta)$$

ou

$$\gamma_{x'y'} = -(\varepsilon_x - \varepsilon_y) \operatorname{sen} 2\theta + \gamma_{xy} \cos 2\theta. \tag{9.15}$$

Essa é a segunda equação fundamental para a transformação de deformação. Observe que, quando $\theta = 0°$, é recuperada a deformação angular associada com os eixos xy.

As Eqs. 9.14 e 9.15 para transformações de deformação são análogas às Eqs. 9.1 e 9.2 para transformação de tensões. Essa característica será enfatizada posteriormente na discussão do círculo de deformação de Mohr.

9.12 DEDUÇÃO ALTERNATIVA DA EQUAÇÃO 9.13

Alguns leitores podem estar interessados em um método diferente para dedução da transformação de deformação, Eq. 9.13. Essa alternativa é mais característica dos métodos usados na elasticidade e na plasticidade, os quais podem ser generalizados para três dimensões.

Considere um elemento AB inicialmente de comprimento ds, Fig. 9.16. Após ser deformado, esse elemento desloca-se para a posição $A'B'$ e fica com comprimento ds^*. O comprimento inicial $ds^2 = dx^2 + dy^2$; enquanto que o comprimento deformado do elemento $(ds^*)^2 = (dx^*)^2 + (dy^*)^2$, com $dx^* = dx + du$ e $dy^* = dy + dv$.

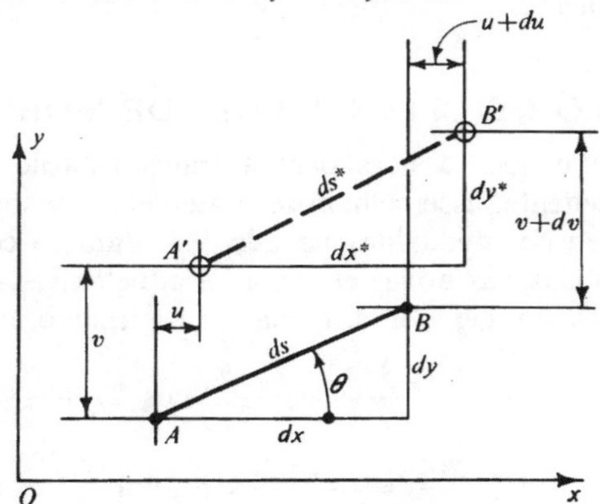

Figura 9.16

Os incrementos infinitesimais das deformações du e dv podem ser achados formalmente pela regra da cadeia da diferenciação para diferenciais totais, isto é,

$$du = \frac{\partial u}{\partial x}dx + \frac{\partial u}{\partial y}dy \quad \text{e} \quad dv = \frac{\partial v}{\partial x}dx + \frac{\partial v}{\partial y}dy.$$

Usando as relações acima, a deformação é definida de forma mais conveniente pela diferença entre $(ds^*)^2$ e ds^2. Essa diferença é zero para corpos não-deformados.

Para a teoria da pequena deformação, na expressão para $(ds^*)^2$ podem ser desprezados os quadrados das pequenas quantidades, em comparação com as quantidades em si. Assim, após algumas manipulações algébricas e simplificações

$$(ds^*)^2 = \left(1 + 2\frac{\partial u}{\partial x}\right)dx^2 + 2\frac{\partial u}{\partial y}dxdy + \left(1 + 2\frac{\partial v}{\partial y}\right)dy^2 + 2\frac{\partial v}{\partial x}dxdy.$$

Assim

$$(ds^*)^2 - ds^2 = 2\frac{\partial u}{\partial x}dx^2 + 2\frac{\partial u}{\partial y}dy^2 + 2\left(\frac{\partial u}{\partial y} + \frac{\partial v}{\partial x}\right)dxdy$$

e, lembrando das Eqs. 4.3 e 4.5, que definem as deformações como derivadas dos deslocamentos, tem-se

$$(ds^*)^2 - ds^2 = 2\varepsilon_x dx^2 + 2\varepsilon_y dy^2 + 2\gamma_{xy}dydx. \tag{9.16}$$

Para pequenas deformações, tem-se, com elevado grau de precisão,

$$(ds^*)^2 - ds^2 = (ds^* + ds)\left(\frac{ds^* - ds}{ds}\right) ds \approx 2\varepsilon_\theta ds^2, \tag{9.17}$$

onde a deformação linear é $\varepsilon_\theta = (ds^* - ds)/ds$ pela definição clássica de pequena deformação, e como ds^* difere muito pouco de ds, $ds^* + ds \approx 2ds$.

Igualando-se as Eqs. 9.16 e 9.17, dividindo tudo por ds^2, e reconhecendo que $\cos\theta = dx/ds$ e $\operatorname{sen}\theta = dy/ds$, obtém-se

$$\varepsilon_\theta = \varepsilon_x \cos^2\theta + \varepsilon_y \operatorname{sen}^2\theta + \gamma_{xy} \operatorname{sen}\theta\cos\theta. \tag{9.18}$$

Essa equação para deformação linear é idêntica à Eq. 9.13.

Tomando dois lados inicialmente perpendiculares de um elemento e efetuando o produto escalar para os mesmos dois lados no estado deformado, pode obter-se a Eq. 9.15 para a deformação angular.

9.13 CÍRCULO DE DEFORMAÇÕES DE MOHR

As duas equações básicas para a transformação de deformações, deduzidas no artigo precedente, assemelham-se matematicamente às equações para a transformação de tensões deduzidas na Seç. 9.3. Para se conseguir maior semelhança entre as aparências das novas equações e aquelas vistas anteriormente, a Eq. 9.15 é reescrita, após divisão por dois, na forma abaixo, como Eq. 9.19

$$\varepsilon_{x'} = \frac{\varepsilon_x + \varepsilon_y}{2} + \frac{\varepsilon_x - \varepsilon_y}{2}\cos 2\theta + \frac{\gamma_{xy}}{2}\operatorname{sen} 2\theta, \tag{9.14}$$

$$\frac{\gamma_{x'y'}}{2} = -\frac{\varepsilon_x - \varepsilon_y}{2}\operatorname{sen} 2\theta + \frac{\gamma_{xy}}{2}\cos 2\theta. \tag{9.19}$$

Essas equações são idênticas, na forma matemática, à transformação de tensão das Eqs. 9.1 e 9.2, exceto que os termos γ são divididos por dois. Como essas equações definem a lei de transformação do tensor, os elementos do tensor das deformações devem ser ε_x, ε_y e $\gamma_{xy}/2$. Essa condição foi antecipada nas Eqs. 4.7 e 4.8, onde se considerou $\gamma_{xy}/2 \equiv \varepsilon_{xy}$ juntamente com ε_{yz} e ε_{xz} e não γ_{xy}, como elementos de um tensor das deformações.

Como as equações de transformação de deformação, com as deformações angulares divididas por dois, são matematicamente idênticas à transformação de tensão, pode ser construído o círculo de deformação de Mohr. Nessa construção, cada ponto no círculo dá dois valores — um para deformação normal o outro para deformação angular dividida por dois. As deformações correspondentes ao alongamento são positivas; para contração elas são negativas. As deformações angulares distorcem o elemento, como mostra a Fig. 9.15(a). Ao traçar o círculo, os eixos positivos são tomados da maneira usual, para cima e para a direita. O eixo vertical é medido em termos de $\gamma/2$.

Como ilustração do círculo de deformação de Mohr, considere que ε_x, ε_y e $+\gamma_{xy}$ sejam dados. Então, nos eixos $\varepsilon - 1/2\gamma$ na Fig. 9.17, o centro do círculo C está em $[(\varepsilon_x + \varepsilon_y)/2, 0]$ e, dos dados fornecidos, o ponto A no círculo está em

(ε_x, $\gamma_{xy}/2$). Um exame desse círculo leva a conclusões análogas àquelas tiradas anteriormente para o círculo de tensão.

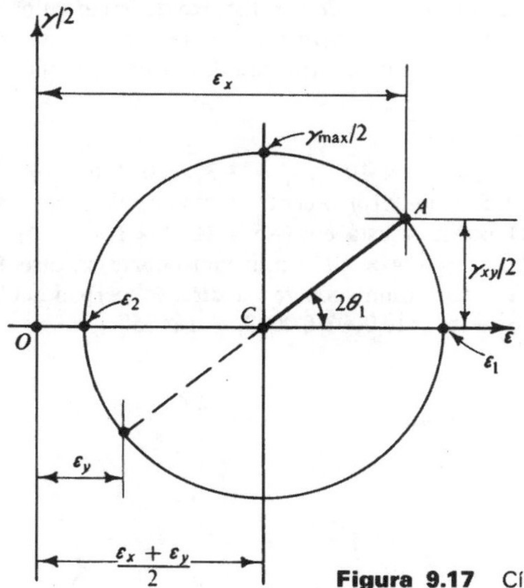

Figura 9.17 Círculo de deformação de Mohr

1. A deformação linear máxima é ε_1 ; a mínima é ε_2. Essas são as deformações principais, e nenhuma deformação angular está associada com elas. As direções das deformações lineares coincidem com as direções das tensões principais. Como pode ser deduzido do círculo, a expressão analítica para as deformações principais é

$$(\varepsilon_{x'})_{\substack{max \\ min}} = \varepsilon_{1\ ou\ 2} = \frac{\varepsilon_x + \varepsilon_y}{2} \pm \sqrt{\left(\frac{\varepsilon_x - \varepsilon_y}{2}\right)^2 + \left(\frac{\gamma_{xy}}{2}\right)^2}, \tag{9.20}$$

onde o sinal positivo em frente ao radical deve ser usado para ε_1, a máxima deformação principal no sentido algébrico. O sinal negativo deve ser usado para ε_2, a deformação principal mínima. Os planos nos quais as deformações principais atuam podem ser definidos analiticamente pela Eq. 9.19, igualando-a a zero. Assim

$$\text{tg } 2\theta_1 = \frac{\gamma_{xy}}{\varepsilon_x - \varepsilon_y}, \tag{9.21}$$

porque essa equação tem duas raízes, ela é completamente análoga à Eq. 9.3 e pode ser tratada da mesma maneira.

2. A maior deformação angular γ_{max} é igual ao dobro do raio do círculo. As deformações lineares de $(\varepsilon_1 + \varepsilon_2)/2$ nas duas direções mutuamente perpendiculares estão associadas com a máxima deformação angular.

3. A soma das deformações lineares em quaisquer duas direções mutuamente perpendiculares é invariante, isto é, $\varepsilon_1 + \varepsilon_2 = \varepsilon_x + \varepsilon_y =$ constante. As outras propriedades das deformações em um ponto podem ser estabelecidas pelo estudo posterior do círculo.

EXEMPLO 9.5

Observou-se que um elemento de um corpo se contrai de 0,00050 mm/mm ao longo do eixo x, e se alonga de 0,00030 mm/mm na direção de y, e distorce de um ângulo* de 0,00060 rad, como na Fig. 9.18(a). Achar as deformações principais e determinar as direções nas quais essas deformações atuam. Usar o círculo de deformação de Mohr para obter a solução.

SOLUÇÃO

Os dados fornecidos indicam que $\varepsilon_x = -5 \times 10^{-4}$, $\varepsilon_y = +3 \times 10^{-4}$, e $\gamma_{xy} = -6 \times 10^{-4}$. Assim, em um sistema de eixos de $\varepsilon - 0{,}5\gamma$ (Fig. 9.18) o centro C do círculo está localizado em $(\varepsilon_x + \varepsilon_y)/2 = -1 \times 10^{-4}$ no eixo ε. O ponto A está em $(-5 \times 10^{-4}, -3 \times 10^{-4})$. O raio do círculo AC é igual a 5×10^{-4}. Assim $\varepsilon_1 = +4 \times 10^{-4}$ mm/mm ocorre na direção perpendicular à linha $A - \varepsilon_1$; e $\varepsilon_2 = -6 \times 10^{-4}$ mm/mm ocorre na direção perpendicular à linha $A - \varepsilon_2$. Pela geometria da figura, $|\theta| = \text{tg}^{-1}(0{,}0003/0{,}0009) = 18^\circ\,25'$.

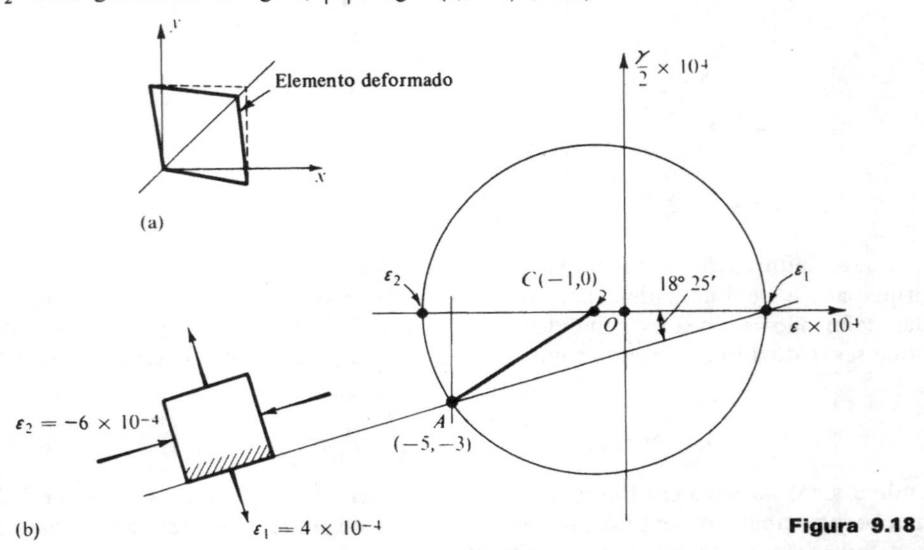

Figura 9.18

9.14 MEDIDAS DE DEFORMAÇÃO; ROSETAS

As medidas de deformações lineares são particularmente simples de se fazer, e técnicas altamente confiáveis foram desenvolvidas para essa finalidade. Em tal trabalho as deformações lineares são medidas ao longo de diversas linhas concêntricas, esquematicamente indicadas na Fig. 9.19(a) pelas linhas *a-a*, *b-b* e *c-c*.

Essas linhas de sensores podem ser localizadas sobre o membro investigado, referidos a alguns eixos coordenados (como x e y) pelos respectivos ângulos θ_1, θ_2 e θ_3. Comparando a distância inicial entre quaisquer dois pontos correspondentes de medida com a distância no membro sob tensão, é obtido o alongamento

*Essa medida pode ser tomada pela inscrição de um pequeno quadrado sobre um corpo, deformando-o, e, então, medindo a variação angular ocorrida. Ampliações fotográficas de retículos têm sido usadas para essa finalidade

no comprimento de medida. Dividindo o alongamento pelo comprimento de medida obtém-se a deformação na direção θ_1, que será indicada por ε_{θ_1}. Efetuando a mesma operação com outras linhas de medida são obtidas ε_{θ_2} e ε_{θ_3}. Se as distâncias entre os pontos são pequenas, são obtidas medidas próximas das deformações em um ponto.

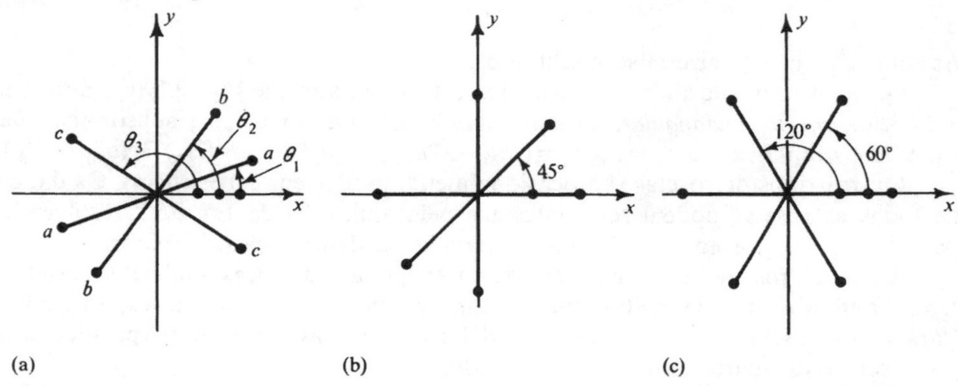

Figura 9.19 (a) Roseta de deformação genérica; (b) roseta de deformação retangular ou a 45°; (c) roseta equiangular ou delta

Como alternativa para o procedimento experimental anterior, é conveniente o emprego de sensores elétricos. Consistem eles em fios bem finos ou de fólios colados ao membro investigado. Quando as forças são aplicadas a um membro, o alongamento ou contração dos fios ou fólios ocorre concorrentemente, com mudanças semelhantes no material. Essas mudanças de comprimento alteram a resistência elétrica do sensor, que pode ser medida e calibrada para indicar a deformação ocorrida.

Os arranjos de linhas de sensores em um ponto, na forma mostrada na Fig. 9.19, são conhecidos como *rosetas de deformação.* Se são tomadas três medidas de deformação em uma roseta, a informação é suficiente para determinar o estado completo de deformação plana em um ponto.

Se os ângulos θ_1, θ_2 e θ_3, juntamente com as correspondentes deformações ε_{θ_1}, ε_{θ_2} e ε_{θ_3}, fossem conhecidos através das medições, poderiam ser escritas três equações simultâneas delineadas segundo a Eq. 9.13. Ao se escrever essas equações, é conveniente empregar a seguinte notação: $\varepsilon_{x'} \equiv \varepsilon_{\theta_1}$, $\varepsilon_{x''} \equiv \varepsilon_{\theta_2}$, $\varepsilon_{x'''} \equiv \varepsilon_{\theta_3}$.

$$
\begin{aligned}
\varepsilon_{\theta_1} &= \varepsilon_x \cos^2 \theta_1 + \varepsilon_y \operatorname{sen}^2 \theta_1 + \gamma_{xy} \operatorname{sen} \theta_1 \cos \theta_1 ;\\
\varepsilon_{\theta_2} &= \varepsilon_x \cos^2 \theta_2 + \varepsilon_y \operatorname{sen}^2 \theta_2 + \gamma_{xy} \operatorname{sen} \theta_2 \cos \theta_2 ;\\
\varepsilon_{\theta_3} &= \varepsilon_x \cos^2 \theta_3 + \varepsilon_y \operatorname{sen}^2 \theta_3 + \gamma_{xy} \operatorname{sen} \theta_3 \cos \theta_2 .
\end{aligned}
\tag{9.22}
$$

Esse conjunto de equações pode ser solucionado para ε_x, ε_y e γ_{xy} e o problema se transforma nos casos anteriormente considerados.

Para diminuir o trabalho de cálculo, os sensores em uma roseta são usualmente arranjados de maneira ordenada. Por exemplo, na Fig. 9.19(b), $\theta_1 = 0°$, $\theta_2 = 45°$ e $\theta_3 = 90°$. Esse arranjo de linhas de sensores é conhecido como *retan-*

gular ou *roseta de deformação a* 45°. Pela substituição direta na Eq. 9.22, acha-se para essa roseta

$$\varepsilon_x = \varepsilon_{0^\circ}, \quad \varepsilon_y = \varepsilon_{90^\circ}, \quad \varepsilon_{45^\circ} = \frac{\varepsilon_x}{2} + \frac{\varepsilon_y}{2} + \frac{\gamma_{xy}}{2}$$

ou

$$\gamma_{xy} = 2\varepsilon_{45^\circ} - (\varepsilon_{0^\circ} + \varepsilon_{90^\circ}).$$

Assim ε_x, ε_y e γ_{xy} tornam-se conhecidos.

Outro arranjo de linhas de sensores está mostrado na Fig. 9.19(c). Essa é a conhecida *roseta equiangular, ou delta, ou de* 60°. De novo, pela substituição na Eq. 9.22 e simplificando, $\varepsilon_x = \varepsilon_{0^\circ}$, $\varepsilon_y = (2\varepsilon_{60^\circ} + 2\varepsilon_{120^\circ} - \varepsilon_{0^\circ})/3$ e $\gamma_{xy} = (2/\sqrt{3})(\varepsilon_{60^\circ} - \varepsilon_{120^\circ})$.

Outros tipos de rosetas são ocasionalmente usadas em experiências. Os dados de todas as rosetas podem ser analisados pela aplicação da Eq. 9.22, resolvendo para ε_x, ε_y e γ_{xy}, e então aplicando o círculo de deformação de Mohr.*

Algumas rosetas com mais do que três linhas são ocasionalmente usadas. Uma linha adicional de medida fornece uma verificação do trabalho experimental. Para essas rosetas, a invariância das deformações nas direções perpendiculares pode ser usada para verificação dos dados.

A aplicação da técnica da roseta experimental em problemas complicados de análise de tensões é quase indispensável.

9.15 RELAÇÕES LINEARES ADICIONAIS ENTRE TENSÃO E DEFORMAÇÃO E ENTRE *E*, *G* E *ν*

Nesta seção são discutidas relações adicionais entre tensão e deformação para materiais isotrópicos, linearmente elásticos. Essas relações são úteis para obtenção das tensões a partir de deformações planas e para se achar mudanças volumétricas nos materiais elásticos submetidos a uma pressão externa uniforme. A relação fundamental entre as constantes elásticas *E*, *G* e *ν* também é estabelecida.

Relação entre tensões principais e deformações

Em muitas investigações práticas as deformações na superfície de um membro são determinadas por meio de rosetas. Usando o círculo de deformação de Mohr ou as equações de transformação de deformação, pode-se achar as deformações principais. Pode-se, então, determinar diretamente as tensões principais. Para estabelecer as equações apropriadas, deve-se observar que, em um problema de tensão plana, σ_z é igual a 0, e que a Eq. 4.11 escrita em termos das tensões principais se simplifica para

$$\varepsilon_1 = \frac{\sigma_1}{E} - \nu\frac{\sigma_2}{E} \quad \text{e} \quad \varepsilon_2 = \frac{\sigma_2}{E} - \nu\frac{\sigma_1}{E}.$$

*Foram desenvolvidas soluções gráficas convenientes para as deformações principais, a partir de deformações medidas. Veja G. Murphy, "A Graphical Method for the Evaluation of Principal Strains from Normal Strains", *Journal of Applied Mechanics*, **12** (1945), A-209

Solucionando essas equações simultaneamente para as tensões principais, obtêm-se as relações desejadas:

$$\sigma_1 = \frac{E}{1-\nu^2}(\varepsilon_1 + \nu\varepsilon_2) \qquad \sigma_2 = \frac{E}{1-\nu^2}(\varepsilon_2 + \nu\varepsilon_1). \tag{9.23}$$

As constantes elásticas E e ν devem ser determinadas de algumas experiências apropriadas. Com a ajuda de tal trabalho experimental, problemas bastante complicados podem ser solucionados com sucesso.*

EXEMPLO 9.6

Em um certo ponto de uma peça de aço de uma máquina, as medidas com uma roseta retangular elétrica indica que $\varepsilon_{0°} = -0{,}00050$, $\varepsilon_{45°} = +0{,}0002$, e $\varepsilon_{90°} = +0{,}00030$. Admitindo que $E = 21 \times 10^3$ kgf/mm² e $\nu = 0{,}3$ são suficientemente precisas, achar as tensões principais no ponto investigado.

SOLUÇÃO

Dos dados fornecidos $\varepsilon_x = -0{,}00050$, $\varepsilon_y = +0{,}00030$, e

$$\gamma_{xy} = 2\varepsilon_{45°} - (\varepsilon_{0°} + \varepsilon_{90°})$$
$$= 2(+0{,}0002) - (-0{,}00050 + 0{,}00030) = +0{,}00060.$$

As deformações principais para esses dados foram achados no Exemplo 9.5 e são $\varepsilon_1 =$ $= +0{,}00040$ e $\varepsilon_2 = -0{,}00060$. Assim, pela Eq. 9.23, as principais tensões são

$$\sigma_1 = \frac{21(10)^3}{1-(0{,}3)^2}[+0{,}00040 + 0{,}3(-0{,}00060)] = +5{,}075 \text{ kgf/mm}^2.$$

$$\sigma_2 = \frac{21(10)^3}{1-(0{,}3)^2}[-0{,}00060 + 0{,}3(+0{,}00040)] = -11{,}081 \text{ kgf/mm}^2.$$

A tensão de tração σ_1 atua na direção de ε_1, veja a Fig. 9.18. A tensão de compressão σ_2 atua na direção de ε_2.

Relação entre E, G *e* ν

Foram estabelecidos métodos de transformação de uma descrição do estado de tensão ou de deformação em outro. Na Seç. 9.6 colocou-se ênfase particular no fato de que as tensões de cisalhamento puras podem ser transformadas em tensões normais puras. Dessa forma, deve-se concluir que as deformações provocadas pelas tensões de cisalhamento puras devem relacionar-se com as deformações causadas pelas tensões normais. Com base nessa acertiva, pode-se estabelecer uma relação fundamental entre E, G e ν para materiais isotrópicos elásticos lineares.

De acordo com a Eq. 9.13, com apenas $\gamma_{xy} \neq 0$, para um eixo x' com $\theta = 45°$, a deformação linear $\varepsilon_{x'} = \gamma_{xy}/2$. Essa deformação linear $\varepsilon_{x'}$ pode ser relacionada com a tensão de cisalhamento τ_{xy} porque, de acordo com a Eq. 4.11, $\tau_{xy} = G\gamma_{xy}$.

*Veja M. Hetényi, editor-chefe, *Handbook of Experimental Stress Analysis*, Society for Experimental Stress Analysis John Wiley & Sons, Inc., Nova Iorque, 1950

Assim

$$\varepsilon_{x'} = \tau_{xy}/(2G).$$

Por outro lado, de acordo com a Seç. 9.6, a tensão de cisalhamento pura τ_{xy} pode ser expressa alternativamente em termos das tensões principais $\sigma_1 = \tau_{xy}$ e $\sigma_2 = -\tau_{xy}$, atuando a 45° com as direções das tensões de cisalhamento (veja a Fig. 9.7). Assim, usando a Eq. 4.11, vê-se que a deformação linear ao longo do eixo x', com $\theta = 45°$ em termos das tensões principais, fica

$$\varepsilon_{x'} = \varepsilon_1 = \frac{\sigma_1}{E} - \nu \frac{\sigma_2}{E} = \frac{\tau_{xy}}{E}(1 + \nu).$$

Igualando as duas relações alternativas para a deformação ao longo da diagonal de cisalhamento positiva e simplificando, tem-se

$$G = \frac{E}{2(1 + \nu)} \cdot \tag{9.24}$$

Essa é a relação básica entre E, G e ν; ela mostra que essas quantidades não são independentes entre si. Se quaisquer duas dessas são determinadas experimentalmente, a terceira pode ser calculada. Observe que o módulo de cisalhamento G é sempre menor do que o módulo de elasticidade E, porque a relação de Poisson ν é uma quantidade positiva. Para a maioria dos materiais ν está na vizinhança de 1/4.

Dilatação; módulo volumétrico

Estendendo alguns dos conceitos estabelecidos, pode-se deduzir uma equação para mudanças volumétricas nos materiais elásticos submetidos a tensões. Nesse processo, dois termos novos são introduzidos e definidos.

Os lados dx, dy e dz de um elemento infinitesimal após a deformação ficam $(1 + \varepsilon_x)dx$, $(1 + \varepsilon_y)dy$ e $(1 + \varepsilon_z)dz$, respectivamente. Após a subtração do volume inicial do elemento deformado, é determinada a variação de volume. Assim

$$(1 + \varepsilon_x)dx(1 + \varepsilon_y)dy(1 + \varepsilon_z)dz - dxdydz \approx (\varepsilon_x + \varepsilon_y + \varepsilon_z)dxdydz$$

onde os produtos de deformação $\varepsilon_x\varepsilon_y + \varepsilon_y\varepsilon_z + \varepsilon_z\varepsilon_x + \varepsilon_x\varepsilon_y\varepsilon_z$, sendo pequenos, são desprezados. Dessa forma, na teoria da deformação infinitesimal (pequena), e, a variação de volume por unidade de volume, é freqüentemente denominada *dilatação*, sendo definida por

$$e = \varepsilon_x + \varepsilon_y + \varepsilon_z = \varepsilon_1 + \varepsilon_2 + \varepsilon_3, \tag{9.25}$$

onde a última igualdade se segue do fato de que e é um invariante. Um caso mais restrito de invariância de deformação foi encontrado na Seç. 9.13 para o caso bidimensional, onde se mostrou que $\varepsilon_1 + \varepsilon_2 = \varepsilon_x + \varepsilon_y$. As deformações angulares não causam variação de volume.

Com base na lei de Hooke generalizada, a dilatação pode ser expressa em termos das tensões e das constantes do material. Para essa finalidade, as três primeiras partes da Eq. 4.11 devem ser adicionadas. Isso conduz a

$$e = \varepsilon_x + \varepsilon_y + \varepsilon_z = \frac{1-2\nu}{E}(\sigma_x + \sigma_y + \sigma_z), \tag{9.26}$$

que significa ser a dilatação proporcional à soma algébrica de todas as tensões normais. Como contrapartida direta ao invariante de deformações, a soma $(\sigma_x + \sigma_y + \sigma_z)$ é um invariante de tensões.

Se um corpo elástico é submetido a uma pressão hidrostática de intensidade uniforme p, tal que $\sigma_x = \sigma_y = \sigma_z = -p$, então da Eq. 9.26

$$e = -\frac{3(1-2\nu)}{E}p \quad \text{ou} \quad \frac{-p}{e} = k = \frac{E}{3(1-2\nu)}. \tag{9.27}$$

A quantidade k representa a relação entre a tensão de compressão hidrostática e o decréscimo de volume e é chamada de *módulo de compressão* ou *módulo volumétrico.*

PARTE C CRITÉRIOS DE ESCOAMENTO E DE FRATURA

9.16 OBSERVAÇÕES PRELIMINARES

Nos capítulos anteriores do texto, quando foram consideradas as tensões devidas a carregamentos axiais ou à torção pura, as tensões calculadas poderiam estar relacionadas com alguma experiência análoga para o mesmo material. Com base em tal evidência experimental, o comportamento dos membros com relação ao escoamento e à provável fratura, pode ser previsto com razoável grau de precisão. A resposta de um material à tensão axial ou tensão de cisalhamento pura pode ser convenientemente mostrada em diagramas de tensão-deformação. Isso foi discutido nos Caps. 4 e 5. Tal aproximação direta não é possível, entretanto, para um estado complexo de tensões que é característico de muitos elementos de máquinas e de estruturas. Dessa forma, é importante estabelecer critérios para o comportamento dos materiais com estados de tensão combinados.

Infelizmente, até o momento, os critérios quantitativos para o escoamento e a fratura dos materiais em estados de tensão multiaxial são incompletos. Várias questões permanecem sem resposta e fazem parte de uma área de pesquisa de materiais. Não se pode ainda fornecer uma resposta completa por qualquer teoria. Nessa parte do capítulo, serão discutidos em primeiro lugar dois critérios bastante usados para análise do comportamento das tensões combinadas em materiais dúteis. Isso é seguido pela apresentação de um critério de fratura para materiais frágeis. Uns poucos critérios adicionais de fratura, ou falha, adequados para muitos materiais, são dados no final do capítulo. Ao se classificar os materiais dessa maneira, estritamente falando, está-se referindo ao estado frágil ou dútil do material, porque essa característica é bastante afetada pela temperatura assim como pelo estado de tensão em si. Respostas mais completas a tais questões fogem ao escopo deste livro.

9.17 TEORIA DA MÁXIMA TENSÃO DE CISALHAMENTO

A teoria da máxima tensão de cisalhamento,* ou simplesmente teoria do cisalhamento máximo, resulta da observação de que, em um material dútil, ocorre deslizamento durante o escoamento ao longo de planos criticamente orientados. Isso sugere que a tensão de cisalhamento máxima execute o papel principal, e admite-se que o escoamento do material dependa apenas da máxima tensão de cisalhamento alcançada no interior do elemento. Dessa forma, sempre que um certo valor crítico τ_{cr} é atingido, inicia-se o escoamento em um elemento.** Para um dado material, esse valor usualmente é feito igual à tensão de cisalhamento no escoamento em tração simples ou compressão. Assim, de acordo com a Eq. 9.6, se $\sigma_x = \pm \sigma_1 \neq 0$ e $\sigma_y = \tau_{xy} = 0$,

$$\tau_{max} \equiv \tau_{cr} = \left| \pm \frac{\sigma_1}{2} \right| = \frac{\sigma_{esc}}{2}, \tag{9.28}$$

significando que, se σ_{esc} é a tensão encontrada no ponto de escoamento, por exemplo, em um teste simples de tração, a tensão de cisalhamento máxima é a metade daquele valor. Essa conclusão também é tirada do círculo de tensão de Mohr.

Para aplicar o critério da máxima tensão de cisalhamento a um estado de tensão biaxial, a tensão máxima de cisalhamento é determinada e igualada a τ_{max}, dada pela Eq. 9.28. Ao fazê-lo para as tensões principais σ_1 e σ_2 com $\sigma_3 = 0$, devem ser considerados dois casos. Em um deles, os sinais de σ_1 e σ_2 são os mesmos. O caso em que σ_1 e σ_2 são ambas de tração está ilustrado na Fig. 9.20(a). Uma visão isométrica juntamente com as três projeções do elemento sobre os eixos de tensões principais e os correspondentes círculos de Mohr para o estado de tensão tridimensional são mostrados no diagrama. Os planos alternativos da máxima tensão de cisalhamento ao longo da qual o deslizamento pode ocorrer estão indicados na figura.

A máxima tensão de cisalhamento para o caso da Fig. 9.20(a) é a mesma que para uma tensão uniaxial. Dessa forma, se $|\sigma_1| > |\sigma_2|$, de acordo com a Eq. 9.28, $|\sigma_1|$ não deve exceder σ_{esc}. Analogamente, se $|\sigma_2| > |\sigma_1|$, $|\sigma_2|$ não deve ser maior

*Essa teoria parece ter sido originalmente proposta por C. A. Coulomb, em 1773. Em 1868, H. Tresca apresentou os resultados desse trabalho sobre escoamento de metais sob grandes pressões, na Academia Francesa. Agora essa teoria freqüentemente leva seu nome

**Em cristais simples, o deslizamento ocorre ao longo de planos e direções preferenciais. Nos estudos desse fenômeno a componente efetiva da tensão de cisalhamento que causa deslizamento deve ser cuidadosamente determinada. Admite-se aqui que, por causa da orientação aleatória dos numerosos cristais, o material tenha propriedades isotrópicas, e assim, determinando τ_{max}, encontra-se a tensão de cisalhamento crítica

do que σ_{esc}. Dessa forma, o critério correspondente a esse caso é

$$|\sigma_1| \leqslant \sigma_{esc} \quad \text{e} \quad |\sigma_2| \leqslant \sigma_{esc}. \tag{9.29}$$

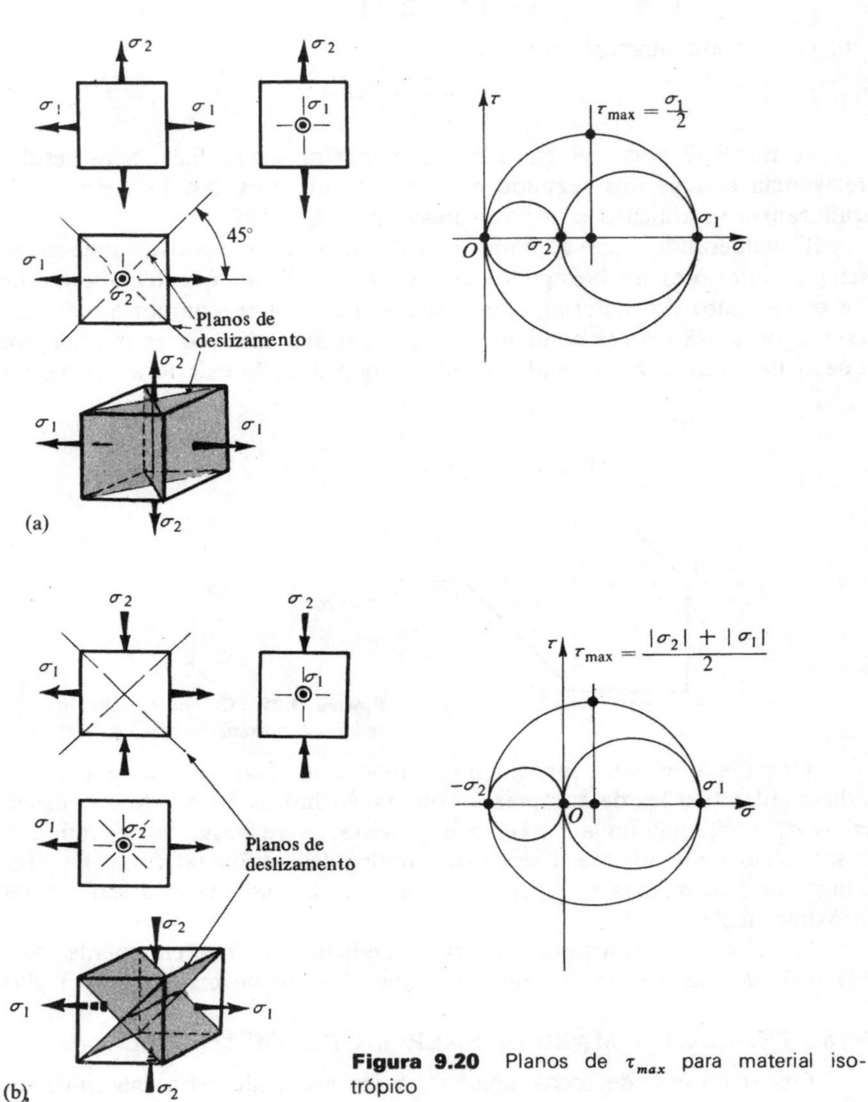

Figura 9.20 Planos de τ_{max} para material isotrópico

Se os sinais de σ_1 e σ_2 são opostos, a tensão de cisalhamento máxima $\tau_{max} = [|\sigma_1| + |\sigma_2|]/2$. Os planos dessas tensões que correspondem aos possíveis planos de deslizamento estão na Fig. 9.20(b). Como antes, para se obter o critério de escoamento, τ_{max} não deve exceder a máxima tensão de cisalhamento no escoamento no ensaio uniaxial. Expressa matematicamente

$$\left| \pm \frac{\sigma_1 - \sigma_2}{2} \right| \leqslant \frac{\sigma_{esc}}{2}$$

ou, para o escoamento iminente,

$$\frac{\sigma_1}{\sigma_{esc}} - \frac{\sigma_2}{\sigma_{esc}} = \pm 1. \qquad (9.30)$$

A Eq. 9.30 pode ser traçada como mostra a Fig. 9.21. Seus resultados têm relevância apenas nos segundo e quarto quadrantes. No primeiro e no terceiro quadrantes se aplica o critério expresso pela Eq. 9.29.

Considerando σ_1 e σ_2 como coordenadas de um ponto, pode-se ver que as tensões interiores ao hexágono da Fig. 9.21 indicam que não houve ocorrência de escoamento do material, isto é, que o material se comporta elasticamente. O estado de tensão correspondente aos pontos que caem sobre o hexágono mostra que o material está escoando. Nenhum ponto pode cair fora do hexágono.

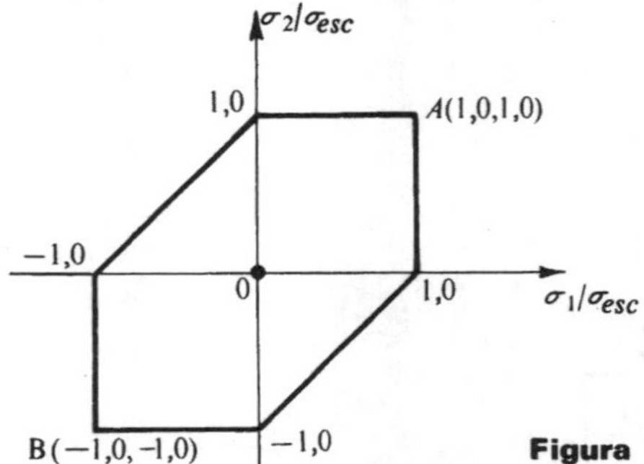

Figura 9.21 Critério de escoamento baseado na máxima tensão de cisalhamento

Observe que, de acordo com a teoria de cisalhamento máximo, se forem adicionadas tensões de compressão ou tração hidrostática, isto é, tensões tais que $\sigma'_1 = \sigma'_2 = \sigma'_3$, nenhuma variação é prevista na resposta do material. Adicionar essas tensões meramente desloca os círculos de tensão, tal como na Fig. 9.20, ao longo do eixo σ, mas τ_{max} permanece a mesma. Esse assunto será comentado na próxima seção.

O critério de escoamento acima deduzido é freqüentemente denominado *condição de escoamento de Tresca* e é uma das leis de maior uso em plasticidade.

9.18 TEORIA DA MÁXIMA ENERGIA DE DISTORÇÃO

Outro critério de escoamento de larga aceitação para materiais dúteis, isotrópicos, é baseado em conceitos de energia.* Nesse método a energia elástica total

*A primeira tentativa de uso da energia total como critério de escoamento foi feita por E. Beltrami, na Itália, em 1885. Em sua forma presente, a teoria foi proposta por M. T. Huber, da Polônia, em 1904, e foi desenvolvida posteriormente e explicada por R. von Mises (1913) e H. Hencky (1925), ambos da Alemanha e dos EUA

é dividida em duas partes: uma associada com as mudanças volumétricas do material, e outra causando distorções de cisalhamento. Igualando a energia de distorção de cisalhamento no ponto de escoamento à tração simples, com aquela sob tensão combinada, é estabelecido o critério de escoamento para tensão combinada.

A fim de deduzir a expressão para a condição de escoamento com tensão combinada, deve ser empregado o procedimento de solução do estado geral de tensão. Esse se baseia no conceito de superposição. Por exemplo, é possível considerar o tensor das tensões das três tensões principais — σ_1, σ_2 e σ_3 — como constituído por dois tensores componentes aditivos. Os elementos de um tensor componente são definidos como a tensão "hidrostática" média

$$\bar{\sigma} = \frac{\sigma_1 + \sigma_2 + \sigma_3}{3}. \tag{9.31}$$

Os elementos do outro tensor são $(\sigma_1 - \bar{\sigma})$, $(\sigma_2 - \bar{\sigma})$ e $(\sigma_3 - \bar{\sigma})$. Escrevendo em forma matricial, tem-se

$$\begin{pmatrix} \sigma_1 & 0 & 0 \\ 0 & \sigma_2 & 0 \\ 0 & 0 & \sigma_3 \end{pmatrix} = \begin{pmatrix} \bar{\sigma} & 0 & 0 \\ 0 & \bar{\sigma} & 0 \\ 0 & 0 & \bar{\sigma} \end{pmatrix} + \begin{pmatrix} \sigma_1 - \bar{\sigma} & 0 & 0 \\ 0 & \sigma_2 - \bar{\sigma} & 0 \\ 0 & 0 & \sigma_3 - \bar{\sigma} \end{pmatrix}. \tag{9.32}$$

Essa solução do estado de geral tensão está mostrada esquematicamente na Fig. 9.22. O caso especial de solução do estado de tensão uniaxial da figura foi desenvolvido ainda mais. A soma das tensões nas Figs. 9.22(f) e (g) corresponde ao último tensor da Eq. 9.32.

Para o estado de tensão tridimensional o círculo de Mohr para a primeira componente de tensor da Eq. 9.32 se degenera em um ponto localizado em $\bar{\sigma}$ sobre o eixo σ. Dessa forma, as tensões associadas com esse tensor são as mesmas em cada direção possível. Por essa razão, esse tensor é chamado de *tensor de tensão esférico.* Alternativamente, da Eq. 9.26, que estabelece ser a dilatação de um corpo elástico proporcional a $\bar{\sigma}$, esse tensor também é chamado de *tensor de tensão de dilatação.*

O último tensor da Eq. 9.32 é chamado de *tensor de tensão desviador ou de distorção.* Uma boa razão para a escolha desses termos pode ser vista nas Figs. 9.22(f) e (g). O estado de tensão que consiste em tração e compressão em planos mutuamente perpendiculares é equivalente ao de tensão de cisalhamento pura. Esse último sistema de tensões, como se sabe, não causa variações volumétricas, mas apenas distorções e desvios do elemento de sua forma cúbica inicial.

Uma vez estabelecida a base para a solução ou decomposição do estado de tensão em componentes de dilatação e distorção, pode-se achar a energia de deformação devida à distorção. Com essa finalidade, a Eq. 4.21 é reescrita em termos das tensões principais, isto é, com $\tau_{xy} = \tau_{yz} = \tau_{zx} = 0$. Isso dá uma expressão geral para a energia de deformação total por unidade de volume:

$$U_{total} = \frac{1}{2E}(\sigma_1^2 + \sigma_2^2 + \sigma_3^2) - \frac{\nu}{E}(\sigma_1\sigma_2 + \sigma_2\sigma_3 + \sigma_3\sigma_1). \tag{9.33}$$

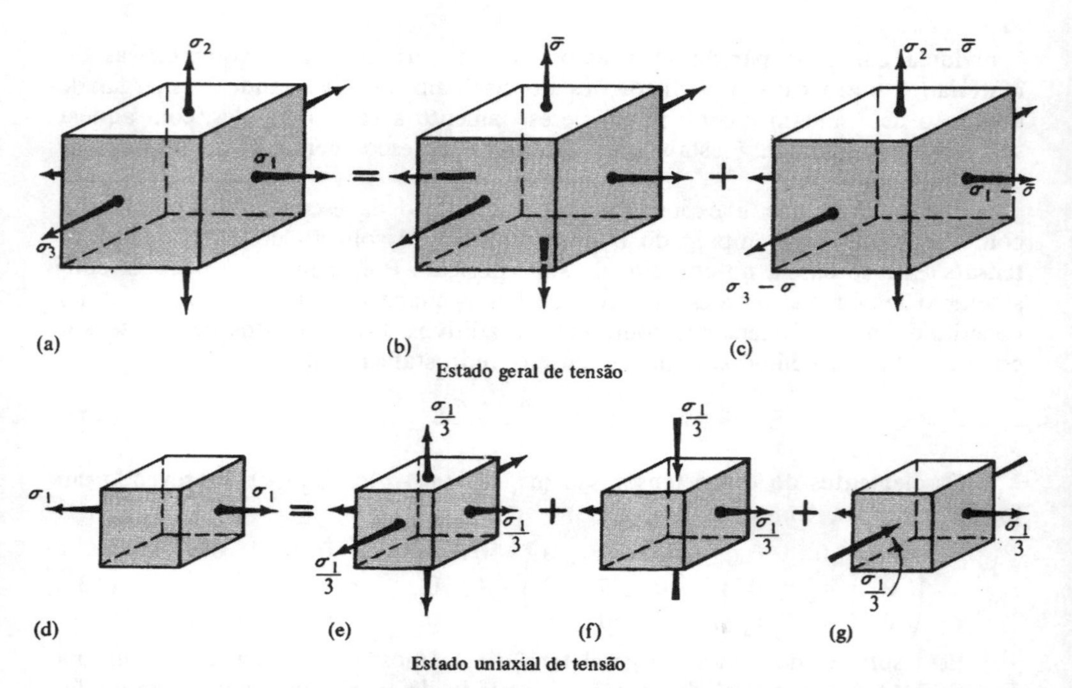

Figura 9.22 Resolução das tensões principais em esféricas (dilatacionais) ou desviadoras (distorcionais)

A energia de deformação por unidade de volume devida às tensões de dilatação pode ser determinada pela Eq. 9.33, inicialmente fazendo $\sigma_1 = \sigma_2 = \sigma_3 = p$, e então substituindo p por $\bar{\sigma} = (\sigma_1 + \sigma_2 + \sigma_3)/3$. Assim

$$U_{dilatação} = \frac{3(1-2\nu)}{2E}\,p^2 = \frac{1-2\nu}{6E}\,(\sigma_1 + \sigma_2 + \sigma_3)^2. \tag{9.34}$$

Subtraindo a Eq. 9.34 da Eq. 9.33, simplificando, e observando da Eq. 9.24 que $G = E/2(1+\nu)$, encontra-se a energia de deformação de distorção para a tensão combinada:

$$U_{distorção} = \frac{1}{12G}\,[(\sigma_1 - \sigma_2)^2 + (\sigma_2 - \sigma_3)^2 + (\sigma_3 - \sigma_1)^2]. \tag{9.35}$$

De acordo com a premissa básica da teoria da energia de distorção, a expressão da Eq. 9.35 deve ser igualada à máxima energia de distorção na tração simples. A última condição ocorre quando uma das tensões principais atinge o ponto de escoamento σ_{esc} do material. A energia de deformação de distorção para ela é $2\sigma_{esc}^2/12G$. Igualando-a com a Eq. 9.35, após algumas simplificações pequenas, obtém-se a lei básica para o material plástico ideal:

$$(\sigma_1 - \sigma_2)^2 + (\sigma_2 - \sigma_3)^2 + (\sigma_3 - \sigma_1)^2 = 2\sigma_{esc}^2. \tag{9.36}$$

Para a tensão plana $\sigma_3 = 0$, e a Eq. 9.36 na forma dimensional fica

$$\left(\frac{\sigma_1}{\sigma_{esc}}\right)^2 - \left(\frac{\sigma_1}{\sigma_{esc}}\frac{\sigma_2}{\sigma_{esc}}\right) + \left(\frac{\sigma_2}{\sigma_{esc}}\right)^2 = 1. \tag{9.37}$$

Essa é a equação de uma elipse, cujo traçado está mostrado na Fig. 9.23. Qualquer tensão no interior da elipse indica que o material se comporta elasticamente. Os pontos na elipse indicam que o material está em escoamento. Essa é a mesma interpretação que a dada anteriormente para a Fig. 9.21. Ao retirar a carga, o material comporta-se elasticamente.

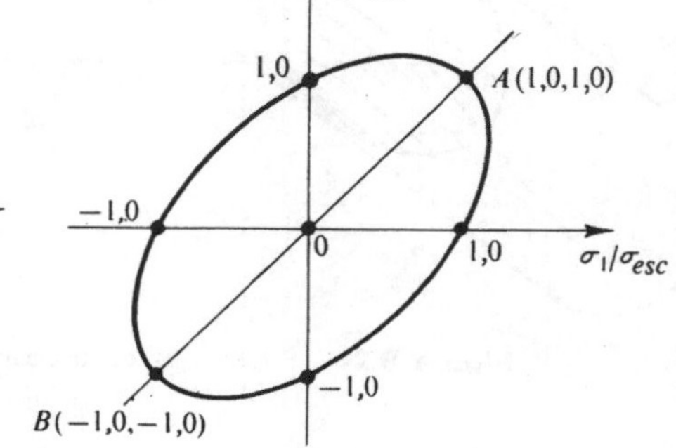

Figura 9.23 Critério de escoamento baseado na máxima energia de distorção

É importante observar que essa teoria não prevê mudanças na resposta do material quando se adicionam as tensões de tração e compressão hidrostática. Isso segue do fato de que, como apenas as diferenças de tensões estão envolvidas na Eq. 9.36, adicionando uma tensão constante a cada uma delas não se altera a condição de escoamento. Por essa razão, no espaço de tensão tridimensional, a superfície de escoamento torna-se um cilindro cujo eixo tem os três co-senos diretores iguais a $1/\sqrt{3}$. Tal cilindro está na Fig. 9.24. A elipse da Fig. 9.23 é simplesmente a interseção desse cilindro com o plano $\sigma_1 - \sigma_2$. Pode-se mostrar também que a superfície de escoamento para o critério da máxima tensão de cisalhamento é um hexágono que se adapta ao tubo, Fig. 9.24.

Pode-se demonstrar que a condição de escoamento expressa pela Eq. 9.36 constitui outro invariante das tensões. É também uma função contínua. Essas características fazem o uso dessa lei de escoamento plástico para tensões combinadas, particularmente atrativa do ponto de vista teórico. Essa lei amplamente utilizada é freqüentemente denominada de *condição de escoamento de Huber-Hencky-Mises* ou simplesmente de *condição de escoamento de von Mises.**

As condições de escoamento da máxima tensão de cisalhamento e da energia de distorção foram usadas no estudo dos fenômenos de viscoelasticidade com tensões combinadas. A extensão dessas idéias ao endurecimento por deformação

*No passado essa condição era freqüentemente denominada *teoria da tensão de cisalhamento octaédrica.* Veja A. Nadai, *Theory of Flow and Fracture of Solids*, p. 104, McGraw-Hill Book Company, Nova Iorque, 1950 ou F. B. Seely e J. O. Smith, *Advanced Mechanics of Materials* (2.ª ed.), p. 61, John Wiley & Sons, Inc., Nova Iorque, 1952

dos materiais também é possível. Tais tópicos, entretanto, fogem ao escopo deste livro.

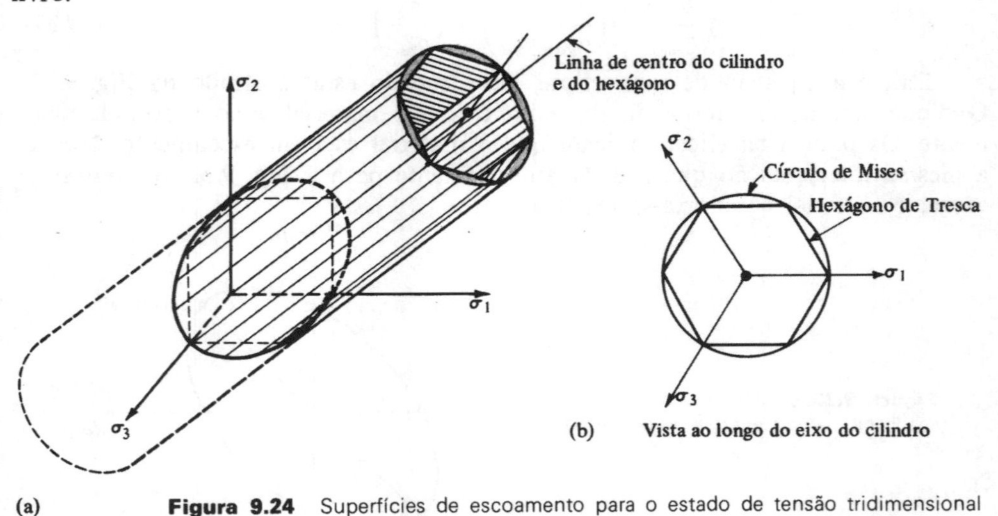

Figura 9.24 Superfícies de escoamento para o estado de tensão tridimensional

9.19 TEORIA DA MÁXIMA TENSÃO NORMAL

A teoria da máxima tensão normal ou simplesmente a teoria da máxima tensão* estabelece que a falha ou fratura de um material ocorre quando a máxima tensão normal em um ponto atinge um valor crítico, independentemente das outras tensões. Apenas a maior tensão principal deve ser determinada para aplicar esse critério. O valor crítico da tensão σ_{lim} é usualmente determinado em uma experiência de tração, onde a falha de um corpo de prova é definida pela fratura ou pelo alongamento excessivo. Usualmente supõe-se que ocorra a primeira.

A evidência experimental indica que essa teoria se aplica bem aos materiais frágeis em todas as faixas de tensões, contanto que exista uma tensão principal de tração. A falha é caracterizada pela separação, ou fratura. Esse mecanismo de falha difere drasticamente da fratura dútil, que é acompanhada por grandes deformações, devidas a deslizamentos ao longo dos planos de máxima tensão de cisalhamento.

A teoria de máxima tensão pode ser interpretada em gráficos como o poderiam ser outras teorias. Isso é feito na Fig. 9.25. A falha ocorre se os pontos caem sobre a superfície. Diferentemente das teorias prévias, esse critério de tensão dá uma superfície limitada no espaço de tensão.

*Essa teoria é geralmente creditada a W. J. M. Rankine, um eminente educador britânico (1820-72). Uma teoria análoga, baseada na máxima deformação, em lugar da tensão, como critério básico de falha, foi proposta pelo grande pesquisador francês, B. de Saint Venant (1797-1886). A evidência experimental não corrobora o último método

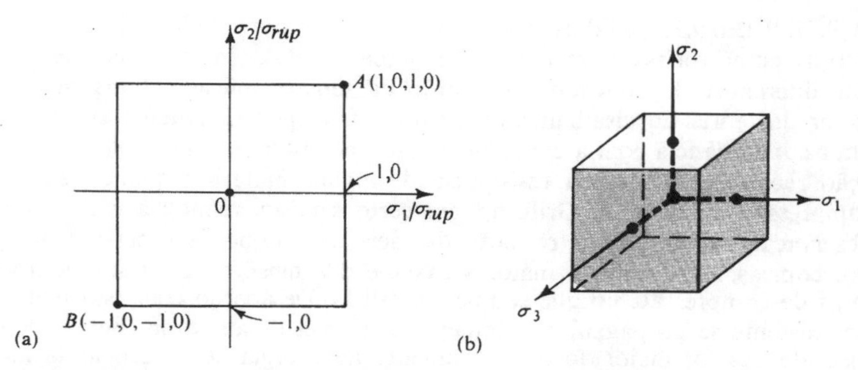

Figura 9.25 Envoltórias de fratura baseadas no critério da máxima tensão

9.20 COMPARAÇÃO DAS TEORIAS; OUTRAS TEORIAS

A maioria das informações sobre escoamento e fratura de materiais sob a ação das tensões biaxiais, vem da experiência com cilindros de parede fina. Um arranjo típico para tal experiência está na Fig. 9.26. As extremidades de um cilindro de parede fina do material a investigar são fechadas por tampas especiais. Isso faz com que o interior seja um vaso cilíndrico de pressão. Pressurizando o espaço disponível,* e aplicando simultaneamente uma força adicional de compressão ou de tração P às tampas, obtém-se diferentes relações entre as tensões principais. Mantendo uma relação fixa entre as tensões principais até atingir-se o escoamento ou a falha, obtém-se os dados desejados para o material. Experiências análogas, com tubos sujeitos simultaneamente a conjugado, força axial, e à pressão, também são usadas.

A comparação de alguns resultados experimentais clássicos com as teorias de escoamento e fratura acima apresentadas está mostrada na Fig. 9.27.** Observe a concordância particularmente boa entre a teoria da máxima energia de distorção e os resultados experimentais para materiais dúteis. Entretanto, a teoria da máxima tensão normal parece ser a melhor para materiais frágeis e pode ser insegura para materiais dúteis.

Todas as teorias para a tensão uniaxial concordam porque o ensaio de tração simples é o padrão de comparação. Dessa forma, se uma das tensões principais em um ponto é grande em comparação com a outra, todas as teorias dão praticamente os mesmos resultados. A discrepância entre as teorias é maior no segundo e no quarto quadrantes, quando as tensões principais são numericamente iguais.

No desenvolvimento das teorias acima discutidas admitiu-se que as propriedades do material em tração e compressão são semelhantes – os traçados das

*Veja a Seç. 10.6 para discussão de vasos de pressão

**Os pontos experimentais mostrados nessa figura se baseiam nas experiências clássicas de vários investigadores. A figura é adaptada de uma compilação feita por G. Murphy, *Advanced Mechanics of Materials*, p. 83, McGraw-Hill Book Company, Nova Iorque, 1964

Figs. 9.21, 9.23 e 9.25 têm dois eixos de simetria. Por outro lado, sabe-se que alguns materiais, como rochas, ferro fundido, concreto e solos, têm propriedades drasticamente diferentes, dependendo do sentido da tensão aplicada. Uma modificação anterior da teoria do cisalhamento máximo, feita por C. Duguet em 1885, para melhor concordância com a experiência, está mostrada na Fig. 9.28(a). Essa modificação reconhece a elevada resistência de alguns materiais quando submetidos à compressão axial. A. A. Griffith,* em certo sentido, refinou a explicação para a observação acima, pela introdução da idéia de energia de superfície nas falhas microscópicas, mostrando a maior seriedade das tensões de tração, comparadas com as de compressão, no que se refere a falhas. De acordo com essa teoria, uma falha existente se propagará rapidamente se a taxa de alívio de energia de deformação elástica for maior do que o aumento na energia de superfície da falha. O conceito original de Griffith expandiu-se consideravelmente com G. R. Irwin.**

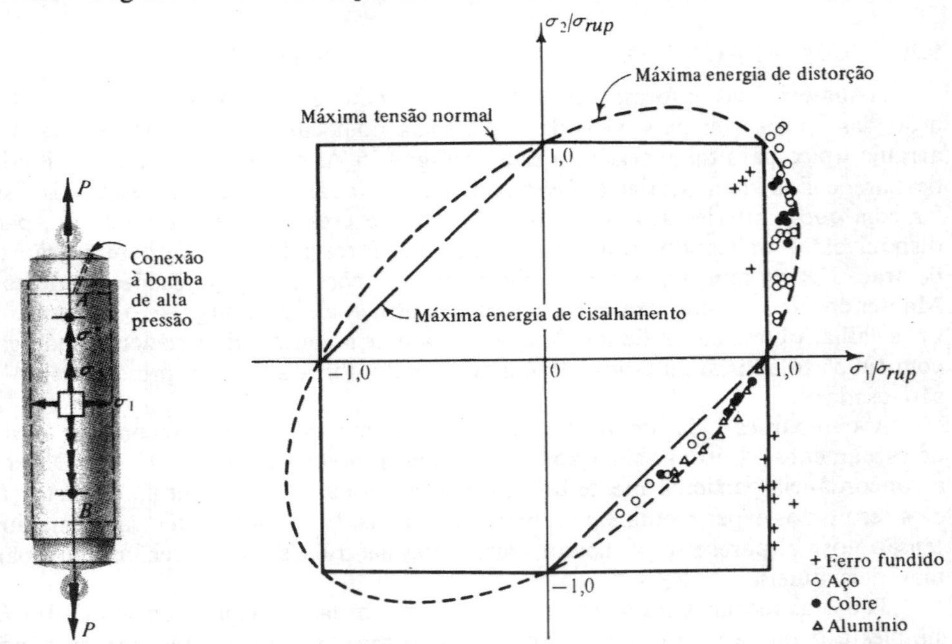

Figura 9.26 Arranjo para obtenção de relações controladas entre as tensões principais

Figura 9.27 Comparação dos critérios de escoamento e de fratura com dados de ensaio

*A. A. Griffith, "The Phenomena of Rupture and Flow of Solids", *Philosophical Transactions of the Royal Society of London*, Série A, **221** (1920), 163-98

**G. R. Irwin, "Fracture Mechanics", *Proceedings, First Symposium on Naval Structural Mechanics*, p. 557, Pergamon Press, Long Island City, Nova Iorque, 1958. Veja também *A Symposium on Fracture Toughness Testing and Its Applications*. American Society for Testing and Materials Special Technical Publication N.º 381, American Society for Testing and Materials and National Aeronautics and Space Administration, 1965

Otto Mohr, além de mostrar a construção do círculo de tensão com seu nome, sugeriu outro método para previsão de falhas de materiais. Ensaios diferentes como o de tração simples, de cisalhamento puro, e de compressão são inicialmente efetuados, veja a Fig. 9.28(b). Um conjunto desses círculos define, então, a envoltória de falha. Os círculos tangentes a essa envoltória dão a condição de falha no ponto de tangência. Essa aproximação é favorecida em mecânica dos solos.

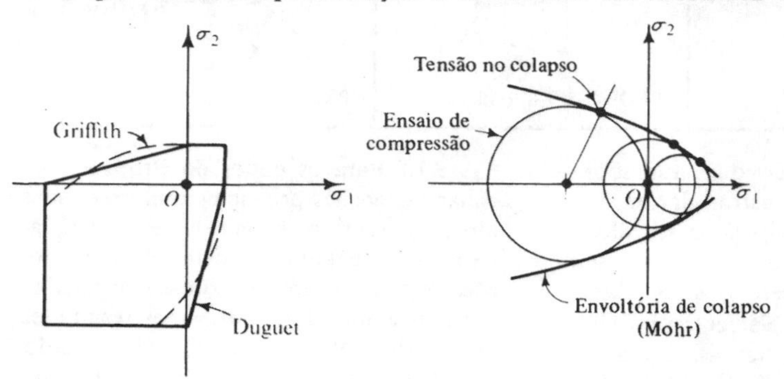

Figura 9.28 Possíveis critérios de fratura

Em lugar de se estudar a resposta dos materiais em diagramas tensão-espaço, como na Fig. 9.28, pode-se usar o invariante de tensão ($\sigma_x + \sigma_y + \sigma_z$) e a tensão dada pela Eq. 9.36 como eixos coordenados. Critérios satisfatórios de fratura foram estabelecidos por meio de estudos baseados nesse método.*

Algumas vezes os critérios de escoamento e de fratura discutidos acima são de aplicação inconveniente. Em tais casos podem ser usadas curvas de interação, como as da Fig. 8.6. Curvas desse tipo, experimentalmente determinadas, a menos que complicadas por fenômenos locais ou de flambagem, são equivalentes aos critérios de resistência aqui discutidos.

No próximo, capítulo, no projeto de membros, serão considerados afastamentos da obediência estrita aos critérios de escoamento e de fratura aqui estabelecidos, embora essas teorias forneçam inquestionavelmente a base racional para o projeto.

PROBLEMAS

9.1. As figuras mostram elementos infinitesimais A, B, C, D, e E para dois membros. Desenhar separadamente cada um desses elementos, e indicar nos ele-

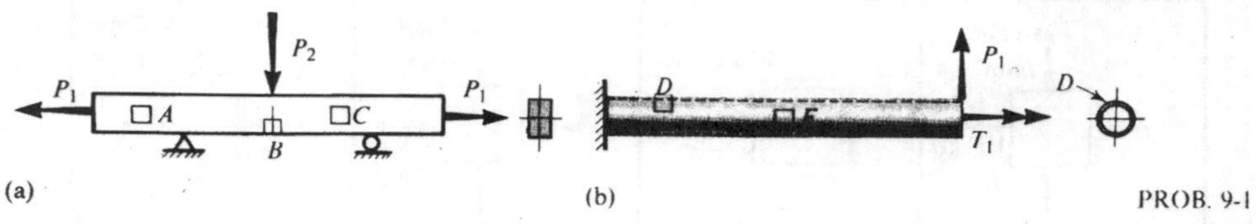

PROB. 9-1

*B. Bresler e K. Pister, "Failure of Plain Concrete Under Combined Stresses", *Transactions of the American Society of Civil Engineers*, **122** (1957), 1049

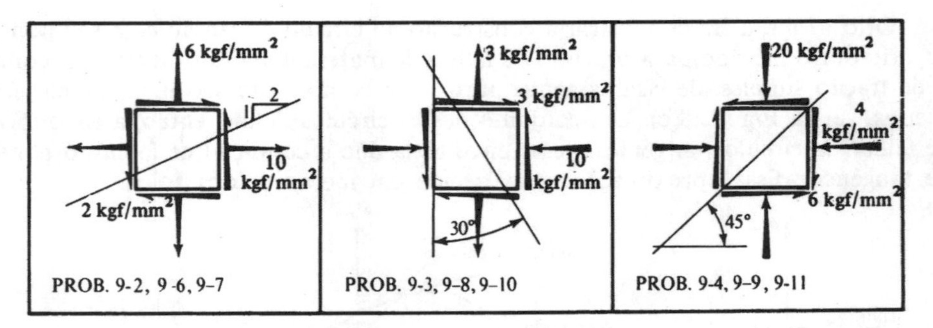

mentos isolados a tensão que atua sobre ele. Para cada tensão, mostrar claramente, por meio de setas, sua direção e sentido, e enunciar a fórmula a ser usada para seu cálculo. Desprezar o peso dos membros.

9.2 a 9.4. Para os elementos infinitesimais mostrados nas figuras, achar as tensões normal e de cisalhamento que atuam nos planos inclinados indicados. Usar o método de análise discutido no Exemplo 9.1. *Resp.*: *Prob.* 9.3. $\sigma = -0{,}4$ kgf/mm^2; $\tau = 4{,}97$ kgf/mm^2.

9.5. Deduzir a Eq. 9.2.

9.6. (a) Para os dados fornecidos no Prob. 9.2, traçar $\sigma_{x'}$ e $\tau_{x'y'}$ como ordenadas, com θ como abscissa para $0 \leqslant \theta \leqslant 2\pi$. (b) Generalizar e discutir os resultados, especialmente com relação aos máximos e mínimos das funções.

9.7. Refazer o Prob. 9.2, usando as Eqs. 9.1 e 9.2.

9.8. Refazer o Prob. 9.3, usando as Eqs. 9.1 e 9.2.

9.9. Para os dados do Prob. 9.4 achar as tensões a $\theta = 45°$ e $\theta = 135°$. Mostrar os resultados completos para o elemento com nova orientação.

9.10. Para os dados do Prob. 9.3, (a) achar as tensões principais e mostrar suas direções e sentidos em um elemento adequadamente orientado; (b) determinar as tensões de cisalhamento máximas e as tensões normais associadas. Mostrar os resultados em um elemento adequadamente orientado.

9.11. O mesmo que o Prob. 9.10 para os dados o Prob. 9.4.

9.12 a 9.15. Desenhar o círculo de tensão de Mohr para os estados de tensão dados nas figuras. (a) Mostrar claramente os planos nos quais as tensões principais atuam, e para cada tensão indicar com setas suas direções e sentidos. (b) O mesmo que (a) para as tensões de cisalhamento máximas e tensões normais associadas. *Resp.*: Prob. 9.15. (a) 6 kgf/mm^2, -4 kgf/mm^2; (b) 5 kgf/mm^2, 1 kgf/mm^2.

9.16. Um estado de tensão bidimensional é dado, em três pontos diferentes, em representação matricial, por

(a) $\begin{pmatrix} 12 & 5 \\ 5 & 6 \end{pmatrix}$ kgf/mm^2 (b) $\begin{pmatrix} -6 & 6 \\ 6 & -8 \end{pmatrix}$ kgf/mm^2

(c) $\begin{pmatrix} 3 & -9 \\ -9 & -12 \end{pmatrix}$ kgf/mm^2.

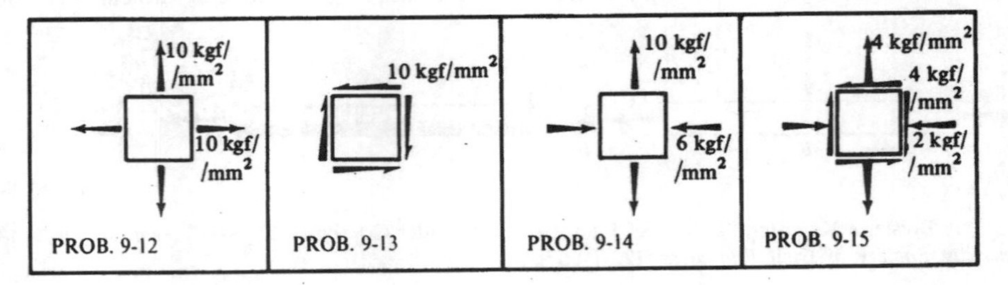

Para cada caso desenhar o círculo de tensão de Mohr, e, então, usando a trigonometria, achar as tensões principais e mostrar suas direções e sentidos em elementos adequadamente orientados. Achar também as tensões de cisalhamento máximas com as tensões normais associadas, e mostrar os resultados em elementos adequadamente orientados. *Resp.*: (a) 14,83 kgf/mm², 3,17 kgf/mm², 5,83 kgf/mm², 9 kgf/mm²; (b) −0,9 kgf/mm², −13,1 kgf/mm², 6,1 kgf/mm², −7 kgf/mm²; (c) 7,5 kgf/mm², −15,9 kgf/mm²; 12,9 kgf/mm², −4,5 kgf/mm².

9.17. Se $\sigma_x = \sigma_1 = 0$ e $\sigma_y = \sigma_2 = -4$ kgf/mm², usando o círculo de tensão de Mohr, achar as tensões que atuam em um plano definido por $\theta = +30°$. *Resp.*: −1 kgf/mm², 1,73 kgf/mm².

9.18. Usando o círculo de tensão de Mohr, para os dados do Prob. 9.15, achar as tensões que atuam em $\theta = 30°$.

9.19. As magnitudes e direções das tensões em dois planos que se interceptam em um ponto são as mostradas na figura. Determinar as direções e magnitudes das tensões principais nesse ponto. Mostrar os resultados em um elemento.

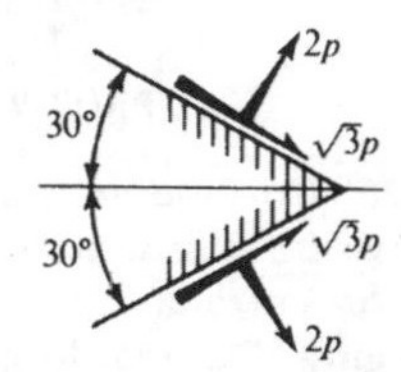

PROB. 9-19

9.20. No ponto A de uma aresta sem carga de um corpo elástico, orientado como mostra a figura com relação aos eixos xy, a máxima tensão de cisalhamento é de 5 kgf/mm². (a) Achar as tensões principais, e (b) determinar o estado de tensão em um elemento orientado com suas arestas paralelas aos eixos xy. Mostrar os resultados num esquema do elemento em A. (*Sugestão*. Uma solução efetiva pode ser obtida pela construção do círculo de tensão de Mohr). *Resp.*: (b) $\sigma_x = 6{,}4$ kgf/mm².

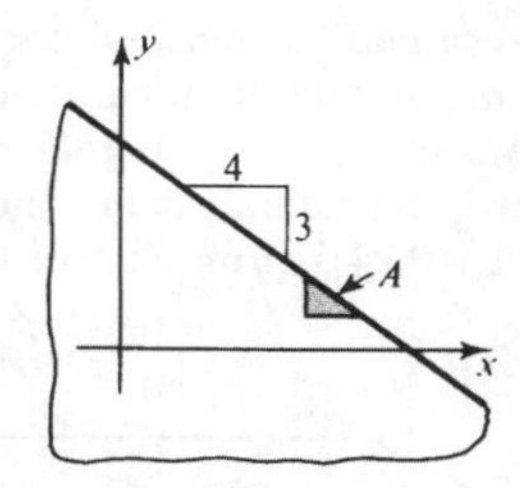

PROB. 9-20

9.21. Uma união transmite uma força F a uma braçadeira, como mostra a figura. A análise da tensão dessa braçadeira dá as seguintes componentes de tensão, atuando sobre o elemento A: 10 kgf/mm² devidos à flexão, 15 kgf/mm² devidos à força axial, e 6 kgf/mm² devidos ao cisalhamento. (Observe que essas são apenas as magnitudes de tensão, suas direções e sentidos devem ser determinadas por inspeção). (a) Indicar as tensões resultantes em um esquema do elemento isolado A. (b) Usando o círculo de Mohr para o estado de tensão achado em (a), determinar as tensões principais e as máximas tensões de cisalhamento com as tensões normais associadas. Mostrar os resultados em elementos adequadamente orientados. *Resp.*: (b) 9 kgf/mm², −4 kgf/mm²; 6,5 kgf/mm², 2,5 kgf/mm².

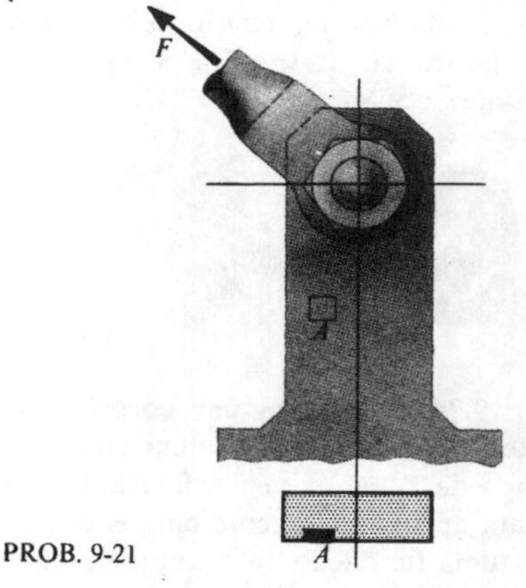

PROB. 9-21

9.22. O carregamento aplicado a uma viga, tal como mostra a figura, causa as seguintes tensões no elemento A: 1 kgf/mm² de tensão de cisalhamento devido a $|V|$, 4 kgf/mm² de tensão normal devido a $|P|$, e 2 kgf/mm² de tensão normal devido a $|M|$.

Determinar as tensões normal e de cisalhamento que atuam no elemento em um plano que faz um ângulo de 36,8° com o eixo longitudinal, como mostra a Figura. *Resp.*: 0,24 kgf/mm²; 0,68 kgf/mm².

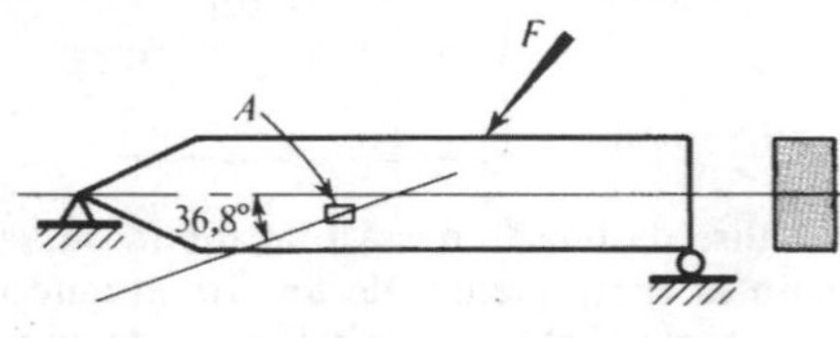

PROB. 9-22

9.23. Um eixo circular maciço é carregado como mostra a figura. Na seção *ABCD*, as tensões devidas à força de 1,29 t e ao peso do eixo mais o do tambor são as seguintes: a máxima tensão de flexão é de 6 kgf/mm², a máxima tensão torcional é de 4 kgf/mm², e a máxima tensão de cisalhamento devida a V é de 1 kgf/mm². (a) Marcar elementos nos pontos *A*, *B*, *C*, e *D* e indicar as magnitudes e direções das tensões que atuam neles. Em cada caso, dar a direção de observação do elemento. (b) Usando o círculo de Mohr, achar as direções e magnitudes das tensões principais e da máxima tensão de cisalhamento no ponto *A*. *Resp.*: (b) 8 kgf/mm², –2 kgf/mm²; 5 kgf/mm².

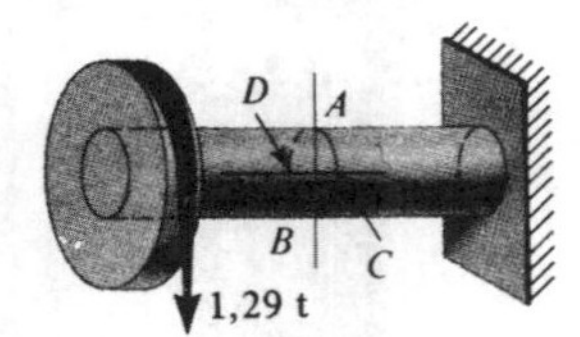

PROB. 9-23

9.24. Considere um corpo semi-infinito elástico linear, com uma carga concentrada de P kgf/m, veja a figura. Isso representa aproximadamente um pedestal longo em uma fundação ou o gume de uma faca sobre uma peça plana e grande de metal (uma idealização da reação do mancal de rolamento). Usando os métodos da elasticidade, pode-se mostrar* que a aplicação da carga causa apenas tensões radiais, que são dadas por

$$\sigma_r = -\frac{2P}{\pi}\frac{\cos\theta}{r}.$$

Como essa é a única tensão, ela é principal. Também, para elementos infinitesimais, não é necessário distinguir entre os elementos cartesianos e polares. Transformar σ_r em σ_x, σ_y, e τ_{xy} e traçar a distribuição de tensões resultantes para σ_x e τ_{xy} a uma profundidade constante a abaixo da superfície.

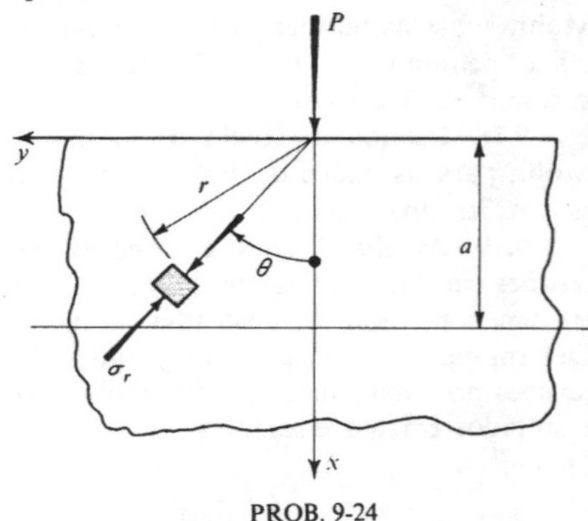

PROB. 9-24

9.25. Considerar uma cunha elástica de espessura unitária, submetida a uma carga concentrada P no ápice, como mostra a figura. De acordo com a solução da elasticidade** esse carregamento causa apenas distribuição radial de tensão, que é dada por

$$\sigma_r = -\frac{P\cos\theta}{r[\alpha + {}^1/_2 \operatorname{sen} 2\alpha]}.$$

Com base nessa fórmula, determinar a distribuição de tensão vertical em uma seção horizontal a uma distância a abaixo do ápice. Comparar a máxima tensão assim

*S. Timoshenko e J. N. Goodier, *Theory of Elasticity* (2.ª ed.), p. 85, McGraw-Hill Book Company, Nova Iorque, 1951

**Timoshenko e Goodier, *Theory of Elasticity*, p. 97

achada com a dada pela Eq. 3.5 para $\alpha = 10°$ e $45°$.

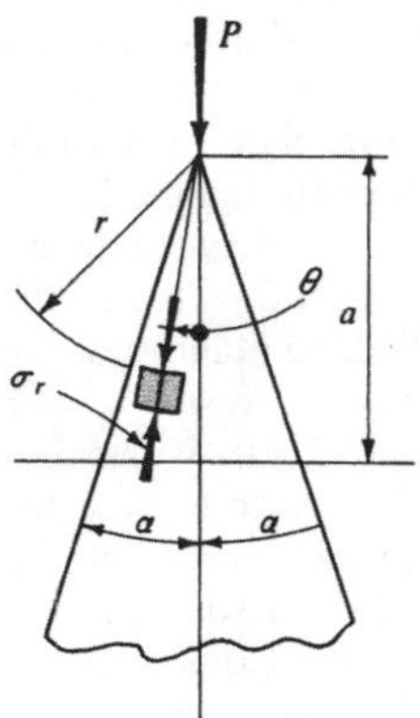

PROB. 9-25

9.26. Uma cunha elástica de espessura unitária é submetida a uma força vertical P, como mostra a figura. Para tal cunha, a solução da elasticidade mostra que existe apenas uma distribuição radial de tensão, dada* por

$$\sigma_r = -\frac{P \cos \theta}{r[\alpha - {}^1/_2 \operatorname{sen} 2\alpha]}.$$

Determinar as tensões normal e de cisalhamento em uma seção vertical, à distância x da força aplicada P, e comparar com as soluções elementares. Se $\alpha = 30°$ achar a percentagem de discrepância das tensões máximas nas soluções alternativas.

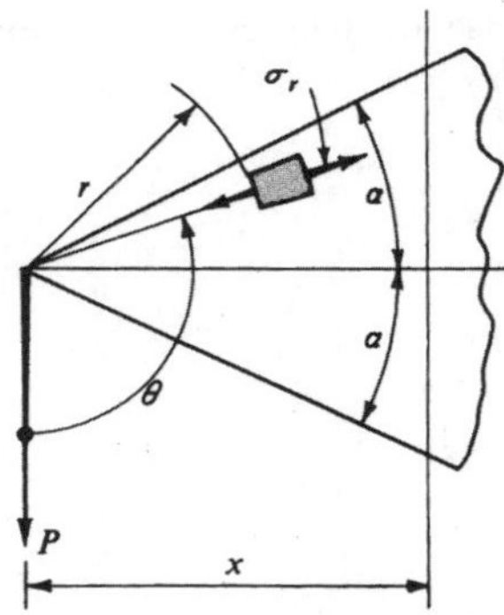

PROB. 9-26

9.27. Usando as equações de transformação de tensão para um estado de tensão tridimensional**, pode-se diagonalizar qualquer matriz de tensão. Suponha que isso tenha sido feito e que resulte em

$$\begin{pmatrix} 12 & 0 & 0 \\ 0 & -6 & 0 \\ 0 & 0 & 8 \end{pmatrix} \text{kgf/mm}^2.$$

Para esse estado de tensão, qual é a máxima tensão de cisalhamento? Ilustrar o plano ou planos nos quais ela atua.

9.28. Uma investigação de tensões na placa de um vaso de pressão, de parede fina, indica que a matriz de tensão é

$$\begin{pmatrix} 20 & 0 & 0 \\ 0 & 10 & 0 \\ 0 & 0 & 0 \end{pmatrix} \text{kgf/mm}^2,$$

onde deve-se notar que $\sigma_3 \approx 0$. (Esse estado de tensão é análogo àquele mostrado no Prob. 4.6). Quais as tensões de cisalhamento sobre o material, se existem? Ilustrar com um diagrama.

9.29. Considerar l, m, e n como definindo os co-senos diretores de um elemento linear. Usando essa notação, a Eq. 9.18 pode ser reescrita como

$$\varepsilon_\theta = \varepsilon_x l^2 + \varepsilon_y m^2 + \gamma_{xy} lm.$$

Mostrar que, para o caso tridimensional,

$$\varepsilon_\theta = \varepsilon_x l^2 + \varepsilon_y m^2 + \varepsilon_z n^2 + \\ + \gamma_{xy} lm + \gamma_{yz} mn + \gamma_{zx} nl.$$

9.30. Se as deformações unitárias são $\varepsilon_x = -120 \times 10^{-6}$, $\varepsilon_y = +1120 \times 10^{-6}$, e $\gamma_{xy} = -200 \times 10^{-6}$, quais são as deformações principais e em que direções elas ocorrem? Usar as Eqs. 9.20 e 9.21 ou o círculo de deformação de Mohr, *Resp.*: 1130×10^{-6}, -130×10^{-6}

9.31. Se as deformações unitárias são $\varepsilon_x = -800 \times 10^{-6}$, $\varepsilon_y = -200 \times 10^{-6}$, e $\gamma_{xy} = +800 \times 10^{-6}$, quais são as deformações principais e em que direções elas

*Timoshenko e Goodier, *Theory of Elasticity*, p. 97

**Veja qualquer livro sobre elasticidade e plasticidade. Para uma breve discussão desse ponto veja a Seç. 9.9

ocorrem? Usar as Eqs. 9.20 e 9.21 ou o círculo de Mohr. *Resp.*: 0, $1\,000 \times 10^{-6}$.

9.32. Se as medidas de deformação dadas no problema acima fosse feitas em um membro de aço ($E = 20 \times 10^3$ kgf/mm^2 e $\nu = 0{,}3$), quais são as tensões principais e em que direções elas atuam?

9.33. Os dados para uma roseta retangular colada a um membro de aço solicitado são $\varepsilon_{0°} = -220 \times 10^{-6}$, $\varepsilon_{45°} = +120 \times \times 10^{-6}$, $\varepsilon_{90°} = +220 \times 10^{-6}$. Quais são as tensões principais e em que direções elas atuam? $E = 21 \times 10^3$ kgf/mm^2 e $\nu = = 0{,}3$. *Resp.*: ± 4 kgf/mm^2, 14°18′.

9.34. Os dados para uma roseta equiangular, colada a um membro solicitada de liga de alumínio, são $\varepsilon_{0°} = +400 \times 10^{-6}$, $\varepsilon_{60°} = +400 \times 10^{-6}$, e $\varepsilon_{120°} = -600 \times \times 10^{-6}$. Quais são as tensões principais e em que direções elas atuam? $E = 7\,000$ kgf/mm^2 e $\nu = 1/4$. *Resp.*: $+4{,}35$ kgf/mm^2, $-3{,}11$ kgf/mm^2, 30°.

9.35. Os dados para uma roseta de deformação com quatro linhas de sensores, colada a um membro de liga de alumínio são, $\varepsilon_{0°} = -120 \times 10^{-6}$, $\varepsilon_{45°} = +400 \times \times 10^{-6}$, $\varepsilon_{90°} = +1\,120 \times 10^{-6}$, e $\varepsilon_{135°} = = +600 \times 10^{-6}$. Verificar a consistência dos dados. Determinar, então, as tensões principais e as direções em que elas atuam. Usar os valores de E e ν dados no Prob. 9.34. *Resp.*: $+8{,}19$ kgf/mm^2, 4°35′.

9.36. Em um ponto de uma placa elástica solicitada, é conhecida a seguinte informação: máxima deformação angular $\gamma_{max} = = 5 \times 10^{-4}$; a soma das tensões normais em dois planos perpendiculares que passam pelo ponto igual a 2,8 kgf/mm^2. As propriedades elásticas da placa são $E = 21 \times 10^3$ kgf/mm^2, $G = 8{,}4 \times 10^3$ kgf/mm^2, $\nu = 1/4$. Calcular a magnitude das tensões principais no ponto. *Resp.*: $\sigma_1 = 5{,}6$ kgf/mm^2.

9.37. (a) Mostrar que a dilatação no cisalhamento é zero. (b) Usando a Eq. 9.27, estabelecer um limite superior para a relação de Poisson para materiais isotrópicos.

9.38. Começando com as Eqs. 9.33 e 9.34, deduzir em detalhes a Eq. 9.35.

9.39. Estabelecer a relação entre U_{dist} (de distorção) e U_{total} na faixa elástica para uma barra de aço doce submetida a tração. Considerar $E = 21 \times 10^3$ kgf/mm^2 e ν 0,25.

9.40. As tensões de projeto para um elemento de uma placa delgada são, $\sigma_1 = 10$ kgf/mm^2, $\sigma_2 = -10$ kgf/mm^2 (considerar $\sigma_3 = 0$). Dobrando essa tensão produz-se escoamento no material. Se a tensão de compressão de projeto σ_2 é reduzida à metade de seu valor anterior, que tensão de tração pode ser aplicada? Manter o mesmo fator de segurança no escoamento em ambos os casos e admitir a lei de escoamento de Tresca.

Para problemas adicionais sobre análise de tensões veja o final do Cap. 10.

10

PROBLEMAS DE ANÁLISE DE TENSÕES

10.1 INTRODUÇÃO

No capítulo anterior foram estabelecidas as leis de transformação de tensão, assim como os critérios de escoamento e de fratura. Agora a análise de tensões em membros pode ser considerada de um ponto de vista mais compreensivo. Em relação a isso, dois tipos de problemas aparecem, e esse capítulo é dividido adequadamente em duas partes. A Parte A discute a análise de tensões em membros dados, submetidos a carregamentos conhecidos. A Parte B mostra como selecionar ou projetar membros estruturais, de acordo com os requisitos de resistência, para certas condições de carregamento. Em ambas as partes do capítulo são tratados apenas os casos estaticamente determinados, e a análise é limitada principalmente aos casos elásticos.

Na Parte A, as tensões em um ponto em membros com carregamento axial e eixos submetidos a torques são inicialmente reexaminadas desde um ponto de vista mais amplo. Isso é seguido pela análise de tensões nos membros de flexão que também transmitem força cortante. Uma breve descrição do assunto relacionado, o método fotoelástico da análise experimental de tensões, é então dado. Uma introdução ao importante problema de análise de tensões em cascas, com aplicações a vasos de pressão, termina a Parte A.

Na Parte B deste capítulo são considerados requisitos de resistência como critério de projeto, embora, como foi ressaltado no Cap. 1, o projeto de um membro possa depender de sua resistência, ou de sua rigidez, ou de sua estabilidade. O objetivo principal desse tratamento consiste em estabelecer procedimentos simples e rápidos que possam ser usados nos problemas práticos para seleção de um membro de resistência adequada. Diversas fórmulas desenvolvidas nos capítulos anteriores e a informação sobre critérios de escoamento e fratura discutidos no capítulo anterior formam a base para o projeto de membros. Por essas razões, em muitos aspectos este capítulo servirá como elemento de revisão.

PARTE A
ANÁLISE DE TENSÕES

10.2 INVESTIGAÇÃO DAS TENSÕES EM UM PONTO

Com base nas equações de transformação ou na representação do estado de tensão em um círculo de Mohr, é evidente que o estado de tensão em um ponto pode ser representado de infinitas maneiras, dependendo dos planos de tensão selecionados. Para soluções quantitativas de problemas, acham-se, em primeiro lugar, as tensões nos planos conhecidos, usando as equações anteriormente deduzidas.

Ao restringir a atenção presente aos casos estaticamente determinados, é empregado o método familiar delineado na Seç. 1.3. As reações são achadas em primeiro lugar. Então, um segmento do corpo é isolado por meio de uma seção perpendicular a seu eixo, passando pelo ponto a investigar, determinando-se o sistema de forças necessário para manter o equilíbrio do segmento. As magnitudes das tensões são determinadas em seguida pelas fórmulas convencionais. Então, em um elemento isolado do membro, são indicadas as tensões calculadas. O sentido das tensões calculadas é observado nesse elemento por meio de setas cujos sentidos concordam com os das forças internas no corte. Dois lados desse elemento são paralelos e dois lados são perpendiculares ao eixo do membro a ser investigado. A relação definida dos lados desse elemento com o membro real deve ser claramente compreendida pelo analista. Após esquematizar um elemento e adicionar algebricamente as tensões de mesma espécie, as tensões podem ser encontradas em planos com qualquer orientação no mesmo ponto. Para tal propósito, são usadas as fórmulas analíticas ou o círculo de tensão de Mohr, discutido no capítulo anterior. As tensões principais ou a máxima tensão de cisalhamento são as quantidades usualmente procuradas.

Nos três exemplos que se seguem, uma barra axialmente carregada, um eixo circular em torção, e uma viga retangular com força aplicada transversalmente serão examinados para as tensões principais e tensões que atuam nos planos inclinados.

EXEMPLO 10.1

Achar as tensões que atuam em um plano inclinado arbitrariamente em uma barra com carregamento axial de área da seção transversal constante.

SOLUÇÃO

Considere a barra prismática submetida à tensão axial da Fig. 10.1(a). Passando uma seção X-X perpendicular ao eixo da barra pelo ponto geral G e aplicando a Eq. 3.5, encontra-se a tensão $\sigma = P/A$, onde A é a área da seção transversal da barra. Além do mais, como essa tensão normal é a única que atua sobre o elemento, Fig. 10.1(b), ela é a tensão principal. Designando essa tensão por σ_y, e observando que $\sigma_x = 0$ e $\tau_{xy} = 0$, as tensões normais e de cisalhamento, que atuam em qualquer plano inclinado, definido pelo eixo x', normal a esse plano, podem ser calculadas pelas Eqs. 9.1 e 9.2:

$$\sigma_{x'} = \sigma \operatorname{sen}^2 \theta = \frac{\sigma}{2} - \frac{\sigma}{2} \cos 2\theta,$$

$$\tau_{x'y'} = + \frac{\sigma}{2} \operatorname{sen} 2\theta. \tag{10.1}$$

A Eq. 10.1 mostra que a tensão máxima ou principal ocorre quando $\theta = 90°$; a máxima tensão principal ocorre quando $\theta = 0°$. Quando $\theta = 0°$ ou $90°$ a tensão de cisalhamento se anula. As tensões de cisalhamento atingem seu máximo valor de $\sigma/2$ quando $\theta = \pm 45°$. Para materiais fortes em tração ou compressão, mas fracos no cisalhamento, as falhas tendem a ser nos planos de 45°*.

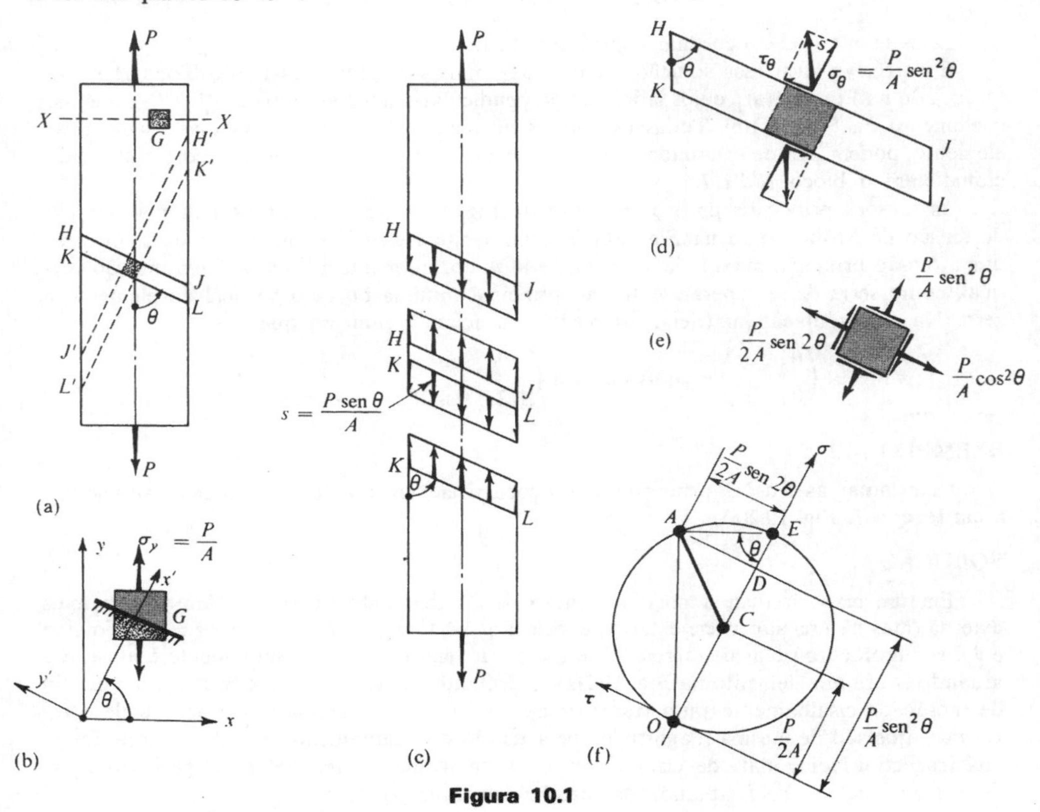

Figura 10.1

SOLUÇÃO ALTERNATIVA

Em lugar de se resolver esse problema pela aplicação das fórmulas já desenvolvida, é instrutivo refazê-lo a partir dos princípios básicos. Assim, considere a mesma barra, Fig.

*Em alguns materiais, como concreto ou duralumínio, as falhas não ocorrem precisamente nos planos a 45°, pois a tensão normal que existe simultaneamente à tensão de cisalhamento também influencia o colapso do material. Esse fato é racionalizado na teoria de colapso de Mohr

10.1(a), e passe por ela dois planos paralelos HJ e KL inclinados de um ângulo θ com a vertical. Cada fibra vertical no bloco $HJLK$, mostrada isolada na Fig. 10.1(c), se alonga da mesma quantidade. Todas essas fibras são submetidas à mesma intensidade de força. Dessa forma, embora isso não tenha sido feito anteriormente neste texto, a tensão s que atua na direção vertical em um plano inclinado pode ser dada por $s = P/(A/\text{sen}\,\theta)$, porque $A/\text{sen}\,\theta$ é a área inclinada da barra. Essa maneira de exprimir a tensão não é usual; ordinariamente ela é decomposta nas tensões normal e de cisalhamento (Seç. 3.2). Isso é feito aqui pela decomposição direta de s nas componentes, Fig. 10.1(d), porque s, σ_θ, e τ_θ atuam na mesma unidade de área.

$$\sigma_\theta = s\,\text{sen}\,\theta = (P/A)\,\text{sen}^2\,\theta$$

e

$$\tau_\theta = s\cos\theta = \frac{P}{A}\,\text{sen}\,\theta\cos\theta = \frac{P}{2A}\,\text{sen}\,2\theta.$$

Esses resultados concordam com a Eq. 10.1.

É instrutivo levar essa solução a uma etapa mais avançada. Isolando o bloco $H'J'L'K'$ [tracejado na Fig. 10.1(a)], cujos lados são perpendiculares àqueles do bloco $HJLK$, obtém-se o elemento na Fig. 10.1(e). Todas as tensões normais e de cisalhamento que atuam nesse elemento podem ser determinadas pela combinação da primeira solução com outra adicional para o bloco $H'J'L'K'$.

As tensões principais para o elemento da Fig. 10.1(e) podem ser obtidas pelo círculo de tensão de Mohr, como na Fig. 10.1(f). Com a ajuda da trigonometria, pode-se mostrar que a tensão principal máxima é $\sigma_1 = P/A$ e atua normalmente à linha AE, em direção vertical, como seria de se esperar. A tensão principal mínima no lado vertical do elemento é zero. Na representação matricial, os resultados acima significam que

$$\begin{pmatrix} 0 & 0 \\ 0 & \sigma_y \end{pmatrix} \text{ é equivalente a } \begin{pmatrix} \sigma_y\,\text{sen}^2\,\theta & 1/2\sigma_y\,\text{sen}\,2\theta \\ 1/2\sigma_y\,\text{sen}\,2\theta & \sigma_y\cos^2\theta \end{pmatrix}.$$

EXEMPLO 10.2

Determinar as tensões principais que ocorrem em um eixo circular maciço submetido a um torque T, Fig. 10.2(a).

SOLUÇÃO

Em um eixo circular, a máxima tensão de cisalhamento ocorre na lâmina fina mais externa (mas não na superfície externa) e, pela Eq. 5.4, é $\tau_{max} = Tc/J$, onde c é o raio do eixo e J é seu momento polar de inércia. Esse estado de tensão pura de cisalhamento é mostrado atuando sobre um elemento na Fig. 10.2(a). Entretanto, de acordo com a Seç. 9.6, um estado de tensão de cisalhamento pura transforma-se em tensões principais de tração e de compressão, que são de mesma magnitude que a tensão de cisalhamento, e que atuam ao longo das respectivas diagonais de cisalhamento. Dessa forma, as tensões principais são $\sigma_1 = +Tc/J$ e $\sigma_2 = -Tc/J$, atuando na direção mostrada na figura.

A transformação de tensão acima permite-nos prever o tipo de falha que ocorrerá nos materiais fracos em tração. Tais materiais falham por ruptura em uma linha perpendicular à direção de σ_1. Um exemplo de tal falha, para uma amostra de pedra arenosa é mostrado na Fig. 10.2(b); os eixos de ferro fundido falham da mesma maneira.* A falha ocorre ao longo de uma hélice, mostrada na

*O giz ordinário se comporta de maneira análoga. Isso pode ser demonstrado em uma sala de aula pela torção de uma peça de giz até a falha

Fig. 10.2(a) pelas linhas tracejadas. Os eixos feitos de materiais na Fig. 10.2(a) pelas linhas tracejadas. Os eixos feitos de materiais de baixa resistência ao cisalhamento, como o aço doce, quebram em uma superfície perpendicular ao eixo. Na representação matricial a transformação de tensão acima enfatiza que

$$\begin{pmatrix} 0 & \tau_{max} \\ \tau_{max} & 0 \end{pmatrix} \text{ é equivalente a } \begin{pmatrix} \sigma_1 & 0 \\ 0 & \sigma_2 \end{pmatrix}.$$

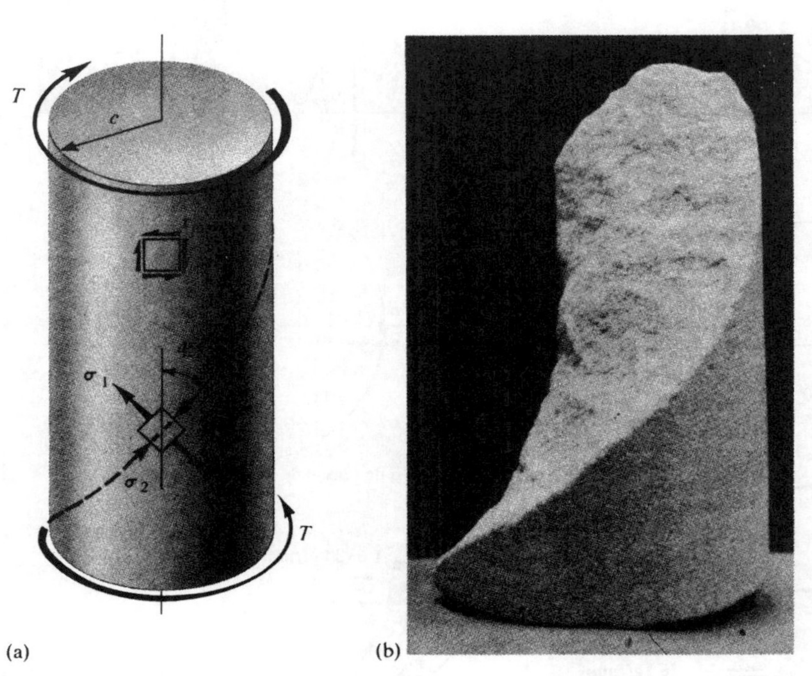

Figura 10.2 (a) Descrição alternativa das tensões para um eixo em torção; (b) amostra de pedra após o ensaio de torção. (Experiência realizada pelo Professor D. Pirtz)

EXEMPLO 10.3

Uma viga retangular sem peso, tem vão de 1 m, e é carregada com uma força vertical para baixo $P = 8\,000$ kgf no meio do vão, Fig. 10.3(a). Achar as tensões principais nos pontos A, B, C, B' e A'.

SOLUÇÃO

Na seção AA' uma força cortante de 4 000 kgf e um momento fletor de 1 000 kgfm são necessários para manter o equilíbrio do segmento da viga. Essas quantidades com seus sentidos apropriados estão na Fig. 10.3(c).

A tensão principal nos pontos A e A' decorre diretamente da aplicação da fórmula de flexão, Eq. 6.4. Como as tensões de cisalhamento são distribuídas parabolicamente ao longo da seção transversal de uma viga retangular, nenhuma tensão de cisalhamento atua nesses elementos, Figs. 10.3(d) e (h).

$$\sigma_{A\ ou\ A'} = \frac{Mc}{I} = \frac{M}{S} = \frac{6M}{bh^2} = \frac{6(1\,000)10^3}{38(300)^2} = \pm\ 1{,}75\ \text{kgf/mm}^2.$$

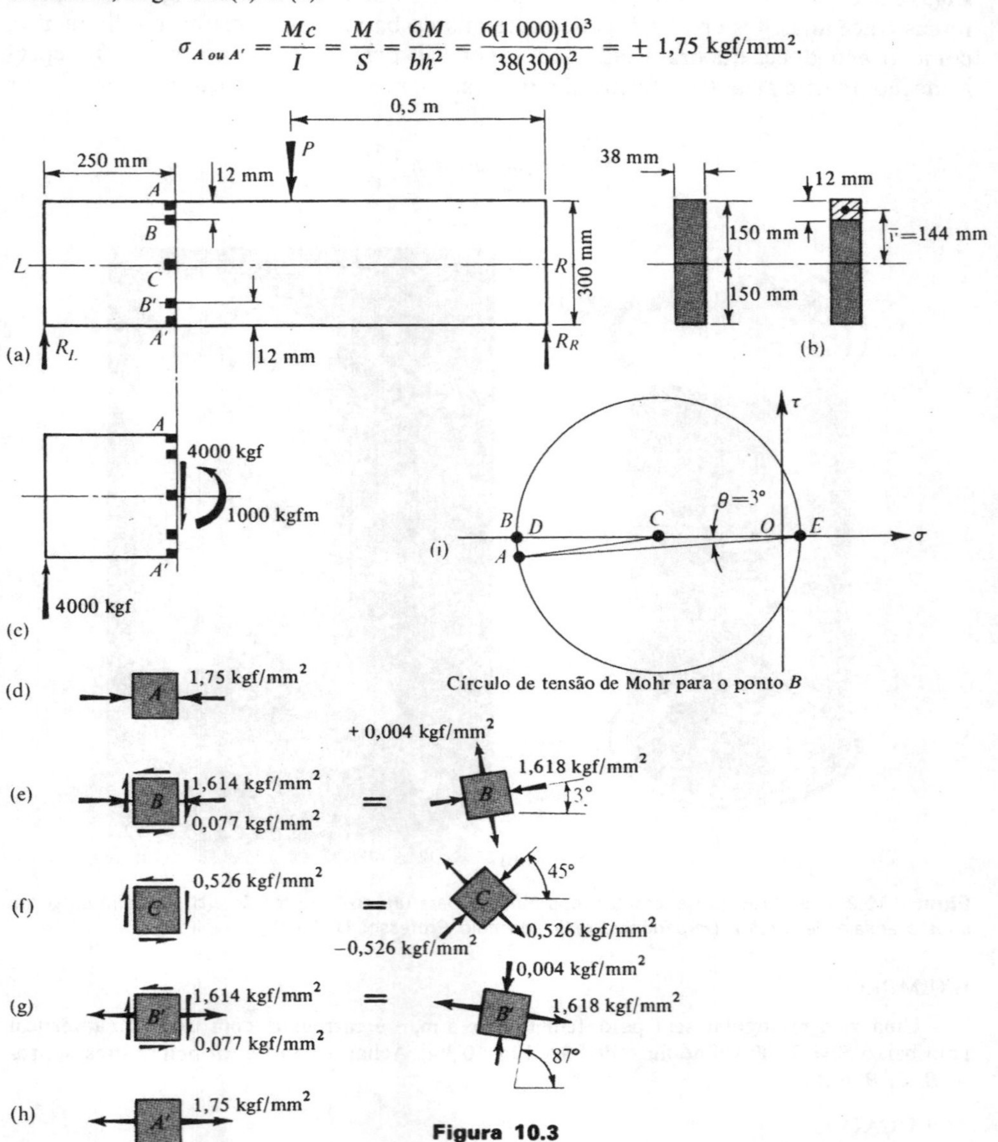

Figura 10.3

As tensões normais que atuam sobre os elementos B e B' mostrados nos esquemas das Figs. 10.3(e) e (g) são obtidas pela proporção direta das tensões normais que atuam nos elementos A e A' (ou a Eq. 6.3 poderia ser usada diretamente). As tensões de cisalhamento que atuam sobre esses elementos são semelhantes. Seus sentidos na face direita dos elementos concordam com o sentido da força cortante na seção AA', na Fig. 10.3(c). A magnitude dessas tensões de cisalhamento é obtida pela aplicação da Eq. 7.6, $\tau_{xy} = VA_{fghj}\bar{y}/(It)$: Para uso nessa equação, a área A_{fghj}, com o $\bar{y}$ correspondente, está mostrada com sombreado, na Fig. 10.3(b).

$$\sigma_{B\,ou\,B'} = (138/150)\sigma_A = \pm\,1{,}614 \text{ kgf/mm}^2$$

$$\tau_{B\,ou\,B'} = \frac{VA_{fghj}\bar{y}}{It} = -\frac{(4\,000)(38)(12)(144)}{(1/12)(38)(300)^3(38)} = -0{,}081 \text{ kgf/mm}^2.$$

Para se obter as tensões principais em B, usa-se o círculo de tensão de Mohr. Sua construção é indicada na Fig. 10.3(i), e os resultados obtidos estão mostrados no segundo esquema da Fig. 10.3(e). Observe a invariância da soma das tensões normais, isto é, $\sigma_x + \sigma_y = \sigma_1 + \sigma_2$ ou $-1{,}61 + 0 = -1{,}618 + 0{,}004$. Uma solução semelhante para tensões principais no ponto B' conduz aos resultados indicados no segundo esquema da Fig. 10.3(g).

O ponto C está sobre o eixo neutro da viga, e nenhuma tensão de flexão atua sobre o elemento correspondente, mostrado no primeiro esquema da Fig. 10.3(f). A tensão de cisalhamento na face direita do elemento em C atua na mesma direção que a força cortante da Fig. 10.3(c). Sua magnitude pode ser obtida pela aplicação da Eq. 7.6, ou pelo uso direto da Eq. 7.7, isto é,

$$\tau_{max} = \frac{3V}{2A} = \frac{1{,}5(4\,000)}{38(300)} = 0{,}526 \text{ kgf/mm}^2.$$

A tensão de cisalhamento pura transformada em tensões principais, de acordo com a Seç. 9.6, está mostrada no segundo esquema da Fig. 10.3(f).

É significativo examinar posteriormente os resultados obtidos do ponto de vista qualitativo. Para essa finalidade, as tensões principais calculadas que atuam nos planos correspondentes estão mostradas nas Figs. 10.4(a) e (b). Examinando a Fig. 10.4(a), pode ser visto o comportamento característico da tensão principal algebricamente maior (tração), em uma seção de uma viga retangular. Essa tensão diminui progressivamente de magnitude, de um valor máximo em A' até zero em A. Ao mesmo tempo, as correspondentes direções de σ_1 gradualmente giram de 90°. Uma observação semelhante pode ser feita com relação à tensão principal algebricamente menor (compressão), mostrada na Fig. 10.4(b).

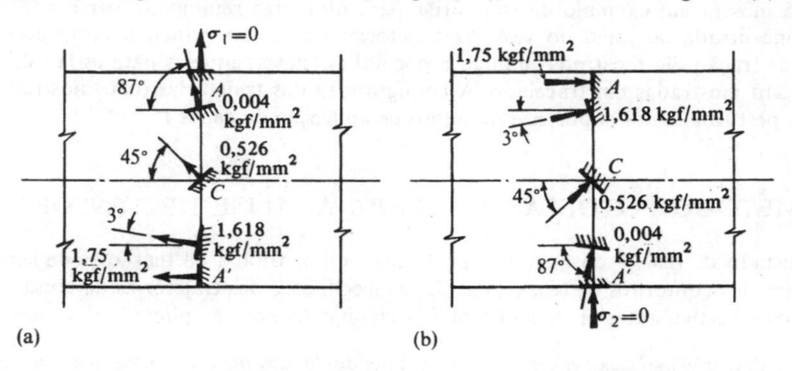

Figura 10.4 (a) Comportamento da tensão principal algebricamente maior σ_1 (b) Comportamento da tensão principal algebricamente menor σ_2

10.3 MEMBROS EM ESTADO DE TENSÃO BIDIMENSIONAL

Dentro do escopo das fórmulas desenvolvidas neste texto, os corpos em um estado de tensão bidimensional podem ser estudados como no exemplo precedente. Um grande número de pontos de um corpo solicitado pode ser investigado para a magnitude e direção das tensões principais. Então, para estudar o comportamento geral das tensões, os pontos selecionados podem ser interconetados para se obter uma interpretação visual dos vários aspectos dos dados calculados. Por exemplo, os pontos de tensões principais de mesmo valor algébrico, independentemente de seus sentidos, quando unidos, fornecem um mapa dos contornos de tensão. Qualquer ponto que esteja sobre um contorno de tensão, tem uma tensão principal de mesma magnitude algébrica.

Analogamente, podem ser unidos os pontos em que as direções principais mínimas formam um ângulo constante com o eixo x. Além do mais, como as tensões principais são mutuamente perpendiculares, a direção das tensões principais máximas nos mesmos pontos, também forma um ângulo constante com o eixo x. A linha assim obtida é o lugar geométrico dos pontos ao longo dos quais as tensões principais têm direções paralelas. Essa linha é chamada de *linha isóclina*. O adjetivo isóclina vem do grego, *isos* significa igual e *klino* significa inclinação. Três linhas isóclinas podem ser achadas por inspeção de uma viga prismática retangular submetida a uma carga transversal normal a seu eixo. As linhas correspondentes aos contornos superior e inferior de uma viga, formam duas linhas isóclinas como no contorno em que as tensões de flexão são as tensões principais, e elas atuam paralelamente aos contornos. Por outro lado, a tensão de flexão é zero no eixo neutro, e ali apenas existem tensões de cisalhamento puro. Essas tensões de cisalhamento puro transformam-se em tensões principais, todas atuando a 45° com o eixo da viga. Assim, outra linha inclinada (a isóclina de 45°) se localiza sobre o eixo da viga. As outras linhas isóclinas são curvas e são de determinação mais difícil.

Outro conjunto de curvas pode ser traçado para um corpo solicitado, para o qual a magnitude e o sentido das tensões principais são conhecidos em vários pontos. Uma curva cuja tangente muda de direção para se adaptar à direção das tensões principais é chamada de *trajetória da tensão principal* ou *linha isostática*. Como as linhas isóclinas, as trajetórias da tensão principal não unem pontos de igual tensão, mas, sim, indicam as direções das tensões principais. Como as tensões principais em quaisquer pontos são mutuamente perpendiculares, as trajetórias das duas tensões principais formam uma família de curvas ortogonais*. A Fig. 10.5 mostra um exemplo de trajetórias para uma viga retangular, carregada com uma força concentrada no meio do vão. As trajetórias da tensão principal correspondentes às tensões de tração são mostradas na figura por linhas cheias; aquelas para as tensões de compressão são mostradas em tracejado. A configuração das trajetórias (não mostrada) é severamente perturbada nos suportes e no ponto de aplicação da carga P.

10.4 MÉTODO FOTOELÁSTICO PARA ANÁLISE DE TENSÕES

O estado de tensão de qualquer problema bidimensional de tensão pode ser expresso em termos dos contornos de tensão, das linhas isóclinas, e das trajetórias da tensão principal discutidos no artigo anterior. Além do mais, é significativo que a aplicação das mesmas forças

*Uma situação parecida é encontrada na mecânica dos fluidos onde nos problemas "bidimensionais" de escoamento, as linhas de corrente e equipotencial formam um sistema ortogonal de curvas, *a malha de escoamento*

da mesma maneira, a quaisquer dois corpos geometricamente semelhantes, feitos de materiais elásticos diferentes, causam a mesma distribuição de tensão. A distribuição de tensão não é afetada* pelas constantes elásticas de um material. Dessa forma, para determinar experimentalmente as tensões, em lugar de se achar as tensões em um membro real, é preparado um corpo de prova de qualquer material adequado para o tipo de teste a ser efetuado. Vidro, celulose e, particularmente, certos graus de baquelita têm as propriedades ópticas necessárias para o trabalho fotoelástico. Num espécime de um desses materiais, as tensões principais mudam temporariamente as propriedades ópticas do material. Essa mudança nas propriedades ópticas pode ser detetada e relacionada com as tensões principais que a causam. A análise experimental e analítica necessária para investigar os problemas dessa maneira é conhecida como *método fotoelástico de análise de tensões.* Apenas uma breve descrição** desse método será dada aqui, iniciando com algumas observações.

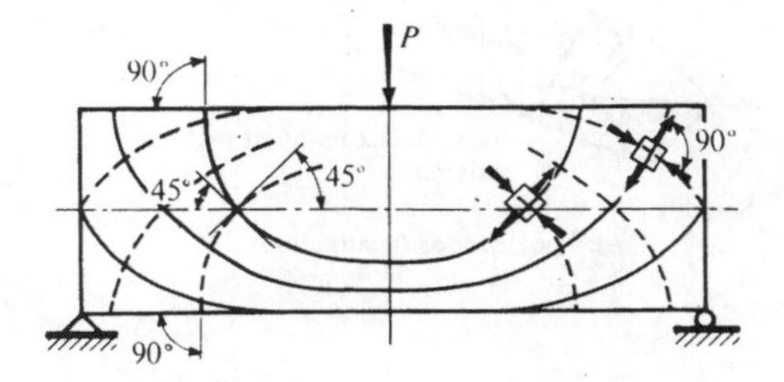

Figura 10.5 Trajetórias da tensão principal para vigas retangulares

A luz propaga-se em qualquer meio dado, em linha reta, com velocidade constante. Para a finalidade em foco, o comportamento da luz pode ser explicado considerando-se um simples raio como uma série de ondas caóticas que se propagam em vários planos que contêm o raio. Restringindo a vibração das ondas a um simples plano, obtém-se um plano de luz polarizada. Isso é feito por meio de um polarizador, que pode ser uma pilha adequada de placas, um prisma de Nicol, ou um elemento polaróide comercialmente fabricado. O plano do polarizador, através do qual passam as vibrações transversais da luz, é chamado de *plano de polarização.* Um diagrama esquemático das definições anteriores está na Fig. 10.6(a), onde também está mostrado um segundo polarizador, chamado de *analisador.* Observe que, se os planos de polarização dos dois polarizadores são perpendiculares entre si, nenhuma luz passa pelo analisador. Esse arranjo do analisador, com relação ao polarizador, é chamado de *cruzado.*

Se a fonte de luz*** usada é monocromática, isto é, de uma cor, as vibrações transversais da luz polarizada plana são regulares porque o comprimento de onda em um dado meio, para uma dada cor qualquer, é constante. Quando estão se propagando no mesmo meio essas vibrações transversais são descritas por uma onda senoidal de amplitude e freqüência constantes. Inserindo um espécime recozido, feito de material transparente adequado, entre o polarizador e o analisador no arranjo mostrado na Fig. 10.6(a), não se observa nenhum

*Para isso ser verdade, estritamente falando, os corpos devem ser simplesmente conectados, isto é, sem furos no interior

**Para mais detalhes veja M. M. Frocht, *Photoelasticity*, vols. I e II, John Wiley & Sons, Inc., Nova Iorque, 1941 e 1948

***Lâmpadas de vapor de mercúrio são normalmente usadas para essa finalidade

fenômeno novo. Entretanto, tensionando o espécime, as propriedades ópticas do material mudam, e ocorrem dois fenômenos*.

1. Em cada ponto do corpo tensionado, a onda de luz polarizada é decomposta em duas componentes mutuamente perpendiculares, que jazem nos planos das tensões principais que ocorrem naquele ponto.
2. A velocidade linear de cada uma das componentes da onda de luz é retardada no espécime tensionado em proporção direta à tensão principal.

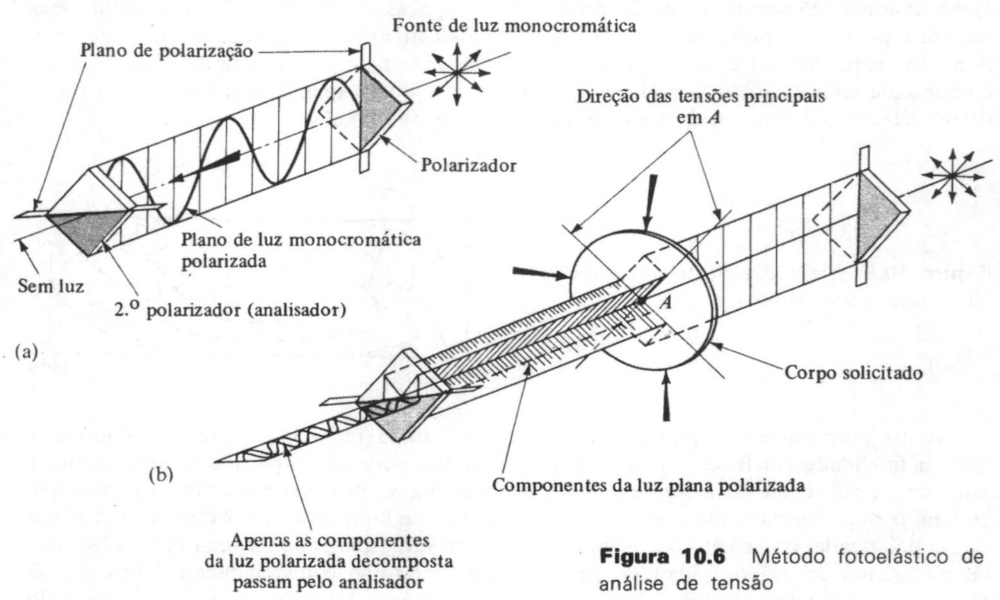

Figura 10.6 Método fotoelástico de análise de tensão

Esses fatos constituem-se na base do método fotoelástico de análise de tensões. Uma representação esquemática do comportamento de uma onda monocromática, polarizada no plano, ela passa por um corpo tensionado e um analisador está na Fig. 10.6(b). No espécime tensionado, uma onda polarizada plana é decomposta em duas componentes cujos planos coincidem com os planos das tensões principais, como no ponto *A*. Essas componentes da vibração senoidal deixam o espécime com a mesma freqüência, mas fora de fase. O último efeito é causado pela quantidade diferente de retardo da luz nos dois planos principais de tensão. Finalmente, as ondas de luz que emergem do analisador são de novo conduzidas para o mesmo plano, porque apenas certas componentes da luz polarizada podem atravessar o analisador. As duas ondas de luz monocromática que deixam o analisador vibram fora de fase no mesmo plano com a mesma freqüência. Suas diferenças de fase, que são diretamente proporcionais à diferença nas tensões principais em um ponto como *A* do corpo tensionado, indicam diversas possibilidades, que podem ser observadas em uma tela colocada no analisador. Se as duas ondas defasam de um comprimento de onda da luz usada, elas se reforçam

*O primeiro fenômeno enunciado foi descoberto por Sir David Brewster em 1816. A relação quantitativa foi estabelecida por G. Wertheim em 1854. O moderno desenvolvimento da fotoelasticidade e suas aplicações na engenharia provavelmente se deve a dois professores ingleses, E. G. Coker e L. N. Filon, cujo tratado sobre o assunto foi publicado em 1930

entre si e a luz mais forte é vista na tela. Para outras condições, alguma interferência ocorre entre as duas ondas de luz. Uma eliminação completa da luz ocorre quando as amplitudes das ondas de luz são iguais e defasam de meio comprimento de luz ou de um múltiplo inteiro ímpar. Dessa forma, já que um número infinito de pontos no corpo tensionado afeta a luz polarizada plana de maneira análoga ao ponto A, bandas alternadas brilhantes e escuras tornam-se aparentes na tela. As bandas escuras são chamadas de *franjas*.

Quanto maior for a diferença nas tensões principais, maior a diferença entre as duas ondas de luz que emergem do analisador. Assim, se as forças são gradualmente aplicadas a um espécime até que as tensões principais difiram suficientemente para causarem uma diferença de fase de meio comprimento de onda entre as duas ondas de luz em alguns pontos, a primeira franja aparece na tela. Então, como a magnitude das forças aplicadas aumenta, a primeira franja desloca-se para uma nova posição, e outra franja de "ordem superior" aparece na tela. A segunda franja corresponde às tensões principais que causam uma diferença de fase de 1,5 comprimentos de onda. Esse processo pode continuar enquanto o espécime se comporta elasticamente; mais e mais franjas aparecem na tela. Uma fotografia com várias franjas para uma viga retangular carregada no meio do vão está na Fig. 10.7. As franjas podem ser calibradas em um ensaio separado com uma barra em tração ou uma viga em flexão pura. As tensões para esses membros simples podem ser calculadas com precisão. É necessário fazer uma calibração de espécimes do mesmo material que o do espécime a ser investigado. Com os dados da calibração, podem ser investigados membros complexos submetidos a carregamentos complicados. Para cada ordem de franja, a diferença das tensões principais, $\sigma_1 - \sigma_2$, é conhecida pela calibração, e as franjas representam um mapa da diferença das tensões principais. Além do mais, como, de acordo com a Eq. 9.8, a diferença das tensões principais dividida por dois é igual à tensão de cisalhamento máxima, as franjas também representam o lugar geométrico das tensões principais de cisalhamento.

Figura 10.7 Fotografia das franjas de uma viga retangular. (Fotografia tirada pelo Professor R. W. Clough)

Uma fotografia de franja do corpo tensionado e os dados de calibração são suficientes para a determinação da magnitude das tensões de cisalhamento máxima e principal. A tensão principal também pode ser obtida em qualquer ponto do contorno sem carga: em um contorno livre, uma das tensões principais que atua normalmente ao contorno deve ser nula, e a ordem da franja tem relação direta com a tensão principal. Trabalho experimental adicional deve, ainda, ser executado para determinarem-se as tensões normais longe dos contornos.

Um método de se completar o problema consiste na obtenção de algumas medidas bem precisas da mudança de espessura do espécime solicitado em vários pontos. Essas medidas, que podem ser indicadas por Δt, onde t é a espessura do espécime, são relacionadas com as tensões principais, isto é, da lei de Hooke generalizada, Eq. 4.11, com $\sigma_z = 0$ obtém-se

$$\Delta t = -\nu\left(\frac{\sigma_1 + \sigma_2}{E}\right)t \quad \text{ou} \quad \sigma_1 + \sigma_2 = -\frac{E}{\nu t}\Delta t. \tag{10.2}$$

Então, de um ensaio adicional com o mesmo material em tração simples, onde $\sigma_1 \neq 0$ e $\sigma_2 = 0$, pode ser preparada uma nova carta de calibração, dando a soma das tensões principais *versus* Δt. Da informação obtida dessas duas experiências pode-se preparar um mapa da soma das tensões principais para o espécime investigado. Superpondo esse mapa com o das diferenças das tensões principais obtidas da fotografia da franja, pode-se determinar as magnitudes das tensões principais em qualquer ponto do espécime solicitado.

Informação adicional deve ser achada na foto das franjas, para determinar a direção das tensões principais. Essa informação é dada pela linha isóclina – uma linha negra correspondente ao lugar geométrico dos pontos em que a direção de uma das tensões principais no corpo solicitado coincide com o plano da luz polarizada que deixa o polarizador. Os raios que passam por esses pontos no espécime não são decompostos e são obscurecidos pelo analisador. Girando o polarizador para diversas posições conhecidas e mantendo o analisador cruzado, podem ser determinadas as linhas isóclinas. Essas linhas torna-se difícil distinguir das franjas, já que ambas aparecem simultaneamente na tela. Em um método de se diferençar as linhas isóclinas das franjas usa-se a luz branca no lugar da monocromática. Usando a luz branca, as isóclinas aparecem negras, mas as franjas são coloridas e contêm todo o espectro de cores visíveis da luz branca. Por outro lado, para eliminar as linhas isóclinas, que são indesejáveis às fotografias de franja, duas placas de um quarto de onda podem ser inseridas no sistema óptico. As placas de um quarto de onda decompoem a luz polarizada plana em duas componentes mutuamente perpendiculares; uma dessas é uma onda de um quarto fora de fase com a outra. A combinação dessas duas componentes resulta em uma "luz circularmente polarizada". Uma das placas de um quarto de onda é colocada entre o polarizador e o espécime e a outra entre o espécime e o analisador. A fotografia da franja na Fig. 10.7 foi obtida pelo uso desse método.

Com a ajuda de métodos analíticos, uma seqüência de linhas isóclinas e de fotografias de franjas é suficiente para resolver o problema fotoelástico sem se achar experimentalmente a soma das tensões principais. Esses procedimentos são bastante detalhados e trabalhosos, e, para maiores informações, aconselha-se a leitura de livros sobre fotoelasticidade.

O método fotoelástico de análise de tensões é bastante versátil e tem sido usado na solução de numerosos problemas. Aproximadamente todas as soluções para os fatores de concentração de tensões foram estabelecidas pela fotoelasticidade. A imprecisão das fórmulas elementares nas forças concentradas é claramente ressaltada pelas fotografias das franjas. Por exemplo, na Fig. 10.7, de acordo com as fórmulas elementares, as franjas na metade superior da viga deveriam ser como aquelas na metade inferior. Observe também a perturbação local das tensões nos suportes, na mesma fotografia.

O método fotoelástico adapta-se melhor aos problemas de tensão bidimensional. Os problemas tridimensionais também foram analisados por meio de técnicas especializadas. A extensão do método a problemas inelásticos e plásticos permanece sem solução até o momento.

Durante a última década, o rápido desenvolvimento de outro procedimento óptico, o método de Moiré, tem obtido muito sucesso. Esse método não será descrito aqui*.

10.5 CASCAS FINAS DE REVOLUÇÃO

Em inúmeras aplicações são usadas folhas finas curvas como componentes estruturais. Exemplos de tal construção são os vasos de pressão, cúpulas de telhados, reservatórios de líquidos, mísseis, asas de avião, etc. Essas estruturas são usualmente chamadas de cascas. Um método muito amplo e bastante desenvolvido

*Veja, por exemplo, P. S. Theocaris, "Moiré Fringes: A powerful Measuring Device", *Applied Mechanics Review*, **15**, p. 333, maio de 1962

foi imaginado para análise das cascas. Aqui a atenção ficará limitada à análise das cascas de revolução submetidas a carregamentos distribuídos, como o peso da casca ou pressão interna.

Um exemplo de casca de revolução está mostrado na Fig. 10.8(a); outros exemplos são a esfera, o cilindro, e o cone. Tais cascas são geradas pela rotação de uma curva plana, chamada de meridiana, em relação a um eixo pertencente ao plano da curva. A curva meridional pode ter qualquer raio de curvatura r_1, arbitrariamente variável, Fig. 10.8(b). Para definir completamente a geometria de uma superfície de casca, necessita-se de outro raio de curvatura r_2. O centro de curvatura desse raio, como pode ser mostrado pelos métodos da geometria diferencial, é localizado no eixo da casca. Esse raio gera a superfície da casca na direção perpendicular à direção da tangente ao meridiano. Na maioria dos casos, entretanto, é mais convincente trabalhar com outro raio de curvatura r_0, que reside em um plano perpendicular ao eixo da casca. Os dois raios r_0 e r_2 são relacionados por $r_0 = r_2$ sen φ, veja a Fig. 10.8(b). Sendo conhecidos os raios r_0 e r_1, e os ângulos compreendidos infinitesimais $d\theta$ e $d\varphi$, os comprimentos de arco infinitesimais do elemento de casca curvilíneo ficam $r_0 d\theta$ e $r_1 d\varphi$, respectivamente.

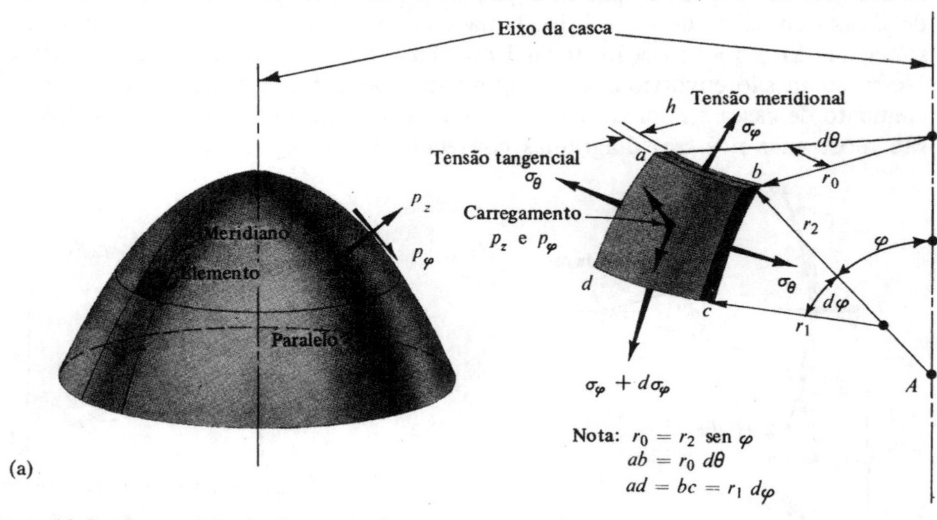

Figura 10.8 Casca delgada de revolução

Nessa análise, admitir-se-á que a espessura da casca h seja desprezável em comparação com r_1 e r_2, isto é, nenhuma distinção será feita entre os raios interno, médio, e externo da casca. Admitir-se-á, em seguida que a casca não se deforme, quando sob carga, ou que as deformações sejam pequenas. Essas premissas permitem tratar a casca como uma membrana, onde existem apenas tensões planas e uniformes. Nenhum momento fletor ou força cortante transversal de magnitude significativa se desenvolve nas membranas. Uma membrana é o análogo bidimensional de uma corda flexível, mas ela pode resistir a tensões de compressão.

Essas premissas são conhecidas como bastante razoáveis para cascas finas, nas regiões afastadas dos vínculos externos.

Aqui a análise se limita às tensões nas cascas de revolução simetricamente carregadas. Para esse caso, o carregamento por unidade de superfície pode consistir no carregamento p_z, atuando normal à superfície da casca, e do carregamento p_φ, aplicado tangencialmente ao meridiano. Para um dado ângulo φ, essas quantidades permanecem constantes ao longo de uma paralela, veja a Fig. 10.8.

Para condições do carregamento axi-simétrico, em virtude da simetria, são constantes as tensões tangenciais σ_θ, de cada lado de um elemento infinitesimal, como mostra a Fig. 10.8(b). Isso não é geralmente verdadeiro para a tensão meridional σ_φ. Uma tensão de cisalhamento plano possível $\tau_{\theta\varphi}$ (não mostrada) anula-se devido à simetria do problema.

10.6 EQUAÇÕES DE EQUILÍBRIO PARA CASCAS FINAS DE REVOLUÇÃO

Nos problemas axi-simétricos de cascas de revolução, existem apenas duas tensões conhecidas, σ_φ e σ_θ, e as equações governantes para essas são estabelecidas de duas condições de equilíbrio. Uma das equações de equilíbrio é obtida pela soma das forças na direção normal ao plano tangente do elemento infinitesimal. Nessa soma são envolvidas as componentes das forças que atuam nas arestas do elemento de casca e a força provocada pelo carregamento aplicado p_z. Essas forças são mostradas nos três diagramas consecutivos da Fig. 10.9.

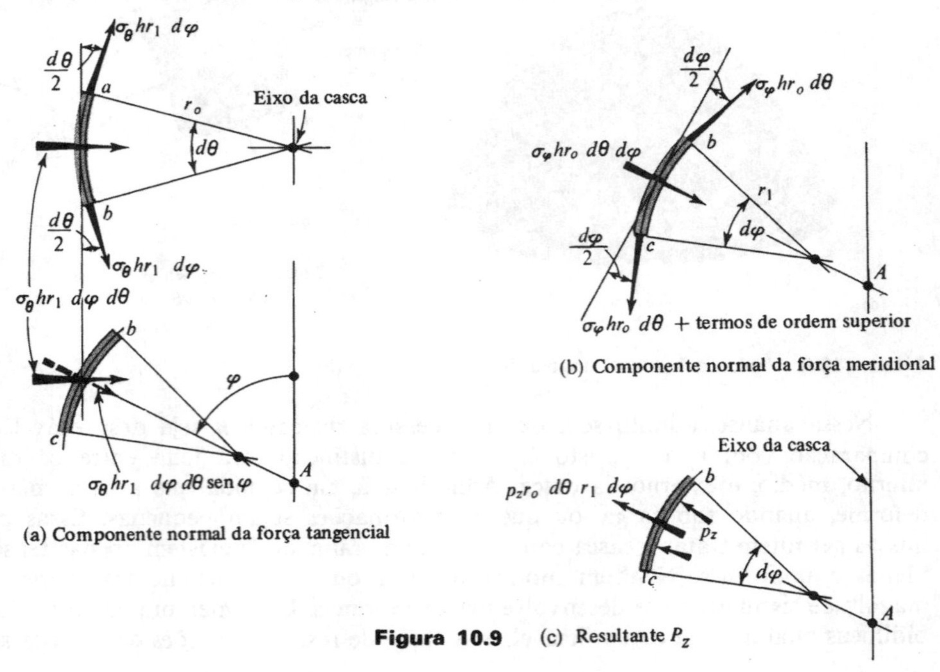

Figura 10.9

Como a área da seção transversal ao longo de cada uma das arestas verticais de um elemento infinitesimal é $hr_1 d\varphi$ e a tensão tangencial que atua nessas áreas é σ_θ, as forças horizontais no anel infinitesimal são $\sigma_\theta hr_1 d\varphi$, como mostra a Fig. 10.9(a). Essas duas forças tangenciais, cada uma inclinada de um ângulo $d\theta/2$, com o plano tangente, produzem uma componente horizontal $2\sigma_\theta hr_1 d\varphi(d\theta/2)$, atuando no sentido do eixo da casca. Essa força horizontal deve ser multiplicada por sen φ para determinar a componente de força normal que atua na direção do ponto A, como na Fig. 10.9(a).

A força normal provocada pelas tensões meridionais é achada de forma análoga, Fig. 10.9(b). Embora essas tensões meridionais, assim como o comprimento das arestas do elemento possam mudar do topo para o fundo, nessa projeção, essas mudanças são quantidades infinitesimais de ordem superior comparadas com as outras quantidades envolvidas, e podem ser desprezadas. Finalmente, tomando a área superficial do elemento infinitesimal como $r_0 d\theta r_1 d\varphi$, a resultante devida a p_z, que atua nessa superfície, pode ser achada como na Fig. 10.9(c). A carga tangencial p_φ não dá componente de força na direção considerada, e por essa razão, ela não é incluída nesses diagramas.

Para as forças acima consideradas, de $\Sigma F_n = 0$, tem-se

$$\sigma_\theta hr_1 d\varphi d\theta \text{ sen } \varphi + \sigma_\varphi hr_0 d\theta d\varphi - p_z r_0 d\theta r_1 d\varphi = 0.$$

Recordando que $r_0 = r_2$ sen φ e simplificando, obtém-se uma das relações básicas para as membranas:

$$\frac{\sigma_\varphi}{r_1} + \frac{\sigma_\theta}{r_2} = \frac{p_z}{h}. \tag{10.3}$$

Aqui, como antes, h é a espessura da casca.

Uma segunda equação para determinação das tensões desconhecidas na membrana pode ser achada por meio da análise do corpo livre da casca toda, acima de um círculo paralelo, como mostra a Fig. 10.10(a). Aqui, a resultante vertical R, devida ao carregamento p_z e p_φ, é mantida em equilíbrio pela componente vertical da força desenvolvida pela tensão meridional σ_φ.

Mantendo em mente que a circunferência do círculo na seção da casca é $2\pi r_0$, de $\Sigma F_y = 0$ tem-se

$$2\pi r_0 h\sigma_\varphi \text{ sen } \varphi - R = 0,$$

$$\sigma_\varphi = \frac{R}{2\pi r_0 h \text{ sen } \varphi}. \tag{10.4}$$

As Eqs. 10.3 e 10.4 são suficientes para a determinação das tensões de membrana nas cascas de revolução com carregamento axi-simétrico. As respostas negativas indicam tensões de compressão. Observe que, como nenhuma propriedade do material foi usada no estabelecimento das relações, elas não são restritas aos materiais elásticos.

As condições de suporte para cascas de membrana devem ser como as da Fig. 10.10(b), fornecendo o suporte para a força tangencial de $\sigma_\varphi h$ kgf/m. Uma componente vertical apenas não preenche essa condição. A menos que se tenha um anel resistente à componente horizontal de $\sigma_\varphi h$, severas tensões de flexão desenvolver-se-ão na casca. A introdução de tal anel, embora usualmente desejável, infelizmente causa tensões locais de flexão significativas. O tratamento detalhado desse problema foge ao escopo do livro.

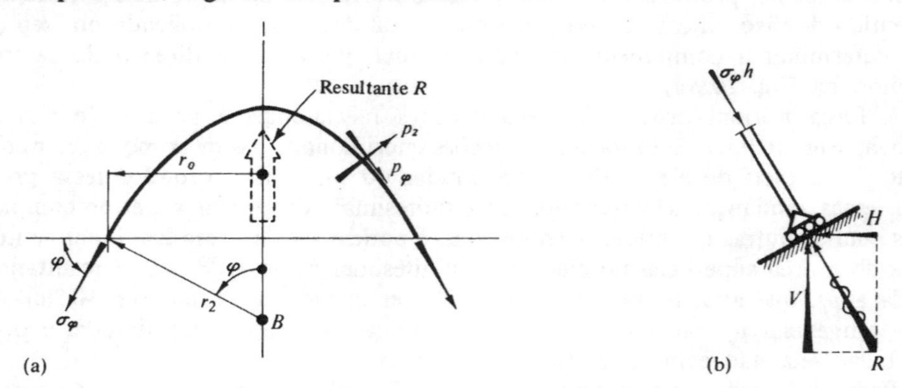

Figura 10.10 Diagramas de equilíbrio: (a) segmento de uma casca, (b) força de compressão em um contorno

EXEMPLO 10.4

Determinar as tensões provocadas pela pressão interna p em uma casca esférica de parede fina.

SOLUÇÃO

Para um vaso de parede fina, o raio interno r_{int} e o raio externo r_{ext} podem ser considerados iguais. Para uma esfera $r_1 = r_2$; dessa forma

$$r_{int} = r_{ext} = r_1 = r_2 = r.$$

A fim de aplicar a Eq. 10.4, o hemisfério mostrado na Fig. 10.11(b) é isolado da esfera por meio de uma seção que passa pelo centro da esfera. A carga aplicada $p_z = p$, e para $\varphi = 90°$, tem-se $r_0 = r$; a resultante $R = \pi r^2 p$. Como, para uma esfera, qualquer seção que passa pelo centro dá o mesmo tipo de corpo livre, $\sigma_\varphi = \sigma_\theta = \sigma_\alpha$ [veja a Fig. 10.11(c)].

$$\sigma_\varphi = \sigma_\theta = pr/(2h). \tag{10.5}$$

Após determinação de σ_φ, como $r_1 = r_2 = r$, a igualdade de σ_φ com σ_θ poderia também ser estabelecida pela Eq. 10.3.

As tensões σ_φ e σ_θ são as tensões principais. Para um elemento de esfera visto do exterior, o círculo de tensão de Mohr se degenera em um ponto. A máxima tensão de cisalhamento é localizada observando-se elemento de lado. (Veja a Seç. 9.9 e a Fig. 9.13 para o estado de tensão tridimensional).

Se o conteúdo tem peso desprezável, uma esfera é a forma ideal para um vaso fechado de pressão.

EXEMPLO 10.5

Determinar as tensões provocadas pela pressão interna p em um vaso cilíndrico, Fig. 10.12.

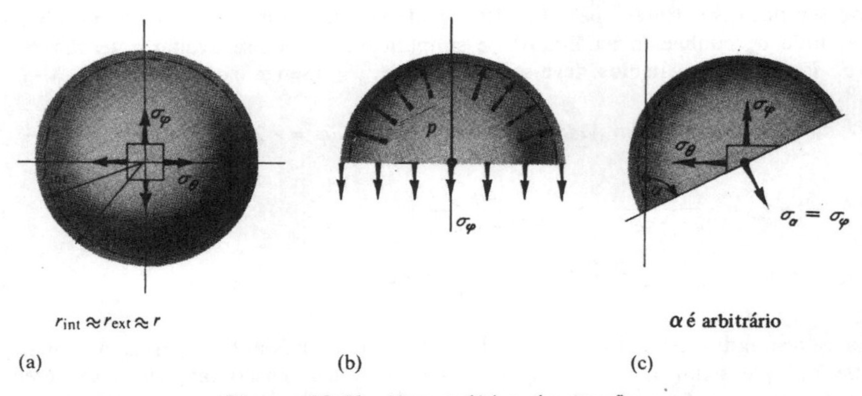

Figura 10.11 Vaso esférico de pressão

SOLUÇÃO

Para um vaso cilíndrico $r_1 = \infty$ e $r_2 = r$. Assim, com $p_z = p$, da Eq. 10.3,

$$\sigma_\theta = pr/h, \tag{10.6}$$

que é o dobro da tensão achada para uma esfera comparável. Esse fato pode ser compreendido melhor, considerando-se o elemento cilíndrico na Fig. 10.12(b). Aqui, resistindo à pressão interna p, a tensão longitudinal σ_φ não desenvolve componente de força para dentro, diferentemente do que ocorre na casca de curvatura dupla.

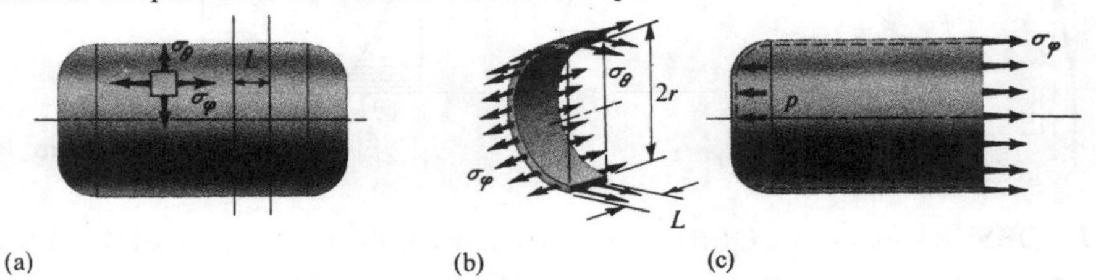

Figura 10.12 Vaso cilíndrico de pressão

A magnitude da tensão longitudinal σ_φ segue pela aplicação da Eq. 10.4. Na Fig. 10.12(c) vê-se que a situação é idêntica àquela de uma esfera; assim, para um cilindro

$$\sigma_\varphi = pr/(2h). \tag{10.7}$$

Ambas, σ_θ e σ_φ são as tensões principais porque as condições de simetria excluem a existência de tensões de cisalhamento nos planos das seções consideradas.

EXEMPLO 10.6

Determinar as tensões de membrana em um domo esférico de raio a, provocadas por seu próprio peso de q kgf/mm² (Fig. 10.13).

SOLUÇÃO

A área da superfície do domo acima de um ângulo arbitrário φ é achada em primeiro lugar. Multiplicando essa área por q, obtém-se a resultante R que atua para baixo, isto é,

R deve ser negativa. Então, pela Eq. 10.4, pode ser determinada a tensão meridional σ_φ. Substituindo σ_φ conhecida na Eq. 10.3 e simplificando, pode-se avaliar a tensão remanescente σ_θ. Fazendo tais cálculos, deve-se lembrar que $r_0 = a$ sen φ, e observar que $p_z = -q \cos \varphi$.

$$R = -q \int_0^\varphi (2\pi r_0) a d\varphi = -2\pi a^2 q \int_0^\varphi \operatorname{sen} \varphi \, d\varphi = -2\pi a^2 (1 - \cos \varphi) q;$$

$$\sigma_\varphi = \frac{R}{2\pi r_0 h \operatorname{sen} \varphi} = -\frac{aq}{h(1 + \cos \varphi)}; \tag{10.8}$$

$$\sigma_\theta = \frac{p_z a}{h} - \sigma_\varphi = \frac{aq}{h}\left(\frac{1}{1 + \cos \varphi} - \cos \varphi\right). \tag{10.9}$$

Esses resultados estão traçados na Fig. 10.13. É interessante observar a mudança de sinal de σ_θ, que significa que, até $\varphi = 51° 49'$ nenhuma tensão tangencial se desenvolve no domo. Esse é um fato importante para materiais fracos à tração e explica o sucesso do uso de domos nas construções de telhados durante a era medieval.

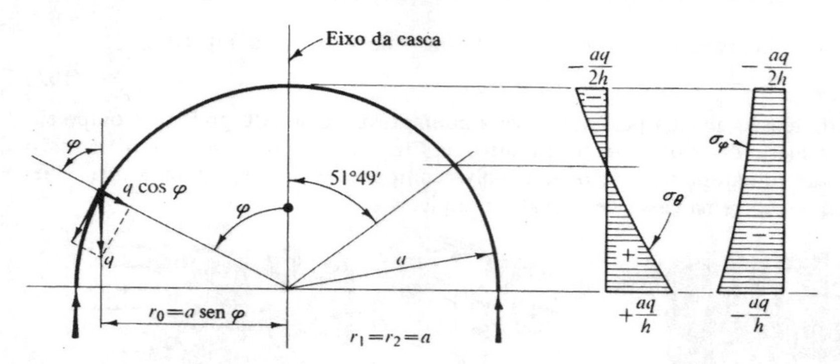

Figura 10.13

10.7 OBSERVAÇÕES SOBRE VASOS DE PRESSÃO DE PAREDE FINA

O estado de tensão para um elemento de um vaso de parede fina, conforme dado pela Eq. 10.3 a 10.7, é considerado biaxial, embora a pressão interna normal à parede cause uma tensão de compressão local igual à pressão interna. Com efeito, um estado de tensão triaxial existe no lado interno do vaso. Entretanto, para reservatórios de pressão de parede fina, a terceira tensão é muito menor do que σ_φ e σ_θ, e por essa razão pode ser desprezada. O erro cometido com tal aproximação pode ser rigorosamente determinado pela teoria geral que se aplica a cilindros de parede espessa e fina. Pode-se mostrar,* das soluções baseadas na teoria da elasticidade, que a espessura da parede pode chegar a um décimo do raio interno e o erro na aplicação das fórmulas para reservatórios de parede fina manter-se-á pequeno. Para a pressão interna, se o raio interno é usado para r na Eq. 10.6, a tensão tangencial média também é correta.

*S. Timoshenko e J. N. Goodier, *Theory of Elasticity*, p. 60, (2.ª ed.), McGraw-Hill Book Company, Nova Iorque, 1951

Uma descontinuidade na ação da membrana de uma casca ocorre em todos os pontos de vínculo externo ou nas uniões dos elementos da casca que possuem diferentes características de rigidez. Por exemplo, essa situação ocorre na união da parte cilíndrica de um reservatório de pressão com as extremidades. Sob a ação da pressão interna, o cilindro tende a se expandir como no diagrama mostrado pelas linhas tracejadas da Fig. 10.14, enquanto que as extremidades tendem a se expandir de montantes diferentes, por causa das diferenças na tensão. Essa incompatibilidade de deformações causa tensões de flexão e de cisalhamento na vizinhança da união, porque deve haver continuidade física entre as extremidades e a parede do cilindro. Por essa razão, extremidades curvas adequadas devem ser usadas para reservatórios de pressão. As extremidades planas são indesejáveis. O "ASME Unfired Pressure Vessel Code" dá informações práticas sobre o projeto das extremidades; a teoria necessária foge ao escopo deste texto.

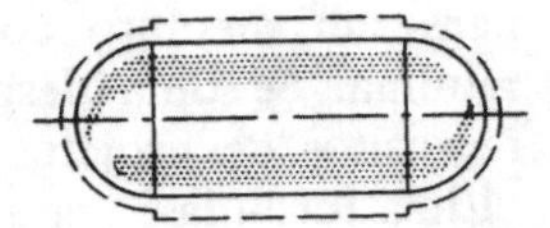

Figura 10.14 Linhas tracejadas mostrando a tendência (exagerada) de o cilindro e as extremidades se expandirem de quantidades diferentes sob a ação da pressão interna

A maioria dos reservatórios de pressão são fabricados de folhas curvas separadas que são unidas. Um método comum de consegui-lo consiste na soldagem a arco do material. Os canais nos quais é depositado o metal da solda, são preparados de maneiras bastante diversas, dependendo da espessura das placas. Os cálculos das uniões são feitos a partir de uma tensão de tração admissível da solda. Essas são usualmente expressas por certa percentagem da resistência da placa maciça original do material. Essa percentagem varia bastante, dependendo do trabalhador. Para trabalho ordinário, pode ser usada uma redução de 20% da tensão admissível da placa maciça para aquela soldada. Para esse fator, a eficiência da união é dita de 80% Em trabalho de alto grau, algumas das especificações permitem 100% de eficiência para a junta soldada.

Em conclusão, deve-se enfatizar que as fórmulas deduzidas para os reservatórios de parede fina deveriam ser usadas apenas para os casos de pressão interna. Se um vaso, tal como um tanque de vácuo ou um submarino, for projetado para pressão externa, pode ocorrer instabilidade (flambagem) das paredes e os cálculos de tensão com base nas fórmulas anteriores não têm significado.

PARTE B
PROJETO DE MEMBROS PARA OS REQUISITOS DE RESISTÊNCIA

10.8 OBSERVAÇÕES GERAIS

O projeto de sistemas estruturais baseia-se em várias considerações. Os requisitos funcionais certamente se constituem no principal fator para seleção e arranjo de membros estruturais e elementos de máquinas. A discussão dessas questões foge ao escopo deste texto. Se, entretanto, a configuração geométrica de um membro é dada, e as cargas aplicadas são especificadas, os procedimentos desenvolvidos nos capítulos anteriores permitem-nos selecionar membros de tamanho adequado para satisfazer os requisitos de resistência em várias situações. Como nesse momento o leitor se torna familiar com as transformações de tensão e com os critérios de escoamento e fratura, ele deveria estar apto a uma apreciação mais profunda do projeto de membros estruturais para satisfazer os requisitos de resistência. Parte da discussão apresentada a seguir tem o sentido de revisão.

10.9 PROJETO DE MEMBROS COM CARREGAMENTO AXIAL

Os membros de tração com carregamento axial e os blocos curtos de compressão,* são projetados por meio da Eq. 3.7, isto é, $A = P/\sigma_{adm}$. A seção crítica para um membro com carga axial ocorre em uma seção de área transversal mínima. Se uma descontinuidade abrupta é imposta na área transversal pelos requisitos de projeto, o uso da Eq. 4.34, $\sigma_{max} = KP/A$, é apropriado. O uso da última fórmula é necessário no projeto das peças de máquinas para levar em conta as concentrações de tensões locais, onde a falha por fadiga pode iniciar.

Além das tensões normais, dadas pelas equações anteriores, as tensões de cisalhamento atuam em planos inclinados, mesmo em um estado de tensão uniaxial. Assim, se um material é fraco na resistência ao cisalhamento, em comparação com sua resistência à tração e compressão, ele falha ao longo de planos que se aproximam dos planos de máxima tensão de cisalhamento. Por exemplo, membros de concreto ou de ferro fundido em compressão uniaxial, e membros de duralumínio sob tração uniaxial falham em planos inclinados à direção da carga. Essa observação é considerada pela teoria de falha de Mohr, que foi discutida ligeiramente na Seç. 9.20.

Independentemente do tipo de falha que pode ocorrer, a tensão admissível para o projeto de membros com carga axial baseia-se, usualmente, na tensão normal. Esse procedimento de projeto é consistente. A máxima tensão normal que um material pode suportar no ponto de falha é diretamente relacionada com a resistência limite do material. Assim, embora a quebra possa ocorrer em um plano inclinado, a máxima tensão normal pode ser considerada como a tensão normal limite.

10.10 PROJETO DOS MEMBROS DE TORÇÃO

As fórmulas pertinentes para o projeto de membros de torção foram estabelecidas no Cap. 5. Para eixos circulares, a solução da Eq. 5.8, $J/c = T/\tau_{max}$, em uma seção crítica dá o parâmetro J/c necessário à resistência adequada de um membro. Como eixos são principalmente usados como partes de máquinas (Eq. 5.17), $\tau_{max} = KTc/J$ deveria ser usada na maioria dos casos. Essa Eq. 5.17,

*Membros delgados de compressão são discutidos no Cap. 14

com o fator de concentração de tensão K, cuida da elevada tensão de cisalhamento local nas variações de área da seção transversal.

A maioria dos membros de torção é projetada pela seleção de uma tensão de cisalhamento admissível, que é substituída por τ_{max} nas Eqs. 5.8 ou 5.17. Isso importa no uso direto da teoria de falha do cisalhamento máximo. Entretanto, é bom manter em mente que um estado de tensão de cisalhamento puro, que ocorre na torção, pode ser transformado nas tensões principais pela rotação de um elemento de 45° (Seç. 9.6). Em alguns materiais, a falha pode ocorrer devido a uma das tensões principais. Por exemplo, um membro feito de ferro fundido, material forte à compressão, mas mais fraco à tração do que ao cisalhamento, falha à tração.

10.11 CRITÉRIOS DE PROJETO PARA VIGAS PRISMÁTICAS

Em uma viga submetida à flexão pura, a seção crítica é aquela em que ocorre o maior momento fletor. Atribuindo uma tensão admissível, pode-se determinar o módulo de seção de tal viga, usando a Eq. 6.8, $S = M/\sigma_{max}$. Se o módulo de seção necessário é conhecido, pode ser selecionada uma viga de proporções corretas para ter a resistência adequada. Entretanto, se uma viga resiste ao cisalhamento em adição à flexão, seu projeto torna-se ligeiramente mais complicado.

Considere a viga retangular prismática do Exemplo 10.3, em uma seção a 250 mm do suporte esquerdo, onde a viga transmite um momento fletor e uma força cortante, Fig. 10.15(a). As tensões principais nos pontos A, B, C, B' e A' nessa seção foram achadas anteriormente e são reproduzidas na Fig. 10.15(b). Se essa seção fosse a crítica, o projeto dessa viga, baseado na máxima tensão normal seria governado pelas tensões nas fibras extremas porque nenhuma outra tensão excederia seu valor. Para uma viga prismática, essas tensões dependem apenas da magnitude do momento fletor e são as maiores em uma seção onde ocorre o máximo momento fletor. Dessa forma, no projeto ordinário não é necessário efetuar a análise de tensão combinada para os pontos interiores. No exemplo considerado, o momento fletor máximo ocorre no meio do vão. Isso pode ser generalizado em uma regra básica para o projeto de vigas: uma seção crítica para uma viga prismática suportando forças transversais normais a seu eixo ocorre no ponto em que o momento fletor atinge seu máximo valor absoluto.*

O critério acima para o projeto de vigas prismáticas é incompleto. Em alguns casos, as tensões de cisalhamento provocadas pelo cisalhamento em uma seção podem controlar o projeto. No exemplo considerado, Fig. 10.15, a magnitude do cisalhamento permanece constante em qualquer seção da viga. A uma pequena distância a do suporte da direita, o máximo cisalhamento ainda é 4 000 kgf, e o momento fletor, 4 000 a kgfmm, é pequeno. A máxima tensão de cisalhamento

*Para as seções transversais sem dois eixos de simetria, tal como vigas T, feitas de material com propriedades diferentes na tração e compressão, devem ser examinados os maiores momentos em ambos os sentidos (positivo ou negativo). Em tais circunstâncias, um momento fletor menor em um sentido pode causar uma tensão mais crítica do que um momento maior em outro sentido. A seção na qual a tensão na fibra extrema o maior em valor absoluto, em relação à respectiva tensão admissível, é a seção crítica

no eixo neutro, correspondente à força cortante de 4 000 kgf, é a mesma no ponto C' que no ponto C.* Dessa forma, como em um problema geral as tensões de flexão podem ser pequenas, elas podem não controlar a seleção de uma viga, e outra seção crítica para qualquer viga prismática ocorre onde a força cortante for máxima. Ao aplicar esse critério, é costume trabalhar diretamente com a tensão de cisalhamento máxima, que pode ser obtida da Eq. 7.6, $\tau = VQ/(It)$, e não transformar τ_{max} assim achado nas tensões principais. Para vigas retangulares e em I, a máxima tensão de cisalhamento dada pela Eq. 7.6, reduz-se às Eqs. 7.7 e 7.9, $\tau_{max} = 3V/2A$ e $(\tau_{max})_{aprox} = V/A_{alma}$, respectivamente. Com a exceção dos materiais frágeis, a tensão de cisalhamento admissível é menor do que a tensão de flexão admissível. Isso é consistente com os critérios de escoamento e de fratura (veja a Seç. 9.20).

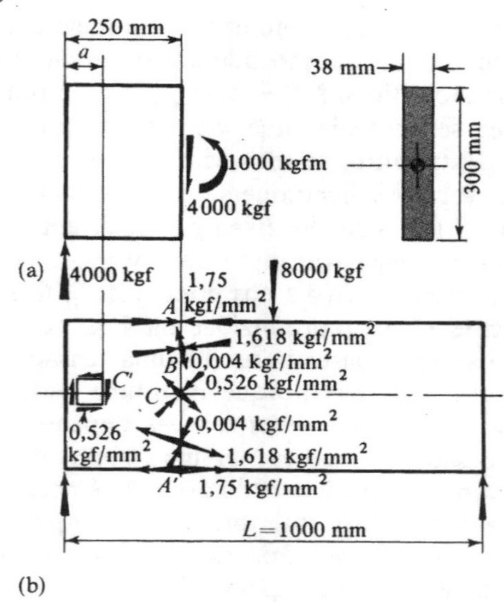

Figura 10.15

Usualmente as tensões de flexão controlam a seleção de uma viga. Apenas nas vigas com pequenos vãos o cisalhamento controla o projeto, para pequenos comprimentos de vigas, as forças aplicadas e as reações têm pequenos braços de momento, e os momentos fletores resistentes necessários são pequenos. Por outro lado, as forças de cisalhamento podem ser grandes se as forças aplicadas forem grandes.

Os dois critérios para o projeto de vigas são precisos se as duas seções críticas estão em diferentes locais. Entretanto, em alguns casos o máximo momento fletor e a máxima força cortante ocorrem na mesma seção da viga. Em tais situações, tensões combinadas maiores do que σ_{max} e τ_{max}, como dado nas Eqs. 6.8 e 7.6, podem existir em pontos interiores. Por exemplo, considere uma viga I de peso desprezável que suporta uma força P no meio do vão,

*No ponto C são mostradas as tensões de cisalhamento máximas, transformadas em tensões principais

Fig. 10.16(a). O máximo momento fletor ocorre no meio do vão. Exceto pelo sinal, a força cortante é a mesma de cada lado da força aplicada. Em uma seção logo à direita ou imediatamente à esquerda da força aplicada, o máximo momento e a máxima força cortante ocorrem simultaneamente. Uma seção imediatamente à esquerda de P, com o correspondente sistema de forças atuando sobre ele, está mostrado na Fig. 10.16(a). Para essa seção, pode-se mostrar que as tensões nas fibras extremas são de 1,754 kgf/mm^2, e as tensões principais na junção da alma com os flanges, desprezando as concentrações de tensão, são $\pm$ 1,971 kgf/mm^2 e $\pm$ 0,358 kgf/mm^2, atuando na forma mostrada na Fig. 10.16(b) e (c). Como usual, a perturbação local das tensões na vizinhança da força aplicada P é desprezada. Desse exemplo, vê-se que a máxima tensão normal nem sempre ocorre nas fibras extremas. Todavia, apenas as tensões das fibras extremas e as tensões de cisalhamento no eixo neutro são investigadas no projeto ordinário. Nos códigos de projeto, as tensões admissíveis são presumivelmente bem baixas, tal que um fator de segurança adequado permaneça, ainda que as tensões combinadas mais elevadas sejam desprezadas. Observe também que, para a mesma força aplicada, aumentando o vão, as tensões de flexão aumentam rapidamente, e as tensões de cisalhamento permanecem constantes. Na maioria dos casos, as tensões de flexão são predominantes, e a tensão na fibra extrema é a máxima tensão normal. Apenas para vigas bem curtas, e arranjos não usuais precisa ser feita a análise de tensão combinada.

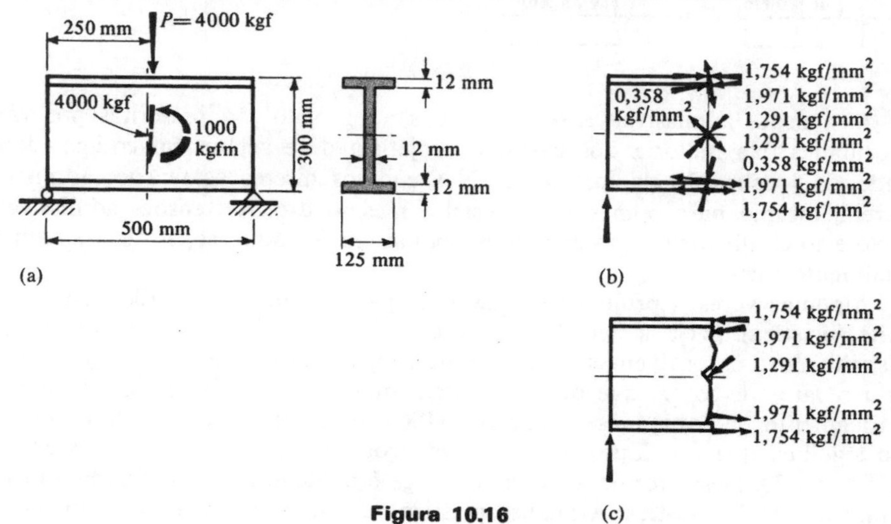

Figura 10.16

10.12 PROJETO DE VIGAS PRISMÁTICAS

O projeto de membros prismáticos é controlado pelas máximas tensões desenvolvidas nas seções críticas. Como foi apontado na Seç. 10.11, uma seção crítica ocorre onde o momento fletor é máximo, a outra onde a força cortante é máxima. Para localização das seções críticas, são bastante úteis os diagramas de força cortante e de momento. O máximo valor absoluto* do momento é usado no projeto, quer seja positivo ou negativo. Da mesma forma, a máxima ordenada de cisalha-

*Isso não é sempre verdadeiro para materiais com propriedades diferentes em tração e compressão. Veja a nota de rodapé da p. 335

mento absoluto é a significativa. Por exemplo, considere uma viga simples com uma carga concentrada, como na Fig. 10.17. O diagrama de força cortante, desprezando o peso da viga, está mostrado na Fig. 10.17(a), na forma ordinariamente construída, admitindo-se a força concentrada em um ponto. O diagrama de força cortante, na forma em que ele mais aproximadamente existe, está mostrado na Fig. 10.17(b). Aqui, dá-se uma certa folga para a força aplicada e para as reações, admitindo-as uniformemente distribuídas. A premissa de forças concentradas meramente retifica as linhas oblíquas de cisalhamento. Em cada caso, o valor da força cortante de projeto é a maior das ordenadas positivas ou negativas, e não é o valor total da força aplicada.

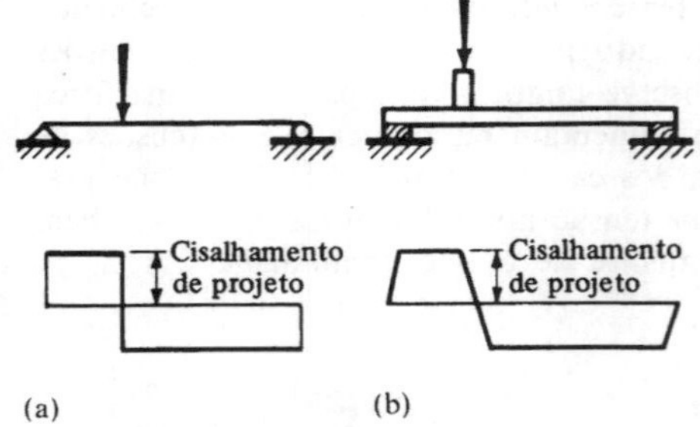

Figura 10.17 Determinação de uma ordenada de projeto do diagrama de cisalhamento

As tensões admissíveis a serem usadas no projeto são prescritas por várias autoridades. Na maioria dos casos, o projetista deve seguir um código, dependendo da localização da instalação. Nos códigos diretos as tensões admissíveis diferem, mesmo para o mesmo material e mesmo uso. As tensões admissíveis à flexão e ao cisalhamento são diferentes, com as tensões admissíveis de cisalhamento usualmente menores.

Algumas vezes o projeto de vigas baseia-se em sua capacidade de momento limite (plástica). (Veja a Seç. 6.8 e a Eq. 6.13, que definem o módulo de seção plástico). Em tais problemas, as cargas de projeto consideradas são multiplicadas por um fator de carga, que define a carga limite da viga. Para vigas compactas, estaticamente determinadas, o código AISC (1963) especifica um fator de 1,70. Isso significa que o colapso de uma viga ocorreria após as cargas crescerem de um fator 1,70. Dessa forma, o fator de carga é análogo ao fator de segurança na análise de tensão elástica. A análise plástica ou limite das vigas será considerada posteriormente no Cap. 12.

No projeto elástico, após os valores críticos do momento e da força cortante serem determinados, e selecionadas as tensões admissíveis, a viga é usualmente escolhida para resistir a um momento máximo. A viga é, então, verificada para a tensão de cisalhamento. Como a maioria das vigas são governadas pelas tensões de flexão, esse procedimento é conveniente. Todavia, em alguns casos, particularmente no projeto de vigamento de madeira (e concreto), a tensão de cisalhamento freqüentemente controla as dimensões da seção transversal.

Usualmente existem diversos tipos ou tamanhos de membros comercialmente disponíveis que podem ser usados para uma viga dada. A menos que limitações de tamanho sejam impostas sobre a viga, o membro mais leve é usado por motivos de economia. O procedimento de seleção de um membro é um processo de tentativa e erro.

Deve-se observar também que algumas vigas devem ser selecionadas com base nas deflexões admissíveis. Esse tópico será tratado no próximo capítulo.

EXEMPLO 10.7

Selecionar uma viga de pinho Douglas, de seção retangular, para suportar duas forças concentradas, como mostra a Fig. 10.18(a). A tensão admissível na flexão é de 84 kgf/cm², no cisalhamento de 7 kgf/cm² e no suporte perpendicular ao grão da madeira 14 kgf/cm².

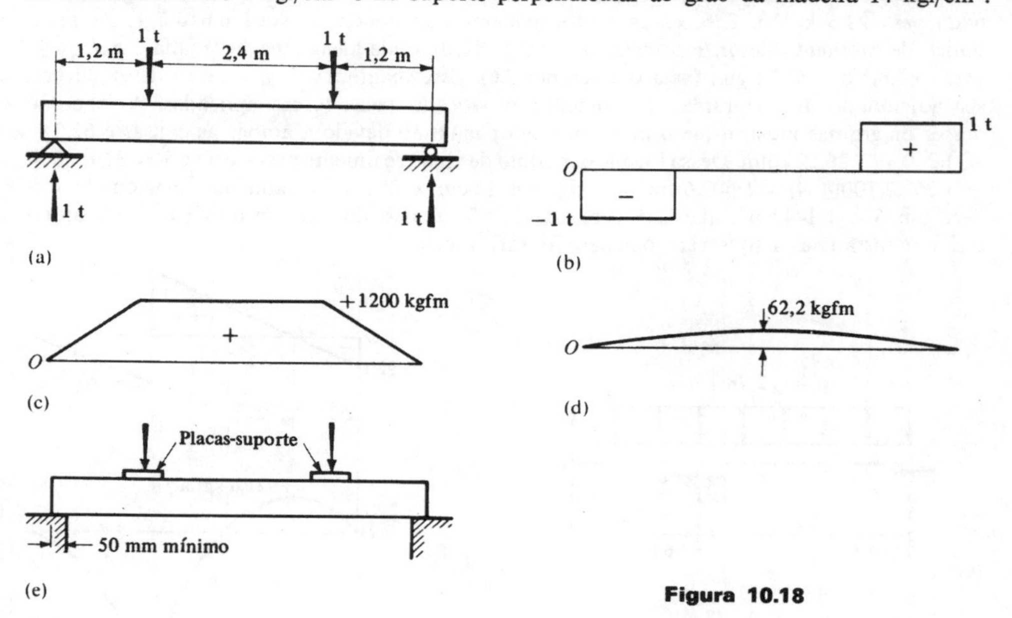

Figura 10.18

SOLUÇÃO

Os diagramas de força cortante e momento fletor para as forças aplicadas são preparados em primeiro lugar, e estão mostrados, respectivamente, nas Figs. 10.18(b) e (c). Na Fig. 10.18(c) vê-se que $M_{max} = 1\,200$ kgfm. Da Eq. 6.8

$$S = \frac{M}{\sigma_{adm}} = \frac{1\,200(100)}{84} = 1\,428{,}6 \text{ cm}^3.$$

Admitindo-se arbitrariamente que a profundidade h da viga seja o dobro de sua largura b, pela Eq. 6.9,

$$S = \frac{bh^2}{6} = \frac{h^3}{12} = 1\,428{,}6 \quad \text{e} \quad h = 25{,}78 \text{ cm} \quad \text{e} \quad b = 12{,}89 \text{ cm}.$$

Da Tab. 10 do Apêndice, uma viga de dimensões 15 cm × 25 cm preenche esses requisitos. O tamanho efetivo dessa viga é de 14 cm × 24 cm, e seu módulo de seção é $S =$

$= 1\,344\ cm^3$. Para essa viga, pela Eq. 7.7,

$$\tau_{max} = \frac{3V}{2A} = \frac{3(1\,000)}{2(14)(24)} = 4{,}46\ kgf/cm^2.$$

Essa tensão está dentro dos limites admissíveis. Assim, a viga é satisfatória. Observe que podem ser usadas outras proporções para a viga; um método mais direto de projeto consiste em achar uma viga de tamanho correspondente ao do módulo de seção desejado diretamente da Tab. 10.

A análise acima foi feita sem considerar o peso da viga, que inicialmente era desconhecido. (Projetistas experimentados usualmente colocam uma parcela para o peso da viga). Todavia, isso pode ser considerado agora. Admitindo que a madeira pese $640\ kgf/m^3$, a viga selecionada pesa 21,6 kgf/m. Essa carga uniformemente distribuída provoca um diagrama parabólico de momento fletor, mostrado na Fig. 10.18(d), onde a máxima ordenada é $p_0L^2/8 = 21{,}6(4{,}8)^2/8 = 622$ kgfm (veja o Exemplo 2.6). Esse diagrama de momento fletor deveria ser adicionado ao diagrama de momento provocado pelas forças aplicadas. A inspeção desses diagramas mostra que o momento fletor máximo devido a ambas as causas é 62,2 + + 1 200 = 1 262,2 kgfm. Dessa forma, o módulo de seção realmente necessário é $S = M/\sigma_{adm} = 1\,262{,}2(100)/(84) = 1\,502{,}6\ cm^3$. A viga de 15 cm × 25 cm inicialmente selecionada fornece um $S = 1\,344\ cm^3$, que está cerca de 10,5% abaixo do valor necessário. Na maioria das circunstâncias isso seria considerado satisfatório.

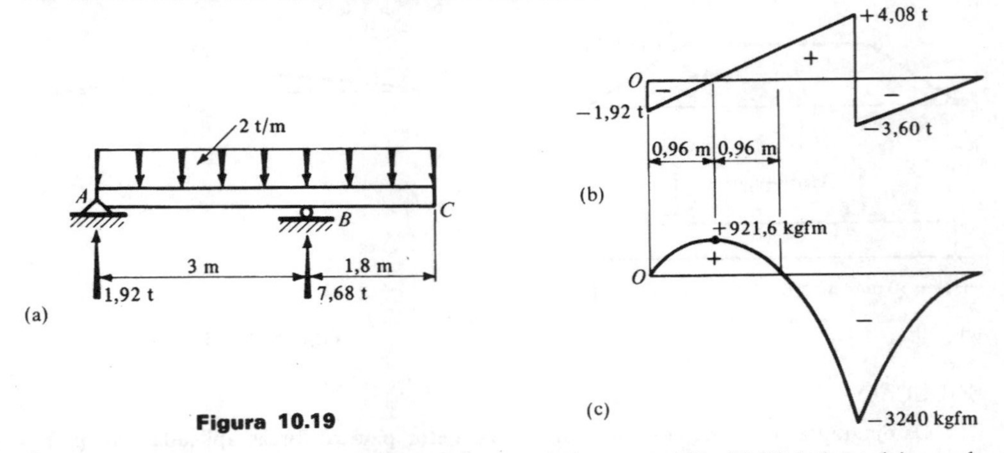

Figura 10.19

Na construção real, as vigas não são suportadas como na Fig. 10.18(a). A madeira pode ser esmagada pelos suportes ou pelas forças aplicadas. Por essa razão, deve-se prover uma área de contato adequada nos suportes e para aplicação das forças externas. Admitindo que ambas as reações e as forças aplicadas sejam de 1 t cada, isto é, desprezando o peso da viga, acha-se, pela Eq. 3.7, que a área de contato necessária em cada força concentrada é

$$A = \frac{P}{\sigma_{adm}} = \frac{1\,000}{14} = 71{,}48\ cm^2.$$

Essas áreas podem ser obtidas pela especificação de que as extremidades da viga estejam pelo menos sobre apoios de 5 cm × 15 cm($75\ cm^2$); e nas forças concentradas, pode-se usar arruelas de aço de 8,5 cm × 8,5 cm($72{,}2\ cm^2$).

EXEMPLO 10.8

Selecionar uma viga I ou uma viga de aço de alma e flange para suportar a carga da Fig. 10.19(a). São dados, $\sigma_{adm} = 16,8$ kgf/mm², $\tau_{adm} = 10,2$ kgf/mm².

SOLUÇÃO

Os diagramas de força cortante e de momento fletor para a viga estão mostrados na Fig. 10.19(b) e (c), respectivamente. O momento máximo é de 3,24 kgfm.

Da Eq. 6.8, $$S = \frac{3\,240\,000}{16,8} = 192\,857 \text{ mm}^3$$

O exame das Tabs. 3 e 4 do Apêndice mostra que esse requisito para o módulo de seção é preenchido por uma viga I de 178 mm, pesando 29,7 kgf/m. ($S = 196\,645$ mm³). Entretanto, membros mais leves, tal como uma viga I que pesa 27,4 kgf/m ($S = 232\,696$ mm³) e uma seção de alma-flange de 203 mm, pesando 25,3 kgf/m ($S = 231\,058$ mm³) também pode ser usada. Para economia de peso será usada a seção 8 WF 17. O peso dessa viga é bastante pequeno em comparação com a carga aplicada e é desprezado.

Pela Fig. 10.19(b), $V_{max} = 4,08$ t. Dessa forma, pela Eq. 7.9,

$$(\tau_{max})_{aprox} = \frac{V}{A_{alma}} = \frac{4\,080}{(5,842)203} = 3,44 \text{ kgf/mm}^2.$$

Essa tensão está dentro do valor aceitável, e a viga selecionada é satisfatória.

Nos suportes ou nas cargas concentradas, as vigas em I e de alma-flange devem ser verificadas para o enrugamento das almas. Esse fenômeno é ilustrado na parte de baixo da Fig. 10.20(a). O enrugamento da alma é mais crítico para os membros com almas delgadas do que o contato direto dos flanges, que podem ser investigados como no exemplo anterior. Para evitar tal fenômeno a AISC especifica uma regra de projeto. Ela estabelece que a tensão direta sobre a área, $(a + k)t$ nas extremidades ou $(a_1 + 2k)t$ nos pontos internos, não deve exceder $0,75\sigma_{esc}$. Nessas expressões, a e a_1 são os respectivos comprimentos de contato das forças aplicadas nas partes externa e interna de uma viga, Fig. 10.20(b); t é a espessura da alma; e k é a distância da face externa do flange até a ponta do filete da alma. Os valores de k e t são tabelados em catálogos de fabricantes.

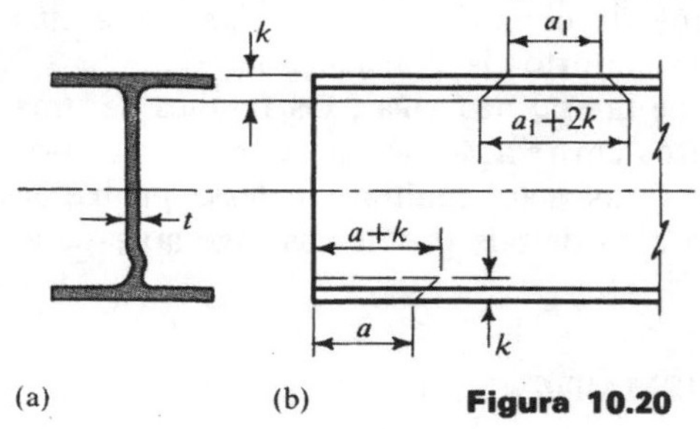

Figura 10.20

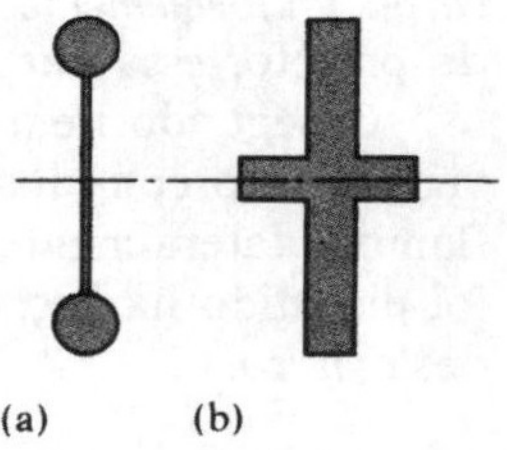

Figura 10.21 Seções (a) eficiente e (b) ineficiente a flexão

Para o problema acima, admitindo $\sigma_{esc} = 25$ kgf/mm², as larguras mínimas dos suportes, de acordo com a regra acima, são as seguintes:

no suporte A,

$$18,75(a + k)t = 1\,920 \quad \text{ou} \quad 18,75(a + 16)(5,84) = 1\,920\, a = 1,53 \text{ mm};$$

no suporte *B*,

$$18{,}75(a_1 + 2k)t = 7\,680 \quad \text{ou} \quad 18{,}75(a_1 + 8)(5{,}84) = 7\,680\, a_1 = 62{,}14 \text{ mm}.$$

Os dois exemplos anteriores ilustram o projeto de vigas cujas seções transversais têm dois eixos de simetria. Em ambos os casos, os momentos fletores controlaram o projeto e, como esse é usualmente o caso, é significativo observar que os membros são eficientes na flexão. Uma concentração da maior quantidade de material possível fora do eixo neutro resulta nas melhores seções para a resistência à flexão, Fig. 10.21(a). O material concentrado nas fibras externas trabalha com tensões mais elevadas. Por essa razão, as seções *I* que se aproximam desse requisito são bastante usadas na prática.

As considerações acima aplicam-se a materiais que têm aproximadamente as mesmas propriedades em tração e compressão. Se esse não é o caso, um deslocamento deliberado do eixo neutro da posição de meia altura é desejável. Isso explica o maior uso de seções *T* e de canal para vigas de ferro fundido (veja o Exemplo 6.5).

Finalmente, dois outros itens justificam particular atenção no projeto de vigas. Em muitos casos, as cargas para as quais uma viga é projetada são transientes em caráter. Elas podem ser colocadas na viga, todas de uma vez, aos poucos, ou em diferentes locais. As cargas que não são parcelas do "peso morto" da estrutura em si são chamadas de *cargas vivas*. As cargas vivas devem ser colocadas de forma a provocarem as maiores tensões possíveis em uma viga. Em muitos casos, a colocação pode ser determinada por inspeção. Por exemplo, em uma viga simples com uma carga móvel, a colocação da carga no meio do vão provoca o maior momento fletor, mas colocando a mesma carga no suporte provoca o maior cisalhamento. Para a maioria do trabalho de construção, a carga viva, que supostamente contribui com a mais severa condição de carregamento, é especificada em códigos de construção, com base em carga por unidade de área do piso (chão). Multiplicando essa carga viva pelo espaçamento das vigas paralelas, obtém-se a *carga uniformemente distribuída* por unidade de comprimento da viga. Para fins de projeto, essa carga é adicionada ao peso morto da construção.

O segundo item pertence à instabilidade lateral das vigas. Os flanges de uma viga, se não contidos, podem ser tão estreitos em relação ao vão que a viga pode flambar lateralmente e entrar em colapso. O aspecto qualitativo desse problema foi discutido na Seç. 6.2. O tratamento analítico de tais problemas foge ao escopo deste livro.

10.13 PROJETO DE VIGAS NÃO-PRISMÁTICAS

Da discussão anterior deve ficar aparente que a seleção de uma viga prismática se baseia apenas nas tensões em seções críticas. Em todas as outras seções da viga, as tensões estarão abaixo do nível admissível. Dessa forma, a capacidade potencial de um dado material não é completamente utilizada. Essa situação pode ser melhorada pelo projeto de uma viga de seção transversal variável, isto é, tornando-a não-prismática. Como as tensões de flexão controlam o projeto da maioria das vigas, conforme foi mostrado, as seções transversais podem ser feitas suficientemente fortes para resistirem ao momento correspondente. Tais vigas são chamadas de *vigas de resistência constante*. A força cortante governa o projeto das seções dessas vigas onde o momento fletor é pequeno.

EXEMPLO 10.9

Projetar uma viga em balanço de resistência constante para suportar uma força concentrada aplicada na extremidade. Desprezar o peso da viga.

SOLUÇÃO

Uma viga em balanço com uma força concentrada aplicada na extremidade está mostrada na Fig. 10.22(a); o diagrama de momento correspondente está traçado na Fig. 10.22(b). Baseando o projeto no momento fletor, o módulo de seção necessário em uma seção arbitrária é dado pela Eq. 6.8:

$$S = \frac{M}{\sigma_{adm}} = \frac{Px}{\sigma_{adm}}.$$

Um grande número de seções transversais satisfazem a esse requisito; assim, primeiro, admitir-se-á que a viga tenha seção transversal retangular e altura constante h. O módulo de seção para essa viga é dado pela Eq. 6.9, por $bh^2/6 = S$; assim

$$\frac{bh^2}{6} = \frac{Px}{\sigma_{adm}} \quad \text{ou} \quad b = \left[\frac{6P}{h^2\sigma_{adm}}\right]x = \frac{b_0}{L}x,$$

onde a expressão na chave é uma constante e é igualada a b_0/L, tal que, quando $x = L$ a largura é b_0. Uma viga de resistência constante, com altura constante em uma vista plana, assemelha-se à cunha* da Fig. 10.22(c). Próximo da extremidade livre essa cunha deve ser modificada para ter a resistência adequada à força cortante.

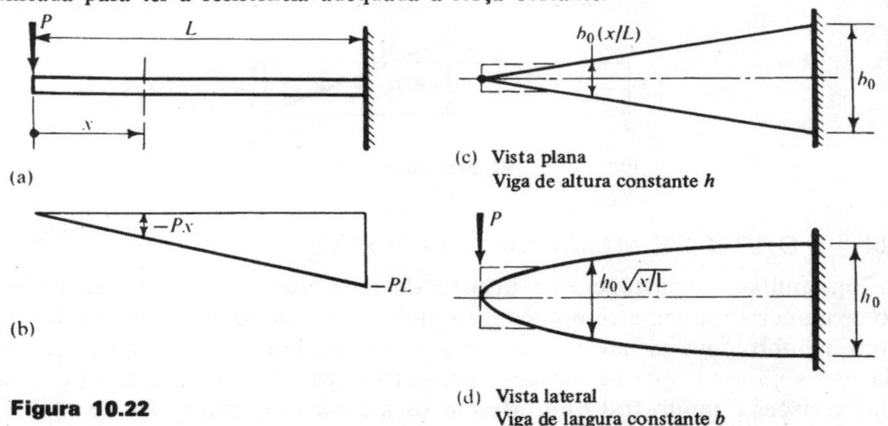

Figura 10.22

*Como essa viga não tem seção transversal constante, o uso da fórmula de flexão elementar não é inteiramente correto. Quando o ângulo incluído pelos lados da cunha é pequeno, pouco erro está envolvido. À medida que esse ângulo se torna maior, o erro pode ser considerável. Uma solução exata mostra que, quando o ângulo total formado é de 40° a solução contém um erro de aproximadamente 10%

Se a largura b da viga é constante

$$\frac{bh^2}{6} = \frac{Px}{\sigma_{adm}} \quad \text{ou} \quad h = \sqrt{\frac{6Px}{b\sigma_{adm}}} = h_0\sqrt{\frac{x}{L}}.$$

Essa expressão indica que uma viga em balanço de largura constante, carregada na extremidade, também tem resistência constante se sua altura varia parabolicamente a partir da extremidade livre, Fig. 10.22(d).

As vigas de resistência constante são usadas em molas e em muitas peças de máquinas que são fundidas ou forjadas. No trabalho estrutural, freqüentemente se faz uma aproximação de uma viga de resistência constante. Por exemplo, o diagrama de momento para a viga carregada como na Fig. 10.23(a) é dada pelas linhas AB e BC na Fig. 10.23(b). Selecionando uma viga de capacidade à flexão igual apenas a M_1, a parte do meio da viga é super-tensionada. Entretanto, placas de cobertura ou tampas podem ser colocadas próximas do meio da viga, para elevar a capacidade de flexão da viga composta até o valor necessário do máximo momento. Para o caso mostrado, as placas de cobertura devem se estender pelo menos do comprimento DE da viga, e na prática, elas são feitas um pouco mais longas.

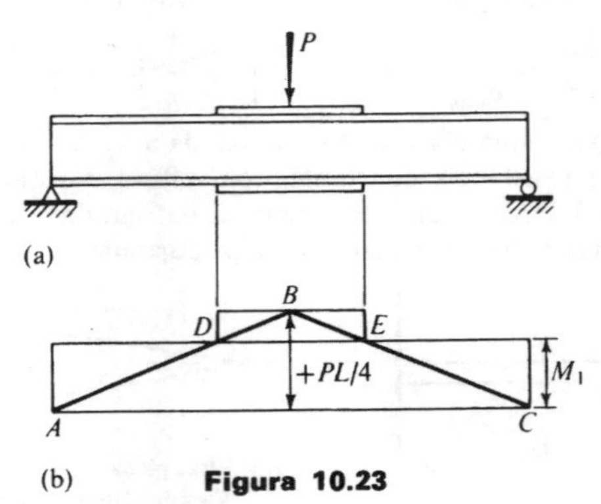

Figura 10.23

10.14 PROJETO DE MEMBROS COMPLEXOS

Em muitas circunstâncias o projeto de membros complexos não pode ser feito de maneira rotineira, como nos exemplos anteriores. Algumas vezes o tamanho de um membro deve ser levado em conta e uma análise de tensão completa realizada nas seções em que as tensões parecem críticas. Projetos desse tipo exigem várias revisões e muito trabalho. Mesmo os métodos experimentais de análise de tensão devem ser ocasionalmente usados porque fórmulas elementares podem não ser suficientemente precisas. Na análise de precisão de peças fabricadas para máquinas, os critérios de escoamento e fratura discutidos no Cap. 9 são freqüentemente usados.

Como último exemplo deste capítulo, será analisado o problema do eixo de transmissão. O procedimento analítico direto é possível neste problema, que é de grande importância no projeto de equipamentos de potência.

EXEMPLO 10.10

Selecionar o tamanho de um eixo maciço de aço para acionar as duas rodas dentadas mostradas na Fig. 10.24(a). Essas rodas acionam correntes com 45 mm de passo*, como mostram as Figs. 10.24(b) e (c). Os diâmetros de passo das rodas dentadas nas figuras são de um catálogo de fabricante. Uma unidade redutora de velocidade de 20 CV é acoplada diretamente ao eixo, acionando-o a 63 rpm. Em cada roda são consumidos 10 CV. Admitir a teoria de falha de máximo cisalhamento, e considerar $\tau_{adm} = 4{,}2$ kgf/mm².

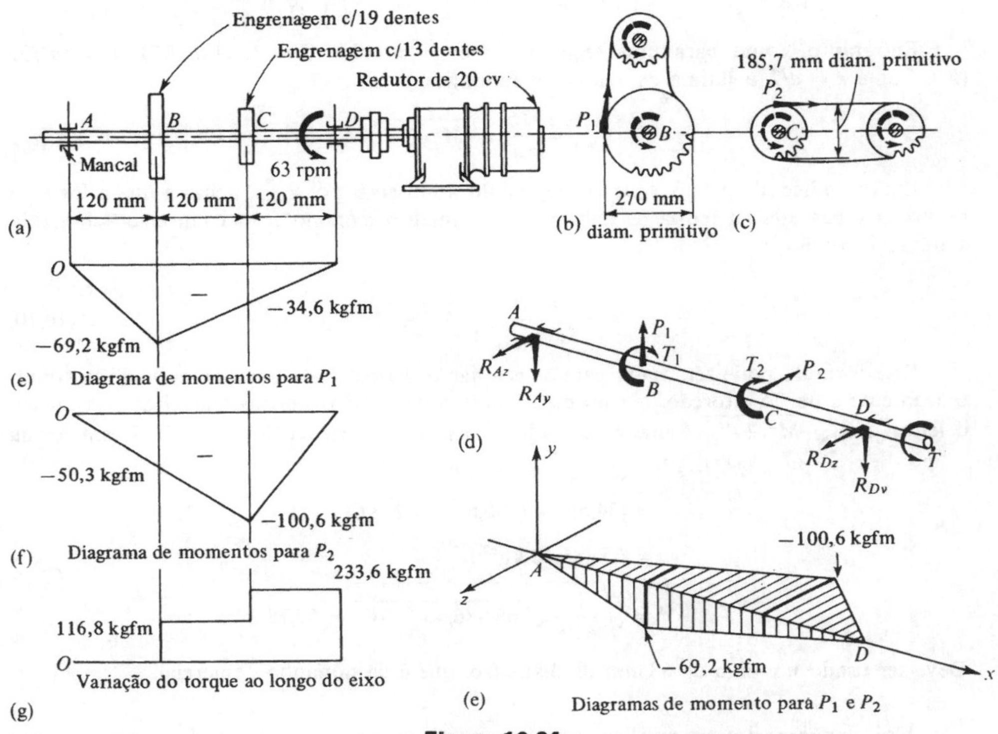

Figura 10.24

SOLUÇÃO

De acordo com a Eq. 5.1, o torque fornecido ao eixo CD é $T = 736\,(\text{CV})/N = (736)20/63 = 233{,}6$ kgfm. Dessa forma, os torques T_1 e T_2 fornecidos às rodas são $T/2 = 116{,}8$ kgfm cada. Como as correntes são dispostas como nas Figs. 10.24(b) e (c), a tração na corrente na roda B é $P_1 = T_1/(D_1/2) = 116{,}8 \times 10^3/(270/2) = 865{,}2$ kgf. Analogamente, $P_2 = 116{,}8 \times 10^3/(185{,}7/2) = 1\,258$ kgf. A força P_1 na corrente é equivalente a um torque T_1 e uma

*Polias e rodas dentadas similares são comumente usadas em bicicletas

força vertical em B como mostra a Fig. 10.24(d). Em C a força P_2 age horizontalmente e exerce um torque T_2. A Fig. 10.24(d) mostra um diagrama de corpo livre completo para o eixo.

Vê-se do diagrama de corpo livre que esse eixo é submetido simultaneamente à flexão e torque. Esses efeitos sobre o membro são estudados da melhor forma com a ajuda de diagramas apropriados, Figs. 10.24(e), (f) e (g). Observe em seguida que, embora a flexão ocorra em dois planos, pode ser usada uma resultante vetorial dos momentos na fórmula de flexão, pois a viga tem uma seção transversal circular. Mantendo em mente a última afirmativa, ver-se-á que a Eq. 9.6 (geral), que dá a tensão de cisalhamento principal na superfície do eixo, se reduz neste problema de flexão e torção a

$$\tau_{max} = \sqrt{\left(\frac{\sigma_{flexão}}{2}\right)^2 + \tau_{torção}^2} \quad \text{ou} \quad \tau_{max} = \sqrt{\left(\frac{Mc}{2I}\right)^2 + \left(\frac{Tc}{J}\right)^2}.$$

Entretanto, como para uma seção transversal circular, $J = 2I$ (Eq. 6.7), $J = \pi d^4/32$ (Eq. 5.3), e $c = d/2$, a última expressão se simplifica para

$$\tau_{max} = \frac{16}{\pi d^3}\sqrt{M^2 + T^2}.$$

Então, indicando a tensão de cisalhamento admissível por τ_{max}, acha-se que a fórmula de projeto, baseada na teoria de falha de cisalhamento máximo*, para um eixo submetido a flexão e torção é

$$d = \sqrt[3]{\frac{16}{\pi\tau_{adm}}\sqrt{M^2 + T^2}}. \tag{10.10}$$

Essa fórmula pode ser usada para selecionar o diâmetro de um eixo submetido simultaneamente a flexão e torção. No problema investigado, umas poucas tentativas convencem o leitor que $\sqrt{M^2 + T^2}$ é maior na roda C; assim, a seção crítica está ali. Dessa forma

$$\begin{aligned} M^2 + T^2 &= (M_{vert})^2 + (M_{hor})^2 + T^2 \\ &= (34{,}6)^2 + (100{,}6)^2 + (233{,}6)^2 \\ &= 65\,886{,}48 \text{ kgf}^2\text{m}^2 \end{aligned}$$

$$d = \sqrt[3]{\frac{16}{4{,}2\pi}\sqrt{65\,886{,}48 \times 10^6}} = 67{,}78 \text{ mm}.$$

Deve ser usado um eixo de 68 mm de diâmetro, que é de tamanho comercial.

Foi desprezado na análise anterior o efeito de uma carga de choque sobre o eixo. Essa condição exige consideração especial no caso de equipamento em que a operação seja agitada. A tensão admissível inicialmente tomada presumivelmente leva em conta os rasgos de chaveta e a fadiga do material.

Embora a Eq. 10.10 e outras semelhantes, baseadas nos critérios de falha, sejam bastante usadas na prática, o leitor deve ser cauteloso em sua aplicação. Em muitas máquinas, os diâmetros de eixo mudam abruptamente, provocando

*Uma fórmula baseada na teoria de falha da máxima tensão normal também é ocasionalmente usada na prática

concentrações de tensões. Na análise de tensões isso exige o uso de fatores de concentração de tensão na flexão que são usualmente diferentes daqueles de torção. Dessa forma, o problema deve ser analisado pela consideração das tensões reais na seção crítica. (Veja a Fig. 10.25). Então deve ser usado um procedimento apropriado, tal como o círculo de Mohr de tensão, para determinar a tensão significativa, dependendo dos critérios de fratura selecionados.

Figura 10.25 Análise de um eixo com concentrações de tensão

PROBLEMAS

10.1. Em um espécime plano polido de aço doce é possível observar linhas de deslizamento a aproximadamente 45° em relação à direção de solicitação. Essas linhas são as chamadas de bandas de Lüder. Explicar a razão de sua aparição. Consultar seus livros sobre ciência dos materiais.

10.2. Um cilindro de concreto, testado na posição vertical, falhou a uma tensão de compressão de 2,8 kgf/mm². A falha ocorreu em um plano de 30° com a vertical. Mostrar, em um esquema claro, as tensões normais e de cisalhamento que atuam no plano de falha. Que ponto essa experiência estabelece no envólucro de falha de Mohr [Fig. 9.28(b)]? *Resp.*: $\sigma = -0{,}7$ kgf/mm², $\tau = 1{,}212$ kgf/mm².

10.3. Uma viga de ferro fundido é carregada como mostra a figura. Determinar as tensões principais nos três pontos *A*, *B* e *C* provocadas pela força aplicada. O momento de inércia da área da seção transversal em torno do eixo neutro é igual a 12 570 cm⁴. *Resp.*: em *A*, 0, −174,52 kgf/cm²; em *B*, +0,42 kgf/cm², −90,78 kgf/cm²; em *C*, +153,64 kgf/cm².

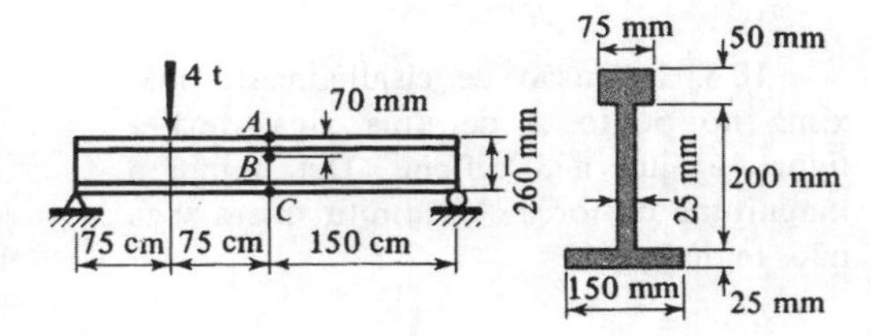

PROB. 10-3

10.4. Uma viga de madeira retangular de 10 cm × 45 cm, suporta uma carga de 3,6 t, como na figura. Na seção *a-a* a fibra da madeira faz um ângulo de 20° com o eixo da viga. Achar a tensão de cisalhamento ao longo da fibra da madeira, nos pontos *A* e *B*, provocada pela força concentrada aplicada. *Resp.*: 8,765 kgf/cm² em *A*.

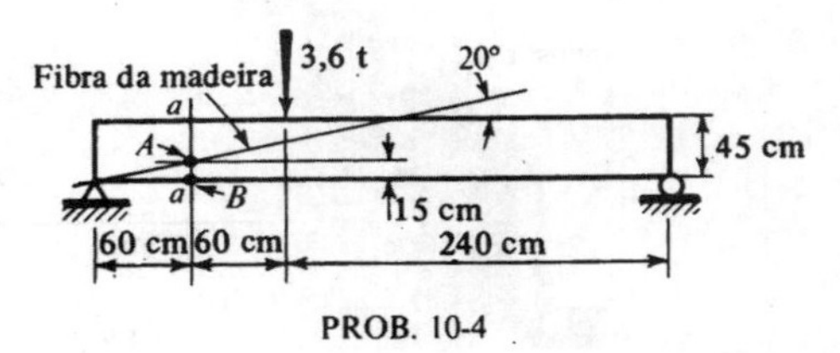

PROB. 10-4

10.5. Uma viga *I* em balanço, bem curta, é carregada como mostra a figura. Achar as tensões principais e suas direções nos pontos *A*, *B* e *C*. O ponto *B* está na alma, na união com o flange. Desprezar o peso da viga e ignorar o efeito das concentrações de tensão. O momento de inércia em relação ao eixo neutro para toda a seção é 8 330 cm^4. Usar a fórmula precisa para determinar as tensões de cisalhamento. *Resp.*: veja a Fig. 10.16.

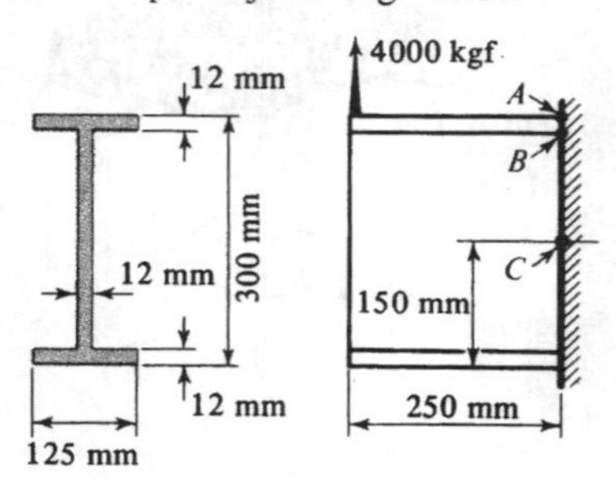

PROB. 10-5

10.6. A tensão de cisalhamento máxima no ponto *A* de uma viga, veja a figura, é igual a 8 kgf/cm^2. Determinar a magnitude da força *P*. Admitir que a viga não tenha peso.

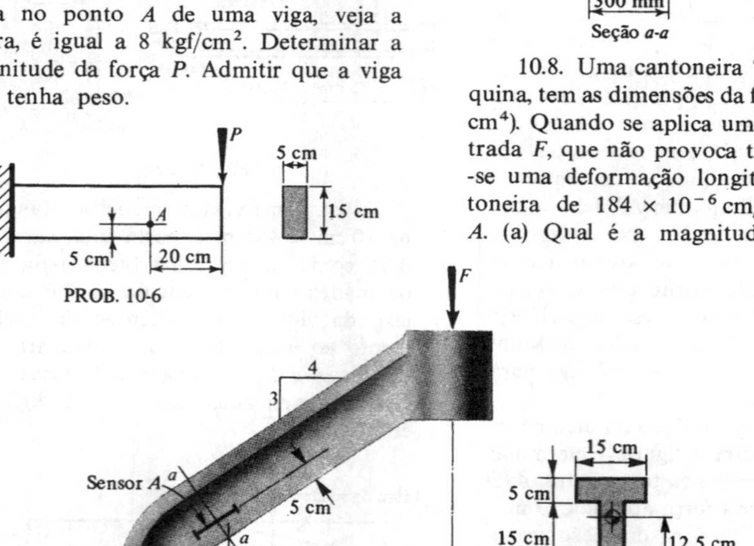

PROB. 10-8

10.7. Um guindaste especial é carregado com uma carga de 7 t, suspensa por um cabo como mostra a figura. Determinar o estado de tensão no ponto *A*, provocado por essa carga. Mostrar os resultados em um elemento com faces horizontais e verticais. O momento de inércia da seção transversal em relação ao eixo neutro é igual a 6 800 cm^4. *Resp.*: −3,17 kgf/mm^2, 0,90 kgf/mm^2.

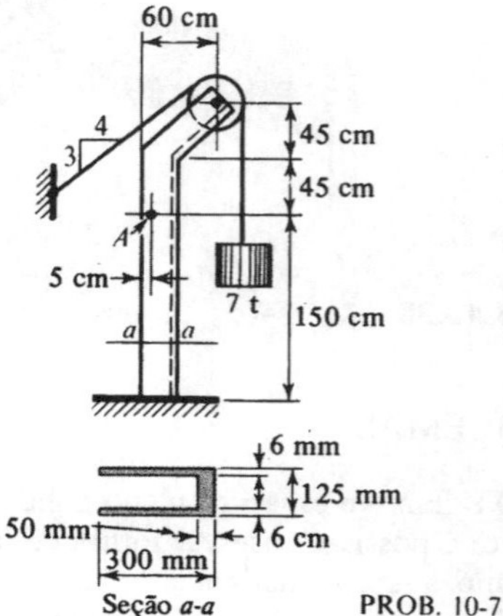

PROB. 10-7

10.8. Uma cantoneira *T* para uma máquina, tem as dimensões da figura ($I = 5\,320$ cm^4). Quando se aplica uma força concentrada *F*, que não provoca torção, observa-se uma deformação longitudinal da cantoneira de 184×10^{-6} cm/cm no sensor *A*. (a) Qual é a magnitude da força *F*?

Considerar $E = 204 \times 10^4$ kgf/cm² e $G = 84 \times 104$ kgf/cm². (b) Estabelecer um elemento diferencial, mostrando o completo estado de tensão em *A*. *Resp.* (a) 4,18 t.

10.9. Após a ereção de uma estrutura pesada, estima-se que o estado de tensão na fundação de pedra será essencialmente bidimensional, na forma mostrada na figura. Se a rocha é estratificada com um ângulo de 30° com a vertical, é admissível o estado de tensão antecipado? Admitir que o coeficiente de atrito estático da pedra seja igual a 0,50, e que ao longo dos planos de estratificação a coesão importe em 0,8 kgf/cm².

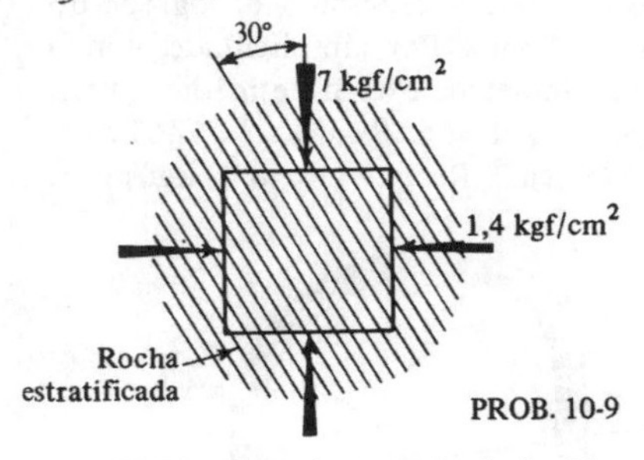

PROB. 10-9

10.10. Um eixo vertical de 50 mm de diâmetro é projetado para uma turbina para suportar uma força axial de tração de 8 t e simultaneamente transmitir um torque *T*. Se a máxima tensão de cisalhamento admissível é de 6 kgf/mm², qual é o torque admissível no eixo?

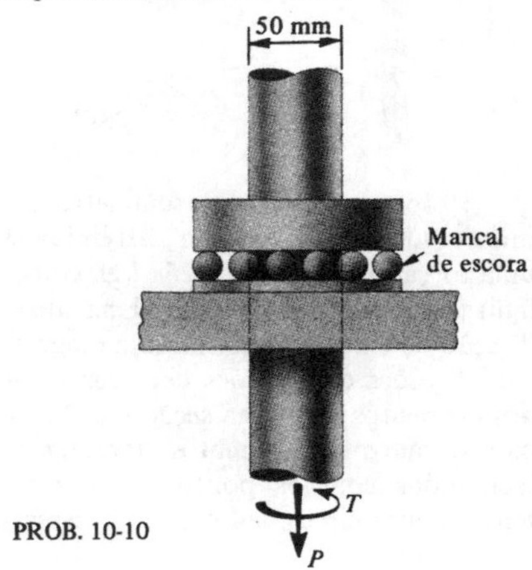

PROB. 10-10

10.11. As características principais de um estabilizador para uma suspensão traseira de um automóvel podem ser idealizadas como na figura. A barra tem 25 mm de diâmetro, com curvas de 90°, e é usada na posição horizontal. Se forças iguais e opostas *P* de 75 kgf atuam sobre essa barra, qual é o estado de tensão na barra junto ao mancal? Limitar a investigação a um ponto no topo da barra e a um ponto próximo do lado direito do mancal. Mostrar os resultados em elementos diferenciais claramente relacionados com os pontos considerados.

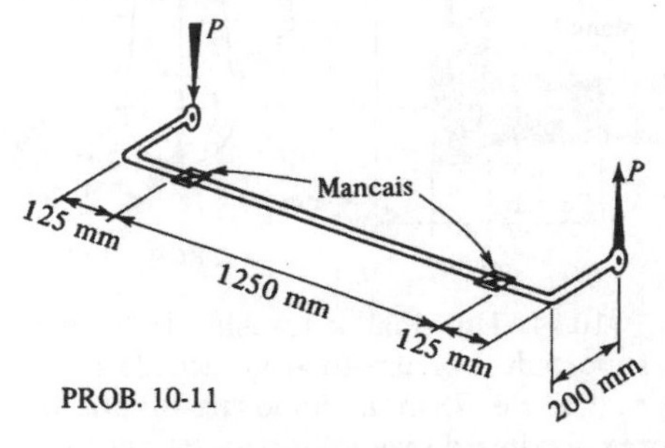

PROB. 10-11

10.12. Um suporte de máquina é carregada com uma força inclinada de 200 kgf, como mostra a figura. Achar as tensões principais no ponto *A*. Mostrar os resultados em um elemento apropriadamente orientado. Desprezar o peso do membro. *Resp.*: +41,2 kgf/cm², −322,1 kgf/cm², 22° 18′.

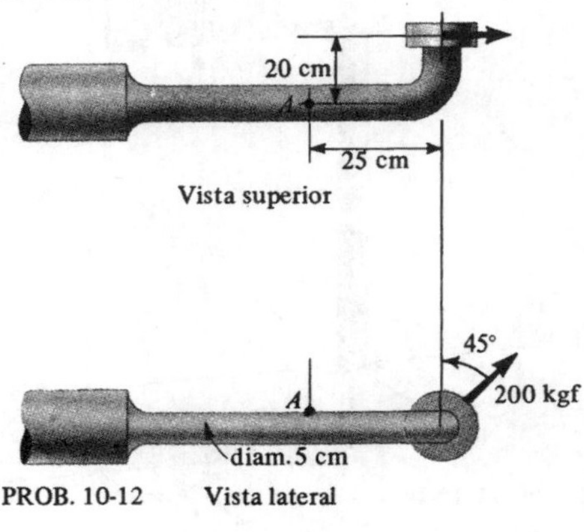

PROB. 10-12

10.13. Uma manivela tem as dimensões mostradas na figura, tendo o eixo principal 50 mm de diâmetro. Determinar a magnitude da força P que pode ser aplicada, governada pela tensão combinada no ponto A, na linha de centro do mancal. A tensão de cisalhamento máxima não pode exceder 8 kgf/mm², e a tensão normal máxima não pode ser maior do que 16 kgf/mm². Considerar a reação concentrada no mancal. Comentar sobre as premissas.

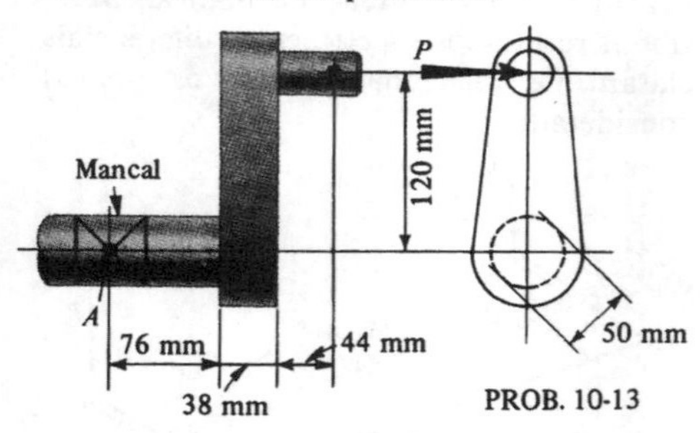

PROB. 10-13

10.14. Um sinal de trânsito de 200 kgf. é suportado por um tubo de aço de peso-padrão, de 73 mm, como na figura. A força máxima do vento horizontal que atua nesse sinal é estimada em 45 kgf. Determinar o estado de tensão provocado por

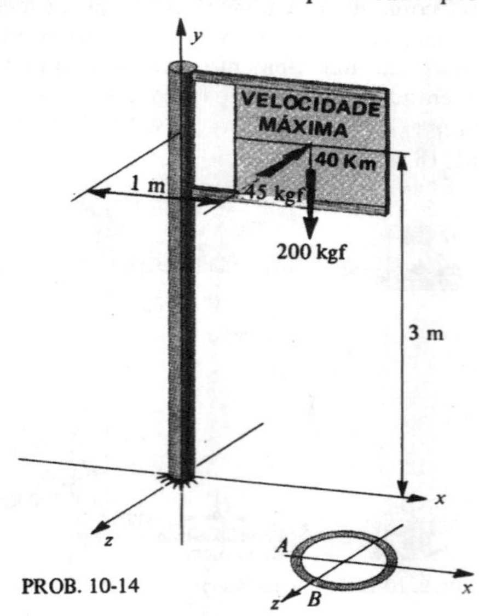

PROB. 10-14

esse carregamento nos pontos A e B na extremidade engastada. As tensões principais não são necessárias. Indicar os resultados em esquemas de elementos cortados dos tubos nesses pontos. Esses elementos devem ser vistos da parte externa do tubo. *Resp.*: Para A: 11,3 kgf/mm², 1,3 kgf/mm²; para B: 7,6 kgf/mm², 1,3 kgf/mm².

10.15. Um tubo fletido, de 25 cm de diâmetro, é usado para suportar uma força inclinada de $F = 3$ t, como na figura. Determinar o estado de tensão provocado pela força aplicada. Mostrar os resultados em um elemento. As tensões principais não são necessárias. A espessura da parede do tubo é de 8 mm. Por simplicidade, considerar os diâmetros externo e médio iguais. Dessa forma, $A = 62{,}8\ \text{cm}^2$, $I = 4\,457\ \text{cm}^4$, e $J = 8\,914\ \text{cm}^4$. *Resp.*: $\sigma_y = -8{,}73\ \text{kgf/mm}^2$.

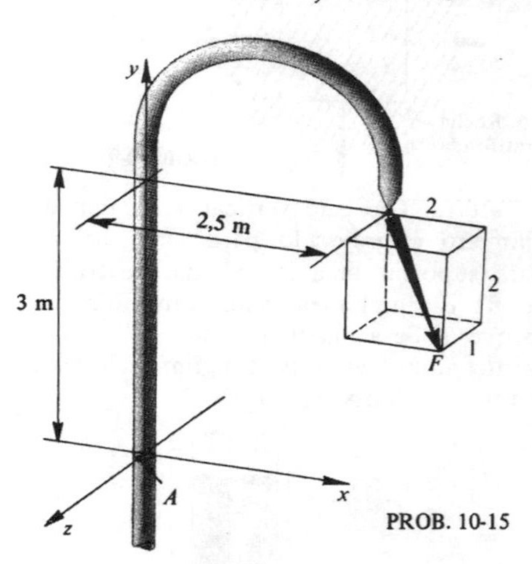

PROB. 10-15

10.16. Uma barra de diâmetro de 50 mm, é submetida, em sua extremidade, a uma força inclinada $F = 25\pi$ kgf, como na figura. (A força F na vista plana atua na direção do eixo x). Determinar a magnitude e as direções das tensões decorrentes de F nos elementos A e B, na seção a-a. Mostrar os resultados em elementos claramente relacionados com os pontos da barra. As tensões principais não são necessárias.

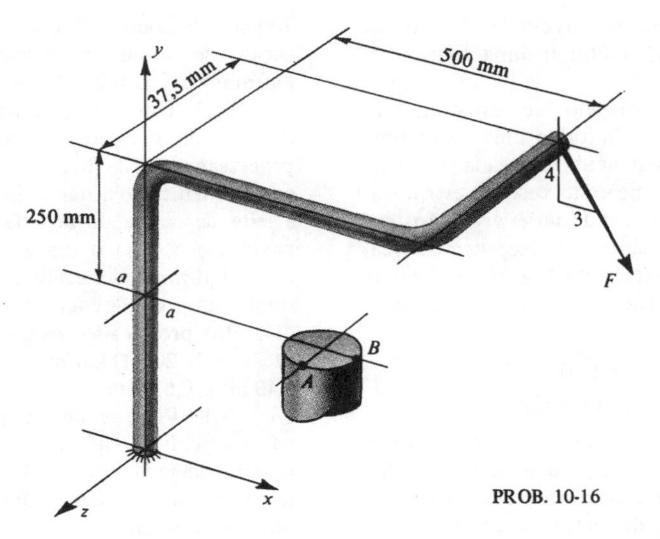

PROB. 10-16

Resp.: em A, $\sigma_y = 1{,}89$ kgf/mm², $\tau_{xy} = -0{,}96$ kgf/mm².

Para dados adicionais de problemas desse tipo, veja o Cap. 2.

10.17. Um tubo quadrado perfurado é fixado a uma máquina e carregado por uma força inclinada de 650 kgf, como na figura. Determinar o estado de tensão no ponto A, provocado pela força aplicada. O tubo pode ser considerado "delgado", isto é, sem diferença nas tensões externas, internas, ou na linha de centro do tubo. Assim, usando as dimensões da linha de centro, $A = 13{,}80$ cm², $I_{yy} = 236{,}35$ cm⁴, $I_{zz} = 85{,}37$ cm⁴, e $J = 321{,}72$ cm⁴. *Resp.*: $\sigma_x = -33{,}4$ kgf/cm², $\tau_{xy} = 51{,}8$ kgf/cm².

10.18. O vaso da estação nuclear geradora de San Onofre, Califórnia, é feito na forma de um hemisfério com diâmetro de 42,7 m. A chapa de aço tem 25 mm de espessura e pesa 198,9 kgf/m². (a) Determinar as tensões máximas de tração e compressão nessa placa, provocadas por seu peso próprio. (b) Que pressão interna adi-

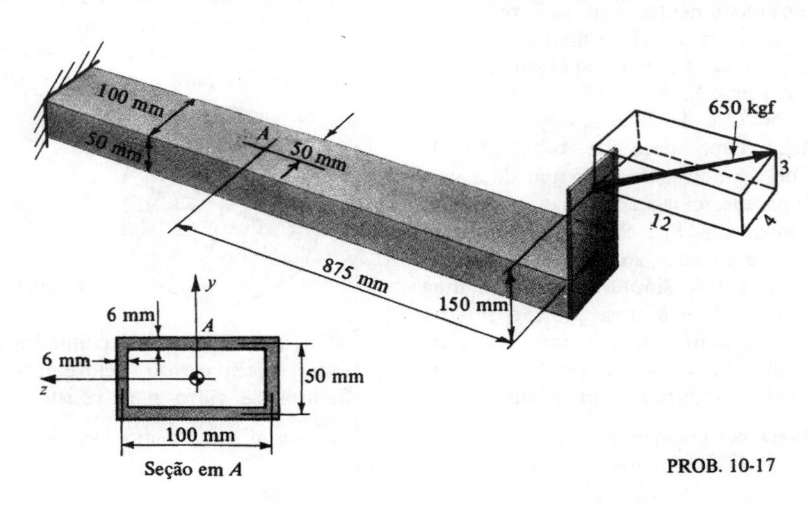

PROB. 10-17

cional pode ser desenvolvida dentro do vaso, antes de se atingir uma tensão de 28 kgf/mm²?

10.19. No projeto de estrutura de tetos, é comum admitir-se uma carga uniformemente distribuída aplicada na área projetada, em adição ao peso da estrutura. Tal carga é chamada de carga viva. Mostrar que as tensões em uma placa hemisférica, tal como a mostrada na Fig. 10.13, devidas a uma carga viva p_0 kgf/m² de área projetada, são iguais a

$$\sigma_\varphi = -p_0 a/(2h)$$

e

$$\sigma_\theta = -[p_0 a \cos 2\varphi]/(2h).$$

10.20. Um conduto forçado, um tubo para conduzir água para uma turbina hidroelétrica, opera com uma altura de carga de 100 m. Se o diâmetro do conduto é de 75 cm e a tensão admissível é de 560 kgf/cm², qual a espessura de parede necessária? (A tensão admissível é baixa para dar uma folga para a corrosão e a ineficiência das juntas soldadas).

10.21. Um vaso cilíndrico para armazenamento de amônia (NH_3) na temperatura máxima de 50 °C deve ter 2,5 m de diâmetro. Determinar a espessura de parede necessária para o cilindro. O aço a ser usado tem resistência ao escoamento de 30 kgf/mm². Admitir um fator de segurança de 6 no escoamento, mas não reduzir a tensão para possíveis imperfeições nas soldas, pois essas serão inspecionadas por meio de raios X. A pressão de vapor de NH_3 a 50 °C é de 20 atm.

10.22. Uma peça de tubulação de 25 cm de diâmetro, com 2,5 mm de espessura de parede, foi fechada nas extremidades como mostra a Fig. 9.26. Esse conjunto foi então colocado em uma máquina de teste e submetido simultaneamente a uma tração axial P, e a uma pressão interna de 0,17 kgf/mm². Qual a magnitude da força aplicada P, se os pontos A e B, inicialmente separados precisamente de 200 mm, ficaram a 200,04 mm após a aplicação de todas as forças? $E = 21\,000$ kgf/mm² e $\nu = 0{,}25$. *Resp.*: 4,07 t.

10.23. Um vaso cilíndrico de pressão, de 3 m de diâmetro externo, usado no processamento de borracha, tem 10 m de comprimento. Se a parte cilíndrica do vaso é feita de chapa de aço de 25 mm de espessura e o vaso opera a pressão interna de 0,1 kgf/mm², determinar o alongamento total da circunferência e o aumento de diâmetro provocados pela pressão de operação. $E = 20\,000$ kgf/mm² e $\nu = 0{,}3$. *Resp.*: 2,40 mm, 0,63 mm.

10.24. Pode-se mostrar pelos métodos* da elasticidade que em um cilindro de parede delgada submetido a pressão interna p_i, as tensões radial e tangencial são, respectivamente,

$$\sigma_r = \frac{p_i a^2}{b^2 - a^2}\left(1 - \frac{b^2}{r^2}\right)$$

e

$$\sigma_\theta = \frac{p_i a^2}{b^2 - a^2}\left(1 + \frac{b^2}{r^2}\right),$$

onde os raios a, b, e r são definidos na figura. Fazer uma comparação da distribuição de tensão tangencial provocada por p_i, dada pelas fórmulas exatas acima com a fornecida pela fórmula aproximada para cilindros de parede delgada. Investigar casos em que $b = 1{,}1a$, e $b = 4a$. Para o último caso, estudar também a variação de σ_r. Traçar os resultados em diagramas apropriados para a seção $\theta = 0°$ ou 180°.

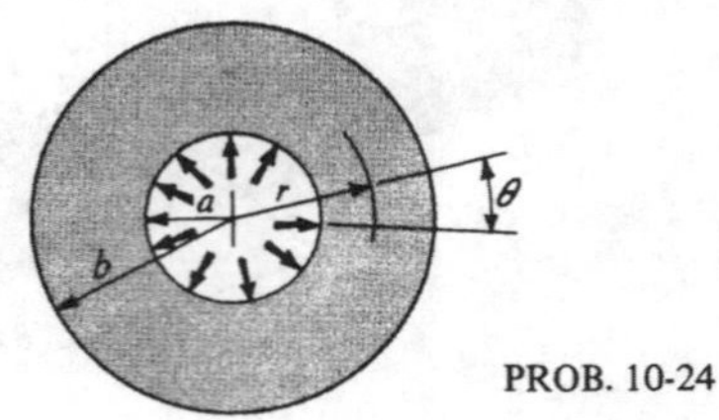

PROB. 10-24

10.25. Vasos excepcionalmente leves foram desenvolvidos pelo emprego de filamentos de vidro para resistirem a forças

*Veja, por exemplo, E. P. Popov, *Mechanics of Materials*, p. 419, Prentice-Hall, Inc., Englewood Cliffs, N. J., 1952 ou qualquer texto sobre elasticidade

de tração e usando resina de epoxy como aglutinante. A figura mostra um diagrama de um cilindro de filamento. Se o enrolamento é necessário para resistir apenas às tensões tangenciais, o ângulo de hélice $\alpha = 90°$. Se, entretanto, o cilindro é fechado, desenvolvem-se forças longitudinal e tangencial, e o ângulo de hélice necessário dos filamentos é $\alpha \approx 55°$ ($\text{tg}^2 \alpha = 2$). Verificar esse resultado. (*Sugestão*. Isolar um elemento de largura unitária e um comprimento desenvolvido de $\text{tg}\,\alpha$, como na figura. Para tal elemento, cada uma das seções corta o mesmo número de filamentos. Dessa forma, se F é uma força em um filamento e n é o número de filamentos em uma seção, $P_y = Fn \text{ sen } \alpha$. A força P_x pode ser achada analogamente. Uma equação com base na relação conhecida entre a tensão longitudinal e a tangencial conduz ao resultado desejado).

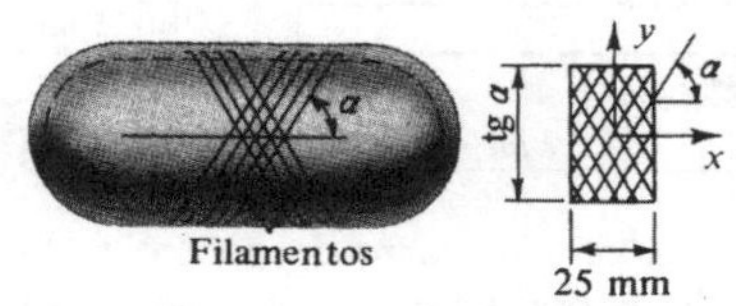

PROB. 10-25 Elemento desenvolvido

10.26. Uma chapa cônica de parede fina é cheia até o topo com líquido de peso específico γ, como na figura. Mostrar que $\sigma_\varphi = \gamma y(3a - 2y) \text{ sen } \alpha/(6h \cos^2 \alpha)$ e $\sigma_\theta = \gamma y(a - y) \text{ sen } \alpha/h \cos^2 \alpha$.

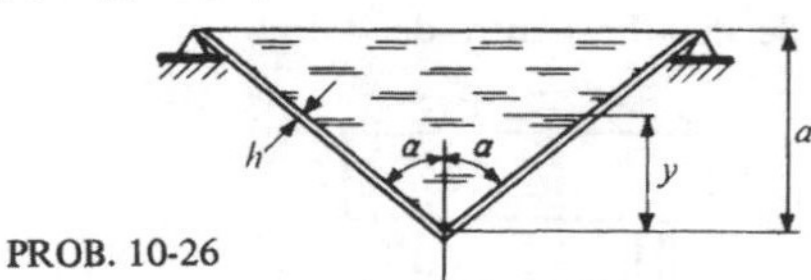

PROB. 10-26

10.27. Um vaso de pressão de aço, cilíndrico fechado, de 2,5 m de diâmetro médio, com espessura de parede de 12,5 mm, tem costura soldada topo a topo ao longo de um ângulo de hélice $\alpha = 30°$ (veja a figura do Prob. 10.25). Durante a pressurização, a medida de deformação através da solda, isto é, em uma linha de medida de $\alpha + 90°$, é de 430×10^{-6} mm/mm. (a) Qual era a pressão no vaso? (b) Qual era a tensão de cisalhamento ao longo da costura? Considerar $E = 20\,000$ kgf/mm², e $G = 8\,000$ kgf/mm². *Resp.*: (a) 0,23 kgf/mm²; (b) 4,96 kgf/mm².

10.28. Uma coluna vertical de fracionamento, de 9 m de altura é feita de tubo de aço padrão de 324 mm, pesando 73,7 kgf/m (veja a Tab. 8 do Apêndice). Se o tubo é pressurizado a 0,2 kgf/mm², e uma força de vento horizontal de 30 kgf/m linear de tubo age sobre a coluna, qual é o estado de tensão a 2 m acima do fundo do lado do vento? Usar as áreas internas efetivamente pressurizadas nos cálculos, em lugar do diâmetro médio. Mostrar os resultados em um elemento. (A aparência externa da coluna de fracionamento assemelha-se à da chaminé do Prob. 8.28). *Resp.*: 3,1 kgf/mm², 2,5 kgf/mm².

10.29. Em uma certa investigação científica sobre a fluência do chumbo, foi necessário controlar o estado de tensão para o elemento de um tubo. Em tal caso, um longo tubo cilíndrico com extremos fechados foi pressurizado e simultaneamente submetido a um torque. O tubo tinha 100 mm de diâmetro externo e 6 mm de espessura. Quais eram as tensões principais na superfície externa da parede do cilindro, se a câmara estava pressurizada a 0,14 kgf/mm² e o torque externo aplicado era de 20 kgfm? Usar as áreas efetivamente pressurizadas nos cálculos, em lugar do diâmetro médio. *Resp.*: 1,48 kgf/mm², 0,22 kgf/mm².

10.30. Um tanque cilíndrico de ar comprimido, de 3 m de comprimento, tem diâmetro médio de 600 mm e espessura de parede de 6 mm. Além da pressurização esse tanque é submetido, em sua extremidade, à solicitação de um cabo, conforme ilustra a figura. O cabo está no plano vertical que contém o eixo vertical do tanque. Se $W = 2$ t e a pressão no tanque é de 0,03 kgf/mm², qual é o estado de tensão nos pontos A e B? Desprezar o peso do tanque. Mostrar os resultados em diagramas de elementos infinitesimais vistos da parte externa.

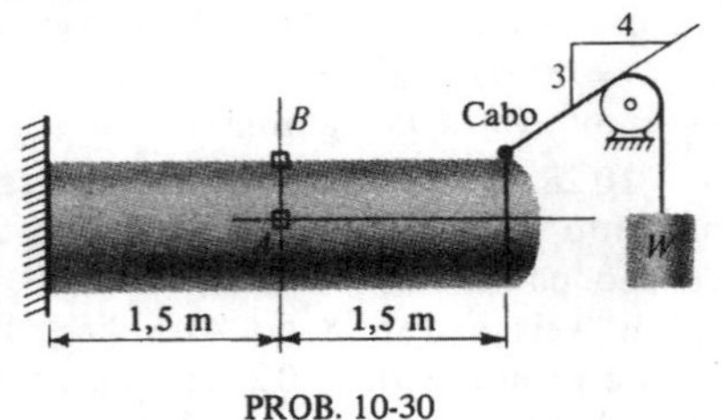

PROB. 10-30

10.31. Um vaso de aço de pressão, tem diâmetro de 500 mm e espessura de 6 mm, e age, também, como uma viga em balanço, como mostra a figura. Se a pressão interna é de 0,2 kgf/mm² e o peso aplicado $W = 14$ t, determinar o estado de tensão no ponto A. Mostrar os resultados em um elemento infinitesimal. As tensões principais não são necessárias. Desprezar o peso do vaso. *Resp.*: $\sigma_x = 4$ kgf/mm², $\sigma_y =$ $= 8$ kgf/mm², $\tau = 3{,}1$ kgf/mm².

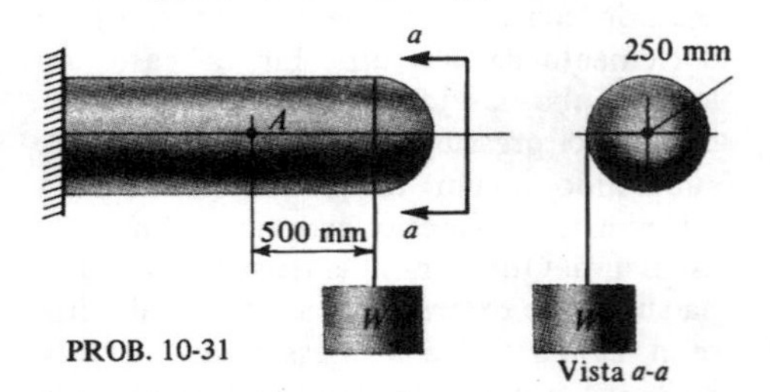

PROB. 10-31

Vista a-a

10.32. Selecionar quatro vigas alternativas de diferentes materiais para resistirem ao mesmo momento de 2 800 kgfm e comparar seus pesos.* Uma viga é de madeira, baseada na tensão admissível de 1 kgf/mm². A seção transversal dessa viga deve ser de tamanho próximo ao comercial para o membro retangular, com sua profundidade igual ao dobro da largura. As outras três vigas devem ter seções I, usando as seguintes tensões admissíveis: 16 kgf/mm² para o aço e para a liga de alumínio, e 8 kgf/mm² para o plástico poliéster reforçado com fibra de vidro, que pesa $1{,}5 \times 10^{-6}$ kgf/mm³. As propriedades das seções transversais de todas as vigas I são dadas na Tab. 3 do Apêndice.

10.33. Uma viga de madeira de 10 cm × 15 cm (sendo 15 cm a altura) atua como viga simples. Qual pode ser o vão L, e que carga uniformemente distribuída p (incluindo o peso da viga) pode essa viga suportar, se as tensões admissíveis de $\sigma =$ $= 80$ kgf/cm² e $\tau = 5$ kgf/cm² são atingidas simultaneamente? *Resp.*: 240 cm, 5,2 kgf/cm.

10.34. Uma viga de madeira de 10 cm × 15 cm deve suportar uma carga simétrica, como mostra a figura. Determinar a posição dessas cargas e sua magnitude quando forem alcançadas uma tensão de flexão de 112 kgf/cm² e uma de cisalhamento de 7 kgf/cm². Desprezar o peso da viga.

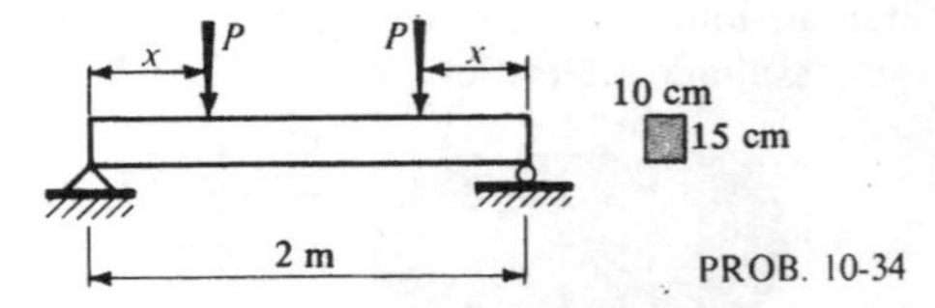

PROB. 10-34

10.35. Um carro de quatro rodas, andando sobre trilhos, deve ser usado em serviço industrial leve. Quando carregado, esse carro pesará 2 t. Se os mancais estão localizados em relação aos trilhos como mostra a figura, que tamanho de eixo deveria ser usado? Admitir uma tensão admissível de flexão de 7 kgf/mm² e uma de cisalhamento de 4 kgf/mm².

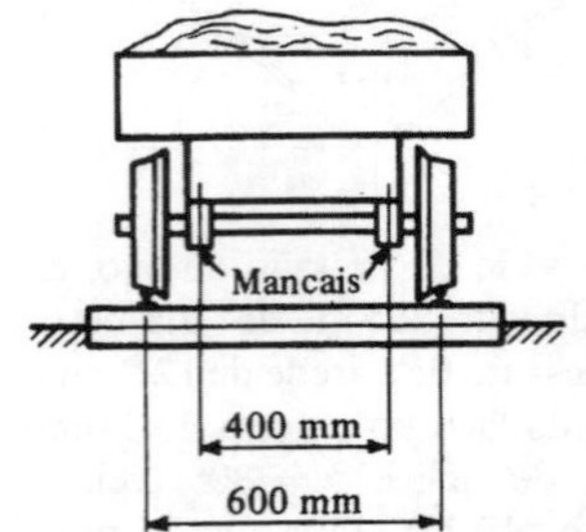

PROB. 10-35

*Se os custos estiverem disponíveis, faça também uma comparação de custos

10.36. Uma parede deve ser suportada temporariamente como mostra a figura, para permitir a construção de uma nova fundação. O peso da parede é de 10 t/m. Se as vigas A devem ser usadas a cada 3 m, quais devem ser seus tamanhos? Usar vigas de aço WF, as mais leves. A tensão de flexão admissível é de 14 kgf/mm^2, e a de cisalhamento é de 7 kgf/mm^2.

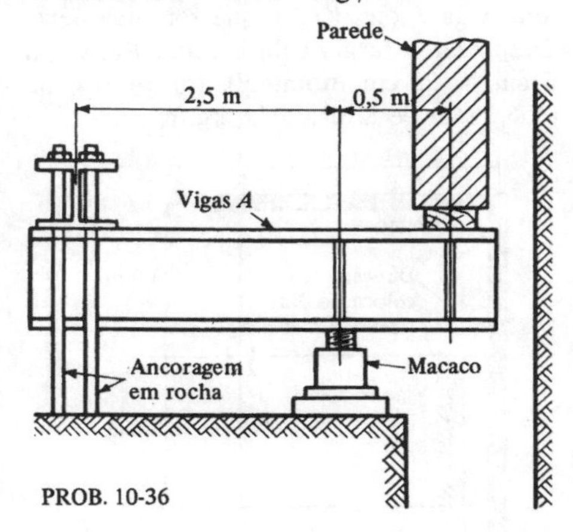

PROB. 10-36

10.37. Selecionar a seção transversal necessária a uma viga retangular de madeira que deve carregar uma carga de $p_0 = 1\,500$ kgf/m, incluindo seu peso próprio, para o vão da figura. A tensão de flexão admissível é de 100 kgf/cm^2 e a tensão de cisalhamento admissível é de 10 kgf/cm^2. A viga deve ter altura igual ao dobro da largura. Considerar $a = 3$ m e $b = 1{,}2$ m.

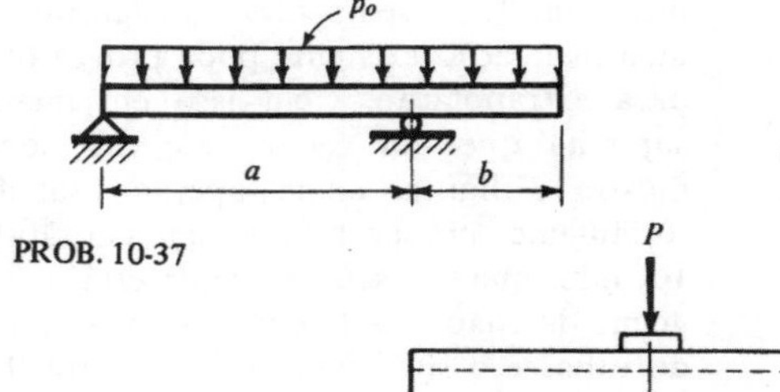

PROB. 10-37

10.38. Uma viga T é suportada da mesma maneira que a viga do problema anterior; entretanto, $a = 5$ m e $b = 2{,}5$ m. As dimensões transversais do T estão na figura; o momento de inércia em relação ao eixo centroidal $I = 32\,000$ cm^4. Se as tensões admissíveis são de 84 kgf/cm^2 na flexão e 7 kgf/cm^2 no cisalhamento, qual é a maior carga p_0 em kgf/m que essa viga pode suportar?

PROB. 10-38

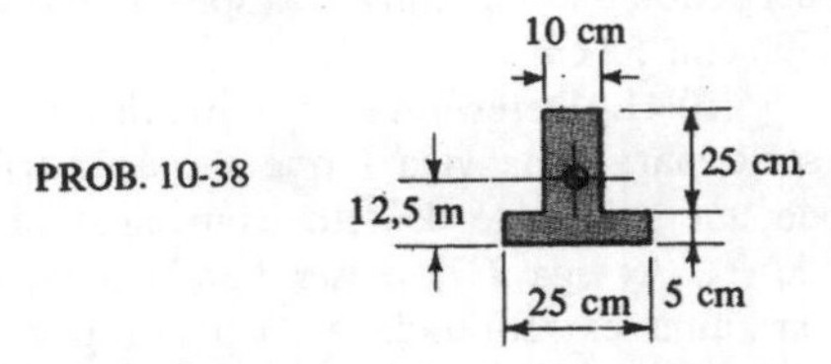

10.39. Uma viga plástica é feita de duas peças de 2,5 cm × 7,5 cm, com vão de 60 cm, e suporta uma carga uniformemente distribuída p, aplicada intermitentemente. As peças podem ser dispostas de duas maneiras alternativas, conforme, indica a figura. As tensões admissíveis são de 35 kgf/cm^2 na flexão, 7 kgf/cm^2 ao cisalhamento no plástico, e 5 kgf/cm^2 ao cisalhamento na cola. Que arranjo de peças deveria ser usado, e que carga p pode ser aplicada?

PROB. 10-39

10.40. Uma viga-caixão é fabricada de duas peças de contraplacado de 2 cm e duas peças de madeira maciça de 11 cm × × 7,5 cm (tamanho efetivo), como mostra a figura. Se essa viga for usada para suportar uma força concentrada no meio do vão

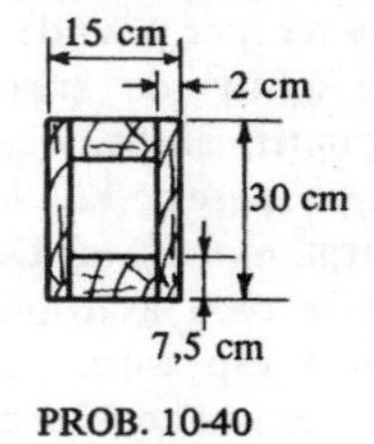

PROB. 10-40

simples, (a) qual deve ser a magnitude da carga máxima aplicada P; (b) qual pode ser o comprimento do vão; e (c) que tamanho de placa de apoio é necessária para suportar a força concentrada? Desprezar o peso da viga e admitir que não haja perigo de flambagem lateral. As tensões admissíveis são: 105 kgf/cm² na flexão, 8 kgf/cm² para cisalhamento no contraplacado, 4 kgf/cm² na junta colada, e 28 kgf/cm² no apoio perpendicular à fibra. *Resp.*: 1 453 kgf, 590 cm, 52 cm².

10.41. Determinar o tamanho necessário para uma viga I que serve de trilho de um guindaste de teto, com capacidade de 2 t. A viga I deve ser fixada à parede em uma extremidade e suspensa por um suporte conforme mostra a figura. Considerar a conexão de pino na parede, e nos cálculos desprezar o peso da viga. A tensão admissível na flexão é de 8,4 kgf/mm² e no cisalhamento 4,9 kgf/mm². *Resp.*: o perfil de 381 mm × 63,8 kgf/m (15I42,9).

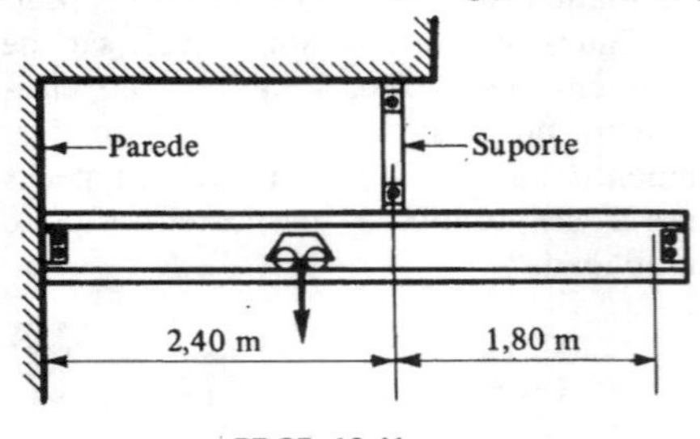

PROB. 10-41

10.42. Uma parte do plano de armação do piso de um prédio de escritórios está mostrada na figura. As traves de madeira com vãos de 3,6 m, são espaçadas de 40 cm e suportam um chão de madeira acima e um teto de gesso abaixo. Admitir que o chão possa receber peso de ocupação à razão de 366 kgf/m² de área de chão (carga viva). Admitir, ainda, que o chão, as traves e o teto pesem 122 kgf/m² de área de chão (carga morta). (a) Determinar a altura necessária para as traves comerciais padrões, com espessura nominal de 5 cm. Para a madeira a tensão admissível na flexão é de 84 kgf/cm² e a tensão de cisalhamento é de 7 kgf/cm². (b) Selecionar o tamanho necessário para a viga de aço A. Como as traves de transmissão de carga dessa viga têm espaçamento próximo, admitir que a viga tenha carga uniformemente distribuída. As tensões admissíveis para o aço são de 14 kgf/mm² e 9 kgf/mm² na flexão e cisalhamento respectivamente. Usar uma viga I ou WF, a que for mais leve. Desprezar a largura da coluna. *Resp.*: (a) 5 cm × 25 cm (nominal), (b) 14 WF 30 (355,6 mm de altura, 44,6 kgf/m).

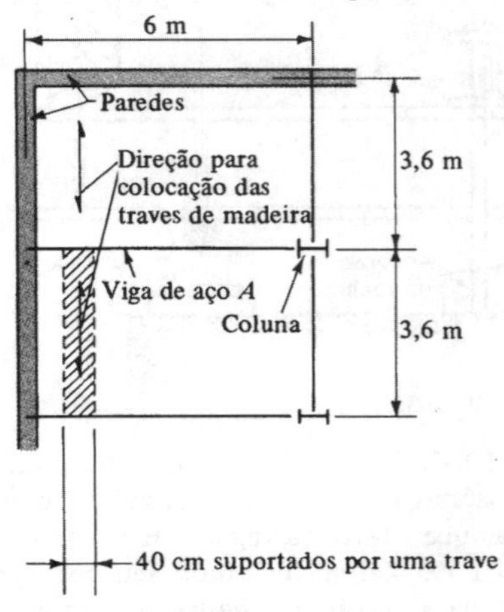

PROB. 10-42

10.43. Em muitos problemas de projeto de engenharia é muito difícil determinar as magnitudes das cargas que atuarão em uma estrutura ou em uma peça de máquina. O desempenho satisfatório de uma instalação existente pode prover base para extrapolação. Com isso em mente, suponha que um certo sinal, tal como mostra a figura, tenha operado satisfatoriamente com um tubo de aço padrão de 100 mm, quando seu centróide está a 3 m acima do chão. Qual deverá ser o tamanho do tubo se o sinal fosse elevado para 9 m acima do chão. Admitir que o vento exerça, na altura mais elevada, uma pressão 50% superior, sobre o sinal, à da instalação original. Variar o tamanho do tubo ao longo do comprimento, conforme exigido; entretanto, para uma fabricação mais fácil, os sucessivos segmentos de tubo devem se ajustar entre si. No arranjo dos segmentos de tubo, dar também importância às considerações de estética. Para simplicidade de cálculo, desprezar o peso dos tubos e a pressão de vento nos tubos em si.

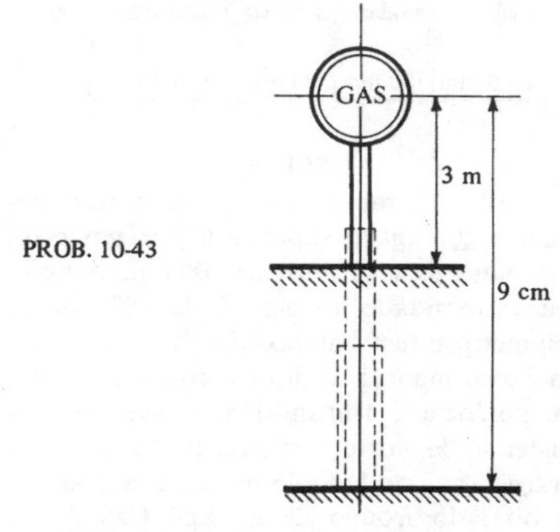

PROB. 10-43

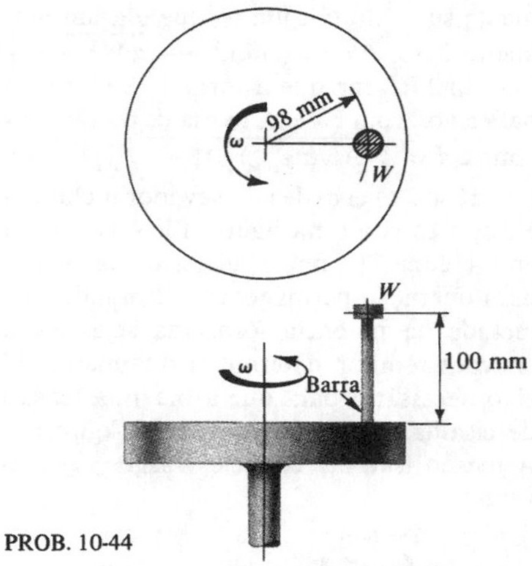

PROB. 10-44

10.44. Uma placa rígida gira em um plano horizontal, como mostra a figura. Uma barra de aço vertical, ligada à placa, suporta uma massa concentrada em sua extremidade livre. Quando a placa está em movimento, (a) a que velocidade angular ω será iniciado o escoamento na barra? e (b) a que velocidade angular ω será atingida a capacidade limite na flexão da barra? A barra tem 5 mm de diâmetro e pesa $5{,}35\pi \times 10^{-5}$ kgf/mm. O peso W no topo da barra é de $8{,}6\pi \times 10^{-3}$ kgf. Admitir que a barra se comporte como um material elástico linear, e perfeitamente plástico, com $\sigma_{esc} = 28$ kgf/mm². Desprezar as forças verticais. (*Observação.* Esse é um problema direto de análise de tensão. O projeto seria mais longo porque seriam necessárias soluções por tentativas e erros). *Resp.*: (a) 98,5 rad/s.

10.45. A metade central de uma viga simples, de comprimento total de 3 m tem 15 cm de largura e 30 cm de altura; os quartos extremos tem 15 cm de largura por 20 cm de altura, como na figura. Determinar a carga uniformemente distribuída, que essa viga pode suportar com segurança, se a tensão, admissível de flexão é de 100 kgf/cm² e a tensão admissível de cisalhamento é de 10 kgf/cm². Desprezar as concentrações de tensão na mudança de seção transversal.

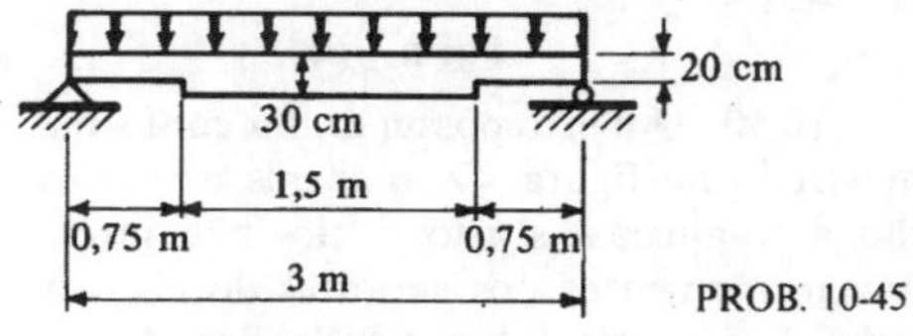

PROB. 10-45

10.46. Uma viga *I*, de 254 mm e 37,7 kgf/m, é coberta por duas placas de 12 mm por 150 mm como mostra a Fig. 10.23(a) (para a seção composta $I = 11\,900$ cm⁴), e seu vão é de 6 m. (a) Qual a força concentrada a ser aplicada no centro do vão se a tensão admissível na flexão é de 11 kgf/mm²? (b) Para a carga acima, onde estão os pontos teóricos além dos quais as placas de cobertura não necessitam se estender? Desprezar o peso da viga, e admitir que a viga tenha braçadeiras laterais. *Resp.*: (a) 6,28 t; (b) 1,402 m das extremidades.

10.47. Projetar uma viga em balanço de resistência constante para suportar uma carga uniformemente distribuída. Admitir que a largura da viga seja constante.

10.48. (a) Mostrar que a maior tensão principal para um eixo circular simultaneamente submetido a um torque e a um momento fletor é $\sigma_1 = (c/J)(M + \sqrt{M^2 + T^2})$.

(b) Mostrar que a fórmula de projeto para eixos, com base na teoria de tensão máxima é $d = \sqrt[3]{[16/(\pi\tau_{adm})](M + \sqrt{M^2 + T^2})}$.

10.49. O eixo de um elevador inclinado é disposto como na figura. Ele é acionado em A com 11 rpm e necessita de 60 CV para operação permanente. Admitindo que metade da potência fornecida seja usada em cada tambor, determinar o tamanho do eixo necessário para que a máxima tensão de cisalhamento não exceda 4,2 kgf/mm². A tensão leva em conta os rasgos de chaveta.

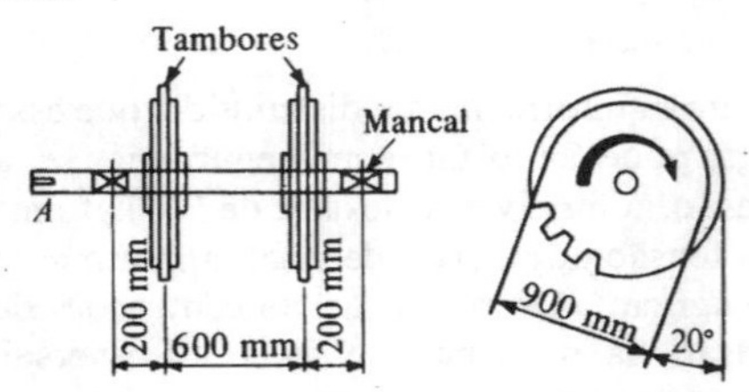

PROB. 10-49

10.50. Um eixo possui polias conforme mostrado na figura. Os mancais extremos são auto-ajustáveis, isto é, eles não introduzem momentos nos suportes do eixo. A polia B é a acionadora. As polias A e C são as acionadas e absorvem 10,2 kgfm e 3,4 kgfm de torque, respectivamente. A tração resultante em cada polia é de 180 kgf, atuando para baixo. Determinar o tamanho do eixo necessário para que a tensão principal de cisalhamento não exceda 4,2 kgf/mm². *Resp.*: 51 mm.

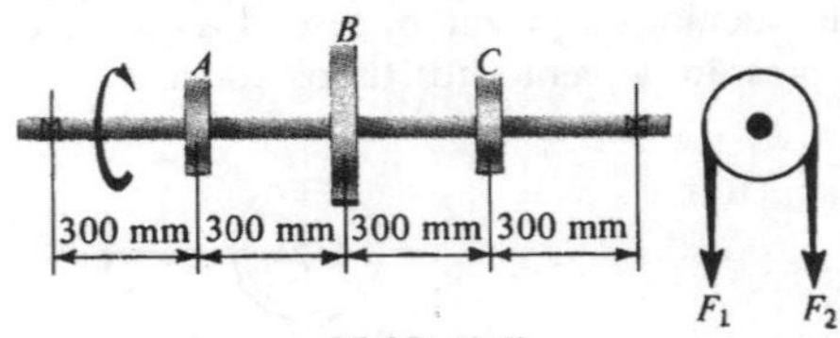

PROB. 10-50

10.51. Uma armadura de motor, pesando 200 kgf, é suportada por um eixo, em mancais separados de 500 mm. A polia na extremidade do eixo é de 150 mm de diâmetro e tem balanço de 125 mm em relação ao mancal da direita, como na figura. A potência é transmitida através de um sistema de correias verticais na polia; a tração total no lado de tensão é de 240 kgf, e no lado frouxo de 80 kgf. Calcular o diâmetro de eixo necessário com base na teoria de tensão de cisalhamento máximo, se $\tau_{adm} = 5$ kgf/mm². *Resp.*: 33,3 mm.

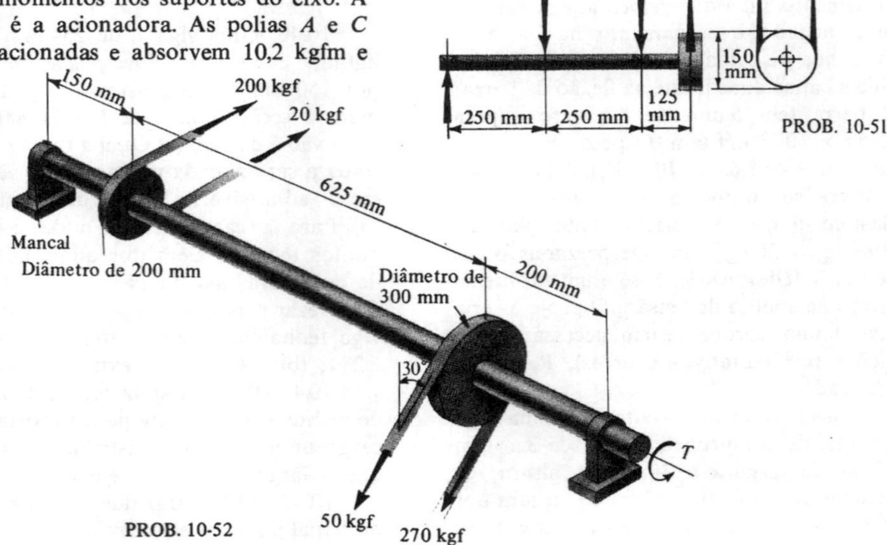

PROB. 10-51

PROB. 10-52

10.52. Um eixo de acionamento de duas polias, é arranjado como mostra a figura. As tensões nas correias são as mostradas. Determinar o tamanho necessário para o eixo. Admitir, do código ASME, que $\sigma_{adm} = 4{,}2$ kgf/mm^2 para os eixos com chavetas. Além do mais, como o eixo operará em condições de carga aplicada repentinamente, multiplicar as cargas dadas por um fator de choque e fadiga de 1,5.

10.53. Um eixo de baixa velocidade é atuado por uma carga P, aplicada excentricamente, provocada por uma força desenvolvida entre as engrenagens. Determinar a magnitude admissível da força P com base na teoria de máxima tensão de cisalhamento, se $\tau_{adm} = 4{,}6$ kgf/mm^2. O diâmetro menor, do eixo em balanço, é de 75 mm. Considerar a seção crítica no local em que o eixo muda de diâmetro, e que $M = 0{,}075P$ kgfm e $T = 0{,}15P$ kgf/m. Observar que, como o diâmetro muda abruptamente, os seguintes fatores de concentração de tensão devem ser considerados: $K_1 = 1{,}6$ na flexão, e $K_2 = 1{,}2$ na torção. *Resp.*: 1,76 t.

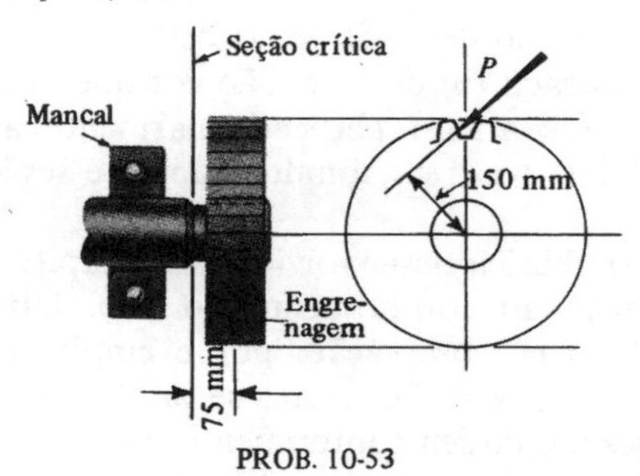

PROB. 10-53

10.54. Desprezando o peso da viga e as concentrações de tensão na mudança de seção transversal, achar a maior tensão de flexão para a viga carregada como mostra a figura.

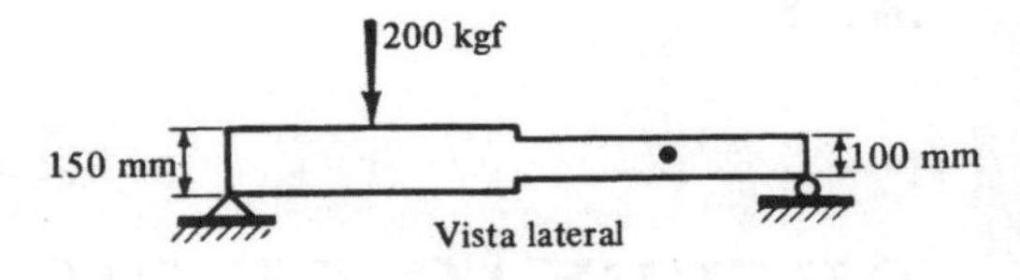

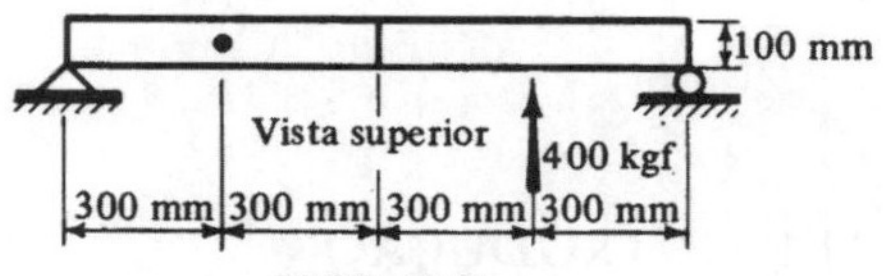

PROB. 10-54

10.55. Uma viga de 3,6 m de comprimento é carregada como mostra a figura. As duas forças aplicadas atuam perpendicularmente ao longo do eixo da viga e são inclinadas de 30° com a vertical. Se essas forças atuam através do centróide da área de seção transversal, achar a localização e magnitude da máxima tensão de flexão. Desprezar o peso da viga. *Resp.*: $\pm$ 14,89 kgf/mm^2.

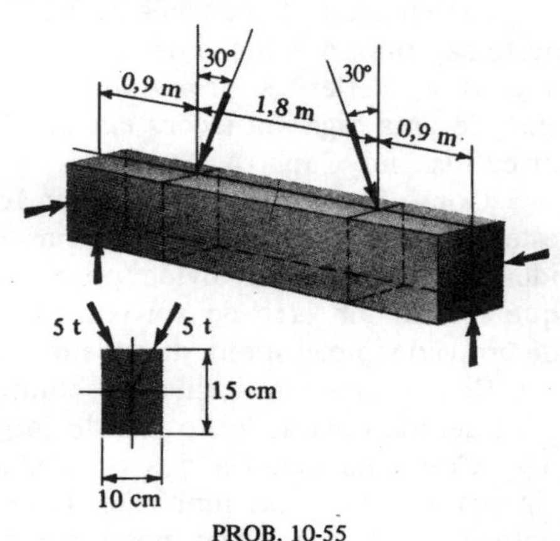

PROB. 10-55

11

DEFLEXÃO DE VIGAS

11.1 INTRODUÇÃO

A ação de forças aplicadas provoca deflexão do eixo de uma viga em relação a sua posição inicial. Valores precisos para as deflexões das vigas são procurados em muitos casos práticos. Elementos de máquinas devem ser suficientemente rígidos para que se evitem desalinhamentos e para manter a precisão dimensional sob a ação de cargas. Em prédios, as vigas dos pavimentos não podem defletir excessivamente para evitar efeitos psicológicos indesejáveis sobre os ocupantes e para minimizar ou evitar situações de preocupação com os materiais frágeis de acabamento. Da mesma forma, a informação sobre características de deformação de membros é essencial ao estudo de vibrações de máquinas, assim como em estruturas estacionárias e de avião.

As equações diferenciais básicas para a deflexão de vigas serão desenvolvidas neste capítulo. A solução dessas equações é ilustrada em detalhe. São consideradas apenas as deflexões provocadas por forças que atuam perpendicularmente ao eixo de uma viga. Situações em que forças axiais ocorrem simultaneamente serão discutidas no Cap. 14.

Como ficará aparente da dedução, a teoria básica desenvolvida neste capítulo está limitada a deflexões pequenas em relação ao comprimento do vão. Uma idéia da precisão envolvida pode ser obtida pela observação, por exemplo, de que se tem um erro de aproximadamente 1% da solução exata, se as deflexões de um vão simples forem da ordem de um vigésimo de seu comprimento. Dobrando a deflexão para um décimo do comprimento do vão, o que ordinariamente seria considerada uma deflexão grande, intolerável, o erro cresce para aproximadamente 4%. Como na maioria dos problemas de engenharia são empregados membros rígidos à flexão, essa limitação da teoria não é séria. Para clareza, entretanto, as deflexões das vigas serão mostradas com bastante exagero em todos os diagramas. Apenas deflexões provocadas por flexão são consideradas neste capítulo. Aquelas decorrentes do cisalhamento serão discutidas no Cap. 13 (veja especialmente o Exemplo 13.4).

Neste capítulo são consideradas deflexões elásticas e inelásticas das vigas. Entretanto, como, os cálculos para as deflexões inelásticas das vigas são cansativos, as ilustrações servem, principalmente, para os casos elásticos, como a solução de alguns problemas de viga elástica estaticamente indeterminada não apresenta dificuldades matemáticas adicionais em comparação com os casos determinados, a solução de tais problemas é discutida neste capítulo. Um tratamento mais completo de sistemas estruturais estaticamente indeterminados será dado no próximo capítulo.

Após a dedução das equações diferenciais básicas para as deflexões de vigas e a apresentação das condições de contorno, o restante do capítulo é dividido, por conveniência, em duas partes. Na Parte A, são discutidos os procedimentos de integração direta; na Parte B, é apresentado um método especial, chamado de *método de área de momento.*

11.2 RELAÇÕES ENTRE DEFORMAÇÃO-CURVATURA E MOMENTO-CURVATURA

Para desenvolver a teoria de deflexão de vigas, deve-se considerar a geometria ou cinemática da deformação de uma viga. A hipótese cinemática fundamental, de que as seções planas permanecem planas durante a deformação, inicialmente introduzida na Seç. 6.3, fornece a base para a teoria. Esse tratamento despreza a deformação de cisalhamento de uma viga. Felizmente as deflexões devidas ao cisalhamento são usualmente bem pequenas. (Veja o Exemplo 13.4).

Na Fig. 11.1(a) está mostrado um segmento de uma viga reta na condição deformada. Esse diagrama é completamente análogo à Fig. 6.1, usada no estabelecimento da distribuição de tensão em vigas devida à flexão, o eixo defletido da viga, isto é, sua curva elástica, está mostrada encurvado a um raio ρ. O centro de curvatura O para o raio de qualquer elemento pode ser achado pelo prolongamento até a interseção, de quaisquer duas seções adjacentes, tais como $A'B'$ e $D'C'$. Para o presente, admitir-se-á que a flexão ocorra em torno de um dos eixos principais da seção transversal.

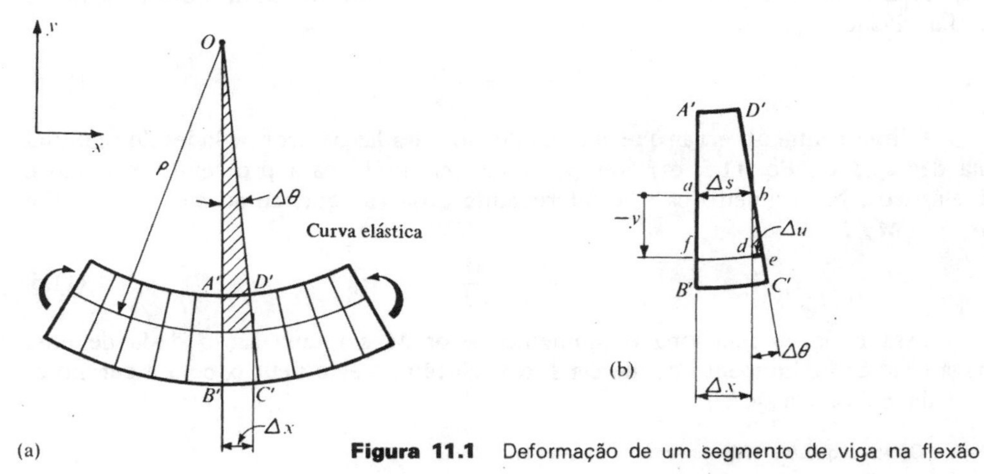

Figura 11.1 Deformação de um segmento de viga na flexão

Na vista aumentada do elemento $A'B'C'D'$, na Fig. 11.1(b), pode-se ver que, em uma viga fletida, o ângulo definido pelas duas seções adjacentes é $\Delta\theta$. Se as distâncias y da superfície neutra às fibras deformadas são medidas da maneira usual, positivas para cima, a deformação Δu de qualquer fibra pode ser expressa por

$$\Delta u = -y\Delta\theta. \tag{11.1}$$

Para valores negativos de y, isso provoca alongamentos de acordo com a deformação mostrada na figura.

As fibras contidas na superfície neutra curva da viga deformada, caracterizada na Fig. 11.1(b) pela fibra ab, não são deformadas. Dessa forma, o comprimento do arco Δs corresponde ao comprimento inicial de todas as fibras entre as seções $A'B'$ e $D'C'$. Mantendo isso em mente, e dividindo a Eq. 11.1 por Δs, pode-se formar as seguintes relações:

$$\lim_{\Delta s \to 0} \frac{\Delta u}{\Delta s} = -y \lim_{\Delta s \to 0} \frac{\Delta\theta}{\Delta s} \quad \text{ou} \quad \frac{du}{ds} = -y\,\frac{d\theta}{ds}. \tag{11.2}$$

Pode-se reconhecer que du/ds é a deformação linear de uma fibra da viga a uma distância y do eixo neutro. Assim,

$$du/ds = \varepsilon. \tag{11.3}$$

O termo $d\theta/ds$ da Eq. 11.2, tem um significado geométrico claro. Com a ajuda da Fig. 11.1(a), vê-se que, como $\Delta s = \rho\Delta\theta$

$$\lim_{\Delta s \to 0} \frac{\Delta\theta}{\Delta s} = \frac{d\theta}{ds} = \frac{1}{\rho} = \kappa, \tag{11.4}$$

que é a definição de *curvatura** κ (kappa).

Com base no anteriormente exposto, e após substituir as Eqs. 11.3 e 11.4 na Eq. 11.2, pode-se exprimir a relação fundamental entre a curvatura da curva da linha elástica e a deformação linear, por

$$\frac{1}{\rho} = \kappa = -\frac{\varepsilon}{y}. \tag{11.5}$$

É importante observar que, não tendo sido usadas as propriedades do material na dedução da Eq. 11.5, essa relação pode ser usada para problemas elásticos e inelásticos. No primeiro caso, é interessante observar que, como $\varepsilon = \varepsilon_x = \sigma_x/E$ e $\sigma_x = -My/I$,

$$\frac{1}{\rho} = \frac{M}{EI}. \tag{11.6}$$

Essa equação relaciona o momento fletor M em uma seção dada de uma viga elástica de momento de inércia I, em relação ao eixo neutro, com a curvatura $1/\rho$ da curva elástica.

*Observe que θ e s devem crescer na mesma direção

EXEMPLO 11.1

Para o corte de metais, usa-se uma serra de fita de 12 mm de largura e 0,6 mm de espessura, que é acionada por duas polias de 400 mm de diâmetro. Qual a máxima tensão de flexão desenvolvida na serra, à medida que ela passa sobre a polia? Considerar $E =$ $= 21\,000$ kgf/mm^2.

SOLUÇÃO

Nessa aplicação, o material deve ter comportamento elástico. À medida que a lâmina da serra passa por cima da polia, ela se acomoda ao raio da mesma; assim, $\rho \approx 200$ mm.

A Eq. 6.3, $\sigma = -My/I$, juntamente com a Eq. 11.6, após algumas simplificações menores, fornece uma relação geral útil:

$$\sigma = -Ey/\rho \tag{11.7}$$

Com $y = \pm c$, é determinada a tensão de flexão máxima na serra:

$$\sigma_{max} = \frac{Ec}{\rho} = \frac{(21)10^3(0,3)}{200} = 31,5 \text{ kgf/mm}^2.$$

A alta-tensão desenvolvida na serra necessita de materiais superiores para essa aplicação.

11.3 EQUAÇÃO DIFERENCIAL PARA A DEFLEXÃO DE VIGAS ELÁSTICAS

Em textos sobre geometria analítica mostra-se que, em coordenadas cartesianas, a curvatura de uma linha é definida por

$$\frac{1}{\rho} = \frac{d^2v/dx^2}{\left[1 + \left(\frac{dv}{dx}\right)^2\right]^{3/2}} = \frac{v''}{[1 + (v')^2]^{3/2}}, \tag{11.8}$$

onde x e v são as coordenadas de um ponto sobre a curva. Em termos do problema considerado, a distância x localiza um ponto sobre a linha elástica de uma viga defletida, e v dá a deflexão do mesmo ponto em relação à sua posição inicial.

Se a Eq. 11.8 fosse substituída na Eq. 11.5 ou na 11.6, resultaria a equação diferencial exata da curva elástica. Em geral a solução de tal equação é difícil de se obter. Como, entretanto, as deflexões toleradas na grande maioria das estruturas de engenharia são bastante pequenas, a inclinação dv/dx da curva elástica também é pequena. Dessa forma, o quadrado da inclinação v' é uma quantidade desprezável comparada com a unidade, e a Eq. 11.8 se simplifica para

$$\frac{1}{\rho} \approx \frac{d^2v}{dx^2}. \tag{11.9}$$

Com base nisso, a equação diferencial para a deflexão de uma viga elástica* decorre da Eq. 11.6 e é

$$\frac{d^2v}{dx^2} = \frac{M}{EI}, \tag{11.10}$$

onde se compreende que $M = M_{zz}$ e $I = I_{zz}$.

*A equação da curva elástica foi formulada por James Bernoulli, um matemático suiço, em 1964. Leonhard Euler (1707-83) estendeu bastante suas aplicações

Observe que na Eq. 11.10, é empregado o sistema de coordenadas xyz para localizar os pontos materiais em uma viga, para o cálculo do momento de inércia I. Por outro lado, no problema planar, é o sistema xv de eixos o usado para localizar os pontos sobre a curva elástica.

A direção positiva do eixo v é tomada no mesmo sentido que a positiva do eixo y, e a direção positiva da carga aplicada p, Fig. 11.2(a). Observe especialmente que, se a inclinação positiva dv/dz da curva elástica se torna mais positiva quando x aumenta, a curvatura $1/\rho \approx d^2v/dx^2$ é positiva. Esse sentido de curvatura concorda com a curvatura induzida, provocada pelos momentos positivos aplicados M. Por essa razão os sinais são positivos em ambos os lados da Eq. 11.10.

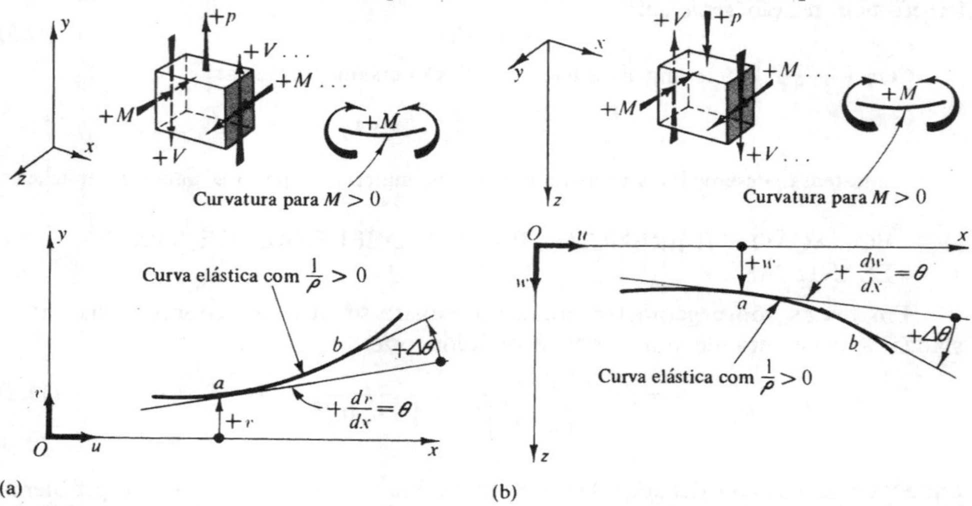

Figura 11.2 Momento e sua relação com a curvatura em diferentes planos de coordenadas

Ao contrário, se a flexão ocorre no plano xz, encontra-se uma situação diferente. Para ilustrar, considere o eixo inicial girando de 90°, com as quantidades pertinentes tendo sentidos positivos, como mostra a Fig. 11.2(b). Aqui a curvatura induzida pelos momentos positivos M é oposto àquela associada com a curvatura positiva $1/\rho \approx d^2w/dx^2$ da curva elástica. Dessa forma

$$\frac{d^2W}{dx^2} = -\frac{M}{EI}, \tag{11.11}$$

onde $M = M_{yy}$ e $I = I_{yy}$; exceto pela notação e sinal, a equação é a mesma que a Eq. 11.10.

Em alguns livros e trabalhos técnicos, os eixos da Fig. 11.2(b) são preferíveis, o que conduz ao uso da Eq. 11.11.* Neste texto o estudo detalhado é limitado à Eq. 11.10.

*Juntamente com essa equação deve-se observar que as equações diferenciais de equilíbrio são

$$dV/dx = -P \quad \text{e} \quad dM/dx = V.$$

O leitor deve comparar essas relações com as Eqs. 2.4 e 2.5

É importante e interessante observar que, para a curva elástica, ao nível de precisão da Eq. 11.10, se tem $ds = dx$. Isso se segue do fato de que, como antes, o quadrado da inclinação dv/dx é desprezavelmente pequeno em comparação com a unidade, e

$$ds = \sqrt{dx^2 + dv^2} = \sqrt{1 + (v)^2}\, dx \approx dx. \qquad (11.12)$$

Dessa forma, na teoria da pequena deflexão, não se diz haver diferença entre o comprimento inicial do eixo da viga e o arco da curva elástica. Dito de forma alternativa, não existe deslocamento horizontal u dos pontos que estão sobre a superfície neutra, isto é, em $y = 0$. Essa aproximação pode ser à base de uma dedução alternativa da Eq. 11.10, que se segue.

11.4 DEDUÇÃO ALTERNATIVA DA EQUAÇÃO 11.10

Nas teorias clássicas de placas e cascas que tratam com pequenas deflexões, devem ser estabelecidas equações análogas à Eq. 11.10. O método característico pode ser ilustrado no problema da viga.

Em uma condição deformada, um ponto A sobre o eixo de uma viga sem carregamento, Fig. 11.3, de acordo com a Eq. 11.12, está diretamente acima de sua posição inicial. A tangente à curva elástica no mesmo ponto gira de um ângulo dv/dx. Uma seção plana com centróide em A' também gira do mesmo ângulo dv/dx, porque durante a deformação de flexão, as seções permanecem normais ao eixo de flexão de uma viga. Dessa forma, o deslocamento u de um ponto tangente a uma distância* y da curva elástica é

$$u = -y\frac{dv}{dx}, \qquad (11.13)$$

onde o sinal negativo mostra que, para y e v' positivos, o deslocamento u é no sentido da origem. Para $y = 0$, não há deslocamento u, como é exigido pela Eq. 11.12.

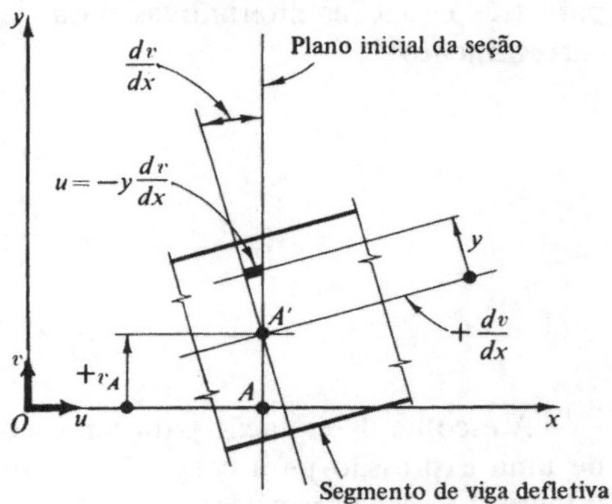

Figura 11.3 Deslocamentos longitudinais de uma viga devidos à rotação de uma seção plana

Em seguida, recorda-se a Eq. 4.3, que estabelece $\varepsilon_x = \partial u/\partial x$. Dessa forma, pela Eq. 11.13, $\varepsilon_x = -yd^2v/dx^2$, porque v é apenas uma função de x.

*Como o ângulo dv/dx é pequeno, seu co-seno pode ser tomado igual à unidade

A mesma deformação linear também pode ser obtida das Eqs. 4.11 e 6.3 dando $\varepsilon_x = -My/EI$. Igualando-se as duas expressões alternativas para ε_x e eliminando y de ambos os lados da equação, tem-se

$$\frac{d^2v}{dx^2} = \frac{M}{EI},$$

que é a Eq. 11.10 anteriormente deduzida.

11.5 EQUAÇÕES DIFERENCIAIS ALTERNATIVAS DE VIGAS ELÁSTICAS

No Cap. 2, foram mostradas várias relações diferenciais entre força cortante, momento e carga aplicada (Eqs. 2.4, 2.5 e 2.6). Essas podem ser combinadas com a Eq. 11.10 para dar a seguinte seqüência útil de equações:

$$v = \text{deflexão da curva elástica};$$

$$\theta = \frac{dv}{dx} = v' = \text{inclinação da curva elástica};$$

$$M = EI\frac{d^2v}{dx^2} = EIv''; \tag{11.14}$$

$$V = -\frac{dM}{dx} = -\frac{d}{dx}\left(EI\frac{d^2v}{dx^2}\right) = -(EIv'')';$$

$$p = -\frac{dV}{dx} = \frac{d^2}{dx^2}\left(EI\frac{d^2v}{dx^2}\right) = (EIv'')''.$$

Para vigas com rigidez à flexão EI constante, as Eqs. 11.14 se simplificam para três equações alternativas para determinação da deflexão de uma viga com carregamento:

$$EI\frac{d^2v}{dx^2} = M(x); \tag{11.15}$$

$$EI\frac{d^3v}{dx^3} = -V(x); \tag{11.16}$$

$$EI\frac{d^4v}{dx^4} = p(x). \qquad (11.17)^*$$

A escolha da equação para um caso dado depende da facilidade na formulação de uma expressão para carga, força cortante, ou momento. Poucas constantes de integração são necessárias nas equações de ordem mais baixa.

*Se na Eq. 11.17, em concordância com o princípio de d'Alembert, se faz $p = -m\ddot{v}$, onde m é a massa da viga por unidade de comprimento e $\ddot{v} = \partial^2 v/\partial t^2$, obtém-se a equação básica para a vibração lateral de uma viga. Essa equação é $EI\,\partial^4 v/\partial x^4 + m\,\partial^2 v/\partial t^2 = 0$

11.6 CONDIÇÕES DE CONTORNO

Para a solução dos problemas de deflexão de vigas, além das equações diferenciais, devem ser prescritas condições de contorno. Alguns tipos de condições de contorno homogêneas são os seguintes:

(A) *Suporte fixo ou engastado.* Nesse caso, o deslocamento v e a inclinação dv/dx devem ser nulos. Assim na extremidade considerada, onde $x = a$,

$$v(a) = 0, \quad v'(a) = 0. \tag{11.18a}$$

(B) *Suporte de rolete ou de pino.* Na extremidade considerada não pode existir deflexão v nem momento M. Assim,

$$v(a) = 0, \quad M(a) = EIv''(a) = 0. \tag{11.18b}$$

Aqui a condição fisicamente evidente para M é relacionada com a derivada de v em relação a x, de uma parte da Eq. 11.14.

(C) *Extremidade livre.* Tal extremidade é livre de momentos e forças cortantes. Assim

$$M(a) = EIv''(a) = 0, \quad V(a) = -(EIv'')'_{x=a} = 0. \tag{11.18c}$$

(D) *Suporte guiado.* Nesse caso é permitido o movimento vertical livre, mas a rotação da extremidade é evitada. O suporte não é capaz de resistir a qualquer cisalhamento. Dessa forma

$$v'(a) = 0, \quad V(a) = -(EIv'')'_{x=a} = 0. \tag{11.18d}$$

As mesmas condições de contorno para EI constante, são resumidas na Fig. 11.4. Observe os dois tipos basicamente diferentes de condições de contorno. Alguns pertencem às forças e são chamadas de *condições de contorno estáticas*. Outras descrevem o comportamento geométrico ou de deformação de uma extremidade; essas são as *condições de contorno cinemáticas*.

Condições de contorno não-homogêneas também ocorrem nas aplicações, quando uma dada força cortante, momento, ou deslocamento são prescritos no contorno. Em tais casos, os zeros nas Eqs. 11.18a a 11.18d apropriadas são substituídos por uma quantidade especificada.

Em algumas soluções, os requisitos físicos de continuidade da curva elástica devem ser trazidos a complementar as condições de contorno. Isso significa que em qualquer junção de duas zonas de uma viga, a deflexão e a tangente à curva elástica devem ser as mesmas, independentemente da direção de aproximação do ponto comum. As situações da Fig. 11.5 são impossíveis. Os requisitos de equilíbrio de força e de momento estão contidos implicitamente nas condições de continuidade.

11.7 DEFLEXÃO DAS VIGAS VISCOELÁSTICAS

Se uma viga carregada é viscoelástica, as deflexões variam com o tempo. Como introdução a esse importante tópico, serão consideradas neste artigo as

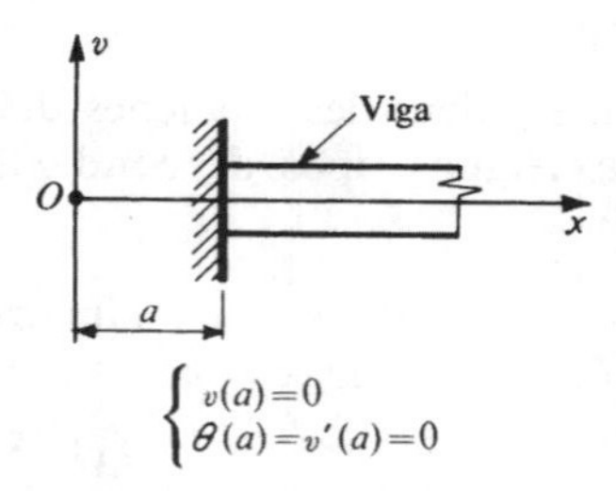

(a) Suporte engastado

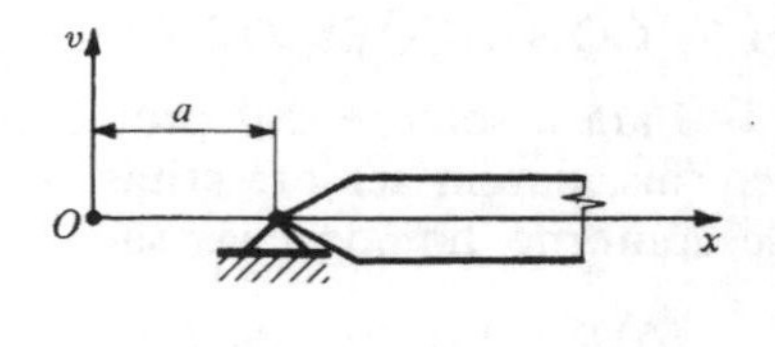

(b) Suporte simples

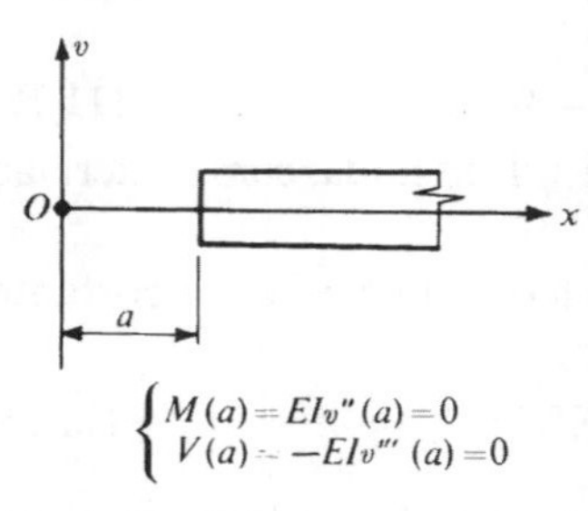

(c) Extremidade livre

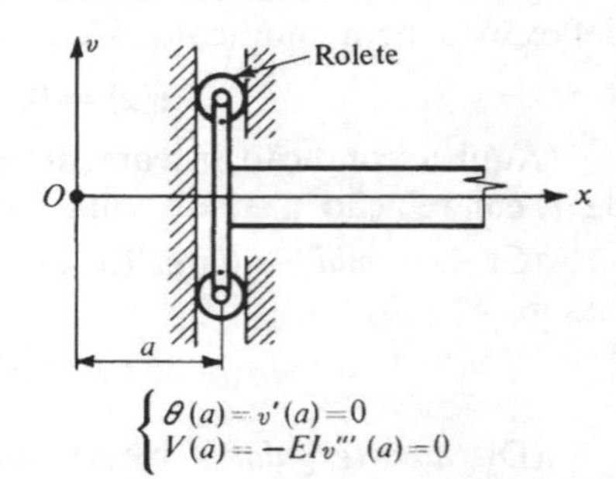

(d) Suporte guiado

Figura 11.4 Condições de contorno homogêneas para vigas com *EI* constante. Em (a) ambas as condições são *cinemáticas*; em (c) ambas são *estáticas*; em (b) e (d) as condições são mistas

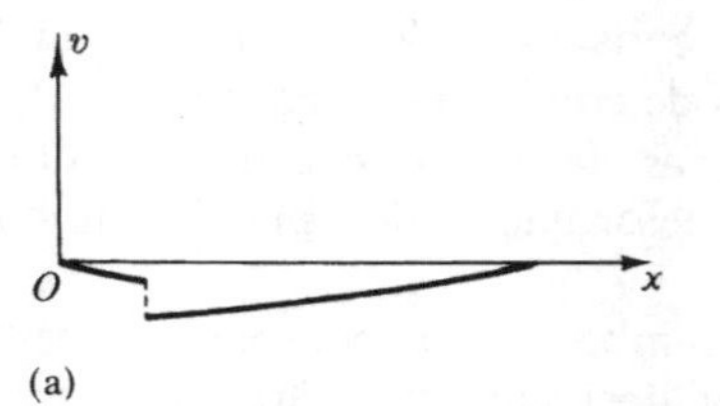

(a)

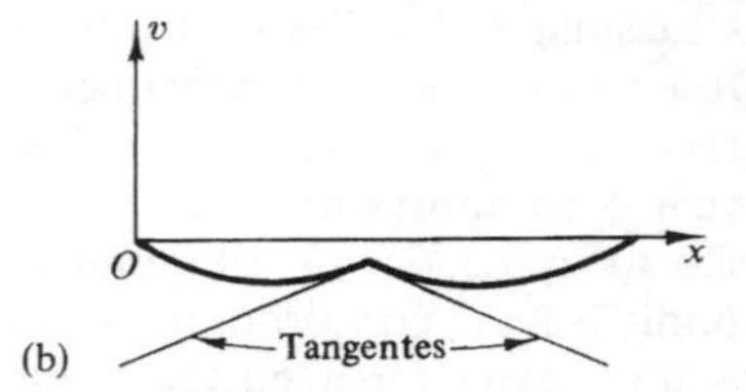

(b)

Figura 11.5 Situações impossíveis em uma curva elástica contínua

vigas viscoelásticas lineares. Na análise se considerará que a carga $p(x)$ é aplicada no instante $t = 0$ e permanece constante a partir daquele instante.*

Para vigas elásticas e plásticas, de acordo com a Eq. 11.5, as hipóteses cinemáticas fundamentais da teoria de flexão, relacionando a curvatura da curva elástica com a deformação linear, podem ser dadas na forma

$$\varepsilon(x, y) = -\kappa(x)y.$$

Para um material viscoelástico, a mesma hipótese dá

$$\varepsilon(x, y, t) = -\kappa(x, t)y, \tag{11.19a}$$

*Como observado na Seç. 5.10, esse carregamento pode ser expresso por $p(x,t) = p(x)H(t)$, onde $H(t)$ é o operador de Heaviside, tendo o valor unitário para $t > 0$

isto é, agora a curvatura κ é uma função não apenas da posição x sobre a viga, mas também, do tempo t.

Para um material viscoelástico *linear*, uma formulação alternativa para essa deformação pode se basear na relação constitutiva, dada pela Eq. 4.27. Assim, para uma tensão axial σ_0, que é uma função de sua posição x e y, a Eq. 4.27 pode ser generalizada na forma

$$\varepsilon(x, y, t) = \sigma_0(x, y)J_c(t), \tag{11.19b}$$

onde $J_c(t)$ é a função de deformação com o tempo.

Eliminando a deformação ε das Eqs. 11.19a e 11.19b, obtém-se uma expressão para a tensão de flexão σ_0 em uma viga:

$$\sigma_0(x, y) = -[\kappa(x, t)/J_c(t)]y. \tag{11.19c}$$

Essa relação mostra que a tensão de flexão varia linearmente com y. Além do mais, ela é independente do tempo. Dessa forma, a distribuição de tensão em uma viga de material linearmente viscoelástico é idêntica à de uma viga elástica linear.

Na Eq. 11.19c a expressão entre chaves desempenha o mesmo papel que a constante B na Eq. 6.2, usada na dedução da fórmula de flexão elástica. Dessa forma, como uma condição de equilíbrio exige que $M = -BI$ (veja a Seç. 6.4), com $B = -[\kappa(x, t)/J_c(t)]$, tem-se, agora

$$\kappa(x, t) = \frac{M(x)}{I} J_c(t). \tag{11.19d}$$

Essa expressão para a curvatura da viga fornece a base para a determinação da deflexão de vigas viscoelásticas lineares, nas condições de carregamento sustentado.

Como o lado direito da Eq. 11.19d é um produto apenas de uma função de x e uma função de t, a deflexão dependente do tempo de uma viga deve ser também um produto de duas funções das mesmas duas variáveis. Dessa forma, a deflexão da viga pode ser suposta como sendo

$$v(x, t) = \mathrm{v}(x)EJ_c(t). \tag{11.19e}$$

Em poucas etapas, ficará evidente que essa é a escolha correta para a função deflexão.

A derivada segunda da Eq. 11.19e, em relação a x, dá a expressão para a curvatura da curva elástica:

$$\kappa(x, t) = \frac{\partial^2 v(x, t)}{\partial x^2} = \frac{\partial^2 \mathrm{v}(x)}{\partial x^2} EJ_c(t). \tag{11.19f}$$

Essa relação, juntamente com a Eq. 11.19d, dá

$$\frac{\partial^2 \mathrm{v}(x)}{\partial x^2} EJ_c(t) = \frac{M(x)}{I} J_c(t). \tag{11.20a}$$

Diferenciando essa equação duas vezes em relação a x, e recordando que, de acordo com a Eq. 2.6, $p = d^2M/dx^2$, tem-se

$$\frac{\partial^4 \mathrm{v}(x)}{\partial x^4} EJ_c(t) = \frac{p(x)}{I} J_c(t). \qquad (11.20b)$$

O termo $J_c(t)$ aparece em ambos os lados das duas equações acima e pode ser cancelado. Isso reduz as equações a funções apenas de x, o que as torna idênticas às Eqs. 11.15 e 11.17, para a deflexão de vigas linearmente elásticas. Dessa forma, pode-se concluir que $\mathrm{v}(x) = v_{el}(x)$, onde $v_{el}(x)$ é a deflexão de uma viga linearmente elástica com o mesmo carregamento e condições de contorno que aquelas da viga original. Com base nisso, usando a Eq. 11.19e, pode-se formalizar a deflexão para vigas linearmente viscoelásticas, por meio de

$$v(x, t) = v_{el}(x)EJ_c(t). \qquad (11.21)$$

Essa importante equação estabelece que, a fim de determinar a deflexão dependente do tempo de uma viga viscoelástica linear, multiplica-se simplesmente a deflexão elástica $v_{el}(x)$ por E, e pela função $J_c(t)$ para o material da viga. As propriedades do material E e J_c devem ser conhecidas da experiência.

A solução expressa pela Eq. 11.21 é aplicável tanto às vigas estaticamente determinadas como às indeterminadas. Entretanto, como foi enunciado, a solução é limitada a uma função impulso da carga aplicada em $t = 0$, que permanece, então, constante. As condições de contorno também não devem variar com o tempo. Se ocorrer uma seqüência de aplicações de carga, é necessário empregar o princípio de superposição de Boltzmann (Seç. 4.16).

PARTE A
MÉTODOS DE INTEGRAÇÃO DIRETA

11.8 SOLUÇÃO DE PROBLEMAS DE DEFLEXÃO DE VIGAS POR MEIO DE INTEGRAÇÃO DIRETA

Como um exemplo geral de cálculo de deflexão de vigas, considere a Eq. 11.17, $EIv^{\mathrm{iv}} = p(x)$. Por meio de quatro integrações sucessivas dessa expressão, é obtida a solução formal para v. Assim

$$EIv^{\mathrm{iv}} = EI \frac{d^4v}{dx^4} = EI \frac{d}{dx}(v''') = p(x);$$

$$EIv''' = \int_0^x p\,dx + C_1\,;$$

$$EIv'' = \int_0^x dx \int_0^x p\,dx + C_1 x + C_2\,; \qquad (11.22)$$

$$EIv' = \int_0^x dx \int_0^x dx \int_0^x pdx + C_1x^2/2 + C_2x + C_3;$$

$$EIv = \int_0^x dx \int_0^x dx \int_0^x dx \int_0^x pdx + C_1x^3/3! + C_2x^2/2! + C_3x + C_4.$$

Se, ao contrário, começarmos com a Eq. 11.15, $EIv'' = M(x)$, a solução seria após duas integrações,

$$EIv = \int_0^x dx \int_0^x Mdx + C_3x + C_4. \tag{11.23}$$

Em ambas as equações, as constantes C_1, C_2, C_3 e C_4, correspondentes à solução homogênea das equações diferenciais, devem ser determinadas pelas condições no contorno. As constantes C_1 e C_2 foram encontradas no Cap. 2, na solução das equações diferenciais de equilíbrio (Seç. 2.13). Na Eq. 11.23 as constantes $-C_1$, C_2, $C_3/(EI)$ e $C_4/(EI)$, respectivamente, são, usualmente,* os valores iniciais de V, M, θ e v na origem.

O primeiro termo do segundo membro da última parte da Eq. 11.22 e o correspondente na Eq. 11.23, são as soluções particulares das respectivas equações diferenciais. O da Eq. 11.22 é especialmente interessante porque depende apenas da condição de carregamento da viga. Esse termo permanece o mesmo, independentemente das condições de contorno prescritas. Os últimos são trazidos ao problema pela solução homogênea da equação diferencial.

Se as funções de carregamento, de força cortante e de momento são contínuas e a rigidez à flexão EI é constante, a avaliação das integrais particulares é bastante direta. Quando ocorrem descontinuidades, as funções de singularidade do Cap. 2 podem ser introduzidas com vantagem. Isso, entretanto, não é essencial. Soluções podem ser achadas para cada segmento de uma viga em que as funções são contínuas; a solução completa é então conseguida pelo cumprimento das condições de continuidade nos contornos comuns dos segmentos de viga. Alternativamente, procedimentos gráficos ou numéricos** de integrações sucessivas podem ser usados de forma bastante efetiva na solução de problemas práticos.

Os procedimentos discutidos acima são bastante gerais e são aplicáveis a vigas elásticas estaticamente determinadas e indeterminadas. Nos quatro exemplos que se seguem, é tratado o caso de um I variável. Vigas estaticamente indeterminadas serão consideradas no artigo que se segue.

EXEMPLO 11.2

Um momento fletor M_1 é aplicado na extremidade livre de uma viga em balanço de comprimento L, e de rigidez flexural constante EI, Fig. 11.6(a). Achar a equação da curva elástica.

*Em certos casos, quando se usam funções transcendentes, essas constantes não têm esse significado. Basicamente, a função toda, que inclui as constantes de integração, deve satisfazer as condições no contorno

*Tais procedimentos são de grande importância em problemas complicados. Por exemplo, veja N. M. Newmark, "Numerical Procedure for Computing Deflections, Moments, e Buckling Loads," *Trans. ASCE*, **108** 1161, (1943)

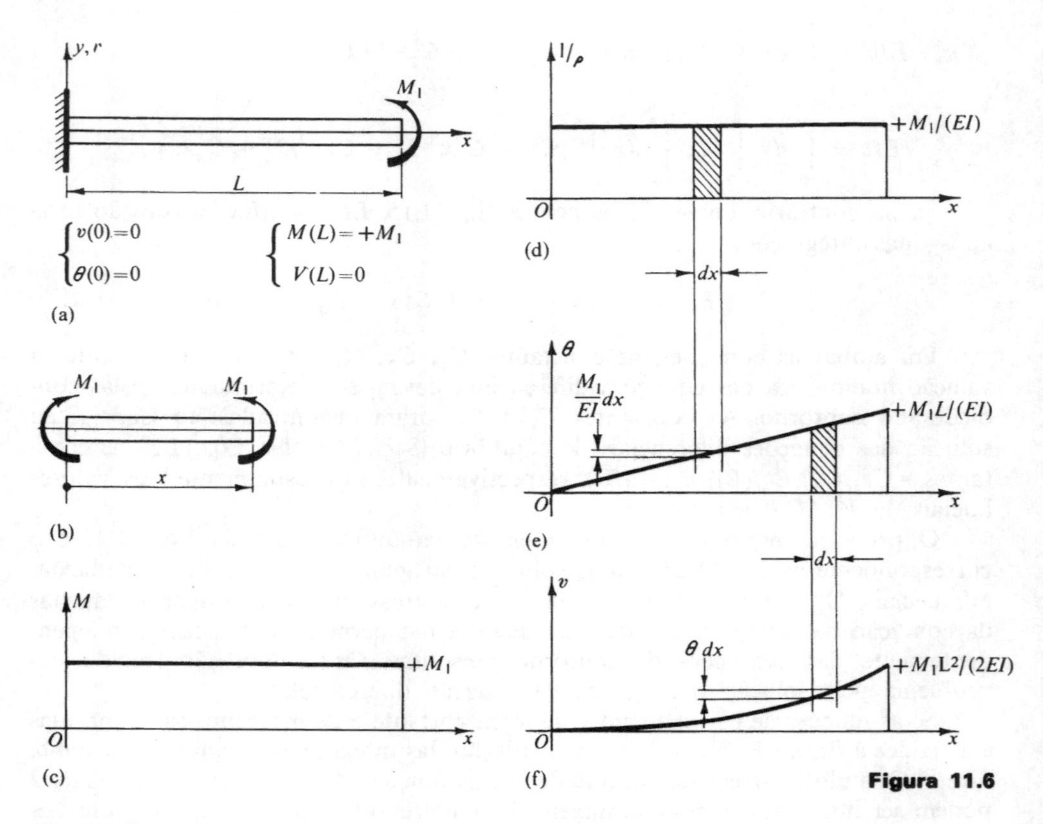

Figura 11.6

SOLUÇÃO

As condições de contorno estão registradas próximo da figura, e decorrem da inspeção das condições nas extremidades. Em $x = L$, $M(L) = +M_1$, uma condição não-homogênea. Do diagrama de corpo livre da Fig. 11.6(b), pode-se observar que, ao longo da viga, o momento fletor é $+M_1$. Aplicando a Eq. 11.15, integrando sucessivamente, e fazendo uso das condições de contorno, obtém-se a solução para v:

$$EI\frac{d^2v}{dx^2} = M = M_1,$$

$$EI\frac{dv}{dx} = M_1x + C_3.$$

Mas $\theta(0) = 0$; dessa forma, em $x = 0$ tem-se $EIv'(0) = C_3 = 0$ e

$$EI\frac{dv}{dx} = M_1x,$$

$$EIv = 1/2\, M_1x^2 + C_4.$$

Mas $v(0) = 0$; dessa forma, $EIv(0) = C_4 = 0$ e

$$v = M_1x^2/(2EI). \tag{11.24}$$

O sinal positivo dos resultados indica que a deflexão devida a M_1 é para cima. O maior valor de v ocorre em $x = L$. A inclinação da linha elástica na extremidade livre é $+ M_1 L/(EI)$ radianos.

A Eq. 11.24 mostra que a curva elástica é uma parábola. Entretanto, cada elemento da viga experimenta momentos iguais e se deforma de maneira análoga. Dessa forma, a curva elástica deveria ser parte de um círculo. A incoerência resulta do uso de uma relação aproximada para a curvatura $1/\rho$. Pode-se mostrar que o erro cometido é da ordem de $(\rho - v)^3$ a ρ^3. Como a deflexão v é muito menor do que ρ, o erro não é sério.

É importante associar esse procedimento de integração sucessiva com uma solução ou interpretação gráfica. Isso é mostrado na seqüência das Figs. 11.6(c) a (f). Inicialmente é mostrado o diagrama de momento convencional. Então, das Eqs. 11.9 e 11.10, $1/\rho \approx \approx d^2v/dx^2 = M/(EI)$, e o diagrama de curvatura é traçado na Fig. 11.6(d). Para o caso elástico, esse é simplesmente um traçado de $M/(EI)$. Integrando o diagrama de curvatura, obtém-se o diagrama θ. Na integração que se segue, é obtida a curva elástica. Nesse problema, como a viga é fixada na origem, são usadas as condições $\theta(0) = 0$, e $v(0) = 0$ na construção dos diagramas. Esse método gráfico ou seus equivalentes numéricos são bastante úteis na solução de problemas com EI variável.

EXEMPLO 11.3

Uma viga simples suporta uma carga uniformemente distribuída para baixo p_0. A rigidez flexural EI é constante. Achar a curva elástica pelos três métodos seguintes: (a) uso da equação diferencial de segunda ordem para obter a deflexão da viga; (b) uso da equação de quarta ordem no lugar daquela em (a) e (c) ilustrar uma solução gráfica do problema.

SOLUÇÃO

Caso (*a*). Um diagrama da viga, juntamente com as condições de contorno envolvidas está na Fig. 11.7(a). A expressão para M, para uso na equação diferencial de segunda ordem foi encontrada no Exemplo 2.6. Da Fig. 2.22.

$$M = \frac{p_0 L x}{2} - \frac{p_0 x^3}{2}.$$

Substituindo essa relação na Eq. 11.15, integrando-a duas vezes sucessivamente, e fazendo uso das condições de contorno, acha-se a equação da curva elástica:

$$EI \frac{d^2v}{dx^2} = M = \frac{p_0 L x}{2} - \frac{p_0 x^2}{2},$$

$$EI \frac{dv}{dx} = \frac{p_0 L x^2}{4} - \frac{p_0 x^3}{6} + C_3,$$

$$EIv = \frac{p_0 L x^3}{12} - \frac{p_0 x^4}{24} + C_3 x + C_4.$$

Mas $v(0) = 0$; dessa forma $EIv(0) = 0 = C_4$, e, como também $v(L) = 0$,

$$EIv(L) = 0 = \frac{p_0 L^4}{24} + C_3 L \quad \text{e} \quad C_3 = -\frac{p_0 L^3}{24};$$

$$v = -\frac{p_0}{24EI}(L^3 x - 2Lx^3 + x^4). \tag{11.25}$$

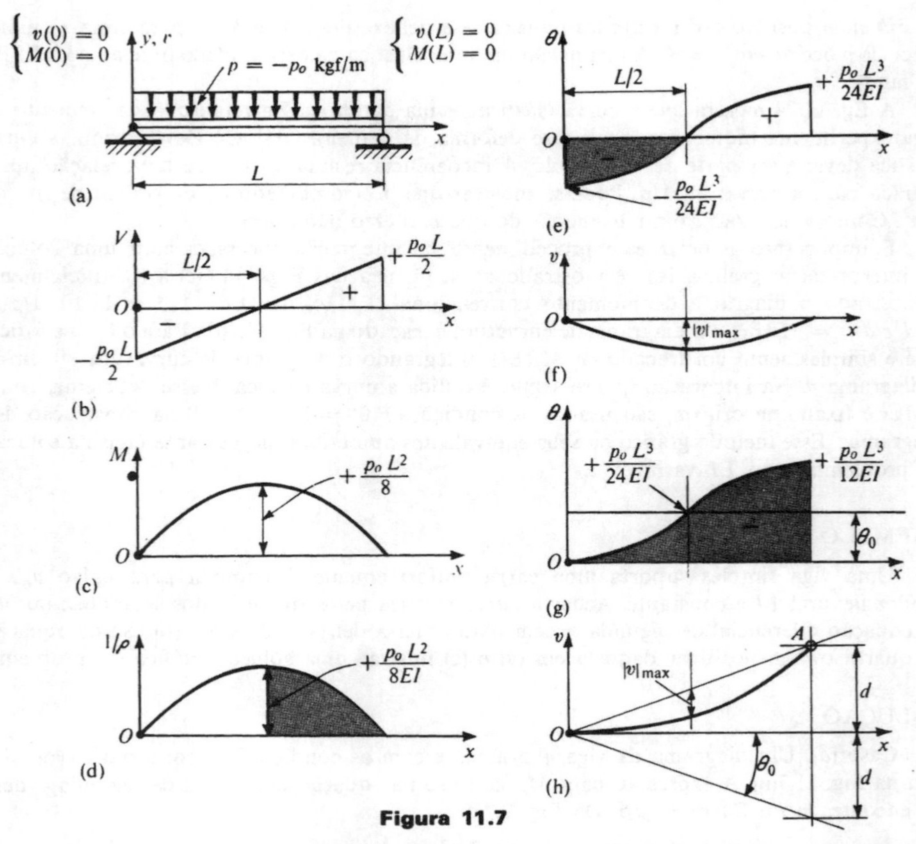

Figura 11.7

Devido à simetria, a maior deflexão ocorre em $x = L/2$. Substituindo esse valor de x na Eq. 11.25, obtém-se

$$|v|_{max} = 5p_0L^4/(384EI). \tag{11.26}$$

A condição de simetria também poderia ser usada para determinar a constante C_3. Como se sabe que $v'(L/2) = 0$, tem-se

$$EIv'(L/2) = \frac{p_0L(L/2)^2}{4} - \frac{p_0(L/2)^3}{6} + C_3 = 0$$

e, como antes, $C_3 = -(1/24)p_0L^3$.

Caso (*b*). A aplicação da Eq. 11.17 à solução desse problema é direta. As constantes são achadas das condições de contorno.

$$EI\frac{d^4v}{dx^4} = p = -p_0,$$

$$EI\frac{d^3v}{dx^3} = -p_0x + C_1,$$

$$EI\frac{d^2v}{dx^2} = -\frac{p_0x}{2} + C_1x + C_2.$$

Mas $M(0) = 0$; dessa forma $EIv''(0) = 0 = C_2$; e, como também $M(L) = 0$,

$$EIv''(L) = 0 = -\frac{p_0L^2}{2} + C_1L \quad \text{ou} \quad C_1 = \frac{p_0L}{2}$$

e

$$EI\frac{d^2v}{dx^2} = \frac{p_0Lx}{2} - \frac{p_0x^2}{2}.$$

O resto do problema é o mesmo que no Caso (*a*). Nesse método, nenhum cálculo preliminar das reações é necessário. Como será mostrado posteriormente, isso é vantajoso em alguns problemas estaticamente indeterminados.

Caso (*c*). As etapas necessárias para uma solução gráfica do problema completo estão nas Figs. 11.7(b) a (f). Nas Figs. 11.7(b) a (c), estão mostrados os diagramas convencionais de força cortante e momento fletor. O diagrama de curvatura é obtido pelo traçado de $M/(EI)$, como na Fig. 11.7(d).

Como, em virtude da simetria, a inclinação da curva elástica em $x = L/2$ é horizontal, $\theta(L/2) = 0$. Dessa forma, a construção do diagrama θ pode iniciar a partir do centro. Nesse procedimento, a ordenada da direita na Fig. 11.7(e) deve ser igual à área da Fig. 11.7(d), e vice-versa. Somando o diagrama de θ, acha-se a deflexão elástica v. A área sombreada da Fig. 11.7(e) é numericamente igual à máxima deflexão. Acima foi empregada a condição de simetria. Segue-se um procedimento geralmente aplicável.

Após ser estabelecido o diagrama de curvatura, como na Fig. 11.7(d), pode ser construído o diagrama θ, com um valor inicial admitido de θ na origem. Por exemplo, seja $\theta(0) = 0$ e some-se a isso o diagrama de curvatura para obter o diagrama θ, Fig. 11.7(g). Observe que a forma da curva achada é idêntica àquela da Fig. 11.7(e). Somando a área do diagrama θ, obtém-se a curva elástica. Na Fig. 11.7(h) essa curva se estende de O a A. Isso viola a condição de contorno em A, onde a deflexão deve ser nula. As deflexões corretas são dadas, entretanto, por sua medida vertical entre uma linha reta que passa por O e A. Essa linha inclinada corrige as ordenadas de deflexão, provocadas pelo valor de $\theta(0)$ admitido incorretamente. De fato, após a construção da Fig. 11.7(h), sabe-se que $\theta(0) = -d/L = -p_0L^3/(24EI)$. Quando esse valor de $\theta(0)$ é usado, o problema se transforma na solução precedente [Figs. 11.7(e) e (f)]. Na Fig. 11.7(h) as medidas inclinadas não têm significado. O procedimento descrito é aplicável a vigas com balanço. Em tais casos, a linha-base para medida das deflexões deve passar pelos pontos suportes.

EXEMPLO 11.4

Uma viga simples suporta uma força concentrada para baixo P, a uma distância a do suporte da esquerda, Fig. 11.8(a). A rigidez flexural EI é constante. (a) Achar a equação da curva elástica sem o uso da notação operacional. (b) Refazer o problema, usando as funções de singularidade.

SOLUÇÃO

Caso (*a*). A solução será dada pelo uso da equação diferencial de segunda ordem. As reações e condições de contorno são indicadas na Fig. 11.8(a). O diagrama de momento traçado na Fig. 11.8(b) mostra claramente que existe uma descontinuidade em $x = a$, na curva de $M(x)$, necessitando de duas funções diferentes para expressá-la. A solução procede, de início, independentemente, para cada segmento da viga.

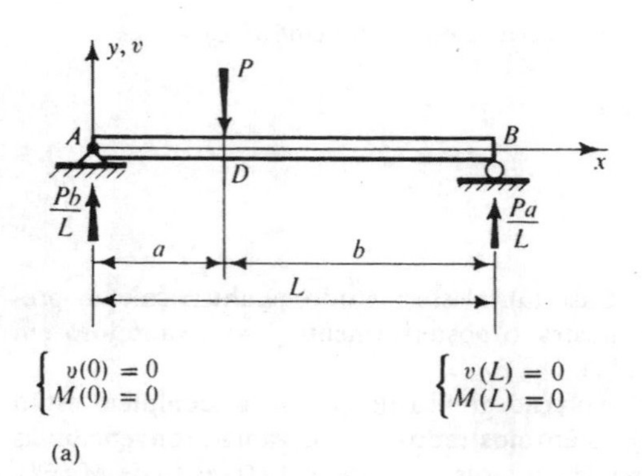

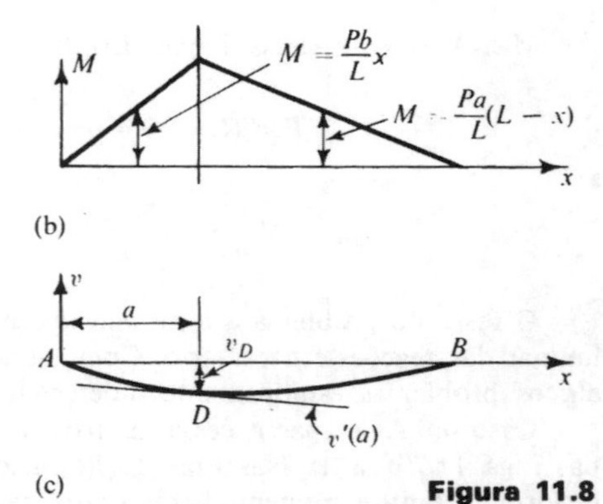

Figura 11.8

Para o segmento AD:

$$\frac{d^2v}{dx^2} = \frac{M}{EI} = \frac{Pb}{EIL}x,$$

$$\frac{dv}{dx} = \frac{Pb}{EIL}\frac{x^2}{2} + A_1,$$

$$v = \frac{Pb}{EIL}\frac{x^3}{6} + A_1x + A_2.$$

Para o segmento DB:

$$\frac{d^2v}{dx^2} = \frac{M}{EI} = \frac{Pa}{EI} - \frac{Pa}{EIL}x,$$

$$\frac{dv}{dx} = \frac{Pa}{EI}x - \frac{Pa}{EIL}\frac{x^2}{2} + B_1,$$

$$v = \frac{Pa}{EI}\frac{x^2}{2} - \frac{Pa}{EIL}\frac{x^3}{6} + B_1x + B_2.$$

Para determinar as quatro constantes A_1, A_2, B_1 e B_2, devem ser usadas duas condições de contorno e duas de continuidade.

Para o segmento AD: $\quad v(0) = 0 = A_2.$

Para o segmento DB: $\quad v(L) = 0 = \dfrac{PaL^2}{3EI} + B_1L + B_2.$

Igualando-se as deflexões para ambos os segmentos em $x = a$:

$$v_D = v(a) = \frac{Pa^3b}{6EIL} + A_1a = \frac{Pa^3}{2EI} - \frac{Pa^4}{6EIL} + B_1a + B_2.$$

Igualando-se as inclinações para ambos os segmentos em $x = a$:

$$\theta_D = v'(a) = \frac{Pa^2b}{2EIL} + A_1 = \frac{Pa^2}{EI} - \frac{Pa^3}{2EIL} + B_1.$$

Após a solução simultânea das quatro equações acima, acha-se

$$A_1 = -\frac{Pb}{6EIL}(L^2 - b^2) \qquad A_2 = 0,$$

$$B_1 = -\frac{Pb}{6EIL}(2L^2 + a^2) \qquad B_2 = \frac{Pa^3}{6EI}.$$

Com essas constantes, por exemplo, a curva elástica para o segmento da esquerda AD da viga fica

$$v = [(Pb/(6EIL)][x^3 - (L^2 - b^2)x]. \tag{11.27}$$

A maior deflexão ocorre no segmento mais longo da viga. Se $a > b$, o ponto de máxima deflexão está em $x = \sqrt{a(a + 2b)/3}$, que se obtém igualando a expressão para a inclinação a zero. A deflexão nesse ponto é

$$|v|_{max} = \frac{Pb(L^2 - b^2)^{3/2}}{9\sqrt{3}EIL}. \tag{11.28}$$

Usualmente a deflexão no centro do vão é bastante próxima do maior valor numérico da deflexão. Tal deflexão é de determinação mais simples, sendo recomendado seu uso na prática. Se a força P é aplicada no meio do vão, isto é, $a = b = L/2$, pode-se mostrar por substituição direta na Eq. 11.27 ou 11.28 que, em $x = L/2$

$$|v|_{max} = PL^3/(48EI). \tag{11.29}$$

Caso (*b*). A solução do mesmo problema usando as funções de singularidade é bastante direta, e segue o procedimento usado anteriormente:

$$EI\frac{d^4v}{dx^4} = p = -P\langle x - a\rangle_*^{-1},$$

$$EI\frac{d^3v}{dx^3} = -P\langle x - a\rangle^0 + C_1,$$

$$EI\frac{d^2v}{dx^2} = -P\langle x - a\rangle^1 + C_1x + C_2.$$

Mas $M(0) = 0$; dessa forma $EIv''(0) = 0 = C_2$; e, como também $M(L) = 0$,

$$EI\frac{dv}{dx} = -\frac{P}{2}\langle x - a\rangle^2 + \frac{Pb}{2L}x^2 + C_3,$$

$$EIv = -\frac{P}{6}\langle x - a\rangle^3 + \frac{Pb}{6L}x^3 + C_3x + C_4.$$

Mas $v(0) = 0$; dessa forma $EIv(0) = 0 = C_4$. Analogamente, de $v(L) = 0$,

$$EIv(L) = 0 = -\frac{Pb^3}{6} + \frac{PbL^2}{6} + C_3L \quad \text{ou} \quad C_3 = -\frac{Pb}{6L}(L^2 - b^2)$$

$$v = \frac{Pb}{6EIL}\left[x^3 - (L^2 - b^2)x - \frac{L}{b}\langle x - a\rangle^3\right]. \tag{11.30}$$

Para o segmento AD essa equação geral é a mesma que a Eq. 11.27.

EXEMPLO 11.5

Uma viga simplesmente suportada, de 250 mm de comprimento, é carregada com uma força de 10 kgf para baixo, a 200 mm do suporte da esquerda, Fig. 11.9(a). A seção transversal da viga é tal que, no segmento AB, o momento de inércia é $4I_1$; no restante da viga ele é I_1. Determinar a curva elástica.

SOLUÇÃO

Uma solução analítica desse problema pode ser obtida por um dos métodos usados no exemplo anterior. Como, entretanto, se deve usar um procedimento especial com as funções de singularidade, esse método será aqui ilustrado*.

*Diversos esquemas para uso de funções de singularidade em problemas com I variável podem ser imaginados. Para o procedimento usado aqui, o autor agradece à contribuição do Professor E. L. Wilson

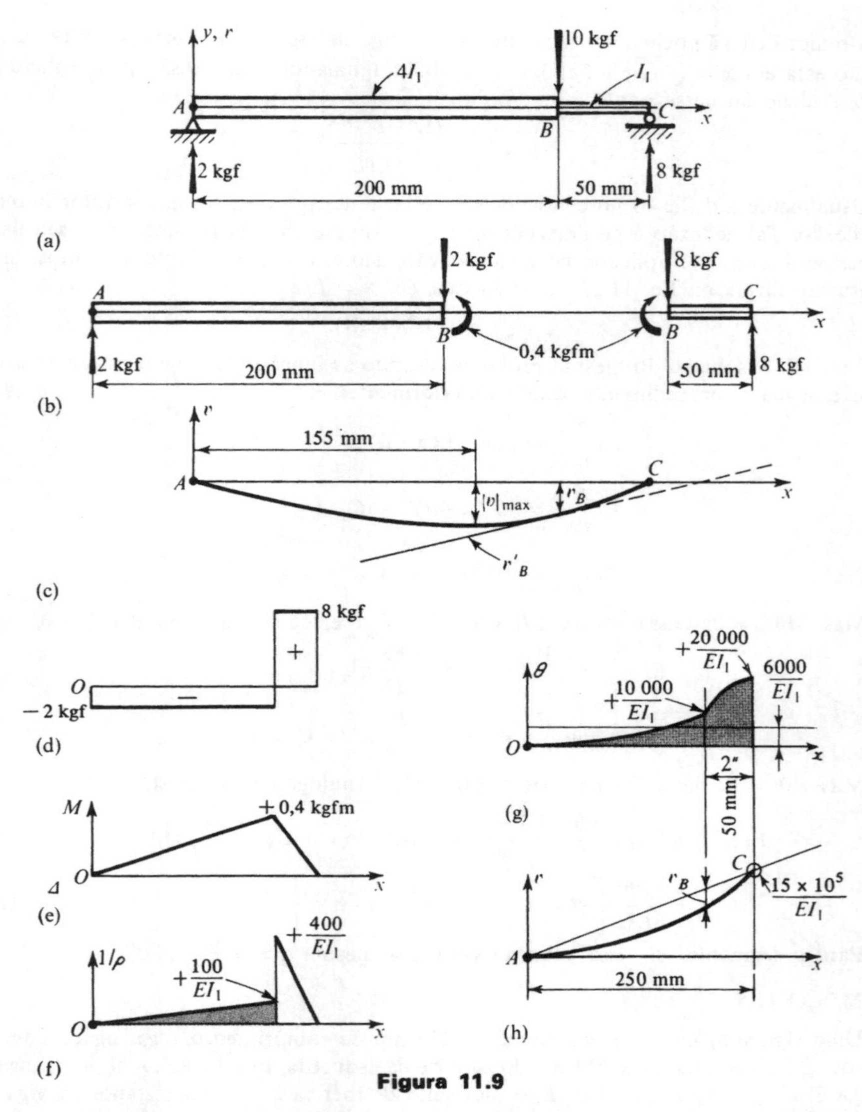

Figura 11.9

A viga é separada no ponto de descontinuidade em I, e as forças necessárias ao equilíbrio dos segmentos são calculados, Fig. 11.9(b). A solução é, então, iniciada independentemente para cada segmento da viga, com a mesma posição de origem em A. As integrações sucessivas são efetuadas até que as equações de momento-curvatura sejam achadas. Nenhuma constante de integração aparece nas duas primeiras integrações, quando as forças de reação são calculadas. Para o segmento AB:

$$\frac{d^4v}{dx^4} = \frac{p}{EI} = \frac{1}{4EI_1}\left[+2\langle x\rangle_*^{-1} - 2\langle x-200\rangle_*^{-1} - 400\langle x-200\rangle_*^{-2}\right],$$

$$\frac{d^3v}{dx^3} = -\frac{V}{EI} = \frac{1}{2EI_1}\langle x\rangle^0 - \frac{1}{2EI_1}\langle x-200\rangle^0 - \frac{100}{EI_1}\langle x-200\rangle_*^{-1},$$

$$\frac{d^2v}{dx^2} = \frac{M}{EI} = \frac{1}{2EI_1}\langle x\rangle^1 - \frac{1}{2EI_1}\langle x-200\rangle^1 - \frac{100}{EI_1}\langle x-200\rangle^0,$$

$$\frac{dv}{dx} = \theta = \frac{1}{4EI_1}\langle x\rangle^2 - \frac{1}{4EI_1}\langle x-200\rangle^2 - \frac{100}{EI_1}\langle x-200\rangle^1 + \theta_0,$$

onde θ_0 é uma constante de integração não conhecida. Para o segmento BC:

$$\frac{d^4v}{dx^4} = \frac{p}{EI} = \frac{1}{EI_1}[+400\langle x-200\rangle_*^{-2} - 8\langle x-200\rangle_*^{-1} + 8\langle x-250\rangle_*^{-1}],$$

$$\frac{d^3v}{dx^3} = -\frac{V}{EI} = \frac{400}{EI_1}\langle x-200\rangle_*^{-1} - \frac{8}{EI_1}\langle x-200\rangle^0 + \frac{8}{EI_1}\langle x-250\rangle^0,$$

$$\frac{d^2v}{dx^2} = \frac{M}{EI} = \frac{400}{EI_1}\langle x-200\rangle^0 - \frac{8}{EI_1}\langle x-200\rangle^1 + \frac{8}{EI}\langle x-250\rangle^1.$$

Nesse estágio de integração, deve-se reconhecer que, em virtude dos requisitos de continuidade, o valor final de θ para o segmento AB é o inicial para o segmento BC. Além do mais, essa expressão de θ para o segmento AB, para $x \geqslant 8$ permanece constante. Dessa forma, é possível integrar a última expressão anterior, para o segmento BC, e adicionar a este o valor de θ do segmento AB. Isso fornece uma função contínua completa de θ para toda a viga AC. Nas integrações subseqüentes, as condições de contorno podem ser usadas para determinação das constantes. Para o segmento BC:

$$\frac{dv}{dx} = \theta = \frac{400}{EI_1}\langle x-200\rangle^1 - \frac{4}{EI_1}\langle x-200\rangle^2.$$

Aqui, o último termo da expressão anterior, sem relevância, foi abandonado. Adicionando essa expressão com a encontrada anteriormente para o segmento AB, tem-se para toda a viga AC:

$$\frac{dv}{dx} = \theta = \frac{1}{4EI_1}\langle x\rangle^2 - \frac{4{,}25}{EI_1}\langle x-200\rangle^2 + \frac{300}{EI_1}\langle x-200\rangle^1 + \theta_0$$

e

$$v = \frac{1}{12EI_1}\langle x\rangle^3 - \frac{4{,}25}{3EI_1}\langle x-200\rangle^3 + \frac{150}{EI_1}\langle x-200\rangle^2 + \theta_0 x + v_0.$$

Mas, como $v(0) = 0$, tem-se $v_0 = 0$. A condição $v(250) = 0$ dá $\theta_0 = -6\,000/(EI_1)$. Isso completa a solução do problema.

A equação para a inclinação do segmento AB é $\theta = x^2/(4EI_1) - 6\,000/(EI_1)$. Igualando essa quantidade a zero, x terá o valor 155 mm. A maior deflexão ocorre nesse valor de x, e $|v|_{max} = 619\,677/(EI_1)$. Caracteristicamente, a deflexão no centro do vão – isto é, em $x = 125$ mm – é aproximadamente a mesma, sendo $587\,240/(EI_1)$.

Um procedimento gráfico auto-explanatório está nas Figs. 11.9(d) a (h). A variação em I não causa virtualmente complicações na solução gráfica, o que se constitui em grande vantagem nos problemas complexos.

11.9 PROBLEMAS DE VIGAS ELÁSTICAS ESTATICAMENTE INDETERMINADAS

Em uma grande e importante classe de problemas de vigas, as reações não podem ser determinadas pelos procedimentos convencionais da estática. Por exemplo, para a viga mostrada na Fig. 11.10(a), quatro componentes de reação são desconhecidas. As três componentes verticais não podem ser achadas das equações de equilíbrio. O exame posterior da Fig. 11.10(a) mostra que qualquer uma das reações verticais pode ser removida e a viga permaneceria em equilíbrio. Dessa forma, qualquer das reações pode ser considerada *supérflua*, ou *redundante*, para a manutenção do equilíbrio. Os problemas com forças extras ou redundantes de reação e/ou momentos são chamados de *estaticamente* (*externamente*) *indeterminados*.

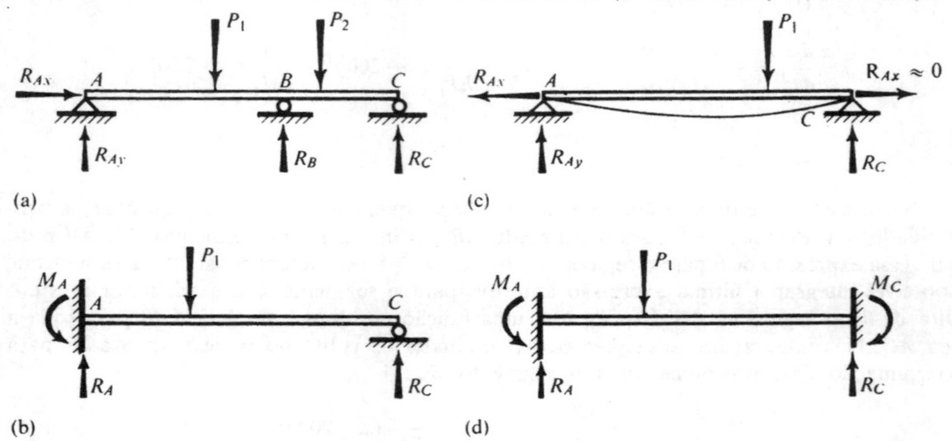

Figura 11.10 Ilustrações de indeterminação estática de vigas. Em (a) e (b) as vigas são indeterminadas em primeiro grau. Se as componentes horizontais das reações forem consideradas desprezáveis, a viga em (c) é determinada e em (d) é indeterminada de segunda ordem

Quando o número de reações desconhecidas excede de um aquele que pode ser determinado pela estática, o membro é dito indeterminado de *primeiro grau*. Quando o número de incógnitas cresce, o grau de indeterminação também cresce. Por exemplo, tendo-se um ou mais suportes do que os mostrados para a viga da Fig. 11.10(a), a viga ficaria indeterminada de segunda ordem. A viga da Fig. 11.10(b) é indeterminada de primeiro grau porque M_A ou R_C pode ser considerado redundante.

Como de acordo com a Eq. 11.12 para pequenas deflexões $ds \approx dx$, nenhuma deformação axial significativa pode ser desenvolvida em uma viga com carregamento transversal.* Dessa forma, as componentes horizontais das reações nas situações de suportes imóveis, tal como mostra a Fig. 11.10(c) e (d), são desprezáveis. Com base nisso, a viga mostrada na Fig. 11.10(c), com pinos em ambas as extre-

*A força horizontal torna-se importante em placas finas. Veja S. Timoshenko e S. Woinowsky--Krieger, *Theory of Plates and Shells* (2.ª ed.), p. 6, McGraw-Hill Book Company, Nova Iorque, 1959

midades, é uma viga determinada. A viga da Fig. 11.10(d) é indeterminada de segundo grau.

Para determinar a deflexão elástica das vigas estaticamente indeterminadas, o procedimento de solução das equações diferenciais é praticamente o mesmo que o discutido anteriormente para vigas determinadas. A única diferença é que as condições de contorno cinemáticas substituem algumas da estática. Com o aumento do grau de indeterminação, como nos membros contínuos, o número de equações simultâneas para determinação das constantes aumenta. Em tais problemas, o número de constantes a serem achadas não é mais limitado a um máximo de quatro.

Um exemplo simples de viga estaticamente indeterminada é apresentado a seguir. Após a solução do problema, usando a equação diferencial de quarta ordem, dá-se um método para aplicação da equação de segunda ordem.

EXEMPLO 11.6

Achar a equação da curva elástica para o carregamento uniforme aplicado a uma viga contínua de dois vãos, mostrada na Fig. 11.11(a). EI é constante.

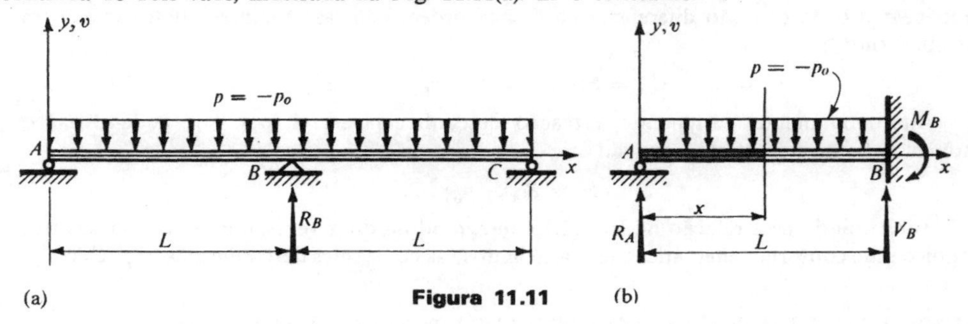

Figura 11.11

SOLUÇÃO

A Eq. 11.17, $EIv^{iv} = p$, pode ser usada aqui. Além das condições de contorno de momento e deflexão nulos nas extremidades A e C, a deflexão em B também é zero. A reação R_B em B deve ser tratada como uma força desconhecida. Assim

$$EI\frac{d^4v}{dx^4} = p = -p_0 + R_B\langle x-L\rangle_{*}^{-1},$$

$$EI\frac{d^3v}{dx^3} = -p_0x + R_B\langle x-L\rangle^0 + C_1,$$

$$EI\frac{d^2v}{dx^2} = -\frac{p_0x^2}{2} + R_B\langle x-L\rangle^1 + C_1x + C_2,$$

$$EI\frac{dv}{dx} = -\frac{p_0x^3}{6} + \frac{R_B}{2}\langle x-L\rangle^2 + \frac{C_1x^2}{2} + C_2x + C_3,$$

$$EIv = -\frac{p_0x^4}{24} + \frac{R_B}{6}\langle x-L\rangle^2 + \frac{C_1x^3}{6} + \frac{C_2x^2}{2} + C_3x + C_4.$$

As cinco constantes R_B, C_1, C_2, C_3 e C_4 são achadas de três condições de deflexão e duas de momento:

$$v_A = v(0) = 0 \qquad v_B = v(L) = 0, \qquad v_C = v(2L) = 0,$$
$$M_A = EIv''(0) = 0 \qquad \text{e} \qquad M_C = EIv''(2L) = 0.$$

As condições de contorno em $x = 0$ fornecem diretamente $C_4 = 0$ e $C_2 = 0$. As três condições restantes, $v_B = v_C = M_C = 0$, dão as três equações simultâneas seguintes:

$$\left.\begin{aligned} +1/6L^3C_1 + LC_3 &= 1/24p_0L^4 \\ +1/6L^3R_B + 4/3L^3C_1 + 2LC_3 &= 2/3p_0L^4 \\ +LR_B + 2LC_1 &= 2p_0L^2 \end{aligned}\right\}$$

das quais se tira $R_B = 5/4p_0L$, $C_1 = 3/8p_0L$, e $C_3 = -1/48p_0L^3$. Dessa forma

$$v = -[p_0/(48EI)][2x^4 - 3Lx^3 + L^3x - 10L\langle x - L\rangle^3]. \qquad (11.31)$$

SOLUÇÕES ALTERNATIVAS

O problema enunciado é simétrico em relação ao suporte em B. Dessa forma, a tangente à curva elástica em B é horizontal, e um problema equivalente, envolvendo metade da viga original mostrada na Fig. 11.11(b) pode ser analisado. Esse novo problema pode ser resolvido pelo uso da equação diferencial de quarta ordem com as seguintes quatro condições de contorno:

$$v_A = 0, \quad M_A = EIv''(0) = 0, \quad v_B = 0 \quad \text{e} \quad v'_B = 0.$$

Alternativamente, designando a reação desconhecida em A, por R_A, pode-se dar o momento fletor no interior do vão

$$M = R_Ax - p_0x^2/2.$$

Substituindo essa relação na Eq. 11.15, integrando-a duas vezes, e fazendo uso das três condições de contorno cinemáticas acima, acham-se as constantes desconhecidas R_A, C_3 e C_4.

11.10 DUAS FUNÇÕES ADICIONAIS DE SINGULARIDADE

Em algumas estruturas de vigas é necessário introduzir conexões que permitam movimento. Um tipo comumente usado, a rótula, não pode resistir a momentos fletores, mas pode transmitir cisalhamento. Assim, ela é uma conexão de cisalhamento. Outro tipo, basicamente diferente, a conexão de momento, pode transmitir momento mas não cisalhamento. A curva elástica de tais conexões não é contínua. Em uma rótula ocorre uma mudança local de ângulo entre as tangentes da curva elástica. Em uma conexão de momento, as extremidades adjacentes da curva elástica desenvolvem translações relativas. As descontinuidades características nas curvas elásticas em tais conexões estão mostradas na Fig. 11.12. Uma mudança abrupta de inclinação em uma rótula está mostrada como $\Delta\theta_c$; e uma mudança abrupta na deflexão em uma conexão de momento como Δv_b.

Para a análise de vigas com conexões iguais às acima, é conveniente introduzir duas novas funções de singularidade, exprimindo um carregamento fictício que atua na viga, como

$$p = \Delta\theta_a EI\langle x - a\rangle_*^{-3} \quad [\text{kgf/m}] \qquad (11.32)$$

para uma mudança concentrada de inclinação $\Delta\theta_a$ em $x = a$; e, como

$$p = \Delta v_a EI\langle x-a\rangle_*^{-4} \quad [\text{kgf/m}] \tag{11.33}$$

para uma mudança concentrada ou súbita na deflexão Δv_a em $x = a$.

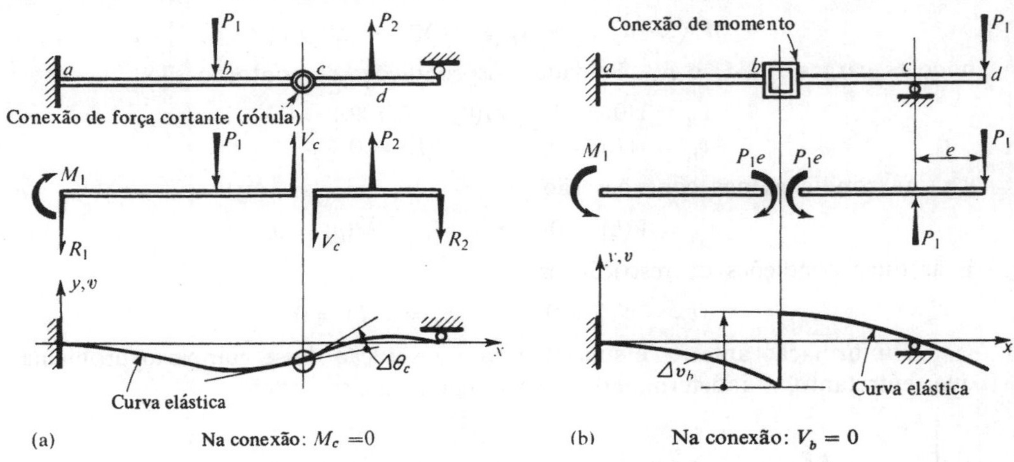

Figura 11.12 Descontinuidades nas curvas elásticas, em conexões

Essas funções, juntamente com as definidas anteriormente, $p\langle x-a\rangle_*^{-1}$ para uma força concentrada e $M_a\langle x-a\rangle_*^{-2}$ para um momento concentrado, são integradas de acordo com a seguinte regra:

$$\int_0^x \langle x-a\rangle_*^n\, dx = \langle x-a\rangle_*^{n+1} \quad \text{para} \quad n < 0. \tag{11.34}$$

Como antes, a Eq. 2.16 se aplica para $n \geqslant 0$.

Os expoentes negativos nas Eqs. 11.32 e 11.33 são tomados de forma que, nas sucessivas integrações de $EIv^{iv} = p$, se obtenham as quantidades corretas para inclinação e deflexão.

A análise de vigas torna-se marcantemente versátil quando se dispõe desse conjunto de quatro funções de singularidade. As vigas podem ser determinadas ou indeterminadas. Em cada caso, as condições de contorno em ambas as extremidades devem ser usadas na solução dos problemas. Se existem conexões, então uma condição adicional $M = 0$ aparece em cada rótula e $V = 0$ em cada conexão de momento. Nas vigas indeterminadas, para cada vínculo decorrente de uma reação redundante, torna-se disponível uma condição cinemática de deflexão. A solução das vigas com a ajuda das funções de singularidade é completamente geral.* O método fica, entretanto, bastante inconveniente para vigas com ressaltos.

*Parte da apresentação desse artigo segue R. J. Brungraber, "Singularity Functions in the Solution of Beam-Deflection Problems", *Journal of Engineering Education*, **55**, n.° 9, 278-80, (Maio 1965). Embora nenhum caso possa ser encontrado na literatura, essas funções podem ser usadas efetivamente na construção das linhas de influência das vigas. Esse tópico, entretanto, foge ao escopo deste livro

Como exemplo de método geral, considere a viga mostrada na Fig. 11.13. A equação pertinente é, aqui,

$$EI \frac{d^4v}{dx^4} = p = P\langle x-a\rangle_*^{-1} + \Delta v_B EI\langle x-b\rangle_*^{-4} + R_C\langle x-c\rangle_*^{-1},$$
$$+ M_1\langle x-d\rangle_*^{-2} + R_F\langle x-f\rangle_*^{-1} + \Delta\theta_G EI\langle x-g\rangle_*^{-3} - p_0\langle x-g\rangle^0,$$

onde as cargas P, M_1 e p_0 são dadas. As condições de contorno são

$$v_A = v(0) = 0, \quad M(0) = EIv''(0) = 0,$$
$$v_H = v(L) = 0, \quad \text{e} \quad v'(L) = 0.$$

As condições nas conexões são

$$V_B = V(b) = 0 \quad \text{e} \quad M_G = M(g) = 0.$$

E as duas condições de restrição são

$$v_C = v(c) = 0 \quad \text{e} \quad v_F = v(f) = 0.$$

A informação anterior é suficiente para a solução desse complexo problema, que, entretanto, é indeterminado apenas em primeira ordem.

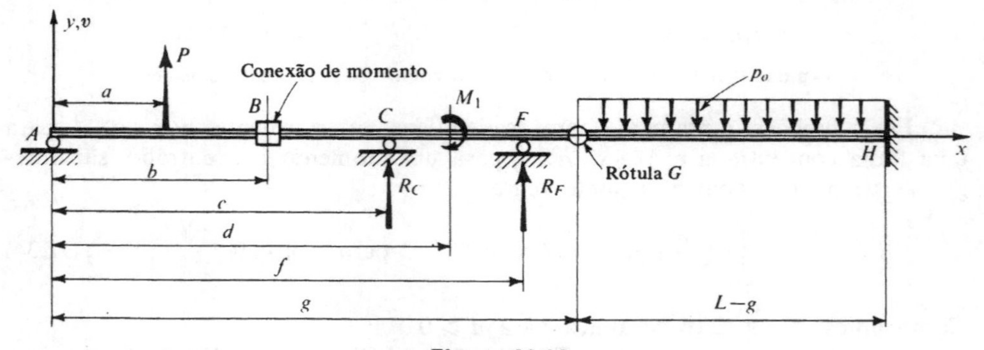

Figura 11.13

11.11 CONSIDERAÇÕES SOBRE DEFLEXÃO ELÁSTICA DE VIGAS

Os procedimentos de integração acima discutidos para obtenção das deflexões elásticas de vigas com carregamento são geralmente aplicáveis. O leitor deve conscientizar-se, entretanto, que numerosos problemas com diferentes carregamentos já foram resolvidos e se encontram disponíveis.* Quase todas as soluções tabeladas são para condições de carregamento simples. Dessa forma, na prática, as deflexões das vigas submetidas a condições de carregamento complicado ou diverso, são usualmente sintetizadas a partir de carregamentos simples, usando-se o princípio da superposição. Por exemplo, o problema da Fig. 11.14 pode ser separado em três casos diferentes, conforme é mostrado. A soma algébrica das três deflexões separadas, provocadas pelos carregamentos separados para o mesmo ponto, dá a deflexão total.

*Veja qualquer manual de Engenharia civil ou mecânica

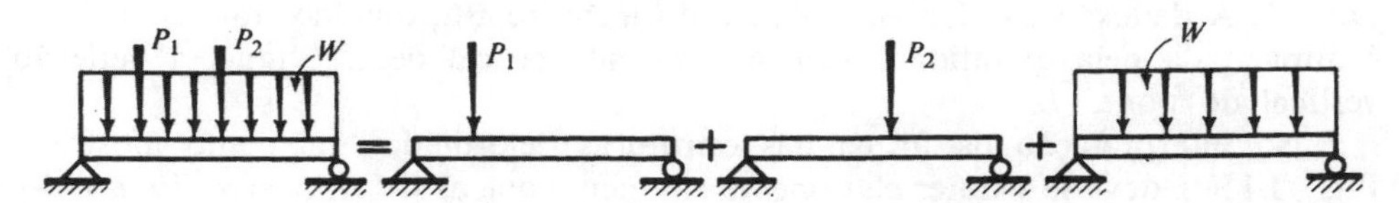

Figura 11.14 Decomposição de um problema complexo em vários problemas simples no cálculo das deflexões

Observe que na aplicação da superposição, a solução do Exemplo 11.4 para uma força concentrada *P*, em um local arbitrário, pode ser usada para determinação das deflexões das vigas com as mesmas condições de contorno para qualquer carregamento. Para cargas distribuídas, *P* deve ser substituída por *pdx* e integrada em toda a faixa.

Os procedimentos acima discutidos para determinação da deflexão elástica de vigas retas podem ser estendidos a sistemas estruturais compostos de vários membros de flexão. Por exemplo, considere a armação simples mostrada na Fig. 11.15(a), para a qual é procurada a deflexão do ponto *C*, devida à força aplicada *P*. Somente a deflexão da perna vertical *BC* pode ser achada, considerando-se a viga fixa em *B*. Entretanto, devido ao carregamento aplicado, a junta *B* se deflete e gira. Isso é determinado pelo estudo do comportamento do membro *AB*.

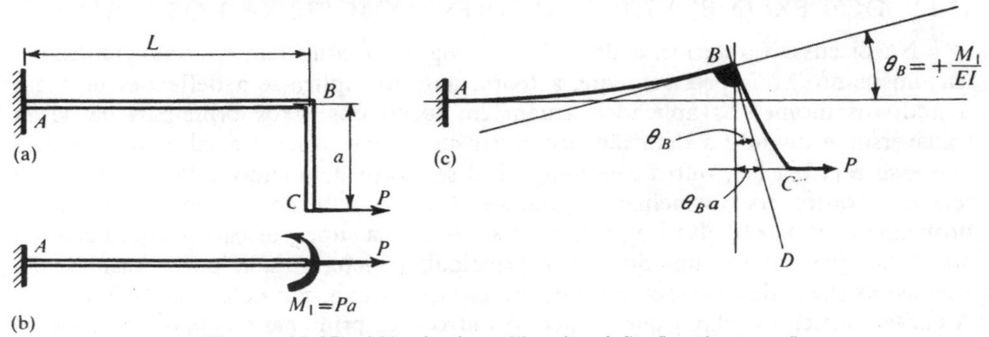

Figura 11.15 Método de análise das deflexões de armações

Um diagrama de corpo livre para o membro *AB* está mostrado na Fig. 11.15(b). Esse membro resiste à força axial *P* e a um momento $M_1 = Pa$. Usualmente o efeito da força axial *P* sobre as deflexões decorrentes da flexão pode ser desprezado.* O alongamento axial de um membro é usualmente bastante pequeno em comparação com as deflexões de flexão. Dessa forma, o problema pode ser reduzido a outro de determinação da deflexão e rotação de *B* provocadas por um momento M_1 na extremidade. Isso foi feito no Exemplo 11.2; o ângulo θ_B pode ser observado na Fig. 11.15(c). Multiplicando esse ângulo θ_B pelo comprimento *a* do membro vertical, é encontrada a deflexão do ponto *C* devida à rotação da

*Recorde a discussão em conexão com a Fig. 8.1 e veja Seç. 14.3 sobre colunas-vigas

junta B. A deflexão da viga em balanço do membro BC, quando tratada sozinha, é aumentada pela quantidade $\theta_B a$. A deflexão vertical de C é igual à deflexão vertical do ponto B.

Na interpretação da forma das estruturas deformadas, tal como mostra a Fig. 11.15(c), deve-se manter claramente em mente que as deformações são grandemente exageradas. Na teoria das pequenas deformações aqui discutida, os co-senos de todos os ângulos pequenos como θ_B são considerados iguais à unidade. Tanto as deflexões quanto as rotações da curva elástica são pequenas.

Em lugar de se usar as funções de singularidade, é ocasionalmente desejável analisar vigas com balanços da maneira descrita anteriormente. Para essa finalidade, por exemplo, a parte de uma viga entre os suportes, como AB na Fig. 11.16(a), é isolada,* sendo encontrada a rotação da tangente em B. O resto do problema é análogo ao caso discutido anteriormente.

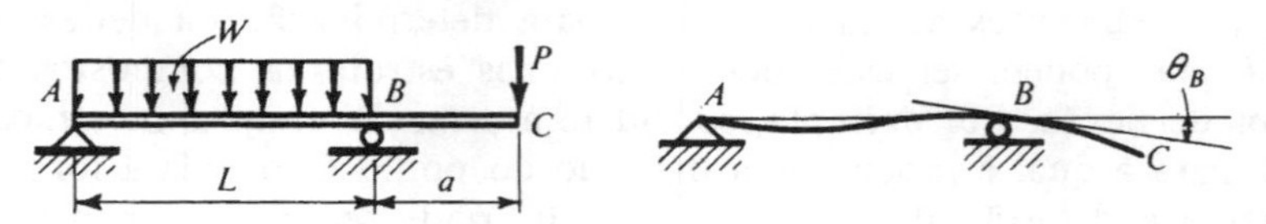

Figura 11.16 Método de análise de deflexões de uma viga com balanço

11.12 DEFLEXÃO ELÁSTICA DE VIGAS COM FLEXÃO OBLÍQUA

Na discussão anterior, a deflexão das vigas foi considerada como ocorrendo em um plano. Mais precisamente, a teoria anterior aplica-se a deflexões de vigas quando os momentos aplicados atuam em torno dos eixos principais da seção transversal, e quando a deflexão ocorre em um plano normal a tal eixo. A menos que esse seja o caso, outro momento se desenvolve, tendendo a fletir a viga em relação a outro eixo principal (veja a Seç. 6.5). Se a flexão assimétrica ocorre, o problema de deflexão elástica pode ser resolvido pela superposição. A curva elástica no plano que contém um dos eixos principais é determinada pela consideração apenas do efeito das componentes das forças que atuam paralelamente a esse eixo. A curva elástica no plano que contém o outro eixo principal é achada de maneira análoga. Uma adição vetorial das deflexões achadas em um ponto particular de uma viga dá o deslocamento da viga naquele ponto. Por exemplo, se uma viga, feita de seção Z, é submetida à flexão assimétrica, e a deflexão em um ponto particular é v_1 na direção y, e w_1 na direção z, Fig. 11.17, a deflexão total é $v_1 \nrightarrow w_1$, isto é, a distância AA'. Tais deflexões, sem torção, ocorrem apenas se as forças aplicadas passarem pelo centro de cisalhamento (veja a Seç. 7.7).

11.13 DEFLEXÃO INELÁSTICA DE VIGAS

Todas as soluções precedentes para deflexões de vigas se aplicam apenas se o material se comporta elasticamente. Essa limitação resulta da introdução da

*O efeito do balanço sobre o segmento de viga AB deve ser incluído pela introdução de um momento fletor de valor $-Pa$ no suporte B

lei de Hooke na relação de deformação-curvatura, Eq. 11.5, para fornecer a equação de momento-curvatura, Eq. 11.6. Os procedimentos subseqüentes de aproximação da curvatura d^2v/dx^2 e os esquemas de integração não têm nada a ver com as propriedades dos materiais.

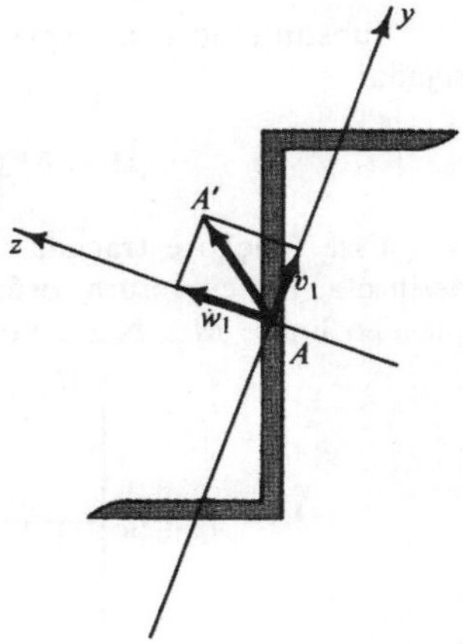

Figura 11.17 Deflexão de uma viga submetida à flexão assimétrica

Se a atenção é limitada a vigas estaticamente indeterminadas, os momentos fletores ao longo de um membro podem ser determinados independentemente das propriedades do material da viga. Então, se para uma dada seção transversal, se dispõe da relação entre momento fletor e curvatura, pode ser estabelecido o diagrama de curvatura ou função para a viga dada. Após duas integrações sucessivas da relação de curvatura, com as ajustagens das condições de contorno, pode ser achada, a deflexão inelástica de uma dada viga. Isso será ilustrado nos dois exemplos que se seguem.

A superposição não se aplica nos problemas inelásticos, porque as deflexões não são relacionadas linearmente às forças aplicadas. Como conseqüência disso, nas vigas indeterminadas, são freqüentemente necessárias, no cálculo das deflexões, morosas soluções por tentativas e erros. Os momentos fletores dependem das reações, e as últimas dependem da resposta linear da viga às deformações. Isso não será prosseguido neste livro. Uma aproximação para a análise da resistência plástica das vigas estaticamente indeterminadas será dada, entretanto, neste capítulo.

EXEMPLO 11.7

Determinar e traçar a relação momento-curvatura para a viga retangular plástica-idealmente elástica.

SOLUÇÃO

Em uma viga retangular elástica-plástica em y_0, veja a Fig. 6.17, onde ocorre a junção das zonas elástica e plástica, a deformação linear é $\varepsilon_x = \pm\, \varepsilon_{esc}$. Desta forma, de acordo com a Eq. 11.5, com a curvatura $1/\rho = \kappa$,

$$\frac{1}{\rho} = \kappa = -\frac{\varepsilon_{esc}}{y_0} \quad \text{e} \quad \kappa_{esc} = -\frac{\varepsilon_{esc}}{h/2},$$

onde a última expressão dá a curvatura do membro no escoamento iminente, quando $y_0 = h/2$. Das relações acima

$$\frac{y_0}{h/2} = \frac{\kappa_{esc}}{\kappa}.$$

Substituindo essa expressão na Eq. 6.14, obtém-se a relação momento-curvatura desejada:

$$M = M_p\left[1 - 1/3\left(\frac{y_0}{h/2}\right)^2\right] = 3/2M_{esc}\left[1 - 1/3\left(\frac{\kappa_{esc}}{\kappa}\right)^2\right]. \tag{11.35}$$

Essa função é traçada na Fig. 11.18. Observe quão rapidamente ela se aproxima da assíntota. Na curvatura, próximo do escoamento iminente, é atingido 91,6 % do momento plástico limite M_p. Nesse ponto, a metade do meio da viga permanece elástica.

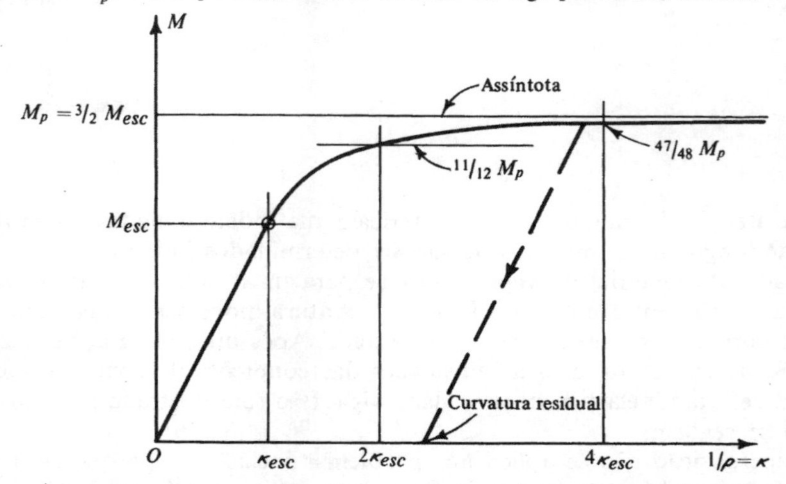

Figura 11.18 Relação de momento-curvatura para uma viga retangular

Com o alívio do momento aplicado, a viga volta elasticamente como mostra a figura. Com base nisso pode ser determinada a curvatura residual.

O leitor deve lembrar que a relação de M_p com M_{esc} varia para diferentes seções transversais.

EXEMPLO 11.8

Uma viga em balanço de aço doce, de 75 mm de largura, tem as demais dimensões mostradas na Fig. 11.19(a). Determinar a deflexão da ponta, provocada pela aplicação de duas cargas de 2,5 t cada uma. Admitir $E = 21 \times 10^3$ kgf/mm² e $\sigma_{esc} = \pm 28$ kgf/mm².

SOLUÇÃO

O diagrama de momento está na Fig. 11.19(b). De $\sigma_{max} = Mc/I$ acha-se que a maior tensão no segmento de viga *ab* é 18,00 kgf/mm², que indica o comportamento elástico. Um cálculo análogo para a seção rasa da viga dá uma tensão de 40 kgf/mm², que não é possível quando o material escoa a 28 kgf/mm².

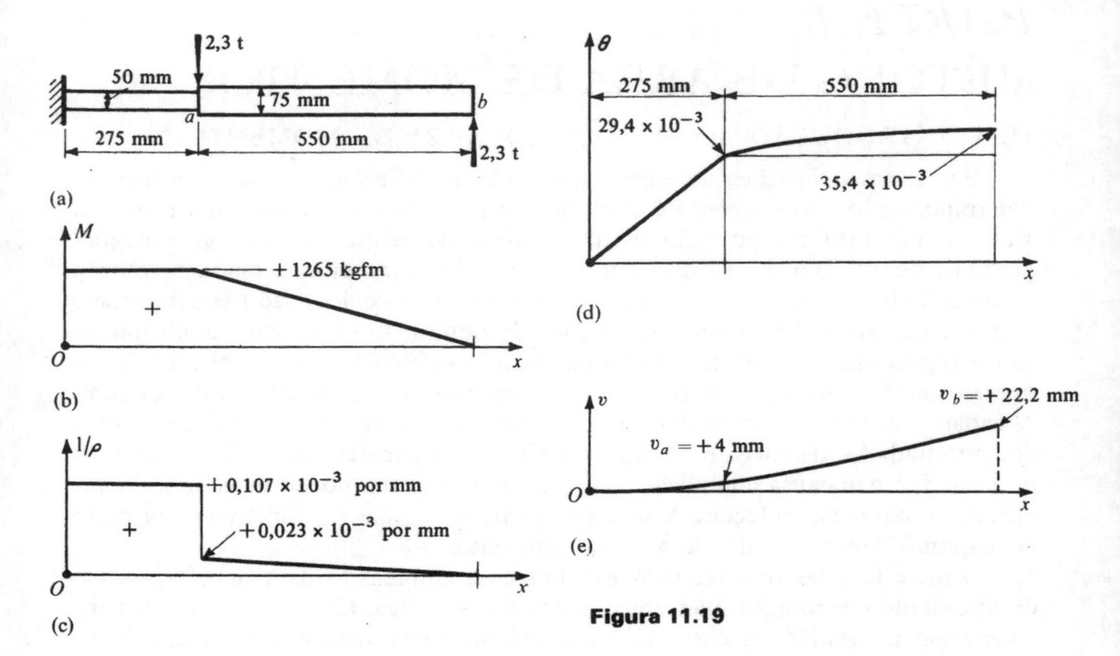

Figura 11.19

Uma verificação da capacidade limite para a seção de 50 mm de altura baseada na Eq. 6.12 dá

$$M_p = M_{lim} = \sigma_{esc}\frac{bh^2}{4} = \frac{28 \times 75 \times 50^2}{4} = 1\,312\,500 \text{ kgfmm.}$$

Esse cálculo mostra que, embora a viga escoe parcialmente, ela pode suportar o momento aplicado. O momento aplicado é aproximadamente igual a 0,96 M_p. De acordo com os resultados achados no exemplo precedente, isso significa que a curvatura na seção de 50 mm de altura é o dobro daquela no início do escoamento. Dessa forma, a curvatura no segmento de 275 mm, adjacente ao suporte, é

$$\frac{1}{\rho} = 2\kappa_{esc} = 2\frac{\varepsilon_{esc}}{h/2} = 2\frac{\varepsilon_{esc}}{Eh/2} = \frac{2 \times 28}{21 \times 10^3 \times 50/2} = 0{,}107 \times 10^{-3}/\text{mm.}$$

A curvatura máxima para o segmento *ab* é

$$\frac{1}{\rho} = \frac{M_{max}}{EI} = \frac{\sigma_{max}}{Ec} = \frac{18}{21 \times 10^3 \times 37{,}5} = 0{,}023 \times 10^{-3}/\text{mm.}$$

Esses dados sobre curvaturas são traçados na Fig. 11.19(c). Integrando duas vezes, com $\theta(0) = 0$ e $v(0) = 0$, a curva defletida, Fig. 11.19(e), é obtida. A deflexão da ponta é 22,2 mm para cima.

Se as cargas aplicadas fossem aliviadas, a viga voltaria elasticamente. Isso importaria em 16 mm na ponta e uma deflexão de ponta residual de 6,2 mm permaneceria. A curvatura residual ficaria confinada ao segmento da viga de 50 mm de altura.

Se a carga na extremidade fosse aplicada sozinha, a viga entraria em colapso. A superposição não pode ser usada na solução desse problema.

PARTE B

MÉTODO DE ÁREA DE MOMENTO*

11.14 INTRODUÇÃO AO MÉTODO DE ÁREA DE MOMENTO**

Em várias aplicações da engenharia onde as deflexões das vigas devem ser determinadas, o carregamento é complexo, e as áreas das seções transversais da viga variam. Essa é a situação usual em eixos de máquinas, onde as variações graduais ou por etapas no diâmetro do eixo são feitas para acomodar rotores, mancais, golas, retentores, etc. Da mesma forma, vigas cônicas são freqüentemente empregadas em aviões e em construções de pontes. Interpretando graficamente as operações matemáticas de solução da equação diferencial governante, foi desenvolvido um procedimento efetivo para obtenção das deflexões nas situações complicadas. Usando esse procedimento alternativo, acha-se que os problemas com descontinuidades de carga e variações arbitrárias na inércia da seção transversal de uma viga não causa complicações e exigem apenas um pouco mais de trabalho aritmético para suas soluções. A solução de tais problemas é o objetivo desta parte do capítulo sobre método de área de momento.

O método a ser desenvolvido usualmente é empregado para obter apenas o deslocamento e a rotação num único ponto de uma viga. Ele pode ser usado para determinar a equação da curva elástica, mas nenhuma vantagem é adquirida em comparação com a solução direta da equação diferencial. Freqüentemente, entretanto, é a deflexão ou a rotação angular da curva elástica em um ponto particular de uma viga ou ambos que são de maior interesse na solução de problemas particulares.

O método de áreas de momento é um método alternativo para solução do problema da deflexão. Ele possui as mesmas aproximações e limitações discutidas anteriormente em conexão com a solução da equação diferencial da curva elástica. Aplicando-o, determina-se apenas a deflexão devida à flexão da viga; a deflexão devida à força cortante é desprezada. A aplicação do método ficará aqui limitada às vigas estaticamente determinadas. As situações estaticamente indeterminadas serão consideradas no próximo capítulo.

11.15 DEDUÇÃO DOS TEOREMAS DE ÁREA DE MOMENTO

Os teoremas necessários se baseiam na geometria da curva elástica e no diagrama associado $M/(EI)$. As condições de contorno não entram na dedução dos teoremas porque estes se baseiam apenas na interpretação das integrais definidas. Como será mostrado posteriormente, são necessárias considerações geométricas ulteriores para a solução completa do problema.

*Em um curso breve, pode-se omitir o restante deste capítulo

**O desenvolvimento do método de área de momento para determinação das deflexões das vigas se deve a Charles E. Greene, da Universidade de Michigan, que o ensinou a seus alunos, em 1873. Um pouco mais cedo, em 1868, Otto Mohr, de Dresden, Alemanha, desenvolveu um método semelhante que parece não ter sido do conhecimento de Greene

Para dedução dos teoremas, Eq. 11.10, $d^2v/dx^2 = M/(EI)$, pode ser reescrita nas seguintes formas alternativas:

$$\frac{d^2v}{dx^2} = \frac{d}{dx}\left(\frac{dv}{dx}\right) = \frac{d\theta}{dx} = \frac{M}{EI}, \quad \text{ou} \quad d\theta = \frac{M}{EI}\,dx. \qquad (11.36)$$

Como pode ser visto da Fig. 11.20(a), a quantidade $[M/(EI)]dx$ corresponde a uma área infinitesimal do diagrama $M/(EI)$. De acordo com a Eq. 11.36 essa área é igual à variação no ângulo entre duas tangentes adjacentes. A contribuição de uma variação de ângulo em um elemento para a deformação da curva elástica está mostrada na Fig. 11.20(b).

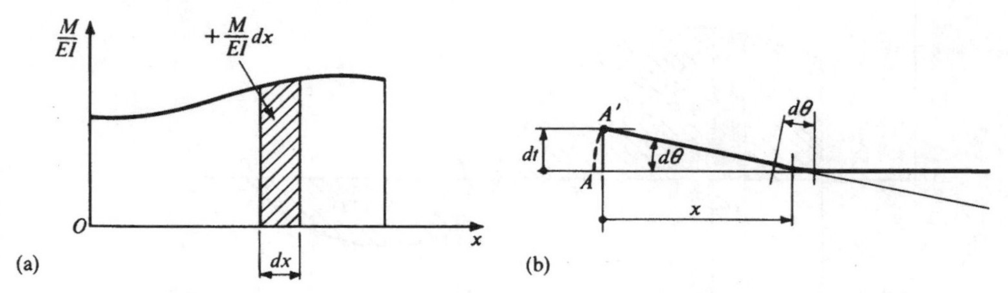

Figura 11.20 Interpretação de uma pequena mudança de ângulo em um elemento

Se a pequena variação de ângulo $d\theta$ para um elemento é multiplicada por uma distância x de uma origem arbitrária ao mesmo elemento, obtém-se uma distância vertical dt [veja a Fig. 11.20(b)]. Como apenas pequenas deflexões são consideradas, não há necessidade de distinção entre o arco AA' e a distância vertical dt. Baseado nessa argumentação geométrica, tem-se

$$dt = x\,d\theta = \frac{M}{EI}\,x\,dx. \qquad (11.37)$$

A integração formal das Eqs. 11.36 e 11.37 entre quaisquer dois pontos, como A e B de uma viga (veja a Fig. 11.21), dá os dois teoremas de área de momento. O primeiro é

$$\int_A^B d\theta = \theta_B - \theta_A = \Delta\theta_{BA} = \int_A^B \frac{M}{EI}\,dx. \qquad (11.38)$$

Isso estabelece que a variação no ângulo medido em radianos entre as duas tangentes em quaisquer dois pontos A e B sobre a curva elástica é igual a $M/(EI)$, que é a área limitada pelas ordenadas A e B. Dessa forma, se a inclinação da curva elástica em um ponto, como A, é conhecida, a inclinação em outro ponto da direita, como B, pode ser determinada:

$$\theta_B = \theta_A + \Delta\theta_{BA}. \qquad (11.39)$$

O primeiro teorema mostra que uma avaliação numérica da área $M/(EI)$ limitada pelas ordenadas que passam por dois pontos quaisquer da curva elástica dá a rotação angular entre as tangentes correspondentes. Ao executar essa soma, as áreas correspondentes aos momentos fletores positivos são tomadas como positivas, e as correspondentes aos momentos negativos são tomadas negativas. Se a soma das áreas entre quaisquer dois pontos, tais como A e B, é positiva, a tangente da direita gira na direção anti-horária; se negativa, a tangente à direita gira na direção horária [veja a Fig. 11.21(b)]. Se a área líquida é nula, as duas tangentes são paralelas.

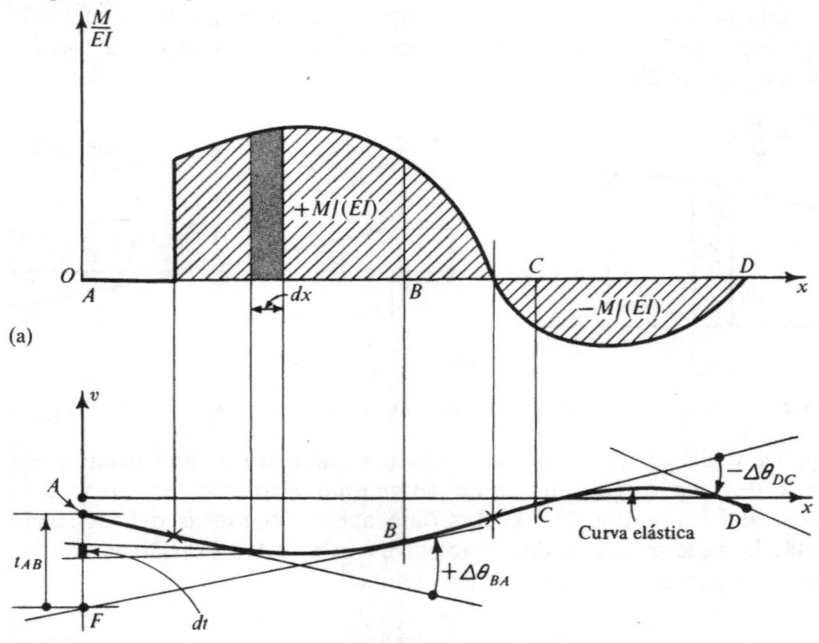

Figura 11.21 Relação entre o diagrama $M/(EI)$ e a curva elástica

A quantidade dt na Fig. 11.21(b) decorre do efeito da curvatura de um elemento. Somando esse efeito para todos os elementos de A a B, é obtida a distância vertical AF. Geometricamente essa distância representa o deslocamento ou desvio de um ponto A de uma tangente à curva elástica em B. Daqui por diante ele será chamado de *desvio tangencial* de um ponto A de uma tangente B e será designado por t_{AB}. Em forma matemática, o que foi dito anteriormente dá o segundo teorema de área de momento:

$$t_{BA} = \int_A^B d\theta x = \int_A^B \frac{M}{EI}\, x dx. \tag{11.40}$$

Isso estabelece que o desvio tangencial de um ponto A sobre a curva elástica de uma tangente a outro ponto B também sobre a curva elástica é igual ao momento estático (ou primeiro) da seção limitada do diagrama $M/(EI)$ em relação a uma linha vertical que passa por A. Na maioria dos casos, o desvio tangencial não é em si a deflexão desejada de uma viga.

Usando a definição de centro de gravidade de uma área, pode-se por conveniência reenunciar a Eq. 11.40 nas aplicações numéricas de forma simples

$$t_{BA} = \Phi\bar{x}, \tag{11.41}$$

onde Φ é a área total do diagrama $M/(EI)$ entre os dois pontos considerados, e $\bar{x}$ é a distância horizontal ao centróide dessa área a partir de A.

Por meio de argumentação análoga, o desvio de um ponto B de uma tangente por A é

$$t_{BA} = \Phi\bar{x}_1, \tag{11.42}$$

onde a mesma área $M/(EI)$ é usada, mas $\bar{x}_1$ é medida da linha vertical que passa por B, Fig. 11.22. Observe cuidadosamente a ordem das letras do índice de t nessas duas equações. O ponto cujo desvio está sendo determinado é escrito em primeiro lugar.

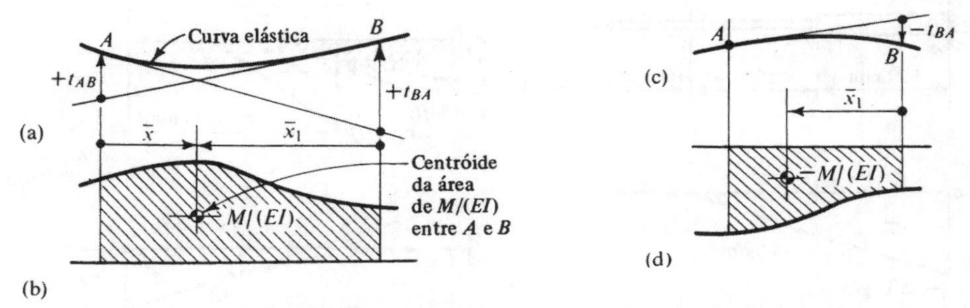

Figura 11.22 Significado dos sinais para o desvio tangencial

Nessas duas equações, as distâncias $\bar{x}$ ou $\bar{x}_1$ são sempre tomadas positivas, e como E e I também são quantidades positivas, o sinal do desvio tangencial depende do sinal dos momentos fletores. Um valor positivo para o desvio tangencial indica que um dado ponto está acima de uma tangente da curva elástica desenhada através do outro ponto e vice-versa, Fig. 11.22.

Os dois teoremas acima são aplicáveis entre quaisquer dois pontos sobre uma curva elástica contínua de qualquer viga, para qualquer carregamento. Eles se aplicam entre e além das reações nas vigas em balanço e contínuas. Entretanto, deve-se enfatizar que apenas a rotação relativa das tangentes e os desvios tangenciais são obtidos diretamente. Uma consideração ulterior da geometria da curva elástica nos suportes, para incluir as condições de contorno, é necessária em cada caso para determinar as deflexões. Isso será ilustrado nos exemplos que se seguem.

Na aplicação do método de área de momento, é sempre necessária a preparação de um esquema cuidadoso da curva elástica. Como nenhuma deflexão é possível em um suporte com pino ou de rolete, a curva elástica é desenhada passando por tais suportes. Em um suporte fixo não são permitidos deslocamentos nem rotações da tangente à curva elástica, e a curva elástica deve ser desenhada tangente à direção do eixo da viga sem carregamento. Ao preparar um esquema da curva elástica da maneira enunciada anteriormente, é costume exagerar-se as deflexões imaginadas. Em tal esquema, a deflexão de um ponto da viga é usualmente referida como acima ou abaixo de sua posição original, sem muita ênfase nos sinais. Para ajudar na aplicação do método, propriedades úteis de áreas definidas pelas curvas e centróides são apresentadas na Tab. 2 do Apêndice.

EXEMPLO 11.9

Considere uma viga em balanço de alumínio de 400 mm de comprimento, com uma força aplicada de 500 kgf, a 100 mm da extremidade livre, como mostra a Fig. 11.23(a). Para uma distância de 150 mm da extremidade fixa, a viga tem maior altura do que no restante de seu comprimento, tendo $I_1 = 1\,953\,125\ \text{mm}^4$. Para os restantes 250 mm da viga, $I_2 = 390\,625\ \text{mm}^4$. Achar a deflexão e a rotação angular da extremidade livre. Desprezar o peso da viga, e admitir E para o alumínio igual a $7\,000\ \text{kgf/mm}^2$.

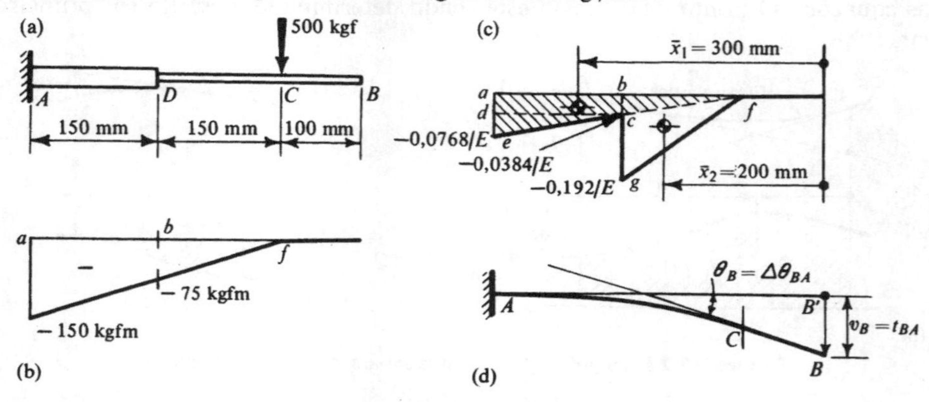

Figura 11.23

SOLUÇÃO

O diagrama de momento fletor está na Fig. 11.23(b). Dividindo todas as ordenadas dos diagramas M por EI, obtém-se o diagrama $M/(EI)$ na Fig. 11.23. Duas ordenadas aparecem no ponto D. Uma, $-0{,}0384/E$, é aplicável à esquerda de D, a outra, $-0{,}192/E$, aplica-se logo à direita de D. Como o momento fletor é negativo de A a C, a curva elástica através dessa distância é côncava para baixo, Fig. 11.23(d). No suporte fixo A a curva elástica deve começar tangente à direção inicial AB' da viga sem carregamento. O segmento reto sem carregamento CB da viga é tangente à curva elástica em C.

Após os passos preparatórios anteriores, da geometria do esquema da curva elástica, pode-se ver que a distância BB' representa a deflexão desejada da extremidade livre. Entretanto, BB' também é o desvio tangencial do ponto B da tangente em A. Dessa forma, o segundo teorema de área de momento pode ser usado para se obter t_{BA}, que nesse caso especial representa a deflexão da extremidade livre. Também, da geometria da curva elástica, se vê que o ângulo incluído entre as linhas BC e AB' é a rotação angular do segmento CB. Esse ângulo é o mesmo que o incluído pelas tangentes à curva elástica nos pontos A e B, e o primeiro teorema de área de momento pode ser usado para calcular essa quantidade.

É conveniente estender a linha *ec* da Fig. 11.23(c) até o ponto *f*, para o cálculo da área do diagrama $M/(EI)$. Isso dá dois triângulos, cujas áreas são facilmente calculadas.*

A área do triângulo *afe*:

$$\Phi_1 = -1/2(300)(0{,}0768)/E = -11{,}52/E.$$

A área do triângulo *fcg*:

$$\Phi_2 = -1/2(150)(0{,}1536)/E = -11{,}52/E;$$

$$\theta_B = \Delta\theta_{BA} = \int_A^B \frac{M}{EI}\,dx = \Phi_1 + \Phi_2 = -\frac{23{,}04}{7\,000} = -0{,}00329 \text{ rad};$$

$$v_B = t_{BA} = \Phi_1\bar{x}_1 + \Phi_2\bar{x}_2 = (-11{,}52/E)(300) + (-11{,}52/E)(200),$$

$$= -0{,}8229 \text{ mm}.$$

Observe a pequenez numérica de ambos os valores acima. O sinal negativo de $\Delta\theta$ indica rotação horária da tangente em *B* em relação à tangente em *A*. O sinal negativo de t_{BA} significa que o ponto *B* está abaixo de uma tangente que passa por *A*.

EXEMPLO 11.10

Achar a deflexão devida à força concentrada *P*, aplicada como mostra a Fig. 11.24(a), no centro de uma viga simplesmente apoiada. A rigidez flexural *EI* é constante.

SOLUÇÃO

O diagrama de momento fletor está na Fig. 11.24(b). Como *EI* é constante, o diagrama $M/(EI)$ não necessita ser feito, pois as áreas dos diagramas de momento fletor, divididas por *EI* dão as necessárias quantidades para uso nos teoremas de área de momento. A curva elástica está na Fig. 11.24(c). Ela é côncava para cima ao longo de seu comprimento porque os momentos fletores são positivos. Essa curva deve passar pelos pontos do suporte em *A* e *B*.

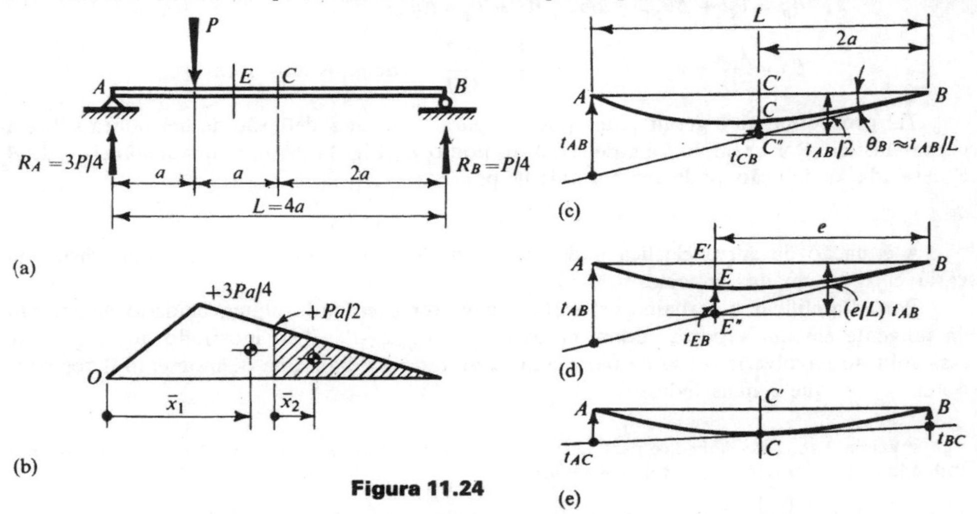

Figura 11.24

*Um pouco de engenhosidade em tais casos economiza trabalho mecânico. É perfeitamente correto, nesse exemplo, usar duas áreas triangulares *dce* e *bfg*, e um retângulo *abcd*

Pelo esquema da curva elástica evidencia-se que a quantidade desejada é representada pela distância CC'. Além do mais, por meio de considerações puramente geométricas ou cinemáticas, $CC' = C'C'' - C''C$, onde a distância $C''C$ é medida de uma tangente à curva elástica que passa pelo ponto de suporte B. Entretanto, como o desvio de um ponto suporte de uma tangente à curva elástica no outro suporte pode ser sempre calculado pelo segundo teorema de área de momento, uma distância tal como $C'C''$ pode ser achada pela proporção da geometria da figura. Nesse caso, t_{AB} segue da multiplicação da área de $M/(EI)$, entre A e B, e $\bar{x}$, medido* de uma vertical que passa por A, e $C'C'' = 1/2 - t_{AB}$. Por meio de outra aplicação do segundo teorema é determinado t_{CB}, que é igual a $C''C$. Para esse caso, a área $M/(EI)$ é sombreada na Fig. 11.24(b), e, para ela, $\bar{x}$ é medida a partir de C. Como a reação da direita é $P/4$ e a distância $CB = 2a$, a máxima ordenada para o triângulo hachurado é $+Pa/2$.

$$v_C = C'C'' - C''C = (t_{AB}/2) - t_{CB};$$

$$t_{AB} = \Phi_1 \bar{x}_1 = \frac{1}{EI}\left(\frac{4a}{2}\,\frac{3Pa}{4}\right)\frac{(a+4a)}{3} = +\frac{5Pa^3}{2EI};$$

$$t_{CB} = \Phi_2 \bar{x}_2 = \frac{1}{EI}\left(\frac{2a}{2}\,\frac{Pa}{2}\right)\frac{(2a)}{3} = +\frac{Pa^3}{3EI};$$

$$v_C = \frac{t_{AB}}{2} - t_{CB} = \frac{5Pa^3}{4EI} - \frac{Pa^3}{3EI} = \frac{11Pa^3}{12EI}.$$

Os sinais positivos de t_{AB} e t_{CB} indicam que os pontos A e C estão acima da tangente que passa por B. Como pode ser visto na Fig. 11.24(c), a deflexão no centro da viga está na direção para baixo.

A inclinação da curva elástica em C pode ser achada da inclinação em uma das extremidades e da Eq. 11.39. Para o ponto B à direita,

$$\theta_B = \theta_C + \Delta\theta_{BC} \quad \text{ou} \quad \theta_C = \theta_B - \Delta\theta_{BC};$$

$$\theta_C = \frac{t_{AB}}{L} - \Phi_2 = \frac{5Pa^2}{8EI} - \frac{Pa^2}{2EI} = \frac{Pa^2}{8EI} \quad \text{radianos anti-horários.}$$

Tal procedimento é geralmente aplicável para se achar a deflexão de um ponto sobre a curva elástica. Por exemplo, se a deflexão do ponto E', Fig. 11.24(d), a uma distância e de B é desejada, a solução pode ser formulada por

$$v_E = E'E'' - E''E = (e/L)t_{AB} - t_{EB}.$$

A equação da curva elástica pode ser obtida localizando o ponto E a uma distância variável x de um dos suportes.

Para simplificar o trabalho aritmético, deve ser exercitado algum cuidado na seleção da tangente em um suporte. Assim, embora $v_C = t_{BA}/2 - t_{CA}$ (não mostrado no diagrama), essa solução envolveria o uso da parte não hachurada do diagrama de momento fletor para obter t_{CA}, o que é mais tedioso.

*Veja a Tab. 2 do Apêndice para retirar o centróide de toda a área triangular. Alternativamente, tratando a área $M/(EI)$ como dois triângulos,

$$t_{AB} = \frac{1}{EI}\left(\frac{a}{2}\,\frac{3Pa}{4}\right)\frac{2a}{3} + \frac{1}{EI}\left(\frac{3a}{2}\,\frac{3Pa}{4}\right)\left(a + \frac{3a}{3}\right) = +\frac{5Pa^3}{2EI}$$

SOLUÇÃO ALTERNATIVA

A solução do problema anterior pode ser baseada em um conceito geométrico diferente. Isso é ilustrado na Fig. 11.24(e), onde uma tangente a curva elástica é desenhada em C. Então, como as distâncias AC e CB são iguais,

$$v_C = CC' = (t_{AC} + t_{BC})/2,$$

isto é, a distância CC' é uma média de t_{AC} e t_{BC}. O desvio tangencial t_{AC} é obtido através do primeiro momento da área não hachurada de $M/(EI)$ na Fig. 11.24(b) em relação a A, e t_{BC} é dado pelo primeiro momento da área sombreada de $M/(EI)$ em relação a B. Os detalhes numéricos dessa solução são deixados para o leitor completar. Esse procedimento é usualmente mais longo do que o primeiro.

Observe particularmente que, se a curva elástica não é simétrica, a tangente no centro da viga não é horizontal.

EXEMPLO 11.11

Para uma viga prismática com carregamento análogo ao do exemplo anterior, achar a máxima deflexão causada pela força aplicada P, Fig. 11.25(a).

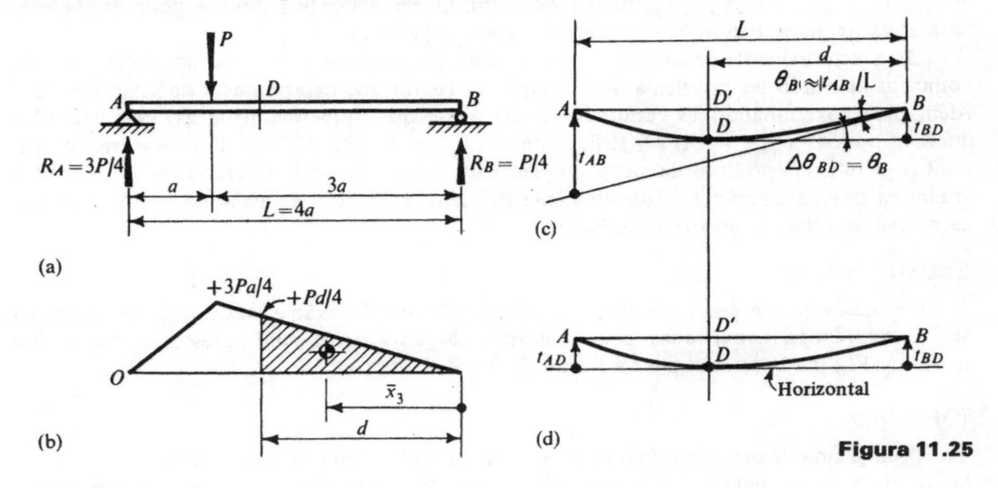

Figura 11.25

SOLUÇÃO

O diagrama de momento fletor e a curva elástica estão nas Figs. 11.25(b) e (c), respectivamente. A curva elástica é côncava para cima ao longo de seu comprimento, e a máxima deflexão ocorre onde a tangente à curva elástica é horizontal. Esse ponto de tangência é indicado na figura por D e é localizado pela distância horizontal desconhecida d, medida do suporte da direita B. Então, desenhando uma tangente à curva elástica pelo ponto B no suporte, vê-se que $\Delta\theta_{BD} = 0$ porque a linha que passa pelos suportes é horizontal. Entretanto, a inclinação θ_B da curva elástica em B pode ser determinada pela obtenção de t_{AB} e sua divisão pelo comprimento do vão. Por outro lado, usando o primeiro teorema de área de momento, $\Delta\theta_{BD}$ pode ser expresso em termos da área hachurada na Fig. 11.25(b). Igualando-se $\Delta\theta_{BD}$ a θ_B e resolvendo para d, localiza-se a tangente horizontal em D. Então, de novo por considerações geométricas, vê-se que a máxima deflexão representada por DD'

é igual ao desvio tangencial de B de uma tangente horizontal por D, isto é, t_{BD}.

$$t_{AB} = \Phi_1 \bar{x}_1 = +\frac{5Pa^3}{2EI} \quad \text{(veja o Exemplo 11.10);}$$

$$\theta_B = \frac{t_{AB}}{L} = \frac{t_{AB}}{4a} = \frac{5Pa^2}{8EI};$$

$$\Delta\theta_{BD} = \frac{1}{EI}\left(\frac{d}{2}\frac{Pd}{4}\right) = \frac{Pd^2}{8EI} \quad \text{(área entre } D \text{ e } B\text{).}$$

Como $\theta_B = \theta_D + \Delta\theta_{BD}$ e sendo requerido que $\theta_D = 0$,

$$\Delta\theta_{BD} = \theta_B, \quad \frac{Pd^2}{8EI} = \frac{5Pa^2}{8EI} \quad \text{e} \quad d = \sqrt{5}a,$$

$$v_{max} = v_D = DD' = t_{BD} = \Phi_3 \bar{x}_3;$$

$$= \frac{1}{EI}\left(\frac{d}{2}\frac{Pd}{4}\right)\frac{2d}{3} = \frac{5\sqrt{5}Pa^2}{12EI} = \frac{11{,}2Pa^3}{12EI}.$$

Após ser achada a distância d, a máxima deflexão pode ser também obtida, já que $v_{max} = t_{AD}$, ou $v_{max} = (d/L)t_{AB} - t_{DB}$ (não mostrado). Observe também que se pode estabelecer uma equação para d usando a condição $t_{AD} = t_{BD}$ [Fig. 11.25(d)].

Deve ficar evidente dessa solução que é mais fácil calcular a deflexão no centro da viga, como foi ilustrado no problema do Exemplo 11.10, do que determinar a deflexão máxima. Além disso, examinando os resultados finais, vê-se que numericamente as duas deflexões diferem pouco: $v_{centro} = 11Pa^3/(12EI)$ contra $v_{max} = 11{,}2Pa^3/(12EI)$. Por essa razão, em muitos problemas práticos de vigas simplesmente apoiadas, onde todas as forças aplicadas atuam na mesma direção, é freqüentemente suficiente calcular a deflexão no centro em lugar de se tentar obter o máximo verdadeiro.

EXEMPLO 11.12

Em uma viga simplesmente apoiada, achar a máxima deflexão e rotação da curva elástica nas extremidades, provocadas pela aplicação de uma carga uniformemente distribuída p_0 kgf/m, Fig. 11.26(a). A rigidez à flexão EI é constante.

SOLUÇÃO

O diagrama de momento fletor está na Fig. 11.26(b). Como foi estabelecido no Exemplo 2.6, a curva de momento é uma parábola de segundo grau, com valor máximo no vértice de $p_0L^2/8$. A curva elástica que passa pelos pontos do suporte A e B está mostrada na Fig. 11.26(c).

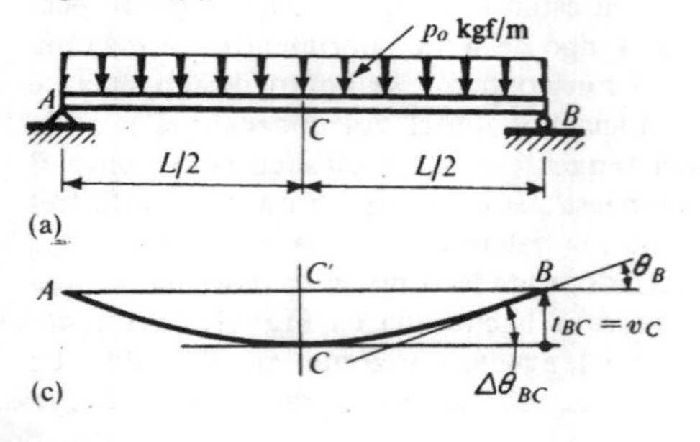

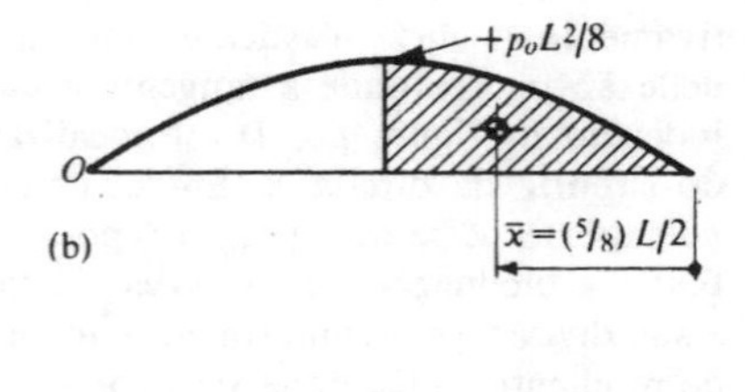

Figura 11.26

Nesse caso, o diagrama $M/(EI)$ é simétrico em relação a uma linha vertical que passa pelo centro. Dessa forma, a curva elástica deve ser simétrica, e a tangente a essa curva, no centro da viga, é horizontal. Da figura, vê-se que $\Delta\theta_{BC}$ é igual a θ_B, e a rotação da extremidade B é igual à metade da área* do diagrama $M/(EI)$. A distância CC' é a deflexão desejada, e pela geometria da figura, vê-se que ela é igual a t_{BC} (ou t_{AC}, não mostrada).

$$\Phi = \frac{1}{EI}\left(\frac{2}{3}\frac{L}{2}\frac{p_0L^2}{8}\right) = \frac{p_0L^3}{24EI},$$

$$\theta_B = \Delta\theta_{BC} = \Phi = +\frac{p_0L^3}{24EI},$$

$$v_C = v_{max} = t_{BC} = \Phi\bar{x} = \frac{p_0L^3}{24EI}\frac{5L}{16} = \frac{5p_0L^4}{384EI}.$$

O valor da deflexão concorda com a Eq. 11.26, que exprime a mesma quantidade deduzida pelo método de integração. Como o ponto B está acima da tangente que passa por C, o sinal de v_C é positivo.

EXEMPLO 11.13

Achar a deflexão da extremidade livre A da viga mostrada na Fig. 11.27(a) provocada pelas forças aplicadas; EI é constante.

SOLUÇÃO

O diagrama de momento fletor para as forças aplicadas está na Fig. 11.27(b). O momento fletor muda de sinal em $a/2$ do suporte da esquerda. Nesse ponto ocorre uma inflexão na curva elástica. Correspondente ao momento positivo, a curva é côncava para cima, e vice-versa. A curva elástica é assim traçada e passa pelos suportes em B e C, Fig. 11.27(c). Para início, a inclinação da tangente à curva elástica no suporte B é determinada por meio de t_{CB}, tomado como momento estático das áreas, com os sinais apropriados, do diagrama $M/(EI)$, entre as verticais que passam por C e B em relação a C.

$$\begin{aligned} t_{CB} &= \Phi_1\bar{x}_1 + \Phi_2\bar{x}_2 + \Phi_3\bar{x}_3 \\ &= \frac{1}{EI}\left[\frac{a}{2}(+Pa)\frac{2a}{3} + \frac{1}{2}\frac{a}{2}(+Pa)\left(a + \frac{1}{3}\frac{a}{2}\right) + \frac{1}{2}\frac{a}{2}(-Pa)\left(\frac{3a}{2} + \frac{2}{3}\frac{a}{2}\right)\right] \\ &= +\frac{Pa^3}{6EI}. \end{aligned}$$

O sinal positivo de t_{CB} indica que o ponto C está acima da tangente que passa por B. Assim, faz-se um esquema corrigido da curva elástica, Fig. 11.27(d), onde se vê que a deflexão procurada é dada pela distância AA' e é igual a $AA' - A'A''$, Além disso, como os triângulos $A'A''B$ e $CC'B$ são semelhantes, a distância $A'A'' = t_{CB}/2$. Por outro lado, a distância AA'' é o desvio do ponto A da tangente à linha elástica no suporte B. Dessa forma

$$v_A = AA' = AA'' - A'A'' = t_{AB} - (t_{CB}/2)$$

$$t_{AB} = \frac{1}{EI}(\Phi_4\bar{x}_4) = \frac{1}{EI}\left[\frac{a}{2}(-Pa)\frac{2a}{3}\right] = -\frac{Pa^3}{3EI},$$

*Veja a Tab. 2 do Apêndice para obter a fórmula que dá uma área incluída por uma parábola, assim como uma expressão para $\bar{x}$

onde o sinal negativo significa que o ponto A está abaixo da tangente que passa por B. Esse sinal não é usado daqui por diante porque a geometria da curva elástica indica a direção dos deslocamentos efetivos. Assim, a deflexão do ponto A abaixo da linha que passa pelos suportes, é

$$v_A = \frac{Pa^3}{3EI} - \frac{1}{2}\,\frac{Pa^3}{6EI} = \frac{Pa^3}{4EI}.$$

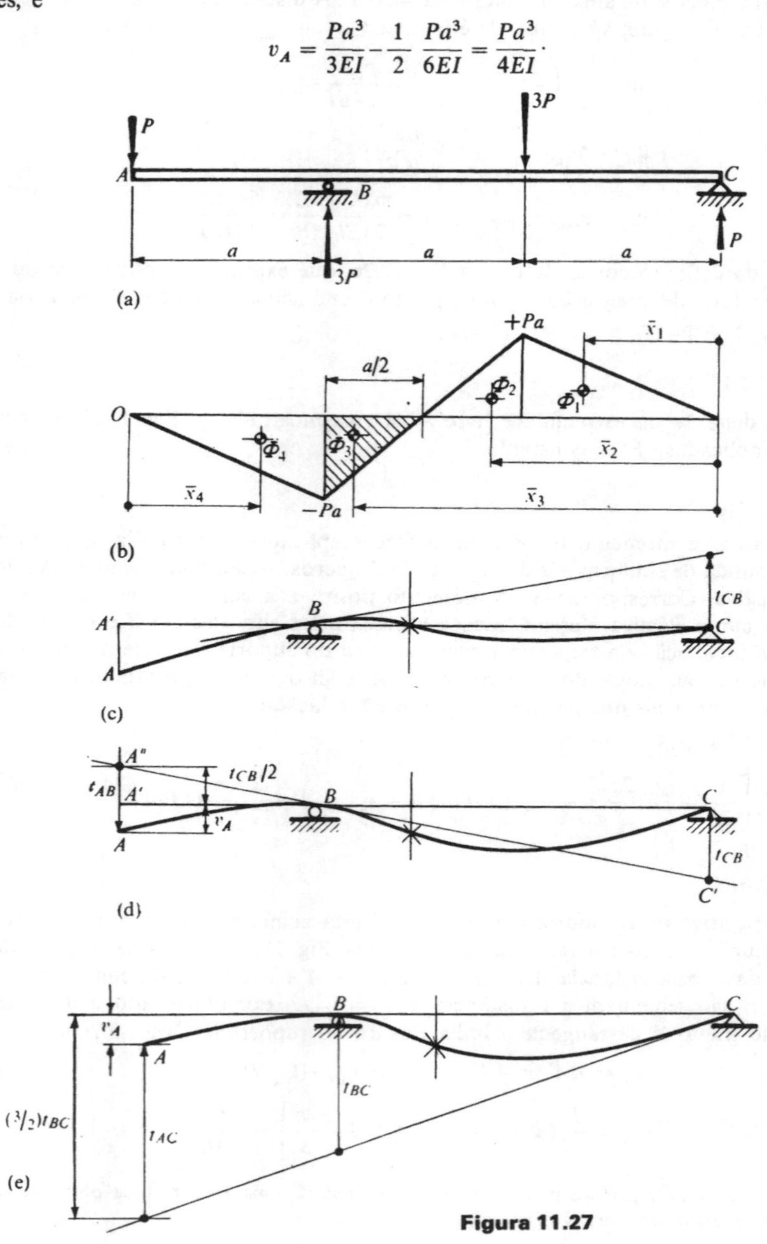

Figura 11.27

Esse exemplo ilustra a necessidade de se observar os sinais das quantidades calculadas nas aplicações do método de área de momento, embora geralmente menos dificuldade seja encontrada do que no exemplo anterior. Com efeito, se a deflexão da extremidade A é estabelecida pela determinação, primeiro, da rotação da curva elástica em C, nenhuma ambigüidade ocorre na direção das tangentes. Esse esquema de análise está mostrado na Fig. 11.27(e), onde $v_A = 3/2t_{BC} - t_{AC}$.

Os exemplos anteriores ilustram a maneira pela qual o método de área de momento pode ser usado para se obter a deflexão de qualquer viga estaticamente determinada. Os procedimentos anteriores são aplicáveis independentemente da complexidade dos diagramas $M/(EI)$. Na prática, qualquer diagrama $M/(EI)$ pode ser aproximado por vários retângulos e triângulos. Também é possível introduzir mudanças concentradas em ângulos, nas articulações, para levar em conta as descontinuidades nas direções das tangentes em tais pontos. As magnitudes das concentrações podem ser achadas dos requisitos cinemáticos.*

Para condições complicadas de carregamento, as deflexões das vigas elásticas determinadas pelo método de área de momento são freqüentemente mais elegantemente achadas pela superposição. Dessa maneira, as áreas dos diversos diagramas $M/(EI)$ podem se tornar formas geométricas simples. No próximo capítulo será usada a superposição na solução de problemas estaticamente indeterminados.

O método descrito pode ser usado de maneira bastante efetiva na determinação da deflexão inelástica de vigas, contanto que os diagramas $M/(EI)$ sejam substituídos por diagramas apropriados de curvatura.

PROBLEMAS

11.1. Uma barra retangular, plana longa, de liga de alumínio, tem 12 mm de espessura e 75 mm de largura. (a) Determinar o menor diâmetro de cilindro ao redor do qual essa barra poderia ser enrolada sem ultrapassar o limite elástico do material. Seja $\sigma_{esc} = 17$ kgf/mm^2, e $E = 7\,000$ kgf/mm^2. (b) Que momento fletor seria desenvolvido na barra, para a condição acima?

11.2. Admitir que uma barra retangular reta, após severo trabalho a frio, tenha uma distribuição de tensão residual tal como a achada no Exemplo 6.7, veja a Fig. 6.16. (a) Se um sexto da espessura da barra é usinada no topo e no fundo, reduzindo a barra a dois terços de sua espessura original, qual será a curvatura ρ da barra usinada? Escolher os parâmetros necessários para solução desse problema em termos gerais. (b) Para as condições acima, se a barra tem 600 mm^2, e 1 m de comprimento, qual será a deflexão da barra no centro, da corda até a extremidade? Seja $\sigma_{esc} = 38$ kgf/mm^2, e $E = 19 \times 10^3$ kgf/mm^2. Observe que, para pequenas deflexões, a máxima flecha, desde uma corda de comprimento L até uma curva em um círculo de raio R, é, aproximadamente,** $L^2/(8R)$.

*Para um tratamento sistemático de problemas mais complexos veja, por exemplo, A. C. Scordelis e C. M. Smith, "An Analytical Procedure for Calculating Truss Displacements", *Proceedings of the American Society of Civil Engineers*, trabalho n.º 732, **81** (julho, 1955)

**Isso decorre da manutenção do primeiro termo da expansão de $R(1 - \cos\theta)$ onde θ é metade do ângulo incluído

(*Sugestão.* A operação de usinagem remove as tensões internas microrresiduais).

11.3. Considerar um tubo de material viscoelástico linear que se coloca na horizontal ao longo da distância *L.* Esse tubo está vazio durante 16 horas por dia, e cheio durante 8 horas. A relação entre o peso do tubo cheio e vazio é igual a 5. (a) Admitindo que o material seja maxwelliano, desenhar um diagrama que mostre a deflexão no centro como uma função do tempo, para dois dias típicos. (b) Para as mesmas condições de entrada, desenhar outro diagrama para um material que tenha as propriedades de um sólido padrão (veja o Prob. 4.17).

11.4. Para muitos materiais, a premissa de viscoelasticidade linear não é satisfatória. Para tratar tais casos foram propostas algumas relações empíricas para a deformação em relação ao tempo, em regime permanente. Uma das relações de bastante uso é $\dot{\varepsilon} = B\sigma^n$, onde B é uma constante, e o expoente n experimentalmente determinado é maior do que um. Mostrar que, usando essa relação, a máxima tensão em uma viga retangular é $\sigma_{max} = (Mc/I)(2n + 1)/(3n)$ e que a uma distância y do eixo centroidal $\sigma = (y/c)^{1/n}$ σ_{max}. Traçar um esquema da distribuição de tensão para $n = 6$.

11.5. Usando a equação diferencial exata, Eq. 11.8, mostrar que a relação da curva elástica no Exemplo 11.2 é $x^2 + (v - \rho)^2 = \rho^2$, onde ρ é uma constante. Comparar a segunda derivada dessa solução exata com a aproximada, Eq. 11.9. (*Sugestão.* Admita $dv/dx = \operatorname{tg}\theta$ e integre).

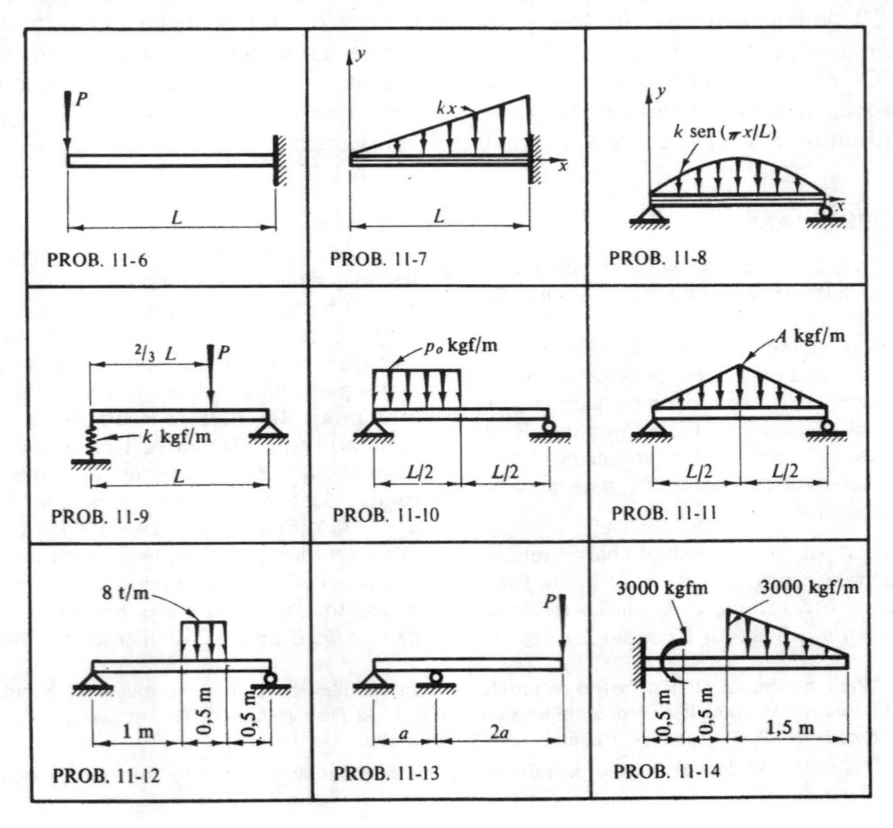

11.6 a 11.14. Para as vigas estaticamente determinadas, com o carregamento mostrado nas figuras, solucionar uma das alternativas a seguir, conforme é pedido.

A. Usando a equação diferencial de segunda ordem, obter a equação para a curva elástica e fazer um diagrama cuidadoso. Usar as funções de singularidade, quando necessário. Para todas as vigas EI é constante.

B. O mesmo que em A, mas usar a equação diferencial de quarta ordem para a deflexão da viga.

C. O mesmo que em *B*, e ilustrar a solução com esquemas que mostrem graficamente as etapas de integração.

D. O mesmo que em B, e, além disso, após completar duas integrações, calcular as reações diretamente e verificar as expressões achadas para $V(x)$ e $M(x)$, antes de completar o problema.

Resp. Probs. 11.6 e 11.9: veja a Tab. 11 no Apêndice; *Prob.* 11.12:

$$EIv = -\frac{500}{3}\langle x-1\rangle^4 + \frac{500}{3}\langle x-1{,}5\rangle^4 + $$
$$+ 250x^3 - \frac{1\,375}{8}x;$$

Prob. 11.14:

$$V(x) = +\,3\,000\langle x-0{,}5\rangle_{*}^{-1} +$$
$$+\,3\,000\langle x-1\rangle^1 - 1\,000\langle x-1\rangle^2 - 2\,250.$$

(Para dados adicionais para problemas desse tipo, veja o Cap. 2).

11.15. Usando um procedimento semigráfico, tal como o mostrado nas Figs. 11.7 e 11.9, achar a deflexão da viga no meio do vão, veja a figura. Seja EI = 6,8 kgfm². Desprezar o efeito da força axial sobre a deflexão. *Resp.* 2,13 mm.

PROB. 11-15

10 kgf 10 kgf 100 mm 100 mm 150 mm 250 mm

11.16. Usando um procedimento semigráfico, tal como o mostrado nas Figs. 11.7 e 11.9, achar a deflexão da viga no ponto de aplicação da carga, veja a figura. Seja $I_1 = 1{,}665 \times 10^8$ mm⁴, $I_2 = 1{,}25 \times 10^8$ mm⁴, e $E = 21\,000$ kgf/mm². *Resp.*: 5,148 mm.

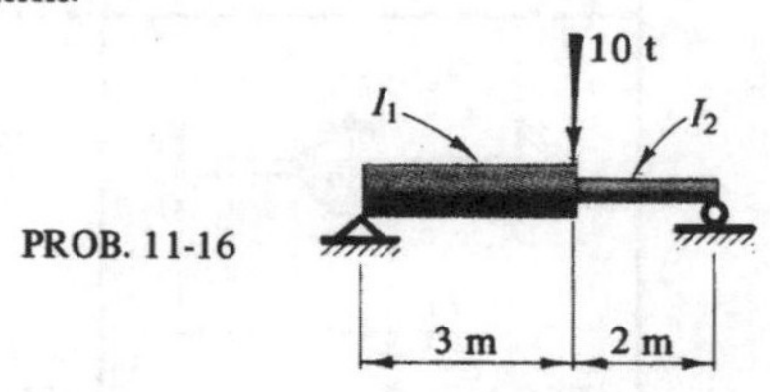

11.17. Usando as funções de singularidade, achar a equação da curva elástica e calcular a deflexão da ponta, devida à força aplicada P, veja a figura. Admitir E igual a uma constante. *Resp.*: $v_{max} = -10{,}875 \times 10^6 P/(EI)$ mm.

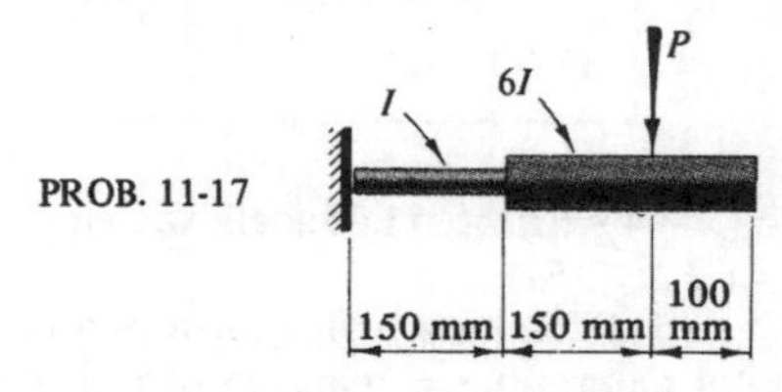

11.18 a 11.25. Para as vigas carregadas como mostram as figuras, solucionar uma das alternativas enunciadas a seguir.

A. Usando a equação diferencial de quarta ordem, obter a equação da curva elástica e fazer um cuidadoso esquema para ela. Usar as funções de singularidade sempre que necessário. Para todas as vigas, EI é constante.

B. O mesmo que em A, e traçar os diagramas de força cortante e momento.

C. O mesmo que em A, mas usando a equação diferencial de segunda ordem para a deflexão da viga.

Resp. Prob. 11.18: $24EIv = -p_0x^2 \times (L-x)$; *Prob.* 11.20: $EIv = -(3/32)PLx^2 + (11/96)Px^3 - (1/6)P\langle x - L/2\rangle^3$; *Prob.* 11-21: $EIv = (M_1/2)\langle x - L/2\rangle^2 - [M_1/(4L)]x^3 + (M_1/8)x^2$; *Prob.* 11.24: $EIv = -x^2 + (1/6)x^3 + (2/3)\langle x - 2\rangle^1 - (1/3)$

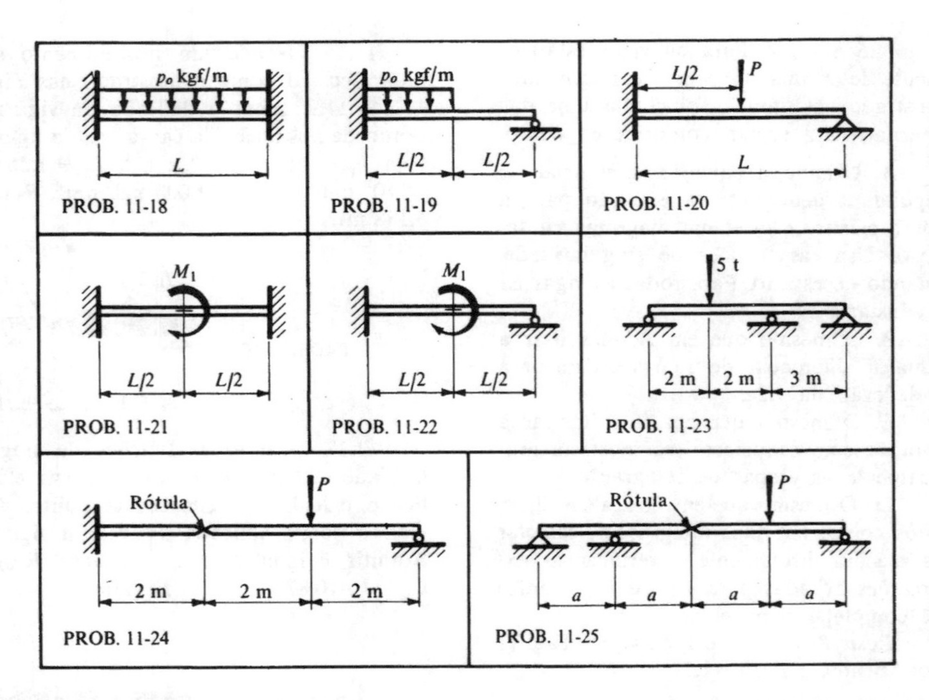

$\langle x-4\rangle^3$; *Prob.* 11.25: deflexão em P é igual a $Pa^3/(3EI)$.

11.26. Para a viga mostrada na figura, (a) determinar a relação entre o momento na extremidade engastada e o momento aplicado M_a; (b) determinar a rotação da extremidade livre. EI é constante. *Resp.*: $-1/2$; $-M_aL/(4EI)$.

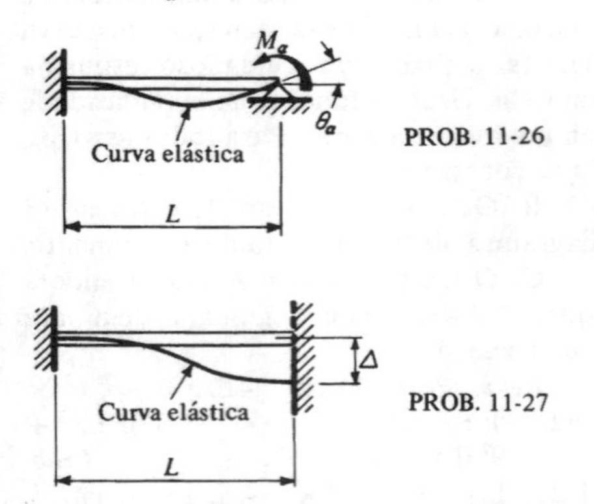

11.27. Uma extremidade de uma viga elástica é deslocada de uma quantidade relativamente à outra extremidade, como mostra a figura. Nenhuma rotação das extremidades é permitida. Deduzir a expressão para a curva elástica, e traçar os diagramas de força cortante e momento fletor. EI é constante.

11.28. Considerar uma viga longa infinitesimal de EI constante, suportada por uma fundação que é capaz de exercer uma força normal a ela, proporcional ao deslocamento v. Esse é o problema clássico de uma viga em uma fundação elástica e usualmente é representado como mostra a figura. As molas lineares elásticas na fundação são capazes de resistir a forças de tração e compressão. O módulo da fundação é k kgf/m^2. A equação diferencial homogênea para esse problema é $EIv^{iv} = -kv$. (a) Mostrar que a solução* da equação governante para uma viga de uma fun-

*Para mais detalhes, veja S. P. Timoshenko, *Strength of Materials* (3.ª ed.) Parte II, "Advanced Theory and Problems", p. 2, D. Van Nostrand Co., Inc., Princeton, N. J. 1956

dação elástica é

$$v = e^{\beta x}(C_1 \cos \beta x + C_2 \operatorname{sen} \beta x) + \\ + e^{-\beta x}(C_3 \cos \beta x + C_4 \operatorname{sen} \beta x),$$

onde C_1, C_2, C_3, C_4 são constantes, e $\beta = \sqrt{k/(4EI)}$. (b) Mostrar que para uma força singular P, em $x = 0$, para $x > 0$,

$$v = [P\beta/(2k)]e^{-\beta x}(\cos \beta x + \operatorname{sen} \beta x).$$

(*Sugestão.* Se $x \rightarrow \infty$, então $v \rightarrow 0$. Essa condição elimina duas das constantes desconhecidas).

Curva elástica

PROB. 11-28

Fundação elástica

11.29. Considerar a viga mostrada na Fig. 11.16. (a) Usando a equação dada na Tabela 11 do Apêndice e aplicando a superposição, determinar a deflexão da extremidade C. (b) Qual deve ser o valor da força P para que a deflexão em C seja nula?

11.30. Considerar a estrutura carregada com a força P, como mostra a figura. Que carga uniformemente distribuída p_0 deve ser aplicada à viga horizontal AB, de forma que o deslocamento horizontal do ponto C volte para sua posição correspondente à inexistência de carga?

11.31. Usando os resultados achados no Exemplo 11.4, para a deflexão de uma viga devida a uma força concentrada P, determinar a deflexão no centro da viga, provocada por uma carga uniformemente distribuída p_0. (Tratar $p_0 dx$ como uma força infinitesimal concentrada, e integrar).

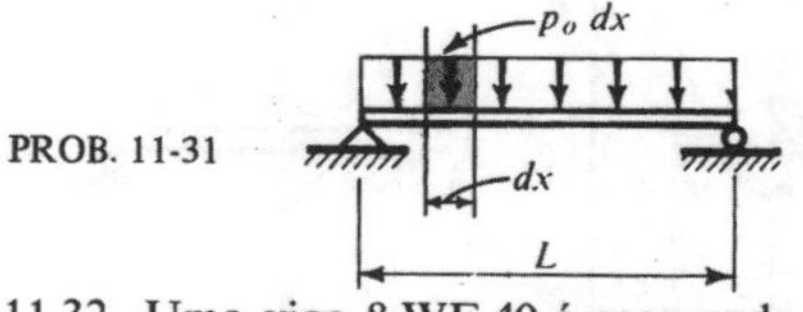

PROB. 11-31

11.32. Uma viga 8 WF 40 é carregada como mostra a figura. Usando as equações dadas no Apêndice e o método de superposição, calcular a deflexão no centro do vão. Seja $E = 20\,000$ kgf/mm². *Resp.*: 14,0 mm.

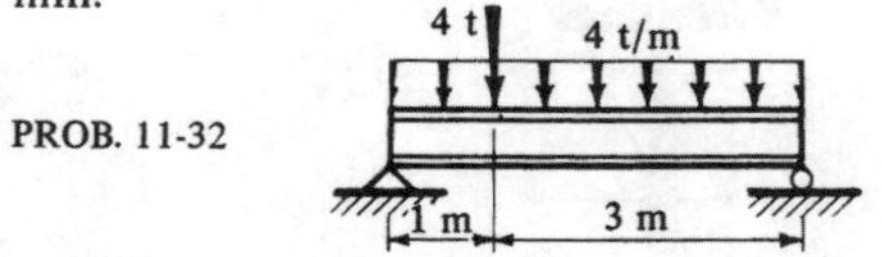

PROB. 11-32

11.33. Uma viga de aço é suportada e carregada da forma mostrada na figura. A força $P = 5$ t, e $M_A = 15\,000$ kgfm. Com a linha horizontal AC como referência, determinar a inclinação e a deflexão vertical na extremidade C. Para essa viga $E = 21\,000$ kgf/mm² e $I = 4 \times 10^8$ mm⁴. A mola em B, quando isolada, exige uma força de 400 kgf para encurtá-la de 1 mm. Usar qualquer método para calcular a inclinação e deflexão necessárias. *Resp.*: $-0{,}01012$ rad, $-40{,}18$ mm.

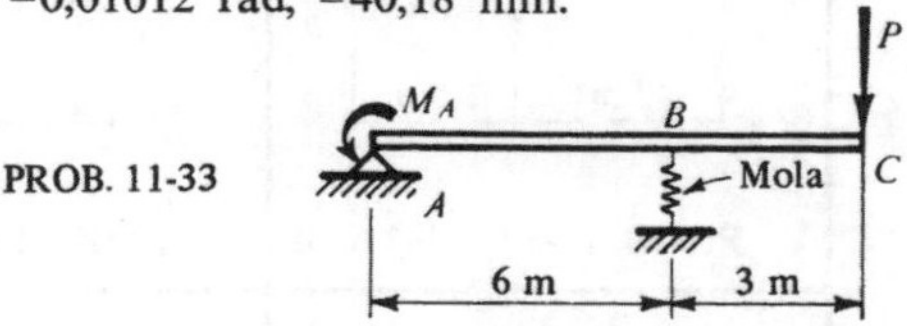

PROB. 11-33

11.34. A máxima deflexão de uma viga simples, com vão de 7 m, e suportando uma carga total uniformemente distribuída de 18 t, incluindo seu peso, é limitada a 12 mm*. (a) Especificar a viga I de aço necessária. Seja $E = 21\,000$ kgf/mm². (b) Qual o tamanho da viga de liga de alumínio necessária ao preenchimento dos mesmos requisitos? Seja $E = 7\,000$ kgf/mm², e usar a Tab. 11 do Apêndice para as propriedades da seção. (c) Determinar as tensões máximas em ambos os casos. *Resp.*: (a) 18 I 70, (b) 24 I.

11.35. Uma viga de madeira de 15 cm × 30 cm (tamanho nominal), uniformemente carregada, tem vão de 3 m e é considerada com características de deflexão satisfatórias. Selecionar uma viga I de liga de alumínio, uma viga I de aço e uma viga I de plástico poliéster, tendo as mesmas

*Esse é um requisito mais severo do que o comumente usado no projeto de edifícios. Na última aplicação, a deflexão é comumente limitada a 1/360 do comprimento do vão

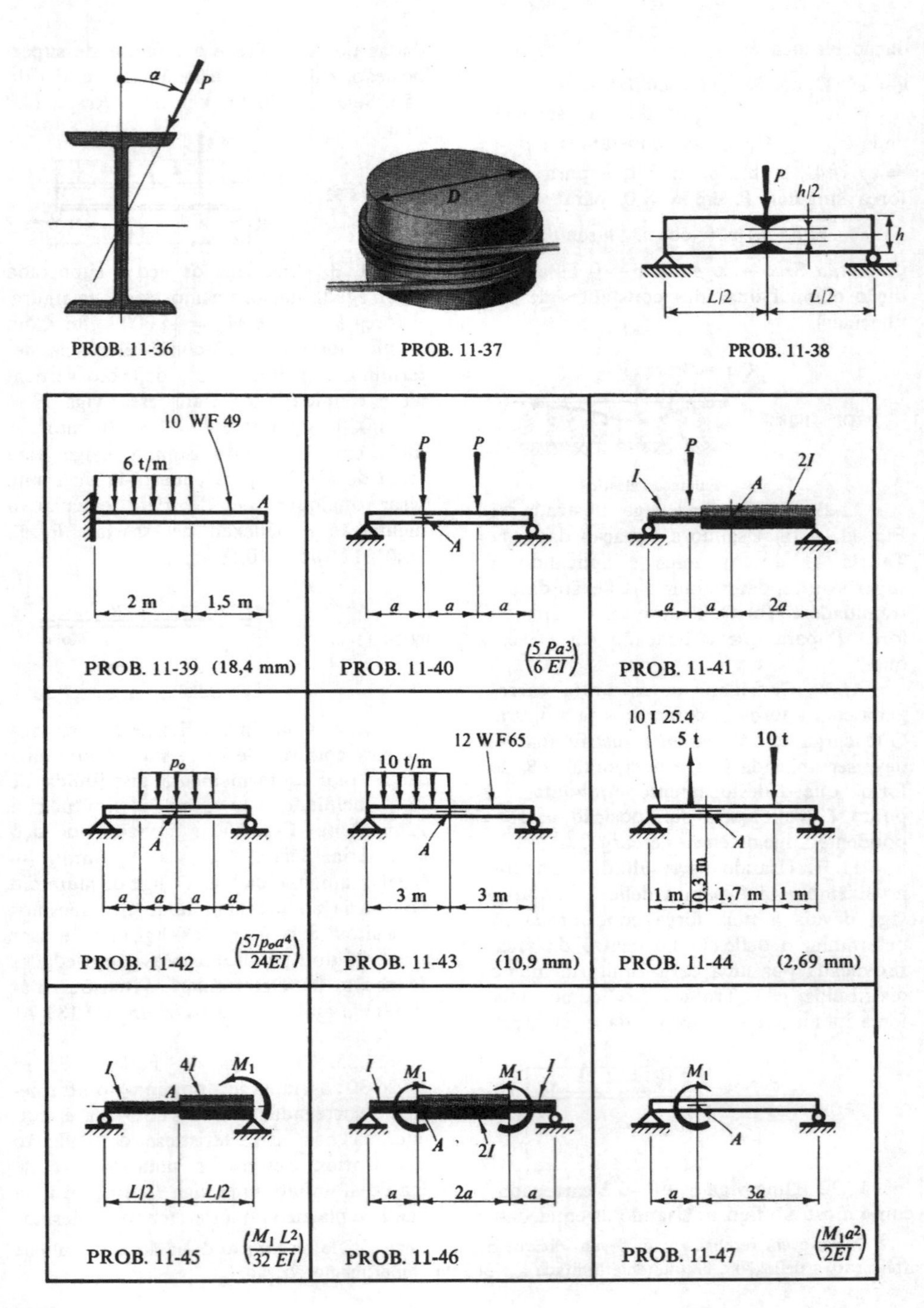

a
P
PROB. 11-36
D
PROB. 11-37
P
h/2
h
L/2
L/2
PROB. 11-38
10 WF 49
6 t/m
A
2 m
1,5 m
PROB. 11-39 (18,4 mm)
P
P
A
a
a
a
PROB. 11-40
(5 Pa³/6 EI)
P
2I
I
A
a
a
2a
PROB. 11-41
p₀
A
a
a
a
a
PROB. 11-42
(57p₀a⁴/24EI)
12 WF65
10 t/m
A
3 m
3 m
PROB. 11-43 (10,9 mm)
10 I 25.4
5 t
10 t
A
0,3 m
1 m
1,7 m
1 m
PROB. 11-44 (2,69 mm)
I
4I
M₁
A
L/2
L/2
PROB. 11-45
(M₁ L²/32 EI)
I
M₁
M₁
I
A
2I
a
2a
a
PROB. 11-46
M₁
A
a
3a
PROB. 11-47
(M₁a²/2EI)

características de deflexão. Ao fazer as seleções das vigas, desprezar as diferenças em seus próprios pesos. Seja $E = 1\,000$ kgf/mm² para a madeira e o plástico de poliéster, $E = 7\,000$ kgf/mm² para o alumínio, e $E = 21\,000$ kgf/mm² para o aço. Para as propriedades da seção de todas as vigas *I*, usar a Tab. 2 do Apêndice. *Resp.*: *I* 10, *I* 7 e *I* 18, respectivamente (em polegadas).

11.36. Uma viga em balanço de 2 m de comprimento é carregada na extremidade com uma força vertical $P = 500$ kgf, formando um ângulo α com a vertical. O membro é uma viga *I* de aço de 200 mm, 27,4 kgf/m. Determinar a deflexão total da ponta para $\alpha = 0°$, 10°, 45° e 90°, provocada pela força aplicada. Seja $E = 20\,000$ kgf/mm².

11.37. Uma barra quadrada de 24 mm, de material elástico-plástico linear, α deve ser enrolada em um mandril, como mostra a figura. (a) Qual o diâmetro *D* requerido do mandril, a fim de que os terços externos das seções se tornem plásticos, isto é, para que o núcleo elástico tenha 8 mm de profundidade por 24 mm de largura? Admitir o material inicialmente livre de tensões, com $\sigma_{esc} = 28$ kgf/mm². Seja $E = 21\,000$ kgf/mm². O passo do ângulo da hélice é tão pequeno que apenas a flexão da barra em um plano necessita ser considerada. (b) Qual deve ser o diâmetro da espira após o alívio das forças usadas na sua formação? Alternativamente, determinar o diâmetro da espira após o retorno da mola elástica.

11.38. Uma viga simples, retangular, sem peso, de material elástico-plástico linear, é carregada no meio por uma força *P*, como mostra a figura. (a) Determinar a magnitude da força *P* que causaria a penetração da zona plástica a 1/4 da viga, de cada lado. (b) Para a condição de carregamento acima, esquematizar o diagrama de momento-curvatura, mostrando-o claramente para a zona plástica. (c) Descrever

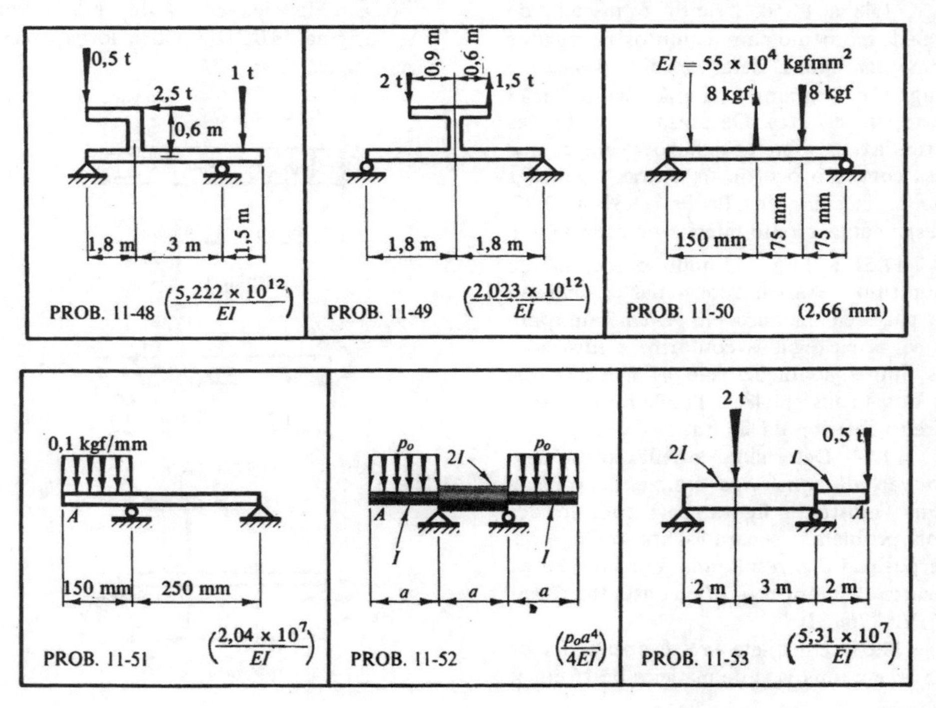

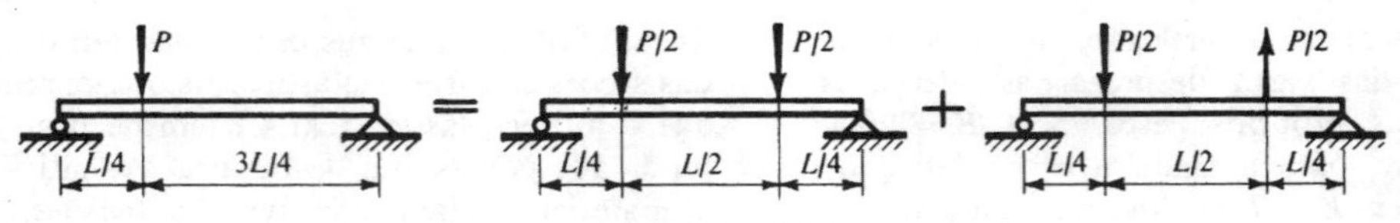

PROB. 11-54

como pode ser achada a deflexão dessa viga. Os cálculos numéricos das deflexões não são necessários.

11.39 a 11.47. Usando o método de área de momento para membros carregados como nas figuras, determinar a deflexão e a inclinação da curva elástica nos pontos *A*. Especificar quando a deflexão é para cima ou para baixo. Se o tamanho do membro não for dado, admitir que *EI* seja constante em todo o comprimento. Desprezar o peso dos membros. Quando necessário, admitir $E = 21\,000$ kgf/mm^2. Quando a resposta for expressa em termos de *EI*, nenhuma ajustagem deve ser feita para as unidades. *Resp.*: a deflexão procurada é observada no canto direito inferior.

11.48 a 11.50. Usando o método de área de momento para membros carregados como na figura, determinar a posição e magnitude, em mm, da máxima deflexão entre os suportes. Desprezar o efeito das forças axiais sobre as deflexões sempre que essa condição ocorra. As outras condições são as mesmas dos Probs. 11.39 a 11.47. *Resp.*: canto direito inferior de cada figura.

11.51 a 11.53. Usando o método de momento de área, determinar a deflexão da parte em balanço em *A*, em mm, para as vigas carregadas conforme é ilustrado. As outras condições são as mesmas que as dos Probs. 11.48 a 11.50. *Resp.*: canto direito inferior da figura.

11.54. Determinar a deflexão no meio do vão de uma viga simples, carregada como mostra a figura, pela solução dos dois problemas separados indicados e superposição dos resultados. Usar o método de área de momento. *EI* é constante. *Resp.*: $11PL^3/(768EI)$.

11.55. Uma seta leve é apenas fixada em *A*, em uma viga de madeira de 15 cm × 15 cm, como mostra a figura. Determinar a posição da extremidade da seta após a aplicação de uma força concentrada de 500 kgf. Seja $E = 84\,000$ kgf/cm^2. *Resp.*: 0,086 cm.

11.56. A viga *AB* é submetida a um momento na extremidade em *A*, e a um momento concentrado desconhecido M_c, como mostra a figura. Usando o método de área de momento, determinar a magnitude do momento fletor M_c, de sorte que a deflexão no ponto *B* seja igual a zero. *EI* é constante. *Resp.*: 2 300 kgfm.

11.57. A viga *ABCD* é inicialmente horizontal. Uma carga *P* é então aplicada em *C*, como mostra a figura. Deseja-se colocar uma força vertical em *B*, para trazer a posição da viga em *B* de volta a seu nível original *ABCD*. Qual a força necessária em *B*? *Resp.*: $7P/8$.

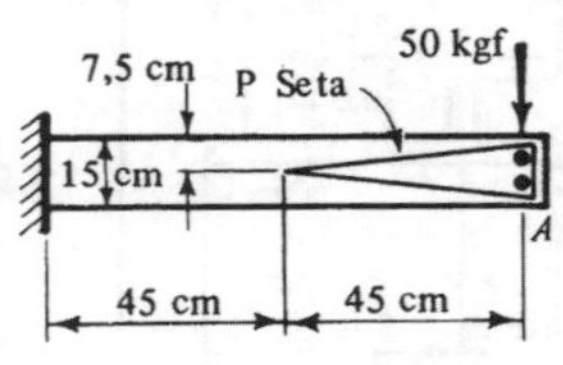

PROB. 11-55

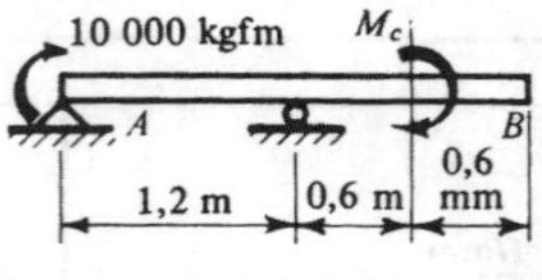

PROB. 11-56

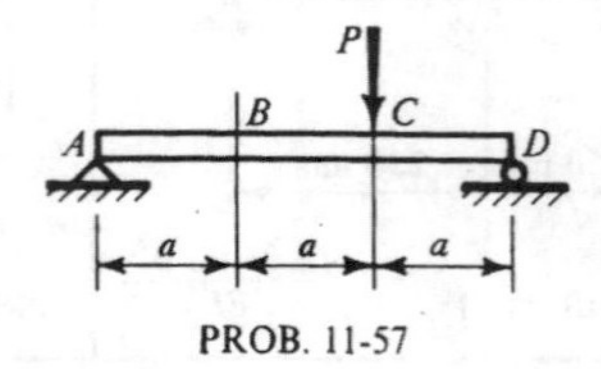

PROB. 11-57

12

PROBLEMAS ESTATICAMENTE INDETERMINADOS

12.1 INTRODUÇÃO

Os problemas mais simples da mecânica dos sólidos são os externa e estaticamente determinados. Em tais casos, as reações e o sistema interno de resultantes de tensão em uma seção podem ser determinados da estática, sem serem consideradas as deformações. No capítulo anterior, os métodos para análise de vigas elásticas estaticamente indeterminadas tornaram-se possíveis apenas introduzindo-se as equações diferenciais para a deflexão de vigas. Neste capítulo, os procedimentos para solução de problemas estaticamente indeterminados serão estendidos para incluir situações adicionais.

Na Parte A deste capítulo, serão discutidos os procedimentos para análise de sistemas estaticamente indeterminados aplicáveis à resposta de materiais lineares e não-lineares. Mostrar-se-á como as equações do equilíbrio estático podem ser suplementadas por outras adicionais, com base nas considerações da geometria da deformação. As equações adicionais necessárias serão formuladas usando-se as condições de deslocamentos compatíveis. Na análise inelástica dos sistemas indeterminados tais procedimentos tornam-se bastante complexos. O mesmo é verdadeiro em muitos problemas viscoelásticos estaticamente indeterminados.

Um método geral bastante efetivo para solução de problemas elásticos altamente indeterminados é discutido na Parte B deste capítulo. Para chegar à solução dos problemas, um sistema estaticamente indeterminado é reduzido a outro determinado, pela remoção das reações redundantes. As reações redundantes então são reaplicadas e ajustadas em suas magnitudes, de forma que sejam obtidas as deformações prescritas nos seus pontos de aplicação. Esse método de análise, de uso amplo, baseia-se na técnica de superposição, e limita-se à solução de problemas elásticos lineares. Uma fórmula de recorrência útil para análise de vigas elásticas contínuas também é dada nessa parte do capítulo.

Na Parte C deste capítulo, trata-se do procedimento para determinação do limite ou da capacidade de resistência de vigas determinadas e indeterminadas de material dútil.

Nas Partes A e B, será dada atenção particular à determinação da magnitude das reações redundantes. Após conhecidas as reações redundantes, um membro torna-se estaticamente determinado, e suas características de resistência ou rigidez podem ser analisadas pelos métodos anteriormente introduzidos.

PARTE A

ANÁLISE COM A AJUDA DAS RELAÇÕES DE DESLOCAMENTO

12.2 MÉTODO GERAL

Em todos os problemas estaticamente indeterminados permanecem válidas as equações do equilíbrio estático. Essas equações são necessárias mas não suficientes para solução dos problemas indeterminados. As equações suplementares são estabelecidas de considerações da geometria da deformação. Nos sistemas estruturais, por necessidade física, certos elementos ou partes devem defletir, torcer, expandir juntas, etc., ou permanecerem estacionárias. Formulando quantitativamente tais observações, fica-se com as equações adicionais necessárias. Por exemplo, a definição de um deslocamento comum a vários membros de uma junta pode dar a relação desejada. Tais equações cinemáticas independem das propriedades mecânicas dos materiais e, assim, não se limitam à resposta elástica linear.

Os procedimentos necessários para determinação da deformação linear de barras com carregamento axial, da torção angular de eixos e da deflexão de vigas, foram anteriormente desenvolvidos. Aqui os mesmos procedimentos se aplicam, exceto pela designação das forças desconhecidas que atuam em tais membros por símbolos algébricos apropriados. Como antes, a pequenez das deformações em comparação com as dimensões lineares do corpo é tacitamente admitida.

A seguir são apresentados diversos exemplos ilustrativos do método de suplementação das equações de equilíbrio com as relações de deslocamento.

EXEMPLO 12.1

Uma barra com ressalto é engastada em ambas as extremidades, em suportes fixos, Fig. 12.1(a). A parte da esquerda da barra tem área de seção transversal A_1; a área da parte da direita é A_2. (a) Se o material da barra é elástico, com módulo de elasticidade E, quais são as reações R_1 e R_2 provocadas pela aplicação de uma força axial P no ponto de descontinuidade da seção? (b) Se $A_1 = 600\,\text{mm}^2$, $A_2 = 1\,200\,\text{mm}^2$, $a = 750\,\text{mm}$, $b = 500\,\text{mm}$, e o material é perfeitamente plástico-linearmente elástico, como mostra a Fig. 12.1(d), determinar o deslocamento u_1 do ressalto em função da força aplicada P. Considerar $E = 21\,000$ kgf/mm^2.

SOLUÇÃO

Caso (*a*). O ponto sobre a barra, onde a força P é aplicada, deflete da mesma quantidade, independentemente de se considerar a parte direita ou esquerda da barra. Separando a barra em P, obtêm-se os dois diagramas de corpo livre das Figs. 12.1(b) e (c). A parte da esquerda da barra suporta uma força de tração R_1 e se alonga de u_1. A parte direita se contrai de u_2 sob a ação de uma força de compressão R_2. Da necessidade física, os valores absolutos das duas deflexões devem ser os mesmos:

da estática, $\quad R_1 + R_2 = P;$

da geometria,* $\quad |u_1| = |u_2|.$

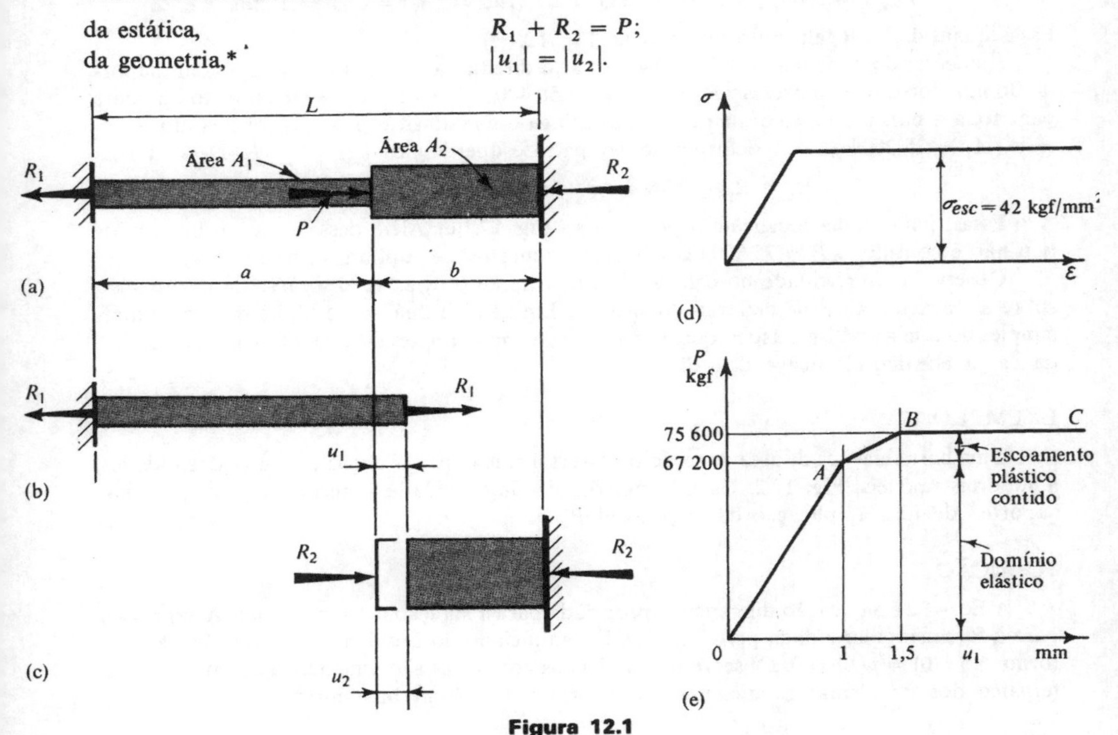

Figura 12.1

Aplicando-se a Eq. 4.33, $u = PL/(AE)$, a relação acima dá

$$\frac{R_1 a}{A_1 E} = \frac{R_2 b}{A_2 E}.$$

Resolvendo simultaneamente as duas equações, têm-se

$$R_1 = \frac{P}{1 + aA_2/(bA_2)} \quad \text{e} \quad R_2 = \frac{P}{1 + bA_1/(aA_2)}. \tag{12.1}$$

Caso (b). Por substituição direta dos dados fornecidos na Eq. 12.1, obtêm-se

$$R_1 = \frac{P}{1 + 750(1\,200)/500(600)} = \frac{P}{4} \quad \text{e} \quad R_2 = \frac{3P}{4}.$$

Assim, as tensões normais são

$$\sigma_1 = R_1/A_1 = P/2\,400 \quad \text{e} \quad \sigma_2 = R_2/A_2 = 3P/4\,800 \text{ (compressão)}.$$

*Considerando o alongamento da barra positivo e a contração negativa, tem-se alternativamente $u_1 + u_2 = 0$, significando que a deformação total da barra de uma extremidade à outra é nula

Como $|\sigma_2| > \sigma_1$, a carga no escoamento iminente é achada quando $|\sigma_2| = 40$ kgf/mm^2. Com essa carga, a parte direita da barra atinge o escoamento e a deformação alcança a magnitude de $\varepsilon_{esc} = \sigma_{esc}/E$. Dessa forma,

$$P_{esc} = 4\,800\sigma_{esc}/3 = 67\,200 \text{ kgf} \quad \text{e} \quad |u_2| = |u_1| = \varepsilon_{esc}b = 1 \text{ mm}.$$

Essas quantidades localizam o ponto A na Fig. 12.1(e).

Aumentando P acima de 67 200 kgf, a parte direita da barra continua a escoar, suportando uma força de compressão $R_2 = \sigma_{esc}A_2 = 50\,400$ kgf. No ponto de escoamento iminente para toda a barra, a parte esquerda apenas atinge o escoamento. Isso ocorre quando $R_1 = \sigma_{esc}A_1 = 25\,200$ kgf, e a deformação na parte esquerda fica $\varepsilon_{esc} = \sigma_{esc}/E$. Dessa forma

$$P = R_1 + R_2 = 75\,600 \text{ kgf} \quad \text{e} \quad u_1 = \varepsilon_{esc}a = 1{,}5 \text{ mm}.$$

Essas quantidades localizam o ponto B na Fig. 12.1(e). Além desse ponto, o fluxo plástico não é contido, e $P = 75\,600$ kgf é a carga limite ou de ruptura da barra.

Observe a simplicidade no cálculo da carga limite que, entretanto, não dá informação sobre as características de deflexão do sistema. Em geral, a análise do limite plástico é mais simples do que a análise elástica que, por sua vez, é mais simples do que o traçado da relação da carga elástico-plástica e deflexão.

EXEMPLO 12.2

Uma barra elástica de área de seção transversal constante A é engastada nas extremidades, a suportes imóveis, Fig. 12.2. Usando funções de singularidade, determinar as reações nos suportes, devidas à aplicação da força axial P.

SOLUÇÃO

A Eq. 4.32 é a equação diferencial apropriada para a solução deste problema. A expressão para a força singular é dada pela Eq. 12.2. Do enunciado do problema, as condições de contorno são $u(0) = u(L) = 0$. Observe que ambas as condições são cinemáticas, o que é característico dos problemas estaticamente indeterminados. Com base nisso

$$AE\frac{d^2u}{dx^2} = -p_x = -P\langle x-a\rangle_*^{-1},$$

$$AE\frac{du}{dx} = -P\langle x-a\rangle^0 + C_1,$$

$$AEu = -P\langle x-a\rangle^1 + C_1x + C_2,$$

$$AEu(0) = 0 = C_2,$$

$$AEu(L) = 0 = -Pb + C_1L \quad \text{ou} \quad C_1 = Pb/L,$$

$$R_1 = P(0) = \left(AE\frac{du}{dx}\right)_{x=0} = +Pb/L$$

e

$$R_2 = P(L) = \left(AE\frac{du}{dx}\right)_{x=L} = -P + C_1 = -Pa/L.$$

Com $A_1 = A_2$, e $a + b = L$, a Eq. 12.1 dá os mesmos resultados. É interessante observar que a força P é aplicada a um dado suporte e segue o caminho da rigidez, isto é, sua maior parcela é suportada por aquele apoio.

Se a seção transversal da barra fosse variável, o procedimento acima não seria tão bom quanto o usado no exemplo anterior.

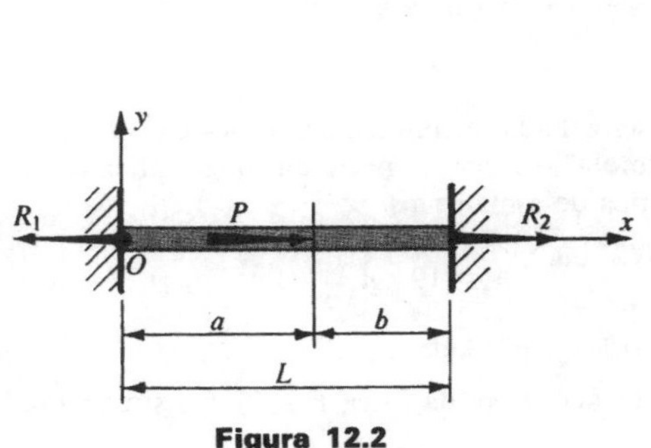

Figura 12.2

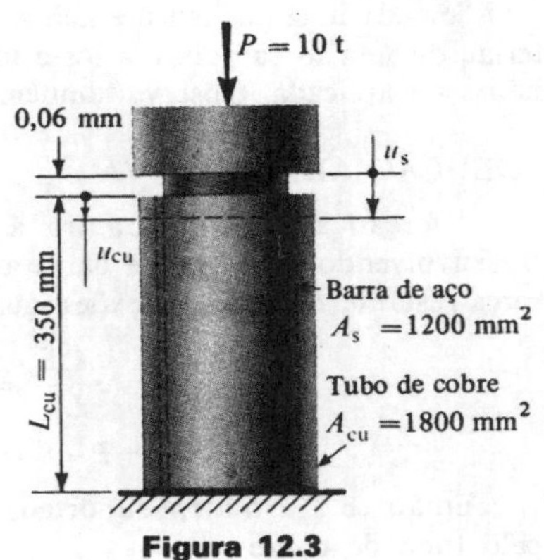

Figura 12.3

Os eixos engastados nas extremidades e sujeitos a torques são estaticamente indeterminados. A solução de tais problemas é completamente análoga aos dois exemplos acima.

EXEMPLO 12.3

Uma barra de aço, de 1 200 mm² de área da seção transversal e de 350,06 mm de comprimento é inserida com folga em um tubo de cobre, como na Fig. 12.3. O tubo de cobre tem seção transversal de 1 800 mm² e 350 mm de comprimento. Se uma força axial, $P = 10$ t, é aplicada através de uma tampa rígida, quais as tensões desenvolvidas nos dois materiais? Admitir que os módulos de elasticidade do aço e do cobre sejam $E_a = 21\,000$ kgf/mm² e $E_{cu} = 12\,000$ kgf/mm², respectivamente.

SOLUÇÃO

Se a força aplicada P é suficientemente grande para fechar a pequena folga, será desenvolvida uma força P_a na barra de aço, e uma força P_{cu} no tubo de cobre. Além do mais, com o carregamento, a barra de aço comprimirá axialmente u_a, que é igual à deformação u_{cu} do tubo de cobre mais a folga inicial. Assim,

da estática, $P_a + P_{cu} = 10\,000$ kgf;
da geometria, $u_a = u_{cu} + 0{,}06$.

Aplicando a Eq. 4.33, $u = PL/(AE)$

$$\frac{P_a L_a}{A_a E_a} = \frac{P_{cu} L_{cu}}{A_{cu} E_{cu}} + 0{,}06,$$

ou

$$\frac{350{,}06}{1\,200(21\,000)} P_a - \frac{350}{1\,800(12\,000)} P_{cu} = 0{,}06,$$

ou

$$P_a - 1{,}166 P_{cu} = 4\,319 \text{ kgf}.$$

Resolvendo simultaneamente essas equações, obtêm-se

$$P_{cu} = 2\,628 \text{ kgf} \quad \text{e} \quad P_a = 7\,372 \text{ kgf},$$

e dividindo essas forças pelas respectivas áreas transversais, têm-se

$$\sigma_{cu} = 2\,628/1\,800 = 1{,}46 \text{ kgf/mm}^2 \quad \text{e} \quad \sigma_a = 7\,372/1\,200 = 6{,}14 \text{ kgf/mm}^2.$$

Se cada uma das tensões acima ultrapassasse o limite de proporcionalidade de seu material, ou se a força aplicada fosse tão pequena que a folga desaparecesse, a solução acima não seria aplicada. Observe também que, é suficientemente preciso o uso de $L_a = L_{cu}$.

SOLUÇÃO ALTERNATIVA

A força F necessária para tirar a folga pode ser achada inicialmente usando-se a Eq. 4.33. Desenvolvendo essa força, a barra atua como "mola" e resiste a parte da força aplicada. A força restante P' causa deflexões iguais u'_a e u'_{cu} nos dois materiais.

$$F = \frac{uA_aE_a}{L_a} = \frac{(0{,}06)1\,200(21\,000)}{350{,}06} = 4\,319 \text{ kgf}$$

$$P' = P - F = 10\,000 - 4\,319 = 5\,681 \text{ kgf.}$$

Então, se P'_a é a força suportada pela barra de aço, além da força F, e P'_{cu} é a suportada pelo tubo de cobre:

da estática, $\quad P'_a + P'_{cu} = P' = 5\,681;$

da geometria, $\quad u'_a = u_{cu} \quad \text{ou} \quad \dfrac{P'_aL_a}{A_aE_a} = \dfrac{P'_{cu}L_{cu}}{A_{cu}E_{cu}};$

$$\frac{350{,}06}{1\,200(21\,000)}P'_a = \frac{350}{1\,800(12\,000)}P'_{cu} \qquad P'_{cu} = \frac{0{,}857}{}P'_a$$

Resolvendo simultaneamente as duas equações apropriadas, acha-se que $P'_{cu} = 2{,}62$ t e $P'_a = 3{,}06$ t, ou $P_a = P'_a + F = 7{,}37$ t.

Se $(\sigma_{esc})_a = 28$ kgf/mm² e $(\sigma_{esc})_{cu} = 7$ kgf/mm², a carga limite para essa estrutura pode ser determinada por:

$$P_{lim} = (\sigma_{esc})_aA_a + (\sigma_{esc})_{cu}A_{cu} = 46\,200 \text{ kgf.}$$

Com a carga limite, ambos os materiais escoam, dessa forma a pequena discrepância nos comprimentos iniciais das peças não tem conseqüências.

EXEMPLO 12.4

Três barras de material elástico-perfeitamente plástico são dispostas simetricamente em um plano, para formarem o sistema mostrado na Fig. 12.4(a). Investigar as características de deflexão da junta C. A área da seção transversal A de cada barra é a mesma.

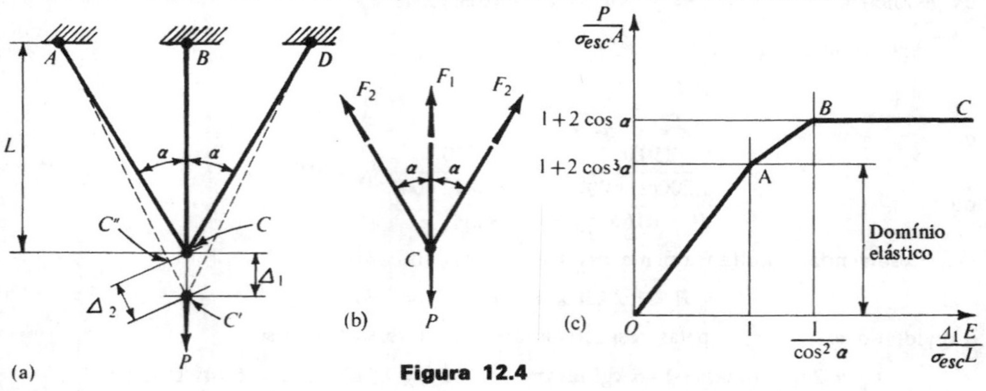

Figura 12.4

SOLUÇÃO

Um diagrama de corpo livre da junta C está na Fig. 12.4(b), do qual, para pequenas deformações, uma equação de equilíbrio é

$$F_1 + 2F_2 \cos \alpha = P. \tag{12.2}$$

Essa relação se mantém verdadeira, independentemente da resposta do material. Essa, entretanto, depende da magnitude da deformação.

A estrutura deformada está mostrada na Fig. 12.4(a) pelas linhas tracejadas AC', AB' e DC'. O alongamento da barra BC' é Δ_1. O alongamento das barras inclinadas é Δ_2. Para deslocamentos compatíveis

$$\Delta_2 = \Delta_1 \cos \alpha, \tag{12.3}$$

onde se admite que, por causa da pequenez das deformações consideradas, o arco CC'' com centro em A pode ser substituído por uma normal a AC'.

A Eq. 12.3 se aplica nas faixas de deformação elástica e inelástica, contanto que a deformação permaneça pequena. Para a faixa elástica, observando-se que as barras inclinadas têm comprimento $L/\cos \alpha$, e aplicando a Eq. 4.33, obtém-se

$$\frac{F_2(L/\cos \alpha)}{AE} = \frac{F_1 L}{AE} \cos \alpha, \text{ isto é, } F_2 = F_1 \cos^2 \alpha. \tag{12.4}$$

Resolvendo as Eqs. 12.2 e 12.4, simultaneamente, resulta

$$F_1 = \frac{P}{1 + 2\cos^3 \alpha} \quad \text{e} \quad F_2 = \frac{P}{1 + 2\cos^3 \alpha} \cos^2 \alpha. \tag{12.5}$$

Vê-se que a máxima força e tensão ocorrem na barra vertical. No escoamento iminente, $F_1 = \sigma_{esc} A$ e $\Delta_1 = (\sigma_{esc}/E)L$. Com F_1 conhecida, a máxima força P que pode ser suportada elasticamente segue das Eqs. 12.2 e 12.4. Essa condição, com $P = \sigma_{esc} A(1 + 2\cos^3 \alpha)$, corresponde ao ponto A da Fig. 12.4(c).

Aumentando a força P acima do escoamento iminente na barra vertical, a força $F_1 = \sigma_{esc} A$ permanece constante, e a Eq. 12.2 torna-se suficiente para determinação da força F_2. As barras inclinadas comportam-se elasticamente até que suas tensões atinjam σ_{esc}. Isso ocorre quando $F_2 = \sigma_{esc} A$. No escoamento iminente nas barras inclinadas, usando a Eq. 12.2, $P = \sigma_{esc} A(1 + 2\cos \alpha)$. Essa condição corresponde à carga limite para o sistema.

No escoamento iminente $\Delta_2 = (\sigma_{esc}/E)(L/\cos \alpha)$. Assim, pela Eq. 12.3, $\Delta_1 = (\sigma_{esc}/E)L/\cos^2 \alpha$. Esse valor localiza a abscissa do ponto B na Fig. 12.4(c). Além desse ponto ocorre o escoamento plástico incontrolado.

Observe, de novo, a simplicidade na determinação da carga limite quando se trabalha diretamente com um sistema estaticamente determinado.

EXEMPLO 12.5

Duas vigas em balanço AD e BE de mesma rigidez flexural $EI = 2{,}6 \times 10^{12}$ kgf/mm², mostradas na Fig. 12.5(a), são interligadas por uma barra de aço esticada $DC(E_a = 21\,000$ kgf/mm²$)$. A barra DC tem comprimento de 4 m, e seção transversal de 300 mm². Achar a deflexão da viga AD, em D, devida a uma força $P = 5$ t aplicada em E.

SOLUÇÃO

Separando a estrutura em D, são obtidos os dois diagramas de corpo livre nas Figs. 12.5(b) e (c). Em ambos os diagramas é mostrada a mesma força incógnita X (uma condição da estática). A deflexão do ponto D é a mesma quando se considera a viga AD, em D, ou o topo da barra DC. A deflexão Δ_1, do ponto D, na Fig. 12.5(b) é provocada por X. A deflexão Δ_2, do ponto D da barra é igual à deflexão v_c da viga BE, provocada pelas forças P e X menos a distensão elástica da barra DC.

Da estática: $X_{ação\ em\ AD} = X_{ação\ em\ DC} = X.$

Da geometria: $\Delta_1 = \Delta_2$ ou $|v_D| = |v_C| - \Delta_{barra}$.

As deflexões da viga podem ser achadas usando-se apenas um dos métodos discutidos no capítulo anterior. Da Tab. 11 do Apêndice, em termos da notação deste problema, tem-se

$$v_D = -\frac{Xa^3}{3EI} = -\frac{X \times 1\,500^3}{3 \times 2{,}6 \times 10^{12}} = -4{,}33 \times 10^{-4} X \quad \text{(para baixo)}$$

$$v_{C\ devido\ a\ X} = +4{,}33 \times 10^{-4} X \quad \text{(para cima)}$$

$$v_{C\ devido\ a\ P} = -\frac{P}{6EI}[2(2a)^3 - 3(2a)^2 a + a^3] = -5{,}41\ \text{mm} \quad \text{(para baixo)}$$

e, usando a Eq. 4.33

$$\Delta_{barra} = \frac{XL_{CD}}{A_{CD}E} = \frac{X4\,000}{300(21\,000)} = 6{,}35 \times 10^{-4} X.$$

Então

$$4{,}33 \times 10^{-4} X = (5{,}41 - 4{,}33 \times 10^{-4} X) - 6{,}35 \times 10^{-4} X,$$

$$X = +3\,604\ \text{kgf}$$

e

$$v_D = -4{,}33 \times 10^{-4} \times 3\,604 = -1{,}56\ \text{mm} \quad \text{(para baixo).}$$

Observe particularmente que a deflexão do ponto C é provocada tanto pela força aplicada P, na extremidade da viga em balanço, como pela força desconhecida X.

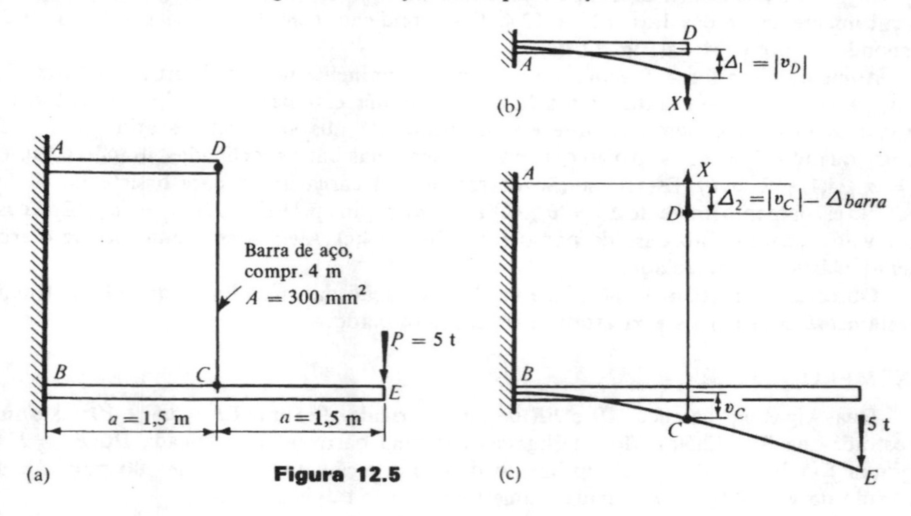

Figura 12.5

12.3 TENSÕES PROVOCADAS PELA TEMPERATURA

Foi possível abandonar as deformações provocadas pela temperatura, nos sistemas estaticamente determinados, porque em tais situações os membros são livres para expandirem-se ou contraírem-se. Entretanto, nos sistemas estaticamente indeterminados, a expansão ou contração de um corpo pode ser evitada em certas direções. Isso pode provocar tensões significativas e deve ser investigado.

A determinação das deformações livres provocadas por uma mudança de temperatura é feita pela Eq. 4.14. Para um corpo de comprimento L, com deformação térmica uniforme, a deformação linear Δ devida a uma mudança na temperatura de δT graus é

$$\Delta = \alpha(\delta T)L, \tag{12.6}$$

onde α é o coeficiente de expansão térmica.

A solução dos problemas indeterminados que envolvam deformações pela temperatura segue os conceitos discutidos na Seç. 12.2. Os dois exemplos que se seguem ilustram alguns dos detalhes da solução.

EXEMPLO 12.6

Um tubo de cobre, de 300 mm de comprimento e área da seção transversal de 1 800 mm², é colocado entre duas tampas muito rígidas, feitas de Invar*, Fig. 12.6(a). Quatro parafusos de aço de 20 mm são dispostos simetricamente, paralelos ao eixo do tubo, e são ligeiramente apertados. Achar a tensão no tubo se a temperatura do conjunto for elevada de 30 °C para 70 °C. Seja $E_{cu} = 12\,000$ kgf/mm², $E_a = 21\,000$ kgf/mm², $\alpha_{cu} = 0{,}000016$ por °C, e $\alpha_a =$ $= 0{,}0000120$ por °C.

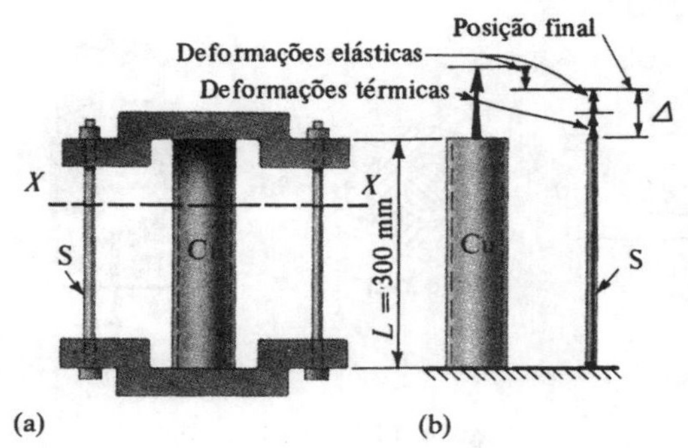

Figura 12.6 (a) (b)

SOLUÇÃO

Se o tubo de cobre e os parafusos de aço pudessem expandir-se livremente, ocorreriam os alongamentos térmicos axiais, mostrados na Fig. 12.6(b). Entretanto, como a deformação axial do tubo deve ser a mesma que a dos parafusos, o tubo de cobre será comprimido e os parafusos tracionados, e as deformações líquidas (resultantes) serão as meams. Além do mais, como pode ser estabelecido considerando um corpo livre acima de algum plano arbitrário da estrutura anterior, como X-X na Fig. 12.6(a), a força de compressão P_{cu} no tubo de cobre e a de tração P_a nos parafusos de aço são iguais. Assim,

da estática, $\qquad P_{cu} = P_a = P;$

da geometria, $\qquad \Delta_{cu} = \Delta_a = \Delta.$

*Invar é uma liga de aço que a temperaturas ordinárias tem $\alpha \approx 0$ e, por essa razão, é usada em fitas e molas de relógio

Essa relação cinemática, com base na Fig. 12.6(b) e com o auxílio das Eqs. 12.6 e 4.33, fica:

$$\alpha_{cu}\delta T\cancel{L_{cu}} - \frac{P_{cu}\cancel{L_{cu}}}{A_{cu}E_{cu}} = \alpha_a\delta T\cancel{L_a} + \frac{P_a\cancel{L_a}}{A_aE_a}$$

ou, como $\delta T = 40$ °C e a área da seção transversal de um parafuso é 314 mm²,

$$0{,}000016(40) - \frac{P_{cu}}{1\,800(12\,000)} = 0{,}000012(40) + \frac{P_a}{4(314)21\,000}.$$

Solucionando simultaneamente as duas equações, $P = 1\,900$ kgf. Dessa forma, a tensão no tubo de cobre é $\sigma_{cu} = 1\,900/1\,800 = 1{,}06$ kgf/mm².

A expressão cinemática usada acima pode também ser estabelecida com base no seguinte: a expansão diferencial dos dois materiais devida à mudança na temperatura é acomodada por ou é igual às deformações elásticas que ocorrem nos dois materiais.

EXEMPLO 12.7

Um parafuso de aço tem área seccional $A_1 = 600$ mm², e é usado para unir duas porcas de aço, de espessura total L, tendo cada uma a área $A_2 = 5\,400$ mm², Fig. 12.7(a). Se o parafuso nesse conjunto é inicialmente apertado de forma que sua tensão seja de 14 kgf/mm², qual será a tensão final desse parafuso, após a aplicação de uma força $P = 7$ t ao conjunto?

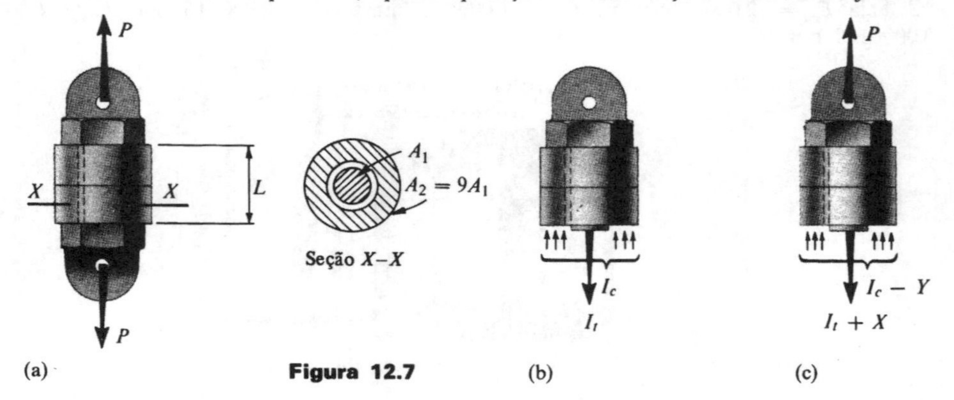

(a) **Figura 12.7** (b) (c)

SOLUÇÃO

Um corpo livre correspondente às condições iniciais do conjunto está na Fig. 12.7(b), onde I_t é a força de tração inicial no parafuso e I_c é a força de compressão inicial nas porcas. Da estática, $I_t = I_c$. Um corpo livre do conjunto, após aplicada a força P, é mostrado na Fig. 12.7(c), onde X indica o aumento na força de tração no parafuso, e Y é o decréscimo na força de compressão nas porcas devido a P. Como resultado dessas forças X e Y, se as partes adjacentes permanecem em contato, o parafuso se alonga da mesma quantidade que as porcas se expandem elasticamente. Assim, as condições finais são as seguintes:

da estática, $P + (I_c - Y) = (I_t + X)$,

ou como $I_c = I_t$,

$$X + Y = P;$$

da geometria, $\Delta_{par} = \Delta_{porca}$.

Aplicando-se a Eq. 4.33,

$$\frac{XL}{A_1 E} = \frac{YL}{A_2 E}, \quad \text{isto é,} \quad Y = \frac{A_2}{A_1} X.$$

Resolvendo simultaneamente as duas equações,

$$X = \frac{P}{1 + (A_2/A_1)} = \frac{P}{1 + 9} = 0{,}1P = 700\,\text{kgf}.$$

Dessa forma, o aumento na tensão do parafuso é $X/A_1 = 1{,}17$ kgf/mm^2, e a tensão no parafuso após a aplicação da força P fica 15,17 kgf/mm^2. Esse resultado marcante indica que a maior parcela da força aplicada é absorvida pelo decréscimo da força de compressão inicial na porca, porque $Y = 0{,}9P$.

A solução não é válida se um dos materiais deixa de comportar-se elasticamente ou se a força aplicada é tal que a precompressão inicial das peças do conjunto é destruída.

Situações que se aproximam do problema idealizado anteriormente são achadas em muitas aplicações práticas. Um rebite quente, usado na montagem de chapas, desenvolve em seu interior, após resfriamento, enormes tensões de tração. Parafusos completamente apertados, como no cabeçote de um motor de automóvel ou em um flange de um vaso de pressão, têm elevadas tensões de tração iniciais; o mesmo ocorre com os cabos de aço de uma viga de concreto protendido. É crucialmente importante que, ao se aplicar as cargas de trabalho, apenas um pequeno aumento ocorra nas tensões de tração iniciais.

PARTE B

ANÁLISE PELO MÉTODO DA SUPERPOSIÇÃO

12.4 MÉTODO DE ANÁLISE

Os sistemas estruturais de materiais elásticos lineares que experimentam pequenas deformações são sistemas estruturais lineares. Para tais estruturas, o método da superposição é aplicável, e se dispõe de um procedimento efetivo para análise de sistemas estaticamente indeterminados.

Na análise dos sistemas estruturais é necessário remover temporariamente as reações redundantes, que tornam a estrutura estaticamente determinada. Então, nessa estrutura artificialmente reduzida à determinação estática, é possível achar qualquer deflexão desejada pelos métodos anteriormente discutidos. Por exemplo, pela remoção da reação redundante* em A da viga indeterminada mostrada na Fig. 12.8(a), pode-se achar a deflexão v_1 em A, Fig. 12.8(b). Reaplicando a reação redundante removida R_A à mesma viga determinada, Fig. 12.8(c), a deflexão v_2, achada como função de R_A, também pode ser determinada. Então, superpondo (somando) as duas deflexões, como $v_1 + v_2 = 0$ acha-se a solução para R_A. O

*Na análise de vigas, os momentos fletores nos suportes são freqüentemente tratados como redundantes. Em lugar das deflexões consideram-se em tais casos as rotações das tangentes nos suportes

efeito dessa superposição é que, sob a ação das forças aplicadas e da reação redundante, o ponto A não se move.

O método da superposição é adequado para análise dos sistemas com elevado grau de indeterminação, e é bastante usado na prática: Como nesse método as forças redundantes são desconhecidas, esse procedimento é freqüentemente denominado de *método da força.** Observe especialmente que, após determinadas as reações redundantes, um problema se torna estaticamente determinado, e a análise ulterior das tensões e das deformações ocorre na maneira usual.

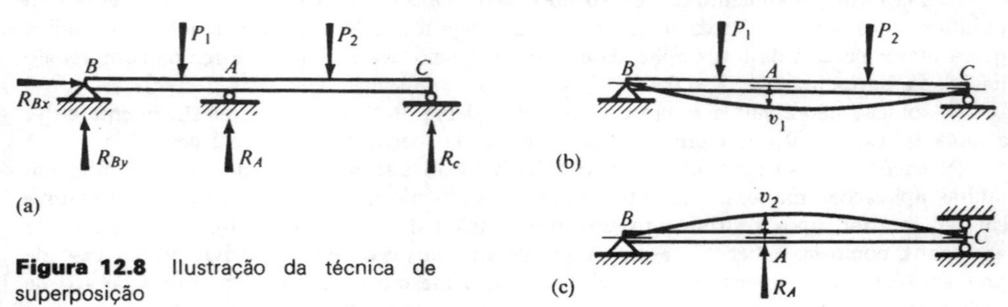

Figura 12.8 Ilustração da técnica de superposição

EXEMPLO 12.8

Refazer o Exemplo 12.1, usando o método da superposição, Fig. 12.9(a).

SOLUÇÃO

Imagina-se a barra seccionada no suporte da esquerda. Então, nesse membro determinado, a extremidade cortada deflete de u_1 devido à força aplicada P, Fig. 12.9(b). A reaplicação da força R_1, Fig. 12.9(c), causa uma deflexão u_2. Superpondo essas deflexões, a fim de evitar o movimento do extremo esquerdo da barra, satisfazendo as condições do problema, dá

$$u_1 + u_2 = 0.$$

Usando-se a Eq. 4.33, $u = PL/(AE)$, e considerando positivas as deflexões para a direita,

$$\frac{Pb}{A_2E} - \left(\frac{R_1a}{A_1E} + \frac{R_1b}{A_2E}\right) = 0$$

e

$$R_1 = \frac{P}{1 + (aA_2/bA_1)},$$

que é o mesmo resultado do Exemplo 12.1. A reação da direita pode ser achada pela condição da estática: $R_1 + R_2 = P$.

A análise do sistema de três barras do Exemplo 12.4 pode ser feita da mesma maneira que a efetuada no Exemplo anterior. Primeiro, o sistema é imaginado cortado em B, e se determina o deslocamento u_1 com tensão nula no elemento BC, Fig. 12.10. Então é achada

*Um método completamente paralelo, baseado nos deslocamentos desconhecidos é chamado de *método dos deslocamentos.* Um procedimento especial com base nesse conceito é discutido na Seç. 12.6. Para mais detalhes veja, por exemplo, H. C. Martin, *Introduction to Matrix Methods of Structural Analysis*, McGraw-Hill Book Company, Nova Iorque, 1966

a força aplicada em B, necessária para eliminar o espaçamento. A soma das duas soluções é o resultado procurado. Ao usar esse método podem ser incluídas as deformações causadas pelas variações de temperatura.

A técnica da superposição também é bastante conveniente na análise dos problemas torcionais elásticos estaticamente indeterminados. A magnitude do torque redundante é determinada, tornando-a suficiente para restituir a extremidade cortada do membro à sua posição verdadeira.

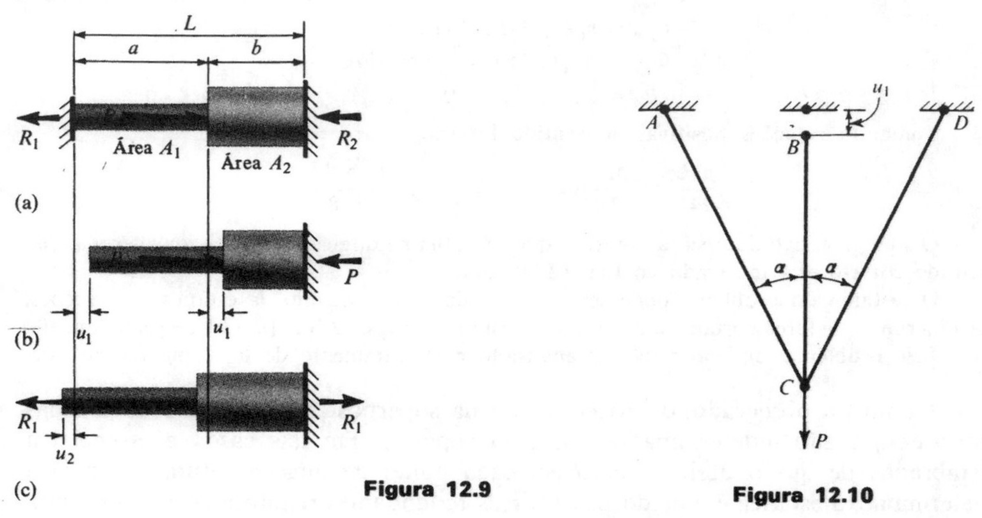

Figura 12.9 **Figura 12.10**

EXEMPLO 12.9

Traçar os diagramas de força cortante e momento fletor para uma viga com carregamento uniforme, fixa em uma extremidade e simplesmente suportada na outra, Fig. 12.11(a). EI é constante.

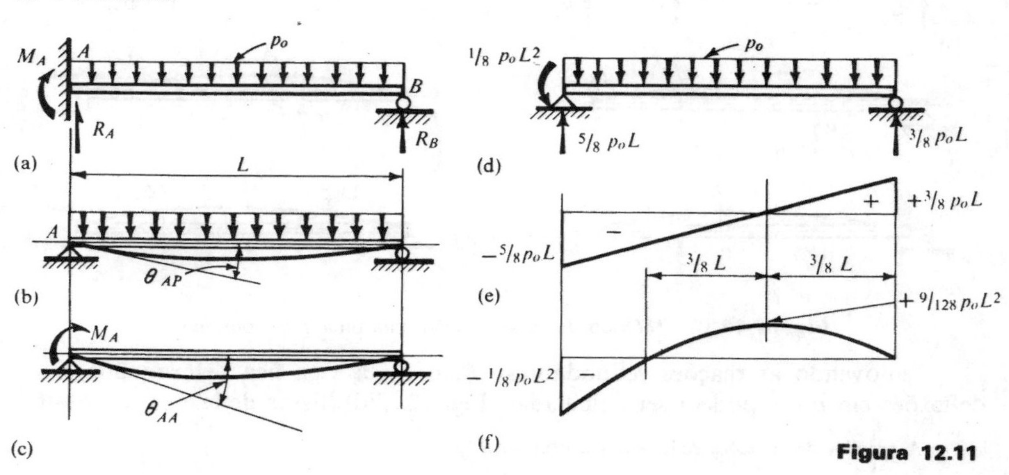

Figura 12.11

SOLUÇÃO

Essa viga é indeterminada em primeiro grau, mas pode ser reduzida à determinação pela remoção de M_A, como na Fig. 12.11(b). Um momento positivo M_A, atuando em A, na mesma estrutura, está mostrado na Fig. 12.11(c). As rotações em A, para os dois casos determinados, pode ser achada com o auxílio da Tab. 11 do Apêndice. (Veja também o Exemplo 11.3). O requisito de rotação nula em A, na estrutura original, dá a equação necessária para a determinação de M_A.

$$\theta_{AP} = p_0L^3/(24EI) \quad \text{(horário)}$$

e

$$\theta_{AA} = M_AL/(3EI) \quad \text{(horário)},$$

$$\theta_A = \theta_{AP} + \theta_{AA} = 0.$$

Tomando rotações positivas no sentido horário,

$$\frac{p_0L^3}{24EI} + \frac{M_AL}{3EI} = 0 \quad \text{e} \quad M_A = -\frac{p_0L^2}{8}.$$

O sinal negativo do resultado indica que M_A atua na direção oposta à considerada. Seu sentido correto está mostrado na Fig. 12.11(d).

O restante do problema pode ser solucionado com o auxílio da estática. As reações, os diagramas de força cortante e de momento estão nas Figs. 12.1(d), (e) e (f), respectivamente.

Esse problema também pode ser analisado pelo tratamento de R_B como redundante.

Como foi observado, o procedimento da superposição é aplicável a sistemas lineares que são indeterminados em grau superior. Em tais casos, é essencial a lembrança de que o deslocamento em cada ponto de uma estrutura reduzida à determinação estática é afetado pelas forças redundantes reaplicadas. Como exemplo, considere a viga da Fig. 12.12(a).

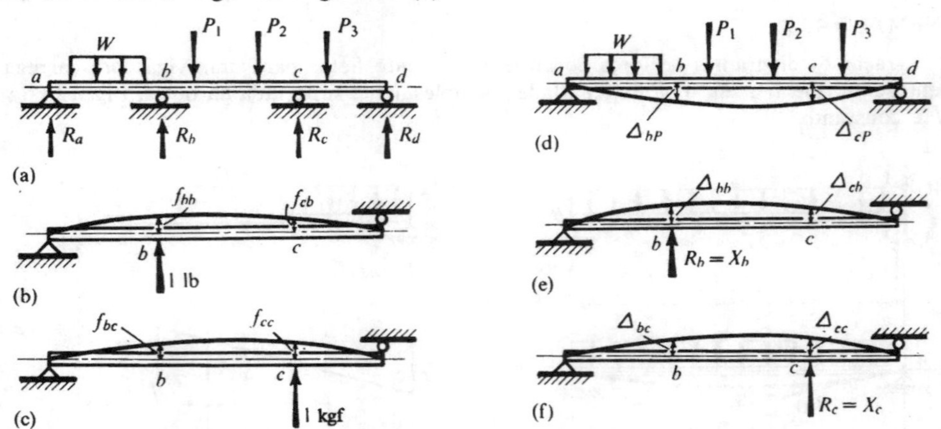

Figura 12.12 Método de superposição para uma viga contínua

Removendo as reações redundantes* R_b e R_c, a viga fica determinada e as deflexões em b e c podem ser calculadas, Fig. 12.12(d). Essas deflexões são desig-

*A escolha das reações redudantes é arbitrária

nadas por Δ_{bP} e Δ_{cP}, respectivamente, onde o primeiro índice denota o ponto em que a deflexão ocorre, e o segundo a causa da deflexão. Reaplicando R_b à mesma viga, Fig. 12.12(e), podem ser achadas as deflexões em b e c, devidas a R_b em b. Essas deflexões são designadas por Δ_{bb} e Δ_{cb}, respectivamente. Analogamente podem ser estabelecidas Δ_{bc} e Δ_{cc}, Fig. 12.12(f), devidas a R_c. Superpondo as deflexões em cada suporte e igualando a soma a zero, considerando os pontos b e c sem deflexão, obtêm-se duas equações:

$$\begin{aligned} \Delta_b &= \Delta_{bP} + \Delta_{bb} + \Delta_{bc} = 0, \\ \Delta_c &= \Delta_{cP} + \Delta_{cb} + \Delta_{cc} = 0. \end{aligned} \tag{12.7}$$

Essas equações podem ser reescritas de forma mais significativa usando os *coeficientes de flexibilidade* f_{bb}, f_{bc}, f_{cb} e f_{cc}, definidos como as deflexões mostradas nas Figs. 12.12(b) e (c) devidas às forças unitárias aplicadas na direção das redundantes. Como se considera um sistema estrutural linear, a deflexão no ponto b devida às redundantes pode ser expressa por:

$$\Delta_{bb} = f_{bb}X_b \quad \text{e} \quad \Delta_{bc} = f_{bc}X_c \tag{12.8}$$

e analogamente, no ponto c, por

$$\Delta_{cb} = f_{cb}X_b \quad \text{e} \quad \Delta_{cc} = f_{cc}X_c \tag{12.9}$$

onde X_b e X_c são fatores adimensionais que, sendo multiplicados pelas respectivas forças unitárias adquirem as unidades das quantidades redundantes. Usando essa notação, a Eq. 12.7 fica

$$\begin{aligned} f_{bb}X_b + f_{bc}X_c + \Delta_{bP} &= 0 \\ f_{cb}X_b + f_{cc}X_c + \Delta_{cP} &= 0 \end{aligned} \tag{12.10}$$

onde as únicas quantidades desconhecidas são X_b e X_c; as soluções simultâneas dessas equações constituem a solução do problema.

A forma canônica das equações de superposição* do método de força para um sistema com n redundantes desconhecidas é:

$$\begin{aligned} f_{aa}X_a + f_{ab}X_b + \cdots + f_{an}X_n + \Delta_{aP} &= \Delta_a \\ f_{ba}X_a + f_{bb}X_b + \cdots + f_{bn}X_n + \Delta_{bP} &= \Delta_b \\ \cdots\cdots\cdots\cdots\cdots\cdots\cdots\cdots\cdots \\ f_{na}X_a + f_{nb}X_b + \cdots + f_{nn}X_n + \Delta_{nP} &= \Delta_n. \end{aligned} \tag{12.11}$$

Em geral, as deflexões dos vários pontos indicados na Eq. 12.11, como Δ_a, $\Delta_b, \ldots \Delta_n$ não necessitam ser necessariamente nulas. Nessas equações, as quantidades f_{ij}, Δ_{iP} e Δ_i representam deflexões lineares ou angulares, dependendo de sua associação com uma força ou um momento.

É importante observar que a matriz dos coeficientes de flexibilidade f_{ij} é simétrica, isto é $f_{ij} = f_{ji}$. Isso decorre da lei das deflexões recíprocas, cuja prova pode ser vista na Seç. 13.5.

*Algumas vezes essas são chamadas de *equações de Maxwell-Mohr*

EXEMPLO 12.10

Para viga engastada nas extremidades, mostrada na Fig. 12.13(a), e usando o método de força, achar os momentos desenvolvidos nos apoios devidos à aplicação da força P. EI é constante.

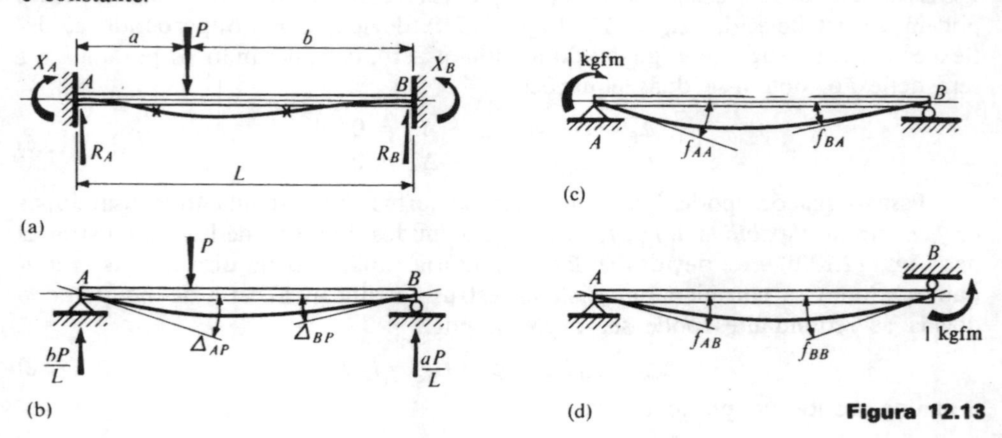

Figura 12.13

SOLUÇÃO

Essa viga, indeterminada em segundo grau, é reduzida à determinação pela remoção dos momentos extremos, Fig. 12.13(b). Nessa viga determinada, as rotações das tangentes nos suportes devidas à carga aplicada podem ser tiradas da solução do Exemplo 11.4. Isso dá

$$|\Delta_{AP}| = \left| \left(\frac{dv}{dx}\right) \right| = \frac{Pab}{6EIL}(a + 2b)$$

$$|\Delta_{BP}| = \left| \left(\frac{dv}{dx}\right)_{x=L} \right| = \frac{Pab}{6EIL}(b + 2a).$$

As rotações das extremidades da viga, devidas aos conjugados unitários mostrados nas Figs. 12.13(c) e (d), podem ser achadas na Tab. 11 do Apêndice.

Com $M_0 = 1$, tem-se

$$|f_{AA}| = |f_{BB}| = \frac{L}{3EI} \quad \text{e} \quad |f_{AB}| = |f_{BA}| = \frac{L}{6EI}.$$

O sentido das rotações acima está mostrado na Fig. 12.13. Isso deve ser cuidadosamente observado no estabelecimento das relações de superposição, formalmente apresentadas pela Eq. 12.11. Em cada equação, os deslocamentos positivos são medidos na direção do deslocamento provocado pela correspondente quantidade redundante. Com base nisso, duas equações podem ser obtidas:

$$\circlearrowright + \Delta_A \equiv \theta_A = + \frac{L}{3EI} X_A + \frac{L}{6EI} X_B + \frac{Pab}{6EIL}(a + 2b) = 0;$$

$$\circlearrowleft + \Delta_B \equiv \theta_B = + \frac{L}{6EI} X_A + \frac{L}{3EI} X_B + \frac{Pab}{6EIL}(b + 2a) = 0.$$

Solucionando-se simultaneamente essas equações,

$$X_A = -\frac{Pab^2}{L^2} \quad \text{e} \quad X_B = -\frac{Pa^2b}{L^2},$$

onde os sinais negativos dos momentos fletores indicam que as direções consideradas foram escolhidas incorretamente.

Esse problema também pode ser solucionado pelo trato de R_B e X_B como redundantes, porque suas remoções temporárias tornam a estrutura determinada. Tal procedimento é de aplicação particularmente conveniente se for especificado que um dos suportes se move verticalmente. Em tal caso, a deflexão provocada pelas forças aplicadas e as redundantes é igualada ao movimento do suporte.

12.5 MÉTODO DA ÁREA DE MOMENTO PARA VIGAS ESTATICAMENTE INDETERMINADAS*

A aplicação do método da área de momento com a técnica de superposição a vigas indeterminadas pode ser bastante acelerada, de acordo com a seguinte argumentação: as vigas vinculadas** e contínuas diferem das simplesmente apoiadas principalmente pela presença dos momentos redundantes nos suportes. Dessa forma, os diagramas de momento fletor para essas vigas podem ser considerados com duas partes independentes, uma parte para o momento provocado por todo o carregamento aplicado em uma viga, considerada simplesmente apoiada, e a outra parte para os momentos redundantes. Assim, os efeitos dos momentos redundantes extremos são superpostos em uma viga considerada simplesmente apoiada. Fisicamente, essa noção pode ser clareada imaginando-se um corte nos suportes da viga indeterminada, enquanto são mantidas as reações verticais. A continuidade da curva elástica da viga é preservada pelos momentos redundantes.

Embora não sejam conhecidas as ordenadas críticas dos diagramas do momento fletor provocado pelos momentos redundantes, suas formas o são. A aplicação de um momento redundante numa extremidade de uma viga simples resulta num diagrama triangular de momento, com um máximo no momento aplicado e zero na outra extremidade. Da mesma forma, quando os momentos extremos estão presentes em ambas as extremidades de uma viga simples, dois diagramas de momento triangulares se superpõem em um diagrama de forma trapezoidal (verificar tais afirmativas).

As partes conhecida e desconhecida do diagrama de momento fletor, juntas dão o diagrama completo de momento fletor. Esse diagrama pode ser usado na aplicação dos teoremas de área de momento à curva elástica-contínua de uma viga. As condições geométricas de um problema, tal como a continuidade da curva elástica no suporte ou as tangentes nas extremidades engastadas que não podem girar, permitem uma rápida formulação de equações para os valores incógnitos dos momentos redundantes nos suportes.

*O restante dessa parte do capítulo pode ser omitida

**As vigas indeterminadas com uma ou mais extremidades fixas são chamadas de *vigas restritas*

Para vigas de rigidez à flexão variável, devem ser usados os diagramas de $M/(EI)$.

EXEMPLO 12.11

Achar a máxima deflexão para baixo, devida a uma força aplicada $P = 50$ kgf, para a pequena viga de alumínio mostrada na Fig. 12.14(a). A constante de rigidez à flexão da viga é $EI = 7{,}2 \times 10^6$ kgf-mm^2.

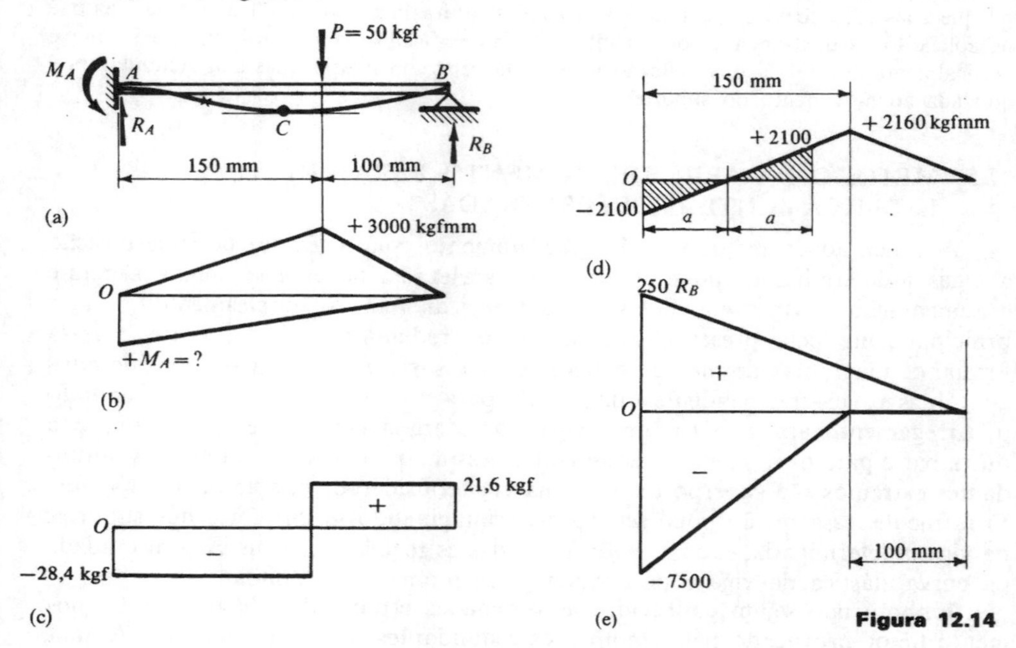

Figura 12.14

SOLUÇÃO

A solução deste problema consiste em duas partes.

Primeiro, é determinada uma reação redundante para estabelecer os valores numéricos para o diagrama de momento fletor; o procedimento usual de área de momento é, então, aplicado para determinar a deflexão.

Imaginando a viga aliviada do momento redundante da extremidade, pode-se construir o diagrama de momento da viga simples acima da linha de base da Fig. 12.14(b). O diagrama de momento de forma conhecida, devido ao momento redundante incógnita M_A, está mostrado no mesmo diagrama, abaixo da linha de base. Admite-se que M_A seja positivo, porque dessa forma se obtém automaticamente seu sinal correto, de acordo com a convenção das vigas. O diagrama composto representa um diagrama completo de momento fletor.

A tangente na extremidade engastada permanece horizontal após a aplicação da força P. Assim, a condição geométrica é $t_{BA} = 0$. Uma equação formulada dessa maneira fornece uma solução para M_A.* As equações do equilíbrio estático são usadas no cálculo das reações.

*Veja a Tab. 2 do Apêndice para a distância centroidal de um triângulo completo

O diagrama final de momento fletor, Fig. 12.14(d), é obtido da maneira usual, após conhecidas as reações.

Dessa forma, $t_{BA} = 0$

$$\frac{1}{EI}\left[\frac{(250)(3\,000)}{2}\frac{(250+100)}{3} + \frac{(250)(+M_A)}{2}2/3(250)\right] = 0.$$

Uma solução dessa equação dá $M_A = -2\,100$ kgfmm.

$$\Sigma M_A = 0 \circlearrowright +, \quad 50(250) - R_B(250) - 2\,100 = 0, \quad R_B = 21{,}6 \text{ kgf};$$
$$\Sigma M_B = 0 \circlearrowleft +, \quad 50(100) + 2\,100 - R_A(250) = 0, \quad R_A = 28{,}4 \text{ kgf}.$$

Verificação: $\Sigma F_y = 0 \uparrow +,\ 21{,}6 + 28{,}4 - 50 = 0.$

A deflexão máxima ocorre quando a tangente à curva elástica é horizontal, ponto C da Fig. 12.14(a). Assim, observando que a tangente em A também é horizontal, e usando o teorema do primeiro momento de área, localiza-se o ponto C. Isso ocorre quando as áreas hachuradas na Fig. 12.14(d) são iguais, mas de sinais opostos, isto é, a uma distância $2a.$ = = $2(2\,100/28{,}4) = 147{,}9$ mm de A. O desvio na tangente t_{AC} (ou t_{CA}) dá a deflexão do ponto C.

$$\begin{aligned} v_{max} &= v_C = t_{AC} \\ &= \frac{1}{EI}\left\{\frac{(73{,}9)}{2}(+2\,100)\left[73{,}9 + \frac{2(73{,}9)}{3}\right] + \frac{(73{,}9)}{2}(-2\,100)\frac{(73{,}9)}{3}\right\} \\ &= (5{,}7 \times 10^6/EI) = 0{,}796 \text{ mm para baixo.} \end{aligned}$$

SOLUÇÃO ALTERNATIVA

Uma solução rápida também pode ser obtida pelo traçado do diagrama de momento como em uma viga em balanço. Isso está mostrado na Fig. 12.14(e). Observe que uma das ordenadas está em termos de reação redundante R_B. De novo, usando a condição geométrica $t_{BA} = 0$, obtém-se uma equação para R_B. As outras reações seguem da estática.

Da condição $t_{BA} = 0$, tem-se

$$(1/EI)\{\tfrac{1}{2}(250)(+250R_B)\tfrac{2}{3}(250) + \tfrac{1}{2}(150)(-7\,500)[100 + \tfrac{2}{3}(150)]\} = 0.$$

Dessa forma, $R_B = 21{,}6$ kgf, para cima, conforme admitido.

$$\Sigma M_A = 0 \circlearrowleft +, \quad M_A + 21{,}6(250) - 50(150) = 0,$$
$$M_A = 2\,100 \text{ kgfmm} \circlearrowleft.$$

O resto do trabalho é igual ao da solução anterior.

EXEMPLO 12.12

Achar os momentos nos suportes de uma viga engastada em ambas as extremidades, com uma carga uniformemente distribuída de p_0 kgf por unidade de comprimento Fig. 12.15(a).

SOLUÇÃO

Os momentos nos suportes são chamados de *momentos de engastamento*, e suas determinações são de grande importância na teoria estrutural. Devido à simetria do problema, os momentos nos engastamentos são iguais, assim como as reações verticais, que são $p_0L/2$ cada. O diagrama de momento para essa viga, considerada simplesmente apoiada, é uma parábola, Fig. 12.15(b), enquanto que os momentos de engastamento dão o diagrama retangular da mesma figura.

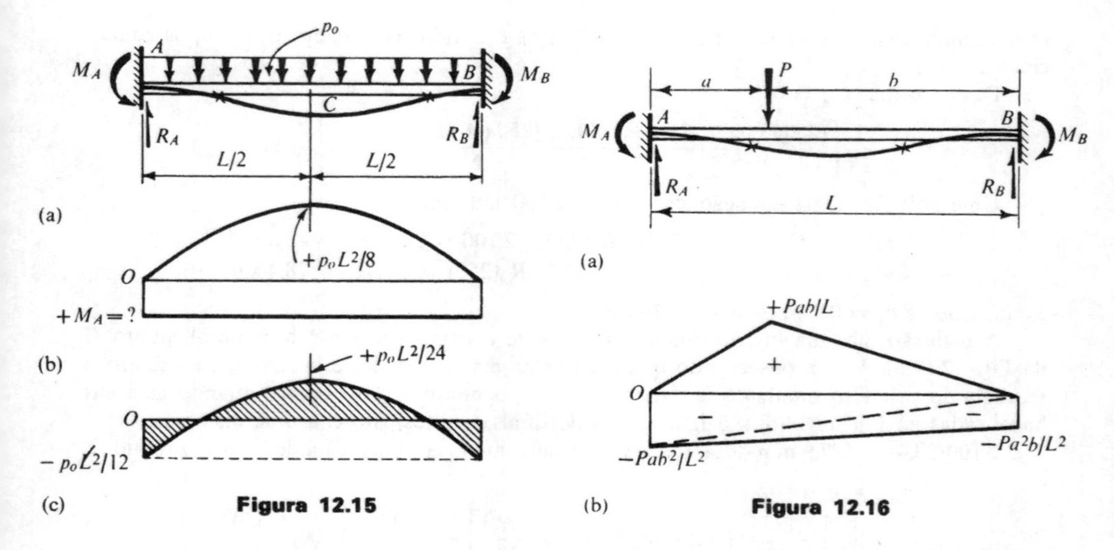

Figura 12.15

Figura 12.16

Embora essa viga seja indeterminada em segunda ordem, devido à simetria, é suficiente uma equação simples com base na condição geométrica, para determinar os momentos redundantes. Pela geometria da curva elástica, várias condições podem ser usadas, como, $\Delta\theta_{AB} = 0$, $t_{BA} = 0$, ou $t_{AB} = 0$. Da condição $\Delta\theta_{AB} = 0$,

$$\frac{1}{EI}\left[\frac{2L}{3}\left(+\frac{p_0L^2}{8}\right) + L(+M_A)\right] = 0,$$

então

$$M_A = M_B = -p_0L^2/12.$$

O diagrama de momento composto está na Fig. 12.15(c). Em comparação com o momento fletor máximo de uma viga simples, ocorre considerável redução na magnitude dos momentos críticos.

EXEMPLO 12.13

Refazer o Exemplo 12.10, usando o método da área de momento, Fig. 12.16(a).

SOLUÇÃO

Tratando AB como uma viga simples, temos o diagrama de momento devido a P como é mostrado acima da linha de base da Fig. 12.16(b).

Os momentos de engastamento não são iguais e resultam no diagrama trapezoidal. Três condições geométricas para a curva elástica estão disponíveis para a solução deste problema indeterminado de segunda ordem: (a) $\Delta\theta_{AB} = 0$, porque as tangentes em A e B são paralelas; (b) $t_{BA} = 0$, porque o suporte B não desvia de uma tangente fixa em A; (c) analogamente, $t_{AB} = 0$.

Quaisquer dessas condições acima podem ser usadas; a simplicidade aritmética das equações resultantes governa a escolha. Assim, usando a condição (a), que sempre é a mais simples, e a condição (b), duas das equações são

$$\Delta\theta_{AB} = \frac{1}{EI}\left(\frac{L}{2}\frac{Pab}{L} + \frac{LM_A}{2} + \frac{LM_B}{2}\right) = 0$$

ou

$$M_A + M_B = -Pab/L$$

$$t_{BA} = \frac{1}{EI}\left[\frac{L}{2}\frac{Pab}{L}\frac{(L+b)}{2} + \frac{L}{2}M_A\frac{2L}{3} + \frac{LM_B}{2}\frac{L}{3}\right] = 0.$$

ou

$$2M_A = M_B = -(Pab/L^2)(L+b).$$

Solucionando simultaneamente as duas equações reduzidas, tem-se

$$M_A = -\frac{Pab^2}{L^2} \quad \text{e} \quad M_B = -\frac{Pa^2b}{L^2}.$$

Esses resultados concordam com os achados no Exemplo 12.10.

EXEMPLO 12.14

Traçar os diagramas de momento fletor e de força cortante para a viga contínua, carregada na forma mostrada na Fig. 12.17(a). *EI* é constante em toda a viga.

SOLUÇÃO

Essa viga é indeterminada em segunda ordem. Tratando cada vão como uma viga simples com momentos redundantes, Fig. 12.17(b), obtém-se o diagrama de momento da Fig. 12.17(c). Não existem momentos extremos em *A*, porque essa extremidade tem apoio simples (com rolete). O passo para solução está contido em duas condições geométricas para a curva elástica de toda a viga, Fig. 12.17(d):

(a) $\theta_B = \theta'_B$ – como a viga é fisicamente contínua, existe uma linha no suporte *B*, tangente à curva elástica em cada vão;

(b) $t_{BC} = 0$ – porque o suporte *B* não se desvia de uma tangente fixa em *C*.

Para aplicar a condição (a), t_{AB} e t_{CB} são determinadas e, dividindo-as pelos respectivos comprimentos de vão, obtém-se θ_B e θ'_B. Esses ângulos são iguais. Entretanto, embora t_{CB} seja expressa por uma quantidade positiva, a tangente que passa pelo ponto *B* está acima do ponto *C*. Dessa forma, esse desvio deve ser considerado negativo. Assim, usando a condição (a), obtém-se uma equação com momentos redundantes.

$$t_{AB} = \frac{1}{EI}\left[\frac{2(3)}{3}(+2\,700)\frac{(3)}{2} + \frac{(3)}{2}(+M_B)\frac{2(3)}{3}\right]$$

$$= \frac{1}{EI}\left[8\,100 + \frac{3M_B}{3}\right]$$

$$t_{CB} = \frac{1}{EI}\left[\frac{(6)}{2}(+6\,667)\frac{(6+2)}{3} + \frac{(6)(+M_B)}{2}\frac{2(6)}{3} + \frac{(6)(+M_C)}{2}\frac{(6)}{3}\right]$$

$$= (1/EI)(53\,333 + 12M_B + 6M_C)$$

Como $\theta_B = \theta'_B$ ou $(t_{AB}/L_{AB}) = -(t_{CB}/L_{CB})$

$$\frac{1}{EI}\left(\frac{8\,100 + 3M_B}{3}\right) = -\frac{1}{EI}\left(\frac{53\,333 + 12M_B + 6M_C}{6}\right)$$

ou

$$9M_B + 3M_C = -34\,767$$

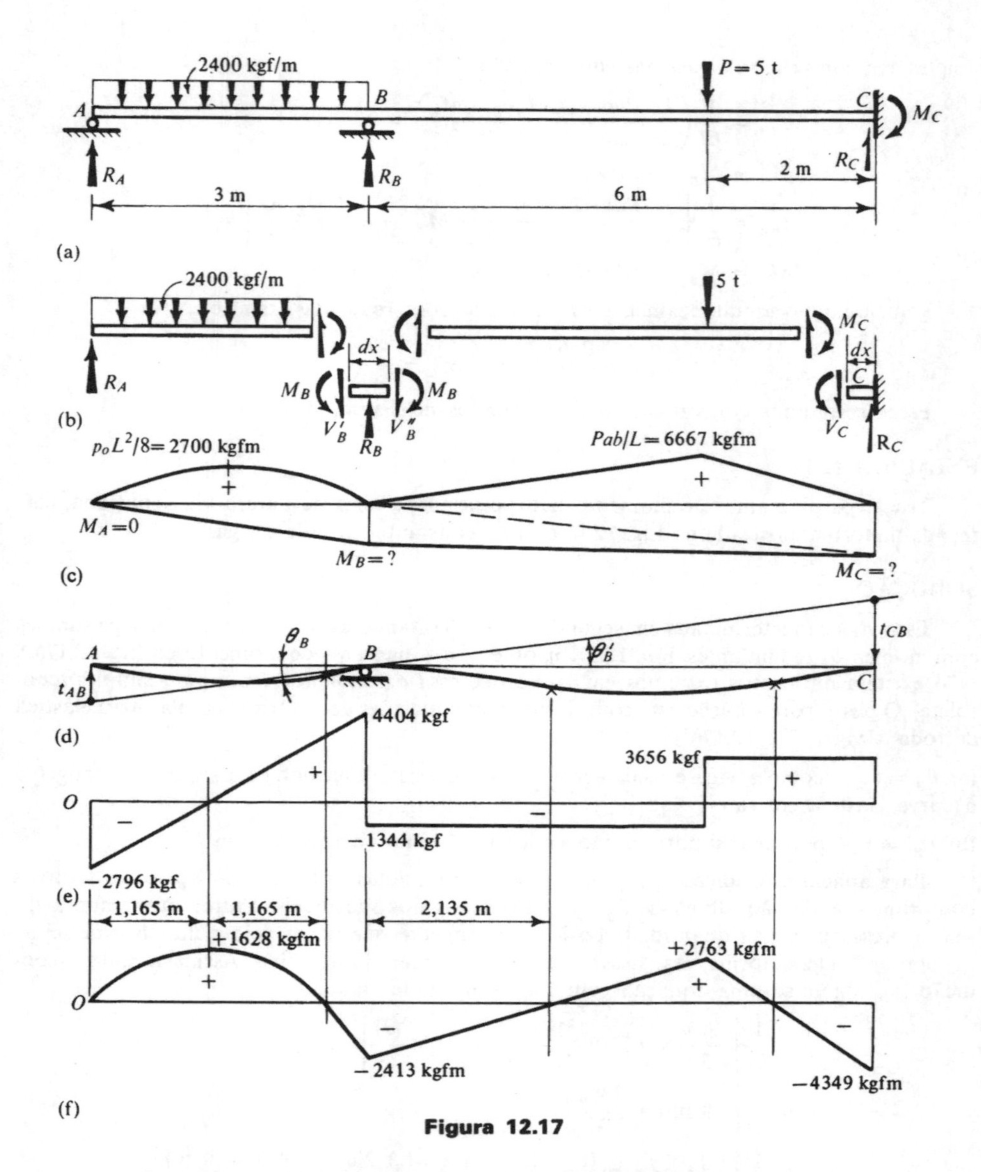

Figura 12.17

Usando a condição (b) para o vão BC, obtém-se outra equação, $t_{BC} = 0$, ou

$$\frac{1}{EI}\left[\frac{(6)}{2}(+6\,667)\frac{(6+4)}{3}+\frac{(6)(+M_B)}{2}\,\frac{(6)}{3}+\frac{(6)(+M_C)}{2}\,\frac{2(6)}{3}\right]=0$$

ou

$$3M_B + 6M_C = -33\,333.$$

A solução simultânea das duas equações reduzidas resulta em

$$M_B = -2\,413 \text{ kgfm} \quad \text{e} \quad M_C = -4\,349 \text{ kgfm},$$

onde os sinais concordam com a convenção usada em vigas. Esses momentos, com seus sentidos apropriados, estão mostrados na Fig. 12.17(b).

Após achados os momentos redundantes M_A e M_C, não são necessárias técnicas novas para construir os diagramas de momento e força cortante. Entretanto, deve-se ter cuidado especial na inclusão dos momentos nos suportes enquanto se processa o cálculo das reações e forças cortantes. Usualmente, vigas isoladas como as mostradas na Fig. 12.17(b) são os corpos livres mais convenientes para determinação das forças cortantes. As reações decorrem da adição das forças cortantes nas vigas adjacentes. Para o corpo livre AB, tem-se:

$$\Sigma M_B = 0 \circlearrowleft +, \; 2\,400(3)1{,}5 - 2\,413 - 3R_A = 0, \; R_A = 2\,796 \text{ kgf} \uparrow,$$
$$\Sigma M_A = 0 \circlearrowright +, \; 2\,400(3)1{,}5 + 2\,413 - 3V'_B = 0, \; V'_B = 4\,404 \text{ kgf} \uparrow.$$

Para o corpo livre BC:

$$\Sigma M_C = 0 \circlearrowleft +, \; 5\,000(2) + 2\,413 - 4\,349 - 6V''_B = 0,$$
$$V''_B = 1\,344 \text{ kgf} \uparrow,$$
$$\Sigma M_B = 0 \circlearrowright +, \; 5\,000(4) - 2\,413 + 4\,349 - 6V_C = 0,$$
$$V_C = R_C = 3\,656 \text{ kgf} \uparrow.$$

Verificação:

$$R_A + V'_B = 7\,200 \text{ kgf} \uparrow \quad \text{e} \quad V''_B + R_C = 5\,000 \text{ kgf} \uparrow.$$

Do visto anteriormente, obtém-se, $R_B = V'_B + V''_B = 5\,748$ kgf $\uparrow$.

Os diagramas completos de momento fletor e força cortante estão nas Figs. 12.17(e) e (f), respectivamente.

12.6 EQUAÇÃO DOS TRÊS MOMENTOS

Generalizando o procedimento usado no exemplo precedente, pode-se deduzir uma fórmula de recorrência, isto é, uma equação que pode ser aplicada repetidamente em cada dois vãos (ou duas seções) adjacentes de vigas contínuas. Para qualquer número n de vãos, pode-se escrever $n-1$ dessas equações. Isso fornece o número suficiente de equações simultâneas para a solução dos momentos redundantes nos suportes. Essa fórmula de recorrência é chamada de *equação dos três momentos*, porque aparecem nela três momentos desconhecidos.

Considere uma viga contínua, tal como a da Fig. 12.18(a), submetida a um carregamento transversal qualquer. Para dois vãos adjacentes quaisquer, como LC e CR, o diagrama de momento fletor é considerado composto de duas partes. As áreas A_L e A_R à esquerda e direita do suporte central C, Fig. 12.18(b), correspondem aos diagramas de momento fletor nos respectivos vãos, se esses forem considerados simplesmente apoiados. Esses diagramas de momento dependem inteiramente da natureza das forças conhecidas aplicadas em cada vão. A outra parte do diagrama de momento de forma conhecida decorre dos momentos incógnitos M_L no suporte da esquerda, M_C no suporte central, e M_R no da direita.

Em seguida deve ser considerada a curva elástica da Fig. 12.18(c). Essa curva é contínua para qualquer viga contínua. Assim, os ângulos θ_C e θ'_C, que, desde os lados respectivos, definem a inclinação da mesma tangente à curva elástica em C, são iguais. Usando o teorema de área de momento para obtenção de t_{LC} e t_{RC}, esses ângulos ficam definidos por $\theta_C = t_{LC}/L_L$ e $\theta'_C = -t_{RC}/L_R$, onde L_L e L_R são os comprimentos dos vãos à esquerda e à direita de C, respectivamente. O sinal negativo do segundo ângulo é necessário porque a tangente à linha elástica no ponto C passa acima do suporte R e um desvio positivo de t_{RC} localiza uma tangente abaixo do mesmo suporte. Assim, seguindo os passos descritos,

$$\theta_C = \theta'_C \quad \text{ou} \quad t_{LC}/L_L = -t_{RC}/L_R$$

e

$$\frac{1}{L_L}\frac{1}{EI_L}\left(A_L\bar{x}_L + \frac{L_L M_L}{2}\frac{L_L}{3} + \frac{L_L M_C}{2}\frac{2L_L}{3}\right) =$$

$$= -\frac{1}{L_R}\frac{1}{EI_R}\left(A_R\bar{x}_R + \frac{L_R M_R}{2}\frac{L_R}{3} + \frac{L_R M_C}{2}\frac{2L_R}{3}\right)$$

onde I_L e I_R são os respectivos momentos de inércia das áreas da seção transversal da viga nos vãos da esquerda e da direita. Em cada vão, I_L e I_R são considerados constantes. O termo $\bar{x}_L$ é a distância do suporte da esquerda L ao centróide da área A_L e $\bar{x}_R$ é uma distância análoga para A_R, medida do suporte da direita, R. Os termos M_L, M_C e M_R indicam os momentos desconhecidos nos suportes.

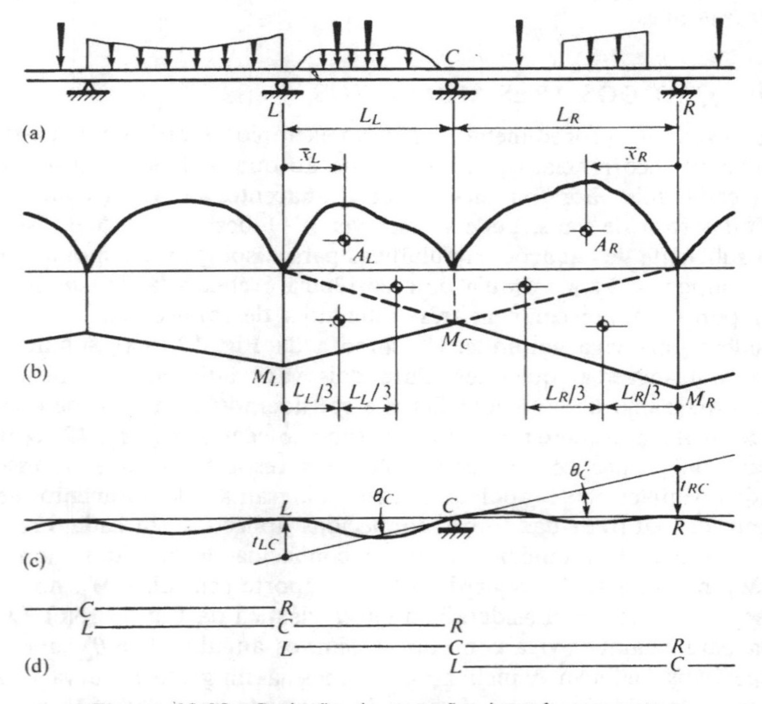

Figura 12.18 Dedução da equação dos três momentos

Simplificando a expressão acima, a equação dos três momentos* fica

$$L_L M_L + 2\left(L_L + \frac{I_L}{I_R} L_R\right) M_C + \frac{I_L}{I_R} L_R M_R = -\frac{6A_L \bar{x}_L}{L_L} - \frac{6A_R \bar{x}_R}{L_R} \frac{I_L}{I_R}. \quad (12.12)$$

A Eq. 12.12 se aplica a vigas contínuas, com suportes não em escoamento, tendo I constante em cada vão. Em um problema particular todos os termos, exceto os momentos redundantes nos suportes, são constantes. Imaginando-se L, C e R sucessivamente como suportes dos vãos adjacentes, como mostra a Fig. 12.18(d), obtém-se um número de equações suficientes para a determinação dos momentos desconhecidos. Entretanto, nessas equações, os índices dos vários momentos devem corresponder à designação dos suportes, como A, B, C, etc. Observe também que os momentos são nulos nas extremidades das vigas com pinos. Da mesma forma, se uma viga contínua tem um balanço, o momento no primeiro suporte é conhecido da estática. O Exemplo 12.16 discutirá o caso de suportes fixos. Para vigas simétricas com simetria de carregamento, o trabalho é reduzido pela observação da igualdade dos momentos nos suportes correspondentes.

Na dedução da equação dos três momentos, os momentos nos suportes foram considerados positivos. Assim, uma solução algébrica das equações simultâneas dá, automaticamente, o sinal correto dos momentos, de acordo com a convenção para vigas.

12.7 CASOS ESPECIAIS

Como um exemplo específico da avaliação dos termos constantes do segundo membro da equação dos três momentos, considere dois vãos adjacentes com forças concentradas P_L e P_R (Fig. 12.19). Considerando esses vãos simplesmente apoiados, sendo o máximo momento no vão da esquerda igual a $+P_L ab/L_L$ e $\bar{x}_L = (L_L + a)/3$, pode-se escrever

$$-6A_L \frac{\bar{x}_L}{L_L} = -6\left(\frac{L_L}{2}\right) \frac{P_L ab}{L_L} \frac{(L_L + a)}{3L_L} = -P_L ab\left(1 + \frac{a}{L_L}\right). \quad (12.13)$$

Analogamente, medindo sempre os a do suporte externo até a força

$$-6A_R \frac{I_L}{I_R} \frac{\bar{x}_R}{L_R} = -P_R a'b'\left(1 + \frac{a'}{L_R}\right) \frac{I_L}{I_R}.$$

Quando existem várias forças concentradas no interior do vão, a contribuição de cada uma delas à constante acima pode ter tratamento separado. Dessa forma, um termo constante para o segundo membro da equação dos três momentos, aplicável a qualquer número de forças concentradas nos vãos, é

$$-\Sigma P_L ab\left(1 + \frac{a}{L_L}\right) - \Sigma P_R a'b'\left(1 + \frac{a'}{L_L}\right) \frac{I_L}{I_R}, \quad (12.15)$$

*A equação dos três momentos foi originalmente deduzida por E. Clapeyron, um engenheiro francês, em 1857, e por vezes é denominada *equação de Clapeyron*

onde o sinal de soma indica o fato de aparecer um termo separado para cada força concentrada P_L no vão da esquerda, e analogamente para cada força P_R no vão da direita. Em ambos os casos, a e a' indicam a distância do suporte externo até a força concentrada, e b ou b', a distância da força ao suporte central. Se qualquer das forças age para cima, o termo de contribuição de tal força tem sinal oposto.

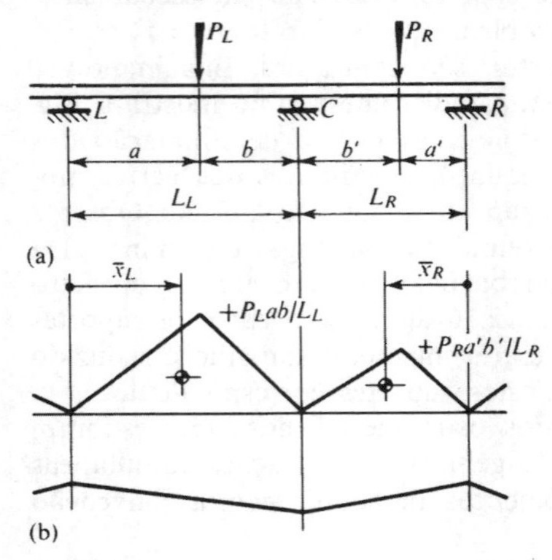

Figura 12.19 Estabelecimento das constantes do segundo membro da equação dos três momentos para cargas concentradas

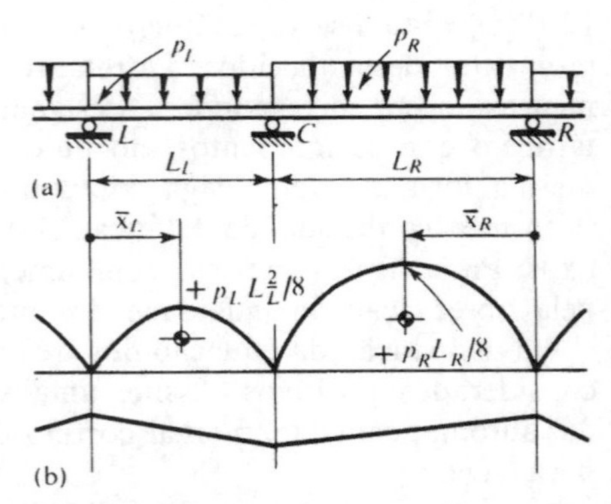

Figura 12.20 Estabelecimento das constantes do segundo membro da equação dos três momentos para cargas uniformemente distribuídas

A constante para o segundo membro da equação dos três momentos é determinada de maneira análoga quando são aplicadas cargas uniformemente distribuídas a uma viga. Assim, usando o diagrama da Fig. 12.20,

$$-6A_L \frac{\bar{x}_L}{L_L} = -6\left(\frac{2L_L}{3}\right)\left(\frac{p_L L_L^2}{8} \frac{L_L}{2L_L}\right) = -\frac{p_L L_L^3}{4} \tag{12.16}$$

e, analogamente,

$$-6A_R \frac{I_L}{I_R} \frac{\bar{x}_R}{L_R} = -\frac{p_R L_4^3}{4} \frac{I_L}{I_R}. \tag{12.17}$$

As constantes para outros tipos de carregamento podem ser determinadas pelo mesmo procedimento que acima.

EXEMPLO 12.15

Achar os momentos em todos os suportes, e as reações em C e D, para a viga contínua com o carregamento mostrado na Fig. 12.21(a). A rigidez à flexão EI é constante.

SOLUÇÃO

Usando a Eq. 12.12 e tratando o AB como vão esquerdo e BC como direito, escreve-se uma equação. Da estática, com a convenção de sinais das vigas, $M_A = -5\,000(1{,}5) = -7\,500$

kgfm. As Eqs. 12.15 e 12.16 são usadas para obtenção dos termos do segundo membro. Os momentos de inércia I_L e I_R são iguais.

$$3{,}6M_A + 2(3{,}6 + 6)M_B + 6M_C$$
$$= -\frac{3\,000(3{,}6)^3}{4} - 4\,000(4{,}5)1{,}5\left(1 + \frac{4{,}5}{6}\right) - 6\,000(3)3\left(1 + \frac{3}{6}\right).$$

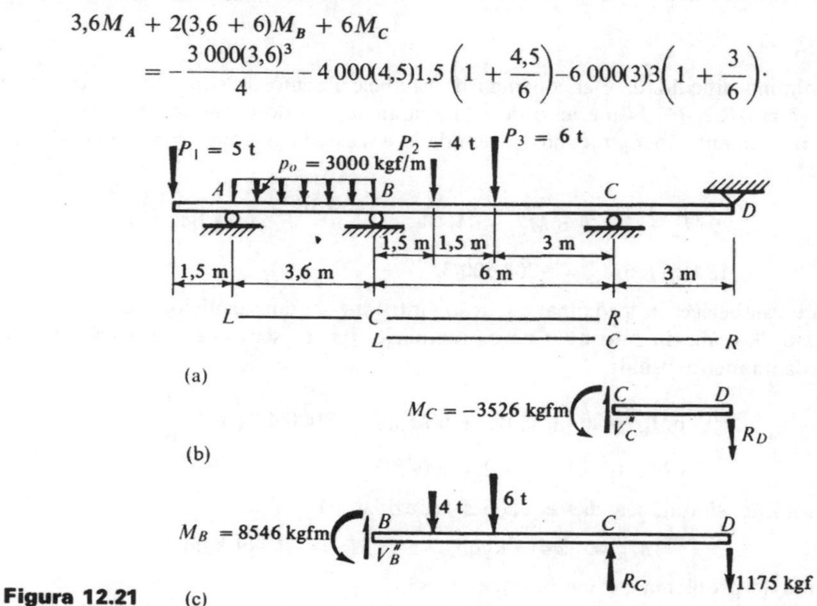

Figura 12.21

Substituindo $M_A = -7\,500$ kgfm e simplificando, tem-se

$$19{,}2M_B + 6M_C = -185\,242.$$

Em seguida, a Eq. 12.12 é de novo aplicada aos vãos BC e CD. O vão CD, sem carga, não contribui com nenhum termo constante para o segundo membro da equação dos três momentos. Na extremidade com pino, $M_D = 0$.

$$6M_B + 2(6 + 3)M_C + 3M_D$$
$$= -4\,000(1{,}5)4{,}5\left(1 + \frac{1{,}5}{6}\right) - 6\,000(3)3\left(1 + \frac{3}{6}\right)$$

ou

$$6M_B + 18M_C = -114\,750.$$

A solução simultânea das equações reduzidas dá

$$M_B = -8\,546 \text{ kgfm}, \quad \text{e} \quad M_C = -3\,526 \text{ kgfm}.$$

Isolando o vão CD como na Fig. 12.21(b), obtém-se a reação R_D da estática. Em lugar de se isolar o vão BC e calcular V_C' para somar a V_C'' e achar R_C, como foi feito no Exemplo 12.14, é usado o corpo livre mostrado na Fig. 12.21(c). Para o corpo livre CD:

$$\Sigma M_C = 0 \circlearrowleft +, \quad 3\,526 - 3R_D = 0, \quad R_D = 1\,175 \text{ kgf}\downarrow.$$

Para o corpo livre BD:

$$\Sigma M_B = 0 \circlearrowright +,$$
$$4\,000(1{,}5) + 6\,000(3) - R_C(6) + 117{,}5(9) - 8\,546 = 0, \quad R_C = 4\,338 \text{ kgf}\uparrow.$$

EXEMPLO 12.16

Refazer o Exemplo 12.14, usando a equação dos três momentos, Fig. 12.22.

SOLUÇÃO

Nenhuma dificuldade é encontrada no estabelecimento da equação dos três momentos para os vãos AB e BC. Isso é feito de maneira análoga à do exemplo anterior. Observe que existe um momento incógnito na extremidade engastada e, como o extremo A está sobre rolete, $M_A = 0$.

$$3M_A + 2(3 + 6)M_B + 6M_C = -\frac{2\,400(3)^3}{4} - 5\,000(2)4\left(1 + \frac{2}{6}\right)$$

$$18M_B + 6M_C = -208\,600/3;$$

Para estabelecer a próxima equação, introduz-se um artifício. Adiciona-se um vão imaginário de comprimento nulo na extremidade fixa, e escreve-se a equação dos três momentos da maneira usual:

$$6M_B + 2(6 + 0)M_C + 0(M_D) = -5\,000(4)2\left(1 + \frac{4}{6}\right),$$

$$6M_B + 12M_C = -200\,000/3.$$

A solução simultânea das equações reduzidas dá

$$M_B = -2\,413 \text{ kgfm} \quad \text{e} \quad M_C = -4\,349 \text{ kgfm}.$$

O restante do problema é o mesmo que antes.

Justifica-se o uso de um comprimento nulo de vão nas extremidades fixas das vigas pelo procedimento de área de momento. Esse expediente equivale ao requisito de desvio nulo de um suporte próximo da extremidade da tangente fixada a este suporte. Por exemplo se a segunda das equações reduzidas acima é dividida por 2, é obtida a equação correspondente ao Exemplo 12.14; ali, a última condição fora obtida diretamente.

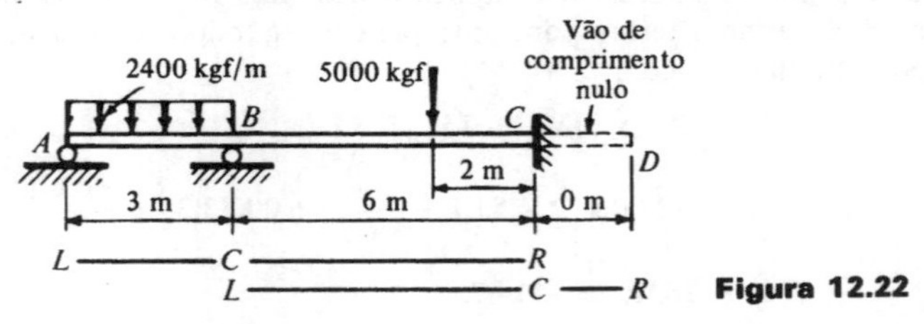

Figura 12.22

PARTE C

ANÁLISE LIMITE DAS VIGAS

12.8 FLEXÃO ELÁSTICA-PLÁSTICA DE VIGAS

No início deste capítulo foram dados exemplos de cálculo de cargas limites para sistemas de barras com carregamento axial, para materiais elástico-plásticos (veja os Exemplos 12.1 e 12.4). É importante observar que em tais problemas existem três estágios de carregamento. Primeiro, existe a faixa de resposta elástica linear [veja as Figs. 12.1(e) e 12.4(c)]. Então, uma parte da estrutura escoa enquanto que o restante continua a deformar elasticamente. Essa é a faixa de fluxo plástico. Finalmente, a estrutura continua a escoar sem aumento na carga. Nesse estágio, a deformação plástica da estrutura torna-se ilimitada.* Essa condição corresponde à carga limite para a estrutura.

Como o mesmo comportamento geral é exibido pelas vigas elástico-plásticas, o objetivo agora consiste em desenvolver um procedimento para determinação das cargas limites para elas. Contornando os primeiros estágios de carregamento e passando diretamente à determinação da carga limite, o procedimento fica relativamente simples. Alguns dos resultados anteriormente estabelecidos serão reexaminados para formar uma base sobre o assunto.

A Fig. 12.23 mostra relações típicas de momento-curvatura de vigas elástico-plásticas, com diversas seções transversais. Tais resultados foram estabelecidos no Exemplo 11.7 para uma viga retangular (veja a Fig. 11.18). Observe especialmente a rápida ascensão das curvas em direção a suas respectivas assíntotas à medida que as seções se plastificam. Isso significa que, bem cedo, após exaurir a capacidade elástica de uma viga, é atingido e mantido um momento constante.

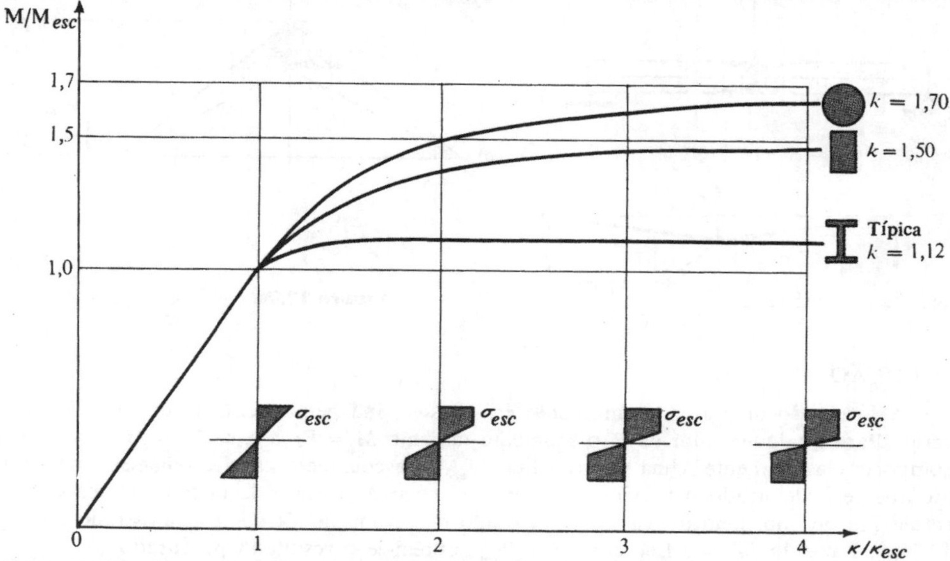

Figura 12.23 Relações de momento e curvatura para seções transversais circulares, retangulares e *I* $M_p/M_{esc} = k$ é o fator de forma

Essa condição é semelhante à de uma rótula plástica. Em contraste com uma rótula sem atrito capaz de permitir grandes rotações sem momento, a rótula plástica permite grandes rotações sob um momento constante. Esse momento cons-

*Em realidade uma estrutura não pode deformar excessivamente e apenas deformações pequenas são consideradas

tante é aproximadamente igual a M_p, o momento limite ou plástico para uma seção transversal.

Um número suficiente de rótulas plásticas pode ser inserido na estrutura, nos pontos de momento máximo, para se criar um mecanismo de colapso cinematicamente admissível. Tal mecanismo, que permite o movimento ilimitado de um sistema, possibilita determinar a capacidade limite de suporte de carga de uma viga ou de uma armação. Esse método será ilustrado agora por meio de vários exemplos, restringindo a discussão a vigas.

Quando o método de análise limite é usado para seleção de membros, as cargas de trabalho são multiplicadas por um fator maior do que a unidade, para se obter as cargas limites para as quais os cálculos são efetuados. Isso é análogo ao uso do fator de segurança na análise elástica. No trabalho com estrutura de aço, o termo *projeto plástico* é comumente aplicado a tal método.

EXEMPLO 12.17

Uma força P é aplicada no meio de uma viga simplesmente apoiada, Fig. 12.24(a). Se a viga é feita de material dútil, qual é a carga limite P_{lim}? Desprezar o peso da viga.

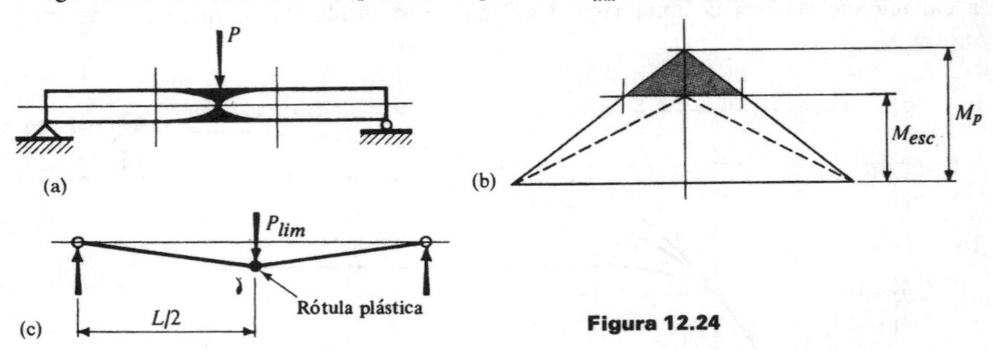

Figura 12.24

SOLUÇÃO

A forma do diagrama de momento é a mesma, independentemente da magnitude da carga. Para qualquer valor de P, o momento máximo $M = PL/4$ e, se $M \leqslant M_{esc}$, a viga se comporta elasticamente. Uma vez excedido M_{esc}, o escoamento da viga começa, e continua até que seja alcançado o máximo momento plástico M_p. Naquele instante forma-se uma rótula plástica no meio do vão, estabelecendo o mecanismo de colapso mostrado na Fig. 12.24(c). Fazendo $M_p = PL/4$, com $P = P_{lim}$, obtém-se o resultado procurado:

$$P_{lim} = 4M_p/L.$$

Observe que é desnecessário considerar, neste cálculo a zona plástica efetiva, hachurada na Fig. 12.24(a).

EXEMPLO 12.18

Uma viga de material dútil é carregada como mostra a Fig. 12.25(a). Achar a carga limite P_{lim}. Desprezar o peso da viga.

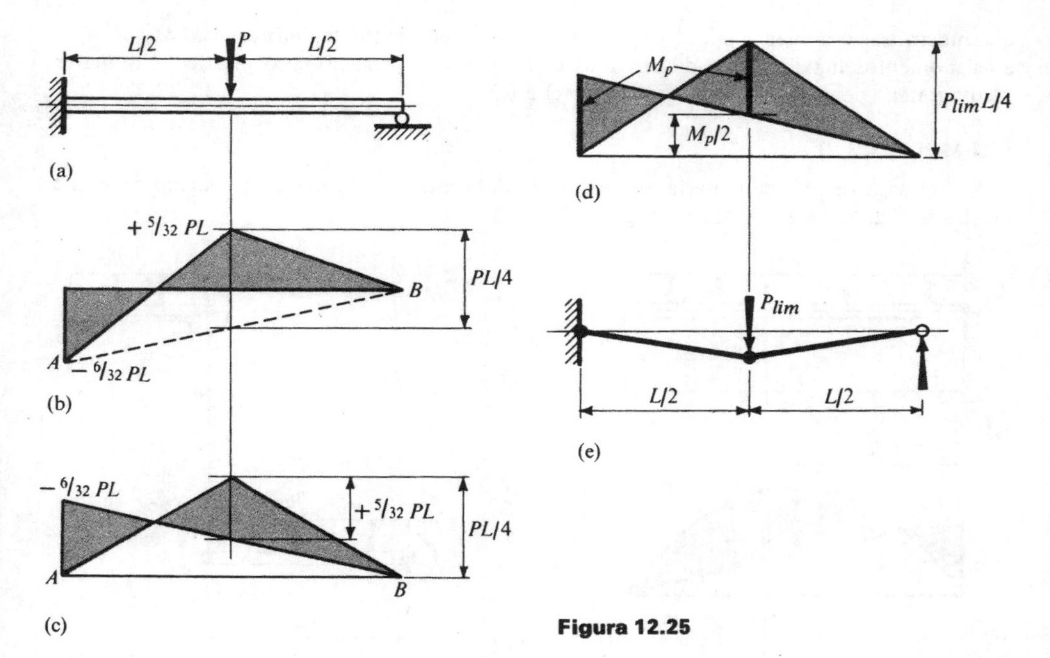

Figura 12.25

SOLUÇÃO

Os resultados de uma análise elástica estão mostrados na Fig. 12.25(b), da maneira usual. Os mesmos resultados estão representados na Fig. 12.25(c), considerando AB como linha-base horizontal. Em ambos os diagramas, os valores das ordenadas de momento são os mesmos, e as partes hachuradas dos diagramas representam os resultados finais. Observe que a ordenada auxiliar $PL/4$ tem precisamente o valor do momento máximo de uma viga simples, com uma força concentrada no meio.

Igualando-se o máximo momento elástico a M_{esc}, obtém-se a carga P_{esc} no escoamento iminente:

$$P_{esc} = (16/3)M_{esc}/L.$$

Quando a carga aumenta acima de P_{esc}, o momento na extremidade engastada pode igualar M_p, mas não ultrapassá-lo. Isso também é verdade para o momento no meio do vão. Essas condições limites estão mostradas na Fig. 12.25(d). A seqüência na qual os momentos M_p ocorrem não é importante. Na determinação da carga limite é necessário ter apenas um mecanismo cinematicamente admissível. Essa condição é assegurada com as duas articulações plásticas e um rolete à direita, Fig. 12.25(e).

Na Fig. 12.25(d) pode-se ver que, pelas proporções, o momento na extremidade M_p dá uma ordenada $M_p/2$ no meio do vão. Dessa forma, a ordenada da viga simples $P_{lim}L/4$ no meio do vão deve ser igualada a $3M_p/2$ para obter a carga limite. Isso dá

$$P_{lim} = 6M_p/L.$$

Comparando esse resultado com P_{esc}, tem-se

$$P_{lim} = \frac{9M_p}{8M_{esc}} P_{esc} = 9/8kP_{esc},$$

que mostra ser o aumento em P_{lim} em relação a P_{esc} decorrente de duas causas: $M_p > M_{esc}$, e os momentos máximos são distribuídos com mais vantagem no caso plástico. Comparar os diagramas de momento das Figs. 12.25(c) e (d).

EXEMPLO 12. 9

Uma viga restrita de material dútil suporta uma carga uniformemente distribuída, como mostra a Fig. 12.26(a). Achar a carga limite P_{lim}.

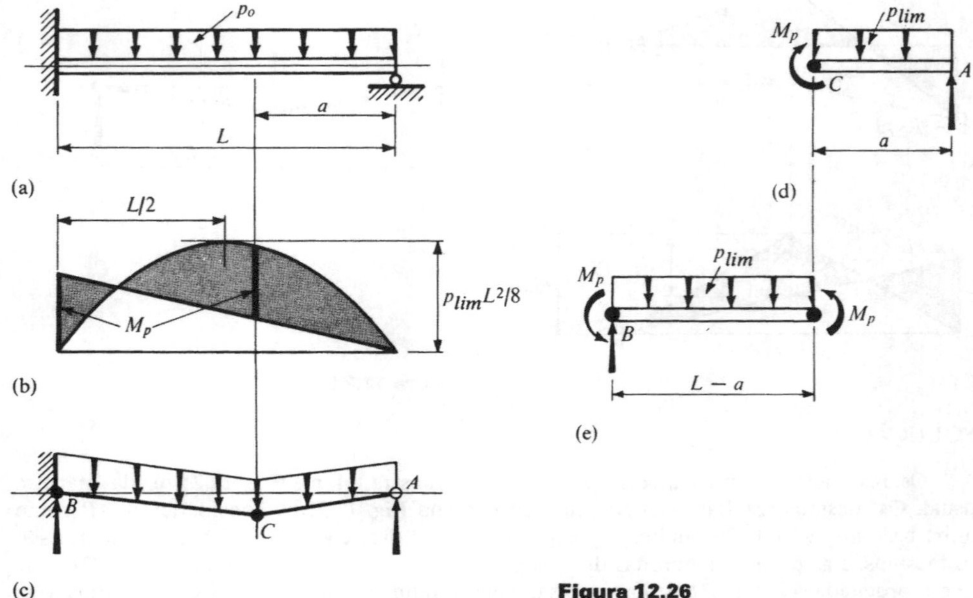

Figura 12.26

SOLUÇÃO

Nesse exemplo são necessárias duas rótulas plásticas para criar um mecanismo de colapso. Uma dessas rótulas estará na extremidade engastada. A localização da rótula associada com o outro momento máximo não é conhecida imediatamente porque o momento próximo ao meio do vão muda gradualmente. Entretanto, pode-se admitir o mecanismo como mostra a Fig. 12.26(c), porque isso concordaria com o diagrama de momento da Fig. 12.26(b).

Para fins de análise, a viga com rótulas plásticas é separada em duas partes, como nas Figs. 12.26(d) e (e). Então, observando que não é possível ocorrer força cortante em *C*, por ser esse o ponto de momento máximo de uma curva contínua, pode-se escrever duas equações de equilíbrio estático:

$$\Sigma M_A = 0 \circlearrowright +, \quad M_p - p_{lim} a^2/2 = 0,$$
$$\Sigma M_B = 0 \circlearrowleft +, \quad 2M_p - p_{lim}(L-a)^2/2 = 0.$$

A solução simultânea dessas equações dá $a = (\sqrt{2}-1)L$, que localiza a rótula plástica *C*. As mesmas equações dão a carga limite

$$p_{lim} = 2M_p/a^2 = 2M_p/[(\sqrt{2}-1)L]^2.$$

Nos problemas com várias forças concentradas aplicadas a uma viga, deve ser pesquisada também a rótula plástica interior. A menor carga para uma rótula interior suposta submetida a qualquer uma das cargas constitui a solução do problema. O equilíbrio com qualquer carga maior exige momentos superiores a M_p e é, desta forma, impossível. Para determiná-la podem ser necessárias diversas tentativas.

EXEMPLO 12.20

Uma viga fixa, de material dútil, suporta uma carga uniformemente distribuída, Fig. 12.27(a). Determinar a carga limite p_{lim}.

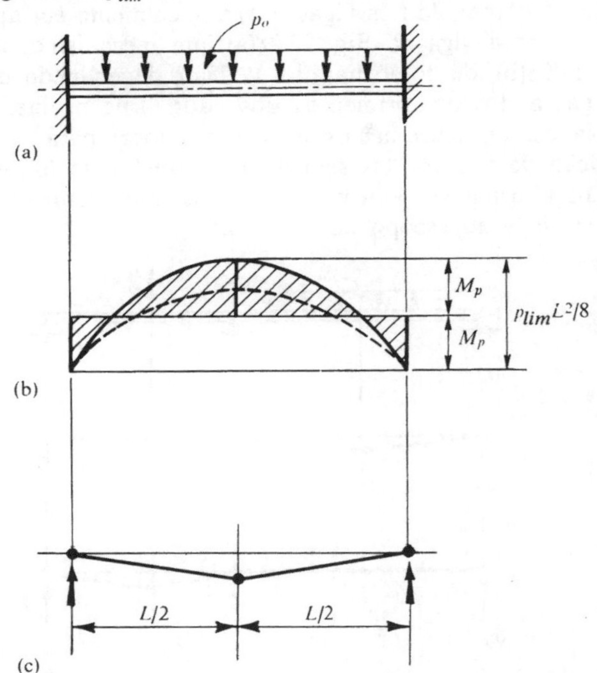

Figura 12.27

SOLUÇÃO

De acordo com a análise elástica (veja o Exemplo 12.12 e a Fig. 12.15(c)) os momentos máximos ocorrem nas extremidades engastadas, e são iguais a $p_0L^2/12$. Dessa forma

$$M_{esc} = p_{esc}L^2/12 \quad \text{ou} \quad p_{esc} = 12M_{esc}/L^2.$$

O aumento da carga provoca a aparição de rótulas plásticas nos suportes. O mecanismo de colapso não é formado, entretanto, até que ocorra uma rótula plástica, também, no meio do vão, Figs. 12.27(b) e (c).

O momento máximo para uma viga simplesmente apoiada, com carregamento uniforme, é igual a $p_0L^2/8$. Dessa forma, como pode ser visto pela Fig. 12.27(b), para se obter a carga limite em uma viga engastada, essa quantidade deve ser igualada a $2M_p$, com $p_0 = p_{lim}$.

$$p_{lim}L^2/8 = 2M_p \quad \text{ou} \quad p_{lim} = 16M_p/L^2.$$

Comparando esse resultado com p_{lim}, tem-se

$$p_{lim} = \frac{4M_p}{3M_{esc}} p_{esc} = 4/3kp_{esc}.$$

Como Exemplo 12.18, o aumento de p_{lim} além de p_{esc} depende do fator de forma k e da igualação dos momentos máximos.

A análise das vigas contínuas é feita de maneira análoga à acima. Ordinariamente o colapso de tais vigas ocorre localmente em apenas um dos vãos. Por exemplo, para a viga da Fig. 12.28(a), um mecanismo pode ser formado, como na Fig. 12.28(b), ou como na Fig. 12.28(c), dependendo das magnitudes relativas das cargas e dos comprimentos dos vãos. Tais problemas revertem a casos já considerados. Os mecanismos de colapso local para os vãos interiores exigem a formação de três rótulas semelhantes àquelas do exemplo anterior. Os mecanismos para armações podem se tornar bastante complexos; o tratamento de tais problemas foge ao escopo deste texto.*

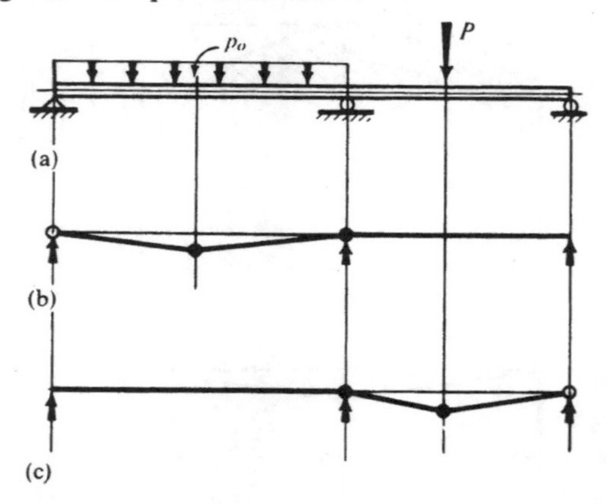

Figura 12.28

12.9 CONSIDERAÇÕES FINAIS

Na prática, os membros estaticamente indeterminados ocorrem em várias situações. Alguns dos métodos de análise desses membros foram discutidos neste capítulo. Algumas vezes, as tensões provocadas pela indeterminação, particularmente aquelas devidas à temperatura, são indesejáveis. Mais freqüentemente, entretanto, os membros estruturais são dispostos deliberadamente de forma a serem indeterminados, devido à sua maior rigidez, o que em muitos casos é bastante desejável. Também pode ser conseguida uma redução nas tensões. Por exemplo, os momentos fletores máximos nas vigas indeterminadas são usualmente

*Para mais detalhes veja P. G. Hodge, *Plastic Analysis of Structures*, McGraw-Hill Book Company, Nova Iorque, 1959

menores do que os momentos máximos nas vigas determinadas semelhantes. Isso possibilita a seleção de membros menores, e resulta em economia de material.

Existem também algumas desvantagens no uso de membros indeterminados. Alguma incerteza sempre existe em relação à capacidade de os suportes conseguirem fixar completamente as extremidades. Da mesma forma os suportes podem assentar ou mover-se, um em relação a outro. Nesse caso, as tensões elásticas ou as deflexões calculadas podem estar seriamente erradas. Esses assuntos causam pouca preocupação em uma estrutura estaticamente determinada. Finalmente, o método de análise elástica torna-se bastante complicado quando o grau de indeterminação é elevado. Todavia, essa situação tem sido superada por meio de métodos especializados e pelo uso de computadores digitais.

O método plástico de projeto oferece vantagens nas situações em que as cargas aplicadas têm caráter estático, e quando os materiais empregados são dúteis.

PROBLEMAS

12.1. Uma barra de 300 mm² é engastada em ambos os extremos, a suportes imóveis, e suporta duas forças P_1 e P_2, como mostra a figura. A magnitude de P_2 é o dobro da de P_1. (a) Admitindo o comportamento elástico linear, determinar as reações e a distribuição de força axial na barra. Traçar os diagramas de força e deformação axial. (b) Se $\sigma_{esc} = 28$ kgf/mm², determinar a faixa de escoamento plástico contido. Traçar diagramas mostrando as variações nas magnitudes das forças P_1 e P_2 em função de seus respectivos deslocamentos. $E = 21\,000$ kgf/mm².

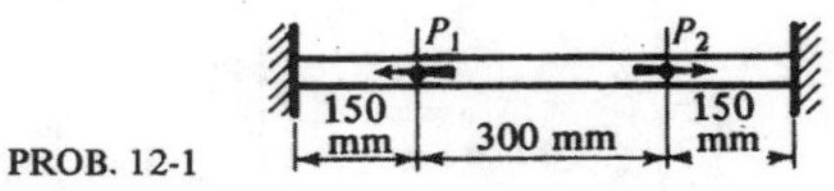

PROB. 12-1

12.2. Um material possui uma relação tensão-deformação não-linear, dada por $\sigma = K\varepsilon^n$, onde K e n são as constantes do material. Se uma barra de área constante A, feita desse material, é inicialmente fixada em ambas as extremidades e tem o carregamento mostrado na figura, que parcela da força aplicada P é absorvida pelo suporte da esquerda? *Resp.*: $P/[(a/b)^n + 1]$.

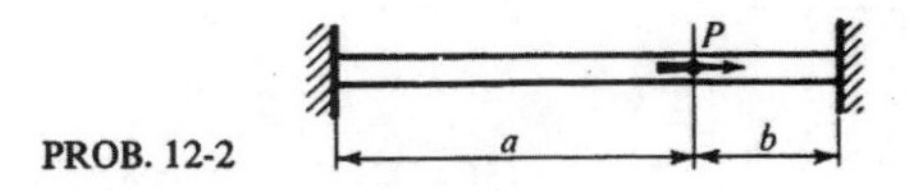

PROB. 12-2

12.3. Uma barra cilíndrica de seção transversal constante é engastada em ambos os extremos, e é submetida a um torque T_1, conforme mostra a figura (a). Admitindo o comportamento elástico linear do material, determinar as reações. Traçar os diagramas de torque $T(x)$ e ângulo de torção $\varphi(x)$. (b) Se a barra tem 50 mm de diâmetro, $a = 750$ mm, e $b = 500$ mm, determinar e traçar a relação entre o ângulo de torção φ em $x = 750$ mm, e o torque aplicado T_1. Construir esse diagrama analogamente ao mostrado na Fig. 12.1(e). Admitir que o material seja elástico-perfeitamente plástico, com $\tau_{esc} = 14$ kgf/mm², e $G = 8\,000$ kgf/mm².

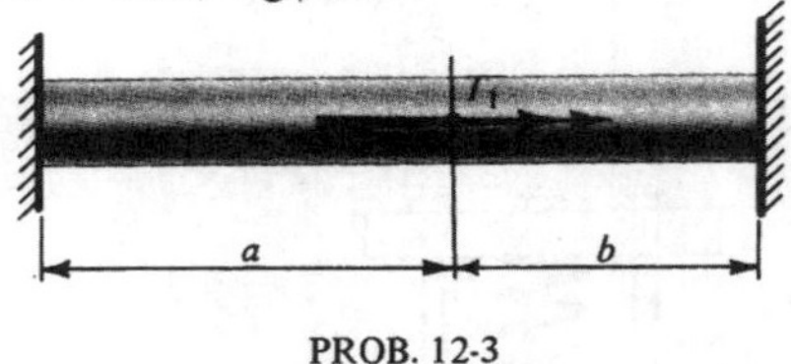

PROB. 12-3

12.4. Um eixo circular maciço de latão, é engastado em ambas as extremidades, e dois torques, $T_1 = 3{,}14$ kgfm e $T_2 = 6{,}28$ kgfm são aplicados a ele, conforme é mostrado na figura. Determinar o torque em A, e traçar os diagramas de torque e ângulo de torção. Admitir que o material tenha comportamento elástico linear, com $G =$

$= 3\,600$ kgf/mm^2. Os diâmetros são $d_1 =$ $= 70$ mm e $d_2 = 60$ mm.

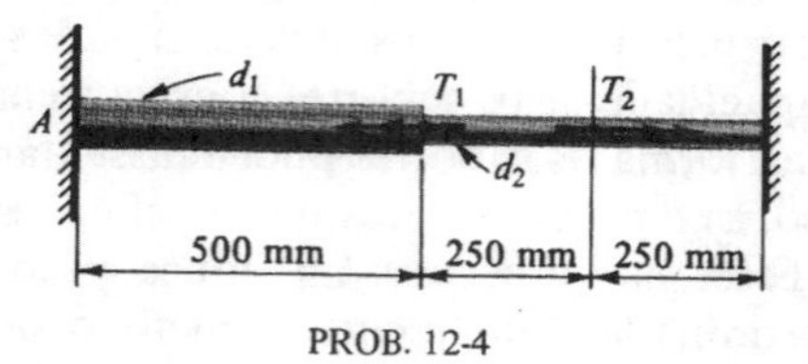

PROB. 12-4

12.5. Um eixo engastado em ambas as extremidades é feito de uma barra quadrada maciça de 25 mm e de um tubo quadrado de 35 mm, soldados, na junção das duas seções, a uma placa que forma um ponteiro projetado na direção horizontal, conforme se vê na figura. O tubo quadrado tem espessura de parede de 1 mm. Determinar o deslocamento vertical da extremidade do ponteiro, provocada pela aplicação dos dois torques T_1 e $2T_1$, quando a máxima tensão de cisalhamento no eixo for de 7 kgf/mm^2. Desprezar as concentrações de tensão e considerar $G = 8\,000$ kgf/mm^2.

12.6. Um eixo circular com ressalto é engastado em ambas as extremidades, e tem as dimensões mostradas na figura. Primeiro esse eixo é cortado em dois na seção *a-a*. Então, o extremo direito do segmento da esquerda é torcido de um ângulo $\varphi = 0{,}060°$ em torno do eixo x e soldado ao segmento da direita. Após remoção do torque externo, qual é o torque residual no eixo, e qual é o ângulo final de torção φ da união em relação a sua posição original? Admitir $\tau_{esc} = 14$ kgf/mm^2, e $G = 3\,500$ kgf/mm^2.

12.7. Um estudo de concreto foi iniciado na Universidade da Califórnia, em 1930. Uma série de experiências foi completada em 1957. O arranjo típico usado foi o mostrado na figura; inicialmente foi aplicada uma tensão de compressão de 56 kgf/cm^2 aos cilindros de concreto pelo aperto de três barras de aço. A constante da mola grande é $k = 1\,200$ kgf/cm; a área de cada barra é $A = 1{,}3$ cm^2; o comprimento efetivo de cada barra é $L = 60$ cm; o módulo de elasticidade das barras é

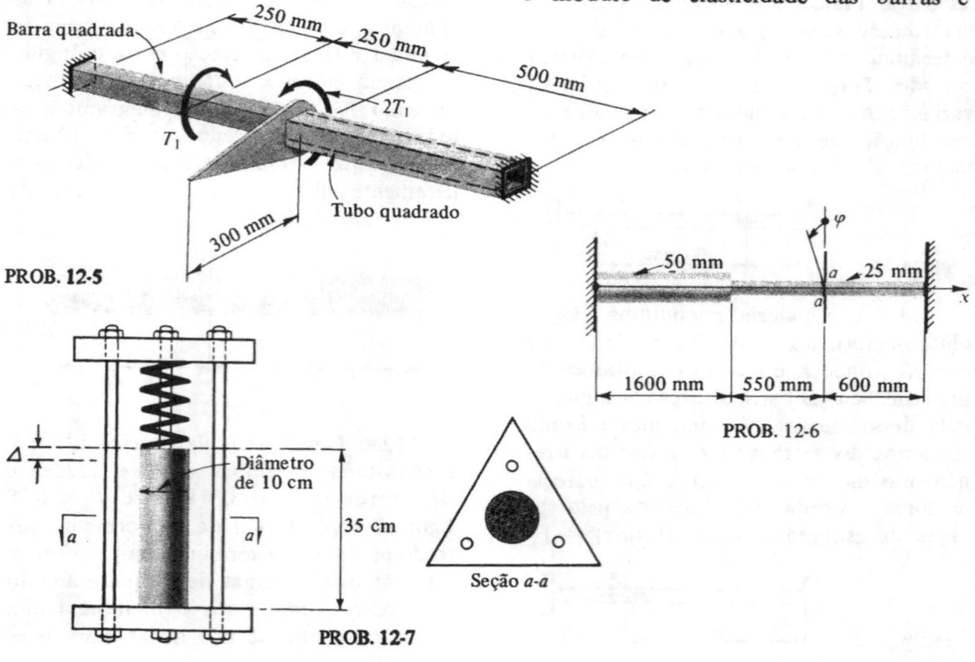

PROB. 12-5

PROB. 12-6

PROB. 12-7

$E = 21 \times 10^5$ kgf/cm² e, para o concreto $E = 2{,}8 \times 10^5$ kgf/cm², aproximadamente. Se a mudança na deformação Δ, devida à contração e à fluência, em um dos espécimes de concreto, após 27 anos, é igual a 0,078 cm, qual a mudança na tensão ocorrida no concreto? Quão bem foi mantida a tensão constante? Como se compara a deformação total, no concreto, com a elástica? Em seus cálculos, incluir a mudança de tensão nas barras de aço, mas desprezar a deformação das placas extremas. *Resp.*: $\Delta\sigma = 1{,}181$ kgf/cm².

12.8. Uma plataforma rígida se apóia em duas barras de alumínio ($E = 7 \times 10^5$ kgf/cm²) cada uma de comprimento igual a 25 cm. Uma terceira barra, feita de aço ($E = 21 \times 10^5$ kgf/cm²) é colocada no meio, tem comprimento de 24,99 cm. (a) Qual será a tensão na barra de aço se for aplicada uma carga P de 50 000 kgf sobre a plataforma? (b) De quanto serão encurtadas as barras de alumínio? *Resp.*: (a) 1 444,8 kgf/cm²; (b) 0,0272 cm.

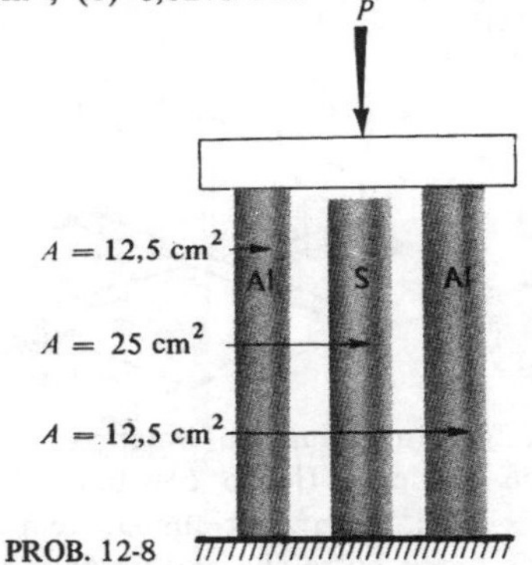

PROB. 12-8

12.9. Três fios suportam uma carga P, pendurada em uma barra rígida, como mostra a figura. Estabelecer um diagrama de carga-deflexão para esse sistema com $L_1 = 250$ cm, $A_1 = 0{,}6$ cm², $L_2 = 125$ cm e $A_2 = 1{,}2$ cm. O material dos fios é linearmente elástico-plástico, $E = 7 \times 10^5$ kgf/cm² e $\sigma_{esc} = 2\,100$ kgf/cm². Mostrar claramente a região de escoamento plástico contido no diagrama. *Resp.*: $P_{esc} = 3\,780$ kgf, $P_{lim} = 5\,040$ kgf.

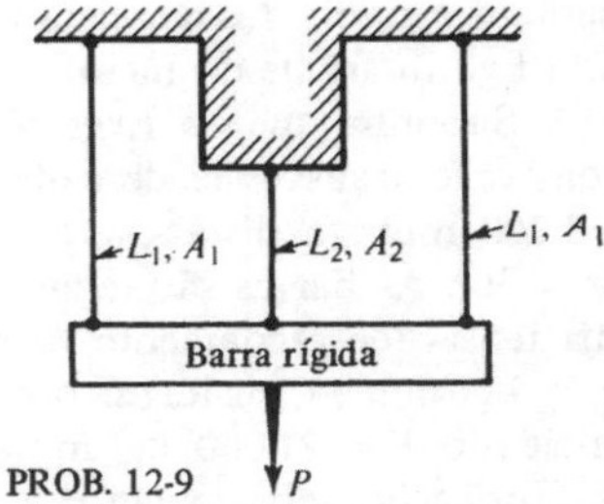

PROB. 12-9

12.10. Uma carga $P = 600$ kgf é aplicada a uma barra rígida suspensa por três fios, conforme mostra a figura. Todos os fios são de igual tamanho e de mesmo material. Para cada fio, $A = 0{,}6$ cm², $E = 21 \times 10^5$ kgf/cm², e $L = 300$ cm. Se nenhum fio estava inicialmente frouxo, como se distribuirá a carga aplicada de 600 kgf pelos fios? *Resp.*: 50 kgf, 200 kgf, 350 kgf.

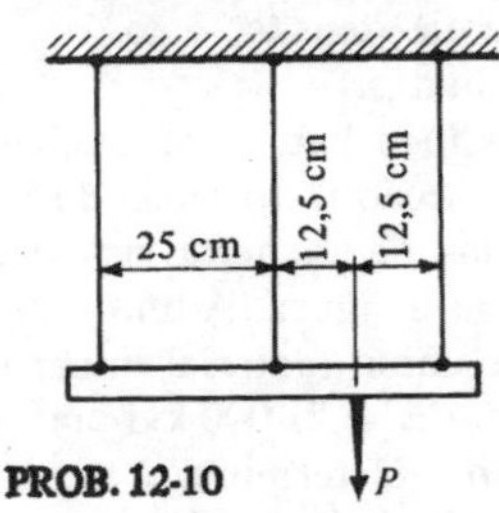

PROB. 12-10

12.11. Uma barra rígida é suportada por um pino em A e dois arames elásticos lineares em B e C, como mostra a figura. A área do arame em B é de 0,6 cm², e a de C é 1,2 cm². Determinar as reações em, A, B e C causadas pela carga aplicada $P = 7\,000$ kgf. *Resp.*: $-5\,600$ kgf, 4 200 kgf, 8 400 kgf.

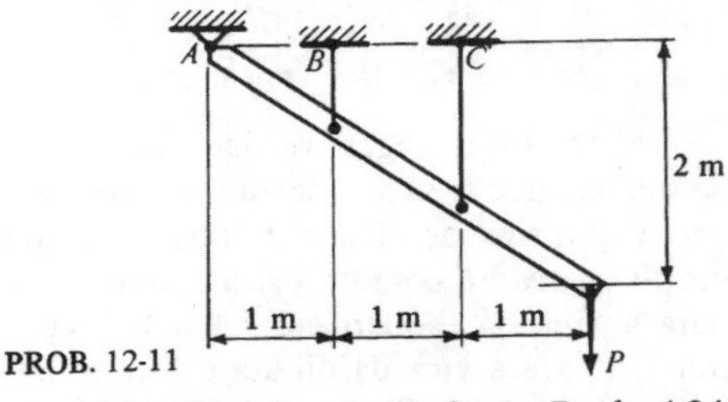

PROB. 12-11

12.12. Se a barra citada no Prob. 4.34 não é rígida, mas tem $I = 92\,000$ mm⁴ e, sendo de aço tem $E = 21\,000$ kgf/mm², que forças serão desenvolvidas em cada arame? *Resp.*: 214 kgf no arame do meio.

12.13. Suponha que no Exemplo 12.4 a área da seção transversal de cada barra seja de 1 200 mm², a distância $L = 2\,500$ mm, e $\alpha = 30°$. As barras são feitas de aço com uma tensão de escoamento bem definida de 28 kgf/mm². Considerar o módulo de elasticidade $E = 21\,000$ kgf/mm². Durante a fabricação, por engano, a barra do meio foi feita 2,5 mm mais curta, isto é, antes da montagem, as três barras são vistas como mostra a Fig. 12.10. (a) Quais as tensões residuais desenvolvidas nas barras, resultantes de uma montagem forçada? Admitir que não possa ocorrer flambagem das barras. (b) No mesmo gráfico mostrar os diagramas de carga-deflexão, análogos aos da Fig. 12.4(c) para o conjunto inicialmente livre de tensão, e o das tensões residuais achadas.

12.14. Cinco barras de aço, cada uma com área da seção transversal de 300 mm², são montadas de maneira simétrica, conforme mostra a figura. Admitir que o aço se comporte como material linear elástico-plástico, com $E = 21\,000$ kgf/cm², e $\sigma_{esc} = 25$ kgf/cm². Determinar e traçar as características de deflexão de carga da junta *A*, devidas à aplicação de uma força *P* para baixo. Admitir as barras inicialmente livres de tensão.

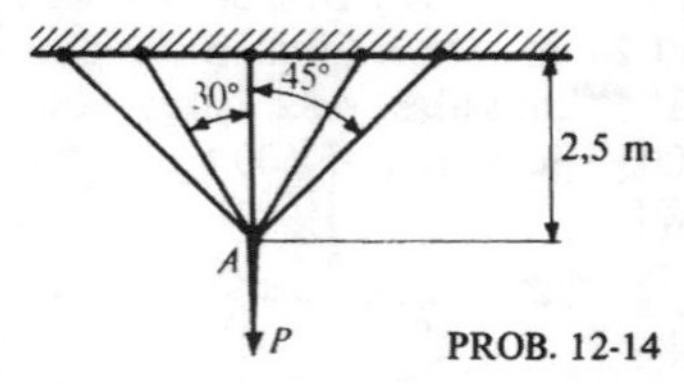

PROB. 12-14

12.15. Duas vigas verticais de 1,5 m de comprimento são conectadas pelos respectivos meios de vão, por intermédio de um fio esticado, como mostra a figura. *EI* para a viga da esquerda é $4{,}4 \times 10^9$ kgf/-mm², e para a viga da direita é $13{,}2 \times 10^9$ kgfmm². A área da seção transversal do fio é igual a 60 mm² e seu módulo $E = 7\,000$ kgf/mm². Achar a tensão no fio após a aplicação de duas forças de 300 kgf às vigas, no meio dos vãos. Usar a fórmula de deflexão da viga, dada na Tab. 11 do Apêndice. *Resp.*: 4,61 kgf/mm².

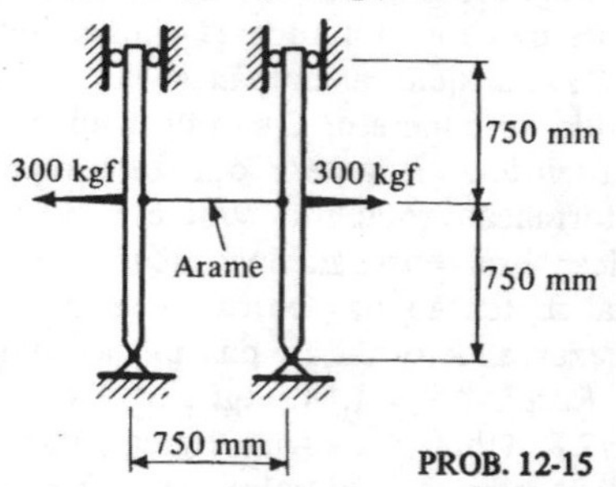

PROB. 12-15

12.16. O ponto médio de uma viga em balanço de 6 m de comprimento se apóia no meio do vão de uma viga simplesmente apoiada, de 8 m de comprimento. Determinar a deflexão do ponto *A*, onde as vigas se encontram, resultante da aplicação de uma carga de 5 t na extremidade da viga engastada. *EI* para ambas as vigas é o mesmo e constante. *Resp.*: $6{,}1\ W 10^{13}/EI$ (em mm).

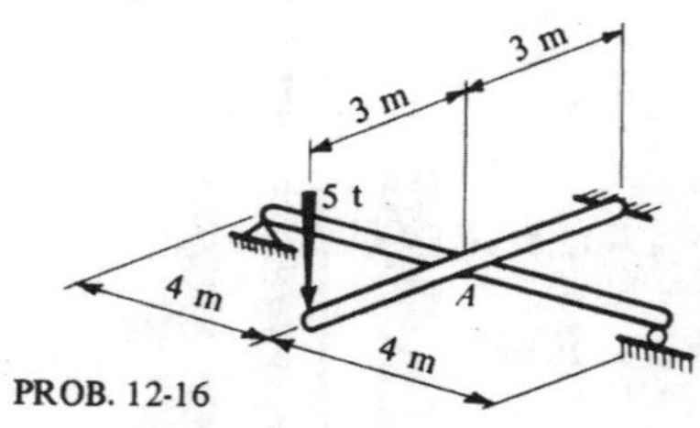

PROB. 12-16

12.17. Uma viga em balanço de 750 mm, de rigidez à flexão constante $EI = 3{,}0 \times 10^9$ kgfmm², inicialmente tem uma folga de 1 mm entre sua extremidade livre e a mola. A constante de mola $k = 200$ kgf/mm. Se uma força de 50 kgf, mostrada na figura, é aplicada à extremidade dessa viga em balanço, qual a parcela da força suportada pela mola? *Resp.*: 45,18 kgf.

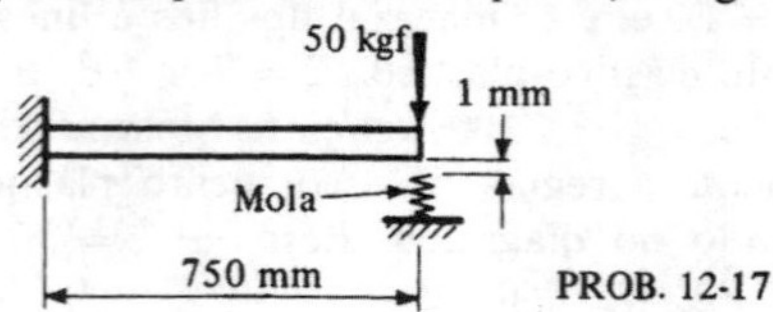

PROB. 12-17

12.18. Uma das extremidades de uma viga 18 WF 50 é engastada no concreto. Pretendeu-se suportar a outra por meio de uma barra de aço de 6 cm² e 4 m de comprimento, como mostra a figura. Durante a instalação, entretanto, a porca de aperto ficou folgada e na condição descarregada ocorre uma folga de 10 mm entre o topo da porca e o fundo da viga. Qual a tração desenvolvida na barra, devida a uma força de 6 t aplicada no meio da viga? Considerar $E = 21 \times 10^5$ kgf/cm². *Resp.*: 876 kgf.

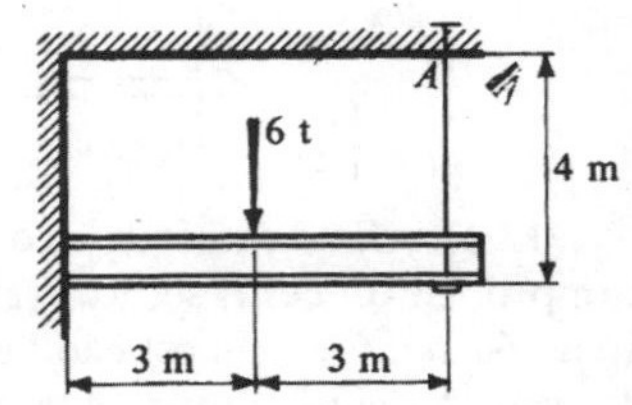

PROB. 12-18

12.19. A viga *AB* na condição sem carga apenas toca uma mola no meio do vão, conforme mostra a figura. Qual é a constante de mola *k* que igualará as forças nos três suportes, quando se aplicar uma carga vertical uniformemente distribuída p_0? Usar a Tabela 11 do Apêndice. *Resp.*: $384\ EI/(7L^3)$.

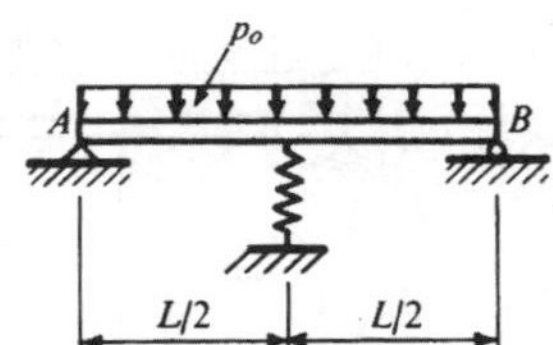

PROB. 12-19

12.20. A uma dada temperatura, uma viga em balanço apenas toca em um plano sem atrito, conforme mostra a figura. Calcular o momento fletor máximo na viga se a temperatura da mesma se elevar de δT. Desprezar o peso da viga e o efeito da força axial sobre a deflexão na flexão. As quantidades *A*, *E*, *I* e α são dadas. *Resp.*: $\alpha L \delta T/[1/(AE) + L^2/(3EI)]$.

12.21. Uma barra quadrada de aço inoxidável de 25 mm, com 1 000 mm de comprimento, está entre duas superfícies

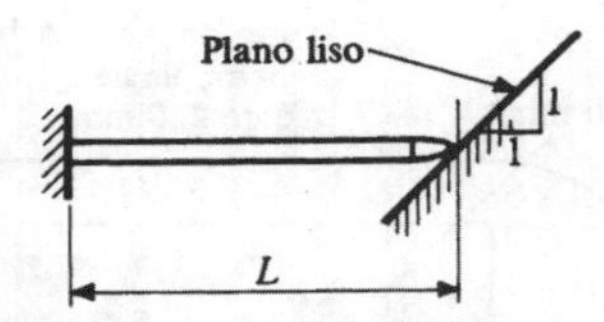

PROB. 12-20

paralelas sem atrito. Se um lado dessa barra inicialmente reta é mantido a uma temperatura superior em 300 °C à do lado oposto, qual a deflexão da barra no centro da corda que passa por suas extremidades? Que momentos aplicados nos extremos endireitariam a barra? Admitir que a temperatura varie linearmente ao longo da espessura da barra. Tomar $\alpha = 18 \times 10^{-6}$ por °C, e $E = 19\,000$ kgf/mm². Para uma relação útil na solução desse problema veja o Prob. 11.2.

12.22. Um fio de cobre de 1,6 mm de diâmetro, é colocado concentricamente em um tubo de porcelana de 6 mm de diâmetro, como mostra a figura. Se o fio é preso à porcelana, e se a temperatura do conjunto se eleva de 60 °C, qual a tensão de tração longitudinal desenvolvida no tubo de porcelana? Para o cobre, $A_{cu} = 2{,}01$ mm², $\alpha_{cu} = 16{,}8 \times 10^{-6}$ °C, $E_{cu} = 10\,000$ kgf/mm²; e, para a porcelana, $A_{po} = 26{,}26$ mm², $\alpha_{po} = 8{,}4 \times 10^{-6}$/°C, e $E_{po} = 5\,600$ kgf/mm². *Resp.*: 0,34 kgf/mm².

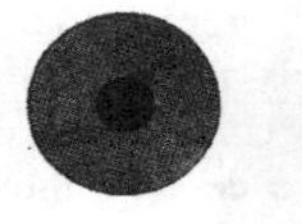

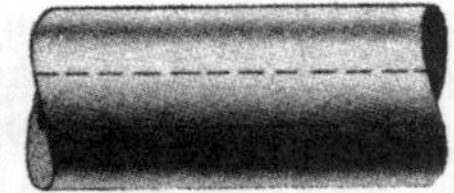

PROB. 12-22

12.23. Uma barra de alumínio de 175 mm de comprimento, tendo duas seções transversais de áreas diferentes, é inserida em um elo de aço, como mostra a figura. Se a 15 °C não existe força axial na barra de alumínio, qual a magnitude dessa força, quando a temperatura se eleva para 70 °C? $E_{al} = 7\,000$ kgf/mm² e $\alpha_{al} = 21{,}6 \times 10^{-6}$/°C; $E_{aço} = 21\,000$ kgf/mm² e $\alpha_{aço} = 11{,}7 \times$ $\times\ 10^{-6}$/°C. *Resp.*: 758,4 kgf.

12.24. Três arames de aço, fixados a uma barra rígida, suportam uma carga de

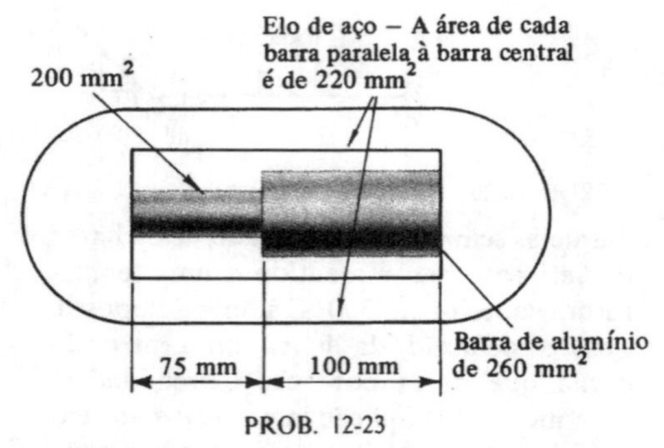

PROB. 12-23

150 kgf. Inicialmente essa carga é distribuída igualmente entre os três arames. Qual será a parcela suportada em cada arame, se a temperatura do arame da direita se elevar de 50 °C? Admitir $E = 21\,000$ kgf/mm², $A = 7$ mm² e $\alpha = 11{,}7 \times 10^{-6}$/°C. *Resp.*: 35,7 kgf, 78,6 kgf, 35,7 kgf.

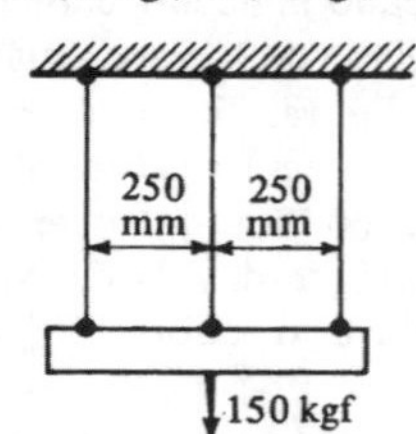

PROB. 12-24

12.25. Uma corda de aço de piano, de 750 mm de comprimento, é esticada do meio de uma viga de alumínio *AB* até um suporte rígido *C*, como mostra a figura. Qual o aumento na tensão unitária na corda, se a temperatura cai de 60 °C? A área da seção transversal à corda é de 0,06 mm², $E = 21\,000$ kgf/mm². Para a viga de alumínio $EI = 300\,000$ kgfmm². Considerar $\alpha_{aço} = 11{,}7 \times 10^{-6}$ por °C, $\alpha_{al} = 23{,}2 \times 10^{-6}$ por °C. *Resp.*: 7,67 kgf/mm².

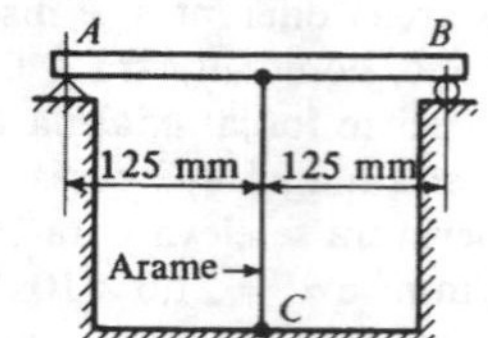

PROB. 12-25

12.26. Duas vigas de aço em balanço, *AB* e *CD*, são conectadas a um fio de aço esticado *BC*, de comprimento igual a 4 m, inicialmente sem carga (veja a figura). Determinar a tensão no fio, produzida por uma carga de 1 000 kgf, aplicada em *C*, e uma queda de temperatura, apenas no fio, de 50 °C. Para as vigas *AB* e *CD*: $E = 21\,000$ kgf/mm², e $I = 10^7$ mm⁴. Para o fio *BC*: $E = 21\,000$ kgf/mm². $A = 60$ mm², e $\alpha = 10{,}8 \times 10^{-6}$ por °C. *Resp.*: 541 kgf.

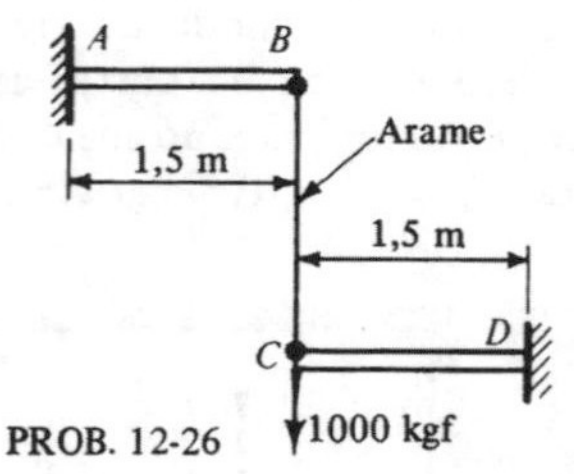

PROB. 12-26

12.27. Um arame de aço, de 5 m de comprimento, com seção transversal de área 160 mm², é bem esticado entre o meio do vão da viga simples e a extremidade livre da viga em balanço, conforme mostra a figura. Determinar a deflexão da extremidade da viga em balanço, resultante de uma queda de temperatura de 25 °C. Para o arame de aço: $E = 21\,000$ kgf/mm², $\alpha = 11{,}7 \times 10^{-6}$ por °C. Para ambas as vigas: $I = 8{,}5 \times 10^6$ mm⁴ e $E = 1\,050$ kgf/mm². *Resp.*: 0,92 mm.

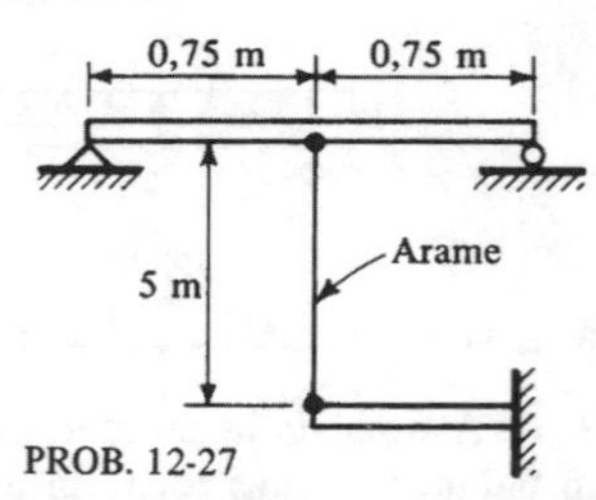

PROB. 12-27

12.28. Um anel delgado é aquecido em óleo a 150 °C acima da temperatura ambiente. Nessa condição, o anel desliza sobre um cilindro maciço, como mostra a figura. Admitindo o cilindro completamente rígido, (a) determinar a tensão tangencial desenvolvida no anel após o resfriamento, e (b) determinar a pressão desenvolvida entre o anel e o cilindro. Tomar $\alpha = 10^{-5}$/°C, e $E = 7\,000$ kgf/mm².

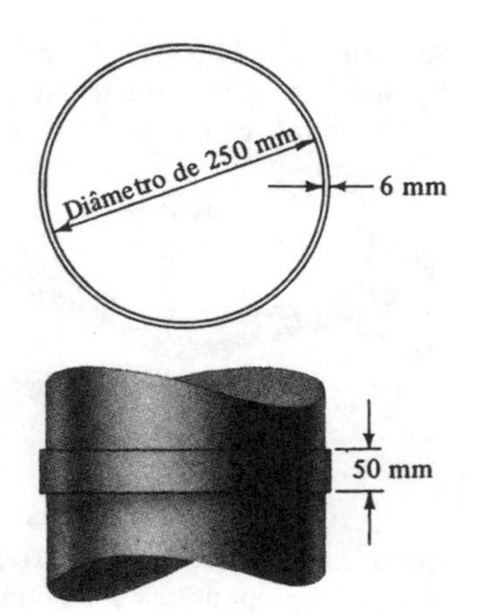

PROB. 12-28

12.29. Um vaso cilíndrico de pressão é feito pela moldagem de uma chapa de latão sobre outra de aço doce. Ambos os cilindros têm espessura da parede de 6 mm. O diâmetro nominal do vaso é de 750 mm, e esse valor deve ser usado em todos os cálculos que envolvam o diâmetro. Quando o cilindro de latão é aquecido a 50 °C acima da temperatura ambiente, ele se ajusta exatamente sobre o cilindro de aço, que está à temperatura ambiente. Qual é a tensão tangencial no cilindro de latão, quando o conjunto esfria até a temperatura ambiente? Para o latão $E_l = 11\,000$ kgf/mm² e $\alpha_l = 19{,}3 \times 10^{-6}$/°C. Para o aço $E_a = 21\,000$ kgf/mm² e $\alpha_a = 12 \times 10^{-6}$/°C. *Resp.*: 7 kgf/mm².

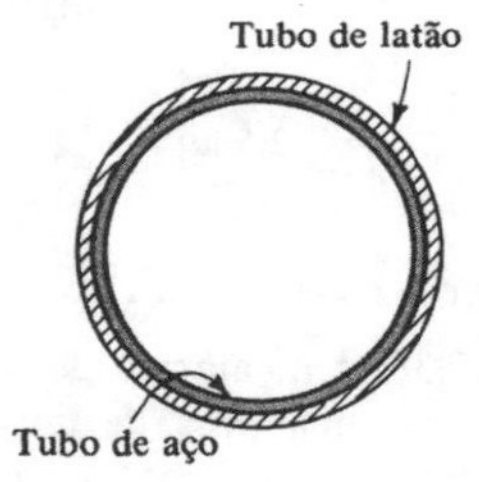

PROB. 12-29

12.30. Um diafragma de aço de 0,75 mm de espessura é esticado em um anel de liga de alumínio, como mostra a figura. O anel é feito de uma barra redonda de 20 mm de diâmetro ($A = 314$ mm²). Se a temperatura é elevada de 50 °C, quais as tensões induzidas no diafragma? Para a liga de alumínio $E_{al} = 7\,000$ kgf/mm², $G_{al} = 2\,800$ kgf/mm², e $\alpha_{al} = 23{,}4 \times 10^{-6}$/°C. Para o diafragma de aço $E_a = 21\,000$ kgf/mm², $G_a = 8\,400$ kgf/mm² e $\alpha_a = 11{,}7 \times 10^{-6}$/°C. *Resp.*: 6,9 kgf/mm².

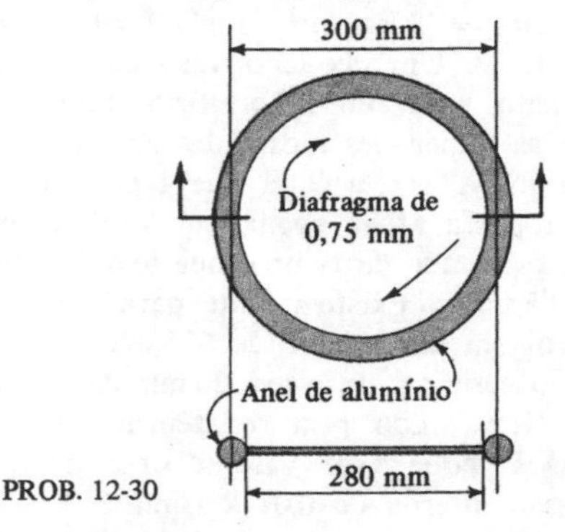

PROB. 12-30

12.31. Duas tiras de metal de espessuras iguais, mas de materiais diferentes, são unidas e fixadas em uma das extremidades, para atuarem como uma viga em balanço, conforme mostra a figura. Determinar a deflexão da ponta, provocada por uma mudança na temperatura de δT. Considerar o coeficiente de expansão de uma das barras igual a α_1 e, o da outra, α_2. Admitir que os módulos de elasticidade sejam os mesmos em ambos os materiais. Tais elementos bimetálicos são bastante usados nos dispositivos de controle de temperatura. (*Sugestão*. Considerar que existam uma força longitudinal e um momento, em cada tira. As deformações na junta são as mesmas nos dois materiais. A fórmula da deflexão para uma barra de curvatura constante é dada no Prob. 11.2). *Resp.*: $3(\alpha_2 - \alpha_1)(\delta T)L^2/(4h)$.

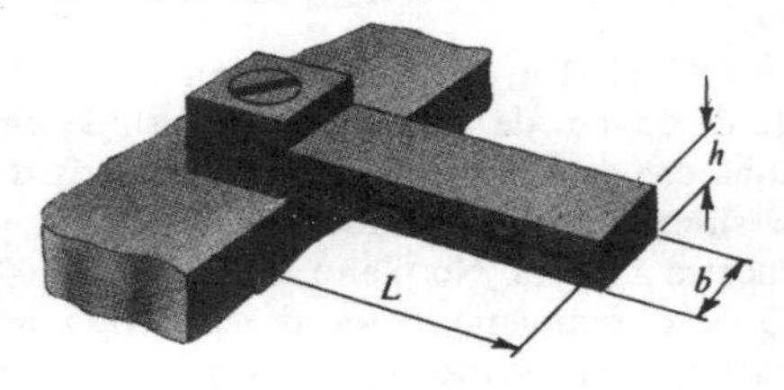

PROB. 12-31

12.32. Se no Exemplo 12.7, no lugar de um parafuso, é usado um rebite sem tração inicial a 900 °C, no conjunto das arruelas, qual a tensão de tração desenvolvida no rebite quando a temperatura cai para 35 °C? Considerar $E = 21\,000$ kgf/mm², $\sigma_{esc} = 28$ kgf/mm², e $\alpha\, 11{,}7 \times 10^{-6}$/°C.

12.33. Um pequeno vaso de pressão foi feito para um laboratório industrial, com as dimensões mostradas na figura. O arranjo da gaxeta é tal que a pressão interna possa atuar apenas em uma superfície projetada da tampa, que tem 575 mm de diâmetro. Existem vinte parafusos dispostos em um círculo de 625 mm de diâmetro; cada parafuso têm 20 mm de diâmetro. Controlado pela resistência dos parafusos, pode esse vaso operar a uma pressão interna de 0,07 kgf/mm²? A área da seção transversal na raiz da rosca de cada parafuso é de 250 mm². Antes da pressurização os parafusos serão apertados até desenvolver-se, em cada um, a força inicial de 1 200 kgf. A tensão admissível para os parafusos em tração é considerada satisfatória a 12 kgf/mm²; entretanto é necessário considerar um fator de concentração de 2,5 na raiz das roscas dos parafusos.

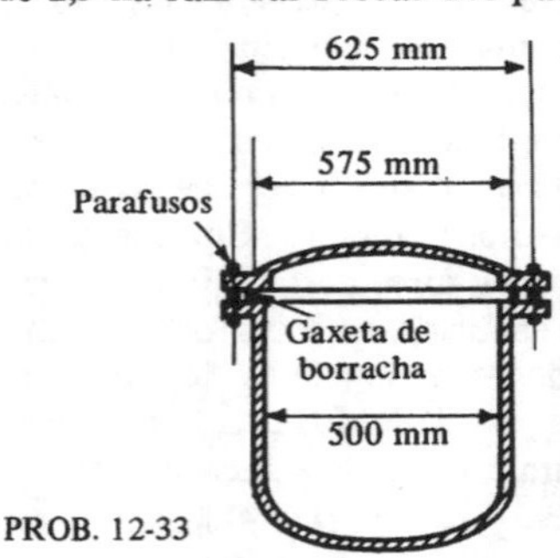

PROB. 12-33

12.34. Um eixo de aço, em forma de L, de 55 mm de diâmetro, é engastado em uma das extremidades a uma parede rígida e simplesmente apoiado na outra, como mostra a figura. No plano, a curva é de 90°. Qual o momento fletor desenvolvido no extremo engastado devido à aplicação de uma força de 1 000 kgf no ângulo do eixo? Admitir $E = 21\,000$ kgf/mm², $G = 8\,400$ kgf/mm² e, por simplicidade, $I = 4{,}5 \times 10^5$ mm⁴ e $J = 9 \times 10^5$ mm⁴. *Resp.*: 620 kgfm.

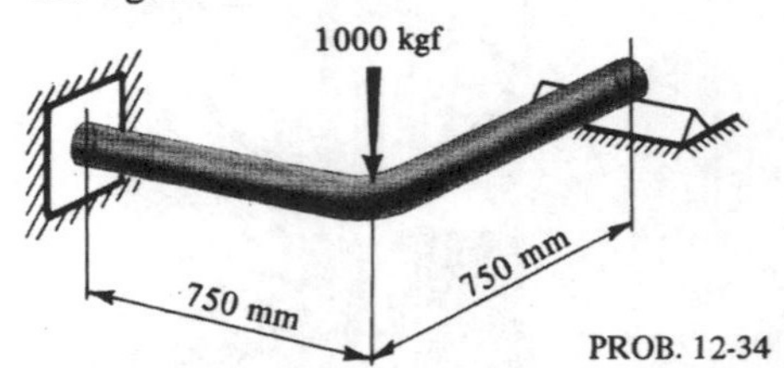

PROB. 12-34

12.35. Um arame de aço de 2,5 m de comprimento é esticado da extremidade do tubo de aço padrão de 25 mm, *ABC*, até um suporte rígido *D*, como mostra a figura. Calcular as tensões que atuam no elemento *A*, localizado no suporte no topo do tubo, provocadas por uma queda de temperatura no arame de 50 °C. Não calcular as tensões principais. Para o tubo $E = 21\,000$ kgf/mm², e $G = 8\,400$ kgf/mm²; para o arame $A = 6{,}4$ mm², $E = 21\,000$ kgf/mm², e $\alpha = 11{,}7 \times 10^{-6}$/°C. *Resp.*: $\sigma_x = 1{,}89$ kgf/mm², $\tau_{xz} = 0{,}47$ kgf/mm².

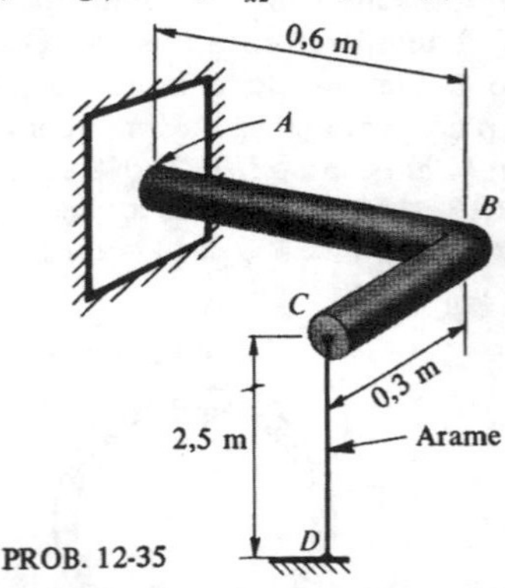

PROB. 12-35

12.36. Um alarme de fogo é estabelecido com uma peça de fio de latão como elemento sensor, conforme representação esquemática mostrada na figura. Se a folga é de 0,2 mm quando não há tensão no fio, achar o número de voltas do parafuso para ajustar o alarme de forma que os contatos se abram a uma elevação de temperatura de 50 °C. Para a barra de latão $EI = 1{,}75 \times$

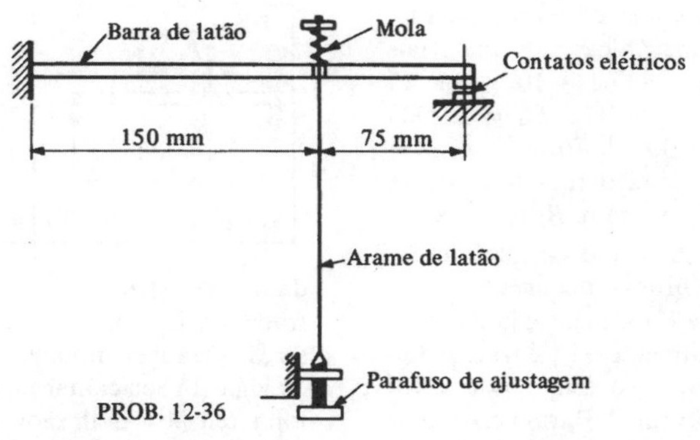

PROB. 12-36

$\times 10^6$ kgf/mm² e a constante de mola $k =$ $= 1{,}8$ kgf/mm. O fio de latão tem 4,5 m de comprimento, uma área $A = 6{,}4$ mm², $E =$ $= 1\,050$ kgf/mm² e $\alpha 18 \times 10^{-6}$/°C. O parafuso de ajustagem tem passo de 1,25 mm. *Resp.*: 4,96 voltas.

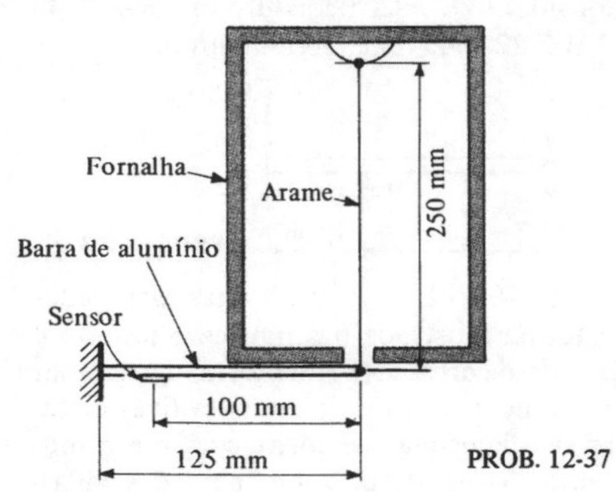

PROB. 12-37

12.37. A temperatura em uma fornalha é medida por meio de um fio de aço inoxidável colocado nela. O fio é esticado do teto da fornalha até a extremidade de uma viga em balanço, externa à fornalha. A deformação medida por um sensor colado na parte de baixo da viga é uma medida de temperatura. Admitindo que o comprimento total do fio seja aquecido à temperatura da fornalha, qual é a mudança nessa temperatura se o sensor registra uma variação na deformação de -100×10^{-6}? Admitir que o fio tenha uma tração inicial

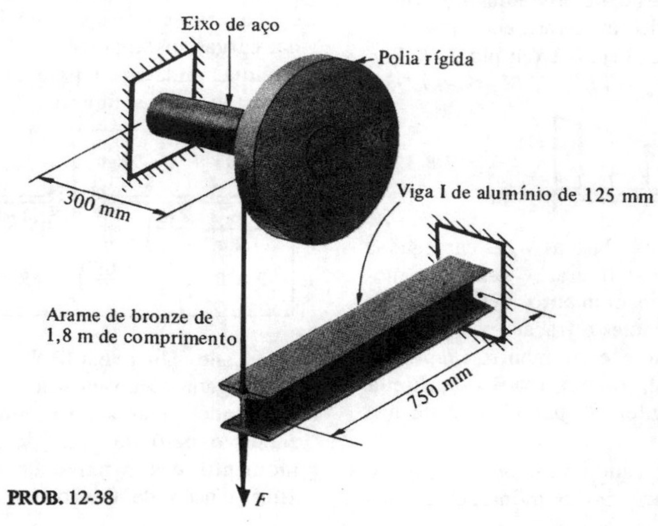

PROB. 12-38

suficiente para funcionar como o desejado. As propriedades mecânicas dos materiais são as seguintes: $\alpha_{ai} = 17{,}1 \times 10^{-6}$ por °C, $\alpha_{al} = 21{,}6 \times 10^{-6}$ por °C, $E_{ai} = 21\,000$ kgf/mm², $E_{al} = 7\,000$ kgf/mm², $A_{fio} = 0{,}3$ mm², $I_{viga} = 270$ mm⁴. A altura da viga pequena é de 6 mm. *Resp.*: 44,9 °C.

12.38. Determinar a força total desenvolvida no fio de bronze do arranjo mostrado na figura, devida à aplicação da força $F = 500$ kgf. Inicialmente o fio é tracionado a 18 kgf. O eixo de aço tem $I = 4 \times 10^5$ mm⁴ e $J = 8 \times 10^5$ mm⁴. Para o eixo, $E = 21\,000$ kgf/mm² e $G = 8\,400$ kgf/mm². Para o fio de bronze, $A = 45$ mm² e $E = 7\,000$ kgf/mm². A viga *I* de liga de alumínio tem 125 mm de altura e as mesmas dimensões transversais que uma viga *I* de 125 mm, 21,9 kgf/m. Para a viga, $E = 7\,000$ kgf/mm². *Resp.*: 143,75 kgf.

12.39. Refazer o Exemplo 12.10 tratando R_b e X_b como redundantes. Empregar as equações de superposição, Eq. 12.11.

12.40. Usando as equações de superposição, Eq. 12.11, determinar as reações nos suportes, provocadas pela carga aplicada à viga mostrada na figura. Tratar os momentos nos suportes como redundantes e determinar as rotações na extremidade da viga simplesmente apoiada, por qualquer dos métodos anteriormente desenvolvidos. (*Sugestão.* Veja o Exemplo 2.11. Fig. 2.30). *Resp.*: $M_a = kL^3/30$, $M_b = -kL^3/20$.

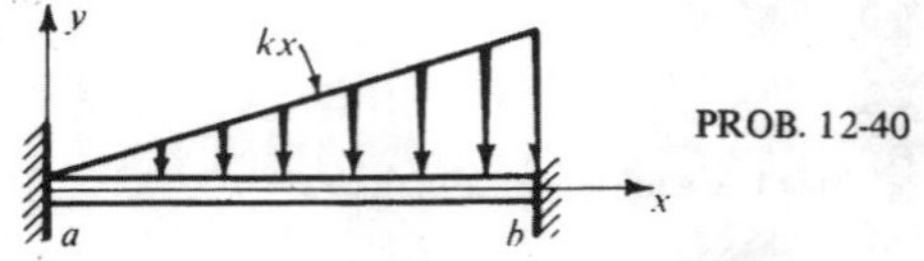

PROB. 12-40

12.41 e 12.42. Para as vigas carregadas como mostram as figuras, e usando o método de área de momento, determinar as reações redundantes e traçar os diagramas de força cortante e momento. (*Sugestão.* No Prob. 12.42, tratar a reação da direita como redundante). *Resp.*: M_A é dada nas figuras.

12.43. (a) Usando o método de área de momento, determinar o momento redundante no extremo engastada da viga mostrada na figura, e traçar os diagramas de força cortante e momento. Desprezar o peso da viga. (b) Selecionar uma viga WF, usando uma tensão de flexão admissível de 12,6 kgf/mm² e uma de cisalhamento de 8,4 kgf/mm². (c) Determinar a deflexão máxima da viga entre os suportes e no balanço. Considerar $E = 20\,000$ kgf/mm². *Resp.*: (b) 12 WF 27 (305 mm, 40,15 kgf/m).

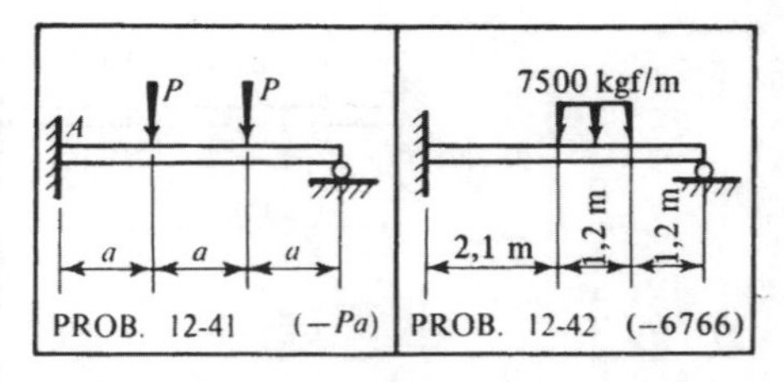

PROB. 12-41 (−*Pa*) PROB. 12-42 (−6766)

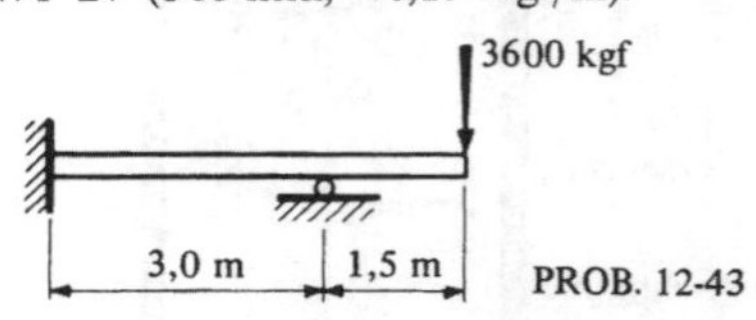

PROB. 12-43

12.44 e 12.45. Para as vigas carregadas na forma mostrada nas figuras, e usando o método de área de momento, (a) determinar os momentos nas extremidades fixas e traçar os diagramas de força cortante e momento fletor, (desprezar o peso das vigas) e (b) exprimir a deflexão máxima em termos das cargas, distâncias e *EI*. Não é necessária qualquer ajustagem para unidades. *Resp.*: para (a) veja as figuras.

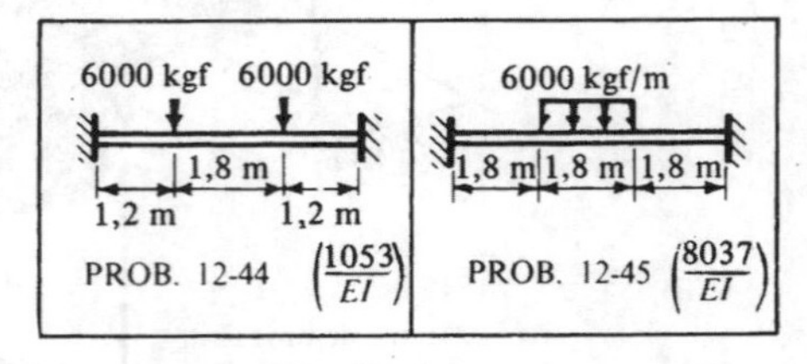

PROB. 12-44 $\left(\frac{1053}{EI}\right)$ PROB. 12-45 $\left(\frac{8037}{EI}\right)$

12.46. Uma viga 12 WF 36 (53,5 kgf/m) é carregada como mostra a figura. Usando o método de área de momento e desprezando o peso da viga, determinar (a) os momentos nas extremidades fixas, (b) a máxima tensão de flexão, (c) a deflexão no meio do vão. *Resp.*: (b) 6,11 kgf/mm²; (c) −3,44 mm.

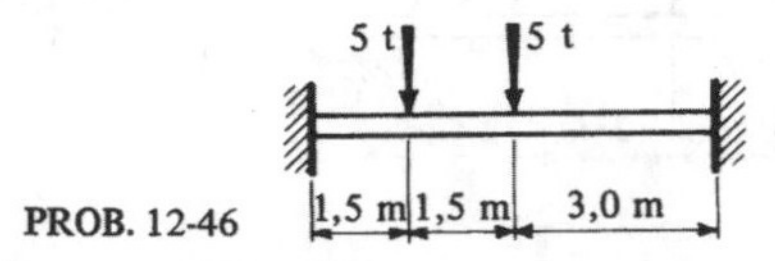

PROB. 12-46

12.47 e 12.48. Para as vigas de rigidez a flexão constante, carregadas como o mostram as figuras, e usando o método de área de momento, determinar os momentos nas extremidades fixas.

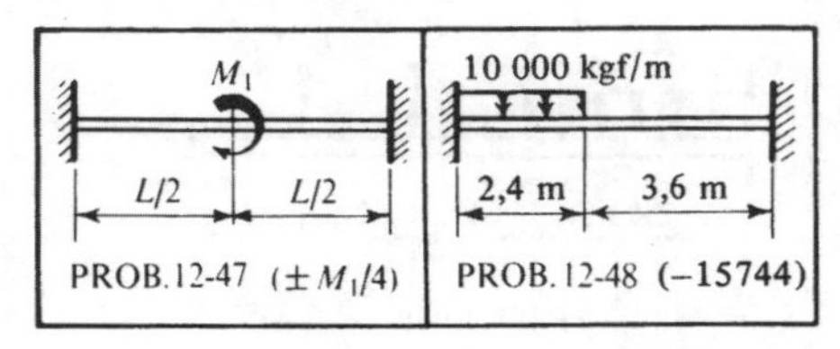

PROB. 12-47 ($\pm M_1/4$) PROB. 12-48 (−15744)

12.49. Para a viga contínua, carregada como mostra a figura, determinar o momento que atua no suporte intermediário, usando o método de área de momento; traçar os diagramas de força cortante e de momento. O I da viga da direita é o dobro do da esquerda. *Resp.*: M_{max} = 10 723 kgfm, M_{min} = −8 153 kgfm.

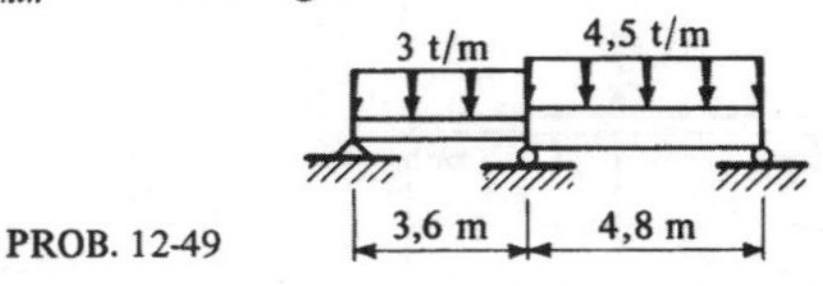

PROB. 12-49

12.50. Uma viga com momento de inércia variável é carregada como mostra a figura. (a) Usando o método de área de momento, determinar o momento no suporte do meio. (b) Achar todas as reações.

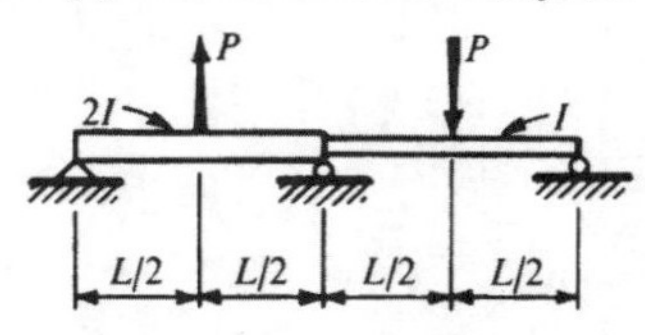

PROB. 12-50

12.51. Para a viga contínua carregada como mostra a figura, determinar o momento fletor no suporte intermediário usando o método de área de momento ou a equação dos três momentos. EI é constante. *Resp.*: −1 257 kgfm.

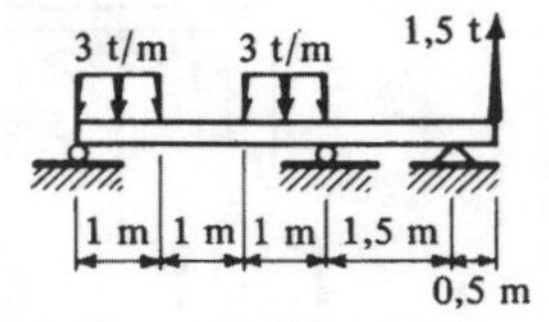

PROB. 12-51

12.52. Uma viga de rigidez a flexão constante EI é contínua em quatro vãos de comprimento iguais L. Traçar os diagramas de força cortante e momento para essa viga, se em seu comprimento ela tem carregamento uniformemente distribuído de p_0 kgf/m. Usar as equações de três momentos para determinar os momentos nos suportes. (*Sugestão.* Tirar vantagem da simetria). *Resp.*: O momento no suporte do centro é $p_0L^2/14$; as reações nas extremidades são $11p_0L/28$.

12.53. Refazer o Exemplo 12.14, Fig. 12.17, após admitir que ambos os suportes A e C sejam fixos. Usar a equação dos três momentos. *Resp.*: M_A = 3 911 kgfm, M_B = 2 423 kgfm.

12.54. Usando a equação dos três momentos, determinar os momentos nos suportes da viga carregada como mostra a figura. EI é constante. *Resp.*: −9 000 kgfm, −1 833 kgfm, −3 568 kgfm e 0.

12.55. Uma viga restrita de material dútil é carregada com duas forças concentradas P, como mostra a figura. Determinar as cargas limites P_{lim}. Desprezar o peso da viga. (*Sugestão.* Deve ser verificada a possibilidade de uma articulação plástica para cada carga). *Resp.*: $4M_p/L$.

12.56. Usando a análise limite, calcular o valor de P que provocaria o colapso (na flexão) da viga mostrada. A viga tem seção retangular de 100 mm de largura e 250 mm de altura. A tensão de escoamento é de 25 kgf/mm². Desprezar o peso da viga. *Resp.*: 36 600 kgf.

12.57. Uma viga prismática contínua suporta uma força concentrada P no meio de um vão, e uma carga uniformemente distribuída p_0 no outro vão. Usando o

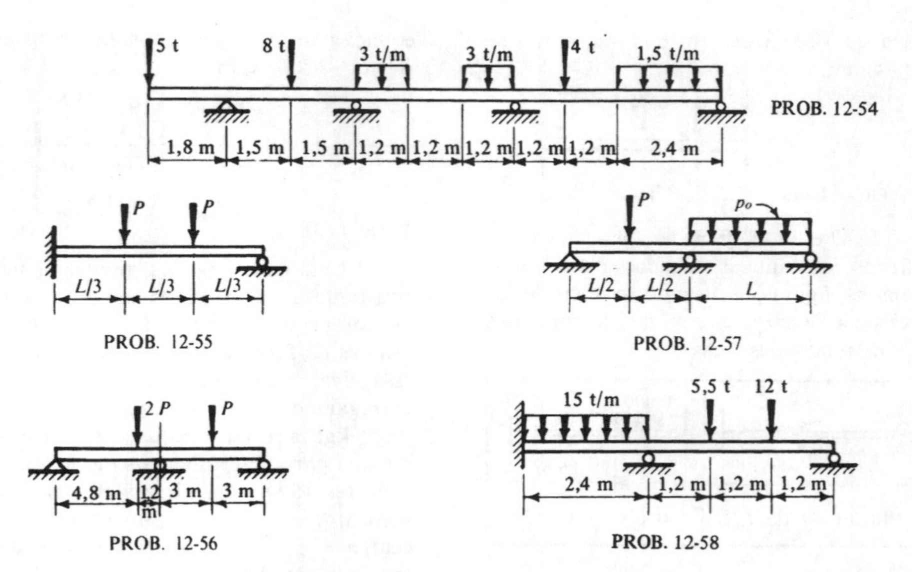

PROB. 12-54

PROB. 12-55

PROB. 12-57

PROB. 12-56

PROB. 12-58

método de análise plástica, determinar a relação entre p_0L e P necessária ao colapso (na flexão) simultâneo em ambos os vãos. Desprezar o peso da viga.

12.58. Usando o método de análise limite, selecionar uma viga de aço WF para a condição de carregamento mostrada na figura. Admitir $\sigma_{esc} = 28$ kgf/mm^2, um fator de forma de 1,10 e usar um fator de carga 2. *Resp.*: 14 WF 30(44,6 kgf/m).

12.59. Uma viga prismática "sem peso" é carregada como mostra a figura. Qual é a magnitude do momento máximo governante? *Resp.*: $p_0L^2/3$.

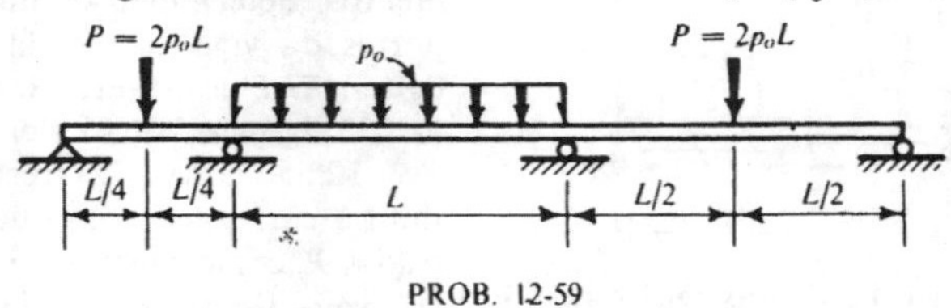

PROB. 12-59

13

MÉTODO DA ENERGIA

13.1 INTRODUÇÃO

O material apresentado nos capítulos precedentes deste texto, baseou-se no método newtoniano da mecânica, que se apóia nas representações vetoriais das relações de equilíbrio. Alternativamente, a mecânica pode ser tratada pelo método lagrangeano, usando-se funções escalares, o qual baseia-se nos conceitos de energia discutidos neste capítulo. Trabalhando com escalares, acha-se a solução de muitos problemas complexos de deformação de maneira mais simples do que pelos métodos anteriormente discutidos.

Os métodos de cálculo da energia interna de deformação em membros estruturais serão revistos em primeiro lugar. As expressões para a energia de deformação elástica em barras com carregamento axial e membros submetidos a torques serão suplementadas por uma relação para cálculo da energia de deformação na flexão de vigas. Então, usando a lei da conservação da energia e igualando a energia de deformação interna ao trabalho externo, será obtida a deflexão de alguns membros.

A solução direta dos problemas, igualando-se o trabalho externo à energia interna de deformação, é útil nos casos em que apenas uma força é aplicada a um membro. Dessa forma, deduz-se um teorema geral, aplicável a sistemas elásticos submetidos a qualquer número de cargas, para determinação das deflexões e rotações de qualquer elemento. Esse teorema é associado com o nome de Castigliano.* A esse se segue um procedimento ainda mais geral baseado no conceito do trabalho virtual. Esse método é aplicável na determinação de deformações, independentemente de suas causas. Podem ser determinadas não apenas as deformações elásticas mas, também, as decorrentes de variações de temperaturas, as plásticas, e aquelas devidas a desajustes dos elementos fabricados. As soluções dos problemas de deflexão de vigas, armações, treliças e barras curvas serão dadas como ilustrações dos métodos discutidos.

*A. Castigliano, engenheiro italiano (1847-84). Os resultados básicos foram obtidos de sua tese, em 1873

13.2 ENERGIA DE DEFORMAÇÃO ELÁSTICA

Ao se introduzir a relação da densidade de energia de deformação, Eq. 4.20, na Eq. 4.22 é obtida a expressão geral para a energia *interna* total de deformação em um corpo *elástico linear*:

$$U = \frac{1}{2}\iiint_V (\sigma_x\varepsilon_x + \sigma_y\varepsilon_y + \sigma_z\varepsilon_z + \tau_{xy}\gamma_{xy} + \tau_{yz}\gamma_{yz} + \tau_{zx}\gamma_{zx})dxdydz. \qquad (13.1)$$

A integração se estende ao longo do volume de um corpo. Tal expressão geral é usada em elasticidade. Na mecânica técnica dos sólidos é considerada uma classe menos geral de problemas, e a Eq. 13.1 se simplifica bastante. Uma expressão

$$U = \frac{1}{2}\iiint_V (\sigma_x\varepsilon_x + \tau_{xy}\gamma_{xy})dxdydz \qquad (13.2)$$

é suficiente para a determinação da energia de deformação de barras axialmente carregadas, assim como em vigas fletidas e cisalhadas. Além do mais, o último termo da Eq. 13.2, escrito nas coordenadas apropriadas, é o necessário no problema da torção de um eixo circular e para tubos de parede fina. Esses casos incluem a maioria dos tipos de problemas tratados neste texto.

Para materiais linearmente elásticos, com tensão uniaxial, $\varepsilon_x = \sigma_x/E$, e no cisalhamento puro, $\gamma_{xy} = \tau_{xy}/G$. Assim, a Eq. 13.2 pode ser reordenada na seguinte forma:

$$U = \underbrace{\iiint_V \frac{\sigma_x^2}{2E}\,dxdydz}_{\text{para carregamento axial e flexão de vigas}} + \underbrace{\iiint_V \frac{\tau_{xy}^2}{2G}\,dxdydz}_{\text{para cisalhamento nas vigas}}. \qquad (13.3)$$

Diversas expressões úteis de U, como casos especiais, podem ser desenvolvidas da Eq. 13.3, pela redução das integrais tríplices a outras simples.

Energia de deformação para barras axialmente carregadas

Em tais situações, $\sigma_x = P/A$, e em dada seção da viga, $\iint dydz = A$. Dessa forma, como P e A podem ser funções apenas de x, tem-se

$$U = \iiint_V \frac{\sigma_x^2}{2E}\,dV = \iiint_V \frac{P^2}{2A^2E}\,dxdydz =$$

$$= \int_L \frac{P^2}{2A^2E}\left[\iint_A dydz\right]dx = \int_L \frac{P^2}{2AE}\,dx, \qquad (13.4)$$

onde uma integração simples ao longo do comprimento L da barra, dá a quantidade desejada. Se P, A e E são constantes, a Eq. 13.4 fica $U = P^2L/(2AE)$.

Energia de deformação na flexão

Para este caso, de acordo com a fórmula da flexão elástica para vigas, $\sigma_x = -My/I$, Eq. 6.3. Essa relação deve ser substituída no primeiro termo do segundo membro da Eq. 13.3. Então, observando-se que M e I são funções apenas de x, e que, por definição, $\iint y^2 dydz = I$, tem-se

$$U = \iiint_V \frac{\sigma_x^2}{2E}\, dV = \iiint_V \frac{1}{2E}\left(-\frac{My}{I}\right)^2 dxdydz =$$

$$= \int_L \frac{M^2}{2EI^2}\left[\iint_A y^2 dydz\right]dx = \int_L \frac{M^2}{2EI}\, dx. \qquad (13.5)$$

A Eq. 13.5 reduz a integral volumétrica para a energia elástica de uma viga em flexão, em uma integral simples ao longo do comprimento L da viga.

Energia de deformação para tubos circulares em torção

Para esse caso, a expressão básica para a energia de deformação no cisalhamento é análoga ao último termo da Eq. 13.3. Tal expressão foi usada anteriormente no Exemplo 5.4. Substituindo em tal equação $\tau = T\rho/J$, Eq. 5.5, obtém-se, após algumas simplificações,

$$U = \iiint_V \frac{\tau^2}{2G}\, dV = \int_L \frac{T^2}{2GJ}\, dx. \qquad (13.6)$$

A dedução dos casos especiais adicionais para a energia de deformação não será prosseguida.

EXEMPLO 13.1

Achar a energia absorvida por uma viga retangular elástica, em flexão pura, em termos da máxima tensão e do volume do material.

SOLUÇÃO

O momento fletor em cada seção da viga é constante. Dessa forma, pela aplicação direta da Eq. 13.5, tem-se

$$U = \int_0^L \frac{M^2}{2EI} dx = \frac{M^2}{2EI}\int_0^L dx = \frac{M^2 L}{2EI}.$$

Como $\sigma_{max} = Mc/I = 6M/bh^2$ e $I = bh^3/12$,

$$U = \frac{\sigma_{max}^2}{2E}\left(\frac{bhL}{3}\right) = \frac{\sigma_{max}^2}{2E}\left(\frac{1}{3}\,\text{vol}\right).$$

Para uma dada tensão máxima, o volume do material nessa viga é apenas um terço tão efetivo na absorção de energia do que o seria em uma barra com tensão uniforme, onde $U = (\sigma^2/2E)(\text{vol})$. Isso resulta da existência de tensões variáveis em uma viga. Se o momento fletor também varia ao longo de uma viga prismática, o volume do material torna-se ainda menos efetivo. A mesma situação foi observada anteriormente no carregamento axial e na torção (veja os Exemplos 4.3 e 5.4).

13.3 DESLOCAMENTOS PELOS MÉTODOS DA ENERGIA

O princípio da conservação da energia, que afirma não poder a energia ser criada ou destruída, pode ser adotado na determinação dos deslocamentos dos sistemas elásticos devidos às forças aplicadas. A primeira lei da termodinâmica exprime esse princípio como

$$\text{trabalho realizado} = \text{variação na energia}. \tag{13.7}$$

Para um processo adiabático* e sem geração de calor no sistema, com as forças aplicadas de maneira quase estática,** a forma especial dessa lei para sistemas conservativos se reduz a

$$W_e = U, \tag{13.8}$$

onde W_e é o trabalho total realizado pelas forças externas aplicadas durante o processo de carregamento e U é a energia total de deformação armazenada no sistema.

É significativo observar que, alternativamente,

$$W_e + W_i = 0, \tag{13.9}$$

isto é, o trabalho externo W_e, e o interno W_i devem ser nulos. Dessa forma, das Eqs. 13.8 e 13.9, tem-se

$$U = -W_i, \tag{13.10}$$

onde W_i tem sinal negativo porque as deformações sofrem oposição das forças internas.

O artigo precedente fornece diversas expressões para determinação de U. Pode-se também observar que, em sistemas elásticos lineares, se uma força ou conjugado é aplicado a um corpo, ela aumenta linearmente de zero a seu valor global. Dessa forma, o trabalho externo W_e é igual à metade da força total multiplicada pelo deslocamento na direção de sua ação. A possibilidade de formulação de W_e e U, fornece a base para utilização da Eq. 13.8 na determinação dos deslocamentos.

A seguir serão apresentados alguns exemplos de aplicação da Eq. 13.8.

EXEMPLO 13.2

Achar a deflexão da extremidade livre de uma barra elástica de seção transversal constante de área A e de comprimento L, devida a uma força axial P aplicada na extremidade livre.

SOLUÇÃO

À medida que a força P é gradualmente aplicada à barra, o trabalho externo $W_e = P\Delta/2$, onde Δ é a deflexão da extremidade da barra. Com P constante, a expressão para a energia

*Nenhum calor é transferido para ou do sistema

**As forças são aplicadas ao corpo tão lentamente que a energia cinética pode ser desprezada

interna de deformação, de acordo com a Eq. 13.4, é $U = P^2L/(2AE)$. Assim, de $W_e = U$,

$$\frac{P\Delta}{2} = \frac{P^2L}{2AE} \quad \text{e} \quad \Delta = \frac{PL}{AE},$$

que é idêntica à Eq. 4.33.

EXEMPLO 13.3

Achar a rotação da extremidade de um eixo circular elástico, em relação ao extremo engastado, quando é aplicado um torque T na extremidade livre.

SOLUÇÃO

À medida que o torque T é gradualmente aplicado ao eixo, o trabalho externo $W_e = T\varphi/2$, onde φ é a rotação angular da extremidade livre em radianos. A expressão para a energia interna de deformação U, para o eixo circular, é dada na Eq. 13.6. Com T e J constantes, isso dá $U = T^2L/(2JG)$; e, de $W_e = U$

$$\frac{T\varphi}{2} = \frac{T^2L}{2JG} \quad \text{e} \quad \varphi = \frac{TL}{JG}$$

que concorda com a Eq. 5.13.

EXEMPLO 13.4

Achar a máxima deflexão devida a uma força P aplicada na extremidade de uma viga elástica em balanço, tendo seção transversal retangular, Fig. 13.1(a). Considerar os efeitos das deformações de flexão e angular.

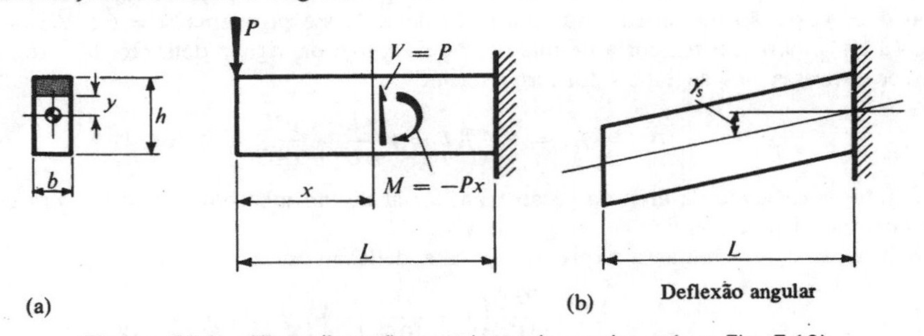

Figura 13.1 (Para distorção angular mais precisa veja a Fig. 7.12)

SOLUÇÃO

Como a força P é aplicada à viga, o trabalho externo $W_e = P\Delta/2$, onde Δ é a deflexão total da extremidade da viga. A energia interna de deformação consiste em duas parcelas. Uma é devida às tensões de flexão, a outra é provocada pelas tensões de cisalhamento. De acordo com a Eq. 13.3, essas energias de deformação podem ser superpostas diretamente.

A energia de deformação na flexão é obtida da Eq. 13.5, $U = \int M^2dx/(2EI)$, observando-se que $M = -Px$. A energia de deformação no cisalhamento é achada por meio do segundo termo da Eq. 13.3, $dU_{cis} = [\tau^2/(2G)]\,dV$. Nesse problema particular, a força cortante em cada seção é igual à força aplicada P, enquanto que a tensão de cisalhamento τ, de acordo com o Exemplo 7.3, é distribuída parabolicamente como $\tau = [P/(2I)][(h/2)^2 - y^2]$. Em qualquer nível y, essa tensão de cisalhamento não varia ao longo da largura b ou do comprimento L da viga. Dessa forma, o volume infinitesimal dV na expressão da energia de cisalhamento é tomado como $Lb\,dy$. Igualando-se a soma dessas duas energias internas de deformação ao trabalho externo, é obtida a deflexão total.

$$U_{flexão} = \int_0^L \frac{M^2 dx}{2EI} = \int_0^L \frac{(-Px)^2 dx}{2EI} = \frac{P^2L^3}{6EI};$$

$$U_{cis} = \int_V \frac{\tau^2}{2G} dV = \frac{1}{2G}\int_{-h/2}^{+h/2} \left\{\frac{P}{2I}\left[\left(\frac{h}{2}\right)^2 - y^2\right]\right\}^2 Lbdy$$

$$= \frac{P^2Lb}{8GI^2}\frac{h^5}{30} = \frac{P^2Lbh^5}{240G}\left(\frac{12}{bh^3}\right)^2 = \frac{3P^2L}{5AG},$$

onde $A = bh$ é a área da seção transversal da viga. Então,

$$W_e = U = U_{flexão} + U_{cis}$$

$$\frac{P\Delta}{2} = \frac{P^2L^3}{6EI} + \frac{3P^2L}{5AG} \quad \text{ou} \quad \Delta = \frac{PL^3}{3EI} + \frac{6PL}{5AG}.$$

O primeiro termo no resultado, $PL^3/(3EI)$, é a deflexão ordinária da viga devida à flexão. O segundo termo é a deflexão devida ao cisalhamento e pode ser interpretada da seguinte forma: a relação $P/A = V/A$ é a tensão média de cisalhamento, τ_{med}, através da seção. Essa quantidade dividida pelo módulo de rigidez G dá a deformação transversal para uma tensão uniforme. Como, entretanto, a tensão de cisalhamento varia ao longo da seção, é necessário um fator de correção numérica, aqui chamado de α. Nesse problema, $\alpha = 6/5$. Assim [veja a Fig. 13.1(b)], para a força cortante que ocorre ao longo da viga, a deflexão da extremidade pode ser expressa nas seguintes formas alternativas

$$\Delta_{cis} = \gamma_s L = \alpha \frac{\tau_{med}}{G} L = \alpha \frac{VL}{AG} = \frac{6PL}{5AG}.$$

O fator α depende da área da seção transversal de um membro estrutural. Em geral, a força cortante V pode variar ao longo do vão.

É instrutivo reformular a expressão para a deflexão total Δ, como

$$\Delta = \frac{PL^3}{3EI}\left(1 + \frac{3E}{10G}\frac{h^2}{L^2}\right),$$

onde, como antes, o último termo dá a deflexão devida à força cortante.

Para adquirir maior conhecimento do problema, substituir na última expressão a relação E/G por 2,5, um valor típico para aços. Então

$$\Delta = (1 + 0{,}75h^2/L^2)\Delta_{flexão}.$$

Dessa equação pode-se ver que, para uma viga curta, por exemplo, com $L = h - a$, a deflexão total é igual a 1,75 vezes aquela devida a flexão. Assim, a deflexão angular é bastante importante nos casos comparáveis. Por outro lado, se $L = 10h$, a deflexão devida à força cortante é menor do que 1% Pequenas deflexões devidas à força cortante são típicas para vigas delgadas comuns. Esse fato pode ser observado na equação original para Δ. Ali, enquanto a deflexão devida à forca cortante aumenta diretamente com o comprimento do vão, a deflexão devida à flexão aumenta com o cubo dessa distância. Dessa forma, à medida que o comprimento da viga aumenta, a deflexão devida à flexão se torna rapidamente dominante. Por essa razão, é geralmente possível desprezar a deflexão devida à força cortante. Naturalmente tal generalização nem sempre é possível.

O método ilustrado nos exemplos acima limita-se à determinação das deflexões elásticas provocadas por uma força no ponto de sua aplicação. Por outro lado, são obtidas equações intratáveis. Por exemplo, para duas forças, $1/2P_1\Delta_1 + 1/2P_2\Delta_2 = U$, onde Δ_1 e Δ_2 são as incógnitas. Uma relação adicional entre Δ_1 e Δ_2, exceto nos casos de simetria, não se encontra disponível. Isso exige o desenvolvimento de métodos mais gerais. O restante do capítulo discute tais métodos baseados nos conceitos de trabalho ou energia.

13.4 TEOREMA DE CASTIGLIANO PARA DEFLEXÃO

No cálculo das deflexões de sistemas elásticos, o seguinte teorema pode ser freqüentemente aplicado com vantagem: *A derivada parcial da energia de deformação de um sistema elástico linear* em relação a qualquer força selecionada que age sobre o sistema dá o deslocamento daquela força na direção de sua linha de ação.* As palavras *força e deslocamento* têm sentido generalizado e incluem, respectivamente, conjugado e deslocamento angular. Esse é o (segundo) teorema de Castigliano. Sua dedução encontra-se a seguir.

A expressão para a energia interna de deformação para sistemas elásticos lineares pode ser colocada essencialmente na seguinte forma:

$$U = \iiint (\sigma^2/2E)dV.$$

Como foi mostrado na Seç. 13.2, entretanto, como as tensões dependem das forças aplicadas, a energia de deformação de um dado corpo também pode ser expressa por uma função quadrática das forças externas $P_1, P_2, \ldots, P_k, \ldots, P_n, M_1, \ldots, M_p$, isto é,

$$U = U(P_1, P_2 \cdots P_k \cdots P_n, M_1, M_2 \cdots M_p).$$

Suponhamos que essa energia corresponda a um corpo como o mostrado na Fig. 13.2(a). O aumento infinitesimal nessa função δU, para um aumento infinitesimal em todas as forças aplicadas δP_k e δM_m, decorre da aplicação da regra da cadeia na diferenciação. Isso dá

$$\partial U = \frac{\partial U}{\partial P_1}\,\delta P_1 + \frac{\partial U}{\partial P_2}\,\delta P_2 + \cdots + \frac{\partial U}{\partial P_k}\,\delta P_k \cdots + \frac{\partial U}{\partial M_p}\,\delta M_p.$$

Nessa expressão os ∂P_k e os ∂M_p são usados no lugar da notação diferencial ordinária, para enfatizar a independência linear dessas quantidades. Desse ponto de vista, se apenas a força δP_k variasse de uma quantidade δP_k, Fig. 13.2(b), o

*A generalização para sistemas elásticos não-lineares é possível. Veja a Seç. 13.6

incremento de energia de deformação seria

$$\delta U = \frac{\partial U}{\partial P_k}\,\delta P_k.$$

Dessa forma, como o trabalho das reações é zero, a energia total de deformação U' correspondente à aplicação de todas as forças externas e δP_k, Fig. 13.2(c), é

$$U' = U + \delta U = U + \frac{\partial U}{\partial P_k}\,\delta P_k. \tag{13.11}$$

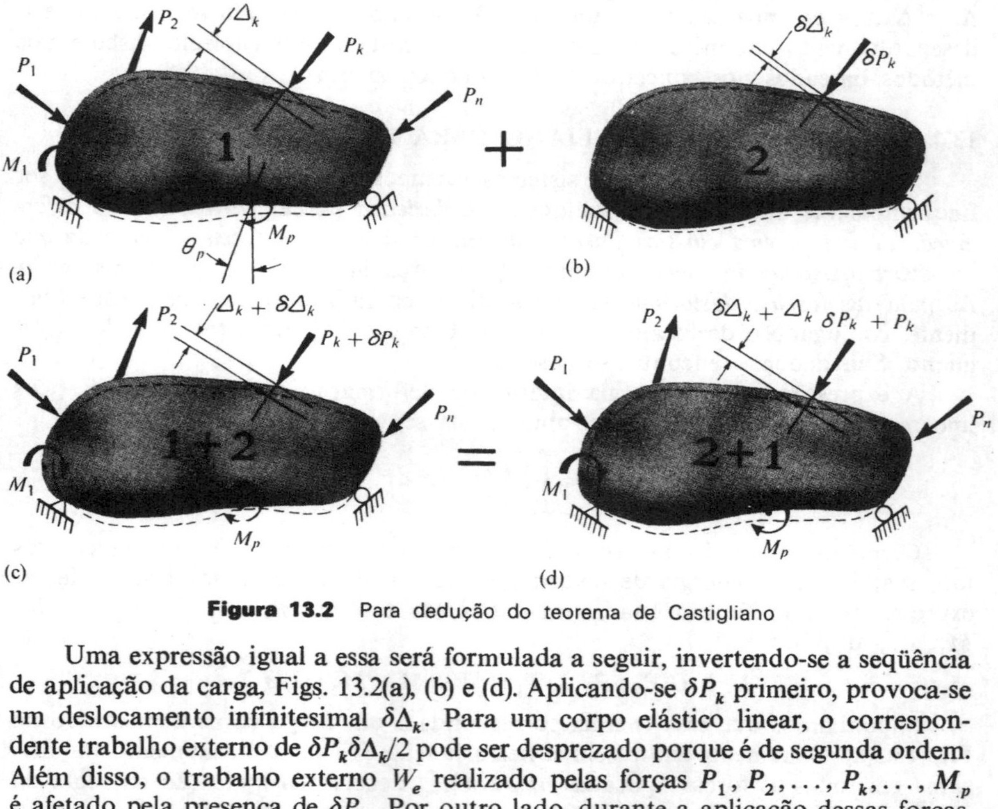

Figura 13.2 Para dedução do teorema de Castigliano

Uma expressão igual a essa será formulada a seguir, invertendo-se a seqüência de aplicação da carga, Figs. 13.2(a), (b) e (d). Aplicando-se δP_k primeiro, provoca-se um deslocamento infinitesimal $\delta\Delta_k$. Para um corpo elástico linear, o correspondente trabalho externo de $\delta P_k \delta\Delta_k/2$ pode ser desprezado porque é de segunda ordem. Além disso, o trabalho externo W_e realizado pelas forças $P_1, P_2, \ldots, P_k, \ldots, M_p$ é afetado pela presença de δP_k. Por outro lado, durante a aplicação dessas forças, a força δP_k realiza trabalho ao se mover de Δ_k, na direção de P_k. Esse trabalho adicional é igual a $(\delta P_k)\Delta_k$. Dessa forma, o trabalho total W_e' realizado pelo sistema externo de carregamento, incluindo o trabalho efetuado por δP_k, Fig. 13.2(d), é

$$W_e' = W_e + (\delta P_k)\Delta_k. \tag{13.12}$$

Essa relação pode ser igualada à Eq. 13.11, porque a ordem de aplicação da carga é imaterial, e o trabalho externo é igual à energia interna de deformação:

$$W_e + (\delta P_k)\Delta_k = U + (\partial U/\partial P_k)\delta P_k.$$

Simplificando, temos

$$\Delta_k = \frac{\partial U}{\partial P_k}. \qquad (13.13)$$

Retendo termos diferentes na derivação,

$$\theta_p = \frac{\partial U}{\partial M_p}, \qquad (13.14)$$

que dá a rotação de um membro no ponto p, na direção do momento aplicado M_p.

Essas equações versáteis estabelecem a proposição estabelecida no início desta seção. Ao aplicá-las, a solução de um problema não se limita pelo número de forças aplicadas. A adição de uma força fictícia em um local em que nenhuma força é aplicada possibilita o emprego das equações acima em qualquer ponto de um corpo. Igualando-se a zero a força fictícia, determina-se o deslocamento efetivo na extremidade. Este e outros itens relacionados à aplicação do teorema de deflexão de Castigliano serão ilustrados pelos exemplos que se seguem.

EXEMPLO 13.5

Usando o teorema de Castigliano, verificar os resultados dos Exemplos 13.2, 13.3 e 13.4.

SOLUÇÃO

Em todos esses problemas foram formuladas as expressões para a energia interna de deformação U. Dessa forma, uma aplicação direta da Eq. 13.13 ou 13.14 é tudo o que se necessita para a obtenção dos resultados desejados. Em todos os casos o material obedece à lei de Hooke.

Deflexão de uma barra com carregamento axial (P = constante):

$$U = \frac{P^2 L}{2AE} \quad \text{assim} \quad \Delta = \frac{\partial U}{\partial P} = \frac{PL}{AE}.$$

Rotação angular de um eixo circular (T = constante):

$$U = \frac{T^2 L}{2JG} \quad \text{assim} \quad \varphi \equiv \theta = \frac{\partial U}{\partial T} = \frac{TL}{JG}.$$

Deflexão de uma viga retangular em balanço, devida a uma carga P na extremidade:

$$U = \frac{P^2 L^3}{6EI} + \frac{3P^2 L}{5AG} \quad \text{assim} \quad \Delta = \frac{\partial U}{\partial P} = \frac{PL^3}{3EI} + \frac{6PL}{5AG}.$$

EXEMPLO 13.6

Uma viga prismática elástica é carregada como mostra a Fig. 13.3. Usando o teorema de Castigliano, achar a deflexão devida à flexão causada pela força P aplicada no centro.

SOLUÇÃO

A expressão para a energia interna de deformação na flexão é dada pela Eq. 13.5

$$U = \int M^2/(2EI)\, dx.$$

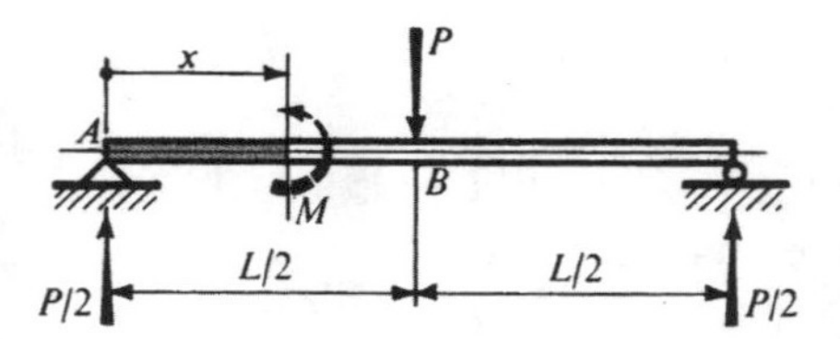

Figura 13.3

Como, de acordo com o teorema de Castigliano, a deflexão necessária é uma derivada dessa função, é vantajoso diferenciar a expressão para U antes de integrá-la. Nos problemas em que M é uma função complexa, esse esquema é particularmente útil. Nesse caso, a seguinte relação torna-se aplicável:

$$\Delta = \frac{\partial U}{\partial P} = \int_0^L \frac{M}{EI} \frac{\partial M}{\partial P} dx. \tag{13.15}$$

Assim procedendo, tem-se de A para B:

$$M = +\frac{P}{2}x \quad \text{e} \quad \frac{\partial M}{\partial P} = \frac{x}{2}\cdot$$

Substituindo essas relações na Eq. 13.15, e observando a simetria do problema,

$$\Delta = 2\int_0^{L/2} \frac{Px^2}{4EI} dx = +\frac{PL^3}{48EI}\cdot$$

O sinal positivo indica que a deflexão ocorre na direção da força aplicada P.

EXEMPLO 13.7

Usando o teorema de Castigliano, determinar a deflexão e a rotação angular da extremidade de uma viga em balanço uniformemente carregada, Fig. 13.4(a). EI = constante.

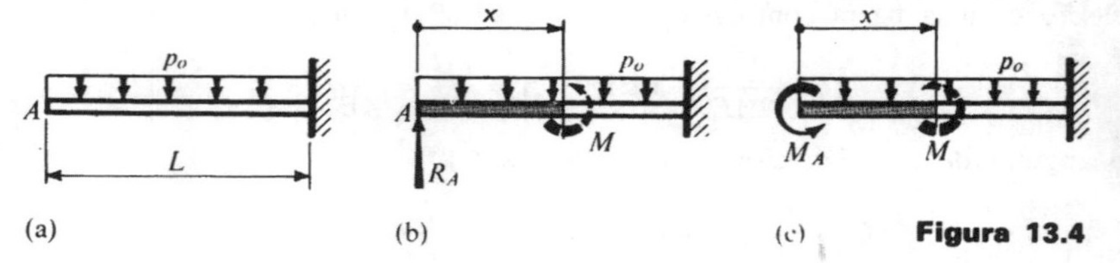

Figura 13.4

SOLUÇÃO

Nenhuma força é aplicada na extremidade da viga em balanço, onde devem ser achados os deslocamentos. Dessa forma, a fim de se poder aplicar o teorema de Castigliano, uma força fictícia deve ser adicionada em correspondência ao deslocamento procurado. Assim, como mostrado na Fig. 13.4(b), além do carregamento especificado, foi introduzida uma força R_A. Isso permite a determinação de $\partial U/\partial R_A$, que, com $R_A = 0$, dá a deflexão vertical do ponto A. Aplicando a Eq. 13.15, tem-se

$$M = -\frac{p_0 x^2}{2} + R_A x \quad \text{e} \quad \frac{\partial M}{\partial R_A} = +x$$

$$\Delta_A = \frac{\partial U}{\partial R_A} = \frac{1}{EI}\int_0^L \left(-\frac{p_0 x^2}{2} + \cancelto{0}{R_A x}\right)(+x)\, dx = \frac{p_0 L^4}{8EI},$$

onde o sinal negativo mostra que a deflexão é na direção oposta à admitida para a força R_A. Se R_A, na integração acima, não fosse nula, seria encontrada a deflexão da extremidade devida a p_0 e R_A.

A rotação angular da viga em A pode ser achada de maneira análoga ao visto acima. Um momento fictício M_A é aplicado na extremidade, Fig. 13.4(c), e os cálculos são efetuados da mesma maneira que antes:

$$M = -\frac{p_0 x^2}{2} - M_A \quad \text{e} \quad \frac{\partial M}{\partial M_A} = -1$$

$$\Delta_A = \frac{\partial U}{\partial M_A} = \frac{1}{EI}\int_0^L \left(-\frac{p_0 x^2}{2} - \cancelto{0}{M_A}\right)(-1)\,dx = +\frac{p_0 L^3}{6EI},$$

onde o sinal indica que o sentido de rotação da extremidade coincide com o admitido para o momento M_A.

EXEMPLO 13.8

Determinar a deflexão horizontal da estrutura elástica simples mostrada na Fig. 13.5(a). Considerar apenas a deflexão causada pela flexão. A rigidez EI de ambos os membros é igual e constante.

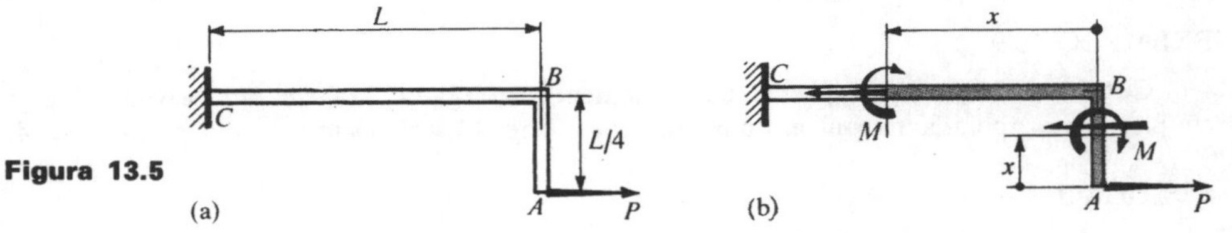

Figura 13.5

SOLUÇÃO

A função da energia de deformação é um escalar. Dessa forma, as energias de deformação para os diferentes elementos de um sistema elástico podem ser adicionados algebricamente. Após determinada a energia total de deformação, sua derivada parcial em relação a uma força dá o deslocamento daquela força. Para os problemas em questão, a Eq. 13.15 é apropriada. De A a B: $M = +Px$ e $\partial M/\partial P = +x$.

De B a C: $\quad M = +\dfrac{PL}{4} \quad$ e $\quad \dfrac{\partial M}{\partial J} = +\dfrac{L}{4}$.

$$\Delta_A = \frac{\partial U}{\partial P} = \frac{1}{EI}\int_0^{L/4} (+Px)(+x)\,dx + \frac{1}{EI}\int_0^L \left(+\frac{PL}{4}\right)\left(+\frac{L}{4}\right)dx \tag{13.13}$$

$$= +\frac{13PL^3}{192EI}.$$

O leitor deveria comparar a simplicidade dessa solução com os procedimentos discutidos no Cap. 11 (veja especialmente a Fig. 11.15). Freqüentemente é possível determinar de maneira simples os deslocamentos em pontos individuais de estruturas complexas por meio de um método de energia. A completa liberdade de escolha na convenção de sinais dos momentos e na localização da origem para cada parte ou peça de uma estrutura é uma atração adicional do método.

Neste problema seria possível incluir, na avaliação da energia de deformação elástica, a energia axial para o membro BC, e a energia de cisalhamento para o membro AB. Se isso fosse feito, poderiam ser determinadas as contribuições para a deflexão, devidas a essas causas. A quantidade determinada dá a deflexão da estrutura devida apenas à flexão. Usualmente essa é a parte dominante do total.

Se fosse pedida a deflexão vertical do ponto A, deveria ser adicionada uma força fictícia vertical F em A. Então, como no exemplo anterior, $\partial U/\partial F$ com $F = 0$ daria o resultado desejado.

Na análise dos sistemas lineares estaticamente indeterminados sempre pode ser seguido o método da superposição discutido no capítulo anterior (veja a Seç. 12.4). Em tal método, o teorema de Castigliano pode ser usado na determinação dos deslocamentos em uma estrutura reduzida à determinação estática. Alternativamente, as redundantes podem ser consideradas como forças externas incógnitas e identificadas adequadamente pelos símbolos algébricos. Assim sendo, a função de energia de deformação conterá as quantidades redundantes como incógnitas. Entretanto, as condições cinemáticas prescritas em cada redundante fornecem as condições necessárias para solução do problema. Isso é melhor ilustrado em um exemplo.

EXEMPLO 13.9

Considerar uma viga elástica, uniformemente carregada, fixa em uma extremidade e simplesmente apoiada na outra, como mostra a Fig. 13.4(b). Determinar a reação em A.

SOLUÇÃO

A solução é análoga àquela do Exemplo 13.7, exceto que R_A deve ser tratada como incógnita e não desaparece. A condição cinemática chave é

$$\Delta_A = \partial U/\partial R_A = 0, \tag{13.16}$$

que diz não ocorrer deflexão em A devida à carga aplicada p_0 e R_A.

$$M = -\frac{p_0 x^2}{2} + R_A x \quad \text{e} \quad \frac{\partial M}{\partial R_A} = +x,$$

$$\Delta_A = \frac{\partial U}{\partial R_A} = \frac{1}{EI}\int_0^L \left(-\frac{p_0 x^2}{2} + R_A x\right)(+x)\,dx = -\frac{p_0 L^2}{8EI} + \frac{R_A L^3}{3EI} = 0.$$

Dessa forma, $R_A = +3p_0L/8$, resultado já achado no Exemplo 12.9.

13.5 TEOREMA RECÍPROCO

Em sistemas estruturais lineares, a deflexão Δ_i, no ponto i, devida às forças P_i em i e P_j em j pode ser expressa, de acordo com a Eq. 12.11 por

$$\Delta_i = f_{ii}P_i + f_{ij}P_j.$$

Analogamente, a deflexão em j é

$$\Delta_j = f_{ji}P_i + f_{jj}P_j,$$

onde f_{ii}, f_{ij}, f_{ji} e f_{jj} são os coeficientes de flexibilidade de um dado sistema.

Se a energia de deformação do sistema devida à aplicação dessas forças é U, as mesmas quantidades também são dadas, de acordo com o segundo teorema de Castigliano, por

$$\Delta_i = \frac{\partial U}{\partial P_i} \quad \text{e} \quad \Delta_j = \frac{\partial U}{\partial P_j}.$$

Igualando a derivada parcial de Δ_i em relação a P_j, nas duas expressões acima, tem-se

$$\frac{\partial \Delta_i}{\partial P_j} = f_{ij} = \frac{\partial^2 U}{\partial P_j \partial P_i}$$

e, analogamente,

$$\frac{\partial \Delta_j}{\partial P_i} = f_{ji} = \frac{\partial^2 U}{\partial P_i \partial P_j}.$$

Todavia, como a ordem da diferenciação é irrelevante,

$$f_{ij} = f_{ji}. \tag{13.17}$$

Essa equação estabelece que a deflexão em qualquer ponto i devida a uma força unitária em qualquer ponto j, é igual à deflexão de j devida a uma força unitária em i, contanto que as direções das forças e as deflexões em cada caso coincidam. Esse é o chamado *teorema recíproco ou lei de Maxwell das deflexões recíprocas*.*

13.6 GENERALIZAÇÃO DOS TEOREMAS DE CASTIGLIANO

É interessante reexaminar o teorema de Castigliano da Seç. 13.4 em relação a um diagrama de força-deflexão para um membro com carregamento axial. A resposta elástica linear anteriormente considerada está na Fig. 13.6(a). Observe que, para esse caso, a energia de deformação elástica U é igual à energia de deformação complementar U^* (veja a Seç. 4.9). Desse diagrama pode-se ver que, para um incremento de carga δP, o trabalho externo complementar δWe^* é $(\delta P)\Delta$. Esse, por sua vez, é igual a δU^*, ou seja, $\delta U^* = (\delta P)\Delta$, que na forma generalizada fica

$$\Delta_k = \frac{\partial U^*}{\partial P_k}. \tag{13.18}$$

Para o caso elástico linear em que $U = U^*$, essa expressão se reduz à Eq. 13.13, que é o segundo teorema de Castigliano. A inspeção da Fig. 13.6(b) mostra, entretanto, que essa relação permanece válida para o material elástico não-linear, contanto que seja usado U^* em lugar de U.

Considerando o trabalho externo δWe realizado para uma variação em Δ, e igualando-o à energia de deformação δU, de cada figura, vê-se que $\delta U = P(d\Delta)$. Na forma generalizada

$$P_k = \frac{\partial U}{\partial \Delta_k} \tag{13.19}$$

*Essa relação foi descoberta por James Clerk Maxwell, em 1864. O caso mais geral foi demonstrado por E. Betti, em 1872

que é o primeiro teorema de Castigliano. Seu significado é análogo ao do segundo teorema com a deflexão e deslocamento intercambiáveis. Essa equação se aplica a materiais lineares e a não-lineares.

A aplicação do primeiro teorema de Castigliano e dos dois teoremas para materiais elásticos não-lineares não será procurada nesse texto.*

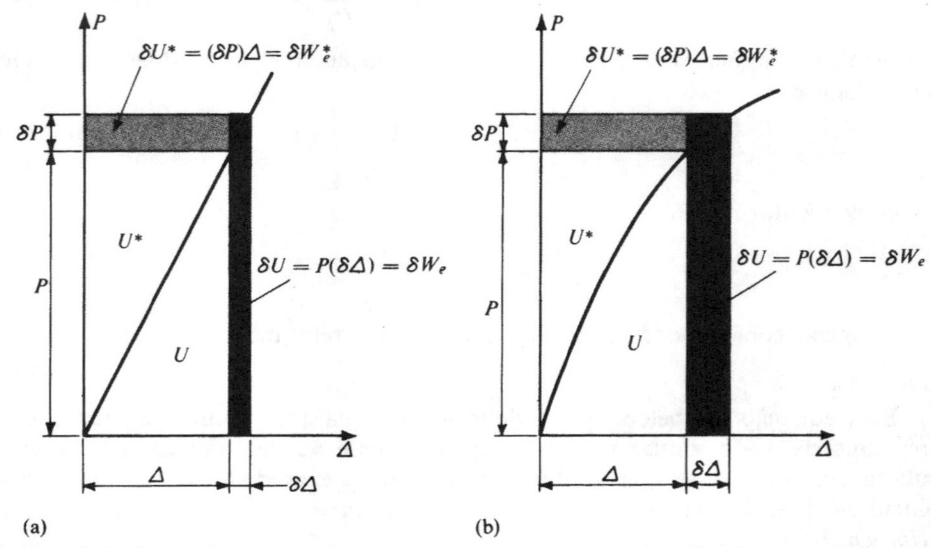

Figura 13.6 Trabalho direto e complementar, e energia de deformação direta e complementar

13.7 MÉTODO DO TRABALHO VIRTUAL PARA DEFLEXÕES

É possível imaginar que um sistema mecânico real ou estrutural em equilíbrio estático seja deslocado arbitrariamente de forma coerente com suas condições de contorno ou vínculos. Durante esse processo, as forças reais que atuam sobre o sistema se movem em deslocamentos imaginários ou virtuais. Alternativamente, forças virtuais ou imaginárias, em equilíbrio com o sistema dado, podem provocar deslocamentos reais cinematicamente admissíveis. Em qualquer dos casos pode-se formular o trabalho imaginário ou virtual realizado. Aqui, a discussão ficará limitada à consideração de forças virtuais com deslocamentos reais.

Para forças e deslocamentos que ocorrem da maneira acima, o princípio da conservação da energia permanece válido. A variação no trabalho total devida a essas perturbações deve ser nula. Dessa forma, para um sistema conservativo, e de acordo com a Eq. 13.9.

$$\delta W_e + \delta W_i = 0 \quad \text{ou} \quad \delta W_e = -\delta W_i, \tag{13.20}$$

onde a notação δW_e e δW_i é usada no lugar de dW_e e dW_i, para enfatizar que a variação no trabalho é virtual.

*Os leitores interessados podem consultar T. Au, *Elementary Structural Mechanics*, Inc., Prentice-Hall, Englewood Cliffs, N. J., 1963

Na discussão subseqüente, é mais conveniente substituir δW_i na Eq. 13.20 por δW_{ei}, o trabalho externo nos elementos internos de um corpo. Essa quantidade é numericamente igual a δW_i, mas tem sinal oposto. No cálculo de δW_{ei}, em contraste com δW_i, as deformações internas ocorrem na direção das forças internas. Desta forma

$$\delta W_e = \delta W_{ei}, \tag{13.21}$$

que exprime o princípio do trabalho virtual. Para sistemas de corpo rígido, o termo do segundo membro se anula, enquanto que nos sistemas elásticos, com a ajuda da Eq. 13.10, pode-se ver que esse termo fica δU. A restrição do princípio à resposta elástica, entretanto, não implica na Eq. 13.21. É a generalidade completa da equação do trabalho virtual que a torna uma ferramenta de análise particularmente valiosa.

Para determinação da deflexão de qualquer ponto de um corpo, devida a deformações quaisquer que ocorram em um corpo, a Eq. 13.21 pode ser colocada em forma mais adequada. Por exemplo, considere um corpo como o mostrado na Fig. 13.7, para o qual é procurada a deflexão de um ponto *A*, na direção *A-B*, causada pela deformação do corpo. A equação do trabalho virtual pode ser formulada pelo emprego da seguinte seqüência de argumentos:

Primeiro, aplicar ao corpo sem carga uma força imaginária ou virtual δF, atuando na direção *A-B*, a qual causa forças internas através do corpo. Essas forças internas, indicadas por δf, Fig. 13.7(a), podem ser achadas nos sistemas estaticamente determinados.

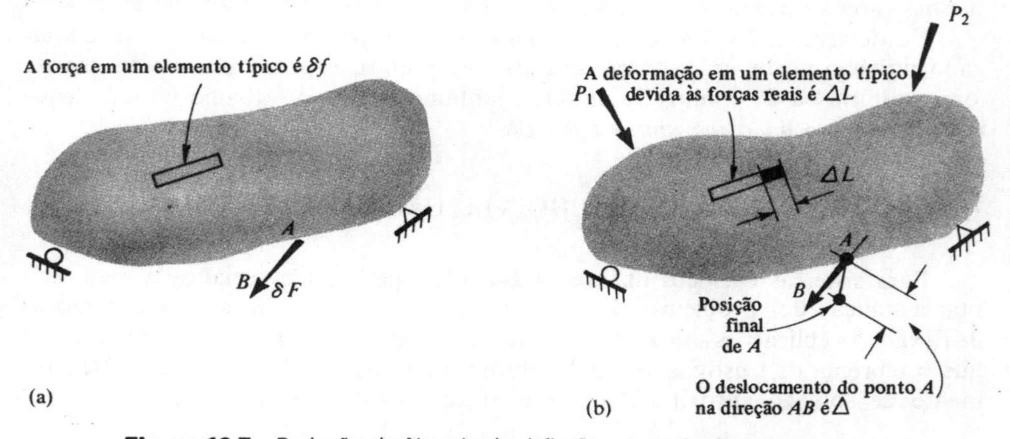

Figura 13.7 Dedução da fórmula da deflexão por meio do trabalho virtual

Em seguida, com a força virtual sobre o corpo, aplicar as forças reais, Fig. 13.7(b), ou introduzir as deformações especificadas, tal como as devidas a uma variação na temperatura. Isso causa deformações internas reais ΔL, que podem ser calculadas. Devido a essas deformações, o sistema de força virtual realiza trabalho.

Desta forma, como o trabalho externo realizado pela força virtual δF, movendo-se de Δ na direção dessa força é igual ao trabalho total realizado nos elementos internos pelas forças virtuais δf, movendo-se das distâncias reais respectivas ΔL, a forma especial da equação do trabalho virtual fica*

$$\delta F \cdot \Delta = \Sigma \delta f \cdot \Delta L. \tag{13.22}$$

Como todas as forças virtuais alcançam seus valores completos antes de impostas as deformações reais, nenhum fator metade (1/2) aparece na equação. A soma, ou, em geral, a integral é necessária no segundo membro da Eq. 13.22 para indicar que todo o trabalho interno deve ser incluído.

Observe que δF e δf não necessitam ser quantidades infinitesimais. Na Eq. 13.22 apenas a relação entre ambas é importante. Dessa forma, é particularmente conveniente escolher δF igual à unidade, nas aplicações, e redefinir a Eq. 13.22 como

$$1 \cdot \Delta = \Sigma f \cdot \Delta L, \tag{13.23}$$

onde Δ = deflexão real de um ponto na direção da força virtual unitária aplicada,
f = forças internas causadas pela força virtual unitária,
ΔL = deformações internas reais de um corpo.

As deformações reais podem decorrer de qualquer causa, com as elásticas sendo um caso especial. As forças de tração e os alongamentos dos membros são considerados positivos. Um resultado positivo indica que a deflexão ocorre na mesma direção que a força virtual aplicada.

Na determinação das relações angulares de um membro, é usado um conjugado unitário no lugar da força unitária. Na prática, o procedimento do uso da força unitária ou do conjugado unitário, juntamente com o trabalho virtual, denomina-se *método da carga unitária fictícia.*

13.8 EQUAÇÕES DO TRABALHO VIRTUAL PARA SISTEMAS ELÁSTICOS

Para sistemas elásticos lineares, a Eq. 13.23 pode ser especializada para facilitar a solução dos problemas. Isso é feito aqui para cargas axiais e para membros de flexão. As aplicações são ilustradas por meio de exemplos. É interessante observar que o teorema de Castigliano é aplicado na forma da Eq. 13.15, sendo o procedimento de solução aproximadamente idêntico ao do trabalho virtual.

Treliças

Uma força unitária virtual deve ser aplicada em um ponto, na direção da deflexão a ser determinada.

*Essa equação representa o produto escalar dos vetores

Se as deformações reais são elásticas lineares e decorrem apenas de deformações axiais, $\Delta L = PL/(AE)$, e a Eq. 13.23 fica

$$1 \times \Delta = \sum_{i=1}^{n} \frac{p_i P_i L_i}{A_i E_i} \tag{13.24}$$

onde p_i é a força axial em um membro devida à força unitária virtual, e P_i é a força no mesmo membro devida aos carregamentos reais. A soma estende-se a todos os membros da treliça.

Vigas

Se a deflexão de um ponto de uma viga elástica é desejada pelo método do trabalho virtual, uma força unitária virtual deve ser aplicada primeiro na direção na qual a deflexão é pesquisada. Essa força virtual provocará momentos fletores internos nas várias seções da viga, designados por m, como na Fig. 13.8(a). Em seguida, ao se aplicar as forças reais à viga, os momentos fletores M giram as "seções planas" da viga de $Mdx/(EI)$ radianos (Eq. 11.36). Assim, o trabalho realizado em um elemento da viga pelos momentos virtuais m é $mMdx/(EI)$. Integrando essa equação ao longo do comprimento da viga, obtemos o trabalho externo nos elementos internos. Assim, a forma especial da Eq. 13.23 para vigas, fica

$$1 \times \Delta = \int_0^L \frac{mMdx}{EI}. \tag{13.25}$$

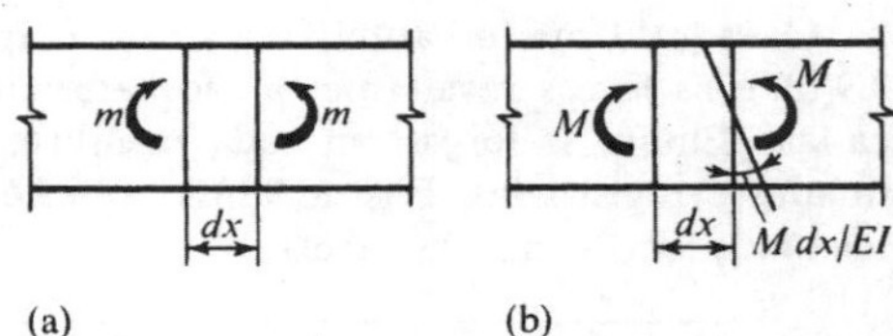

Figura 13.8 Elementos de uma viga —(a) momentos fletores virtuais m, (b) momento fletor real M — e a rotação das seções que eles causam

Uma expressão análoga pode ser usada para achar a rotação angular de uma seção particular em uma viga. Para esse caso, no lugar de se aplicar uma força unitária virtual, aplica-se um conjugado unitário virtual na seção a ser investigada. Esse conjugado virtual desenvolve momentos internos m ao longo da viga. Então, ao serem aplicadas as forças reais, elas causam rotações $Mdx/(EI)$ nas seções transversais. Assim, a mesma expressão integral da Eq. 13.25 aplica-se aqui. O trabalho externo realizado pelo conjugado unitário virtual é obtido multiplicando-o pela rotação real θ da viga. Assim,

$$1 \times \theta = \int_0^L \frac{mMdx}{EI}. \tag{13.26}$$

Nas Eqs. 13.25 e 13.26, m é o momento fletor devido ao carregamento virtual, e M é o momento fletor decorrente das cargas reais. Como m e M usualmente variam ao longo do comprimento da viga, ambos devem ser expressos por funções apropriadas.

EXEMPLO 13.10

Achar a deflexão vertical do ponto B da treliça de aço com juntas de pino, mostrada na Fig. 13.9(a), devida às seguintes causas: (*a*) deformação elástica dos membros, (*b*) encurtamento de 3 mm do membro AB por meio de um tensor, e (*c*) queda na temperatura de 60 °C, ocorrendo no membro BC. O coeficiente de expansão térmica do aço é de 0,000012 mm/mm/°C. Desprezar a possibilidade de flambagem lateral do membro em compressão.

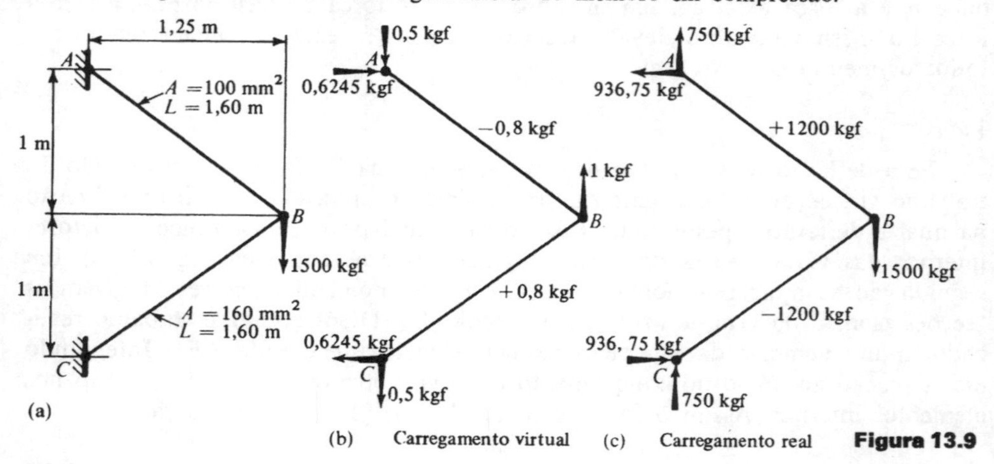

(b) Carregamento virtual (c) Carregamento real **Figura 13.9**

SOLUÇÃO

Caso (*a*). Uma força unitária virtual é aplicada na direção vertical, como mostra a Fig. 13.9(b), e as forças resultantes p são determinadas e registradas no mesmo diagrama (verificá-las). Então, as forças em cada membro, decorrentes da força real, também são determinadas e registradas, Fig. 13.9(c).A solução continua por meio da Eq. 13.24. O trabalho é efetuado em forma de tabela.

Membro	p, kgf	P, kgf	L, mm	A, mm²	pPL/A
AB	−0,8	+ 1 200	1 600	100	− 15 360
BC	+ 0,8	− 1 200	1 600	160	− 9 600

Dessa tabela $\Sigma pPL/A = -24\,960$. Assim,

$$1 \times \Delta = \Sigma \frac{p\,PL}{AE} = \frac{-24\,960}{21\,000} = -1{,}1886 \text{ kgfmm}$$

e

$$\Delta = -1{,}1886 \text{ mm.}$$

O sinal negativo significa que o ponto B se deflete para baixo. Nesse caso, "trabalho negativo" é realizado pela força virtual que atua para cima quando ela se desloca para baixo. Observe particularmente as unidades e os sinais de todas as quantidades. As forças de tração nos membros são tomadas como positivas e vice-versa.

Caso (*b*). A Eq. 13.23 é usada para determinar a deflexão vertical do ponto B devida ao encurtamento do membro AB de 3 mm. As forças desenvolvidas nas barras, pela força virtual que age na direção da deflexão procurada, estão mostradas na Fig. 13.9(b). Então, como ΔL

é −3 mm (encurtamento) para o membro AB e zero para o membro BC,

e

$$1 \times \Delta = (-0{,}8)(-3) + (+0{,}8)(0) = +2{,}4 \text{ kgfmm}$$
$$\Delta = +2{,}4 \text{ mm para cima.}$$

Caso (c). Usando a Eq. 13.23 e observando que, devido à queda na temperatura, $\Delta L = -0{,}000012(60)1\,600 = -1{,}152$ mm no membro BC,

e

$$1 \times \Delta = (+0{,}8)(-1{,}152) = -0{,}9216 \text{ kgfmm}$$
$$\Delta = -0{,}9216 \text{ mm para baixo.}$$

Por superposição, a deflexão líquida do ponto B devida às três causas é $-1{,}1886 + 2{,}4 - 0{,}9216 = +0{,}2898$ mm para cima. Para achar essa quantidade, os três efeitos poderiam ser considerados simultaneamente na equação do trabalho virtual.

EXEMPLO 13.11

Achar a deflexão no meio do vão de uma viga em balanço, carregada como na Fig. 13.10(a). O produto EI da viga é constante.

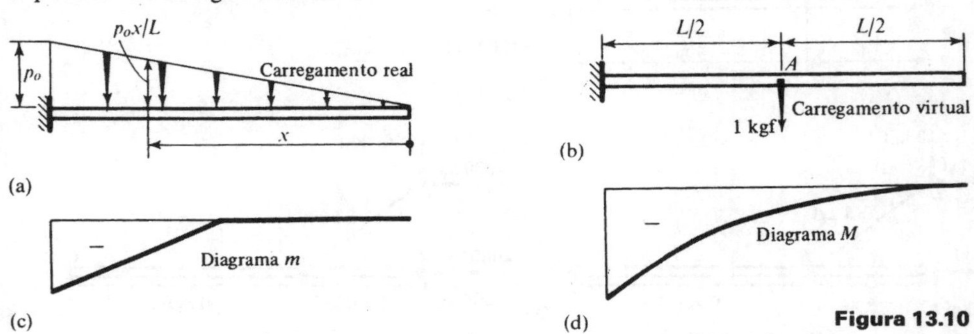

Figura 13.10

SOLUÇÃO

A força virtual é aplicada no ponto A, cuja deflexão é procurada, Fig. 13.10(b). Os diagramas m e M estão mostrados nas Figs. 13.10(c) e 13.10(d), respectivamente. Para essas funções, a mesma origem de x é tomada na extremidade livre da viga em balanço. Após serem determinados esses momentos, a Eq. 13.25 é aplicada para se achar a deflexão.

$$M = -\frac{x}{2}\,\frac{p_0 x}{L}\,\frac{x}{3} = -\frac{p_0 x^3}{6L} \qquad (0 \leqslant x \leqslant L)$$

$$m = 0 \qquad (0 \leqslant x \leqslant L/2)$$

$$m = -1(x - L/2) \qquad (L/2 \leqslant x \leqslant L)$$

$$1 \times \Delta = \int_0^L \frac{mM\,dx}{EI}$$

$$= \frac{1}{EI}\int_0^{L/2} (0)\left(-\frac{p_0x^3}{6L}\right)dx + \frac{1}{EI}\int_{L/2}^{L}\left(-x + \frac{L}{2}\right)\left(-\frac{p_0x^3}{6L}\right)dx = \frac{49p_0L^4}{3\,480EI}\text{ kgfmm.}$$

A deflexão do ponto A é numericamente igual a essa quantidade. A deflexão devida à força cortante foi desprezada.

Observe que se o teorema de Castigliano fosse usado neste caso, uma força P teria de ser aplicada em A. Essa, juntamente com p_0, daria $M = -p_0x^3/(6L) - P(x - L/2)$ para $x \geqslant L/2$, e, então,

$$\partial M/\partial P = -(x - L/2),$$

que é precisamente m para $x \geqslant L/2$. Dessa forma, a aplicação da Eq. 13.15 resultaria em uma integral idêntica a essa anterior.

EXEMPLO 13.12

Achar a deflexão para baixo, da extremidade C, provocada pela força de 1 000 kgf aplicada na estrutura mostrada na Fig. 13.11(a). Desprezar a deflexão causada pela força cortante. Considerar $E = 7\,000$ kgf/mm².

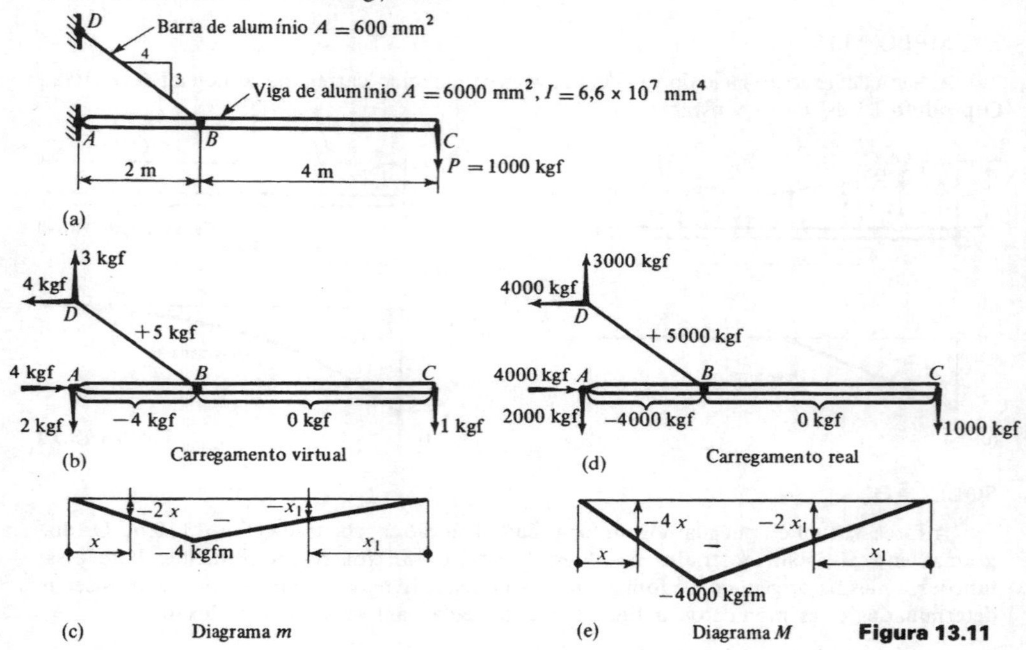

Figura 13.11

SOLUÇÃO

Uma força virtual unitária de 1 kgf é aplicada verticalmente em C. Essa força causa uma outra axial no membro DB e na parte AB da viga, Fig. 13.11(b). Devido a essa força, momentos fletores também aparecem na viga AC, Fig. 13.11(c). Cálculos semelhantes são efetuados e estão mostrados nas Figs. 13.11(d) e (e), para a força real aplicada. A deflexão do ponto C depende das deformações provocadas pelas forças axiais, assim como de flexão, e a equação do trabalho virtual é

$$1 \cdot \Delta = \Sigma \frac{p\,PL}{AE} + \int_0^L \frac{mM\,dx}{EI}\cdot$$

O primeiro termo do segundo membro dessa equação é calculado na tabela a seguir. Então é achada a integral para o trabalho interno virtual devido à flexão. Para as diferentes partes da viga são usadas duas origens de x ao se escrever as expressões para m e M, Figs. 13.11(c) e (e).

Membro	p, kgf	P, kgf	L, mm	A, mm²	$p\,PL/A$
DB	+5	+5 000	2 500	600	+104 167
AB	−4	−4 000	2 000	6 000	+ 5 333

Da tabela, $\Sigma p\,PL/A = +109\,500$, ou $\Sigma p\,PL/(AE) = 15{,}64$ kgfmm

$$\int_0^L \frac{mM\,dx}{EI} = \int_0^{2\,000} \frac{(-2x)(-2\,000x)\,dx}{EI} + \int_0^{4\,000} \frac{(-x_1)(-1\,000x_1)\,dx_1}{EI}$$

$$= +69{,}26 \text{ kgfmm.}$$

Dessa forma $1 \times \Delta = +15{,}64 + 69{,}26 = 84{,}9$ kgfmm e o ponto C deflete-se 84,9 mm para baixo.

Observe que o trabalho devido aos dois tipos de ação foi superposto. Observe também que as origens para o sistema de coordenadas podem ser escolhidos de maneira conveniente; entretanto, a mesma origem deve ser usada para os correspondentes **m** e **M**.

EXEMPLO 13.13

Achar a deflexão horizontal, provocada pela força concentrada P, da extremidade da barra curva mostrada na Fig. 13.12(a). A rigidez à flexão EI da barra é constante. Desprezar o efeito da força cortante sobre a deflexão.

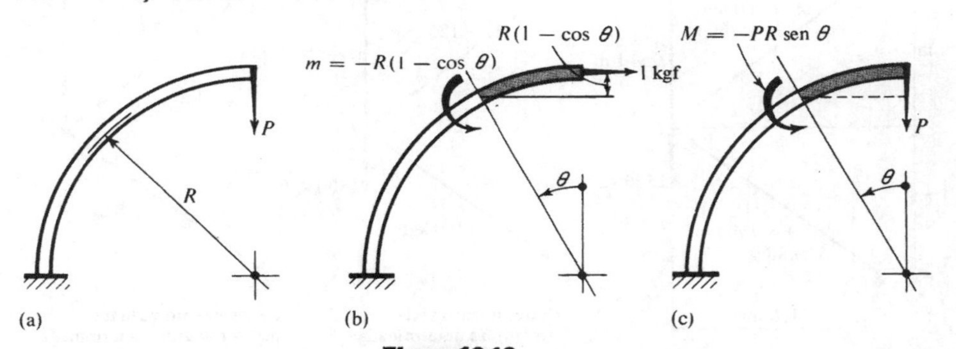

Figura 13.12

SOLUÇÃO

Se o raio de curvatura de uma barra é grande em comparação com as dimensões da seção transversal (Seç. 6.11), as fórmulas comuns de deflexão de vigas podem ser usadas, substituindo-se dx por ds. Nesse caso, $ds = R\,d\theta$.

Aplicando uma força virtual horizontal na extremidade, na direção da deflexão desejada, Fig. 13.12(b), vê-se que $m = -R(1 - \cos\theta)$. Analogamente, para a carga real, da Fig.

13.12(c), $M = -PR \operatorname{sen} \theta$. Dessa forma,

$$1 \times \Delta = \int_0^L \frac{mM\,ds}{EI}$$

$$= \int_0^{\pi/2} \frac{[-R(1-\cos\theta)](-PR\operatorname{sen}\theta)\,R\,d\theta}{EI} = +\frac{PR^3}{2EI}\ \text{kgfmm.}$$

A deflexão da extremidade para a direita é numericamente igual a essa expressão.

13.9 PROBLEMAS ESTATICAMENTE INDETERMINADOS

Problemas estaticamente indeterminados podem ser resolvidos com a ajuda do método do trabalho virtual. Para os sistemas elásticos lineares, o método da superposição discutido na Seç. 12.4 pode ser usado com particular vantagem. Ao aplicar essa solução, o método do trabalho virtual apenas fornece o meio de determinação das deflexões das estruturas artificialmente reduzidas à determinação estática. Muita confusão pode ser evitada se a afirmativa acima for mantida claramente no pensamento.

EXEMPLO 13.14

Achar as forças nas barras unidas por pinos, da estrutura de aço mostrada na Fig. 13.13(a), se for aplicada uma força de 1 500 kgf em B.

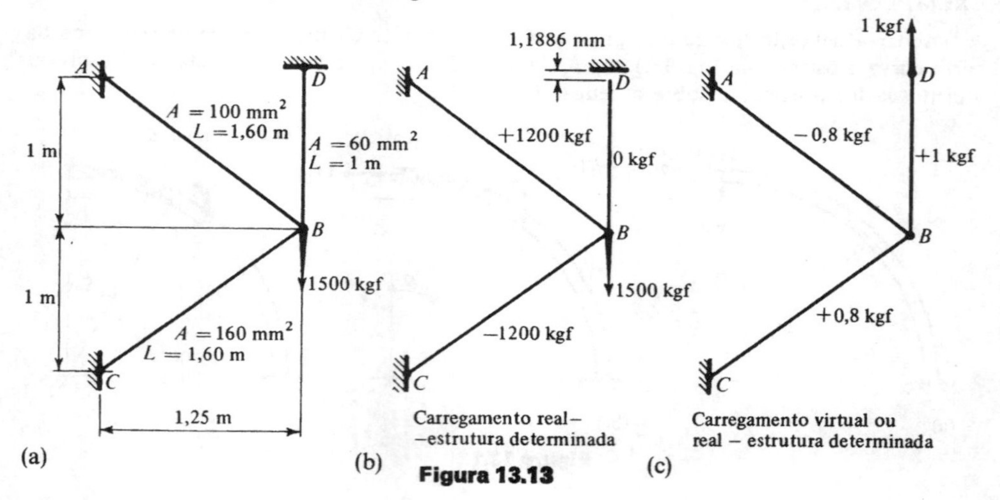

Figura 13.13

SOLUÇÃO

A estrutura pode ser considerada estaticamente determinada pelo corte da barra DB em D. Então as forças nos membros são as mostradas na Fig. 13.13(b). Nessa estrutura determinada deve ser achado o movimento do ponto D. Isso pode ser feito pela aplicação de uma força virtual vertical em D, Fig. 13.13(c), e usando o método do trabalho virtual. Entretanto, como o termo $p\,PL/(AE)$ para o membro BD é zero, o movimento vertical do ponto D é o mesmo que o de B. No Exemplo 13.10, essa última quantidade foi achada igual a 1,1886 mm para baixo e é assim mostrada na Fig. 13.13(b).

O movimento do ponto D, mostrado na Fig. 13.13(b), viola as condições do problema, e uma força deve ser aplicada para voltá-la a seu lugar. De acordo com a Eq. 13.11, isso pode ser escrito por

$$\Delta_D = f_{DD} X_D + \Delta_{DP} = 0$$

onde o espaço $\Delta_{DP} = -1{,}1886$ mm.

Para determinar f_{DD}, aplica-se uma força real de 1 kgf em D e o método do trabalho virtual é usado para achar a deflexão devida a essa força. As forças desenvolvidas na estrutura, pelas forças virtuais e reais, são numericamente as mesmas, Fig. 13.13(c). Para diferençar entre as duas, as forças nos membros provocadas por uma força real são designadas por p', e pela força virtual por p. A solução é obtida na forma de tabela.

Membro	p, kgf	p', kgf	L, mm	A, mm^2	$pp'L/A$
AB	−0,8	−0,8	1 600	100	+ 10,24
BC	+ 0,8	+ 0,8	1 600	160	+ 6,40
BD	+ 1,0	+ 1,0	1 000	60	+ 16,67

Da tabela, $\Sigma pp'L/A = +33{,}31$. Dessa forma, como

$$1 \times \Delta = \Sigma \frac{pp'L}{AE} = \frac{+33{,}31}{21\,000} = 0{,}0016 \text{ kgfmm}$$

$$f_{DD} = 0{,}0016 \text{ mm}, \quad \text{e} \quad 0{,}0016 X_D - 1{,}1886 = 0$$

Para fechar o espaço de 1,1886 mm, a força real de 1 kgf em D deve aumentar de $X_D =$ $= 1{,}1886/0{,}0016 = 743$ vêzes. Dessa forma, a força real no membro DB é 743 kgf. As forças nos dois outros membros podem ser determinadas da estática ou pela superposição das forças mostradas na Fig. 13.13(b), com X_D vezes as forças p' mostradas na Fig. 13.13(c). Por ambos os métodos, a força em AB é igual a + 606 kgf (tração), e em BC, −606 kgf (compressão).

Em qualquer caso, para se certificar de que a análise elástica, tal como a do exemplo anterior, é aplicável, devem ser determinadas as tensões máximas. Para a solução correta, tais tensões devem estar na faixa elástica linear do material usado.

PROBLEMAS

13.1. Uma viga simples, de seção retangular e vão L. Suporta uma força concentrada P no meio do vão. Desprezando o peso da viga e igualando as energias interna e externa, (a) determinar a máxima deflexão provocada pela flexão; (b) determinar a máxima deflexão provocada pelas deformações angulares *Resp.*: (a) $PL^3/$-$(48EI)$.

13.2. Determinar o comprimento do vão de uma viga I de aço de 500 mm simplesmente suportada, pesando 111,5 kgf/m, suportando uma carga concentrada no meio, tal que a deflexão devida à força cortante seja igual àquela decorrente da flexão. Considerar $E/G = 2{,}5$, e admitir que na transmissão da força cortante apenas a área da alma seja eficaz, para o que $\alpha = 1{,}0$.

(Veja o Exemplo 13.4). Traçar dois diagramas separados da viga defletida devidos às duas causas. Desprezar o peso da viga.

13.3. Um eixo curto de aço, de 75 mm de diâmetro, suporta uma engrenagem em um vão de 150 mm entre as linhas de centro dos mancais, como mostra a figura. Idealizando a força da engrenagem de forma concentrada P, e concentrando as reações, determinar a relação entre a deflexão devida às forças cortante e de flexão. Considerar $E/G = 2{,}5$ e observar que, para uma seção circular, $\alpha = 10/9$. (*Sugestão.* Veja o Exemplo 13.4). *Resp.*: 0,52.

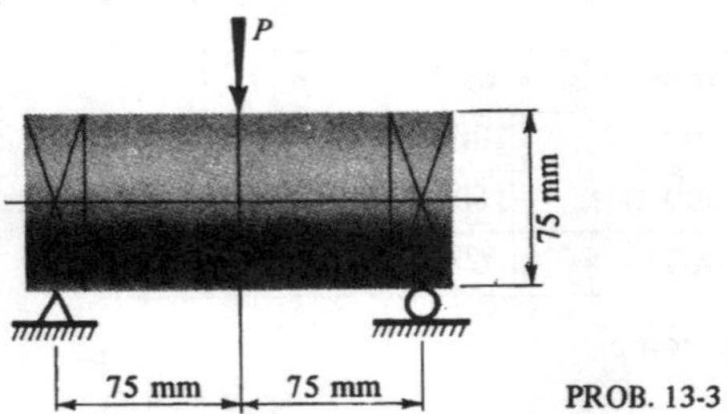

PROB. 13-3

13.4. Uma viga de 25 cm de largura, com vão de 100 cm, tem construção do tipo de "sanduíche", conforme a figura. As duas placas externas de liga de alumínio têm espessura de 1 mm ($E = 7\,000$ kgf/mm²), o núcleo leve, de 7,5 cm de espessura, tem um G efetivo igual a 7 kgf/mm². (a) Determinar a carga admissível, uniformemente distribuída, tal que a máxima tensão de flexão não exceda 5 kgf/mm². (b) Achar a máxima deflexão total provocada pela flexão e pela força cortante. Admitir que no núcleo atue apenas a tensão de cisalhamento e não a de flexão. (*Observação*: em um problema real, as tensões de sustentação nos suportes devem ser cuidadosamente investigadas).

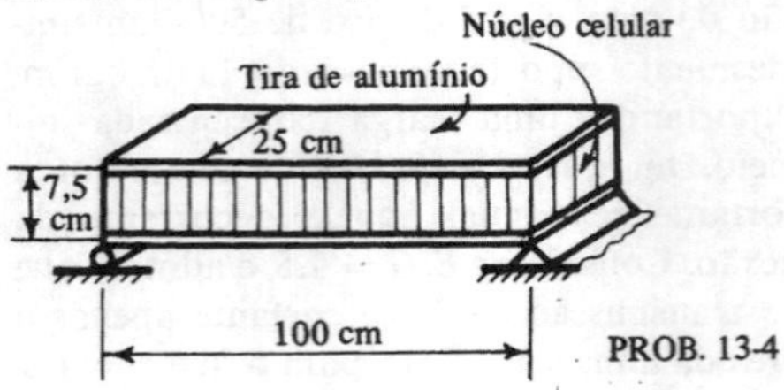

PROB. 13-4

13.5. Usando o método da energia, determinar a deflexão vertical da extremidade livre da viga em balanço, mostrada na figura, devida à aplicação de uma força $P = 50$ kgf. Considerar apenas os efeitos da flexão, isto é, desprezar as deformações angulares. $E = 21\,000$ kgf/mm². *Resp.*: 3,205 mm.

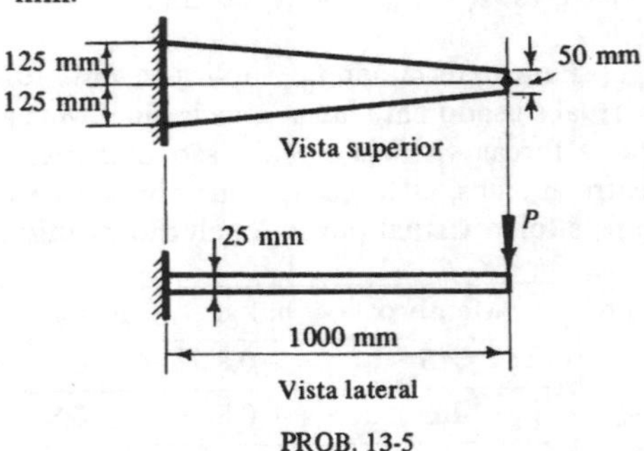

PROB. 13-5

13.6. (a) Em termos de P, L e EI, calcular a energia de deformação elástica na viga mostrada na figura, provocada pelas cargas aplicadas. (b) Igualando o trabalho realizado pelas forças externas com a variação da energia de deformação elástica, determinar a deflexão nos pontos de aplicação das cargas. (*Sugestão.* Devido à simetria, as deflexões de ambas as cargas são iguais). *Resp.*: (b) $PL^3/(48EI)$.

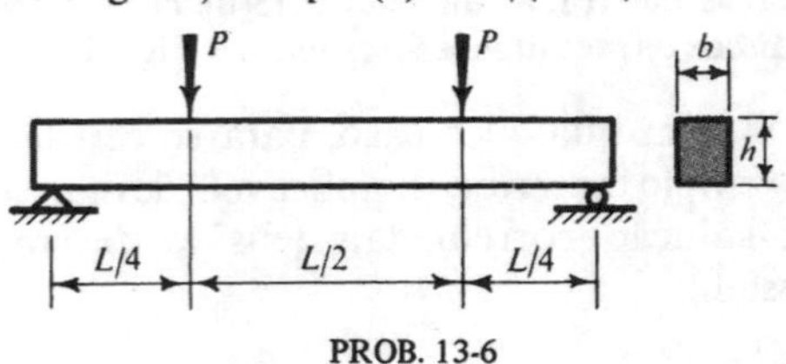

PROB. 13-6

13.7. Para a viga mostrada na figura, usando o método da energia, determinar a deflexão da viga nos pontos de aplicação das cargas. O momento de inércia da seção transversal na metade de altura h é I_0. *Resp.*: $0{,}029\ PL^2/(EI_0)$.

13.8. Achar as deflexões máximas instantâneas e as tensões de flexão para a viga quadrada de aço mostrada na figura, quando recebe o impacto de um peso de

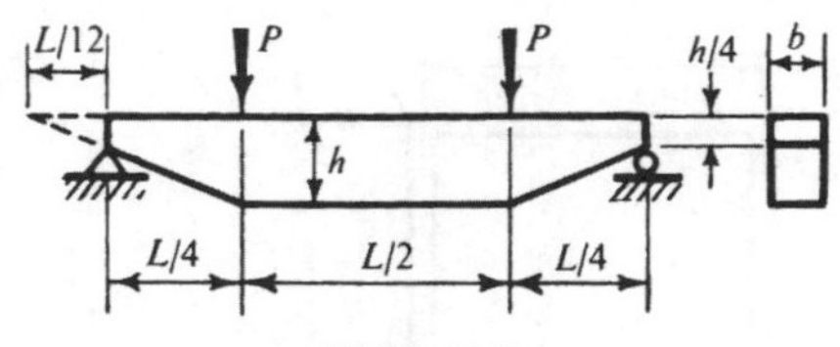

PROB. 13-7

15 kgf, em queda livre de uma altura de 75 mm acima da viga, se (a) a viga está sobre suportes rígidos, e (b) a viga é suportada por molas em cada extremidade. A constante k para cada mola é de 30 kgf/mm. (*Sugestão.* Veja o Prob. 4.14, onde se mostra que o fator de impacto pelo qual a força estática deve ser multiplicada para se obter uma força dinâmica equivalente é igual a $1 + \sqrt{1 + 2h/\Delta_{est}}$. Os cálculos assim realizados não são totalmente confiáveis quando as massas e deformações locais da viga são desprezadas). *Resp.*: (a) 2,099 mm, 13,223 kgf/mm^2; (b) 6,749 mm, 8,721 kgf/mm^2.

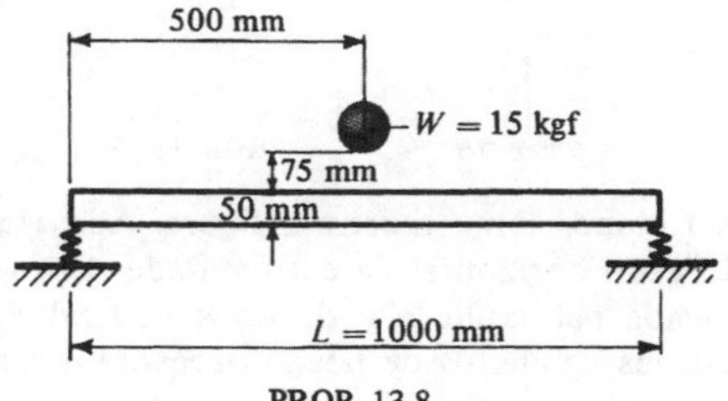

PROB. 13-8

13.9. Um homem pesando 90 kgf pula de um trampolim, de uma altura de 0,5 m. Se a prancha tem as dimensões mostradas na figura, qual é a máxima tensão de flexão? Considerar E = 1 200 kgf/mm^2. Usar qualquer método para estabelecer as características de deflexão da prancha. (*Sugestão.* Veja o Prob. 13.8 e a resposta do Prob. 13.15). *Resp.*: 4,016 kgf/mm^2

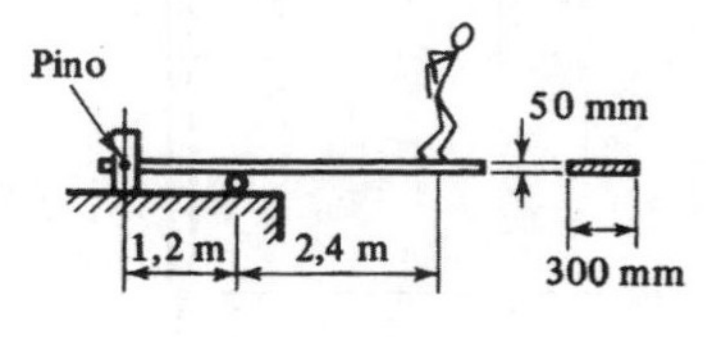

PROB. 13-9

13.10. Usando o teorema de Castigliano, achar a deflexão do ponto de aplicação da força $P/3$ sobre a viga de seção variável mostrada na figura. *Resp.*: $13PL$/-(1 458EI).

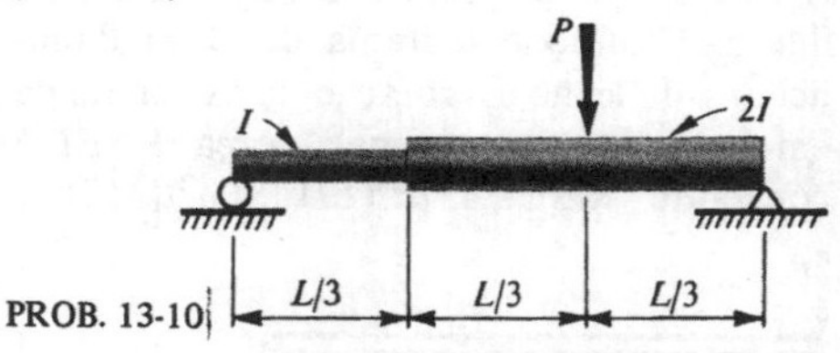

PROB. 13-10

13.11. Para a viga mostrada na figura, usando o teorema de Castigliano, determinar (a) a deflexão no centro da viga, e (b) a deflexão da ponta da viga. Considerar apenas as deformações de flexão e EI = = constante. *Resp.*: (a) $PL^3/(3EI)$, (b) 5-$PL^3/(6EI)$.

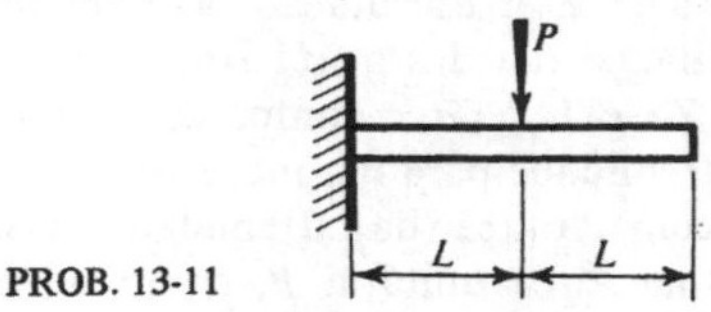

PROB. 13-11

13.12. Usando o teorema de Castigliano, achar a deformação do ponto de aplicação da força P. A rigidez à flexão EI é constante em todo o comprimento. Considerar apenas as deflexões de flexão. *Resp.*: 16,2 $P/(EI)$.

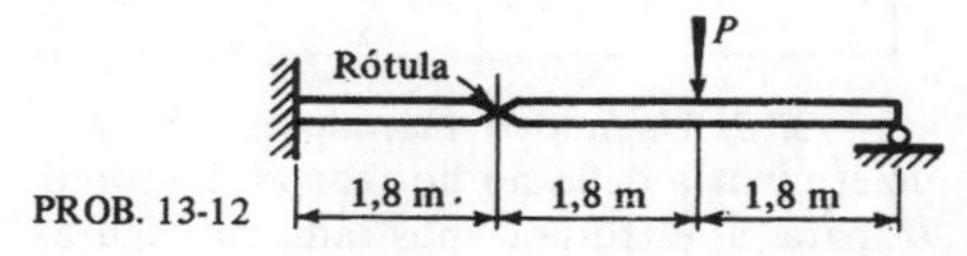

PROB. 13-12

13.13. Usando o teorema de Castigliano, determinar a máxima deflexão em termos de p_0, L e EI para uma viga simples, com carregamento uniforme, tendo EI = = constante. *Resp.*: $5p_0/(384EI)$.

13.14. Usando o teorema de Castigliano, determinar a deflexão no centro da

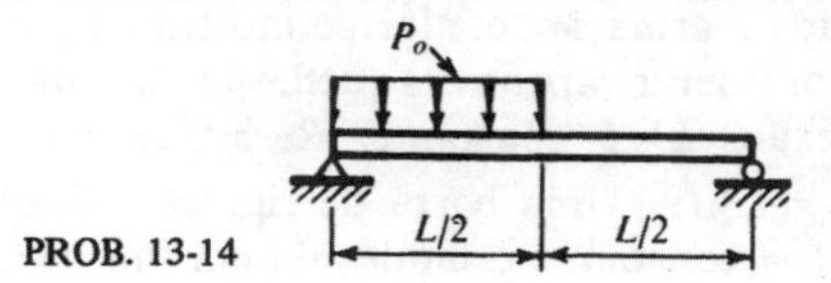

PROB. 13-14

viga carregada como mostra a figura. EI é constante. *Resp.*: $5p_0L^4/(768EI)$.

13.15. Uma viga com uma parte em balanço, é carregada com uma força concentrada P na extremidade, como mostra a figura. Usando o teorema de Castigliano, achar a deflexão e a rotação da extremidade em balanço, causada pela força P. EI é constante. *Resp.*: $4Pa^3/(EI)$, $8Pa^2/(3EI)$.

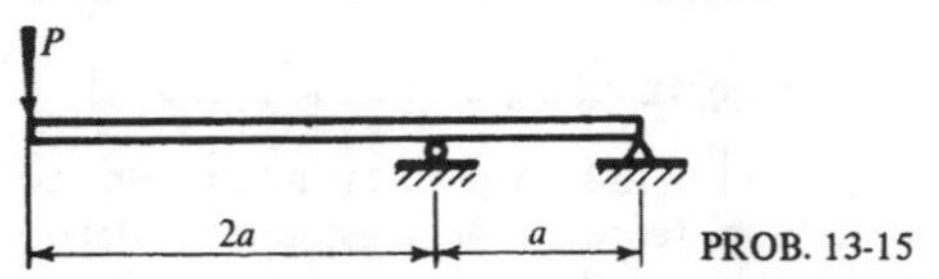

PROB. 13-15

13.16. (a) Uma viga com uma parte em balanço é carregada com um momento M_0 na extremidade, como mostra a figura. Usando o teorema de Castigliano, determinar a deflexão e a rotação da extremidade em balanço devidas a M_0. (b) Considerar $L_1 = 2a$, e $L_2 = a$, e comparar a deflexão da extremidade para um momento M_0 unitário com a rotação da extremidade causada por uma força unitária P, como no problema anterior. Esse é um caso especial da lei de Maxwell das deflexões recíprocas. *Resp.*: (a) $M_0L_1(3L_1 + 2L_2)/(6EI)$, $M_0[L_1 + (1/3)L_2]/(EI)$.

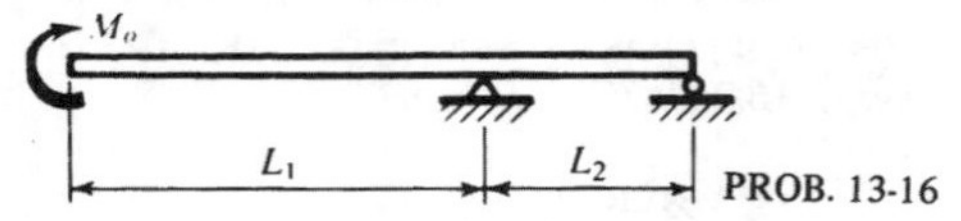

PROB. 13-16

13.17. Usando o método da energia, determinar a deflexão horizontal do ponto D para a estrutura mostrada na figura, devida à aplicação da força H. EI é constante para toda a estrutura. Considerar apenas os efeitos da flexão. *Resp.*: $5HL^3/$-$(3EI)$.

13.18. Aplicando o teorema de Castigliano, determinar a deflexão horizontal do ponto A, provocada pela força F aplicada à armação, conforme mostra a figura. Considerar apenas a deflexão devida à flexão. EI é constante. *Resp.*: $2Fa^3/(EI)$.

13.19. Uma barra de rigidez à flexão EI = constante, é modelada em um membro plano, como mostra a figura. Achar a deflexão horizontal da extremidade A provocada pela aplicação da força vertical F. Apenas os efeitos de flexão necessitam ser considerados. O efeito das forças axiais e cortantes sobre a deflexão devem ser desprezados. *Resp.*: $2Fa^3/(EI)$.

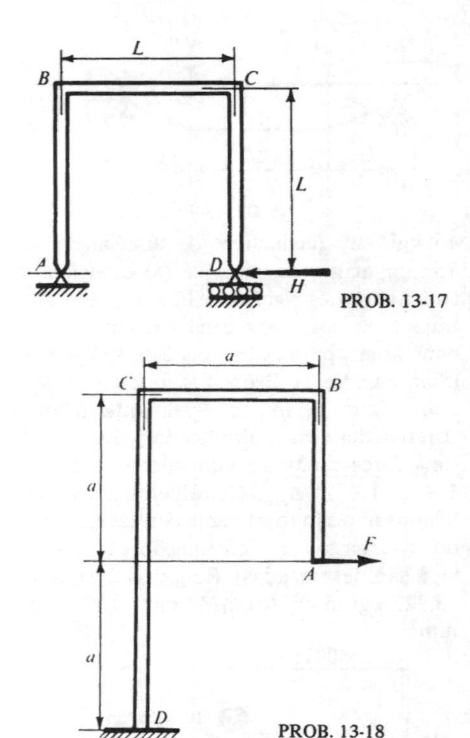

PROB. 13-17

PROB. 13-18

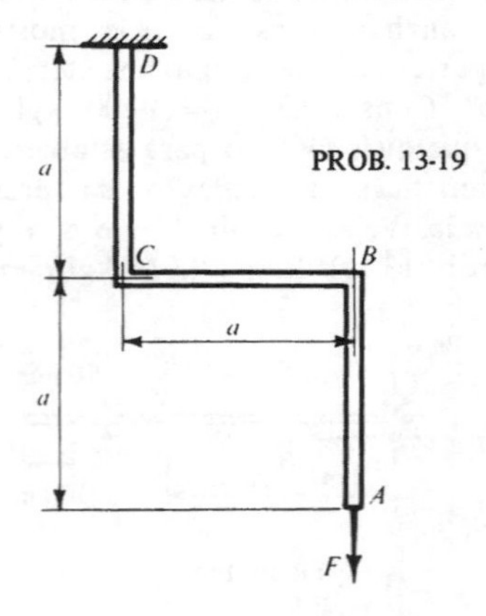

PROB. 13-19

13.20. Um membro elástico plano é carregado da forma mostrada na figura. Determinar o movimento horizontal da extremidade A, provocado pela aplicação da força F em B. Considerar apenas as deflexões de flexão. EI é constante. *Resp.*: $3{,}2F/(3EI)$.

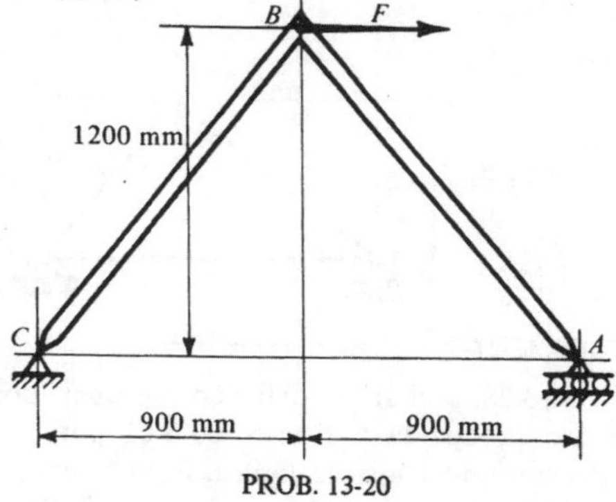

PROB. 13-20

13.21. Uma barra em forma de Z, de EI = constante, é engastada em uma das extremidades, como mostra a figura. Determinar a rotação da extremidade livre, causada pela aplicação da força vertical P. Considerar apenas a flexão. *Resp.*: $2{,}64/(EI)$.

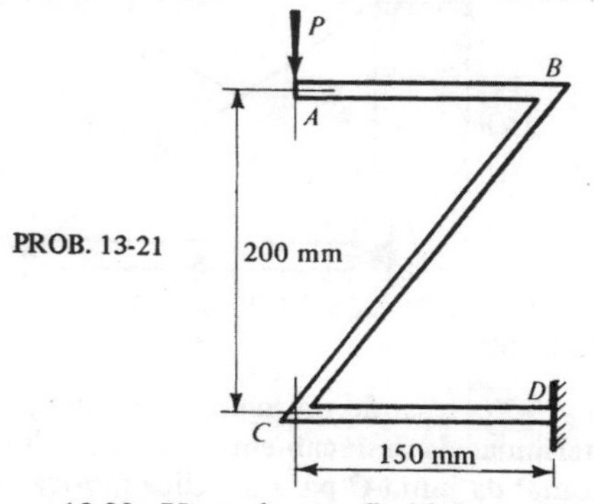

PROB. 13-21

13.22. Uma barra fletida na forma mostrada na figura, é engastada rigidamente no topo. (a) Achar a deflexão vertical do ponto A devida à aplicação da força P. (b) Determinar a deflexão horizontal do mesmo ponto. Considerar apenas as deflexões de flexão. A barra está em um plano. *Resp.*: (a) $Pa^3(2\sqrt{2}/3 + 1)/(EI)$; (b) $3Pa^3$-$(1 + \sqrt{2})/(2EI)$.

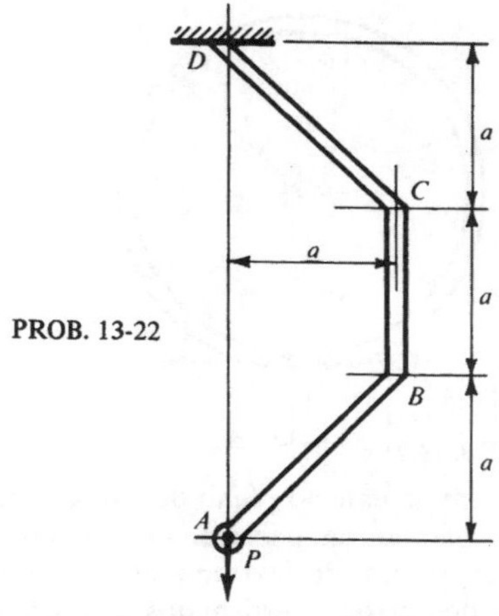

PROB. 13-22

13.23. Um membro em forma de U, de EI = constante, tem as dimensões mostradas na figura. Determinar a deflexão das forças aplicadas, tendendo a afastar os braços da peça. Considerar apenas os efeitos da flexão. (*Sugestão*. Tirar vantagem da simetria). *Resp.*: $(2PL^3/3 + PL^2R\pi + PR^3/2 + 4PLR^2)/(EI)$.

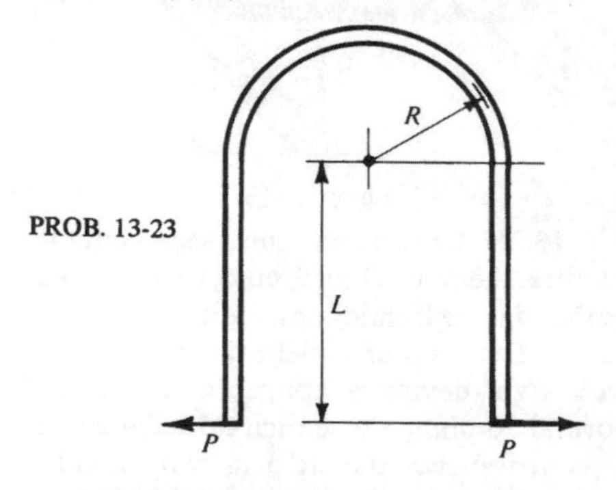

PROB. 13-23

13.24. Para se instalar um anel aberto, usado como retentor em um eixo de máquina, é necessário afastá-lo de Δ, por meio de forças P, como mostra a figura. Se EI é constante para a seção transversal do anel, determinar a magnitude das forças P. *Resp.*: $P = \Delta EI/(3\pi a^3)$.

13.25. Uma barra em ângulo tem seção circular, sendo engastada em uma das extremidades, e suporta uma força F no extremo livre, como mostra a figura. A força F

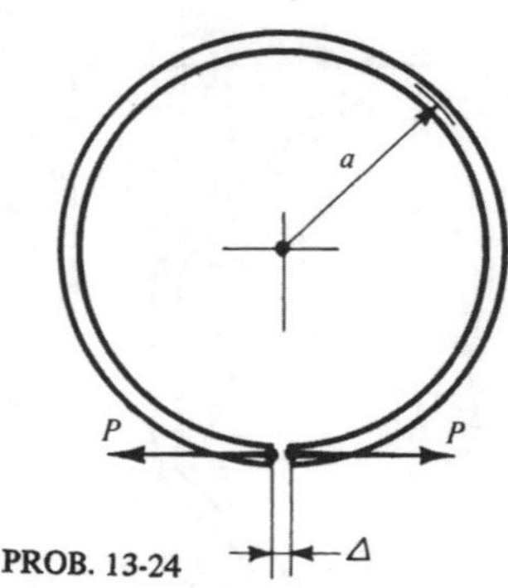

PROB. 13-24

age normalmente ao plano da barra. Usando o método da energia, determinar (a) as translações da extremidade livre ao longo dos eixos coordenados, e (b) a rotação da extremidade livre em relação aos mesmos eixos. As constantes E, G, I e J são dadas.

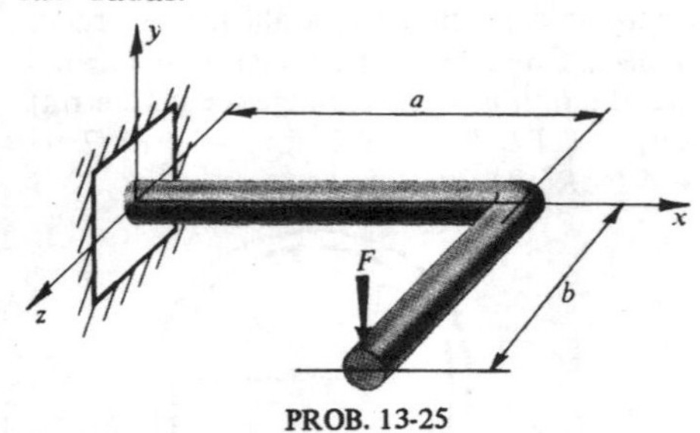

PROB. 13-25

13.26. Uma barra tendo seção circular é dobrada em um semicírculo, e é engastada numa das extremidades, como mostra a figura. Determinar a deflexão da extremidade livre devida à aplicação da força P normal ao plano do semicírculo. Desprezar a contribuição da deformação angular. *Resp.*: $\Delta = \pi P a^3[1/(EI) + 3/(GJ)]/2$.

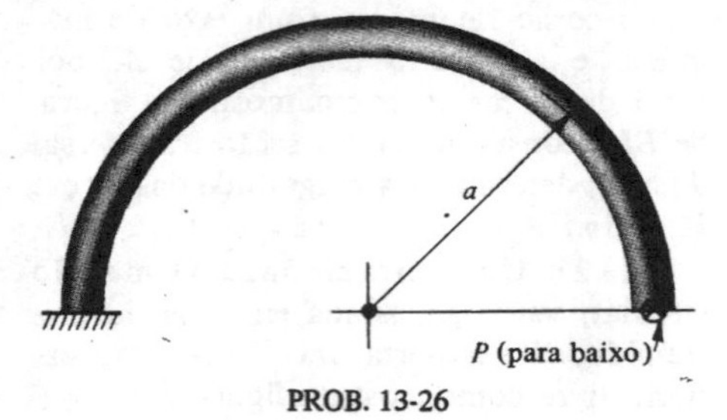

PROB. 13-26

13.27. Usando um método de energia, determinar a deflexão horizontal da junta do topo da treliça na figura, devida à força aplicada $P = 12\,000$ kgf. Todas as juntas são de pinos. A área da seção transversal de cada barra $A = 650\ \text{mm}^2$ e $E = 21\,000\ \text{kgf/mm}^2$.

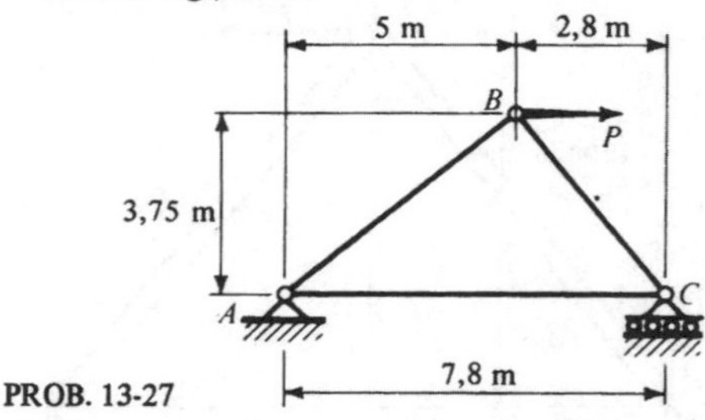

PROB. 13-27

13.28. Achar a deflexão vertical do ponto B, devida a $F = 6\,000$ kgf, para a estrutura mostrada na figura. Para o membro AB, a área $A = 320\ \text{mm}^2$, e $E = 21\,000\ \text{kgf/mm}^2$. Para o membro BC, a área $A = 2\,560\ \text{mm}^2$, $EI = 2{,}8 \times 10^{11}$ kgfmm^2, e $E = 21\,000\ \text{kgf/mm}^2$. Usar um método de energia. *Resp.*: 2 mm.

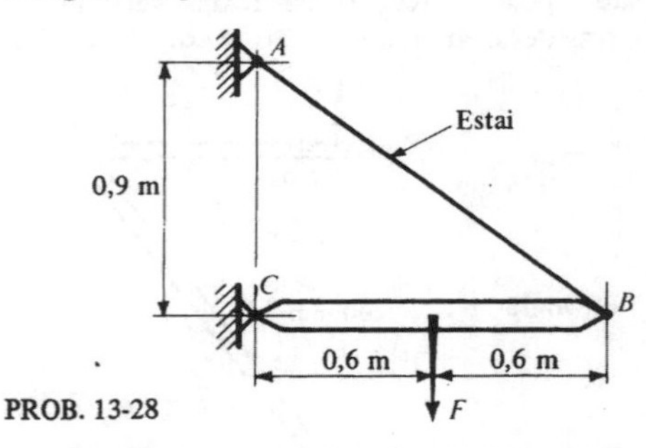

PROB. 13-28

13.29. Usando um método de energia, determinar os deslocamentos vertical e horizontal da junta C para a treliça mostrada na figura, devidos a uma força aplicada $P = 1\,000$ kgf. Por simplicidade, admitir $AE = 1$ para todos os membros.

13.30. Dois arames de aço BC e CD ($A = 60\ \text{mm}^2$ cada) são dispostos como mostra a figura. Em D o arame CD é ligado a um suporte rígido; em B o arame CD é ligado a uma viga vertical em balanço AB ($A = 1\,200\ \text{mm}^2$, $I = 2{,}4 \times 10^6\ \text{mm}^4$).

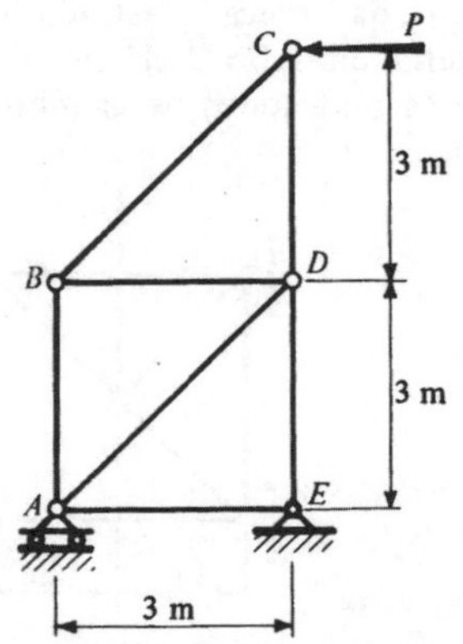

PROB. 13-29

Usando um método de energia, determinar a deflexão vertical em C, devida à força $P = 800$ kgf. Desprezar a contribuição da deformação angular. *Resp.*: 21 mm.

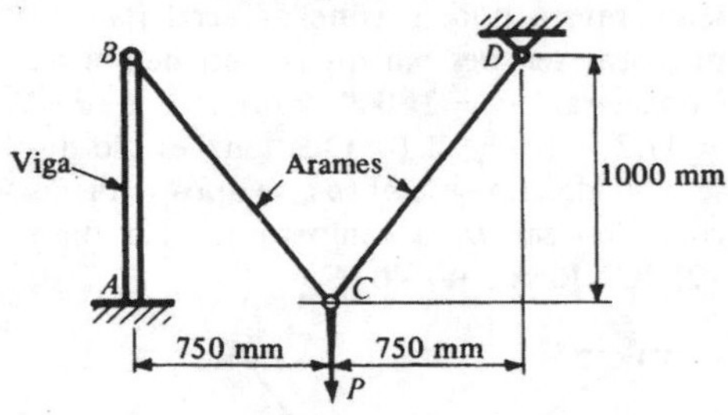

PROB. 13-30

13.31. Um pau-de-carga é disposto como mostra a figura. Para o membro AC a área transversal $A = 600$ mm^2; para o membro BD, $A = 3\,000$ mm^2, e $EI = 2{,}8 \times 10^{11}$ kgf/mm^2. Para ambos os membros $E = 21\,000$ kgf/mm^2. Achar a deflexão vertical do ponto D devida à aplicação simultânea das duas cargas. Usar um método de energia. Desprezar a contribuição da deformação angular. *Resp.*: 19,25 mm.

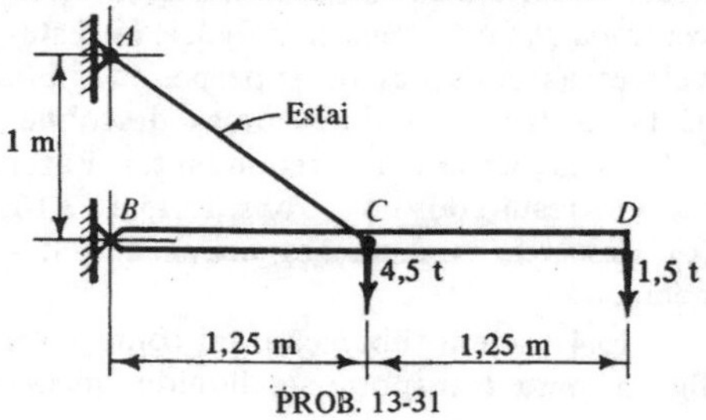

PROB. 13-31

13.32. Um sistema com junta de pino, tendo três barras de área A, suporta uma força conforme mostra a figura. (a) Determinar os deslocamentos vertical e horizontal da junta B, provocados pela carga P. (b) Se o comprimento de AC é diminuído de 10 mm por meio de um macaco, qual é o movimento da união B? *Resp.*: (a) $-9PL/(4AE)$, $-\sqrt{3}\,PL/(12AE)$; (b) 5 mm, 2,9 mm.

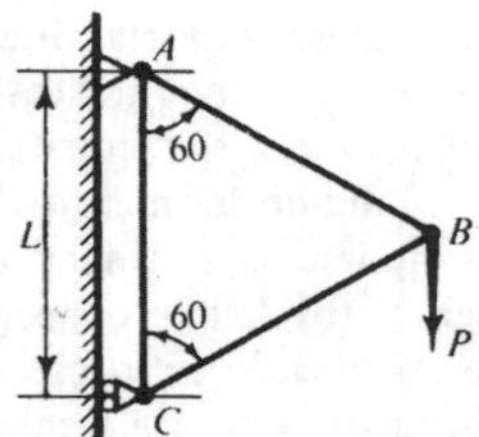

PROB. 13-32

13.33. Para o arranjo de mastro e está mostrado na figura, (a) determinar o movimento vertical da carga W, provocado pelo aumento de comprimento da barra AB de 10 mm. (b) De quanto deve a barra BC diminuir para que o peso W vá para sua posição original? *Resp.*: (a) 3,34 mm, (b) 6,94 mm.

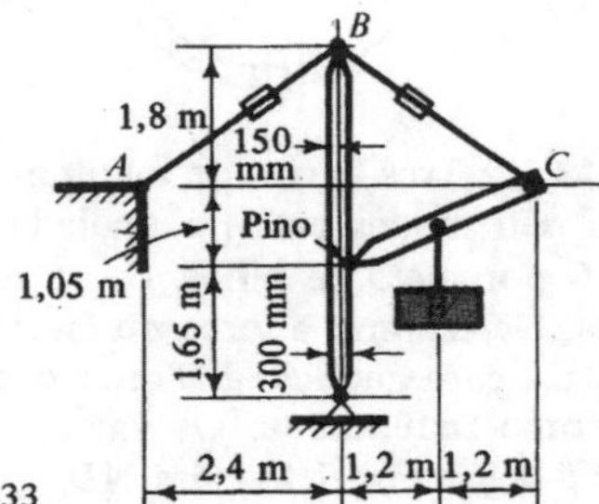

PROB. 13-33

13.34. Para a viga mostrada na figura, determinar a reação em A. Usar um método de energia e tratar a reação como redundante. *Resp.*: $3p_0L/8$.

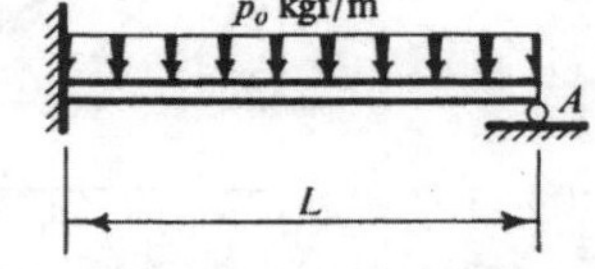

PROB. 13-34

13.35. Para a viga mostrada na figura, usando um método de energia, (a) determinar a reação em *A*, tratando-a como redundante. (b) Determinar o momento em *B*, tratando-o como redundante. *Resp.*: (a) $2p/3$; (b) $-PL/3$.

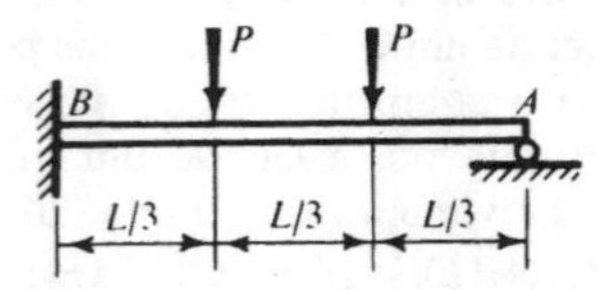

PROB. 13-35

13.36. Um anel circular de material elástico linear suporta duas forças iguais e opostas *P*, como mostra a figura. Para esse anel, *A* e *I* são constantes. (a) Determinar o maior momento fletor devido às forças aplicadas e traçar o diagrama de momento. (b) Achar o decréscimo de diâmetro *AB* devido às forças aplicadas. Considerar apenas as deformações de flexão. (*Sugestão.* Tirar vantagem da simetria e considerar o momento em *A* como redundante). *Resp.*: (a) PR/π, (b) $PR^3(2\pi - 1/2)/EI$.

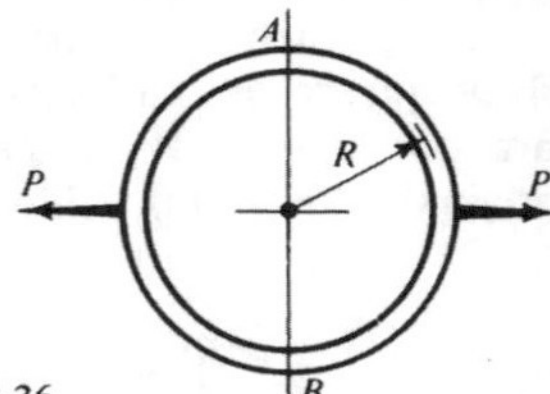

PROB. 13-36

13.37. Três barras de material elástico linear são unidas em *A* e apoiadas em *B*, *C* e *D* por meio de pinos, como mostra a figura. Determinar a força no membro *AB*, devida à carga aplicada. Tratar o membro *AB* como redundante. Os valores de L/A são os seguintes: 7/15 para *AD*, 7/20 para *AC*, e 1 para *AB*. *Resp.*: +2 498,5 kgf.

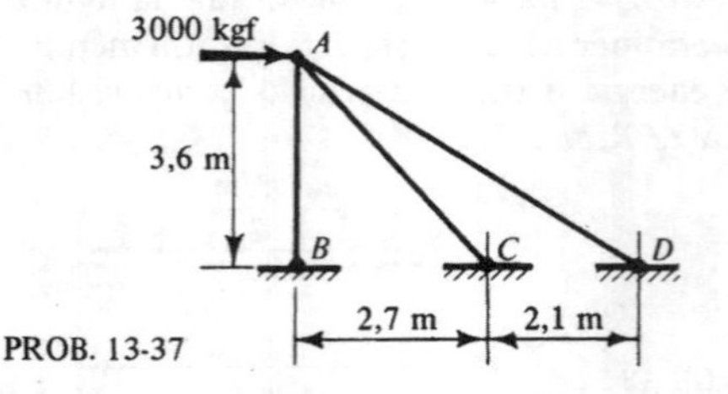

PROB. 13-37

13.38. Determinar a reação em *A*, tratando-a como redundante, para o carregamento da treliça mostrada na figura. O material da treliça é elástico linear. O valor de L/A para todos os membros é 1. *Resp.*: 7,5 t.

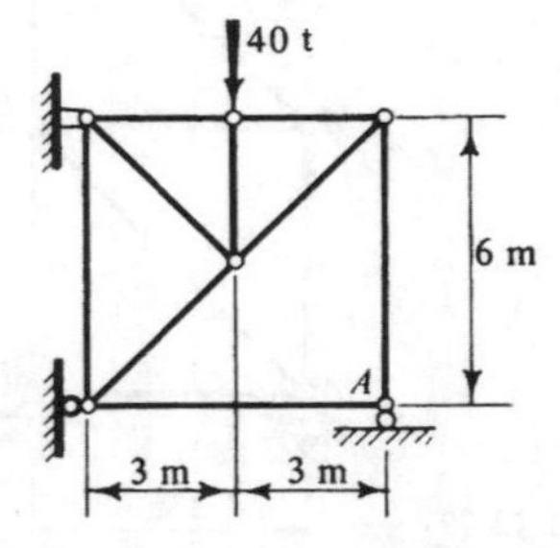

PROB. 13-38

13.39. Um sistema de barras de aço, cada uma com seção de 120 mm², é arranjado como na figura. A 10 °C, a junta *D* se afasta 2,5 mm do suporte. (a) Em que temperatura pode a conexão ser feita sem provocar tensões em quaisquer membros? Considerar $E = 21\,000$ kgf/mm², e $\alpha = 11{,}7 \times 10^{-6}$/°C. (b) Que tensões são desenvolvidas nos membros, se após feitas as conexões em *D*, a temperatura cai para −25 °C? *Resp.*: (a) 40 °C.

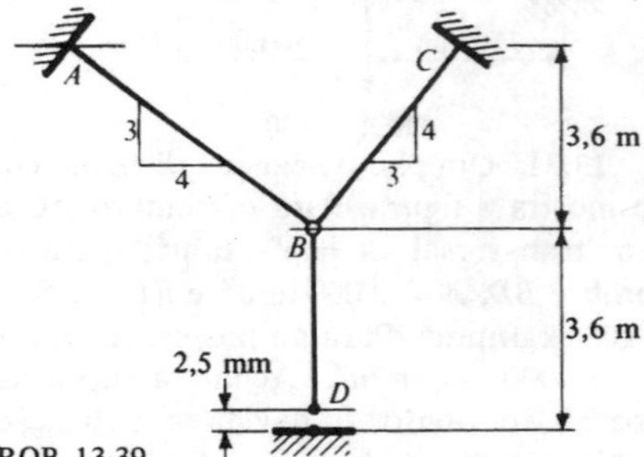

PROB. 13-39

13.40. Uma viga contínua elástica linear é carregada com uma força concentrada *P*, como mostra a figura. (a) Estabelecer as equações de superposição, Eq. 12.11, tratando as duas forças desconhecidas à esquerda como redundantes. Fazer uso dos resultados nos Probs. 13.15 e 13.16. (b) Resolver as equações acima simultaneamente.

13.41. Uma tubulação, tal como a da figura, para transporte de líquido quente

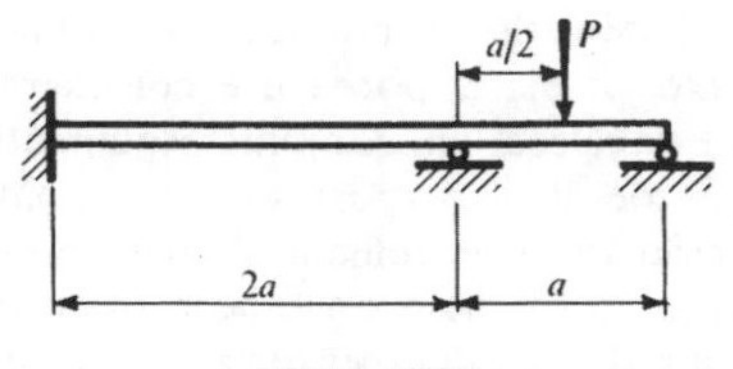

PROB. 13-40

de um vaso de pressão para outro, também serve como laço de expansão. O tubo é de aço padrão, com diâmetro nominal de 100 mm, pesando 16,05 kgf/m. ($E = 20\,000$ kgf/mm², e $\alpha = 11{,}7 \times 10^{-6}$/°C). Em operação, a temperatura desse tubo se eleva de 200 °C. Se $L = R = 2{,}5$ m, fazer as investigações enumeradas a seguir. (a) Admitindo que os suportes do tubo em A e B possam resistir apenas a forças horizontais e verticais, achar o momento fletor em C devido ao aumento da temperatura do tubo. Traçar o diagrama do momento fletor para o tubo. Usar os resultados do Prob. 13.23. (b) Estabelecer as equações de superposição para este problema, admitindo que os suportes do tubo em A e B sejam tão rígidos que as extremidades do

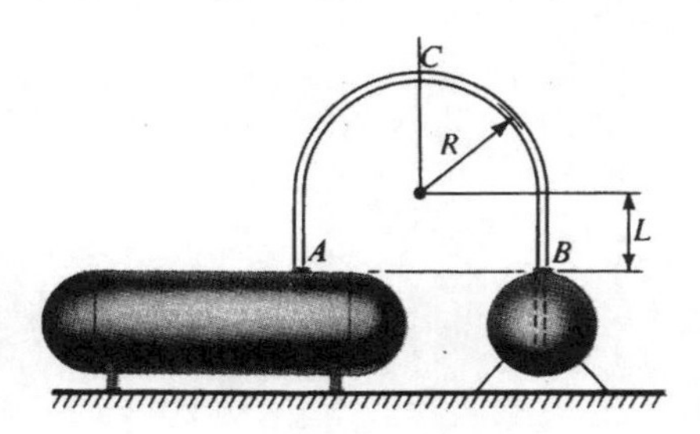

PROB. 13-41

tubo estejam completamente fixas. Suplementar os resultados do Prob. 13.23, usando um método de energia para deduzir os coeficientes de flexibilidade adicional. (c) Solucionar simultaneamente as equações acima, e traçar o diagrama de momento fletor para o tubo, nas condições formuladas.

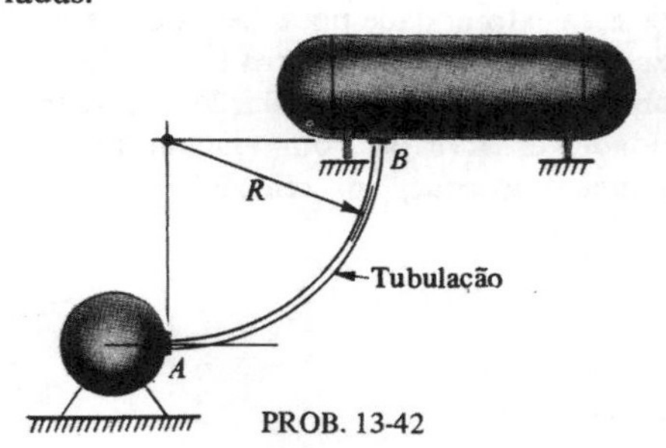

PROB. 13-42

13.42. Um tubo de aço, de diâmetro nominal de 100 mm, pesando 16,05 kgf/m é fletido na forma de um quarto de círculo de raio $R = 2{,}5$ m, e está ligado a dois vasos de pressão, como mostra a figura. Em operação, esse tubo pode aquecer-se a 300 °C acima da temperatura de seu ambiente. Para o material do tubo, $E = 20\,000$ kgf/mm², e $\alpha = 11{,}7 \times 10^{-6}$/°C. (a) Admitindo que os suportes do tubo em A e B dêem condições de completa fixação, estabelecer as equações de superposição para a solução desse problema. Os resultados encontrados no Exemplo 13.13, Fig. 13.12, são úteis para essa finalidade. Deduzir os coeficientes de flexibilidade adicional usando um método de energia. Considerar apenas os efeitos de flexão no estabeleci-

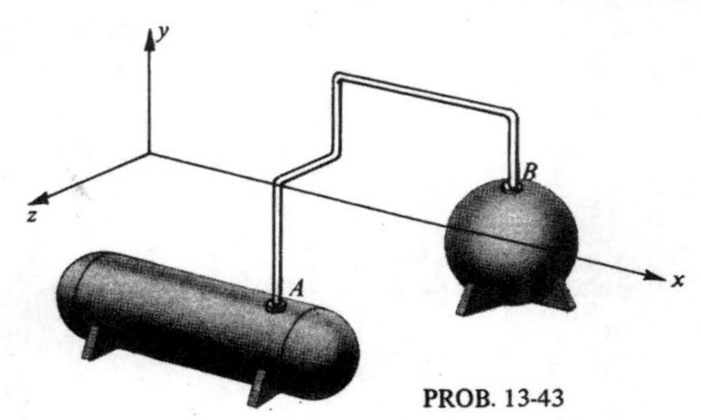

PROB. 13-43

mento dessas quantidades. (b) Solucionar simultaneamente as equações acima, e traçar o diagrama de momento fletor para o tubo, devido à variação de temperatura.

13.43. Uma tubulação interliga dois vasos de pressão, como mostra a figura. Admitir que em *A* o suporte é rígido e que essa extremidade possa ser considerada fixa. Em *B* o suporte provê um vínculo completo contra a translação da extremidade, e serve de bom vínculo para o momento (torque) em relação ao eixo *y*. Em *B*, o vínculo de momento em relação aos eixos *x* e *z* é pobre e é considerado nulo. Estabelecer um conjunto esquemático de equações de superposição para a análise de tensão desse problema. A análise deve ser feita para o peso do tubo e para uma elevação de sua temperatura. Delinear o procedimento a ser seguido para obtenção dos coeficientes de flexibilidade. Desprezar o efeito das forças axial e cortante sobre a flexibilidade do sistema. Dizer como a solução seria modificada se os suportes tivessem um deslocamento relativo.

14

FLAMBAGEM DE COLUNAS

14.1 INTRODUÇÃO

No início deste texto foi dito que a seleção dos elementos estruturais e de máquinas se baseia nas três características seguintes: resistência, rigidez e estabilidade. Os procedimentos da análise de tensão e deformação foram discutidos com algum detalhe nos capítulos anteriores. Neste capítulo é considerada a questão da possível instabilidade dos sistemas estruturais. Em tais ,problemas devem ser obtidos parâmetros críticos adicionais que determinem se uma dada configuração ou deformação em um dado sistema é possível. Esse problema difere daqueles anteriormente tratados.

Como um exemplo intuitivo simples, considere uma barra de diâmetro D, submetida a uma força axial compressiva. Se essa barra, atuando como "coluna" tivesse apenas o comprimento D, nenhuma questão de instabilidade apareceria e uma força considerável poderia ser suportada por esse membro curto. Por outro lado, se a mesma barra tivesse altura, igual a várias vezes o diâmetro, quando submetida a uma força axial ainda menor do que aquela que a barra curta poderia suportar, a barra poderia tornar-se lateralmente instável devido à flambagem, e eventualmente entrar em colapso. Uma vara delgada comum, submetida a uma compressão axial, falha dessa maneira. Apenas a consideração da resistência do material não é suficiente para prever o comportamento de tal membro.

O mesmo fenômeno ocorre em inúmeras outras situações onde estão presentes tensões de compressão. Chapas finas embora capazes de sustentarem carregamentos de tração, são pobres transmissores de compressão. Vigas estreitas sem reforços laterais podem flambar e entrar em colapso quando submetidas à ação de cargas aplicadas. Tanques de vácuo, e cascos de submarinos, a menos que adequadamente projetados, podem distorcer severamente sob a ação da pressão externa, e podem adquirir formas drasticamente diferentes de sua geometria original. Um tubo de parede fina pode amassar-se como um lenço de papel quando submetido à ação de um torque. (Por exemplo, veja a Fig. 14.1*). Durante alguns estágios de disparo,

*Figuras tomadas de L. A. Harris, H. W. Suer e W. T. Skene, "Model Investigations of Unstiffened and Stiffened Circular Shells", *Experimental Mechanics* pp. 3 e 5 (Julho, 1961)

os lançadores de mísseis são criticamente carregados em compressão. Esses são problemas crucialmente importantes no projeto de engenharia. Além do mais, geralmente os fenômenos de flambagem ou de amassamento observados em membros estruturais carregados, ocorrem repentinamente. Por essa razão, muitas das falhas de instabilidade estrutural são espetaculares e bastante perigosas.

Figura 14.1 (a) Configuração típica de flambagem para cilindros de parede fina em compressão axial; (b) configuração típica de flambagem para cilindros sob pressão em torção. (Cortesia do Dr. L. A. Harris da North American Aviation, Inc.)

O grande número de problemas de instabilidade estrutural, sugeridos na lista anterior, foge ao escopo deste texto.* Aqui, apenas o problema da coluna será considerado. Usando esse problema como exemplo, aprendemos as características essenciais do fenômeno de instabilidade e alguns dos procedimentos analíticos básicos de sua análise. Isso será feito pela investigação inicial do comportamento de barras delgadas com carregamento axial, submetidas simultaneamente à flexão. Tais membros são denominados *colunas-vigas*. Os problemas correspondentes, além de seu significado intrínseco, permitem-nos determinar as magnitudes das cargas axiais críticas nas quais ocorre a flambagem.

A flambagem de colunas ideais, com carregamento concêntrico, será considerada em seguida. Isso conduz à discussão dos valores característicos ou auto-

*Veja, por exemplo, S. P. Timoshenko e J. M. Gere, *Theory of Elastic Stability*, McGraw-Hill Book Company, (2.ª ed.), Nova Iorque, 1961

valores das equações diferenciais apropriadas. As autofunções correspondentes dão as formas de tais colunas flambadas. A flambagem elástica e inelástica de colunas ideais será discutida. Apresentar-se-á, também, alguma informação sobre colunas excentricamente carregadas. Introduz-se, no final do capítulo, um método de energia para determinação da flambagem.

O capítulo inclui o projeto de colunas, juntamente com ilustrações de algumas fórmulas típicas de uso prático.

14.2 NATUREZA DO PROBLEMA DA COLUNA-VIGA

O comportamento das colunas-vigas pode ser melhor compreendido por meio de um exemplo idealizado, mostrado na Fig. 14.2(a). Aqui, para simplicidade, uma barra perfeitamente rígida de comprimento L, é mantida inicialmente na posição vertical, por meio de uma mola em A, com rigidez torcional k. Em seguida, aplica-se uma força vertical P e outra horizontal F no topo da barra. Diferentemente do procedimento seguido nos problemas anteriores, as equações de equilíbrio devem ser escritas para o estado deformado. Tendo em mente que $k\theta$ é o momento resistente desenvolvido pela mola em A, obtém-se

$$\Sigma M_A = 0 \circlearrowright +, \quad PL \operatorname{sen}\theta + FL\cos\theta - k\theta = 0$$

ou

$$P = \frac{k\theta - FL\cos\theta}{L\operatorname{sen}\theta}. \tag{14.1}$$

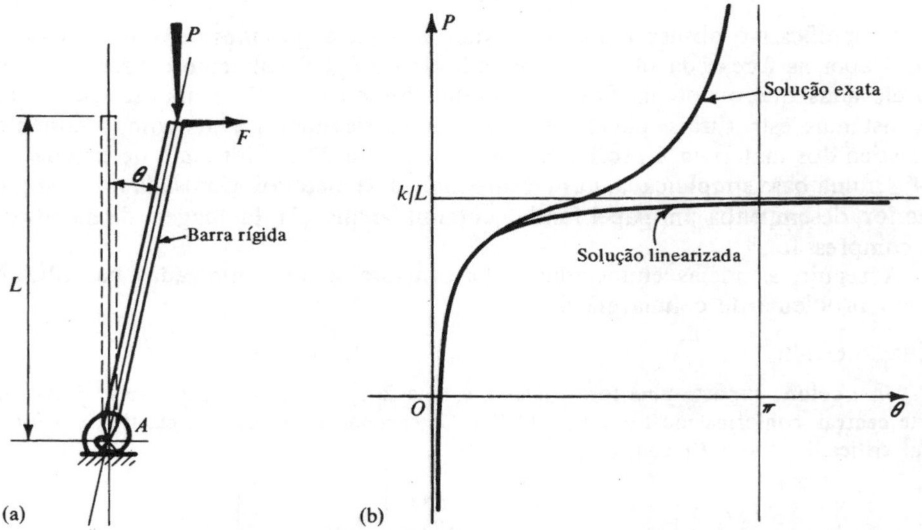

Figura 14.2 Resposta força-deformação de um sistema com um grau de liberdade

As características qualitativas desse resultado estão mostradas na Fig. 14.2(b), e a curva correspondente é indicada como a solução exata. É interessante observar que, quando $\theta \to \pi$, desde que a mola continue em ação, uma força muito grande

P pode ser suportada pelo sistema. Para uma força P aplicada para cima, mostrada para baixo na figura, o ângulo θ diminui com o aumento de P. Na análise dos problemas dos capítulos precedentes, o termo $PL \operatorname{sen} \theta$ não teria aparecido.

A solução expressa pela Eq. 14.1 se refere a deformações arbitrariamente grandes. Em problemas complexos, é bastante difícil chegar à solução de tal generalidade. Além do mais, na maioria das aplicações não podem ser toleradas grandes deformações. Neste problema isso poderia ser expresso pela aproximação sen $\theta \approx \theta$, e $\cos \theta \approx 1$. Dessa maneira a Eq. 14.1 se simplifica para

$$P = \frac{k\theta - FL}{L\theta} \quad \text{ou} \quad \theta = \frac{FL}{k - PL} \cdot \tag{14.2}$$

Para pequenos valores de θ, essa solução é bastante aceitável. Por outro lado, quando θ aumenta, a discrepância entre essa solução linearizada e a exata torna-se muito grande, Fig. 14.2(b).

Para uma certa combinação crítica dos parâmetros, k, P e L, o denominador $(k - PL)$ no último termo da Eq. 14.2 ficaria zero, e presumivelmente provocaria uma rotação angular infinita θ. Isso é completamente irreal e resulta de uma formulação matemática pobre do problema. Todavia, tal solução fornece uma boa trilha para a magnitude da força axial P na qual as deflexões se tornam intoleravelmente grandes. A assíntota dessa solução, obtida pelo estabelecimento de $(k - PL) = 0$, define a força crítica P_{cr} como

$$P_{cr} = k/L \cdot \tag{14.3}$$

É significativo observar que nos sistemas reais, as grandes deformações associadas com as forças da ordem de magnitude de P_{cr}, usualmente causam tensões tão elevadas que o sistema fica inoperante. Por outro lado, a análise não-linear dos sistemas estruturais, devido à mudança na geometria e ao comportamento inelástico dos materiais, é proibitivamente complexa. Dessa forma, a determinação de P_{cr} numa base simplificada, nas mesmas linhas da metodologia usada no exemplo anterior, desempenha um papel fundamental na análise da flambagem de membros em compressão.

A seguir, as idéias enunciadas anteriormente serão empregadas na solução de um problema de coluna elástica.

EXEMPLO 14.1

Uma coluna suporta uma força axial P e uma força transversal para cima, F, na sua parte central, conforme mostra a Fig. 14.3(a). Determinar a equação da elástica, e a força axial crítica P_{cr}. Seja EI constante.

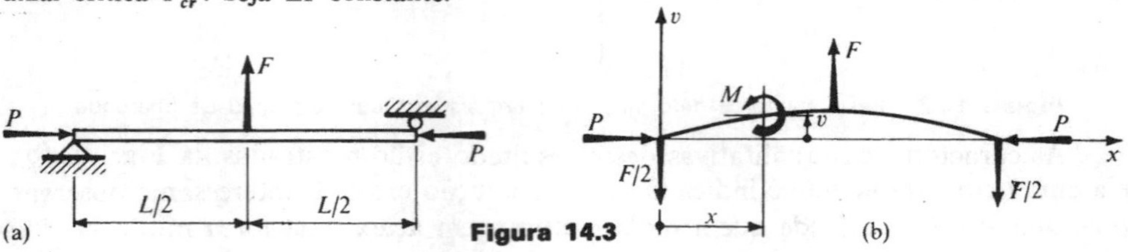

Figura 14.3

SOLUÇÃO

O diagrama de corpo livre para a coluna defletida está mostrado na Fig. 14.3(b). Esse diagrama permite a formulação do momento fletor total M, que inclui o efeito da força axial P multiplicada pela deflexão v. O momento total dividido por EI poderia ser igualado à expressão da curvatura exata, Eq. 11.8. Entretanto, como é usual, essa curvatura será tomada como d^2v/dx^2; isto é, será aceita a expressão $M = EIv''$. Esta fornece resultados precisos apenas para pequenas deflexões e rotações. Tal como no exemplo anterior, a aceitação dessa aproximação conduzirá a deflexões infinitas nos carregamentos críticos.

Assim, usando a relação $M = EIv''$, e observando que, para a parte esquerda do vão,* $M = -(F/2)x - Pv$, tem-se

$$EIv'' = M = -Pv - (F/2)x \quad (0 \leqslant x \leqslant L/2)$$

ou

$$EIv'' + Pv = -(F/2)x.$$

Dividindo a equação anterior por EI e fazendo

$$\lambda^2 = P/(EI), \tag{14.4}$$

a equação diferencial dominante fica, após algumas simplificações

$$\frac{d^2v}{dx^2} + \lambda^2 v = -\frac{\lambda^2 F}{2P} x \quad (0 \leqslant x \leqslant L/2). \tag{14.5}$$

A solução homogênea para essa equação diferencial tem a forma conhecida daquela para o movimento harmônico simples; a solução particular é igual ao segundo termo dividido por λ^2. Dessa forma, a solução completa fica

$$v = C_1 \operatorname{sen} \lambda x + C_2 \cos \lambda x - (F/2P)x. \tag{14.6}$$

As constantes C_1 e C_2 decorrem da condição de contorno $v(0) = 0$ e de uma condição de simetria $v'(L/2) = 0$. A primeira condição dá

$$v(0) = C_2 = 0.$$

Como

$$v' = C_1\lambda \cos \lambda x - C_2\lambda \operatorname{sen} \lambda x - F/(2P),$$

com C_2 já sabido igual a zero, a segunda condição dá

$$v'(L/2) = C_1\lambda \cos \lambda L/2 - F/(2P) = 0$$

ou

$$C_1 = F/[2P\lambda \cos (\lambda L/2)].$$

Substituindo essa constante na Eq. 14.6

$$v = \frac{F}{2P\lambda} \frac{1}{\cos \lambda L/2} \operatorname{sen} \lambda x - \frac{F}{2P} x. \tag{14.7}$$

A máxima deflexão ocorre em $x = L/2$. Assim, após algumas simplificações,

$$v_{max} = [F/(2P\lambda)](\operatorname{tg} \lambda L/2 - \lambda L/2). \tag{14.8}$$

Pode-se, então, concluir que o máximo momento absoluto, que ocorre no meio do vão, é

$$M_{max} = \left| -\frac{FL}{4} - Pv_{max} \right| = \frac{F}{2\lambda} \operatorname{tg} \frac{\lambda L}{2}. \tag{14.9}$$

*Observe especialmente que a deflexão v, nesse caso, é mostrada como uma quantidade positiva. Se a viga fosse defletida para baixo, ter-se-ia $+P(-v) = -Pv$, que é igual ao termo acima. Isso é básico para a preservação da invariância da equação diferencial

Observe que as expressões dadas pelas Eqs. 14.7, 14.8 e 14.9 tornam-se infinitas se $\lambda L/2$ é múltiplo de $\pi/2$, porque isso faz $\cos \lambda L/2 = 0$ e $\operatorname{tg} \lambda L/2 = \infty$. Algebricamente isso ocorre quando

$$\frac{\lambda L}{2} = \sqrt{\frac{P}{EI}}\,\frac{L}{2} = \frac{n\pi}{2}, \tag{14.10}$$

onde n é um inteiro. Resolvendo a equação para P, obtém-se a magnitude de P que provoca deflexões ou momentos fletores infinitos. Isso corresponde à condição de força axial crítica P_{cr} para essa barra:

$$P_{cr} = \frac{n^2\pi^2 EI}{L^2}. \tag{14.11}$$

Para a menor força crítica, $n = 1$. Esse resultado foi estabelecido inicialmente pelo grande matemático Leonhard Euler, em 1757, e é freqüentemente denominada de *carga de flambagem de Euler*. A Eq. 14.11 será discutida em maior profundidade na Seç. 14.5.

É importante observar que a equação diferencial, Eq. 14.5, tem tipo diferente daquela usada para vigas com apenas o carregamento transversal. Por essa razão, as funções de singularidade anteriormente apresentadas não podem ser aplicadas nesses problemas.

14.3 EQUAÇÕES DIFERENCIAIS PARA COLUNAS-VIGAS

Para uma compreensão mais completa do problema da coluna, é instrutivo deduzir as diversas relações diferenciais entre as variáveis. Para essa finalidade, considere um elemento isolado de uma coluna; como mostra a Fig. 14.4. Observe especialmente que esse elemento está mostrado em sua posição defletida. Para vigas ordinárias, com carregamento transversal, isso não é necessário (veja a Fig. 2.25). As deflexões consideradas nesse tratamento, entretanto, são pequenas em relação ao vão da coluna-viga, o que permite as seguintes aproximações:

$$dv/dx = \operatorname{tg}\theta \approx \operatorname{sen}\theta \approx \theta, \quad \cos\theta \approx 1, \quad \text{e} \quad ds \approx dx.$$

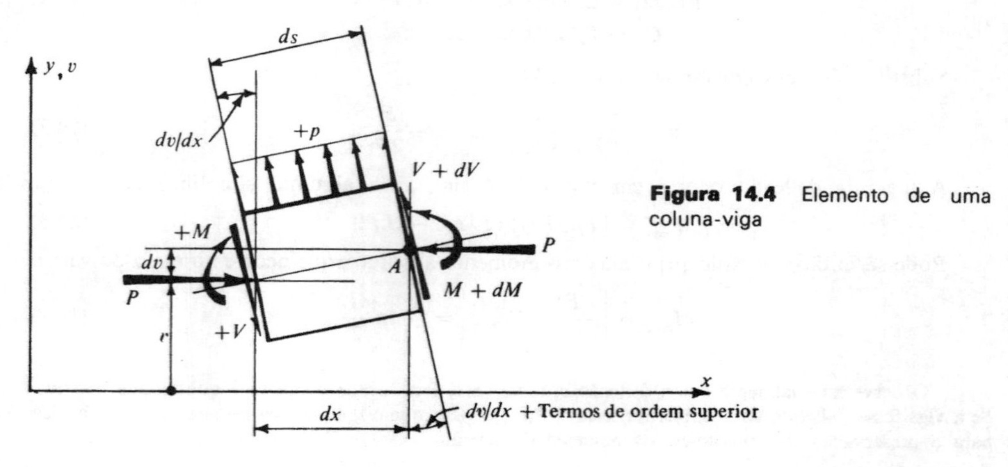

Figura 14.4 Elemento de uma coluna-viga

Assim, as duas equações de equilíbrio são

$$\Sigma F_y = 0 \uparrow +, \quad p\,dx - V + (V + dV) = 0$$

$$\Sigma M_A = 0 \circlearrowleft +, \quad M - P\,dv - V\,dx + p\,dx\frac{dx}{2} - (M + dM) = 0\cdot$$

A primeira dessas duas equações dá

$$\frac{dV}{dx} = -p, \tag{14.12}$$

que é idêntica à Eq. 2.4. A segunda, desprezando-se os infinitésimos de ordem superior, dá

$$V = -\frac{dM}{dx} - P\frac{dv}{dx}\cdot \tag{14.13}$$

Dessa forma, para colunas-vigas, a força cortante V, além de depender da razão de variação do momento M, como nas vigas, depende também da força axial e da inclinação da curva elástica. O último termo é a componente de P ao longo das seções inclinadas, mostradas na Fig. 14.4.

Nesse desenvolvimento pode ser empregada a relação usual da teoria de flexão $d^2v/dx^2 = M/(EI)$ para a curvatura. Substituindo a Eq. 4.13 na Eq. 14.12 e fazendo uso da relação anterior, obtêm-se duas equações diferenciais alternativas para as colunas-vigas:

$$\frac{d^2M}{dx^2} + \lambda^2 M = p \tag{14.14}$$

ou

$$\frac{d^4v}{dx^4} + \lambda^2\frac{d^2v}{dx^2} = \frac{p}{EI}, \tag{14.15}$$

onde, por simplicidade EI é considerada constante e, como antes, $\lambda^2 = P/(EI)$. Se $P = 0$, as Eqs. 14.14 e 14.15 revertem, respectivamente, às Eqs. 2.6 e 11.17, para vigas com carregamento transversal. Para as novas equações, o enunciado das condições de contorno é o mesmo que antes (veja a Fig. 11.4), exceto que a força cortante é dada pela Eq. 14.13.

Para referência futura, relaciona-se a seguir a solução homogênea da Eq. 14.15 e várias de suas derivadas:

$$v = C_1 \operatorname{sen} \lambda x + C_2 \cos \lambda x + C_3 x + C_4; \tag{14.16a}$$

$$v' = C_1\lambda \cos \lambda x - C_2\lambda \operatorname{sen} \lambda x + C_3; \tag{14.16b}$$

$$v'' = -C_1\lambda^2 \operatorname{sen} \lambda x - C_2\lambda^2 \cos \lambda x; \tag{14.16c}$$

$$v''' = -C_1\lambda^3 \cos \lambda x + C_2\lambda^3 \operatorname{sen} \lambda x. \tag{14.16d}$$

Essas relações são necessárias em alguns problemas, para exprimir as condições de contorno de avaliação das constantes C_1, C_2, C_3, e C_4.

EXEMPLO 14.2

Uma barra fina, de EI constante, é submetida à ação simultânea de momentos $M0$ nas extremidades, e de uma força axial P, como mostra a Fig. 14.5(a). Determinar a máxima deflexão e o maior momento fletor.

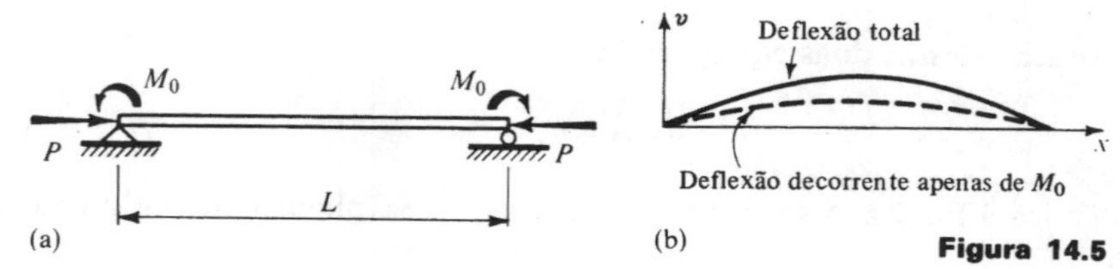

Figura 14.5

SOLUÇÃO

Não existe carga transversal ao longo do vão. Dessa forma, o termo do segundo membro da Fig. 14.5 é nulo, e a solução homogênea dessa equação, dada pela Eq. 14.16(a), é a solução completa. As condições de contorno são

$$v(0) = 0, \quad v(L) = 0, \quad M(0) = -M_0, \quad \text{e} \quad M(L) = -M_0$$

Como $M = EIv''$, com o auxílio das Eqs. 14.16(a) e 14.16(c), essas condições dão:

$$\begin{aligned}
v(0) &= \qquad\qquad + C_2 \qquad\qquad\qquad + C_4 = 0 \\
v(L) &= + C_1 \operatorname{sen} \lambda L \quad + C_2 \cos \lambda L \quad + C_3 L + C_4 = 0 \\
M(0) &= \qquad\qquad - C_2 EI\lambda^2 \qquad\qquad = -M_0 \\
M(L) &= -C_1 EI\lambda^2 \operatorname{sen} \lambda L \; - C_2 EI\lambda^2 \cos \lambda L \quad = -M_0 .
\end{aligned}$$

Resolvendo simultaneamente essas quatro equações

$$C_1 = \frac{M_0}{P}\left(\frac{1-\cos \lambda L}{\operatorname{sen} \lambda L}\right), \quad C_2 = -C_4 = \frac{M_0}{P}, \quad \text{e} \quad C_3 = 0.$$

Dessa forma, a equação da curva elástica é

$$v = \frac{M_0}{P}\left(\frac{1-\cos \lambda L}{\operatorname{sen} \lambda L} \operatorname{sen} \lambda x + \cos \lambda x - 1\right). \tag{14.17}$$

A máxima deflexão ocorre em $x = L/2$. Após algumas simplificações, verifica-se que

$$v_{max} = \frac{M_0}{P}\left(\frac{\operatorname{sen}^2 \lambda L/2}{\cos \lambda L/2} + \cos \frac{\lambda L}{2} - 1\right) = \frac{M_0}{P}\left(\sec \frac{\lambda L}{2} - 1\right). \tag{14.18}$$

O maior momento fletor também ocorre em $x = L/2$. Seu máximo absoluto é

$$M_{max} = |-M_0 - Pv_{max}| = M_0 \sec \lambda L/2. \tag{14.19}$$

É importante observar que em membros delgados os momentos fletores podem ser substancialmente aumentados pela presença de forças de compressão axial. Quando tais forças existem, a deflexão causada pelo carregamento transversal é magnificada, Fig. 14.5(b). Para forças de tração as deflexões são reduzidas.

14.4 ESTABILIDADE DE EQUILÍBRIO

Uma agulha vertical perfeitamente reta, apoiada em sua extremidade, pode ser considerada em equilíbrio. Entretanto, a menor perturbação ou imperfeição em sua fabricação tornaria esse equilíbrio impossível. Essa espécie de equilíbrio é dita instável, e é imperativo evitar situações análogas em sistemas estruturais.

Para esclarecer ainda mais o problema, considere de novo uma barra rígida vertical, com uma mola torcional de rigidez k na base, como mostra a Fig. 14.6(a). O comportamento de tal barra, sujeita a uma força vertical P e a outra horizontal F, foi considerado na Seç. 14.2. A resposta desse sistema, quando P aumenta, está mostrada na Fig. 14.6(b) para F grande e pequeno. Aparece então a sugestão: qual o comportamento desse sistema se $F = 0$? Esse é o caso limite, e corresponde à investigação de flambagem pura.

Para responder analiticamente a essa pergunta, o sistema deve ser ligeiramente deslocado de pequena quantidade (infinitesimal), de acordo com as condições de contorno. Então, se as forças restauradoras são maiores do que aquelas que tendem a derrubar o sistema, este é estável, e vice-versa.

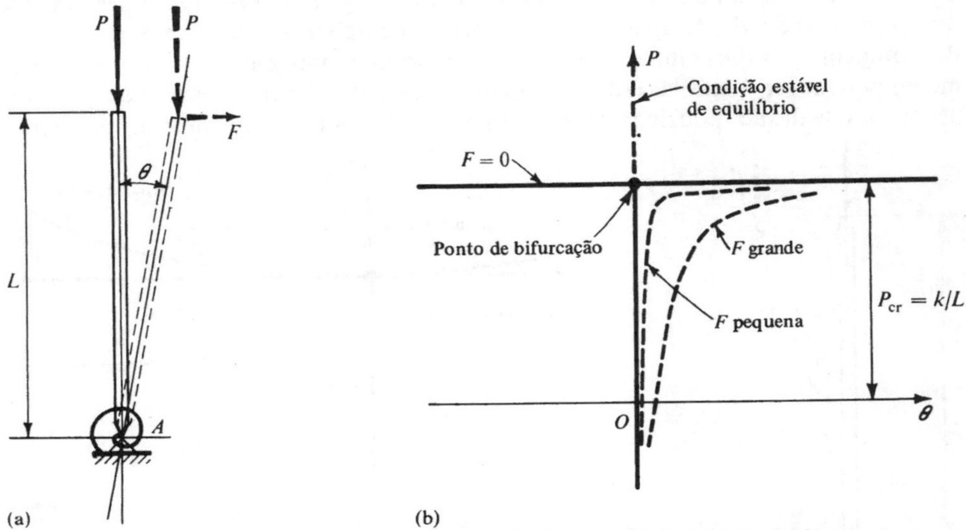

Figura 14.6 Comportamento de flambagem de uma barra rígida

A barra rígida mostrada na Fig. 14.6(a) pode experimentar apenas rotação, mas não pode fletir; isto é, o sistema tem um grau de liberdade. Para uma rotação θ admitida, o momento restaurador é $k\theta$, o momento de tombamento é $PL \operatorname{sen} \theta \approx PL\theta$. Dessa forma, se $k\theta > PL\theta$ o sistema é estável, e, se $k\theta < PL\theta$ o sistema é instável.

Exatamente no ponto de transição, $k\theta$ é igual a $PL\theta$ e o equilíbrio não é estável nem instável, mas sim neutro. A força associada a essa condição é a carga crítica ou de flambagem, que será designada por P_{cr}. Para o sistema considerado.

$$P_{cr} = k/L. \tag{14.20}$$

Essa condição estabelece a ocorrência de flambagem. Com essa força, são possíveis duas posições de equilíbrio, a forma reta e outra, infinitesimalmente defletida, próxima dela. Como duas derivações da solução são possíveis, esse é o chamado de *ponto de bifurcação* da solução de equilíbrio. Para $P > k/L$, o sistema é instavél. Como a solução foi linearizada, não há possibilidade de se ter θ indefinidamente grande com P_{cr}. No sentido de grandes deslocamentos, existe sempre um ponto de equilíbrio estável em $\theta < \pi$.

O comportamento de colunas elásticas perfeitamente retas com carregamento concêntrico, isto é, de colunas ideais, é bastante análogo ao descrito no exemplo simples anterior. De uma formulação linearizada do problema pode-se determinar os carregamentos críticos de flambagem. As seções seguintes fornecem alguns exemplos sobre o problema em análise.

Os carregamentos críticos não descrevem a ação da flambagem em si. Usando-se uma equação diferencial exata da curva elástica para grandes deflexões, é possível* achar as posições de equilíbrio superiores a P_{cr}, correspondentes à força aplicada P. Os resultados de tal análise estão ilustrados na Fig. 14.7. Observe especialmente que, aumentando P_{cr} de apenas 1,5 %, ocorre uma deflexão lateral máxima de 22 % do comprimento da coluna.** Por motivos práticos tais deflexões enormes raramente podem ser toleradas. Além do mais, o material não pode usualmente resistir às tensões de flexão induzidas. Dessa forma, as colunas reais falham inelasticamente.

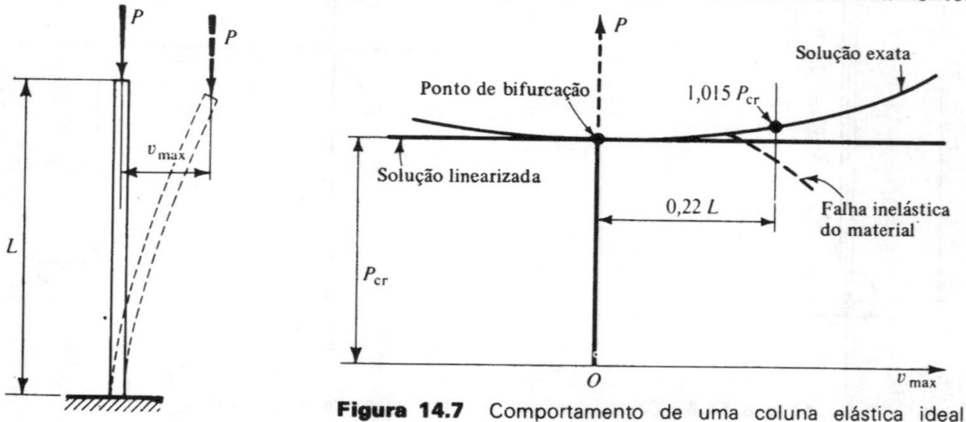

Figura 14.7 Comportamento de uma coluna elástica ideal

Na grande maioria das aplicações da engenharia, P_{cr} representa a capacidade limite de uma coluna reta com carregamento concêntrico.

14.5 CARREGAMENTO DE FLAMBAGEM DE EULER PARA COLUNAS ARTICULADAS

A fim de formular a relação que governa a determinação da carga de flambagem de uma coluna ideal, deve-se permitir uma pequena deflexão lateral do eixo da

*Veja Timoshenko e Gere, *Theory of Elastic Stability*, p. 76

**O fato de uma coluna continuar a suportar uma carga além do estágio de flambagem pode ser demonstrado pela aplicação de uma força superior à carga de flambagem a uma barra flexível ou placa, tal como um serrote de carpintaria

coluna. Para a coluna da Fig. 14.8(a), inicialmente reta e articulada na extremidade, a nova configuração é a da Fig. 14.8(b).

Para a coluna com ligeira flexão, mostrada na Fig. 14.8(b), o momento fletor M em uma seção genérica é* igual a $-Pv$, que, substituído na equação diferencial para a curva elástica, dá

$$\frac{d^2v}{dx^2} = \frac{M}{EI} = -\frac{P}{EI}v.$$

Então, como na Eq. 14.4, fazendo $\lambda^2 = P/EI$, tem-se

$$\frac{d^2v}{dx^2} + \lambda^2 v = 0 \tag{14.21}$$

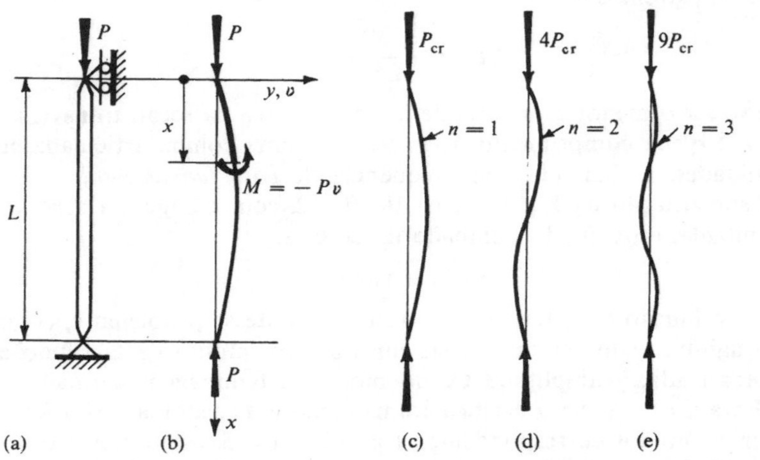

Figura 14.8 Coluna com extremidade de pino e seus três primeiros modos de flambagem

Essa equação é a parte homogênea da Eq. 14.5 para uma coluna articulada na extremidade. Sua solução é

$$v = C_1 \operatorname{sen} \lambda x + C_2 \cos \lambda x, \tag{14.22}$$

onde as constantes arbitrárias C_1 e C_2 devem ser determinadas pelas condições de contorno, que são

$$v(0) = 0 \quad \text{e} \quad v(L) = 0.$$

Assim $v(0) = 0 = C_1 \operatorname{sen} 0 + C_2 \cos 0$, ou $C_2 = 0$, e

$$v(L) = 0 = C_1 \operatorname{sen} \lambda L. \tag{14.23}$$

A Eq. 14.23 pode ser satisfeita considerando-se $C_1 = 0$. Como isso corresponde à condição de inexistência de flambagem, ela é a solução trivial. Alternativamente,

*Se a estremidade é fixa, as incógnitas M_0 e V_0x aparecem na expressão. Veja também a nota de rodapé da p. 491

a Eq. 14.23 também é satisfeita se

$$\lambda L = \sqrt{P/EI}\, L = n\pi, \tag{14.24}$$

onde n é um inteiro. Dessa equação, os valores característicos ou autovalores dessa equação diferencial, que tornam possível uma forma na flambagem, exigem que

$$P_n = \frac{n^2\pi^2 EI}{L^2}. \tag{14.25}$$

Aqui, n pode ter qualquer valor inteiro. Entretanto, como o interesse central é o menor valor no qual uma forma flambada pode ocorrer, n deve ser considerado igual à unidade. Dessa forma, a carga crítica ou de Euler para uma coluna articulada em ambos os extremos é

$$P_{cr} = \frac{\pi^2 EI}{L^2}, \tag{14.26}$$

onde I deve ser o menor momento de inércia da área da seção transversal de uma coluna e L é o seu comprimento. Esse caso, de uma coluna articulada em ambas as extremidades, é chamado com freqüência de *caso fundamental.*

Pela substituição da Eq. 14.24 na Eq. 14.22, com C_2 igual a zero, é obtida a forma flambada, ou o modo flambado da coluna:

$$v = C_1 \operatorname{sen} n\pi x/L. \tag{14.27}$$

Essa é a função característica ou autofunção desse problema e, como n pode adquirir qualquer valor inteiro, existe um número infinito de tais funções. Nessa função linearizada, a amplitude C_1 do modo de flambagem permanece indeterminada. Para $n = 1$, a curva elástica é uma meia-onda senoidal. Essa forma, juntamente com os modos correspondentes a $n = 2$ e $n = 3$, estão mostrados nas Figs. 14.8(c), (d) e (e). Os modos superiores não têm significado físico nos problemas de flambagem, porque a menor carga crítica ocorre com $n = 1$.

Uma solução alternativa do problema anterior pode ser obtida pelo uso da equação diferencial de quarta ordem para colunas-vigas, com carregamento transversal igual a zero. Da Eq. 14.15, tal equação é

$$\frac{d^4 v}{dx^4} + \lambda^2 \frac{d^2 v}{dx^2} = 0. \tag{14.28}$$

Para o caso considerado, as condições de contorno são:

$$v(0) = 0, \quad v(L) = 0, \quad M(0) = EIv''(0) = 0$$

e

$$M(L) = EIv''(0) = 0.$$

Usando essas condições com a solução homogênea da Eq. 14.28 e suas derivadas, dadas pelas Eqs. 14.16 a e c, obtém-se:

$$\begin{aligned}
&& +C_2 && &+ C_4 = 0,\\
&C_1 \operatorname{sen} \lambda L && + C_2 \cos \lambda L && + C_3 L &+ C_4 = 0,\\
&& -C_2\lambda^2 EI && &= 0,\\
&-C_1\lambda^2 EI \operatorname{sen} \lambda L && - C_2\lambda^2 EI \cos \lambda L && &= 0.
\end{aligned}$$

Para satisfazer a esse conjunto de equações, $C_1 C_2 C_3$ e C_4 poderiam ser igualadas a zero, o que daria uma solução trivial. Alternativamente, para se obter uma solução não-trivial, o determinante dos coeficientes das equações algébricas deve ser nulo.* Dessa forma, com $\lambda^2 EI = P$,

$$\begin{vmatrix} 0 & 1 & 0 & 1 \\ \operatorname{sen} \lambda L & \cos \lambda L & L & 1 \\ 0 & -P & 0 & 0 \\ -P \operatorname{sen} \lambda L & -P \cos \lambda L & 0 & 0 \end{vmatrix} = 0.$$

A avaliação desse determinante conduz a sen $\lambda L = 0$, que é precisamente a mesma condição dada pela Eq. 14.23.

Esse método é vantajoso nos problemas com diferentes condições de contorno, onde a força axial e EI permanecem constantes ao longo do comprimento da coluna. O método não pode ser aplicado se a força axial atua em parte do membro.

14.6 FLAMBAGEM ELÁSTICA DE COLUNAS COM DIFERENTES VÍNCULOS NAS EXTREMIDADES

Os mesmos procedimentos que os discutidos no artigo anterior podem ser usados para determinar as cargas de flambagem elástica, com diferentes condições de contorno. As soluções de tais problemas são bastante sensíveis aos vínculos das extremidades. Por exemplo, a carga crítica de flambagem para uma coluna livre,** Fig. 14.9(b), com carga no topo é

$$P_{cr} = \pi^2 EI/(4L^2). \tag{14.29}$$

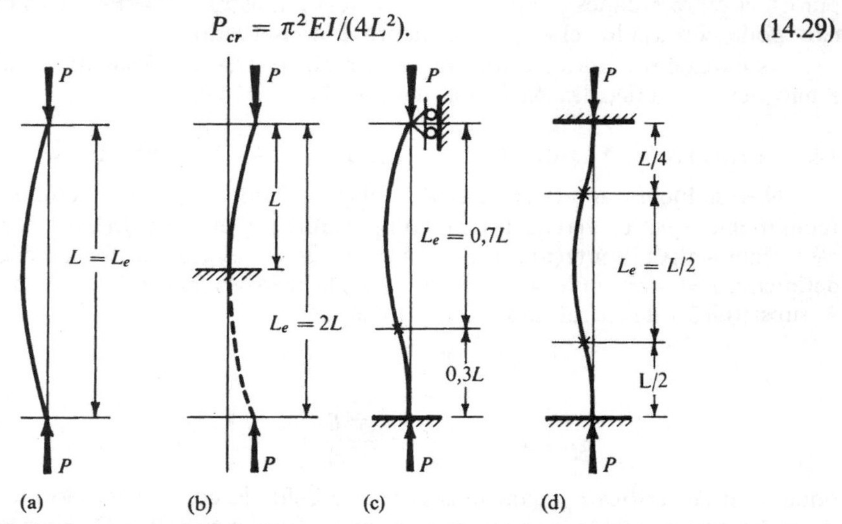

Figura 14.9 Comprimentos efetivos de colunas com diferentes tipos de vinculação

*Veja, por exemplo, F. B. Hildebrand, *Advanced Calculus for Applications*, p. 188, Prentice-Hall, Inc. Englewood Cliffs, N. J., 1962, ou qualquer texto sobre álgebra linear

**Um poste telefônico, sem braçadeiras externas e com um transformador pesado no topo, constitui um exemplo

Nesse caso extremo, a carga crítica é apenas um quarto daquela para o caso fundamental, Eq. 14.26.

Para uma coluna fixa em uma extremidade e articulada na outra, Fig. 14.9(c):

$$P_{cr} = 2{,}05\,\pi^2 EI/L^2. \tag{14.30}$$

Para uma coluna fixa em ambas as extremidades, Fig. 14.9(d),

$$P_{cr} = 4\pi^2 EI/L^2. \tag{14.31}$$

As duas últimas equações mostram que prendendo as extremidades, as cargas críticas de flambagem aumentam substancialmente acima daquelas do caso fundamental.

Todas as fórmulas acima podem se assemelhar ao caso fundamental, desde que no lugar do comprimento real da coluna esteja o comprimento efetivo. Esse comprimento vem a ser a distância entre os pontos de inflexão das curvas elásticas ou articulações, se houver alguma. O comprimento efetivo da coluna L_e para o caso fundamental é L, mas, para os casos acima, tem-se $2L$, $0{,}7L$ e $0{,}5L$, respectivamente. Para um caso geral, $L_e = KL$, onde K é o fator de comprimento efetivo, que depende dos vínculos de extremidade.

Em contraste com os casos clássicos mostrados na Fig. 14.9, os membros de compressão reais raramente têm articulação de pino verdadeira ou evitam completamente a rotação nas extremidades. Devido à incerteza relativa à fixação das extremidades, as colunas são freqüentemente consideradas com articulação de pino nas extremidades. Com exceção do caso mostrado na Fig. 14.8(b), onde ele não pode ser usado, esse procedimento é conservador.

As equações anteriores tornam-se completamente confusas na faixa inelástica, e não devem ser usadas na forma dada (veja Seç. 14.8).

14.7 LIMITAÇÃO DAS FÓRMULAS DE FLAMBAGEM ELÁSTICA

Nas deduções anteriores das fórmulas de flambagem para colunas, admite-se tacitamente que o material tem comportamento elástico linear. Para ressaltar essa significativa limitação, a Eq. 14.26 pode ser escrita de forma diferente. Por definição, $I = Ar^2$, onde A é a área da seção transversal e r é seu raio de giração. A substituição dessa relação na Eq. 14.26, dá

$$P_{cr} = \frac{\pi^2 EL}{L^2} = \frac{\pi^2 EAr^2}{L^2}$$

ou

$$P_{cr} = \frac{P_{cr}}{A} = \frac{\pi^2 E}{(L/r)^2}, \tag{14.32}$$

onde a tensão crítica σ_{cr} para uma coluna é definida como a tensão média na área da seção transversal A de uma coluna com carga crítica P_{cr}. O comprimento* da coluna é L, e r é o menor raio de giração da área da seção transversal, porque a fórmula original de Euler está em termos de I mínimo. A relação L/r, entre comprimento da coluna e o menor raio de giração é chamada de *índice de esbeltez*.

*Usando o comprimento efetivo L_e, a expressão generaliza-se

Pela Eq. 14.32, pode-se concluir que o limite de proporcionalidade do material é o limite superior da tensão, na qual a coluna flamba elasticamente. A modificação necessária da fórmula para incluir a resposta inelástica do material será discutida na próxima seção.

EXEMPLO 14.3

Achar o menor comprimento L, para uma coluna de aço simplesmente apoiada na extremidade, com seção transversal de 50 mm × 75 mm, para a qual a fórmula elástica de Euler se aplica. Considerar $E = 21\,000$ kgf/mm^2 e admitir que o limite de proporcionalidade seja 25 kgf/mm^2.

SOLUÇÃO

O momento de inércia mínimo da seção transversal $I_{min} = 75(50)^3/12 = 781\,250$ mm^4. Assim.

$$r = r_{min} = \sqrt{\frac{I_{min}}{A}} = \sqrt{\frac{781\,250}{50(75)}} = 14{,}434 \text{ mm}.$$

Então, usando a Eq. 14.32, $\sigma_{cr} = \pi^2 E/(L/r)^2$ e, solucionando-a para L/r, no limite de proporcionalidade.

$$\left(\frac{L}{r}\right)^2 = \frac{\pi E}{\sigma_{cr}} = \frac{\pi^2 21\,000}{25} = 8\,290$$

ou

$$\frac{L}{r} = 91{,}1 \quad \text{e} \quad L = 91{,}1 \times 14{,}434 = 1\,314 \text{ mm}.$$

Dessa forma, se essa coluna tem comprimento de mais ou menos 1 314 mm, ela flambará elasticamente.

14.8 FÓRMULA GENERALIZADA DA CARGA DE FLAMBAGEM DE EULER

Um diagrama típico de tensão-deformação na compressão, para um espécime impedido de flambar, pode ser representado como na Fig. 14.10(a). Na faixa de tensão de 0 a A, o material se comporta elasticamente. Se a tensão em uma coluna flambada não excede essa faixa, a flambagem é elástica. A hipérbole representada pela Eq. 14.32, $\sigma_{cr} = \pi^2 E/(L/r)^2$, é aplicável em tal caso. Essa porção da curva está mostrada como ST na Fig. 14.10(b). É importante reconhecer que essa curva não representa o comportamento de uma coluna, mas sim o de um mínimo infinito de colunas ideais de diferentes comprimentos. A hipérbole extrapolada para fora da faixa útil é mostrada tracejada na figura.

Uma coluna com L/r correspondente ao ponto S na Fig. 14.10(b), é a menor coluna de um dado material e tamanho que flambará elasticamente. Uma coluna menor, com relação L/r ainda menor, não flambará no limite de proporcionalidade do material. No diagrama compressivo de tensão-deformação, Fig. 14.10(a), isso significa que o nível de tensão na coluna passou pelo ponto A e atingiu algum ponto B.

coluna de material diferente, porque a rigidez do material não é mais representada pelo módulo de elasticidade. Nesse ponto, a rigidez do material é dada instantaneamente pela tangente à curva tensão-deformação, isto é, pelo módulo tangencial E_t.

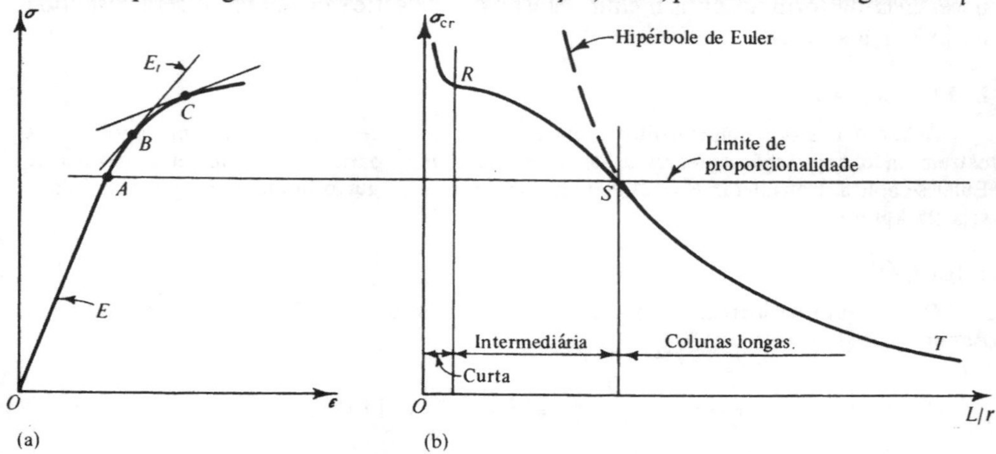

Figura 14.10 (a) Diagrama tensão de compressão-deformação; (b) tensão crítica em colunas em função do índice de esbeltez

A coluna permanece estável se sua nova rigidez à flexão E_tI em B é suficientemente grande, e ela pode suportar uma carga maior. À medida que a carga aumenta, o nível de tensão se eleva, enquanto que o módulo tangencial decresce. Uma coluna de "material cada vez menos rígido" sofrendo a ação de uma carga crescente. A substituição do módulo de elasticidade E pelo módulo E_t é a única modificação necessária para tornar aplicáveis as fórmulas de flexão elástica. Assim, a fórmula de Euler generalizada para a carga de flambagem, ou do módulo tangencial* fica

$$\sigma_{cr} = \frac{\pi^2 E_t}{(L/r)^2}. \tag{14.33}$$

Como as tensões correspondentes aos módulos tangenciais podem ser obtidas do diagrama compressivo tensão-deformação, a relação L/r na qual uma coluna flambará com esses valores pode ser obtida da Eq. 14.33. A Fig. 14.10(b), curva de R a S, mostra o traçado da representação desse comportamento para relações pequenas e intermediárias de L/r. Ensaios de colunas individuais confirmam essa curva com marcante precisão.**

*A fórmula do módulo tangente dá a capacidade de carga de uma coluna, definida no instante em que ela tende a flambar. Como a coluna ainda continua a flambar, as fibras do lado côncavo continuam a exibir aproximadamente o módulo tangente E_t. As fibras do lado convexo, entretanto, são aliviadas de alguma tensão e retornam com o módulo de elasticidade original E. Esses fatos levam ao estabelecimento da chamada *teoria do módulo duplo* de capacidade de carga de colunas. Os resultados finais obtidos por essa teoria não diferem grandemente daqueles obtidos pela teoria do módulo tangente. Para mais detalhes e refinamentos significativos, veja F. R. Shanley, "Inelastic Column Theory" *Journal of Aeronautical Sciences*, **14**, n.º 5 (Maio, 1947); e F. Bleich, *Buckling Strength of Metal Structures* McGraw-Hill Book Company, Nova Iorque, 1952

**Veja Bleich, *Buckling Strength of Metal Structures*, p. 20

As colunas que flambam elasticamente são por vezes, chamadas de *colunas longas.* As colunas, que têm baixas relações L/r, não apresentando, basicamente, qualquer flambagem, são chamadas de *colunas curtas.* Nas pequenas relações L/r, os materiais dúteis "cedem" e podem suportar cargas bem elevadas.

Se L, na Eq. 14.33, é tratado como o comprimento efetivo de uma coluna, diferentes condições de extremidades podem ser analisadas. Seguindo esse procedimento são apresentados na Fig. 14.11, para fins comparativos, traçados da tensão crítica σ_{cr} em função do índice de esbeltez L/r, para colunas fixas nas extremidades e com articulação de pino. É importante observar que a capacidade de suporte nos dois casos está na relação de 4 para 1, apenas para as colunas com índice de esbeltez $(L/r)_1$ ou maior. Para L/r menor, benefícios progressivamente menores são obtidos pela vinculação das extremidades. Para relações L/r pequenas, as curvas se encontram. Faz pouca diferença se um "bloco curto" tem articulação de pino ou se é engastado nas extremidades, sendo a resistência, e não a flambagem, quem determina o comportamento.

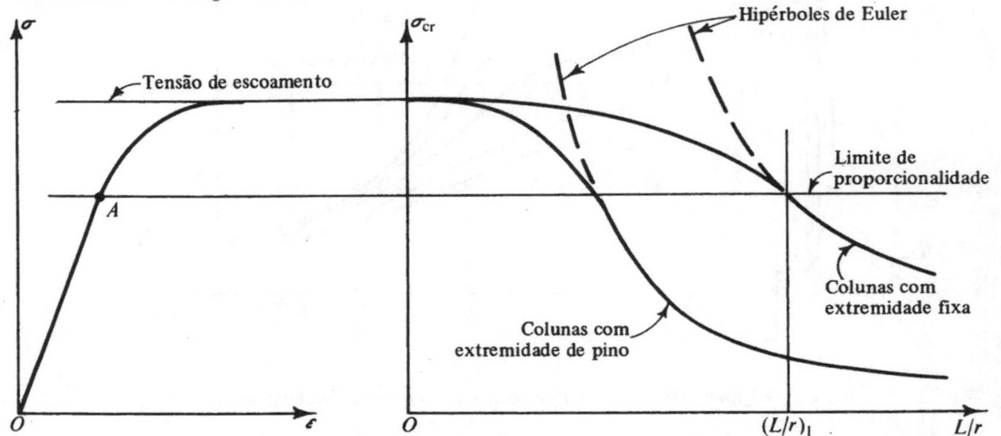

Figura 14.11 Comparação do comportamento de colunas com diferentes condições de extremidade

14.9 COLUNAS COM CARREGAMENTO EXCÊNTRICO

Na discussão anterior sobre flambagem, as colunas foram consideradas idealmente retas. Como na realidade todas as colunas têm algumas imperfeições, as cargas de flambagem obtidas para colunas ideais são as melhores possíveis. Tal análise apenas fornece limites para o melhor desempenho possível de colunas. Não constitui surpresa, entretanto, que o desempenho de colunas seja explorado com base em algumas imperfeições estatisticamente determinadas ou possíveis desalinhamentos das cargas aplicadas. Como ilustração desse método, considerar-se-á uma coluna com carregamento excêntrico. Esse problema é importante em si.

A Fig. 14.12(a) mostra uma coluna excentricamente carregada. Esse carregamento é equivalente a uma força axial P e a momentos externos $M_0 = Pe$. Tal coluna já foi analisada no Exemplo 14.2, onde se verificou que, devido à flexibilidade do membro, o maior momento fletor $M_{max} = M_0 \sec \lambda L/2$, Eq. 14.19. Dessa forma, a máxima tensão de compressão, que ocorre a meia-altura do lado côncavo da coluna, pode ser calculada por

$$|\sigma|_{max} = \frac{P}{A} + \frac{Mc}{I} = \frac{P}{A} + \frac{M_{max}c}{Ar^2} = \frac{P}{A}\left(1 + \frac{ec}{r^2}\sec\frac{\lambda L}{2}\right).$$

Mas $\lambda = \sqrt{P/(EI)} = \sqrt{P/(EAr^2)}$, e

$$|\sigma|_{max} = \frac{P}{A}\left(1 + \frac{ec}{r^2}\sec\frac{L}{r}\sqrt{\frac{P}{4EA}}\right). \qquad (14.34)$$

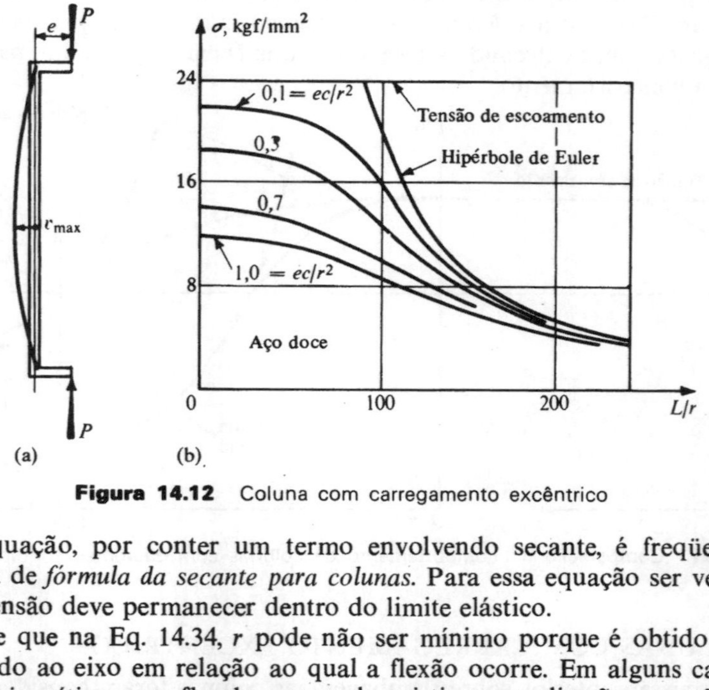

Figura 14.12 Coluna com carregamento excêntrico

Essa equação, por conter um termo envolvendo secante, é freqüentemente denominada de *fórmula da secante para colunas.* Para essa equação ser verdadeira, a máxima tensão deve permanecer dentro do limite elástico.

Observe que na Eq. 14.34, r pode não ser mínimo porque é obtido do valor de I associado ao eixo em relação ao qual a flexão ocorre. Em alguns casos, uma condição mais crítica para flambagem pode existir numa direção que não corresponda a qualquer excentricidade definida. Observe que, na Eq. 14.34, a relação entre σ_{max} e P não é linear; σ_{max} aumenta mais rápido do que P. Dessa forma, as tensões máximas causadas por forças axiais não podem ser superpostas.

A Fig. 14.12(b) apresenta o gráfico da Eq. 14.34 para várias excentricidades,* em colunas de aço doce de mesmo tamanho. Observe a semelhança próxima das curvas para pequenas excentricidades e as de flambagem de colunas anteriormente estabelecidas. Deve-se observar, entretanto, que essas curvas são obtidas com base

*Figura extraída de D. H. Young, "Rational Design of Steel Columns", *Trans. ASCE*, **101** 431, (1963)

na tensão máxima. Essa não é uma medida real da capacidade de flambagem de um membro. Pode-se mostrar que uma carga axial adicional pode ser suportada além do ponto de tensão máxima na seção crítica. A discussão desse fato foge ao escopo desse texto.*

14.10 PROJETO DE COLUNAS

Para economia, as áreas das seções transversais das colunas que não sejam blocos curtos devem possuir o maior raio mínimo de giração possível. Isso dá uma pequena relação L/r, o que permite o uso de maior tensão axial. Os tubos formam excelentes colunas. Seções de flanges largos (que por vezes são chamadas de *seções H*) são superiores à seções *I*. Nas colunas feitas de formas laminadas ou por extrusão, as peças individuais são afastadas para obtenção do efeito desejado. Seções transversais de membros em compressão típicos de pontes, estão mostradas nas Figs. 14.3(a) e (b), para um ondulado na Fig. 14.13(c), e para uma treliça ordinária na Fig. 14.13(d). As cantoneiras da Fig. 14.13(d) são separadas por espaçadores. As formas principais das Figs. 14.13(a), (b) e (c) são unidas ou interligadas, por meio de barras leves, como mostram as Figs. 14.13(e) e (f).

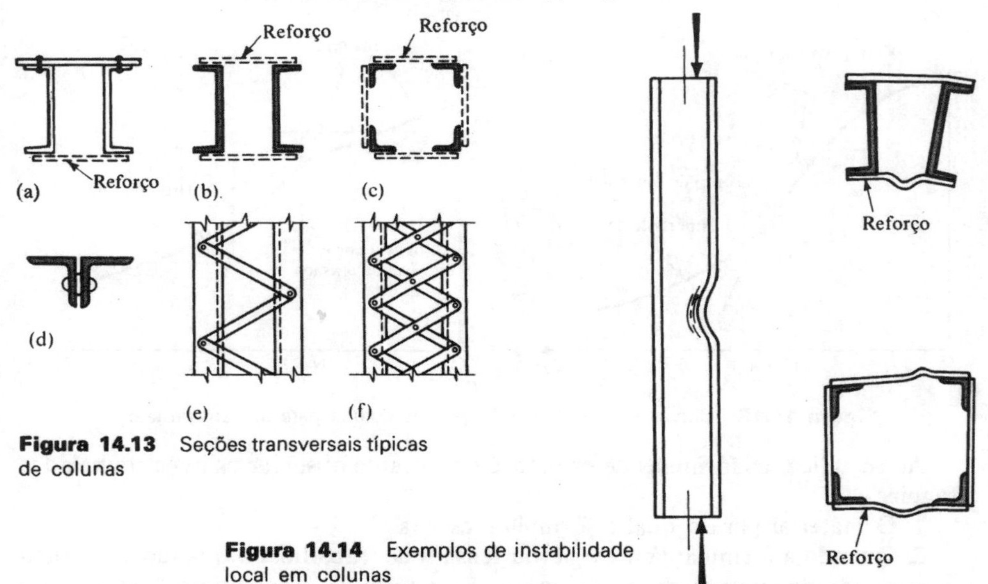

Figura 14.13 Seções transversais típicas de colunas

Figura 14.14 Exemplos de instabilidade local em colunas

A obtenção de um r grande pela colocação de certa quantidade de material fora do centróide de uma área, como foi ilustrado anteriormente, pode atingir um limite. O material pode se tornar tão delgado que se ondula localmente. Esse comportamento é denominado *instabilidade local.* Quando a falha causada pela

*Veja Bleich, *Buckling Strength of Metal Structures,* Cap. 1

instabilidade local ocorre nos flanges ou nas placas componentes de um membro, o membro em compressão deixa de inspirar confiança para o serviço. A Fig. 14.14 ilustra a flambagem local, que se caracteriza por uma variação na forma da seção transversal. As equações deduzidas anteriormente são para a instabilidade de uma coluna como um todo, ou para instabilidade primária. A discussão sobre a possibilidade de instabilidade torcional, exemplificada pela torção de uma seção (que é uma forma primária de instabilidade), foge ao escopo deste texto.

Após uma situação caótica que existiu por muitos anos, com relação às fórmulas de projeto de colunas, tem-se agora compreensão mais clara do fenômeno de flambagem e apenas umas poucas fórmulas são de uso comum. Nas especificações de uso mais amplo, um par de fórmulas é dado. Uma fórmula é usada para valores pequenos e intermediários de L/r; a outra para colunas esbeltas com elevado L/r. Na primeira faixa, é empregada uma parábola ou uma linha reta com um máximo estipulado, na definição das tensões críticas. Para grandes valores de L/r, é usada a hipérbole de Euler para a resposta elástica (Fig. 14.15). Algumas vezes as equações das duas fórmulas complementares têm uma tangente comum em um valor selecionado de L/r. Umas poucas especificações fazem uso da fórmula da secante com excentricidade admitida com base nas tolerâncias de fabricação.

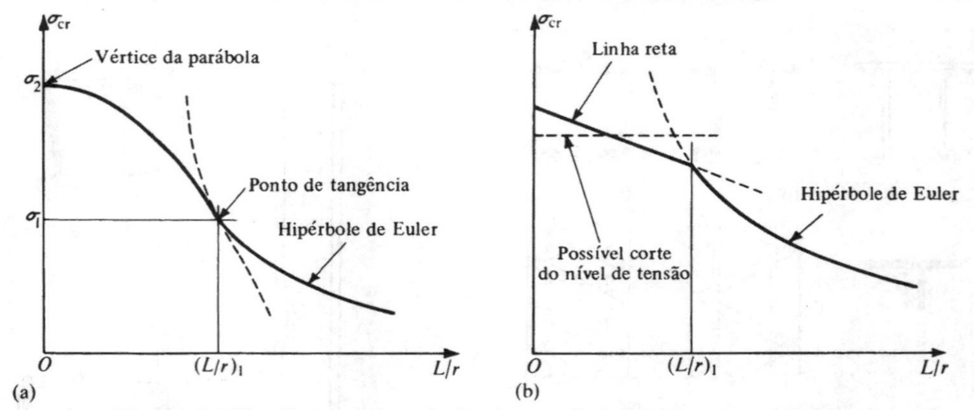

Figura 14.15 Curvas típicas de flambagem de coluna para uso em projeto

Ao se aplicar as fórmulas de projeto, é importante observar os itens enunciados a seguir.

1. O material para o qual a fórmula é escrita.

2. Quando a fórmula dá a carga (ou tensão) de trabalho, ou quando ela estima a capacidade de ruptura de um membro. Se a fórmula é do último tipo, deve-se introduzir um fator de segurança.

3. A faixa de aplicabilidade da fórmula. Algumas fórmulas empíricas, se usadas além da faixa especificada, podem conduzir a um projeto inseguro (veja a Fig. 14.15(b)).

Deve-se observar que as fórmulas da coluna discutidas anteriormente consideram o material invíscido, isto é, que o material não possua propriedades viscoelásticas ou reológicas. Entretanto, em algumas aplicações, a flambagem de colunas por fluência, sob cargas sustentadas, pode ser de consideração principal.*

14.11 FÓRMULAS DE COLUNA PARA CARGAS CONCÊNTRICAS

Como exemplos de fórmulas para o projeto de colunas com carregamento nominalmente concêntrico são dadas a seguir algumas fórmulas representativas para aços estruturais, ligas de alumínio e para madeira. Para o projeto de colunas excêntricas, o leitor é aconselhado a consultar livros especializados.

Fórmulas de coluna para aço estrutural

A *AISC*** recomenda o uso das fórmulas de coluna configuradas no esquema da Fig. 14.15(a). Como se fabricam aços de variadas resistências ao escoamento, as fórmulas são apresentadas em termos de σ_{esc}, que varia para diferentes aços. O módulo de elasticidade E para todos os aços é aproximadamente o mesmo. A fórmula de flambagem elástica de Euler é especificada para as colunas delgadas, iniciando com $(L/r)_1 = C_c$, ocorrendo na relação de esbeltez correspondente à metade da tensão de escoamento σ_{esc} do aço. A fim de preencher essa premissa, pela Eq. 14.32, o índice de esbeltez $C_c = (L/r)_1 = \sqrt{2\pi^2 E/\sigma_{esc}}$.

Usando essa equação, com $E = 20\,000$ kgf/mm², a tensão admissível para colunas com razão de esbeltez maior do que C_c fica:

$$\sigma_{adm} = 105\,000/(Le/r)^2 \quad [\text{kgf/mm}^2], \tag{14.35}$$

onde L_e é o comprimento efetivo da coluna. Um fator de segurança de 1,92 em relação à flambagem é incorporado na Fig. 14.35. Nenhuma coluna deve exceder o valor de $L_e/r = 200$.

Para uma relação L_e/r menor do que C_c, a AISC especifica uma fórmula parabólica:

$$\sigma_{adm} = \frac{[1-(L_e/r)^2/(2C_c^2)]\sigma_{esc}}{\text{F.S.}}, \tag{14.36}$$

onde F.S., o fator de segurança, é definido por

$$\text{F.S.} = 5/3 + 3(L_e/r)/(8C_c) - (L_e/r)^3/(8C_c^3).$$

É interessante observar que F.S. varia, sendo mais conservador para as maiores relações L_e/r. A equação escolhida para F.S. aproxima-se de uma curva de um quarto de seno, com o valor de 1,67 para $L_e/r = 0$, e 1,92 para C_c. A Fig. 14.16 mostra curvas de tensão admissível em função do índice de esbeltez para colunas axialmente carregadas de vários tipos de aços estruturais.

Fórmulas de coluna para ligas de alumínio

Um grande número de ligas de alumínio encontra-se disponível para aplicações em engenharia. As resistências ao escoamento e de ruptura de tais ligas variam em uma faixa considerável. O módulo de elasticidade para as ligas, entretanto, é razoavelmente constante, e a Aluminum Company of America recomenda o uso de um fator de 71 700 kgf/mm² para

*Veja por exemplo N. J. Hoff, "A Survey of the Theories of Creep Buckling", *Proceedings, Third U. S. National Congress of Applied Mechanics*, p. 29 (publicado pela ASME) 1958

**Veja American Institute of Steel Constructing, *AISC Steel Constrution Manual*, AISC, Inc., Nova Iorque, 1963

representar a quantidade $\pi^2 E$.* Assim, usando a Eq. 14.32, a fórmula da resistência de ruptura para colunas longas, com comprimento efetivo L_e, é

$$\sigma_{cr} = 71\,700/(L_e/r)^2 \quad [\text{kgf/mm}^2]. \tag{14.37}$$

Uma linha reta inclinada, como na Fig. 14.15(b), é usada para a curva de resistência da coluna, para valores baixos e intermediários de L_e/r. Para algumas ligas, essa linha reta é escolhida de forma a tangenciar a hipérbole de Euler; para outras, um ângulo é formado como na figura. Como exemplo, tirado de um grande número de casos dados no manual da ALCOA, para uma liga 2024-T4 extrudada,

$$\sigma_{cr} = 31{,}5 - 0{,}22(L_e/r)\ \text{kgf/mm}^2 \quad (0 \leqslant (L_e/r) \leqslant 64). \tag{14.38}$$

Na aplicação dessa fórmula particular, a razão L_e/r não deve exceder 64. As extrapolações de tais fórmulas, além de suas faixas de aplicabilidade, não são permitidas porque elas podem dar valores de tensões mais elevadas do que seria possível com a carga de flambagem de Euler. Um fator de segurança deve ser aplicado com as Eqs. 14.37 e 14.38.

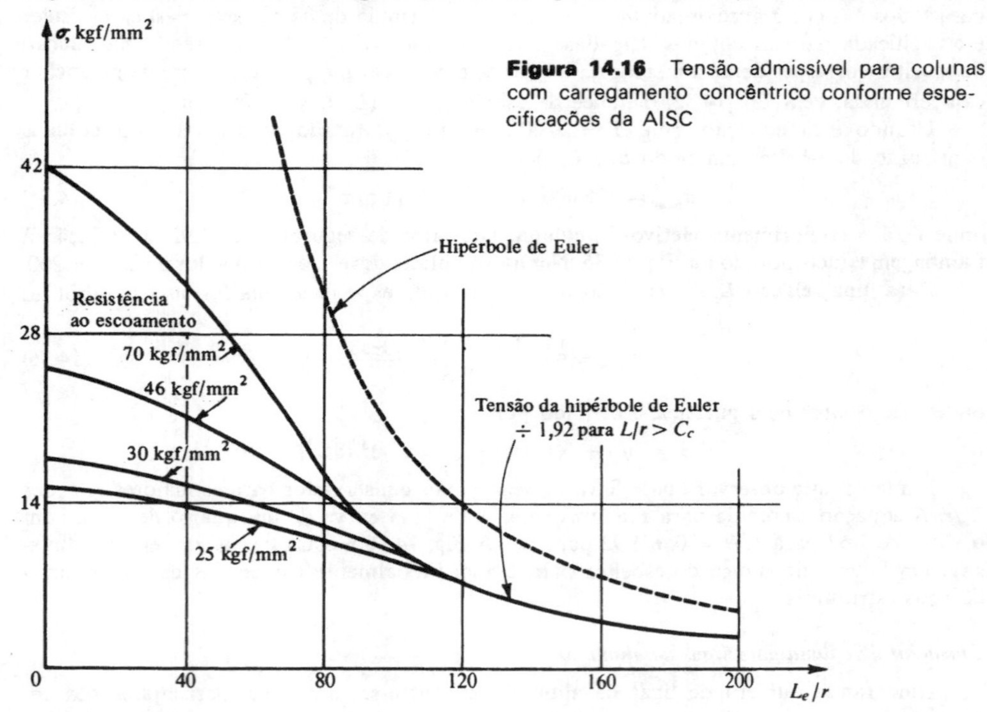

Figura 14.16 Tensão admissível para colunas com carregamento concêntrico conforme especificações da AISC

Fórmulas de coluna para madeiras

A National Lumber Manufacturers Association,** NLMA, recomenda o uso da fórmula da carga de flambagem de Euler para colunas maciças de madeira. De acordo com a reco-

*Veja *ALCOA Structural Handbook*, p. 110, *Aluminum Company of America*, (8.ª ed.), Pittsburgh, Pa, 1960

**NLMA *National Design Specification*, Washington, D. C. National Lumber Magnufactures Association, 1962

mendação, a tensão admissível é

$$\sigma_{adm} = \pi^2 E/[2{,}727(L/r)^2] = 3{,}619E/(L/r)^2. \quad (14.39)$$

Aqui a tensão admissível não pode exceder o valor crítico para a compressão de blocos curtos, paralelamente às fibras, para as espécies particulares de madeira. Essas tensões são aumentadas para o carregamento de curta duração e são diminuídas para os carregamentos sustentados. Essa fórmula é aplicável a condições de extremidades articuladas ou "engastadas".

Para as colunas de seção transversal quadrada ou retangular, a Eq. 14.39 fica

$$\sigma_{adm} = 0{,}30E/(L/d)^2, \quad (14.40)$$

onde d é a menor dimensão lateral de um membro.

EXEMPLO 14.4

Comparar as cargas de compressão axial admissíveis para uma cantoneira de liga de alumínio, de 75 mm × 50 mm × 6,3 mm, de 1 092 mm de comprimento (a) quando ela atua como coluna com pino na extremidade, e (b) quando ela é vinculada de forma que seu comprimento efetivo $L_e = 0{,}9L$. Admitir um fator de segurança de 2,5 e que se apliquem as Eqs. 14.37 e 14.38.

SOLUÇÃO

As proporções das cantoneiras de liga de alumínio são as mesmas que as de aço. Assim para essa cantoneira tem-se, da Tab. 7 do Apêndice, o raio de giração mínimo $r = 10{,}92$ mm, e a área $A = 767{,}7\ \text{mm}^2$. A solução decorre da aplicação da Eq. 14.37, e do uso do fator de segurança especificado. Caso (*a*): $L_e = L = 1\,092$ mm, $L_e/r = 1\,092/10{,}92 = 100$.

$$\sigma_{cr} = \frac{71\,700}{(L_e/r)^2} = 7{,}17\ \text{kgf/mm}^2,$$

$$P_{cr} = A\sigma_{cr} = (767{,}7)7{,}17 = 5\,504\ \text{kgf},$$

$$P_{adm} = \frac{P_{cr}}{\text{F.S.}} = \frac{5\,504}{2{,}5} = 2\,202\ \text{kgf}.$$

Caso (*b*): $L_e = 0{,}9L = 982{,}8$ mm, $L_e/r = (982{,}8)/(10{,}92) = 90$, e $\sigma_{cr} = 8{,}85\ \text{kgf/mm}^2$.

$$P_{cr} = A\sigma_{cr} = (767{,}7)8{,}85 = 6\,794\ \text{kgf};$$

$$P_{perm} = \frac{P_{cr}}{\text{F.S.}} = \frac{6\,794}{2{,}5} = 2\,718\ \text{kgf}.$$

EXEMPLO 14.5

Usando as fórmulas da AISC, selecionar uma coluna de extremidade articulada, de 4,5 m de comprimento, para suportar uma carga concêntrica de 100 t. O aço estrutural é o A441, tendo $\sigma_{esc} = 35\ \text{kgf/mm}^2$.

SOLUÇÃO

O tamanho da coluna pode ser achado diretamente das tabelas do *Steel Construction Manual*, da AISC. Entretanto, esse exemplo dá oportunidade de se demonstrar o procedimento de tentativas e erros que, freqüentemente, é necessário ao projeto, e a solução apresentada decorre da utilização desse método.

Primeira tentativa. Seja $L/r = 0$ (uma premissa pobre para a coluna de 4,5 m de comprimento). Então, da Eq. 14.36, como F.S. = 5/3, $\sigma_{adm} = 35/(\text{F.S.}) = 21$ kgf/mm² e $A = P/\sigma_{adm} = 100\,000/21 = 4\,762$ mm². Da Tab. 4 do Apêndice, isso exige uma seção 8 WF28(41,6 kgf/m), cujo $r_{min} = 41{,}1$ mm. Assim $L/r = 4\,500/(41{,}1) = 109{,}5$. Com esse L/r, a tensão admissível é achada pelo uso da Eq. 14.35 ou 14.36, cuja aplicação depende de C_c:

$$C_c = \sqrt{2\pi^2 E/\sigma_{esc}} = \sqrt{2\pi^2 \times 20\,000/35} = 106{,}2 < L/r = 109{,}5.$$

desta forma $\sigma_{adm} = 105\,000/(109{,}5)^2 = 8{,}76$ kgf/mm².

Essa é muito menor do que a tensão inicialmente admitida, de 21 kgf/mm² e outra seção deve ser selecionada.

Segunda tentativa. Seja $\sigma_{adm} = 8{,}76$ kgf/mm² como foi achado acima. Então, $A = 100\,000/8{,}76 = 11\,417$ mm², exigindo uma seção 8 WF67(99,6 kgf/m), cujo $r_{min} = 53{,}8$ mm. Agora, $L/r = 4\,500/(53{,}8) = 83{,}6$, que é menor do que C_c encontrado anteriormente. Dessa forma, a Eq. 14.36 se aplica, e

$$\text{F.S.} = 5/3 + 3(83{,}6)/(8 \times 106{,}2) - (83{,}6)^3/(8 \times 106{,}2^3) = 1{,}90$$

e

$$\sigma_{adm} = [1 - (83{,}6)^2/(2 \times 106{,}2^2)]35/(1{,}90) = 12{,}7 \text{ kgf/mm}^2.$$

Essa tensão requer uma área $A = 100\,000/12{,}7 = 7\,869$ mm², que é conseguida por uma seção 8 WF48(71,4 kgf/m), com $r_{min} = 52{,}8$ mm. O cálculo da capacidade dessa seção mostra que a carga axial admissível é de 115 t, que preenche os requisitos do problema.

14.12 MÉTODO DA ENERGIA PARA DETERMINAÇÃO DE CARGAS DE FLAMBAGEM

Os problemas de estabilidade podem ser tratados de maneira bem geral, pelo uso dos métodos de energia. Como introdução a tais métodos, são deduzidos nesta seção os critérios básicos para determinação da estabilidade de equilíbrio para sistemas elásticos lineares conservativos.

Para estabelecer os critérios de estabilidade, deve ser formulada uma função Π, chamada de *potencial total* dos sistema. Essa função é expressa como a soma da energia potencial interna U (energia de deformação) e a energia potencial Ω (ômega) das forças externas que atuam sobre um sistema, isto é,

$$\Pi = U + \Omega. \tag{14.41}$$

Não considerando uma possível constante aditiva, $\Omega = -We$; isto é, a perda na energia potencial durante a aplicação das forças é igual ao trabalho realizado sobre o sistema, pelas forças externas. Assim, a Eq. 14.41 pode ser reescrita.

$$\Pi = U - We. \tag{14.42}$$

Como se sabe da mecânica clássica, para o equilíbrio, o potencial total Π deve ser estacionário;* dessa forma, sua variação $\delta\Pi$ iguala-se a zero, isto é,

$$\delta\Pi = \delta U - \delta W_e = 0. \tag{14.43}$$

*Em termos de funções ordinárias, isso simplesmente significa que, existe uma condição em que a derivada de uma função em relação a uma variável independente é nula e a função em si tem um máximo, um mínimo, ou um valor constante

Para sistemas elásticos conservativos, essa relação concorda com a Eq. 13.21, que estabelece o princípio do trabalho virtual. Essa condição pode ser usada para determinar a posição de equilíbrio. Entretanto, a Eq. 14.43 não pode distinguir o tipo de equilíbrio e, portanto, a condição para estabilidade de equilíbrio. Apenas pelo exame dos termos de ordem superior na expressão para a variação $\Delta\Pi$ do potencial total Π, pode isso ser determinado. Dessa forma deve ser examinada a expressão mais completa para o incremento em Π, como dado pela expansão de Taylor. Tal expressão é

$$\Delta\Pi = \delta\Pi + \frac{1}{2!}\delta^2\Pi + \frac{1}{3!}\delta^3\Pi + \ldots \tag{14.44}$$

Como para qualquer tipo de equilíbrio $\delta\Pi = 0$, ele é o primeiro termo não-nulo da expansão que determina o tipo de equilíbrio. Para sistemas elásticos lineares, o segundo termo é suficiente. Assim, pela Eq. 14.44, os critérios de estabilidade são

$$\begin{aligned} &\delta^2\Pi > 0 && \text{para o equilíbrio estável,} \\ &\delta^2\Pi < 0 && \text{para o equilíbrio instável} \\ \text{e} \quad &\delta^2\Pi = 0 && \text{para o equilíbrio neutro associado à carga crítica.} \end{aligned} \tag{14.45}$$

O significado dessas expressões pode ser esclarecido pelo exame do exemplo simples mostrado na Fig. 14.17, onde as superfícies hachuradas representam três tipos diferentes de funções Π. Em todos os três casos, a primeira derivada no ponto de equilíbrio da esfera é zero, e são as derivadas segundas que determinam o tipo de equilíbrio.

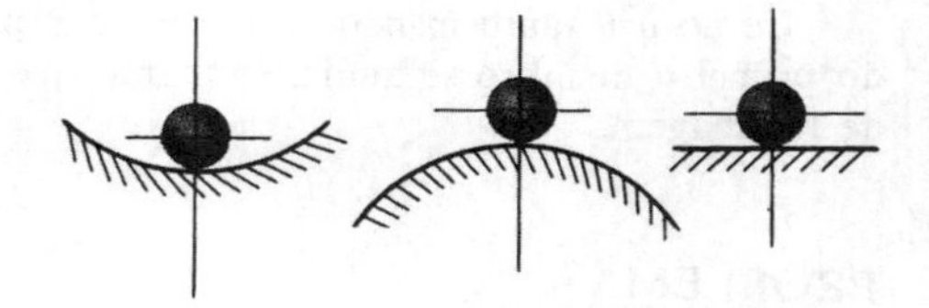

Figura 14.17 Exemplos de condições de equilíbrio estável, instável e neutro, da mecânica dos corpos rígidos

Para funções simples de Π, os procedimentos para formação das derivadas, diferenciais e variações são semelhantes. Se, entretanto, a função de Π é expressa por integrais, o problema torna-se matematicamente mais complicado, exigindo o uso do cálculo das variações. O tratamento de tais problemas foge ao escopo deste texto.*

EXEMPLO 14.6

Usando o método da energia, verificar a carga crítica achada anteriormente, para uma barra rígida com mola torcional na base, Fig. 14.6(a).

*Para maiores detalhes veja, por exemplo, H. L. Langhaar, *Energy Methods in Applied Mechanics* John Wiley & Sons. Inc., Nova Iorque, 1962

Para uma posição deslocada da barra, a energia de deformação na mola é $k\theta^2/2$. Para o mesmo deslocamento, a força P abaixa de $L - L\cos\theta = L(1-\cos\theta)$. Dessa forma

$$\pi = U - W_e = 1/2\,k\theta^2 - PL(1-\cos\theta).$$

Se o estudo do problema é limitado a pequenos deslocamentos (infinitesimais) e, como $\cos\theta = 1 - \theta^2/2! + \theta^4/4! + \ldots$, o potencial total π com um grau de precisão consistente, simplifica-se para

$$\pi = \frac{k\theta^2}{2} - \frac{PL\theta^2}{2}.$$

Observe especialmente que o valor 1/2 no último termo decorre da expansão do co-seno em série. O valor total da força externa P atua sobre a barra quando θ varia.

Conhecida a expressão para o potencial total, deve-se resolver dois problemas distintamente diferentes. No primeiro, acha-se uma posição de equilíbrio. Para essa finalidade, aplica-se a Eq. 14.43:

$$\delta\pi = \frac{d\pi}{d\theta}\delta\theta = (k\theta - PL\theta)\delta\theta = 0 \quad \text{ou} \quad (k - PL)\theta\,\delta\theta = 0.$$

Nesse ponto da solução, k, P e L devem ser considerados constantes, e $\delta\theta$ não pode ser nula. Dessa forma, uma posição de equilíbrio ocorre em $\theta = 0$.

Na segunda fase da solução, distintamente diferente, de acordo com a última parte da Eq. 14.45 tem-se, para o equilíbrio neutro,

$$\delta^2\pi = \frac{d^2\pi}{d\theta^2}\delta\theta^2 + \frac{d\pi}{d\theta}\delta^2\theta = 0$$

ou

$$(k - PL)(\delta\theta)^2 + (k - PL)\theta\,\delta^2\theta = 0.$$

Como $\delta^2\theta$ também não pode ser nula, para o equilíbrio com $\theta = 0$, o segundo termo do primeiro membro se anula, enquanto que o primeiro dá $P = k/L$, que é a carga crítica de flambagem.

PROBLEMAS

14.1. Uma barra rígida é mantida em sua posição vertical, como mostra a figura, por meio de uma mola de constante k_1 kgf/mm, e outra mola torcional de rigidez k_2 kgfmm/rad. Achar a carga crítica P_{cr} para esse sistema.

14.2. Duas barras rígidas de comprimentos iguais são ligadas por uma articulação sem atrito em A e são suportadas em B e D, conforme é mostrado na figura. Determinar a magnitude da força crítica P_{cr}. A mola fixa à barra inferior, em C, é elástica linear, tendo constante k. *Resp.*: $ka/3$.

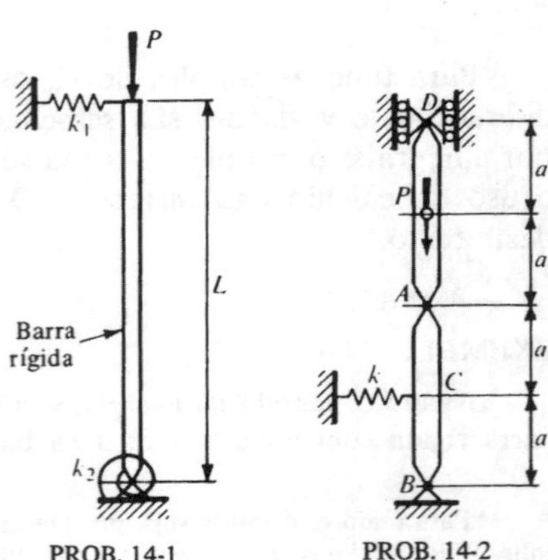

PROB. 14-1 PROB. 14-2

14.3. Duas barras rígidas, cada uma com comprimento L, são montadas em uma coluna vertical por meio de duas molas torcionais, como mostra a figura. A constante das molas é k. (a) Quais são as duas cargas críticas para esse sistema? (*Sugestão*. Girar as barras de pequenos ângulos. Então, para a posição deslocada do sistema, escrever duas equações de equilíbrio $\Sigma M_A = 0$ e $\Sigma M_B = 0$. A solução simultânea dessas duas equações algébricas homogêneas fornece os dois autovalores desse sistema. A solução é conseguida, igualando-se a zero o determinante dos coeficientes dos ângulos de rotação desconhecidos. Veja uma solução análoga para a Eq. 14.28.) (b) Substituir os autovalores achados anteriormente em uma das equações de equilíbrio, para achar a relação entre os ângulos de rotação das duas barras. Traçar o esquema da forma defletida da coluna flambada para as relações de rotações angulares enunciadas anteriormente. Esses esquemas representam as autofunções desse sistema com dois graus de liberdade. *Resp*.: (a) $P_{cr} = P_{min} = (3 - \sqrt{5})\,k/(2L)$, $P_{max} = (3 + \sqrt{5})\,k/(2L)$; (b) 1,62, −0,62.

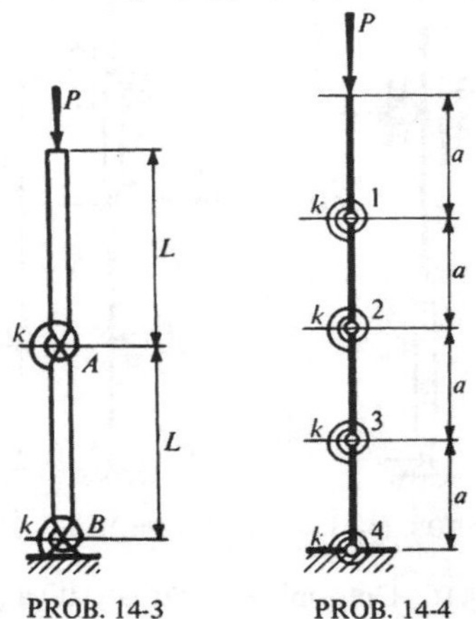

PROB. 14-3 PROB. 14-4

14.4. Uma coluna real pode ser aproximada por uma série de barras rígidas, cada uma de comprimento a, com uma mola torcional apropriada em cada união, como mostra a figura. Neste problema, todas as constantes de mola são consideradas iguais a k. Usando esse sistema como modelo, estabelecer uma equação matricial para determinação da carga crítica de um sistema com n graus de liberdade. (*Sugestão*. Esta é uma generalização do problema precedente. Defletir a coluna e, em cada junta, escrever uma equação de equilíbrio de momentos. Construir então, uma matriz dos coeficientes de rotação da barra). *Resp*.: Por exemplo, $\Sigma M_3 = 0$ dá $Pa\delta\alpha_1 + Pa\delta\alpha_2 + (Pa - k)\delta\alpha_3 + k\delta\alpha_4 = 0$, onde $\delta\alpha_i$ são as pequenas rotações das barras.

14.5. Uma viga AB de rigidez à flexão EI é apoiada no centro por uma coluna CD. A coluna consiste em duas barras rígidas conectadas em k, por meio de uma articulação e uma mola torcional com constante k. Estimar a máxima deflexão vertical da viga devida à aplicação da força $P = 4k/a$. *Resp*.: $kL^3/(24aEI)$.

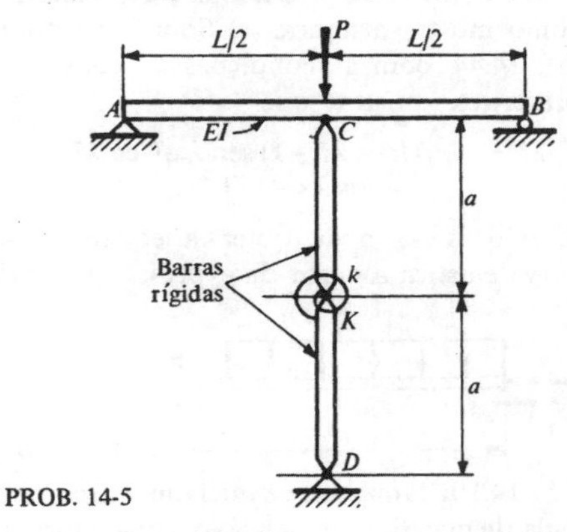

PROB. 14-5

14.6. Mostrar que a Eq. 14.16a é a solução da Eq. 14.15. Como será modificada a solução se a força axial P for de tração?

14.7. Determinar a equação da curva elástica da viga carregada da forma mostrada na figura. EI é constante. *Resp*.: $[F/(2P\lambda)](\text{sech}\,\lambda L/2)\,\text{sen}\,\lambda x - Fx/(2P)$.

14.8. Uma coluna-viga tem carregamento transversal de forma senoidal conforme mostra a figura. Mostrar que a equa-

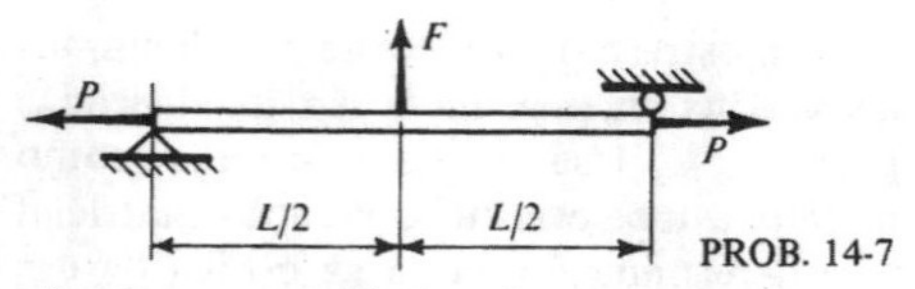

PROB. 14-7

ção da curva elástica é

$$v = \frac{p_0 L^4}{\pi^4 EI}\left[\frac{1}{1 - P/P_{cr}}\right] \operatorname{sen} \frac{\pi x}{L},$$

onde $P_{cr} = \pi^2 EI/L^2$ e a expressão entre colchetes é o fator de magnificação. Traçar um gráfico análogo ao da Fig. 14.1(b), mostrando a dependência da deflexão no centro sobre a magnitude da força axial P.

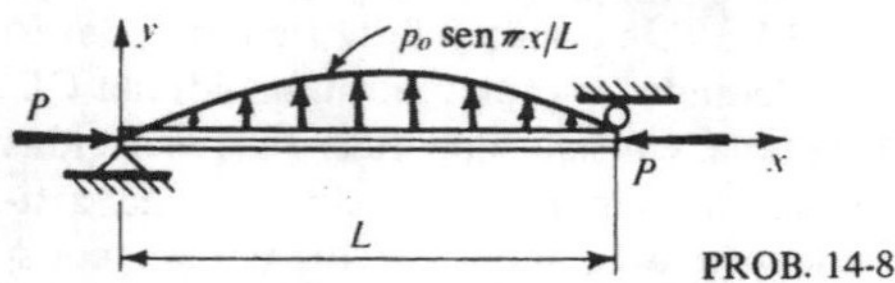

PROB. 14-8

14.9. Uma coluna-viga é submetida a um carregamento transversal uniformemente distribuído p_0 e a uma força axial P, como mostra a figura. (a) Solucionando a Eq. 14.44, com as condições de contorno prescritas, mostrar que

$$M = -p_0[(\cos \lambda L - 1) \operatorname{sen} \lambda x/(\operatorname{sen} \lambda L) - \cos \lambda x + 1]/\lambda^2.$$

(b) Como se pode obter a equação da curva elástica a partir da expressão em (a)?

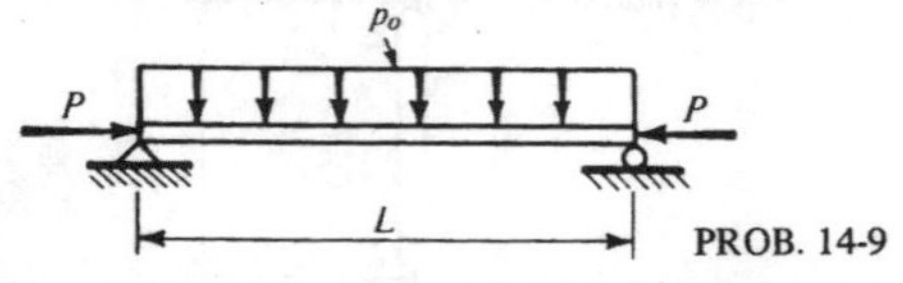

PROB. 14-9

14.10. Uma barra é inicialmente encurvada de maneira que seu eixo tenha a forma de uma meia-senóide, $v_0 = a \operatorname{sen} \pi x/L$. Se essa barra é submetida a uma compressão axial, como na figura, mostrar que a deflexão total

$$v = v_0 + v_1 = [1/(1 - P/P_{cr})]a \operatorname{sen} \pi x/L,$$

y
$v_o = a\,\text{sen}\,\pi x/L$
P
P
x
L

PROB. 14-10

onde $P_{cr} = \pi^2 EI/L^2$, e a expressão entre colchetes é o fator de magnificação.

14.11. Refazer o Exemplo 14.2, usando a Eq. 14.14. Mostrar também que, se $P = 0$, a Eq. 14.18 se reduz a $v_{max} = M_0 L^2/(8EI)$.

14.12. Deduzir a Eq. 14.29, e mostrar que uma autofunção típica para um modo de ordem n, nesse caso, é $v_n = C_n(1 - \cos \lambda_n x)$ onde $\lambda_n = (2n + 1)\pi/(2L)$ com n inteiro. [Para $n = 1$, veja a Fig. 14.9(b)].

14.13. Deduzir a Eq. 14.30. (Aqui, a equação transcendental para determinação das raízes críticas é tg $\lambda L = \lambda L$, que é satisfeita quando $\lambda L = 4{,}493$).

14.14. Deduzir a Eq. 14.31.

14.15. A seção transversal de uma barra elástica linear difere bastante em seus dois segmentos, tendo a metade superior rigidez à flexão EI, enquanto a metade inferior pode ser considerada infinitamente rígida, veja a figura. Determinar a carga crítica para essa barra. (*Sugestão.* Dividir a barra em duas regiões e fazer uso dos requisitos de continuidade a meia-altura. É recomendado o uso das equações diferenciais de segunda ordem). *Resp.*: $1{,}67\pi^2 EI/L^2$.

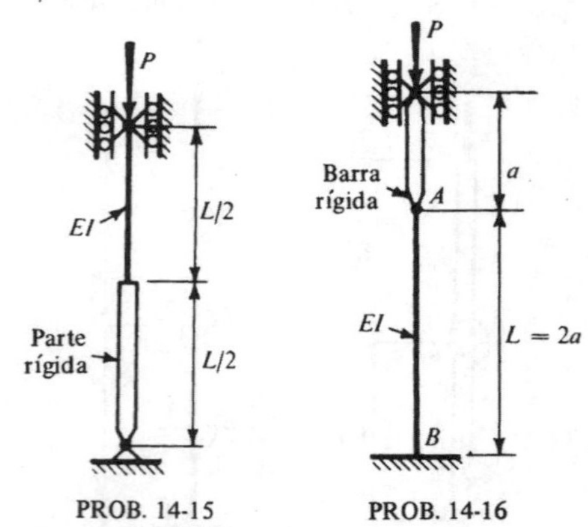

PROB. 14-15 PROB. 14-16

14.16. Determinar a carga crítica para a coluna AB de EI = constante, no sistema mostrado na figura. (*Sugestão.* Quando o ponto A é deslocado horizontalmente de Δ, aparece uma força horizontal $P\Delta/a$, que atua em A na coluna AB. Observe também que o momento em A deve ser nulo). *Resp.*: $\text{tg}\,\lambda L = 3\lambda L/2$, e $\lambda L = 0{,}97$, $P_{cr} = 0{,}94EI/L^2$.

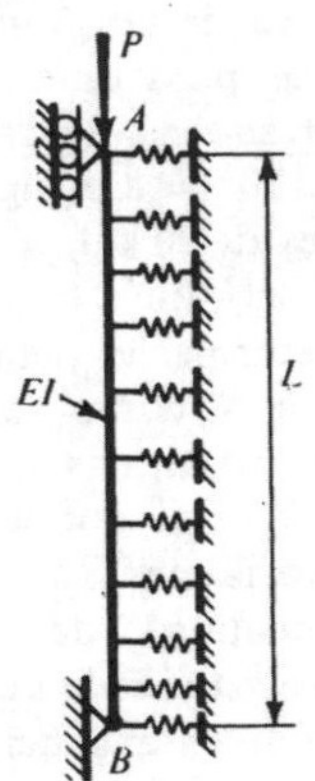

PROB. 14-17

14.17. Uma barra articulada nas extremidades, de EI = constante, é suportada ao longo de seu comprimento por uma fundação elástica, como mostra a figura. O módulo da fundação é k kgf/mm², e é tal que, quando a barra deflete de v aparece uma força restauradora kv kgf/mm pela fundação, normalmente à barra. Primeiro, verificar se a equação diferencial homogênea que governa o problema é

$$EIv^{iv} + Pv'' + kv = 0.$$

Em seguida, mostrar que o autovalor necessário da equação diferencial acima é

$$P_{cr} = \frac{\pi^2 EI}{L^2}\left[n^2 + \frac{\gamma}{n^2}\right]_{min}$$

onde

$$\gamma = \frac{kL^4}{\pi^4 EI}.$$

Observar que, se $k = 0$, o valor mínimo de P_{cr} se reduz à carga clássica de Èuler. (*Observação.* Veja o Prob. 11.28 para detalhes adicionais sobre esse tipo de problema).

14.18. Uma carga axial admissível para uma coluna articulada nas extremidades, de 3 m de comprimento, de certo material elástico linear, é igual a 2 000 kgf. Cinco colunas diferentes, feitas de mesmo material e com a mesma seção transversal, têm as condições de suporte mostradas na figura. Usando a capacidade da coluna de 3 m como critério, quais são as cargas admissíveis para as cinco colunas mostradas?

14.19 Uma peça de equipamento mecânico deve ser suportada no topo de um tubo de aço padrão de 125 mm de diâmetro nominal, como mostra o esquema. O equipamento e sua plataforma suporte pesam 2 500 kgf. A base do tubo será fixada em um suporte de concreto, ficando o topo livre. Se o fator de segurança para evitar a flambagem é de 2,5, qual a altura máxima da coluna na qual o equipamento pode ser suportado? Seja E = 21 000 kgf/-mm². *Resp.*: 7,232 m.

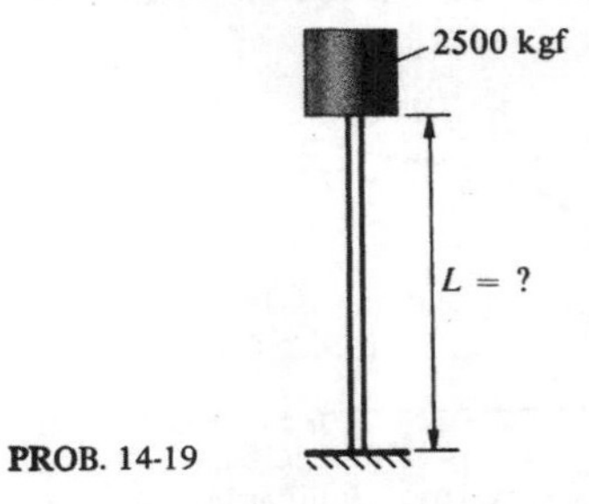

PROB. 14-19

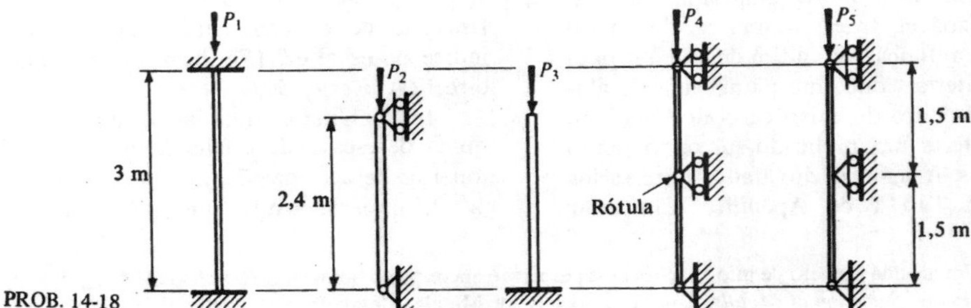

PROB. 14-18

14.20. Uma barra delgada de aço inoxidável é pré-comprimida axialmente a 10 kgf, entre duas placas fixas a uma distância constante de 157 mm, como na figura. Esse conjunto é montado a 15 °C. De quanto pode elevar-se a temperatura da barra, de forma que o fator de segurança à flambagem seja igual a 2? Considerar $E = 20\,000$ kgf/mm², e $\alpha = 16{,}2 \times 10^{-6}$/°C.

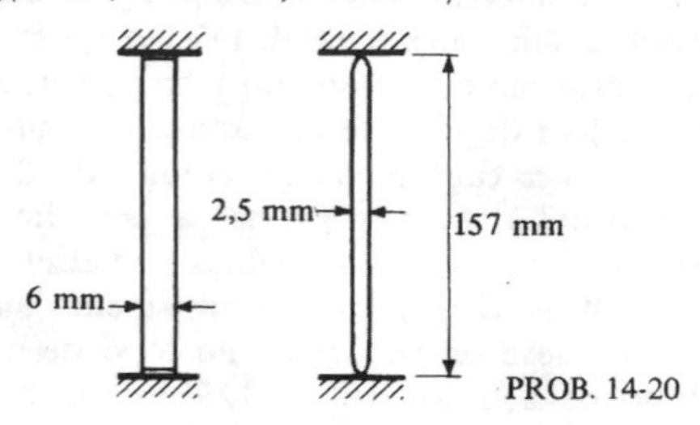

PROB. 14-20

14.21. Admitir que o diagrama de tensão-deformação para um material seja como o mostrado na figura. (a) Traçar um diagrama mostrando a variação de E em função de ε. (b) Traçar um gráfico de tensão crítica em função do índice de esbeltez, análogo ao da Fig. 14.10(b), para esse material. Observar que, de 0 a a, e de b a c, a relação tensão-deformação é linear com $E_1 > E_2$.

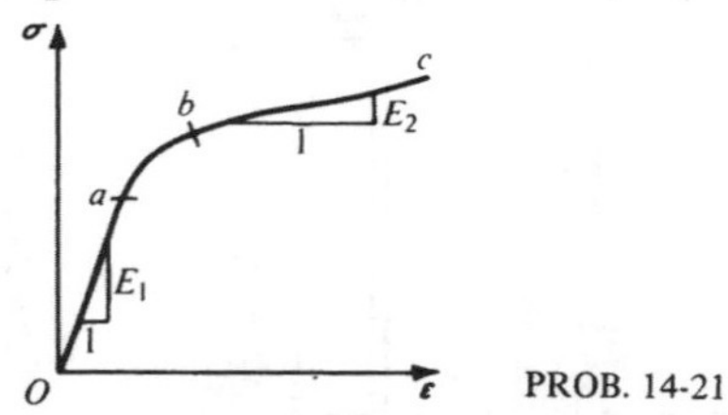

PROB. 14-21

14.22. No mesmo diagrama, com escala razoável, traçar as curvas de tensão crítica em função do índice de esbeltez para três materiais diferentes: uma liga de alumínio, um aço de baixo carbono laminado a quente, e um pinho-do-sul ou o pinho Douglas. A maioria dos dados necessários está na Tab. 1 do Apêndice. Consultar também seu texto sobre ciência dos materiais.* Se alguns dados não forem disponíveis, levantar premissas razoáveis.

14.23. A curva de tensão-deformação em tração simples, para uma liga de alumínio, está mostrada na figura, onde por conveniência $\varepsilon \times 10^3 = e$. A liga é elástica linear para tensões até 28 kgf/mm²; a tensão limite é de 35 kgf/mm². (a) Idealizar a relação tensão-deformação pela ajustagem de uma parábola à curva tal que σ e $d\sigma/de = E_t$ sejam contínuas no limite de proporcionalidade e tal que a linha $\sigma =$ $= 35$ kgf/mm² seja tangente à parábola. (b) Traçar $E_t(\sigma)/E$ em função de σ/σ_{lim}, onde E é o módulo de elasticidade σ_{lim} a tensão-limite, e E_t o módulo tangencial à tensão σ. (c) Traçar um gráfico de σ_{cr} em função de L/r para colunas fixas ou articuladas nas duas extremidades, onde σ_{cr} se baseia em E_t. *Resp.*: (a) $\sigma = -1{,}75e^2 + 21e - 28$.

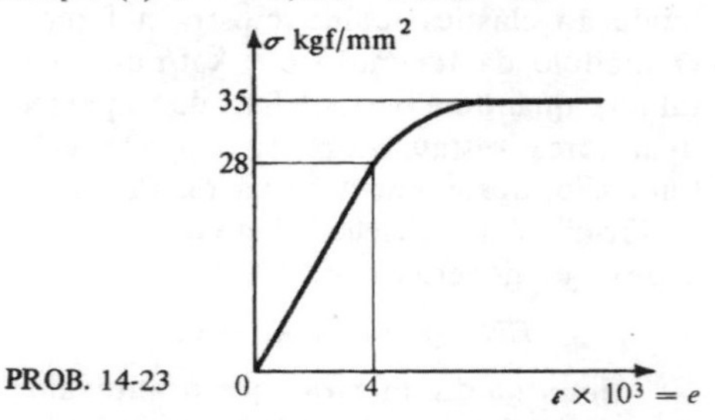

PROB. 14-23

14.24. A seção transversal de um membro em compressão para uma pequena ponte é feita da forma mostrada na Fig. 14.13(a). A placa de cobertura superior é de 12 mm × 810 mm, e os dois perfis U de 300 mm e 30,78 kgf/m são colocados a 250 mm, costa com costa. Se esse membro tem 6 m de comprimento, qual é o seu índice de esbeltez? (Verificar L/r em duas direções). *Resp.*: 50,6.

14.25. Uma peça da lança de uma máquina de escavação é feita de quatro cantoneiras de aço, de 63,5 mm × 63,5 mm × × 12,5 mm, dispostas como mostra a Fig.

*Um grande número de informações dessa espécie é encontrado no *Metals Handbook*, (8.ª ed.), Vol. 1, *Properties and Selection of Metals*, American Society for Metals, Metals Park, Novelty, Ohio, 1961

14.13(c). As dimensões de fora a fora da coluna quadrada (exclusive as dimensões das barras de reforço) são de 350 mm. Que carga axial pode ser aplicada a esse membro, se ele tem 15 m de comprimento? Usar a fórmula de Euler para colunas com pinos, e um fator de segurança de 5. *Resp.*: 14,6 t.

14.26. Se a capacidade do pau-de-carga, cujas dimensões estão mostradas na figura, é de 1 000 kgf, qual o tamanho do tubo de aço padrão *AB* a ser usado? Usar a fórmula de Euler com fator de segurança de 3,5. Considerar $E = 21\,000$ kgf/mm². Desprezar o peso de construção. *Resp.*: 63,5 mm.

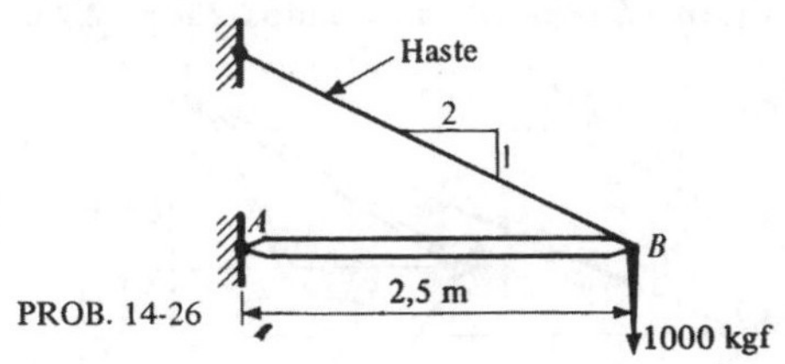

PROB. 14-26

14.27. Uma barra cilíndrica de aço, de 25 mm de diâmetro e 1,2 m de comprimento, atua como barra de afastamento no arranjo mostrado na figura. Se os cabos e conexões são projetados adequadamente, que força *P* pode ser aplicada ao conjunto? Usar a fórmula de Euler e considerar um fator de segurança de 3. Tomar $E = 20\,000$ kgf/mm².

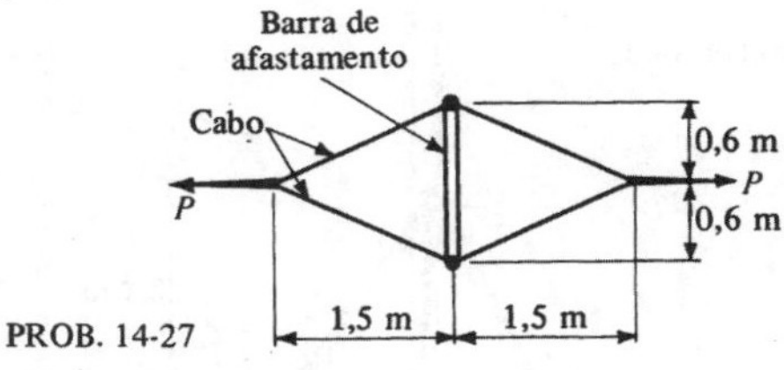

PROB. 14-27

14.28. A armação de liga de alumínio com conexão de pino mostrada, suporta uma carga concentrada *F*. Admitindo que a flambagem possa ocorrer apenas no plano da armação, determinar o valor de *F* que provocará instabilidade. Usar a fórmula de Euler como critério para flambagem do elemento. Tomar $E = 7\,000$ kgf/mm² para a liga. Ambos os membros têm seções de 50 mm × 50 mm. *Resp.*: 10,7 t.

PROB. 14-28

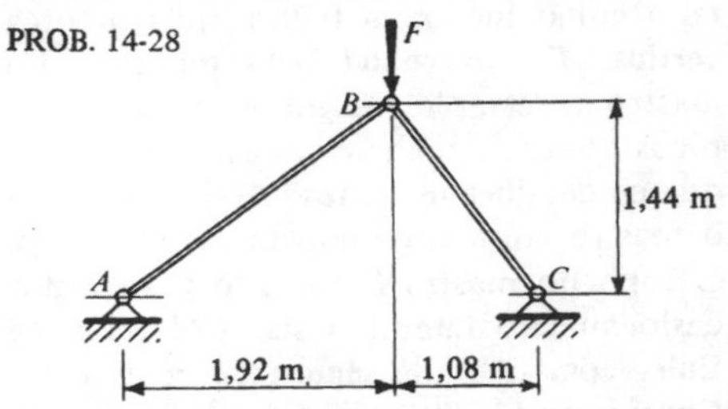

14.29. Uma cantoneira de máquina, de liga de aço, deve ser feita como mostra a figura. O membro de compressão *AB* é arranjado de forma que ele possa flambar como uma coluna de pino na extremidade, no plano *ABC*, mas como uma coluna fixa na direção perpendicular a esse plano. (a) Se a espessura do membro é de 10 mm, qual deveria ser sua altura *h* para que a probabilidade de flambagem fosse a mesma nas duas direções mutuamente perpendiculares? (b) Se $E = 20\,000$ kgf/mm², e o fator de segurança na instabilidade fosse igual a 2, qual a força *F* a ser aplicada à cantoneira? Admitir que a barra projetada em (a) controle a capacidade do conjunto.

PROB. 14-29

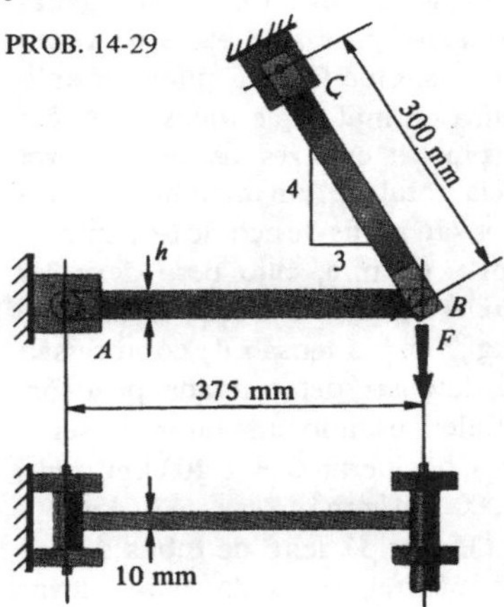

14.30. O mastro de um pau-de-carga é feito de tubo de aço retangular padrão, de 100 mm × 50 mm, pesando 10,2 kgf/m. (A = 1 303 mm^2, I_x = 537 000 mm^4, I_z = = 1 611 000 mm^4). Se esse conjunto é montado como mostra a figura, qual a força vertical F, governada pelo tamanho do mastro, a ser aplicada em A? Admitir que todas as juntas tenham conexão de pino, e que os detalhes de conexão sejam tais que o mastro sofra carregamento concêntrico. O topo do mastro é estaiado para evitar deslocamento lateral. Usar a fórmula de Euler com fator de segurança igual a 3,5. Considerar E = 20 000 kgf/mm^2. *Resp.*: 4,7 t.

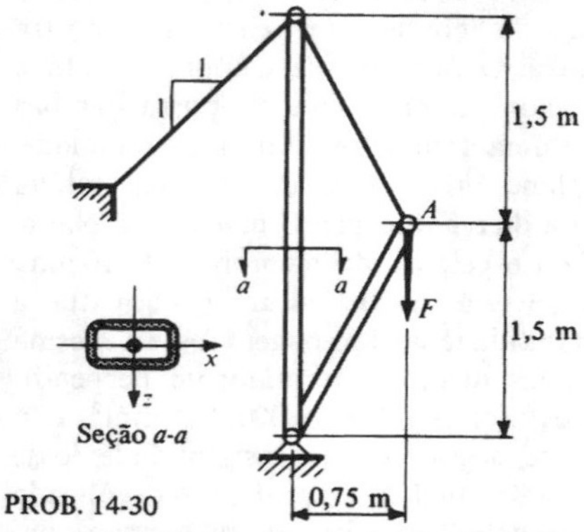

PROB. 14-30

14.31. Parte de uma estrutura é uma treliça leve, com as dimensões mostradas na figura. As uniões dessa treliça são ligadas transversalmente para que ela atue como estrutura plana. Que força F pode ser aplicada à treliça? Admitir que todas as uniões sejam de pino e capazes de desenvolver a resistência total de um membro. Todos os membros são perfis de aço de 63,5 mm × × 50,8 mm × 6,3 mm, cujo peso deve ser desprezado. A tensão de tração admissível é de 12,5 kgf/mm^2; a tensão de compressão admissível deve ser determinada pela fórmula de Euler, usando um fator de segurança de 3. Considerar G = 8 400 kgf/mm^2, e E = 21 000 kgf/mm^2. *Resp.*: 670 kgf.

14.32. Um tripé, feito de tubos de aço padrão de 50 mm, é usado para elevar cargas verticalmente, com uma polia em A, como mostra a figura. Qual a taxa de carga a ser atribuída a essa estrutura? Usar

PROB. 14-31

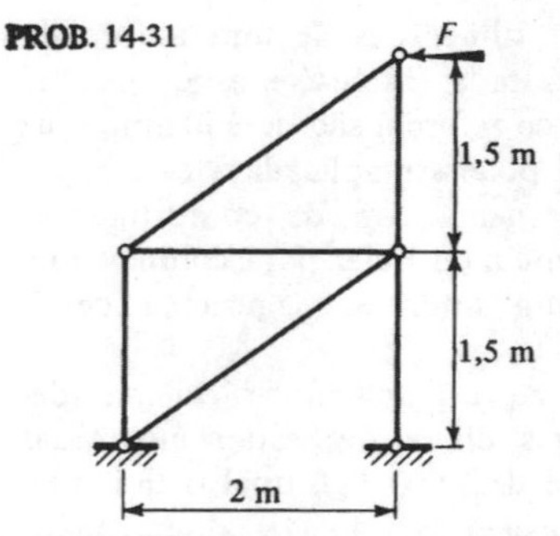

a fórmula de Euler e um fator de segurança igual a 3. Todas as uniões podem ser consideradas com pinos, e admitir que os detalhes de conexão, fixação, e da barra de tração AB sejam os adequados. *Resp.*: 2,2 t.

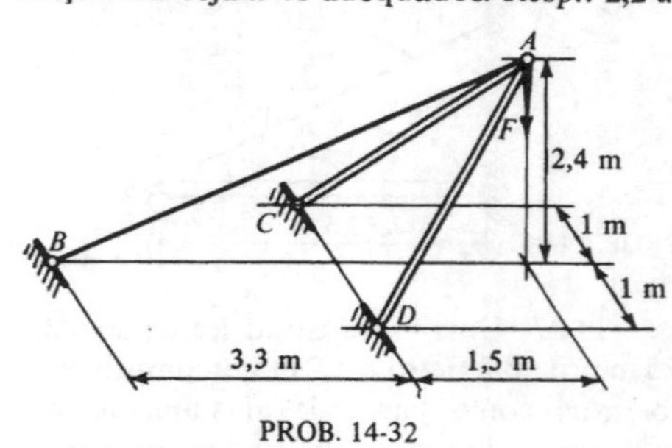

PROB. 14-32

14.33. Um tripé é feito de perfis de aço de 76 mm × 76 mm × 6,3 mm, cada um de 3 m de comprimento. Na vista plana, esses perfis distam de 120°, e a altura do tripé é de 2,4 m como na figura. Admitindo

PROB. 14-33

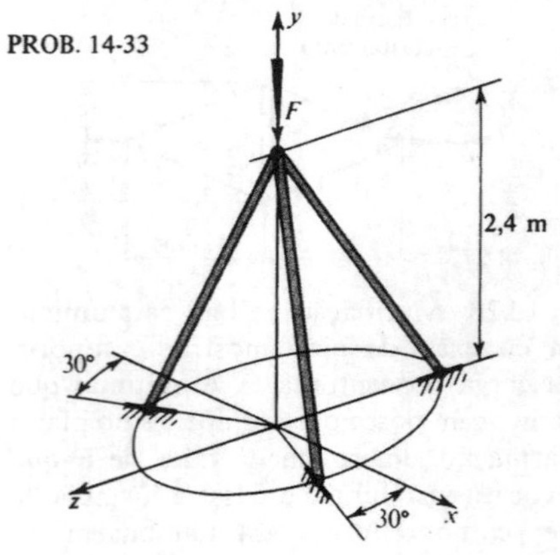

que as extremidades desses perfis sejam de pino, qual é a magnitude da força vertical admissível para baixo, F, que pode ser aplicada ao tripé? Usar a fórmula de Euler com fator de segurança igual a 3. Desprezar o peso dos perfis. Considerar $E = 21\,000$ kgf/mm². *Resp.*: 3,7 t.

14.34. Qual o tamanho da coluna WF necessária ao suporte de uma carga concêntrica de 100 t, sendo seu apoio extremo por meio de pino e tendo comprimento igual a 3,6 m? Usar as fórmulas AISC e admitir que possa ser usado o aço A36, com $\sigma_{esc} = 25$ kgf/mm².

14.35. Um membro em compressão, feito de dois canais ⊔ de 200 mm e 17,1 kgf/m, é disposto como mostra a Fig. 14.13(b). (a) Determinar a distância entre as costas dos canais, de forma que os momentos de inércia em relação aos dois eixos principais sejam iguais. (b) Se o membro tem pino na extremidade e comprimento de 10 m, que carga axial pode ser aplicada de acordo com o código AISC? Admitir que seja usado, o aço A441, com $\sigma_{esc} = 35$ kgf/mm², e que o lançamento seja adequado.

14.36. Uma seção 14 WF 320 tem duas placas de cobertura de 600 mm × 75 mm, como mostra a figura. Se esse membro tem 6 m de comprimento e suas extremidades são de pino, que força axial de compressão pode ser aplicada de acordo com o código AISC? Admitir que seja usado o aço A242, com $\sigma_{esc} = 30$ kgf/mm².

PROB. 14-36

14.37. (a) Mostrar como a Eq. 14.40 é obtida da Eq. 14.39. (b) Aplicar a Eq. 14.40 para obter a carga axial admissível em postes "Douglas Fir" de 100 mm × 100 mm, cujos comprimentos são de 2,4 m e 4,2 m. Admitir $E = 1\,100$ kgf/mm².

14.38. Uma viga retangular delgada, tal como a da figura, quando solicitada, pode entrar em colapso devido à instabilidade lateral pela torção e deslocamento lateral. Pode-se mostrar* que, para o caso apresentado, a força crítica que pode ser aplicada na extremidade é

$$P_{cr} = 4{,}013\sqrt{B_1 C}/L^2,$$

onde $B_1 = hb^3E/12$ é a rigidez à flexão da viga em relação a seu eixo vertical, e $C = \beta hb^3G$ é a rigidez torcional. (Para as seções retangulares, o coeficiente β é dado na Tab. 5.1). Se uma viga em balanço, retangular e delgada, de 10 mm × 120 mm, é feita de aço ($E = 21\,000$ kgf/mm², $E/G =$, 2,5 e $\sigma_{esc} = 25$ kgf/mm²), e é solicitada na extremidade, (a) achar o comprimento máximo L controlado pela resistência do material; (b) achar o comprimento máximo L controlado pela instabilidade lateral. (Observar que, para esse caso, $\beta = 0{,}312$).

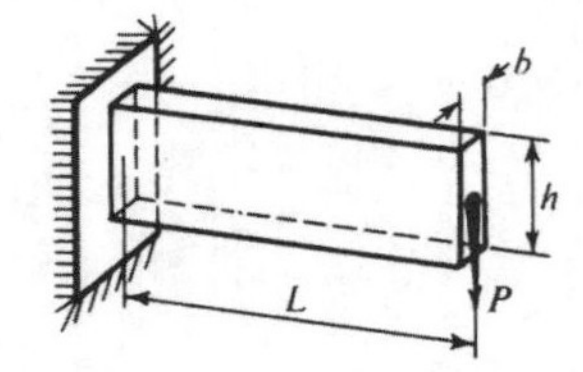

PROB. 14-38

14.39. As vigas I com carregamento transversal, sem suporte lateral, exibem instabilidade análoga àquela descrita no problema anterior. Na prática, para evitar a possível instabilidade lateral, a tensão admissível é reduzida em comparação com a tensão admissível das vigas suportadas lateralmente. Uma fórmula de uso disseminado, recomendada pela AISC, diz que, para um aço A36 com $\sigma_{esc} = 25$ kgf/mm², a tensão admissível é

$$\sigma_{adm} = \frac{8\,400}{Ld/A_f} \leqslant 15{,}5 \text{ kgf/mm}^2,$$

*Veja Timoshenko e Gere, *Theory of Elastic Stability*, p. 260

onde L é o comprimento não reforçado do flange de compressão, d é a altura da viga, e A_f é a área do flange de compressão. (a) Usando a informação acima, considerar uma viga simples de 7 m de comprimento, 24 WF 100 (de 148,7 kgf/m), sem suporte lateral, e determinar a carga uniformemente distribuída a ser aplicada, incluindo o peso da viga. (b) Que carga adicional poderia ser colocada se a viga tivesse suportes laterais, de forma que a tensão admissível de 15,5 kgf/mm^2 pudesse ser usada? *Resp.*: (a) 6,9 t/m.

14.40. Pode-se mostrar* que o valor crítico da pressão externa que provoca a flambagem de um cilindro circular de parede fina é

$$P_{cr} = \frac{E}{4(1-\nu^2)}\left(\frac{h}{R}\right)^3,$$

onde h é a espessura de parede, e R é o raio do cilindro. (a) Determinar P_{cr} para um tubo cilíndrico de aço, tendo $h = 25$ mm, e $R = 250$ mm. Seja $E = 21\,000$ kgf/-mm^2, $\sigma_{esc} = 30$ kgf/mm^2, e $\nu = 0{,}25$. Comparar esse resultado com a pressão interna máxima que o cilindro poderia resistir antes do escoamento. (b) Repetir o problema para $h = 2{,}5$ mm e $R = 250$ mm. (Observar que se o cilindro é curto, as tampas das extremidades modificam substancialmente a magnitude da carga na flambagem).

14.41. Usando o método da energia, refazer o Prob. 14.2.

*Timoshenko e Gere, *Theory of Elastic Stability*, p. 289

APÊNDICE
TABELAS

1. Propriedades físicas típicas e tensões admissíveis para alguns materiais comuns
2. Propriedades úteis das áreas
3. Vigas I de aço, padrão americano, propriedades para projeto
4. Vigas de aço de flange largo, propriedades para projeto
5. Vigas U de aço, padrão americano, propriedades para projeto
6. Cantoneiras de aço com abas iguais, propriedades para projeto
7. Cantoneiras com abas desiguais, propriedades para projeto
8. Tubo de aço padrão
9. Módulos da seção plastificada
10. Tamanhos de madeira, padrão americano, propriedades para projeto
11. Deflexões e inclinações de curvas elásticas para vigas com carregamento variado

Os dados das Tabs. 3 a 10 foram retirados da *AISC Manual of Steel Construction* e reproduzidos com a permissão do American Institute of Steel Construction, Inc.

TABELA 1 – PROPRIEDADES FÍSICAS TÍPICAS E TENSÕES ADMISSÍVEIS PARA ALGUNS MATERIAIS COMUNS[a]

Material	Peso unitário, kgf/m³	Resistência à ruptura, kgf/mm²			Resistência ao escoamento[g], kgf/mm²		Tensões adm.[i], kgf/mm²		Módulos de elasticidade, kgf/mm²		Coef. Exp. Térm.
		Tração	Compr.[c]	Cisalh.	Tração[h]	Cisalh.	Tração ou Compr.	Cisalh.	Tração ou Compr.	Cisalh.	$\times 10^{-6}$/°C
Liga de alumínio (extrudada) 2024-T4	2 768	42,2	...	22,5	30,9	17,6			7 453	2 812	23,2
Liga de alumínio (extrudada) 6061-T6		26,7	...	16,9	24,6	14,1			7 031	2 637	23,4
Ferro fundido cinzento	7 640	21,1	84,4	...[e]	...	...			9 140	4 218	10,4
Ferro fundido maleável		38,0	...	33,8	25,3	16,9			17 577	8 437	12,1
Concreto[b] 36 litros/saco	2 408	...	2,1	...[e]	...	...	−0,95[f]	0,05	2 109	...	10,8
Concreto[b] 27 litros/saco		...	3,5	...	...	...	−1,58[f]	0,06	3 515	...	
Liga de magnésio, AM100A	1 799	28,1	...	14,8	15,5	...	± 16,87	10,20	4 570	1 687	25,2
Aço 0,2% carbono (laminado a quente)	7 834	45,7	...	33,8	25,3	16,9			21 092[k]	8 437	11,7
Aço 0,6% carbono (laminado a quente)		70,3	...	56,3	42,2	25,3					
Aço 0,6% carbono (temperado)		84,4	...	70,3	52,7	31,6					
Aço 3,5% Ni, 0,4% C		140,6	...	105,5	105,5	63,4					
Madeira pinho Douglas (costa)	498	...	5,2[d]	0,8[f]	...	...	± 1,34[j]	0,84	...	...	...
Madeira pinho-do-sul (folha longa)	581	...	5,9[d]	1,1[f]	...	...	± 1,58[j]	0,95	...	...	...

[a] As propriedades mecânicas dos metais não dependem apenas da composição mas, também, do tratamento térmico, do trabalho prévio a frio, etc. Os dados para a madeira são de espécimes de 50 mm × 50 mm, com conteúdo de umidade de 12%. Os valores verdadeiros variam

[b] 36 litros/saco significam 36 litros de água por saco de 50 kgf de cimento Portland. Os valores são tirados do concreto com 28 dias de idade

[c] Apenas para blocos curtos. Para materiais dúteis, a resistência à ruptura em compressão é indefinida; pode ser considerada a mesma que em tração

[d] Compressão paralela ao grão, em blocos curtos. Compressão perpendicular ao grão nos limites de proporcionalidade de 66,7 kgf/cm², 83,7 kgf/cm², respectivamente. Valores retirados do *Wood Handbook*, Depto. de Agricultura dos EUA

[e] Falha na tração diagonal

[f] Paralela ao grão

[g] Para a maioria dos materiais a um desvio de 0,2%

[h] Para materiais dúteis a resistência ao escoamento na compressão pode ser considerada a mesma

[i] Apenas para cargas estáticas. Tensões muito baixas exigidas no projeto de máquinas, por causa das propriedades de fadiga e carregamentos dinâmicos

[j] Apenas na flexão. Nenhuma tensão de tração é permitida no concreto. As tensões na madeira são para graus selecionados ou densos

[k] A AISC recomenda o valor de 20 400 kgf/mm²

TABELA 2 – PROPRIEDADES ÚTEIS DAS ÁREAS

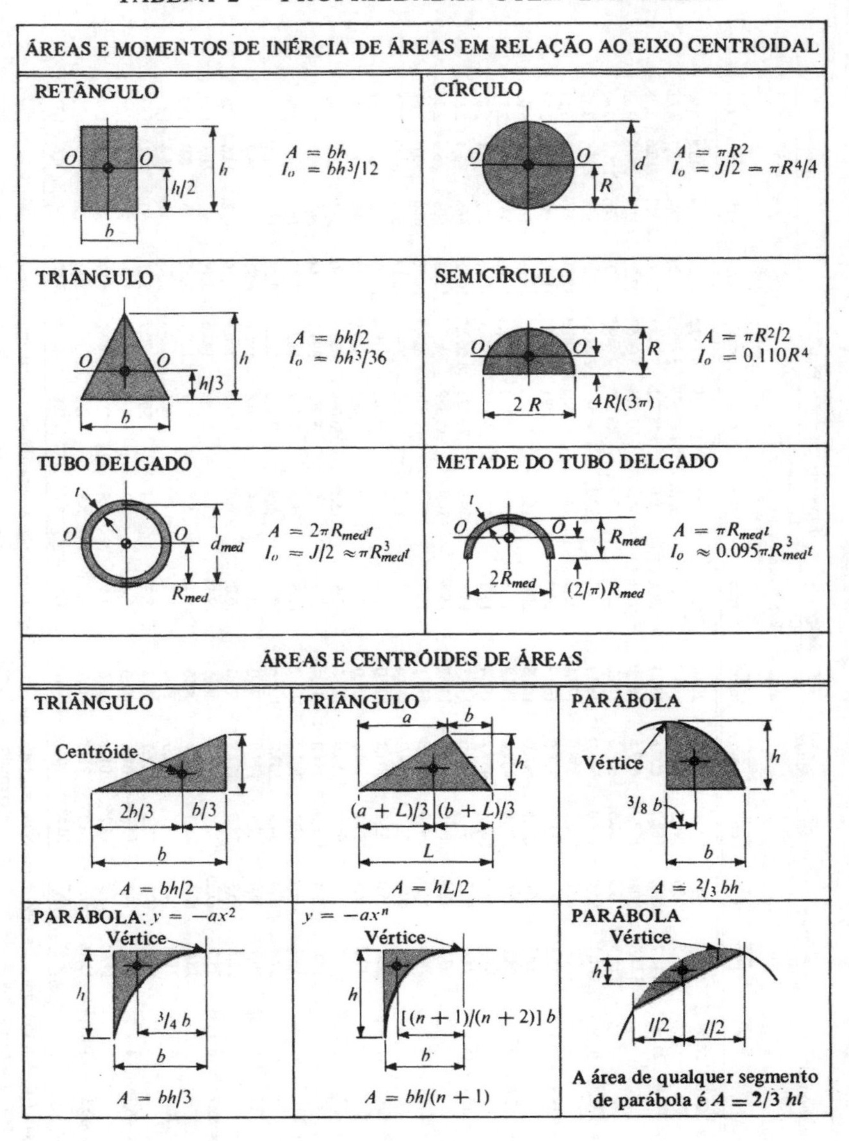

ÁREAS E MOMENTOS DE INÉRCIA DE ÁREAS EM RELAÇÃO AO EIXO CENTROIDAL
RETÂNGULO
$A = bh$
$I_o = bh^3/12$
CÍRCULO
$A = \pi R^2$
$I_o = J/2 = \pi R^4/4$
TRIÂNGULO
$A = bh/2$
$I_o = bh^3/36$
SEMICÍRCULO
$A = \pi R^2/2$
$I_o = 0.110R^4$
$4R/(3\pi)$
TUBO DELGADO
$A = 2\pi R_{med}t$
$I_o = J/2 \approx \pi R_{med}^3 t$
METADE DO TUBO DELGADO
$A = \pi R_{med}t$
$I_o \approx 0.095\pi R_{med}^3 t$
$(2/\pi)R_{med}$
ÁREAS E CENTRÓIDES DE ÁREAS
TRIÂNGULO
Centróide
$2b/3$
$b/3$
$A = bh/2$
TRIÂNGULO
$(a + L)/3$
$(b + L)/3$
$A = hL/2$
PARÁBOLA
Vértice
$^3/_8\, b$
$A = {}^2/_3\, bh$
PARÁBOLA: $y = -ax^2$
Vértice
$^3/_4\, b$
$A = bh/3$
$y = -ax^n$
Vértice
$[(n + 1)/(n + 2)]\, b$
$A = bh/(n + 1)$
PARÁBOLA
Vértice
$l/2$
$l/2$
A área de qualquer segmento de parábola é $A = 2/3\ hl$

TABELA 3 – VIGAS *I* DE AÇO, PADRÃO AMERICANO. Propriedades para projeto

Tamanho nominal*		Peso		Área	Altura	Flange		Espessura da alma	Eixo x-x			Eixo y-y		
						Largura	Espessura		I	$\frac{I}{c}$	r	I	$\frac{I}{c}$	r
mm	pol	kgf/m	lb/pé	cm^2	mm	mm	mm	mm	cm^4	cm^3	cm	cm^4	cm^3	cm
609,6 × 200,0	24 × $7\frac{7}{8}$	178,5	120,0	226,6	609,6	204,4	28,0	20,3	125 319	4 111,5	23,52	3 534	345,8	3,96
		157,5	105,9	199,9	609,6	200,0	28,0	15,9	117 023	3 839,5	24,21	3 284	327,7	4,06
609,6 × 177,8	24 × 7	148,7	100,0	188,7	609,6	184,1	22,1	19,0	98 722	3 238,1	22,99	2 015	219,6	3,28
		133,8	90,0	169,7	609,6	181,0	22,1	15,9	92 824	3 044,7	23,39	1 894	209,8	3,35
		118,8	79,9	150,5	609,6	177,8	22,1	12,7	86 876	2 849,7	24,03	1 786	199,9	3,45
508,0 × 177,8	20 × 7	141,3	95,0	179,0	508,0	182,9	23,3	20,3	66 585	2 621,9	19,28	2 102	229,4	3,43
		126,4	85,0	160,0	508,0	179,1	23,3	16,6	62 505	2 461,3	19,76	1 956	218,0	3,51
508,0 × 158,8	20 × $6\frac{1}{4}$	111,5	75,0	141,3	508,0	162,3	20,0	16,3	52 591	2 069,7	19,30	1 253	154,0	2,97
		97,3	65,4	123,1	508,0	158,8	20,0	12,7	48 678	1 915,7	19,89	1 161	145,8	3,07
457,2 × 152,4	18 × 6	104,1	70,0	132,0	457,2	158,8	17,6	18,1	38 189	1 669,8	17,02	1 020	127,8	2,77
		81,4	54,7	102,8	457,2	152,4	17,6	11,7	33 111	1 448,6	17,96	882	116,4	2,92
381,0 × 139,7	15 × $5\frac{1}{2}$	74,4	50,0	94,1	381,0	143,3	15,8	14,0	20 025	1 052,1	14,58	666	93,4	2,67
		63,8	42,9	80,6	381,0	139,7	15,8	10,4	18 389	965,2	15,11	608	86,9	2,74
304,8 × 133,4	12 × $5\frac{1}{4}$	74,4	50,0	94,0	304,8	139,1	16,7	17,5	12 554	824,3	11,56	666	95,0	2,67
		60,7	40,8	76,4	304,8	133,4	16,7	11,7	11 192	734,1	12,12	574	86,9	2,74
304,8 × 127,0	12 × 5	52,1	35,0	65,8	304,8	129,0	13,8	10,9	9 448	619,4	11,99	416	63,9	2,52
		47,3	31,8	59,7	304,8	127,0	13,8	8,9	8 982	589,9	12,27	395	62,3	2,57
254,0 × 117,5	10 × $4\frac{5}{8}$	52,1	35,0	65,9	254,0	125,6	12,5	15,1	6 069	478,5	9,60	354	55,7	2,31
		37,8	25,4	47,6	254,0	118,4	12,5	7,9	5 082	399,8	10,34	287	49,2	2,46
203,2 × 101,6	8 × 4	34,2	23,0	43,3	203,2	105,9	10,8	11,2	2 672	262,2	7,85	183	34,4	2,06
		27,4	18,4	34,5	203,2	101,6	10,8	6,9	2 368	232,7	8,28	158	31,1	2,13
177,8 × 92,1	7 × $3\frac{5}{8}$	29,7	20,0	37,6	177,8	98,0	10,0	11,4	1 744	196,6	6,81	129	26,2	1,88
		22,8	15,3	28,6	177,8	93,0	10,0	6,4	1 507	170,4	7,26	112	24,6	1,98
152,4 × 85,7	6 × $3\frac{3}{8}$	25,7	17,25	32,4	152,4	90,6	9,1	11,8	1 082	142,6	5,79	96	21,3	1,73
		18,6	12,5	23,3	152,4	84,6	9,1	5,8	907	119,6	6,25	75	18,0	1,83
127,0 × 76,2	5 × 3	21,9	14,75	27,7	127,0	83,4	8,3	12,6	624	98,3	4,75	71	16,4	1,60
		14,9	10,0	18,5	127,0	76,2	8,3	5,3	504	78,7	5,21	50	13,4	1,65
101,6 × 66,7	4 × $2\frac{5}{8}$	14,1	9,5	17,8	101,6	71,0	7,4	8,3	279	54,1	3,96	38	10,7	1,32
		11,45	7,7	14,25	101,6	67,6	7,4	4,8	250	49,2	4,17	32	9,5	1,50
76,2 × 60,3	3 × $2\frac{3}{8}$	11,15	7,5	14,0	76,2	63,7	6,6	8,9	121	31,1	2,92	25	7,7	1,32
		8,48	5,7	10,58	76,2	59,2	6,6	4,3	104	27,9	3,12	19	6,6	1,35

*As vigas *I* de aço são indicadas pelo número de polegadas da altura; depois segue-se a letra I para indicar que se trata de uma viga *I*; por último vem o peso em libras por pé linear. Por exemplo, 24 I 120,0

TABELA 4 – VIGAS DE AÇO DE FLANGE LARGO. Propriedades para projeto – lista resumida

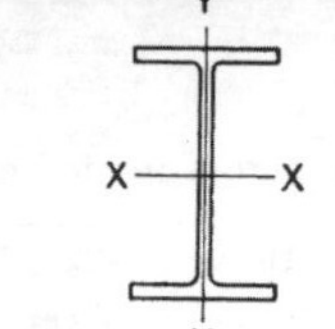

Tamanho nominal*		Peso		Área	Altura	Flange		Espessura da alma	Eixo x-x			Eixo y-y		
						Largura	Espessura		I	$\frac{I}{c}$	r	I	$\frac{I}{c}$	r
mm	pol	kgf/m	lb/pé	cm²	mm	mm	mm	mm	cm⁴	cm³	cm	cm⁴	cm³	cm
914 × 419	36 × 16½	342,1	230	437,0	911,4	418,5	32,0	19,4	623 864	13 691	37,80	36 250	1 732	9,12
914 × 304	36 × 12	223,1	150	284,9	910,3	304,1	23,9	15,9	375 712	8 241	36,30	10 422	685	6,05
838 × 400	33 × 15¾	297,4	200	379,3	838,2	400,1	29,2	18,2	459 861	10 973	34,82	28 791	1 439	8,71
838 × 292	33 × 11½	193,3	130	246,8	840,7	292,4	21,7	14,7	278 833	6 633	33,60	8 383	573,5	5,82
762 × 381	30 × 15	255,8	172	326,8	759,0	380,6	27,1	16,6	328 469	8 656	31,70	22 897	1 203	8,38
762 × 266	30 × 10½	160,6	108	205,0	757,4	266,3	19,3	13,9	185 681	4 903	30,10	5 623	422,8	5,23
685 × 355	27 × 14	215,7	145	275,4	682,8	354,7	24,8	15,2	225 360	6 602	28,60	16 936	955,4	7,85
685 × 254	27 × 10	139,8	94	178,4	683,5	253,7	19,0	12,5	135 970	3 979	27,61	4 791	376,9	5,18
609 × 355	24 × 14	193,3	130	246,5	616,0	355,6	22,9	14,4	166 888	5 419	26,01	15 617	878,3	7,95
609 × 304	24 × 12	148,7	100	189,9	609,6	304,8	19,7	11,9	124 341	4 079	25,60	8 470	555,5	6,68
609 × 254	24 × 9	113,0	76	144,3	607,3	228,2	17,3	11,2	87 259	2 874	24,59	3 184	278,6	4,70
533 × 330	21 × 13	166,6	112	212,5	533,4	330,2	22,0	13,4	109 078	4 090	22,66	12 058	730,9	7,52
533 × 228	21 × 9	122,0	82	155,5	529,8	227,6	20,2	12,7	72 940	2 753	21,67	3 729	327,7	4,90
533 × 209	21 × 8¼	92,2	62	117,6	533,1	209,3	15,6	10,2	55 226	2 071	21,67	2 210	211,4	4,34
457 × 298	18 × 11¾	142,8	96	182,1	461,3	298,5	21,1	13,0	69 706	3 022	19,56	8 608	576,8	6,88
457 × 222	18 × 8¾	95,2	64	121,3	453,9	221,4	17,4	10,2	43 529	1 917	18,95	2 926	263,8	4,90
457 × 190	18 × 7½	74,4	50	94,9	457,2	190,5	14,5	9,1	33 323	1 458	18,75	1 548	162,2	4,04
406 × 292	16 × 11½	130,9	88	166,9	410,5	292,2	20,2	12,8	50 888	2 479	17,45	7 709	527,7	6,78
406 × 215	16 × 8½	86,3	58	109,9	402,8	215,0	16,4	10,3	31 068	1 542	16,81	2 518	234,3	4,78
406 × 177	16 × 7	74,4	50	94,8	412,8	179,7	16,0	9,7	27 280	1 322	16,97	1 448	160,6	3,91
		53,5	36	68,3	402,6	177,6	10,9	7,6	18 576	922,6	16,48	919,9	103,2	3,68
355 × 406	14 × 16	211,2	142	270,0	374,7	393,7	27,0	17,3	69 602	3 715	16,05	27 475	1 396	10,08
		475,9**	320**	607,2	427,0	424,4	53,2	48,0	172 391	8 076	16,84	68 058	3 207	10,59
355 × 368	14 × 14½	129,4	87	164,9	355,6	368,3	17,5	10,7	40 245	2 263	15,62	14 556	789,9	9,40
355 × 304	14 × 12	124,9	84	159,4	360,2	305,4	19,8	11,5	38 643	2 145	15,57	9 386	614,5	7,67
		116,0	78	148,0	357,1	304,8	18,2	10,9	35 430	1 984	15,47	8 612	565,4	7,62
355 × 254	14 × 10	110,1	74	140,4	360,4	255,8	19,9	11,4	33 165	1 840	15,37	5 557	434,3	6,30
		101,1	68	129,0	357,1	255,0	18,2	10,6	30 139	1 688	15,29	5 045	394,9	6,25
		90,7	61	115,7	353,3	254,0	16,3	9,6	26 701	1 511	15,19	4 466	352,3	6,22

TABELA 4 (*Continuação*)

Tamanho nominal		Peso		Área	Altura	Flange		Espessura da alma	Eixo x-x			Eixo y-y		
						Largura	Espessura		I	$\frac{I}{c}$	r	I	$\frac{I}{c}$	r
mm	pol	kgf/m	lb/pé	cm^2	mm	mm	mm	mm	cm^4	cm^3	cm	cm^4	cm^3	cm
355 × 203	14 × 8	78,8	53	100,6	354,1	204,8	16,7	9,4	22 564	1 275	14,99	2 393	234,3	4,88
		64,0	43	81,6	347,5	203,2	13,4	7,8	17 856	1 027	14,78	1 877	185,2	4,80
355 × 171	14 × 6¾	56,5	38	72,1	358,6	172,1	13,0	8,0	16 037	894,7	14,91	1 024	119,6	3,79
		50,6	34	64,5	355,6	171,5	11,5	7,3	14 119	794,8	14,81	886,6	103,2	3,71
		44,6	30	56,8	352,0	171,0	9,7	6,9	12 054	685,0	14,55	728,4	85,21	3,58
304 × 304	12 × 12	126,4	85	161,2	317,5	307,5	20,2	12,6	30 106	1 896	13,67	9 802	637,5	7,80
		96,7	65	123,3	307,8	304,8	15,4	9,9	22 202	1 442	13,41	7 267	476,9	7,67
304 × 254	12 × 10	78,8	53	100,6	306,3	254,0	14,6	8,8	17 740	1 159	13,28	4 000	314,6	6,30
304 × 203	12 × 8	59,5	40	75,9	303,3	203,2	13,1	7,5	12 907	850,5	13,03	1 836	180,3	4,93
304 × 165	12 × 6½	53,5	36	68,3	310,9	166,8	13,7	7,8	11 688	752,2	13,08	986,5	118,0	3,81
		46,1	31	58,8	307,1	165,7	11,8	6,7	9 923	645,7	12,98	824,1	99,96	3,73
		40,2	27	51,4	303,5	165,1	10,2	6,1	8 495	558,8	12,85	690,9	83,57	3,66
254 × 254	10 × 10	166,6	112	212,4	289,1	264,5	31,7	19,2	29 915	2 070	11,86	9 798	740,7	6,78
		148,7	100	189,9	282,4	262,8	28,4	17,4	26 014	1 842	11,71	8 599	653,8	6,73
		132,4	89	169,0	276,4	261,0	25,4	15,6	22 576	1 634	11,56	7 517	576,8	6,68
		114,5	77	146,3	269,7	259,0	22,1	13,6	19 030	1 411	11,40	6 385	493,3	6,60
		72,9	49	92,9	254,0	254,0	14,2	8,6	11 359	894,7	11,05	3 871	304,8	6,45
254 × 203	10 × 8	66,9	45	85,4	257,0	203,8	15,7	8,9	10 348	804,6	11,00	2 214	218,0	5,08
		58,0	39	74,1	252,5	202,9	13,4	8,1	8 728	694,8	10,85	1 869	183,5	5,03
		49,1	33	62,6	247,7	202,3	11,0	7,4	7 113	573,6	10,67	1 519	150,8	4,93
254 × 146	10 × 5¾	43,1	29	55,0	259,6	147,3	12,7	7,3	6 547	504,7	10,90	632,7	85,21	3,40
		31,2	21	39,9	251,5	146,1	8,6	6,1	4 425	352,3	10,52	403,7	55,72	3,18
203 × 203	8 × 8	99,6	67	127,1	228,6	210,5	23,7	14,6	11 313	989,8	9,42	3 688	350,7	5,39
		86,3	58	110,1	222,3	208,8	20,5	13,0	9 461	852,1	9,27	3 118	298,2	5,33
		71,4	48	91,0	215,9	206,2	17,4	10,3	7 646	707,9	9,17	2 535	245,8	5,28
		59,5	40	75,9	209,6	205,2	14,2	9,3	6 089	581,7	8,97	2 040	198,3	5,18
		52,1	35	66,5	206,2	203,9	12,5	8,0	5 265	509,6	8,89	1 769	173,7	5,16
		46,1	31	58,8	203,2	203,2	11,0	7,3	4 566	449,0	8,81	1 540	150,8	5,11
203 × 165	8 × 6½	41,6	28	53,1	204,7	166,1	11,8	7,2	4 071	398,2	8,76	899,1	108,2	4,12
		35,7	24	45,5	201,4	165,1	10,1	6,2	3 434	340,9	8,69	757,5	91,77	4,09
203 × 133	8 × 5¼	29,7	20	37,9	206,8	133,8	9,6	6,3	2 880	278,6	8,71	353,8	52,44	3,05
		25,3	17	32,3	203,2	133,4	7,8	5,8	2 348	231,1	8,53	278,9	42,61	2,95

*As vigas *WF* de aço são indicadas por sua altura nominal em polegadas; depois segue-se a indicação *WF* de flange largo; por último vem o peso em libras por pé linear. Por exemplo, 36 WF 230

**Seção do núcleo da coluna

TABELA 5 – PERFIS ⊔ DE AÇO, PADRÃO AMERICANO. Propriedades para projeto

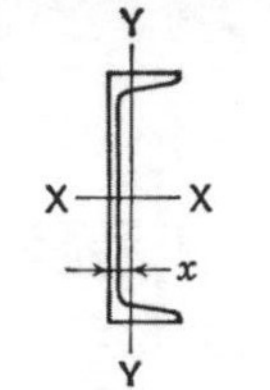

Tamanho nominal*		Peso		Área	Altura	Flange		Espessura da alma	Eixo x-x			Eixo y-y			
						Largura	Espessura média		I	$\frac{I}{c}$	r	I	$\frac{I}{c}$	r	x
mm	pol	kgf/m	lb/pé	cm²	mm	mm	mm	mm	cm⁴	cm³	mm	cm⁴	cm³	mm	mm
457 × 101	18 × 4**	86,3	58,0	109,5	457,2	106,7	15,9	17,8	27 917	1 221	159,77	770,03	91,77	26,42	22,35
		77,2	51,9	97,9	457,2	104,1	15,9	15,2	25 894	1 132	162,56	711,76	86,85	26,92	22,10
		68,1	45,8	86,3	457,2	101,6	15,9	12,7	23 871	1 044	166,37	657,65	83,57	27,69	22,61
		63,5	42,7	80,5	457,2	100,3	15,9	11,4	22 859	1 000	168,66	624,35	80,30	27,94	22,86
381 × 85	15 × $3\frac{3}{8}$	74,4	50,0	94,5	381,0	94,4	16,5	18,2	16 708	878,4	133,10	466,18	62,27	22,10	20,32
		59,5	40,0	75,5	381,0	89,4	16,5	13,2	14 414	757,1	138,18	387,10	55,72	22,61	19,81
		50,4	33,9	63,9	381,0	86,4	16,5	10,2	13 011	683,3	142,75	341,31	52,44	23,11	20,07
304 × 76	12 × 3	44,6	30,0	56,7	304,8	80,5	12,7	13,0	6 710	440,8	108,71	216,44	34,41	19,56	17,27
		37,2	25,0	47,2	304,8	77,4	12,7	9,8	5 973	391,7	112,52	187,30	31,14	20,07	17,27
		30,8	20,7	38,9	304,8	74,7	12,7	7,1	5 332	350,7	142,75	162,33	27,86	20,57	17,78
254 × 66	10 × $2\frac{5}{8}$	44,6	30,0	56,8	254,0	77,0	11,1	17,1	4 287	337,6	86,87	166,49	27,86	17,02	16,51
		37,2	25,0	47,3	254,0	73,3	11,1	13,4	3 775	296,6	89,41	141,52	24,58	17,27	15,75
		29,7	20,0	37,8	254,0	69,6	11,1	9,6	3 267	257,3	92,96	116,54	21,30	17,78	15,49
		22,8	15,3	28,8	254,0	66,0	11,1	6,1	2 785	219,6	98,30	95,733	19,66	18,29	16,26
228 × 63	9 × $2\frac{1}{2}$	29,7	20,0	37,8	228,6	67,3	10,5	11,4	2 522	221,2	81,79	99,896	19,66	16,51	14,99
		22,3	15,0	28,3	228,6	63,1	10,5	7,2	2 110	185,2	86,36	79,084	16,39	17,02	14,99
		19,9	13,4	25,1	228,6	61,7	10,5	5,8	1 969	172,1	86,65	74,922	15,90	17,02	15,49
203 × 57	8 × $2\frac{1}{4}$	27,9	18,75	35,4	203,2	64,2	9,9	12,4	1 819	178,6	71,63	83,246	16,39	15,24	14,48
		20,5	13,75	25,9	203,2	59,5	9,9	7,7	1 490	147,5	75,95	62,435	14,09	15,75	14,22
		17,1	11,5	21,7	203,2	58,4	9,9	5,6	1 344	132,7	78,74	54,110	12,95	16,00	14,73
177 × 54	7 × $2\frac{1}{8}$	21,9	14,75	27,9	177,8	58,4	9,3	10,6	1 128	126,2	63,75	58,272	12,95	14,48	13,46
		18,2	12,25	23,1	177,8	55,7	9,3	8,0	1 003	113,1	65,79	49,948	11,63	14,73	13,46
		14,6	9,8	18,4	177,8	53,1	9,3	5,3	878,2	98,32	69,09	40,791	10,32	14,99	13,97
152 × 50	6 × 2	19,3	13,0	24,6	152,4	54,8	8,7	11,1	720,1	95,04	54,10	45,785	10,65	13,46	13,21
		15,6	10,5	19,8	152,4	51,7	8,7	8,0	628,5	81,94	56,39	36,212	9,34	13,46	12,70
		12,2	8,2	15,4	152,4	48,8	8,7	5,1	541,1	70,46	59,44	29,136	8,19	13,72	13,21
127 × 44	5 × $1\frac{3}{4}$	13,4	9,0	17,0	127,0	47,9	8,1	8,3	366,3	57,35	46,48	26,639	7,37	12,45	12,19
		10,0	6,7	12,6	127,0	44,5	8,1	4,8	308,0	49,16	49,53	19,979	6,23	12,70	12,45
101 × 41	4 × $1\frac{5}{8}$	10,8	7,25	13,7	101,6	43,7	7,5	8,1	187,3	37,69	37,34	18,314	5,74	11,68	11,68
		8,0	5,4	10,1	101,6	40,1	7,5	4,6	158,2	31,14	39,62	13,319	4,75	11,43	11,68
76 × 38	3 × $1\frac{1}{2}$	8,9	6,0	11,3	76,2	40,5	6,9	9,0	87,41	22,94	27,43	12,903	4,42	10,67	11,68
		7,4	5,0	9,4	76,2	38,1	6,9	6,6	74,92	19,66	28,45	10,406	3,93	10,41	11,18
		6,1	4,1	7,7	76,2	35,8	6,9	9,3	66,60	18,03	29,72	8,325	3,44	10,41	11,18

*Os perfis ⊔ de aço são indicados pela altura em polegadas; depois segue-se o símbolo ⊔ indicativo de perfil; por último vem o peso em libras por pé linear. Por exemplo, 15 ⊔ 50,0

**Perfil para construção naval e automobilística; não é padrão americano

TABELA 6 – CANTONEIRAS DE AÇO DE ABAS IGUAIS – Propriedades para projeto

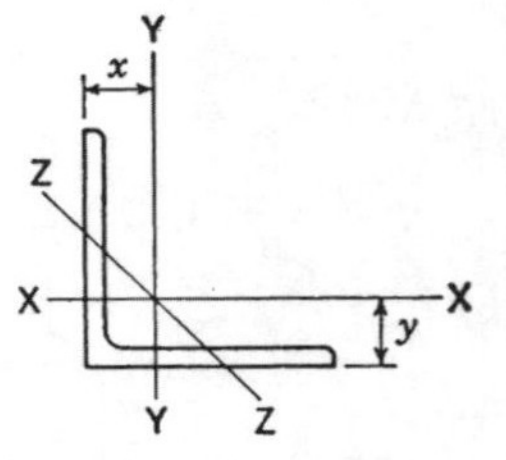

Tamanho		Espessura	Peso		Área	Eixos x-x e y-y				Eixo z-z
						I	$\frac{I}{c}$	r	x ou y	r
mm	pol	mm	kgf/m	lb/pé	cm²	cm⁴	cm³	mm	mm	mm
203,2 × 203,2	8 × 8	28,6	84,6	56,9	107,9	4 079	286,8	61,47	61,21	39,62
		25,4	75,9	51,0	96,8	3 705	258,9	61,98	60,20	39,62
		22,2	66,9	45,0	85,4	3 313	229,4	62,23	58,93	39,88
		19,1	57,9	38,9	73,8	2 901	199,9	62,74	57,91	39,88
		15,9	48,6	32,7	62,0	2 472	168,8	63,25	56,64	40,13
		14,3	44,0	29,6	56,0	2 252	152,4	63,50	56,13	40,13
		12,7	39,3	26,4	50,0	2 023	137,7	63,50	55,63	40,39
152,4 × 152,4	6 × 6	25,4	55,6	37,4	71,0	1 478	140,9	45,72	47,24	29,72
		22,2	49,2	33,1	62,8	1 328	124,5	45,97	46,23	29,72
		19,1	42,7	28,7	54,5	1 174	109,8	46,48	45,21	29,72
		15,9	36,0	24,2	45,9	1 007	93,41	46,74	43,94	29,97
		14,3	32,6	21,9	41,5	919,9	83,57	46,99	43,43	29,97
		12,7	29,2	19,6	37,1	828,3	75,38	47,24	42,67	29,97
		11,1	25,6	17,2	32,6	736,7	67,19	47,50	42,16	30,23
		9,5	22,2	14,9	28,1	641,0	57,35	47,75	41,66	30,23
		7,9	18,6	12,5	23,6	541,1	49,16	48,01	40,89	30,23
127,0 × 127,0	5 × 5	22,2	40,5	27,2	51,5	740,9	85,21	37,85	39,88	24,64
		19,1	35,1	23,6	44,8	653,5	73,74	38,35	38,61	24,64
		15,9	29,7	20,0	37,8	566,1	63,91	38,61	37,59	24,89
		12,7	24,1	16,2	30,6	470,3	52,44	39,12	36,32	24,89
		11,1	21,3	14,3	27,0	416,2	45,88	39,37	35,81	24,89
		9,5	18,3	12,3	23,3	362,1	39,33	39,62	35,31	25,15
		7,9	15,3	10,3	19,5	308,0	32,77	39,88	34,80	25,15
101,6 × 101,6	4 × 4	19,1	27,5	18,5	35,1	320,5	45,88	30,23	32,26	19,81
		15,9	23,4	15,7	29,7	278,9	39,33	30,48	31,24	19,81
		12,7	19,0	12,8	24,2	233,1	32,77	30,99	29,97	19,81
		11,1	16,8	11,3	21,4	208,1	29,50	31,24	29,46	19,81
		9,5	14,6	9,8	18,5	183,1	24,58	31,24	28,96	20,07
		7,9	12,2	8,2	15,5	154,0	21,30	31,50	28,45	20,07
		6,4	9,82	6,6	12,5	124,9	18,03	31,75	27,69	20,32
88,9 × 88,9	$3\frac{1}{2} \times 3\frac{1}{2}$	12,7	16,5	11,1	21,0	149,8	24,58	26,92	26,92	17,27
		11,1	14,6	9,8	18,5	137,4	21,30	27,18	26,42	17,27
		9,5	12,6	8,5	16,0	120,7	19,66	27,18	25,65	17,53
		7,9	10,71	7,2	13,5	104,1	16,06	27,43	25,15	17,53
		6,4	8,63	5,8	10,9	83,25	12,95	27,69	24,64	17,53
76,2 × 76,2	3 × 3	12,7	14,0	9,4	17,7	91,57	18,03	22,86	23,62	14,73
		11,1	12,3	8,3	15,7	83,25	15,57	23,11	23,11	14,73
		9,5	10,71	7,2	13,6	74,92	13,60	23,11	22,61	14,73
		7,9	9,07	6,1	11,5	62,43	11,63	23,37	22,10	14,99
		6,4	7,29	4,9	9,3	49,95	9,50	23,62	21,34	14,99
		4,8	5,52	3,71	7,0	39,96	7,21	23,88	20,83	14,99
63,5 × 63,5	$2\frac{1}{2} \times 2\frac{1}{2}$	12,7	11,45	7,7	14,5	49,95	11,80	18,80	20,57	12,45
		9,5	8,77	5,9	11,2	40,79	9,34	19,05	19,30	12,45
		7,9	7,44	5,0	9,5	35,38	7,87	19,30	18,80	12,45
		6,4	6,10	4,1	7,7	29,14	6,39	19,56	18,29	12,45
		4,8	4,57	3,07	5,8	22,89	4,92	19,81	17,53	12,45

TABELA 7 – CANTONEIRAS DE AÇO DE ABAS DESIGUAIS – Propriedades para projeto (Lista resumida)

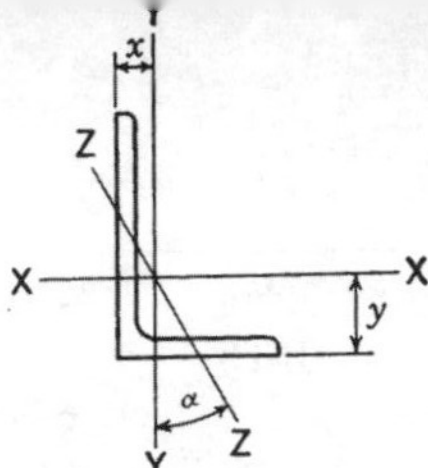

Tamanho		Espessura	Peso		Área	Eixo x-x				Eixo y-y				Eixo z-z	
						I	$\frac{I}{c}$	r	y	I	$\frac{I}{c}$	r	x	r	tg α
mm	pol	mm	kgf/m	lb/pé	cm²	cm⁴	cm³	mm	mm	cm⁴	cm³	mm	mm	mm	
203,2 × 152,4	8 × 6	25,4	65,7	44,2	83,9	3 363	247,4	63,25	67,31	1 615	145,8	43,94	41,91	32,51	0,543
		19,1	50,3	33,8	64,1	2 639	191,7	64,26	65,02	1 278	113,1	44,70	39,62	32,77	0,551
		12,7	34,2	23,0	43,5	1 844	131,1	65,02	62,74	903,2	78,66	45,47	37,34	33,02	0,558
203,2 × 101,6	8 × 4	25,4	55,6	37,4	71,0	2 897	231,1	64,01	77,47	482,8	63,91	26,16	26,67	21,59	0,247
		19,1	42,7	28,7	54,5	2 285	178,6	64,77	74,93	391,3	50,80	26,67	24,13	21,59	0,258
		12,7	29,2	19,6	37,1	1 602	122,9	65,79	72,64	278,9	36,05	27,43	21,84	21,84	0,267
152,4 × 101,6	6 × 4	19,1	35,1	23,6	44,8	1 020	103,2	47,75	52,83	362,1	49,16	28,45	27,43	21,84	0,428
		12,7	24,1	16,2	30,6	724,2	70,46	48,51	50,55	262,2	34,41	29,21	25,15	22,10	0,440
127,0 × 76,2	5 × 3	12,7	19,0	12,8	24,2	395,4	47,52	40,39	44,45	108,2	18,03	21,08	19,05	16,51	0,357
		9,5	14,6	9,8	18,5	308,0	36,05	40,89	43,18	83,24	14,58	21,34	17,78	16,51	0,364
		6,4	9,8	6,6	12,5	212,3	24,58	41,15	42,16	58,27	9,996	21,84	16,76	16,76	0,371
101,6 × 88,9	4 × 3½	12,7	17,7	11,9	22,6	220,6	31,14	31,24	31,75	158,2	24,58	26,42	25,40	18,29	0,750
		9,5	13,5	9,1	17,2	174,8	24,58	31,75	30,73	124,9	19,66	26,92	24,38	18,54	0,755
		6,4	9,2	6,2	11,7	120,7	16,39	32,26	29,46	87,41	13,27	27,18	23,11	18,54	0,759
101,6 × 76,2	4 × 3	12,7	16,5	11,1	21,0	212,3	31,14	31,75	33,78	99,90	18,03	21,84	21,08	16,26	0,543
		9,5	12,6	8,5	16,0	166,5	24,58	32,00	32,51	79,08	14,26	22,35	19,81	16,26	0,551
		6,4	8,6	5,8	10,9	116,5	16,39	32,51	31,50	58,27	9,832	22,86	18,80	16,51	0,558
88,9 × 63,5	3½ × 3½	12,7	14,0	9,4	17,7	133,2	22,94	27,69	30,48	58,27	12,45	17,78	17,78	13,46	0,486
		11,1	12,3	8,3	15,7	120,7	21,30	27,69	29,97	49,95	11,14	18,03	17,27	13,72	0,491
		9,5	10,7	7,2	13,6	108,2	18,03	27,94	29,46	45,79	9,668	18,29	16,76	13,72	0,496
		7,9	9,1	6,1	11,5	91,57	15,24	28,19	28,96	39,13	8,194	18,54	16,26	13,72	0,501
		6,4	7,3	4,9	9,3	74,92	12,29	28,45	28,19	32,47	6,719	18,80	15,49	13,72	0,506
76,2 × 63,5	3 × 2½	12,7	12,6	8,5	16,1	87,40	16,39	23,11	25,40	54,11	12,13	18,29	19,05	13,21	0,667
		11,1	11,3	7,6	14,3	79,08	15,24	23,37	24,89	49,95	10,82	18,54	18,54	13,21	0,672
		9,5	9,8	6,6	12,4	70,76	13,27	23,62	24,38	41,62	9,504	18,80	18,03	13,21	0,676
		7,9	8,3	5,6	10,5	58,27	11,31	23,88	23,62	37,46	8,030	18,80	17,27	13,46	0,680
		6,4	6,7	4,5	8,5	49,95	9,176	24,13	23,11	30,80	6,719	19,05	16,76	13,46	0,684
76,2 × 50,8	3 × 2	12,7	11,5	7,7	14,5	79,08	16,39	23,37	27,43	27,89	7,702	13,97	14,73	10,92	0,414
		11,1	10,1	6,8	12,9	70,76	14,58	23,62	26,92	25,39	6,883	13,97	14,22	10,92	0,421
		9,5	8,8	5,9	11,2	62,43	12,78	23,88	26,42	22,48	6,063	14,22	13,72	10,92	0,428
		7,9	7,4	5,0	9,5	54,11	10,82	24,13	25,91	19,56	5,244	14,48	13,21	10,92	0,435
		6,4	6,1	4,1	7,7	45,79	8,849	24,13	25,15	16,23	4,261	14,48	12,45	10,92	0,440
		4,8	4,6	3,07	5,8	34,96	6,719	24,64	24,64	12,90	3,277	14,73	11,94	11,18	0,446
63,5 × 50,8	2½ × 2	9,5	7,9	5,3	10,0	37,88	9,013	19,56	21,08	21,23	5,899	14,73	14,73	10,67	0,614
		7,9	6,7	4,5	8,5	32,88	7,702	19,81	20,57	18,73	5,080	14,73	14,22	10,67	0,620
		6,4	5,4	3,62	6,8	27,06	6,227	19,81	20,07	15,40	4,097	14,99	13,72	10,67	0,626
		4,8	4,1	2,75	5,2	21,23	4,752	20,07	19,30	12,07	3,277	15,24	12,95	10,92	0,631

TABELA 8 – TUBO DE AÇO-PADRÃO

Dimensões							Propriedades		
Diâmetro nominal		Diâmetro externo	Diâmetro interno	Espessura	Peso, kgf/m		I, cm^4	A, cm^2	r, mm
mm	pol	mm	mm	mm	Extremidades simples	Rosca e acoplamento			
3,2	$\frac{1}{8}$	10,3	6,8	1,73	0,36	0,37	0,04	0,46	3,05
6,4	$\frac{1}{4}$	13,7	9,2	2,24	0,63	0,64	0,12	0,81	4,06
9,5	$\frac{3}{8}$	17,1	12,5	2,31	0,85	0,85	0,29	1,08	5,33
12,7	$\frac{1}{2}$	21,3	15,8	2,77	1,26	1,26	0,71	1,61	6,60
19,1	$\frac{3}{4}$	26,7	20,9	2,87	1,68	1,68	1,54	2,15	8,38
25,4	1	33,4	26,6	3,38	2,50	2,50	3,62	3,19	10,67
31,8	$1\frac{1}{4}$	42,2	35,1	3,56	3,38	3,39	8,12	4,32	13,72
38,1	$1\frac{1}{2}$	48,3	40,9	3,68	4,05	4,06	12,90	5,15	15,75
50,8	2	60,3	52,5	3,91	5,43	5,47	27,72	6,94	20,07
63,5	$2\frac{1}{3}$	73,0	62,7	5,16	8,61	8,66	63,68	10,99	24,13
76,2	3	88,9	77,9	5,49	11,27	11,33	125,6	14,37	29,46
88,9	$3\frac{1}{2}$	101,6	90,1	5,74	13,55	13,68	199,3	17,29	34,04
101,6	4	114,3	102,3	6,02	16,05	16,20	301,1	20,48	38,35
127	5	141,3	128,2	6,55	21,74	22,03	631,0	27,74	47,75
152	6	168,3	154,1	7,11	28,21	28,54	1 171,3	36,01	57,15
203	8	219,1	205,0	7,04	36,73	37,18	2 637	46,87	74,93
203	8	219,1	202,7	8,18	42,46	42,85	3 017	54,19	74,68
254	10	273,1	258,9	7,09	46,40	47,59	5 240	59,21	93,98
254	10	273,1	257,5	7,80	50,92	52,05	5 719	64,97	93,73
254	10	273,1	254,5	9,27	60,20	61,17	6 689	76,84	93,22
305	12	323,9	307,1	8,38	65,10	66,92	10 343	83,10	111,51
305	12	323,9	304,8	9,53	73,71	75,42	11 625	94,06	111,25

TABELA 9 – MÓDULOS DA SEÇÃO PLASTIFICADA, RELATIVOS AO EIXO *x-x*

Perfil	Módulo plástico, cm^3	Perfil	Módulo plástico, cm^3
36 WF 230	15 448,0	15 I 42,9	1 124,20
33 WF 200	12 362,0	16 WF 36	1 047,10
30 WF 172	9 717,5	12 I 50	994,69
27 WF 145	7 407,0	10 WF 45	901,29
24 WF 130	6 050,1	14 WF 34	893,09
30 WF 108	5 661,7	12 I 40,8	860,32
24 I 120	4 883,3	12 WF 36	842,30
21 WF 112	4 555,6	8 WF 48	802,97
27 WF 94	4 550,7	14 WF 30	771,83
14 WF 142	4 175,4	10 WF 39	770,19
24 I 90	3 613,3	12 I 31,8	681,70
24 I 79,9	3 326,6	8 WF 40	653,84
24 WF 76	3 279,1	10 I 35	576,82
21 WF 62	2 361,4	10 I 25,4	458,84
20 I 65,4	2 249,9	8 WF 28	444,09
14 WF 78	2 195,9	8 WF 24	378,54
10 WF 100	2 132,0	8 I 23	314,63
14 WF 74	2 058,2	8 WF 20	312,99
16 WF 58	1 740,3	8 WF 17	258,92
10 WF 77	1 601,0	7 I 20	235,97

TABELA 10 – MADEIRA – TAMANHOS-PADRÃO AMERICANOS. Propriedades para projeto, National Lumber Manufacturers Association

Tamanho nominal		Tamanho-padrão americano aparelhado	Área da seção	Peso		Momento de inércia	Módulo da seção
mm	pol	mm	cm²	kgf/m	lb/pé	cm⁴	cm³
50,8 × 101,6	2 × 4	41,3 × 92,1	38,0	2,44	1,64	268,5	58,34
152,4	6	142,9	59,0	3,78	2,54	1 003	140,4
203,2	8	190,5	78,7	5,04	3,39	2 377	250,7
254,0	10	241,3	100	6,38	4,29	4 828	399,8
304,8	12	292,1	121	7,72	5,19	8 574	586,7
355,6	14	342,9	141	9,06	6,09	13 861	809,5
406,4	16	393,7	163	10,4	6,99	20 978	1 067
457,2	18	444,5	183	11,8	7,90	30 218	1 359
76,2 × 101,6	4	92,1	61,4	3,93	2,64	432,9	94,23
152,4	6	142,9	95,5	6,10	4,10	1 619	226,1
203,2	8	190,5	127	8,14	5,47	3 842	403,1
254,0	10	241,3	161	10,3	6,93	7 825	647,3
304,8	12	292,1	195	12,5	8,39	13 861	948,8
355,6	14	342,9	228	14,6	9,84	22 393	1 306
406,4	16	393,7	263	16,8	11,3	33 923	1 721
457,2	18	444,5	296	19,0	12,8	48 782	2 196
101,6 × 101,6	4	92,1	84,5	5,43	3,65	599,4	130,1
152,4	6	142,9	132	8,42	5,66	2 239	313,0
203,2	8	190,5	175	11,2	7,55	5 286	557,2
254,0	10	241,3	222	14,2	9,57	10 780	893,1
304,8	12	292,1	269	17,3	11,6	19 105	1 309
355,6	14	342,9	315	20,2	13,6	30 926	1 803
406,4	16	393,7	363	23,2	15,6	46 826	2 376
457,2	18	444,5	409	26,2	17,6	67 388	3 032
152,4 × 152,4	6	139,7	195	12,5	8,40	3 176	453,9
203,2	8	190,5	266	17,0	11,4	8 033	845,6
254,0	10	241,3	337	21,6	14,5	16 358	1 355
304,8	12	292,1	408	26,0	17,5	29 011	1 983
355,6	14	342,9	479	30,6	20,6	46 951	2 737
406,4	16	393,7	550	35,1	23,6	71 051	3 605
457,2	18	444,5	621	39,7	26,7	102 226	4 605
508,0	20	495,3	692	44,3	29,8	141 435	5 719
203,2 × 203,2	8	190,5	363	23,2	15,6	10 989	1 152
254,0	10	241,3	460	29,5	19,8	22 310	1 852
304,8	12	292,1	557	35,5	23,9	39 584	2 704
355,6	14	342,9	654	41,6	28,0	64 016	3 736
406,4	16	393,7	750	47,6	32,0	96 857	4 916
457,2	18	444,5	847	54,1	36,4	139 438	6 276
508,0	20	495,3	944	60,4	40,6	192 882	7 784
558,8	22	546,1	1 041	66,9	44,8	258 521	9 472

TABELA 10 (*Continuação*)

Tamanho nominal		Tamanho-padrão americano aparelhado··	Área da seção	Peso		Momento de inércia	Módulo da seção
mm	pol	mm	cm²	kgf/m	lb/pé	cm⁴	cm³
254,0 × 254,0	10 × 10	241,3 × 241,3	583	37,2	25,0	28 262	2 343
304,8	12	292,1	703	45,1	30,3	50 114	3 425
355,6	14	342,9	826	52,9	35,6	81 082	4 736
406,4	16	393,7	948	60,8	40,9	122 705	6 227
457,2	18	444,5	1 071	68,6	46,1	176 607	7 948
508,0	20	495,3	1 194	76,4	51,4	244 328	9 865
558,8	22	546,1	1 316	84,3	56,7	327 491	11 995
609,6	24	596,9	1 439	92,2	62,0	427 636	14 322
304,8 × 304,8	12 × 12	292,1 × 292,1	852	54,6	36,7	60 687	4 146
355,6	14	342,9	1 000	64,1	43,1	98 147	5 719
406,4	16	393,7	1 148	73,6	49,5	148 553	7 538
457,2	18	444,5	1 297	83,1	55,9	213 776	9 619
508,0	20	495,3	1 445	92,7	62,3	295 774	11 946
558,8	22	546,1	1 594	102,2	68,7	396 419	14 519
609,6	24	596,9	1 742	111,5	75,0	517 667	17 338
355,6 × 355,6	14 × 14	342,9 × 342,9	1 174	75,3	50,6	115 213	6 719
406,4	16	393,7	1 348	86,4	58,1	174 359	8 865
457,2	18	444,5	1 523	97,6	65,6	250 946	11 290
508,0	20	495,3	1 697	108,7	73,1	347 220	14 027
558,8	22	546,1	1 871	119,9	80,6	465 388	17 043
609,6	24	596,9	2 045	131,0	88,1	607 698	20 369
406,4 × 406,4	16 × 16	393,7 × 393,7	1 548	99,2	66,7	200 207	10 176
457,2	18	444,5	1 748	112,0	75,3	288 157	12 962
508,0	20	495,3	1 948	124,8	83,9	398 666	16 092
558,8	22	546,1	2 148	137,6	92,5	534 316	19 566
609,6	24	596,9	2 348	150,2	101	697 729	23 384
457,2 × 457,2	18 × 18	444,5 × 444,5	1 974	126,4	85,0	325 326	14 634
508,0	20	495,3	2 200	141,0	94,8	450 071	18 173
558,8	22	546,1	2 426	156,2	105	603 244	22 090
609,6	24	596,9	2 652	169,5	114	787 760	26 400
660,4	26	647,7	2 877	184,4	124	1 006 489	31 086
508,0 × 508,0	20 × 20	495,3 × 495,3	2 452	157,6	106	501 517	20 254
558,8	22	546,1	2 703	172,5	116	672 214	24 613
609,6	24	596,9	2 955	188,9	127	877 790	29 415
660,4	26	647,7	3 206	205,2	138	1 121 536	34 626
711,2	28	698,5	3 458	221,6	149	1 406 654	40 279
609,6 × 609,6	24 × 24	596,9 × 596,9	3 561	227,5	153	1 057 852	35 445
660,4	26	647,7	3 865	246,9	166	1 351 587	41 738
711,2	28	698,5	4 168	267,7	180	1 695 186	48 538
762,0	30	749,3	4 471	287,0	193	2 092 603	55 487

Todas as propriedades e pesos dados são apenas para o tamanho aparelhado. Os pesos acima baseiam-se no peso médio de 640 kgf/m³

TABELA 11 – DEFLEXÕES E INCLINAÇÕES DE CURVAS ELÁSTICAS PARA VIGAS COM CARREAMENTO VARIÁVEL

Carregamento	Equação da curva elástica	
	Deflexão máxima	Inclinação na extremidade
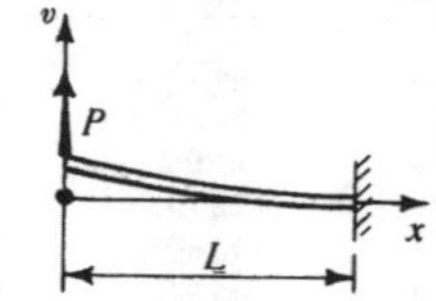 Viga em balanço, carga P na extremidade livre (comprimento L)	$v = \frac{P}{6EI}(2L^3 - 3L^2x + x^3)$, $v_{max} = v(0) = \frac{PL^3}{3EI}$,	$\theta(0) = -\frac{PL^2}{2EI}$.
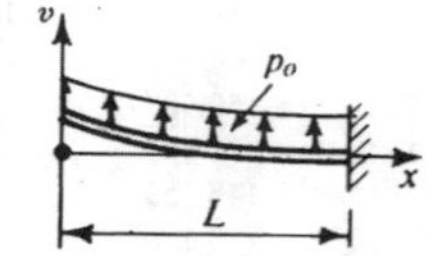 Viga em balanço, carga distribuída p_0 (comprimento L)	$v = \frac{p_0}{24EI}(x^4 - 4L^3x + 3L^4)$, $v_{max} = v(0) = \frac{p_0L^4}{8EI}$,	$\theta(0) = -\frac{p_0L^3}{6EI}$.
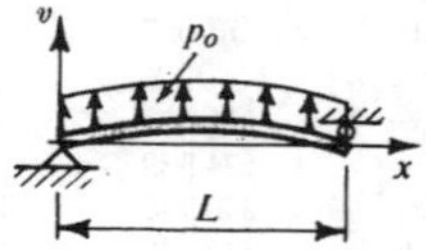 Viga simplesmente apoiada, carga distribuída p_0 (comprimento L)	$v = \frac{p_0x}{24EI}(L^3 - 2Lx^2 + x^3)$, $v_{max} = v(L/2) \doteq \frac{5p_0L^4}{384EI}$,	$\theta(0) = -\theta(L) = \frac{p_0L^3}{24EI}$.
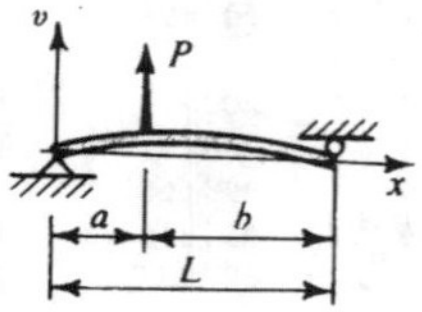 Viga simplesmente apoiada, carga P a distância a (com b, L)	$v = \frac{Pb}{6EIL}\left[(L^2 - b^2)x - x^3 + \left(\frac{L}{b}\right)\langle x - a\rangle^3\right]$. Quando $a = b = \frac{L}{2}$, então $v = \frac{Px}{48EI}(3L^2 - 4x^2)$ $v_{max} = v(L/2) = \frac{PL^3}{48EI}$,	$\left(0 \leq x \leq \frac{L}{2}\right)$, $\theta(0) = -\theta(L) = \frac{PL^2}{16EI}$.
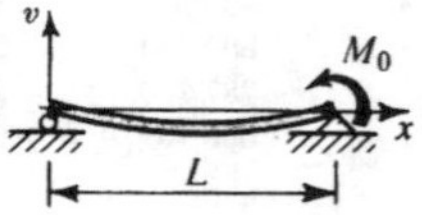 Viga simplesmente apoiada, momento M_0 na extremidade (comprimento L)	$v = -\frac{M_0x}{6EIL}(L^2 - x^2)$, $v_{max} = v(L/\sqrt{3}) = -\frac{M_0L^2}{9\sqrt{3}EI}$,	$\theta(0) = -\frac{\theta(L)}{2} = -\frac{M_0L}{6EI}$.
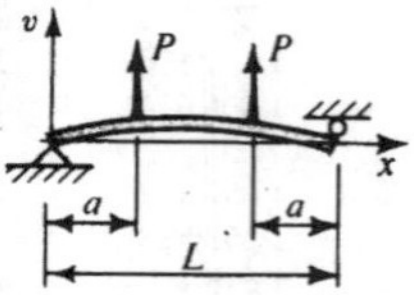 Viga simplesmente apoiada, duas cargas P a distância a das extremidades (comprimento L)	$v_a = v(a) = \frac{Pa^2}{6EI}(3L - 4a)$, $v_{max} = v(L/2) = \frac{Pa}{24EI}(3L^2 - 4a^2)$,	$\theta(0) = \frac{Pa}{2EI}(L - a)$.

GRÁFICA PAYM
Tel. [11] 4392-3344
paym@graficapaym.com.br